U0269683

市政工程施工计算实用手册

（下册）

主　编　段良策

副主编　方　良　潘永常

人民交通出版社

内 容 提 要

　　本手册分上、中、下三册出版，上册共五篇二十四章，内容包括：一、施工常用资料以及结构计算用表、公式与示例；二、施工测量；三、土方与爆破工程；四、道路工程；五、桥梁工程一般架设吊装计算。中册共两篇十二章，内容包括：六、砌体结构、钢筋混凝土结构工程施工中的有关计算；七、地基承载力、预制桩打桩基础及地基处理有关计算。下册共三篇十七章，内容包括：八、基坑支护、排水降水及地下工程施工计算；九、非开挖铺设地下管道工程施工计算；十、软土隧道施工计算；附录A、附录B及附录C。书中附有施工常用的计算数据、计算用表、公式以及大量的计算示例，可供读者在计算时查找使用，是一本实用、全面、内容丰富的有关市政工程施工计算的工具书。

　　本手册按照国家最新颁布的规范、标准编写，可供从事市政工程、建筑工程、水利工程等专业技术人员、管理人员和高级技工使用，也可供市政工程设计人员和大专院校土木工程专业师生参考。

图书在版编目(CIP)数据

市政工程施工计算实用手册. 下册/段良策主编
　--北京：人民交通出版社，2013.2
　ISBN 978-7-114-10090-1

　I. ①市… 　II. ①段… 　III. ①市政工程—工程施工—
工程计算—手册 　IV. ①TU99—62

　中国版本图书馆CIP数据核字(2012)第221657号

书　　　名	市政工程施工计算实用手册（下册）
著 作 者	段良策
责任编辑	曲　乐　李　喆　周　宇
出版发行	人民交通出版社
地　　　址	(100011)北京市朝阳区安定门外外馆斜街3号
网　　　址	http://www.ccpress.com.cn
销售电话	(010)59757973
总 经 销	人民交通出版社发行部
经　　　销	各地新华书店
印　　　刷	北京市密东印刷有限公司
开　　　本	787×1092　1/16
印　　　张	51.5
字　　　数	1319千
版　　　次	2013年2月　第1版
印　　　次	2013年2月　第1次印刷
书　　　号	ISBN 978-7-114-10090-1
定　　　价	125.00元

（有印刷、装订质量问题的图书由本社负责调换）

市政工程施工计算实用手册(下册)

编写人员及分工

主　编：段良策

副主编：方　良　潘永常

序

　　三年前,段良策教授与我讲起了编写《市政工程施工计算实用手册》的打算,对于他的这个写书计划,我是十分钦佩的。因为写书的经历告诉我,组织编写一部百万字以上的手册是非常不容易的。前几年,曾有出版社邀请我再版20世纪90年代主编的一些手册,但我知难而退了。段良策教授1953年毕业于上海国立同济大学土木工程系,从事土木工程技术工作已56年。比我年长,但仍雄心勃勃,实在非常难得。对学长的这一善举,我当尽力协助,遂推荐给人民交通出版社,希望能得到出版社的支持。

　　在人民交通出版社领导和曲乐副编审的支持与帮助下,这本手册几经修改易稿,终于即将付梓。段教授来电告诉我这一好消息,并希望我为手册写个序。

　　我国的城市正在经历大规模的现代化改造,广大的农村正在进行新农村的建设,我国市政工程施工的规模和技术难度都是空前的。这部书的问世,为广大从事市政工程施工的技术人员提供了一部非常实用的工具书,可用以解决施工过程中的各种设计和计算问题。有的人容易误解,认为计算乃是设计工作之事,施工只需要经验就可以了。殊不知许多工程事故的原因均在于施工人员不重视科学技术,不执行技术标准,不进行必要的施工设计和计算。例如,在土工技术中最简单、最容易实施的填土碾压压实度控制,由于无知,常常是被忽略了的工序,也是土方工程出事故最多的原因之一。至于施工模板或脚手架的垮塌、机具的倾覆等施工事故,也大多是由于缺乏必要的计算分析论证所致。施工计算不同于一般的工程结构计算,它是为保证施工安全以及施工管理需要的一种计算,具有实用性强、涉及面广、计算边界条件复杂、施工安全性能要求高的特点。现场施工技术管理人员,一般都担负着繁重的工程任务,无暇查阅各种专业资料,需要这样一本全面、系统而又实用的手册来处理工程施工计算问题。希望这本手册对市政工程施工技术人员的学习与工作都能有所裨益,有所帮助。

　　我们这一代人的经历是非常丰富的,经验也是很宝贵的,如果在退休以后能著书立说,将经验留下来传承给后代,将是非常有价值的一件事情。但写书是很艰苦的工作,要花很多的精力而又没有很丰厚的报酬,需要坚强的毅力和一定物质条件的支持。因此,往往由于主客观的条件限制,许多人常常会力不从心而不能实现这个愿望。段良策教授在半个多世纪里长期从事土木工程的技术工作,教过书,做过设计,更长的时间是担任工程建设的技术主管,这个丰富的技术阅历,铸造了一位具有广阔工程知识面和解决复杂工程问题能力的总工程师。他虽然年事已高,但有很好的身体和充沛的精力,仍活跃在工程建设第一线,和年轻的技术人员有着密切的工作协同关系,有作者群体和单位的支持,能够实现他著书立说的计划,具备了无可比拟的主客观条件。从这个意义上说,段良策教授是很幸运的,在这部手册中,凝聚着他在市政工程施工领域的丰富工程经验,体现了他对年轻工程技术人员的殷切期望。这本手册既是一部技术传承之作,也是培养市政工程施工技术人员基本功的继续教育教材,希望能够得到读者的喜爱。我想当读者阅读了这部手册以后,一定会深感由段良策教授来主持编纂实在是再合适不过的了。

高大钊
2009 年深秋于同济园

前　言

　　本书主要介绍市政工程在施工中经常遇到的各类有关施工计算问题,并紧密结合市政工程的特点,本着科学、全面、系统、实用和可操作性的指导思想来安排各章节的内容,全书分上、中、下三册出版,上册,共五篇二十四章,主要内容有:一、施工常用计算资料及常用结构(如砌体、混凝土、钢、木)的计算用表、公式与示例;二、施工测量(如道路的平曲线、竖曲线测量,桥梁施工放样测量等);三、土方与爆破工程;四、道路工程(如路基稳定性分析与计算、挡土墙压力计算、路基路面施工计算等);五、桥梁工程一般架设安装的计算。中册共两篇十二章,主要内容有:六、砌体结构、钢筋混凝土结构工程施工中的有关计算(如砂浆、混凝土、钢筋、模板、脚手架及支架等);七、地基承载力、预制桩打桩基础及地基处理有关计算。下册共三篇十七章,主要内容有:八、基坑支护、排水降水及地下工程施工计算(如支护结构有:灌注桩、树根桩、旋喷桩、深层搅拌桩、钢板桩、SMW 工法、地下连续墙、锚杆支护、土钉墙支护、水泥土墙支护及逆作法等;基坑降水有:轻型、喷射、电渗、管井及深井井点等;地下工程有:钢筋混凝土沉井及水中基础的修筑等);九、非开挖铺设地下管道工程施工计算(如:顶管工程、水平定向钻进和导向钻进牵引法施工计算等);十、软土隧道施工计算;附录 A、附录 B 及附录 C。书中主要介绍在施工中常用的计算公式、图表及参考数据,各章节内均附有计算示例,以便读者在实际查用时参考。本书可供从事市政工程、建筑工程、水利工程等专业的施工技术人员、管理人员和高级技工使用,也可供市政工程设计人员和大专院校土木工程专业师生参考。

　　在编写过程中,编者尽了最大的努力,参考了国内外专家学者出版的专著并引用了相关资料和内容,在此,谨向他们表示衷心的感谢和诚挚的敬意。由于编者的学识和水平有限,书中可能存在一些问题及错误,敬请读者批评指正,待以后修订时改进。

　　在编写过程中张波(上册)、李梦如(中、下册)、李林华、秦晓燕、王强担任了全书(全三册)的录入绘图工作,在此一并致谢。

编　者

2012 年 8 月于上海宏润建设集团股份有限公司

目 录

（下册）

第八篇 基坑支护、排水降水及地下工程施工计算

第九篇　非开挖铺设地下管道工程施工计算

第十篇　软土隧道施工计算

第八篇　基坑支护、排水降水及地下工程施工计算

第三十七章　作用于基坑支护结构上的荷载

第一节　土压力计算

一、概述

深基坑支护结构不同于挡土墙。它是先将桩墙做好,分层开挖、分层支撑(锚杆)。在开挖过程中,对基坑挡土结构进行支护;作锚杆过程是对支撑轴力进行调整,变形也得到调整。这些因素使得支护结构根本不能用传统的土压力极限状态理论来解决。

根据基坑围护结构的侧向位移方向、大小、背侧土体所处应力状态,一般将土压力分为三种状态。

1. 主动土压力状态

当基坑围护结构向基坑内侧移动或绕围护结构迎土面底部向基坑内侧转动时,如图37-1a)所示,随着位移量的增大,作用于基坑围护结构上的土压力状态是静止土压力逐渐减小,当位移量达到一定微小数值时,围护结构背侧土体达到主动极限平衡状态,此时土压力为主动状态,作用于围护结构上的土压力亦称为主动土压力 E_a。对于无支撑的基坑围护结构,如悬臂板桩围护外侧土压力通常按主动土压力进行设计或验算。

2. 被动土压力状态

当基坑围护结构在外力作用下产生向迎土面一侧移动和转动时,如图 37-1b)所示。随着位移量的增大,围护结构作用于土体的推力增大,土体对围护结构的反作用即土压力也逐渐增大,当位移量达到一较大数值时,土体在围护结构推力作用下达到被动极限平衡状态,此时土压力即处于被动状态,相应的土压力称作被动土压力 E_p。拱桥桥墩上土压力一般按被动土压力考虑。基坑围护结构内侧入土部分的土压力也认为是被动土压力。

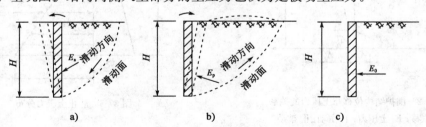

图 37-1　三种土压力状态示意图
a)主动土压力;b)被动土压力;c)静止土压力

3. 静止土压力状态

当基坑围护结构在土压力作用下不发生侧向移动和转动而保持原有位置时,如图 37-1c)所示,土体处于弹性平衡状态,此时土压力处于静止状态,相应的土压力称作静止土压力 E_0。建筑物地下室外墙上的土压力被认为是静止土压力。同样,采用地下连续墙既作围护又兼作地下室外墙,即两墙合一时,若采用"逆作法",施工阶段和正常使用阶段的侧向土压力都应按静止土压力考虑;若不采用"逆作法",施工期间可按主动土压力考虑,正常使用期间按静止土压力考虑。

很显然,在相同条件下,主动土压力小于静止土压力,静止土压力又小于被动土压力,即 $E_a < E_0 < E_p$,如图 37-2 所示。要知道产生被动土压力所需的位移量 Δ_p 远大于产生主动土压力所需的位移量 Δ_a,且两位移方向相反,前者朝向土体,后者朝向基坑内侧。表 37-1 为 Δ_p 和 Δ_a 的参考值。

Δ_p 和 Δ_a 参 考 值   表 37-1

土　类	应 力 状 态	位 移 形 式	所需的位移量
砂土	主动	平移	$(0.001 \sim 0.005)H$
	被动	平移	$> 0.05H$
	主动	绕前趾转动	$(0.001 \sim 0.005)H$
	被动	绕前趾转动	$> 0.1H$
黏土	主动	平移	$(0.010 \sim 0.004)H$
	主动	绕前趾转动	$(0.010 \sim 0.004)H$

注:H 为围护结构高度(m)。

二、土压力理论

1. 静止土压力

静止土压力是围护结构在侧限作用下系统处于弹性平衡状态时土体作用于围护结构上的土压力,即为弹性半空间在自重作用下无侧向变形时的水平侧压力,如图 37-3 所示。在半空间任意深度 z 处取一微元,则微元上作用有竖向的土自重应力 γz,该处的侧向静止土压力强度定义为:

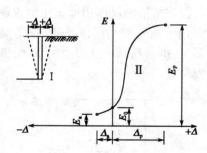 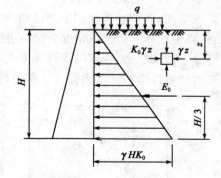

图 37-2　围护结构位移与土压力的关系
Δ-位移;E-土压力;Ⅰ-主动;Ⅱ-被动

图 37-3　静止土压力分布

$$e_0 = K_0 \gamma z + K_0 q \qquad (37\text{-}1)$$

式中:e_0 ——静止土压力强度(kPa);

　　　γ ——土的重度(kN/m³);

　　　z ——计算点距围护结构顶面的距离(m);

　　　K_0 ——静止土压力系数;

　　　q ——地面均布荷载(kPa)。

由式(37-1)可知,静止土压力呈三角形分布,故土体作用于单位长度围护结构上的静止土压力为:

$$E_0 = \frac{1}{2}\lambda H^2 K_0 + qH \tag{37-2}$$

式中:H——围护结构高度(m);

E_0——静止土压力总值(kN/m)。

静止土压力系数 K_0 取决于土的物理力学性质。根据工程经验,砂土 $K_0 = 0.35 \sim 0.5$;黏性土 $K_0 = 0.5 \sim 0.7$。

最为常见的 K_0 计算公式为Jaky于1944年提出的静止土压力系数:

$$K_0 = 1 - \sin\varphi' \tag{37-3a}$$

式中:φ'——土的有效内摩擦角(°)。

上海市标准《基坑工程技术规范》(DG/T J08-61—2010)规定静土压力系数为:

砂土、粉土:

$$K_0 = 1 - \sin\varphi'_k \tag{37-3b}$$

黏性土、淤泥质土:

$$K_0 = 0.95 - \sin\varphi'_k \tag{37-3c}$$

式中:φ'_k——土的有效摩擦角标准值(°),按三轴固结不排水剪切试验测定。

日本铁道部门制定的《结构物设计标准及解释》中建议静止土压力系数 K_0 按表 37-2 选取,其价值在于建立了普遍采用标准贯入试验的标准贯入击数 N 与土的静止土压力系数 K_0 的关系,所以在我国也得到广泛采用。

静止土压力系数 K_0 参考值　　　　　　　　　　　　　　　　表 37-2

土类	坚硬土	可塑—硬塑黏性土 砂土	可塑—硬塑黏性土	软塑黏性土	流塑黏性土
K_0	0.2~0.4	0.4~0.5	0.5~0.6	0.6~0.75	0.75~0.8

2. 朗金(Bankine)土压力理论

朗金土压力理论是通过研究弹性半空间体内的应力状态,根据围护结构的移动方向,由土体内任一点的极限平衡状态推导出来的。图 37-4 为水平面的半空间体,取其中一微元,当土体处于静止状态时,该微元处于弹性平衡状态,其竖向及水平应力分别为:

$$\sigma_z = \gamma z \tag{37-4}$$

$$\sigma_x = K_0 \gamma z \tag{37-5}$$

正常固结土的静止土压力系数 K_0 总是小于1,所以 σ_z 为大主应力,σ_x 为小主应力。试想由于某种原因使整个土体在水平方向上均匀伸展,使 σ_x 逐渐较小,根据莫尔—库仑屈服准则,莫尔圆会逐渐扩大直至达到极限平衡状态,这时称之为朗金主动状态。此时的 σ_x 达到最小值 σ_a,微元的大主应力则为 σ_z,小主应力为 e_a,其莫尔圆即为图 37-4 中圆 Ⅱ。反之,若土体在水平方向上均匀压缩,使 σ_x 逐渐增大,同样根据莫尔—库仑屈服准则,莫尔圆也会逐渐扩大直至达到极限平衡状态,这时称为朗金被动状态。此时的 σ_x 达到最大值 e_p,微元的大主应力为 e_p,小主应力为 σ_z,其莫尔圆即为图 37-4 中圆 Ⅲ。

值得提出的是朗金土压力理论是基于围护结构背面垂直光滑,即围护结构与土体的接触面上满足剪应力为零的边界条件。

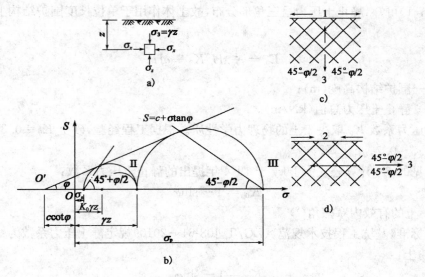

图 37-4 朗金极限平衡状态

a)微元;b)用莫尔圆表示的朗金极限平衡状态;c)朗金主动状态;d)朗金被动状态

1-主动伸展;2-被动压缩;3-大主应力方向

由土压力强度理论可知,土体中某点处于平衡状态时,大主应力 σ_1 和小主应力 σ_3 应满足如下关系式。

对黏性土(非纯砂)黏聚力 $c \neq 0$:

$$\sigma_1 = \sigma_3 \tan^2\left(45° + \frac{\varphi}{2}\right) + 2\cot\left(45° + \frac{\varphi}{2}\right) \tag{37-6}$$

或

$$\sigma_3 = \sigma_1 \tan^2\left(45° - \frac{\varphi}{2}\right) - 2\cot\left(45° - \frac{\varphi}{2}\right) \tag{37-7}$$

对无黏性土(砂土)黏聚力 $c = 0$:

$$\sigma_1 = \sigma_3 \tan^2\left(45° + \frac{\varphi}{2}\right) \tag{37-8}$$

或

$$\sigma_3 = \sigma_1 \tan^2\left(45° - \frac{\varphi}{2}\right) \tag{37-9}$$

(1)朗金主动土压力

由上述分析可知,在主动土压力状态下,大主应力 $\sigma_1 = \sigma_3 = \gamma z$ 不变,而小主应力为 e_a,由式(37-7)和式(37-9)可得:

对黏性土:

$$e_a = \gamma z K_a - 2c\sqrt{K_a} \tag{37-10}$$

对无黏性土:

$$e_a = \gamma z K_a \tag{37-11}$$

式中:K_a ——主动土压力系数,$K_a = \tan^2\left(45° - \frac{\varphi}{2}\right)$;

γ ——土体重度(kN/m³),地下水位以下用浮重度;

c ——黏土黏聚力(kPa);

z —— 计算深度(m);

e_a —— 主动土压力强度(kPa)。

主动土压力强度分别如图 37-5 所示。由式(37-11)可知,无黏性土的主动土压力强度 e_a 与计算深度 z 成正比,土压力强度按三角形分布,如图 37-5b)所示,则单位围护结构长度上无黏性土主动土压力为:

$$E_a = \frac{1}{2}\gamma H^2 K_a \tag{37-12}$$

E_a 通过三角形的形心,作用在围护结构底面以上 $\frac{H}{3}$ 处。

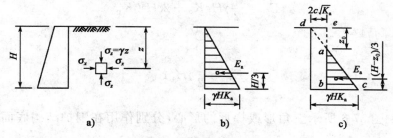

图 37-5 主动土压力强度分布

a)主体应力状态;b)无黏性土;c)黏性土

同理可得单位围护结构长度上黏性土主动土压力为:

$$E_a = \frac{1}{2}\gamma H^2 K_a - 2cH\sqrt{K_a} + 2c^2/\gamma \tag{37-13}$$

图 37-5c)中 z_0 为临界深度,在地表面无超载的情况下,临界深度 z_0 以上土压力强度为零,这是由于黏土的黏聚力 c 造成的,令式(37-10)为零,可求得 z_0:

$$z_0 = \frac{2c}{\gamma'\sqrt{K_a}} \tag{37-14}$$

E_a 通过图中三角形 abc 的形心,作用在围护结构底面以上 $(H-z_0)/3$ 处。

(2)朗金被动土压力

在被动土压力状态时,原来的大主应力 $\sigma_1 = \sigma_3 = \gamma z$ 转化为小主应力 σ_3,而原来小主应力逐渐增大为大应力 $\sigma_1 = e_p$,如图 37-6 所示,由式(37-6)和式(37-8)可得:

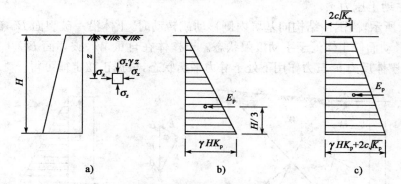

图 37-6 被动土压力强度分布

a)土体应力状态;b)无黏性土;c)黏性土

对黏性土:

$$e_p = \gamma z K_p + 2c\sqrt{K_p} \tag{37-15}$$

7

对无黏性土：

$$e_p = \gamma z K_p \tag{37-16}$$

式中：e_p——被动土压力强度（kPa）；

K_p——被动土压力系数，$K_p = \tan^2(45° + \dfrac{\varphi}{2})$。

无黏性土的被动土压力强度呈三角形分布，黏性土的被动土压力强度呈梯形分布，如图 37-6 所示，则单位围护结构长度上被动土压力为：

对黏性土：

$$E_p = \frac{1}{2}\gamma H^2 K_p + 2cH\sqrt{K_p} \tag{37-17}$$

对无黏性土：

$$E_p = \frac{1}{2}\gamma H^2 K_p \tag{37-18}$$

E_p 通过如图 37-6 所示三角形或梯形的形心，分别作用在围护结构底面以上 $\dfrac{H}{3}$ 处和

$$\frac{1}{3}\left[\frac{1 + \dfrac{6c}{\gamma H\sqrt{K_p}}}{1 + \dfrac{4c}{\gamma H\sqrt{K_p}}}\right]H\ 处。$$

朗金土压力理论图的中应力状态和极限平衡理论概念明确，公式简便，因而在基坑工程设计中得到广泛应用。但由于其围护结构背侧垂直光滑及土体表面水平的假定与实际情况有些出入，其应用范围也受到一定程度的限制。研究结果表明，主动土压力计算值 E_a 偏大，而被动土压力计算值 E_p 偏小。

3. 库仑(Comulomb)土压力理论

库仑土压力理论根据滑动楔体的极限平衡状态，由楔体的静力平衡条件推导出来。其基本假定包括：①围护结构后土体为无黏性土；②土体处于极限平衡状态（包括主动与被动）时，其滑动破坏面为一通过墙踵的平面。

(1)库仑主动土压力

如图 37-7 所示，当围护结构向基坑内侧移动或转动时，土体沿一破裂面 BC 破坏瞬间，楔体 ABC 向下滑动而使土体处于主动极限状态。土楔体在自重 W、破坏面 BC 上的反力 R 和围护结构对土楔体反力 E 三力作用下处于静力平衡状态，根据正弦定律可得：

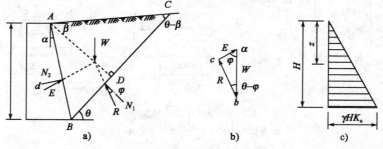

图 37-7　库仑主动极限平衡状态

a)楔体上作用力；b)力三角形；c)主动土压力强度分布图

8

$$E = W \frac{\sin(\theta - \varphi)}{\sin(\theta - \varphi + \psi)} \qquad (37\text{-}19\text{a})$$

$$\psi = 90° - \alpha - \delta \qquad (37\text{-}19\text{b})$$

由上式推导得,反力 E 表达式为:

$$E = \frac{1}{2}\gamma H^2 \frac{\cos(\alpha - \beta)\cos(\theta - \alpha)\sin(\theta - \varphi)}{\cos^2\alpha\sin(\theta - \beta)\sin(\theta - \varphi + \psi)} \qquad (37\text{-}20)$$

式中滑动面 BC 与水平面的夹角 θ 是假定的,即滑动面 BC 是假定的,根据不同的 θ 值会计算出不同的反力 E 值。由于反力 E 与土压力是作用力与反作用力,所以根据不同的 θ 值会产生不同的土压力 E 值。当土压力 E 值为最大时,楔体 ABC 最可能产生滑动,此时的夹角 θ 称为破裂角,用 θ_{cr} 表示。只要将式(37-20)对 θ 进行求导,即 $\dfrac{\mathrm{d}E}{\mathrm{d}\theta} = 0$ 就可以解得上式 E 的极大值即主动土压力值 E_a 为:

$$E_a = \frac{1}{2}\gamma H^2 \frac{\cos^2(\varphi - \alpha)}{\cos^2\alpha\sin(\alpha + \delta)\left[1 + \sqrt{\dfrac{\sin(\varphi + \delta)\sin(\varphi - \beta)}{\cos(\alpha + \delta)\cos(\alpha - \beta)}}\,\right]^2} \qquad (37\text{-}21)$$

或

$$E_a = \frac{1}{2}\gamma H^2 K_a \qquad (37\text{-}22)$$

则

$$K_a = \frac{\cos^2(\varphi - \alpha)}{\cos^2\alpha\sin(\alpha + \delta)\left[1 + \sqrt{\dfrac{\sin(\varphi + \delta)\sin(\varphi - \beta)}{\cos(\alpha + \delta)\cos(\alpha - \beta)}}\,\right]^2} \qquad (37\text{-}23)$$

式中:φ——土的内摩擦角(°);

α——围护结构迎土面的倾角(°),图 37-7 中 α 为正值;

β——围护结构后地表面倾角(°);

K_a——库仑主动土压力系数;

δ——围护结构土面与土体之间的摩擦角(°),它与土性、迎土面粗糙程度和排水条件等

因素有关,可按下列原则确定:当迎土面粗糙且排水良好时,$\delta = \dfrac{\varphi}{3} \sim \dfrac{\varphi}{2}$;当迎土

面十分粗糙且排水良好时,$\delta = \dfrac{\varphi}{3} \sim \dfrac{\varphi}{2}$;当迎土面光滑且排水不良时,$\delta = 0 \sim$

$\dfrac{\varphi}{3}$。

事实上,当围护结构竖直($\alpha = 0$)、迎土面光滑($\delta = 0$)、地表水平($\beta = 0$)时,式(37-21)可以简化为:

$$E_a = \frac{1}{2}\gamma H^2 \tan^2\left(45° - \frac{\varphi}{2}\right) \qquad (37\text{-}24)$$

式(37-24)即为无黏性土的朗金主动土压力。由此可见,朗金土压力理论只是库仑土压力理论的特殊情况。

①黏性土的库仑主动土压力

上述推导过程是针对无黏性土进行的,对于黏性土,日本铁道部门制定的《结构物设计标准与解释》推荐按式(37-25)计算主动土压力:

$$E_a = \frac{1}{2}\gamma'(H-z_0)^2 K_a \tag{37-25}$$

式中：z_0——临界深度(亦称黏性土自立高度)(m)，$z_0 = \frac{2c}{\gamma}\tan\left(45° + \frac{\varphi}{2}\right)$；

其余符号意义同前。

②无黏性土地震时的库仑主动土压力

同样，日本铁道部门制定的《结构物设计标准与解释》推荐了无黏性土地震时的主动土压力计算公式：

$$E_{ac} = \frac{1}{2}\gamma'H^2 K'_{ac}(1-K_V) \tag{37-26}$$

$$K'_{ac} = \frac{\cos^2(\varphi-\alpha-\theta')}{\cos\theta'\cos^2\alpha\cos(\alpha+\delta+\theta')\left[1+\sqrt{\dfrac{\sin(\varphi+\delta)\sin(\varphi-\beta-\theta')}{\cos(\alpha+\delta+\theta')\cos(\alpha-\beta)}}\right]^2} \tag{37-27}$$

$$\theta' = \tan^{-1}\left(\frac{K_H}{-K_V}\frac{\gamma}{\gamma'}\right) \tag{37-28}$$

式中：E_{ac}——无黏性土地震时的库仑主动土压力(MPa)；

γ'——土的浮重度(kN/m^3)，式(37-26)是考虑地下水位以下的情况；

K'_{ac}——地震时主动土压力系数；

K_H、K_V——水平和垂直地震系数。

黏性土地震时的主动土压力计算参照式(37-25)提供的方法进行，此处不再详述。

(2)库仑被动土压力

如图 37-8 所示，当围护结构受外力作用向土体移动或转动沿一破裂面 BC 破坏瞬间，楔体 ABC 向上滑动而使土体处于被动极限状态，同样在自重 W、反力 R 和反力 E_p 三力作用下土楔体 ABC 处于静力平衡状态，经推导可得被动土压力表达式为：

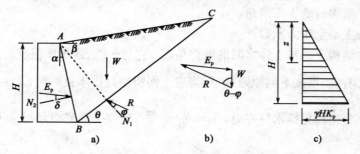

图 37-8　库仑被动极限平衡状态

a)楔体上作用力；b)力三角形；c)被动土压力强度分布图

$$E_p = \frac{1}{2}\gamma H^2 \frac{\cos^2(\varphi+\alpha)}{\cos^2\alpha\cos(\alpha-\delta)\left[1-\sqrt{\dfrac{\sin(\varphi+\delta)\sin(\varphi+\beta)}{\cos(\alpha-\delta)\cos(\alpha-\beta)}}\right]^2} \tag{37-29}$$

或

$$E_p = \frac{1}{2}\gamma H^2 K_p \tag{37-30}$$

则：

$$K_{p} = \frac{\cos^{2}(\varphi + \alpha)}{\cos^{2}\alpha\cos(\alpha - \delta)\left[1 - \sqrt{\dfrac{\sin(\varphi + \delta)\sin(\varphi + \beta)}{\cos(\alpha - \delta)\cos(\alpha - \beta)}}\right]^{2}} \qquad (37\text{-}31)$$

式中：K_{p}——库仑被动土压力系数。

当围护结构竖直（$\alpha = 0$）、迎土面光滑（$\delta = 0$）且地表水平（$\beta = 0$）时，式(37-29)可简化为：

$$E_{p} = \frac{1}{2}\gamma H^{2}\tan^{2}\left(45 + \frac{\varphi}{2}\right) \qquad (37\text{-}32)$$

①黏性土的库仑被动土压力

上述推导过程是针对无黏性土进行的，对于黏性土，日本铁道部门制定的《结构物设计标准与解释》推荐按式(37-33)计算被动土压力：

$$E_{p} = \frac{1}{2}\gamma H(H + 2z_{0}')K_{p} \qquad (37\text{-}33)$$

式中：z_{0}'——承受被动土压时黏性土的自立高度(m)，$z_{0}' = \dfrac{2c}{\gamma}\tan\left(45° + \dfrac{\varphi}{2}\right)$；

其余符号意义同前。

②无黏性土地震时的库仑被动土压力

同样，日本有铁道部门制定的《结构物设计标准与解释》推荐了无黏性土地震时的被动土压力计算公式：

$$E_{pe} = \frac{1}{2}\gamma' H^{2}K_{pe}'(1 - K_{V}) \qquad (37\text{-}34)$$

$$K_{pe}' = \frac{\cos^{2}(\varphi + \alpha - \theta')}{\cos\theta'\cos^{2}\alpha\cos(\alpha - \delta - \theta')\left[1 - \sqrt{\dfrac{\sin(\varphi + \delta)\sin(\varphi + \beta - \theta')}{\cos(\alpha - \delta - \theta')\cos(\alpha - \beta)}}\right]^{2}} \qquad (37\text{-}35)$$

式中：E_{pe}——无黏性土地震时库仑被动土压力(MPa)；

　　　γ'——土的浮重度(kN/m³)，式(37-34)为考虑地下水位以下的情况；

　　　K_{pe}'——地震时被动土压力系数。

注意，式(37-34)在 $\varphi + \beta - \theta' < 0$ 的情况下不适用。

黏性土地震时的被动土压力计算参照式(37-33)提供的方法进行，此处不再详述。

库仑土压力理论是针对无黏性土建立的，对黏性土的库仑土压力计算作了一些介绍，但在国内实际采用时，常用"等值内摩擦角" φ_{D} 来综合考虑黏性土的黏聚力 c 对土压力的影响。根据经验，对一般黏土，在地下水位以上时取 $\varphi_{D} = 30° \sim 35°$，在地下水位以下时取 $\varphi_{D} = 25° \sim 30°$，或者按照黏聚力 c 每增大 10kPa，φ_{D} 提高 $3° \sim 7°$，但一般取值为 $5°$。

库仑土压力理论总是假定破裂面为一平面，这与实际情况有一定差异。在计算库仑主动土压力时，只有当围护结构挡土面斜度 α 不大，且挡土面与土体间的摩擦角 δ 较小时，破裂面才接近于平面。在通常情况下，主动土压力计算偏差为 $2\% \sim 10\%$。而在计算库仑被动土压力时，其破裂面接近于对数螺线，且 δ 越大，其被动土压力计算偏差越大，有时可达数倍，此时的计算需考虑该破裂曲线的曲度。

4. 库仑、朗金理论应用方法的经验

1)土压力参数问题

土压力参数对支护结构的设计是很重要的问题，尤其是抗剪强度 c、φ 的取值。

(1)抗剪强度指标的测定

①抗剪强度：φ（土的内摩擦角）及 c（土的黏聚力）是设计计算土压力非常重要的指标。它用三轴剪切仪或直剪仪试验，由于直剪操作方法有不确定性，因此重要工程都用三轴仪取代。测定方法有总应力法和有效应力法。

②总应力法按排水方法不同，分为不排水剪（快剪）、排水剪（慢剪）及固结不排水剪（固结快剪），三种方法不同，所得指标也不同。一般慢剪所得 φ 值最大，快剪所得 φ 值最小，固结快剪居中，另外，它们的 c 值也不同。三轴仪做慢剪往往要几天，因此不常做。总应力法由于运用方便，是目前用得最多的方法（常规试验方法）。但总应力法在应用上存在缺陷，不能反映各种固结情况下的 c、φ 值，对地基实际情况的模拟是粗略的，如需精确地评定地基的强度与稳定，应采用有效应力法。

③有效应力法的抗剪强度指标 c'、φ' 一般用固结不排水剪（固结快剪）测定。由剪损时的总应力 σ_1 和 σ_3 减去剪损时的孔隙水压力 μ_f，就得到有效应力 σ'_1 及 σ'_3，由应力圆的包络线决定有效应力的抗剪强度指标 c'、φ'。有效应力法在理论上比较严格，比总应力法更能反映抗剪强度的实质，但有效应力法的测定关键在于要知道孔隙水压力的分布，在很多情况下得不到孔隙水压力分布，故影响了这种方法的应用。

④黏土的黏聚力 c 和内摩擦角 φ 必须在有效应力法的试验条件下求得，才是有效的抗剪强度指标。用现在的常规试验方法（不能测吸力）所求得的黏聚力 c 值中，包含有稳定的真黏聚力和不稳定的表观黏聚力两种组成部分。

真黏聚力比较稳定不变，大致范围为 5～20kPa，由吸附强度形成的不稳定表观黏聚力强度很大，可达 40～100kPa，但如地层吸入底面雨水或被地下水渗入时，其吸附强度将逐渐降低，直至饱和时吸附强度完全消失。

由此得出：试验报告中常列出 c 值为 40～100kPa 时，需注意如何应用 c 值，否则在设计施工中将会产生失误。

(2)抗剪指标的应用

①勘察报告中的抗剪指标，一般用三轴剪切仪快剪得出结果，它代表施工前的状况，但是基坑开挖经过降水排水，土中的孔隙水有变化，土中孔隙水压力逐渐消失，抗剪强度有所增加，因此对降水排水的基坑可以将土的内摩擦角 φ 值适当提高。有资料表明上海提高 30%。

②考虑黏聚力 c 将其折成等值内摩擦角计算，将在下面叙述。

(3)用不同的 φ 值计算被动土压力系数 K_p

基坑地下的土较好，有时已达砂层或卵石层，桩墙在坑下的被动土压力应用坑下砂层内摩擦角 φ_p，求得的 K_p 较为符合实际。

例如 $\varphi=30°$ 时，求得 $K_p = 3.0$，如基坑底下为砂卵石，则 $\varphi=40°$，$K_p = 4.6$，系数 K_p 增大 50%。

显然计算的被动土压力可以增大，可以克服理论计算中被动土压力偏小的问题。

2)朗金理论假定墙背与填土之间无摩擦力

即摩擦角 $\delta = 0$，此时计算主动土压力偏大，被动土压力偏小，针对这一问题，计算被动土压力系数时，使 $\delta \neq 0$，则被动土压力系数按式（37-36）计算：

$$K_p = \left[\frac{\cos\varphi}{\sqrt{\cos\delta} - \sqrt{\sin(\varphi+\delta)\sin\varphi}} \right]^2 \tag{37-36}$$

式中：K_p——被动土压力系数；

φ——土的内摩擦角；

δ——桩土间的摩擦角（$\delta = \varphi/3 \sim 2\varphi/3$）。

如按 $\varphi=30°$，$\delta=2\varphi/3=20°$，按式（37-36）计算，$K_p = 6.12$。

如用 $\varphi=30°$，被动土压力系数（$\delta = 0$）$K_p = \tan^2\left(45 + \dfrac{\varphi}{2}\right) = 3.0$，系数增加 1 倍，被动土压力可增大 1 倍。

3）用等值内摩擦角计算主动土压力法

前面提出基坑开挖的土是经久压密的土，它的黏聚力很大，有的直挖几米土尚能自立，且黏聚力又是抗剪强度的一部分，因此将黏聚力折成等值内摩擦角 φ_D 计算，按库仑土压力三角形分布。有黏聚力的主动土压力 E_a 按式（37-37）计算：

$$E_{a1} = 1/2\gamma H^2 \tan^2\left(45° - \frac{\varphi}{2}\right) - 2cH\tan\left(45° - \frac{\varphi}{2}\right) + \frac{2c^2}{\gamma} \tag{37-37}$$

用等值内摩擦角计算时，按无黏性土三角形土压力考虑，并代入 φ_D。

$$E_{a2} = 1/2\gamma H^2 \tan^2\left(45° - \frac{\varphi_D}{2}\right) \tag{37-38}$$

令 $E_{a1} = E_{a2}$，就得出等值内摩擦角 φ_D 值。

$$\tan\left(45° - \frac{\varphi_D}{2}\right) = \sqrt{\frac{\gamma H^2 \tan^2\left(45° - \frac{\varphi_D}{2}\right) - 4cH\tan\left(45° - \frac{\varphi_D}{2}\right) + \frac{4c^2}{\gamma}}{\gamma H^2}} \tag{37-39}$$

式中：φ_D——等值内摩擦角（°）；

H——挡土墙高，即基坑深度（m）；

其他符号意义同前。

用等值内摩擦角 φ_D 计算的具体算例，列于悬臂桩计算章内。中国科学院地基研究所对北京市几个大型基础工程（悬臂式灌注桩）作过测试，与原设计对比，只有用等值内摩擦角 φ_D 计算的弯矩与测验数值相近。从测试资料分析，H 在 10m 内可用等值内摩擦角 φ_D 计算。

4）深基坑开挖的空间效应问题

前面已述挡土墙是平面问题，而基坑支护开挖是有空间效应问题，它不仅与坑深有关，而且与宽度有关。在这个"基坑"内受力状态有所不同，开挖面受到另两面支撑作用的影响，在开挖平面四角的一定范围内与离角较远靠中线上受的力是不同的，就是说基坑的滑动面受到相邻边的制约影响，显然在中线的土压力最大，而靠两边压力则小，这种受力情况反映在桩顶位移上，充分说明这种现象。如上海某医院办公楼及住院楼工程的悬臂桩支护，基坑深度分别为8m 及 10m，桩顶位移在中间最大，分别为 10mm 及 27mm，在角部位移为 0mm，说明中间桩受力最大，两边受力最小。利用这种基坑空间效应，可以在两边折减桩数或减少钢筋用量。

5）重视场地内外水的问题

对施工场地的上层滞水、地下静止水位、压力水位，设计施工者必须充分了解，做好降水排水防水工作。支护结构的失误，往往误于水。因土的含水率增加时，结合水膜变厚，降低了土的黏聚力。

6）软土、淤泥质土不适用上述所讲有关方法

饱和软土、淤泥质土地区对其基坑支护有独特方法，如在被动土压力区采取措施增大被动土压力，其方法是用深层搅拌水泥加固或压力注浆法加固被动土压力区。

第二节 支护结构土压力计算

《建筑基坑支护技术规程》(JGJ 120—99)(以下简称《基坑规程》)和《建筑地基基础设计规范》(GB 50007—2011)(以下简称《基础规范》)中给出的计算土压力分布见图 37-9。可以看出,基坑开挖面以上主动土压力呈三角形分布,基坑开挖面以下成矩形分布;基坑开挖面以上被动土压力呈三角形分布。《基坑规程》中采用近似方法计算水压力。

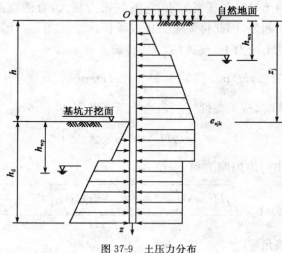

图 37-9 土压力分布

一、支护结构水平荷载标准值 e_{ajk}

e_{ajk} 应按当地可靠经验确定,当无经验时可按下列规定计算(图 37-10)。

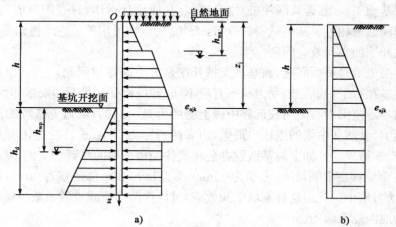

图 37-10 主动侧荷载标准值计算图

a)多层土的主动侧荷载;b)无地面荷载、无黏性均质土主动侧荷载

(1)碎石土及砂土

①当计算点位于地下水位以上时($z_j \leqslant h_{wa}$,h_{wa} 为基坑外侧水位深度):

$$e_{ajk} = \sigma_{ajk} K_{ai} - 2c_{ik} \sqrt{K_{ai}}$$

(37-40)

②当计算点位于地下水位以下时($z_j > h_{wa}$,h_{wa} 为基坑外侧水位深度):

$$e_{ajk} = \sigma_{ajk} K_{ai} - 2c_{ik}\sqrt{K_{ai}} + [(z_j - h_{wa}) - (m_j - h_{wa})\eta_{wa}K_{ai}]\gamma_w \qquad (37\text{-}41)$$

$$K_{ai} = \tan^2(45° - \varphi_{ik}/2) \qquad (37\text{-}42)$$

式中：K_{ai} ——计算点深度 z_j 所在的第 i 层土的主动土压力系数，采用简单的朗金土压力系数，按式(37-42)计算；

φ_{ik} ——三轴试验(当有可靠经验时,可采用直接剪切试验值)确定的第 i 层土固结快剪内摩擦角标准值(°)；

σ_{ajk} ——作用于基坑外侧计算深度 z_j 处的竖向应力标准值(MPa)，按式(37-41)(同《基坑规程》第3.4.2条)计算；

c_{ik} ——三轴试验(当有可靠经验时可采用直接剪切试验值)确定的第 i 层土固结快剪黏聚力标准(°)；

z_j ——基坑外侧计算点深度(m)，为基坑外侧天然底面至计算点的距离；

m_j ——计算点参数(m)，当 $z_j < h_{wa}$ 时,取 z_j，当 $z_j \geqslant h_{wa}$ 时,取 h；

h ——基坑开挖深度(m)，见图37-10；

h_{wa} ——基坑外侧水位深度(m)，为天然地面至基坑外侧水位的距离；

η_{wa} ——计算系数，当 $h_{wa} \leqslant h$ 时,取1,当 $h_{wa} > h$ 时,取0；

γ_w ——水的重度(kN/m³)。

(2)粉土及黏性土

$$e_{ajk} = \sigma_{ajk} K_{ai} - 2c_{ik}\sqrt{K_{ai}} \qquad (37\text{-}43)$$

当按上述公式计算的基坑开挖面以上水平荷载标准值小于零时,则取其值为零。式中符号意义同前。

二、基坑外侧竖向应力标准值 σ_{ajk}

应力标准值 σ_{ajk} 可按式(37-44)计算：

$$\sigma_{ajk} = \sigma_{rk} + \sigma_{0k} + \sigma_{1k} \qquad (37\text{-}44)$$

式中：σ_{rk} ——计算点深度 z_j 处的自重竖向应力(MPa)，可视情况按式(37-45)~式(37-47)计算；

σ_{1k} ——支护结构外侧 b_1 距离处,地表作用有宽度为 b_0 的条形荷载 q_1 时(图37-12)，基坑外侧深度 CD 范围内的附加竖向应力标准值(kPa)，按式(37-49)计算。

(1)计算点位于基坑开挖面以上

$$\sigma_{rk} = \gamma_{mj} z_j \qquad (37\text{-}45)$$

或

$$\sigma_{rk} = \sum_{i=1}^{n} \gamma_i h_i \qquad (37\text{-}46)$$

式中：z_j ——基坑外侧计算点深度(m)，为基坑外侧天然底面至计算点的距离；

γ_{mj} ——计算点深度 z_j 以上土的加权平均天然重度(kN/m³)；

n ——基坑外侧天然地面至计算点的土层数；

γ_i ——基坑外侧天然地面至计算点深度 z_j 范围内,第 i 土层的天然重度(kN/m³)，地下水位以下取饱和重度；

h_i ——基坑外侧天然地面至计算点深度 z_j 范围内,第 i 土层的厚度(m)，对于计算点所在土层,为该层顶线到计算点的距离。

(2)计算点位于基坑开挖面以下

$$\sigma_{rk} = \gamma_{mh}h \qquad (37\text{-}47)$$

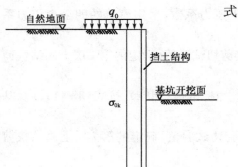

图 37-11　附加荷载

式中：h ——基坑开挖深度(m)；

γ_{mh} ——基坑开挖面以上土的加权平均天然重度 (kN/m^3)，地下水位以下时，土的天然重度 为饱和重度；

σ_{rk} ——当支护结构外侧地面作用满布附加荷载 q_0 时(图 37-11)，基坑外侧任意深度竖向应力 标准值(kPa)，按式(37-48)(同《基坑规程》 第 3.4.2 条)计算。

$$\sigma_{0k} = q_0 \qquad (37\text{-}48)$$

式中：q_0 ——支护结构外侧地面作用的满布附加荷载 (kPa)。

根据地表作用的均布荷载 q_1，σ_{1k} 可分以下几种情况：

①地表作用局部附加均布荷载 q_1

$$\sigma_{1k} = q_1 \frac{b_0}{b_0 + 2b_1} \qquad (37\text{-}49)$$

式中：q_1 ——地表作用宽度为 b_0 的条形附加荷载(kPa)；

b_0 ——局部荷载的作用宽度(m)；

b_1 ——支护结构外侧距地表作用条形附加荷载近侧的距离(m)。

②地表作用局部附加三角形荷载 q_1

当图 37-12 中附加荷载 q_1 为条形三角形分布时，计算公式同式(37-49)，但取 C 点的应力 值为零，计算出的 σ_{1k} 值也呈三角形分布(图 37-13)。

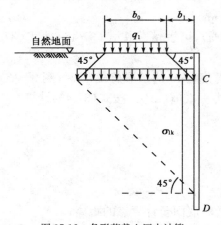

图 37-12　条形荷载土压力计算

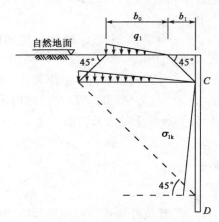

图 37-13　三角形荷载土压力计算

③地表作用局部附加梯形荷载 q_1

如果作用于地表的附加荷载为梯形荷载时，可以看成①、②两种情况的叠加，计算公式仍 同式(37-49)，如图 37-14 所示。

④地表作用局部条形附加均布荷载 q_1

荷载作用于地表以下一定深度 d 时，竖向应力作用范围相应下移，竖向应力 σ_{1k} 的计算按式(37-49)进行。地基附加压力扩散线与垂直线的夹角 θ 取 45°。

例如，距地表深度 $d＝2.5m$ 时，CD 段的作用范围相应向下移动 2.5m，产生的竖向应力 σ_{1k} 计算仍采用公式(37-49)计算，如图 37-15 所示。

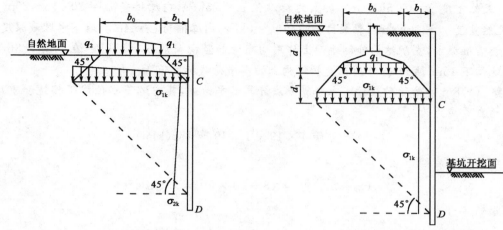

图 37-14　梯形荷载土压力计算　　　　　图 37-15　均布荷载土压力计算

⑤地表作用局部附加均布矩形荷载 q_1

荷载作用于地表以下一定深度 d 时，竖向应力作用范围也相应下移，竖向应力 σ_{1k} 的计算按式(37-50)进行。地基附加压力扩散线与垂直线的夹角 θ 取 30°。

$$\sigma_{1k} = \frac{q_1 b_0 l}{(b_0 + 2d_1 \tan\theta)(l + 2d_1 \tan\theta)} \tag{37-50}$$

式中：l——基础底面长度(m)。

⑥支护结构顶部放坡

支护结构顶部放坡是建筑基坑支护设计中常见的问题。通常，设计人员先在支护结构顶部放坡，再往下作支护结构。放坡高度、坡度和支护结构的选型应根据具体情况确定(图 37-16)。此时，可以将放坡形成的土自重压力看成作用在放坡脚高程处的附加荷载 q_0，再按上述方法计算主动侧附加竖向应力。但是，当采用超载模拟放坡时，将得不到相同的结果(此时的土压力计算值偏小)，这是由于放坡形成的土压力与超载形成的土压力算法不同的缘故。

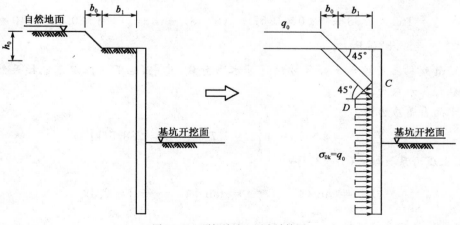

图 37-16　顶部放坡土压力计算图

【例 37-1】 某集水井采用排桩作支护结构,基坑深度 15m。地质条件如下:地面下 0～4m 为粉质黏土填土,天然重度 $\gamma=19\mathrm{kN/m^3}$,黏聚力标准值 $c_k=10\mathrm{kPa}$,内摩擦角 $\varphi_k=10°$;4～8m 为粉细砂,天然重度 $\gamma=19\mathrm{kN/m^3}$,黏聚力标准值 $c_k=0\mathrm{kPa}$,内摩擦角 $\varphi_k=30°$;8～15m 为黏土,天然重度 $\gamma=19.5\mathrm{kN/m^3}$,黏聚力标准值 $c_k=25\mathrm{kPa}$,内摩擦角 $\varphi_k=20°$;15～20m 为卵石,天然重度 $\gamma=20\mathrm{kN/m^3}$,黏聚力标准值 $c_k=0\mathrm{kPa}$,内摩擦角 $\varphi_k=40°$。地下水埋藏深度 3m。采用旋喷桩截水,支护结构外侧地面上作用均布附加竖向荷载 $q_0=10\mathrm{kPa}$,在地面下 8m 粉细砂和地面下 15m 黏土处,作用在支护结构上的水平荷载标准值 e_{ajk}。

解: (1)8m 处粉细砂应按水土分算方法计算水平荷载,其中地下水位以下按饱和重度,考虑水的自重应力为:

$$\sum h_i \gamma_i = 4 \times 19 + 4 \times 19 = 152 \text{(kPa)}$$

水的浮力为:

$$(z_j - h_{wa})\gamma_w = (8 - 3) \times 10 = 50 \text{(kPa)}$$

水的压力为:

$$(z_j - h_{wa})\gamma_w = (8 - 3) \times 10 = 50 \text{(kPa)}$$

主动土压力系数按式(37-42)得:

$$K'_{ai} = \tan^2\left(45° - \frac{\varphi_{ik}}{2}\right) = \tan^2\left(45° - \frac{30°}{2}\right) = 0.33$$

水平荷载标准值可按式(37-14)求得,即:

$$e_{ajk} = \sigma_{ajk}K_{ai} - 2c_{ik}\sqrt{K_{ai}} + [(z_j - h_{wa}) - (m_j - h_{wa})\eta_{wa}K_{ai}]\gamma_w$$

计算点位于基坑开挖面以上,按式(37-45)、式(37-48)和式(37-44)计算有:

$$\sigma_{rk} = r_{mj}z_j = \sum h_i \gamma_i = 152 \text{(kPa)}$$

$$\sigma_{0k} = q_0 = 10 \text{(kPa)}$$

$$\sigma_{ajk} = \sigma_{rk} + \sigma_{0k} + \sigma_{1k} = 152 + 10 + 0 = 162 \text{(kPa)}$$

因为 $h_{wa} \leqslant h$,取 $\eta_{wa}=1$,$m_j=z_j$,所以按式(37-41)求得 e_{ajk}:

$$\begin{aligned}
e_{ajk} &= \sigma_{ajk}K_{ai} - 2c_{ik}\sqrt{K_{ai}} + [(z_j - h_{wa}) - (m_j - h_{wa})\eta_{wa}K_{ai}]\gamma_w \\
&= 162 \times 0.33 - 2 \times 0 \times 0.57 + [(8-3) - (8-3) \times 1 \times 0.33] \times 10 \\
&= 85.82 \text{(kPa)}
\end{aligned}$$

(2)15m 处黏土应按水土合算方法计算水平荷载,其中,地下水位以下也按天然重度考虑,不单独计算水应力。

土、水的自重应力为:

$$\sum h_i \gamma_i = 4 \times 19 + 4 \times 19 + 7 \times 19.5 = 288.5 \text{(kPa)}$$

主动土压力系数按式(37-42)得:

$$K_{ai} = \tan^2\left(45° - \frac{\varphi_{ik}}{2}\right) = \tan^2\left(45° - \frac{20°}{2}\right) = 0.49$$

因水平荷载标准值可按式(37-43)求得,即:

$$e_{ajk} = \sigma_{ajk}K_{ai} - 2c_{ik}\sqrt{K_{ai}}$$

计算点位于基坑开挖面上，按式(37-45)、式(37-48)和式(37-44)计算有：

$$\sigma_{rk} = r_{mj}z_j = \sum h_i\gamma_i = 288.5(\text{kPa})$$

$$\sigma_{0k} = q_0 = 10(\text{kPa})$$

$$\sigma_{ajk} = \sigma_{rk} + \sigma_{0k} + \sigma_{1k} = 288.5 + 10 + 0 = 298.5(\text{kPa})$$

所以：

$$e_{ajk} = \sigma_{ajk}K_{ai} - 2c_{ik}\sqrt{K_{ai}} = 298.5 \times 0.49 - 2 \times 25 \times 0.7 = 111.3(\text{kPa})$$

三、支护结构水平抗力标准值 e_{pjk}

1. 碎石土及砂土

$$e_{pjk} = \sigma_{pjk}K_{pi} + 2c_{ik}\sqrt{K_{pi}} + (z_j - h_{wp})(1 - K_{pi})\gamma_w \qquad (37\text{-}51)$$

$$K_{pi} = \tan^2(45° + \varphi_{ik}/2) \qquad (37\text{-}52)$$

式中：K_{pi}——计算点深度 z_j 所在的第 i 层土的被动土压力系数，按式(37-52)(同《基坑规程》第3.5.3条)计算(图37-17)；

φ_{ik}——三轴试验(当有可靠经验时可采用直接剪切试验值)确定的第 i 层土固结快剪内摩擦角标准值(°)；

σ_{pjk}——作用于基坑底面以下深度 z_j 处的竖向应力标准值(kPa)，按式(37-53)计算；

$$\sigma_{pjk} = \gamma_{mj}z_j \qquad (37\text{-}53)$$

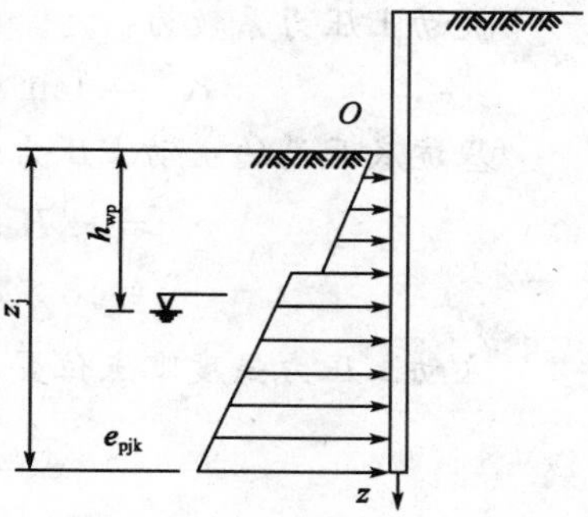

式(37-53)也可改写为：

$$\sigma_{pjk} = \sum_{i=1}^{n}\gamma_i h_i \qquad (37\text{-}54)$$

图37-17 水平抗力标准值计算图

c_{ik}——三轴试验(当有可靠经验时，可采用直接剪切试验值)确定的第 i 层土固结快剪黏聚力标准值(°)；

z_j——基坑内侧开挖面到计算点的深度(m)；

γ_{mj}——深度 z_j 处以上土的加权平均天然重度(kN/m^3)；

n——基坑内侧开挖面到计算点位置的土层数；

γ_i——从基坑内侧开挖面到计算点 z_j 范围内，第 i 土层的天然重度(kN/m^3)，地下水位以下取饱和重度；

h_i——从基坑内侧开挖面到计算点 z_j 范围内，第 i 土层的厚度(m)，对于计算点所在土层，为该层顶线到计算点的距离；

h_{wp}——基坑内侧水位深度(m)，从基坑内侧开挖面到基坑内侧水位的距离；

γ_w——水的重度(kN/m^3)。

当计算深度在基坑内侧地下水位以上时，取 $(z_j - h_{wp}) = 0$。

2. 粉土及黏性土

$$e_{pjk} = \sigma_{pjk}K_{pi} + 2c_{ik}\sqrt{K_{pi}} \qquad (37\text{-}55)$$

19

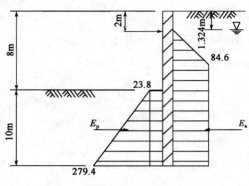

图 37-18 【例 37-2】图(单位:kPa)

式中符号意义同前。

【例 37-2】 某一基坑开挖深度为 8m,围护墙采用 600mm 厚的钢筋混凝土地下连续墙,墙体深度为 18m,采用一道 $\phi 500 \times 11$mm 的钢管支撑,支撑平面间距为 3m,支撑轴线位于底面以下 2m(图 37-18)。该基坑地质条件如下:地层为黏性土,土的天然重度 $\gamma = 18$kN/m³,内摩擦角 $\varphi_k = 10°$,$c = 10$kPa。地下水位在地面以下 1m,不考虑地面荷载。若用朗金土压力理论(水土合算)进行计算,试求:

(1)主动土压力。

(2)被动土压力。

解:(1)主动土压力计算。主动土压力系数按式(37-42)计算得:

$$K_{ai} = \tan^2(45° - \varphi_{ik}/2) = \tan^2(45° - 10°/2) = 0.704$$

被动土压力系数为:

$$K_{pi} = \tan^2(45° + \varphi_{ik}/2) = \tan^2(45° + 10°/2) = 1.420$$

基坑底面处的主动土压力强度按式(37-43)计算得:

$$e_{ajk} = \sigma_{ajk}K_{ai} - 2c_{ik}\sqrt{K_{ai}} = \sum h_i\gamma_iK_{ai} - 2c_{ik}\sqrt{K_{ai}}$$
$$= 18 \times 8 \times 0.704 - 2 \times 10 \times 0.839 = 84.60(\text{kPa})$$

主动土压力强度零点位置,可按公式 $z_0K_a - 2c\sqrt{K_a} = 0$ 求得:(参见《土力学》)

$$z_0 = \frac{2c}{\gamma\sqrt{K_a}} = \frac{2 \times 10}{18\sqrt{0.704}} = 1.324(\text{m})$$

土层无变化,故基坑底面以下主动土压力强度为定值,分布如图 37-18 所示。因此,主动土压力为:

$$E_a = \frac{1}{2} \times 84.60 \times (8 - 1.324) + 84.60 \times 10 = 1\,128.4(\text{kN/m})$$

(2)被动土压力计算(即基坑内侧水平抗力标准值)按式(37-55)、式(37-53)有:

$$e_{pjk} = \sigma_{pjk}K_{pi} + 2c_{ik}\sqrt{K_{pi}} = \gamma zK_{pi} + 2c_{ik}\sqrt{K_{pi}}$$

当 $z = 0$ 时,地下连续墙在基坑表面处的被动土压力强度为:

$$e_{pjk} = \gamma zK_{pi} + 2c_{ik}\sqrt{K_{pi}} = 18 \times 10 \times 1.420 + 2 \times 10 \times \sqrt{1.420} = 255.6 + 23.8 = 279.4(\text{kPa})$$

则被动土压力为:

$$E_p = \frac{1}{2} \times (279.4 - 23.8) \times 10 + 23.8 \times 10 = 1\,516(\text{kN/m})$$

3. 按《基坑规程》法计算

当土体侧向变形条件符合主、被动极限平衡条件时,土压力为:

$$p_a = (q + \sum r_ih_i)K_a - 2c\sqrt{K_a} \tag{37-56}$$
$$p_p = (q + \sum r_ih_i)K_p - 2c\sqrt{K_p} \tag{37-57}$$

式中:p_a、p_p——朗金主动与被动土压力强度(kPa);

q —— 地面均布荷载(kPa);

r_i —— 第 i 层土的重度(kN/m³);

h_i —— 第 i 层土的厚度(m);

K_a、K_p —— 朗金主动与被动土压力系数。

$$K_a = \tan^2(45° - \varphi/2) \tag{37-58}$$

$$K_p = \tan^2(45° + \varphi/2) \tag{37-59}$$

当土体侧向变形条件不符合主、被动极限平衡条件时,按式(37-60)和式(37-61)对主、被动土压力系数进行调整,也可以采用实测土压力。

主、被动土压力系数的调整值 K_{ma}、K_{mp}:

$$K_{ma} = \frac{1}{2}(K_0 + K_a) \tag{37-60}$$

$$K_{mp} = (0.5 \sim 0.7)K_a \tag{37-61}$$

式中:K_{ma} —— 调整的主动土压力系数;

K_{mp} —— 调整的被动土压力系数;

K_0 —— 静止土压力系数,按式[37-3a]计算。

应该指出的是,《基坑规程》中只给出了地表作用有局部条形附加均布荷载时基坑外侧竖向应力的计算方法,而对地面作用有几种点荷载 p 时的附加正应力的计算未作具体规定,此时,仍可以依据《基坑规范》的方法计算附加正应力(图37-19),但两种标准中对地基附加压力扩散线与垂直线的夹角 θ 取值不同:如《基坑规程》中规定 $\theta = 45°$;而《建筑基坑工程技术规范》(YB 9258—97)中规定 $\theta = 45° + \varphi/2$(φ 为内摩擦角标准值)。

【例 37-3】 已知某基坑开挖深度为8m,塔吊距挡土结构为2m,荷载为250kN,土的等值内摩擦角 $\varphi_D = 30°$,试求因塔吊荷载引起的附加土压力及影响深度范围 d 的值。

解:已知 $b = 2m$,$p = 200kN$,$\varphi_D = 30°$,$H = 8m$,由式(37-58)得:

$$K_a = \tan^2(45° - \varphi_D/2) = \tan^2(45° - 30°/2) = 0.333$$

$$\Delta E_a = p\sqrt{K_a} = 250 \times \sqrt{0.333} = 250 \times 0.577 = 144.25 \text{(kN)}$$

$$d = b[\tan(45° + \varphi_D/2) - \tan\varphi_D] = 2 \times [\tan(45° + 30°/2) - \tan30°] = 2 \times 1.155 = 2.31 \text{(m)}$$

$$\frac{2\Delta E_a}{d} = \frac{2 \times 144.25}{2.31} = 144.89 \text{(kN/m)}$$

附加土压力:

$$\Delta E_a = 144.25 \text{kN}$$

C 点位于桩顶下约 1.15m 处(图37-19)。

此外,当基坑地表作用有附加线性集中荷载时,线荷载对挡土结构的水平压力可以按照以下各式计算(图37-20)。

当 $m \leqslant 0.4$ 时:

$$\sigma_h\left(\frac{h}{Q_1}\right) = \frac{0.2n}{(0.16 + n^2)^2} \tag{37-62}$$

$$P_h = 0.55Q_1 \tag{37-63}$$

当 $m > 0.4$ 时:

21

$$\sigma_h\left(\frac{h}{Q_1}\right) = \frac{1.28m^2n}{(m^2+n^2)^2} \qquad (37\text{-}64)$$

$$P_h = \frac{0.64Q_1}{(m^2+1)} \qquad (37\text{-}65)$$

式中：h ——挖土深度（m）；

σ_h ——不同深度对挡土结构的水平力强度（kPa）；

Q_1 ——线荷载（kN/m）；

P_h ——对挡墙的总水平压力（kN/m）。

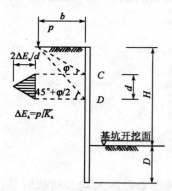

图 37-19　附加压力计算图

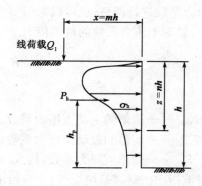

图 37-20　集中荷载土压力计算

x-线荷载距挡土结构的距离（m），用 mh 表示；z-水平力强度 σ_h 距地面的距离（m），用 nh 表示；h_p-总水平压力距挖土底的距离（m），如表 37-3 所示

总水平压力距挖土底的距离（m）　　　　　　　　　　　表 37-3

m	0.1	0.3	0.5	0.7
h_p	0.60h	0.60h	0.56h	0.48h

【**例 37-4**】　已知基坑开挖深度 9m，塔吊轨道距挡土结构 2m，线荷载为 200kN/m，试求在地面以下 3m 处的水平力强度及总水平力。

解：
$$x = 2\text{m}, m = \frac{x}{h} = \frac{2}{9} = 0.22 < 0.4$$

$$n = \frac{z}{h} = \frac{3}{9} = 0.333$$

水平力强度按式（37-62）得：

$$\sigma_h\left(\frac{h}{Q_1}\right) = \frac{0.2n}{(0.16+n^2)^2}$$

$$\sigma_h\left(\frac{9\text{m}}{200\text{kN/m}}\right) = \frac{0.2 \times 0.333}{(0.16+0.333^2)^2} = \frac{0.067}{0.073} = 0.92$$

$$\sigma_h = 22 \times 0.92 = 20.24（\text{kPa}）$$

总水平压力按式（37-63）得：

$$P_h = 0.55Q_1 = 0.55 \times 200 = 110（\text{kN/m}）$$

$m < 0.4$，$h_p = 0.6h = 0.6 \times 9 = 5.4$（m），从坑底算起。

本例若改塔吊轨道距桩 5m，其他条件不变时，得：

$$m = \frac{x}{h} = \frac{5}{9} = 0.556 > 0.4$$

22

$$n = \frac{z}{h} = \frac{3}{9} = 0.333$$

水平力强度按式(37-64)得：

$$\sigma_h\left(\frac{h}{Q_1}\right) = \frac{1.28m^2n}{(m^2+n^2)^2}$$

$$\sigma_h\left(\frac{9m}{200kN/m}\right) = \frac{1.28 \times 0.556^2 \times 0.333}{(0.556^2 + 0.333^2)^2} = \frac{0.132}{0.177} = 0.747$$

$$\sigma_h = 22 \times 0.747 = 16.57(kPa)$$

总水平压力按式(37-65)得：

$$P_h = \frac{0.64Q_1}{m^2+1} = \frac{0.64 \times 200}{1.31} = 97.71(kN/m)$$

$m > 0.4$，$h_p = 0.52h = 0.52 \times 9 = 4.68(m)$，从坑底算起。

注：地面集中荷载折算成均布荷载(德国"规范"规定可作参考)。

  ①码头上起重机械繁重：距桩1.5m内，按60kPa取值；

           距桩1.5~3.5m，按40kPa取值；

  ②轻型公路：按5kPa取值；

  ③重型公路：按10kPa取值；

  ④铁道：按20kPa取值。

第三节　分层土的土压力计算

1. 土层高度折算法

分层土压力计算时，首先考虑第一层土在地面超载和临近建筑物附加荷载作用下的土压力计算。计算第二层土压力时，第二层土按均质体考虑，将第一层土按重度换算成与第二层土相同的当量土层，当量土层厚度 h_1' 按式(37-66)计算。然后，以 $h_1' + h_2$ 为土层厚度，计算第二层的土压力，改土压力只在第二层土厚度 h_2 范围内有效。计算第三层土压力时，将第一层和第二层土按重度折算成与第三层土相同的当量土层，当量土层厚度 h_2' 按式(37-67)计算。然后，$h_2' + h_3$ 为土层厚度，计算第三层的土压力，同样，该土压力只在第三层土厚度 h_3 范围内有效。其余计算按此类推。如图 37-21 所示为两层无黏性土的主动土压计算示例。

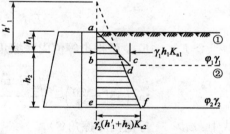

图 37-21　成层土侧向土压力计算的土层高度折算法
①-第一层土；②-第二层土

$$h_1' = h_1 \frac{\gamma_1}{\gamma_2} \tag{37-66}$$

$$h_2' = \frac{h_1\gamma_1 + h_2\gamma_2}{\gamma_3} \tag{37-67}$$

2. 加权平均法

n 层土组成的地层，可将这 n 层土视为一均质土层。假设各土层的厚度、重度及抗剪强度指标分别为 h_i、γ_i、c_i 和 φ_i，则该均质土层的各项计算指标可以分别按式(37-68)计算。

$$H = \sum_{i=1}^{n} h_i; \quad \bar{\gamma} = \frac{\sum_{i=1}^{n} \gamma_i h_i}{H} \tag{37-68}$$

$$\bar{c} = \frac{\sum_{i=1}^{n} c_i h_i}{H}; \quad \bar{\varphi} = \frac{\sum_{i=1}^{n} \varphi_i h_i}{H} \tag{37-69}$$

3. 等效超载法

将所计算的土层 i 以上的所有土层作为等效满布超载来处理,如图 37-22 所示,第 m 层土底面主动土压力强度为:

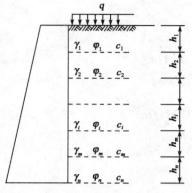

图 37-22　成层土侧向土压力计算的等效超载法

$$p_{am} = \left(q + \sum_{i=1}^{m} \gamma_i h_i\right) \tan^2\left(45° - \frac{\varphi_m}{2}\right) - 2c_m \tan\left(45° - \frac{\varphi_m}{2}\right)$$

(37-70)

式中:p_{am}——第 m 层土底面主动土压力强度(kPa);

q——地面超载(kPa);

γ_i——第 i 层土的重度(kN/m³);

h_i——第 i 层土的厚度(m);

φ_m——第 m 层土的内摩擦角(°);

c_m——第 m 层土的黏聚力(kPa)。

计算出各层土底面上的土压力强度后,再进行总的土压力计算。上述三种计算土压力方法中,第一种方法为常用方法。

4. 等值内摩擦角

如果基坑开挖的土层是经久压密的土,其黏聚力很大,有的直挖几米后尚能自立,由于黏聚力是土的抗剪强度的一部分,因此可将黏聚力折成土的等值内摩擦角 φ_D 来计算,按库仑土压力三角形分布。如下式:

$$E_{a1} = \frac{1}{2}\gamma H^2 \tan^2\left(45° - \frac{\varphi}{2}\right) - 2cH \tan\left(45° - \frac{\varphi}{2}\right) + \frac{2c^2}{\gamma}$$

(37-71)

用等值内摩擦角时,按无黏性土三角形土压力计算,并代入 φ_D。

$$E_{a2} = \frac{1}{2}\gamma H^2 \tan^2\left(45° - \frac{\varphi_D}{2}\right)$$

(37-72)

令 $E_{a1} = E_{a2}$,就得出等值内摩擦角 φ_D 的值。

$$\tan\left(45° - \frac{\varphi_D}{2}\right) = \sqrt{\frac{\gamma H^2 \tan^2\left(45° - \frac{\varphi}{2}\right) - 4cH \tan\left(45° - \frac{\varphi}{2}\right) + \frac{4c^2}{\gamma}}{cH^2}}$$

(37-73)

式中:φ_D——等值内摩擦角(°);

φ——土的内摩擦角(°);

H——基坑深度(m);

γ——土的重度(kN/m³);

c——土的黏聚力(kPa)。

【例 37-5】 已知某深基坑开挖深度为 10.5m,支护结构深度范围内的土层分三层(图 37-23):第一层为杂填土,天然重度 $\gamma_1 = 19$kN/m³,黏聚力 $c_1 = 5$kPa,内摩擦角 $\varphi_1 = 10°$;第二层为粉质填土,天然重度 $\gamma_2 = 18$kN/m³,黏聚力 $c_2 = 20$kPa,内摩擦角 $\varphi_2 = 15°$;第三层为砂土,天然重度 $\gamma_3 = 19$kN/m³,黏聚力 $c_3 = 0$kPa,内摩擦角 $\varphi_3 = 35°$。不考虑地下水的影响。试按"土层高度折算法"计算作用在此支护结构上的主动土压力,并绘出土压力分布图。

解:(1)计算各土层的主动土压力系数

$$K_{a1} = \tan^2(45° - \varphi_{1k}/2) = \tan^2(45° - 10°/2) = 0.704$$

$$K_{a2} = \tan^2(45° - \varphi_{12}/2) = \tan^2(45° - 15°/2) = 0.588$$

$$K_{a3} = \tan^2(45° - \varphi_{3k}/2) = \tan^2(45° - 35°/2) = 0.271$$

(2)竖向应力标准值 σ_{ajk}

根据式(37-44),有:

$$\sigma_{ajk} = \sigma_{rk} + \sigma_{0k} + \sigma_{1k}$$

由于不考虑附加荷载 q_0 和 q_1,故 $\sigma_{0k} = \sigma_{1k} = 0$,则式(37-44)可简化为:

$$\sigma_{ajk} = \sigma_{rk}$$

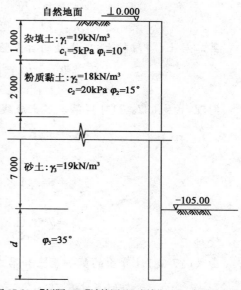

(3)计算主动土压力(即水平荷载标准值)

①杂填土

根据式(37-46)$\sigma_{rk} = \sum\limits_{i=1}^{n} \gamma_i z_i$,可以计算出第一层土(杂填土)底线处的自重竖向应力,即:

$$\sigma_{rk} = \gamma_1 h_1 = 19 kN/m^3 \times 1.5m = 28.5(kPa)$$

由式(37-43),可得第一层土(杂填土)底线处的水平荷载标准值:

图 37-23 【例题 37-4】计算图(尺寸单位:mm;高程单位:m)

$$\begin{aligned}
e_{ajk} &= \sigma_{ajk}K_{a1} - 2c_{1k}\sqrt{K_{a1}} \\
&= \sigma_{rk}K_{a1} - 2c_{1k}\sqrt{K_{a1}} \\
&= 28.5 \times 0.704 - 2 \times 5 \times \sqrt{0.704} \\
&= 20.064 - 8.390 \\
&= 11.67(kPa)
\end{aligned}$$

令式(37-43)中 $e_{ajk} = 0$,得临界深度 h_{01} 为:

$$h_{01} = \frac{2c_{1k}}{\gamma_1\sqrt{K_{a1}}} = \frac{2 \times 5}{19 \times 0.839} = 0.63(m)$$

②粉质黏土

将第一层土按重度换算成与第二层土相同的当量土层,由式(37-66)计算出的第一层土的当量土层厚度 h'_1 为:

$$h'_1 = h_1\frac{\gamma_1}{\gamma_2} = \frac{19 \times 1.5}{18} = 1.58(m)$$

第二层土(粉质黏土)顶线处的自重竖向应力为:

$$\sigma_{rk} = \gamma_2 h'_1 = 18 \times 1.58 = 28.44(kPa)$$

由式(37-43),可得第二层土顶线处的水平荷载标准值:

$$\begin{aligned}
e_{ajk} &= \sigma_{ajk}K_{a2} - 2c_{2k}\sqrt{K_{a2}} \\
&= \sigma_{rk}K_{a2} - 2c_{2k}\sqrt{K_{a2}} \\
&= 28.5 \times 0.588 - 2 \times 20 \times \sqrt{0.588} \\
&= 16.723 - 30.672 \\
&= -13.95 < 0
\end{aligned}$$

令式(37-43)中 $e_{ajk} = 0$,得临界深度 h_{02} 为:

$$h_{02} = \frac{2c_{2k}}{\gamma_2 \sqrt{K_{a2}}} = \frac{2 \times 20}{18 \times 0.767} = 2.89(\text{m})$$

$$h_{02} - h'_1 = 2.89 - 1.58 = 1.31(\text{m})$$

第二层土(粉质黏土)底线处的自重竖向应力为:

$$h'_1 + h_2 = 1.58 + 2 = 3.58(\text{m})$$

$$\sigma_{rk} = \gamma_2(h'_1 + h_2) = 18 \times 3.58 = 64.44(\text{kPa})$$

同理,由式(37-43)可得第二层土底线处的水平荷载标准值:

$$\begin{aligned}
e_{ajk} &= \sigma_{ajk}K_{a2} - 2c_{2k}\sqrt{K_{a2}} \\
&= \sigma_{rk}K_{a2} - 2c_{2k}\sqrt{K_{a2}} \\
&= 64.44 \times 0.588 - 2 \times 20 \times \sqrt{0.588} \\
&= 37.89 - 30.672 \\
&= 7.22(\text{kPa})
\end{aligned}$$

③砂土

由式(37-68)计算出的第一层土和第二层土的当量土层厚度 h'_2 为:

$$h'_2 = \frac{\gamma_1 h_1 + \gamma_2 h_2}{\gamma_3} = \frac{19 \times 1.5 + 18 \times 2}{19} = 3.39(\text{m})$$

砂土顶线处的自重竖向应力为:

$$\sigma_{rk} = \gamma_3 h'_2 = 19 \times 3.39 = 64.41(\text{kPa})$$

由式(37-40),可得第三层土(砂土)顶线处的水平荷载标准值:

$$e_{ajk} = \sigma_{ajk}K_{a3} - 2c_{3k}\sqrt{K_{a3}}$$

由于 $c_{3k} = 0$,故式(37-40)可简化为:

$$\begin{aligned}
e_{ajk} &= \sigma_{ajk}K_{a3} \\
e_{ajk} &= \sigma_{rk}K_{a3} = \gamma_3 h'_2 K_{a3} \\
&= 64.4 \times 0.271 = 17.46(\text{kPa})
\end{aligned}$$

基底高程($z_j = 10.5\text{m}$)处的自重竖向应力为:

$$h'_2 + h_3 = 3.39 + 7 = 10.39(\text{m})$$

$$\begin{aligned}
\sigma_{rk} &= \gamma_3(h'_2 + h_3) = 19 \times 10.39 \\
&= 197.41(\text{kPa}) \\
e_{ajk} &= \sigma_{rk}K_{a3} = \gamma_3(h'_2 + h_3)K_{a3} \\
&= 197.4 \times 0.271 = 53.50(\text{kPa})
\end{aligned}$$

由于不考虑地下水的影响,影响《基坑规程》土压力分布图(图37-9)可知,支护结构嵌固深度 d 范围内的水平荷载标准 $e_{ajk} = 53.50\text{kPa}$,该部分的土压力呈矩形分布(图37-24)。

【例37-6】 试计算图37-25所示基坑支护结构围护墙上各土层的水平荷载标准值和水平抗力标准值。

解:(1)计算各土层的土压力系数

$$K_{a1} = \tan^2(45° - 20°/2) = 0.49$$

$$K_{a2} = \tan^2(45° - 26°/2) = 0.39$$

$$K_{a3} = \tan^2(45° - 35°/2) = 0.27$$

$$K_{p2} = \tan^2(45° + 26°/2) = 2.56$$

$$K_{p3} = \tan^2(45° + 35°/2) = 3.69$$

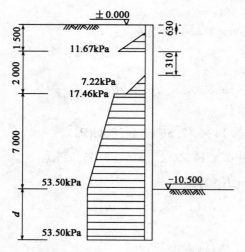

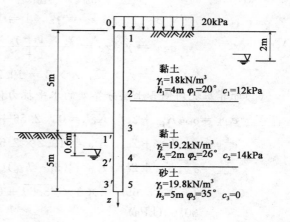

图 37-24 【例 37-4】土压力分布图
（尺寸单位：mm；高程单位：m）

图 37-25 【例 37-5】计算图
1、2、3、4、5-坑外侧土层分界数；1′、2′、3′-坑内侧土层分界数

（2）计算基坑外侧各土层分界处的竖向应力标准值

$$\sigma_{a1k} = \gamma_{m1} z_1 + q_0 = \gamma_1 \times 0 + q_0 = 18 \times 0 + 20 = 20 (\text{kPa})$$

$$\sigma_{a2k} = \gamma_{m2} z_2 + q_0 = \gamma_1 h_1 + q_0 = 18 \times 4 + 20 = 92 (\text{kPa})$$

$$\sigma_{a3k} = \gamma_{m3} z_3 + q_0 = \frac{\gamma_1 h_1 + \gamma_2 \times 1}{h_1 + 1}(h_1 + 1) + q_0 = \gamma_1 h_1 + q_0 + \gamma_2 \times 1$$

$$= 92 + 19.2 \times 1 = 111.2 (\text{kPa})$$

$$\sigma_{a4k} = \sigma_{a5k} = \gamma_m h = \frac{\gamma_1 h_1 + \gamma_2 \times 1}{h_1 + 1}(h_1 + 1) + q_0 = \sigma_{a3k} = 111.2 (\text{kPa})$$

（3）计算基坑外侧各土层分界处的水平荷载标准值

$$e_{a1k} = \sigma_{a1k} K_{a1} - 2c_1 \sqrt{K_{a1}} = 20 \times 0.49 - 2 \times 12 \times \sqrt{0.49} = -7 (\text{kPa}) < 0$$

$$e_{a2k}^{\pm} = \sigma_{a2k} K_{a1} - 2c_1 \sqrt{K_{a1}} = 92 \times 0.49 - 2 \times 12 \times \sqrt{0.49} = 28.28 (\text{kPa})$$

$$e_{a2k}^{\mp} = \sigma_{a2k} K_{a2} - 2c_2 \sqrt{K_{a2}} = 92 \times 0.39 - 2 \times 14 \times \sqrt{0.39} = 18.39 (\text{kPa})$$

$$e_{a3k}^{\pm} = \sigma_{a3k} K_{a2} - 2c_2 \sqrt{K_{a2}} = 111.2 \times 0.39 - 2 \times 14 \times \sqrt{0.39} = 25.88 (\text{kPa})$$

$$e_{a3k}^{\mp} = \sigma_{a3k} K_{a2} - 2c_2 \sqrt{K_{a2}} = 111.2 \times 0.39 - 2 \times 14 \times \sqrt{0.39} = 25.88 (\text{kPa})$$

$$e_{a4k}^{\pm} = \sigma_{a4k} K_{a2} - 2c_2 \sqrt{K_{a2}} = 111.2 \times 0.39 - 2 \times 14 \times \sqrt{0.39} = 25.88 (\text{kPa})$$

$$e_{a4k}^{\mp} = \sigma_{a4k} K_{a3} - 2c_3 \sqrt{K_{a3}} + [(z_4 - h_{wa}) - (m_4 - h_{wa})\eta_{wa} K_{a3}]\gamma_w$$

$$= 111.2 \times 0.27 - 2 \times 0 \times \sqrt{0.27} + [(6-2) - (5-2) \times 1 \times 0.27] \times 10$$

$$= 61.92 (\text{kPa})$$

$$e_{a5k} = \sigma_{a5k} K_{a3} - 2c_3 \sqrt{K_{a3}} + [(z_5 - h_{wa}) - (m_5 - h_{wa})\eta_{wa} K_{a3}]\gamma_w$$

$$= 111.2 \times 0.27 - 2 \times 0 \times \sqrt{0.27} + [(9-2) - (5-2) \times 1 \times 0.27] \times 10$$

$$= 91.92 (\text{kPa})$$

（4）计算基坑内侧各土层分界处的竖向应力标准值

$$\sigma_{p1'k} = \gamma_{m1'}z_{1'} = \gamma_2 \times 0 = 0$$

$$\sigma_{p2'k} = \gamma_{m2'}z_{2'} = \gamma_2 \times 1 = 19.2 \times 1 = 19.2(kPa)$$

$$\sigma_{p3'k} = \gamma_{m3'}z_{3'} = \frac{\gamma_2 \times 1 + \gamma_3 \times 3}{1+3}(1+3)$$

$$= \gamma_2 \times 1 + \gamma_3 \times 3 = 19.2 + 19.8 \times 3 = 78.2(kPa)$$

（5）计算基坑内侧各土层分界处的水平抗力标准值

$$e_{p1'k} = \sigma_{p1'k}K_{p2} + 2c_2\sqrt{K_{p2}} = 0 \times 2.56 + 2 \times 14 \times \sqrt{2.56} = 44.80(kPa)$$

$$e_{p2'k}^{\pm} = \sigma_{p2'k}K_{p2} + 2c_2\sqrt{K_{p2}} = 19.2 \times 2.56 + 2 \times 14 \times \sqrt{2.56} = 93.95(kPa)$$

$$e_{p2'k}^{\mp} = \sigma_{p2'k}K_{p3} + 2c_3\sqrt{K_{p3}} + (z_2 - h_{wp})(1 - K_{p3})\gamma_w$$

$$= 19.2 \times 3.69 + 2 \times 0 \times \sqrt{3.69} + (1 - 0.6)(1 - 3.69) \times 10$$

$$= 60.09(kPa)$$

$$e_{p3'k} = \sigma_{p3'k}K_{p3} + 2c_3\sqrt{K_{p3}} + (z_3 - h_{wp})(1 - K_{p3})\gamma_w$$

$$= 78.2 \times 3.69 + 2 \times 0 \times \sqrt{3.69} + (4 - 0.6)(1 - 3.69) \times 10$$

$$= 198.57(kPa)$$

计算结果如图 37-26 所示。

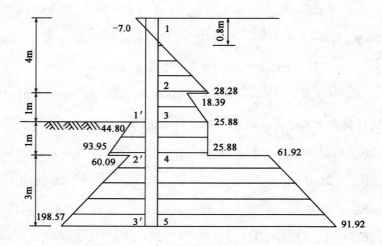

图 37-26 【例 37-5】计算结果（单位：kPa）

注：本章部分示例摘自参考文献[36]、[68]、[108]。

第四节 水压力计算

当基坑开挖深度范围内存在地下水时，在计算土压力时应考虑水对土的减重作用，即计算土压力时采用土的浮重度，再计算作用于围护结构上的静水压力，则作用于围护结构上的侧向压力为土压力与静止水压力两者之和。土压力计算如图 37-27 所示。上述处理方法实质上是认为土体孔隙水除一小部分结合水外，其余部分均为自由水，土颗粒悬浮于自由水中，因此采用浮重度 γ' 计算土压力，而自由水是连续的，可传递压力，因此其静水压力应另行计算。这种处理方法适用于砂土、粉土、粉质黏土和孔隙较大的黏土。

对于一些孔隙率较小的黏土,计算水压力时一般认为土体孔隙中的水都是结合水,水作为土体的一部分产生侧向压力,此时直接以土的饱和重度计算水土压力。

1. 无黏性土的主动水土压力

(1)地下水位以上部分

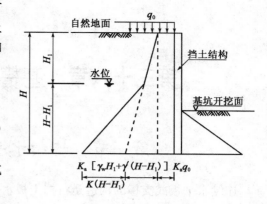

图 37-27 水压力计算图

$$e_{ajk} = \gamma_{mj} z_j K_{ai} \qquad (37\text{-}74)$$

式中：e_{ajk}——水土压力强度(kPa)；

z_j——基坑外侧计算点深度(m),为基坑外侧天然地面至计算点的距离；

γ_{mj}——计算点深度 z_j 以上土的加权平均天然重度(kN/m³)；

K_{ai}——计算点深度 z_j 所在的第 i 层土的主动土压力系数,采用简单的朗金土压力系数,按式(37-42)计算。

(2)地下水位以下部分

$$e_{ajk} = K_{ai}[\gamma_{mj}H_1 + \gamma'(z_j - H_1)] + K_w \gamma_w(z_j - H_1) \qquad (37\text{-}75)$$

式中：H_1——自然地面至地下水位的距离(m)；

K_w——水的侧压力系数,取 $K_w = 1$；

γ'——土的浮重度(kN/m³)；

γ_w——水的重度,$\gamma_w = 10$kN/m³；

其余符号意义同前。

2. 孔隙率较小的黏性土的主动水土压力

(1)地下水位以上部分

$$e_{ajk} = \gamma_{mj} z_j K_{ai} - 2c_{ik}\sqrt{K_{ai}} \qquad (37\text{-}76)$$

式中：c_{ik}——三轴试验(当有可靠经验时,可采用直接剪切试验值)确定的第 i 层土固结快剪黏聚力标准值(kPa)；

其余符号意义同式(37-74)。

(2)地下水位以下部分

$$e_{ajk} = \gamma_{H1} H_1 K_{aw} - 2c_{kH1}\sqrt{K_{aw}} + \gamma_{sat}(H - H_1)K_{aw} \qquad (37\text{-}77)$$

式中：H_1——自然地面至地下水位的距离(m)；

K_{aw}——地下水位高程所在土层的主动土压力系数,采用简单的朗金土压力系数,按式(37-42)计算；

γ_{H1}——地下水位高程以上土层的加权平均天然重度(kN/m³)；

γ_{sat}——土的饱和的重度(kN/m³)；

c_{kH1}——三轴试验(当有可靠经验时,可采用直接剪切试验值)确定的地下水位高程所在土层的固结快剪黏聚力标准值(kPa)。

注意,式(37-74)～式(37-77)中未考虑因作用在地面的满布附加荷载 q_0 和临近建筑物基础施加的条形或矩形附加荷载 q_1 而引起的广义土压力,若要考虑,应另行计算。

第三十八章 基槽和管沟支护(撑)计算

第一节 连续水平板式支护(撑)计算

连续水平板式支撑的构造是将挡土板水平连续放置,不留间隙,然后两侧同时对称立竖楞木(立柱),上、下各顶一根横撑木,端头加木楔顶紧。这种支撑适用于较松散的干土或天然湿度的黏土类土、地下水很少,深度为3～5m的基槽和管沟支撑。

计算图示如图38-1所示,水平挡土板与梁的作用相同,承受土的水平压力的作用,设土与挡土板间的摩擦力不计,则深度 h 处的主动土压力强度 p_a(kPa)为:

$$p_a = \gamma h \tan^2 \left(45° - \frac{\varphi}{2}\right) \tag{38-1}$$

式中: γ——坑壁土的加权平均重度, $\gamma = \dfrac{\gamma_1 h_1 + \gamma_2 h_2 + \gamma_3 h_3}{h_1 + h_2 + h_3}$ (kN/m³);

h——基槽或管沟深度(m);

φ——坑壁土的加权平均内摩擦角, $\varphi = \dfrac{\varphi_1 h_1 + \varphi_2 h_2 + \varphi_3 h_3}{h_1 + h_2 + h_3}$ (°)。

一、挡土板计算

挡土板厚度按受力最大的下面一块板计算。设深度 h 处的挡土宽度为 b,则主动土压力作用在该挡土板上的荷载 $q_1 = p_a b$ (图38-1)。

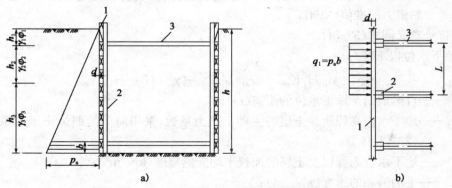

图38-1 连续水平板式支撑水平挡土板受力情况

a)沟槽横剖面示意;b)沟槽平面示意

1-水平挡土板;2-立柱;3-横撑木

当挡土板视为简支梁,如立柱间距为 L 时,则挡土板承受的最大弯矩如式(38-2)所示:

$$M_{max} = \frac{q_1 L^2}{8} = \frac{p_a b L^2}{8} \tag{38-2}$$

所需木挡板的截面积 W 如式(38-3)所示。

$$W = \frac{M_{\max}}{f_{\mathrm{m}}} \tag{38-3}$$

式中：f_{m}——木材的抗弯强度设计值(MPa)，考虑受力不匀因素取 $f_{\mathrm{m}}=10\mathrm{MPa}$。

需用木挡板的厚度 d 见式(38-4)：

$$d = \sqrt{\frac{6W}{b}} \tag{38-4}$$

二、立柱计算

立柱为承受三角形荷载的连续梁，亦按多跨简支梁计算，并按控制跨设计其尺寸。当坑(槽)壁设两道横撑木(图 38-2)，其上下横撑间距为 l_1，立柱间距为 L 时，则下端支点处主动土压力的荷载为：$q_2 = p_{\mathrm{a}}L(\mathrm{kPa})$，式中 p_{a} 为立柱下端的土压力(kPa)。

立柱承受三角形荷载作用，下端支点反力为：$R_{\mathrm{a}} = \frac{q_2 l_1}{3}$；上端支点反力为：$R_{\mathrm{b}} = \frac{q_2 l_1}{6}$。

由此可求得最大弯矩所在截面与上端支点的距离为：$x = 0.578 l_1$。

最大弯矩如式(38-5)所示。

$$M_{\max} = 0.064\,2 q_2 l_1^2 \tag{38-5}$$

最大应力如式(38-6)所示。

$$\sigma = \frac{M_{\max}}{W} \leqslant f_{\mathrm{m}} \tag{38-6}$$

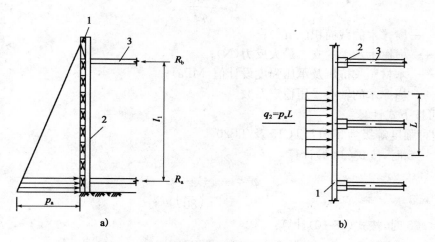

图 38-2　连续水平板式支撑双层横撑立柱受力情况
a)沟槽横剖面示意；b)沟槽平面示意
1-水平挡土板；2-立柱；3-横撑木

当坑(槽)壁设多层横撑木(图 38-3)时，可将各跨间梯形分布荷载简化为均布荷载 q_i(等于其平均值)，如图 38-3a)中虚线所示，然后取其控制跨度求其最大弯矩：$M_{\max} = \frac{q_3 l_3^2}{8}$，决定立柱尺寸可同上法。

支点反力可按承受相邻两跨度上各半跨的荷载计算，图 38-3b)的中间支点的反力见式(38-7)所示。

$$R = \frac{q_3 l_3 + q_2 l_2}{2} \tag{38-7}$$

A、D 两支点的外侧无支点，故计算的立柱两端的悬臂部分的荷载亦应分别由上下两个支点承受。

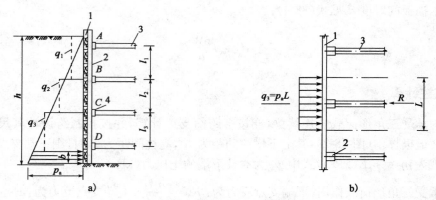

图 38-3　多层横撑的立柱计算简图

a)沟槽横剖面示意；b)沟槽平面示意

1-水平挡土板；2-立柱；3-横撑木；4-木楔

三、横撑计算

横撑木为承受支点反力的中心受压杆件，可按式(38-8)计算需用截面面积。

$$A_0 = \frac{R}{\varphi f_c} \tag{38-8}$$

式中：A_0 ——横撑木的截面积(mm^2)；

$\quad\quad R$ ——横撑木承受的支点最大反力(N)；

$\quad\quad f_c$ ——木材顺纹抗压及承压强度设计值(MPa)；

$\quad\quad \varphi$ ——横撑木的轴心受压稳定系数。

φ 值可按下式计算：

(1)树种强度等级为 TC17、TC15 及 TB20

当 $\lambda > 75$ 时，按式(38-9)计算：

$$\varphi = \frac{1}{1 + \left(\dfrac{\lambda}{80}\right)^2} \tag{38-9}$$

当 $\lambda \leqslant 75$ 时，按式(38-10)计算：

$$\varphi = \frac{3\,000}{\lambda^2} \tag{38-10}$$

(2)树种强度等级为 TC13、TC11、TB17 及 TB15

当 $\lambda > 91$ 时，按式(38-11)计算：

$$\varphi = \frac{1}{1 + \left(\dfrac{\lambda}{65}\right)^2} \tag{38-11}$$

当 $\lambda \leqslant 91$ 时，按式(38-12)计算：

$$\varphi = \frac{2\,800}{\lambda^2} \tag{38-12}$$

在式(38-9)~式(38-12)中，λ 为横撑木的细长比。

【例 38-1】 某管道沟槽深 3m，上层 1.5m 为填土，重度 $\gamma_1 = 17.5\text{kN/m}^3$，内摩擦角 $\varphi_1 = 24°$，1.5m 以下为褐黄色黏土，重度 $\gamma_2 = 18.7\text{kN/m}^3$，内摩擦角 $\varphi = 26°$。用连续水平板式支撑，试选择木支撑截面。木材为杉木，木材抗弯强度设计值 $f_m = 10\text{MPa}$，木材顺纹抗压强度设计值 $f_c = 10\text{MPa}$。

解： 土的重度平均值 $\gamma = \dfrac{17.5 \times 1.5 + 18.7 \times 1.5}{3} = 18.1\text{kN/m}^3$，内摩擦角平均值 $\varphi = \dfrac{24° \times 1.5 + 26° \times 1.5}{2} = 25°$。

在沟底 3m 深处土的水平压力 p_a：

$$p_a = \gamma h \tan^2\left(45° - \frac{\varphi}{2}\right) = 18.1 \times 3 \tan^2\left(45° - \frac{25°}{2}\right) = 22.1(\text{kPa})$$

水平挡土板选用 75mm×200mm，在 3m 深处的土压力作用于该木板上的荷载 q_1：

$$q_1 = p_a \cdot b = 22.1 \times 0.2 = 4.42(\text{kN/m})$$

木板的截面矩：$W = \dfrac{20 \times 7.5^2}{6} = 187.5(\text{cm}^2)$，抗弯强度设计值 $f_m = 10(\text{MPa})$，所能承受的最大弯矩为：

$$M_{max} = 187.5 \times 10^3 \times 10 \times 10^{-3} = 1\,875(\text{N} \cdot \text{m})$$

立柱间距 L 按式(38-2)求出：

$$L = \sqrt{\frac{8M_{max}}{q_1}} = \sqrt{\frac{8 \times 1\,875}{4.42 \times 10^3}} = 1.84(\text{m})，取 1.9\text{m}$$

立柱下支点处主动土压力荷载 q_2：

$$q_2 = p_a L = 22.1 \times 1.9 = 42.0(\text{kN/m})$$

立柱选用截面为 15cm×15cm 方木，截面矩 $W = \dfrac{15^3}{6} = 562.5\text{cm}^2$，立柱 $f_m = 10\text{MPa}$，则立柱所能承受的弯矩 $M_{max} = 562.5 \times 10^3 \times 10 \times 10^{-3} = 5\,625(\text{N} \cdot \text{m})$。

由式(38-5)可得横撑木间距 $l_1 = \sqrt{\dfrac{M_{max}}{0.064\,2q_2}} = \sqrt{\dfrac{5\,625}{0.064\,2 \times 42 \times 10^3}} = 1.44(\text{m})$。为便于支撑，取 1.5m，上端悬臂 0.8m，下端悬臂 0.7m，如图 38-4 所示。

立柱在三角形荷载作用下，下端支点反力 $R_a = \dfrac{q_2 l_1}{3} = \dfrac{42.0 \times 1.5}{3} = 21\text{kN}$，上端支点反力 $R_b = \dfrac{q_2 l_1}{6} = \dfrac{42.0 \times 1.5}{6} = 10.5\text{kN}$。

横撑木按中心受压构件计算。横撑木 $f_c = 10\text{MPa}$，横撑木实际长度 $l = l_0 = 2.5\text{m}$，初步选定截面面积为 10cm×10cm 方木。

所以长细比：

$$\lambda = \frac{l_0}{i} = \frac{2.5}{0.29 \times 0.10} = 86.2 < 91$$

由式(38-9)得：

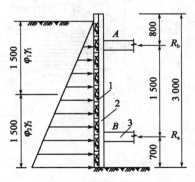

图 38-4　管道沟槽连续水平板式
支撑(尺寸单位：mm)

1-水平挡土板；2-立柱；3-横撑木

$$\varphi = \frac{1}{1+\left(\frac{\lambda}{80}\right)^2} = \frac{1}{1+\left(\frac{86.2}{80}\right)^2} = 0.36$$

横撑木轴心受压力 N：

$N = \varphi A_0 f_c = 0.36 \times 100 \times 100 \times 10 = 36\,000(\text{N}) = 36(\text{kN}) > R_a(=22.1\text{kN})$，满足要求。

第二节　连续垂直板式支护（撑）计算

连续垂直板式支撑的构造是将挡土板垂直放置，连续或留适当间隙，然后每侧上、下各水平顶一根木方（横垫木），再用横撑木顶紧。这种支撑适用于土质较松散或湿度很高的土，地下水较少，深度可不限的基坑（槽）和管沟支撑。

基坑（槽）和管沟开挖，采用连续垂直板式支撑挡土时，其横垫木和横撑木的布置和计算有等距和不等距（等弯矩）两种方式。

一、横撑等距布置计算

连续垂直板式等距横支撑计算简图如图 38-5 所示，横撑木的间距均相等，垂直挡土板与梁的作用相同，承受土的水平压力，可取底跨受力最大的板进行计算，计算方法与连续水平板式支撑的立柱相同。承受梯形分布荷载的作用，可简化为均布荷载（等于其加权平均值），求最大弯矩：$M = \frac{q_1 l_1^2}{8}$，即可确定垂直挡土板尺寸。

横垫木的计算及荷载与连续水平板式支撑的水平挡土板相同。

横撑木的作用力为横垫木的支点反力，其截面计算亦与连续水平板式支撑的横撑木计算相同。

这种布置挡土板的厚度按最下面受土压力最大的板跨进行计算，需要厚度较大，不够经济，但偏于安全。

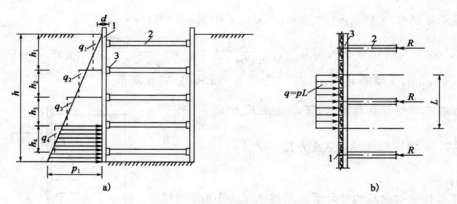

图 38-5　连续垂直板式等距横支撑计算简图

a)沟槽横剖面示意；b)沟槽平面示意

1-垂直挡土板；2-横撑木；3-横垫木

二、横撑不等距（等弯矩）布置计算

连续垂直板式不等距横支撑计算简图如图 38-6 所示，横垫木和横撑木的间距为不等距支设，随基槽、管沟深度而变化，随土压力增大而加密，使各跨间承受弯矩相等。

设土压力 E_{a1} 平均分布在高度 h_1 上,并假定垂直挡土板各跨均为简支,则 h_1 跨单位长度的弯矩为:

$$M_1 = \frac{E_{a1}h_1}{8} = \frac{h^2}{6}f_m \tag{38-13}$$

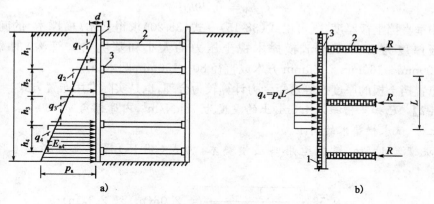

图 38-6　连续垂直板式不等距横支撑计算简图

a)沟槽横剖面示意;b)沟槽平面示意

1-垂直挡土板;2-横撑木;3-横垫木

将 $E_{a1} = 0.5\gamma h_1^3 \tan^2\left(45° - \dfrac{\varphi}{2}\right)$ 代入式(38-13)得:

$$\frac{1}{16}\gamma h_1^3 \tan^2\left(45° - \frac{\varphi}{2}\right) = \frac{h^2}{6}f_m$$

$$h_1^3 = \frac{2.67h^2 f_m}{\gamma \tan^2\left(45° - \dfrac{\varphi}{2}\right)} \tag{38-14}$$

式中:h_1——沟槽深度(m);

γ——土的平均重度,取 18kN/m^3;

f_m——木材抗弯强度设计值,考虑受力不均因素,取 $f_m = 10\text{MPa}$;

φ——土的内摩擦角(°)。

将 f_m、γ 值代入式(38-14)得:

$$h_1 = 0.53\sqrt[3]{\frac{h^2}{\tan^2\left(45° - \dfrac{\varphi}{2}\right)}} \tag{38-15}$$

其余横垫木(横撑木)间距,可按等弯矩条件进行计算:

$$\frac{E_{a1}h_1}{8} = \frac{E_{a2}h_2}{8} = \frac{E_{a3}h_3}{8} = \cdots = \frac{E_{an}h_n}{8}$$

将 E_{a1}、E_{a2}、$\cdots$、E_{an} 代入得:

$$h_1 h_1^2 = h_2\left[(h_1 + h_2)^2 - h_1^2\right]$$
$$= h_3\left[(h_1 + h_2 + h_3)^2 - (h_1 + h_2)^2\right]$$
$$\cdots\cdots$$
$$= h_n\left[\left(\sum_1^n h\right)^2 - \left(\sum_1^{n-1} h\right)^2\right]$$

解得:

$$h_2 = 0.62h_1 \qquad\qquad (38\text{-}16)$$
$$h_3 = 0.52h_1 \qquad\qquad (38\text{-}17)$$
$$h_4 = 0.46h_1 \qquad\qquad (38\text{-}18)$$
$$h_5 = 0.44h_1 \qquad\qquad (38\text{-}19)$$
$$h_6 = 0.39h_1 \qquad\qquad (38\text{-}20)$$

如已知垂直挡土板厚度,既可由式(38-15)～式(38-20)求得横木(横撑木)的间距。一般垂直挡土板厚度为 $50\sim80$mm,横撑木视土压力的大小和基坑(槽、管沟)的宽、深采用 100mm$\times100$mm~160mm$\times160$mm 方木或直径 $80\sim150$mm 圆木。

以上布置挡土板的厚度按等弯矩受力计算较为合理,也是实际常用布置方式。

【例 38-2】 已知基槽深为 4.5m,土的重度为 18kN/m^3,内摩擦角 $\varphi=30°$,采用 50mm 厚木垂直挡土板,试求横垫木的间距。

解:基坑槽深 4.5m,考虑适用四层横垫木,由式(38-15)得最上层横垫木间距,按式(38-15)得:

$$h_1 = 0.53\sqrt[3]{\frac{4.5^2}{\tan^2\left(45°-\dfrac{30°}{2}\right)}} = 2.08(\text{m}) \approx 2.1(\text{m})$$

由式(38-16)、式(38-17)可算得下两层横垫木的间距为:
$$h_2 = 0.62h_1 = 0.62\times2.08 = 1.29(\text{m}) \approx 1.3(\text{m})$$
$$h_3 = 0.52h_1 = 0.52\times2.08 = 1.08(\text{m}) \approx 1.1(\text{m})$$

第三十九章 基坑支护结构类型概述

第一节 基坑支护结构设计原则与基坑侧壁安全等级及重要性系数

一、设计原则

根据中华人民共和国行业标准《建筑基坑支护技术规程》(JGJ 120—99)(以下简称《基坑规程》)的规定,基坑支护结构应采用以分项系数表示的极限状态设计表达式进行设计。

(1)基坑支护结构极限状态可分为以下两类:一类为承载能力极限状态,对应于支护结构达到最大承载能力或土体失稳、过大变形导致支护结构或基坑周边环境破坏;另一类为正常使用极限状态,对应于支护结构的变形已妨碍地下结构施工或影响基坑周边环境的正常使用功能。

(2)基坑支护结构设计应根据表 39-1 选用相应的侧壁安全等级及重要性系数。

基坑侧壁安全等级及重要性系数　　　　　　表 39-1

安 全 等 级	破 坏 后 果	γ_0
一级	支护结构破坏土体失稳或过大变形对基坑周边环境及地下结构施工影响很严重	1.10
二级	支护结构破坏土体失稳或过大变形对基坑周边环境及地下结构施工影响一般	1.00
三级	支护结构破坏土体失稳或过大变形对基坑周边环境及地下结构施工影响不严重	0.90

注:有特殊要求的建筑基坑侧壁安全等级,可根据具体情况另行确定。

(3)支护结构设计应考虑其结构水平变形、地下水的变化对周边环境的水平与竖向变形的影响。对于安全等级为一级和对周边环境变形有限定要求的二级建筑基坑侧壁,应根据周边环境的重要性、对变形的适应能力及土的性质等因素确定支护结构的水平变形限值。

(4)当场地内有地下水时,应根据场地及周边区域的工程地质条件、水文地质条件、周边环境情况和支护结构与基础形式等因素,确定地下水控制方法。当场地周围有地表水汇流、排泄或地下水管渗漏时,应对基坑采取保护措施。

(5)根据承载能力极限状态和正常使用极限状态的设计要求,基坑支护应按以下规定进行计算和验算:

①基坑支护结构均应进行承载能力极限状态的计算,计算应包括以下内容:

a. 根据基坑支护形式及其受力特点进行土体稳定性计算。

b. 基坑支护结构的受压、受弯、受剪承载力计算。

c. 当有锚杆或支撑时,应对其进行承载力计算和稳定性验算。

②对于安全等级为一级及对支护结构变形有限定的二级建筑基坑侧壁,尚应对基坑周边环境及支护结构变形进行验算。

③地下水控制计算和验算。

a. 抗渗透稳定性验算。

b. 基坑底突涌稳定性验算。

c. 根据支护结构设计要求进行地下水位控制计算。

(6)基坑支护设计内容应包括对支护结构计算和验算、质量检测及施工监控的要求。

(7)当有条件时,基坑应采用局部或全部放坡开挖,放坡坡度应满足其稳定性要求。

二、勘察要求

1. 初步勘察阶段的勘察要求

在主体建筑地基的初步勘察阶段,应根据岩土工程条件,搜集工程地质和水文地质资料,并进行工程地质调查,必要时可进行少量的补充勘察和室内试验,提出基坑支护的建议方案。

2. 详细勘察阶段的勘察要求

在建筑地基详细勘察阶段,对需要支护的工程宜按以下要求进行勘察工作:

(1)勘察范围应根据开挖深度及场地的岩土工程条件确定,并宜在开挖边界外按开挖深度的1～2倍范围内布置勘探点,当开挖边界外无法布置勘探点时,应通过调查取得相应资料。对于软土,勘察范围尚宜扩大。

(2)基坑周边勘探点的深度应根据基坑支护结构设计要求确定,不宜小于1倍开挖深度,软土地区应穿越软土层。

(3)勘探点间距应视地层条件而定,可在15～30m内选择,地层变化较大时,应增加勘探点,查明分布规律。

3. 场地水文地质勘察要求

场地水文地质勘察应达到以下要求:

(1)查明开挖范围及临近场地地下水含水层和隔水层的层位、埋深和分布情况,查明各含水层(包括上层滞水、潜水和承压水)的补给条件和水力联系。

(2)测量场地各含水层的渗透系数和渗透影响半径。

(3)分析施工过程中水位变化对支护结构和基坑周边环境的影响,提出应采取的措施。

4. 岩土工程测试参数要求

岩土工程测试参数宜包含以下内容:

(1)土的常规物理试验指标。

(2)土的抗剪强度指标。

(3)室内或原位试验测试土的渗透系数。

(4)在特殊条件下,应根据实际情况选择其他适宜的试验方法测试设计所需参数。

5. 基坑周边环境勘察要求

基坑周边环境勘察应包括以下内容:

(1)查明影响范围内建(构)筑物的结构类型、层数、基础类型、埋置深度、基础荷载大小及上部结构现状。

(2)查明基坑周边的各类地下设施,包括上下水、电缆、煤气、污水、雨水和热力等管线或管道的分布和性状。

(3)查明场地周围和邻近地区地表水汇流、排泄情况、地下水管渗漏情况以及对基坑开挖的影响程度。

(4)查明基坑四周道路的距离及车辆载重情况。

6. 解决问题的建议

在取得勘察资料的基础上,针对基坑特点,应提出解决以下问题的建议:

(1)分析场地的地层结构和岩土的物理力学性质。

(2)地下水的控制方法及计算参数。

(3)施工中应进行的现场监测项目。

(4)基坑开挖过程中应注意的问题及其防治措施。

三、支护结构选型

(1)支护结构可根据基坑周边环境、开挖深度、工程地质与水文地质、施工作业设备和施工季节等条件,按表 39-2 选用排桩、地下连续墙、水泥土墙、逆作拱墙、土钉墙、放坡或采用上述形式的组合。

支护结构选型表

表 39-2

结 构 形 式	适 用 条 件
排桩或地下连续墙	(1)适用于基坑侧壁安全等级一、二、三级。 (2)悬臂式结构在软土场地中不宜大于 5m。 (3)当地下水位高于基坑底面时,宜采用降水、排桩加载水帷幕或地下连续墙
水泥土墙	(1)基坑侧壁安全等级宜为二、三级。 (2)水泥土桩施工范围内地基土承载力不宜大于 150kPa。 (3)基坑深度不宜大于 5m
土钉墙	(1)基坑侧壁安全等级宜为二、三级的非软土场地。 (2)基坑深度不宜大于 12m。 (3)当地下水位高于基坑底面时,应采取降水或截水措施
逆作拱墙	(1)基坑侧壁安全等级宜为二、三级。 (2)淤泥和淤泥质土场地不宜采用。 (3)拱墙轴线的矢跨比不宜小于 1/8。 (4)基坑深度不宜大于 12m。 (5)地下水位高于基坑底面时,应采取降水或截水措施
放坡	(1)基坑侧壁安全等级宜为三级。 (2)施工场地应满足放坡条件。 (3)可独立或与上述其他结构结合使用。 (4)当地下水位高于坡脚时,应采取降水措施

(2)支护结构选型应考虑结构的空间效应和受力特点,采用有利支护结构材料受力性状的形式。

(3)软土场地可采用深层搅拌、注浆、间隔或全部加固等方法对局部或整个基坑底土进行加固,或采用降水措施提高基坑内侧被动抗力。

四、质量检测

(1)支护结构施工及使用的原材料及半成品应遵照有关施工验收标准进行检验。对基坑侧壁安全等级为一级或对构件质量有怀疑的安全等级为二级和三级的支护结构应进行质量检测。

（2）检测工作结束后应提交包括以下内容的质量检测报告：

①检测点分布图。

②检测方法与仪器设备型号。

③资料整理及分析方法。

④结论及处理意见。

五、基坑开挖

（1）基坑开挖应根据支护结构设计、降排水要求，确定开挖方案。基坑边界周围地面应设排水沟，且应避免漏水、渗水进入坑内；放坡开挖时，应对坡顶、坡面和坡脚采取降排水措施。基坑周边严禁超堆荷载。软土基坑必须分层均衡开挖，层高不宜超过1m。

（2）在基坑开挖过程中，应采取措施防止碰撞支护结构、工程桩或扰动基底原状土。发生异常情况时，应立即停止挖土，并应立即查清原因和采取措施，方能继续挖土。开挖至坑底高程后坑底应及时满封闭并进行基础工程施工。

（3）地下结构工程施工过程中应及时进行夯实回填土施工。

六、开挖监控

（1）基坑开挖前应制订系统的开挖监控方案，监控方案应包括监控目的、监测项目、监控报警值、监测方法及精度要求、监测点的布置、监测周期、工序管理和记录制度以及信息反馈系统等。

（2）监测点的布置应满足监控要求，基坑边缘以外1～2倍开挖深度范围内的需要保护物体均应作为监控对象。

（3）基坑工程监测项目可按表39-3选择。

基坑工程监测项目 表39-3

监测项目　　　基坑侧壁安全等级	一　级	二　级	三　级
支护结构水平位移	应测	应测	应测
周围建筑物、地下管线变形	应测	应测	宜测
地下水位	应测	应测	宜测
桩、墙内力	应测	宜测	可测
锚杆拉力	应测	宜测	可测
支撑轴力	应测	宜测	可测
立柱变形	应测	宜测	可测
土体分层竖向位移	应测	宜测	可测
支护结构界面上侧向压力	宜测	可测	可测

（4）位移观测基准点数量不应少于两点，且应设在影响范围以外。

（5）监测项目在基坑开挖前应测得初始值，且不应少于两次。基坑监测项目的监控报警值应根据监测对象的有关规范及支护结构设计要求确定。各项监测的时间间隔可根据施工进程确定。当变形超过有关标准或监测结构变化速率较大时，应加密观测次数。当有事故征兆时，应连续监测。

(6)基坑开挖监测过程中,应根据设计要求提交阶段性监测结果报告。工程结束时应提交完整的监测报告,报告应包括以下内容:

①工程概况。

②监测项目和各测定的平面和立面布置图。

③采用仪器设备和监测方法。

④监测数据处理方法和监测结构过程曲线。

⑤监测结果评价。

第二节 基坑支护结构类型

一、概述

支护结构分挡土(挡水)及支撑拉结两部分,而挡土部分因地质水文情况不同又分为透水部分及止水部分。透水部分的挡土结构需在基坑内外设排水降水井,以降低地下水位。止水部分挡土结构主要不使基坑外地下水进入坑内,如作防水帷幕、地下连续墙等,只在坑内设降水井。

二、基坑支护结构分类

深基坑支护结构分类见图 39-1。

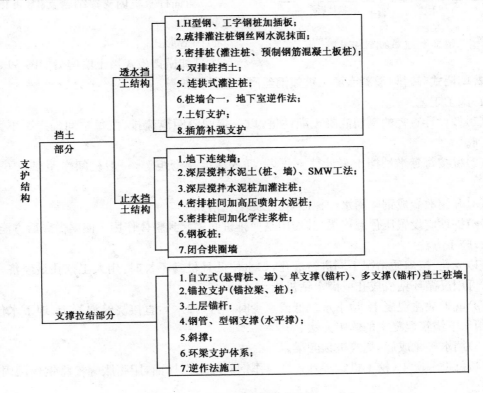

图 39-1 深基坑支护结构分类表

三、透水挡土结构

1. H 型钢（工字钢）桩加横插板挡土

1）施工工艺

（1）锤击 H 型钢桩达到设计深度，每挖一定深度后，在 H 型钢间加挡土插板。

（2）挖土到基坑设计深度，挡土插板安装完毕。

（3）地下室结构包括外墙施工完毕，拆除一层挡板，填满这一层土方。

（4）填土夯实完毕后，用振动拔桩机拔出 H 型钢桩。

（5）拔桩后的孔洞，用黄砂填实。

2）适用范围

适用于黏土、砂土地下水位低的地质条件。当水位高或有上层滞水时，应采取降水措施使水位低于基坑高程。如在软土地基中使用，但一定要慎重。

3）特点

（1）H 型钢桩一次投资费用大，支护工程完毕后，要将工字钢拔出回收，拔出后按摊销费计算，比灌注桩节省。

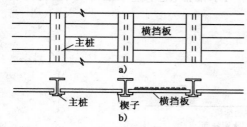

图 39-2　主桩加横挡板式挡土墙
a)立面；b)平面

（2）当 H 型钢桩为悬臂时，其位移量较大，要计算位移量，在设置支撑或锚杆时，要进行计算，避免产生过大位移，影响构筑物及邻近建筑物的安全。

（3）与锚杆及坑内支撑结合支护，可得到满意的支护效果。

4）构造形式

主桩加横挡板式挡土墙构造如图 39-2 所示。

2. 间隔式（疏排）混凝土灌注桩如钢丝网水泥抹面护壁

1）施工工艺

（1）按设计直径的钢筋混凝土灌注桩，以一定间隔距离疏排，按每桩间隔净距不大于 1m 来排列。

（2）桩按每延米长挡土来计算土压力、插入深度及弯矩等，一般桩间净距以 0.6～0.8m 为宜。

（3）开挖面做成钢丝网水泥抹面，挡住泥土剥落。

（4）桩顶应设置压顶圈连梁，其作用是使排桩圈梁起到整体作用。圈梁做完后方能挖土。

2）施工方法

（1）成孔：按地质情况不同进行成孔，如水位低且桩身不长时，用人工挖孔最经济，有地下水时，可用反循环钻机成孔或潜水钻机成孔。

（2）就地灌注混凝土：地下水位低或水少时，可以抽水后直接浇筑混凝土，地下水位高时，应采用水下浇筑混凝土的施工方法。

（3）挡水桩完成后，浇筑桩顶圈梁。

（4）每挖一层土（挖土机定层）后，及时作钢丝网水泥抹面，用膨胀螺栓将钢丝网固定在挡土桩上。

（5）挖土与支撑或锚杆的配合，一般应挖到锚杆竖向高程下 0.5m，以便锚杆施工。

3)特点

(1)灌注桩施工简便,无振动、噪声小、不扰民,桩本身有一定的间隔,比密排桩施工方便。

(2)工程基础亦为灌注桩时,可以同步施工,省工期(即支护桩与工程可同时施工)。

(3)水泥用量较大,水下浇筑混凝土,质量不易控制。

4)适用范围

适用各种黏土、砂土地下水位低的地质情况施工。

5)构造形式

间隔式灌注桩的构造形式如图39-3所示。

图39-3 间隔式灌注桩示意图

3. 密排桩(灌注桩、预制桩)

1)构造要求

(1)密排桩可以是灌注桩,也可以是预制桩(方桩、圆桩、板桩)。

(2)灌注桩可以间隔成孔,然后浇筑混凝土,再间隔成孔灌注混凝土后成密排桩,其间或有少量缝隙,成一字排列,如图39-4a)所示,或交错排列,如图39-4b)所示。

(3)桩间浇筑无筋树根桩或水泥土桩,如图39-4c)所示,以便作为锚杆施工。

(4)桩顶做压顶连接圈梁。

2)特点

(1)密排桩比地下连续墙施工简便,但整体性不如地下连续墙,如做好防渗措施(加水泥压力注浆等),其防水、挡土功能与地下连续墙相似。

(2)较疏排桩受力性能好。

(3)密排桩若不采用防水抗渗措施,仍不能止水。

3)适用范围

黏土、砂土、软土、淤泥质土均可应用。

4. 双排灌注桩

1)构造要求

(1)采用中等直径(如 $\phi 400 \sim \phi 600$mm)的灌注桩,作为双排梅花式或前后排式的桩,如图39-5所示。

(2)桩顶用钢筋混凝土圈梁连接,该梁宽大,与嵌固的桩脚形成刚架。

(3)挖土一边只需将前桩露出,而桩间土不动,使前后排桩同时受力。

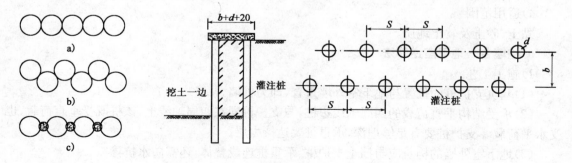

图39-4 密排桩   图39-5 双排桩挡土示意图

2)特点

(1)刚度大,位移小,施工简便。

(2)单排悬臂式不能支护的深基坑,可以用双排悬臂桩作支护,整体稳定性能好。

3)适用范围

黏土、砂土地质,地下水位较低的地区。

5. 连拱式灌注桩挡土

1)构造要求

(1)连拱式灌注桩是以大直径桩(如 $\phi 800 \sim \phi 1\,000$mm)为主桩,中间距离为 $3 \sim 5$m,其间用小直径桩(如 $\phi 300$mm 左右)排列成拱形,组成拱截面的组合桩群,如图 39-6 所示。拱矢高 $f = (1/4 \sim 1/2)l$。

(2)大小直径的桩顶用钢筋混凝土圈梁连接,增加桩体的稳定性。

(3)当基坑深时,可在沿深度中间加 $1 \sim 2$ 道肋梁以增加组合截面的稳定。

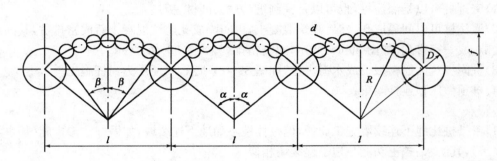

图 39-6　连拱式支护结构

2)力学原理

(1)垂直于拱截面的土压力产生的拉弯力,转化为沿拱轴截面的轴压力。

(2)小直径桩近似地为受压拱圈,大直径桩受两边拱的推力基本平衡,边桩要处理单面推力。小直径桩可不配筋,或仅按构造配筋。

(3)结构已形成空间结构体系,计算方法尚可探讨。

3)特点

(1)节省投资、节省钢材。

(2)施工简便,可以满足较深基坑的支护。

(3)桩顶圈梁较宽,刚度大、位移小、整体稳定性能好。

4)适用范围

黏土、砂土及软土地质。

6. 桩墙合一地下室逆作法

1)施工工艺

(1)基坑支护桩的位置与地下室外墙重合,即为桩墙合一。

(2)承受结构垂直荷载的四周轴线边桩,与支护桩同在四周轴线上,该桩既受垂直荷载,也受水平荷载。支护桩要有足够埋深,承重桩要达持力层。

(3)地下室外墙的构筑应与挡土支护桩、承重桩连成整体,还需防水抗渗。

(4)以地下室各层楼板作挡土桩支撑,即为地下室逆作法。

(5)地下室逆作法,从上往下施工,每层楼板施工完毕,往下挖土、运土。

（6）必须先挖竖井、通道,安装运土机、提升设备并保持通风。

2）施工方法及步骤

（1）推土(挖土),平整场地,高程为地下室顶面,放四周桩墙及中间桩轴线。

（2）用机械或人工筑边桩及中轴线桩,灌注混凝土,同时降水井降水。

（3）在场地上作梁板土模,利用土模浇筑地下室顶板(梁)混凝土,与周边支护桩联结,预埋钢筋,并与中柱桩结合。

（4）浇筑楼板时预留孔洞作开挖竖井用。

（5）开挖施工竖井,安装设备,如图38-7所示。

（6）人工挖土,通过皮带运输土方,并提升运出场外。

（7）挖到第一层底板后,支模浇筑四周钢筋混凝土外墙,并与支护桩内预埋钢筋连接,混凝土应掺防水剂。

（8）作地下室一层底板[第二层梁板见图39-7b)的11]的土模,并浇筑混凝土,同时预留孔洞。

（9）开挖地下室第二层土方并运出。

（10）挖到第二层底高程,筑四周混凝土外墙,与上同。

（11）浇筑第二层地面。

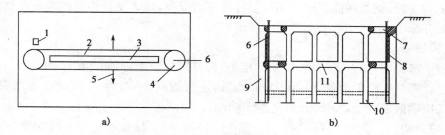

图 39-7　开挖施工竖井

a)平面;b)剖面

1-提升设备;2-通道;3-输送带;4-施工竖井;5-开挖方向;6-降水井;7-施工孔;8-护坡墙;9-护坡桩;10-承重中桩;11-梁板

3）特点

（1）支护桩系永久支护,设计地下室外墙可以不考虑墙的挡土作用,只需保证防水抗渗作用。

（2）场地内不用留出肥槽,特别适合场地狭小的工程施工。

（3）以楼板作支撑,可节约支撑、锚杆的费用。

（4）因地下室逆作,不需先支护后作正式工程,可加快施工进度。

（5）与地下连续墙的逆作法不同的在于墙不能承重,且墙系后做。

（6）不能采用机械大面积挖土。

4）适用范围

（1）黏土、砂土、地下水位低的地质。

（2）以桩作基础的工程。

（3）厚大筏板的工程难以采用。

7. 土钉支护

土钉挡土支护技术最先用于隧道及治理滑坡,20 世纪 90 年代,在基础工程深基坑支护中应用,国外称"Soil Nailing",直译为"土钉"或"土钉墙"。

1)施工工艺

土钉支护工艺,可以先锚后喷,如图 39-8 所示,也可以先喷后锚,如图 39-9 所示。

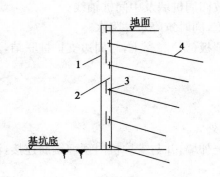 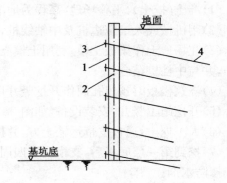

图 39-8　先锚后喷支护工艺　　　　　　　　图 39-9　先喷后锚支护工艺
1-喷射混凝土;2-钢筋网;3-土钉锚头;4-土钉　　1-喷射混凝土;2-钢筋网;3-土钉锚头;4-土钉

喷射混凝土在高压空气作用下,高速喷向喷面,在喷层与土层间产生嵌固效应,从而改善了边坡的受力条件,有效地保证边坡稳定。土钉深固于土体内部,主动支护土体,并与土体共同作用,有效地提高周围土体的强度,使土体加固变为支护结构的一部分,从而使原来的被动支护变为主动支护,钢筋网能调整喷层与锚杆内应力分布,增大支护体系的柔性与整体性。

2)施工方法

(1)先锚后喷

挖土到土钉位置,打入土钉后,挖第二层土,再打第二层土钉,如此循序到最后一层土钉施工完毕。进行第一次喷射混凝土,厚 50mm,随即进行锚网,一般为 φ12@200 方格钢筋网,然后进行第二次喷射混凝土,厚 50mm,共厚 100mm。

(2)先喷后锚

挖土到土钉位置下一定距离,铺钢筋网,并预留搭接长度,喷射混凝土,达到一定强度,打入土钉。挖第二层土方到第二层土钉下一定距离,铺钢筋网,与上层钢筋网上下搭接好,同样预留钢筋网搭接长度,喷射混凝土,打第二层土钉。如此循序前进,直到基坑全部的深度。

3)特点

(1)施工设备较简单。

(2)比用挡土桩锚杆施工简便。

(3)施工比较快速,节省工期。

(4)造价经济。

4)适用范围

(1)水位低的地区,或能保证降水到基坑面以下。

(2)黏土、砂土和粉土。

(3)基坑深度一般在 15m 左右,国内资料表明土钉支护已做到 18m。

8. 插筋补强支护

插筋补强也是一种支护,是在坡面打孔插入钢筋,注入水泥浆形成土与锚体共同作用,构成复合体。

1)插筋补强原理

(1)与挡土结构护坡原理不同,挡土结构包括锚杆在内,均属于被动制约的稳定机制。

插筋补强护坡则属于主动制约的稳定机制。通过插筋锚体与土体构成复合体,发挥相互作用,实现边坡整体的补强效应,从而达到稳定性的目的。

(2)符合土体补强效应,主要依赖于插筋锚体在土中形成空间格架箍束作用和整体刚度。基于锚体与土相互作用,发挥应力分担和应力传递再分配作用,从而弥补土体抗拉、抗剪强度低,侧向变形大的弱点,推迟了土体的滑裂破坏的发生和发展,提高了边坡整体稳定性。

2)施工方法

挖第一步土,人工或机械成孔,插入钢筋,灌浆,挂钢筋网、安装锚定板,钢筋网抹灰。

挖第二步土,施工步骤同上。

3)特点

(1)施工设备简单。

(2)插筋施工简易。

(3)需与挖土方配合。

(4)配合好时,施工速度快,可节省工期,从而节省造价。

4)适用范围

(1)非饱和土。

(2)有地下水需降水。

(3)基坑深度不超过 10m。

(4)每次土方开挖 2～4m。

(5)挖土必须配合插筋补强作用。

四、止水挡土结构

1. 地下连续墙

地下连续墙是在基坑四周浇筑具有相当厚度(如 800mm)的钢筋混凝土封闭的墙,它可以是建筑物基础外墙结构,也可以是基坑的临时维护墙。

1)施工工艺

(1)利用大型挖抓或钻孔机械开挖单元槽段到预定深度,开挖时用配置好的泥浆进行护壁,单元槽段一般长为 5～8m。

(2)开挖墙必须先筑导墙,作为地下墙成槽的导向标准,稳定泥浆液位,维护槽壁稳定。

(3)吊装钢筋笼进入单元槽段的墙内。

(4)水下浇筑混凝土。

(5)拔出节点管,准备下一单元槽段施工。

2)施工方法及工序

按下列工序施工,施工流程如图 39-10 所示。

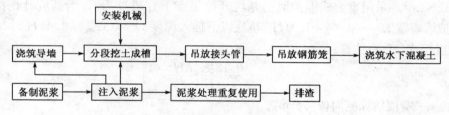

图 39-10 地下连续墙施工流程图

3）特点

（1）地下连续墙止水性好，能承受垂直荷载，刚度大，能承受土压力、水压力的水平荷载，是深基坑支护的多功能结构。

（2）对相邻建筑物、构筑物影响甚小。由已测定记录可知，在距离建筑物20m处进行深基坑的施工，并无影响。

（3）可施工成任意形状，且墙体深度容易控制，并能建造刚度很大的墙体。

（4）使用机械设备较多，造价较贵。

（5）泥浆配置要求高，需建泥浆回收重复使用的系统。

（6）可以与锚杆结合支护，也可以在基坑内作支撑。

4）适用范围

（1）基本适用于所有土质，特别适用于软土地质的施工。

（2）对相邻建筑物较近的基坑工程，采用地下连续墙更为适合。

（3）施工时，噪声及振动较小，适用于环境要求严格的地区施工。

2. 深层搅拌水泥土墙（也称水泥土重力式围护墙）

深层搅拌水泥土是加固饱和软土的一种有效方法，最早用于加固软土地基。近年来发展作为防渗墙及浅基坑的挡土支护桩墙。

1）搅拌水泥土机理

在地基深处将软土和水泥强制搅拌，利用水泥和软土之间所产生的一系列物理化学反应，使软土硬结成具有整体性、水稳定性和一定强度的桩或墙。

2）特点

（1）水泥用量小，为被加固土体质量的7%～15%。

（2）减少沉降量，提高边坡的稳定性。

（3）防止地下水渗透。

（4）工程费用少。

3）适用范围

（1）软土地区加固地基。

（2）可作为防渗墙，防止地下水渗透。

（3）对桩侧或桩背后的软土加固，能增加侧向承载力。

4）深层搅拌水泥土防渗墙施工平面

如在深基坑四周筑深层水泥土搅拌墙作围护，如图39-11所示，按上海市地方标准《基坑工程技术规范》（DG/TJ 08-61—2010）规定水泥土搅拌墙宜采用双轴水泥土搅拌桩或三轴水泥土搅拌桩等形式。双轴水泥土搅拌桩水泥掺量宜取13%～15%，三轴水泥土搅拌桩水泥掺量宜取20%～22%，水泥掺量以每立方米加固体所拌的水泥质量与土的质量之比计，土的重度可取18kN/m³。采用重力式围护墙的基坑开挖深度不宜超过7m。当基坑开挖深度 $H \leqslant$ 5m，且围护墙墙宽 $B = (0.7 \sim 1.0)H$、坑底以下插入深度 $D = (1.0 \sim 1.4)H$ 时，墙顶的水平位移量可按式（39-1）估算：

$$\delta_{OH} = \frac{0.18\xi K_a L H^2}{DB}$$ （39-1）

式中：δ_{OH} ——墙顶估算侧向位移（cm）；

L ——开挖基坑的最大边长（m），超过100m时，按100m计算；

ξ——施工质量影响系数,取 0.8～1.5;

K_a——计算点处的主动土压力系数。

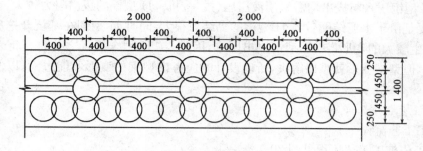

图 39-11 深层搅拌水泥土墙平面示意图(尺寸单位:mm)

3. SMW 工法支护结构

1)概述

在水泥土搅拌桩内插入 H 型钢或其他种类的受拉材料,从而将支承荷载与结构防渗两种功能结合起来,使之同时具有承重力和防渗两种功能的支护形式即是劲性水泥土搅拌桩法,日本称之为 SMW 工法。其平面与剖面如图 39-12 所示。

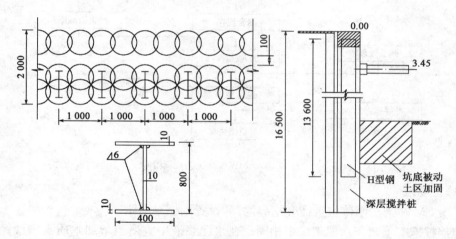

图 39-12 支护结构平面和立面(尺寸单位:mm)

SMW 工法支护结构的施工是以搅拌桩施工为基础,因此,凡是适用水泥土搅拌桩的场合,均适用 SMW 工法,特别是以黏土和粉细砂为主的松软土层。对于含砂卵石的地层,要经过适当处理后方可采用。

劲性桩适宜的基坑深度与施工机械设备有关,国内目前在建筑基坑常规支撑设置下,当搅拌桩直径为 650mm 时,内轴型钢常用截面为 H500×300,一般开挖深度不大于 8m;当搅拌桩直径为 850mm 时,内插型钢常用截面为 H700×300,一般开挖深度不大于 11.0m;当搅拌桩直径为 1 000mm 时,内插型钢常用截面为 H850×300,一般开挖深度不大于 13.0m。但在上海市政工程基坑施工中,也有通过增加支撑道数而突破常规开挖深度的例子。

2)施工机械

(1)水泥土搅拌机

SMW 工法施工用的搅拌机与一般水泥土搅拌机无大的区别,主要是功率大,使成孔的直径和深度更大,以适应大型型钢插入。施工前应根据地基条件与成孔深度选用不同形式或不同功率的三轴水泥土搅拌机。

(2)压桩(拔桩)机

大型 H 型钢压入与拔出均需采用液压压(拔)桩机。H 型钢的拔出阻力较大,比压入力大好几倍,主要是由于水泥结硬后与 H 型钢的黏结力很大,同时 H 型钢在基坑开挖后受侧土压力的作用产生较大的变形,使 H 型钢拔出困难,因此,在 H 型未插入之前将型钢表面涂刷减摩剂来解决,但型钢变形就难以解决,所以设计时应考虑型钢的变形不能过大,以便竣工后容易拔出。

3)施工工艺

(1)施工工艺流程

SMW 工法施工工艺流程见图 39-13。

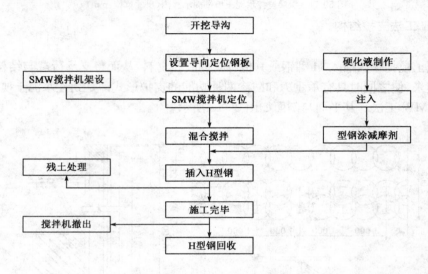

图 39-13　SMW 工法工艺流程图

(2)施工要点

①在沿 SMW 工法墙体位置需开挖导沟,并设置围檩导向梁。

②搅拌桩施工工艺与水泥土施工相同。在水泥浆液中宜适当增加木质素磺酸钙的掺量,也可掺入一定数量的膨润土,来提高 SMW 墙的抗渗性能和效果。在国外(日本),采用的水泥浆配合比如表 39-4 所示,可根据不同土质及工程特点来选用。

日本工程中采用的水泥浆配合比　　　　　　　　　　　　　　　表 39-4

每立方米土体	水泥(kg)	膨润土(kg)	水灰比
	75～200	10～30	0.3～0.8

③型钢的压入和拔出。

型钢的压入采用压桩机并辅以起重机设备。H 型钢要保证其平直光滑,无弯曲和扭曲,焊缝质量应符合要求。型钢在插入之前应校正其平直度。为保证 H 型钢拔出后能重复使用,要求拔桩机在起拔时型钢内力处于弹性状态,取其屈服极限 σ_s 的 70% 作为允许应力,则型钢的允许拉力 $[P]$ 为:

$$[P] = 0.7\sigma_s A_H \tag{39-2}$$

式中:A_H —— H 型钢的横截面面积(m^2)。

(3)适用范围与地下连续墙和深层搅拌水泥墙相同

4. 深层搅拌水泥桩墙与挡土桩结合支护

深层搅拌水泥桩与挡土桩结合支护是软土及丰水地区深基坑支护的一种有效方法。

1)施工工艺

利用深层搅拌水泥桩良好的止水性能作帷幕，与灌注桩或 H 型钢桩的挡土性能结合起来，可以支护较深的基坑。同时基坑四周地下水被封闭，仅在基坑内降水排水，即可开挖土方进行施工。

2)特点

(1)深层搅拌水泥桩除能止水外，对桩侧、桩背的软土起加固作用，能增加桩的侧向承载力。

(2)基坑四周地下水封闭后，坑内降水不影响邻近建筑物，起到防止建筑物沉降的作用。

3)适用范围

(1)用在软土丰水地区的基坑支护。

(2)基坑支护深度可达 15m 左右。

5. 密排桩间加高压喷射水泥注浆桩

1)高压喷射水泥注浆桩的施工工艺

(1)利用钻机把带有注浆管钻至预定深度后，以高压设备使浆液成为 20MPa 左右的高压流，从喷嘴中旋转喷射出来，冲击破坏土体。

(2)当能量大、速度快和呈脉动状的喷射流的动压超过土体结构的强度时，土粒便分离，一部分极细的土粒随浆液冒出水面，其余土粒在喷射流的冲击力、离心力和重力作用下，与浆液搅拌混合并起化合作用。

(3)浆液凝固后便形成旋转喷射的桩。

2)密排桩与高压喷射水泥注浆桩的布置

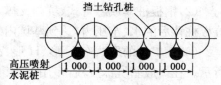

(1)密排桩可以紧密排列，也可中间离开 50～100mm，然后缝隙间浇筑高压喷射水泥桩，如图 39-14 所示。

图 39-14　密排桩与高压喷射水泥桩
示意图(尺寸单位:mm)

(2)高压喷射水泥桩的直径应与密排桩的圆相切，目的是起止水作用，以不让水渗入基坑内为原则。

3)特点

(1)高压喷射水泥桩能止水防渗，减少支护桩承受的土压力。

(2)密排桩与高压喷射水泥桩组成防水帷幕，地下水不能渗入基坑，仅在坑内降水排水，不影响坑外相邻建筑物的沉降。

(3)有类似地下连续墙的功能，但施工设备少，施工简单。

4)适用范围

(1)对砂类土、黏性土、黄土和淤泥土中用高压喷射水泥注浆桩效果较好。

(2)对砾石直径过大，砾石含量过多及大量纤维的腐殖土，喷射质量稍差。

(3)对于地下水流速过大，喷射浆液无法在注浆管周围凝固；土质对水泥有腐蚀性的情况，都不宜用高压喷射水泥注浆桩。

6. 密排桩间加化学注浆桩

注浆法是加固地基的主要方法。它分灌注粒注浆(水泥浆、水泥砂浆)及化学浆两类。用密排桩与化学注浆桩相结合作基坑支护与防渗,在上海基坑支护工程中用的较多,也取得了较好的效果。

1)化学注浆材料

在地基加固中化学注浆材料分为:聚氨酯、丙烯酰胺类、硅酸盐(水玻璃)、水玻璃水泥浆等。密排桩加化学注浆桩的化学注浆主要是水玻璃水泥砂浆。根据试验,当水玻璃与水泥浆体积比为1:1,而双液注浆的水灰比为0.5时,28d抗压强度为20MPa,相当于C30的强度。当水灰比为1时,28d强度为10.2MPa,相当于C15的强度。

2)密排桩与化学注浆桩的布置

布置方法与图39-14相同,只是桩径较小些。

3)特点

(1)防渗性好,降低孔隙压力。

(2)阶段渗透水流,堵漏性能好。

(3)无需高压喷射设备。

4)适用范围

(1)砂、砂砾石及软黏土地区。

(2)湿陷性黄土地区。

7. 钢板桩

钢板桩是一种较老的基坑支护,上海用得较多。

1)施工工艺

(1)锤击打入带锁扣的钢板桩,使之在基坑四周闭合,并保证水平、垂直和抗渗质量。

(2)钢板桩作成悬臂式、坑内支撑、上部拉锚等支护方式,作为在土方开挖和基础施工时抵抗板桩背后的水、土压力,达到基坑内外稳定。

(3)钢板桩的形式有U形、H形、Z形及钢管组合型等,常用的有U形咬口式,如图39-15所示。在一般基坑深度浅,多用槽钢钢板桩支护,由槽钢并排或正反扣搭接而成。其缺点是不能挡住水和土的细小颗粒流向基坑内,在地下水位高的地区,需采取隔水或降水措施。

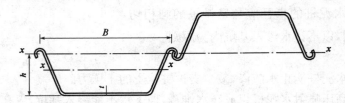

图39-15 拉森钢板示意图

B-宽度;h-有效高度;t-厚度

2)施工方法

(1)钢板桩施工前(指菹钢板桩)应整修。

(2)立桩架打设钢板桩及基坑挖土。

(3)安装围檩(单围、双围)支架。

(4)使钢板桩轴线封闭合龙。

3)特点

(1)钢板桩一次性封闭合龙。

(2)可以拔出，重复使用，仅出摊销费，故费用较省。但如拔不出或不拔，则造成很大浪费。

(3)打桩时易于倾斜，要使全部钢板桩无误的封闭合龙，有些困难，特别是槽钢钢板桩，但已有解决办法。

(4)钢板桩刚度较其他桩的刚度为小。

(5)锤击钢板桩施工时，有噪声、振动，易扰民。

4)适用范围

(1)适于软土、淤泥质土及地下水多地区，易于施工。

(2)难于打入密砂及硬黏土中。

(3)钢板桩间咬合不好(必须保证咬合)，就易渗水、涌沙。

8. 逆作拱墙(闭合拱圈墙)和逆作钢筋混凝土井支护

闭合拱圈墙包括圆拱、椭圆拱及抛物线拱等，只是在结构上作了些改变，当墙改成拱圈时，土也起土拱作用，相对地减少了侧土压力，拱墙本身只受压，不受弯。这种改变结构形式的基坑支护，也是一种创新。

1)施工工艺

(1)挖土与作闭合拱圈可同时交叉施工，如图 39-14 所示，第一步挖土，在第一阶段内按平面挖出所需拱形支模，浇筑混凝土。

(2)分段支模、浇筑混凝土和配筋，土质为可塑、硬塑黏土，分段长度为 12～15m，土质为软土，分段长度为 7～8m。上口肋梁宜整个分段完成后整体浇筑。

(3)拱圈内应力与拱曲线形状关系很大，放线必须准确，拱轴线沿曲率半径方向误差为±40mm。

(4)第一道拱圈合龙拆除模板支撑后，按图 39-16 作第二阶段施工，对第二道拱圈的施工程序，更应严格控制，要防止挖第二道拱圈时，使第一道拱圈失去支持而导致破坏。可以按施工分段跳挖(即隔一个施工段)。

(5)施工前做好降水排水工作。

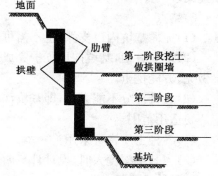

图 39-16 拱圈墙断面示意图

2)特点

(1)安全可靠，挡土拱圈墙是以受压为主，结构本身强度破坏或失稳可能性甚微。拱圈沿支护高度分层施工，第一层拱圈合龙后是安全的，第二层拱圈也是安全的。

(2)节省支护费用，在施工实践中，比灌注桩节省费用 40％以上。节省钢筋较多，但需用模板与支撑。

(3)施工便利，不需大型施工工具。

(4)节省工期。

3)适用范围

(1)黏土、砂土和软土地区可以使用。

(2)饱和软土及淤泥质土不宜采用。

逆作钢筋混凝土井与其他支护结构相比较，具有不需要大型专用设备，施工占地面积小，土方量少，施工简便，不危及附近建筑物和道路，安全可靠，节省工期，降低工程造价等特点。这种逆作井壁混凝土支护方法是基坑向下挖深一段就施工一段，由上向下直到井底高程，最后，浇筑钢筋混凝土底板。逆作钢筋混凝土井结构形式有圆形、矩形和圆端形等，井壁有等截面和变截面两种。施工方法与适用范围和逆作拱墙基本相同。

五、支撑锚拉结构

1. 自立式（悬臂无支撑）

自立式（悬臂）基坑支护是指单纯借助挡土墙、灌注桩、钢板桩、H 型钢桩等自身刚度及埋深来承受土压力、水压力及上部荷载以求得平衡与稳定，不需支撑、拉锚、锚杆的支护结构。

1）工作原理

（1）自立式（悬臂）支护是由基坑底下的插入深度，以被动土压力来平衡基坑底面上所受的主动土压力、地面荷载等，使板桩、桩、墙得以稳定。

（2）如图 39-17 所示：h 为基坑挖深，t 为桩插入深度，基坑上面荷载 E_1、E_a 由坑底 E_p 及 E'_p 平衡。

（3）根据受力机理，桩的插入深度是主要的，准确计算入土嵌固深度很重要。

（4）要计算悬臂桩的最大弯矩，这是因为：

① 如用钢板桩，则需验算钢板桩强度。

② 如用灌注桩、连续墙，则需按最大弯矩予以配筋。

（5）要核算桩顶的变形，便于检测，达到信息施工的目的。

2）施工方法

按钢板桩、灌注桩、H 型钢桩、地下连续墙等各项工程的施工方法施工。灌注桩也应做桩顶连梁。

3）特点

（1）无需基坑内设支撑，也不需桩顶锚拉及使用锚杆。

（2）挖土方便，基坑四周支护完成后即可挖土，但灌注桩（排桩或间隔桩）需等桩顶联结圈梁做完，方能挖土。

（3）悬臂部分不能太深，即基坑深时需采取支撑、锚拉、锚杆等措施。

4）适用范围

（1）各种土质皆可采用。

（2）当基坑深度大时，设计计算时应考虑采用悬臂桩墙是否稳妥合理，否则不宜采用。

2. 锚拉式支护

锚拉式支护是在桩、墙顶部向桩后一定距离拉锚梁或锚桩，以确保基坑支护安全。

1）锚拉式支护

（1）锚梁、桩的位置如图 39-18 所示。

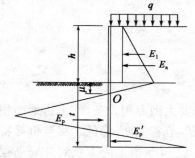

图 39-17　自立式（悬臂）桩的受力机理示意

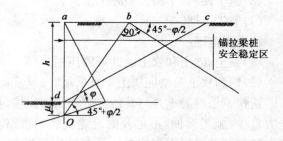

图 39-18　锚拉式支护示意图

①锚梁或桩必须在土的滑裂面以后。

②滑裂面应从土压力零点起，按 $45°+\varphi/2$ 线，即 ab 线。过去有按桩与坑底的交点 d 点，也有按桩脚处，作 $45°+\varphi/2$ 线为滑裂面的。从土压力零点起为滑裂点较为合理。

（2）锚梁或锚桩间的最小间距，需保证支护桩、墙与锚梁或桩间的土体稳定。

（3）最小间距及锚桩长度应由计算确定。

2）特点

（1）锚梁或桩需有拉锚的场地。

（2）应作锚梁（挖沟埋设），且打一定深度的锚桩。

（3）要有一定间距的拉结钢筋、钢索，必须锚紧，否则位移大，不安全。

3）适用范围

（1）上层土为各种土质皆可使用。

（2）必须有较宽可拉锚的场地。

3. 土层锚杆

土层锚杆是一种新型受拉杆件，它的一端与工程结构物或挡土桩、墙联结，另一端锚固在地基的土层中，以承受结构物或挡土桩、墙所承受的侧压力，利用地层的锚固力来维持桩、墙的稳定。

1）工作原理

锚杆支护如图 39-19 所示。

（1）挡土桩、墙受土压力、水压力及上部荷载后，产生如图 39-19 所示左倾的侧压力，锚杆通过非锚固段钢筋传到锚固段，即将拉力传到土层。

（2）锚固段钢筋与水泥浆通过握裹力，产生水泥与土层间的剪力，锚杆通过两者间剪力起作用。

（3）由锚固段长度与抗剪强度，产生锚杆的抗拔力。抗拔力加安全度大于桩墙侧压力所产生的锚杆轴向力，使支护结构稳定安全。

2）施工方法

（1）挖土到锚杆水平位置下 50cm。

（2）用锚杆钻机钻孔，按需要倾角及深度，完成钻孔。

（3）拔出钻杆，插入钢筋或钢绞线。

（4）向孔内灌注水泥浆，加压时使浆从孔冒出即可。

（5）安装垫板螺母或锚头（钢绞线或钢筋）。

（6）待水泥浆强度达 70％时，即可进行预应力张拉。

（7）拧紧螺母或锁住锚头。

3）特点

（1）使用锚杆拉结比坑内支撑、挖土方便。

（2）锚杆要有一定覆盖深度，要有一定抗拔力。

（3）预应力锚杆对挡土桩、墙的位移要小。

（4）对压力水土层及卵砾石层，应用高压射水

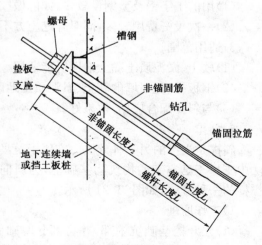

图 39-19　粗钢筋加螺帽锚杆

钻杆及钻石钻杆的钻机。

(5)锚固段的长度应由计算并加安全系数。

(6)相邻锚杆张拉后应力损失大,应再张拉调整。

(7)锚杆实际抗拔力应由试验确定。

4)使用范围

(1)一般黏土、砂土地区皆可应用,软土、淤泥质土地区要试验后应用,主要是抗拔力低。

(2)地下水压力较大时应用高压射水钻杆钻成孔,同时采取一些措施,防止涌水、涌沙。

(3)对灌注桩、H型钢桩、地下连续墙等挡土结构,都可采用锚杆拉结支护。

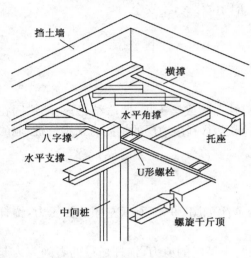

图 39-20　水平撑式挡土结构

4. 钢管、型钢水平支撑

挡土板、桩、墙因基坑开挖较深,不能自立而设置水平支撑,如图 39-20 所示,由方木、工字钢及各种型钢组成。

1)支撑工作原理

(1)所有各道支撑杆件的尺寸需通过计算确定。

(2)多层支撑板桩墙,按每层支撑受力后,不因下阶段支撑设置及开挖而改变数值的原理进行计算。如:

①第一层支撑阶段,支撑于顶部,计算与拉锚相同,其挖土深度需满足第二层支撑安装的需要。

②第二层支撑阶段,其挖土深度需满足第三层支撑安装的需要。

(3)支撑结构由水平撑、横撑、八字撑、水平角撑及中间桩等组成。中间桩的间距约为 6m,可用 U 形螺栓连接。

(4)多层支撑板桩墙支撑的拆除,需从下往上填土逐层拆除。拆除时也需逐层进行验算支护结构。

2)特点

(1)用的工字钢及型钢量较多,如能做成工具式支架,则可节省钢材。

(2)一次投资费用较多,同时开挖土方不大方便。

3)适用范围

(1)软土、淤泥质土黏土地区皆能适用。

(2)钢板桩、地下墙的软土、淤泥质土地区配合应用较多。

(3)与斜撑配合应用,效果好。

5. 斜撑

斜撑是支撑的另一种方法。它用于筑岛开挖法中支撑于已完工的构筑物基础上,为斜向加设撑杆的一种方法,如图 39-21 所示。

1)工作原理

(1)先开挖基础坑中部,并将部分基础做好,如图 39-21 所示,中部挖土时保证有良好的两边

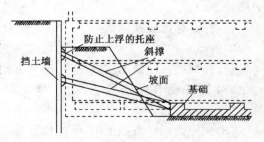

图 39-21　斜撑式挡土结构

坡面。

（2）开挖预留坡面的土方，挖出第一斜撑面，一端支在基础上，另一端支在板桩墙上。

（3）继续挖土到第二斜撑面，支第二道斜撑。

（4）最后挖土到预定高程，接做基础。

2）特点

（1）必须采用中心筑岛开挖法，所用支撑材料较少。

（2）有地下构筑物时最适宜，否则可用工程基础，如桩底板垫层等，但需分段施工。

（3）充分利用预留坡面土的作用，节省支撑材料。

3）适用范围

（1）施工时基坑外的地下水位应低于坑底1.0m，保证基坑干燥施工。

（2）施工方法要用中心岛的施工方法，也可以与水平支撑合用，使用方便灵活。

6. 环梁支撑法

环梁支护体系有：外接式环梁支护（图39-22）、内接交叉式环梁支护（图39-23）及内接双环梁支撑系统（图39-24）。另外还有椭圆式环梁及符合式环梁支护等。

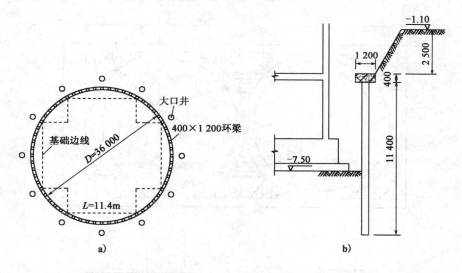

图39-22　某外接式环梁支护结构示意图（尺寸单位：mm，高程单位：m）

a）基坑平面示意；b）基坑剖面示意

1）受力机理

环形支护是在基坑支护桩上设置一道或几道环梁，把土压力传到圆形环梁，使受弯拉力转化为压力，以发挥混凝土受压的特性。

2）特点

（1）环梁支撑增加了基坑的稳定，减少位移。

（2）解决软土地区不宜用锚杆、抗剪强度低的问题。

（3）用支撑体系，机械施工困难，且费用高。

（4）环形支护能提高机械挖土效率，加速土方施工。

3）适用范围

四周有地下连续墙、密排挡土桩的情况可作环梁支护。

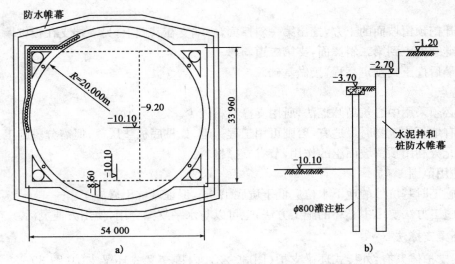

图 39-23　某内接式交叉式环梁支护结构示意图(尺寸单位:mm,高程单位:m)
a)基坑平面示意;b)基坑剖面示意

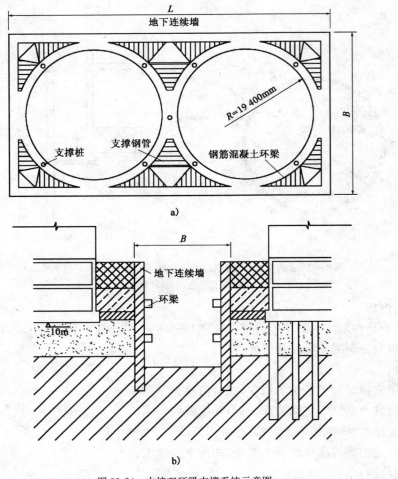

图 39-24　内接双环梁支撑系统示意图
a)环梁支撑系统平面示意;b)基坑剖面示意

7. 逆作法施工

逆作法施工是从地上往地下逐层支撑挖土施工,它利用预先筑好的地下连续墙,从上往下逆作施工,同时还可往上施工。

1)施工工艺

(1)按建筑物地下室外墙位置,筑地下连续墙,既挡土、抗渗,又能承重。

(2)打入框架支承柱、灌注桩或作临时支承柱,如图39-25所示。

(3)挖第一层土方到第一层地下室底面高程,筑该层纵横梁楼板,并与地下连续墙联结交圈。地下第一层楼板即为墙的水平支撑系统。

(4)挖第二层土方到第二层地下室底面高程,筑第二层梁板,作为第二道水平支撑系统,如此往下施工。

(5)完成地下一层楼板后,即可施工上部1~3层的梁、柱、板结构,同时交叉进行地下二层土方作业。

(6)基础底板施工,在养护期间可以施工上部4~6层柱、梁、板结构。

(7)地下室土方及施工材料设备的垂直运输,应集中在一处或几处进行垂直运输。一般以楼梯间孔洞作垂直运输孔道。

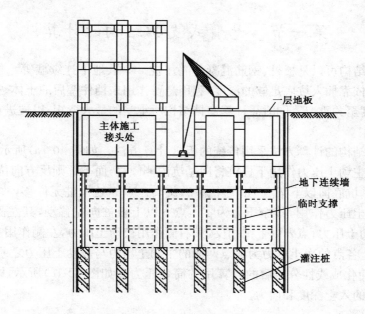

图 39-25 逆作法的施工工艺

2)特点

(1)逆作法施工最大的特点是可以地下、地上同时施工,充分利用空间、时间,缩短施工期。并利用地下室工程的梁板作为挡土墙的支撑,可不作内支撑或锚杆拉结,加快了施工进度。

(2)用地下连续墙逆作法施工,充分利用地下工程结构作为临时支护结构,节约了大量投资。

(3)充分利用了地下连续墙的挡土、防渗及承重功能。

(4)逆作法施工需架设栈桥,行驶塔吊,增加设备及一次性投资。

3)适用范围

能采用地下连续墙的工程都能应用逆作法施工,能用桩墙合一的工程只能作地下室逆作法施工。

第四十章　基坑支护结构的设计计算

作用在基坑支护结构上的土侧压力与土的内摩擦角φ、黏聚力c、重度γ有关,其值应由工程地质勘察报告提供,如经坑内打桩、降水后,土质有挤密、固结或扰动情况,φ、c、γ值应作调整,应再进行二次勘察测定。如土层不同时,应分层计算土侧压力,对于不降水的一侧,应分别计算地下水位以下的土和水对板桩的侧压力。

地面荷载包括静载(堆土、堆物等)和活载(施工活载、汽车、吊车等),按实际情况折算成均布荷载计算。

板桩的精确计算较为困难,主要是地下插入部分,属于超静定问题,土压力的状态难以精确确定。

第一节　悬臂式支护结构的计算

悬臂式支护结构可以是板桩、钢筋混凝土灌注桩、木桩、地下连续墙等。这种支护结构在基坑开挖时完全依靠插入坑底足够的深度,利用悬臂作用来挡住壁后的土体。因此,对于悬臂式板桩,嵌入深度至关重要。同时需计算支挡结构所承受的最大弯矩,以便进行支挡结构的断面设计及构造。

悬臂式支护结构的计算方法采用传统的板桩计算方法。如图 40-1a)所示,悬臂板桩在基坑底面以上外侧主动土压力作用下板桩将向基坑内侧倾移,而下部则反方向位移,板桩趋于旋转,即板桩将绕基坑底面以下某点(如图中点b)旋转。点b处板桩无位移,故受到大小相等、方向相反的静止土压力作用,其净压力为零。点b以上板桩向左移动,其左侧作用被动土压力,右侧作用主动土压力;点b以下则相反,其右侧作用被动土压力,左侧作用主动土压力。所以,作用在板桩上各点的净土压力为各点两侧的主动土压力与被动土压力之差,其分布情况如图 40-1b)所示,简化成线性分布后的计算用的简化压力图如图 40-1c)所示,即可根据静力平衡条件计算板桩的入土深度和内力。

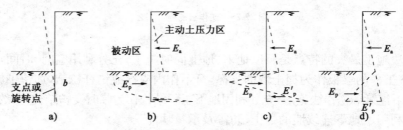

图 40-1　悬臂板桩的变位及土压力分布
a)变位示意图;b)土压力分布实际情况;c)悬臂板桩计算简图;d)布鲁姆计算图示

布鲁姆(Blum)建议可以用图 40-1d)来计算入土深度及内力。下面分别介绍两者计算方法。

一、静力平衡法

主动土压力和被动土压力随深度呈线性变化,如图 40-2 所示,随着板桩入土深度不同,作用在不同深度上各点的净土压力的分布也不同。当单位宽度板桩墙两侧所受的净土压力平衡时,板桩墙处于稳定状态,相应的板桩入土深度即为保证其稳定性所需的最小入土深度,可根据静力平衡条件即水平力平衡方程($\sum X=0$)和对板桩底截面的力矩平衡方程($\sum M=0$)联立求得。入土深度和最大弯矩的计算,一般按以下步骤进行(图 40-2)。

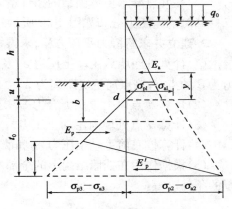

图 40-2 静力平衡法计算悬臂板桩

1. 计算板桩墙前后的土压力分布

第 n 层土底面对板桩墙主动土压力为:

$$e_{an} = \left(q_n + \sum_{i=1}^{n}\gamma_i h_i\right)\tan^2\left(45° - \frac{\varphi_n}{2}\right) - 2c_n\tan\left(45° - \frac{\varphi_n}{2}\right) \tag{40-1}$$

第 n 层土底面对板桩墙被动土压力为:

$$e_{pn} = \left(q_n + \sum_{i=1}^{n}\gamma_i h_i\right)\tan^2\left(45° - \frac{\varphi_n}{2}\right) - 2c_n\tan\left(45° - \frac{\varphi_n}{2}\right) \tag{40-2}$$

式中:q_n——地面荷载传递到 n 层土地面的垂直荷载(kPa);

γ_i——i 层土的天然重度(kN/m³);

h_i——i 层土的厚度(m);

φ_n——第 n 层土的内摩擦角(°);

c_n——第 n 层土的黏聚力(kPa)。

对 n 层土地面的垂直荷载 q_n,可根据地面附加荷载、邻近建筑物基础底面附加荷载 q_0 分别计算:

(1)地面满铺均布荷载 q_0 时,任何土层底面处 $q_n = q_0$。

(2)与板桩墙平行的宽度为 B 的条形荷载 q_0,离开板桩墙距离 a 时:

当 n 层土底面深度 $\sum_{i=1}^{n}h_i \leqslant a$ 时,$q_n = 0$;

当 $\sum_{i=1}^{n}h_i > a$ 时,$q_n = q_0 \dfrac{B}{B + a + \sum_{i=1}^{n}h_i}$。

(3)作用在面积 $b_1 \times b_2$(b_2 与板桩墙平行)的荷载为 q_0,离开板桩墙距离 a 时:

当 n 层土底面深度 $\sum_{i=1}^{n}h_i \leqslant a$ 时,$q_n = 0$;

当 $\sum_{i=1}^{n}h_i > a$ 时,$q_n = q_0 \dfrac{b_1 \times b_2}{\left(b_1 + a + \sum_{i=1}^{n}h_i\right)\left(b_2 + 2\sum_{i=1}^{n}h_i\right)}$。

土的内摩擦角 φ_n 及黏聚力 c_n 按固结快剪方法确定。当采用井点降低地下水位,地面有排水和防渗措施时,土的内摩擦角 φ 值可酌情调整。

(1)板桩墙外侧,在井点降水范围内,φ 值可乘以 1.1~1.3。

(2)无桩基的板桩墙内侧,φ 值可乘以 1.1~1.3。

(3)有桩基的板桩墙内侧,在送桩范围内乘以 1.0;在密集群桩深度范围内,乘以 1.2~1.4。

(4)在井点降水土体固结的条件下,可将土的黏聚力 c 值乘以 1.1~1.3。

墙侧的土压力分布如图 40-2 所示。

2. 建立并求解静力平衡方程,求得板桩入土深度

(1)计算桩底墙后主动土压力 e_{a3} 及墙前被动土压力 e_{p3},然后进行叠加,求出第一个土压力为零的点 d,该点离坑底距离为 u。

(2)计算 d 点以上土压力合力 E_a,求出 E_a 至 d 点的距离 y。

(3)计算 d 点处墙前主动土压力 e_{a1} 及墙后被动土压力 e_{p1}。

(4)计算桩底前主动土压力 e_{a2} 和墙后被动土压力 e_{p2}。

(5)根据作用在挡墙结构上的全部水平作用力平衡条件和绕挡墙底部自由端力矩总和为零的条件可得:

$$\sum H = 0 \quad E_a + \left[(e_{p3} - e_{a3}) + (e_{p2} - e_{a2}) \right] \frac{z}{2} - (e_{p3} - e_{a3}) \frac{t_0}{2} = 0 \tag{40-3}$$

$$\sum M = 0 \quad E_a(t_0 - y) + \frac{z}{2} \left[(e_{p3} - e_{a3}) + (e_{p2} - e_{a2}) \right] \frac{z}{3} - (e_{p3} - e_{a3}) \frac{t_0}{2} \frac{t_0}{3} = 0 \tag{40-4}$$

整理后可得 t_0 的四次方程式:

$$t_0^4 + \frac{e_{p1} - e_{p2}}{\beta} t_0^3 - \frac{8E_a}{\beta} t_0^2 - \left[\frac{6E_a}{\beta^2} 2y\beta + (e_{p1} - e_{p2}) \right] t_0 - \frac{6E_a y(e_{p1} - e_{p2}) + 4E_a^2}{\beta^2} = 0 \tag{40-5a}$$

$$\beta = \gamma_n \left[\tan^2 \left(45° + \frac{\varphi_n}{2} \right) - \tan^2 \left(45° - \frac{\varphi_n}{2} \right) \right] \tag{40-5b}$$

求解上述四次方程,即可得板桩嵌入 d 点以下的深度 t_0 值。

为安全起见,实际嵌入基坑底面以下的入土深度为:

$$t = u + 1.2t_0 \tag{40-6}$$

3. 计算板桩最大弯矩

板桩墙最大弯矩的作用点,亦即结构断面剪力为零的点。例如对于均质的非黏性土,如图 40-2 所示,当剪力为零的点在基坑底面以下深度为 b 时,即有:

$$\frac{b^2}{2} \gamma K_p - \frac{(h+b)^2}{2} \gamma K_a = 0 \tag{40-7a}$$

$$K_a = \tan^2 \left(45° - \frac{\varphi}{2} \right) \tag{40-7b}$$

$$K_p = \tan^2 \left(45° + \frac{\varphi}{2} \right) \tag{40-7c}$$

式中:h——板桩悬臂高度(m)。

由式(40-7)解得 b 后,即可求得最大弯矩:

$$M_{max} = \frac{h+b}{3} \frac{(h+b)^2}{2} \gamma K_a - \frac{b}{3} \frac{\gamma b^2}{2} K_p = \frac{\gamma}{6} \left[(h+b)^3 K_a - b^3 K_p \right] \tag{40-8}$$

4. 选择板桩截面

根据求得的最大弯矩和板桩材料的容许应力(钢板桩取钢材屈服应力的 1/2),即可选择板桩的截面、型号。

对于中小型工程,长 4m 内的悬臂板桩,如土层均匀,已知土的重度 γ、内摩擦角 φ 和悬臂高度 h,亦可参考表 40-1 来确定最小入土深度 t_{min} 和最大弯矩 M_{max}。

内摩擦角	不同悬臂长度(m)时的最小埋深 t_{min}(m)						不同悬臂长度(m)时的最大弯矩 M_{max}(kN·m)					
	1.5	2.0	2.5	3.0	3.5	4.0	1.5	2.0	2.5	3.0	3.5	4.0
20°	0.9	2.2	—	—	—	—	17	44	—	—	—	—
25°	0.6	1.4	2.6	—	—	—	13	26	52	—	—	—
30°	0.5	0.9	1.7	3.0	—	—	7	16	34	58	—	—
35°	—	0.6	1.1	2.1	3.4	4.0	5	10	23	42	66	84
40°	—	0.6	0.8	1.5	2.3	3.0	4	8	15	28	45	59
45°	—	0.5	0.7	1.1	1.6	2.4	—	6	11	20	30	46
50°	—	—	0.5	0.8	1.1	2.0	—	5	8	16	21	41

注:本表适用于土重度为 15.5～18.0kN/m³ 的情况。

二、布鲁姆(Blum)法

布鲁姆(Blum)建议以图 40-1d)代替图 40-1c),即原来桩脚出现的被动土压力以一个集中力 E'_p 代替,计算简图如图 40-3 所示。

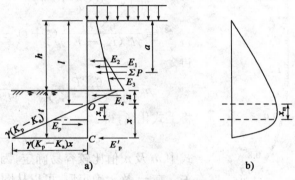

图 40-3　布鲁姆计算简图
a)作用荷载图;b)弯矩图

1. 求桩插入深度 t

如图 40-3a)所示,对桩底 C 点取矩,则有:

$$\sum M_C = 0, \sum P(l+x-a) - E_p \frac{x}{3} = 0 \tag{40-9a}$$

$$E_p = \gamma(K_p - K_a)x \frac{x}{2} = \frac{\gamma}{2}(K_p - K_a)x^2 \tag{40-9b}$$

式(40-9a)可化简为:

$$\sum P(l+x-a) - \frac{\gamma}{6}(K_p - K_a)x^2 = 0 \tag{40-9c}$$

化简后得:

$$x^3 - \frac{6\sum P}{\gamma(K_p - K_a)}x - \frac{6\sum P(l-a)}{\gamma(K_p - K_a)} = 0 \tag{40-10}$$

式中:$\sum P$——主动土压力、水压力及地面超载的合力(kN);

　　　　a——$\sum P$ 合力距地面距离(m);

　　　　l——$l=h+u$;

u——土压力零点距坑底的距离(m),可根据净土压力零点处墙前被动土压力强度与墙后主动土压力强度相等的关系求得,即 $K_p u = K_a(h+u)$。

$$u = \frac{K_a h}{K_p - K_a} \qquad (40\text{-}11a)$$

或

$$u = \frac{e}{\gamma(K_p - K_a)} \qquad (40\text{-}11b)$$

如基坑为放坡开挖打桩支护,则式中 $e = e_q + e_a$,其中,e_a 按式(40-11c)或式(40-11d)计算,即:

$$e_a = \gamma z K_a - 2c\sqrt{K_a} \qquad (40\text{-}11c)$$
$$e_q = q K_a \qquad (40\text{-}11d)$$

从式(40-10)的三次式试算求出 x 值,板桩的插入深度 t 为:

$$t = u + 1.2x \qquad (40\text{-}12)$$

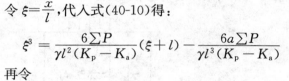

布鲁姆(H. Blum)曾作出过一个曲线图,如图 40-4 所示,可求得 x。

令 $\xi = \dfrac{x}{l}$,代入式(40-10)得:

$$\xi^3 = \frac{6\sum P}{\gamma l^2 (K_p - K_a)}(\xi + l) - \frac{6a\sum P}{\gamma l^3 (K_p - K_a)}$$

再令

$$m = \frac{6\sum P}{\gamma l^2 (K_p - K_a)}, \quad n = \frac{6a\sum P}{\gamma l^3 (K_p - K_a)}$$

将上式化简,得:

$$\xi^3 = m(\xi + l) - n \qquad (40\text{-}13)$$

式中 m 及 n 值比较容易确定,因其只与荷载及板桩长度有关。在 m 及 n 确定后,可以从图 40-4 曲线图求得的 m 及 n,连一直线并延长即可求得 ξ 值。同时,由于 $x = \xi l$,得出 x 值,则可按式(40-12)得到桩的插入深度 t 为:

$$t = u + 1.2x = u + 1.2\xi l$$

图 40-4　布鲁姆计算曲线

2. 求最大弯矩 M_{max}

图 40-3 最大弯矩在剪力 $Q=0$ 处,设从 O 点往下 x_m 处 $Q=0$,此处被动土压力之值应与 $\sum P$ 相等,即:

$$\sum P - \frac{\gamma}{2}(K_p - K_a)x_m^2 = 0$$

$$x_m = \sqrt{\frac{2\sum P}{\gamma(K_p - K_a)}} \qquad (40\text{-}14)$$

最大弯矩:

$$M_{max} = \sum P(l + x_m - a) - \frac{\gamma(K_p - K_a)x_m^3}{6} \qquad (40\text{-}15)$$

求出最大弯矩后,对钢板桩可以核算断面尺寸,对灌注桩可以核定直径及配筋计算。

【例 40-1】　上海某办公楼工程基坑挖深 8.4m,地质情况为①杂填土,②新近代粉质黏

64

土,③砂质黏土,黏质粉土,④粉细砂。经各层土加权平均,土的重度 $\gamma=19.5\text{kN/m}^3$,$c=18\text{kPa}$,$\varphi=25°$。地面超载 $q=20\text{kPa}$。根据资料,考虑到坑下摩擦力的作用,按下列参数计算:$\varphi=25°$,$\delta=2\varphi/3=16.7°$,$\gamma=19.5\text{kN/m}^3$,$q=20\text{kPa}$,无地下水。求插入深度及最大弯矩。

解:(1)求桩插入深度

如图 40-5 所示,施工前先将基坑四周推土 2m,在 -2m 处做钻孔灌注桩 $\phi800$,中距 1.5m。

地面超载 $q=20+19.5\times2=59(\text{kPa})$。

主动土压力系数 $K_a=\tan^2(45°-25°/2)=0.4$,$\sqrt{K_a}=0.64$。

按式(37-36)计算被动土压力系数,$\delta=2\varphi/3=16.7°$。

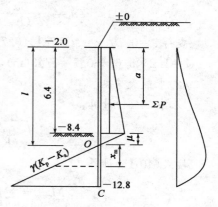

图 40-5 实际工程计算图

$$K_p=\left[\frac{\cos25°}{\sqrt{\cos16.7°}-\sqrt{\sin(25°+16.7°)\sin25°}}\right]^2$$

$$=\left[\frac{0.906}{0.978-0.53}\right]=4.1$$

$\gamma(K_p-K_a)=19.5(4.1-0.4)=72.2(\text{kN/m}^3)$

按公式(37-10)计算主动土压力为:

$$e_a=\gamma z\tan^2(45°-\varphi/2)-2c\cot(45°-\varphi/2)$$
$$=19.5\times6.4\times0.4-2\times18\times0.64$$
$$=49.92-23.04$$
$$=26.88(\text{kPa})$$

按式(40-11b)得:

$$u=\frac{59\times0.4+26.88}{72.2}=0.7(\text{m})$$

$$l=h+u=6.4+0.7=7.1(\text{m})$$

$$\sum P=59\times0.4\times6.4+1/2\times26.88\times6.4=237(\text{kPa})$$

$$a=\frac{59\times0.4\times6.4\times\dfrac{6.4}{2}+1/2\times26.88\times6.4\times2/3\times6.4}{237}=3.59(\text{m})$$

$$l-a=7.1-3.59=3.51(\text{m})$$

按式(40-10)得:

$$x^3-\frac{6\sum P}{\gamma(K_p-K_a)}x-\frac{6\sum P(l-a)}{\gamma(K_p-K_a)}=0$$

即:

$$x^3-\frac{6\times237}{72.2}x-\frac{6\times237\times3.51}{72.2}=0$$

$$x^3-19.7x-69.1=0$$

试算结果:

$$x=5.65(\text{m})$$

埋深:

$$t=1.2\times5.65+0.7=7.48(\text{m})$$

65

查布鲁姆理论的计算曲线图 40-4。

$$m = \frac{6\sum P}{\gamma l^2 (K_p - K_a)} = \frac{6 \times 237}{72.2 \times 7.1^2} = 0.391$$

$$n = \frac{6a\sum P}{\gamma l^3 (K_p - K_a)} = \frac{6 \times 237 \times 3.59}{72.2 \times 7.1^3} = 0.197$$

查得 $\xi = 0.79$，$x = \xi l = 7.1 \times 0.79 = 5.61(\text{m})$。

$t = 1.2 \times 5.61 + 0.7 = 7.43(\text{m})$，与上式 7.48m 相同。

（2）求最大弯矩

按式（40-14）计算：

$$x_m = \sqrt{\frac{2\sum P}{\gamma(K_p - K_a)}} = \sqrt{\frac{2 \times 237}{72.2}} = 2.56(\text{m})$$

按式（40-15）计算：

$$M_{max} = \sum P(l + x_m - a) - \frac{\gamma(K_p - K_a)x_m^3}{6}$$

$$= 237(7.1 + 2.56 - 3.59) - \frac{72.2 \times 2.56^3}{6}$$

$$= 1\ 236.7(\text{kN} \cdot \text{m})$$

因桩中距为 1.5m，则 $M_{max} = 1\ 236.7 \times 1.5 = 1\ 855(\text{kN} \cdot \text{m})$。

【例 40-2】 某集水井基坑，设计时采用 $\phi100\text{cm}$ 挖孔桩作为基坑挡桩，基坑开挖深度为 6.0m，基坑边堆载均布荷载 $q = 10\text{kPa}$，试求该桩插入深度和最大弯矩以及截面配筋。

地基土层自地表向下分别为：

（1）粉质黏土：可塑，厚 1.1~3.1m；

（2）中粗砂：中密~密实，厚 2~5m，$\varphi = 34°$，$\gamma = 20\text{kN/m}^3$；

（3）砾砂：密实，未钻穿，$\varphi = 34°$。

解：（1）求桩的插入深度［图 40-6a］

先求土的压力系数和土的主动土压力：

$$K_a = \tan^2\left(45° - \frac{\varphi}{2}\right) = \tan^2\left(45° - \frac{34°}{2}\right) = 0.53^2 = 0.280\ 9$$

$$K_p = \tan^2\left(45° + \frac{\varphi}{2}\right) = \tan^2\left(45° + \frac{34°}{2}\right) = 1.88^2 = 3.534\ 4$$

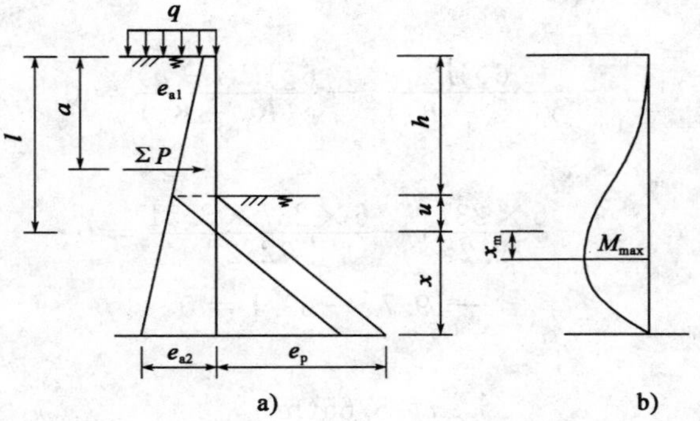

图 40-6 挖孔桩悬臂挡墙计算

a）土压力分布；b）弯矩图

$$e_{a1} = qK_a = 10 \times 0.280\,9 = 2.8\,(\text{kPa})$$

$$e_{a2} = (q + \gamma h)K_a = (10 + 20 \times 6) \times 0.280\,9 = 36.51\,(\text{kPa})$$

按式(40-11a)得：

$$u = \frac{\gamma h K_a}{\gamma(K_p - K_a)} = \frac{36.51}{20(3.53 - 0.28)} = \frac{36.51}{20 \times 3.25} = 0.56\,(\text{m})$$

$$\sum P = \frac{(2.8 + 36.51) \times 6}{2} + \frac{0.56 \times 36.51}{2} = 128.15\,(\text{kPa})$$

$$a = \frac{2.8 \times 6 \times 3 + 33.71 \times \dfrac{6}{2} \times \dfrac{6}{3} \times 2 + 36.51 \times \dfrac{0.56}{2} \times 6.19}{128.15} = 4.04\,(\text{m})$$

$$m = \frac{6\sum P}{\gamma(K_p - K_a)} = \frac{6 \times 128.15}{20(3.53 - 0.28)} = 0.274\,9$$

$$n = \frac{6\sum Pa}{\gamma(K_p - K_a)l^3} = \frac{6 \times 128.15 \times 4.04}{20(3.53 - 0.28) \times 6.56^3} = 0.169\,3$$

查布鲁姆理论的计算曲线图 40-4 得：

$$\xi = 0.67$$

$$x = \xi l = (0.67 \times 6.56)\text{m} = 4.40\,(\text{m})$$

$$t = 1.2x + u = (1.2 \times 4.40 + 0.56)\text{m} = 5.84\,(\text{m})$$

桩的总长：6+5.84=11.84m,取 12.0m。

(2)求最大弯矩[图 40-6b]

最大弯矩位置,按式(40-14)得：

$$x_m = \sqrt{\frac{2\sum P}{\gamma(K_p - K_a)}} = \sqrt{\frac{2 \times 128.15}{20 \times (3.53 - 0.28)}} = 1.98\,(\text{m})$$

最大弯矩按式(40-15)得：

$$M_{\max} = \sum P(l + x_m - a) - \frac{\gamma(K_p - K_a)x_m^3}{6}$$

$$= 128.15 \times (6.56 + 1.98 - 4.04) - \frac{20(3.53 - 0.28) \times 1.98^3}{6}$$

$$= 492.61\,(\text{kN} \cdot \text{m})$$

(3)截面配筋(图 40-7)

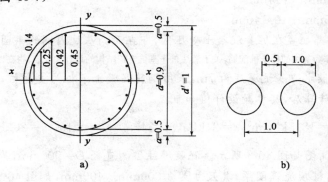

图 40-7　桩身配筋计算图(尺寸单位:m)

a)钢筋布置图;b)桩的布置示意图

预选桩径 $d=100\text{cm}$，钢筋保护层厚度 $a=5\text{cm}$，钢筋笼直径 $d_1=d-2a=100-2\times5=9\text{cm}$。

选竖向主筋 20 根，沿 d_1 均匀布置，各钢筋至 $x\text{-}x$ 轴的垂直距离 y_1 由比例图量出，如图 40-7a) 所示。

选 $\phi25$，$A_g=4.91\text{cm}^2$，$f_y=30\text{kN/cm}^2$。

钢筋总抗弯能力：

$$[M]=4A_gf_y\left(y_1+y_2+\cdots+y_{m-1}+\frac{1}{2}y_m\right)$$

$$=4\times4.91\times30\times\left(0.14+0.25+0.36+0.42+\frac{0.45}{2}\right)$$

$$=821.9(\text{kN}\cdot\text{m})$$

$$b=\frac{821.9}{492.61\times1.1}=1.52(\text{m})$$

取桩的间距 $b=1.5\text{m}$。

为了减少竖向钢筋的用量，可考虑受压区（靠基坑一侧的半圆截面）混凝土的抗压作用，混凝土用 C20，$f_c=0.96\text{kN/cm}^2$。

$$N_a=\frac{2\pi d_1af_c}{n}=\frac{2\times3.14\times90\times5\times0.96}{20}=135.65(\text{kN})$$

受压区每根钢筋截面面积为：

$$A'_g=\frac{A_gf_y-N_a}{f'_y}=\frac{4.91\times30-135.65}{30}=0.39(\text{cm}^2)$$

选 $\phi14$，$A'_g=1.54\text{cm}^2$。

为了进一步减少钢筋用量，宜在桩身上部减半配筋，求 $\frac{1}{2}M_{\max}$ 弯矩点，试算地面下 5.5m 处的主动土压力强度值：

$$\rho_a=\gamma h\tan^2\left(45°-\frac{\varphi}{2}\right)=(10+20\times5.5)\times0.53^2=33.7(\text{kPa})$$

$$M=\frac{1}{6}\times33.7\times6^2=202.2(\text{kN}\cdot\text{m})<\frac{1}{2}M_{\max}=246.3(\text{kN}\cdot\text{m})$$

因此，挖孔桩钢筋笼中，竖向钢筋的配置为：

上部 5m：$5\phi25\text{mm}+5\phi14\text{mm}$

下部 7m：$10\phi25\text{mm}+10\phi14\text{mm}$

$\phi14\text{mm}$ 钢筋全部配置在桩身混凝土受压区，即在面向基坑内侧的半圆内。

注：本例为挖孔桩作为基坑的挡土桩配筋，关于灌注桩作基坑支护结构的计算和配筋，将在以后详细论述。

【例 40-3】 某储水池基坑深度为 7m，采用钢筋混凝土灌桩为支护桩，该基坑各层土力学参数经过加权平均计算后，其参数设计值如下：

$$\gamma=18.5\text{kN/m}^3,c=21\text{kPa},\varphi=24°,\delta=\frac{2}{3}\varphi=16°,q=20\text{kPa}$$

基坑支护计算简图如图 40-8 所示。混凝灌注桩的直径 $D=900\text{mm}$，其间距为 1.6m，混凝土强度等级为 C25，桩顶浇筑圈梁，其尺寸为 $1\,000\text{mm}\times400\text{mm}$，如图 40-9 所示，用以提高支护桩的整体刚度和抗侧移的能力，试求灌注桩的插入土中的深度 t 和桩的最大弯矩 $M_{\max}$。

解：(1)土压力系数

主动土压力系数：

$$K_a = \tan^2\left(45° - \frac{\varphi}{2}\right) = \tan^2\left(45° - \frac{24°}{2}\right) = 0.649^2 = 0.422$$

被动土压力系数：

$$K_p = \left[\frac{\cos 24°}{\sqrt{\cos 16°} - \sqrt{\sin(24° + 16°)\sin 24°}}\right]^2 = 3.794$$

$$e_a = 18.5 \times 6.0 \times 0.422 - 2 \times 21 \times 0.649 = 19.56(\text{kPa})$$

$$\gamma(K_p - K_a) = 18.5 \times (3.794 - 0.422) = 62.4(\text{kN/m}^3)$$

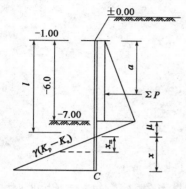

图 40-8　基坑支护计算简图

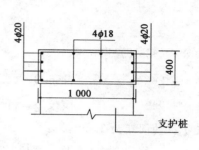

图 40-9　桩顶圈梁配筋图

（2）支护桩插入土中深度

地面荷载

$$q = 20 + 18.5 \times 1.0 = 38.5(\text{kPa})$$

$$e = 38.5 \times 0.422 + 19.56 = 35.75(\text{kPa})$$

$$u = \frac{35.75}{62.4} = 0.57(\text{m})$$

$$l = 6.0 + 0.57 = 6.57(\text{m})$$

$$\sum P = 38.5 \times 0.422 \times 6.0 + \frac{1}{2} \times 19.56 \times 6.0 = 156.2(\text{kPa})$$

$$a = \frac{38.5 \times 0.422 \times 6.0 \times \frac{6}{2} + \frac{1}{2} \times 19.56 \times 6.0 \times \left(\frac{2}{3} \times 6.0\right)}{156.2} = 3.38(\text{m})$$

$$l - a = 6.57 - 3.38 = 3.19(\text{m})$$

将上述值代入公式(40-10)得：

$$x^3 - \frac{6 \times 156.2}{62.4}x - \frac{6 \times 156.2 \times 3.19}{62.4} = 0, \text{取 } x^3 - 15x - 47.9 = 0$$

经过几次试算求得。

$$x = 5.078\text{m} \approx 5.1(\text{m})$$

支护桩埋深：

$$t = 1.2 \times 5.10 + 0.57 = 6.66(\text{m})$$

再按布鲁姆理论的计算曲线（图 40-4）求支护桩的埋深。

$$m = \frac{6\sum P}{\gamma(K_p - K_a)l^2} = \frac{6 \times 156.2}{62.4 \times 6.57^2} = 0.348$$

69

$$n=\frac{6\sum Pa}{\gamma(K_{\mathrm{p}}-K_{\mathrm{a}})l^3}=\frac{6\times156.2\times3.38}{62.4\times6.57^3}=0.179$$

查图 40-4,得 $\xi=0.77$。

$$x=\xi l=0.77\times6.57=5.06(\mathrm{m})$$

则

$$t=1.2x+u=1.2\times5.06+0.57=6.64(\mathrm{m})$$

查表得出结果与上式解三次方程所得结果相同,但可以不解三次方程就算出 t,比较便当。

(3)求支护桩最大弯矩

$$x_{\mathrm{m}}=\sqrt{\frac{2\times156.2}{62.4}}=2.24(\mathrm{m})$$

由公式(40-15)可得:

$$M_{\mathrm{max}}=156.2\times(6.57+2.24-3.38)-\frac{62.4\times2.24^3}{6}$$
$$=848.2-116.89=731.31(\mathrm{kN\cdot m})$$

支护桩的间距为 1.6m,则:

$$M_{\mathrm{max}}=1.6\times731.31=1\,170.1(\mathrm{kN\cdot m})$$

【例 40-4】 上海某医院住院楼工程,基坑深 8.4m(堆土 2m),已知 $\gamma=19.5\mathrm{kN/m^3}$,黏聚力 c(加权平均)$=18\mathrm{kPa}$,土的内擦角 $\varphi=25°$,试按等值内擦角公式(40-39)计算基坑挡土桩的插入深度和最大弯矩值。

解:(1)求插入深度

按式(37-39)求等值内摩擦角:

$$\tan\left(45°-\frac{\varphi_{\mathrm{D}}}{2}\right)=\sqrt{\frac{19.5\times8.4^2\times0.41-4\times18\times8.4\times0.64+\dfrac{4\times18^2}{19.5}}{19.5\times8.4^2}}=0.42$$

$$45°-\frac{\varphi_{\mathrm{D}}}{2}=22.8°,\varphi_{\mathrm{D}}=44.4°(等值内摩擦角)$$

与前计算相同,δ 设为 20°,则:

$$\tan^2\left(45°-\frac{\varphi_{\mathrm{D}}}{2}\right)=0.18$$

按式(37-36)求波动土压力系数 K_{p} 为:

$$K_{\mathrm{p}}=\left[\frac{\cos44.4°}{\sqrt{\cos20°}\sqrt{\sin(20°+44.4°)\sin44.4°}}\right]^2=16.6$$

$e=59\times0.18+6.4\times19.5\times0.18=33.1(\mathrm{kPa})$,同样求出 $a=3.74(\mathrm{m})$。

$$\mu=\frac{33.1}{19.5(16.6-0.18)}=0.1(\mathrm{m}),则\ l=6.4+0.1=6.5(\mathrm{m})。$$

$$\sum P=59\times0.18\times6.4+1/2\times19.5\times6.4^2\times0.18=139.8(\mathrm{kPa})$$

按式(40-10)得:

$$x^3-\frac{6\times139.8}{320.2}x-\frac{6\times139.8\times(6.5-3.74)}{320.2}=0$$

$$x^3-2.62x-7.2=0$$

解三次方程得:

$$x=2.4\text{m},\text{则}\ t=1.2\times2.4+0.1=3\text{(m)}\text{(埋深)}$$

(2)求最大弯矩

按式(40-14)得：

$$x_{\mathrm{m}}=\sqrt{\frac{2\times139.8}{6\,320.2}}=0.93\text{(m)}$$

按式(40-15)得：

$$M_{\max}=139.8(6.5+0.93-3.74)-\frac{320.2\times0.93^2}{6}=473\text{(kN}\cdot\text{m)}$$

桩中间距为1.5m,则：

$$M_{\max}=473\times1.5=709.5\text{(kN}\cdot\text{m)}$$

三、弹性线法(图解法)

弹性线法的基本原理与数解法相同,其分析方法及步骤如下(图40-10)。

(1)选定支护墙体的入土深度,一般可根据经验先初假定 t。

(2)计算主动土压力和被动土压力,绘制土压力图形。再将此图形分为若干小面积块(一般可按高度分成0.5~1.0m一段),墙前墙后的被动土压力系数可查表40-4进行修正,图40-10b)所示。

(3)计算各段梯形土压力的合力,假定该合力作为一个集中力作用于每段梯形土压力强度图的重心处,如图40-10c)所示。

(4)取一定的极距 η 按照静力学的索线多边形原理绘制力多边形,如图40-10d)所示。

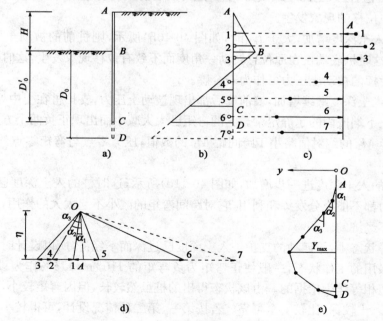

图40-10　图解法

a)假定的入土深度;b)土压力强度分布及各段土压力重心位置;c)各段土压力合力;d)力多边形;e)索线多边形

(5)绘制索线多边形。在索线多边形上,最后一根索线与闭合线的交点,如恰好在土压力强度图上代表最后一个集中力的小梯形面积的底边线上,则表明假定的入土深度 D_0' 是合适的,否则就需要改变 D_0' 值重新计算。由图 40-10e)所示的索线多边形图可以看出,按原先假定的支护墙体入土深度 D_0' 计算,绘制的索线多边形最后一根索线与闭合线不能交于 C 点(代表最后一个集中力 6 的小梯形面积 6 的底边线),这表明假定的 t_0' 深度不够。当将入土深度由 C 点增加至 D 点时,重新计算并绘图,则索线多边形闭合,表明 D_0 值即为所求的合适的入土深度。

(6)支护墙体任一截面处的弯矩 M 等于极距 η 与索线多边形图上相应坐标 y 的乘积,则最大弯矩 $M_{max} = \xi_1 \eta y_{max}$,如图 40-10e)所示,其中 ξ_1 为折减系数,取 $0.6 \sim 0.8$,按此求得所需板桩的截面和配筋。

(7)土压力强度分布图确定后,即可根据平衡条件确定支撑(拉锚)反力。

第二节 浅埋单层支点排桩墙支护计算

一、概述

顶端支撑(或锚系)的排桩支护结构与顶端自由(悬臂)的排桩两者是有区别的。顶端支撑的支护结构,由于顶端有支撑不致移动而形成一铰接的简支点。至于桩埋入土内部分,入土浅时为简支,深时则为嵌固。下面介绍的就是桩因入土深度不同而产生的几种情况。

(1)支护桩入土深度较浅,支护桩前的被动土压力全部发挥,对支护点的主动土压力的力矩和被动土压力的力矩相等,如图 40-11a)所示。此时墙体处于极限平衡状态,由此得出的跨间正弯矩的 M_{max} 值,但入土深度最浅为 t_{min}。这时其墙前以被动土压力全部被利用,墙的底端可能有少许向左位移的现象发生。

(2)支护桩入土深度增加,大于 t_{min} 时,如图 40-10b)所示,则桩前的被动土压力得不到充分发挥与利用,这时桩底端仅在原位置转动一角度而不致有位移现象发生,这时桩底的土压力便等于零。未发挥的被动土压力可作为安全感。

(3)支护桩入土深度继续增加,墙前墙后都出现被动土压力,支护桩在土中处于嵌固状态,相当于上端简支下端嵌固的超静定梁。它的弯矩已大大减小而出现正负两个方向的弯矩。其底端的嵌固弯矩 M_2 的绝对值略小于跨间距 M_1 的数值,压力零点与弯矩零点约相吻合,如图 40-11c)所示。

(4)支护桩的入土深度进一步增加,如图 40-11d)所示,这时桩的入土深度已过深,墙前墙后的被动土压力都不能充分发挥和利用,它对跨间弯矩的减小不起太大的作用,因此支护桩入土深度过深是不经济的。

在以上四种状态中,第四种的支护桩入土深度已过深而不经济,所以设计时都不采用。第三种是目前常采用的工作状态,一般使正弯矩为负弯矩的 110%~115% 作为设计依据,但也有采用正负弯矩相等作为依据的。由该状态得出的桩虽然较长,但因弯矩较小,可以选择较小的断面,同时因入土较深,比较安全可靠。若按第一、第二种情况设计,可得较小的入土深度和较大的弯矩,对于第一种情况,桩底可能有少许位移。自由支承比嵌固支承受力情况明确,造价经济合理。

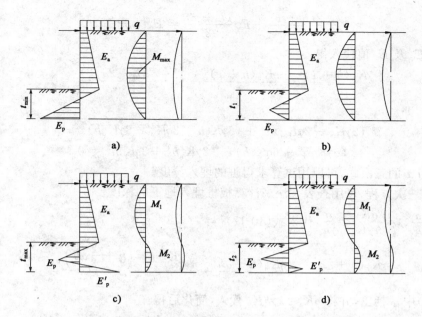

图 40-11 入土深度不同的板桩墙的土压力分布、弯矩及变形图

二、浅埋单层支点排桩、桩墙顶端支撑(锚拉)法计算

桩顶拉锚计算简图如图 40-12 所示。假定 A 点铰接无移动、板桩或灌注桩埋在地下亦无移动。B 点自由端因埋入土中深度较浅,不作固端,可按地下简支计算。

图 40-12 为桩顶部设支撑(锚拉),设墙背土为非黏性土,并设墙背与填土间摩擦角 $\delta = 0°$,计算时取长度计算单位为 1m,作用在板桩上的力如下。

主动土压力:

$$E_a = \frac{1}{2} e_a (h + x) = \frac{1}{2} \gamma (h + x)^2 K_a \qquad (40\text{-}16a)$$

被动土压力:

$$E_p = \frac{1}{2} e_p x = \frac{1}{2} \gamma x^2 K_p \qquad (40\text{-}16b)$$

$$E_q = q(h + x) K_a \qquad (40\text{-}16c)$$

式中:e_a——主动土压力最大强度,$e_a = \gamma(h+x)K_a$;

e_p——被动土压力最大强度,$e_p = \gamma x K_p$;

K_a——主动土压力系数,$K_a = \tan^2\left(45° - \dfrac{\varphi}{2}\right)$;

K_p——被动土压力系数,$K_p = \tan^2\left(45° + \dfrac{\varphi}{2}\right)$;

γ——土的重度(kN/m^3)。

1. 求板桩埋入地下深度

先以 A 点取矩,令 $M_A = 0$,埋入深度为 x,得:

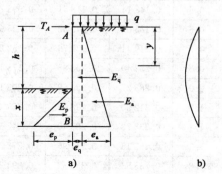

图 40-12 桩顶拉锚计算简图
a)土压力图;b)弯矩图

$$E_a \frac{2(h+x)}{3} + E_q \frac{(h+x)}{2} = E_p\left(h + \frac{2}{3}x\right)$$

将 E_a、E_q 及 E_p 值代入得：

$$\frac{\gamma K_a(h+x)^3}{3} + \frac{q K_a(h+x)^2}{2} - \frac{\gamma K_p x^2(h+2x/3)}{2} = 0$$

简化后，即：

$$(2\gamma K_a - 2\gamma K_p)x^3 + (6\gamma K_a h + 3q K_a - 3\gamma K_p h)x^2 +$$
$$(6\gamma K_a h^2 + 6q K_a h)x + 2\gamma K_a h^3 + 3q K_a h^2 = 0 \tag{40-17}$$

式(40-17)为 x 的三次式，可以用试算求得桩的埋入深度。

如不解三次方程，可用查表方法来计算板桩埋入地下的深度。

设 $\omega = \dfrac{x}{h}$，$\lambda = \dfrac{q K_a}{h \gamma K_a} = \dfrac{q}{\gamma h}$，代入式(40-17)得：

$$\frac{\gamma K_a(h+\omega h)^3}{3} + \frac{q K_a(h+\omega h)^2}{2} - \frac{\gamma K_p \omega^2 h^2\left(h + \frac{2}{3}\omega h\right)}{2} = 0 \tag{40-18}$$

将式(40-18)中 ω 括出，并将 $q K_a = \lambda \gamma h K_a$ 代入，简化后得：

$$\frac{K_a}{K_p} = \frac{(1.5+\omega)\omega^2}{(1+\omega)^2(1+\omega+1.5\lambda)} \tag{40-19a}$$

当 $q=0$ 时，即地面无荷载，$\lambda=0$，得：

$$\frac{K_a}{K_p} = \frac{(1.5+\omega)\omega^2}{(1+\omega)^3} \tag{40-19b}$$

将式(40-20)制成如表 40-2 所示的表格，其中，K_a、K_p 可由 φ 计算求得，又 q、γ、h 均为已知条件，未知数 ω 可由表 40-2 查得，x 值可由 $x = \omega h$ 算得。

上部拉结下部简支桩计算系数 表 40-2

ω	K_a/K_p							
	$\lambda=0$	$\lambda=0.25$	$\lambda=0.50$	$\lambda=0.75$	$\lambda=1.00$	$\lambda=1.50$	$\lambda=2.00$	$\lambda=3.00$
0	0	0	0	0	0	0	0	0
0.1	0.012 02	0.008 96	0.007 15	0.005 94	0.005 09	0.003 95	0.003 23	0.002 36
0.2	0.039 35	0.029 98	0.024 22	0.020 31	0.017 49	0.013 69	0.011 43	0.008 28
0.3	0.073 30	0.057 23	0.046 76	0.039 53	0.034 23	0.027 00	0.022 29	0.016 53
0.4	0.110 78	0.087 38	0.072 14	0.061 42	0.053 48	0.042 49	0.035 25	0.026 29
0.5	0.148 14	0.118 51	0.098 76	0.084 65	0.074 07	0.059 26	0.049 38	0.037 04
0.6	0.185 07	0.149 52	0.125 66	0.108 37	0.095 26	0.076 70	0.064 20	0.048 41
0.7	0.219 41	0.179 76	0.152 24	0.132 03	0.116 56	0.094 43	0.079 36	0.061 62
0.8	0.252 40	0.208 88	0.178 16	0.155 68	0.137 67	0.112 18	0.094 65	0.072 11
0.9	0.283 27	0.236 58	0.203 10	0.177 92	0.158 30	0.129 76	0.109 84	0.084 10
1.0	0.312 50	0.263 15	0.225 45	0.200 00	0.178 57	0.147 06	0.125 00	0.096 15
1.1	0.338 73	0.287 40	0.242 59	0.220 56	0.197 59	0.164 00	0.139 47	0.107 78
1.2	0.365 13	0.311 96	0.272 30	0.241 59	0.217 10	0.180 52	0.154 48	0.119 89
1.3	0.388 83	0.335 52	0.294 27	0.262 05	0.236 19	0.196 60	0.169 34	0.134 98
1.4	0.411 16	0.355 60	0.313 26	0.279 94	0.253 02	0.212 22	0.182 74	0.143 01
1.5	0.432 00	0.375 65	0.332 30	0.297 90	0.270 00	0.227 37	0.196 36	0.154 28

2. 求锚拉力或支撑力

x 已求出,可以令 $\sum M_B = 0$,求 T_A,即:

$$(h+x)T_A + 1/3xE_p - 1/3(h+x)E_a - 1/2(h+x)E_q = 0$$

$$T_A = \frac{1/3(h+x)E_a + 1/2(h+x)E_q - 1/3xE_p}{(h+x)} \tag{40-20}$$

3. 求最大弯矩

最大弯矩应在剪力为零处,设从桩顶往下 y 处剪力为零,则 $1/2\gamma K_a y^2 + qK_a y - T_A = 0$。解 y 的二次式:

$$y = \frac{-qK_a \pm \sqrt{(qK_a)^2 + 2\gamma K_a T_A}}{\gamma K_a} \tag{40-21}$$

$$M_{max} = T_A y - \frac{qK_a y^2}{2} - \frac{\gamma K_a y^3}{6} \tag{40-22}$$

【例 40-5】 某基坑挖深为 8m,板桩围护,桩顶锚拉,在基坑墙外边 $1.5 \sim 3.5$m 处行走履带式吊车,基坑边地面上有均布超载 $q = 40\text{kN/m}^2$,已知 $\varphi = 30°$,$\gamma = 18\text{kN/m}^3$,$\delta = 0°$,$c = 0\text{kPa}$,试求此板的入土深度,桩顶锚拉力及最大弯矩。

解:(1)求桩埋入土内深度(图 40-12)

将已知数代入式(40-17)中有:

$$K_a = \tan^2\left(45° - \frac{30°}{2}\right) = 0.33 \quad K_p = \tan^2\left(45° + \frac{30°}{2}\right) = 3.0$$

$$(2 \times 18 \times 0.33 - 2 \times 18 \times 3)x^3 + (6 \times 18 \times 0.33 + 3 \times 40 \times 0.33 -$$
$$3 \times 18 \times 3 \times 8)x^2 + (6 \times 18 \times 0.33 \times 8^2 + 6 \times 40 \times 0.33 \times 8)x +$$
$$(2 \times 18 \times 0.33 \times 8^3 + 3 \times 40 \times 0.33 \times 8^2) = 0$$

简化后得:

$$x^3 + 10.1x^2 - 30.3x - 89.6 = 0$$

试算后得 $x = 3.84$m,施工时尚应乘 $K = 1.1 \sim 1.2$。

(2)求桩顶锚拉力或支撑力 T_A

$$E_q = 40 \times 0.33 \times (8 + 3.84) = 156.3(\text{kN})$$

$$E_a = 18 \times 0.33 \times \frac{1}{2}(8 + 3.84)^2 = 416.4(\text{kN})$$

$$E_p = \frac{1}{2} \times 18 \times 3 \times 3.84^2 = 398.1(\text{kN})$$

按式(40-20)得 T_A 为:

$$T_A = \frac{\frac{1}{3} \times 11.84 \times 416.4 + \frac{1}{2} \times 11.84 \times 156.3 - \frac{1}{3} \times 3.84 \times 398.1}{11.84} = 173.9(\text{kN})$$

用 $\sum H = 0$ 核对:

$$E_q + E_a - E_p - T_A = 0$$
$$156.3 + 416.4 - 398.1 - 173.9 = 0.7 \approx 0$$

(3)求桩的最大弯矩

先求 y(剪力为零的点距桩顶距离):

$$y = \frac{-qK_a \pm \sqrt{(qK_a)^2 + 2\gamma K_a T_A}}{\gamma K_a}$$

$$= \frac{-40 \times 0.33 \pm \sqrt{(40 \times 0.33)^2 + 2 \times 18 \times 0.33 \times 173.9}}{18 \times 0.33}$$

$$= 5.7 \text{(m)}$$

按式(40-22)得 M_{max} 为：

$$M_{max} = 137.9 \times 5.7 - \frac{40 \times 0.33 \times 5.7^2}{2} - \frac{18 \times 0.33 \times 5.7^3}{6}$$

$$= 991.2 - 214.4 - 183.3$$

$$= 593.5 \text{(kN)}$$

在上面计算中如按 $\delta = \frac{1}{2}\varphi, \varphi$ 仍为 $30°$ 且其他参数不变，则 $K_a = 0.33$，K_p 按式(37-36)计算：

$$K_p = \left[\frac{\cos30°}{\sqrt{\cos15°} - \sqrt{\sin45° \cdot \sin30°}} \right]^2 = \left[\frac{0.866}{0.983 - 0.595} \right]^2 = 4.93$$

(1)求桩埋入土内深度 x

将上述数值代入公式(40-17)中得：

$$(2 \times 18 \times 0.33 - 2 \times 18 \times 4.93)x^3 + (6 \times 18 \times 0.33 \times 8 + 3 \times 40 \times 0.33 -$$

$$3 \times 18 \times 4.93 \times 8)x^2 + (6 \times 18 \times 0.33 \times 8^2 + 6 \times 40 \times 0.33 \times 8)x +$$

$$(2 \times 18 \times 0.33 \times 8^3 + 3 \times 40 \times 0.33 \times 8^2) = 0$$

整理后得：

$$165.6x^3 + 1805x^2 - 2914.6x - 8617 = 0$$

简化后得：

$$x^3 + 10.9x^2 - 17.6x - 52 = 0$$

试算后得 $x = 2.7$m，施工时尚应将 x 乘 $K = 1.1 \sim 1.2$。

(2)求桩顶锚拉力 T_A

$$8 + 2.7 = 10.7 \text{(m)}$$

$$E_q = 40 \times 0.33 \times 10.7 = 141.2 \text{(kN)}$$

$$E_a = 1/2 \times 18 \times 0.33 \times 10.7^2 = 340 \text{(kN)}$$

$$E_p = 1/2 \times 18 \times 4.93 \times 2.7^2 = 323.5 \text{(kN)}$$

$$T_A = \frac{1/3 \times 10.7 \times 340 + 1/2 \times 10.7 \times 141.2 - 1/3 \times 323.5 \times 2.7}{10.7} = 156.7 \text{(kN)}$$

(3)求最大弯矩

$$y = \frac{-40 \times 0.33 \pm \sqrt{(40 \times 0.33)^2 + 2 \times 18 \times 156.7 \times 0.33}}{18 \times 0.33} = 5.37 \text{(m)}$$

$$M_{max}=156.7\times5.37-\frac{40\times0.33\times5.37^2}{2}-\frac{18\times0.33\times5.37^2}{6}=498.9(kN \cdot m)$$

【例 40-6】 某基坑工程深 8m，基坑周围有建筑物和道路，不能放坡开挖基坑，故采用顶部有锚拉的灌注桩支护。坑边部分地面要行走履带式吊车，已知土的平均内摩擦角 $\varphi=30°$，平均重度 $\gamma=18kN/m^3$，无地下水（图 40-13），试求灌注桩需埋置深度、顶部锚杆拉力 T_A 和桩的最大弯矩 M_{max}。

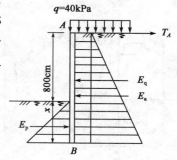

图 40-13　计算简图

解：(1)计算桩深度

根据 $\varphi=30°$，得：

$$K_a=0.33, K_p=3.00$$

则：

$$\frac{K_a}{K_p}=0.11$$

按第三十七章第二节将地面集中荷载折成均布荷载：履带吊车在桩边 1.5～3.5m 时，可按 $40kN/m^2$ 计算，即 $q=40kN/m^2$，可求出 λ 为：

$$\lambda=\frac{q}{\gamma h}=\frac{40}{18\times8}=0.28$$

查表 40-2 得：

$$\omega=0.469$$

则得：

$x=\omega h=0.469\times8=3.75(m)$，施工时尚应乘 $K=1.1～1.2$，即 $3.75\times1.2=45(m)$。

钻孔桩深为：

$$8+4.5=12.5(m)$$

(2)计算拉力 T_A

$$E_a=1/2\times18\times0.33\times11.75^2=410(kN)$$
$$E_q=40\times0.33\times11.75=155.1(kN)$$
$$E_p=1/2\times18\times3\times3.75^2=379.7(kN)$$

取 $\sum M_B=0$

$$11.75T_A=410\times\frac{11.75}{3}+168.3\times\frac{11.75}{2}-379.7\times\frac{3.75}{3}$$

求得：

$$T_A=173.8(kN)$$

$$\sum H=0 \qquad E_{a1}+E_{a2}-T_A-E_a=0$$

$$410+155.1-173.8-379.7\approx0（黏聚力 c=0kPa）$$

(3)求最大弯矩 M_{max}

在剪力为零处，由式(40-21)得：

$$y=\frac{-qK_a\pm\sqrt{(qK_a)^2+2\gamma K_a T_A}}{\gamma K_a}$$

$$=\frac{-40\times0.33\pm\sqrt{(40\times0.33)^2+2\times18\times0.33\times173.8}}{18\times0.33}$$

77

$=5.7(m)(距桩顶)$

由式(40-22)得：

$$M_{max}=173.8\times5.7-\frac{18\times0.33\times5.7^3}{6}-\frac{40\times0.33\times5.7^2}{2}=592.83(kN\cdot m)$$

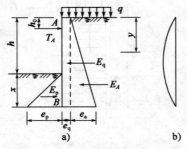

图 40-14　浅埋单层支点板桩墙计算简图
a)土压力图；b)弯矩图

三、浅埋单层支点排桩墙自由端法计算

当板桩墙的入土深度不太深时，在土体内未形成嵌固作用，板桩墙受到土体的自由支承，同时上端承受支撑（锚拉）的支承作用，如图 40-14 所示。

1. 求板桩墙入土深度 x（设墙体入土深度为 x）

E_q 为地面超载 q 引起的侧土压力

根据平衡条件，有 $\sum M_A=0$，即：

$$E_a\left[\frac{2}{3}(h+x)-h_0\right]+E_q\left[\frac{1}{2}(h+x)-h_0\right]-E_p\left(\frac{2}{3}x+h-h_0\right)=0 \qquad (40-23)$$

对于非黏性土，有：

$$\begin{cases} E_a=\dfrac{1}{2}\gamma(h+x)^2K_a \\[2mm] E_q=q(h+x)K_a \\[2mm] E_p=\dfrac{1}{2}\gamma x^2K_p \end{cases}$$

代入式(40-23)即可得关于 x 的一元三次方程式，求解即可得出墙体入土深度 x 的值。

此式得出的入土深度 x 值是从强度计算出发求得，另外还应满足抗滑移、抗倾覆、抗隆起和抗管涌等稳定性要求，（稳定性计算见后文）。在一般情况下，计算所得的入土深度在施工中应乘以一个安全系数 K（K 取 $1.1\sim1.5$），以确保安全。

2. 求支撑（拉锚）反力 R_a

求出入土深度 x 后，利用平衡条件 $\sum H=0$，则有：

$$R_a=E_a+E_q-E_p \qquad (40-24)$$

即可求得每延米上的支撑力值，再乘以支撑（拉锚）间距即得单根支撑（拉锚）轴力。

3. 求最大弯矩 M_{max}

最大弯矩发生于剪力为零处，设从墙顶往下 y 处剪力为零，则：

$$\begin{cases} \dfrac{1}{2}\gamma K_a y^2+qK_a y-R_a=0 \\[2mm] M_{max}=R_a(y-h_0)-\dfrac{1}{2}qK_a y^2-\dfrac{1}{6}\gamma K_a y^3 \end{cases} \qquad (40-25)$$

通过求解式(40-25)即可求出墙身所受最大弯矩的值，从而进行下一步的构件设计。

【例 40-7】　某工程基坑开挖深度为 6m，支撑位于桩（墙）顶下 1m，已知土体各层加权平均值 $\varphi=30°$，$\gamma=18kN/m^3$，$c=0kPa$，地面超载 $q=20kN/m^2$，试求桩的入土深度 x、支撑反力 R_a 和最大弯矩 M_{max}。

解：(1)求板桩墙入土深度 x

根据题意，有：

$$h=6\text{m},K_\text{a}=\tan^2\left(45°-\frac{\varphi}{2}\right)=\frac{1}{3}K_\text{a}=\tan^2\left(45°+\frac{\varphi}{2}\right)=3$$

则：

$$\begin{cases}E_\text{a}=\dfrac{1}{2}\times18\times(6+x)^2\times\dfrac{1}{3}=3(6+x)^2\\[2mm]E_\text{q}=20\times(6+x)\times\dfrac{1}{3}=\dfrac{20}{3}(6+x)\\[2mm]E_\text{p}=\dfrac{1}{2}\times18\times x^2\times3=27x^2\end{cases}$$

代入式(40-23)，经简化得：

$$x^3+6.17x^2-13.33x-25.25=0$$

解得：

$x=2.62\text{m}$，施工时尚应乘以 $K=1.1\sim1.5$。

(2)求支撑反力 R_a

由 $x=2.62\text{m}$ 可得：

$$E_\text{a}=3(6+2.62)^2=222.9(\text{kN/m})$$

$$E_\text{p}=27\times2.62^2=185.34(\text{kN/m}),E_\text{q}=\frac{20}{3}(6+2.62)=57.47(\text{kN/m})$$

代入式(40-24)，得每延米支撑反力 R_a 为：

$$R_\text{a}=E_\text{a}+E_\text{q}-E_\text{p}=222.91+57.47-185.34=95.04(\text{kN/m})$$

(3)求最大弯矩 $M_{\max}$

按式(40-25)有：

$$\frac{1}{2}\times18\times\frac{1}{3}y^2+20\times\frac{1}{3}y-95.04=0$$

得：$y=4.63\text{m}$

代入式(40-25)得：

$$M_{\max}=95.04(4.63-1)-\frac{1}{2}\times20\times\frac{1}{3}\times4.63^2-\frac{1}{6}\times18\times\frac{1}{3}\times4.63=174.29(\text{kN}\cdot\text{m/m})$$

即每延米墙体承受的最大弯矩为 $174.29(\text{kN}\cdot\text{m/m})$，发生于墙顶下 4.63m 处。

第三节　深埋排桩、墙支护结构计算

一、单层支点排桩、墙的等值梁法

1. 等值梁法的基本原理

桩入坑底土内有弹性嵌固(铰接)与固定两种，现假定桩插入坚硬土或砾石且比较深，作为固定端，单锚点则为铰接点，如图 40-15 所示。

ac 梁 b 点为铰接点，c 点为固定点。弯矩图的转折点为 d，若将 ac 梁在 d 点切断，并在 d 点设置自由支承，形成 ad 梁，则 ad 梁的弯矩将保持不变。因此，ad 梁即为 ac 梁上 ad 段的等值梁。

应用等值梁法计算,首先应确定反弯点的位置,在这方面有以下几种假设:

(1)假定反弯点位于土压力强度为零的那一点。

(2)假定为墙体与基底相交那一点。

(3)假定反弯点位于基底以下 y 处,其中 y 的确定与土体的标准贯入度 N 有关,对于多道支撑的支护结构可按表 40-3 采用。

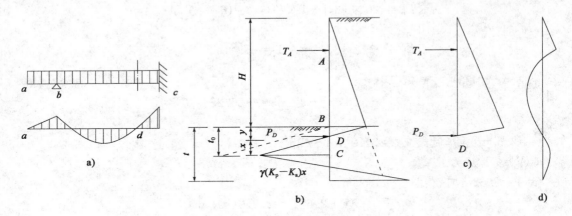

图 40-15　等值梁法计算单锚桩简图

a)等值梁原理;b)桩上土压力分布图;c)等值梁示意;d)弯矩图示意

反 弯 点 的 位 置　　　　　　　　　　表 40-3

砂 质 土	黏 性 土	反弯点位置 y	砂 质 土	黏 性 土	反弯点位置 y
	$N<2$	$0.4h_0$	$15<N<30$	$10<N<20$	$0.2h_0$
$N<15$	$2<N<10$	$0.3h_0$	$N<30$	$N<20$	$0.1h_0$

注:1.$0.4h_0$ 为支点至坑底距离。

　　2.可参考表 40-6 采用。

在以上假设中,常用第一种假设,即认为反弯点位于土压力强度为零的那一点。

板桩墙在土压力的作用下产生变形,因而使土与墙体之间产生相对位移,产生摩擦力。由于板桩变形时墙前的土体破坏棱体向上移动,而使墙体对土产生向下的摩擦力,从而使墙前的被动土压力有所增大;板桩墙变形时墙后的土体破坏棱体向下移动,使墙体对土体产生向上的摩擦力,从而使墙后的被动土压力和主动土压力有所减小。为此,在计算中考虑板桩墙与土体的摩擦作用,将墙前和墙后的被动土压力分别乘以修正系数 K 和 K'。为了安全起见,一般对主动土压力不予以折减。

所以,作用在板桩墙上的被动土压力系数按下式计算:

$$\begin{cases} \text{板桩墙前}:\overline{K}_p = KK_p = K\tan^2(45°+\varphi/2) \\ \text{板桩墙后}:\overline{K}'_p = K'K_p = K'\tan^2(45°+\varphi/2) \end{cases}$$

式中:K——板桩前被动土压力修正系数;

　　　K'——板桩后被动土压力系数。

被动土压力修正系数见表 40-4。

应用等值梁法计算,首先应知正负弯矩转折点的位置,实际上地面下土压力等于零的地方与弯矩为零的位置相近,如图 40-15c)、d)。因此,计算时用土压力为零的位置代替。

土体内摩擦角 φ	40°	35°	30°	25°	20°	15°	10°
K	2.3	2.0	1.8	1.7	1.6	1.4	1.2
K'	0.35	0.40	0.47	0.55	0.64	0.75	1.0

2. 等值梁计算方法与步骤

(1)根据基坑深度、勘测资料,先确定主动土压力及被动土压力系数,要考虑桩与土的摩擦力,即考虑摩擦角 δ 值。

$$K_a = \tan^2\left(45° - \frac{\varphi}{2}\right),\ \delta\ 可考虑为\ \varphi/3 \sim 2\varphi/3\ 值$$

按公式(37-36)得:

$$K_p = \left[\frac{\cos\varphi}{\sqrt{\cos\delta} - \sqrt{\sin(\varphi+\delta)\sin\varphi}}\right]^2$$

(2)计算作用于墙体上的土压力强度,并绘出土压力分布图。计算土压力强度,如不考虑摩擦角 δ 值时,对墙体前后的被动土压力应乘以修正系数 K 和 K'。t_0 深度以下的土压力可以暂不绘出。

(3)计算反弯点位置,例如,将板桩墙上土压力强度等于零的点作为反弯点的位置,即 D 点为土压力为零的点,如图 40-15b)所示。反弯点距坑面的距离为 y,在 y 处墙前与墙后土压力强度相等,才会出现零点 D,先求 y,即:

$$\gamma K_p y = \gamma K_a(H+y) = \gamma H K_a + \gamma K_a y$$

$\gamma H K_a$ 即为基坑地面的压力强度:

$$\gamma K_p y = \gamma K_a y + e_a\ 或\ \gamma\overline{K}_p y = \gamma K_a y + e_a$$

$$y = \frac{e_a}{\gamma(K_p - K_a)}\ 或\ y = \frac{e_a}{\gamma(\overline{K}_p - K_a)} \tag{40-26}$$

式中:e_a——挖土面处(基坑底面处)墙后主动土压力强度值;

$\overline{K}_p$——修正过的被动土压力系数,即 $\overline{K}_p = K K_a$,K 值可查表 40-4;

K_a——主动土压力系数;

γ——土体重度(kN/m^3)。

反弯点的位置也可用其他方法求出。

(4)按等值梁原理从图 40-15 可求得简支梁的 T_A 及 P_D。

(5)按简支梁计算等值梁最大弯矩 M_{max} 和两个支点的反力 T_A 和 P_D。

(6)求桩嵌入基坑下的深度 t_0,即:$t_0 = y+x$,x 可以根据 P_D 和墙前被动土压力对板桩底端 D 的力矩相等的原理求得。即:P_D 对 C 点的力矩,应等于被动土压力(三角形)对 C 点的力矩[图 40-15b)]。

$$P_D x = \frac{1}{2}\gamma(K_p - K_a)x x \frac{1}{3}x = \frac{1}{6}\gamma(K_p - K_a)x^3$$

如 $x \neq 0$,则:

$$x = \sqrt{\frac{6P_D}{\gamma(K_p - K_a)}}\ 或\ x = \sqrt{\frac{6P_D}{\gamma(\overline{K}_p - K_a)}} \tag{40-27}$$

桩嵌入坑底深度:

$$t_0 = x + y$$

如土质差,应乘系数 $K=1.1\sim1.2$,即:

$$t=(1.1\sim1.2)t_0 \tag{40-28}$$

当基坑边地面有荷载(图 40-16)时,其计算方法与地面无荷载基本相同。

(1)计算土的主动土压力系数和被动土压力系数(同上)。

(2)计算桩的主动土压力为:

$$e_q+e_a=qK_a+\gamma HK_a \tag{40-29a}$$

(3)计算 D 点的 y 值为:

$$y=\frac{e_q+e_a}{\gamma(K_p-K_a)} \text{ 或 } y=\frac{e_q+e_a}{\gamma(\overline{K_p}-K_a)} \tag{40-29b}$$

(4)其他各项的计算均与基坑边地面无荷载计算相同。

【**例 40-8**】 某工程基坑深为 7.5m,地面荷载 $q=20kN/m^2$,见图 40-17。土重度 $\gamma=18.5kN/m^3$,$\varphi=28°$,土与桩摩擦角 $\delta=\frac{1}{3}\varphi=9.3°$,一道锚杆位于桩顶。求锚杆拉力、桩埋入坑底深度和桩的最大弯矩。

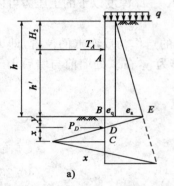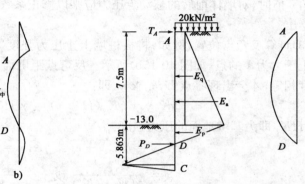

图 40-16 支护桩计算简图
a)受力简图;b)弯矩图

图 40-17 【例 40-8】某工程基坑支护桩计算简图

解:(1)计算土压力系数

$$K_a=\tan^2\left(45°-\frac{28°}{2}\right)=0.361$$

$$\delta=\frac{1}{3}\quad\varphi=9.3°$$

$$K_p=\left[\frac{\cos28°}{\sqrt{\cos9.3°}-\sqrt{\sin37.3°\sin28°}}\right]^2=\left(\frac{0.833}{0.993-0.533}\right)^2=3.685$$

$$\gamma(K_p-K_a)=18\times(3.685-0.361)=61.494$$

$$e_q=qK_a=20\times0.361=7.22(kN/m)$$

$$e_a=\gamma hK_a=18.5\times7.5\times0.361=50.089(kN/m)$$

$$e_q+e_a=qK_a+\gamma hK_a=7.22+50.089=57.309(kN/m)$$

按式(40-29)得:

$$y=\frac{e_q+e_a}{\gamma(K_p-K_a)}=\frac{57.309}{61.904}=0.932(m)$$

(2)求 T_A 及 P_D

由 $\sum M_D=0$,得:

$$E_p = 57.309 \times 0.932/2 = 26.706(\text{kN})$$

$$E_a = 50.089 \times 7.5/2 = 187.834(\text{kN})$$

$$E_q = 7.22 \times 7.5 = 54.15(\text{kN})$$

$$P = E_p + E_a + E_q = 26.706 + 187.834 + 54.15 = 268.69(\text{kN})$$

$$(7.5 + 0.932)T_A = 26.706 \times \frac{2}{3} \times 0.932 + 54.15 \times (7.5/2 + 0.932) + 187.834 \times \left(\frac{7.5}{3} + 0.932\right)$$

$$= 16.593 + 253.530 + 644.645$$

$$= 914.768(\text{kN})$$

$$T_A = 108.488(\text{kN})$$

$$P_D = P - T_A = 268.69 - 108.488 = 160.202(\text{kN})$$

$$x = \sqrt{\frac{6P_D}{\gamma(K_p - K_a)}} = \sqrt{\frac{6 \times 160.202}{61.494}} = 3.954(\text{m})$$

（3）求桩插入坑底深度

$$t = 1.2 \times (3.954 + 0.932) = 5.863(\text{m})，取 6\text{m}。$$

（4）求支护桩最大弯矩

剪力为零处弯矩最大，设距离 A 点为 u 处的剪力为零，则：

$$e_q u + e_a \frac{u}{2} = T_A$$

$$7.22u + 50.089 \frac{u}{2} = 108.488$$

$$u = 3.362(\text{m})$$

$$M_{\max} = T_A u - 7.22 \times 3.362^2/2 - 50.089 \times 3.362^2/6 = 229.573(\text{kN} \cdot \text{m})$$

【例 40-9】 上海某大厦工程基坑挖深为 13m，采用一道锚杆，锚杆位置在地面下 4.5m，求桩嵌入坑底长度及锚杆拉力。

已知：地面荷载 10kN/m^2，土重度 $\gamma = 19\text{kN/m}^3$，$\varphi = 36°$，土与桩摩擦角 $\delta = \frac{1}{3}\varphi$。

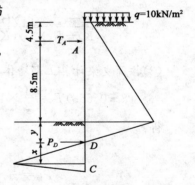

图 40-18 【例 40-9】计算简图

解：计算简图如图 40-18 所示。

（1）计算土压力系数

$$K_a = \tan^2\left(45° - \frac{36°}{2}\right) = 0.26$$

$$\delta = \frac{1}{3}\varphi = 12°$$

按式（37-36）有：

$$K_p = \left[\frac{\cos\varphi}{\sqrt{\cos\delta} - \sqrt{\sin(\varphi + \delta)\sin\varphi}}\right]^2 = \left[\frac{\cos 36°}{\sqrt{\cos 12°} - \sqrt{\sin 48° \sin 36°}}\right]^2 = \left(\frac{0.809}{0.989 - 0.661}\right)^2 = 6.08$$

$$\gamma(K_p - K_a) = 19 \times (6.08 - 0.26) = 110.6(\text{kN/m}^3)$$

$$e_q + e_a = qK_a + \gamma hK_a = 2.6 + 64.22 = 66.82(\text{kN/m})$$

按式（40-29）得：

$$y = \frac{e_q + e_a}{\gamma(K_p - K_a)} = \frac{66.82}{110.6} = 0.6(\text{m})$$

（2）求 T_A 及 P_D

由 $\sum M_D = 0$，得：

$$(8.5+0.6)T_A = 66.82 \times \frac{13.6}{2} \times \frac{13.6}{3} = 2059.2$$

$$T_A = 226.3(\text{kN})（锚杆拉力按此计算）$$

$$P_D = 66.82 \times \frac{13.6}{2} - 226.3 = 228.1(\text{kN})$$

按式(40-27)求 x：

$$x = \sqrt{\frac{6P_D}{\gamma(K_p - K_a)}} = \sqrt{\frac{6 \times 228.1}{110.6}} = 3.5(\text{m})$$

插入坑底深度：

$$t_0 = 3.5 + 0.6 = 4.1(\text{m})$$

该工程地址情况良好，基坑底已是砂卵石地基，因此插入坑底嵌固长度不再乘安全系数 $1.1 \sim 1.2$。工程实践证明是安全的。

【例 40-10】 某工程基坑开挖深度 $h=10\text{m}$，支撑位于墙顶以下 2m，间距 6m，土体各层加权平均值 $\gamma = 19\text{kN/m}^3$，$\varphi = 30°$，$c = 0\text{kPa}$。求墙体入土深度 t、支撑反力 T_A 和墙身最大弯矩 $M_{\max}$。

解： 基坑支撑计算简图如图 40-19 所示。

(1)求 $K_a = \tan^2\left(45° - \frac{\varphi}{2}\right) = \frac{1}{3}$，$\overline{K}_p = KK_p$，查表 40-4，得 $K = 1.8$，则：

$$\overline{K}_p = 1.8\tan^2\left(45° + \frac{\varphi}{2}\right) = 5.4$$

(2)根据式(40-29)，有：

$$y = \frac{e_q + e_a}{\gamma(\overline{K}_p - K_a)} = \frac{\gamma H K_a + 0}{\gamma(\overline{K}_p - K_a)} = \frac{HK_a}{\overline{K}_p - K_a} = \frac{10 \times \frac{1}{3}}{5.4 - \frac{1}{3}} = 0.658(\text{m})（因 e_q = 0）$$

(3)按简支梁计算上部墙体，其受力简图如图 40-20 所示，由 $\sum M_D = 0$，得：

$$(8+0.658)T_A = \frac{1}{2} \times 10 \times 60 \times \left(\frac{10}{3} + 0.658\right) + \frac{1}{2} \times 60 \times 0.658 \times \frac{2}{3} \times 0.658$$

得：

$$T_A = 139.3(\text{kN})$$

$$P_D = \frac{1}{2} \times 60 \times (10 + 0.658) - T_A = 180.44(\text{kN})$$

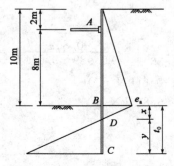

图 40-19 【例 40-10】基坑支撑计算简图

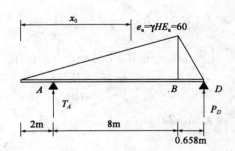

图 40-20 【例 40-10】支撑受力简图

最大弯矩发生于剪力为零处,设距墙顶距离为 x_0 处的剪力为零,即:

$$\frac{1}{2} \times x_0 \gamma x_0 K_a = T_A$$

得:

$$x_0 = \sqrt{\frac{2T_A}{\gamma K_a}} = \sqrt{\frac{2 \times 139.3}{18 \times \frac{1}{3}}} = 6.814(\text{m})$$

$$M_{\max} = T_A(x_0 - 2) - \frac{1}{6}\gamma K_a x_0^3$$

$$= 139.3(6.814 - 2) - \frac{1}{6} \times 18 \times \frac{1}{3} \times 6.814^3$$

$$= 354.2(\text{kN} \cdot \text{m})$$

故:支护墙体每延米的最大弯矩为 354.2kN·m,支撑反力为 139.3kN,每根支撑反力为 139.3×6=835.8kN。

(4)由式(40-27)得:

$$x = \sqrt{\frac{6P_D}{\gamma(\overline{K}_p - K_a)}} = \sqrt{\frac{6 \times 180.44}{18\left(5.4 - \frac{1}{3}\right)}} = 3.45(\text{m})$$

则:

$$t_0 = y + x = 0.658 + 3.45 = 4.11(\text{m})$$

由式(40-28)得墙体入土深度为:

$$t = K t_0 = 1.2 \times 4.11 = 4.93(\text{m})$$

3. 单支撑(锚杆)排桩、墙计算要点

1)桩顶单支撑

(1)单锚挡土桩的土压力分布都按三角形计算。

(2)根据桩顶锚拉点力矩平衡的原则,求出桩插入基坑下的深度(假定锚拉力无移动)。

(3)求单锚拉力(假设坑下深度桩无位移)。

(4)计算剪力为零处的弯矩,即最大弯矩。

(5)关于被动土压力见下面的讨论。

2)按等值梁法计算在桩任意点的单撑

(1)要考虑桩与土的摩擦力,即摩擦角不等于零。

(2)计算桩墙土压力强度为零点距地面距离,求出 y 的距离。

(3)该点为等值梁弯矩为零处(近似),按等值梁法计算出两简支点的反力并求弯矩。

(4)计算桩的最小入土深度 $t_0 = x + y$。

(5)按土质情况乘以经验安全系数 1.1～1.2。

4. 被动土压力系数的研究

(1)原朗金理论假设桩背与土体之间无摩擦力,即 $\delta = 0°$,但实际上桩在土压力作用下产生变形,因而使桩与土间有相对位移而产生摩擦力,故计算被动土压力时,应考虑摩擦角 $\delta = \varphi/3 \sim 2\varphi/3$,计算 K_p,由式(37-36)得:

$$K_p = \left[\frac{\cos\varphi}{\sqrt{\cos\delta} - \sqrt{\sin(\varphi + \delta)\sin\varphi}}\right]^2$$

另一种是修正系数法，从表40-4中查出板桩前后被动土压力修正系数 K 和 K' 与上式 K_p 相乘进行修正。为了安全起见，对三式中的主动土压力系数可不必修正，这在本章第三节中已有详细论述，在此不重复。

（2）由于被动土压力系数增大，被动土压力值也相应增大，通过计算表明：当不考虑桩与土的摩擦力时，即 $\delta=0°$，K_p 值小，桩插入基坑底深度大，支撑力大，最大弯矩值也大。当考虑桩与土的摩擦力时，则插入坑底深度小，支撑力小，弯矩值也小。现将【例40-5】所计算出的有关数据，列入表40-5中，供研究参考。

被动土压力系数表

表40-5

摩擦角 δ	插入坑底深(m)	支撑力(kN)	最大弯矩(kN·m)	说　明
$\delta=0°$	3.84	173.9	593.5	插入深度应考虑土质并乘安全系数1～1.2
$\delta=\varphi/2=15°$	2.7	156.7	498.9	

（3）设计时如何考虑应用被动土压力系数，应认真研究。

①土质和地下水的情况是主要因素，必须根据不同情况分别对待。

②如软土淤泥质土的上海或类似沿海地区，土质不好，一般要加固被动土区，则不必考虑对被动土压力进行修正。

③在黏土、砂土地区，如桩已插入砂卵石，完全可以提高被动土压力系数，即采用摩擦角 δ 值或采用修正系数。

二、多层支点排桩、墙的等值梁法

对于多层支点板桩墙，在应用等值梁法进行设计计算时，其基本原理及计算步骤与单层支点的等值梁法相似，其不同点在于单层支点的等值梁法其上段梁为简支梁，在求解最大弯矩和支座反力时可按简支梁进行分析，而多层支点的等值梁法其假想铰（反弯点）以上的上段梁为多跨连续梁，因而在求解墙身弯矩和支座反力时应按连续梁进行分析，可应用结构力学的弯矩分配法进行求解。对墙身入土深度同样可以用单层支点的等值梁法计算步骤进行。

因为运用等值梁法求得的入土深度值是从强度角度考虑的，所以在设计墙体入土深度时，尚应满足稳定性和变形的要求。

当基坑支护桩有多道水平支撑（或多道锚杆）时，支护桩可视为一根多跨连续梁，可用多跨等值梁法进行计算，计算简图见图40-21。计算方法和步骤如下：

（1）按土的参数计算主动、被动土压力系数（有摩擦）。

（2）计算土压力强度为零的点距坑底的距离（该点假定为零弯矩点）。

（3）将地面到桩底的受力剖面图，作为相应的连续梁支点及荷载图。

（4）分段计算梁的固端弯矩。

（5）用弯矩分配法平衡支点弯矩。

（6）分段计算各支点反力并核算反力与荷载是否相等。

（7）计算桩、墙插入基坑深度。

（8）以最大弯矩核算钢板桩、型钢的强度，或计算灌注桩断面尺寸及配筋。

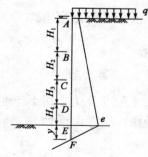

图40-21　支护桩计算简图

【例 40-11】 某大厦高层建筑,地上 52 层,地下 4 层,建筑面积 110 270m²,地面以上高 183.53m,基础深 23.76m(设计按 23.5m 计算),采用进口 488mm×300mmH 型钢桩挡土,中间距 1.1m,三层锚杆拉结。地质资料如图 40-22 所示。试设计计算此支护结构。

土层名称	土层状态	层底深度 (m)	层底高程 (m)	层厚 (m)	钻孔柱状图	标尺	锚杆剖面图
杂填土	很湿、可塑、含砖块	1.0	38.00	1.0			
黏质粉土	饱和、可塑、含云母	1.5	37.50	0.5			
黏土	饱和、可塑、含腐植质	1.5	37.50	0.5			
黏质粉土	饱和、可塑、含云母、姜石、夹薄层粉质黏土	6.3	32.70	3.7		5	
粉砂	饱和、中密、含云母	6.7	32.30	0.4			
淤泥质黏质黏土	饱和、可塑、含贝壳	9.2	29.80	2.5			
黏质粉土	饱和、硬塑、姜石、腐植质	12.4	26.60	3.2		10	
黏质黏土	饱和、可塑	13.4	25.60	1.0			
粉砂	饱和、密实、含云母	17.0	22.00	3.6		15	
黏质黏土	饱和、可塑、含云母、氧化铁、姜石、夹黏土层	19.0	20.00	2.0			
粉细砂	饱和、中密、含云母、夹粉质黏土层	21.5	17.50	2.5		20	
中砂	饱和、密实、含云母	22.8	16.20	1.3			
砂卵石	卵石φ1.5~3.0cm	23.6	15.40	0.8		25	
						30	

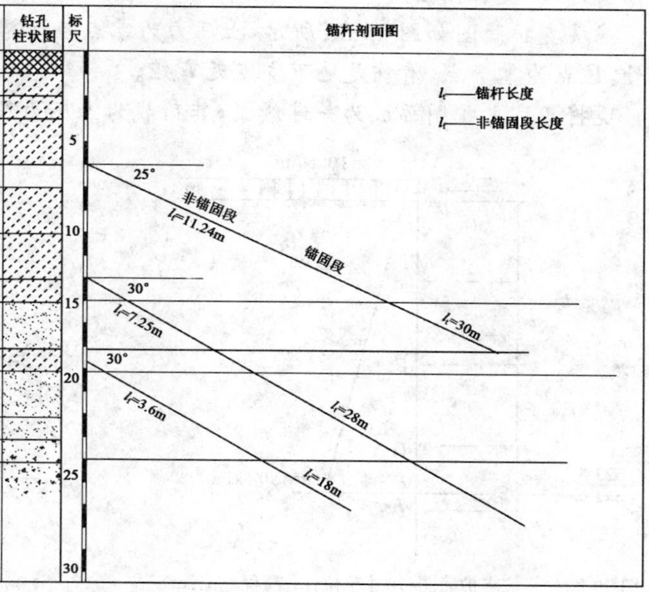

图 40-22　北京某大厦地质资料

解: 各层土平均重度 $\gamma=19\mathrm{kN/m^3}$,土的内摩擦角 φ 平均为 30°,黏聚力 $c=10\mathrm{kPa}$,23m 以下为砂卵石,贯入度大于 100,$\varphi=35°\sim43°$,潜水位深于 23~30m 的圆砾石中,深 10m 内有上层滞水。

地面荷载按 $10\mathrm{kN/m^2}$ 计算。

(1)参数计算

按主动土压力计算,$\varphi=30°$,$c=0\mathrm{kPa}$,$K_a=\tan^2\left(45°-\dfrac{\varphi}{2}\right)=0.33$。按被动土压力计算时,考虑桩已在基坑下砂卵石中,现取 φ_b 值为 36°,$\delta=2\varphi/3$,约为 25°,按公式(37-36)计算:

$$
\begin{aligned}
K_p &= \left[\frac{\cos\varphi}{\sqrt{\cos\delta}-\sqrt{\sin(\varphi+\delta)\sin\varphi}}\right]^2 \\
&= \left[\frac{\cos36°}{\sqrt{\cos25°}-\sqrt{\sin(36°+25°)\sin36°}}\right]^2 \\
&= \left(\frac{0.809}{0.952-0.717}\right)^2 \\
&= \left(\frac{0.809}{0.235}\right)^2 \\
&= 11.8
\end{aligned}
$$

(2)土压力为零(近似零弯点)的点距坑底面距离

距离按公式(40-29)计算:

$$
y = \frac{e_q+e_a}{\gamma(K_p-K_a)}
$$

$$
e_q+e_a = 10\times0.33+19\times0.33\times23.5 = 3.3+147.3 = 150.6
$$

$$\gamma(K_p - K_a) = 19 \times (11.8 - 0.33) = 217.9$$

$$y = \frac{150.6}{217.9} = 0.69(m)$$

（3）基坑支护简图

基坑支护简图如图 40-23 所示，土压力为零点经计算离坑底为 0.69m，近似地看作弯矩为零处，F 点为零弯点，看作是地下支点无弯矩。

现将基坑支护图画成为一连续梁，其荷载为土压力及地面荷载，如图 40-24 所示。

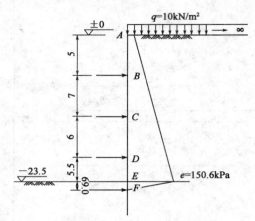

图 40-23 基坑支护简图（尺寸单位：m，高程单位：m）　　　　图 40-24 连续梁计算简图

（4）分段计算固端弯矩

① 连续梁 AB 段悬臂部分弯矩

$$M_{BA} = 10 \times 0.33 \times \frac{5^2}{2} + 19 \times 0.33 \times \frac{5^2}{2} \times \frac{5}{3} = 41.25 + 130.6 = 171.8 (kN \cdot m)$$

② 梁 BC 段

梁 BC 段如图 40-25 所示，B 支点荷载 $q_1 = 34.6kN$，C 支点荷载 $q_2 = 78.5kN$，参考《建筑结构静力计算手册》（第一版）P161 公式。

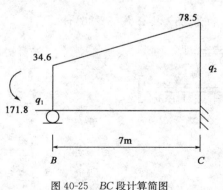

$$M_C = \frac{(7q_1 + 8q_2)l^2}{120}$$

则：

$$M_{BC} = \frac{(7 \times 34.6 + 8 \times 78.5) \times 7^2}{120} - \frac{171.8}{2}$$

$$= 355.3 - 85.9 = 269.4 (kN \cdot m)$$

③ 梁 CD 段

梁 CD 段弯矩计算简图如图 40-26 所示，两端均为固端，其公式见《建筑结构静力计算手册》P174 及 P176。

图 40-25 BC 段计算简图

$$M_{CD} = -\frac{q_1 l^2}{12} - \frac{q_2 l^2}{30}$$

$$= -\frac{78.5 \times 6^2}{12} - \frac{(116.2 - 78.5) \times 6^2}{30} = -280.7 (kN \cdot m)$$

$$M_{DC} = \frac{q_1 l^2}{12} + \frac{q_2 l^2}{30} = 235.5 + 67.8 = 303.4 (kN \cdot m)$$

④梁 DEF 段

梁 DEF 段如图 40-27 所示, F 点为零弯矩点, $q_1 = 116.2$kN, $q_2 = 150.6 - 116.2 = 34.4$kN, $q_3 = 150.6$kN。按《建筑结构静力计算手册》P162、P164、P166 一端固定、一端简支公式。

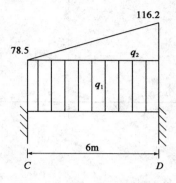

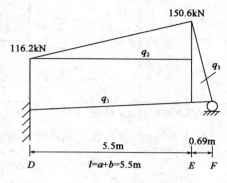

图 40-26 CD 段弯矩计算简图   图 40-27 基坑支护简图

$$M_{DF} = -\frac{q_1 a^2}{8}\left(2 - \frac{a}{l}\right)^2 - \frac{q_2 a^2}{24}\left[8 - 9\frac{a}{l} + \frac{12}{5}\left(\frac{a}{l}\right)^2\right] - \frac{q_3 b^2}{6}\left[1 - \frac{3}{5}\left(\frac{b}{l}\right)^2\right]$$

$$= -\frac{116.2 \times 5.5^2}{8}\left(2 - \frac{5.5}{6.19}\right)^2 - \frac{34.4 \times 5.5^2}{24}\left[8 - 9 \times \frac{5.5}{6.19} + \frac{12}{5}\left(\frac{5.5}{6.19}\right)^2\right] -$$

$$\frac{150.6 \times 0.69^2}{6}\left[1 - \frac{3}{5}\left(\frac{0.69}{6.19}\right)^2\right]$$

$$= -542.8 - 82.3 - 11.9$$

$$= -637(\text{kN} \cdot \text{m})$$

(5)弯矩分配

计算固端弯矩不平衡,需用弯矩分配法来平衡支点 C、D 弯矩。

分配系数 C 点:

$$u_{CB} = \frac{i'_{CB}}{i'_{CB} + i'_{CD}} = \frac{0.75 \times \frac{1}{7}}{0.75 \times \frac{1}{7} + \frac{1}{6}} = \frac{0.107}{0.273} = 0.392$$

$$u_{CD} = 1 - 0.392 = 0.608$$

分配系数 D 点:

$$u_{DC} = \frac{\frac{1}{6}}{\frac{1}{6} + 0.75 \times \frac{1}{6.19}} = \frac{0.167}{0.167 + 0.121} = 0.580$$

$$u_{DF} = 1 - 0.580 = 0.42$$

89

	B	C		D		F
分配系数			0.392	0.608	0.58	0.42
弯矩 +171.8		−171.8	+269.4	−280.7 +303.4	−637	
				+193.5	+140.1	
		−33.6		+96.8 −52.2		
					−26.1	
					+15.2	+10.9
	+171.8	−171.8	+235.8	235.8 +486	−486	

通过弯矩分配,得出各支点的弯矩为:

$$M_B=-171.8(kN\cdot m)$$

$$M_C=-235.8(kN\cdot m)$$

$$M_D=-486(kN\cdot m)$$

$$M_F=0(kN\cdot m)$$

(6)求各支点反力

①如图 40-28a)所示 AB 段,先求 R'_B

$$R'_B=\frac{3.3\times5\times5/2+1/2\times19\times0.33\times5\times2/3\times5+171.8}{5}=53.1(kN)$$

②如图 40-28b)所示 BC 段

$$R''_B=\frac{34.6\times7\times7/2+(78.5-34.6)\times\frac{7}{2}\times\frac{7}{3}-178.8-235.8}{7}=114.1(kN)$$

$$R_B=R'_B+R''_B=53.1+114.1=167.2(kN)$$

$$R'_C=\frac{34.6\times7/2\times7+43.9\times7/2\times2/3\times7+171.8+235.8}{7}=281.8(kN)$$

③如图 40-28c)所示 CD 段

$$R''_C=\frac{78.5\times6\times6/2+(116.2-78.5)\times6/2\times6/3-235.8-486}{6}=152.9(kN)$$

$$R_C=R'_C+R''_C=281.8+152.9=434.7(kN)$$

$$R'_D=\frac{78.5\times6\times6/2+37.7\times6/2\times2/3\times6+235.8+486}{6}=431.2(kN)$$

④如图 40-28d)所示 DF 段

F 点弯矩为零。

$$R''_D=\frac{116.2\times5.5\times\left(\frac{5.5}{2}+0.69\right)+5.5\times\frac{1}{2}\times34.4\times\frac{5.5}{3}+0.69\times\frac{1}{2}\times150.6\times0.69\times\frac{2}{3}}{6.19}+$$

$$\frac{486}{6.19} = 465.7 \text{(kN)}$$

$$R_D = R'_D + R''_D = 431.2 + 465.7 = 896.9 \text{(kN)}$$

$$R_F = \frac{116.2 \times 5.5 \times \frac{5.5}{2} + 34.4 \times \frac{5.5}{2} \times \frac{5.5 \times 2}{3} + 150.6 \times \frac{0.69}{2} \times \left(5.5 + \frac{0.69}{3}\right)}{6.19} = 388 \text{(kN)}$$

各支点反力为:

$$R_B = 167.2 \text{(kN)} \quad R_C = 434.7 \text{(kN)}$$

$$R_D = 896.9 \text{(kN)} \quad R_F = 388 \text{(kN)}$$

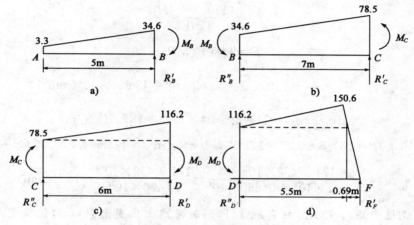

图 40-28 支点反力计算简图

(7)复核 488H 型钢的强度

进口 SM$_{50}$ 及 488mm×300mm 的截面系数 $W_x = 2\,910 \text{cm}^3$,$\sigma = 200 \text{MPa}$,计算最大弯矩为 486kN·m,H 型钢中距为 1.1m,因此:486×1.1 = 534.6(kN·m)。

488H 型钢截面系数 $W_x = 2\,910 \text{cm}^3$

$$\sigma_{\max} = \frac{M}{W_x} = \frac{534.6 \times 1\,000 \times 1\,000}{2\,910 \times 10 \times 10 \times 10} = 183.7 \text{(MPa)} < [f] = 200 \text{(MPa)}$$

强度满足要求(进口日本 488mm×300mmH 型钢资料:$[f] = 200 \text{MPa}$,$W_x = 2\,910 (\text{cm}^3)$)

(8)反力核算

土压力及地面荷载共计:

$$3.3 \times 23.5 + (150.6 - 3.3) \times 1/2 \times 23.5 + 150.6 \times \frac{0.69}{2} = 1\,860.4 \text{(kN)}$$

支点反力(误差 26.4,为 1.4%):

$$R_B + R_C + R_D + R_F = 167.2 + 434.7 + 896.9 + 388 = 1\,886.8 \text{(kN)}$$

(9)H 型钢插入深度计算

按公式(40-26)算出土压力零点 $y = 0.69$m,再按公式(40-27)得:

$$x = \sqrt{\frac{3R_F}{\gamma(K_p - K_a)}} = \sqrt{\frac{6 \times 388}{217.9}}$$

则：

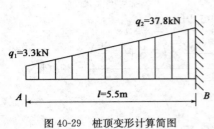

图 40-29　桩顶变形计算简图

$x=3.2\text{m}, y+x=3.9\text{m}$

已入砂卵石层可不加安全系数，入基坑坑底 3.9m 即可。

实际 H 型钢桩长 27m，即入土 3.5m。

(10)悬臂段 H 型钢的变形

悬臂段为 5m，但施工时必须多挖深 50cm 才能作锚杆，因此需按 5.5m 悬臂计算。图 40-29 为桩顶变形计算简图。

变形 f_A 公式为：

$$f_A = \frac{(11q_1 + 4q_2)l^4}{120EI}$$

$$E = 2 \times 10^5 (\text{MPa})$$

$$I_x = W_x \times y = 2\,910 \times \frac{30}{2} = 43\,650\text{cm}^4 = 43\,650 \times 10^4 (\text{mm}^4)$$

$$(11q_1 + 4q_2) = 11 \times 3.3 + 4 \times 37.8 = 187.5 (\text{kN/m})$$

$$(11q_1 + 4q_2)l^4 = 187.5 \times 5.5^4 = 171\,574.2 (\text{kN} \cdot \text{m}^3) = 171\,574.2 \times 10^{12} (\text{N} \cdot \text{mm}^3)$$

$$f_A = \frac{171\,574.2 \times 10^{12}}{120 \times 2 \times 10^5 \times 43\,650 \times 10^4} = \frac{171\,574.2 \times 10^{12}}{10\,476 \times 10^{12}} = 16.4 (\text{mm})$$

因 H 型钢桩中距为 1.1m，故需乘 1.1，同时考虑土体变形乘以 3，桩顶变形为 $16.4 \times 1.1 \times 3 = 54\text{mm}$，实际变形未测，理论计算变形值只能作为参考。实际变形有时比计算值大 5~6 倍。

三、多层支点排桩、墙等弯矩及等反力布置法

当基坑较深、土质较差时，单支点支护结构不能满足基坑支挡的强度和稳定性要求时，可采用多层支撑的多支点支护结构。支撑层数及位置应根据土质、基坑深度、支护和支撑结构以及施工要求等因素确定。

1. 支撑(锚杆)的布置和计算

支撑(锚杆)层数和间距的布置，影响着板桩、横梁和横撑的截面尺寸和支撑数量。其布置方式有以下两种：

1)等弯矩布置计算

这种布置是将支撑布置成使板桩各跨度的最大弯矩相等且等于板桩的允许抵抗弯矩，以便充分发挥板桩的抗弯强度，并使板桩材料最经济。计算步骤为：

(1)根据施工条件，选定一种类型的板桩，并查得或计算其截面模量 W，常用型号、规格和性能见表 40-10~表 40-14。

(2)根据其允许抵抗弯矩计算墙顶部分的最大允许悬臂长度 h，如对于钢板桩：

$$f = \frac{M_{\max}}{W} = \frac{\frac{1}{6}\gamma K_a h^3}{W}$$

$$h = \sqrt[3]{\frac{6fW}{\gamma K_a}} \qquad (40\text{-}30)$$

式中：f——墙体抗弯强度设计值（MPa）；

γ——墙后土体重度（kN/m³）；

K_a——主动土压力系数。

由于桩墙是一个承受三角形荷载的连续梁，各支承点近似地假设不转动，即把每个跨度看作两端固定，这样就可以求出各支点最大弯矩都等于 M_{max} 时各跨的跨度，即多道支撑的竖向间距，其值如图 40-30 所示。

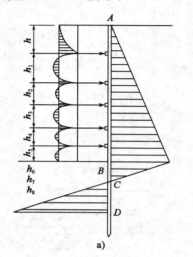

各层支撑跨度	h_1	h_2	h_3	h_4	h_5	h_6	h_7	h_8
与 h 比值（h_i/h）	1.11	0.88	0.77	0.70	0.65	0.61	0.58	0.55

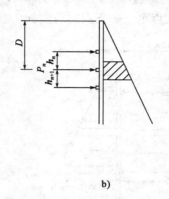

图 40-30　多层支点等弯矩布置

如果算出的撑（锚）层数过多或过少，可增大或减小墙体截面模量，重新计算确定。

撑（锚）布置确定后，每延米长度上的支点反力，即围檩承受的均布荷载，可假定为承受相邻两跨各半跨上的土压力：

$$T_K = \frac{1}{2}\gamma K_a D(h_K + h_{K+1}) \qquad (40\text{-}31)$$

2）等反力布置计算

多层支点板桩墙等反力布置方式的出发点是使各层围檩和支撑（拉锚）所承受的力都相等，以简化支撑系统，而不考虑充分利用墙体的抗弯强度（图 40-31）。

以这种方式确定支撑的间距时，在软黏土中亦把支护墙体看作承受三角形荷载的连续梁，解之得到各跨跨度，如图 40-31 所示。设顶部第一层支点承受 $0.15T$ 的反力，其他支点反力皆等于 T。反力 T 的数值按下式计算：

$$(n-1)P + 0.15P = \frac{1}{2}\gamma K_a h^2$$

若 $n=5$，则

$$P = \frac{\gamma K_a h^2}{2(n-1+0.15)} = \frac{\gamma K_a h^2}{8.3} \qquad (40\text{-}32)$$

通常按第一跨度的最大弯矩进行板桩截面的选择。

以上两种是理论上较理想的布置方式，如实际施工中因某种原因不能按上述布置（支撑或锚杆）时，则将板桩视为承受三角形荷载的连续梁，用力矩分配法计算板桩的弯矩和反力，用来验算板桩截面和选择支撑规格。

2. 横梁计算

支撑间距确定后，可按照图 40-31 计算横梁所承受的均布水平荷载 P_a。即假定横梁承受相邻两跨各半跨上的土压力：

$$P_n = \frac{1}{2}\gamma_1 K_a D(h_n + h_{n+1}) \tag{40-33}$$

式中：P_n——所求横梁支点承受的土压力（kPa）；

$\quad\quad D$——横梁支点至板桩顶的距离（m）；

$\quad\quad h_n$——横梁支点至上一支点的跨度（m）；

$\quad\quad h_{n+1}$——横梁支点至下一支点的跨度（m）。

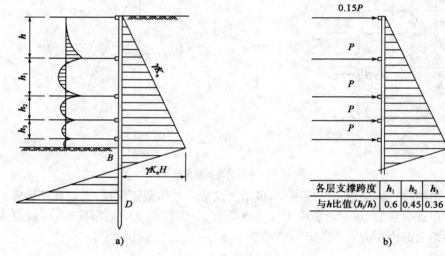

各层支撑跨度	h_1	h_2	h_3
与 h 比值（h/h）	0.6	0.45	0.36

a)　　　　　　　　　b)

图 40-31　多层支点等反力布置

3. 盾恩近似法计算板桩入土的深度

计算步骤如下：

(1)绘出板桩上土压力分布图，经简化后土压力分布如图 40-32 所示。

(2)假定作用在板桩 FB' 段上的荷载 $FGN'B'$，一半传至 F 点上，另一半由坑底土压力 $MB'R'$ 承受，由图40-32几何关系可得：

$$\frac{1}{2}\gamma K_a H(L_5 + x) = \frac{1}{2}\gamma(K_p - K_a)x^2$$

$$(K_p - K_a)x^2 - K_a Hx - K_a HL_5 = 0 \tag{40-34}$$

式中：K_p、K_a、H、L_5——均为已知数。

解式(40-34)即得入土深度 x。

(3)坑底被动土压力的合力 P 的作用点，在离坑底 $2x/3$ 处的 W 点，假定此 W 点即为板桩入土部分的固定点，所以板桩最下面一跨的跨度为：

$$FW \doteqdot L_5 + \frac{2}{3}x \tag{40-35}$$

(4)假定 F、W 两点皆为固定端,则可以近似地按两端固定计算 F 点的弯矩。

【例 40-12】 某地下室工程基坑,挖深 $H=10.8$m,采用钢板桩围护,地质剖面如图 40-33 所示。地面附加荷载为 30kPa,采用井点降水,钢板桩用包 IV 型,查表 40-11 得 $W=2\,410\text{cm}^3$,$f=206$MPa,试计算板桩入土深度。

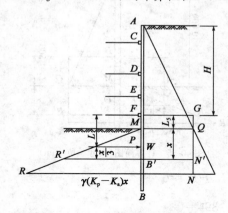

图 40-32　多层支撑板桩计算简图

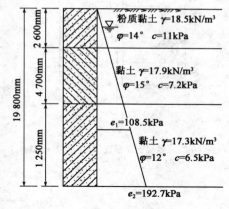

图 40-33　地质剖面

解:(1)γ、φ、c 按 19.8m 范围内的加权平均值计算。

$$\gamma_{平均}=\frac{2.6\times18.5+4.7\times17.9+12.5\times17.3}{19.8}=17.6(\text{kN/m}^3)$$

$$\varphi_{平均}=\frac{2.6\times14+4.7\times15+12.5\times12}{19.8}=12.97°$$

$$c_{平均}=\frac{2.6\times11+4.7\times7.2+12.5\times6.5}{19.8}=7.26(\text{kN/m}^2)$$

(2)确定支撑层数及间距。

按等弯矩布置确定各层支撑的间距,则板桩顶部悬臂端的最大允许宽度按式(40-30)得:

$$h=\sqrt[3]{\frac{6fW}{\gamma K_a}}=\sqrt[3]{\frac{6\times206\times10^5\times2\,410}{17.6\times10^3\times0.633}}=299.22\text{cm}\approx3.0(\text{m})$$

$$h_1=1.11h=1.11\times3.0=3.33(\text{m})$$

$$h_2=0.88h=0.88\times3.0=2.64(\text{m})$$

$$h_3=0.77h=0.77\times3.0=2.31(\text{m})$$

根据施工的具体情况,确定采用的布置如图 40-34 所示。

(3)用盾恩近似法计算板桩入土深度。

因采用井点降水,坑底以下的土重度不考虑浮力影响。

主动土压力系数:

$$K_a=\tan^2\left(45°-\frac{12.97°}{2}\right)=0.633$$

被动土压力系数:

$$K_p=\tan^2\left(45°+\frac{12.97°}{2}\right)=1.573$$

DB' 板桩上的荷载 $GDB'N'$ 一半传至 D 点，另一半由坑底土压力 $MR'B$ 承受，如图 40-35 所示，将有关数据代入。

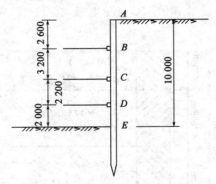

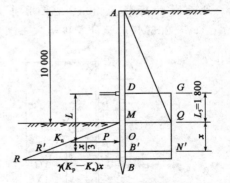

图 40-34　多层支撑布置（尺寸单位：mm）　　　　图 40-35　计算简图（尺寸单位：mm）

$$(K_p - K_a)x^2 - K_a Hx - K_a HL_5 = 0$$

$$0.946x^2 - 6.33x - 11.394 = 0$$

解得：

$$x = 8.17\text{m}$$

根据入土部分的固定点，P 的作用点 O 距坑底的距离为 $\dfrac{2}{3}x = \dfrac{2}{3} \times 8.17 = 5.45\text{m}$。

所以板桩的总长度至少为：

$$l = 10 + 8.17 = 18.17(\text{m})$$

四、多层支点排桩、墙支撑荷载的二分之一分担法

二分之一分担法是多层锚杆（支撑）连续梁的一种简化计算方法，它假定中间锚杆（支撑）承受上下各段一半的土水压力，各力对最上层支撑点取力矩，得最小入土深度 z_0，下端视为铰或固定端，计算多层锚（支撑）受的反力，然后求出正负弯矩和最大弯矩，核定挡土桩墙的截面及配筋。这种方法不考虑桩、墙体的支撑变形，因此计算较为方便。其计算简图如图 40-36 所示。

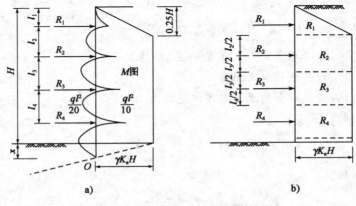

图 40-36　二分之一分担法计算简图

（1）简单地认为每道支撑或拉杆所受的力是相应于相邻两个半跨的土压力荷载值，即计算反力 R_2 时，用 $\frac{1}{2}l_2$ 和 $\frac{1}{2}l_3$ 的间距，乘以梯形压力图，因此计算很方便，如图 40-36b)所示。

（2）土压力的强度 q，如按连续梁计算时，则最大支座弯矩（三跨以上）为：$M=ql^2/10$。最大跨中弯矩为：$M=\dfrac{ql^2}{20}$。

这种方法由于荷载图式多采用实测支撑力反算的经验包络图，计算方便，仍有一定的适用性。特别对于初估支撑轴力时，有一定的参考价值。但该法是一种近似法，未考虑墙体变形，计算结果可作为参考。

【例 40-13】 与【例 40-11】某大厦工程相同，用二分之一分担法计算，参考图 40-24，其 R_B 除受悬臂 5m 荷载外，还受 BC 段 7m 一半的荷载，R_C 则受 BC 段 7m 一半 3.5m 的荷载及 CD 段 6m 一半荷载等。

解：该大厦设计时采用三角形土压力分布（当时计算时曾用二分之一分担法核算过）。计算结果为：

$$R_B=3.3\times8.5+1/2\times19\times0.33\times8.5^2=254.5(\text{kN/m})$$

$$R_C=[(19\times0.33\times8.5+3.3)+(19\times0.33\times15+3.3)]\times\frac{6.5}{2}=500.3(\text{kN/m})$$

$$R_D=[(19\times0.33\times15)+(19\times0.33\times20.75+3.3)]\times\frac{3+2.75}{2}=663.4(\text{kN/m})$$

$$R_F=[19\times0.33\times20.75+3.3+150.6]\times\frac{2.75}{2}+0.69\times150.6\times\frac{1}{2}=442.5(\text{kN/m})$$

$$R_B+R_C+R_D+R_F=1\,860.7(\text{kN/m})（总荷为 1\,860.4\text{kN/m}）$$

将土压力分布为梯形，仍按二分之一分担法计算。被动土压力系数不考虑摩擦角，按常规计算。梯形如图 40-37 所示，$0.25H=0.25\times23.5=5.9\text{m}$，$K_a=\tan^2\left(45°-\dfrac{30°}{2}\right)=0.33$，$K_p=\tan^2\left(45°+\dfrac{30°}{2}\right)=3$。

$$e=0.33\times10+19\times0.33\times5.9=40.3(\text{kN/m})$$

土压力零点按式(40-29)得：

$$y=\frac{40.3}{19\times(3-0.33)}=0.8(\text{m})$$

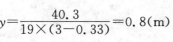

图 40-37 【例 40-13】梯形土压力
分布计算简图

（1）求 R_B、R_C、R_D

$$R_B=(0.33\times10+40.3)\times5.9\times1/2+(3.5-0.9)\times40.3$$
$$=128.6+104.8$$
$$=233.4(\text{kN/m})$$

$$R_C=40.3\times(3.5+3)=262(\text{kN/m})$$

$$R_D=40.3\times(3+3)=241.8(\text{kN/m})$$

（2）求 R_F

零弯点在基坑下 0.8m。

$$R_F=40.3\times2.5+0.8\times40.3\times1/2=116.9(\text{kN/m})$$

（3）复核

土压力、地面荷载水平力为：

$$(23.5-5.9)\times40.3+0.8\times40.3\times\frac{1}{2}+\frac{(3.3+40.3)}{2}\times5.9$$

$$=709.3+16.1+128.6=854(\text{kN/m})$$

$$R_B+R_C+R_D+R_F=233.4+262+241.8+116.9=854.1(\text{kN/m})$$

【例 40-14】 上海某国际金融中心基坑挖深度 $H=2.8\text{m}$，采用人工挖孔桩灌注桩作挡土结构，混凝土强度等级为 C20，支护桩间距为 1.8m，桩径为 800mm，设置三层锚杆拉结。因坑边存在一幢 7 层框架住宅楼，地面荷载较大，按 $q=105\text{kPa}$ 考虑。建设场区地质资料如图40-38 所示。试以二分之一分担法对基坑的锚杆支护结构进行设计计算。

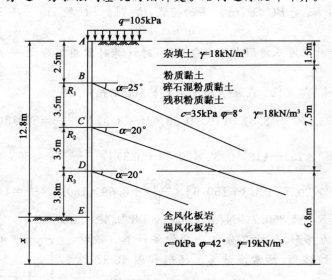

图 40-38　基坑支护地质资料及计算简图

解：（1）土压力计算

①参数计算

计算主动土压力时，地面以下 9m 厚土层按同一抗剪强度指标考虑，即 $c_1=35\text{kPa}$，$\varphi_1=8°$，$\gamma_1=18\text{kN/m}^3$；9m 以下风化板岩近似按砂卵石土层考虑，抗剪强度指标取为 $c_2=0\text{kPa}$，$\varphi_2=42°$，$\gamma_2=19\text{kN/m}^3$。计算被动土压力时，考虑桩土摩擦，则有：

$$K_{a1}=\tan^2\left(45°-\frac{8°}{2}\right)=0.76 \qquad K_{a2}=\tan^2\left(45°-\frac{42°}{2}\right)=0.20$$

$$\varphi_p=42° \qquad \delta=\frac{2}{3}\varphi=\frac{2}{3}\times42°=28°$$

则

$$K_p=\left[\frac{\cos\varphi}{\sqrt{\cos\delta}-\sqrt{\sin(\varphi+\delta)\sin\varphi}}\right]^2$$

$$=\left[\frac{\cos42°}{\sqrt{\cos28°}-\sqrt{\sin(42°+28°)\sin42°}}\right]^2$$

$$=\left(\frac{0.743}{0.940-0.793}\right)^2$$

$$=25.5$$

②黏性土的临界高度

令 $e_{a0}=(\gamma_1 z_0+q)K_{a1}-2c\sqrt{K_{a1}}=0$，由式（37-43）～式（37-50），可得：

$$z_0=\frac{2c_1-q\sqrt{K_{a1}}}{\gamma_1\sqrt{K_{a1}}}=\frac{2\times35-105\times\sqrt{0.76}}{18\times\sqrt{0.76}}<0$$

取 $z_0=0$

③土压力计算

$e_{aA}=105\times0.76-2\times35\times\sqrt{0.76}=18.8(\mathrm{kPa})$

$e_{aD}^{上}=(18\times9+105)\times0.76-2\times35\times\sqrt{0.76}$
$\quad=142(\mathrm{kPa})$

$z_1'=(9\times18+105)/19=14.1(\mathrm{m})$

$e_{aD}^{下}=19\times14.1\times0.20=53.6(\mathrm{kPa})$

$e_{aE}=19\times(14.1+3.8)\times0.20=68(\mathrm{kPa})$

$e_{aG}=19\times(14.1+7.3)\times0.20=81.3(\mathrm{kPa})$

主动土压力分布如图 40-39 所示。

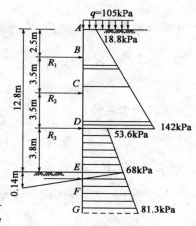

图 40-39　主动土压力分布

（2）三角形土压力分布

R_B 除受悬臂 2.5m 的荷载外，还受半个 BC 段高度
（1.75m）的荷载；R_C 承受半个 BC 段高度（1.75m）的荷载和
半个 CD 段高度（1.5m）的荷载；R_D 承受半个 CD 段高度
（1.5m）的荷载和半个 DE 段高度（1.9m）的荷载。

$$R_B=18.8\times4.25+\frac{1}{2}\times18\times4.25\times0.76\times4.25=203.4(\mathrm{kN/m})$$

$$R_C=[(18\times4.25\times0.76+18.8)+(18\times9.0\times0.76+18.8)]\times\frac{1.5}{2}+$$

$$[53.6+(53.6+7.2)]\times\frac{1.9}{2}$$

$$=197.49+108.68=306.2(\mathrm{kN/m})$$

$$R_F=[53.6+7.2+68]\times\frac{1.9}{2}+\frac{1}{2}\times68\times0.14=69.0(\mathrm{kN/m})$$

$$R_B+R_C+R_D+R_F=(203.4+322.3+306.2+69)\times1.8=1621.6(\mathrm{kN/m})$$

总荷载为 1 727.1kN，误差仅为 6.1%。

（3）梯形土压力分布

计算被动土压力系数时，不考虑桩土摩擦作用，按常规被动土压力系数计算。先求等效内
摩擦角 φ_D（按无黏性土等效）为：

$$0.5H=0.25\times12.8=3.2(\mathrm{m})$$

$$\gamma=\frac{18\times9+19\times3.8}{12.8}=18.39(\mathrm{kN/m^3})$$

$$E_a=\frac{18.8+142}{2}\times9=723.6(\mathrm{kN/m})$$

$$E_a'=\left(qH+\frac{1}{2}\gamma H^2\right)\tan^2\left(45°-\frac{\varphi_D}{2}\right)$$

$$= \left(105 \times 9 + \frac{1}{2} \times 18.3 \times 9^2\right) \tan^2\left(45° - \frac{\varphi_D}{2}\right)$$

$$= 1\,686.15 \tan^2\left(45° - \frac{\varphi_D}{2}\right)$$

由式(37-72)知:$E_a = E_a'$

则:

$$\tan^2\left(45° - \frac{\varphi_D}{2}\right) = \frac{723.6}{1\,686.15} = 0.429\,1$$

等效内摩擦角 $\varphi_D = 23.5°$,加权内摩擦角 $\varphi = \frac{9 \times 23.5° + 42° \times 3.8}{12.8} = 29°$,且 $c = 0$kPa,得:

$$K_a = \tan^2\left(45° - \frac{29°}{2}\right) = 0.347 \qquad K_p = \tan^2\left(45° + \frac{42°}{2}\right) = 5.04$$

$$e = 105 \times 0.347 + 18.3 \times 0.347 \times 3.2 = 56.76\,(\text{kN/m})$$

土压力零点为:

$$y = \frac{56.76}{18.3 \times (5.04 - 0.347)} = 0.66\,(\text{m})$$

(1)求 R_B、R_C、R_D

$$R_B = (0.347 \times 105 + 56.76) \times \frac{3.2}{2} + (1.75 - 0.7) \times 56.76 = 208.7\,(\text{kN/m})$$

$$R_C = 56.76 \times (1.75 + 1.5) = 184.5\,(\text{kN/m})$$

$$R_D = 56.76 \times (1.5 + 1.9) = 193\,(\text{kN/m})$$

(2)求 R_F

$$R_F = 56.76 \times 1.9 + \frac{1}{2} \times 0.66 \times 56.76 = 72.7\,(\text{kN/m})$$

(3)复核

$$(12.8 - 3.2) \times 56.76 + 0.66 \times 56.76 \times \frac{1}{2} + \frac{105 \times 0.347 + 56.76}{2} \times 3.2$$

$$= 544.9 + 18.7 + 149.1 = 712.7\,(\text{kN/m})$$

$$R_B + R_C + R_D + R_F = 208.7 + 184.5 + 193 + 72.7 = 658.9\,(\text{kN/m})$$

求出各支点反力后,按常规方法就可以计算出支护桩墙的截面弯矩及最大弯矩,再核定挡土桩墙的截面与配筋,考虑到篇幅,这里不作具体计算。

五、多层支点逐层开挖支撑(锚杆)支承力不变计算法

由于作用在支护结构上的荷载复杂,用连续梁方法计算比较繁琐,且较实际受力状况偏大,因此二分之一分担法只是近似方法。逐层开挖锚杆(支撑)支承力不变法认为每层锚杆(支撑)受力后不因下阶段锚杆(支撑)及开挖而改变受力大小,同时,假定支护结构的变形在前一工况基本完成,后一阶段施工时,支护结构的变形受其影响很小。由于上述假定比较符合工程实际情况,并可以随时调整支承轴力,且计算简便,因此逐层开挖支撑支承力不变法是一种比较合理的计算方法。这种方法的计算简图如图40-40所示。

施工中,首先作挡土桩或挡土墙,然后开挖第一层土至锚杆(支撑)下一定距离,待第一层锚杆(支撑)施工完毕以后,再开挖第二层土至锚杆(支撑)下一定距离,进行第二层锚杆(支撑)施工。如此循序作业,直至基底。

（1）求支点水平力 R_B。如图 40-40b)所示，在作 B 点支撑之前应考虑 a_1+b 高度的悬臂要求，如支护结构的弯矩和位移等。基坑开挖至 B 点以下的 d 处（d 为钻机施工高度），是为了进行第一层锚杆（支撑）施工，但应注意同时满足挖土深度达到 a_1+a_2+d 时，而第二层锚杆（支撑）尚未施工时支护结构承受的水平力情况。首先找出 O 点至开挖面的零弯点距离 y 值，然后求出 O 点以上的土压力 E_A（包括主动土压力、水压力和地面超载），此时 C 点尚未支撑或作锚杆，这部分水平压力将由 R_B 及 R_O 承担，对 O 点取矩 $\sum M_O=0$，求出 R_B，则有 $R_O=E_A-R_B$。

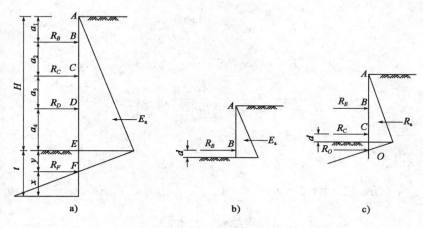

图 40-40　计算简图

（2）求支点水平力 R_C。在施作第二层锚杆（支撑）时，同时需考虑第三阶段挖土（此时挖土高度为 $a_1+a_2+a_3+d$）而 D 点尚未支撑情况，各种水平力由 R_B、R_C 和 R_D 共同承担。计算方法同上，求出 R_C 后，可得 $R_O=E_A-R_B-R_C$。

（3）同理求出 R_D，如果还有锚杆或支撑，可按相同方法求出 R_n。

（4）求出各支点反力后，再求出各断面弯矩，连续梁的最大弯矩不同于简支梁，最大弯矩不一定在剪力零点处，而在某一支座出现最大负弯矩，因此应同时计算悬臂状态时的最大弯矩和各支座负弯矩，找出其绝对值最大者作为核算支护结构截面的依据。

（5）至于支护结构的嵌固深度计算方法同前述等值梁法，这里不赘述。

设计中不同土层、各施工阶段弯矩零点距坑面的距离可用经验资料，如表 40-6 所示。

各阶段弯矩零点距坑面距离 y 的取值　　　　　　　　　　　　　　　表 40-6

砂 性 土		黏 性 土	
$\varphi=20°$	$0.25h$	$N<2$	$0.4h$
$\varphi=25°$	$0.16h$	$2\leqslant N<10$	$0.3h$
$\varphi=30°$	$0.08h$	$10\leqslant N<20$	$0.2h$
$\varphi=35°$	$0.035h$	$N\geqslant20$	$0.1h$

注：1. φ 为土的内摩擦角。

　　2. h 为分阶段挖土深度。

　　3. N 为标准锤击数。

　　4. 可参考表 40-3 采用。

【**例 40-15**】　试用逐层开挖锚杆支承力不变法计算【例40-14】。

101

解:假定正在施工第一层锚杆,考虑到第二层阶段挖土方至 C 支点下 0.5m 处而第二层锚杆尚未施工时,O_1 点以上的土压力均由第一层锚杆和 R_{O_1} 承担。计算简图如图 40-41 所示。

(1)求 B 支点所受的水平力 R_B

①先求基坑 6.5m 以下弯矩零点 O_1 处 y_1 的值。

$$K_{a1}=\tan^2\left(45°-\frac{8°}{2}\right)=0.76$$

$$K_{p1}=\tan^2\left(45°+\frac{8°}{2}\right)=1.32$$

$$K_{a2}=\tan^2\left(45°-\frac{42°}{2}\right)=0.20$$

$$K_{p2}=\tan^2\left(45°+\frac{42°}{2}\right)=5.04$$

$$y_1=\frac{e}{\gamma(K_{p1}-K_{a1})}=\frac{107.8}{18\times(1.32-0.76)}=10.63(\text{m})$$

②$E_A=\dfrac{18.8+107.8}{2}\times6.5+\dfrac{1}{2}\times107.8\times10.63=411.5+573=984.5(\text{kN/m})$

③对 O_1 取矩,即 $\sum M_{O_1}=0$,则有:

$$(10.63+4)R_B=18.8\times6.5\times\left(\frac{6.5}{2}+10.63\right)+\frac{1}{2}\times6.5\times89\times\left(\frac{6.5}{3}+10.63\right)+$$

$$\frac{1}{2}\times107.8\times10.63\times\frac{2}{3}\times10.63$$

$$14.63R_B=1\,696.1+3\,701.4+4\,060.4$$

$$R_B=646.5(\text{kN/m})$$

可以看出,所求得 $R_B=646.5\text{kN/m}$ 偏大,主要由于计算力矩时采用 $y_1=10.63\text{m}$ 是不正确的。施工场地实际土层分布是:地面以下,只有 $R_B=646.4\text{kN/m}$ 厚的黏性土层,黏性土层以下为风化板岩层,该土层的物理性质有很大变化,计算中把风化板岩层按照黏性土层考虑造成了计算误差。解决办法是找出实际的 y_1 值,重新求 R_B。其步骤为先求出黏性土的等效内摩擦角 φ_D(按无黏性土等效),再求摩擦角的加权平均值,这样分层土就被等效成单一均质土层。在此基础上,求 y 值就比较简单了。B 支点受力计算简图如图 40-42 所示。

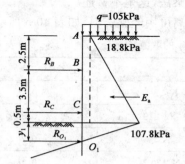

图 40-41　B 支点受力计算简图

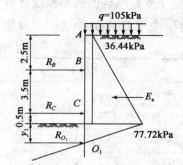

图 40-42　B 支点受力计算简图

由二分之一分担法例题可知,黏性土的等效内摩擦角 $\varphi_D=23.5°$,内摩擦角加权平均值为:$\varphi=\dfrac{9\times23.5°+42°\times3.8}{12.8}=29°$,且 $c=0$。

①查表 40-6,砂性土 $\varphi=29°$,$y_1=0.096h=0.096\times6.5=0.624\text{m}$。

$$K_a = \tan^2\left(45° - \frac{29°}{2}\right) = 0.347 \quad \gamma = 18.30\,\text{kN/m}^3$$

$$K_p = \tan^2\left(45° + \frac{29°}{2}\right) = 2.88$$

②$E_A = 0.347 \times 105 \times 6.5 + \frac{1}{2} \times 18.3 \times 6.5 \times 0.347 \times 6.5 + \frac{1}{2} \times 0.624 \times 77.72$

$\qquad = 236.83 + 134.15 + 24.25 = 395.2\,(\text{kN/m})$

③对 O_1 取矩,即 $\sum M_{O_1} = 0$,则有:

$(0.624 + 4)R_B = 36.44 \times 6.5 \times \left(\frac{6.5}{2} + 0.624\right) + \frac{1}{2} \times 6.5 \times 41.28 \times \left(\frac{6.5}{3} + 0.624\right) +$

$$\frac{1}{2} \times 77.72 \times 0.624 \times \frac{2}{3} \times 0.624$$

$$4.624 R_B = 917.6 + 374.4 + 10.1$$

$$R_B = 281.6\,(\text{kN/m})$$

地下为:

$$R_{O_1} = E_A - R_B = 395.2 - 281.6 = 113.6\,(\text{kN/m})$$

(2)求 C 支点所受的水平力 R_C

计算第二层锚杆时,应考虑第三阶段挖土方至 D 支点下 0.5m 处时而第三层锚杆尚未施工情况。O_2 点以上的土压力均由第一、二层锚杆和 R_{O_2} 承担。C 支点计算简图如图 40-43 所示。

①查表 40-6,砂性土 $\varphi = 29°$,有:$y_2 = 0.096 h_2 = 0.096 \times 9.5 = 0.912\,(\text{m})$。

②$E_A = 0.347 \times 105 \times 9.5 + \frac{1}{2} \times 18.3 \times 9.5 \times 0.347 \times 9.5 + \frac{1}{2} \times 0.912 \times 96.77$

$\qquad = 346.1 + 286.5 + 44.1 = 676.7\,(\text{kN/m})$

③对 O_2 取矩,即 $\sum M_{O_2} = 0$,则有:

$(0.912 + 3.5)R_C = 36.44 \times 9.5 \times \left(\frac{9.5}{2} + 0.912\right) + \frac{1}{2} \times 9.5 \times 60.33 \times \left(\frac{9.5}{2} + 0.912\right) +$

$$\frac{1}{2} \times 96.77 \times 0.912 \times \frac{2}{3} \times 0.912 - (7 + 0.912) \times 281.6$$

$$4.412 R_C = 1\,960.1 + 1\,168.8 + 26.8 - 2\,228$$

$$R_C = 210.3\,(\text{kN/m})$$

$$R_{O_2} = E_A - R_B - R_C = 676.7 - 281.6 - 210.3 = 184.8\,(\text{kN/m})$$

(3)求 D 支点所受的水平力 R_D

考虑第三层锚杆,第四阶段挖土方至基底 -12.8m 处,E 以上的土压力由 R_B、R_C、R_D 和 R_F 共同承担。D 支点计算简图如图 40-44 所示。

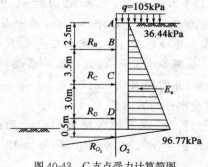

图 40-43　C 支点受力计算简图

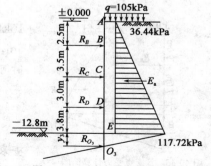

图 40-44　D 支点受力计算简图

103

①查表 40-6,砂性土 $\varphi=29°$ 时,有:$y_2=0.096h_2=0.096\times12.8=1.23m$。

②$E_A=0.347\times105\times12.8+\dfrac{1}{2}\times18.3\times12.8\times0.347\times12.8+\dfrac{1}{2}\times1.23\times117.72$

$\qquad=466.4+520.2+72.4=1\,059kN/m$

③对 O_3 取矩,即 $\sum M_{O_3}=0$,则有:

$(1.23+3.8)R_D=36.44\times12.8\times\left(\dfrac{12.8}{2}+1.23\right)+\dfrac{1}{2}\times12.8\times81.28\times\left(\dfrac{12.8}{3}+1.23\right)+$

$\qquad\dfrac{1}{2}\times117.72\times1.23\times\dfrac{2}{3}\times1.23-(10.3+1.23)\times281.6-$

$\qquad(6.8+1.23)\times210.3$

$\qquad5.03R_D=3\,558.9+2\,859.3+59.4-3\,246.8-1\,688.7$

$\qquad\qquad R_D=306.6(kN/m)$

可求得地下为:

$\qquad R_{O_3}=E_A-R_B-R_C-R_D=1\,059-281.6-210.3-306.6=260.4(kN/m)$

(4)求最大弯矩

挡土桩既可按连续梁计算,也可按简支梁计算。考虑采用简支梁模型的计算过程。

①悬臂弯矩:

$M_悬=-36.44\times3.0\times\dfrac{3.0}{2}-18.3\times0.347\times3.0\times\dfrac{3.0}{2}\times\dfrac{3.0}{3}=-142.5[(kN\cdot m)/m]$

②B 支点处:

$M_B=-36.44\times2.5\times\dfrac{2.5}{2}-18.3\times0.347\times2.5\times\dfrac{2.5}{2}\times\dfrac{2.5}{3}=-130.4[(kN\cdot m)/m]$

③C 支点处:

$\qquad M_C=-36.44\times6\times\dfrac{6}{2}-18.3\times0.347\times6\times\dfrac{6}{2}\times\dfrac{6}{3}=-884.5[(kN\cdot m)/m]$

从计算结果可以看出,M_C 弯矩值偏大,按连续梁计算比较合理。

因此,按逐层开挖支撑(锚杆)支承力不变法计算的各截面弯矩为:

$\qquad M_悬=-142.5[(kN\cdot m)/m]\qquad M_B=-130.4[(kN\cdot m)/m]$

$\qquad M_C=-884.5[(kN\cdot m)/m]$

所以,支护桩截面设计及配筋的控制弯矩可取为 $M_{max}=-142.5\times1.8=-256.5kN\cdot m$。

【例 40-16】 逐层开挖支撑(锚杆)支承力不变法计算示例。

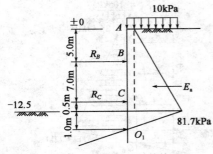

图 40-45 B 支点受力计算简图

仍按【例 40-11】工程计算,已知地面荷载为 $q=10kPa$,φ 的平均值为 $30°$,设计锚杆为三层,第一层悬挑 5m,第二层 7m,第三层距地面 18m,挖土在支点下 0.5m 时可以施作锚杆。如图 40-45 所示,假设第一层锚杆已做完,第二层锚杆未做,并需挖深 0.5m。

(1)求 B 点所受水平力 R_B(图 40-45)

①先求出基坑 12.5m 以下的弯矩为 O 处 y 的距离,查表 40-6,砂性土 $\varphi=30°$,应为 $0.08h$,$y=12.5\times0.08=1m$。

②$E_A = 0.33 \times 10 \times 12.5 + 19 \times 0.33 \times 12.5 \times \dfrac{12.5}{2} + 1 \times 81.7 \times \dfrac{1}{2}$

$= 41.3 + 489.8 + 40.9 = 572(\text{kN/m})$

③对 O_1 点的力矩 M_{O_1}：

$$M_{O_1} = 41.3 \times \left(\dfrac{12.5}{2} + 1\right) + 489.8 \times \left(\dfrac{12.5}{3} + 1\right) + 40.9 \times \dfrac{2}{3} \times 1$$

$$= 299.4 + 2530.6 + 27.2 = 2857.5(\text{kN} \cdot \text{m})$$

④对 O_1 点弯矩相等（O 为零弯点）：

则：

$$(7.5 + 1)R_B = M_{O_1} = 2857.2(\text{kN} \cdot \text{m})$$

$$R_B = \dfrac{2857.2}{8.5} = 336(\text{kN})$$

$$R_{O_1} = E_A - R_B = 572 - 336 = 236(\text{kN})$$

（2）求 C 点所受水平力 R_C 值

挖土已达 D 点下 0.5m，可施作锚杆施工，但需求出水平力 R_C 值是多少，才能按轴力配置钢绞线。如图 40-46 所示，D 支点尚未做锚杆（虚线），已挖到 D 点下 0.5m，此时 R_C 需满足该段的受力性能。此时开挖基坑总深度为 18.5m，要求出坑下零弯点距离，仍按表 40-6 砂性土 $\varphi = 30°$（平均）为 $0.08h$，$18.5 \times 0.08 = 1.48$m，坑下 1.48m 为零弯点（土压力零点），计算主动土压力：

$$E_A = 0.33 \times 10 \times 18.5 + 19 \times 0.33 \times \dfrac{18.5^2}{2} + (3.3 + 19 \times 0.33 \times 18.5) \times \dfrac{1.48}{2}$$

$$= 1222.3(\text{kN})$$

对 O_2 的力矩：

$$M_{O_2} = 61.1 \times \left(\dfrac{18.5}{2} + 1.48\right) + 1073 \times \left(\dfrac{18.5}{3} + 1.48\right) + 88.3 \times 2/3 \times 1.48$$

$$= 8947.6(\text{kN} \cdot \text{m})$$

围绕 O_2，即 $\sum M_{O_2} = 0$，则有：

$$(6.5 + 1.48)R_C = M_{O_2} - (13.5 + 1.48)R_B$$

$$R_C = \dfrac{8947.6 - 14.98 \times 336}{7.98} = 490.5(\text{kN})$$

（3）求 D 点所受水平力 R_D 值

在 D 点锚杆可以施工，但需求出水平力 R_D，如图 40-47 所示，D 点锚杆施工完毕后将土开

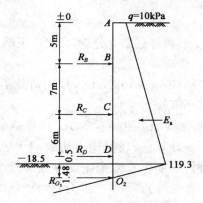

图 40-46 C 支点受力计算简图

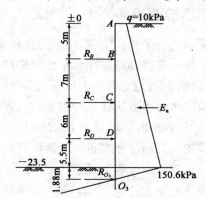

图 40-47 D 支点受力计算简图

挖到坑底面，即−23.5m。按图40-47，求坑下的零弯点，φ 是平均值（可以按不同土层 φ 值查表40-6应用），$\varphi=30°$ 为 $0.08h$，距坑底的零弯矩距离 $y=23.5×0.08=1.88$m。

$$E_A=0.33×10×23.5+19×0.33×\frac{23.5^2}{2}+\frac{1.88×150.6}{2}$$
$$=77.6+1\ 731.3+141.6=1\ 950.5(\text{kN/m})$$

对 O_3 的力矩为：

$$M_{O_3}=77.6×\left(\frac{23.5}{2}+1.88\right)+1\ 731.3×\left(\frac{23.5}{3}+1.88\right)+141.6×2/3×1.88$$
$$=18\ 051.9(\text{kN·m})$$

围绕 O_3，即 $\sum M_{O_3}=0$，则有：

$$(5.5+1.88)R_D=M_{O_3}-(18.5+1.88)R_B-(11.5+1.88)R_D$$
$$R_D=\frac{18\ 051.9-336×20.38-13.38×490.5}{7.38}=629(\text{kN})$$

坑下零弯矩点：

$$R_{O_3}=1\ 950.5-336-490.5-629=495(\text{kN})$$

各支点水平力求出后，可按锚杆轴力配置受力钢绞线。

（4）求最大弯矩

如图40-47所示，将挡土桩看成为一连续梁，R_B、R_C 及 R_D 为支点，各支点处的负弯矩已于【例40-11】中的弯矩分配法求出，现试用简支计算如下：

（1）M_B 处

$$M_B=10×0.33×5×\frac{5}{2}+19×0.33×\frac{5^2}{2}×\frac{5}{3}=41.25+130.6=171.8(\text{kN·m})$$

（2）M_C 处

$$M_C=3.3×12×\frac{12}{2}+19×0.33×\frac{12^2}{2}×\frac{12}{3}-336×7=2\ 043.6-2\ 352=-308.4(\text{kN·m})$$

（3）M_D 处

$$M_D=3.3×18×\frac{18}{2}+19×0.33×\frac{18^2}{2}×\frac{18}{3}-336×13-490.5×6$$
$$=534.6+6\ 094.4-4\ 368-2\ 943=-682(\text{kN·m})$$

计算结果，按简支算出的支点 M_C、M_D 弯矩偏大，仍需按连续梁计算为宜。

六、对多层支撑（锚杆）计算方法的分析

现通过一个工程实例，用上述几种方法分别计算比较，再经过研究分析，得出以下结论。

1. 同一工程计算支撑水平力结果的分析

以【例40-11】北京某大厦基坑深23.5m，φ 值平均为 $30°$，$\gamma=19\text{kN/m}^3$，地面荷载10kPa，现按前述的几种方法计算的结果列入表40-7中，供分析研究。

（1）从各种方法计算的 R_B、R_C 及 R_D 水平支承力来分析，R_C 相差不多，R_D 用等值梁法计算相差较大，而 R_B 的结果，以逐层开挖支撑支承力不变计算法，较其他方法普遍大 $30\%\sim50\%$。这是因为计算 B 点水平力时，除计算悬壁部分外，还要将 C 点尚未支撑或未做锚杆时的这部分土压力由 B 点的锚杆来承受。等值梁法没有考虑这部分土压力，因此受力小于 50%，二分之一分担法只考虑了一半。

支点 水平力	逐层开挖支撑力不变法		等 值 梁 法		二分之一分担法		原设计三弯矩计算法		备　注
	水平力(kN)	%	水平力(kN)	%	水平力(kN)	%	水平力(kN)	%	
R_B	336	100	167.2	50	254.5	76	234	70	以逐层开挖支撑力不变法水平力为100%
R_C	490.5	100	434.7	89	500.3	102	440	90	
R_D	629	100	896.9	142	663.4	105	712	114	
R_O	495	100	388	78	442.5	89	—		

（2）逐层开挖支撑（锚杆）支承力不变计算法，符合实际施工状况，即分阶段支撑分阶段开挖，在开挖过程中桩、墙总要发生变形，进行支护或预应力锚杆，随时对支承轴力可以调整。用传统的极限状土土压力理论是不能解决的，应用连续梁计算方法，因荷载复杂，计算繁琐，而且与实际有差距。二分之一分担法只是近似方法。逐层开挖，支撑支承力不变，该计算法既简便，又符合实际施工情况，是比较合适的计算方法。

（3）例如东北某高层建筑基坑深20.7m，设三层锚杆，第一层锚杆水平力设计时按二分之一分担法计算为316kN，施工后该工程发生事故。后用逐层开挖支撑支承力不变计算法复核，该工程第一层锚杆水平力应为396kN，相差达25%，与此也不无关系。

（4）小结：以逐层支撑（锚杆）支承力不变计算多层挡土桩墙较符合实际。

2. 关于坑下零弯点的研讨

用逐层开挖支撑支承力不变法计算时，必须找出坑底下的零弯点，这是关键的。计算例题采用表40-5的经验数据，在没有试验资料的情况下，表中数据的参考价值如何，现分析如下：

1）用计算方法定零弯点距离

参考本章第三节公式（40-26）坑下土压力为零距离y为：

$$y = \frac{e}{\gamma(K_p - K_a)}$$

式中的被动土压力系数变化大，主要是由于桩与土产生摩擦力，桩的变形使被动土压力有所增大，被动土压力系数也增大。

被动土压力系数K_p计算方法：

（1）按$K_p = \tan^2\left(45° + \frac{\varphi}{2}\right)$计算。

（2）由于摩擦力的存在，K_p值必须加以修正，其修正系数可参考表40-4。

（3）按桩土摩擦角δ及φ值计算，公式（37－36）。

$$K_p = \left[\frac{\cos\varphi}{\sqrt{\cos\delta} - \sqrt{\sin(\delta + \varphi)\sin\varphi}}\right]^2$$

式中，因K_p是δ及φ的三角函数，δ变化导致K_p差异大。δ一般取$\varphi/3 \sim 2\varphi/3$。

三种计算值可差100%，甚至更大。

现举例如下：

设$\varphi = 30°$，进行计算：

（1）$K_p = \tan^2\left(45° + \frac{\varphi}{2}\right)$，则$K_p = 3$。

（2）表40-4的修正系数为1.8，则$K_p = 3 \times 1.8 = 5.4$。

（3）用式（37-36）计算当$\delta = \varphi/3$时，$K_p = 4.15$；当$\delta = 2\varphi/3$时，$K_p = 6.12$。

用不同的 K_p 值算出的零弯矩点距坑面距离,也可能相差 1 倍,甚至更多。

2)不同 K_p 值计算的 y 与查表的比较

按上述三种方法求得的 K_p 值,计算坑深 12.5m 及 18.5m 的坑下零弯点距离 y,并与查表值对比。现仍按 $\varphi=30°$,计算及查表列如表 40-8 所示。

不同 K_p 值计算的 y 与查表比较　　　　　　　　　　表 40-8

坑　　深		零弯点距离	计算用不同的 K_p 值					查 表 40-6 按 $\varphi=$ 30°,$y=0.08h$
深度 (m)	e 值		$\tan^2(45°+\varphi/2)$		修正系数 $\overline{K}=KK_p$	以 δ 值计算		
						$\delta=\varphi/3$	$\delta=2\varphi/3$	
12.5	81.7	$y=\dfrac{e}{\gamma(K_p-K_a)}$	K_p	3	5.4	4.15	6.12	1.00
			y	1.61	0.85	1.13	0.75	
18.5	119.3	$y=\dfrac{e}{\gamma(K_p-K_a)}$	K_p	3	5.4	4.15	6.12	1.48
			y	2.35	2.35	1.64	1.00	

(1)坑深 12.5m 的 y 值用 4 种不同 K_p 的平均为 1.08;坑深 18.5m 的平均 y 值为 1.56。

(2)坑深 12.5m 时,K_p 为 5.4 与 4.15 和查表接近;坑深 18.5m 时,仍是 K_p 为 5.4 与 4.15 和查表接近。

研究结果,初步认为:

(1)用查表的方法是可行的。

(2)采用有摩擦角的计算以 $\delta=\varphi/3$ 合适。

(3)用表 40-4 的修正 K_p 系数值可以参考。

注:本章部分示例摘自参考文献[17]、[31]、[32]、[108]。

第四节　排桩系统构件的设计计算[2]、[17]、[29]、[31]

一、钢板桩及板桩式结构的荷载

1. 土压力

由于土压力受各种因素的影响,十分复杂,难以计算出土压力的精确值。目前国内外常用的计算土压力的方法仍以库仑和朗肯公式为基本计算公式,在第三十七章中已有论述,本节再简要介绍如下:

1)支护结构稳定性计算采用的土压力

(1)黏性土的主动土压力强度可按式(40-36)计算:

$$P_a = (q + \sum \gamma_i h_i)K_a - 2c\sqrt{K_a} \qquad (40\text{-}36)$$

式中:P_a——计算点处的主动土压力强度(kPa),当 $P_a>0$ 时,取 $P_a=0$;

　　　q——地面的均布荷载(kPa);

　　　γ_i——计算点以上各层土的重度(kN/m³),地下水以上取天然重度,地下水以下取浮重度;

　　　h_i——计算点以上各层土的厚度(m);

　　　K_a——计算点处的主动土压力系数,取 $K_a=\tan^2\left(45°-\dfrac{\varphi}{2}\right)$;

c——计算点处土的黏聚力(kPa)。

（2）黏性土的被动土压力强度可按式（40-37）计算：

$$P_p = (q + \sum \gamma_i h_i)K_p + 2c\sqrt{K_p} \qquad (40\text{-}37)$$

式中：P_p——计算点处的被动土压力强度(kPa)；

K_p——计算点处的被动土压力系数，取 $K_p = \tan^2\left(45° + \dfrac{\varphi}{2}\right)$。

由于黏性土的土压力比砂土的土压力复杂，计算时可采取近似方法，略去土的黏聚力（$c=0$），而适当的增加内摩擦角（内摩擦角 φ_0 提高到 φ 值），表 40-9 所示数值可供参考。

内摩擦角由 φ₀ 提高到 φ 值　　　　　　　　　　　表 40-9

土　质	稍湿的		很湿的		饱和的		重度 γ(kN/m³)		
	φ_0	φ	φ_0	φ	φ_0	φ	稍湿的	很湿的	饱和的
软的黏土及粉质黏土	24°	40°	22°	27°	20°	20°	1.5	1.7	1.8
塑性的黏土及粉质黏土	27°	40°	26°	30°	25°	25°	1.6	1.7	1.9
半硬的黏土及粉质黏土	30°	45°	26°	30°	25°	25°	1.8	1.8	1.9
硬黏土	30°	50°	32°	38°	33°	33°	1.9	1.9	2.0
淤泥	16°	35°	14°	20°	15°	15°	1.6	1.7	1.8
腐殖土	35°	40°	35°	35°	33°	33°	1.5	1.6	1.7

如采用增加内摩擦角的方法来进行计算，则黏性土的土压力公式可简化为：

$$\left.\begin{array}{l} P_a = (q + \sum \gamma_i h_i)\tan^2\left(45° - \dfrac{\varphi}{2}\right) - 2c\tan^2\left(45° - \dfrac{\varphi}{2}\right) \\[3mm] P_p = (q + \sum \gamma_i h_i)\tan^2\left(45° + \dfrac{\varphi}{2}\right) + 2c\tan^2\left(45° - \dfrac{\varphi}{2}\right) \end{array}\right\} \qquad (40\text{-}38)$$

当为砂砾土层时，则黏聚力 $c=0$，其土压力公式可简化为：

$$\left.\begin{array}{l} P_a = (q + \sum \gamma_i h_i)\tan^2\left(45° - \dfrac{\varphi}{2}\right) \\[3mm] P_p = (q + \sum \gamma_i h_i)\tan^2\left(45° + \dfrac{\varphi}{2}\right) \end{array}\right\} \qquad (40\text{-}39)$$

2）支护结构墙体断面计算用的土压力

由于作用在基坑挡土结构上的土压力分布比较复杂，受土层性质、施工方法及施工质量的影响较大，因此土压力分布根据实测资料不完全符合库仑土压理论计算值。实测压力曲线约呈抛物形。其最大压力强度在基坑的半高度。为安全考虑，在支撑系统设计时，必须根据施工过程中产生的最大压力来计算，即参照实测土压力曲线包络图来确定。可参考本书第三十七章或有关的土力学教材。

2. 水压力

作用在挡土支护结构上的水压力，可按图 40-48a）所示的三角形分布计算。在有残余水压时，则按图 40-48b）所示的梯形分布计算。

一般情况下，水压力和土压力应分别计算，并采用静水压力的全水头，水的重度取 $\gamma_w = 10\text{kN/m}^3$，认为水在任一点产生的主动压力、静止压力、被动压力是同一绝对数值，均为 $\gamma_w h$。

桩板式挡土支护结构在含水地层中要配合降水施工，因而计算时不考虑水压，基底以下土压力计算要考虑工字钢桩的不连续性。

上述支护结构挡墙断面计算土压力方法经过长期实践,证明是可行的。但从安全角度因素考虑,尚有不足之处。因为基坑土方开挖时,挡墙两侧土压和水压的平衡均被破坏,而挡墙受力后发生变形,支撑及横梁相继承受轴力,随着基坑内土方向下继续开挖,其变形不断开展,横梁承受的轴力也不断发生变化,所以在整个基坑土方开挖及挡土结构施工过程中,挡土结构呈现复杂的受力状态。由于上述方法未能反映出挡土结构所承受的侧压力随基坑开挖深度而变化的实际状态。因此对于临时性的和规模较小的挡土支护结构较为适合,而对于永久性或规模较大,而且土层较弱的深基坑挡土支护结构,最好采用能反映挡土结构受力动态的弹塑性法和有限元法,并采用微机计算,这种方法计算虽很精确,但需计算中采用的有关参数,要尽可能的反映地层的实际情况为好。因为不同的参数值会有不同的计算结果,而目前参数确定难以准确,故而微机计算的结果仍需结合实践经验进行综合分析判断。

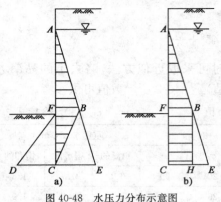

图 40-48　水压力分布示意图
a)三角形分布;b)梯形分布

二、钢板桩设计计算

钢板桩作为支护墙体,可利用前面所介绍的等值梁法求得桩身在开挖施工阶段所承受的最大弯矩,然后根据桩身最大应力不得大于桩身允许应力所需的钢板桩截面模量进行钢板桩的选型,并要求:

$$\sigma_{\max} = \frac{M_{\max}}{\beta W} \leqslant [f] \tag{40-40}$$

式中:$\sigma_{\max}$——桩身最大应力(kPa);

$\quad M_{\max}$——桩身最大弯矩设计值(kN·m);

$\quad W$——钢板桩截面抵抗矩(m³);

$\quad [f]$——钢板桩允许应力,视钢板桩材料及折旧程度而定(MPa),可参见《公路桥涵钢结构及木结构设计规范》(JTJ 025—86)中表 1.2.5,一般取$[f]=170\sim200$MPa;

$\quad \beta$——根据钢板桩锁口状态及圈梁、围檩的设置情况,钢板桩截面抵抗矩的折减系数。对于小止口钢板桩,当桩顶设有整体圈梁及支撑点或锚头设有整体围檩时,取$\beta=1.0$,桩顶不设圈梁或围檩分段设置时,取$\beta=0.7$;对于钢板桩截面惯性矩 I 而言,其折减系数则分别取 1.0 和 0.6。

【例 40-17】　某泵站基坑挖土深度为 6m,经打桩和井点降水后实测土的平均重度为18kN/m³,平均内摩擦角 $\varphi=20°$,距板桩外 1.5m 有 30kPa 的均布荷载,拟用拉森型钢板桩单拉锚支护,试求板桩的入土深度和选择板桩截面。

解:(1)计算作用于板桩上的土压力强度,并绘出压力分布图(图 40-49)

$$K_p = \tan^2\left(45° + \frac{20°}{2}\right) = 2.04$$

$$K_a = \tan^2\left(45° - \frac{20°}{2}\right) = 0.49$$

$$e_{Ah} = \gamma h K_a = 18 \times 6 \times 0.49 = 52.92 \text{(kPa)}$$

$$e_{Aq} = q K_a = 30 \times 0.49 = 14.7 \text{(kPa)}$$

所以

$$e = e_{Ah} + e_{Aq} = 52.92 + 14.70 = 67.72 (\text{kPa})$$

$$y_q = \tan\left(45° + \frac{20°}{2}\right) \times 1.5 = 2.14 (\text{m})$$

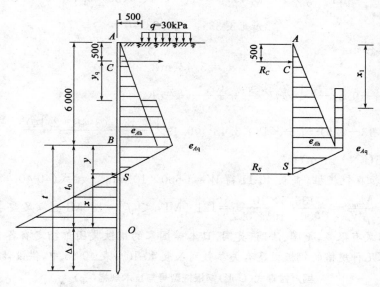

图 40-49 【例 40-16】板桩土压力分布图（尺寸单位：mm）

（2）计算 y 值。

$$y = \frac{e}{\gamma(KK_p - K_a)} = \frac{67.62}{18(1.6 \times 2.04 - 0.49)} = 1.35 (\text{m})$$

（3）按简支梁计算等值梁的两支点反力（R_S 和 R_C）。

$\sum M_C = 0$

$$R_S = \left[\frac{1}{2} \times 6 \times 52.92 \times \left(\frac{2}{3} \times 6 - 0.5\right) + (6 - 2.14) \times 14.7 \times \left(\frac{6 - 2.14}{2} + 2.14 - 0.5\right) + \right.$$

$$\left. (67.62 \times 1.35) \times \left(6 - 0.5 + \frac{1.35}{3}\right)\right] \div (6 - 0.5 + 1.35) = 190 (\text{kN})$$

$\sum Q = 0$

$$R_C = \frac{1}{2} \times 6 \times 52.92 + (6 - 2.14) \times 14.7 + \frac{1}{2} \times 1.35 \times 67.62 - 190 = 71 (\text{kN})$$

（4）计算板桩最小入土深度 t_0。

按公式（40-32），得：

$$x = \sqrt{\frac{6 \times 190}{18(1.6 \times 2.04 - 0.49)}} = 4.78 (\text{m})$$

$$t_0 = y + x = 1.35 + 4.78 = 6.13 (\text{m})$$

$$t = 1.2t_0 = 1.2 \times 6.13 = 7.36 (\text{m})$$

板桩总长

$$L = h + t = 6 + 7.36 = 13.36 (\text{m})，取 15\text{m}。$$

（5）选择钢板桩截面。

先求钢板桩所受最大弯矩 M_{max}。最大弯矩处即为剪力等于零处，设剪力等于零处距板桩

顶为 x_1，则：

$$R_C - \frac{1}{2}x_1^2\gamma K_a - (x_1-y_q)qK_a = 0$$

$$71 - \frac{1}{2}\times18\times0.49x_1^2 - (x_1-2.14)\times30\times0.49 = 0$$

$$x_1^2 + 3.33x_1 - 23.23 = 0$$

解二次方程得：

$$x_1 = 3.43(\text{m})$$

$$M_{\max} = R_C(x_1-0.5) - \left[\frac{1}{2}\gamma x_1^2 K_a \frac{x_1}{3} + \frac{(x_1-x_q)^2}{2}qK_a\right]$$

$$= 71(3.43-0.5) - \left[\frac{1}{2}\times18\times3.43^2\times0.49\times\frac{3.43}{3} + \frac{(3.43-2.14)^2}{2}\times30\times0.49\right]$$

$$= 136.5(\text{kN}\cdot\text{m/m})$$

采用 III 号拉森钢板桩，查表 40-11 得 $W = 1\,600\times10^3\,\text{mm}^3$。按式(40-40)，得：

$$\sigma_{\max} = \frac{M_{\max}}{\beta W} = \frac{136.5\times10^6}{1\,600\times10^3\times0.7} = 121.9\text{MPa} < [f] = 170\text{MPa}(\text{满足要求})。$$

钢板桩的形式有很多，美国、法国、英国、日本等国家的钢铁集团都指定有各自的规格标准。现将我国和日本几种规格的钢板桩及有关参数列入表 40-10～表 40-15 中，供设计计算时参考。

国产拉森式（U形）钢板桩型号与技术规格（一）　　　　　　表 40-10

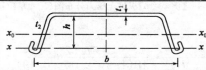

| 型号 | 尺寸(mm) | | | | 截面面积 A 单根 (cm²) | 重力(kg/m) | | 惯性矩 I_x | | 截面抵抗矩 W | |
	宽度 b	高度 h	腹板厚 t_1	翼缘厚 t_2		单根	每米宽	单根 (cm⁴)	每米宽 (cm⁴/m)	单根 (cm³)	每米宽 (cm³/m)
鞍IV型	400	180	15.5	10.5	99.14	77.73	193.33	4,025	31.963	343	2 043
鞍IV型(新)	400	180	15.5	10.5	98.70	76.94	192.58	3,970	31.950	336	2 043
包IV型	500	185	16.0	10.0	115.13	90.80	181.60	5,955	45.655	424.8	2 410

国产拉森式（U形）钢板桩型号与技术规格（二）　　　　　　表 40-11

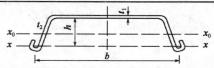

| 型号 | 截面尺寸(mm) | | | | 每延长米面积 (10²mm/m)或(cm²/m) | 每延长米重力 (10⁻²kN/m)或(kg/m) | 每延长米截面矩 W (10³mm³/m)或(cm³/m) |
	B	h	t_1	t_2			
拉森 II	400	100	10.5	—	61.18	48.0	874
拉森 III	400	145	13.0	8.5	198.00	60.0	1 600
拉森 IV	400	155	15.5	11.0	236.00	74.0	2 037
拉森 V	420	180	20.5	12.0	303.00	100.0	3 000
拉森 VI	420	220	22	14.0	370.00	121.8	4 200
鞍IV(老)	400	155	15.5	10.5	247.00	77.0	2 040

注：拉森型钢板桩长度有 12m、18m 和 30m 三种，根据需要可焊接接长。

表 40-12

日本生产的钢板桩(一)U 形钢板桩

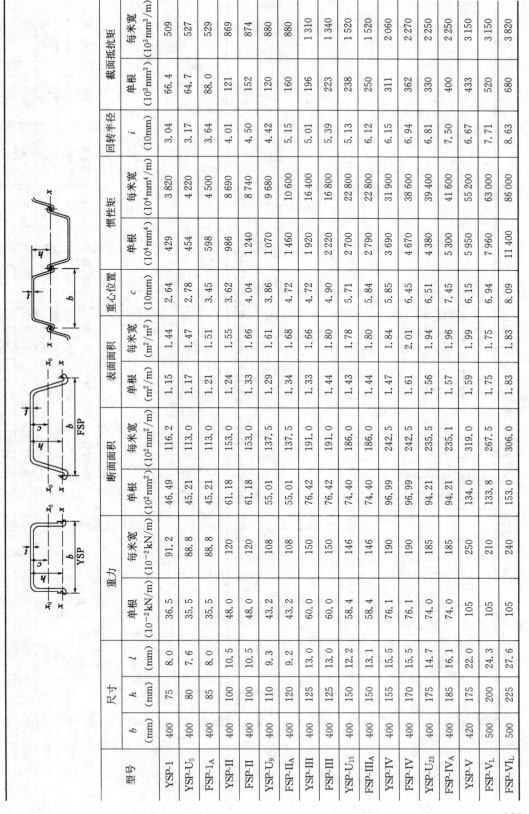

型号	尺寸 b (mm)	h (mm)	l (mm)	重力 单根 (10^{-2} kN/m)	每米宽 (10^{-2} kN/m)	断面面积 单根 (10^2 mm²)	每米宽 (10^2 mm²/m)	表面面积 单根 (m²/m)	每米宽 (m²/m²)	重心位置 c (10mm)	惯性矩 单根 (10^4 mm⁴)	每米宽 (10^4 mm⁴/m)	回转半径 i (10mm)	截面抵抗矩 单根 (10^3 mm³)	每米宽 (10^3 mm³/m)
YSP-1	400	75	8.0	36.5	91.2	46.49	116.2	1.15	1.44	2.64	429	3 820	3.04	66.4	509
YSP-U₅	400	80	7.6	35.5	88.8	45.21	113.0	1.17	1.47	2.78	454	4 220	3.17	64.7	527
FSP-1ₐ	400	85	8.0	35.5	88.8	45.21	113.0	1.21	1.51	3.45	598	4 500	3.64	88.0	529
YSP-II	400	100	10.5	48.0	120	61.18	153.0	1.24	1.55	3.62	986	8 690	4.01	121	869
FSP-II	400	100	10.5	48.0	120	61.18	153.0	1.33	1.66	4.04	1 240	8 740	4.50	152	874
YSP-U₉	400	110	9.3	43.2	108	55.01	137.5	1.29	1.61	3.86	1 070	9 680	4.42	120	880
FSP-IIₐ	400	120	9.2	43.2	108	55.01	137.5	1.34	1.68	4.72	1 460	10 600	5.15	160	880
YSP-III	400	125	13.0	60.0	150	76.42	191.0	1.33	1.66	4.72	1 920	16 400	5.01	196	1 310
FSP-III	400	125	13.0	60.0	150	76.42	191.0	1.44	1.80	4.90	2 220	16 800	5.39	223	1 340
YSP-U₁₅	400	150	12.2	58.4	146	74.40	186.0	1.43	1.78	5.71	2 700	22 800	5.13	238	1 520
FSP-IIIₐ	400	150	13.1	58.4	146	74.40	186.0	1.44	1.80	5.84	2 790	22 800	6.12	250	1 520
YSP-IV	400	155	15.5	76.1	190	96.99	242.5	1.47	1.84	5.85	3 690	31 900	6.15	311	2 060
FSP-IV	400	170	15.5	76.1	190	96.99	242.5	1.61	2.01	6.45	4 670	38 600	6.94	362	2 270
YSP-U₂₃	400	175	14.7	74.0	185	94.21	235.5	1.56	1.94	6.51	4 380	39 400	6.81	330	2 250
FSP-IVₐ	400	185	16.1	74.0	185	94.21	235.1	1.57	1.96	7.45	5 300	41 600	7.50	400	2 250
YSP-V	420	175	22.0	105	250	134.0	319.0	1.59	1.99	6.15	5 950	55 200	6.67	433	3 150
FSP-VₗL	500	200	24.3	105	210	133.8	267.5	1.75	1.75	6.94	7 960	63 000	7.71	520	3 150
FSP-VIₗL	500	225	27.6	105	240	153.0	306.0	1.83	1.83	8.09	11 400	86 000	8.63	680	3 820

113

表 40-13

日本生产的钢板桩（二）U 形钢板桩

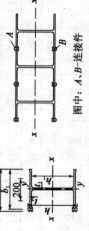

图中：A、B—连接件

形　式	尺寸(mm)						断面面积		重力		惯性矩		截面抵抗矩	
	b	b_1	h	h_1	t_1	t_2	单根 $(10^2 mm^2)$	每米宽 $(10^2 mm^2/m)$	单根 $(10^{-2}kN/m)$	每米宽 $(10^{-2}kN/m)$	单根 $(10^4 mm^4)$	每米宽 $(10^4 mm^4/m)$	单根 $(10^3 mm^3)$	每米宽 $(10^3 mm^3/m)$
H 型钢	—	403	—	410	10.0	13.5	165.0	409.37	130	—	54 800	—	2 670	—
YSPB$_{74}$ （H 型钢带连接件）	486	—	420	—	10.0	13.5	211.0	502.18	166	394	75 700	180 000	3 120	—

表 40-14

热轧 U 形钢板桩截面尺寸、截面面积、理论质量及截面特性

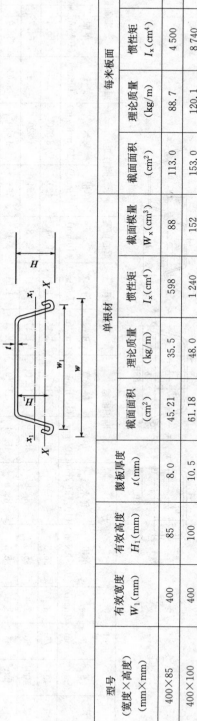

型号 （宽度×高度） (mm×mm)	有效宽度 W_1(mm)	有效高度 H_1(mm)	腹板厚度 t(mm)	单根材				每米板面			
				截面面积 (cm²)	理论质量 (kg/m)	惯性矩 I_x(cm⁴)	截面模量 W_x(cm³)	截面面积 (cm²)	理论质量 (kg/m)	惯性矩 I_x(cm⁴)	截面模量 W_x(cm³)
400×85	400	85	8.0	45.21	35.5	598	88	113.0	88.7	4 500	529
400×100	400	100	10.5	61.18	48.0	1 240	152	153.0	120.1	8 740	874
400×125	400	125	13.0	76.42	60.0	2 220	223	191.0	149.9	16 800	1 340

型号（宽度×高度）(mm×mm)	有效宽度 W_1 (mm)	有效高度 H_1 (mm)	腹板厚度 t (mm)	单根材				每米板面			
				截面面积 (cm²)	理论质量 (kg/m)	惯性矩 I_x (cm⁴)	截面模量 W_x (cm³)	截面面积 (cm²)	理论质量 (kg/m)	惯性矩 I_x (cm⁴)	截面模量 W_x (cm³)
400×150	400	150	13.1	74.40	58.4	2 790	250	186.0	146.0	22 800	1 520
400×160	400	160	16.0	95.9	76.1	4 110	334	242.0	190.0	34 400	2 150
400×170	400	170	15.5	96.99	76.1	4 670	352	242.5	190.4	38 600	2 270
500×200	500	200	24.3	133.8	105.0	7 960	520	267.6	210.1	63 000	3 150
500×225	500	225	27.6	153.0	120.1	11 400	680	306.0	240.2	86 000	3 820
600×130	600	130	10.3	78.7	61.8	2 110	203	131.2	103.0	13 000	1 000
600×180	600	180	13.4	103.9	81.6	5 220	376	1 730.2	136.0	32 400	1 800
600×210	600	210	18.0	135.3	106.2	8 630	539	225.5	177.0	56 700	2 700
750×205	750	204	10.0	99.2	77.9	6 590	456	132	103.8	28 710	1 410
	750	205.5	11.5	109.9	86.3	7 110	481	147	115.0	32 850	1 600
	750	206	12.0	113.4	89.0	7 270	488	151	118.7	34 270	1 665
750×220	750	220.5	10.5	112.7	88.5	8 760	554	150	118.0	39 300	1 780
	750	222	12.0	123.4	96.9	9 380	579	165	129.2	44 440	2 000
	750	222.5	12.5	127.0	99.7	9 580	588	169	132.9	46 180	2 075
750×225	750	223.5	13.0	130.1	102.1	9 830	579	173	136.1	50 700	2 270
	750	225	14.5	140.5	110.4	10 390	601	188	147.2	56 240	2 500
	750	225.5	15.0	144.2	113.2	10 580	608	192	150.9	58 140	2 580

注：1. U形钢板桩通常定尺长度为12m，根据需要也可供应其他定尺长度的产品（长度应大于6m，并按0.5m为最小单位进级）。
2. U形板桩的标记为：代号SP-U＋有效宽度W_1×有效高度H_1×腹板厚度t表示。如SP-U500×200×24.3。
3. 其他技术要求、试验方法、检验规则等均按国家标准《热轧U形钢板桩》（GB/T 20933—2007）执行。

表 40-15

日本生产的钢板桩 Z 形钢板桩

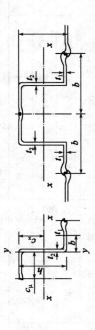

型号	尺寸(mm)				重力		断面面积		表面面积		重心位置		惯性矩		回转半径	截面抵抗矩	
	b	h	t_1	t_2	单根 $(10^{-2}\mathrm{kN/m})$	每米宽 $(10^{-2}\mathrm{kN/m^2})$	单根 $(10^2\mathrm{mm^2})$	每米宽 $(10^2\mathrm{mm^2/m})$	单根 $(\mathrm{m^2/m})$	每米宽 $(\mathrm{m^2/m^2})$	c_x $(10\mathrm{mm})$	c_u $(10\mathrm{mm})$	单根 $(10^4\mathrm{mm^4})$	每米宽 $(10^4\mathrm{mm^4/m})$	i $(10\mathrm{mm})$	单根 $(10^3\mathrm{mm^3})$	每米宽 $(10^3\mathrm{mm^3/m})$
YSP-Z$_{14}$	400	235	9.4	8.2	51.9	130	66.03	165.2	1.42	1.77	11.7	20	6480	16 200	9.9	552	1380
FSP-Z$_{25}$ YSP-Z$_{25}$	400	305	13.0	9.6	74	185	94.32	235.8	1.61	2.01	15.3	20	15 300	38 300	12.74	1000	2510
FSP-Z$_{32}$ YSP-Z$_{32}$	400	34	14.2	10.4	84.5	211	107.7	269.2	1.7	2.13	17.2	19.5	22 000	55 000	14.26	1280	3200
FSP-Z$_{38}$ YSP-Z$_{38}$	400	364	17.2	11.4	96	240	122.2	305.5	1.72	2.16	18.2	19.5	27 700	69 200	15.05	1520	3800
YSP-Z$_{48}$	400	360	21.5	12.5	116	290	148.2	370.5	1.68	2.1	18	20.9	32 900	82 200	14.89	1820	4550
FSP-Z$_{45}$	400	367	21.9	13.2	116	290	148.2	370.5	1.76	2.2	18.4	20	33 400	83 500	15	1820	4550

除上述各种型号的钢板桩之外，尚有一种热轧普通槽钢也可作为钢板桩使用。它是由槽钢并排或正反扣搭而成，是一种简易的钢板桩支护墙体，可在一般较浅的基坑或沟槽施工中使用。其缺点是不能挡住地下水和土中的细小颗粒，在地下水位较高的地区，需要采取隔水或降水措施。同时其抗弯能力较弱，故多用于深度不超过4m的较浅的基坑或沟槽中。有关热轧普通槽钢的技术规格、标准，见本手册上册表5-31或有关钢结构设计手册中均可查到，在此不重复了。

三、H型钢木挡板支护结构设计计算

1. 结构特点

H型钢木挡板适用于土质较好，不需抗渗止水或地下水位较低的基坑，当在含水地层中使用时，需采用人工降低地下水位的方法，保证在干燥环境作业面下施工。

该支护结构由H型钢（有时也可用工字钢）、木挡板、围檩、支撑或拉锚系统组成。如图40-50所示。待地下结构施工作业完成后，可拔出H型钢（或工字钢）经调直整形后可重复使用。

木挡板是直接承受侧向荷载的构件，厚度由计算确定，一般以6cm左右为宜，木板的长度依H型钢的间距而定。H型钢间距一般采用0.8m、1.0m、1.2m、1.5m、1.6m等，间距过小增加钢桩数量，过大则需增大木挡板厚度，所以设计时应做综合技术经济比较。

2. 设计计算

H型钢木挡板支护结构的计算可以按本章第二节二中所介绍的方法进行，但由于H型钢是按一定间距布置，在基底以下为不连续结构，所以在确定被动土压力和基底以下主动土压力时有些不同。

1）土压力确定

桩板支护与连续板桩支护的情况有所不同，工字钢桩是隔一定距离 l 设置的，坑底以下入土深度为 D，坑底以上直接挡土，因而在计算土压力时，不能像连续板桩那样，按每延米计算，而是在坑底以上以 l 范围来计算每根桩的主动土压力。在坑底以下则以桩的翼缘宽度 b 来计算主动土压力，如图40-50所示。在计算桩前的被动土压力时，则应考虑到被桩推挤的土体由于土粒之间有内聚力和摩擦力的作用，不只有宽度 b 范围的破坏棱体 $b×F$（F 为破坏棱体的截面），也有可能是在水平面内桩两侧发展楔块，如图40-50c)所示，其体积为 $bF+2F\dfrac{D}{3}$，因此所求得的被动土压力，应乘以土体抗力增加系数 a。该系数为被工字钢顶起土块的总体积与正对着桩面被顶起土块的体积比，即式（40-41）：

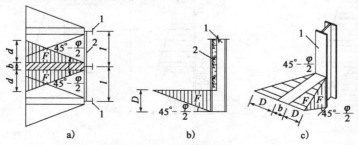

图 40-50 H型钢上土压力计算图
1-H型钢桩；2-木挡板

$$a = \frac{bF + 2F \times \frac{1}{3}D}{bF} = 1 + \frac{2D}{3b} \tag{40-41}$$

但 a 的数量不得超过 l/b 的值,通常取值不大于 6,取其小者为 a 的上限。

H 型钢所承受的土压力如图 40-51 所示,计算时可近似地略去土的黏聚力 c 的影响,而采用土体当量内摩擦角。据此土压力计算值如下:

桩顶 A 处主动土压力:

$$p'_{a1} = qlK_a \tag{40-42}$$

基底 D 处偏上主动土压力:

$$p'_{a2} = CD = (q + \gamma H)lK_a \tag{40-43}$$

基底 D 处偏下主动土压力:

$$p''_{a2} = C'D = (q + \gamma H)bK_a \tag{40-44}$$

柱下端 B 处主动土压力:

$$p_{a3} = GB = [q + \gamma(H + D)]bK_a \tag{40-45}$$

柱下端 B 处被动土压力:

$$p_p = SB = \gamma DabK_p \tag{40-46}$$

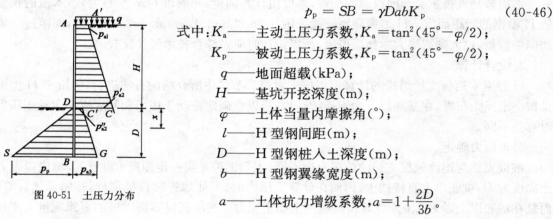

式中:K_a——主动土压力系数,$K_a = \tan^2(45° - \varphi/2)$;

$\quad\quad K_p$——被动土压力系数,$K_p = \tan^2(45° - \varphi/2)$;

$\quad\quad q$——地面超载(kPa);

$\quad\quad H$——基坑开挖深度(m);

$\quad\quad \varphi$——土体当量内摩擦角(°);

$\quad\quad l$——H 型钢间距(m);

$\quad\quad D$——H 型钢桩入土深度(m);

$\quad\quad b$——H 型钢翼缘宽度(m);

图 40-51　土压力分布

$\quad\quad a$——土体抗力增级系数,$a = 1 + \dfrac{2D}{3b}$。

2)结构计算

当 H 型钢入土深度比较大时,H 型钢木挡板支护结构可采用等值梁法进行结构计算。由于土压力分布的不同,应用等值梁法计算本支护结构时与前面的等值梁法稍有不同,其步骤为:

(1)计算 H 型钢承受的主动土压力和被动土压力强度,绘出土压力分布图,如图 40-52 所

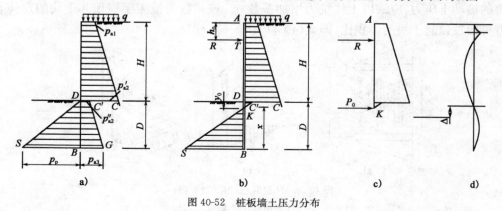

图 40-52　桩板墙土压力分布

118

示。计算时按式(40-42)～式(40-46)进行,被动土压力系数 K_p 不必再行修正。

(2)确定 H 型钢在坑底以下正负弯矩转折点的位置,如图 40-52c)和 d),利用土压力强度为零点近似代替反弯点,即式(40-47):

$$y_0 = \frac{(q + \gamma H)K_a b}{\gamma (aK_p - K_a)b} = \frac{(q + \gamma H)K_a}{\gamma (aK_p - K_a)} \tag{40-47}$$

(3)以 AK 为简支梁(单撑)或连续梁(多撑),作为 H 型钢在 AK 段的等值梁,进行分析,求得支撑反力、最大弯矩值及 K 处的支撑反力 P_0 值。

(4)确定 H 型钢入土深度,即式(40-48):

$$D = Kt_0 = K(y_0 + x) = K\left[y_0 + \sqrt{\frac{6P_0}{\gamma (aK_p - K_a)b}}\right] \tag{40-48}$$

(5)根据最大弯矩验算 H 型钢截面强度。

3. H 型钢选型及木挡板计算

(1)H 型钢选型。

在求得每根 H 型钢所承受的最大弯矩之后,便可根据桩身最大应力不得超过桩身允许应力所需的 H 型钢截面模量,进行 H 型钢选型,即要求:

$$\sigma_{\max} = \frac{M_{\max}}{W} < [f] \tag{40-49}$$

式中:$M_{\max}$——H 型钢承受的最大弯矩(kN·m);

$\quad\quad W$——H 型钢截面抵抗矩,可查表 40-16～表 40-18;

$\quad\quad [f]$——H 型钢允许应力(kPa)。

(2)木挡板计算。

木挡板为承受均布荷载的简支梁,其跨度即为 H 型钢间距,承受荷载为土压力。由于土压力自上而下逐步由小变大,故从设计角度看木挡板厚度应由上而下逐渐变厚,但为便于制作和施工,应尽量减少木挡板规格。一般在竖向上每 3～4m,或两道支撑之间为一个计算区段,采用一种木板规格,计算时按该段内最大土压力计算,如图 40-53 所示。

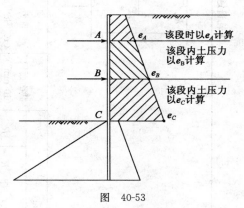

图 40-53

如果 H 型钢间距为 l,木挡板均布荷载为 p,木板宽度为 B,厚度为 t,则最大弯矩为:

$$M_{\max} = \frac{1}{8}pl^2 B \tag{40-50}$$

要求:

$$\sigma_{\max} = \frac{M_{\max}}{W} = \frac{\frac{1}{8}pl^2 B}{\frac{1}{6}Bt^2} = \frac{3pl^2}{4t^2} \leqslant [f] \tag{40-51}$$

式中:$[f]$——木挡板允许拉应力(kPa)。

表 40-16

热轧普通工字钢截面特性表

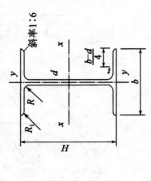

斜率1:6

型号	尺寸(mm)						截面面积 (10²mm²)	重力 (10⁻²kN/m)	表面面积 (m²/m)	I_x (10⁴mm⁴)	$x-x$			$y-y$		
	h	b	d	t	R	R_1					W_x (10³mm³)	S_x (10³mm³)	i_x (10mm)	I_y (10⁴mm⁴)	W_y (10³mm³)	i_y (10mm)
22a	220	110	7.5	12.3	9.5	4.8	42.1	33.05	0.817	3 406	309.6	177.7	8.99	225.9	41.1	2.32
22b	220	112	9.5	12.3	9.5	4.8	46.5	36.5	0.821	3 583	325.8	189.8	8.78	240.2	42.9	2.27
25a	250	116	8	13	10	5	48.51	38.08	0.898	5 017	401.4	230.7	10.17	280.4	48.4	2.4
25b	250	118	10	13	10	5	53.51	42.01	0.902	5 278	422.2	246.3	9.93	297.3	50.4	2.36
28a	280	122	8.5	13.7	10.5	5.3	55.37	43.47	0.978	7 115	508.2	292.7	11.34	344.1	56.4	2.49
28b	280	124	10.5	13.7	10.5	5.3	60.97	47.86	0.982	7 481	534.4	312.3	11.08	363.8	58.7	2.44
32a	320	130	9.5	15	11.5	5.8	67.12	52.69	1.084	11 080	692.5	400.5	12.85	459	70.6	2.62
32b	320	132	11.5	15	11.5	5.8	73.52	57.71	1.088	11 626	726.7	426.1	12.58	483.8	73.3	2.57
32c	320	134	13.5	15	11.5	5.8	79.92	62.74	1.092	12 173	760.8	451.7	12.34	510.1	76.1	2.53
36a	360	136	10	15.8	12	6	76.44	60	1.185	15 796	877.6	508.8	14.38	554.9	81.6	2.69
36b	360	138	12	15.8	12	6	83.64	65.66	1.189	16 574	920.8	541.2	14.08	583.6	84.6	2.64
36c	360	140	14	15.8	12	6	90.84	71.31	1.193	17 351	964	573.6	13.82	614	87.7	2.60
40a	400	142	10.5	16.5	12.5	6.3	96.07	67.56	1.285	21 714	1 085.7	631.2	15.88	659.9	92.9	2.77

型号	尺寸(mm)						截面面积 (10²mm²)	重力 (10⁻²kN/m)	表面面积 (m²/m)	x—x				y—y		
	h	b	t	d	R	R₁				I_x (10⁴mm⁴)	W_x (10³mm³)	S_x (10³mm³)	i_x (10mm)	I_y (10⁴mm⁴)	W_y (10³mm³)	i_y (10mm)
40b	400	144	16.5	12.5	12.5	6.3	94.07	73.84	1.289	22781	1139	671.2	15.56	692.8	96.2	2.71
40c	400	146	16.5	14.5	12.5	6.3	102.07	80.12	1.293	23847	1192.4	711.2	15.29	727.5	99.7	2.67
45a	450	150	18	11.5	13.5	6.8	102.4	80.38	1.411	32241	1432.9	836.4	17.74	855	114	2.89
45b	450	152	18	13.5	13.5	6.8	111.4	87.45	1.415	33759	1500.4	887.1	17.41	895.4	117.8	2.84
45c	450	154	18	15.5	13.5	6.8	120.4	94.51	1.419	35278	1567.9	937.7	17.12	938	121.8	2.79

国产焊接 H 型钢规格

表 40-17

型号	H	h	b	d	t	截面面积 (10²mm²)	重力 (10⁻²kN/m)	I_x (10⁴mm⁴)	W_x (10³mm³)	i_x (10mm)	I_y (10⁴mm⁴)	W_y (10³mm³)	i_y (10mm)	焊缝厚 (mm)
	(mm)													
300×300	300	268	300	10	16	132	96.4	20980	1400	13.1	7200	480	7.66	6
350×350	350	310	350	12	20	177	139	41140	2350	15.2	14300	817	8.98	8
400×400	400	360	400	12	20	203	160	62480	3120	17.5	21340	1070	10.3	8

日本产轧制 H 型钢规格

表 40-18

型号	H	h	t₁	t₂	r	截面面积 (10²mm²)	重力 (10⁻²kN/m)	I_x (10⁴mm⁴)	W_x (10³mm³)	i_x (10mm)	I_y (10⁴mm⁴)	W_y (10³mm³)	i_y (10mm)
	(mm)												
300×300	300	300	10	15	18	119.8	94	20400	1360	13.1	6750	450	7.51
350×350	350	350	12	19	20	173.9	137	40300	2300	15.2	13600	776	8.84
400×400	400	400	13	21	22	218.7	172	66600	3330	17.5	22400	1120	10.1

【例 40-18】 如图 40-54a)所示，土体加权平均值 $\gamma=18$kN/m^3，$\varphi=30°$，$c=0$，地面超载 $q=20$kPa，H 型钢选用 $300×300$ 日产轧制 H 型钢，$W=1\,360$cm^3，间距 1.2m，木挡板宽度 $B=0.25$m，试验算之。

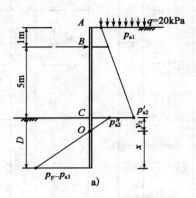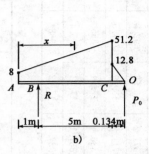

图 40-54　计算示意图

解： (1)假设 $a=6$，则有：

$$y_0=\frac{(q+\gamma H)K_a}{\gamma(aK_p-K_a)}=\frac{(20+18×6)×\tan^2\left(45°-\dfrac{\varphi}{2}\right)}{18\left[6×\tan^2\left(45°+\dfrac{\varphi}{2}\right)-\tan^2\left(45°-\dfrac{\varphi}{2}\right)\right]}=0.134\text{(m)}$$

根据式(40-42)～式(40-46)得：

$$p_{a1}=qlK_a=20×1.2×\frac{1}{3}=8\text{(kN/m)}$$

$$p'_{a2}=(q+\gamma H)lK_a=(20+18×6)×\frac{1}{3}×1.2=51.2\text{(kN/m)}$$

$$p''_{a2}=(q+\gamma H)bK_a=(20+18×6)×\frac{1}{3}×0.3=12.8\text{(kN/m)}$$

(2)取上段梁为等值梁，如图 40-54b)所示。

由 $\sum M_0=0$，得：

$$P_0(5+0.134)=\frac{1}{2}×43.2×6\left(\frac{2}{3}×6-1\right)+8×6×\left(\frac{1}{2}×6-1\right)+$$

$$\frac{1}{2}×12.8×0.134\left(\frac{1}{3}×0.134+5\right)$$

$$P_0=95.27\text{(kN)}$$

支撑反力：

$$R=\frac{1}{2}×43.2×6+8×6+\frac{1}{2}×12.8×0.134-P_0=83.19\text{(kN)}$$

(3)设距离桩顶 x 处为最大弯矩处，此处剪力为零，即：

$$8x+\frac{1}{2}x\frac{43.2x}{6}=T=83.19\text{(kN)}$$

$$3.6x^2+8x-83.19=0$$

解得：

$$x=3.82\text{(m)}$$

$$M_{max} = 83.19 \times (3.82-1) - \frac{1}{6} \times 18 \times 3.82^2 \times 1.2 \times \frac{1}{3} - \frac{1}{2} \times 8 \times 3.82^2 = 109.1(kN \cdot m)$$

（4）根据式（40-48）得：取 $K=1.1$。

$$t = K\left[y_0 + \sqrt{\frac{6P_0}{\gamma(aK_p-K_a)b}}\right] = 1.1 \times \left[0.134 + \sqrt{\frac{6 \times 95.27}{18\left(6 \times 3 - \frac{1}{3}\right) \times 0.3}}\right] = 2.84(m)$$

反算得：

$$a = 1 + \frac{2D}{3b} = 1 + \frac{2 \times 2.84}{3 \times 0.3} = 7.3 > 6$$

故取 $a=6$ 是合理的，H 型钢入土深度应大于 2.84m，工程中取 $D=3$m。

（5）根据式（40-49），得：

$$\sigma_{max} = \frac{M_{max}}{W} = \frac{109.1 \times 10^3}{1360 \times 10^{-6}} = 8.02 \times 10^7(Pa) = 80.2(MPa) < [f]$$

故 H 型钢截面满足要求。

（6）验算基底处木挡板，此处 $p = (q+\gamma H)K_a = 42.67$kPa，取木板厚度 $t=6$cm，则根据式（40-51），得：

$$\sigma_m = \frac{3pl^2}{4t^2} = 3 \times 42.67 \times 1.2^2 / 4 \times 0.06^2 = 1.28 \times 10^4(kPa) = 12.8(MPa) < [f]$$

故取木挡板在基底处厚度为 6cm。

【例 40-19】 某地下工程基坑深度 12m，采用桩板式挡墙，人工降水，机械开挖土方，汽车运输，试计算该桩板式挡墙。

（1）基础资料。

①地质资料如图 40-55a)所示。

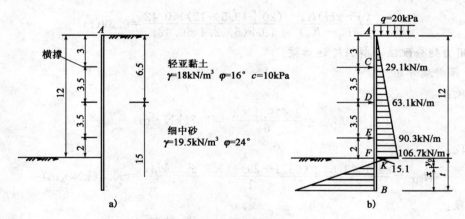

图 40-55　地质资料图（尺寸单位：m）

a)地质及横撑布置图；b)工字钢桩计算简图

②地面附加荷载 $q=20$kPa。

③选用 I40a，翼缘宽度 $b=142$mm，$W_x=1090$cm³。

④工字钢桩间距 1m。

（2）横撑布置。

根据结构形式及施工程序、出土方式等因素综合考虑，初步确定横撑布置如图 40-55a)所示。

123

(3)求各点土压力强度,绘出工字钢桩计算简图,如图40-55b)所示。

亚黏土:

$$K_a=\tan^2\left(45°-\frac{16°}{2}\right)=0.57$$

$$2c\sqrt{K_a}=2\times10\times0.75=15$$

细中砂:

$$K_a=\tan^2\left(45°-\frac{24°}{2}\right)=0.42$$

$$K_p=\tan^2\left(45°+\frac{24°}{2}\right)=2.4$$

主动土压力强度:

A 点:为 0

D 点上:$(20+18\times6.5)\times0.57-15=63.1(kN/m)$

D 点下:$(20+19.5\times6.5)\times0.42=61.6(kN/m)$

E 点:$(20+19.5\times10)\times0.42=90.3(kN/m)$

F 点上:$(20+19.5\times12)\times0.42=106.7(kN/m)$

F 点下:$(20+19.5\times12)\times0.42\times0.142=15.1(kN/m)$

(4)计算土压力零点位置。

设入土深度 $t=5$m,按式(40-41),得:

$$a=1+\frac{2t}{3b}=1+\frac{2\times5}{3\times0.142}=24>\frac{l}{b}=\frac{1}{0.142}>6$$

所以,取 $a=6$。

按式(40-47),得:

$$y_0=\frac{(q+\gamma H)K_a}{\gamma(aK_p-K_a)}=\frac{(20+19.5\times12)\times0.42}{19.5(6\times2.4-0.42)}=0.39(m)$$

(5)用力矩分配法求解 AK 连续梁。

①计算固端弯矩。

AC 段:

$$M_{FCA}=\frac{3\times29.1\times3}{6}=43.7(kN\cdot m)$$

CD 段:

$$M_{FDC}=\frac{29.1\times3.5^2}{8}+\frac{(63.1-29.1)\times3.5^2}{15}-\frac{M_{FCA}}{2}=50.4(kN\cdot m)$$

DE 段:

$$M_{FDE}=-\frac{63.1\times3.5^2}{12}-\frac{(90.3-63.1)\times3.5^2}{30}=-75.5(kN\cdot m)$$

$$M_{FED}=\frac{63.1\times3.5^2}{12}+\frac{(90.3-63.1)\times3.5^2}{20}=81.1(kN\cdot m)$$

EK 段:

$$M_{FEK}=-\frac{90.3\times2^2}{8}\left(2-\frac{2}{2.39}\right)-\frac{(106.7-90.3)\times2^2}{24}\left(8-9\times\frac{2}{2.39}+\frac{12}{15}\frac{2^2}{2.39^2}\right)-$$

$$\frac{15.1\times0.39^2}{6}\left(1-\frac{3}{5}\frac{0.39^2}{2.39^2}\right)=-58.5(kN\cdot m)$$

124

②计算分配系数。

结点 D：

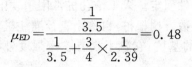

$$\mu_{DC} = \frac{\frac{3}{4} \times \frac{1}{3.5}}{\frac{3}{4} \times \frac{1}{3.5} + \frac{1}{3.5}} = 0.43$$

$$\mu_{DE} = 1 - 0.43 = 0.57$$

结点 E：

$$\mu_{ED} = \frac{\frac{1}{3.5}}{\frac{1}{3.5} + \frac{3}{4} \times \frac{1}{2.39}} = 0.48$$

$$\mu_{EK} = 1 - 0.48 = 0.52$$

③力矩分配（见图 40-56）。

求得支点弯矩：

$$M_C = 43.7(\text{kN} \cdot \text{m})$$
$$M_D = 64.5(\text{kN} \cdot \text{m})$$
$$M_E = 75.1(\text{kN} \cdot \text{m})$$

各支座反力：

$$R_C = 108.5(\text{kN})$$
$$R_D = 219.7(\text{kN})$$
$$R_E = 289.2(\text{kN})$$
$$P_0 = 55.9(\text{kN})$$

图 40-56　力矩分配图（尺寸单位：m）

（6）求工字钢桩入土深度 t。

按式（40-48）（取 $K=1$），得：

$$D = y_0 + \sqrt{\frac{6P_0}{\gamma(aK_p - K_a)b}} = 0.39 + \sqrt{\frac{6 \times 55.9}{19.5 \times 0.142 \times (6 \times 2.4 - 0.39)}} = 0.39 + 2.94 = 3.33(\text{m})$$

钢桩实际入土深度应>3.33×1.2≈4m。

（7）核算工字钢桩截面应力。

$$\sigma = \frac{M_{max}}{W_x} = \frac{75.1 \times 10^3}{1\,090} = 68.9\text{MPa} < [f] = 190(\text{MPa})$$

说明采用 I40a，间距 1m，布三道撑是满足强度要求的，入土深度不小于 4m，稳定也是可保证的，但在设计时还需要验算以下几种情况。

第一种情况：

土方开挖至 3.5m 时，第一道撑还未架设之前的悬臂状态。

第二种情况：

土方开挖至 7.0m 时，第二道撑还未架设之前的单撑状态。

第三种情况：

土方开挖至 10.5m 或 12m 时，第三道撑还未架设之前的双撑状态。

（8）根据全过程中产生的最大内力，进一步验算工字钢桩的强度，设计围檩，横撑等构件。

注：上述示例部分摘自参考文献[2]、[31]、[35]。

四、灌注桩设计计算

1. 概述

如将单个桩体（如钻孔灌注桩、树根桩、人工挖孔桩等）并排连续起来便可形成排桩式挡墙。其施工工艺简单、平面布置灵活，但是整体性较差，在地下水位较高地区不能单独起到挡水作用，还需要设置挡水帷幕来挡水。

一般钻孔灌注桩常用的桩径为 $\phi500 \sim \phi1\,000$mm，对直径不小于 $1\,000$mm 的大直径灌注桩，宜根据施工不利因素的影响、受力情况及地质和环境条件而定。人工挖孔桩常用于软土层不厚的地区，其桩径往往较大，这样可减少支撑或拉锚的层数。树根桩，也称小直径灌注桩，桩径不大于 400mm，常用于开挖深度较浅（通常不大于 6m）的基坑，它除了具有一定强度外，还具有一定的抗渗能力。

当灌注桩挡墙用于地下水位较低地区或已采取坑外降水措施的基坑围护时，桩体可按一字形间隔排列或相切排列，土质较好时可利用桩间土拱作用适当扩大桩距。

2. 灌注桩设计计算

1）内力计算特点

灌注桩挡墙的内力计算可以采用本章各节中介绍的方法进行。考虑到一般可通过对桩墙和支撑体系采取一定的构造和加强措施来提高桩墙的整体性，因而在计算时可以将由单桩排列而成的桩墙视为连续挡墙。这样可通过对桩墙的内力计算得到每延米桩墙所承受的弯矩，再乘以桩中心距，便可求得单桩所承受的弯矩，然后进行下一步的配筋计算。

在对挡墙进行内力分析时，若采用解析方法或有限元法，墙体抗弯刚度 EI_c 这一参数亦应以单位宽度（每延米）桩墙的抗弯刚度值代入。即：若单桩桩径为 D_0，桩中心距为 d_0，则每延米桩墙（单位宽度）的抗弯刚度可按下式计算：

$$EI_c = EI/d_0 = \frac{1}{64d_0}\pi D_0^4$$

现将每延米墙的抗弯刚度代入，求得每延米墙的内力之后，再乘以桩中心距，即为单桩受力了。

2）桩体材料

钻孔灌注桩采用水下浇筑混凝土，混凝土强度等级不宜低于 C20（常用 C30），水泥用强度等级为 32.5 或 42.5 的普硅水泥，粗集料粒径不应大于 40mm，且不宜大于钢筋笼主筋间距的 1/3。

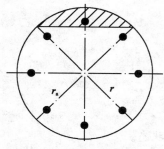

图 40-57　沿周边均由配筋的圆形截面

钢筋采用 HPB235（$f_y = 210$MPa）和 HRB335（$f_y = 300$MPa）。主筋常用螺纹钢筋，螺旋箍筋用圆钢。

3）桩体配筋计算

深基坑支护钢筋混凝土灌注桩截面均为圆形，可采用《混凝土结构设计规范》（GB 50010—2010）相关计算公式进行配筋计算，但计算相当繁琐，故一般采用近似计算方法。

（1）圆形截面均匀配筋。

沿周边均匀配置纵向钢筋的圆形截面钢筋混凝土偏心受压构件（图 40-57），其正截面受压承载力宜符合下列规定：

$$N \leqslant \alpha\alpha_1 f_c A \left(1 - \frac{\sin 2\pi\alpha}{2\pi\alpha}\right) + (\alpha - \alpha_t) f_y A_s \tag{40-52}$$

$$N\eta e_i \leqslant \frac{2}{3}\alpha_1 f_c A r \frac{\sin^3 \pi\alpha}{\pi} + f_y A_s \gamma_s \frac{\sin\pi\alpha + \sin\pi\alpha_t}{\pi} \tag{40-53}$$

$$\alpha_t = 1.25 - 2\alpha \tag{40-54}$$

$$e_i = e_0 + e_a \tag{40-55}$$

式中：N——轴向压力设计值（kN）；

f_c——混凝土轴心抗压强度设计值（N/mm²）或（MPa）；

η——对圆形截面偏心受压构体的偏心距增大系数可按《混凝土结构设计规范》（GB 50010—2010）相关公式计算；

e_i——初始偏心距（mm）；

r——圆形截面的半径（mm）；

f_y——钢筋抗拉强度设计值（N/mm²）或（MPa）；

A——圆形截面面积（mm²）；

A_s——全部纵向钢筋的截面面积（mm²）；

γ_s——纵向钢筋重心所在圆周的半径（mm），$\gamma_s = \gamma - a_s$，其中，a_s 为钢筋保护层厚度（mm）；

e_0——轴向压力对截面重心的偏心距（mm）；

e_a——附加偏心距（mm），按《混凝土结构设计规范》（GB 50010—2002）确定；

α——对应于受压区混凝土截面面积的圆心角（rad）与 2π 的比值；

α_t——纵向受拉钢筋截面面积与全部纵向钢筋截面面积的比值，当 $\alpha > 0.625$ 时，取 $\alpha_t = 0$；

α_1——受压区混凝土应力图的应力值与混凝土轴心抗压强度设计值的比值，称为系数。

根据《混凝土结构设计规范》（GB 50010—2002）中规定圆形截面受弯构件的正截面受弯承载力，式（40-52）中 N 取值为 $N = 0$，式（40-53）中的 $N\eta e_i$ 用弯矩设计值 M 代替，则上两式改为：

$$\alpha\alpha_1 f_c A \left(1 - \frac{\sin 2\pi d}{2\pi d}\right) + (\alpha - \alpha_t) f_y A_s = 0 \tag{40-56}$$

$$M \leqslant \frac{2}{3}\alpha_1 f_c A r \frac{\sin^3 \pi\alpha}{\pi} + f_y A_s r_s \frac{\sin\pi\alpha + \sin\pi\alpha_t}{\pi} \tag{40-57}$$

式中：M——单桩抗弯承载力（N·mm）；

其余符号意义同上。

将式（40-56）整理后：

令

$$K = \frac{f_y A_s}{f_c A} \tag{40-58}$$

且将式（40-54）与式（40-58）代入式（40-56）中，可得：

$$\alpha f_c A \left(1 - \frac{\sin 2\pi\alpha}{2\pi\alpha}\right) + (3\alpha - 1.25) K f_c A = 0$$

$$\alpha \left(1 - \frac{\sin 2\pi\alpha}{2\pi\alpha}\right) + (3\alpha - 1.25) K = 0$$

$$\alpha = \frac{1}{1 + 3K} \left(1.25 K + \frac{\sin 2\pi\alpha}{2\pi}\right) \tag{40-59}$$

K 值可用式(40-58)计算,式(40-59)中等号两边均有 α,故该方程只能用试算法进行多次计算,求出近似值 α,按式(40-54)计算,再按式(40-57)计算桩承载的弯矩,其值应大于支护计算的值。由于需要按式(40-59)反复计算多次,才能求出 α 值,计算过程比较繁琐,故多采取简易计算方法配筋,将在后面谈到。

灌注桩具体计算步骤如下:

①根据经验假定桩的截面和配筋量 A_s。

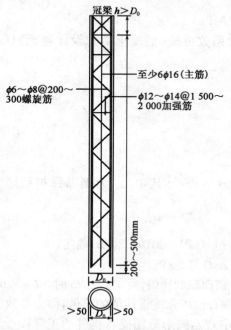

②根据式(40-56),用试算法求得 α 值,或根据计算系数 $K = f_y A_s / f_c A$,查表 40-19 得出系数 α 值或根据式(40-56)求得 α 值。

③将 α 值代入式(40-57)即可求得单桩抗弯承载力 M。

④比较 M 值与单桩承受的弯矩值,若过大则减小 A_s 值,若过小,则增加 A_s 值,重复②、③步骤,直至满足要求为止。

亦可根据计算求得桩承受的弯矩值和假定的截面,求得桩需配置的钢筋截面面积。

桩的构造配筋为:最小配筋率为 0.42%;主筋保护层厚度不应小于 50mm;箍筋宜采用 $\phi6 \sim \phi8$mm 螺旋筋,间距一般为 200 $\sim$ 300mm,每隔 1 500 $\sim$ 2 000mm 层布置一根直径不小于 12mm 的焊接加强箍筋,以增强钢筋笼的整体刚度,以利于钢筋笼吊放和不变形;钢筋笼一般应离孔底保持 200 $\sim$ 500mm(图 40-58)。

图 40-58　灌注桩构造配筋图

【例 40-20】　某深基坑工程采用 $\phi600$mm 混凝土灌注桩作支护墙,桩中心距 750mm,经计算支护墙最大弯矩为 520kN·m,试按周边均配筋计算配筋。

解:(1)单桩受最大弯矩:

$$M = 520 \times 0.75 = 390 (\text{kN·m})$$

(2)按周边均匀配筋计算。

取灌注桩采用 C30,$f_c = 14.3$MPa,HRB335 钢筋 $f_y = 300$MPa,取保护层厚度 $a_s = 50$mm,则 $r_s = r - a_s = 300 - 50 = 250$mm。

设钢筋配置为 16ϕ22mm,$A_s = 6\,082$mm^2,则 $A = \pi r^2 = 3.14 \times 300^2 = 2.83 \times 10^5$mm^2。

按式(40-58)得:

$$K = \frac{f_y A_s}{f_c A} = \frac{300 \times 6\,082}{14.3 \times 2.83 \times 10^5} = 0.45$$

再将 K 值代入式(40-59)中,即:

$$\alpha = \frac{1}{1+3K}\left(1.25K + \frac{\sin 2\pi\alpha}{2\pi}\right)$$

因式(40-59)中等号两边均有 α,按前述要求,可按试算法求出近似值 $\alpha = 0.304$。

由式(40-14)得:

$$\alpha_t = 1.25 - 2 \times 0.304 = 0.642$$

也可由 $K=0.450$ 直接查表 40-19 得：
$$\alpha=0.304; \alpha_t=0.642$$

将 α 和 α_t 值代入式(40-57)中，得：

$$M=\frac{2}{3}\alpha_1 f_c Ar\frac{\sin^3\pi\alpha}{\pi}+f_y A_s r_s\frac{\sin\pi\alpha+\sin\pi\alpha_t}{\pi}$$

$$=\frac{2}{3}\times14.3\times300^3\sin^3(0.304\pi)+300\times6\ 082\times250\times\frac{\sin(0.304\pi)+\sin(0.642\pi)}{\pi}$$

$$=1.40\times10^8+2.50\times10^8$$

$$=390(\text{kN}\cdot\text{m})$$

$$\rho=\frac{A_s}{A}\times100\%=\frac{6\ 082}{2.83\times10^5}\times100\%=2.15\%>\rho_{\min}=0.42\%$$

故知，按 16ϕ22mm 配筋可以满足要求。

α 值 表

表 40-19

K	α	α_t	K	α	α_t	K	α	α_t	K	α	α_t
0.01	0.113	1.204	0.26	0.272	0.706	0.51	0.311	0.628	0.76	0.332	0.586
0.02	0.139	0.972	0.27	0.274	0.702	0.52	0.312	0.626	0.77	0.333	0.584
0.03	0.156	0.938	0.28	0.276	0.698	0.53	0.313	0.624	0.78	0.334	0.582
0.04	0.169	0.912	0.29	0.278	0.694	0.54	0.314	0.622	0.79	0.334	0.580
0.05	0.180	0.890	0.30	0.280	0.690	0.55	0.315	0.620	0.80	0.335	0.578
0.06	0.189	0.872	0.31	0.282	0.686	0.56	0.316	0.618	0.81	0.336	0.578
0.07	0.197	0.856	0.32	0.284	0.682	0.57	0.317	0.616	0.82	0.336	0.576
0.08	0.204	0.842	0.33	0.286	0.678	0.58	0.318	0.614	0.83	0.337	0.576
0.09	0.210	0.830	0.34	0.288	0.674	0.60	0.319	0.612	0.84	0.337	0.574
0.10	0.216	0.818	0.35	0.289	0.672	0.61	0.320	0.610	0.85	0.338	0.572
0.11	0.222	0.806	0.36	0.291	0.668	0.62	0.321	0.608	0.86	0.339	0.572
0.12	0.226	0.798	0.37	0.293	0.664	0.63	0.322	0.606	0.87	0.339	0.570
0.13	0.231	0.788	0.38	0.294	0.662	0.63	0.323	0.604	0.88	0.340	0.570
0.14	0.235	0.780	0.39	0.296	0.658	0.64	0.323	0.604	0.89	0.340	0.568
0.15	0.239	0.772	0.40	0.297	0.656	0.65	0.324	0.602	0.90	0.341	0.568
0.16	0.243	0.764	0.41	0.298	0.654	0.66	0.325	0.600	0.91	0.341	0.566
0.17	0.247	0.756	0.42	0.300	0.650	0.67	0.326	0.598	0.92	0.342	0.566
0.18	0.250	0.750	0.43	0.301	0.648	0.68	0.327	0.596	0.93	0.342	0.566
0.19	0.253	0.744	0.44	0.303	0.644	0.69	0.327	0.596	0.94	0.343	0.564
0.20	0.256	0.738	0.45	0.304	0.642	0.70	0.328	0.594	0.95	0.343	0.564
0.21	0.259	0.732	0.46	0.305	0.640	0.71	0.329	0.592	0.96	0.344	0.562
0.22	0.262	0.726	0.47	0.306	0.638	0.72	0.330	0.590	0.97	0.344	0.562
0.23	0.264	0.722	0.48	0.307	0.636	0.73	0.330	0.590	0.98	0.345	0.560
0.24	0.267	0.716	0.49	0.309	0.632	0.74	0.331	0.588	0.99	0.345	0.560
0.25	0.269	0.712	0.50	0.310	0.630	0.75	0.332	0.586	1.00	0.346	0.558

(2)圆形截面局部均匀配筋《建筑基坑支护技术规程》(JGJ 120—99)推荐计算公式。

根据《建筑基坑支护技术规程》(JGJ 120—99),对于沿截面受拉区和受压区周边配置局部均匀纵向钢筋或集中纵向钢筋的圆形截面钢筋混凝土灌注桩(图40-59),其正截面受弯承载力可按以下公式进行计算:

$$\alpha f_{cm}A\left(1-\frac{\sin 2\pi\alpha}{2\pi\alpha}\right)+f_y(A'_{sr}+A'_{sc}-A_{sr}-A_{sc})=0 \tag{40-60}$$

$$M\leqslant\frac{2}{3}f_{cm}Ar\,\frac{\sin^3\pi\alpha}{\pi}+f_yA_{sr}r_s\frac{\sin\pi\alpha_s}{\pi\alpha_s}+f_yA_{sc}y_{sc}+f_yA'_{sr}r_s\frac{\sin\pi\alpha'_s}{\pi\alpha'_s}+f_yA'_{sc}y'_{sc} \tag{40-61}$$

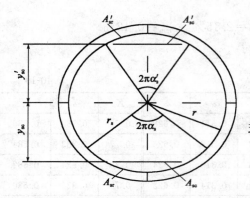

图40-59 配置局部均匀钢筋和集中配筋的圆形截面

选取的距离 y_{sc}、y'_{sc} 应符合下列条件:

$$y_{sc}\geqslant r_s\cos\pi\alpha_s \tag{40-62}$$

$$y'_{sc}\geqslant r_s\cos\pi\alpha'_s \tag{40-63}$$

混凝土受压区圆心半角的余弦应符合下列要求:

$$\cos\pi\alpha\geqslant 1-\left(1+\frac{r_s}{r}\cos\pi\alpha_s\right)\xi_b \tag{40-64}$$

式中:M——单桩抗弯承载力设计值(N·mm);

α——对应于受压区混凝土截面面积的圆心角(rad)与 2π 的比值;

α_s——对应于周边均匀受拉钢筋的圆心角(rad)与 2π 的比值;α_s 宜在 1/6~1/3 之间选取,通常可取定值 0.25;

α'_s——对应于周边均匀受压钢筋的圆心角(rad)与 2π 的比值,宜取 $\alpha'_s\leqslant 0.5\alpha$;

A——构件截面面积(mm^2);

A'_{sr}、A_{sr}——均匀配置在圆心角 $2\pi\alpha_s$、$2\pi\alpha'_s$ 内沿周边的纵向受拉、受压钢筋的截面面积(mm^2);

A'_{sc}、A_{sc}——集中配置在圆心角 $2\pi\alpha_s$、$2\pi\alpha'_s$ 的混凝土弓形面积范围内的纵向受拉、受压钢筋的截面面积(mm^2);

r——圆形截面的半径(mm);

r_s——纵向钢筋所在圆周的半径(mm);

y'_{sc}、y_{sc}——纵向受拉、受压钢筋截面面积 A_{sc}、A'_{sc} 的重心至圆心的距离(mm);

f_y——钢筋抗拉强度设计值(MPa);

f_{cm}——混凝土弯曲抗压强度设计值(MPa);

ξ_b——矩形截面的相对界限受压区高度(mm),按《混凝土结构设计规范》(GB 50010—2010)相关规定确定。

计算的受压区混凝土截面面积的圆心角(rad)与 2π 的比值 α,宜符合下列条件:

$$\alpha\geqslant 1/3.5 \tag{40-65}$$

当不符合上述条件时,其正截面受弯承载力可按式(47-66)计算:

$$M\leqslant f_yA_{sr}\left(0.78r+r_s\frac{\sin\pi\alpha_s}{\pi\alpha_s}\right)+f_yA_{sc}(0.78r+y_{sc}) \tag{40-66}$$

沿圆形截面受拉区和受压区周边实际配置均匀纵向钢筋的圆心角,应分别取为 $\frac{2(n-1)}{n}\pi\alpha_s$

和 $\dfrac{2(m-1)}{m}\pi\alpha_s'$，其中，$n$、$m$ 分别为受拉区、受压区配置均匀纵向钢筋的根数。

配置在圆形截面受拉区的纵向钢筋的最小配筋率（按全截面面积计算），在任何情况下不宜小于 0.2%。在不配置纵向受力钢筋的圆周范围内，应设置周边纵向构造钢筋，纵向构造钢筋直径不应小于纵向受力钢筋直径的 1/2，且不应小于 10mm；纵向构造钢筋的环向间距，不应大于圆截面的半径和 250mm 两者中的较小值，且不得少于 1 根。

（3）等效矩形截面配筋（节约简易计算法）。

支护挡土灌注桩的截面按式（40-52）～式（40-57）计算的前提是按周边圆均匀配筋，这考虑了任何方向都要具有相同的抗弯能力，而挡土混凝土灌注桩的受拉侧是一定的，其中有 40% 的钢筋不受拉；由于按上述提供的圆形截面计算公式进行计算比较繁琐费时，为节省配筋和计算快捷，也可采用等效矩形截面的方法来计算配筋，即将圆截面按等效刚度原则换算成等效矩形截面。设灌注桩的直径为 D，等效矩形截面边长分别为 b 和 h，则由圆形截面和矩形截面的惯性矩相等，见图 40-60。

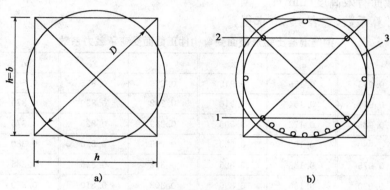

图 40-60　按等效矩形截面计算配筋简图
a)等效矩形截面；b)钢筋排列分布图
1-受拉侧主钢筋；2-构造筋；3-箍筋

按等刚度，则：

$$\frac{\pi D^4}{64} = \frac{bh^3}{12} \tag{40-67}$$

再令：

$$h = b \qquad h = b = 0.876D \tag{40-68}$$

也可按两种截面的截面模量相等原理进行替换，即桩圆截面按截面模量相同原则换算成正方形截面（图 40-60），设圆截面直径为 D，正方形截面边长为 b，则圆截面的截面模量为：

$$W = \pi D^3/32 = 0.098\,2D^3 \tag{40-69}$$

正方形截面模量：

$$W = b^3/6$$

故：

$$b^3/6 = 0.098\,2D^3$$
$$b = 0.838D \tag{40-70}$$

计算出正方形的边长 b 后，按 $b\times b$ 的正方形截面计算配筋，一般钢筋混凝土梁的截面按以下简易方法计算，便可求得受拉侧纵向钢筋的截面面积。

按钢筋混凝土矩形截面受弯构件，当仅配有纵向受拉钢筋时，其全部钢筋的截面面积 A_s（mm²）看按式(40-71)计算：

$$A_s = \frac{M}{\gamma_s f_y h_0} \quad\quad (40\text{-}71)$$

其中，计算系数 γ_s 可根据系数 α_s 查表 40-20 求得，α_s 可按式(40-72)计算：

$$\alpha_s = \frac{M}{f_c b h_0^2} \quad\quad (40\text{-}72)$$

式中：A_s——全部纵向受拉钢筋的截面面积（mm²）；

M——挡土灌注桩承受的最大弯矩（N·mm）；

f_c——混凝土轴心抗压强度设计值（MPa）；C20 混凝土为 9.6MPa；C25 混凝土为11.9 MPa；C30 混凝土为 14.3MPa；

f_y——钢筋抗拉强度设计值（MPa）；HPB235 钢筋为 210MPa；HRB 钢筋为 300MPa；HRB 钢筋为 360MPa；

h_0——截面有效高度（mm）；

α_s、γ_s——计算系数，查表 40-20 求得。

钢筋混凝土矩形截面受弯构件正截面受弯承载力系数 表 40-20

α_s	γ_s	α_s	γ_s	α_s	γ_s	α_s	γ_s
0.010	0.995	0.156	0.915	0.276	0.835	0.365	0.760
0.020	0.990	0.164	0.910	0.282	0.830	0.370	0.755
0.030	0.985	0.172	0.905	0.289	0.825	0.375	0.750
0.039	0.980	0.180	0.900	0.295	0.820	0.380	0.745
0.048	0.975	0.188	0.895	0.302	0.815	0.385	0.740
0.058	0.970	0.196	0.890	0.308	0.810	0.389	0.736
0.067	0.965	0.204	0.885	0.314	0.805	0.390	0.735
0.077	0.960	0.211	0.880	0.320	0.800	0.394	0.730
0.086	0.955	0.219	0.875	0.326	0.795	0.396	0.728
0.095	0.950	0.226	0.870	0.332	0.790	0.399	0.725
0.104	0.945	0.234	0.865	0.338	0.785	0.401	0.722
0.113	0.940	0.241	0.860	0.343	0.780	0.403	0.720
0.122	0.935	0.248	0.855	0.349	0.775	0.408	0.715
0.130	0.930	0.255	0.850	0.351	0.772	0.412	0.710
0.139	0.925	0.262	0.845	0.354	0.770	0.416	0.705
0.147	0.920	0.269	0.840	0.360	0.765	0.420	0.700

注：表中 $\alpha_s=0.389$ 以下数值不适于 HRB400 级钢筋；$\alpha_s=0.396$ 以下数值不适用于钢筋直径 $d \leqslant 25$mm 的 HRB325 级钢筋；$\alpha_s=0.401$ 以下数值不适用于钢筋直径 $d=28\sim40$mm 的 HRB325 级钢筋。

此外，还可以采用式(40-73)～式(40～75)计算纵向钢筋采用单边配筋时桩截面的受弯承载力 M_c：

$$M_c = A_s f_y (y_1 + y_2) \quad\quad (40\text{-}73)$$

其中：

$$y_1 = \frac{r \sin^3 \pi\alpha}{1.5\alpha - 0.75\sin 2\alpha} \quad\quad (40\text{-}74)$$

$$y_2 = \frac{2\sqrt{2}r_s}{\pi} \qquad (40\text{-}75)$$

式中：M_c——单边配筋时桩截面的受弯承载力（N·mm）；

    r——圆形截面的半径（mm）；

    α——对应于受压区混凝土截面面积的圆心角（rad）与 2π 的比值；

    r_s——纵向钢筋所在圆周的半径（mm）。

需要注意的是，采用集中受拉侧配筋方法时，施工时要特别注意钢筋笼吊装的方向，并防止钢筋笼扭转，在钢筋集中的侧向做上标志，每根钢筋笼安装完毕后，做详细检查，最好做隐蔽工程检查。以防钢筋笼方向不对而造成灌注桩受力时破坏。

【例 40-21】 与【例 40-20】条件相同。已知挡土混凝土灌注桩承受最大弯矩 $M=390\text{kN·m}=390\times10^6\text{N·mm}$，桩采用直径 $D=600\text{mm}$，混凝土用 C30，$f_c=14.3\text{MPa}$，钢筋用 $f_y=300\text{MPa}$，试用等效矩形截面计算确定桩需用钢筋截面面积。

解： 由式（40-68）得：

$$b=0.876D=0.876\times600=525.6\,(\text{mm})$$

取保护厚度 $\alpha_s=50\text{mm}$，由式（40-72）得：

$$\alpha_s=\frac{M}{f_c bh_0^2}=\frac{390\times10^6}{14.3\times525.6\times475.6^2}=0.229$$

查表 40-20 得 $\gamma_s=0.868$，按式（40-71）得：

$$A_s=\frac{M}{\gamma_s f_y h_0}=\frac{390\times10^6}{0.868\times300\times475.6}=3\,149\,(\text{mm}^2)$$

选配纵向受拉钢筋 $9\phi22\text{mm}$，$A_s=3\,421\text{mm}^2$，已足够。

另在受压区配置 $5\phi14\text{mm}$ 纵向构造筋。

【例 40-22】 条件同【例 40-20】，试由式（40-73）按等效矩形截面配置纵向钢筋，并与【例 40-19】计算结果进行比较。

解： 设置 $8\phi22\text{mm}$ 钢筋，$A_s=3\,041\text{mm}^2$。

有：

$$K=f_y A_s/f_c A=300\times3\,041/14.3\times\pi\times300^2=0.226$$

查表 40-18 得：

$$\alpha=0.263\,2$$

代入式（40-73）得：

$$M_c=A_s f_y(y_1+y_2)=A_s f_y\left(\frac{r\sin^3\pi\alpha}{1.5\alpha-0.75\sin2\alpha}+\frac{2\sqrt{2}r_s}{\pi}\right)$$

$$=3\,041\times300\left[\frac{300\times\sin^3(0.263\,2\pi)}{1.5\times0.263\,2-0.75\sin(2\times0.263\,2)}+\frac{2\sqrt{2}\times250}{\pi}\right]$$

$$=4.86\times10^8\,(\text{N·mm})$$

$$=486\,(\text{kN·m})>390\,(\text{kN·m})$$

按 $8\phi22\text{mm}$ 进行单边纵向配筋可以满足要求。另在受压区配置 $5\phi14\text{mm}$ 纵向构造钢筋。

由计算知，采用等效矩形截面纵向配筋，可以比周边均匀配筋节省主筋 50% 左右，但是还需在非受拉侧配置适当构造钢筋，因此，总纵向钢筋配置量可节省 30%～40%，这个节约数值是很可观的，计算方法也较按式（40-52）～式（40-57）传统方法简易、快捷。

【例 40-23】 已知某挡土混凝土灌注桩承受最大弯矩 $M_{max}=382.5kN \cdot m$，桩的直径 $D=\phi 600mm$，$A=282\,600mm^2$，混凝土用 C30，$f_c=14.3MPa$，钢筋采用 HRB335 $f_y=300MPa$，受压区混凝土截面积的圆心角为 180°，试计算该柱所需的钢筋截面面积。

解： 已知 $\alpha=\dfrac{180°}{2\pi}=0.500$，$\alpha_t=1.25-2\times0.5=0.25$，$\alpha_1=1$，由式(40-57)得：

$$382.5\times10^6=\frac{2}{3}\times14.3\times282\,600\times300\times\frac{\sin^3(\pi\times0.500)}{3.14}+300\times A_s\times250\times$$

$$\frac{\sin(\pi\times0.500)+\sin(\pi\times0.25)}{3.14}$$

解之得：

$$382.5\times10^6=257.4\times10^6+4.077\times10^4 A_s$$

$$A_s=3\,068.4mm^2$$

选用 $\phi=22mm$ 钢筋，$A=380.1mm^2$。

需要钢筋根数 $n>\dfrac{3\,068.4}{380.1}=8.27$ 根，用 8 根。

故知，受拉区需用 $\phi 22mm$ 钢筋 8 根，另在受压区配置 $5\phi14mm$ 纵向构造钢筋。

【例 40-24】 某基坑采用钢筋混凝土灌注桩直径 $D=800mm$，土压力产生最大弯矩 $M_{max}=879kN \cdot m$ 桩配筋。

将直径 800mm 桩换算成正方形桩进行配筋，按截面模量相等原则进行换算。

$$b=0.838D=0.838\times800=670.4mm\approx670mm$$

桩混凝土强度等级为 C20，按本书参考文献[70]中式(2-1-1)和式(2-1-2)得：

$$A=\frac{M_{max}}{bh_0^2}=\frac{879\times10^6}{670\times(670-50)^2}=3.41$$

查本书参考文献[70]中表 2-1-3，HRB335 级钢筋配筋率 $\rho_0=1.478\%$，故配筋按式 $A_g=\rho_0 bh_0$ 为：

$$A_g=1.478\%\times670\times(670-50)=6\,140(mm^2)$$

配 $8\phi32$ 钢筋，$A_g=6\,140(mm^2)$，该钢筋应配置在桩受弯一边(图 40-61)。

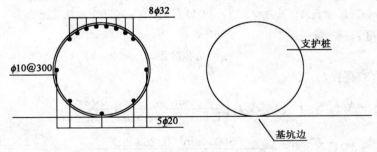

图 40-61 支护桩配筋图

由于矩形截面配筋可用各种现成图表计算，计算十分简便、快捷，可在现场应用近似计算法计算桩的配筋。应注意该配筋只在桩受弯一边，其他部位按构造考虑配筋。

五、拉锚锚桩埋设的计算

1. 拉锚长度计算

拉锚一端固定在板桩上部的围檩上，另一端固定到锚碇、锚座板上。

板墙单位长度的拉锚反力,通过板墙部分的计算已可求得,则根据拉锚布置的间距,即可求得每一拉锚的轴力。

锚杆的锚碇应设在稳定区域内,并做锚桩(或锚板、锚梁),拉结区划分如图 40-62 所示,Ⅰ、Ⅱ区处在滑楔之内是不稳定的。Ⅲ区接近滑块是半稳定的,Ⅳ区是全稳定的。

拉锚的最小长度按式(40-76)和式(40-77)计算,取其中大值:

$$L = L_1 + L_2 = (h + h_{C_1})\tan\left(45° - \frac{\varphi}{2}\right) + h_1\tan\left(45° + \frac{\varphi}{2}\right) \tag{40-76}$$

$$L = h\tan(90° - \varphi) \tag{40-77}$$

式中:L——锚碇板至支护墙体距离(m);

$\quad h$——基坑开挖深度(m);

$\quad h_{C_1}$——对自由支承板桩,取板桩入土深度;对嵌固支承板桩,取基坑底至反弯点的距离(m);

$\quad h_1$——锚碇底端至地面的距离,即锚碇板入土深度(m);

$\quad \varphi$——土体内摩擦角(°)。

2. 锚桩埋深计算

锚桩埋深深度可按图 40-63 计算。取 $\sum X = 0$,则:

$$T_A + E_a = E_p$$

即:

$$T_A + \frac{t^2\gamma}{2}K_a - \frac{t^2\gamma}{2}K_p\frac{1}{K} = 0 \tag{40-78}$$

化简后得:

$$t = \sqrt{\frac{2T_A}{\gamma\left(\dfrac{K_p}{K} - K_a\right)}} \tag{40-79}$$

式中:t——锚桩埋深深度(m);

$\quad K$——安全系数,一般取 1.5;

$\quad$其他符号意义同前。

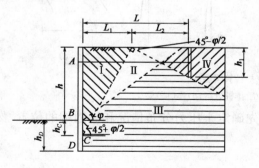

图 40-62　拉锚长度计算图

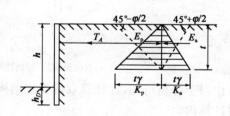

图 40-63　锚杆拉结短桩受力图

【例 40-25】　应用【例 40-6】计算所求得的 $T_A = 173.8$kN,试求锚桩需埋设深度、锚结点的位置。

解:已知 $K_a = 0.33$,$K_p = 3.0$,$\gamma = 19$kN/m³,$\varphi = 30°$,$h = 8$m,按式(40-79)得 t 为:

$$t=\sqrt{\frac{2T_A}{\gamma\left(\dfrac{K_p}{K}-K_a\right)}}=\sqrt{\frac{2\times173.8}{18\left(\dfrac{3.0}{1.5}-0.33\right)}}=3.4(\mathrm{m})$$

因此,锚桩埋置深度为 3.4m。锚杆拉结作用点距地面距离为 $\dfrac{2}{3}t=\dfrac{2}{3}\times3.4=2.27\approx$ 2.3m。

由式(40-77)得拉锚最小长度:
$$L=h\tan(90°-\varphi)=8\tan60°=13.90(\mathrm{m})$$

即锚桩需埋设在距离灌注桩13.90m以外的稳定区域内。

六、双排座支护设计计算[29]、[66]

1. 计算模型

双排桩支护的计算模型如图 40-60 所示,该模型可将双排桩支护视为门式刚架,并考虑土与结构的共同作用。刚架柱(桩)弹性嵌固于基坑底面以下的地基中。计算分析时,将支护结构分割成前、后排桩及连梁三部分,前排桩在开挖面以上作用荷载,连梁作用力及开挖面以下土体弹性支撑下工作;后排桩则在后排土压力、连梁作用力及开挖面下的弹簧支点下工作。由图 40-64 可知,一旦确定了前排桩开挖面上的作用荷载和后排土压力及地基土的刚度系数 m 值后,按弹性地基梁及结构力学方法即可求得结构的内力,但计算较为复杂,一般的可将图 40-64 假定为开挖面某一深度为弯矩最大值作用点为固定端梁的简化计算模型,如图 40-65 所示。

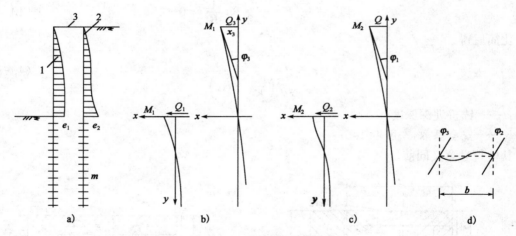

图 40-64　双排桩支护计算模型

a)双排桩模型;b)前排桩分解;c)后排桩分解;d)连(顶)梁

由以上分析可知,在计算双排支护结构时,应先确定土压力分布情况和嵌固端的位置,然后再计算内力。

2. 侧向土压力计算

根据朗肯土压力理论,我们将桩间土视作独立的刚塑性体,前后排桩间土的土体及受力状态如图 40-66 所示。

按极限平衡原理,每 1m 土体的总重为(图 40-66):
$$W=\gamma b\left(Z-\frac{b}{2}\tan\eta\right)=\gamma bZ-\frac{1}{2}\gamma b^2\tan\eta \tag{40-80}$$

136

土体主动土压力合力 E_a 为：

$$E_a = \gamma b(Z - 0.5b\tan\eta)\tan(\eta - \varphi) \qquad (40\text{-}81)$$

式中：γ——土的重度（kN/m³）；

    b——前排桩与后排桩的距离（m）；

    Z——计算点深度（m）；

    η——滑动破坏面与水平面间夹角（°），可由 φ、ξ 查表 40-21 求得；

    ξ——填土深度 Z 与其宽度之比值，即 $\xi = \dfrac{Z}{b}$，可由式（40-80）求得：

$$\xi = \frac{Z}{b} = \frac{1}{2}\left[\tan\eta + \tan(\eta - \varphi)\frac{\cos^2(\eta - \varphi)}{\cos^2\eta}\right] \qquad (40\text{-}82)$$

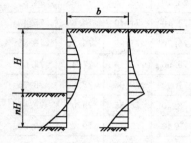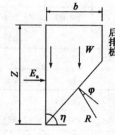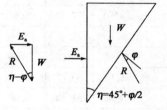

图 40-65　双排桩支护简化模型　　　　　　　　图 40-66　双排桩内土体受力分析

从图 40-62 的几何关系可知，当 $\xi \leqslant \tan\left(45° - \dfrac{\varphi}{2}\right)$ 时，填土不受后排护桩影响，前排桩的主动土压力为：

$$e_{aR} = \gamma Z\tan\left(45° - \frac{\varphi}{2}\right) \qquad (40\text{-}83)$$

式中：e_{aR}——用朗肯公式计算的土压力强度（MPa）。

当深度比 $\xi > \tan\left(45° + \dfrac{\varphi}{2}\right)$ 时，后排桩影响起作用，故 $\xi = \tan\left(45° + \dfrac{\varphi}{2}\right)$ 为考虑后排桩影响或不考虑后排桩影响的分界线，称此深度比为临界深度比 ξ_c：

$$\xi_c = \tan\left(45° + \frac{\varphi}{2}\right) \qquad (40\text{-}84)$$

对于不同填土性质 $\varphi = 5° \sim 50°$，从临界深度比 ξ_c 开始分别以 ξ 值代入式（40-84），近似解法可求得 ξ-φ-η 关系，如表 40-21 所示。

滑动破坏面与水平面的夹角 η　　　　　　　　表 40-21

ξ ＼ φ	5°	10°	15°	20°	25°	30°	35°	40°	45°	50°
1.091 3	47.55									
1.191 8	49.85	50.05								
1.303 2	52.15	52.15	52.55							
1.428 7	54.45	54.30	54.50	55.00						
1.569 7	56.75	56.45	56.60	56.90	57.55					
1.732 1	59.05	58.60	58.55	58.80	59.30	60.00				

ξ \ φ	5°	10°	15°	20°	25°	30°	35°	40°	45°	50°
1.921 0	61.40	60.80	60.60	60.70	61.10	61.70	62.55			
2.144 5	63.75	63.00	62.65	62.65	62.90	63.40	64.15	65.05		
2.414 2	66.10	65.25	64.75	64.65	64.80	65.20	65.80	66.55	67.50	
2.747 5	68.45	66.90	66.90	66.70	66.70	67.00	67.50	68.15	69.00	70.00
3.000 0	69.90	68.90	68.30	68.00	67.95	68.15	68.60	60.2	70.00	70.00
3.500 0	72.35	71.20	70.50	70.10	70.00	70.10	70.40	70.00	71.60	72.40
4.000 0	74.20	73.00	72.25	71.80	71.60	71.65	71.90	72.30	72.90	73.65
4.500 0	75.70	74.45	73.65	73.15	72.90	72.90	73.10	73.45	73.95	74.65
5.000 0	76.90	75.65	74.80	74.30	74.00	73.95	74.10	74.40	74.85	75.45
6.000 0	78.70	77.50	76.65	76.10	75.75	75.65	75.70	75.95	76.80	76.85
7.000 0	80.05	78.85	78.00	77.40	77.05	76.90	76.95	77.10	77.45	77.00
8.000 0	81.05	79.90	79.05	78.45	78.10	77.95	77.90	78.05	78.85	78.75
9.000 0	81.85	80.70	79.90	79.30	76.95	78.75	78.70	78.85	79.05	79.45
10.000 0	82.55	81.40	80.06	80.00	79.65	79.45	79.40	79.45	79.70	80.00
12.000 0	83.50	82.45	81.65	81.10	80.75	80.55	80.49	80.50	80.65	81.70
14.000 0	84.25	83.20	82.43	81.95	81.55	81.35	81.25	81.30	81.45	82.25
16.000 0	84.80	83.80	83.10	82.60	82.20	82.00	81.90	81.90	82.05	82.25
18.000 0	85.25	81.20	83.60	83.10	82.75	82.55	82.45	82.45	82.55	82.75
20.000 0	85.60	84.65	84.00	83.95	83.95	82.95	82.85	82.85	82.95	83.15

　　侧向土压力的分布强度和主动土压力及其作用点,考虑后排桩的影响系数,可用以下一组计算公式:

(1)前后排桩主动土压力强度 $e_{a前}$ 和 $e_{a后}$。

$\xi \leqslant \xi_c$

$$e_{a前} = e_{a后} \tag{40-85}$$

$\xi > \xi_c$

$$e_{a前} = \left[\left(1 - \frac{d}{a_x}\right) + \frac{d}{a_x} i_e\right] e_{aR} \tag{40-86}$$

$\xi \leqslant \xi_c$

$$e_{a后} = 0 \tag{40-87}$$

$\xi > \xi_c$

$$e_{a后}(1 - i_e)\frac{d}{a_x} e_{aR} \tag{40-88}$$

其中:

$$e_{aR} = \gamma Z \tan\left(45° - \frac{\varphi}{2}\right)$$

$\xi \leqslant \xi_c$

$$i_e = 1$$

$\xi > \xi_c$

$$i_e = 1 - \frac{\xi - \xi_c}{a + c(\xi - \xi_c)}$$

式中：e_{aR}——用朗金公式计算的土压力强度（MPa）；

d——护坡桩直径（mm）；

a_x——护坡桩间距（mm）；

i_e——土压力强度后排桩影响系数，已知 ξ、φ 值，可查表 40-22 求得；

a、c——回归常数，可根据 φ 值由表 40-23 查得，当实际 φ 值在中间值时，可用插入法求得。

土压力强度后排桩影响系数 i_e 表 40-22

ξ ＼ φ	5°	10°	15°	20°	25°	30°	35°	40°	45°	50°
1.091 3	1.000 0									
1.141 5	0.996 2									
1.247 5	0.987 9	0.992 9								
1.365 7	0.978 4	0.977 6	0.989 9							
1.498 9	0.967 4	0.960 1	0.968 4	0.987 7						
1.650 9	0.954 7	0.940 2	0.943 1	0.959 8	0.984 4					
1.826 5	0.940 1	0.917 4	0.916 1	0.928 7	0.951 3	0.981 6				
2.032 7	0.923 1	0.891 5	0.884 6	0.893 5	0.913 7	0.942 6	0.978 6			
2.273 4	0.903 2	0.861 8	0.849 0	0.853 8	0.871 1	0.898 1	0.933 2	0.975 2		
2.580 8	0.879 7	0.827 7	0.808 6	0.809 1	0.823 2	0.847 7	0.881 1	0.922 6	0.971 2	
2.998 7	0.848 7	0.784 1	0.758 0	0.753 6	0.763 8	0.785 1	0.816 0	0.836 7	0.903 8	0.960 2
3.500 0	0.814 4	0.737 7	0.706 1	0.696 2	0.702 7	0.720 3	0.748 7	0.785 9	0.832 2	0.888 1
4.000 0	0.782 8	0.696 5	0.659 1	0.647 0	0.650 8	0.666 0	0.691 3	0.725 9	0.769 9	0.824 2
4.500 0	0.753 6	0.659 7	0.618 9	0.604 3	0.605 7	0.618 9	0.641 9	0.671 1	0.715 8	0.767 9
5.000 0	0.726 5	0.626 8	0.583 4	0.566 9	0.566 7	0.578 0	0.599 0	0.629 1	0.668 5	0.718 3
5.875 0	0.683 2	0.576 2	0.530 1	0.511 5	0.500 1	0.518 5	0.536 1	0.562 9	0.593 7	0.644 0
7.000 0	0.635 7	0.523 1	0.475 3	0.455 3	0.451 1	0.457 8	0.473 1	0.496 5	0.528 4	0.569 9
8.000 0	0.598 8	0.483 7	0.435 5	0.415 0	0.409 8	0.415 0	0.428 4	0.449 5	0.428 6	0.516 7
9.000 0	0.566 2	0.450 1	0.402 1	0.381 4	0.375 7	0.379 8	0.397 1	0.410 8	0.437 4	0.472 6
10.000 0	0.537 1	0.420 9	0.373 5	0.363 1	0.346 9	0.350 2	0.360 9	0.378 4	0.402 9	0.485 6
11.750 0	0.492 6	0.378 2	0.332 5	0.312 5	0.306 0	0.308 3	0.317 3	0.332 5	0.354 1	0.383 1
14.000 0	0.446 6	0.335 5	0.291 0	0.272 9	0.266 3	0.367 6	0.376 1	0.228 2	0.306 9	0.332 3
16.000 0	0.421 5	0.305 0	0.263 6	0.245 4	0.238 9	0.239 7	0.246 2	0.257 8	0.274 6	0.297 4
18.000 0	0.383 4	0.279 8	0.240 4	0.223 1	0.216 7	0.217 2	0.223 0	0.233 3	0.248 5	0.269 2
20.000 0	0.358 6	0.258 6	0.221 0	0.204 6	0.198 4	0.198 7	0.203 8	0.213 2	0.227 0	0.246 1
22.000 0	0.336 7	0.240 5	0.204 7	0.189 0	0.183 0	0.183 1	0.187 7	0.196 3	0.209 1	0.226 6
24.000 0	0.317 4	0.224 8	0.190 6	0.175 7	0.169 9	0.168 9	0.174 0	0.182 0	0.193 8	0.210 1
26.000 0	0.200 4	0.211 1	0.178 5	0.164 1	0.158 6	0.158 4	0.162 2	0.169 6	0.180 6	0.195 8
28.000 0	0.285 0	0.199 1	0.167 8	0.154 1	0.148 7	0.148 5	0.152 0	0.158 8	0.169 1	0.183 5
30.000 0	0.271 5	0.188 1	0.158 3	0.145 2	0.140 0	0.139 7	0.143 0	0.149 4	0.159 1	0.172 6

139

φ	5°	10°	15°	20°	25°	30°	35°	40°	45°	50°
a	1.282 3	6.828	5.467	4.899	4.669	4.631	4.736	4.951	5.291	5.780
c	0.956 9	0.983 1	0.989 6	0.992 1	0.993 2	0.993 5	0.993 4	0.993 3	0.992 8	0.991 6

(2)前后排桩主动土压力 $E_{a前}$ 和 $E_{a后}$。

$\xi \leqslant \xi_c$

$$E_{a前} = E_{a后} \tag{40-89}$$

$\xi > \xi_c$

$$E_{a前} = i_{E前} E_{aR} \tag{40-90}$$

$\xi \leqslant \xi_c$

$$E_{a后} = 0 \tag{40-91}$$

$\xi > \xi_c$

$$E_{a后} = i_{E后} E_{aR} \tag{40-92}$$

其中：

$$E_{aR} = \frac{1}{2} Z^2 \tan\left(45° - \frac{\varphi}{2}\right)$$

$$i_{E前} = \left(1 - \frac{d}{a_x}\right) + \frac{d}{a_x} i_E$$

$$i_{E后} = (1 - i_E) \frac{d}{a_x}$$

$\xi \leqslant \xi_c$

$$i_E = 1$$

$\xi > \xi_c$

$$i_E = 1 - \frac{1}{c\xi^2}\left[\xi^2 - \xi_c^2 - 2(\xi_c + a_c)\left(\xi - \xi_c - a_c \ln\frac{\xi - a_c}{\xi_c + a_c}\right)\right]$$

$$a_c = \frac{a - c\xi_c}{c}$$

式中：E_{aR}——用朗金公式计算的主动土压力(kN)；

    i_E——主动土压力后排桩影响系数；

其他符号意义同前。

(3)前后排桩主动土压力合力作用点 $\overline{Z}_{前}$ 和 $\overline{Z}_{后}$。

同理，按式(40-86)～式(40-89)分布的土压力在桩身截面(深度 Z 处)，取力矩可求得合力的重心位置。

$$\overline{Z}_{前} = Z_R i_{Z前} = \frac{2}{3} Z i_{Z前} \tag{40-93}$$

$$\overline{Z}_{后} = Z_R i_{Z后} = \frac{2}{3} Z i_{Z后} \tag{40-94}$$

$$i_{Z前} = \left(1 - \frac{d}{a_x}\right) + \frac{d}{a_x} i_e i_Z \tag{40-95}$$

$$i_{Z后} = \frac{d}{a_x}(1 - i_e i_Z) \tag{40-96}$$

式中：Z_R——用朗金公式计算时的深度（mm）；

　　i_Z——重心作用点影响系数；

$i_{Z前}$、$i_{Z后}$——重心作用点前后排桩作用点影响系数；

其他符号意义同前。

（4）前后排桩任一截面的弯矩和 $M_{前}$ 和 $M_{后}$。

由图 40-67 可知，任一深度由于前后排桩主动土压力产生的弯矩 $M_{前}$ 及 $M_{后}$ 为：

$$M_{前} = i_{M前}M_R \tag{40-97}$$

$$M_{后} = i_{M后}M_R \tag{40-98}$$

其中：

$$i_{M前} = i_{e前}(3 - i_{Z前})$$

$$i_{M后} = 1 - i_{M前}$$

式中：M_R——用朗金公式计算的土压力产生的弯矩（kN·m）；

$i_{M前}$、$i_{M后}$——弯矩前、后排桩影响系数。

桩间土的被动土压分布类似于主动土压力分布的计算方法，较为繁琐、复杂，为简化起见，假定前后排桩的被动土压力分布系数根据主动土压力合力影响系数，按式（40-99）和式（40-100）确定：

$$e_{p前} = i_{e前}E_{pR} \tag{40-99}$$

$$e_{p后} = i_{e后}E_{pR} \tag{40-100}$$

式中：E_{pR}——用朗金公式计算的被动土压力（kN）；

其他符号意义同前。

综上所述，双排桩支护结构的前后排桩，土压力分布情况如图 40-67 所示。

3. 双排桩内力计算

双排桩支护内力计算，可以采用结构力学的方法计算，但比较繁琐，一般采用以下简化方法，其精度也能满足工程需要。

根据模型试验：设固定端在开挖面以下 1/5～1/3 开挖深度，以此先求得连梁弯矩及轴向力，然后再计算弯矩最大值所在截面。如图 40-69 所示，设固定端位于基坑开挖面下 n_2H 深度处，则门式刚架的桩长 $L = H(1 - n_2)$，前排桩的刚度为 $(EI)_{前}$，后排桩的刚度为 $(EI)_{后}$，由于桩间距 b 远小于桩长 L，连梁的刚度远大于桩的刚度，可以假定连梁只有水平位移而不产生转动。

作用在前后排桩上的荷载可将图 40-68 所示的分布荷载简化为等效三角形荷载分布考虑，其值为：

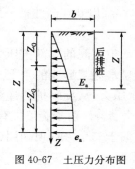

图 40-67　土压力分布图

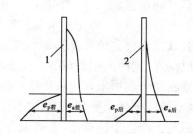

图 40-68　双排桩支护前后排桩土压力分布

1-前排桩；2-后排桩

141

$$q_{\text{前}} = Zi_{\text{e前}}E_{\text{aR}}/L \tag{40-101}$$

$$q_{\text{后}} = Zi_{\text{e后}}E_{\text{aR}}/L \tag{40-102}$$

符号意义同前。

将两桩柱取隔离体,前后桩柱受力如图 40-70 所示。

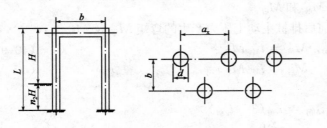
图 40-69 双排桩支护内力计算简图

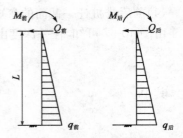
图 40-70 前后桩柱受力计算简图

根据前后桩柱水平位移相等、连梁上轴向力相等以及前后排桩柱刚度相同等条件,推导前后桩柱顶端弯矩和连梁上轴向力计算公式为:

$$M_{\text{前}} = \frac{q_{\text{前}}L^2}{24} - \frac{3L^2}{80}(q_{\text{前}} - q_{\text{后}}) \tag{40-103}$$

$$M_{\text{后}} = \frac{q_{\text{前}}L^2}{24} - \frac{17L^2}{240}(q_{\text{前}} - q_{\text{后}}) \tag{40-104}$$

$$Q_{\text{前}} = \frac{3L}{20}(q_{\text{前}} - q_{\text{后}}) \tag{40-105}$$

$$Q_{\text{后}} = \frac{3L}{20}(q_{\text{前}} - q_{\text{后}}) \tag{40-106}$$

最终内力计算可根据式(40-103)~式(40-106)求得的 M、Q 值与主动、被动土压力值的对应弯矩,按悬壁梁方法计算双排桩支护结构内力,确定截面配筋。

对于成层土,以上分析主动及被动土压力强度影响系数 i_e 可以近似应用,其他则采用分段积分法计算。

七、组合式挡土灌注桩支护计算

在深基坑施工中,常要求支护结构既能挡土,又能抗渗,一般都采用地下连续墙或 SMW 工法。虽可解决挡土和抗渗问题,但接缝复杂。施工技术高、工期长,而且费用也高。目前上海比较常用有效经济的方法,是按常规方法设置挡土灌注桩(两桩间留有 100~150mm 净距),而在桩间设置旋喷桩[图 40-71a)]或无筋树根桩或压密(注浆以及在灌注桩一侧设置防水帷幕[图 40-71b)、c)],防止渗水和土体从桩间流失。

组合式挡土桩支护计算的基本假设是:假定挡土灌注桩承担桩间的全部土压力和水压力作用,计算方法同前面相关章节。而以用高压喷射注浆法旋喷水泥浆形成的水泥土桩与挡土灌注桩紧密结合起挡土和抗渗作用。旋喷桩背面土压力和水压力,从旋喷桩传递到挡土灌注桩,由挡土灌注桩身承受,而旋喷桩不作承重考虑,仅作为安全储备。由于旋喷桩有一定强度,而背面桩间土产生土拱作用,土侧压力甚小,故强度足够,且偏于安全。桩顶间用钢筋混凝土顶梁连成整体。

注:本节部分示例摘自[2]、[17]、[31]、[35]。

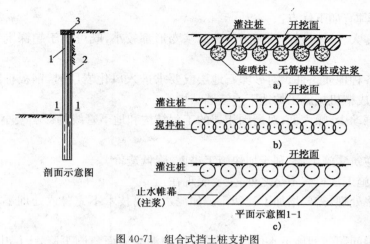

图 40-71　组合式挡土桩支护图

1-挡土钢筋混凝土灌注桩；2-旋喷桩或搅拌桩、注浆、止水帷幕(注浆)；3-钢筋混凝土连系梁

第五节　地下连续墙支护计算[2]、[29]、[36]、[53]、[68]、[74]

一、概述

地下连续墙是在地面上利用特制的成槽机械沿着需要深开挖工程的轴线,在泥浆(如膨润土泥浆)护壁的情况下,开挖一条狭长端圆的深槽,再将地面上制作的钢筋骨架放入槽段内,然后采用导管法进行水下混凝土浇筑,完成一个单元的槽段。在各墙段之间,以特定的接头方式(用接头管或接头箱做成接头)相互连接,如此逐段进行施工,在地下形成一道连续的钢筋混凝土墙,如图 40-72 所示。在基坑开挖后地下连续墙形成封闭状,加上支撑或锚拉系统,就可挡土防水。常用于深基坑支护或用作高层建筑多层地下室施工的支护或兼作外墙壁。其特点是:墙体强度高、刚度大、整体性、稳定性及截水防渗性能好,如将地下连续墙作为建筑物的承重结构,则经济效益更好。

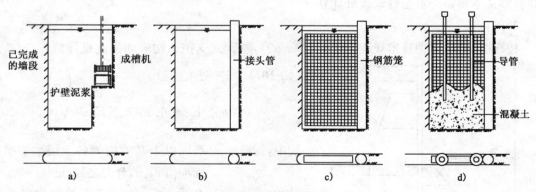

图 40-72　地下连续墙施工程序示意图

a)成槽；b)放入接头管；c)放入钢筋笼；d)浇筑混凝土

1950 年,首先在意大利米兰的水利工程大坝的防渗墙,采用泥浆护壁进行地下连续墙施工。从 20 世纪 70 年代开始,我国在水利、港工和建筑工程中逐渐开始应用。近十多年来,我国在地下连续墙的施工设备、工程应用和理论研究方面都获得了很大的成就。

地下连续墙具有如下优点：

（1）墙体高度大、整体性好，因而结构和地基变形都较小，既可用于超深围护结构，也可用于立体结构。

（2）可适用各种地质条件。对砂卵石地层或要求进入风化岩层时，钢板桩就难以施工，但却可采用合适的成槽机械施工的地下连续墙结构。

（3）施工时振动少，噪声低；对周围相邻的工程结构和地下管线的影响较小，对沉降及变位较易控制。

（4）可进行逆筑法施工，有利于加快施工进度，降低造价。

地下连续墙施工法也有不足之处，主要表现在：

（1）对废泥浆处理，需要增加工程费用。如泥水分离技术不完善或处理不当，还会造成新的环境污染。

（2）槽壁坍塌问题。如地下水位急剧上升，护壁泥浆液面急剧下降，土层中有软弱疏松的砂性夹层，泥浆的性质不当或已变质，施工管理不善等均可能引起槽壁坍塌，引起临近地面沉降，危害临近工程结构和地下管线的安全。同时也可能使墙体混凝土体积超方，墙面粗糙和结构尺寸超出允许界限。

（3）地下连续墙如用作施工期间的临时挡土结构，则造价可能较高，不够经济。

地下连续墙围护比排桩与深层搅拌桩围护的造价要高，要根据基坑开挖深度、土质情况和周围环境情况，并经技术经济比较认为经济合理，才可采用。一般来说，当在软土层中基坑开挖深度大于10m，周围相邻建筑或地下管线对沉降与位移要求较高，或用作主体结构的一部分，或采用逆筑法施工时，可采用地下连续墙。地下连续墙支护形式一般为无支撑（锚）、单支撑（平锚）和多支撑（多锚点）三种。

二、无支撑（锚）支护计算

1. 板桩墙设计法

无支撑（锚）地下连续墙的最小插入深度、板墙的内力与板桩墙支护的入土深度计算方法相同，参见本章第一节悬臂式板桩计算。

2. 规范法

按《建筑基坑支护技术规程》（JGJ 120—99），悬臂式支护结构嵌固深度设计值 h_d 宜按式（40-107）确定（图40-73）。

$$h_p \sum E_{pj} - 1.2\gamma_0 h_a \sum E_{ai} \geqslant 0 \quad (40\text{-}107)$$

式中：$\sum E_{pj}$——墙底以上基坑内侧各土层水平抗力标准值 e_{pik} 的合力之和（kN）；

h_p——合力 $\sum E_{pj}$ 作用点至桩墙底的距离（m）；

$\sum E_{ai}$——桩墙底以上基坑外侧各土层水平荷载标准值的合力之和（kN）；

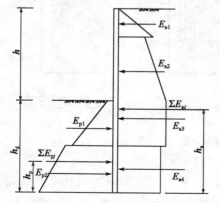

图40-73　悬臂式支护结构嵌固深度计算简图

h_a——合力 $\sum E_{ai}$ 作用点至墙底的距离（m）。

三、单支撑（平锚）支护计算

1. 可参见本章第三节

2. 按锚杆挡墙计算法

参见本手册第四十二章内容。

3. 规范法

按《建筑基坑支护技术规程》(JGJ 120—99)，单层支点支护结构支点力（图 40-74）及嵌固深度设计值（图 40-75）h_d 宜按下列规定计算：

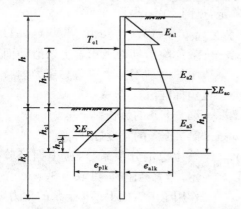

图 40-74　单层支点支护结构支点力计算简图　　图 40-75　单层支点支护结构嵌固深度计算简图

（1）基坑底面以下支护结构设定弯矩零点位置至基坑底面的距离 h_{c1} 可按式(40-108)确定。

$$e_{alk} = e_{plk} \tag{40-108}$$

（2）支点力 T_{c1} 可按式(40-109)计算。

$$T_{c1} = \frac{h_{a1} \sum E_{ac} - h_{p1} \sum E_{pc}}{h_{T1} + h_{c1}} \tag{40-109}$$

式中：e_{alk}——水平荷载标准值(kN)；

e_{plk}——水平抗力标准值(kN)；

$\sum E_{ac}$——设定弯矩零点位置以上基坑外侧各土层水平荷载标准值的合力之和(kN)；

h_{a1}——合力 $\sum E_{ac}$ 作用点至设定弯矩零点的距离(m)；

$\sum E_{pc}$——设定弯矩零点位置以上基坑内侧各土层水平抗力标准值的合力之和(kN)；

h_{p1}——合力 $\sum E_{pc}$ 作用点至设定弯矩零点的距离(m)；

h_{T1}——支点至基坑底面的距离(m)；

h_{c1}——基坑底面至设定弯矩零点位置的距离(m)。

（3）嵌固深度设计值 h_d 可按式(40-110)确定。

$$h_p \sum E_{pj} + T_{c1}(h_{T1} + h_d) - 1.2\gamma_0 h_a \sum E_{ai} \geqslant 0 \tag{40-110a}$$

或

$$h_d = \frac{1.2\gamma_0 h_a \sum E_{ai} - h_p \sum E_{pj} - T_{c1} h_{T1}}{T_{c1}} \tag{40-110b}$$

式中：$\sum E_{pj}$——桩、墙底以上的基坑内侧各土层水平抗力标准值 e_{pjk} 的合力之和(kN)；

h_p——合力 $\sum E_{pj}$ 作用点至桩、墙底的距离(m)；

$\sum E_{ai}$——桩、墙底以上的基坑外侧各土层水平抗力标准值 e_{aik} 的合力之和(kN)；

h_a——合力$\sum E_{ai}$作用点至桩、墙底的距离(m);

γ_0——基坑侧壁重要性系数,基坑侧壁安全等级为一级 $\gamma_0=1.10$;二级 $\gamma_0=1.00$;三级 $\gamma_0=0.90$;

其他符号意义同前或见图注。

四、多支撑(多锚点)支护计算

1.《建筑基坑支护技术规程》(JGJ 120—99)确定嵌固深度

《建筑基坑支护技术规程》(JGJ 120—99)建议:多层支点支护结构维护墙的嵌固深度设计值 h_d,按整体稳定条件采用圆弧滑动简单条分法确定,见图40-76。

$$\sum c_{ik}l_i + \sum (q_0 b_i + \omega_i)\cos\theta_i \tan\varphi_{ik} - \gamma_k \sum (q_0 b_i + \omega_i)\sin\theta_i \geqslant 0 \qquad (40\text{-}111)$$

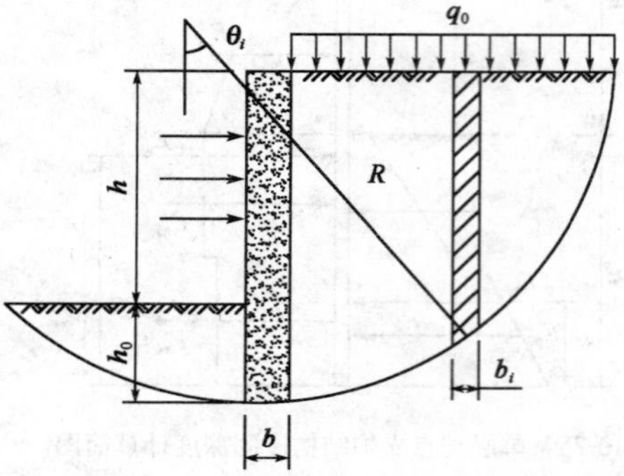

式中:c_{ik}、φ_{ik}——最危险滑动面上第 i 土条滑动面上土的固结不排水快剪黏聚力内摩擦角标准值;

l_i——第 i 土条的弧长;

b_i——第 i 土条的宽度(m);

γ_k——整体稳定分项系数,应根据经验确定,当无经验时,可取1.3;

ω_i——作用于滑裂面上第 i 土条的重力,按上覆土层的天然土重计算(kN/m³);

θ_i——第 i 土条弧线中点切线与水平线夹角(°)。

图 40-76 嵌固深度计算简图

当嵌固深度下部存在软弱土层时,尚应继续验算软弱下卧层整体稳定性。

对于均质黏性土及地下水位以上的粉土或砂类土,嵌固深度 h_0 可按式(40-112)确定:

$$h_0 = n_0 h \qquad (40\text{-}112)$$

式中:n_0——嵌固深度系数,当 γ_k 取1.3时,可根据三轴试验(当有可靠经验时,可采用直接剪切试验)确定的土层固结不排水(快)剪内摩擦角 φ_k 及黏聚力系数 δ,查表40-24确定。

嵌固深度系数 n_0(地表超载 $\delta=0$)　　　　　　　　　　表 40-24

δ ＼ φ_k	7.5	10.0	12.5	15.0	17.5	20.0	22.5	25.0	27.5	30.0	32.5	35.0	37.5	40.0	42.5
0.00	3.18	2.24	1.69	1.28	1.05	0.80	0.67	0.55	0.40	0.31	0.26	0.25	0.15	<0.1	
0.02	2.87	2.03	1.51	1.15	0.90	0.72	0.58	0.44	0.36	0.26	0.19	0.14	<0.1		
0.04	2.54	1.74	1.29	1.01	0.74	0.60	0.47	0.36	0.24	0.19	0.13	<0.1			
0.06	2.19	1.54	1.11	0.81	0.63	0.48	0.36	0.27	0.17	0.12	<0.1				
0.08	1.89	1.28	0.94	0.69	0.51	0.35	0.26	0.15	<0.1	<0.1					
0.10	1.57	1.05	0.74	0.52	0.35	0.25	0.13	<0.1							
0.12	1.22	0.18	0.54	0.36	0.22	<0.1	<0.1								
0.14	0.95	0.55	0.35	0.24	<0.1										
0.16	0.68	0.35	0.24	<0.1											
0.18	0.34	0.24	<0.1												
0.20	0.24	<0.1													
0.22	<0.1														

黏聚力系数亦可按式(40-113)确定：

$$\delta = c_k/(\gamma h) \tag{40-113}$$

嵌固深度设计值可按式(40-114)确定：

$$h_d = 1.1 h_0 \tag{40-114}$$

式中：γ——土的天然重度(kN/m^3)；

其余符号意义同前。

当按上述方法确定的悬臂式及单层支点结构嵌固深度设计值 $h_d < 0.3h$ 时，宜取 $h_d = 0.3h$；当多层支点支护结构嵌固深度设计值 $h_d < 0.2h$ 时，宜取 $h_d = 0.2h$。

当基坑底为碎石土及砂土、基坑内排水且作用有渗透水压力时，侧向载水的排桩、地下连续墙除应满足本章上述规定外，嵌固深度设计值尚应满足式(40-115)抗渗透稳定条件(图 40-77)：

$$h_d \geqslant 1.2\gamma_0(h - h_{wa}) \tag{40-115}$$

式中：γ_0——基坑侧壁重要性系数，见表 39-1。

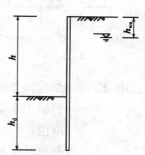

图 40-77 渗透稳定计算简图

【例 40-26】 某地下连续墙设计为单层支点支护结构，基坑深 $h = 12m$，支点位置在地面下 4m 处，无地下水，基坑侧壁安全等级定为二级。根据《建筑基坑支护技术规程》(JGJ 120—99)对嵌固深度设计值的规定，经计算，基坑底面至设定地下连续墙弯矩零点的距离 $h_{c1} = 0.96m$，设定弯矩零点位置以上的各土层主动土压力荷载标准值合力之和 $\sum E_{ac} = 359kN$，主动土压力合力 $\sum E_{ac}$ 作用点至设定弯矩零点的距离 $h_{a1} = 3.36m$，设定弯矩零点位置以上的被动土压力抗力标准值合力之和 $\sum E_{pc} = 34kN$，被动土压力合力 $\sum E_{pc}$ 作用点至设定弯矩零点的距离 $h_{p1} = 0.32m$。当嵌固深度设计值 $h_d = 7m$ 时，计算得到地下连续墙底以上各土层主动土压力荷载标准值合力之和 $\sum E_{ai} = 903kN$，主动土压力合力 $\sum E_{ai}$ 作用点至地下连续墙底的距离 $h_a = 5.6m$，地下连续墙底以上被动土压力抗力标准值合力之和 $\sum E_{pj} = 1\,808kN$，被动土压力合力 $\sum E_{pj}$ 作用点至地下连续墙底的距离 $h_p = 2.3m$。若取嵌固深度设计值 $h_d = 7m$，试验算该嵌固深度是否满足要求。

解：单层支点支护结构支点力 T_{c1} 可按式(40-109)得：

$$T_{c1} = \frac{h_{a1}\sum E_{ac} - h_{p1}\sum E_{pc}}{h_{T1} + h_{c1}} = \frac{3.36 \times 358 - 0.32 \times 34}{12 - 4 + 0.96} = 133(kN)$$

嵌固深度设计值 h_d 可按式(40-110)得：

$$h_p\sum E_{pj} + T_{c1}(h_{T1} + h_d) - 1.2\gamma_0 h_a\sum E_{ai} \geqslant 0$$

代入 $h_d = 7m$ 试算，得：

$$
\begin{aligned}
&h_p\sum E_{pj} + T_{c1}(h_{T1} + h_d) - 1.2\gamma_0 h_a\sum E_{ai}\\
&= 2.3 \times 1\,808 + 133 \times (8 + 7) - 1.2 \times 1.0 \times 5.6 \times 903\\
&= 85 > 0
\end{aligned}
$$

同时：

$$h_d = 7m > 0.3h = 0.3 \times 12 = 3.6m$$

该嵌固深度满足要求。

2. 弹性支点法

《建筑基坑支护技术规程》(JGJ 120—99)中推荐的弹性支点法，可以计算支护结构围护墙的内力与变形。

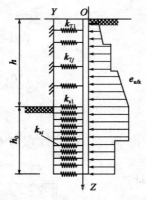

图 40-78　弹性支点法的计算简图

弹性支点法的计算简图如图 40-74 所示。围护墙外侧承受土压力、附加荷载等产生的水平荷载标准值 e_{aik}；围护墙内侧的支点化作支承弹簧，以支撑体系水平刚度系数表示；围护墙坑底以下的被动侧的水平抗力，以水平抗力刚度系数表示。

(1)支护结构围护墙在外力作用下的绕曲方程应按式(40-116)和式(40-117)确定(图 40-78)。

$$EI\,\frac{\mathrm{d}^4 y}{\mathrm{d}z} - e_{aik}b_s = 0 \, (0 \leqslant z \leqslant h_n) \qquad (40\text{-}116)$$

$$EI\,\frac{\mathrm{d}^4 y}{\mathrm{d}z} + mb_0(z - h_n)y - e_{aik}b_s = 0 \, (z \geqslant h_n)$$

$$(40\text{-}117)$$

式中：EI——结构计算宽度内的抗弯刚度；

　　m——桩侧土水平抗力系数的比例系数(MN/m^4)，如无静载试验资料时，可按表 40-25 取值；

　　z——基坑开挖从地面至计算点的距离(m)；

　　h_n——第 n 种工况基坑开挖深度(m)；

　　y——计算点处的水平变形；

　　b_s——排桩水平荷载计算宽度可取排桩的中心距，地下连续墙和水泥土墙可取单位宽度(m)；

　　b_0——抗力计算宽度，地下连续墙和水泥土墙取单位宽度(m)，排桩结构抗力计算宽度宜按下列规定计算。

对于圆形桩，可按式(40-118)计算：

$$b_0 = 0.9 \times (1.5d + 0.5) \qquad (40\text{-}118)$$

式中：d——桩身直径(m)。

对于正方形桩，可按式(40-119)计算：

$$b_0 = 1.5b + 0.5 \qquad (40\text{-}119)$$

式中：b——方桩边长(m)。

当按式(40-118)或式(40-119)确定的抗力计算宽度大于排桩间距时，应取排桩间距。

(2)第 j 层支点处的边界条件可按式(40-120)确定。

$$T_j = k_{Tj}(y_j - y_{0j}) + T_{0j} \qquad (40\text{-}120)$$

式中：y_j——第 j 层支点水平位移值；

　　y_{0j}——在支点设置前第 j 层支点处的水平位移值；

　　T_{0j}——第 j 层支点处的预加力；

　　k_{Tj}——第 j 层支点水平刚度系数，可按式(40-121)确定。

当支点有预加力 T_{0j} 且支点力 $T_j \leqslant T_{0j}$ 时，第 j 层支点力 T_j 应按该层支点位移为 y_{0j} 的边界条件确定。

(3)水平刚度系数 k_T 的确定。锚杆水平刚度系数 k_T 应按锚杆基本试验确定，当无试验资料时，可按式(40-121)和式(40-122)计算：

$$k_{\mathrm{T}} = \frac{3AE_{\mathrm{s}}E_{\mathrm{c}}A_{\mathrm{c}}}{3l_{\mathrm{f}}E_{\mathrm{c}}A_{\mathrm{c}} + E_{\mathrm{s}}Al_{\mathrm{a}}}\cos^2\theta \tag{40-121}$$

$$E_{\mathrm{c}} = \frac{AE_{\mathrm{s}} + (A_{\mathrm{c}} - A)E_{\mathrm{m}}}{A_{\mathrm{c}}} \tag{40-122}$$

式中：A——杆件截面面积(mm^2)；

A_{c}——锚固体截面面积(mm^2)；

l_{f}——锚杆自由段长度(mm)；

l_{a}——锚杆锚固段长度(mm)；

θ——锚杆水平倾角($^\circ$)；

E_{s}——杆体弹性模量(MPa)；

E_{c}——锚固体组合弹性模量(MPa)；

E_{m}——锚固体中注浆体弹性模量(MPa)。

支撑体系(含具有一定刚度的冠梁)或其与锚杆混合的支撑体系水平刚度系数 k_{T}，应按支撑体系与排桩、地下连续墙的空间作用协同分析方法确定；亦可根据空间作用协同分析方法，直接确定支撑体系及排桩或地下连续墙的内力与变形。

当基坑周边支护结构荷载相同、支撑体系采用对撑并沿具有较大刚度的腰梁或冠梁等间距布置时，水平刚度系数 k_{T} 可按式(40-123)计算：

$$k_{\mathrm{T}} = \frac{2\alpha EA}{L}\frac{s_{\mathrm{a}}}{s} \tag{40-123}$$

式中：k_{T}——支撑结构水平刚度系数；

α——与支撑松弛有关的系数，取 $0.8\sim1.0$；

E——支撑构件材料的弹性模量(MPa)；

A——支撑构件断面面积(mm^2)；

L——支撑构件的受压计算长度(mm)；

s——支撑的水平间距(mm)；

s_{a}——水平荷载计算宽度(mm)，排桩取中心距，地下连续墙取单位宽度或一个墙段。

【例 40-27】 某基坑支护结构围护墙，采用现浇混凝土简单对撑，其支撑与围护墙冠梁为刚性连接，支撑截面高 $800\mathrm{mm}$，宽 $500\mathrm{mm}$，C20 混凝土。支撑间距 $s=10\mathrm{m}$，长度 $L=30\mathrm{m}$，支撑长度的中点处设立柱。如支撑两端桩墙结构设计相同，所受水平荷载相同，按《建筑基坑支护技术规程》(JGJ 120—99)的规定，用弹性支点法计算桩墙结构，试确定每延米桩墙宽度的支撑水平刚度系数 k_{T}。当支撑两端桩墙结构荷载不同，并假定在支护结构受力后，仅支撑一端的桩墙产生水平位移，另一端不产生水平位移，求此时每延米桩墙宽度的支撑水平刚度 k_{T}(支撑松弛系数取 $\alpha=1.0$，只考虑混凝土的弹性模量)。

解： $\qquad A = 0.8 \times 0.5 = 0.4(\mathrm{m}^2)$

C20 混凝土的弹性模量为：

$$E = 2.55 \times 10^4 (\mathrm{MN/m}^2)$$

当支撑两端支护结构和荷载相同时，支撑受力压缩后，沿支撑长度的中点为位移零点，考虑支点力和桩墙位移的关系时，只有支撑全长的 $1/2$ 的压缩变形对支点处位移产生影响。因

149

此支撑压缩长度应为 $L/2$，即每延米桩墙（$s_a=1m$）的支撑水平刚度系数按式（40-123）得：

$$k_T=\frac{2\alpha EAs_a}{L\ s}=\frac{2\times1.0\times2.55\times10^4\times0.4}{30\times10}=68(MN/m)$$

而当支撑一端的桩墙产生水平位移，另一端不产生水平位移时，计算有位移端的支护结构时，支撑全长的压缩变形对支点处位移产生影响，因此支撑压缩长度应为 L，即：

$$k_T=\frac{\alpha EAs_a}{L\ s}=\frac{1.0\times2.55\times10^4\times0.4}{30\times10}=34(MN/m)$$

（4）桩的水平变形系数 α 和地基土水平抗力系数的比例系数 m 按《建筑桩基技术规范》（JGJ 94—2008）规定，可按下列规定确定。

桩的水平变形系数 α 可按式（40-124）确定。

$$\alpha=\sqrt[5]{\frac{mb_0}{EI}}\tag{40-124}$$

式中：m——桩侧土水平抗力系数的比例系数（MN/m^4），宜通过单桩水平静载试验确定，当无静载试验资料时，可按表 40-25 取值；

b_0——桩身的计算宽度（m）；

圆形桩：当直径 $d\leqslant1m$ 时，$b_0=0.9(1.5d+0.5)$；

当直径 $d>1m$ 时，$b_0=0.9(d+1)$；

方形桩：当直径 $b\leqslant1m$ 时，$b_0=1.5b+0.5$；

当直径 $b>1m$ 时，$b_0=b+1$；

EI——桩身抗弯刚度，对于钢筋混凝土桩 $EI=0.85E_cI_0$；其中，E_c 为混凝土的弹性模量，I_0 为桩身换算截面惯性矩；圆形截面为 $I_0=W_0d_0/2$；矩形截面为 $I_0=W_0b_0/2$。

地基土水平抗力系数的比例系数 m 值　　　　　　　　表 40-25

序号	地基土类别	预制桩、钢桩		灌注桩	
		m （MN/m^4）	相应单桩在地面处水平位移 （mm）	m （MN/m^4）	相应单桩在地面处水平位移 （mm）
1	淤泥，淤泥质土，饱和湿陷性黄土	2～4.5	10	2.5～6	6～12
2	流塑（$I_L>1$）、软塑（$0.75<I_L\leqslant1$）状黏性土，$e>0.9$ 粉土，松散粉细砂，松散、稍密填土	4.5～6.0	10	6～14	4～8
3	可塑（$0.25<I_L\leqslant0.75$）状黏性土，$e=0.75$～0.9 粉土，湿陷性黄土，中密填土、稍密细砂	6.0～10	10	14～35	3～6
4	硬塑（$0<I_L\leqslant0.25$）坚硬（$I_L\leqslant0$）状黏性土，湿陷性黄土，$e<0.75$ 粉土，中密的中粗砂，密实老填土	10～22	10	35～100	2～5
5	中密、密实的砾砂、碎石类土			100～300	1.5～3

注：1. 当桩顶水平位移大于表列数值或灌注桩配筋率较高（$\geqslant0.65\%$）时，m 值应适当降低；当预制桩的水平向位移小于 10mm 时，m 值可适当提高。

2. 当水平荷载为长期或经常出现的荷载时，应将表列数值乘以 0.4 的系数。

3. 当地基为可液化土层时，应将表列数值乘以表 40-26 系数 φ_1。

4. 本表摘自《建筑桩基技术规范》（JGJ 94—2008）表 5.7.5。

序 号	$\lambda_N = \dfrac{N}{N_{cr}}$	自地面算起的液化土层深度 d_L(m)	φ_l
1	$\lambda_N \leqslant 0.6$	$d_L \leqslant 10$	0
		$10 < d_L \leqslant 20$	1/3
2	$0.6 < \lambda_N \leqslant 0.8$	$d_L \leqslant 10$	1/3
		$10 < d_L \leqslant 20$	2/3
3	$0.8 < \lambda_N \leqslant 1.0$	$d_L \leqslant 10$	2/3
		$10 < d_L \leqslant 20$	1.0

注:1. N 为饱和土标志贯入击数实测值;N_{cr} 为液化判别标准贯入击数临界值。

2. 对于挤土桩,当桩距小于 $4d$,且桩的排数不少于 5 排、总桩数不少于 25 根时,土层液化折减系数可按表列值提高一档取值;桩间土标准贯入击数达到 N_{cr} 时,取 $\varphi_l = 1$。

3. 当承台底面上下废液化土层厚度小于以上规定时,土层液化影响系数 φ_l 取 0。

4. 本表摘自《建筑桩基技术规范》(JGJ 94—2008)表 5.3.12。

当无试验或缺少当地经验时,第 i 土层水平抗力系数的比例系数 m_i 亦可按经验公式 (40-125)计算:

$$m_i = \frac{1}{\Delta}(0.2\varphi_{ik}^2 - \varphi_{ik} + c_{ik}) \tag{40-125}$$

式中:φ_{ik}——第 i 层土的固结不排水(快)剪内摩擦角标准值($^\circ$);

c_{ik}——第 i 层土的固结不排水(快)剪黏聚力标准值(kPa);

Δ——基坑底面处位移量(mm),按地区经验取值,无经验时可取 10。

(5)支护结构内力计算值可按下列规定计算(图 40-79)。

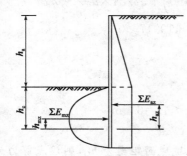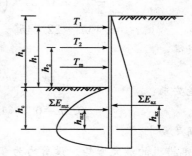

图 40-79 内力计算简图

悬臂式支护结构弯矩计算值 M_c 及剪力计算值 V_c 可按式(40-126)和式(40-127)计算:

$$M_c = h_{mz}\sum E_{mz} - h_{az}\sum E_{az} \tag{40-126}$$

$$V_c = \sum E_{mz} - \sum E_{az} \tag{40-127}$$

式中:$\sum E_{mz}$——计算截面以上的基坑内侧各土层弹性抗力值 $mb_0(z-h_0)y$ 的合力之和(kN);

h_{mz}——合力 $\sum E_{mz}$ 作用点至计算截面的距离(m);

$\sum E_{az}$——计算截面以上基坑外侧各土层水平荷载标准 $e_{aik}b_s$ 的合力之和(kN);

h_{az}——合力 $\sum E_{az}$ 作用点至计算截面的距离(m)。

支点支护结构弯矩计算值 M_c 及剪力计算值 V_c 可按式(40-128)和式(40-129)计算:

$$M_c = \sum T_j(h_j + h_c) + h_{mz}\sum E_{mz} - h_{az}\sum E_{az} \tag{40-128}$$

$$V_c = \sum T_j + \sum E_{mz} - \sum E_{az} \tag{40-129}$$

式中:h_j——支点力至基坑底的距离(m);

h_c——基坑底面至计算截面的距离(m),当计算截面在基坑底面以上时取负值。

按以上计算方法求得的弯矩计算值 M_c,宜根据地区经验折减,当无经验时,可取折减系数为 0.85。

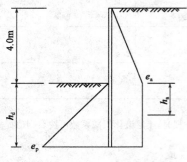

图 40-80 【例 40-28】计算简图

【例 40-28】 如图 40-80 所示。设计挖一深度为 $h=4.0\text{m}$ 的基坑,基坑侧壁安全等级为二级,拟采用悬壁排桩支挡结构。砂质土层重度为 19kN/m^3,内摩擦角为 $\varphi=20°$。试确定排桩的最小长度及最大弯矩。

解:(1)确定排桩的最小长度(图 40-80)。

主动土压力系数为:
$$K_a=\tan^2(45°-20°/2)=0.49$$

被动土压力系数为:
$$K_p=\tan^2(45°+20°/2)=2.04$$

基坑底面处主动土压力为:
$$e_a=\gamma h K_a=19\times4\times0.49=37.24(\text{kPa})$$

排桩底被动土压力为:
$$e_p=\gamma h_d K_p=19\times h_d\times2.04=38.76h_d(\text{kPa})$$
$$h_p\sum E_{pj}-1.2\gamma_0 h_a\sum E_{ai}$$
$$=\frac{1}{2}\times38.76h_d\times h_d\times\frac{1}{3}h_d-1.2\times1.0\times$$
$$\left[\frac{1}{2}\times4\times37.24\times\left(h_d+\frac{1}{3}\times4.0\right)+37.24\times h_d\times\frac{1}{2}h_d\right]$$
$$=6.46h_d^3-22.34h_d^2-89.38h_d-119.17\geqslant0$$

试算求得:
$$h_d=6.5\text{m}$$

按构造要求:
$$0.3h=0.3\times4.0=1.2\text{m}<h_d=6.5\text{m}$$

构造满足要求。

(2)确定排桩的最大弯矩。设剪力为零的点距基坑底面距离为 h_Q,则该点剪力为:
$$\frac{1}{2}\times4\times37.24+h_Q\times37.24-\frac{1}{2}\times h_Q\times19h_Q\times2.04=0$$

整理得:
$$h_Q^2-1.96h_Q-3.92=0$$

解得:
$$h_Q=3.2\text{m}$$

最大弯矩为:
$$M_{max}=\frac{1}{2}\times4\times37.24\times(4/3+3.2)+3.2\times37.24\times\frac{3.2}{2}-\frac{1}{2}\times3.2\times$$
$$(3.2\times19\times2.04)\times\frac{3.2}{3}$$
$$=337.64+190.67-211.68=316.63(\text{kN}\cdot\text{m/m})$$

【例 40-29】 某基坑开挖深度 $h=8\text{m}$,设计的基坑侧壁安全等级为二级,采用一道锚杆的

152

排桩支挡结构,锚杆距离底面 1.0m,水平间距 $a=2.0$m。基坑周围土层重度为 18kN/m³,内摩擦角为 $\varphi=20°$,黏聚力为 0。试计算排桩的最小长度、锚杆拉力和最大的弯矩值。

解:(1)锚杆拉力计算(图 40-81)。

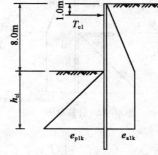

图 40-81 计算简图

主动土压力系数为:

$$K_a=\tan^2\left(45°-\frac{20°}{2}\right)=0.49$$

被动土压力系数为:

$$K_p=\tan^2\left(45°+\frac{20°}{2}\right)=2.04$$

假定土压力为零点处弯矩为零,土压力零点距基坑底面的距离为 h_{c1},即:

$$e_{alk}=\gamma hk_a=18×8×0.49=70.56(kPa)$$

$$e_{plk}=\gamma h_{cl}k_p=19×h_{cl}×2.04=36.72h_{cl}(kPa)$$

由 $e_{alk}=e_{plk}$,得:

$$70.56=36.72h_{cl}$$

$$h_{cl}=1.92m$$

$$T_{cl}=\frac{h_{al}\sum E_{ac}-h_{pl}\sum E_{pc}}{h_{T1}+h_{cl}}$$

$$=\frac{\left[70.56×8×\frac{1}{2}×\left(8×\frac{1}{3}+1.92\right)+1.92×70.56×\frac{1.92}{2}-\frac{1}{2}×70.56×1.92×\frac{1}{3}×1.92\right]}{(7+1.92)}$$

$$=\frac{1\ 424.6-43.35}{8.92}$$

$$=154.85(kN)$$

由于锚杆间距为 2m,故单根锚杆拉力为 $154.85×2=309.7$kN。

(2)嵌固深度计算(图 40-82)。

$$h_p\sum E_{pj}=\frac{1}{2}×h_d×18×h_d×2.04×\frac{1}{3}h_d=6.12h_d^3$$

$$T_{cl}(h_{T1}+h_d)=154.85×(7+h_d)=1\ 083.95+154.85h_d$$

$$h_a\sum E_{ai}=70.56×8×\frac{1}{2}×\left(8×\frac{1}{3}+h_d\right)+70.56×h_d×\frac{1}{2}×h_d$$

$$=752.64+282.24h_d+35.28h_d^2$$

以上各式代入下式:

$$h_p\sum E_{pj}+T_{cl}(h_{T1}+h_d)-1.2\gamma_0 h_a\sum E_{ai}\geqslant0$$

得:

$$6.12h_d^3+1\ 083.95+154.85h_d-1.2×1.0×(752.64+282.24h_d+35.28h_d^2)\geqslant0$$

整理得:

$$6.12h_d^3-42.34h_d^2-183.84h_d+180.78\geqslant0$$

试算得:

$$h_d=9.8m$$

按构造要求:

$$0.3h=0.3×8.0=2.4m<h_d=9.8m$$

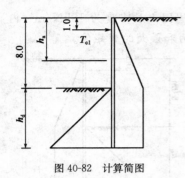
图 40-82 计算简图

所以嵌固深度满足要求。

（3）最大弯矩计算。设剪力为零的点距基坑顶面距离为 h_Q（图40-82），则该点剪力为：

$$T_{cl}-\frac{1}{2}\times h_Q\times 18 h_Q\times 0.49=154.85-4.41 h_Q^2=0$$

解得：

$$h_Q=5.93m$$

最大弯矩为：

$$M_{max}=\frac{1}{2}\times 5.93\times 18\times 5.93\times 0.49\times\frac{5.93}{3}-154.85\times(5.93-1.0)$$
$$=306.52-763.41=-456.89(kN\cdot m)$$

【例 40-30】 某基坑开挖深度为 8m，设计采用钢筋混凝土地下连续墙围护结构，墙厚为 600mm，保护层厚度为 60mm，混凝土强度等级为 C30，受力钢筋、分布钢筋均采用 HRB335（Ⅱ级）钢筋。墙体深度为 18m，设置一道 $\phi 500\times 11$ 的钢管支撑，支撑水平间距为 3m，支撑轴线位于地面以下 2.0m 处。地层为黏性土，土的天然重度 $\gamma=18kN/m^3$，内摩擦角 $\varphi=10°$，$c=10kPa$，地下水位位于地面下 1m 处，不考虑地面超载，应用朗肯土压力理论（水土合算），求地下连续墙的主动土压力、被动土压力、最大弯矩、单根支撑轴力及地下连续墙的配筋计算。

解：1.静力平衡法[《建筑基坑工程技术规范》（YB 9258—97）]

（1）土压力计算。

采用水土合算法计算土压力时，不单独考虑水的作用。当土压力强度 $e_{ai}<0$ 时，取 $e_{ai}=0$。

①计算主动土压力的零点深度 h_c。

$$h_c=\frac{2c}{\gamma\sqrt{K_a}}=\frac{2c}{\gamma\tan\left(45°-\frac{\varphi}{2}\right)}=\frac{2\times 10}{18\times\tan\left(45°-\frac{10°}{2}\right)}=1.32(m)$$

②主动土压力强度计算。

$$e_a=\gamma h K_a-2c\sqrt{K_a}=\gamma h\tan^2\left(45°-\frac{\varphi}{2}\right)-2c\tan\left(45°-\frac{\varphi}{2}\right)$$
$$=18\times 18\times\tan^2\left(45°-\frac{10°}{2}\right)-2\times 10\times\tan\left(45°-\frac{10°}{2}\right)$$
$$=228.12-16.78=211.34(kPa)$$

③主动土压力合力 E_a。

$$E_a=\frac{1}{2}\times(18-1.32)\times 211.34=1762.6(kN)$$

④被动土压力强度计算。

$$e_{pl}=\gamma h K_p+2c\sqrt{K_p}=\gamma h\tan^2\left(45°+\frac{\varphi}{2}\right)+2c\tan\left(45°+\frac{\varphi}{2}\right)$$
$$=0-2\times 10\times\tan\left(45°+\frac{10°}{2}\right)=23.84(kPa)$$

$$e_{p2}=18\times10\tan^2\left(45°+\frac{10°}{2}\right)+2\times10\times\tan\left(45°+\frac{10°}{2}\right)=279.48(\text{kPa})$$

⑤被动土压力合力 E_p。

$$E_p=\frac{1}{2}\times(e_{p1}+e_{p2})h_d=\frac{1}{2}\times(23.84+279.48)\times10=1\,516.6(\text{kN})$$

主动及被动土压力分布如图 40-83 所示。

(2)支点反力 T(1m 宽土压力产生的支点反力)。

根据静力平衡条件(图 40-84),有:

$$\sum F=0$$

$$T=E_a-E_p=1\,762.6-1\,516.6=246(\text{kN})$$

则单根支撑轴力为:

$$N=3T=3\times246=738(\text{kN})$$

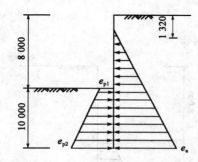

图 40-83　主、被动土压力分布图形(尺寸单位:mm)

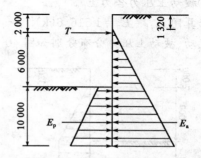

图 40-84　静力平衡计算简图(尺寸单位:mm)

(3)求墙身最大弯矩 M_{max}。

①求剪力 $V=0$ 的位置(图 40-85)。

$$T=\gamma x\tan^2\left(45°-\frac{10°}{2}\right)\frac{1}{2}x$$

$$x=\sqrt{\frac{2T}{\gamma\tan^2\left(45°-\frac{10°}{2}\right)}}=\sqrt{\frac{2\times246}{18\times\tan^2 40°}}=6.23(\text{m})$$

②求 M_{max}(A 点的弯矩)。

$$e_{aA}=18\times6.23\times\tan^2\left(45°-\frac{10°}{2}\right)=78.96(\text{kPa})$$

$$M_{max}=(6.23+1.32-2)\times246-\frac{1}{2}\times6.23\times78.96\times$$

$$\frac{1}{3}\times6.23$$

$$=1\,365.30-510.78=854.52(\text{kN}\cdot\text{m})$$

2.等值梁法[《建筑基坑支护技术规程》(JGJ 120—99)]

(1)土压力计算。

①主动土压力的零点深度的计算同上,$h_c=1.32\text{m}$。

②主动土压力强度计算。

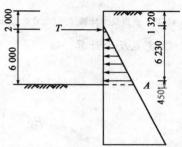

图 40-85　剪力零点位置(尺寸单位:mm)

$$e_{a1} = \gamma h K_a - 2c\sqrt{K_a} = \gamma h \tan^2\left(45° - \frac{\varphi}{2}\right) - 2c\tan\left(45° - \frac{\varphi}{2}\right)$$

$$= 18 \times 8 \times \tan^2\left(45° - \frac{10°}{2}\right) - 2 \times 10 \times \tan\left(45° - \frac{10°}{2}\right)$$

$$= 101.39 - 16.78 = 84.6\,(\text{kPa})$$

$$e_{a2} = e_{a1} = 84.6\,(\text{kPa})$$

③主动土压力合力 E_a。

$$E_a = \frac{1}{2} \times (8 - 1.32)e_{a1} + 10e_{a2} = \frac{1}{2} \times (8 - 1.32) \times 84.6 + 10 \times 84.6 = 1\,128.6\,(\text{kN})$$

④被动土压力强度计算。

计算同上,得 $e_{p1} = 23.84\,(\text{kPa})$,$e_{p2} = 279.48\,(\text{kPa})$。

⑤被动土压力合力 E_p。

计算同上,得 $E_p = 1\,516.6\,(\text{kN})$。

主动、被动土压力分布分别如图 40-86 和图 40-87 所示。

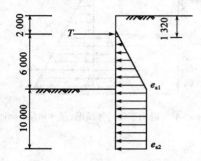

图 40-86　主动土压力分布(尺寸单位:mm)

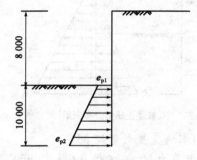

图 40-87　被动土压力分布(尺寸单位:mm)

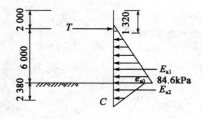

图 40-88　支点反力计算简图(尺寸单位:mm)

(2)求支点反力 T(图 40-88)。

计算 1m 宽土压力产生的支点反力。

①开挖面以下土压力零点。

$$e_{a1} = x\gamma\tan^2\left(45° + \frac{\varphi}{2}\right) + 2c\tan\left(45° + \frac{\varphi}{2}\right)$$

$$x = \frac{84.6 - 2 \times 10\tan\left(45° + \frac{10°}{2}\right)}{18\tan\left(45° + \frac{10°}{2}\right)} = 2.38\,(\text{m})$$

②支点反力计算。

$$e_{a0} = 84.6 - 2c\tan\left(45° + \frac{\varphi}{2}\right) = 84.6 - 2 \times 10\tan\left(45° + \frac{10°}{2}\right) = 60.77\,(\text{kPa})$$

$$E_{a1} = \frac{1}{2} \times 84.6 \times (8 - 1.32) = 282.6\,(\text{kN})$$

$$E_{a2} = \frac{1}{2} \times 60.77 \times 2.38 = 72.3\,(\text{kN})$$

156

对 C 点取矩,则:

$$(6+2.38)T=\left(\frac{8-1.32}{3}+2.38\right)E_{a1}+\frac{2}{3}\times2.38E_{a2}$$

$$T=\frac{1}{6+2.38}\left[\left(\frac{8-1.32}{3}+2.38\right)\times282.6+\frac{2}{3}\times2.38\times72.3\right]=169.04(\text{kN})$$

③单根支撑轴力 N。

$$N=3T=3\times169.04=507.1(\text{kN})$$

(3)求 M_{max}(图 40-89)。

①求剪力零点位置 x_c。

$$\frac{1}{2}x_c^2\gamma\tan\left(45°-\frac{\varphi}{2}\right)=T=169.04$$

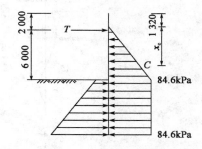

图 40-89　剪力零点位置(尺寸单位:mm)

$$x_c=\sqrt{\frac{2T}{\gamma\tan^2\left(45°-\frac{\varphi}{2}\right)}}=\sqrt{\frac{2\times169.04}{18\times\tan^2\left(45°-\frac{10°}{2}\right)}}=5.16(\text{m})$$

②求 M_{max}。

$$e_{a2}=18\times5.16\times\tan\left(45°-\frac{10°}{2}\right)=65.40(\text{kPa})$$

$$M_{max}=(5.16+1.32-2)\times169.04-\frac{1}{2}\times65.4\times5.16\times5.16\times\frac{1}{3}$$

$$=757.30-290.2=467.1(\text{kN}\cdot\text{m})$$

从上述结果中可以看出,运用《建筑基坑工程技术规范》(YB 9258—97)和《建筑基坑支护技术规程》(JGJ 120—99)求得的剪力零点位置均没有进入开挖面以下,但由前者算得的剪力零点位置更靠近基底,所得支撑轴力和最大弯矩值均比后者大得较多。

3.地下连续墙的配筋计算

计算配筋时,墙开挖侧的最大弯矩 $M_{max}=467.1\text{kN}\cdot\text{m}$;C30 相当于 320 号混凝土,故有 $f_c=14.3\text{MPa}$。

$$a_s=\frac{M}{a_1f_cbh^2}=\frac{467.1\times10^6\text{N}\cdot\text{mm}}{1\times14.3\times1\,000\times520^2}=0.12$$

查《钢筋混凝土结构》(罗向荣主编,2004 年出版)附表 A.2 和附表 C.4 得:$f_y=300\text{MPa}$ 和 $\gamma_s=0.933$。

$$A_s=\frac{M}{f_y\gamma_sh_0}=\frac{467.1\times10^6\text{N}\cdot\text{mm}}{300\times0.933\times520}=3\,209(\text{mm}^2/\text{m})$$

实配钢筋为 $\phi22@100$,$A_s=3\,801\text{mm}^2/\text{m}$,满足要求。

五、地下连续墙结构分析的解析方法

前面已经介绍了排桩支护的一般计算方法,如悬臂式排桩支护、单支点排桩支护及多支点排桩支护的各种计算方法,这些方法均适用于地下连续墙的静力计算。现介绍山肩邦男法、弹性法的计算方法。有关地下连续墙的其他计算方法可参见本书参考文献[35]、[31]、[38]、[74],因篇幅有限,在此不再详述。

1. 山肩邦男法

1)山肩邦男精确法

支撑轴力、墙体弯矩不变化的计算方法,是以某些实测现象为依据的,如:

(1)下道支撑设置以后,上道支撑的轴力几乎不发生变化,或者稍微发生变化。

(2)下道支撑点以上的墙体变位,大部分是在下道支撑设置前产生的(图40-90)。

(3)下道支撑点以上部分的墙体弯矩,其大部分数值也是下道支撑设置前残留下来的。

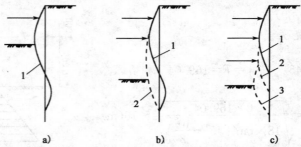

图40-90 开挖过程中,支撑设置与墙体变位的关系图

1-第一次开挖后墙体变位;2、3-分别为第二次、第三次开挖后墙体变位

根据这些实测现象,山肩邦男提出了支撑轴力、墙体弯矩不随开挖过程过程变化的计算方法,其基本假设为(图40-91):

(1)在黏性土层中,墙体作为无限长的弹性体。

(2)墙背土压力在开挖面以上取为三角形,在开挖面以下取为矩形(已抵消开挖面一侧的静止土压力)。

(3)开挖面以下土的横向抵抗反力分为两个区域,达到被动土压力的塑性区,高度为 l,以及反力与墙体变形成直线关系的弹性区。

(4)支撑设置后,即作为不动支点。

(5)下道支撑设置后,认为上道支撑的轴力值保持不变,而且下道支撑以上的墙体仍然保持原来的位置。

这样,就可把整个横剖面图分成三个区间,即第 k 道支撑到开挖面的区间、开挖面以下的塑性区间及弹性区间,建立弹性微分方程式。根据边界条件及连续条件即可导出第 k 道支撑轴力 N_k 的计算公式及其变位和内力公式,由于公式中包含未知数的五次函数,因此运算较繁琐。

2)山肩邦男近似法

以上即为山肩邦男法精确解的概念。为了简化计算,山肩邦男通过研究后揭出了近似解法,其基本假定为(图40-92)。

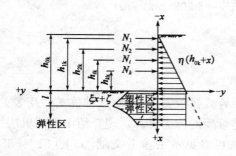

图40-91 山肩邦男法精确解计算简图

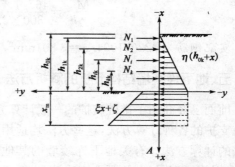

图40-92 山肩邦男法近似解计算简图

(1)在黏土地层中,墙体作为底端自由的有限长弹性体。

(2)同精确解。

(3)开挖面以下土的横向抵抗反力取为被动土压力,其中,$(\xi x + \zeta)$为被动土压力减去静止土压力(η_x)后的数值。

(4)同精确解。

(5)同精确解。

(6)开挖面以下墙体弯矩$M=0$的那点,假想为一个铰,而且忽略此铰以下的墙体对上面墙体的剪力传递。

近似解法只需应用两个静力平衡方程式:

$$\sum Y = 0$$
$$\sum M_A = 0$$

由$\sum Y = 0$,得:

$$N_k = \frac{1}{2}\eta h_{0k}^2 + \eta h_{0k} x_m - \sum_1^{k-1} N_i - \zeta x_m - \frac{1}{2}\xi x_m^2 \qquad (40\text{-}130)$$

利用$\sum M_A = 0$,以及式(40-130),经化简后得:

$$\frac{1}{3}\xi x_m^3 - \frac{1}{2}(\eta h_{0k} - \zeta - \xi h_{kk})x_m^2 - (\eta h_{0k} - \zeta)h_{kk}x_m -$$
$$\left[\sum_{i=1}^{k-1} N_i h_{ik} - h_{kk}\sum_1^{k-1} N_i + \frac{1}{2}\eta h_{kk}h_{0k}^2 - \frac{1}{6}\eta h_{0k}^3\right] = 0 \qquad (40\text{-}131)$$

$$\eta = \frac{(\gamma h_{0k} + q)K_a}{h_{0k}}$$

式中:h_{1k}、h_{2k}、$\cdots$、h_{ik}、h_{kk}——横撑(或锚)离基坑底的距离(m);

η——主动土压力及地面荷载引起侧压力合力的斜率;

h_{0k}——基坑深度(m)。

$$e_p = \gamma x_m K_p - 2c\sqrt{K_p} = \xi x_m - \zeta$$

式中:γ——土的重度(kN/m³);

q——地面荷载(kPa);

K_a——主动土压力系数,$K_a = \tan^2\left(45° - \dfrac{\varphi}{2}\right)$;

φ——土的内摩擦角(°);

K_p——被动土压力系数,$K_p = \dfrac{1}{\tan^2\left(45° - \dfrac{\varphi}{2}\right)}$;

e_p——被动土压力(kPa);

x_m——地下连续墙入土深度(m);

ξ、ζ——被动土压力系数,$\xi = \gamma K_p$ $\zeta = 2c\sqrt{K_p}$;

c——土的黏聚力(kPa)。

近似解法的计算步骤如下:

(1)在第一阶段开挖后,式(40-130)、式(40-131)的下标$k=1$,而且N_i取为零,从式(40-131)中求出x_m,然后代入式(40-130)求出N_1。

(2)在第二阶段开挖后,式(40-130)、式(40-131)的下标$k=2$,而且N_i只有一个N_1值已知值。从式(40-131)求出 x_m，然后代入式(40-130)求出 N_2。

（3）在第三阶段开挖后，$k=3$，N_i 有 2 个，即 N_1、N_2 作为已知值，由式(40-131)求得 x_m，然后代入式(40-130)求出 N_3。

以此类推，求得各道支撑轴力后，墙体内力不难求出。

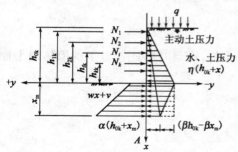

图 40-93　山肩邦男法近似解法的
另一种计算简图

根据计算结构的对比，支撑轴力的近似解一般稍大于精确解，是偏于安全的。墙体弯矩的近似解除负弯矩部分以外，与精确解的形状是类似的，而且最大弯矩值比精确解仅大 10%，也是偏于安全的。

这里再介绍一种方法，基本假定与山肩邦男法相同，但墙后的水、土压力不一样，开挖面以下的水压力认为衰减到零。被动侧的土抗力认为达到被动土压力，为区别于山肩邦男法已减去静止土压力部分，以 $(wx+v)$ 代替 $(\xi x+\zeta)$，见图 40-93。

根据静力平衡条件，可推导出计算 N_k 及 x_m 的公式：

$\sum Y = 0$

$$-\sum_1^{k-1} N_i - N_k - v x_m - \frac{1}{2} w x_m^2 + \frac{1}{2} \eta h_{0k}^2 + \eta h_{0k} x_m - \frac{1}{2} (\beta h_{0k} - \alpha x_m) x_m = 0$$

$$\beta = \eta - \alpha$$

$$N_k = \eta h_{0k} x_m + \frac{1}{2} \eta h_{0k}^2 - \frac{1}{2} w x_m^2 - v x_m - \sum_1^{k-1} N_i - \frac{1}{2} \beta h_{0k} x_m + \frac{1}{2} \alpha x_m^2 \quad (40\text{-}132)$$

$\sum M_A = 0$

$$\sum_1^{k-1} N_i (h_{ik} + x_m) + N_k (h_{kk} + x_m) + \frac{1}{2} v x_m^2 + \frac{1}{6} w x_m^3 - \frac{1}{2} \eta h_{0k}^2 \left(\frac{h_{0k}}{3} + x_m \right) -$$

$$\eta h_{0k} x_m \frac{x}{2} + \frac{1}{2} (\beta h_{0k} - \alpha x_m) \frac{x_m^2}{3} = 0$$

将式(40-132)代入并整理后得：

$$\frac{1}{3} (w - \alpha) x_m^3 - \left(\frac{1}{2} \eta h_{0k} - \frac{1}{2} v - \frac{1}{2} w h_{kk} + \frac{1}{2} x h_{kk} - \frac{1}{3} \beta h_{0k} \right) x_m^2 -$$

$$\left(\eta h_{0k} - v - \frac{1}{2} \beta h_{0k} \right) h_{kk} x_m - \left[\sum_1^{k-1} N_i h_{ik} - h_{kk} \sum_1^{k-1} N_i + \eta h_{0k}^2 \left(h_{kk} - \frac{h_{0k}}{3} \right) \right] = 0 \quad (40\text{-}133)$$

【例 40-31】　某地下连续墙支护结构，已知地基土层为黏性土，其重度 $\gamma = 20 \text{kN/m}^3$（近似将水土合算），内摩擦角 $\varphi = 25°$，黏聚力 $c = 20 \text{kPa}$，地面荷载 $q = 10 \text{kPa}$，设两道横撑，试求基坑开挖到 -7.0m 和 -10.5m 时横撑的内力及墙板的弯矩。

解：（1）土压力计算。

主动土压力不考虑黏聚力，主动土压力系数：

$$K_a = \tan^2 \left(45° - \frac{\varphi}{2} \right) = \tan^2 \left(45° - \frac{25°}{2} \right) = 0.406$$

主动土压力及地面荷载引起侧压力合力的斜率：

$$\eta = \frac{(\gamma h + q) K_a}{h} = \frac{(20 \times 10.5 + 10) \times 0.406}{10.5} = 8.51$$

被动土压力按朗金土压力公式之被动土压力系数：

160

$$K_p = \frac{1}{\tan^2\left(45° - \dfrac{\varphi}{2}\right)} = \frac{1}{\tan^2\left(45° - \dfrac{25°}{2}\right)} = 2.46$$

被动土压力：

$$e_p = \gamma x K_p - 2c\sqrt{K_p} = 20x \times 2.46 - 2 \times 20 \times 1.57 = 49.2x - 62.8$$

得出：

$$\xi = 49.2; \zeta = 62.8$$

(2)假定先设有顶横撑，开挖到 7.0m，此时，$k=1$，$h_{0k}=7.0m$，$h_{km}=h_{1k}=6.7m$，$N_k=N_1$，由式(40-131)求入土深度 x_m：

$$\frac{1}{3} \times 49.2 x_m^3 - \frac{1}{2}(8.5 \times 7.0 - 62.8 - 49.2 \times 6.7)x_m^2 - (8.5 \times 7.0 - 62.8) \times 6.7 x_m -$$

$$\left[\frac{1}{2} \times 8.5 \times 7.0^2 \times 6.7 - \frac{1}{6} \times 8.5 \times 7.0^3\right] = 0$$

解得：

$$x_m = 2.1(m)$$

应用公式(40-130)求 N_1。

$$N_1 = \frac{1}{2} \times 8.5 \times 7.0^2 + 8.5 \times 7.0 \times 2.1 - 62.8 \times 1.2 - \frac{1}{2} \times 49.2 \times 2.1^2 = 100.5(kN)$$

$$M_1 = 8.5 \times \frac{0.3^2}{2} \times \frac{0.3}{3} = 0.038(kN \cdot m)$$

$$M_2 = \frac{8.5 \times 7.0^2}{2} \times \frac{7.0}{3} - 100.5 \times 6.7 = -187.43(kN \cdot m)$$

设第一道支撑横撑的轴力及墙体的弯矩如图 40-94 所示。

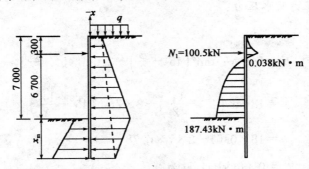

图 40-94　开挖 7.0m 时的计算简图及结果图(尺寸单位：mm)

(3)设第二道横撑后继续开挖到 10.5m，如图 40-95 所示，已知：$k=2$，$N_i=N_1=100.5kN$，$h_{0k}=10.5m$，$h_{1k}=10.2m$，$h_{kk}=h_{2k}=4m$，$N_k=N_2$，其他同上，同样利用公式(40-131)求 x_m：

$$\frac{1}{3} \times 49.2 x_m^3 - \frac{1}{2}(8.5 \times 10.5 - 62.8 - 49.2 \times 4)x_m^2 - (8.5 \times 10.5 - 62.8) \times 4 x_m -$$

$$\left[100.5 \times 10.2 - 4 \times 100.5 + \frac{1}{2} \times 8.5 \times 10.5^2 \times 4 - \frac{1}{6} \times 8.5 \times 10.5^3\right] = 0$$

$$16.4 x_m^3 + 85.2 x_m^2 - 105.8 x_m - 857.4 = 0$$

解得：

$$x_m = 2.96m \approx 3.0(m)$$

由式(40-130)求 N_2。

$$N_2 = \frac{1}{2} \times 8.5 \times 10.5^2 + 8.5 \times 10.5 \times 3 - 100.5 - 62.8 \times 3 - \frac{1}{2} \times 49.2 \times 3^2 = 226.0 \text{(kN)}$$

已知 $M_1 = 0.038 \text{(kN} \cdot \text{m)}$

$M_2 = -187.43 \text{(kN} \cdot \text{m)}$

$$M_3 = 8.5 \times \frac{10.5^2}{2} \times \frac{10.5}{3} - 100.5 \times 10.2 - 226 \times 4 = -289.13 \text{(kN} \cdot \text{m)}$$

开挖到10.5m深的横撑轴力及墙体弯矩如图40-95所示。

【例40-32】 如图40-96所示,已知基坑的黏土的物理力学指标为:$\gamma = 18 \text{kN/m}^3$,$\varphi = 14°$,$c = 7 \text{kPa}$。地面超载 $q = 18 \text{kPa}$,地下水位离地面1m。开挖深度18m,采用地下连续墙,并设四道支撑,试求支撑轴力及墙体弯矩。

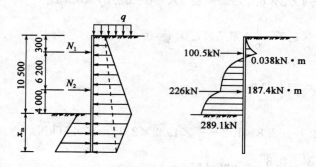

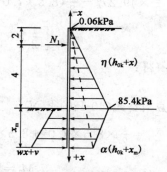

图40-95 开挖10.5m时的计算简图及结果图(尺寸单位:mm)   图40-96 第一阶段开挖计算简图(尺寸单位:m)

解:利用朗肯土压力理论计算土压力,并按地下水位计算水压力。延墙体长度方向取1m计算。

(1)墙背主动土压力及水压力:

深度 $z = 0$ 处:

$$p_a = (q + \gamma h)\tan^2\left(45° - \frac{\varphi}{2}\right) - 2c\tan\left(45° - \frac{\varphi}{2}\right)$$

$$= 18\tan^2\left(45° - \frac{14°}{2}\right) - 2 \times 7\tan\left(45° - \frac{14°}{2}\right)$$

$$= 18 \times 0.61 - 2 \times 7 \times 0.78$$

$$= 0.06 \text{(kPa)},取为 0$$

深度 $z = 1\text{m}$ 处:

$$p_a = (18 + 18 \times 1)\tan^2\left(45° - \frac{14°}{2}\right) - 2 \times 7\tan\left(45° - \frac{14°}{2}\right)$$

$$= 36 \times 0.61 - 2 \times 7 \times 0.78 = 11.04 \text{(kPa)}$$

深度 $z = 2\text{m}$ 处:

$$p_a = (18 + 18 + 18 \times 1) \times 0.61 - 2 \times 7 \times 0.78 = 15.92 \text{(kPa)}$$

$$p_w = 10 \times 1 = 10 \text{(kPa)}$$

$$p = p_a + p_w = 15.92 + 10 = 25.92 \text{(kPa)}$$

162

深度 $z=6\text{m}$ 处：

$$p_a=(18+18+18\times5)\tan^2\left(45°-\frac{14°}{2}\right)-2\times7\tan\left(45°-\frac{14°}{2}\right)$$

$$=76\times0.61-2\times7\times0.78=35.4(\text{kPa})$$

$$p_w=10\times5=50(\text{kPa})$$

$$p=p_a+p_w=35.4+50=85.4(\text{kPa})$$

$$\eta=\frac{85.4}{6}=14.2$$

$$\alpha=\frac{35.4}{6}=5.9$$

$$\beta=\eta-\alpha=14.2-5.9=8.3$$

(2)计算墙前被动土压力。

$$p_p=\gamma\times x\times\tan^2\left(45°+\frac{\varphi}{2}\right)+2c\tan\left(45°+\frac{\varphi}{2}\right)$$

$$=18x\tan^2\left(45°+\frac{14°}{2}\right)+2\times7\tan\left(45°+\frac{14°}{2}\right)$$

$$=29.5x+17.9$$

则：

$$w=29.5,v=17.9$$

第一阶段开挖,深度 6m,单支撑,见图 40-96,支撑数 $k=1,h_{0k}=6\text{m},h_{kk}=h_{1k}=4\text{m},N_k=N_1$,应用式(40-133)求 x_m:

$$\frac{1}{3}(29.5-5.9)x_m^3-\left(\frac{1}{2}\times14.2\times6-\frac{1}{2}\times17.9-\frac{1}{2}\times29.5\times4-\frac{1}{3}\times8.3\times6\right)x_m^3-$$

$$\left(14.2\times6-17.9-\frac{1}{2}\times8.3\times6\right)4x_m-\left[\frac{1}{2}\times14.2\times6^2\times\left(4-\frac{6}{3}\right)\right]=0$$

$$x_m^3+5.33x_m^2-21.55x_m-64.96=0$$

求解方程得：

$$x_m=4.1(\text{m})$$

应用式(40-132),求支撑轴力 N_1(图 40-97)：

$$N_1=14.2\times6\times4.1+\frac{1}{2}\times14.2\times6^2-\frac{1}{2}\times29.5\times4.1^2-17.9\times4.1-$$

$$\frac{1}{2}\times8.3\times6\times4.1+\frac{1}{2}\times5.9\times4.1^2=231.1(\text{kN})$$

墙体弯矩：

$$M_1=\frac{2\times25.9}{2}\times\frac{2}{3}=17.27(\text{kN}\cdot\text{m})$$

$$M_2=85.4\times\frac{6}{2}\times\frac{6}{3}-231.1\times4=-412.0(\text{kN}\cdot\text{m})$$

第二阶段开挖,深度10m,设两道支撑,如图40-98所示。已知 $k=2$,$N_i=N_1=231.1\text{kN}$,$h_{0k}=10\text{m}$,$h_{1k}=8\text{m}$,$h_{kk}=h_{2k}=4\text{m}$,$N_k=N_2$。w、v、η、α、β 均同上。

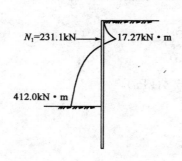

图 40-97 第一阶段开挖的 N_1、M_1、M_2

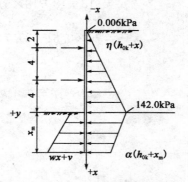

图 40-98 第二阶段开挖计算简图(尺寸单位:m)

利用式(40-133)求 x_m:

$$\frac{1}{3}(29.5-5.9)x_m^3-\left(\frac{1}{2}\times14.2\times10-\frac{1}{2}\times17.9-\frac{1}{2}\times29.5\times4+\frac{1}{2}\times5.9\times4-\right.$$

$$\left.\frac{1}{3}\times8.3\times10\right)x_m^2-\left(14.2\times10-17.9-\frac{1}{2}\times8.3\times10\right)\times4x_m-$$

$$\left[231.1\times8-4\times231.1+\frac{1}{2}\times14.2\times10^2\times\left(4-\frac{10}{3}\right)\right]=0$$

$$7.87x_m^3+12.82x_m^2-330.4x_m-1\,397.73=0$$

得:

$$x_m=7.35(\text{m})$$

利用式(40-132)求 N_2(图40-99):

$$N_2=14.2\times10\times7.35+\frac{1}{2}\times14.2\times10^2-\frac{1}{2}\times29.5\times7.35^2-17.9\times7.35-$$

$$231.1-\frac{1}{2}\times8.3\times10\times7.35+\frac{1}{2}\times5.9\times7.35^2=448.5(\text{kN})$$

弯矩 $M_3=142\times\dfrac{10}{2}\times\dfrac{10}{3}-231.1\times8-448.5\times4=-1\,276.1(\text{kN}\cdot\text{m})$

同理继续计算,可得四道支撑的轴力及墙体的弯矩(图40-100)。

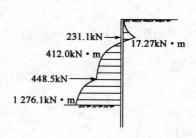

图 40-99 第二阶段开挖时支撑
轴力及弯矩图

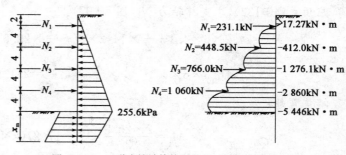

图 40-100 四道支撑计算简图及 N、M 图(尺寸单位:m)

2. 弹性法

1）概述

此法即为日本建筑基础结构设计规范中的弹性法，其计算图式如图 40-101 所示。将墙体作为无限长的弹性体，用微分方程求解。主动侧的土压力为已知，但入土面（开挖底面）以下只有被动侧的土抗力，土抗力数值与墙体变位成正比，此法的其他假定均与山肩邦男法相同。

上海同济大学曾将此法进行了局部修改，其不同的是考虑了入土面以下主动侧的水、土压力，如图 40-102 所示。基本假定是：

（1）墙体作为无限长的弹性体。

（2）已知水、土压力，并假定为三角形分布。

（3）开挖面以下作用在墙体的土抗力，假定与墙体的变位成正比例。

（4）支撑（楼板）设置后，即把支撑支点作为不动点。

（5）下道支撑设置以后，认为上道支撑的轴力保持不变，其上部的墙体也保持以前的变位。

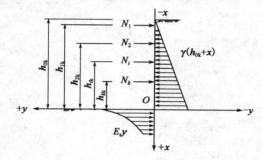

图 40-101　日本弹性法计算简图　　　　　　图 40-102　修改后的弹性法计算简图

图中：y-墙体变位（m）；K_h-地基土的水平向基床系数（kN/m³）；$E_s = K_h B$-地层横向弹性模量（kPa）；B-墙体水平方向长度，一般取为 1m；η 水、土压力斜率。

2）剪力弹性曲线方程

（1）在第 k 道支撑到开挖面的区间（$-h_{kk} \leqslant x \leqslant 0$）：

$$M = \frac{1}{2}\eta(h_{0k}+x)(h_{0k}+x) \times \frac{1}{3}(h_{0k}+x) - \sum_1^k N_i(h_{ik}+x)$$

$$= \frac{1}{6}\eta(h_{0k}+x)^3 - \sum_1^k N_i(h_{ik}+x)$$

$$\frac{\mathrm{d}^2 y_1}{\mathrm{d}x^2} = \frac{M}{EI} = \frac{1}{6}\eta(h_{0k}+x)^3 - \sum_1^k N_i(h_{ik}+x) \qquad (40\text{-}134)$$

积分得：

$$\frac{\mathrm{d}y_1}{\mathrm{d}x} = \frac{\eta}{24EI}(h_{0k}+x)^4 - \sum_1^k \frac{N_i}{2EI}(h_{ik}+x)^2 + c_1 \qquad (40\text{-}135)$$

$$y_1 = \frac{\eta}{120EI}(h_{0k}+x)^5 - \frac{1}{EI}\sum_1^k \frac{1}{6N_i}(h_{ik}+x)^3 + c_1 x + c_2 \qquad (40\text{-}136)$$

$$EI\frac{\mathrm{d}^3 y_1}{\mathrm{d}x^3} = \frac{1}{2}\eta(h_{0k}+x)^2 - \sum_1^k N_i \qquad (40\text{-}137)$$

(2)在开挖面以下的弹性区间($x \geqslant 0$)：

$$EI \frac{\mathrm{d}^4 y_2}{\mathrm{d}x^4} = q$$

$$EI \frac{\mathrm{d}^4 y_2}{\mathrm{d}x^4} = \eta(h_{0k} + x) - E_s y_2$$

$$EI \frac{\mathrm{d}^4 y_2}{\mathrm{d}x^4} + E_s y_2 = \eta(h_{0k} + x) \tag{40-138}$$

根据边界条件：

$x = \infty$时，$EIy_2'' = 0$，$EIy_2''' = 0$，

齐次方程的通解为：

$$y_{2.1} = He^{\beta x}\cos\beta x + We^{\beta x}\sin\beta x + Ae^{-\beta x}\cos\beta x + Fe^{-\beta x}\sin\beta x$$

3）非齐次方程的特解

令 $y_{2.2} = Px + R$，代入式（40-138）得：

$$E_s(Px + R) = \eta(h_{0k} + x)$$

$$E_s Px + E_s R = \eta h_{0k} + \eta x$$

$\because E_s P = \eta$ 及 $E_s R = \eta h_{0k}$，

$\therefore P = \dfrac{\eta}{E_s}$，$R = \dfrac{\eta h_{0k}}{E_s}$。

$$y_{2.2} = Px + R = \frac{\eta}{E_s}x + \frac{\eta h_{0k}}{E_s} = \frac{\eta}{E_s}(h_{0k} + x)$$

$\because$ 当 $x = \infty$时，$e^{\beta x}$、$\cos\beta x$、$\sin\beta x$ 不可能为零，故 $H = W = 0$。

$\therefore$ 非齐次方程的通解为：

$$y_{2.2} = e^{-\beta x}(A\cos\beta x + F\sin\beta x) + \frac{\eta}{E_s}(h_{0k} + x) \tag{40-139}$$

$$\beta = \sqrt[4]{\frac{E_s}{4EI}}$$

则：

$$\frac{\mathrm{d}y_2}{\mathrm{d}x} = -\beta e^{-\beta x}\left[(A - F)\cos\beta x + (A + F)\sin\beta x\right] + \frac{\eta}{E_s} \tag{40-140}$$

$$\frac{\mathrm{d}^2 y_2}{\mathrm{d}x^2} = -2\beta^2 e^{-\beta x}(F\cos\beta x - A\sin\beta x) \tag{40-141}$$

$$\frac{\mathrm{d}^2 y_2}{\mathrm{d}x^3} = 2\beta^3 e^{-\beta x}\left[(A + F)\cos\beta x - (A - F)\sin\beta x\right] \tag{40-142}$$

4）根据连续条件求解方程中的待定系数

(1)连续条件 $x = 1$ 处，$y_1 = y_2$，$y_1' = y_2'$。

$$y_1|_{x=0} = \frac{\eta}{120EI}h_{0k}^5 - \sum_1^k \frac{N_i}{6EI}h_{ik}^3 + C_2$$

$$y_2|_{x=0} = A + \frac{\eta}{E_s}h_{0k}$$

令

$$y_1|_{x=0} = y_2|_{x=0}$$

即：

166

$$\frac{\eta}{120EI}h_{0\mathrm{k}}^5 - \sum_1^k \frac{N_i}{6EI}h_{i\mathrm{k}}^3 + C_2 = A + \frac{\eta}{E_\mathrm{s}}h_{0\mathrm{k}} \tag{40-143}$$

$$y_1'\big|_{x=0} = \frac{\eta}{24EI}h_{0\mathrm{k}}^4 - \sum_1^k \frac{N_i}{2EI}h_{i\mathrm{k}}^2 + C_1$$

$$y_2'\big|_{x=0} = -\beta(A-F) + \frac{\eta}{E_\mathrm{s}}$$

令：

$$y_1'\big|_{x=0} = y_2'\big|_{x=0}$$

即：

$$\frac{\eta}{24EI}h_{0\mathrm{k}}^4 - \sum_1^k \frac{N_i}{2EI}h_{i\mathrm{k}}^2 + C_1 = -\beta(A-F) + \frac{\eta}{E_\mathrm{s}} \tag{40-144}$$

(2)$x=0$ 处的内力。

弯矩：

$$M_0 = \frac{\eta}{6}h_{0\mathrm{k}}^3 - \sum_1^k N_i h_{i\mathrm{k}}$$

由式(40-141)得：

$$M_0 = -2\beta^2 FEI$$

$$F = -\frac{M_0}{2\beta^2 EI} \tag{40-145}$$

剪力

由式(40-137)得：

$$Q_0 = \frac{\eta}{6}h_{0\mathrm{k}}^3 - \sum_1^k N_i$$

由式(40-142)得：

$$Q_0 = 2\beta^3(A+F)EI$$

$$A = -\frac{Q_0}{2\beta^3 EI} - F \tag{40-146}$$

将式(40-145)代入式(40-144),得：

$$A = \frac{Q_0}{2\beta^3 EI} - \left(-\frac{M_0}{2\beta^2 EI}\right) = \frac{1}{2\beta^3 EI}(Q_0 + \beta M_0) \tag{40-147}$$

将 A 值代入式(40-143),得：

$$C_2 = \frac{1}{2\beta^3 EI}(Q_0 + \beta M_0) + \frac{\eta}{E_\mathrm{s}}h_{0\mathrm{k}} + \sum_1^k \frac{N_i}{6EI}h_{i\mathrm{k}}^3 - \frac{\eta}{120EI}h_{0\mathrm{k}}^5 \tag{40-148}$$

将式(40-145)和式(40-147)代入式(40-144),得：

$$C_1 = -\frac{1}{2\beta^3 EI}(Q_0 + 2\beta M_0) + \frac{\eta}{E_\mathrm{s}} + \sum_1^k \frac{N_i}{2EI}h_{i\mathrm{k}} - \frac{\eta}{120EI}h_{0\mathrm{k}}^5 \tag{40-149}$$

5)墙体变位与内力的最终形式

(1)在($-h_{kk} \leqslant x \leqslant 0$)区间：

$$y_1 = N_k A_1 + A_2 + A_3 \tag{40-150}$$

$$N_k = \frac{1}{A_1}(y_1 - A_2 - A_3) \tag{40-151}$$

$$A_1 = \frac{x}{2\beta^2 EI} - \frac{1}{6EI}(h_{kk}+x)^3 + \frac{x}{2EI}h_{kk}^2 + \frac{x}{\beta EI}h_{kk} + \frac{h_{kk}^3}{6EI} - \frac{1}{2\beta^2 EI} - \frac{h_{kk}}{2\beta^2 EI}$$

$$\tag{40-152}$$

167

$$A_2 = \sum_1^{k-1} \frac{N_i}{2EI} h_{ik}^2 x - \sum_1^{k-1} \frac{N_i}{6EI}(h_{ik}+x)^3 + \frac{1}{2\beta^2 EI}\sum_1^{k-1} N_i x +$$

$$\frac{1}{\beta EI}\sum_1^{k-1} N_i h_{ik} x + \sum_1^{k-1} N_i \frac{h_{ik}^3}{6EI} - \frac{1}{2\beta^3 EI}\sum_1^{k-1} N_i - \frac{1}{2\beta^2 EI}\sum_1^{k-1} N_i h_{ik} \tag{40-153}$$

$$A_3 = \frac{\eta}{120EI}(h_{0k}+x)^5 + \frac{\eta}{E_s} x - \frac{\eta}{24EI}h_{0k}^4 x - \frac{\eta h_{0k}^2}{4\beta^2 EI}x -$$

$$\frac{\eta h_{0k}^3}{6\beta EI} + \frac{\eta}{E_s}h_{0k} - \frac{\eta}{120EI}h_{0k}^5 + \frac{\eta h_{0k}^2}{4\beta^3 EI} + \frac{\eta h_{0k}^3}{12\beta^2 EI} \tag{40-154}$$

$$M_x = \frac{\eta}{6}(h_{0k}+x)^2 - \sum_1^k N_i(h_{ik}+x) \tag{40-155}$$

$$Q_x = \frac{\eta}{2}(h_{0k}+x)^2 - \sum_1^k N_i \tag{40-156}$$

(2)在$(0 \leqslant x)$区间:

$$y_2 = e^{-\beta x}(A\cos\beta x) + F\sin\beta x + \frac{\eta}{E_s}(h_{0k}+x) \tag{40-157}$$

$$M_x = -2EI\beta^2 e^{-\beta x}(F\cos\beta x - A\sin\beta x)$$

$$Q_x = 2EI\beta^3 e^{-\beta x}[(A+F)\cos\beta x - (A-F)\sin\beta x] \tag{40-158}$$

6)计算步骤

(1)第一阶段开挖时,第一道支撑支点作为不动点,即取$\delta_1 = y_1 = 0$(也可用结构力学原理求出第一道撑支点的变位),用式(40-151)求第一道支撑的轴力N_1以及用公式(40-150)求第二道支撑预定位置的变位δ_2。

(2)第二阶段开挖时,把N_1及δ_2作为定值,用式(40-151)求第二道支撑的轴力N_2,并用式(40-150)求第三道支撑预定位置的变位δ_3。

(3)第三次开挖时,把N_1、N_2及δ_3作为定值,用式(40-151)求第三道支撑的轴力N_3,并用式(40-150)求第四道支撑预定位置的变位δ_4。

(4)同上计算可计算开挖到基底时墙体的内力和支撑轴力。

【例40-33】 已知土层条件:$\gamma = 18\text{kN/m}^3$,$\varphi = 14°$,$c = 7\text{kPa}$,$k_h = 20\,000\text{kN/m}^3$,$E_s = k_h \times 1 = 20\,000\text{kPa}$。采用地下连续墙,墙厚80cm,混凝土为C25。开挖深度、支撑数目及间距同【例40-32】。

解:

$$I = \frac{1}{12} \times 0.8^3\text{m}^4 = 0.042\,7\text{m}^4$$

$$E = 2.85 \times 10^7 \text{kPa}$$

$$\frac{EI}{E_s} = \frac{2.85 \times 10^7 \times 0.042\,7}{20\,000}\text{m}^4 = 61(\text{m}^4)$$

$$\beta = \sqrt[4]{\frac{E_s}{4EI}} = \sqrt[4]{\frac{20\,000}{4 \times 2.85 \times 10^7 \times 0.042\,7}} = 0.253$$

$$\beta^2 = 0.064 \qquad \beta^3 = 0.016\,2$$

水、土压力计算同【例40-32】,取$\eta = 14.2$。

第一阶段开挖,设一道支撑。

$N_i = 0$,$h_{ik} = 0$,$h_{kk} = h_{ik} = 4\text{m}$,$h_{0k} = 6\text{m}$,$N_k = N_1$。

令$\delta_1 = 0$,即$y_1 |_{x=-4\text{m}} = 0$,由式(40-153)可知,$A_2 = 0$。利用式(40-152),将$x = -4\text{m}$代入,求得A_1:

168

$$A_1 = \frac{1}{EI} \left[\frac{-4}{2 \times 0.064} - \frac{1}{6}(4-4)^3 + \frac{-4}{2} \times 4^2 + \frac{-4}{0.253} \times 4 + \frac{4^3}{6} - \frac{1}{2 \times 0.064} - \frac{4}{2 \times 0.064} \right] = -\frac{178}{EI}$$

利用式(40-154)，求 A_3：

$$A_3 = \frac{14.2}{EI} \left[\frac{(6-4)^5}{120} - 61 \times 4 + \frac{1}{24} \times 6^4 \times 4 + \frac{6^2 \times 4}{4 \times 0.064} + \frac{6^3 \times 4}{6 \times 0.253} + 61 \times 6 - \right.$$

$$\left. \frac{6^5}{120} + \frac{6^2}{4 \times 0.016\,2} + \frac{6^3}{12 \times 0.064} \right] = \frac{14.2}{EI} \times 2\,241.9 = \frac{31\,834.98}{EI}$$

利用式(40-151)，求 N_1：

$$N_1 = -\frac{A_3}{A_1} = \frac{31\,834.98}{178} = 178.8(\text{kN})$$

利用式(40-150)求第二道支撑预定位置的变位 δ_2（此时以 $x=0$ 代入公式）：

$$A_1 = \frac{1}{EI} \left(\frac{-64}{6} + \frac{64}{6} - \frac{1}{2 \times 0.016\,2} - \frac{4}{2 \times 0.064} \right) = -\frac{62.1}{EI}$$

$$A_2 = 0$$

$$A_3 = \frac{14.2}{EI} \left(\frac{6^5}{120} + 61 \times 6 - \frac{6^5}{120} + \frac{6^2}{4 \times 0.016\,2} + \frac{6^3}{12 \times 0.064} \right) = \frac{14.2}{EI} \times 1\,202.81 = \frac{17\,079.9}{EI}$$

$$\delta_2 = y_1 = N_k A_1 + A_2 + A_3 = 178.8 \times \left(-\frac{62.1}{EI} \right) + \frac{17\,079.9}{EI} = \frac{5\,976.42}{EI} = 0.004\,91(\text{m})$$

$$M_1 = \frac{1}{2} \times 2 \times 25.9 \times \frac{2}{3} = 17.3(\text{kN} \cdot \text{m})$$

$$M_2 = \frac{1}{2} \times 6 \times 85.4 \times \frac{6}{3} - 178.8 \times 4 = -202.8(\text{kN} \cdot \text{m})$$

第二阶段开挖：

已知：$N_1 = 178.8\text{kN}$，$\delta_2 = \frac{5\,976.42}{EI}$，$h_{0k} = 10\text{m}$，$h_{1k} = 8\text{m}$，$h_{kk} = h_{2k} = 4\text{m}$，$k = 2$。求 $N_k = N_2$，δ_3，M_3。

利用式(40-151)，求 N_2（以 $x = -4\text{m}$ 代入各式，因 δ_2 在 $x = -4\text{m}$ 处）：

$$A_1 = -\frac{178}{EI}$$

$$A_2 = \frac{1}{EI} \left[\frac{178.8 \times 8^2 \times (-4)}{2} - \frac{178.8}{6}(8-4)^3 + \frac{178.8 \times (-4)}{2 \times 0.064} + \frac{178.8 \times 8 \times (-4)}{0.253} + \right.$$

$$\left. \frac{178.8 \times 8^3}{6} - \frac{178.8}{2 \times 0.016\,2} - \frac{178.8 \times 8}{2 \times 0.064} \right] = -\frac{54\,432}{EI}$$

$$A_3 = \frac{\eta}{EI} \left[\frac{(10-4)^5}{120} + 61 \times (-4) - \frac{10^4 \times (-4)}{24} - \frac{10^2 \times (-4)}{4 \times 0.064} - \frac{10^3 \times (-4)}{6 \times 0.253} + \right.$$

$$\left. 61 \times 10 - \frac{10^5}{120} + \frac{10^2}{4 \times 0.016\,2} + \frac{10^3}{12 \times 0.064} \right] = \frac{14.2 \times 8\,307}{EI} = \frac{117\,959.4}{EI}$$

$$\therefore N_k = N_2 = \frac{1}{A_1}(\delta_2 - A_2 - A_3) = -\frac{EI}{178} \left(\frac{5\,976.42}{EI} + \frac{54\,432}{EI} + \frac{117\,959.4}{EI} \right) = 323.3(\text{kN})$$

用式(40-150)，求第三道支撑预定位置的变位 δ_3（此时以 $x = 0$ 代入各式）：

$$A_1 = -\frac{62.1}{EI}$$

$$A_2 = \frac{-N_1}{EI}\left(\frac{1}{2\beta^3} + \frac{h_{1k}}{2\beta^2}\right) = -\frac{178.8}{EI}\left(\frac{1}{2\times0.0162} + \frac{8}{2\times0.064}\right) = -\frac{16\,692.8}{EI}$$

$$A_3 = \frac{\eta}{EI}\left(\frac{EI}{E_s}h_{0k} + \frac{h_{0k}^2}{4\beta^3} + \frac{h_{0k}^3}{12\beta^2}\right) = \frac{14.2}{EI}\left(61\times10 + \frac{10^2}{4\times0.0162} + \frac{10^3}{12\times0.064}\right) = \frac{49\,063.8}{EI}$$

$$\delta_3 = y = N_k A_1 + A_2 + A_3 = 323.3\times\left(-\frac{62.1}{EI}\right) - \frac{16\,692.8}{EI} + \frac{49\,063.8}{EI} = 0.010\,1(\mathrm{m})$$

同前，$M_1 = 17.3(\mathrm{kN\cdot m})$

$\qquad M_2 = -202.8(\mathrm{kN\cdot m})$

$\qquad M_3 = \frac{1}{2}\times10\times142.0\times\frac{1}{3}\times10 - 178.8\times8 - 323.3\times4 = -356.9(\mathrm{kN\cdot m})$

同理继续计算可得第三阶段开挖时：

$$N_3 = 584.0(\mathrm{kN})$$

$$\delta_4 = 0.015\,8(\mathrm{m})$$

$$M_4 = -573.9(\mathrm{kN\cdot m})$$

第四阶段开挖时：

$$N_4 = 818.0(\mathrm{kN})$$

$$\delta_5 = 0.019\,7(\mathrm{m})$$

$$M_5 = 882.0(\mathrm{kN\cdot m})$$

各阶段受力情况如图 40-103 所示。

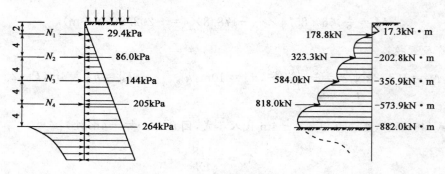

图 40-103　弹性法计算(尺寸单位:m)

注:本节部分示例摘自参考文献[2]、[29]、[36]、[68]、[74]。

六、地下连续墙的混凝土、钢筋及构造要求

地下连续墙的墙厚应根据计算和考虑成槽机械的规格来确定,且不宜小于 600mm。地下连续墙的单元墙段(槽段)的长度、形状,应根据整体平面布置、受力特性、槽壁稳定性、周围环境条件和施工要求综合确定。如果地下水位变化频繁或槽壁孔可能发生坍塌时,应进行成槽试验及槽壁的稳定性验算。

1. 混凝土工程

现浇地下连续墙混凝土设计强度等级宜大于 C20;由于混凝土是在泥浆中浇筑,因此施工时混凝土一般应按结构设计强度等级提高一级进行配合比设计。对于重要工程,在断面配筋设计时,还应将混凝土强度等级的各种强度指标乘以 0.7~0.75 的减值系数。

为了使混凝土具有良好的和易性,能在槽内均衡地、基本水平地上升,水泥用量不宜小于

$400kg/m^3$,坍落度以为 $18\sim20cm$ 宜,水灰比不宜大于 0.6。

泥浆中浇筑的地下连续墙主钢筋的保护层厚度一般为70mm。配制混凝土用的集料,宜用粒度良好的河沙及粒径不大于25mm的坚硬河卵石。如使用碎石,应增加水泥用量及砂率。水泥宜采用普通硅酸盐水泥或矿渣硅酸盐水泥。

地下连续墙墙体混凝土的抗渗等级不小于0.6MPa,两层以上地下室不宜小于0.8MPa。

2. 钢筋工程

地下连续墙的配筋可按一般现浇钢筋混凝土构件进行计算,比如钢筋混凝土板、暗梁、无梁楼盖等。在配筋时,需要注意:

1) 纵向垂直钢筋与水平钢筋

(1) 地下连续墙作为挡土结构,以纵向垂直钢筋为主筋。主筋宜沿墙身均匀布置在钢筋笼内侧,并可根据内力分布情况沿墙体深度分段配置。但应有一半以上纵向钢筋通长布置。纵向钢筋宜采用HRB335级或HRB400级钢筋,直径不小于16mm、钢筋净距不宜小于75mm。考虑到水下浇灌混凝土的施工适应性和混凝土导管工法的施工情况,原则上主筋不得弯钩。主筋的布置需视混凝土集料情况而定,在所用集料粒径大于20mm的情况下,主筋之间的净距应取100mm;在集料粒径小于或等于20mm的情况下,主筋之间的净距不得小于钢筋最大直径或粗集料最大尺寸的2~2.5倍。当断面一侧配置单层钢筋不能同时满足钢筋净距要求和配筋量的要求时,可采用双层配筋,但两排钢筋之间间距至少80mm。

(2) 水平钢筋可采用HPB235级或HRB335级钢筋,现浇地下连续墙水平钢筋直径不宜小于12mm,主筋保护层厚度在迎抗面不宜小于50mm,迎土面不宜小于70mm。

(3) 当地下连续墙与主体结构连接时,预埋在墙内的受力钢筋。连接螺栓或连接钢板均应满足受力计算要求。锚固长度按现行《混凝土结构设计规范》(GB 50010—2010)要求。预埋钢筋应采用HPB235(I级)钢筋,直径不大于20mm。

(4) 地下连续墙的顶部应设置钢筋混凝土冠梁,梁宽不宜小于墙厚;梁高不宜小于400mm;总配筋率不小于0.4%。墙的竖向主筋锚入墙内。

(5) 受力钢筋的受力保护层厚度,对于临时性支护结构不宜小于50mm,对永久性支护结构不宜小于70mm。

(6) 地下连续墙墙体混凝土的抗渗等级不小于0.6MPa。二层以上地下室不宜小于0.8MPa。

2) 钢筋笼

纵向主筋与水平构造筋形成钢筋笼。钢筋笼中的钢筋在满足受力要求和构造要求的基础上,还应具有足够的刚度和强度,以保证在吊装时不致产生扭曲变形甚至破坏,同时要为浇灌混凝土用的导管留出插入的空间,避免妨碍混凝土的流动。钢筋笼的整体刚度可通过设置在钢筋笼中的间距为2.5~3.0m的纵向桁架、间距为5.0~6.0m的横向桁架及设于墙面、墙背钢筋网上的X型拉结筋(B16~B18)来保证。

钢筋笼的设计与制作尺寸应根据单元槽段尺寸、形状、接头形式及起重能力等因素确定,钢筋笼两侧的端部与接头管或相邻墙段混凝土接头面之间应留有不大于150mm的间隙,纵向主筋下端500mm长度范围内宜按1:10收成闭合状,且钢筋笼的下端与槽底之间宜留有不小于500mm的间隙。钢筋顶部应预留伸入顶圈梁或其他上部结构的锚固长度。地下连续墙与主体结构连接时,预埋在墙内的受拉受剪钢筋、连接螺栓或连接板锚筋,均应满足受力计算要求,锚固长度不应小于30倍钢筋直径。

为确保钢筋的设计保护层厚度及钢筋笼在吊运过程中具有足够刚度,应正确布置保护层铁件,纵、横向钢筋桁架及主筋平面的交叉钢筋。保护层垫块厚 50mm,在垫块与墙面之间留有 20～30mm 间隙,垫块一般采用薄钢板制作,焊接在钢筋笼上;也可用预制混凝土垫块。在钢筋笼内布置的纵、横桁架,应根据钢筋笼重量和起吊方式吊点位置布置。桁架上下弦杆、斜杆应通过计算确定,一般以加大相应位置受力钢筋断面作为桁架上下弦杆。

单元槽段的钢筋笼应装配成一个整体。必须分段时,宜采用焊接或机械连接,接头位置宜选在受力较小处并相互错开。当采用搭接接头时,接头的最小搭接长度不宜小于 45 倍的主筋直径,且不小于 1.50m。

钢筋笼制作时,位于四周的纵横向桁架交点及与钢筋笼交点全部点焊,其余交点 50％ 交错点焊连接。图 40-104 为某工程标准槽段钢筋笼构造,供参考。

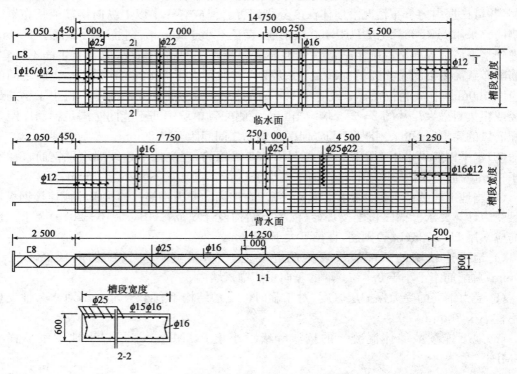

图 40-104　某工程标准段钢筋笼构造(尺寸单位:mm)

3. 其他要求

除上述要求外,设计计算和施工时尚应遵照《建筑基坑支护技术规程》(JGJ 120—99)和《建筑基坑工程技术规范》(YB 9258—97)的有关规定执行。

第六节　排桩、墙支护体系稳定性分析与验算

板式支护体系的稳定性验算是基坑工程设计计算的重要环节。在分析中所需地质资料要能反映基坑顶面以下至少 2～3 倍基坑开挖深度的工程地质和水文地质条件。排桩、墙式支护体系的分析应包括整体抗滑移稳定性分析、抗倾覆或踢脚稳定性分析与验算、基底底部抗隆起稳定性分析和抗管涌验算等方面。

一、整体抗滑移稳定性分析

排桩、墙支护结构和地基的整体滑动稳定性验算,通常采用通过墙底土层的圆弧滑动面计算。当墙底以下地基土有软弱层时,尚应考虑可能发生的非圆弧滑动面情况。有渗流时,应考虑渗流力的作用。

采用圆弧滑动面验算板式支护结构和地基的整体抗滑动稳定性时,应注意板式支护结构一般有内支撑或外拉锚结构及墙面垂直的特点,不同于边坡稳定验算的圆弧滑动,滑动面的圆心一般在坑壁墙面上方,靠坑内侧附近。宜通过试算确定最危险的滑动面和最小安全系数,当不计支撑或锚拉力的作用,且考虑渗流力的作用时,整体抗滑动稳定性的容许最小安全系数应不小于1.25;考虑支撑或锚拉力作用时,整体稳定可不验算,除非支撑或锚碇失效或锚杆长度在土体滑动面以内。

1. 圆弧条分法计算之一

对于悬臂式支护结构,需进行整体抗滑动稳定性验算,如图40-105所示。其边坡抗滑稳定安全系数按式(40-159)计算:

$$K = \frac{\sum\limits_{i=1}^{n} c_i l_i + \sum\limits_{i=1}^{n}(q_i b_i + \gamma_i b_i h_i)\cos\alpha_i \tan\varphi_i}{\sum\limits_{i=1}^{n}(q_i l_i + \gamma_i b_i h_i)\sin\alpha_i} \tag{40-159}$$

式中:K——边坡抗滑稳定安全系数;

c_i——第 i 分条土的黏聚力(kPa);

l_i——第 i 分条的圆弧长度(m);

q_i——第 i 条分条的地面荷载(kPa);

γ_i——第 i 分条土的重力密度,无渗流作用时,地下水位以上取土的自然重度计算,地下水位以下用土的浮重度计算(kN/m³);

b_i——第 i 分条的宽度(m);

h_i——第 i 分条的高度(可取平均值)(m);

α_i——第 i 分条弧线中点切线与水平向夹角(°);

φ_i——第 i 分条的内摩擦角(°)。

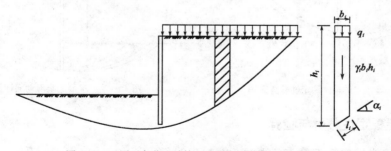

图40-105 圆弧条分法计算悬臂式支护结构整体滑动失稳

K 值的选取根据建筑物的重要程度、土体性质、c 值和 φ 值的可靠程度及地区经验考虑,一般取 1.1~1.5。

当嵌固深度下部存在软弱土层时,尚应验算软弱下卧层整体稳定性。

2. 圆弧法计算之二

采用排桩、墙支护结构,当平面尺寸较大时,分析计算也可用圆弧法验算其整体稳定性,如

图 40-106 所示。先假定一点 O 作为滑动中心，以此作通过排桩、墙或地下连续墙底端点 B 的圆弧滑动面。从圆心作垂线将弧内土体划分为两部分，分别求出其合力 G_1、G_2、T，此时将滑动弧内土体与板（墙）视为一个整体，将 G_1、G_2 作用线延长与弧相交，并求出 N_1、N_2（用图解法），再分别对圆心 O 点求力矩，则：

转动力矩

$$M_{ov} = G_1 r_1 - G_2 r_2 + Tr \tag{40-160}$$

稳定力矩

$$M_r = \sum N_i \tan\varphi R + cLR \tag{40-161}$$

则抗滑安全系数 K 为：

$$K = \frac{M_r}{M_{ov}} = \frac{R(\sum N_i \tan\varphi + cL)}{G_1 r_1 - G_2 r_2 + Tr} \geqslant 1.1 \sim 1.5 \tag{40-162}$$

式中：φ——土的内摩擦角（°）；

　　c——土的黏聚力（kPa）；

　　L——滑动弧长（m）；

　　r_1、r_2、r、R 符号意义见图 40-106。

以上找出最危险滑动圆弧后，还需经多次试算，求出多个 K 值，取 K 值最小的面定为最危险的滑动面，但试算较为繁琐、困难；亦可采用较简单的方法，即在板（墙）顶点作与水平面交角 36°的斜线，如图 40-107 所示。在该线上，取 O_1、O_2、O_3 和 O_4 作为滑动中心，以 R 为半径通过墙板底端作滑动圆弧面，分别求得 K_1、K_2、K_3 和 K_4 值，则 K 值最小的面即为最危险的滑动面。

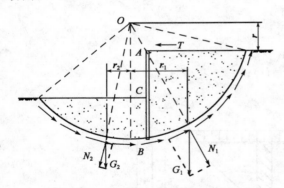

图 40-106　墙板支护整体稳定性验算简图

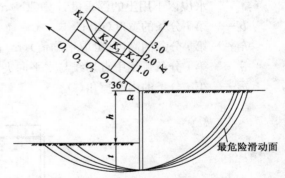

图 40-107　求最危险滑动面计算简图

二、抗倾覆稳定性分析与验算

1. 抗倾覆稳定性安全系数 K 可按式（40-163）计算：

$$K = \frac{\sum E_{pj} h_p + \sum_{i=1}^{n} T_i h_{ti}}{\gamma_0 \sum E_{aj} h_a} \tag{40-163}$$

式中：K——抗倾覆安全系数，一般取 $K = 1.3$；

　　$\sum E_{pj}$——基坑内侧各土层水平抗力标准值的合力（kN）；

　　h_p——合力 $\sum E_{pj}$ 作用点至支护结构件底面的距离（m）；

T_i——第 i 支点的水平支护反力(kN);

h_{ti}——第 i 支点至支护构件底面的距离(m);

γ_0——基坑侧壁重要性系数,见表 39-1;

$\sum E_{aj}$——基坑外侧各土层水平荷载标准值的合力(kN);

h_a——合力 $\sum E_{aj}$ 作用点至支护构件底面的距离(m)。

注:在一般情况下,安全系数 $K \geqslant 1.3$,具体 K 值可根据当地的具体情况确定。

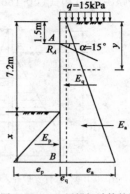

图 40-108 土层锚杆计算简图

【例 40-34】 某基坑开挖深度为 7.2m,上部设一道土层锚杆,锚杆位于桩顶下 1.5m,间距 $s=1.5$m;该基坑土体各层加权平均值 $\varphi=32°$,$\gamma=19$kN/m³,$c=0$;支护桩的嵌固深度 $x=3$m;地面超载 $q=15$kPa;主动土压力 $E_a=303.8$kN/m,被动土压力 $E_p=278$kN/m,锚杆水平支撑力 $R_a=180$kN/m,如图 40-108 所示。试验算支护结构的抗倾覆稳定性,是否满足要求。

解:按式(40-163)得:

$$K = \frac{\sum E_{pj}h_p + \sum_{i=1}^{n} T_i h_{ti}}{\gamma_0 \sum E_{aj} h_a}$$

$$= \frac{180 \times 8.7 + \frac{1}{2} \times 19 \times 3 \times 3.25 \times 3 \times \frac{1}{3} \times 3}{\frac{1}{2} \times 19 \times 10.2 \times 0.307 \times 10.2 \times \frac{1}{3} \times 10.2 + 15 \times 0.307 \times 10.2 \times \frac{1}{3} \times 10.2}$$

$$= \frac{1\,566 + 277.9}{1\,271.3}$$

$$= 1.45 > 1.3$$

满足要求。

2. 稳定入土深度验算

为了保证深基坑开挖安全和基坑周围土体的稳定,排桩与地下连续墙支护必须有一定的插入坑底深度。

(1)悬臂式支护。

对无拉锚(无支撑)的排桩或地下连续墙,支护的实际插入坑底深度 t,应满足式(40-164)要求(图 40-109)。

$$t \geqslant 1.2t' \tag{40-164}$$

式中:t'——按力的平衡条件,即 $E_a - E_p = 0$,求得的最小插入坑底深度(m);

E_a——主动土压力(kN),$E_a = \dfrac{(h+t')^2}{2}\gamma K_a$;

E_p——被动土压力(kN),$E_p = \dfrac{t'^2}{2}\gamma K_p$;

K_a、K_p——分别为主动和被动土压力系数;

h——基坑深度(m);

γ——土体重度(kN/m³),为简化计,亦可近似取土体重度 $\gamma = 20$kN/m³。

175

（2）单锚（单支撑）支护。

对于仅设单锚点或单支撑的排桩或地下连续墙的最小插入坑底深度，由静力平衡条件按式（40-165）和式（40-166）求得（图40-110）：

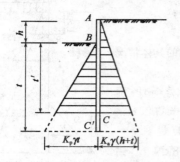

图40-109　悬臂支护插入坑底深度计算简图

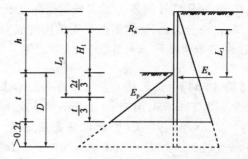

图40-110　单支点支护最小插入坑底深度计算简图

$$\sum N = 0 \qquad R_a - E_a + E_p = 0 \qquad (40\text{-}165)$$
$$\sum M = 0 \qquad E_p L_2 - E_a L_1 = 0 \qquad (40\text{-}166)$$

式中：R_a——锚杆（或支撑）承载力（kN）；

$\quad L_2$——被动土压力合力 E_p 至支撑的距离（m）；即 $L_2 = H_1 + \dfrac{2}{3}t$；

$\quad L_1$——主动土压力合力 E_a 至支撑的距离（m）。

同样，为了安全，实际插入深度 t 要求满足 $t \geqslant 1.2t'$。

（3）多锚点（多支撑）支护。

对于设有多锚点（或多支撑）的排桩或地下连续墙，其最小插入坑底深度可近似地按式（40-167）～式（40-169）计算（图40-111）。

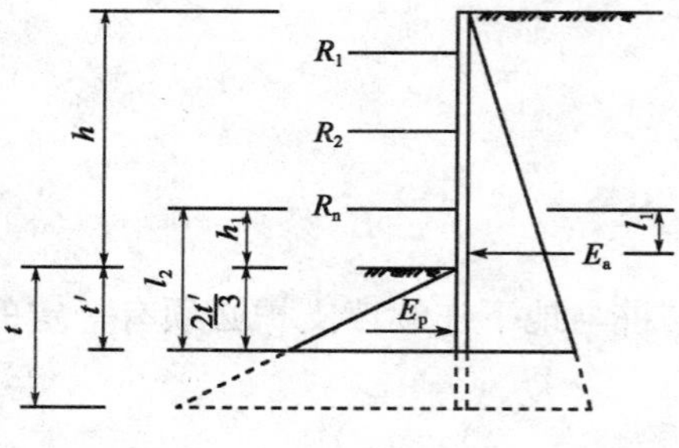

$$E_p l_2 - E_a l_1 = 0 \qquad (40\text{-}167)$$

则

$$l_2 = \frac{E_a l_1}{E_p} \qquad (40\text{-}168)$$

$$t_2 = \frac{2t'}{3} + h_1 = l_1 \frac{E_a}{E_p}$$

$$t' = 1.5\left(l_1 \frac{E_a}{E_p} - h_1\right) \qquad (40\text{-}169)$$

图40-111　多支点支护最小插入坑底深度计算简图

同样，为了安全，实际插入坑底深度 t 亦要满足 $t \geqslant 1.2t'$ 的要求。

三、基坑底部抗隆起稳定性分析与验算

当基坑底为软弱有地下水的黏性土层时，如果排桩背后的土桩重量超过基坑底面以下地基土的承载力时，地基的平衡状态受到破坏，就有可能发生坑壁两侧土的流动，即坑顶下陷，坑底隆起的现象（图40-112），因而就有可能造成坑壁坍塌，基底破坏等严重情况。为了避免这种现象发生，施工前，需对地基稳定性或地基强度进行验算。

基底抗隆起稳定性与支护墙体入土深度有着直接的关系，因此确定合适的墙体入土深度就显得十分重要，一方面要足以保证不发生基底隆起破坏或过大的基底隆起变形，另一方面在保证稳定的基础上要尽量减小墙体入土深度，以达到经济合理的目的。

基底抗隆起稳定的理论验算方法较多,下面介绍几种常用的方法:

1. 地基稳定性验算法(剪切破坏)

(1)如图 40-112b)所示,假定在坑壁上重力 G 作用下,其下部的软土地基沿圆柱面 $\overset{\frown}{BC}$ 产生滑动和破坏,失去稳定的地基土绕圆柱面中心轴转动,则:

滑动力矩

$$M_{ov} = G\frac{x}{2} = (q + \gamma h)\frac{x^2}{2} \tag{40-170}$$

抵抗滑动力矩

$$M_r = x\int_0^\pi \tau_f(x\mathrm{d}\theta) \tag{40-171}$$

当地基土质均匀时,则:

$$M_r = \pi\tau_f x^2 \tag{40-172}$$

式中:τ_f——地基土不排水剪切的抗剪强度(MPa),$\tau_f = \sigma\tan\varphi + c$,在饱和性软黏土中,$\tau_f = c$。

地基稳定力矩与转动力矩之比称抗隆起安全系数,用 K 表示,如 K 满足式(40-173),则地基土稳定,不会发生隆起现象。

$$K = \frac{M_r}{M_{ov}} \geq 1.2 \tag{40-173}$$

当地基土质均匀时,则:

$$K = \frac{2\pi c}{q + \gamma h} \geq 1.2 \tag{40-174}$$

在式(40-173)中,M_r 未考虑土体与排桩或地下墙间的摩擦力及垂直面 AB 上土的抗剪强度对土体下滑的阻力,故计算偏于安全。

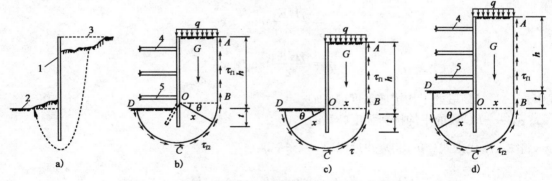

图 40-112　基坑底部隆起验算简图

a)基坑隆起现象;b)刚度较小浅桩支护基坑隆起验算简图;c)刚度较小浅桩支护基坑隆起验算简图;d)刚性支护基坑隆起验算简图

1-支护;2-坑底;3-原地面;4-支撑;5-最下一道支撑

(2)如图 40-112c)所示,假定在坑壁重力 G 作用下,其下部的软土地基沿圆柱面 $\overset{\frown}{BC}$ 产生滑动和破坏,其圆柱滑动中心在最底层支撑点处,半径为 x。当不考虑垂直面上的抗滑阻力时,则:

滑动力矩

$$M_{ov} = G\frac{x}{2} = (q + \gamma h)\frac{x^2}{2} \tag{40-175}$$

抵抗滑动力矩

$$M_r = x \int_0^{\frac{\pi}{2}+\alpha} \tau_f (x d\theta) \tag{40-176}$$

如果基坑土质均匀，则抗隆起安全系数可整理为：

$$K = \frac{M_r}{M_{ov}} = \frac{(\pi+2\alpha)\tau_f}{q+\gamma h} \tag{40-177}$$

式中的符号意义均同前。

(3)如图 40-112d)所示，当排桩或地下连续墙入土深度较深，且本身刚度较大，即插入坑底深度 $t \leqslant \frac{2.5}{\alpha}$ 时(式中，α 为变形系数，$\alpha = \sqrt[5]{\frac{mb_0}{EI}}$，其中，$b_0$ 为计算宽度，m 为土的地基系数的比例系数，E、I 分别为支护板、墙的弹性模量和惯性矩)，软土基底丧失稳定，即会隆起。假定土体 G 沿 $ABCD$ 绕圆柱面中心 O 点向坑内滑移。当坑内土体排水不好时，有可能处于悬浮状态，因而可略去其坑内土体的抗隆起作用，同样假定略去土体与地下板墙间的摩擦力，仅考虑由 ABC 面上的剪力来抵抗滑动力，则：

滑动力矩

$$M_{ov} = G \frac{x}{2} = (q+\gamma H) \frac{x^2}{2} \tag{40-178}$$

抵抗滑动力矩

$$M_r = x \int_0^{\frac{\pi}{2}} \tau_{f2} (x d\theta) + H\tau_{f1} = \pi\tau_{f2} x^2 + H\tau_{f1} x \tag{40-179}$$

则，抗隆起安全系数 K 为：

$$K = \frac{M_r}{M_{ov}} = \frac{2\pi\tau_{f2}}{q+\gamma H} + \frac{2H\tau_{f1}}{(q+\gamma H)x} \tag{40-180}$$

$$\tau_{f1} = \frac{\gamma H K_a}{2} \tan\varphi + c$$

$$\tau_{f2} = \frac{\gamma H K_a}{2} \tan\varphi + c$$

式中：τ_{f1}——AB 段的平均抗剪强度(MPa)；

τ_{f2}——BC 段的平均抗剪强度(MPa)。

将 τ_{f1}、τ_{f2} 代入式(40-180)，并近似取 $x = \frac{h}{2}$，得：

$$K = \frac{2\gamma H K_a \tan\varphi + 2\pi c}{q+\gamma H} + \frac{2\gamma H^2 K_a \tan\varphi + 4Hc}{(q+\gamma H)h} \geqslant 1.0 \sim 1.5 \tag{40-181}$$

当排桩或地下连续墙的刚度较小，即 $t > \frac{2.5}{\alpha}$ 时，假定基底隆起如图 40-108a)所示，土体下端板墙绕最下一道支撑点 O 向坑内转动，则需破坏坑内外土体的剪力，同样坑内可能积水，故仅考虑外侧土体的作用，则抗隆起安全系数可按式(40-182)计算：

$$K = \frac{\gamma h_1 K_a \tan\varphi + \pi c}{q+\gamma h_1} + \frac{2\gamma h_1^2 K_a \tan\varphi + 4h_1 c}{(q+\gamma h_1)h} \geqslant 1.0 \sim 1.5 \tag{40-182}$$

式中：H——排桩或地下连续墙的深度(m)，即排桩或地下连续墙全高；

h——基坑最大开挖深度(m)；

h_1——基坑最底一层一道支撑的深度(m);

K_a——主动土压力系数。

对于采用排桩支护结构的基坑,可采用以下简化的计算方法,按式(40-183)计算:

$$\delta = -\frac{875}{3} - \frac{1}{6}\left(\sum_{j=1}^{n}\gamma_j h_j + q\right) + 1.25\left(\frac{D}{H}\right)^{-0.5} + 5.3\gamma c^{-0.04}(\tan\varphi)^{-0.54} \qquad (40-183)$$

式中:δ——基坑底面向上位移(mm);

n——基坑顶面至基坑底面处的土层数;

γ_j——第 j 层土的重度(kN/m³);地下水位以上取土的天然重度(kN/m³);地下水位以下取土的饱和重度(kN/m³);

h_j——第 j 层土的厚度(m);

q——基坑顶面的地面超载(kPa);

D——桩(墙)的嵌固深度(m);

H——基坑的开挖深度(m);

c——桩(墙)底面处土层的黏聚力(kPa);

φ——桩(墙)底面处土层的内摩擦角(°);

γ——桩(墙)顶面至基坑底面处各土层的加权平均重度(kN/m³)。

以上两种计算方法均针对 c、φ 值不为 0 的情况;当 $c=0$ 或 $\varphi=0$ 或 c、φ 同时为 0 时,不计算基坑的隆起。

一般情况下,基坑的允许位移量取 $[\delta]=5(H)/1\,000$。一般工程 $[\delta]=5\sim100$mm;重要工程 $[\delta]=0\sim50$mm。

【例 40-35】 上海某高层饭店,基坑深度为 6.2m,设三道支撑,已知地面荷载 $q=20$kPa。土层参数为:$\gamma=17$kN/m³,$c=25$kPa,$\varphi=8°$,设计板桩嵌固深度为 11.8m(图 40-113),试验算其安全系数。

解:滑动力矩($x=11.8$m):

$$M_0 = (20 + 17 \times 6.2) \times \frac{11.8^2}{2} = 8\,730\text{(kN·m)}$$

在饱和软土中,取 $\tau=c=25$kPa;

当土层为均质时,$M_r = \pi\tau x^2 = \pi \times 25 \times 11.8^2 = 10\,936$(kN·m)。

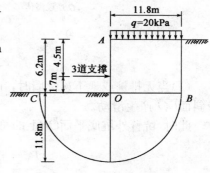

图 40-113 稳定验算简图

$$K = \frac{M_r}{M_0} = \frac{10\,936}{8\,730} = 1.25 > 1.2$$

该工程按地基稳定验算,板桩插入坑底,设计为 11.8m;用被动土压力与主动土压力对下道支撑为零的计算方法,插入深度为 9.8m;用等值梁法计算,则为 11m 左右;按盾恩法近似计算,其入坑底下深度为 9m。足以证明按地基稳定验算是安全的。

【例 40-36】 与【例 40-35】相同,试用式(40-183)简化计算法求基坑向上位移量。

解:由式(40-192)有:

$$\delta = -\frac{875}{3} - \frac{1}{6}\left(\sum_{j=1}^{n}\gamma_j h_j + q\right) + 1.25\left(\frac{D}{H}\right)^{-0.5} + 5.3\gamma c^{-0.04}(\tan\varphi)^{-0.54}$$

$$= -\frac{875}{3} - \frac{1}{6}(18\times17+20)+1.25\left(\frac{11.8}{6.2}\right)^{-0.5}+5.3\times17\times25^{-0.04}(\tan8°)^{-0.54}$$

$$= -291.67 - 54.33 + 9.06 + 228.56$$

$$= -108.38(\text{mm})$$

一般情况下$[\delta]=5\sim100\text{mm}$，故基坑向上位移量超过允许位移。

2. 太沙基——派克验算基底稳定性的方法[2]

太沙基研究了坑底的稳定条件（图40-114），在饱和软黏土中，内摩擦角$\varphi=0$时，$\overline{DO'}$与水平面的夹角为45°，地基土不排水剪切的抗剪强度$\tau=0$，土的单轴抗压强度$q_u=2c$，太沙基认为，若荷载强度超过地基极限承载力，就会产生基坑隆起。以黏聚力c表达的黏土地基极限承载力$q_d=5.7c$。

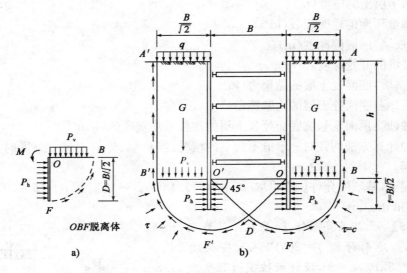

图40-114　地基强度验算简图

（1）当无排桩或地下连续墙时，在坑壁土柱重量G的作用下，下面的软土地基圆柱面$\overset{\frown}{BD}$及斜面$\overline{DO'}$产生滑动。

此时，坑臂外坑底平面$\overline{OB}$上的总压力P_v为：

$$P_v = G - \tau h = (q+\gamma h)\frac{B}{\sqrt{2}} - ch \tag{40-184}$$

式中：G——坑壁土柱重力（kN）；

　　　τ——地基土抗剪强度（MPa）；

　　　h——基坑开挖深度（m）；

　　　B——基坑开挖宽度（m）；

　　　γ——土的湿重度（kN/m³）；

　　　c——土的黏聚力（kPa）；

　　　t——墙体入土深度（m），$t=\dfrac{B}{\sqrt{2}}$。

单位面积上的压力p_v为：

$$p_v = \frac{P_v}{B/\sqrt{2}} = q + \gamma h - \frac{\sqrt{2}ch}{B} \tag{40-185}$$

此压力与地基土的极限承载能力的比值,称为抗滑安全系数,如 K 满足式(40-186),则地基土稳定,不会发生滑动和隆起。

$$K = \frac{q_d}{p_v} = \frac{q_d}{q + \gamma h - \frac{\sqrt{2}ch}{B}} \geqslant 1.5 \qquad (40\text{-}186)$$

由于 $q_d = 5.7c$,如保证不产生隆起,则要求:

$$p_v \leqslant \frac{q_d}{K} = \frac{5.7c}{1.5} = 3.8c \qquad (40\text{-}187)$$

(2)当有排桩或地下连续墙时,则地基土的破坏和滑动会受到排桩或地下连续墙的阻碍和土体抗剪的阻止,此时排桩和地下连续墙处于受力状态。取坑壁下扇形土块 $O'BF$ 为自由体,对 O 点取力矩的平衡条件为:

$$p_h \frac{B}{\sqrt{2}} \frac{1}{2} \frac{B}{\sqrt{2}} = p_v \frac{B}{\sqrt{2}} \frac{1}{2} \frac{B}{\sqrt{2}} - \frac{\pi}{2} \frac{B}{\sqrt{2}} c \frac{B}{\sqrt{2}}$$

即:

$$p_h = p_v - \pi c \qquad (40\text{-}188)$$

作用在板桩或地下连续墙上的总压力:

$$P_h = (p_v - \pi c) \frac{B}{\sqrt{2}} \qquad (40\text{-}189)$$

如排桩或地下连续墙的入土深度 $t < \overset{\frown}{OF} \left(\overset{\frown}{OF} = \frac{B}{\sqrt{2}} \right)$,则水平压力 P_h 一部分由板桩或地下连续墙承受,另一部分由排桩或地下连续墙下面的土层承受。

如排桩或地下连续墙的入土深度 $t \geqslant \frac{2}{3} \overset{\frown}{OF}$,由于排桩或地下连续墙的刚度较大,作用在排桩下面土层上的水平压力将大部分转移到排桩上,因而可以认为排桩承担了全部的水平压力 P_h。

如排桩或地下连续墙的入土深度 $t \leqslant \frac{2}{3} \overset{\frown}{OF}$,则可假定排桩或地下连续墙承受的水平压力为:

$$P_h = 1.5t(p_v - \pi c) \qquad (40\text{-}190)$$

此压力可以认为均匀分布在入土部分的排桩或地下连续墙上。P_h 由基坑底下面位于板桩或地下墙前面的土体的抗压强度和排桩或地下连续墙入土部分的抗弯强度来平衡。即入土部分的排桩或地下连续墙承受的荷载为:

$$P_r = P_h - q_u t = P_h - 2ct \qquad (40\text{-}191)$$

入土部分呈悬臂状态的排桩或地下连续墙,如在 P_r 作用下发生受弯破坏,则坑底以下的土体也会失稳而发生隆起,否则,基坑底部土体就不会隆起。

如取 OBF 为脱离体,图 40-114 中,M 为挡墙墙体的抵抗弯矩。如果基坑是稳定的,则脱离体必须是平衡的。p_h 为保证基坑稳定,需要墙体入土部分 OF 前面提供的分布反力。

取静力平衡 $\sum M_O = 0$,得:

$$M + p_h \frac{B}{\sqrt{2}} \frac{B}{2\sqrt{2}} + c \frac{2\pi\sqrt{2}B}{8} \frac{\sqrt{2}B}{2} = p_v \frac{B}{\sqrt{2}} \frac{B}{2\sqrt{2}} \qquad (40\text{-}192)$$

得:

$$p_h = p_v - c\pi - \frac{4M}{B^2} \qquad (40\text{-}193)$$

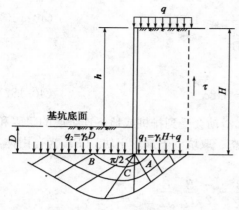

图 40-115　基坑地面抗隆起计算示意图

如果求出 p_h 接近作用在 af 面上的静止土压力值，表明基坑不会失稳；如果求出的 p_h 接近被动土压力值，则基坑会失稳。

在该法中，由于滑动宽度取为 $B/\sqrt{2}$，所以该法适用于窄基坑，对宽大基坑不适用；而且假定土体抗剪强度 $\tau = c$，故只适用于黏性土，对砂性土不适用。

3. 柯克（Caquot）和克利泽尔（Kerisel）方法

Caquot 等人认为坑底土沿图 40-115 所示的曲线滑动，致使基底隆起。如以支护结构底的水平面为基准面，非开挖侧面上的竖向应力 $q_1 = \gamma_1 H + q$，开挖侧面上的竖向应力 $q_2 = \gamma_2 D$，根据滑动线理论，可推算：

$$q_1 = q_2 \tan^2\left(45° + \frac{\varphi}{2}\right) e^{\pi\tan\varphi} \qquad (40\text{-}194)$$

或

$$\gamma_1(H + D) + q = \gamma_2 D K_p e^{\pi\tan\varphi} \qquad (40\text{-}195)$$

由此可得入土深度 D 的计算公式(40-196)：

$$D = \frac{\gamma_1 h + q}{\gamma_2 K_p e^{\pi\tan\varphi} - \gamma_1} \qquad (40\text{-}196)$$

式中：D——使坑底不隆起失稳需要的支护结构入土深度(m)；

γ_1、γ_2——非开挖侧土的重度、开挖侧基坑底以下土的重度(kN/m³)；

h——基坑开挖深度(m)；

q——地面超载(kPa)；

φ——土内摩擦角(°)；

K_p——被动土压力系数，即 $K_p = \tan^2\left(45° + \frac{\varphi}{2}\right)$。

坑底稳定与支护结构的入土深度有关，支护结构的入土深度还与支护结构的变形有关。但只要能保证坑底不失稳和入土深度满足需要即可，过多地增加入土深度，对支护结构变形和内力并无有利影响，试验已证明了这点。另外，对被动土体进行加固(注浆或做深层搅拌水泥土桩)，能有效地保证坑底稳定和减少支护结构的变形。

由式(40-196)可见，当内摩擦角很大时，所需插入深度便很小。根据太沙基分析，当 $\varphi = 30°$ 时，若插入深度为零，则相应安全系数为 8。

实际上，A 点的竖向应力小于 γH，因为当塑流大量发生时，墙背必定有一条土带在下沉，这种位移将受到摩阻力 τ 的阻碍。

4. 同时考虑 c、φ 的抗隆起计算法[74]

在许多抗隆起稳定性的计算公式中，验算抗隆起安全系数时，仅仅给出了纯黏土($\varphi = 0$)或纯砂土($c = 0$)的公式，很少同时考虑 c、φ。显然对于一般的黏性土，在土体抗剪强度中应包

括 c 和 φ 的因素。同济大学汪炳鉴等参照普朗特尔（Prandtl）及太沙基（Terzaghi）的地基承载力公式，并将墙底面的平面作为求极限承载力的基准面，其滑动线形状如图 40-116 所示，建议采用式（40-197）进行抗隆起稳定性验算，以求得墙体的插入深度，其抗隆起安全系数 K_L 为：

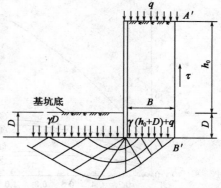

$$K_L = \frac{\gamma_2 D N_q + c N_c}{\gamma_1 (h_0 + D) + q} \quad (40\text{-}197)$$

图 40-116　同时考虑 c、φ 的抗隆起计算示意图

式中：D——墙体插入深度（m）；

　　h_0——基坑开挖深度（m）；

　　q——地面超载（kPa）；

　　c——支护墙底处的地基土黏聚力（kPa）；

　　γ_1——坑外地表至墙底，各土层天然重度的加权平均值（kN/m³）；

　　γ_2——坑内地表至墙底，各土层天然重度的加权平均值（kN/m³）；

N_q、N_c——地基极限承载力的计算系数。

用普朗特尔公式，N_q、N_c 为式（40-198）：

$$\left.\begin{aligned} N_{qp} &= \tan^2\left(45° + \frac{\varphi}{2}\right) e^{\pi\tan\varphi} \\ N_{cp} &= (N_{qp} - 1)\frac{1}{\tan\varphi} \end{aligned}\right\} \quad (40\text{-}198)$$

如用太沙基公式，则为式（40-199）：

$$\left.\begin{aligned} N_{qT} &= \frac{1}{2}\left[\frac{e^{\left(\frac{3}{4}\pi - \frac{\varphi}{2}\right)\tan\varphi}}{\cos\left(45° + \frac{\varphi}{2}\right)}\right]^2 \\ N_{cT} &= (N_{qT} - 1)\frac{1}{\tan\varphi} \end{aligned}\right\} \quad (40\text{-}199)$$

式中：φ——支护墙底处地基土的内摩擦角（°）。

用本法验算抗隆起安全系数时，由于图 40-116 中的 $A'B'$ 面上的抗剪强度抵抗隆起作用没有考虑，故安全系数 K_L 可取得低一些。当采用式（40-197）和式（40-198）时，要求 $K_L \geqslant$ 1.10～1.20；当采用式（40-197）和式（40-199）时，要求 $K_L \geqslant$ 1.15～1.25。一般可采用 $K_L \geqslant$ 1.2～1.3。

式（40-197）中的分子部分没有考虑太沙基极限承载力公式中的 $\gamma B N_r / 2$，这里由于 B 的宽度确定是十分困难的，不考虑这部分时公式比较简单，而且偏于安全。

现将几种不同 c、φ 条件时的 D/h-K_L 曲线绘于图 40-117 中，可以看出：

（1）对于同一种土质条件，若采用相同的抗隆起安全系数 K_L 值时，则随开挖深度的增加，所需 D/h 值愈大。

（2）开挖深度相同，且 D/h 比值相同时，则土质愈差，安全系数 K_L 值愈小，这样的结论是合理的。因此，这种验算抗隆起方法基本上适用于各类土质条件。

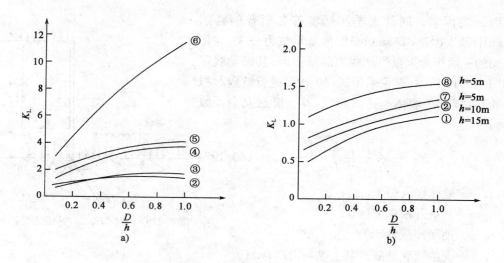

图 40-117　同时考虑 c、φ 时的 D/h-K_L 图

a)不同土质条件时的 D/h-K_L 曲线(开挖深度均为 1m)；b)相同土质条件,不同开挖深度的 D/h-K_L 曲线图中的土质条件
①、②、⑦、⑧:$c=13\text{kPa}$,$\varphi=8°$,$\gamma=17.6\text{kN/m}^3$；③:$c=10\text{kPa}$,$\varphi=10°$,$\gamma=17.8\text{kN/m}^3$；④:$c=12\text{kPa}$,$\varphi=15°$,$\gamma=18.0\text{kN/m}^3$；⑤:$c=16\text{kPa}$,$\varphi=20°$,$\gamma=18.0\text{kN/m}^3$；⑥:$c=5\text{kPa}$,$\varphi=30°$,$\gamma=18.0\text{kN/m}^3$

5. 计及墙体抵抗弯矩的圆弧滑动面抗隆起法(一)[31]

此法认为开挖面以下的墙体能起到帮助抵抗地基土隆起的作用。并假定土体沿墙体底面滑动,认为墙体底面以下的滑动面为一圆弧,如图 40-118b)所示。产生滑动力的是土体重量 γH 和地面超载 q,抵抗滑动的力则为滑动面上的土体抗剪强度,对于非理想黏土,土的抗剪强度 $\tau=\sigma\tan\varphi+c$。

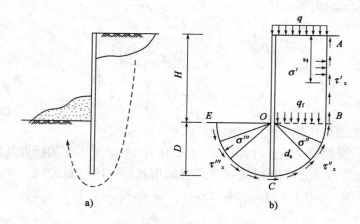

图 40-118　坑底隆起与验算

a)坑底隆起；b)验算坑底隆起的计算简图

土体抗剪强度 τ 公式中的法向应力 σ 值选用方法如下:AB 面上 σ' 应该是水平侧压力,实际上其值应是介于主动土压力与静止土压力之间,近似地取 $\sigma'=\gamma z\tan^2\left(45°-\dfrac{\varphi}{2}\right)$,而没有减去 $2c\tan\left(45°-\dfrac{\varphi}{2}\right)$,是为了近似地反映实际土压力,$BC$ 滑动面上的法向应力 σ'' 则由两部分组成,即土体自重在滑动面法向上的分力和水平侧压力在滑动面法向上的分力,水平侧压力的计

算方法与 AB 滑动面相同。对于 CE 面亦如此,为此,滑动面 AB、BC、CE 各段土的抗剪强度分别为:

$$\tau_z' = \sigma' \tan\varphi + c = (\gamma z + q) K_a \tan\varphi + c$$

$$\tau_z'' = \sigma'' \tan\varphi + c = (q_f + \gamma D \sin\alpha) \sin^2\alpha \tan\varphi + (q_f + \gamma D \sin\alpha) \sin\alpha\cos\alpha K_a \tan\varphi + c$$

$$\tau_z''' = \sigma''' \tan\varphi + c = \gamma D \sin^3\alpha \tan\varphi + \gamma D \sin^2\alpha\cos\alpha K_a \tan\varphi + c$$

将滑动力与抗滑动力分别对圆心 O 取矩,得:

滑动力矩

$$M_s = \frac{1}{2}(\gamma H + q)D^2 \tag{40-200}$$

抵抗滑动力矩

$$M_r = \int_0^H \tau_z' \mathrm{d}z D + \int_0^{\frac{\pi}{4}} \tau_z'' \mathrm{d}\alpha D + \int_0^{\frac{\pi}{4}} \tau_z''' \mathrm{d}\alpha D + M_h \tag{40-201}$$

将上式积分并整理后得:

$$M_r = K_a \tan\varphi \left[\left(\frac{\gamma H^2}{2} + qH \right)D + \frac{1}{2}q_f D^2 + \frac{2}{3}\gamma D^3 \right] + \tan\varphi \left[\frac{\pi}{4}q_f D^2 + \frac{4}{3}\gamma D^3 \right] +$$
$$c(HD + \pi D^2) + M_h \tag{40-202}$$

式中:D——支护结构挡墙的入土深度(m);

$\quad H$——基坑开挖深度(m);

$\quad q$——地面超载(kPa);

γ、c、φ——土体的重度(kN/m³)、黏聚力(kPa)和内摩擦角(°),有几层不同性质的土时,可采用加权平均值;

$\quad M_h$——基坑底面处挡墙的极限抵抗弯矩,可采用该处的挡墙设计弯矩(kN·m)。

$$q_f = \gamma H + q \text{(kN/m}^3)$$

抗隆起安全系数为式(40-203):

$$K_a = \frac{M_r}{M_s} \tag{40-203}$$

为达到稳定要求,避免产生坑底隆起,必须满足 $K_a \geq 1.2 \sim 1.3$;如果要求严格控制底面沉降,则需增加挡墙的入土深度,或视需要进行坑底土体加固,提高土体抗剪强度,使 K_a 达到 $1.5 \sim 2.0$。

由于假定滑动面通过挡墙的墙底,故在 D 过小时,这样的假定显然是不合理的,与实际情况不符,故在 $D/H < 0.4$ 时,不宜用此法。实践证明,该法较适用于中等强度和较软弱的黏性土层中。

6. 计及墙体抵抗弯矩的圆弧滑动面抗隆起验算方法(二)[31]

本方法与方法(一)类似,同样假设土体沿支护墙体底面滑动,滑裂面为一圆弧面,考虑支护墙本身抵抗弯矩作用,不考虑基坑尺寸的影响,不同的是滑动中心假设位于基下层支撑点处。其适用范围同样为 $D/H > 0.3 \sim 0.4$,$H > 0.5$m。

如图 40-119 所示,按式(40-204)验算基底土体的抗隆起稳定性:

$$K_L = \frac{M_R}{M_s} \tag{40-204}$$

式中:M_R——抵抗力矩(抗隆起力矩)(kN·m),$M_R = R_1 K_a \tan\varphi + R_2 \tan\varphi + R_3 c$。

其中

$$R_1 = D\left(\frac{\gamma h_0^2}{2} + q h_0\right) + \frac{1}{2}D^2 q_f(\alpha_2 - \alpha_1 + \sin\alpha_2\cos\alpha_2 - \sin\alpha_1\cos\alpha_1) - \frac{1}{3}\gamma D^2(\cos^3\alpha_2 - \cos^3\alpha_1)$$

$$R_2 = \frac{1}{2}D^2 q_f + \left[\alpha_2 - \alpha_1 + \frac{1}{2}(\sin2\alpha_2 - \sin2\alpha_1)\right] - \frac{1}{3}\gamma D^3$$

$$\left[\sin^2\alpha_2\cos\alpha_2 - \sin^2\alpha_1\cos\alpha_1 + 2(\cos\alpha_2 - \cos\alpha_1)\right]$$

$$R_3 = h_0 D + (\alpha_2 - \alpha_1)D^2$$

$$q_f = \gamma h_0' + q; \quad K_a = \tan^2\left(45° - \frac{\varphi}{2}\right)$$

式中：M_s——滑动力矩（隆起力矩）(kN·m)，$M_s = \frac{1}{2}(\gamma h_0' + q)D^2$；

γ——支护墙底以上各土层天然重度加权平均值(kN/m³)；

c、φ——滑动面上土体黏聚力(kPa)和内摩擦角(°)的加权平均值；

D——支护墙体基底以下入土深度(m)；

h_0——基坑开挖深度(m)；

h_0'——最下一道支撑距地面距离(m)；

α_1——最下一道支撑面与基坑开挖面间的水平夹角(rad)，见图40-119；

α_2——以最下一道支撑点为圆心的滑裂面圆心角(rad)，见图40-119；

q——坑外地面荷载(kPa)；

K_L——抗隆起稳定性安全系数，可结合坑外地表沉降要求，参考表40-27选定；或根据基坑重要性等级：一级基坑取2.5，二级基坑取2.0，三级基坑取1.7。

地表沉降控制值与抗隆起安全系数的关系　　　　表40-27

坑外地面沉降控制值	抗隆起稳定性安全系数	坑外地面沉降控制值	抗隆起稳定性安全系数
1%h	≥1.2	0.2%h	≥2.0
0.5%h	≥1.5		

注：1. 表中安全系数为土体参数，采用抗剪强度峰值的0.7倍计算。

2. h为基坑开挖深度(m)。

四、基坑底部抗管涌稳定性验算

管涌主要是由于水头差所引起的，当排桩或地下连续墙插入透水性和黏聚力均小的饱和土中，如粉沙、淤泥等，施工时采用坑内明沟排水时，常有可能发生管涌或流沙现象。

一般基坑开挖后，基坑内排水，地下水形成水头差 h_w，地下水由高处向低处渗流，坑底下的土浸泡在水中，其有效重度为浮重度 γ'；当地下水向上渗流力（动水压力）$j \geq \gamma'$ 时，土粒则处于浮动状态，在坑底产生管涌现象，要避免管涌现象出现，则要求满足以下条件（图40-120）即：

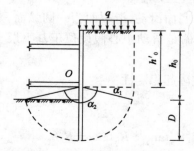

图40-119　基坑抗隆起计算示意图

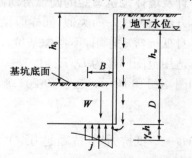

图40-120　基坑管涌验算示意之一

$$\gamma' \geqslant Kj \tag{40-205}$$

或

$$K = \frac{\gamma'}{j} \geqslant 1.5 \tag{40-206}$$

其中：

$$j = i\gamma_w = \frac{h_w}{h_w + 2D}\gamma_w \tag{40-207}$$

式中：K——抗管涌安全系数，一般取 $K=1.5\sim2.0$；

γ'——土的浮重度（kN/m³），$\gamma' = \gamma - \gamma_w$；

γ——土的重度（kN/m³）；

γ_w——地下水的重度（kN/m³）；

j——最大渗流力（动水压力）；

i——水头梯度；

D——排桩或地下连续墙的入土深度（m）；

h_w——地下水位至坑底的距离（即地下水形成的水头差）（m）。

不发生管涌的条件为：

$$K = \frac{(h_w + 2D)\gamma'}{h_w\gamma_w} \geqslant 1.5 \tag{40-208a}$$

或

$$\gamma' \geqslant K \frac{h_w}{h_w + 2D}\gamma_w \tag{40-208b}$$

或

$$t \geqslant \frac{Kh_w\gamma_w - \gamma'h_w}{2\gamma'} \tag{40-208c}$$

板桩入土深度如满足上述条件，则不会发生管涌。

若坑底以上的土层为松散填土、多裂隙土层等透水性强的土层，则地下水流经此层的水头损失很小，可忽略不计，此时不产生管涌的条件为：

$$t \geqslant \frac{Kh_w\gamma_w}{2\gamma'} \tag{40-209a}$$

或

$$K \leqslant \frac{2\gamma'D}{h_w\gamma_w} \tag{40-209b}$$

在确定排桩入土深度时，也应符合以上条件。

在如图 40-120 所示的基坑内，设作用在管涌范围 B 上的全部渗透压力 J 为式（40-210）：

$$J = \gamma_w hB \tag{40-210}$$

式中：h——在 B 范围内，从墙底到基坑底面的水头损失，一般可取 $h \approx \frac{h_w}{2}$；

B——流沙发生的范围，根据试验结果，首先发生在离坑壁大约等于挡墙插入深度的一半范围内，即 $B \approx \frac{D}{2}$。

设抵抗渗透压力的土体在水中的重力 W 为：

$$W = \gamma' DB \qquad (40\text{-}211)$$

若满足 $W > J$ 的条件,则管涌就不会发生,即必须满足式(40-212):

$$K = \frac{\gamma' D}{\gamma_w h} = \frac{2\gamma' D}{h_w \gamma_w} \qquad (40\text{-}212)$$

此外,由于基坑挡墙作为临时挡土结构,为简化计算,可近似取最短流线(图 40-121),即紧贴地下墙的流线来求最大渗流力:

$$j = i\gamma_w = \frac{h'_w}{L}\gamma_w$$

$$i = \frac{h'_w}{L}$$

$$L = \sum L_h + m\sum L_v$$

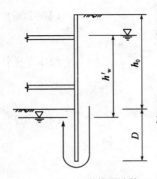

图 40-121 坑底管涌验算
示意图之二

式中:i——坑底土的渗流水力坡度;

h'_w——坑底内外的水头差(即基坑内外土体的渗流水头);

L——最短渗径流线长度(m);

$\sum L_h$——渗流水平段总长度(m);

$\sum L_v$——渗流垂直段总长度(m);

m——渗径垂直段换算成水平段的换算系数,当为单排帷幕墙时,取 $m=1.50$;当为多排帷幕墙时,取 $m=2.0$。

坑底土体抗渗流或管涌稳定性可按式(40-213)计算:

$$K_s = \frac{\gamma'}{j} = \frac{\gamma'}{i\gamma_w} = \frac{i_c\gamma_w}{i\gamma_w} = \frac{i_c}{i} \qquad (40\text{-}213)$$

$$i_c = \frac{\gamma'}{\gamma_w} = \frac{G_s - 1}{1 + e} \qquad (40\text{-}214)$$

式中:i_c——坑底土体的临界水力坡度,根据坑底土的特性,按式(40-214)计算;

G_s——土的颗粒密度(基坑土体的相对密度);

e——坑底土体天然孔隙比;

K_s——抗渗流或抗管涌稳定性安全系数,取 1.5~2.0。坑底土为砂性土、砂质粉土或黏性土与粉性土中有明显薄层粉砂夹层时,取大值。

【例 40-37】 地下室基坑深 6.3m,土质为淤泥质粉质黏土,土的重度 $\gamma = 18 \text{kN/m}^3$,离地面 1.0m 有地下水,$\gamma_w = 10 \text{kN/m}^3$,采用排桩支护,插入深度为 3.0m,试验算是否会出现管涌现象。

解: 由已知条件,土的浮重度 $\gamma' = 18 - 10 = 8 \text{kN/m}^3$,取 $K = 1.5$,$h_w = 6.3 - 1 = 5.3 \text{m}$。

由式(40-208c)计算土的插入深度为:

$$t = \frac{Kh_w\gamma_w - \gamma' h_w}{2\gamma'} = \frac{1.5 \times 5.3 \times 10 - 8 \times 5.3}{2 \times 8} = 2.32\text{m} < 3\text{m}$$

故知,不会发生管涌现象。

【例 40-38】 上海某商业广场主楼基坑开挖深度 15.70m,采用地下连续墙围护结构,厚 1.0m,深 30.5m。竖向设置三道现浇钢筋混凝土水平支撑和围檩体系,支护结构断面及土层资料,如图 40-122 所示。设计时按一级基坑考虑,试验算基坑的稳定性。

188

解:(1)基坑底部土体的抗隆起稳定性验算。

按同时考虑 c、φ 的抗隆起计算法,由式(40-197)得:

$$K_{\mathrm{L}}=\frac{\gamma_2 D N_{\mathrm{q}}+c N_{\mathrm{c}}}{\gamma_1 (h_0+D)+q}$$

式中,$\gamma_1=17.95\mathrm{kN/m^3}$,$\gamma_2=18.20\mathrm{kN/m^3}$,$h_0=15.7\mathrm{m}$,$D=14.8\mathrm{m}$,$q=20\mathrm{kPa}$,$c=13\mathrm{kPa}$,$\varphi=26°$,$N_{\mathrm{q}}=11.851$,$N_{\mathrm{c}}=22.249$。

代入上式计算得 $K_{\mathrm{L}}=6.13>2.5$,说明地下连续墙入土深度满足抗隆起要求。

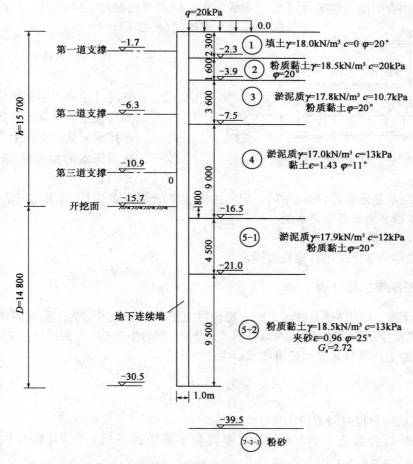

图 40-122 某商业广场地下连续墙断面及土层资料(尺寸单位:mm;高程单位:m)

(2)抗渗流(或管涌)稳定性验算按式(40-213)和式(40-214)计算,得:

$$K_{\mathrm{s}}=\frac{i_{\mathrm{c}}}{i}$$

$$i_{\mathrm{c}}=\frac{G_{\mathrm{s}}-1}{1+e}=\frac{2.72-1}{1+1.43}=0.71$$

$i=\dfrac{h_{\mathrm{w}}}{L}$,取坑外地下水位在地表下 0.5m,坑内降水水位在坑底以下 1.0m,则:

$$h'_{\mathrm{w}}=16.2\mathrm{m}$$

$$L=\sum L_{\mathrm{h}}+m\sum L_{\mathrm{v}}=[1.0+1.5(30+13.8)]=66.7\mathrm{m}$$

$$i = \frac{h'_w}{L} = \frac{16.2}{66.7} = 0.243$$

$$K_s = \frac{0.71}{0.243} = 2.92 > 2.0$$

五、基底抗承压水层的稳定性分析

如果在基底下的不透水层较薄，而且不透水层下面具有加大水压的滞水层或承压水层时，当上覆土重不足以抵抗下部水压时，基底就会隆起破坏，墙体就会失稳。所以在支护体系设计、施工前，必须查明地层情况及滞水层或承压水层的水头情况（图40-123）。其稳定性验算可按式（40-215）进行。

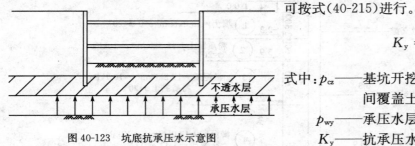

$$K_y = \frac{p_{cz}}{p_{wy}} \qquad (40\text{-}215)$$

图40-123　坑底抗承压水示意图

式中：p_{cz}——基坑开挖面以下至承压水层顶板间覆盖土的自重压力（kPa）；

p_{wy}——承压水层的水头压力（kPa）；

K_y——抗承压水的稳定性安全系数，取1.05。

如果不能满足稳定条件，则应采取一定的措施，以防止基坑的失稳，常见的方法有：

(1)用隔水挡墙隔断各段滞水层。

(2)用深井井点降低承压水头。

(3)基坑底部地基土层进行地基加固。

六、坑底控制渗水量计算

在地下水丰富、土的渗透系数较大的土层设置支护，开挖深基坑，为了防止井内外土体下沉，可以不采取或少采取降水措施，而以排桩或地下连续墙的插入坑底深度来控制渗水量，使其不影响正常施工。其坑底渗水量可按式（40-216）计算：

$$Q = KAi = \frac{KAh'}{h' + 2h_d} \qquad (40\text{-}216)$$

式中：Q——基坑内单位时间的渗水量（m³/d）；

K——土的综合渗透系数，其值可在垂直和水平渗透系数之间，如轻粉质黏土可取0.05m/d左右；

A——排桩或地下连续墙闭合所构成的井底面积（m²）；

i——水力坡度，$i = \frac{h'}{L} = \frac{h'}{h' + 2h_d}$；

h'——水头差（m）；

h_d——排桩或地下连续墙插入坑底的深度（m）。

在基坑稳定性验算满足安全的前提下，可按式（40-216）求得的渗水量 Q，选用明沟排水用水泵的功率和型号、规格。

七、抗浮稳定性验算

为抗管涌和施工方便，常在基坑底部用高压喷射注浆（旋喷桩）或厚混凝土垫层或底板封底。当停止降水或抽干基坑内积水时,在封底层的底面将会因水头差受到向上的浮力(即静水压力)作用,这就要求封底混凝土与支护之间有足够的承载能力,其自身还应有足够的强度,以保证封底混凝土和支护不被破坏,因此,当基坑内外存在水头差时,封底混凝土应进行整体抗浮和强度等验算。

1. 整体抗浮验算

深基坑有截水要求的支护在封底后,地下水将对其产生上浮力,将由支护自重、支护与土的摩阻力和封底混凝土重来平衡,应按式(40-217)来验算抗浮稳定性:

$$K = \frac{P_{\mathrm{K}}}{P_{\mathrm{f}}} = \frac{0.9P_{\mathrm{h}} + \lambda L \sum f_i h_i}{P_{\mathrm{f}}} \geqslant 1.05 \qquad (40\text{-}217)$$

式中:K——整体抗浮稳定安全系数,一般取 1.05;

P_{K}——总抗浮力(kN);

P_{f}——总的上浮力(kN),即地下水位以下的支护、封底及基坑内净体积的总排水量;

P_{h}——支护、封底及已浇底板混凝土的总重力(kN);

λ——抗拔容许摩阻力与受压容许阻力的比例系数,由工程重要性、荷载、质量及土质情况等因素而定,一般取 0.4~0.7;

L——支护与土体接触外壁周长(m);

f_i——支护侧各土层的容许摩阻力(kPa);

h_i——支护侧各土层的厚度(m)。

如按式(40-217)计算的 K 值小于 1.05,可采取加厚封底混凝土或在坑内封底混凝土中设集水井,继续降水,施工基础结构,直至能满足抗浮要求,方可停止降水。

2. 封底混凝土强度验算

封底混凝土板的上浮力(静水压力)作用下的内力,可近似地简化为简支单向板计算。封底层顶因静水压力作用产生的弯曲拉应力 f 为:

$$f = \frac{1}{8}\frac{ql^2}{W} = \frac{l^2}{8}\frac{\gamma_{\mathrm{w}}(h+d) - \gamma_{\mathrm{c}}d}{d^2/6} = \frac{3l^2}{4d^2}[\gamma_{\mathrm{w}}(h+d) - \gamma_{\mathrm{c}}d] \leqslant [f] \qquad (40\text{-}218)$$

式中:l——基坑底小边尺寸(m);

q——封底底面静水压力(kPa);

W——封底混凝土每 1m 宽截面的抗弯模量(m^3);

h——封底层顶面处水头(m);

d——假定的封底混凝土最小厚度(m);

γ_{w}——水的重度($\mathrm{kN/m^3}$);

γ_{c}——混凝土的重度($\mathrm{kN/m^3}$);

$[f]$——封底混凝土容许抗弯曲强度,一般采用 C15 或 C20 混凝土,考虑荷载作用时时间较短,可分别取 1 200~1 500kPa。

八、排桩、墙承受垂直压力的验算

地下连续墙上单位宽度的承载能力可按式(40-219)计算:

$$P = \sum h_{i上} \cdot f_i + 2\sum h_{i下} \cdot f_i + Aq_i \qquad (40\text{-}219)$$

式中：P——单位宽度地下连续墙上的承载能力（kN）；

$h_{i上}$——坑底以上第 i 层土的厚度（m）；

f_i——第 i 层土的容许摩阻力（kN/m），其值参见表 40-28；

A——单位宽度地下连续墙的横截面面积（m²）；

q_i——墙下土的容许端承力（kPa），见表 40-29。

混凝土地下墙与土的容许摩阻力　　　　　　　表 40-28

土 的 名 称	土 的 状 态	f(kPa)
淤泥	—	5～8
淤泥质土	—	10～15
黏土、粉质黏土	软塑	20～30
	可塑	30～35
	硬塑	35～40
粉土	软塑	22～30
	可塑	30～35
	硬塑	35～45
粉细砂	稍密	20～30
	中密	30～40
	密实	40～60

地下水位以下地下墙容许端承力 q_i(kPa)　　　　　　表 40-29

土 的 名 称	土 的 状 态	地下墙入土深度(m)		
		5	10	15
一般黏性土	—	100	160	220
粉、细砂	中密	150	300	400
	密实	200	350	500
中砂、粗砂	中密	250	450	650
	密实	350	550	800

注：表中值适用于槽底的淤土小于 30cm 的情况。

九、排桩地下连续墙支护体系变形估算

在大、中城市内建筑物密集地区开挖深基坑，周围土体变形应予重视。周围土体变形（沉降）过大，将会引起附近的地下管线、道路和建筑物产生过大的或不均匀的沉降，带来危害。

无论是高层建筑地下室还是地下工程的深基坑开挖工程，往往是处于建筑物、管线密集的城区，此时的施工设计控制因素往往是变形量的大小。如果变形值能控制在某一较小数值内，则对周围建筑物、管线的影响不是很大，这一值也就可以接受；反之，如果对应于支护结构的变形已妨碍地下结构施工或影响基坑周边环境的正常使用功能，即超过了其正常使用极限状态，则需要改善施工设计，以减小变形量，使之控制在允许范围之内。

基坑周围土的变形包括横向变形和竖向变形（即沉陷）。这两种变形量是相互有关的，其中主要是竖向的沉陷对建筑物及设施产生破坏作用。一般基坑开挖所造成的周边土沉陷是不均匀的。使得临近建筑设施产生沉降差异，而产生拉、压应力及中部产生剪应力。对于体型较

大、较复杂的建筑设施产生的扭转应力也不容忽视。这些附加应力在设计这些建筑物时并没有考虑在内,因而当不均匀沉降较大时,产生的附加应力也较大,就会对其造成一定的损害,这时,支护体系就不能有效地完成其支护功能。

另外,基坑底部的回弹变形也是不容忽视的,过大的回弹会对工程桩和支撑立柱桩造成危害,需要合理地估算回弹变形,以确定基底超挖深度。而且,回弹变形值与坑底隆起安全系数也有着一定的关系,当回弹值过大时,则预示着坑底有隆起的可能。

因而,为了保证开挖基坑及周围建筑物、管线的安全,就需要严格控制开挖施工引起的变形,这就要求在施工设计时通过分析和计算,预测出变形量的大小,判断是否合乎要求,是否能够保证基坑及周围环境的安全。土体变形的允许范围可根据现场具体情况而定,综合考虑临近建筑物、管线离基坑的距离、建筑结构类型及基础结构类型、重要程度等因素,根据规范确定或参照以往的经验数据给出。

1. 基坑周围土体变形估算

基坑周围土的变形包括横向变形和墙后土体的沉降。土体的横向变形可认为与支护墙体的绕曲变形相一致。这样,如果应用平面有限元法或空间三维有限元法来进行基坑开挖的分析,则可以直接给出土体的变形值。如果在支护体系设计时采用杆系有限元法,则可以得到支护墙体的挠曲变形,即土体的横向变形值,而墙后土体的沉陷还需要另行计算。

基坑周围土的横向变形和沉陷存在着一定关系,土体沉陷实际上是由于支护体系的墙体在土压力及施工荷载产生的附加压力作用下产生横向位移,土体跟随横移而造成土体流失所形成的。土体的横向变形与竖向沉降之间可以通过土体体积不变而建立关联方程,通过计算支护体系的横向变形值,就可以得出相应的土体横移值及由关联方程计算出基坑周围土竖向沉陷值的大小。

1)抛物线函数估算公式

利用此方法估算基坑周围土体的沉陷的步骤如下:

(1)利用有限元法或其他计算方法求出墙体横向挠度值。

(2)将墙体挠度数值积分得到挠出部分体积 V_s(可以利用平均端部面积梯形公式或辛普森三分之一法则)。

(3)估算沉陷影响的侧向距离,其算法如下:

①计算挖土线以下距离 H_p, $H_p = B$($\varphi = 0°$的土),其中 B 为基坑宽度;对于 $\varphi > 0°$的土,$H_p = 0.5B\tan\left(45° + \dfrac{\varphi}{2}\right)$。

$$H_t = H_p + H$$

②计算沉陷影响的侧向距离 X_0。

$$X_0 = H_t B\tan\left(45° - \dfrac{\varphi}{2}\right)$$

(4)计算墙边的沉陷,即最大沉陷 S_w。

$$S_w = 4V_s/X_0$$

(5)计算沉陷影响范围内其余各点的沉陷,假定计算点到墙边的距离 S_i 按抛物线变化。

$$S_i = S_w\left(\frac{X_0 - x}{X_0}\right)^2 \tag{40-220}$$

式中:x——计算点离墙边的距离。

上述方法第(5)步是根据 Peck(1969 年)提出的预估地面下陷的曲线,近似地认为沉陷随

193

计算点到墙边距离按抛物线变化,如图 40-124 所示,式(40-220)可参见图 40-125。

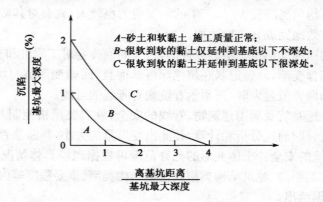

图 40-124　预估地面下陷的曲线

2)指数函数估算公式

地面沉陷形式如图 40-126 所示,该假定借用 Peck 教授提供的估算隧道地面沉陷的指数函数,其形式是:

$$\delta(x) = a\left[1 - e^{\left(\frac{x+x_m}{X_0}-1\right)}\right] \tag{40-221}$$

式中:a——待定位移常数;

x_m——最大沉陷 δ_{max} 所在位置到支护墙体的距离(m)。

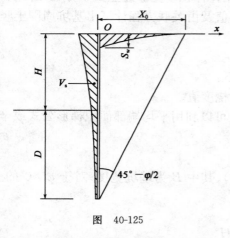

图　40-125

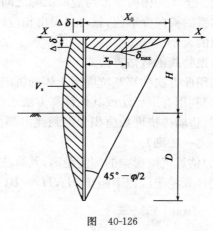

图　40-126

根据边界条件及土体体积不变条件,有:

$$\begin{cases} \delta\big|_{x=x_m} = \Delta\delta \\ \int_0^{x_m} a\left[1 - e^{\left(\frac{x+x_m}{X_0}-1\right)}\right]dx - \int_{X_0-x_m}^0 a\left[1 - e^{\left(\frac{x+x_m}{X_0}-1\right)}\right]dx = V_s \end{cases}$$

其中:

$$X_0 = (H+D)\tan\left(45° - \frac{\varphi}{2}\right)$$

可得:

$$a = \frac{4X_0^2\Delta\delta/e + 2mX_0 + \sqrt{(4X_0^2\Delta\delta/e + 2mX_0)^2 + 4mX_0^2(4/e-1)}}{2X_0^2(4/e-1)} \tag{40-222}$$

194

$$x_m = \frac{X_0}{2}\left[1 + \ln(1 - \Delta\delta/a)\right] \qquad (40\text{-}223)$$

$$m = V_s - X_0\Delta\delta$$

式中：V_s——墙体横向变形部分的面积（m^2）；

$\Delta\delta$——墙体顶部的横向变形值（m）。

将 a、x_m 代入式（40-221），即可求出各点沉降值。

可以看出，坑边土体沉降值估算的精确度依赖于墙体横向变形值的计算准确度及本身假定与实际情况的符合程度。

比较抛物线函数估算公式和指数函数估算公式，前者较适用于地层较软弱而且墙体的入土深度又不大的情况，墙底处有较大的水平位移，墙旁出现较大地表沉降；后者较适合于墙体入土深度较大或墙底入土在刚性较大些的地层内，墙体的变位类同于梁的变位，此时地表沉降的最大值不发生在墙边，而是位于离墙有一定距离的位置处。因而在应用时需视具体工程情况而选择不同的估算公式。

2. 基坑周围土体变形简化计算

基坑周围土体变形与支护结构横向变形、施工降低水位等有关。如在开挖基坑时，支护结构的支撑（拉锚）加设及时或施加预顶（拉）力，则支护结构横向变形较小，基坑周围地面沉降也小，如图 40-127a）所示；如在开挖基坑时，支撑（拉锚）加设不及时，顶部无支撑（拉锚）或坑边有重大的地面荷载等，则支护结构横向变形较大，对周围地面沉降的影响亦大，如图 40-127b）所示。一般情况下，周围地面沉降与支护结构横向变形成正比。

$$\frac{F_s}{F_w} \approx 0.50 \qquad (40\text{-}224)$$

$$\frac{F_s}{F_w} \approx 0.85 \qquad (40\text{-}225)$$

式中：F_w——支护结构及其横向变形曲线包围的面积（m^2）；

F_s——地面及其沉降曲线包围的面积（m^2）。

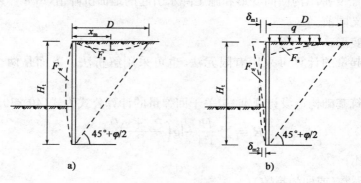

图 40-127　支护结构横向变形引起的基坑周围土体变形
a）小变形者；b）大变形者

关于支护结构横向变形引起的地面沉降值 $\delta_{su(x)}$ 的计算，可采用以下简化计算方法，计算程序如下：

（1）计算支护结构的横向变形曲线。

(2)以积分方法求出支护结构及其横向变形曲线包围的体积 V_w。

(3)按式(40-226)计算地面沉降影响的距离 D：

$$D = H_t \tan\left(45° - \frac{\varphi}{2}\right) \tag{40-226}$$

式中：D——地面沉降影响距离(m)；

H_t——支护结构长度(m)；

φ——土的内摩擦角(°)。

(4)按式(40-227)计算基坑边处的地面沉降值：

$$\delta_{sV(0)} = \frac{4V_w}{D} \tag{40-227}$$

式中：$\delta_{sV(0)}$——基坑边处地面沉降值(m)；

其他符号意义同前。

(5)按式(40-228)计算沉降影响范围内(距离坑边 x 处)的地面沉降值：

$$\delta_{sV(x)} = \delta_{su(0)}\left(\frac{x}{D}\right)^2 \tag{40-228}$$

至于因施工降水而引起的地面沉降值,理论上可按式(40-229)计算：

$$\delta_{su(x)} = \sum_{i=1}^{n} E_{su(i)} \Delta u(x)_i \Delta h_i \tag{40-229}$$

式中：$\delta_{su(x)}$——施工降水引起的地面沉降值(m)；

$E_{su(i)}$——第 i 层土的压缩模量(MPa)；

$\Delta u(x)_i$——距离基坑边 x 处第 i 层土内孔隙水压力变化量；

Δh_i——第 i 层土的厚度(m)。

由此,开挖深基坑时基坑周围地面沉降值为：

$$\delta_{s(x)} = \delta_{sV(x)} + \delta_{su(x)}$$

式中：$\delta_{s(x)}$——由于支护结构横向变形和施工降水引起的地面沉降值(m)；

其他符号意义同前。

3. 基底回弹变形

基坑回弹隆起量的计算可采用有限元法,也可采用解析法。下面是两个较简单的解析方法。

(1)日本《建筑基础构造设计规准》中关于回弹量的计算公式为式(40-230)。

$$R = \sum \frac{HC_r}{1+e} \lg\left(\frac{P_N + \Delta P}{P_N}\right) \tag{40-230}$$

式中：e——孔隙比；

C_r——膨胀系数(或回弹指数)；

P_N——原地层有效上覆荷重(kN)；

ΔP——挖去的荷重(kN)；

H——厚度(m)。

在应用式(40-230)计算回弹量时,需对每一层土都进行计算,然后计算总和。每一层土的 H、C_r、e 都可能是不同的,ΔP 即为所计算层挖去的那部分土重。每一层的 P_N 也可能不同。

（2）同济大学模拟试验经验公式为式（40-231）。

$$\delta = -29.17 - 0.167\gamma H' + 12.5\left(\frac{D}{H}\right)^{-0.5} + 5.3\gamma c^{-0.04}(\tan\varphi)^{-0.54} \quad (40\text{-}231)$$

$$H' = H + \frac{q}{\gamma}$$

式中：δ——基底隆起量（cm）；

$\quad q$——地面超载（kPa）；

$\quad H$——基坑开挖深度（m）；

c、φ、γ——分别为土的黏聚力（kPa）、内摩擦角（°）、重度（kN/m³）；

$\quad D$——墙体入土深度（m）。

式（40-231）较适用于开挖宽度较大的地下墙支护的基坑。该式由于为经验公式，式中各参数的量纲仍采用旧制。

【例 40-39】 [68] 某建筑物基坑开挖深度为8m，安全等级为一级，场地土为粉质黏土，粉质黏土的物理指标如下：$c=15$kPa，$\varphi=18°$，$\gamma=18.6$kN/m³。地下静止水位为 1.6m，拟采用的支护方案如下：

围护体系：采用 $\phi800@1000$mm 钢筋混凝土灌注桩挡土，桩长为 14.5m，桩深入冠梁0.3m（即桩下送 2.0m）。用 $\phi700$ 深层搅拌水泥土墙为止水帷幕（只考虑止水作用）。

水平支撑体系：挡土桩桩顶设冠梁一道（截面为 1200mm×600mm），内撑为钢筋混凝土对撑和角撑；支撑轴线位于地面以下 2.0m。

边坡顶部考虑活荷载：$q_0=15$kPa。

试计算主动土压力合力、被动土压力合力、支撑点反力；复核支护桩的嵌固深度；计算桩身最大弯矩。

解： 按已知条件画出支护计算简图，如图 40-128 所示。

（1）主动土压力计算。粉质黏土采用水土合算，即：

$$K_{a1} = \tan^2\left(45° - \frac{\varphi_{1k}}{2}\right) = \tan^2\left(45° - \frac{18°}{2}\right) = 0.53$$

$$\sqrt{K_{a1}} = \sqrt{0.53} = 0.73$$

主动土压力计算简图如图 40-129 所示。

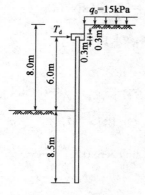

图 40-128 支护计算简图 1

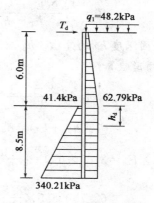

图 40-129 土压力计算简图 2

$$q_1 = q_0 + \gamma h' = 15 + 18.6 \times 1.6 + 8.6 \times 0.4 = 48.7 \text{(kPa)}$$

$$e_{a1} = (\gamma h + q_1) K_{a1} - 2c_1 \sqrt{K_{a1}} = (0 + 48.2) \times 0.53 - 2 \times 15 \times 0.73 = 3.65 \text{(kPa)}$$

$$e_{a2} = (18.6 \times 6.0 + 48.2) \times 0.53 - 2 \times 15 \times 0.73 = 62.79 \text{(kPa)}$$

$$e_{a3} = 62.79 \text{(kPa)}$$

$$\sum E_a = 3.65 \times 6 + 6 \times \frac{1}{2} \times (62.79 - 3.65) + 64.91 \times 8.5 = 751.08 \text{(kN/m)}$$

（2）被动土压力计算。

$$K_{p1} = \tan^2 \left(45° + \frac{\varphi_{1k}}{2}\right) = \tan^2 \left(45° + \frac{18°}{2}\right) = 1.89$$

$$\sqrt{K_{p1}} = \sqrt{1.89} = 1.38$$

$$e_{p2} = 2c_1 \sqrt{K_{p1}} = 2 \times 15 \times 1.38 = 41.4 \text{(kPa)}$$

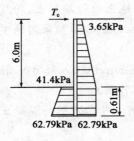

图 40-130　计算简图 3

$$e_{p3} = \gamma d_d K_{p1} + 2c_1 \sqrt{K_{p1}} = 18.6 \times 8.5 \times 1.89 + 41.4 = 340.31 \text{(kPa)}$$

$$\sum E_p = 41.4 \times 8.5 + 8.5 \times (340.21 - 41.4)/2 = 1\ 621.84 \text{(kN/m)}$$

（3）计算支撑点反力 T_d。设 $e_{ax} = e_{px}$ 的深度为 h_d，则：

$$e_{ax} = 62.79 \text{kPa}$$

$$e_{px} = \gamma h_d K_{p1} + 41.4$$

$$62.79 = 18.6 \times h_d \times 1.89 + 41.4$$

所以 $h_d = 0.61 \text{m}$。

计算简图如图 40-130 所示。

$$h_{a1} \sum E_{ac} = 3.65 \times 6 \times (3 + 0.61) + \frac{1}{2} \times (62.79 - 3.65) \times 6.0 \times \left(0.61 + \frac{1}{3} \times 6.0\right)$$

$$= 79.06 + 463.07 + 11.68$$

$$= 553.81 \text{(kN · m/m)}$$

$$h_{p1} \sum E_{pc} = 41.4 \times 0.61 \times \frac{1}{2} \times 0.61 + \frac{1}{2} \times (62.79 - 41.4) \times 0.61 \times \frac{1}{3} \times 0.61$$

$$= 7.70 + 1.33$$

$$= 9.03 \text{(kN · m/m)}$$

$$T_d = \frac{h_{a1} \sum E_{ac} - h_{p1} \sum E_{pc}}{h_{T1} + h_d} = \frac{553.81 - 9.03}{6 + 0.61} = 82.42 \text{(kN/m)}$$

（4）嵌固深度 h_d 的复核。h_d 应满足抗倾覆、构造及抗渗要求。

①抗倾覆验算：

$$h_p \sum E_{pj} = 41.4 \times 8.5 \times \frac{8.5}{2} + \frac{1}{2} \times 8.5 \times (340.21 - 41.4) \times \frac{8.5}{3} = 5\ 093.75 \text{(kN · m/m)}$$

$$T_d (h_{T1} + h_d) = 82.42 \times (6 + 8.5) = 1\ 195.09 \text{(kN · m/m)}$$

$$h_{a1} \sum E_{ai} = 3.65 \times 6.0 \times \left(\frac{6.0}{2} + 8.5\right) + \frac{1}{2} (62.79 - 3.65) \times 6.0 \times \left(\frac{6.0}{3} + 8.5\right) +$$

$$62.79 \times 8.5 \times \frac{8.5}{2}$$

198

$$=251.85+1\,862.91+2\,268.29$$

$$=4\,383.05(\text{kN}\cdot\text{m/m})$$

$$h_{a1}\sum E_{ai}=3.65\times6.0\times\left(\frac{6.0}{2}+8.5\right)+\frac{1}{2}(62.79-3.65)\times6.0\times\left(\frac{6.0}{3}+8.5\right)+62.79\times8.5\times\frac{8.5}{2}$$

$$=251.85+1\,862.91+2\,268.29$$

$$=438.305(\text{kN}\cdot\text{m/m})$$

$$h_p\sum E_{pj}+T_d(h_{T1}+h_d)-1.2\gamma_0 h_a\sum E_{ai}$$

$$=5\,093.75+1\,195.09-1.2\times1.1\times4\,383.05$$

$$=503.21(\text{kN}\cdot\text{m})>0$$

满足抗倾覆要求。

②构造验算：

$$0.3h=0.3\times8=2.4\text{m}<8.5\text{m}$$

满足构造要求。

③抗渗验算：本例有地下水，但为粉质黏土，无渗透稳定问题，无需验算。

（5）计算 $M_{\max}$。首先找剪力等于零的点（图 40-131 中的 O 点）。

h_Q 点的土压力强度为：

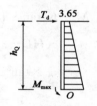

图 40-131　计算简图 4

$$e_{aQ}=(\gamma h_Q+q_1)K_{a1}-2c\sqrt{K_{a1}}$$

$$=(18.6h_Q+48.2)\times0.53-2\times15\times0.73$$

$$=9.86h_Q+3.65$$

主动土压力合力为：

$$3.65\times h_Q+\frac{1}{2}\times(9.86h_Q+3.65-3.65)h_Q=82.42$$

整理得：

$$4.93h_Q^2+3.65h_Q-82.42=0$$

求得：

$$h_Q=3.74\text{m}$$

$$e_{aQ}=9.86\times3.74+3.65=40.53(\text{kPa})$$

$$M_{\max}=82.42\times3.74-3.65\times3.74\times\frac{3.74}{2}-\frac{1}{2}\times(40.53-3.65)\times\frac{3.74^2}{3}$$

$$=308.25-25.53-85.98=196.74(\text{kN}\cdot\text{m/m})$$

图 40-132　支护结构示意图

【例 40-40】 如图 40-132 所示的支护结构，采用钢板桩作为支护墙体，$[f]$ 取 170kPa，土层加权平均值 $\gamma=18\text{kN/m}^3$，$c=0$，$\varphi=30°$ 坑底土体相对密度 ρ 为 2.8，天然孔隙比 e 为 1.0，地下水位位于地面下 1.0m。试进行支护结构设计。

解：（1）首先确定墙身最大弯矩和墙体入土深度。

采用等值梁法可以求得(求解过程见本章第三节【例 40-10】),桩身最大弯矩 M_{max} 和桩入土深度 t 分别为:

$$M_{max}=354.2\mathrm{kN \cdot m/m}, t=4.93\mathrm{m}$$

(2)钢板桩选型。

采用拉森 VI 钢板桩,$W=4\,200\times10^3\mathrm{mm^3}$,取折减系数 $\beta=0.7$,由式(40-40),则

$$\sigma_{max}=\frac{M_{max}}{\beta W}=354.2\times10^6/4\,200\times10^3\times0.7=120.5\mathrm{MPa}<[f]=170\mathrm{MPa},满足要求。$$

(3)稳定性验算。

取钢板桩长度为 15m。

①验算基坑抗隆起稳定性。

考虑到支护强度 $D/H=0.5$,因此采用计及墙体抵抗弯矩的圆弧滑动面抗隆起法(一)进行验算。

由式(40-200)得滑动力矩为:

$$M_s=\frac{1}{2}(\gamma H+q)D^2=\frac{1}{2}(18\times10+0)\times5^2=2\,250(\mathrm{kN \cdot m/m})$$

由式(40-202)得抗滑动力矩为:

$$
\begin{aligned}
M_r&=K_a\tan\varphi\left[\left(\frac{\gamma H^2}{2}+qH\right)D+\frac{1}{2}q_fD^2+\frac{2}{3}\gamma D^3\right]+\tan\varphi\left[\frac{\pi}{4}q_fD^2+\frac{4}{3}\gamma D^3\right]+\\
&\quad c(HD+\pi D^2)+M_h\\
&=\frac{1}{3}\times\tan^2 30°\left[\frac{1}{2}\times18\times10^2\times5+\frac{1}{2}\times18\times10\times25+\frac{2}{3}\times18\times5^3\right]+\\
&\quad \tan30°\left[\frac{\pi}{4}\times18\times10\times5^2+\frac{4}{3}\times18\times5^3\right]+\beta[f]W\\
&=5\,824.4(\mathrm{kN \cdot m/m})
\end{aligned}
$$

由式(40-203),得抗隆起安全系数为:

$$K_a=M_r/M_s=2.6$$

满足要求。

②抗渗流或管涌验算。

地下水位位于地面下 1m 处,则根据图 40-121 中公式有:

坑底土体渗流水力坡度:

$$i=\frac{h_w}{L}$$

其中:

$$h_w=9.0\mathrm{m}, L=H-h_w+2D=10-1+2\times(15-10)=19\mathrm{m}$$

则:

$$i=\frac{9.0}{19}=0.474$$

而坑底土体临界水力坡度:

$$i_c=\frac{\rho-1}{1+e}$$

其中:

$\rho=2.8, e=1.0$

则 $i_c = \dfrac{2.8-1}{1+1.0} = 0.9$

所以,抗渗流或抗管涌稳定性安全系数:

$$K_s = i_c/i = 0.9/0.474 = 1.9$$

满足抗渗流或管涌稳定性要求。

(4)构造要求。

①本例中采用钢板桩小止口布置,同时起到挡水的作用,为防止钢板桩接缝处漏水,在沉桩前应在锁口内嵌填黄油、沥青或其他密封止水材料,必要时,可在沉桩后坑外锁口处注浆防渗或另施工挡水帷幕。

②在基坑转角处的支护钢板桩,应根据转角的平面形状做成相应的异形转角板桩,且转角桩和定位桩的桩长宜适当加长,通常应比支护板长 0.5~1.0m。

③钢板桩支撑点处应设置整体围檩,桩顶处应设置整体封闭冠梁(或称锁口梁)以加强支护墙体的整体性。

【例 40-41】 上海某商务大厦占地面积为 2 886m²,主楼 26 层,裙房 5 层,地下室 2 层。

1. 工程概况

(1)工程地质概况。

地基土为第四系全新统(Q_4)滨海相及浅海相沉积的黏性土,其中第 3 层灰色淤泥质粉质黏土及第 4 层灰色淤泥质黏土均属饱和高压缩性土,并夹薄层粉砂,第 5 层以下较多夹粉砂薄层。

地下水属潜水类型,地下水稳定,水位埋深为 1.2m。

表 40-30 为各土层的主要物理力学性质。

各土层的主要物理力学性质表 表 40-30

层序	土层名称	平均层厚 (m)	状态	含水率 (质量分数) (%)	天然重度 (kN/m³)	e	c (kPa)	φ (°)
1	杂填土	4.0	松散、湿		18		0	10
2	褐黄色粉质黏土	1.8	可—软塑,中压缩性土局部砂性重	32.4	18.6	0.98	15.3	16.5
3	灰色淤泥质粉质黏土	3.0	饱和,软—流塑,高压缩性土,夹粉细砂层	43.8	17.8	1.196	9.0	13.0
4	灰色淤泥质黏土	15.0	饱和,流塑高压缩性土	46	17.3	1.311	10.0	8.5
5	灰色粉质黏土	30.0	饱和,可塑,中压缩性土,夹粉砂薄层	33.0	18.3	0.971	7.2	18.5

注:表中杂填土指标系经验值。

(2)工程周围环境情况。

商务大厦周围环境情况见图 40-133。该大厦东邻某无线电厂四层楼房和两层街面房子,北侧为主干道,在人行道下有 φ300mm 和 φ1 200mm 上水管及 6 条电力电缆线。西侧路面下有 6 条地下管线,上有人行天桥。南侧的西部是某科研大厦,南侧东部为某科研单位宿舍楼。

2. 支护结构选型和结构布置

本工程基坑开挖深度 11.75m,局部 12.95m。综合考虑安全、经济、施工及对周围环境影响等因素,决定采用内支撑的排桩方案。

(1)围护结构。

围护结构采用单排钻孔灌注桩,为便于施工,两种开挖深度均采用直径 1 000mm 的桩,桩长分别为 28.5m 和 30.5m。桩间净距为 15cm。

防水帷幕采用双轴深层搅拌桩，呈双排布置，搅拌桩相互之间搭接 20cm，离灌注桩净距离 10cm，桩长为 18.0m。

围护结构平面布置如图 40-134 所示。围护结构剖面图如图 40-135 所示。

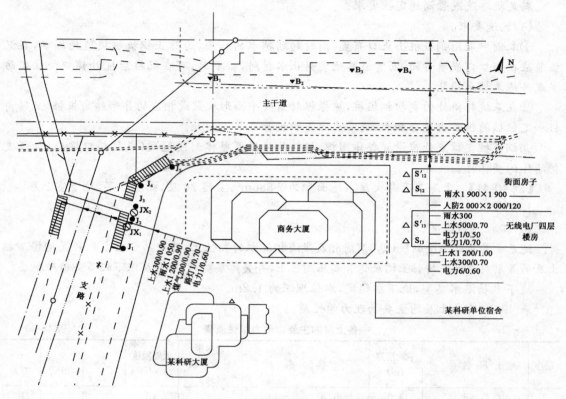

图 40-133　商务大厦周围环境及监测点布置示意图

（2）支撑体系结构布置。

为控制位移，保证基坑围护结构的整体性，采用了三道现浇钢筋混凝土支撑，同时在桩顶处现浇导梁，作为第一道支撑的围檩，在第二、三道支撑处现浇圈梁，将所有灌注桩连在一起，并将支撑力传递到每根围护桩上。

第一道支撑平面布置如图 40-136 所示，基坑大致呈矩形，在四个角均布置两根角撑。中部由于基坑横向尺寸较大，采用三根钢筋混凝土直撑加枇杷撑和一根直撑，枇杷撑的角度均为 30°。

为保证支撑的稳定性，在支撑杆下设置垂直钢主柱，并给以水平连接，支撑的垂直立柱采用角钢 4∠12.5×14 焊接。基坑面以下为立柱基础灌注桩，桩长 30m，角钢插入桩中 6.0m，并与灌注桩钢筋笼焊接。支撑立柱构造如图 40-137 所示。

3. 基坑支护设计计算

1）水土压力计算

作用在围护桩墙上的侧向压力采用水土分算法，坑外地面超载取 20kPa。c、φ 按直剪固结快剪，取峰值。第一层土勘察报告中未给出，按经验取近似值。为安全起见，未考虑因基坑内降水使土指标的增值。

202

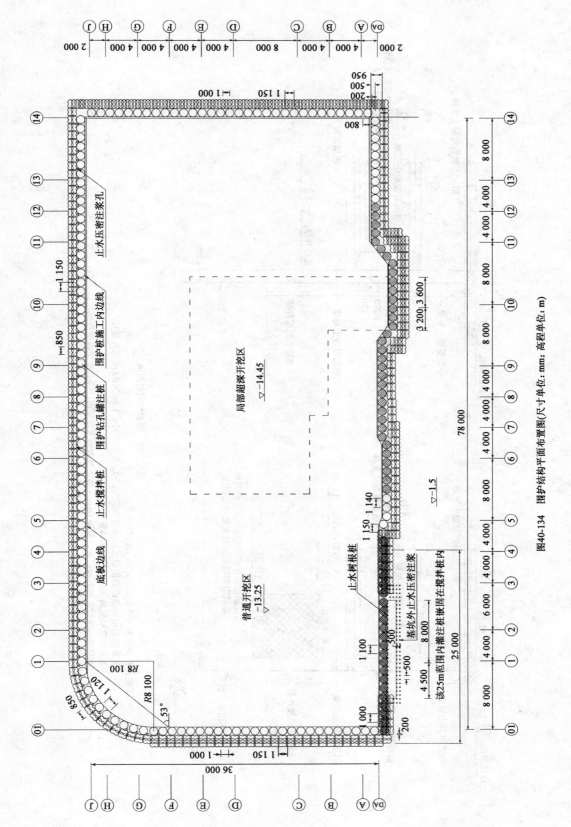

图40-134 围护结构平面布置图(尺寸单位: mm; 高程单位: m)

203

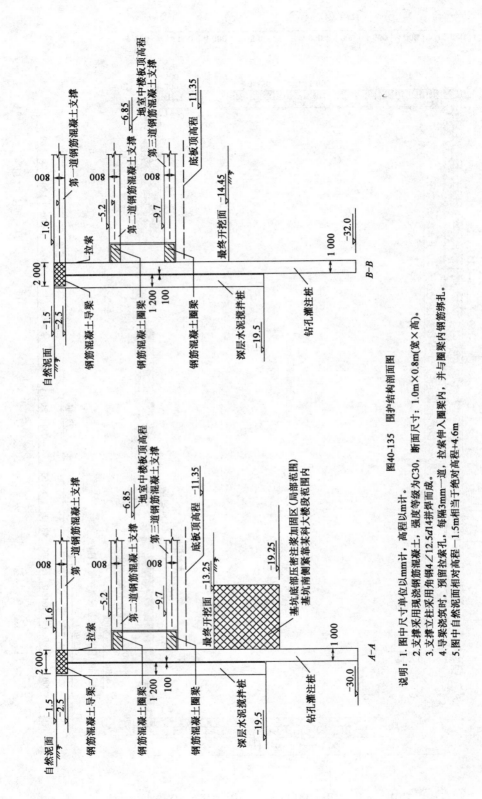

图40-135 围护结构剖面图

说明：1. 图中尺寸单位以mm计，高程以m计。
2. 支撑采用现浇钢筋混凝土，强度等级为C30，断面尺寸：1.0m×0.8m(宽×高)。
3. 支撑立柱采用角钢4∠12.5d14排焊而成。
4. 导梁浇筑时，预留拉索孔，每隔一道，拉索伸入圈梁内，并与圈梁内钢筋绑扎。
5. 图中自然泥面相对高程−1.5m相当于绝对高程+4.6m

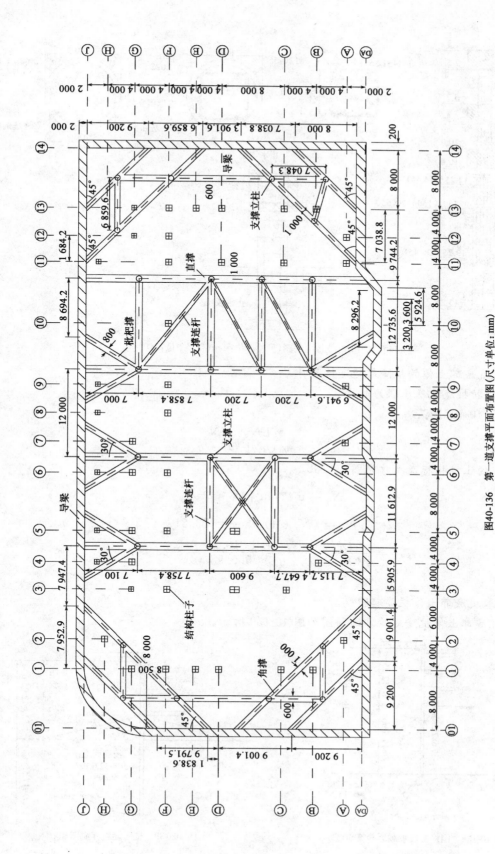

图40-136 第一道支撑平面布置图 (尺寸单位: mm)

205

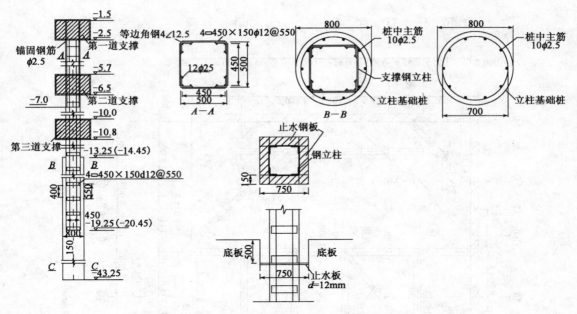

图 40-137　支撑立柱图(尺寸单位:mm;高程单位:m)

2)基坑底部土体的抗隆起稳定性验算

(1)围护桩底地基承载力验算。

按式(40-197)有:

$$K_{WZ} = \frac{\gamma_2 D N_q + c N_c}{\gamma_1(h_0 + D) + q}$$

式中的土性指标及尺寸见图 40-138。

$$N_q = e^{\pi \tan\varphi} \tan^2\left(45° + \frac{\varphi}{2}\right)$$

$$N_c = (N_q - 1)/\tan\varphi = 13.51$$

$$K_{WZ} = \frac{\gamma_2 D N_q + c N_c}{\gamma_1(h_0 + D) + q} = \frac{1\,810.23}{560.98} = 3.23 > 2.5$$

满足要求。

(2)基坑底部土体抗隆起验算。

基坑底部土体抗隆起验算的简图如图 40-139 所示。

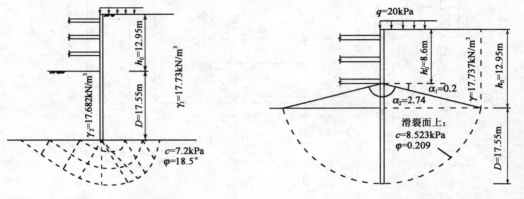

图 40-138　围护桩底承载力验算简图　　　　图 40-139　抗隆起验算简图

206

抗隆起稳定安全系数按式(40-204)有:

$$K_L = \frac{M_R}{M_s}$$

$$M_R = R_1 K_a \tan\varphi + R_2 \tan\varphi + R_3 C$$

$$q_f = \gamma h_0' + q = 172.54(\text{kPa})$$

$$R_1 = D\left(\frac{\gamma h_0^2}{2} + q h_0\right) + \frac{1}{2}D^2 q_f(\alpha_2 - \alpha_1 + \sin\alpha_2\cos\alpha_2 - \sin\alpha_1\cos\alpha_1) -$$

$$\frac{1}{3}\gamma D^3(\cos^3\alpha_2 - \cos^3\alpha_1) = 134\,489.32(\text{kN})$$

$$R_2 = \frac{1}{2}D^2 q_f\left[\alpha_2 - \alpha_1 - \frac{1}{2}(\sin2\alpha_2 - \sin2\alpha_1)\right] - \frac{1}{3}\gamma D^3 \times$$

$$[\sin^2\alpha_2\cos\alpha_2 - \sin^2\alpha_1\cos\alpha_1 + 2(\cos\alpha_2 - \cos\alpha_1)] = 209\,456.31(\text{kN})$$

$$R_3 = h_0 D + (\alpha_2 - \alpha_1)D^2 = 1\,010.21(\text{m}^2)$$

$$K_a = \tan^2\left(\frac{\pi}{4} - \frac{\varphi}{2}\right) = 0.656$$

$$\therefore \quad M_R = 71\,747.4(\text{kN}\cdot\text{m/m})$$

$$M_s = \frac{1}{2}(\gamma h_0' + q)D^2 = 26\,571.1(\text{kN}\cdot\text{m/m})$$

$$\therefore \quad K_L = \frac{M_R}{M_s} = 2.7 > 2.5$$

满足要求。

3)围护桩底土体抗渗流或管涌稳定性验算

抗渗流或管涌稳定性计算按式(40-213)和式(40-214)(计算简图如图40-140所示)计算:

$$K_s = \frac{i_c}{i}$$

其中:

$$i_c = \frac{G_s - 1}{1 + e} = \frac{2.75 - 1}{1 + 1.311} = 0.757$$

$$i = \frac{h_w'}{L} = \frac{12.95}{(1.2 + 2 \times 22.55)} = 0.28$$

$$K_s = \frac{i_c}{i} = \frac{0.757}{0.28} = 2.7 > 2$$

满足要求。

4)围护桩结构的抗倾覆稳定性验算

计算简图如图40-141所示。

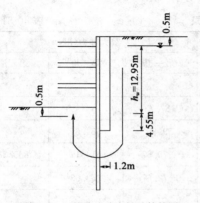

图 40-140 抗渗流稳定性验算简图

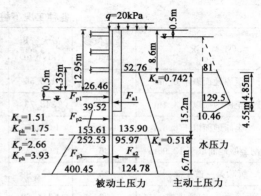

图 40-141 抗倾覆稳定验算简图

$$K_Q = \frac{M_{RC}}{M_{OC}}$$

$$K_a = \tan^2\left(45° - \frac{\varphi}{2}\right)$$

$$K_p = \frac{\cos^2\varphi}{\left[1 - \sqrt{\dfrac{\sin(\varphi+\delta)\sin\varphi}{\cos\delta}}\right]^2}$$

其中：

$$\delta = \frac{3}{4}\varphi$$

$$K_{ph} = \frac{\cos^2\varphi\cos^2\delta}{[1 - \sin(\varphi+\delta)]^2}$$

主动土压力：

$$P_a = (q + \sum \gamma_i h_i)K_a - 2c\sqrt{K_a}$$

被动土压力：

$$P_p = \sum \gamma_i h_i K_p + 2c\sqrt{K_{ph}}$$

有关具体计算数据见图 40-141。

$$M_{RC} = 50\,673.15\,(\text{kN} \cdot \text{m})$$
$$M_{OC} = 29\,074.71\,(\text{kN} \cdot \text{m})$$
$$K_Q = \frac{M_{RC}}{M_{OC}} = 1.8 > 1.2$$

满足要求。

5）围护结构和地基的整体抗滑动稳定性验算

采用通过桩底土层的圆弧滑动法计算得：

$$K_Z = 1.58\,(\text{计算过程略})$$

4. 围护钻孔桩计算

围护桩墙结构按竖向弹性地基梁基床系数法，并采用按杆系有限元法为原理的同济大学深基坑支挡结构分析计算（FRWS）软件计算。地基土的比例系数 m 取为 $2\,500\text{kN/m}^4$。

计算分六个工况，各工况下的计算结构见表 40-31。位移、弯矩及剪力随深度变化包络图见图 40-142。

各种工况下桩的计算结果

表 40-31

工　况	最大位移 (mm)	最大弯矩 (kN · m)	最大剪力 (kN)	最大轴力(kN)		
				第一道	第二道	第三道
开挖至原地面以下 0.5m	7	126.56	31.04			
开挖至原地面以下 4.1m	9	348.73	169.82	187.73		
开挖至原地面以下 8.6m	20	1 000.25	419.96	59.35	584.69	
开挖至原地面以下 12.95m	36	1 652.76	733.99	−70.67	614.17	865.38
拆除第三道支撑	36	1 471.99	528.97	−72.57	753.68	
拆除第一、二道支撑	36	1 454.69	534.47			

钻孔桩配筋计算：

最大弯矩 $M_{\text{max}} = 1\,652.76(\text{kN} \cdot \text{m})$，灌注桩直径 $1\,000\text{mm}$，混凝土强度等级 C30，由经验预计配 28 Φ25 钢筋，钢筋面积：

$$A_s = 13\,745.2\text{mm}^2$$

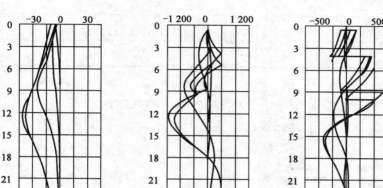

| 位移(mm) | 弯矩(kN·m) | 剪力(kN) |
| Max:36 | Max:1 652.76 | Max:733.99 |

图 40-142　桩墙内力、位移包络图

按式(40-52)和式(40-54)有：

由式

$$\alpha f_{\text{cm}} A\left(1 - \frac{\sin 2\pi\alpha}{2\pi\alpha}\right) + (\alpha - \alpha_1) f_y A_s = 0$$

得出：

$$\alpha = 0.286$$

$$\alpha_1 = 1.25 - 2\alpha = 0.678$$

按式(40-53)有：

$$\frac{2}{3} f_{\text{cm}} r^3 \sin^3 \pi\alpha + f_y A_s \gamma_s \frac{\sin\pi\alpha + \sin\pi\alpha_1}{\pi}$$

$$= \frac{2}{3} \times 16.5 \times 500^3 \times \sin^3(3.14 \times 0.286) + 310 \times 12\,745.2 \times 450 \times$$

$$\frac{\sin(3.14 \times 0.286) + \sin^3(3.14 \times 0.678)}{3.14}$$

$$= 1\,653.43(\text{kN} \cdot \text{m}) > 1\,652.76(\text{kN} \cdot \text{m})$$

配筋满足要求，灌注桩配筋图如图 40-143 所示。

5. 支撑体系内力计算

支撑体系计算采用同济大学深基坑内支撑结构分析计算(BSC)软件，计算最危险工况下内力情况，结果如表 40-32 所示，其中无括号数据为第一道支撑体系内力，括号内数据为第二、三道支撑体系内力。

各撑体系内力计算结果   表 40-32

类　　型	最大轴力(kN)	最大剪力 Q(kN)	最大弯矩 M(kN·m)
导梁:2m×1m (圈梁:1.2m×0.8m)	2 462.47 (10 969.39)	1 405.13 (2 989.64)	1 508.21 (4 357.61)
直撑 1m×0.8m	1 831.06 (9 123.09)	61.78 (779.77)	325.57 (1 784.92)
角撑 1m×0.8m	1 762.09 (7 850.46)	54.84 (556.16)	231.61 (2 137.1)
八字撑 0.8m×0.8m	773.3 (5 174.17)	16.09 (231.44)	76.24 (979.29)
支撑连杆 0.6m×0.8m	289.66 (1 583.57)	11.31 (80.46)	63.6 (549.05)

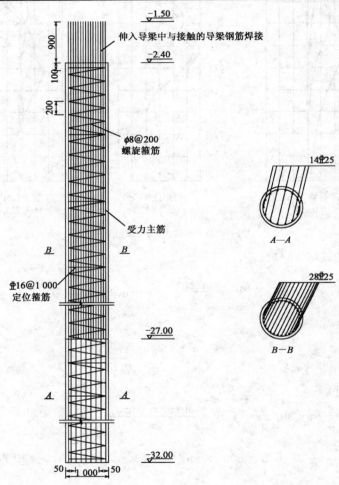

图 40-143　灌注桩配筋图(尺寸单位:mm;高程单位:m)

6. 环境监测

本工程环境监测对象包括基坑围护结构,东侧、南侧建筑物和西侧人行天桥。监测点布置详见图 40-144。

监测成果:

(1)桩墙水平位移。

桩墙深层水平位移,第一层挖土后向基坑内最大位移 4mm;第二层挖土后向基坑内最大位移 34mm;第三层挖土后向基坑内最大位移 57mm。

210

（2）基坑支撑轴力。

监测最大轴力出现在 G3-2 测点，其值为 9 373kN，各道支撑的轴力平均值见表 40-33。

支撑轴力实测结果表（kN）　　　　　　　　　　　表 40-33

位置 \ 工况	第一层挖土	第二层挖土	第三层挖土	拆第三道支撑	拆第二道支撑
第一道支撑	2 632	2 605	2 051	1 658	1 722
第二道支撑		4 905	6 062	6 796	
第三道支撑			5 523		

（3）基坑导梁的沉降、位移。

在基坑开挖期间，仅在第一层挖土期间有少数测点略有下沉，在第二、三层挖土时，测点全部上升，上升平均值为 12min，最大上升值 22mm。在基坑开挖后测点向基坑内最大位移 4mm，背基坑最大位移 3mm。

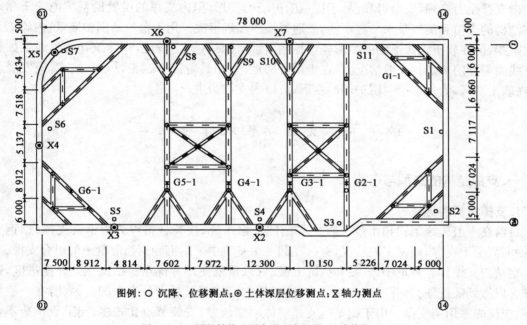

图 40-144　围护结构监测点平面布置图（尺寸单位：mm）

（4）基坑周围建筑物。

东侧为无线电厂四层办公楼及街面房子，在基坑第二层挖土时，楼房西侧沉降很好，平均每天下沉 0.4mm，办公楼楼顶向基坑方向倾斜 4mm，办公楼墙面裂缝宽度达 0.9mm，地面裂缝宽 2mm，后该楼与基坑之间设了三排注浆孔，注浆后该楼沉降及裂缝展开速率得到了控制。

南侧某科研单位五层职工宿舍楼的西北角在基坑开挖后下沉 7mm，墙面出现 0.7mm 宽的裂缝，至拆除第一道支撑时沉降 27mm，楼顶向基坑位移 16mm。某科研大厦在基坑开挖期变位很少。

西侧人行道天桥在施工期间距基坑由近而远测点下沉由大而小，最大达到 22mm。天桥人行道上复合水泥路面无新的裂缝产生。

注：本章部分内容及示例摘自参考文献[2]、[17]、[29]、[31]、[32]、[35]、[36]、[74]。

第四十一章　基坑支护结构的支撑体系计算

第一节　概　　述

对于排桩、板墙式支护结构,当基坑深度较大时,为使围护墙受力合理且受力后变形控制在一定范围内,需沿围护墙竖向增设支撑点,以减小挠度。如在坑内对围护墙加设支撑,称为内支撑;如在坑外对围护墙设拉支撑,则称为拉锚(土锚)。

内支撑受力合理,安全可靠,易于控制围护墙的变形,但内支撑的设置给基坑内挖土和地下室结构的支模和浇筑带来一些不便,需通过换撑加以解决。用土锚拉结围护墙,坑内施工无任何阻挡,但在软土地区土锚的变形较难控制,且土锚具有一定长度,在建筑物密集地区如超出红线尚需专门申请。一般情况下,在土质好的地区,如具备锚杆施工设备和技术,应发展土锚;在软土地区,为便于控制围护墙的变形,应以内支撑为主。

第二节　支撑结构设计与施工

一、支撑结构的选型与布置

1. 支撑材料的选择

目前在一般建筑工程和市政工程中采用的支撑系统,按其材料可分为钢管支撑、型钢支撑、钢筋混凝土支撑,根据工程情况,有时在同一个基坑中采用钢和钢筋混凝土的组合支撑。

钢结构支撑具有自重小、安装和拆除方便、可以重复使用等优点。根据土方开挖进度,钢支撑可以做到随挖随撑,并可施加预紧力,这对控制墙体变形是十分有利的。因此,在一般情况下,应优先采用钢支撑。由于钢结构支撑整体刚度较差,安装节点比较多,当节点构造不合理或施工不当不符合设计要求时,往往容易因节点变形与钢支撑变形,进而造成基坑过大的水平位移。有时甚至由于节点破坏,造成整体破坏的后果。对此应通过合理设计、严格现场管理和提高施工技术水平等措施加以控制。

现浇钢筋混凝土结构支撑具有较大的刚度,适用于各种复杂平面形状的基坑。现浇节点不会因产生松动而增加墙体位移。工程实践表明,在钢结构支撑施工技术水平不高的情况下,钢筋混凝土支撑具有更高的可靠性。但混凝土支撑有自重大、材料不能重复使用,安装和拆除需要较长工期等缺点。当采用爆破方法拆除支撑时,会出现噪声、振动以及碎块飞出等危害,在闹市区施工应予注意。由于混凝土支撑从钢筋、模板浇捣至养护的整个施工过程需要较长的时间,因此不能做到随挖随撑,这对挖土控制墙体变形是不利的,对于大型基坑的下部支撑采用钢筋混凝土时应特别慎重。

2. 支撑体系的结构形式

(1)单跨压杆式支撑

当基坑平面呈窄长条状、短边的长度不很大时，采用这种形式具有受力明确，施工安装方便等优点，图41-1即为这种形式的示意图。

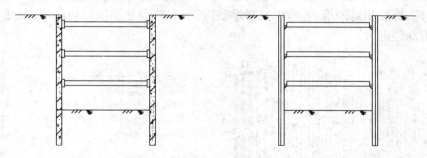

图 41-1　单跨压杆式支撑

(2)多跨压杆式支撑

当基坑平面尺寸较大，支撑杆件在基坑短边长度下的极限承载力尚不能满足围护系统的要求时，就需要在支撑杆件中部加设立柱，这样就组成了多跨压杆式支撑系统，如图41-2所示。立柱下端需稳固，立柱可插入工程桩内，如对不准工程桩，可另外设桩(如灌注桩)。

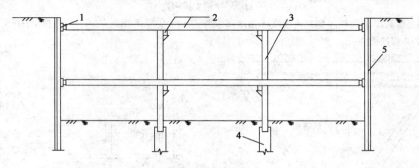

图 41-2　多跨压杆式
1-腰梁；2-支撑；3-立柱；4-桩；5-围护墙

3. 内支撑的选型和布置

内支撑按照材料分为钢支撑和混凝土支撑两类。

(1)钢支撑

钢支撑常用的有钢管支撑和型钢支撑两种。钢管支撑多用 $\phi609$ 钢管，有多种壁厚(10mm、12mm、14mm)可供选择，壁厚大者承载能力高。型钢支撑[图 41-3a)]多用 H 型钢，有多种规格以适应不同的承载力。在纵、横向支撑的交叉部位，可上下叠交固定[图 41-3b)]；亦可用专门加工的"十"字形定型接头[图 41-3c)]，以便连接纵、横向支撑构件。图 41-3b)纵、横向支撑不在一个平面上，整体刚度差；图 41-3c)则在一个平面上，刚度大，受力性能好。在端头的活络头子和琵琶斜撑的具体构造参如图 41-4 所示。

钢支撑的优点是安装和拆除方便、速度快，能尽快发挥支撑的作用，减小时间效应，使围护墙变形减小；可以重复使用，多为租赁方式，便于专业化施工；可以施加预紧力，还可根据围护墙变形发展情况，多次调整预紧力值以限制围护墙变形发展。其缺点是整体刚度相对较弱，支撑的间距相对较小；由于两个方向施加预紧力，使纵、横向支撑的连接处于铰接状态。

(2)混凝土支撑

混凝土支撑是根据设计规定的位置现场支模浇筑而成。其优点是形状具有多样性，可浇筑成直线、曲线构件，可根据基坑平面形状浇筑成最优化的布置形式；整体刚度大，安全可靠，

213

可使围护墙变形小,有利于保护周围环境;可方便地变化构件的截面和配筋,以适应其内力的变化。其缺点是支撑成型和发挥作用时间长,时间效应大,使围护墙变形增大;属一次性、不能重复利用构件;拆除相对困难,若采用控制爆破拆除,有时会受周围环境限制,如用人工拆除,时间较长,劳动强度大。

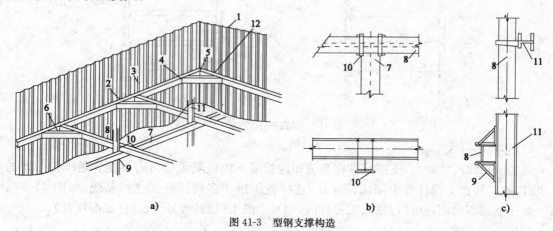

图 41-3 型钢支撑构造

1-钢板桩;2-型钢腰梁;3-连接板;4-斜撑连接件;5-角撑;6-斜撑;7-横向支撑;8-纵向支撑;9-三角托架;10-交叉部件紧固件;11-立柱;12-角部连接件

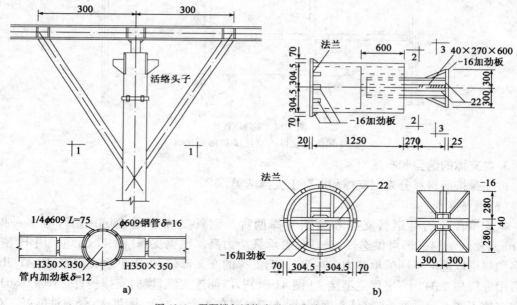

图 41-4 琵琶撑与活络头子(尺寸单位:mm)

a)琵琶斜撑;b)活络头子

注:"−16"前"−"代表一块平板的符号

混凝土支撑的混凝土强度等级多为 C30,截面尺寸经计算确定。腰梁的截面尺寸常用 600mm×800mm(高×宽)、800mm×1 000mm 和 1 000mm×1 200mm;支撑的截面尺寸常用 600mm×800mm(高×宽)、800mm×1 000mm、800mm×1 200mm 和 1 000mm×1 200mm。支撑的截面尺寸在高度方向要与腰梁高度相匹配。配筋需经计算确定。

对平面尺寸大的基坑,在支撑交叉点处需设立柱,在垂直方向支撑平面支撑。立柱可为四个角钢组成的格构式钢柱、圆钢管或型钢。考虑到承台施工时便于穿钢筋,格构式钢柱应用较多。立柱的下端最好插入作为工程桩使用的灌注桩内,插入深度不宜小于2m,如立柱不对准工程桩的灌注桩,立柱就要作专用的灌注桩基础。

在软土地区的同一个基坑中,有时同时采用上述两种支撑。为了控制地面变形、保护好周围环境,上层支撑用混凝土支撑;基坑下部为了加快支撑的装拆、加快施工速度,采用钢支撑。

(3)内支撑布置

内支撑的布置要综合考虑下列因素:

①基坑平面形状、尺寸和开挖深度。

②基坑周围的环境保护要求和邻近地下工程的施工情况。

③主体工程地下结构的布置。

④土方开挖和主体工程地下结构的施工顺序和施工方法。

支撑体系在平面上的布置形式,有角撑、对撑、桁架式、环形等(图41-5)。有时在同一基坑中混合使用,如角撑加对撑、环梁加边桁(框)架、环梁加角撑等。要因地制宜,根据基坑的平面形状和尺寸设置最适合的支撑。

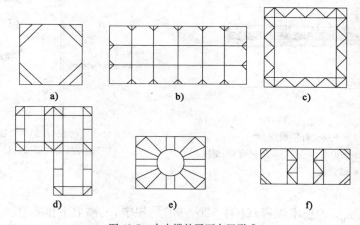

图41-5　内支撑的平面布置形式

a)角撑;b)对撑;c)边桁架式;d)边框架式;e)环梁与边框架;f)角撑加对撑

在一般情况下,对于平面形状接近于方形且尺寸不大的基坑,宜采用角撑,使基坑中间有较大的空间,便于组织挖土。对于形状接近于方形但尺寸较大的基坑,宜采用环形或边桁架式,边框架式支撑,受力性能较好,亦能提供较大的空间便于挖土。对于长条形的基坑宜采用对撑或对撑加角撑,安全可靠,便于控制变形。

基坑深度愈大,支撑层数愈多,要使围护墙受力合理,不产生过大的弯矩和变形。支撑设置的高程要避开地下结构楼盖的位置,以便于支模浇筑地下结构时换撑,支撑多数布置在楼盖之下和地板之上,如图41-6所示,其间距还与挖土方式有关,如人工挖土,支撑竖向间距 A 不宜小于3m,如挖土机下坑挖土,A 最好不小于4m,特殊情况例外。

在支撑浇筑地下结构时,拆除上面一道支撑前,应先设换撑,换撑位置都在底板上表面和楼板的高程位置处。如靠近地下室外墙附近楼板有缺

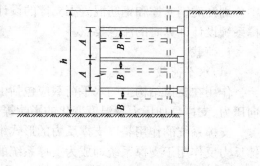

图41-6　内支撑竖向布置

215

失时,为便于传力,在楼板缺失处要增设临时钢支撑。换撑时需要在换撑(多为混凝土板带或间断的条块)达到设计规定的强度、起支撑作用后才能拆除上面一道支撑。换撑工况在计算支护结构时亦需加以计算。

4. 土层锚杆的组成和布置

(1)土层锚杆的组成

土层锚杆一般由锚头、锚头垫座、围护墙、钻孔、防护套管、拉杆(拉索)、锚固体、锚底板(有时无)等组成(图41-7)。

土锚根据潜在滑裂面,分为自由段(非锚固段)l_f和锚固段l_a(图41-8),土锚的自由段处于不稳定土层中。要使拉杆与土层脱离,一旦土层滑动,它可以自由伸缩,其作用是将锚头所承受的荷载传递到锚固段。锚固段则处于稳定土层中,它通过与土层的紧密接触将锚杆所承受的荷载分布到周围土层中去。锚固段是承载力的主要来源。

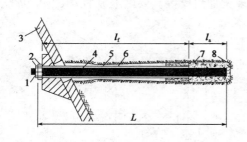

图 41-7　土层锚杆的组成
1-锚头;2-锚头垫座;3-围护墙;4-钻孔;5-防护套管;6-拉杆(拉索);7-锚固体;8-锚底板

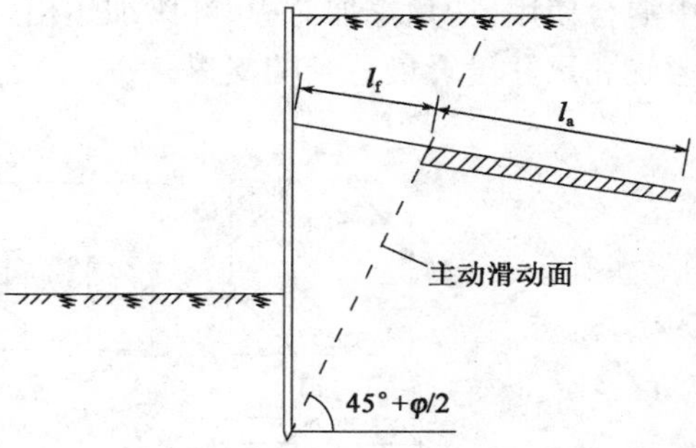

图 41-8　土层锚杆的自由段与锚固段
l_f-自由段(非锚固段);l_a-锚固段

(2)土层锚杆的布置

根据《建筑基坑支护技术规程》(JGJ 120—99)的规定,土锚上下排垂直间距不宜小于2m;同一排水平间距不宜小于1.5m;锚固体上覆土层厚度不宜小于4m;倾角宜为15°~25°,且不宜大于45°;自由段长度不宜小于5m,且应超过滑裂面1.5m;锚固段长度由计算确定但不宜小于4m;锚固体宜采用水泥浆或水泥砂浆,强度不低于M100。

二、支撑系统设计计算注意要点

板式支护体系的支撑系统材料主要采用钢支撑和钢筋混凝土支撑两种。一般钢制系统与钢筋混凝土支撑系统的结构分析设计方法是不同的,在设计计算时需分别对待。在本节三、四中分别针对钢支撑和钢筋混凝土支撑的设计进行了较为详细的介绍,本节主要介绍在进行支撑系统设计计算时的注意要点。

1. 荷载

(1)水平荷载

作用在支撑结构上的水平荷载应包括由水、土压力和基坑外地面超载等引起的支护墙侧向压力、支撑预加压力及温度变化的影响等。

支撑系统的作用是以支撑反力的形式维持支护墙体在外荷载作用下的平衡和安全,此支撑反力反作用于支撑系统即成为支撑系统的主要荷载。支撑反力的求解可以参见第四十章的有关内容。

对于温度变化和加在钢支撑上的预加压力对支撑结构的影响,一般温度变化的影响程度和支撑构件的长度有较大关系,根据经验和实测资料,对长度超过 40m 的支撑宜考虑 10% 左右支撑内力的变化影响;预加压力对支撑结构的影响与设计采用预加压力控制值大小有较大关系,而且前支撑结构所施加的预加轴力控制值一般小于支撑轴力设计值的 60%,其主要作用是对支护墙体产生适量的预顶力,同时检验支撑连接节点的可靠性,通常不考虑其对支撑内力的影响。

(2)竖向荷载

作用在支撑结构上的竖向荷载应包括结构自重和支撑顶面的施工活荷载。考虑施工期间支撑作为施工人员的通道,以及主体地下结构施工时可能用作混凝土输送管道的支架,一般作用于支撑顶面的施工活荷载取 4kPa。当由于施工场地紧张或施工工艺需要而在支撑上设置平台堆放材料和运行施工机械时,施工活荷载应根据实际情况取值,以保证支撑结构在施工过程中的安全、稳定。

2. 计算模型假定

确定支撑结构的计算模型时可采用下列假定:

(1)计算模型的尺寸取支撑构件的中心距。

(2)现浇钢筋混凝土支撑构件,由于多种原因不可避免地存在裂缝而使构件的刚度有所降低,因此在考虑弯曲变形时采用均质材料的折减强度,即构件的抗弯刚度根据实际工程换算近似确定为弹性刚度乘以折减系数 0.6。

(3)钢支撑采用分段拼装或拼接点的构造不能满足等强度连接要求时,按铰接考虑。

3. 支撑构件的内力和变形计算

(1)对于平面形状较为复杂的支撑系统,特别是现浇钢筋混凝土支撑系统,如果能够采用同时考虑横、竖向荷载的空间计算模型进行分析,则支撑构件的内力和变形可以直接根据其计算结果确定,此时,空间计算模型的边界条件按以下原则确定:

①在支撑与围檩、立柱节点处,以及围檩转角处设置竖向铰支座或弹簧。

②基坑四周与围檩长度方形正交的水平荷载为不均匀分布时,或支撑刚度在平面内分布不均匀时,可在适当位置上,如基坑的转角处,设置避免模型整体平移或转动的水平约束。

(2)对于平面形状规则,相互正交的支撑系统,特别是钢支撑,则可以忽略两个方向支撑力在节点处的相互影响,其内力和变形可按以下简化方法确定:

①支撑轴向力按维护墙体沿围檩长度方向的水平反力(即支撑系统的水平荷载)乘以支撑间距(中心距)计算。当支撑与围檩斜交时,按水平反力与支撑的轴向力在围檩的法向分量相平衡来计算。

②垂直荷载作用下,支撑的内力和变形按单跨或多跨梁计算,计算跨度取相邻立柱的中心距。

③立柱轴向力取纵横向支撑的支座反力之和。

④混凝土围檩在水平力作用下的内力和变形按多跨连续梁计算,计算跨度取相邻支撑点的中心距。

⑤对于钢围檩,由于安装节点的整体性受操作条件的限制通常不易保证,因此宜按简支梁计算,计算跨度取相邻水平支撑的中心距。当支撑端部设置八字撑时,由于八字撑与支撑及围檩连接的整体性不易做好,围檩的计算跨度可近似地取相邻支撑和八字撑间距的平均值(图 41-9),即:

$$l_0 = \frac{1}{2}(l + l_1) \tag{41-1}$$

式中：l_0——围檩的计算跨度(m)；

l——相邻水平支撑的间距(m)；

l_1——相邻八字撑的间距(m)。

⑥当水平支撑与围檩斜交时，尚应考虑水平力在围檩长度方向引起的轴向力作用。

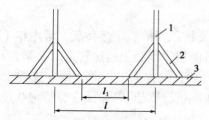

图 41-9 钢围檩(带八字撑)计算跨度示意图
1-支撑；2-八字撑；3-围檩

4. 支撑构件截面承载力计算和变形规定

(1)支撑构件的截面承载力应根据维护结构在各个施工阶段的荷载作用效应包络图进行计算。

(2)围檩的截面承载力计算应符合下列规定：

①通常情况可按水平方向的受弯构件计算。当围檩与水平支撑斜交或围檩作为桁架支撑系统中边桁架的弦杆时，应按偏心受压构件计算，其受压计算长度取相邻支撑点的中心距。钢结构围檩拼接点按铰接考虑时，其受压计算长度宜取相邻支撑点中心距的 1.5 倍。

②当钢围檩通过设置在支护墙上的牛腿进行安装，或钢筋混凝土围檩采用吊筋与支护墙体连接，且围檩与墙体的连接满足构造要求时，可以不验算竖向平面内的截面承载力。

③现浇钢筋混凝土围檩的支座弯矩，可乘以 0.8~0.9 的调幅折减系数，但跨中弯矩应相应增加。

(3)支撑的截面承载力计算应符合以下规定：

①支撑应按偏心受压构件计算。截面的偏心弯矩除竖向荷载产生的弯矩和按平面框架法计算得出的平面内弯矩外，其余尚应考虑轴向力对构件初始偏心矩的附加弯矩。构件截面的初始偏心矩可取支撑计算长度的 2‰~3‰，混凝土支撑不宜小于 20mm，钢支撑不宜小于 40mm。

②支撑节点应符合下列构造要求时：

a.纵横向支撑的交汇点在同一高程上连接。当纵横向支撑采用重叠连接时，其连接构造对连接件的强度应满足支撑在平面内的强度和稳定性的要求。

b.立柱水平支撑的连接，其连接件在竖向和水平方向的连接强度大于支撑轴力的 1/50。当采用钢牛腿连接时，其强度和稳定性应由计算确定。

③支撑的受压计算长度按下列规定确定：

a.在竖向平面取相邻立柱的中心距。

b.在水平面内，取与计算支撑相交的水平支撑中心距。

c.钢结构支撑，当纵横向支撑不在同一平面内相交时，即采用重叠连接时，由于整体性较差，在验算支撑平面内的纵向稳定时，受压计算长度应根据节点构造情况取 1.5~2.0 倍的相邻支撑的中心距，当节点处设有立柱，且连接可靠时取小值，达不到可靠连接时取大值。

d.当纵横向水平支撑的交点处未设置立柱时，支撑的受压计算长度按以下规定确定：在竖向平面内，现浇混凝土支撑取支撑全长，钢结构支撑取支撑全长的 1.2 倍；在水平面内取与计算支撑相交的相邻水平支撑或连系杆中心距的 1.0~1.2 倍。

④斜角撑和八字撑在两个平面内其受压计算长度均取支撑全长。当斜交撑中间设有立柱

或水平连系杆时,其受压计算长度可按照上面第②条取用。

⑤现浇钢筋混凝土支撑在竖向平面内的支座弯矩可乘以 0.8～0.9 的调幅系数折减,但跨中弯矩应相应增加。

⑥支撑结构内力计算未考虑支撑与压力或温度变化的影响时,截面验算时的支撑轴向力宜分别乘以 1.1～1.2 的增大系数。

(4)立柱截面承载力计算应符合下列规定:

①立柱内力宜根据支撑条件按空间框架计算,也可按轴心受压构件计算,轴向力设计值可按经验公式(41-2)确定。

$$N_z = N_{zl} + \sum_{i=1}^{n} 0.1 N_i \tag{41-2}$$

式中:N_z——轴向力设计值(kN);

N_{zl}——水平支撑及柱自重产生的轴力设计值(kN);

N_i——第 i 层交汇于本立柱的最大支撑轴力设计值(kN);

n——支撑层数。

②立柱截面承载力按偏心受压构件计算,开挖面以下立柱的竖向和水平承载力按单桩承载力验算。

③立柱截面的弯矩应包括下列各项:

a. 竖向荷载对立柱截面形心的偏心弯矩。

b. 考虑到支撑平面内的纵向稳定需要立柱来保证,因此按照以往工程经验需考虑支撑轴向力 1/50 的横向力对立柱产生的弯矩。

c. 土方开挖时,基坑内的作业边坡使立柱受到单向土压力的作用,如图 41-10 所示,因此需考虑作用于立柱侧向土压力引起的弯矩,设计时可参照图 41-10 计算。

④各层水平支撑间的立柱受压计算长度可按各层水平支撑间距计算;最下层水平支撑下的立柱受压计算长度可按底层高度加 5 倍立柱直径或边长;立柱基础应满足抗压抗拔的要求。

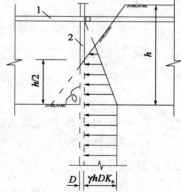

图 41-10 立柱受单向土压力作用
1-水平支撑;2-立柱

(5)支撑构件的变形应符合下列规定:

基坑的内支撑结构通常以承受轴力为主,一般可不作变形验算。但对重要基坑或环境条件对支护结构的总体变形有严格控制要求时,应验算内支撑主要构件的变形。

①支撑构件的变形可根据构件刚度,按结构力学的方法计算。对于混凝土支撑构件,由于组成材料的非均质性及多种原因不可避免地存在裂缝,使构件的刚度下降,考虑到支撑结构多数情况下作为施工阶段的临时措施,为方便计算,其抗弯刚度可按式(41-3)简化计算。

$$B_L = 0.6 E_c I \tag{41-3}$$

式中:B_L——混凝土支撑构件的抗弯刚度;

E_c——混凝土的弹性模量(MPa);

I——支撑构件截面惯性矩,对于混凝土桁架取等效惯性矩(m⁴)。

②支撑构件在竖向平面内的挠度宜小于其计算跨度的 1/600～1/800。

③围檩、边桁架及主支撑构件的水平挠度宜为其计算跨度的 1/1 000～1/1 500。

其中,变形控制值当构件的计算跨度较大时,取较小值,反之取较大值。

三、钢支撑结构设计计算

钢支撑结构目前常用的是钢管支撑结构和 H 钢支撑结构,由于其具有重量轻、刚度大、装拆工作量小、可重复使用和材料消耗少的特点,在国外被广泛采用,但是我国建筑业的标准的工具式支撑杆件、附件配备还不够充足,支撑杆节间千斤顶和压力计等预加轴力装置及配件还不够齐全,所以在基坑开挖工程中,除在长条形基坑中被广泛地成功采用外,在高层建筑地下大面积深基坑中较少使用,但在使用钢支撑的高层建筑深大基坑中,已取得有效控制变形的经济效益和技术经验。

1. 钢支撑作为压弯杆件的计算

(1)单跨压弯杆件的内力与变形的计算

图 41-11 为单跨受压杆件,其内力与位移的计算方法如下。

取单跨压弯杆件的隔离体如图 41-12 所示。

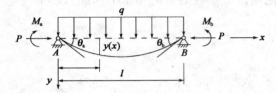

图 41-11 单跨压弯杆件

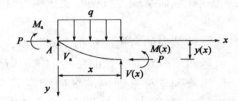

图 41-12 单跨压弯杆件隔离体

A 段支座反力:

$$V_a = \frac{1}{2}ql - \frac{M_a - M_b}{l} \tag{41-4}$$

式中:q——压弯杆件上的均布荷载与自重(kN/m);

l——杆件跨度(m)。

x 处的弯矩为:

$$M(x) = V_a x + P + M_a - \frac{1}{2}qx^2$$

$$= \frac{1}{2}qx(l-x) - \frac{l-x}{x}M_a - \frac{x}{l}M_b + Py(x) \tag{41-5}$$

式中:M_a、M_b——压杆两端的弯矩(kN·m);

P——压杆的轴向力(kN);

$y(x)$——x 处的挠度。

当 $M_a = M_b = 0$,$y(x) = 0$ 时,压杆的跨中弯矩为:

$$M = \frac{1}{8}ql^2 \tag{41-6}$$

忽略剪切变形及弯曲后杆轴弯矩效应的影响,有:

$$EI\frac{\mathrm{d}^2 y(x)}{\mathrm{d}x^2} = -M(x) \tag{41-7}$$

又

220

$$\frac{\mathrm{d}^2 y(x)}{\mathrm{d}x^2} + \frac{P}{EI}y = M(x) \tag{41-8}$$

将式(41-7)代入式(41-8),解得此微分方程通解为:

$$y(x) = A\cos kx - B\sin kx + \frac{q}{2P}x(x-1) - \frac{q}{k^2 P} + \frac{M_a - M_b}{Pl}x - \frac{M_a}{P} \tag{41-9}$$

$$k^2 = \frac{P}{EI}$$

根据杆端挠度为零的边界条件:

$$y(0) = 0 \ , \ y(l) = 0$$

可求得:

$$\left. \begin{aligned} A &= \frac{q}{k^2 P} + \frac{M_a}{P} \\ B &= \frac{q}{k^2 P}\tan\frac{kl}{2} - \frac{M_a}{P}\tan kl + \frac{M_b}{P}\csc kl \end{aligned} \right\} \tag{41-10}$$

根据式(41-9)可求出支撑上任一点的挠度。

下面计算梁端转角及梁上的任一截面的弯矩。

$$\frac{\mathrm{d}y(x)}{\mathrm{d}x} = -Ak\sin kx + Bk\cos kx + \frac{q}{2P}(2x - l) + \frac{M_a - M_b}{Pl}$$

$$\frac{\mathrm{d}^2 y(x)}{\mathrm{d}x^2} = -k^2(A\cos kx + B\sin kx) + \frac{q}{P}$$

所以

$$\left. \begin{aligned} \theta_a &= \left[\frac{\mathrm{d}y(x)}{\mathrm{d}x}\right]_{x=0} = \alpha M_a - \beta M_b + \gamma \\ \theta_b &= \left[\frac{\mathrm{d}y(x)}{-\mathrm{d}x}\right]_{x=1} = -\beta M_a + \alpha M_b + \gamma \end{aligned} \right\} \tag{41-11}$$

$$\left. \begin{aligned} \alpha &= (1 - kl\cot kl)/Pl \\ \beta &= (1 - kl\csc kl)/Pl \\ \gamma &= \frac{q}{kP}\tan\frac{kl}{2} - \frac{ql}{2P} \end{aligned} \right\} \tag{41-12}$$

$$M(x) = -EI\frac{\mathrm{d}^2 y(x)}{\mathrm{d}x^2} = M_a(\cos kx - \cot kl\sin kx) + M_b\csc kl\sin kx +$$

$$\frac{q}{k^2}\left(\cos kx + \tan\frac{kl}{2}\sin kx - 1\right) \tag{41-13}$$

(2)多跨连续压弯杆件的内力与变形的计算

如图41-13所示,多跨连续压弯杆件中相邻两跨第 $i-1$ 跨和第 i 跨,以 $M_j(j=i-1,i,i+1)$ 表示杆件在第 j 个支座处的弯矩。

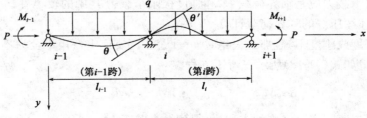

图41-13 多跨连续压弯杆件隔离体

221

设第 $i-1$ 跨在 i 支座转角为 θ，第 i 跨在 i 支座处转角为 θ'。根据式(41-11)有：

$$\theta = -M_{i-1}\beta_{i-1} + M_i\alpha_{i-1} + \gamma_{i-1}$$

$$\theta' = M_i\alpha_i - M_{i-1}\beta_i + \gamma_i$$

结构在弹性阶段内满足变形协调条件 $\theta = -\theta'$，所以

$$M_{i-1}\beta_{i-1} - (\alpha_{i-1} + \alpha_i)M_i + \beta_i M_{i+1} - (\gamma_{i-1} + \gamma_i) = 0 \qquad (41\text{-}14)$$

这就是多跨连续压弯杆件的三弯矩方程。

当各跨跨度和刚度相同时，式(41-14)可简化为：

$$\beta M_{i-1} - 2\alpha M_i + \beta M_{i+1} - 2\gamma = 0 \qquad (41\text{-}15)$$

一个 n 跨连续压弯杆件共有 $n+1$ 个支座，对其中 $n-1$ 个中间支座，可根据式(41-14)或式(41-15)写出 $n-1$ 个三弯矩方程；对两个边支座可根据边界条件写出弯矩。因此，可求出杆件在每一支座处弯矩 M_i($i=1,2,\cdots,n+1$)。从而计算任意跨内任意截面的挠度、弯矩。

2. 压杆极限承载力的计算方法

结构达到最大承载能力或出现不能继续承载的变形时的状态称为承载能力极限状态。承载能力极限状态下的荷载称为极限承载力。压杆的承载能力极限状态包括两种形式：

①杆件受压丧失稳定。

②杆件截面应力达到材料屈服点 f_y。此时虽然杆件仍可继续加载，但变形很大，结构上通常认为不适合再加载。

对于单跨压杆，或各跨刚度与跨度相同的多跨连续压杆(图 41-14)，其临界荷载即为欧拉荷载，如式(41-16)所示。

$$P_{cr} = \frac{\pi^2 EI}{l^2} \qquad (41\text{-}16)$$

式中：l——计算跨度(m)。

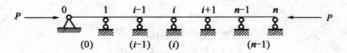

图 41-14 多跨连续压杆

(1)压杆的强度极限承载力

杆件只承受轴压力，忽略杆件自重影响，此时截面上正压应力均匀分布，所以强度极限承载力可按下式计算：

$$P = f_y A \qquad (41\text{-}17)$$

式中：P——杆件的强度极限承载力(kN)；

f_y——材料的屈服强度(MPa)；

A——杆件横截面面积(m^2)。

压杆的极限承载力应是临界荷载 P_{cr} 和强度极限承载力 P 中的较小者。

(2)不等跨连续压杆的临界荷载计算

如果各跨跨度或刚度不等，那么失稳时 $n-1$ 个中间支座上弯矩不全为零。与多跨连续压弯杆件类似，可得如式(41-18)所示三弯矩方程。

$$\beta_{i-1}M_{i-1} - (\alpha_{i-1} + \alpha_i)M_i + \beta_i M_{i+1} = 0 \qquad (41\text{-}18)$$

对每个中间支座写出一个这种方程，可得到一个关于 M_1、M_2，$\cdots$，M_{n-1} 的齐次线性方程

组。方程组的系数行列式等于零,即:

$$\begin{vmatrix} -(\alpha_0+\alpha_1) & \beta_1 & & & \\ \beta_1 & -(\alpha_1+\alpha_2) & \beta_2 & & \\ & \beta_2 & -(\alpha_2+\alpha_3) & & \\ \vdots & & & \cdots\cdots & \\ & & & \beta_{n-2} & -(\alpha_{n-2}+\alpha_{n-1}) \end{vmatrix} \tag{41-19}$$

这就是杆件的稳定方程,根据该方程可求出杆件的临界荷载。

对于两跨连续压杆,方程(41-19)中的行列式只有一项,即稳定方程为:

$$\alpha_0+\alpha_1=0 \tag{41-20}$$

对于三跨连续压杆,方程(41-19)中的行列式取前两行两列,即稳定方程为:

$$\begin{vmatrix} -(\alpha_0+\alpha_1) & \beta_1 \\ \beta_1 & -(\alpha_1+\alpha_2) \end{vmatrix}=0 \tag{41-21}$$

如图 41-15 所示的一杆两跨跨度不等的连续压杆,其稳定方程为:

$$\alpha_1+\alpha_2=0 \tag{41-22}$$

$$\alpha_i=\frac{(1-kl_i\cot kl_i)}{(Pl_i)}$$

$$k=\left[\frac{P}{(EI)}\right]^{\frac{1}{2}}$$

式中:α_i——杆件失稳时,第 i 跨内 j 端点弯矩对 j 端点转角的影响系数;

E、I——杆件的弹性模量和截面惯性。

令 $U_1=kl_1$,稳定方程(41-22)可写成:

图 41-15 两跨跨度不等的连续压杆

$$\frac{1}{U_1^2}-\frac{1}{U_1\tan U_1}+\frac{l_2}{l_1}\left[\frac{1}{\left(\frac{l_2}{l_1}U_1\right)^2}-\frac{1}{\left(\frac{l_2}{l_1}U_1\right)\tan\left(\frac{l_2}{l_1}U_1\right)}\right]=0 \tag{41-23}$$

从而

$$P_{cr}=\frac{U_1^2 EI}{l_1^2} \tag{41-24}$$

从方程(41-23)可以看出,U_1 值仅与两跨之比 l_1/l_2 有关,该系数反映了第二跨对第一跨稳定的影响,表 41-1 中列出了部分值 l_1/l_2 对应的 U_1 值。

不等两跨连续压杆的值   表 41-1

l_1/l_2	0.1	0.2	0.3	0.4	0.5
U_1	0.435 2	0.844 5	1.229 9	1.591 5	1.928 0
l_1/l_2	0.6	0.7	0.8	0.9	
U_1	2.237 2	2.515 4	2.759 6	2.968 1	

当 $l_2>l_1$ 时,因跨度为 l_2 的简支梁临界荷载 P_{cr2} 小于跨度 l_1 的简支梁临界荷载 P_{cr1},所以第二跨对第一跨的失稳起一个"加速"作用,U_1 值小于简支梁临界荷载计算公式 $P_{cr}=\pi^2 EI/l_1^2$ 中对应的系数 π,且 l_1/l_2 越小,"加速"作用越显著,U_1 值越小。反之,当 $l_2<l_1$ 时,第

二跨对第一跨失稳起一个"约束"作用，U_1 值大于 π，且 l_1/l_2 越大，"约束"作用越明显，U_1 值越大。当 l_1/l_2 很大时，说明第一跨跨度远大于第二跨跨度，此时 U_1 值接近于一端简支一端固定单跨压杆临界荷载计算公式中的对应系数。

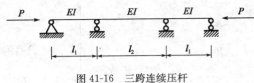

图 41-16　三跨连续压杆

所以，图 41-15 所示两跨连续压杆临界荷载值应介于 P_{cr1} 和 P_{cr2} 之间。

同理，对于三跨连续压杆（图 41-16）的临界荷载亦为：

$$P_{cr} = \frac{U_1^2 EI}{l_1^2} \qquad (41\text{-}25)$$

式中：U_1——仅与 l_1/l_2、l_1/l_3（l_3 即第三跨跨度 l_1）有关，表 41-2 即为三跨连续压杆的部分 U_1 值(kN)。

不等二跨连续压杆的值表

表 41-2

l_1/l_2	0.2	0.3	0.4	0.5
U_1	1.103 8	1.549 7	1.929 4	2.246 3
l_1/l_2	0.6	0.7	0.8	
U_1	2.506 0	2.716 8	2.887 5	

多于三跨的多跨连续压杆临界荷载计算与此类似。

在实际设计中，求得临界荷载 P_{cr}，按式(41-16)可求得杆件的计算长度，然后可按钢结构的设计方法计算钢支撑的最大允许轴压力。

图 41-17 即为单跨压杆允许轴压力和压杆计算长度的关系曲线的例子。

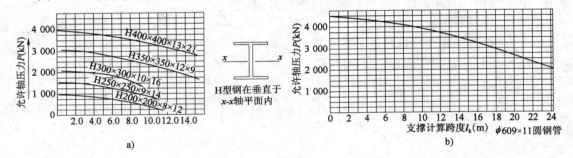

图 41-17　压杆允许轴压力与计算跨度的关系曲线

四、钢筋混凝土支撑结构设计

钢筋混凝土支撑在达到一定强度后才具有较大刚度，且其制作方便，因此被广泛应用。由于钢筋混凝土支撑变形控制的可靠度高，对基坑周围的管线和环境能起到很好的保护作用，施工费用又与钢支撑基本相同，在软土地基深基坑施工中显示其独特的优点。但钢筋混凝土支撑拆除比较困难，常用的爆破方法会给周围环境带来一定影响，同时材料不能回收，消耗量比较大，这些问题都有待进一步改进。

1. 力学模型和结构分析方法

基坑围护结构一般由围护体系和支撑体系两部分组成，严格地讲，封闭支撑体系与挡土结构共同组成一空间结构体系，两者共同承受土体的约束及荷载的作用，因此支撑体系的水平位移包括两部分：第一部分是在荷载作用下支撑体系的变形；第二部分是刚体位移（包括刚体平移及转动），该部分是在基坑开挖过程中，基坑各侧壁上的荷载不同而发生的（坑壁上的荷载包括土压力、水压力和地面附加荷载三部分），该刚体位移的发生使得基坑各侧壁上的荷载重新调整，直至平衡。因此，当基坑各侧壁荷载相差不大时，调整量很小，即刚体位移非常小，这时挡土墙的平衡是介于主动极限平衡和被动极限平衡之间的一种平衡形式。在不考虑支撑体系刚体位移的前提下，为了简化计算，可以将围护体系和支撑体系在考虑相互作用后分别计算，围护体系沿基坑周边取单位长度围护壁为计算单元，建立如图 41-18 所示的计算模型，图中 q 为地面附加荷载；R_{c1}、R_{c2} 为钢筋

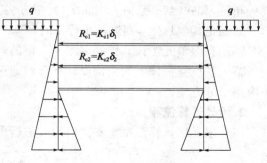

图 41-18　结构计算模型

混凝土支撑对围护体系的支撑力；K_{c1}、K_{c2} 是钢筋混凝土支撑的水平变形刚度；δ_1、δ_2 是钢筋混凝土支撑点的水平位移。

钢筋混凝土支撑体系按平面封闭框架结构设计，其外荷载由围护体系直接作用在封闭框架周边与围护体系连接的围檩上，封闭框架的周边约束条件视基坑形状、地基土物理力学性质和围护体系的刚度而定。对于这种封闭框架结构，要计算它在最不利荷载作用下产生的最不利内力组合和最大水平位移，需依据基坑的挖土方式及挖土的不同阶段考虑多种不同工况，对每一种工况的不利荷载，分别计算围护体系和钢筋混凝土支撑体系的内力及水平位移，计算程序及要点如下：

（1）选择合适的结构几何参数，计算钢筋混凝土支撑的水平变形刚度 K_c，即：

$$K_c = \frac{1}{\delta} \tag{41-26}$$

式中：δ——钢筋混凝土支撑的变形柔度。其物理含义为：当钢筋混凝土支撑沿基坑周边承受单位均布支撑力 $R = 1$ 时，支撑点（即围檩）的水平位移。

实际上，由于钢筋混凝土支撑在支撑力作用下，围檩上不同截面点的水平位移不相同，所以对于不同地方的围护墙体结构，支撑刚度 K_c 并不相同，为了控制基坑边缘的最大水平位移，在设计计算中，取钢筋混凝土支撑围檩的最大水平位移为水平变形柔度，即：

$$\delta = \delta_{max} \tag{41-27}$$

这样使计算偏于安全。

（2）求出刚度 K_c 后，根据工程地质勘察提供的有关数据，利用板桩挡土墙（加支撑、锚杆）的有限单元法计算程序，计算围护墙体结构的内力和基坑边缘的最大水平位移 Δ_{max}，并求钢筋混凝土支撑对围护墙体结构的支撑力 R_0。

（3）基坑边缘最大水平位移应满足设计要求，如式（41-27）所示。

$$\Delta_{max} \leqslant [\Delta] \tag{41-28}$$

式中：$[\Delta]$——基坑边缘允许的最大水平位移。

如果不满足式（41-28），则重新调整钢筋混凝土支撑的几何参数，提高其水平刚度，重复式（41-26）和式（41-27）的计算；当 $\Delta_{max} \geqslant [\Delta]$ 时，为了调整整个基坑的刚度，通常采用以下三种调整方式：

①调整支撑体系的高程布置，考虑是否需要增设一道支撑。

②加大支撑体系的杆件截面尺寸，即增加支撑体系的水平面上的刚度。

③加大挡土墙厚度或加长入土深度。

上述三种调整方式中,方法①对基坑水平变形的控制最有效,所以通常先调整支撑体系的高程布置,如式(41-28)仍无法满足,再按方式②、③调整。

如满足式(41-28),则进行步骤④的计算。

④用有限单元法计算钢筋混凝土支撑的内力,并进行配筋计算。

整个基坑支护体系的结构设计计算可通过计算机程序完成的,整个设计周期很短,在施工中应用十分方便。

2. 设计计算流程

用有限元法计算混凝土支撑内力并进行配筋计算。计算框图如图 41-19 所示。

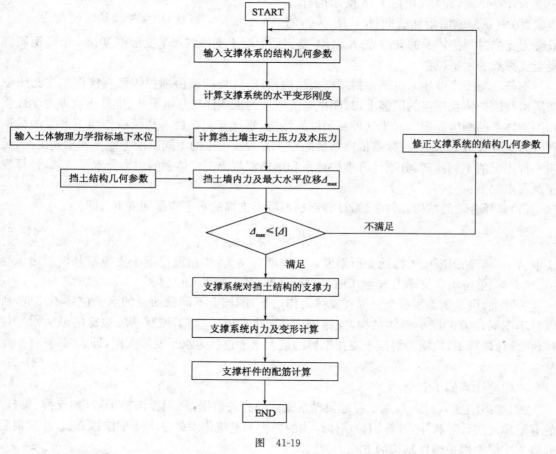

图　41-19

当基坑各侧壁荷载相差较大时,如相邻基坑同时开挖,基坑坑外附近有相邻工程在进行预制桩施工等,这时,基坑侧壁的不平衡荷载可能引起整个基坑向一侧“漂移”,支撑体系的刚体位移很大,此项因素绝不可忽略,为此,要考虑维护体系外围土体的约束作用,可根据地层特性,采用适当刚度的弹簧模拟。为了计算该刚体位移,必须将支撑体系与挡土墙结构一同视为空间结构分析,如采用钻孔灌注桩作为挡土结构,可将围护桩沿基坑周边按“刚度等效”进行连续化,这样,整个结构体系可简化为带内撑杆的薄壁结构,按薄壁结构有限元进行内力位移计算。由于土体约束条件非常复杂,所以空间结构的计算实施方法还有待进一步研究。

平面呈矩形的基坑,当采用灌注桩挡土和角撑体系支撑时,由于长边承受坑外土压力的总和要比短边大,往往会产生机构位移,如图 41-20 所示。

当基坑各侧壁荷载相差较大时,如相邻基坑同时开挖,基坑坑外附近的相邻工程进行打桩施工以及其他因素会引起基坑侧壁的不平衡荷载,亦可能引起整个基坑向一侧"漂移",使支撑体系的刚体位移很大。

为了计算上述机构位移或刚体位移,需将支撑体系与围护墙一同视为空间结构进行分析。

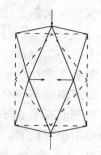

图 41-20　机构位移示意图

五、支撑结构的构造

1. 钢结构支撑的构造

钢支撑和钢围檩的常用截面有钢管、H 型钢、工字钢和槽钢,以及它们的组合截面,如图 41-21 所示。

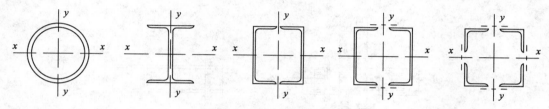

图 41-21　钢支撑的常用截面形式

节点构造是钢支撑设计中需要充分注意的一个重要内容,不合适的连接构造容易使基坑产生过大变形。

图 41-22 是 H 型钢和钢管的几种拼接方式。其中图 41-22a)为螺栓连接,图 41-22b)为焊接。焊接连接一般可以达到截面等强度要求,传力性能较好,但现场工作量较大。螺栓连接的可靠性不如焊接,但现场拼装方便。

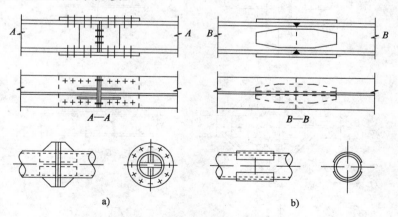

图 41-22　H 型钢和钢管的拼接
a)螺栓连接;b)焊接

用 H 型钢作围檩时,虽然在它的主平面内抗弯性能很好,但抗剪和抗扭性较差,需要采取合适的构造措施施加以弥补。图 41-23 是 H 型钢围檩和支撑的连接,在围檩和围护墙之间填充细石混凝土可以使围檩受力均匀,避免受偏心力作用和扭转的产生;在围檩和支撑的腹板上焊接加劲板可以增强腹板的稳定性和提高截面的抗扭刚度,防止局部压曲破坏。

227

纵横向水平支撑交叉点的连接有平接和叠接两种,如图41-24所示。一般说,平接节点比较可靠,可以使支撑体系形成较大的平面刚度。叠接连接施工方便,但是这种连接能否有效限制支撑在水平面内的压屈变形是值得怀疑的。

2. 现浇钢筋混凝土支撑的构造

钢筋混凝土支撑体系应在同一平面内整浇。支撑及围檩一般采用矩形截面。支撑截面高度除应满足受压构件的长细比要求(不大于75)外,还应不小于其竖向平面内计算跨度(一般取相邻立柱中心距)的1/20。围檩的截面高度(水平向尺寸)不应小于其水平方向计算跨度的1/8,围檩的截面宽度(竖向尺寸)不应小于支撑的截面高度。

混凝土围檩与围护墙之间不应留水平间隙。在竖向平面

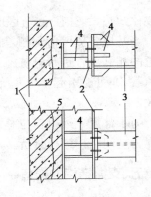

图 41-23　钢支撑和围檩的连接
1-围护墙;2-钢围檩;3-钢支撑;4-加劲板;5-细石混凝土填缝

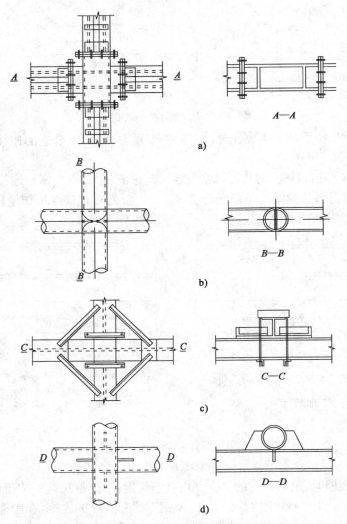

图 41-24　支撑交叉处的连接方式
a)H 型钢平接;b)钢管平接;c)H 型钢叠接;d)钢管叠接

228

内围檩可采用吊筋与墙体连接,吊筋的间距一般不大于1.5m,直径可根据围檩及水平支撑的自重,由计算决定。

当混凝土围檩与地下连续墙之间需要传递水平剪力时,应在墙体上沿围檩长度方向预留剪力钢筋或剪力槽。

3. 立柱构造

一般在基坑开挖面以上采用格构式钢柱,其断面如图41-25所示,以方便主体工程基础底板钢筋施工,同时也便于和支撑构件连接。开挖面以下可采用直径不小于650mm的钻孔桩(也可利用工程桩),或采用与开挖面以上立柱截面相同的钢管及H型钢桩。当为钻孔桩时,其上部钢立柱在桩内的埋入长度应不小于钢立柱长边的4倍,并与桩内钢筋笼焊接。

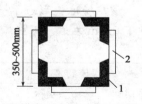

图41-25 上立柱截面形式

1-角钢∠120×10;2-缀板或缀条

为防止立柱沉降或坑底土回弹对支撑结构的不利影响,立柱的下端应支撑在较好的土层上。在软土地区,立柱在开挖面以下的埋置深度不宜小于基坑开挖深度的2倍。

六、支撑结构的施工要点

支撑的安装和拆除顺序必须与支护结构的设计工况相符合,并与土方开挖和主体施工顺序密切配合。所有支撑应在地基上开槽安装,在分层开挖原则下做到先安装支撑,后开挖下部土方。在主体结构底板或楼板完成后,并达到一定的设计强度,可借助底板或楼板构件的强度和平面刚度,拆除相应部位的支撑,但在此之前必须先在围护墙与主体结构之间设置可靠的传力构造,如图41-26所示。传力构件的截面应按楔撑工况下的内力确定。当不能利用主体结构楔撑时,应按楔撑工况下的内力先安装好新的支撑系统,然后拆下原来的支撑系统。

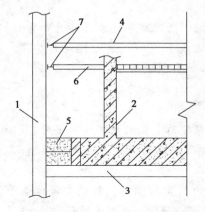

图41-26 利用主体结构楼盖楔撑

1-围护墙;2-地下结构外墙;3-混凝土垫层;4-水平支撑;5-现浇混凝土带;6-短撑;7-围檩

连接节点的施工质量。

对于采用混凝土支撑的基坑,一般应在混凝土强度达到设计强度的80%以上后,才能开挖支撑以下的土方。混凝土支撑拆除一般采取爆破方法,爆破作业事先应做好施工组织设计,严格控制药量和引爆时间,并对周围环境和主体结构采取有效的安全防护措施。钢支撑的施工,必须制订严格的质量检验措施,保证构件和连接节点的施工质量。

根据场地条件、起重设备能力和具体的支撑布置,尽可能在地面把构件拼装成较长的安装段,以减少在基坑内的拼装节点。对使用多年的钢支撑,应通过检查确认其尺寸等符合使用要求后方能使用。钢围檩的坑内安装段长度不宜小于相邻4个支撑点之间的距离。拼装点宜设置在主支撑点位置附近。支撑构件穿越主体工程底板或外墙板时,应设置止水片。

钢支撑在安装就位后,应按设计要求施加预压力,有条件时应在每根支撑上设置有计量装置的千斤顶,这样可以防止预压力松弛。当逐根加压时,应对邻近支撑预压力采取复校。当支撑长度超过30m时,宜在支撑两端同时加压。支撑预压力应分级施加,重复进行。在一般情况下,预压力控制在设计轴力的50%,不宜过高。当预压力取用支撑轴力的80%以上时,应防止围护结构的外倾、损坏和对坑外环境的影响。

【例 41-1】 上海某广场主楼地上 38 层,裙房地上 4 层。主楼和裙房地下均为 3 层,基坑占地面积约 5 750m²。基坑开挖深度主楼 15.70m,裙房 14.50m,基础结构形式为钻孔灌注桩桩基。试对该基坑支护结构进行设计计算。

一、工程地基概况

该广场地貌形态单一,地形平坦,拟建场地高程在 2.40～3.44mm 之间。地下水位在地表下 0.5m 左右。根据工程地质勘察报告,各土层主要物理力学性质指标如表 41-3 所示。

各土层主要物理力学性质指标　　　　　　　　　　　　　表 41-3

土　　层		天然含水率 $w(\%)$	重度 (kN/m³)	密度 (G_s)	孔隙比 e	直剪固快峰值	
层次	名称					黏聚力 c(kPa)	内摩擦角 φ(°)
1	杂填土	—	18.0			20	
2	粉质黏土	32	18.5	2.73	0.91	20	20
3	淤泥质粉质黏土	43.6	17.8	2.73	1.20	10.7	23
4	淤泥质黏土	50.5	17.0	2.75	1.43	13	11
5-1	淤泥质粉质黏土	39.3	17.9	2.73	1.12	12	20
5-2	粉质黏土夹砂	33.1	18.5	2.72	0.96	13	26

二、环境条件概况

本工程场地南面路面下有上水、煤气、雨水和电话等管线,距基坑内边线最近处约 7m。基坑东面路面下有多种地下管线,但距基坑较远。距离坑内边线 4.70m 处有一幢待拆房屋。基坑西面有多幢民房,距基坑内边线最近处仅 3.7m。环境保护要求较高。

三、基坑支护设计计算

1. 围护结构和支撑体系的结构选型布置

基坑围护采用地下连续墙结构,主楼部分地下连续墙厚度为 1.0m,墙深地表下为 30.5m;裙房部分地下连续墙厚度为 0.8m,墙深地表下为 29.3m。现浇钢筋混凝土地下连续墙,采用锁口管接头形式,墙体自防渗。

基坑平面形状约呈长方形,但基坑北侧有两处为向坑内拆角的阳角。基坑支撑体系平面布置采用边桁架和两道集中对撑桁架与斜角桁架组成的大空间形式,以利土方开挖和避开主体结构。第一道围檩、支撑及钢立柱平面布置如图 41-27 所示。支撑、围檩竖向布置如图 41-28 所示,设三道支撑和围檩,均采用现浇钢筋混凝土结构。地下连续墙顶设现浇钢筋混凝土顶圈梁,顶圈梁断面(外导墙不拆除)主楼部分为 1 000mm×600mm(中心高程地表下700mm)。第一道支撑和围檩中心高程地表下 1.7m,围檩断面 1 200mm×900mm,支撑断面900mm×800mm。支撑下设格构式钢立柱和立柱桩,钢立柱由 4∠140×14 角钢组成,立柱断面 460mm×460mm。立柱桩尽量利用工程桩。所设立柱桩采用 φ850mm 钻孔灌注桩,桩底在基坑底面以下 25m。基坑内周边采用坑底地基加固,主楼和裙房均采用水泥土搅拌桩,加固宽度 6.2m,加固深度为坑底以下 4m。水泥土搅拌桩水泥掺量为 13%。

2. 水土压力计算

水土压力采用分算方法,土压力用朗金土压力理论进行计算,地面超载取 20kN/m²。水压力按有稳定渗流时的水压力近似计算方法计算。水土压力的计算结果如图 41-29 所示。

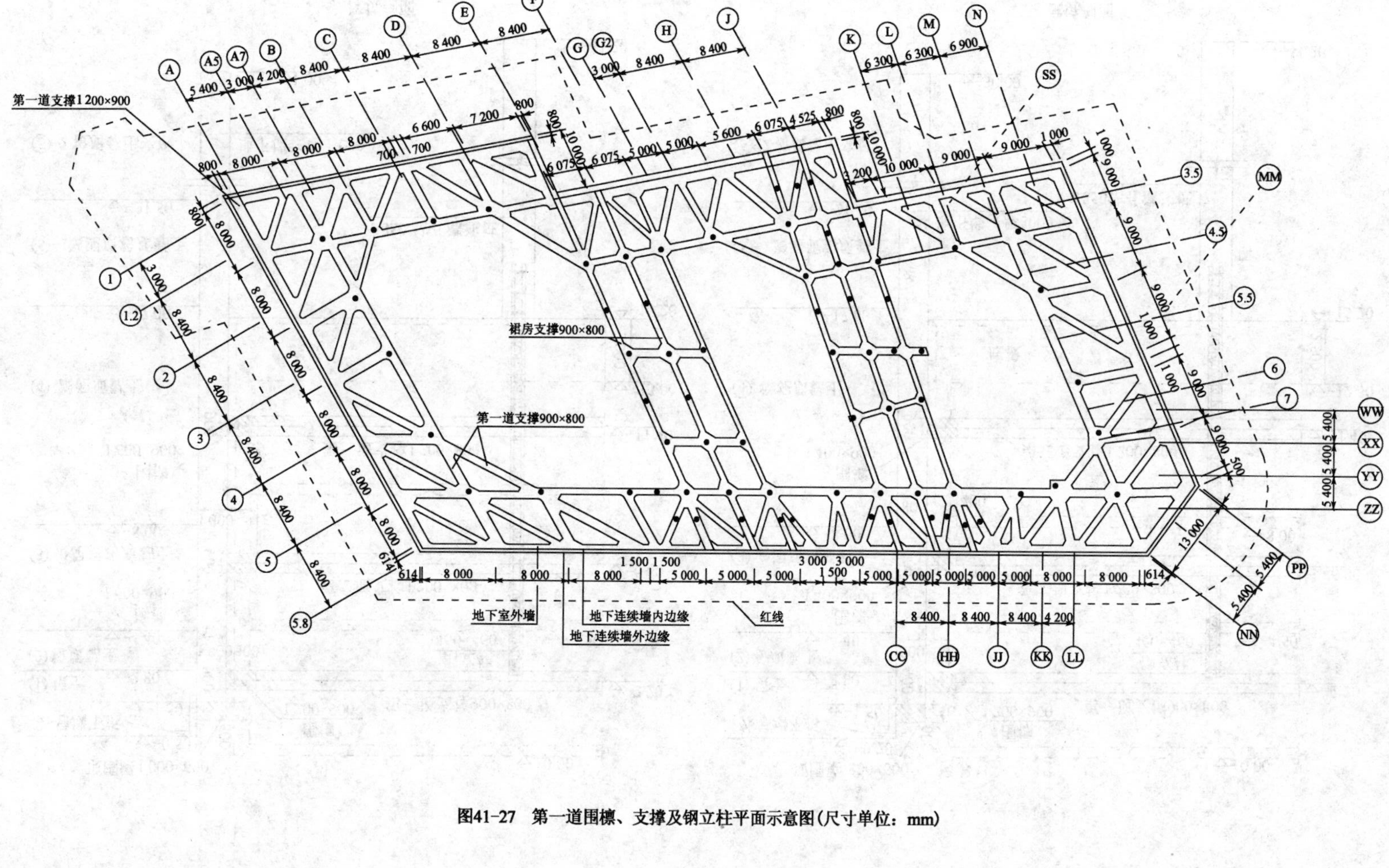

图41-27　第一道围檩、支撑及钢立柱平面示意图 (尺寸单位: mm)

231

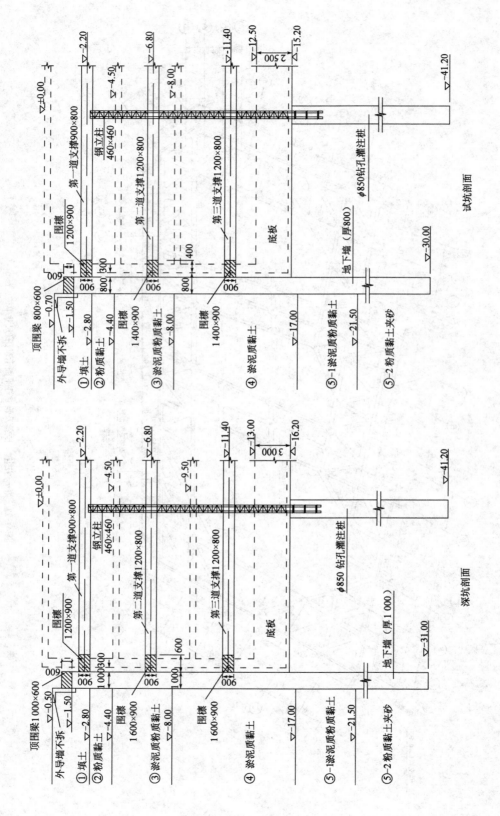

图41-28 支撑、围檩竖向布置示意图(尺寸单位: mm; 高程单位: m)

232

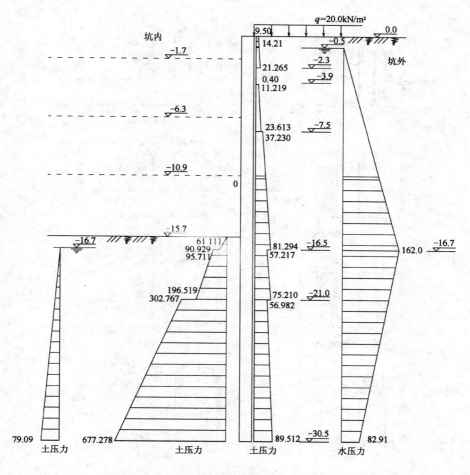

图 41-29　水土压力分布图（压力单位:kPa;高程单位:m）

3.基坑稳定性验算

基坑稳定性验算方法参见第四十章第六节的验算方法,此处从略。

4.围护墙的内力与变形计算

围护墙的内力与变形按杆系有限元法 SAP-5 程序,模拟施工顺序分布进行,并考虑墙体和支撑位移对结构内力与变形的影响。

坑内开挖面以下地基土水平向基床系数取值:$K_H = mz$,$z = 0 \sim 5m$ 采用三角形分布,$m = 2000 \text{kN/m}^4$;$z \geqslant 5m$ 时,采用矩形分布。坑内地基加固区 $K_H = 25\,000 \text{kN/m}^3$(水泥土搅拌桩区)。

浅坑区(地下连续墙厚 0.8m 区)在各种开挖期和地下室施工期的围护墙的内力与变形计算采用 SUPERSAP-5 有限元法程序,计算结果如图 41-30 所示。

将墙体最大弯矩和变形值列入表 41-4 中。

墙体(0.8m 厚)各工况下的最大弯矩与最大变形　　　　表 41-4

工况	1	2	3	4	5	6	7
最大弯矩(kN·m)	243	389.9	928.9	1 216.9	953	931.9	946.9
最大变形(mm)	11.57	13.26	23.3	29.8	29.61	29.53	29.6

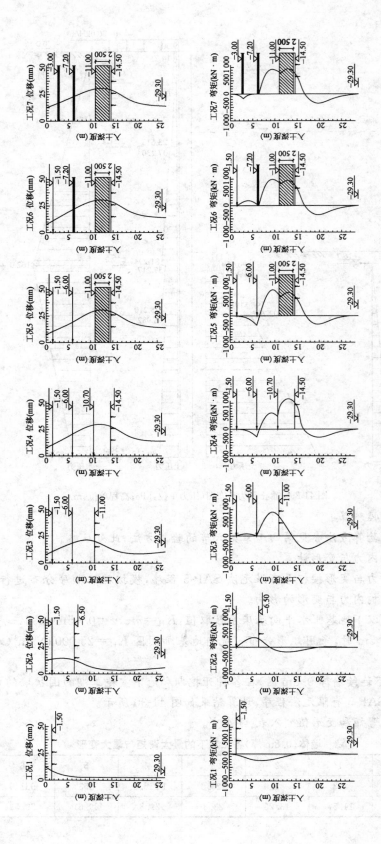

图41-30　浅基坑区地下连续墙在各工况下的位移与弯矩（高程单位：m）

5. 支撑体系的内力与变形计算

支撑体系按平面封闭框架进行计算。第一道支撑的内力与变形计算结果如图 41-31~图 41-34 所示。

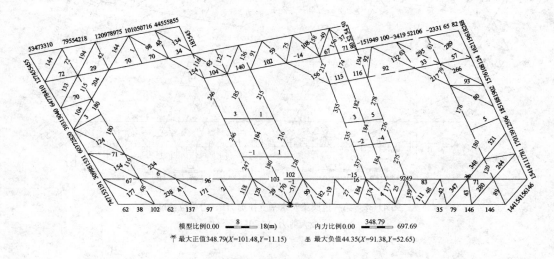

模型比例0.00 ———8——— 18(m)　　　内力比例0.00 ——348.79—— 697.69

△ 最大正值348.79(X=101.48,Y=11.15)　　⊥ 最大负值44.35(X=91.38,Y=52.65)

图 41-31　第一道圈梁及支撑轴力图(力单位:10kN;尺寸单位:m)
轴力最大正值:348.77×10kN;轴力最大负值:44.35×10kN

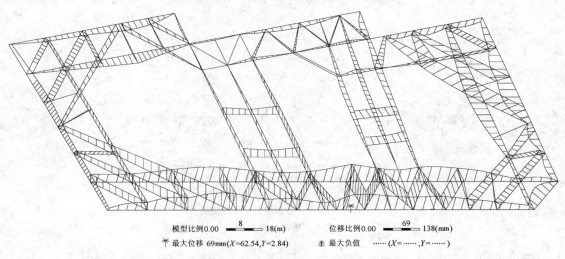

模型比例0.00 ———8——— 18(m)　　　位移比例0.00 ——69—— 138(mm)

△ 最大位移 69mm(X=62.54,Y=2.84)　　⊥ 最大负值 ……(X=……,Y=……)

图 41-32　第一道圈梁及支撑水平位移图
注:位移为69mm

6. 结构强度设计计算

本计算采用《混凝土结构设计规范》(GB 50010—2010)(以下简称《规范》)。

1)围护地下连续墙

以墙厚 800mm 为例,混凝土设计强度 C30,f_c=14.3MPa,采用 HRB400 钢筋。主筋保护层取 7cm。由内力计算墙体最大正弯矩 M=1 216.9kN·m,最大负弯矩 M=520kN·m。

内侧(临基坑侧)配筋:

$$A_0 = \frac{M}{bh_0^2 f_c} = \frac{121.69 \times 10^5}{100 \times 73^2 \times 14.3} = 0.159\ 7 = 0.16$$

235

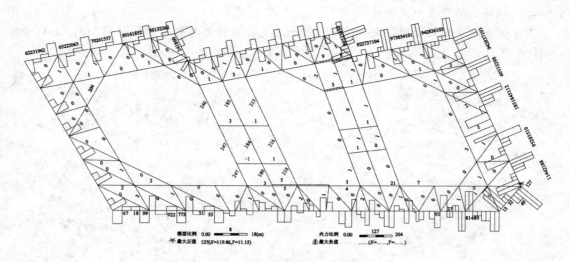

图 41-33　第一道圈梁及水平支撑剪力图（力单位：kN）

最大剪力：1 270kN

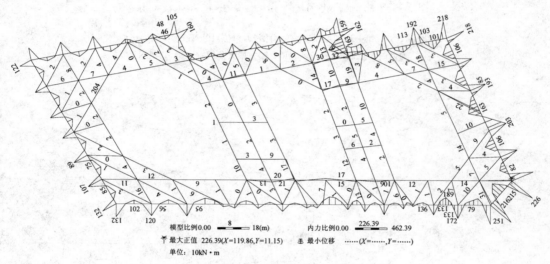

图 41-34　第一道圈梁及支撑弯矩图

最大弯矩：2 260kN·m

查表 $\xi=0.177\,8$，$A_s=\xi bh_0\dfrac{f_c}{f_y}=0.177\,8\times100\times73\times\dfrac{14.3}{300}=51.6\text{cm}^2$，配筋 $14\phi22$，

$A_s=53.22\text{cm}^2$，按 $2\phi22@140$ 放置。

外侧（临土面）配筋：

$$A_0=\frac{M}{bh_0^2f_c}=\frac{52\times10^5}{100\times73^2\times14.3}=0.068\,2$$

查表 $\xi=0.075$，$A_s=\xi bh_0\dfrac{f_c}{f_y}=0.075\times100\times73\times\dfrac{14.3}{360}=21.75\text{cm}^2$，配筋 $7\phi22$，$A_s=22.81\text{cm}^2$。

按墙体内力计算弯矩包络图并确定最大弯矩配筋范围以及沿墙体深度配筋数量。本工程墙体槽段钢筋笼按整体配制，不分段考虑。钢筋笼水平钢筋取 $\phi20@300$。

236

2)围檩

以第一道围檩和支撑结构为例。由内力计算知,围檩水平向最大正弯矩 $M=1\,350$ kN·m,最大负弯矩(支座处) $M=2\,260$ kN·m,对支座弯矩调幅折减后,取正弯矩 $M=1\,557$ kN·m,支座负弯矩 $M=1\,959$ kN·m。围檩断面 90cm×120cm,混凝土设计强度 C30, $f_c=14.3$ MPa,采用 HRB400 钢 $f_y=360$ MPa,主筋保护层取 3cm。

(1)围檩支座处配筋

$$A_0=\frac{M}{\alpha_1 h_0^2 f_c}=\frac{195.9\times10^5}{1\times90\times117^2\times14.3}=0.111$$

查表 $\xi=0.115$, $A_s=\xi bh_0=\frac{f_c}{f_y}=0.115\times90\times117\times\frac{14.3}{360}=48.1$ cm², 配筋 16ϕ20,$A_s=50.26$ cm²。

(2)围檩跨中配筋

$$A_0=\frac{M}{\alpha_1 h_0^2 f_c}=\frac{155.7\times10^5}{1\times90\times117^2\times14.3}=0.088\,4$$

查表 $\xi=0.095$, $A_s=\xi bh_0=\frac{f_c}{f_y}=0.095\times90\times117\times\frac{14.3}{360}=39.7$ cm², 配筋 14ϕ20,$A_s=44$ cm²。

(3)围檩剪力验算

由内力计算知围檩支座处的最大剪力 $V_{max}=1\,270$ kN,设支座和跨中均采用 4 肢箍 $\phi10@200$,箍筋为热轧 HPB235 级钢筋($f_{yv}=210$ MPa),混凝土强度等级为 C30($f_t=1.43$ MPa , $f_c=14.3$ MPa)。

①验算截面尺寸。

$$h_w=h_0=117\text{cm} , \frac{h_w}{b}=\frac{117}{90}=1.3<4$$

属厚腹梁,应验算截面尺寸。

混凝土强度等级为 C30, $f_{cuk}=30$ MPa<50 MPa,故取 $\beta_c=1$ 。

$$0.25\beta_c f_c bh_0=0.25\times1.0\times14.3\times900\times1\,170=3\,764\,475(\text{N})>V_{max}$$

②验算是否可按构造配筋。

$$0.7 f_c bh_0=0.25\times14.3\times900\times1\,170=1\,054\,053(\text{N})<V_{max}=1\,270\,000(\text{N})$$

故需验算结果,可按构造配筋。

③斜截面抗剪强度按《规范》要求应符合下列规定: $V_{max}<V_{kh}$ 。

提设采用 4 肢钢箍,钢箍 $\phi10@200$, $s=200$ mm , $A_{svl}=78.5$ mm² ,则:

$$V_{kh}=0.7fbh_0+1.25f_{yv}\frac{nA_{svl}}{s}h_0$$

$$=0.7\times1.43\times900\times1\,170+1.25\times210\frac{4\times78.5}{200}\times1\,170$$

$$=1\,054\,053+482\,186.25=1\,536\,239.25(\text{N})=1\,536.24(\text{kN})>V_{max}$$

满足要求。

3)支撑

以第一道钢筋混凝土支撑为例,由内力计算知,支撑最大轴力 $N=3\,487.9$ kN。支撑断面为 900mm×800mm,混凝土设计强度 C30, $f_c=14.3$ MPa, $f_t=1.43$ MPa。钢筋采用 HRB400,

$f_y = f_y' = 360\text{MPa}$，钢筋保护层厚度取 40mm。采用第一道支撑作施工栈桥时，超载 10.0kN/m² 和结构自重，则均布荷载 $q = (25 \times 0.9 \times 0.8 \times 1 + 10 \times 0.9)\text{kN/m} = 27\text{kN/m}$，按多跨连续梁计算，支撑跨度中一中 $L = 13.5\text{m}$，计算净跨度 $L_0 = 11.0\text{m}$，跨中弯矩 $M = 0.078\ 1\ qL^2 = 384.3\text{kN} \cdot \text{m}$，支座负弯矩 $M = 0.107\ 1\ qL^2 = 526.5\text{kN} \cdot \text{m}$。考虑混凝土构件支座初始偏心距 20mm，则计算弯矩 $M = 0.02 \times 3\ 487.9\text{kN} \cdot \text{m} = 69.758\text{kN} \cdot \text{m}$，取 70kN·m。支撑按偏心受压构件计算。

(1)支撑截面配筋计算

截面偏心距 $e_0 = \dfrac{M}{N} = \dfrac{(526.5 + 70) \times 10^2}{3\ 487.9} = 17.1\text{cm}$，$\dfrac{L_0}{h} = \dfrac{1\ 100}{80} = 13.75 > 5$，需考虑挠度对偏心距的影响。

设 $a_s = a_s' = 40\text{mm}$，则 $h_0 = h - a_s = 800 - 40 = 760\text{mm}$，$e_a = \dfrac{h}{30} = \dfrac{800}{30} = 26.7\text{mm}$，

则：

$$e_i = e_0 + e_a = 171 + 26.7 = 197.7\text{mm}$$

$$\zeta_1 = 0.2 + 2.7\frac{e_i}{h_0} = 0.2 + 2.7 \times \frac{197.7}{760} = 0.902$$

$$\zeta_2 = 1.15 - 0.01\frac{l_0}{h} = 1.15 - 0.01 \times \frac{11\ 000}{800} = 1.10 > 1$$

取 $\zeta = 1.0$

求偏心距增大系数 η 值：

$$\eta = 1 + \frac{1}{1\ 400\dfrac{e_i}{h_0}}\left(\frac{l_0}{h}\right)^2 S_1 S_2$$

$$= 1 + \frac{1}{1\ 400 \times \dfrac{197.7}{760}} \times \left(\frac{11\ 000}{800}\right)^2 \times 0.902 \times 1.0$$

$$= 1.47$$

①判别大小偏心。

$\eta e_i = 1.47 \times 197.7 = 290.6 > 0.3h_0 = 0.3 \times 760 = 228\text{mm}$，可按大偏心计算。

$$e = \eta e_i + \frac{h}{2} - a_s = \left(290.6 + \frac{800}{2}\right) - 40 = 650(\text{mm})$$

②计算纵向钢筋截面面积。

受压区配筋：

为充分利用受压区混凝土的抗压强度，设 $\xi = \xi_b = 0.55$。

$$A_s' = \frac{Ne - \alpha_1 f_c b h_0^2 \xi_b (1 - 0.5\xi_b)}{360 \times (760 - 40)}$$

$$= \frac{3\ 487.9 \times 10^3 \times 650 - 1 \times 14.3 \times 900 \times 760^2 \times 0.55 \times (1 - 0.5 \times 0.55)}{360 \times (760 - 40)} < 0$$

按最小配筋率 $A_s' = \rho'_{\min} bh = 0.02 \times 900 \times 800 = 1\ 440\text{mm}^2$ 计算。

选配 4φ22，$A_s' = 1\ 520\text{mm}^2$。

238

受拉区配筋：

计算 A_s 按下式得：

$$A_s = \frac{Ne - A'_s f'_y (h_0 - a'_s)}{\alpha_1 f_c b h_0^2}$$

$$= \frac{3\,487.9 \times 10^3 \times 650 - 152 \times 360 \times (760 - 40)}{1 \times 14.3 \times 900 \times 760^2}$$

$$= \frac{2\,267\,135\,000 - 393\,984\,000}{7\,433\,712\,000}$$

$$= \frac{1\,873\,151\,000}{7\,433\,712\,000}$$

$$= 0.251\,7$$

代入下式求 ξ

$$\xi = 1 - \sqrt{1 - 2a_s} = 1 - \sqrt{1 - 2 \times 0.252} = 0.369 < \xi_b = 0.55$$

则：$x = \xi h_0 = 0.369 \times 760 = 280\text{mm} > 2a'_s = 80\text{mm}$

$$A_s = \frac{1}{f_y}(a_1 f_c b x + A'_s f'_y - N)$$

$$= \frac{1}{360}(1 \times 14.3 \times 900 \times 280 + 1\,526 \times 360 - 3\,487.9 \times 10^3)$$

$$= \frac{1}{360}(3\,603\,600 + 549\,360 - 3\,487\,900)$$

$$= 1\,847\text{mm}^2$$

选配 $5\phi22$，$A_s = 1\,900\text{mm}^2$。

(2)跨中截面配筋计算

计算步骤同上，属大偏心受压，A_s 和 A'_s 配筋选取 $5\phi22$，$A_s = A'_s = 1\,847\text{mm}^2$。具体计算(略)。

立柱及立柱桩设计因篇幅有限(略)。

注：【例41-1】摘自参考文献[74]。

第四十二章 土层锚杆支撑的设计计算

第一节 土层锚杆的一般设计方法

一、概论

用土层锚杆锚固支护基坑是将受拉杆件的一端(锚固端)固定在开挖基坑旁的稳定地层中,另一端与围护墙结构相连接(钢筋混凝土板桩、钢板桩、钻孔灌注桩、挖孔桩、地下连续墙等),用以承受由于土压力、水压力和地面超载等作用于围护结构的推力,从而利用地层的锚固力以维持围护结构及邻近建筑物的安全和稳定。

锚杆支护体系由围护壁、围檩与托架、锚杆三部分组成。围护壁包括各类钢板桩、钢筋混凝土板桩、地下连续墙等竖向挡土护壁结构。围檩可采用工字钢、槽钢等组成的组合梁或采用钢筋混凝土梁。围檩搁置在托架上,托架固定在围护壁上,通过围檩将作用于围护壁上的土压力传递给锚杆。锚杆与结构物共同工作,由锚杆头部、拉杆及锚固体三个基本部分组成,锚杆头部将拉杆与挡土围护壁连接起来,将侧壁土及水压力传递到拉杆上,拉杆将来自锚杆头部的拉力,传递给锚固体,锚固体将来自拉杆的力通过摩阻抵抗力或支撑抵抗力传递给邻近稳固的地层中。

使用锚杆技术的优点有:

(1)用锚杆代替内支撑,将锚杆设置在围护墙背后,因而在基坑内有较大的空间,有利于挖土施工。

(2)锚杆施工机械及设备的作业空间不大,因此可为各种地形及场地所选用。

(3)锚杆的设计拉力可通过抗拔试验测得,因此可保证设计有足够的安全度。

(4)锚杆可采用预加拉力,以控制结构的变形量。

(5)施工时的噪声和振动均很小。

二、锚杆的构造及类型

1. 锚杆的构造

锚杆支护体系由挡土结构物与土层锚杆系统两部分组成,如图 42-1 所示。

挡土结构物包括地下连续墙、灌注桩、挖孔桩及各种类型的板桩等。

灌浆土层锚杆系统由锚杆(索)、自由段、锚固段及锚头、垫块等组成。

2. 锚杆类型

锚固段的形式有圆柱形、扩大端部形及连续球形,如图 42-2 所示。当拉力不高时,临时性挡土结构可采用圆柱形锚固体;锚固于砂质土、硬黏土层并要求较高承载力的锚杆,可采用端部扩大头型锚固体;锚固于淤泥质土层并要求较高承载力的锚杆,可采用连续球体形锚固体。

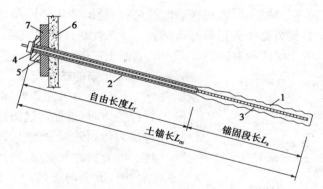

图 42-1　灌浆土层锚杆系统的构造示意图

1-锚杆(索);2-自由段;3-锚固段;4-锚头;5-垫块;6-挡土结构;7-腰梁

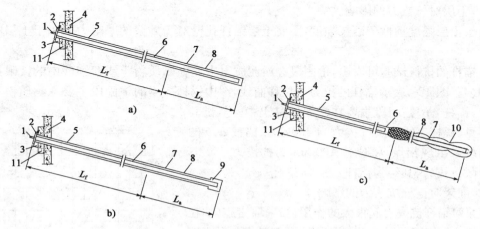

图 42-2　锚固段的形式

a) 圆柱形;b) 扩大端部形(通过压力注浆形成);c) 连续球形(通过压力注浆形成)

1-锚具;2-承压板;3-台座;4-围护结构;5-钻孔;6-注浆防腐处理;7-预应力筋;8-圆柱形锚固体;9-端部扩大头;10-连续球体;11-腰梁;L_a-锚固段长度;L_f-自由段长度

三、土层锚杆设计计算

土层锚杆的设计有下述几个方面。

1. 地质勘察要求

(1)方案设计阶段需确定以下几项:①地质剖面、地层分布与厚度,土质性状;②地下水位及水质对锚杆的侵蚀性;③地层特征:岩石的裂隙性、渗透性、风化程度;④土层的物理、力学指标;⑤确定地球物理勘探及勘探钻孔的位置,绘制场地的工程地质图和水文地质图。

对场地内外设施的调查:附近建筑物(基础类型、有无地下室、地下室的结构、形状)地下埋设装置(上下水管道、煤气管道及位置);地上线路(高压管路、各类管线等);周围的道路、邻近河道、附近民房的情况以及地下水利用状况等。应用上述资料进行初步设计。勘察资料是否符合实际情况对正确选择锚固段及锚杆设计的位置有决定性的作用。

(2)施工设计阶段锚杆方案确定后,要对施工实施进一步落实。为确定实际承载力,需在工程地质与水文地质条件相同的施工地段,进行现场原型抗拔试验,根据实际加载结果提出极限抗拔力的修正值,并对锚杆承载力的变化和结构物的相互作用做更准确的静力计算。

241

（3）使用年限在两年以内的锚杆,可按临时性锚杆设计,使用年限超过两年的锚杆应按永久性锚杆设计。永久性锚杆必须先进行基本试验。永久性锚杆的锚固端不应设在未经处理的有机质土、$W_L \geqslant 50\%$ 的土层或相对密实度 $D_r < 0.3$ 的土层中。

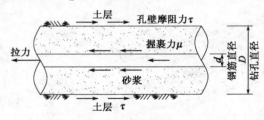

图 42-3　锚杆受力机理

τ 孔壁对砂浆的平均摩阻力;μ 砂浆对钢筋的平均握裹力

2. 土锚的抗拔作用

锚杆受力机理如图 42-3 所示。当锚固段锚杆受力时,首先通过锚杆与周边水泥砂浆的握裹力传到砂浆中,然后通过砂浆传到周围土体。随着拉力的增加,当锚固段内发挥最大黏结力时,就会与土体产生相对位移,随即发生土与锚杆的摩阻力,直到达到极限摩阻力。

影响锚杆抗拔力的因素有:

（1）土层对抗拔力的影响

由于土层强度远低于砂浆强度,因而土层锚杆孔壁对于砂浆的摩阻力取决于土层的抗剪强度。

由锚杆的抗拔试验可看出,锚固段在淤泥质土中比在黏质粉土或粉细砂中的极限抗拔力要小得多。图 42-4 表示锚杆的拉力—位移曲线,图中锚杆 a、b 的锚固段主要在黏质粉土与粉细砂中,锚杆 c 的锚固段主要在淤泥质黏土中。从试验结果可见,锚杆 c 的极限抗拔力为 400kN。锚杆 a、b 的试验曲线未出现拐点,将位移 100mm 的抗拔力 750kN 作为极限抗拔力,其约为锚杆 c 的 1.87 倍。

（2）灌浆对锚杆抗拔力的影响

灌浆对锚杆抗拔力起很大的作用,当采取措施（如在锚固段端头加堵浆器）增大灌浆压力后,水泥浆会更多地渗入到周围土层中,增加了锚固体与土层的摩阻力,从而增加了锚杆的抗拔力。通过试验表明,锚杆在粉砂层中,当灌浆压力为 1MPa 时,其极限抗拔力为 300kN,当灌浆压力增加到 2.5MPa 时,其极限抗拔力达 900kN。但当灌浆压力超过 4MPa 时,抗拔力增长就很小了。

采用二次灌浆能提高锚杆的极限抗拔力,如上海某工程的基坑采用钢筋混凝土板桩和斜土锚的支护结构。该基坑处于饱和淤泥质土层,施工时采用二次灌浆法,即锚固段第一次灌浆体强度达到 5MPa 时,再采用 2～3MPa 的压力冲破有一定强度的灌浆体,使浆液向土体中渗透和扩散,形成不规则的水泥浆镶嵌体,这样使锚杆的抗拔力大大提高,如表 42-1 所示。

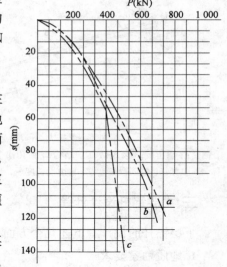

图 42-4　锚杆拉力—位移（P-s）曲线

一次灌浆与二次灌浆锚杆极限抗拔力的比较　　　表 42-1

序　号	钻孔直径(mm)	锚固长度(m)	灌 浆 方 式		锚杆极限抗拔力(kN)
			一次注浆压力(MPa)	二次注浆压力(MPa)	
1	168	24	0.6～0.8	—	420
2	168	24	0.6～0.8	2.0～3.0	800
3	168	24	0.6～0.8	2.2～2.5	1 000
4	168	24	0.6～0.8	1.4～2.6	800

(3)锚杆形式对抗拔力的影响

锚杆锚固段的形式,如图 42-2 所示,根据形式不同,其极限拔力有很大差别。例如锚杆底部形成扩大头[图 42-2b)],或以机械扩成几个连续球形[图 42-2c)],则它们的抗拔力能增大很多。

3. 锚杆的承载能力

锚杆的极限承载力(极限抗拔力)可按土的抗剪强度计算确定,也可按锚杆的抗拔试验确定。

(1)按土的抗剪强度确定锚杆的极限承载力

锚杆极限抗拔力的基本公式为:

$$T_u = \pi D L_e \tau \tag{42-1a}$$

式中:T_u——土锚的极限抗拔力(kN);

D——土锚钻孔的直径(m);

L_e——锚固段有效长度(m);

τ——锚固段周边土的抗剪强度(kPa),其值一般由工程地质报告查取,若地质报告无此值时,可按式(42-1b)计算。

$$\tau = K_0 \gamma h \tan\varphi + c \tag{42-1b}$$

式中:K_0——土层系数,取 $K_0 = 0.5 \sim 1.0$,砂性土取大值,黏性土取小值;

γ——土的重度(kN/m³);

h——锚杆上部覆土的高度(m)。

当采用二次压力灌浆工艺时,上海地区锚固体与土层之间的极限摩阻力可参考表 42-2。

锚固体与土层的极限摩阻力试验值(上海地区)   表 42-2

土 层 名 称	埋藏深度(m)	极限摩阻力 τ(kPa)
褐黄色粉质黏土层	0~3.0	33
灰色粉质黏土层	1.5~7.5	43
灰色淤泥层黏土层	3.0~6.5	22
灰色粉质黏土层	6.5~14.0	22~40
灰色黏土层	14.0~20.0	32
灰色粉砂层	20 以下	64

通过对北京地区几个工程的锚杆试验,得出了不同土层的平均抗剪强度,列于表 42-3 中以供参考。

北京地区土的抗剪强度   表 42-3

试验号	主要土层	锚固段长度(m)	有效锚固长度(m)	有效锚固面积(m²)	极限抗拔力(kN)	抗剪强度(kPa)	平均抗剪强度(kPa)
1	黏质粉土	14.5	14.5	7.29	420	57.6	
2	夹有 2~3m	14.5	14.5	7.29	390	54.5	53.8
3	淤泥质粉质	14.5	14.5	7.29	390	54.5	(0.054MPa)
4	黏土	18.6	16.4	8.24	400	48.5	

试验号	主要土层	锚固段长度 (m)	有效锚固长度 (m)	有效锚固面积 (m²)	极限抗拔力 (kN)	抗剪强度 (kPa)	平均抗剪强度 (kPa)
5	黏质粉	18.6	18.6	9.3	600	64.5	
6	土夹有	18.5	18.5	9.3	600	64.5	68.6 (0.068MPa)
7	1~2m细砂	18.36	18.35	9.1	700	76.9	
8	粉细砂	15.6	9.5	4.78	950	198.7	
9	中细砂	18.6	11.0	5.50	1 050	190.9	180.4 (0.180 4MPa)
10	夹有粉质黏土	18.6	11.0	5.50	950	172.7	
11	—	21.0	12.5	6.28	1 000	159.2	
12	—	14.40	10.00	5.03	2 100	417.5	
13	1~2m中细砂石	14.40	10.00	5.03	2 100	417.5	430.7 (0.431MPa)
14	砂卵石	14.40	10.00	5.03	2 300	457.3	

注:1. 有效锚固长度为测试出的有效段,如锚固长度为 14.4m,测试时沿锚固长度 10m 处已无应力。

2. 表 42-2 和表 42-3 摘自参考文献[74]。

（2）锚杆抗拔试验

在锚杆工程施工前,应进行锚杆的锚固体与地基土之间的极限抗拔力试验,以验证设计所估算的锚固长度是否足够安全,也可检验所采用的土质参数是否合理。

①试验设备。锚杆抗拔试验的试验设备主要有加载装置、量测装置及反力装置三部分。加载装置一般采用穿心式液压千斤顶,如粗钢筋用 YC-60 张拉千斤顶,单根钢绞线和 $7\phi 5mm$ 钢丝束张拉用 YC-20D 千斤顶等。拉力量测可用压力表或荷载传感器。位移量测可用百分表或位移传感器。

②试验方法与步骤。现场钻孔、灌浆后的锚杆,待砂浆强度达到 70% 后才能进行抗拔试验。一般情况下,普通水泥需养护 8d 左右,早强水泥需养护 4d 左右。荷载分级施加,每级荷载按预估极限荷载的 1/15～1/10 施加,直至破坏。加载后每隔 5～10min 测读一次变位。稳定标准为连续 3 次读数的累计变位量不超过 0.1mm。稳定后即可加下一级荷载。若变位量不断增加直至 2h 后仍不能稳定者,即认为锚杆已达破坏。卸载分级为加荷的 2～4 倍,直至荷载全部卸除后,测得残余变位值。

③根据试验结构可绘制荷载—位移曲线,如图 42-4 所示,锚杆 c 的极限抗拔力为 400kN。

（3）锚杆的蠕变试验

对于设置在岩层和粗粒土里的锚杆,不存在蠕变问题。但对于设置在软土里的锚杆,必须做蠕变试验,判定可能发生的蠕变变形是否在容许范围内。

蠕变试验需用能自动调整压力的油泵系统,使用于锚杆上的荷载保持恒量,不因变形而降低,然后按一定时间间隔（1min、2min、3min、4min、5min、10min、15min、20min、25min、30min、45min、60min）精确测读 1h 变形值,在半对数坐标纸上绘制蠕变时间关系,如图 42-5 所示。曲线（近似为直线）的斜率即锚杆的蠕变系数 K_s。

$$K_s = \frac{\Delta s}{\lg \frac{t_2}{t_1}}$$
(42-2)

式中：Δs、t_1、t_2——其符号含义如图 42-5 所示。

一般认为，当 $K_s \leqslant 0.4$mm 时，锚杆是安全的；当 $K_s > 0.4$mm 时，锚固体与土之间可能发生滑动，使锚杆丧失承载力。

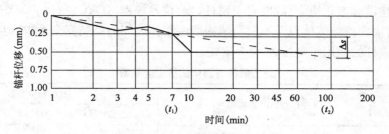

图 42-5　蠕变试验的时间与变位关系曲线

4. 锚杆设计

1）设计步骤

(1)确定基坑支护方案，根据基坑开挖深度和土的参数，确定锚杆的层数、间距、倾角等。

(2)计算挡墙单位长度所受各层锚杆的水平力。

(3)根据锚杆的倾角、间距，计算锚杆轴力。

(4)计算锚杆锚固段长度。

(5)计算锚杆自由段长度。

(6)计算桩、墙与锚杆的整体稳定。

(7)计算锚杆锚索（粗钢筋或钢绞线）的断面尺寸。

(8)计算锚杆腰梁断面尺寸。

(9)绘制锚杆施工图。

2）锚杆布置

(1)锚杆层数。一般在基坑施工中，需先挖到锚杆高程，然后进行锚杆施工，待锚杆预应力张拉后，方可挖下一层土。因此，多一层锚杆，就会增加一次施工循环。在可能的情况下，以少设锚杆层数为好。

(2)锚杆间距。锚杆间距大，将增大锚杆承载力，间距过小易于产生群锚效应。

(3)倾角。倾角是锚杆与水平线的夹角，它与施工机械性能有关，也与地层土质有关。一般来说，倾角大时，锚杆可以进入较好的土层，但垂直分力大，对支护桩及腰梁受力大，可能造成挡土结构和周围地基的沉降。一般采用的倾角为 $15°\sim35°$。

3）锚杆抗拔安全系数

土层锚杆的抗拔安全系数是指土层锚杆的极限抗拔力与锚杆的设计容许荷载的比值。表42-4 为国外及我国香港规定的土层锚杆抗拔安全系数。

土层锚杆抗拔安全系数　　　　　　　　　　　　　表 42-4

国家（地区） 锚杆性质	德国 DIN4125	日本 (JSFD—77)	法国 (欧洲)	瑞士（SN553—191）			中国香港标准			FIP（最小安全系数）		
				次要	重要	最重要	次要	重要	最重要	次要	重要	最重要
临时锚杆	1.33	1.5	1.33	1.30	1.70	1.60	1.60	1.60	1.80	1.40	1.60	1.80
永久锚杆	1.50	2.5	1.67	1.60	1.80	2.00	1.80	2.00	2.00	—		—

我国土锚技术也取得了丰富的实践经验，原铁道部科学研究院根据土层原型拉拔试验提出当以现场试验的屈服拉力作为设计依据时，应采用不小于 1.5 的安全系数，若以极限拉力作

为设计依据，临时性土锚采用 2.0，永久性土锚采用 2.5；同济大学针对上海土层，由土锚的蠕变性能，提出安全系数为 1.54。

中国工程建设标准化协会标准《岩土锚杆(索)技术规程》(CECS22:2005)规定：

(1)筋体与锚固段注浆体以及地层与锚固段注浆体之间的黏结安全系数，应根据锚杆破坏的危害程度和锚杆的使用年限按表 42-5 确定。

岩土锚杆锚固体抗拔安全系数　　　　　　　　表 42-5

安 全 等 级	锚杆损坏的危害程度	最小安全系数	
		临时锚杆	永久锚杆
Ⅰ	危害大，会构成公共安全问题	1.8	2.2
Ⅱ	危害较大，但不致出现公共安全问题	1.6	2.0
Ⅲ	危害较轻，不构成公共安全问题	1.4	2.0

注：对蠕变明显地层中的永久性锚杆锚固体，最小抗拔安全系数取 2.5。

(2)设计锚杆杆体抗拉安全系数应按表 42-6 确定。

锚杆杆体抗拉安全系数　　　　　　　　表 42-6

杆 体 材 料	最小安全系数	
	临时锚杆	永久锚杆
钢绞线精轧螺纹钢筋	1.6	1.8
HRB400、HRB335 钢筋	1.4	1.6

(3)永久性锚杆作抗震验算时，其安全系数应按 0.8 折减。

4)土锚锚固段长度的计算

圆柱形水泥压浆锚杆的锚固段长度 L_a 按式(42-3)计算。

$$L_a = \frac{K_m N_t}{\pi d_m \tau} \tag{42-3}$$

式中：d_m——锚固段直径(m)，可取钻头直径的 1.2 倍；

　　K_m——锚固安全系数，取 $K_m=1.5$；当使用年限超过两年或周围环境要求较高时，可取 $K_m=2.0$；

　　N_t——土层锚杆设计轴向拉力(kN)，即按挡墙计算得到的锚拉力；

　　τ——锚固体与土层之间的剪切强度(MPa)，可按各地积累的经验取用，上海地区可参照表 42-2 采用或者按式 $\tau=c+\sigma\tan\delta$ 确定；

　　c——土体黏聚力(MPa)；

　　σ——锚固段中点的上覆压力(MPa)；

　　δ——锚固段与土体之间的摩擦角(°)，通常取 $\delta=(1/3\sim1/2)\varphi$，当采用二次压力注浆工艺时，取 $\delta=\varphi$，其中 φ 为土体固结快剪的内摩擦角峰值。

5)自由段长度的计算

如图 42-6 所示，O 点为土压力零点，假设 OE 为滑裂面，锚杆 AD 与水平线 AC 夹角 α，AB 为非锚固段(即自由段)长度，可由几何关系求得：

$$AB = \frac{AO\tan\left(45°-\frac{\varphi}{2}\right)\sin\left(45°+\frac{\varphi}{2}\right)}{\sin\left(135°-\frac{\varphi}{2}-\alpha\right)} \tag{42-4}$$

6)土层锚杆总长度的计算

土层锚杆总长度可按式（42-5）计算。

$$L_m = L_a + L_f \qquad (42\text{-}5)$$

式中：L_m——锚杆（索）总长度（m）；

L_a——锚固段长度（m），由式（42-3）计算确定；

L_f——自由变形段长度（m），应取超过滑裂面 $0.5\sim$
1.0m的长度，即按式（42-4）确定 AB 长度后，再
加0.5~1.0m。

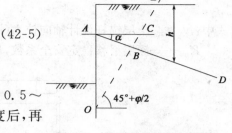

图 42-6　锚杆自由端长度计算简图

7)锚杆（索）截面面积计算

土层锚杆（索）截面面积可按式（42-6）计算。

$$A = \frac{K_{mf} N_t}{f_{ptk}} \qquad (42\text{-}6)$$

式中：A——锚杆（索）的截面面积（m²）；

N_t——土层锚杆（索）设计轴向拉力（kN）；

f_{ptk}——锚杆（索）材料的设计标准强度值（MPa）；

K_{mf}——安全系数，取 1.3。

8)锚杆整体稳定性计算

（1）整体破坏模式

锚杆抗拔力虽已有安全系数，但是挡土桩、墙、锚杆、土体组成的结构，有可能出现整体性破坏。一种是从桩脚向外推动，整个体系沿着一条假定的滑缝下滑，造成土体破坏，如图 42-7所示；另一种是桩、墙、锚杆的共同作用超过土的安全范围，因而从桩脚处剪力面向墙拉结的方向形成一条深层滑缝，造成倾覆，如图 42-8 所示。

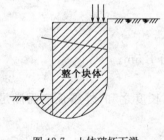

图 42-7　土体破坏下滑

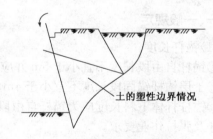

图 42-8　深层滑动破坏

（2）稳定性验算

土层锚杆围护墙整体稳定性验算，通常采用通过墙底土层的圆弧滑动面计算。

深层滑移稳定性验算，可按德国学者克兰茨（E. Kranz）提出的方法进行路养。对于单层锚杆围护墙的深层滑移稳定性验算如图 42-9所示，采用作图分析法，具体步骤如下。

①通过锚固段中点 c 与围护墙的假设支撑点 b 连一直线，再过 c 点作竖直线交地面于 d 点，确定土体稳定性验算的范围。

②力系验算，包括土体自重及地面超载 G，围护墙主动土压力的合力 F_a，cd 面上土体主动土压力以合力 F_{cd}，bc 面上反力的合力 F_{bc}。

③作力多边形，求出力多边形的平衡力，即锚杆拉力 R_{tmax}。

④按式（42-7）计算深层滑移稳定性安全系数 K_{ms}。

$$\frac{R_{tmax}}{N_t} \geqslant K_{ms} \tag{42-7}$$

式中：N_t——土层锚杆设计轴向拉力（kN）；

K_{ms}——深层滑移稳定安全系数，$K_{ms}=1.2\sim1.5$。

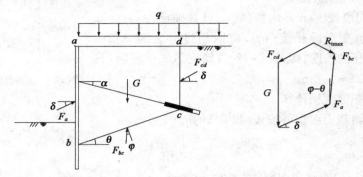

图 42-9　单层锚杆深层滑移稳定性验算

G-滑动土体的质量（包括地面超载）；F_a-作用于围护墙上的主动土压力合力；F_{cd}-作用于 cd 面上的主动土压力合力；F_{bc}-bc 面上的反力的合力

两层及两层以上土锚挡墙的稳定性，其验算方法与单层锚杆相同。所不同的是在滑动楔体中，存在与锚杆排数相同的多个滑裂面，需对每一个滑裂面进行验算，确保每一个滑裂面都满足规定的安全度要求。

第二节　介绍《建筑基坑支护技术规程》(JGJ 120—99) 推荐的土层锚杆设计方法

一、一般规定

（1）锚杆长度：

①锚杆自由段长度不宜小于 5m 并应超过潜在滑裂面 1.5m。

②土层锚杆锚固段长度不宜小于 4m。

③锚杆杆体下料长度应为锚杆自由段、锚固段及外露长度之和，外露长度需满足台座、腰梁尺寸及张拉作业要求。

（2）锚杆布置应符合下述规定：

①锚杆上下排垂直间距不宜小于 2.0m，水平间距不宜小于 1.5m。

②锚杆锚固体上覆土层厚度不宜小于 4.0m。

③锚杆倾角宜为 15°～25°，且不应大于 45°。

（3）沿锚杆轴线方向每隔 1.5～2.0m 宜设置一个定位支架。

（4）锚杆锚固体宜采用水泥浆或水泥砂浆，其强度等级不宜低于 M10。

（5）锚杆预加力值（锁定值）应根据地层条件及支护结构变形要求确定，应取锚杆轴向受拉承载力设计值的 0.50～0.65 倍。

二、锚杆计算

1. 锚杆承载力

锚杆水平拉力设计值 T_d 应满足式(42-8)的要求：

$$T_d \leqslant N_u \cos\theta \qquad (42\text{-}8a)$$

$$T_d = 1.25\gamma_0 T_c \qquad (42\text{-}8b)$$

式中：T_d——锚杆水平拉力设计值(kN)；

  T_c——锚杆支点力计算值(kN)；

  γ_0——基坑重要性系数，一级基坑为1.10，二级基坑为1.00，三级基坑为0.90；

  θ——锚杆与水平面的倾角(°)；

  N_u——锚杆轴向受拉承载力设计值(kN)。

锚杆轴向受拉承载力设计值按下列规定确定：

(1)安全等级为一级及缺乏地区经验的二级基坑侧壁，应按规定进行锚杆的基本试验，锚杆轴向受拉承载力设计值可取基本试验确定的极限承载力除以受拉抗力分项系数 γ_s，受拉抗力分项系数可取1.2。

(2)基坑侧壁安全等级为二级且有邻近工程经验时，可按式(42-9)计算锚杆轴向受拉承载力设计值，并应按规定要求进行锚杆验收试验。

$$N_u = \frac{\pi}{\gamma_s}\left[d\sum q_{sik}l_i + d_1\sum q_{sjk}l_j + 2c_k(d_1^2 - d^2)\right] \qquad (42\text{-}9)$$

式中：N_u——锚杆轴向受拉承载力设计值(kN)；

  d_1——扩孔锚固体直径(mm)；

  d——非扩孔锚杆或扩孔锚杆的直孔段锚固体直径(mm)；

  l_i——第 i 层土中直孔部分锚固段长度(mm)；

  l_j——第 j 层土中扩孔部分锚固段长度(mm)；

q_{sik}、q_{sjk}——土体与锚固体的极限摩阻力标准值(kPa)，应根据当地经验取值；当无经验时可按表42-7取值；

  c_k——扩孔部分土体黏聚力标准值(MPa)；

  γ_s——锚杆轴向受拉抗力分项系数，可取1.3。

(3)对于塑性指数大于17的黏性土层中的锚杆应进行蠕变试验，锚杆蠕变试验应按规定进行。

(4)基坑侧壁安全等级为三级时，可按式(42-9)确定锚杆轴向受拉承载力设计值。

土体与锚固体极限摩阻力标准值 表 42-7

土 的 名 称	土 的 状 态	q_{sik}(kPa)
填土		16～20
淤泥		10～16
淤泥质土		16～20
黏性土	$I_L > 1$	18～30
	$0.75 < I_L \leqslant 1$	30～40
	$0.50 < I_L \leqslant 0.75$	40～53
	$0.25 < I_L \leqslant 0.50$	53～65
	$0.0 < I_L \leqslant 0.25$	65～73
	$I_L \leqslant 0$	73～80

土 的 名 称	土 的 状 态	$q_{sik}(kPa)$
粉土	$e>0.90$	22～44
	$0.75<e\leqslant0.90$	44～64
	$e<0.75$	64～100
粉细砂	稍密	22～42
	中密	42～63
	密实	63～85
中砂	稍密	54～74
	中密	74～90
	密实	90～120
粗砂	稍密	90～130
	中密	130～170
	密实	170～220
砾砂	中密、密实	190～260

注：表中 q_{sik} 指采用直孔一次常压灌浆工艺计算值；当采用二次灌浆、扩孔工艺时，可适当提高。

2. 锚杆杆体截面

(1)普通钢筋截面面积应按式(42-10)计算。

$$A_s \geqslant \frac{T_d}{f_y\cos\theta} \tag{42-10}$$

(2)预应力钢筋截面面积应按式(42-11)计算。

$$A_p \geqslant \frac{T_d}{f_{py}\cos\theta} \tag{42-11}$$

式中：A_s、A_p——普通钢筋、预应力钢筋杆体截面面积(m^2)；

f_y、f_{py}——普通钢筋、预应力钢筋抗拉强度设计值（MPa）。

3. 锚杆自由长度

锚杆的自由长度 l_f 宜按式(42-12)计算(图 42-10)。

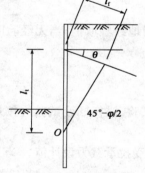

图 42-10 锚杆自由段长度计算简图

$$l_f = \frac{l_t\sin\left(45° - \frac{1}{2}\varphi_k\right)}{\sin\left(45° + \frac{1}{2}\varphi_k + \theta\right)} \tag{42-12}$$

式中：l_t——锚杆锚头中点至基坑底面以下基坑外侧荷载标准值与基坑内侧抗力标准值相等处的距离(m)；

φ_k——土体各土层厚度加权内摩擦角标准值(°)；

θ——锚杆倾角(°)。

三、锚杆的材料

锚杆的受力拉杆与钢筋混凝土结构中的钢筋相似，采用的钢材在张拉时应具有足够大的弹性变形。围檩降低锚杆拉伸时的用钢量适宜采用高强度钢。

(1)粗钢筋。我国当前常用的拉杆材料为热轧光面钢筋及变形钢筋，拉杆钢筋的直径通常采用 22～32mm。为增强钢筋与砂浆的握裹力，作为锚杆的拉筋宜选用变形钢筋。高强钢筋可焊性差，根据实际要求亦可选用精轧螺纹钢筋，如 45SiMnV，可配用出厂的螺母作连接，直径 10～25mm，屈服强度 550MPa，抗拉强度 850MPa。

(2)高强钢丝及钢绞线，按国际《预应力混凝土用钢丝》(GB/T 5223—2002)和《预应力混凝土用钢绞线》(GB/T 5224—2003)选用。

四、锚杆试验

1. 一般规定

(1)锚杆锚固段浆体强度达到 15MPa 或达到设计强度等级的 75％时可进行锚杆试验。

(2)加载装置(千斤顶、油泵)的额度压力必须大于试验压力，且试验前应进行标定。

(3)加荷反力装置的承载力和刚度应满足最大试验荷载要求。

(4)计算仪表(测力计、位移计等)应满足测试要求的精度。

(5)基本试验和蠕变试验锚杆数量不应小于 3 根，且试验锚杆材料尺寸及施工工艺应与工程锚杆相同。

(6)验收试验锚杆的数量应取锚杆总数的 5％，且不得小于 3 根。

2. 基本试验

(1)基本试验最大的试验荷载不宜超过锚杆杆体承载力标准值的 0.9 倍。

(2)锚杆基本试验应采用循环加卸荷载法、加荷等级与锚头位移测读间隔时间应按表 42-8确定。

锚杆基本试验循环加卸荷等级与位移观测间隔时间表　　　　　表 42-8

加荷标准 循环数	加荷量 预估破坏荷载(％)							
第一循环	10	—	—	—	30	—	—	—	10
第二循环	10	30	—	—	50	—	—	30	10
第三循环	10	30	50	—	70	—	50	30	10
第四循环	10	30	50	70	80	70	50	30	10
第五循环	10	30	50	80	90	80	50	30	10
第六循环	10	30	50	90	100	90	50	30	10
观测时间(min)	5	5	5	10	10	5	5	5	5

注：1. 在每级加荷等级观测时间内，测读锚头位移不应少于 3 次。

　　2. 在每级加荷等级观测时间内，锚头位移小于 0.1mm 时，可施加下一级荷载，否则应延长观测时间，直至锚头位移增量在 2h 内小于 2.0mm 时，方可施加下一级荷载。

(3)锚杆破坏标准：

①后一级荷载产生的锚头位移增量达到或超过前一级荷载产生位移增量的两倍。

②锚头位移不稳定。

③锚杆杆体拉断。

(4)试验结果宜按循环荷载与对应的锚头位移读数列表整理，并绘制锚杆荷载—位移(Q-s)曲线，锚杆荷载—弹性位移(Q-s_e)曲线和锚杆荷载—塑性位移(Q-s_p)曲线。

(5)锚杆弹性变形不应小于自由段长度变形计算值的80%，且不应大于自由段长度与$1/2$锚固段长度之和的弹性变形计算值。

(6)锚杆极限承载力取破坏荷载的前一级荷载，在最大试验荷载下未达到基本试验中第(3)条规定的破坏标准时，锚杆极限承载力取最大荷载。

3. 验收试验

(1)最大试验荷载应取锚杆轴向受拉承载力设计值N_u。

(2)锚杆验收试验加荷等级及锚头位移测读间隔时间应符合下列规定：

①初始荷载宜取锚杆轴向拉力设计值的0.1倍。

②加荷等级与观测时间宜按表42-9规定进行。

验收试验锚杆加荷等级及观测时间 表42-9

加荷等级	$0.1N_u$	$0.2N_u$	$0.4N_u$	$0.6N_u$	$0.8N_u$	$1.0N_u$
观测时间(min)	5	5	5	10	10	10

③在每级加荷等级观测时间内，测读锚头位移不应少于3次。

④达到最大试验荷载后观测15min，卸荷至$0.1N_u$并测读锚头位移。

(3)试验结果宜按每级荷载对应的锚头位移列表整理，并绘制锚杆荷载—位移($Q\text{-}s$)曲线。

(4)锚杆验收标准：

①在最大试验荷载作用下，锚头位移相对稳定。

②应符合上述基本试验中第(5)条规定。

4. 蠕变试验

(1)锚杆蠕变试验加荷等级与观测时间应满足表42-10的规定，在观测时间内荷载应保持恒定。

锚杆蠕变试验加荷等级及观测时间 表42-10

加荷等级	$0.4N_u$	$0.6N_u$	$0.8N_u$	$1.0N_u$
观测时间(min)	10	30	60	90

(2)每级荷载按时间间隔1min、2min、3min、4min、5min、10min、15min、20min、30min、45min、60min、75min、90min记录蠕变量。

(3)试验结果宜按每级荷载在观测时间内不同时段的蠕变量列表整理，并绘制蠕变量—时间对数($s\text{-}\lg t$)曲线，蠕变系数可按式(42-13)计算。

$$K_c = \frac{s_2 - s_1}{\lg(t_2/t_1)} \tag{42-13}$$

式中：s_1——t_1时所测得的蠕变量；

s_2——t_2时所测得的蠕变量。

(4)蠕变试验和验收标准为：最后一级荷载作用下的蠕变系数小于2.0mm。

五、土层锚杆稳定性验算

进行土锚设计时，不仅要研究锚杆的承载能力，而且要研究支护结构与土层锚杆所支护土体的稳定性，以保证在使用期间土体不产生滑动失稳。

土层锚杆的稳定性,分为整体稳定性和深部破裂面稳定性两种,其破坏形式如图 42-11 所示,需分别予以验算。

图 42-11　土锚的失稳

整体失稳时,土层滑动面在支护结构的下面,由于土体的滑动,使支护结构和土锚失效而整体失稳。对于此种情况可按土坡稳定的验算方法进行验算。

深部破裂面在基坑支护结构的下端处,这种破坏形式是德国的 E. Kranz 于 1953 年提出的,可利用 E. Kranz 的简易计算法进行验算。

E. Kranz 简易计算法的计算简图如图 42-12 所示。通过锚固体的中点 c 与基坑支护结构下端的假想支承点 b(可近似取底端)连一直线 bc,假定 bc 线即为深部滑动线,再通过点 c 垂直向上作直线 cd,作为假想墙。这样,由假想墙、深部滑动线和支护结构包围的土体 $abcd$ 上,除土体自重 G 之外,还有作用在假想墙上的主动土压力 E_1、作用于支护结构上的主动土压力的反作用力 E_a 和作用于 bc 面上的反力 Q。当土体 $abcd$ 处于平衡状态时,即可利用力多边形求得土层锚杆所能承受的最大拉力 A 及其水平分力 A_h,如果 A_h 与土层锚杆设计的水平分力 A_h' 之比值大于或等于 1.5,就认为不会出现上述的深部破裂面破坏。

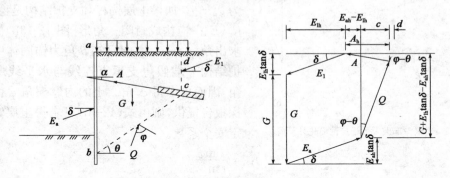

图 42-12　土锚深部破裂面稳定性计算简图

单根土锚的 E. Kranz 力多边形如图 42-12b)所示,如果将各力化成其水平分力,则从力多边形中可得出下述计算公式:

$$A_h = E_{ah} - E_{1h} + c$$

$$c + d = (G + E_{1h}\tan\delta - E_{ah}\tan\delta)\tan(\varphi - \theta)$$

则:

$$d = A_h\tan\alpha\tan(\varphi - \theta)$$

所以:

$$A_h = E_{ah} - E_{1h}(G + E_{1h}\tan\delta - E_{ah}\tan\delta)\tan(\varphi - \theta) - A_h\tan\alpha\tan(\varphi - \theta)$$

由上式可得出:

$$A_h = \frac{E_{ah} - E_{1h}(G + E_{1h}\tan\delta - E_{ah}\tan\delta)\tan(\varphi - \theta)}{1 + \tan\alpha\tan(\varphi - \theta)} \qquad (42\text{-}14)$$

安全系数：

$$k = \frac{A_h}{A_h'} \geqslant 1.5$$

式中：　　G——假想墙与深部滑动线范围内的土体质量(N)；

φ——土的内摩擦角(°)；

δ——基坑支护结构与土之间的摩擦角(°)；

θ——深部滑动面与水平面间的夹角(°)；

α——锚杆的倾角(°)；

A_h'——锚杆设计的水平分力(N)；

E_{1h}、E_{ah}、A_h——分别为 E_1、E_a、A 的水平分力(N)；

E_a——作用在基坑支护结果上的主动土压力的反作用力(N)，见图 42-12；

E_1——作用在假想墙上的主动土压力(N)，见图 42-12；

Q——作用在 bc 面上反力的合力(N)，见图 42-12。

在 E. Kranz 简易计算法的基础上，英国的 Locher 于 1969 年提出更简化的计算方法(图 42-13)。该方法是由锚固体中点 c 向上作垂线 cd，在该垂直面上作用有主动土压力 E；将 c 点与基坑支护结构下端的假想支承点 b 连一直线 bc，bc 即深部破裂面，在该深部破裂面上作用

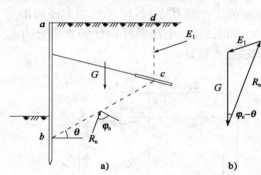

图 42-13　土锚深部破裂面稳定性简化计算简图

有反力 R_n，R_n 作用方向线与深部破裂面法线间夹角为 φ_n，φ_n 称为土的"标称内摩擦角"；此外，还有土体重量 G。由几何关系知，R_n 与垂直间的夹角为 $\varphi_n - \theta$。如果土层锚杆和支护结构是稳定的，则 R_n、E、G 应构成封闭三角形[图 42-13b)]，由此可求出角 $\varphi_n - \theta$。由此已知 θ 角为锚固体中点和支护结构下端假想支承点连线与水平线之间的夹角，因而可求得 φ_n 角。土的内摩擦角 φ 由地基勘探报告提供，则由式(42-15)可求得土层锚杆的稳定安全系数。

$$K = \frac{\tan\varphi}{\tan\varphi_n} \qquad (42\text{-}15)$$

第三节　锚碇结构设计

锚碇支护结构包括支护墙体、锚固体和拉杆等主要构件，对于支护墙体的设计在前文中已有详述，此处介绍上海市地方标准《地基基础设计规范》(DGJ 08-11—2010)建议的拉杆和锚固体设计方法。

一、拉杆设计

拉杆的作用是将支护墙体所承受的侧向荷载传递至锚固体，因此需要具备一定的抗拉强度，避免在荷载作用下被拉断，造成支护体系的破坏。另外对于长期工程，拉杆由于处于地下，还需具备一定的抗锈蚀性能。

拉杆的拉力可按式(42-16)计算。

$$R_a = \xi R'_a l_a \tag{42-16}$$

式中：R_a——拉杆拉力(kN)；

R'_a——单位宽度支护墙体锚拉反力，可按前文介绍方法计算求得(kN/m)；

l_a——拉杆间距(m)；

ξ——不均匀系数，单锚单桩(碇)取 1.3～1.5，群锚群桩(碇)取 1.0。

计算得拉杆拉力后，可按式(42-17)计算拉杆断面。

$$d \geqslant 2\sqrt{\frac{R_a}{\pi[f]}} + \delta T \tag{42-17}$$

式中：d——拉杆最小直径(mm)；

R_a——拉杆拉力，按式(42-16)计算(kN)；

$[f]$——拉杆钢材设计强度($\times 10^3$MPa)；

δ——地下钢筋年锈蚀量，可取 0.04～0.05mm/年；

T——使用时间(年)。

一般拉杆宜用普通低碳钢，间距根据计算而定，常取 1.5～4.0m，拉杆长度超过 10m 时，中部应设张紧器，施工中应使各拉杆张紧程度一致，拉杆外应采取防锈措施。

二、锚桩(或锚碇板)设计

当采用锚桩时，其设计模式即为承受横向荷载的桩；当采用锚碇板时，其埋入深度及平面尺寸应满足式(42-18)的要求。

$$R_a + E_a \leqslant E_p K \tag{42-18}$$

式中：R_a——拉杆拉力(kN)，按式(42-16)计算；

E_a——锚碇板后主动土压力合力(kN)，按式(42-21)计算；

E_p——锚碇板前被动土压力合力(kN)，按式(42-25)或式(42-26)计算；

K——锚碇板安全系数，根据回填土质量取 1.5～2.0。

锚碇板和支护墙体间的距离视基坑周围环境条件而定，一般应不低于式(42-19)计算所得数值(图 42-14)。

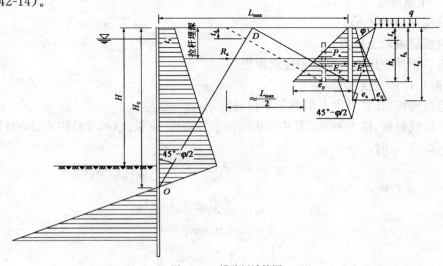

图 42-14　锚碇板计算图

$$L = H_0 \tan\left(45° - \frac{\varphi}{2}\right) + t_b \tan\left(45° + \frac{\varphi}{2}\right) \tag{42-19}$$

式中：t_b——锚碇板底部到底面距离（m）；

L——支护墙体和锚碇板间距离（m）；

H_0——支护墙体入土部分土压力等于零的点到地面距离（m）；

φ——按峰值确定的土的内摩擦角（°）。

当受地形等条件限制时，锚碇板和支护墙体间距可小于式（42-20）算得的值，但应大于容许最短距离 L_{min}，L_{min} 按式（42-20）计算。

$$L_{min} = t_b \tan\left(45° + \frac{\varphi}{2}\right) \tag{42-20}$$

式中：L_{min}——支护墙体和锚碇板间容许最短距离（m）。

三、锚碇板土压力计算

1. 锚碇板后主动土压力

锚碇板后主动土压力按式（42-21）计算：

$$E_a = \frac{1}{2}\left(\gamma t_h^2 + \frac{q h_a^2}{t_q - t_a}\right) b K_a \tag{42-21}$$

式中：E_a——锚碇板后主动土压力（kN）；

t_q——板底当量埋深（m），按式（42-22）计算；

$$t_q = \frac{t_a}{\tan\varphi \tan(45° - \varphi/2)} \tag{42-22}$$

式中：h_a——锚碇板高度（m）；

q——地面均布荷载（kPa），从距离锚碇板 $\frac{h_a}{\tan\varphi}$ 以外计取；

b——锚碇板宽度（m），当锚碇板连续时，取拉杆间距 l_a；

K_a——库仑主动土压力系数，取土与锚碇板摩擦角 $\delta = 0°$；

γ——土重度（kN/m³）；

t_a——板顶埋深（m）。

2. 锚碇板后被动土压力

锚碇板后被动土压力计算按下述步骤进行。

（1）锚碇板计算宽度 b_n。

对于连续锚板，计算宽度 b_n 取其等于拉杆间距 l_a；

对于不连续锚板，取 $b_n = mb$，其中 b 为锚板实际宽度，m 按式（42-23）和式（42-24）计算。

当 $b + 2a < l_a$ 时：

$$m = 1 + t_b \tan\varphi / 2b \tag{42-23}$$

当 $b + 2a > l_a$ 时：

$$m = 1 + t_b \tan\varphi / 2b - 2a_1^3 / 3a^2 b \tag{42-24}$$

$$a = 0.75 t_b \tan\varphi \tag{42-25}$$

$$a_1 = \frac{1}{2}(b + 1.5 t_h \tan\varphi - l_a) \tag{42-26}$$

式中:b——锚碇板实际宽度(m)。

(2)当锚碇板和支护墙体间距 L 按式(42-19)算得时,锚碇板前被动土压力按式(42-27)计算。

$$E_p = \frac{1}{2} \gamma t_h^2 K_p \rho b_n \tag{42-27}$$

式中:E_p——锚碇板前被动土压力(kN);

ρ——系数,按表 42-11 采用;

K_p——库仑被动土压力系数,计算中取土与锚碇板摩擦角 $\delta = \varphi/3$;

其他符号意义同前。

ρ 值　　　　　　　　　　　　　　表 42-11

t_h/h_a	1	2	3	4
ρ	1.0	0.8	0.75	0.7

(3)当锚碇板与支护墙体距离小于 L 且大于 L_{min} 时,板前被动土压力按式(42-28)计算。

$$E_p = \frac{1}{2} \gamma K_p \rho b_n (t_h^2 - t_d^2) \tag{42-28}$$

式中:t_d——图 42-14 中 D 点离地面的距离(m);

其他符号意义同前。

另外,锚拉式支护体系应验算整体稳定性,计算时可假定滑动面通过支护墙体底部。

为保证整个支护体系的支护性能,施工时锚碇板前土体应填筑密实,当锚碇板前被动土压力不满足设计要求时,可换用灰土、碎石夹土或抛石棱体等,如采用抛石棱体应注意石块级配紧密,并做好土体和抛石棱体间的反滤层。

【例 42-1】 某建筑物基坑设计深度为 5.5m,采用人工挖孔桩与土层锚杆复合支护体系,挖孔桩的直径为 800mm,在自然地面以下 1.5m 处设置锚杆,锚杆直径初步决定为 100mm,长度为 17m,锚杆与地面的倾角为 15°。根据地质勘察资料,得知基坑为黏性土,其内摩擦角 $\varphi = 16°$,土的滑动面与水平面的夹角为 $45° + \varphi/2 = 53°$,如图 42-15 所示。设计计算土压力为零处距基坑底面下为 0.95m,按平衡条件求出锚固点的支撑反力 $T_A = 118$kN。基坑的安全等级采用二级。试复核锚杆的承载力和锚杆杆体的截面积能否满足要求。

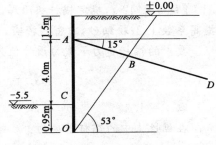

图 42-15　基坑支护计算简图(高程单位:m)

解:首先按 1:100 的比例绘出计算简图,如图 42-15 所示。并在图上量得锚杆的自由长度 $AB = 2.15$m,则锚杆的锚固长度 $BD = 17.5 - 2.15 = 15.35$(m)。

1. 求锚杆的承载力

锚杆水平拉力设计值 T_b 应满足式(42-8a)要求,即:

$$T_d \leqslant N_u \cos\theta$$

按式(42-8b)得:

$$T_d = 1.25 \gamma_0 T_A$$

本工程基坑安全等级为二级,故 $\gamma_0 = 1.0$,已知 $T_A = 118$kN

则:

$$T_d = 1.25 \gamma_0 T_A = 1.25 \times 1.0 \times 118 = 148\text{kN}$$

按式(42-9)得：

$$N_u = \frac{\pi}{\gamma_s}(dq_{sik}l_i)$$

本工程基坑处于黏土层，查表 42-7 得，土体与锚固体的极限摩阻力标准值 $q_{sik}=69$kPa，则侧摩阻力设计值 $q_{侧}=69\times0.6=41.4$kPa，已知锚固段长 $l_i=$BD$=15.35$m，代入式(42-9)中，得：

$$N_u=\frac{\pi}{1.3}(0.1\times41.4\times15.35)=153.6(kN)$$

按式(42-8a)有：

$N_u\cos\theta=153.6\times\cos15°=153.6\times0.966kN=148.4>T_d$，可满足要求。

2. 复核锚杆杆体截面

由题意得知锚杆与水平面倾角为 15°，锚杆采用普通钢筋，其强度等级为 HRB335 级，按式(42-10)可得：

$$A_d=\frac{T_d}{f_d\cos\theta}=\frac{148\times10^3}{335\times\cos15°}=\frac{148\times10^3}{335\times0.966}=457(mm^2)$$

查表选用 1ϕ25，其面积 $A_d=490.9mm^2$，可满足要求。

3. 简要介绍锚杆的施工

采用 20t 级千斤顶，预应力值为 9t。锚杆灌浆材料用 42.5 级普通硅酸盐水泥，水灰比为 0.4~0.45，砂浆配合比为 1:1.5，砂粒为 2mm，采用一次性注浆，使用 10MPa 压力泵，通过耐高压塑料管注入孔内，注浆压力取 2MPa。

【例 42-2】 某工程采用桩锚结构，根据计算采用一排锚杆，锚杆水平拉力设计值 T_d 为 400kN，锚杆自由段长度取为 $l_f=6$m，锚杆直径 $d=150$mm，锚杆倾角 $\theta=20°$。从锚头算起，锚杆穿过的土层的参数如下：第一层黏性土，层厚 $h_1=3$m，液性指数 $I_L=0.5$；第二层粉细砂，层厚 $h_2=5$m，中密~密实。采用二次灌浆工艺，根据表 42-7 取摩阻力值，二次注浆后摩阻力提高按 20% 考虑。试计算锚杆长度。

解：查表 42-7，确定锚杆极限摩阻力 q_{sik} 取值：黏性土，$I_L=0.5$，极限摩阻力 $q_{sik}=53$MPa，提高系数 1.2；粉细砂，中密~密实，极限摩阻力 $q_{sik}=63$MPa，提高系数 1.2。

要求的锚杆受力承载力设计值为：

$$N_u=\frac{T_d}{\cos\theta}=\frac{400}{\cos20°}=425.7(kN)$$

取 $\gamma_s=1.3$。

在黏性土中的锚杆长度为：

$$h_1/\sin\theta=2/\sin20°=8.77(m)$$

在黏性土中的锚固段长度为：

$$l_{m1}=8.77-l_f=8.77-6=2.77(m)$$

在黏性土中提供的轴向设计承载力为：

$$N_{u1}=\pi dq_{sk1}\times1.2l_{m1}/\gamma_s=3.14\times0.15\times53\times1.2\times2.77/1.3=63.8(kN)$$

在粉细砂层中需要的锚固段长度 l_{m2} 按下式计算，即：

$$l_{m2}=\frac{(N_u-N_{u1})\gamma_s}{\pi\times d\times q_{sk2}\times1.2}=\frac{(425.7-63.8)\times1.3}{3.14\times0.15\times63\times1.2}=13.21(m)$$

锚杆总长度为：

$$l = l_f + l_{m1} + l_{m2} = 6 + 2.77 + 13.21 = 22.0 (\text{m})$$

【例40-3】 上海某大厦高24层,地下室为2~3层。基坑挖土深度为13m,土质为砂土和卵石,桩基采用直径800mm的人工挖孔灌注桩,桩距为1.5m,因基坑现场场地狭窄,四周紧靠民房,基坑不能采用放坡大开挖,需采用支护结构围护,垂直开挖,但围护桩又不能在地面进行拉结,如将灌注桩作为悬臂桩,其桩径要增大,造价又要增加。因此考虑采用一道土锚拉结板桩支护,如图42-16所示,试对该基坑的土锚结构进行设计计算。

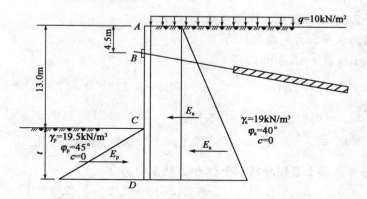

图42-16 挡土板桩入土深度计算简图

解:1. 土锚受力计算

根据地质钻探资料和现场施工的条件,初步确定设计参数如下:

(1)将土锚设置在地面下4.5m处,其水平间距为1.5m,锚杆钻孔的孔径为φ140mm,倾角为13°。

(2)按主动土压力计算时,按土层种类取土的平均重度 $\gamma_a = 19\text{kN/m}^3$,内摩擦角 $\varphi_a = 40°$;计算被动土压力时,取土的平均重度 $\gamma_p = 19.5\text{kN/m}^3$,内摩擦角 $\varphi_p = 45°$;土的黏聚力 $c = 0$。

(3)地面超载 $q = 10\text{kN/m}^2$。

主动土压力系数:

$$K_a = \tan^2\left(45° - \frac{\varphi_a}{2}\right) = \tan^2\left(45° - \frac{40°}{2}\right) = 0.217$$

被动土压力系数:

$$K_p = \tan^2\left(45° + \frac{\varphi_p}{2}\right) = \tan^2\left(45° + \frac{45°}{2}\right) = 5.83$$

①挡土板桩的入土深度计算(图42-16)

按挡土板桩纵向单位长度计算,则:

主动土压力:

$$E_{a1} = \frac{1}{2}\gamma_a(h+t)^2 K_a = \frac{1}{2} \times 19 \times (13+t)^2 \times 0.217$$

由地面荷载引起的附加压力:

$$E_{a2} = q(h+t)K_a = 10 \times (13+t) \times 0.217$$

被动土压力:

$$E_p = \frac{1}{2}\gamma_p t^2 K_p = \frac{1}{2} \times 19.5 \times t^2 \times 5.83$$

由

$$\sum M_B = 0$$

得：

$$\frac{1}{2} \times 19 \times (13+t)^2 \times 0.217 \left[\frac{2}{3}(13+t) - 4.5 \right] + 10 \times (13+t) \times$$

$$0.217 \left[\frac{1}{2}(13+t) - 4.5 \right] - \frac{1}{2} \times 19.5 \times t^2 \times 5.83 \left(\frac{2}{3}t + 13 - 4.5 \right) = 0$$

解之，得 $t = 2.26$m，取板桩入土深度为 2.30m。

②计算土锚的水平拉力和轴向拉力

根据板桩入土深度 $t = 2.30$m，则：

$$E_{a1} = \frac{1}{2} \gamma_a (h+t)^2 K_a = \frac{1}{2} \times 19 \times (13+2.3)^2 \times 0.217 = 482.5 (\text{kN})$$

$$E_{a2} = q(h+t) K_a = 10 \times (13+2.3) \times 0.217 = 33.2 (\text{kN})$$

$$E_p = \frac{1}{2} \gamma_p t^2 K_p = \frac{1}{2} \times 19.5 \times 2.3^2 \times 5.83 = 301 (\text{kN})$$

由 $\sum M_D = 0$ 可求出土层锚杆所承受拉力 T 的水平力 T_H：

$$T_H = E_{a1} \frac{13+2.3}{3} + E_{a2} \frac{13+2.3}{2} - E_p \frac{2.3}{3}$$

将上述 E_{a1}、E_{a2}、E_p 的数值代入，求得 $T_H = 229.9$kN。

由于土锚的间距为 1.5m，所以每根土锚所承受拉力的水平分力为：

$$T_{H1.5} = 1.5 \times 229.9 = 344.8 (\text{kN})$$

每根土锚的轴向拉力为：

$$T = T_{H1.5} / \cos 13° = 353.8 (\text{kN})$$

2. 土锚抗拔计算

锚固段所在的砂土层的力学性能参数为：

$$\gamma = 19 \text{kN/m}^3, \varphi = 37°$$

(1)求土锚的非锚固段长度

由图 42-17 可知：

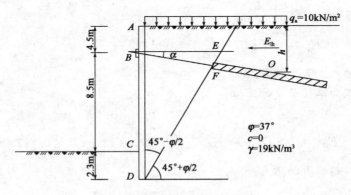

图 42-17 锚固段长度计算简图

$$\overline{BE} = (8.5 + 2.3) \tan \left(45° - \frac{\varphi}{2} \right) = 10.8 \times \tan 26.5° = 5.38 (\text{m})$$

根据正弦定律：

$$\frac{\overline{BE}}{\sin\angle BFE} = \frac{\overline{BF}}{\sin\angle BEF}$$

得：

$$\overline{BF} = \frac{\overline{BE}\sin\angle BEF}{\sin\angle BFE}$$

而：

$$\angle BEF = 90° - \left(45° - \frac{\varphi}{2}\right) = 90° - \left(45° - \frac{37°}{2}\right) = 63.5°$$

$$\angle BFE = 180° - \alpha - 63.5° = 180° - 13° - 63.5° = 103.5°$$

故：

$$\overline{BF} = \frac{5.38 \times \sin 63.5°}{\sin 103.5°} = 4.95\text{m}$$

即非锚固段长度为 4.95m。

(2)求土锚的锚固段长度

由于该土锚为非高压灌浆，土体抗剪强度按下式计算：

$$\tau_z = c + \gamma h \tan\varphi$$

设锚固段长度为 l，图 42-17 中的 O 点为锚固段的中点，则：

$$\overline{BO} = \overline{BF} + FO = 4.95 + l/2$$

锚固段中点 O 至地面的距离为：

$$h = 4.5 + \overline{BO}\sin 13° = 4.5 + (4.95 + l/2)\sin 13° = 5.61 + 0.11l$$

所以：

$$\tau_z = c + \gamma h \tan\varphi = 0 + 19 \times (5.61 + 0.11l)\tan 37° = 80.32 + 1.57l$$

由式(42-8a)和式(42-9)，得：

$$\frac{\pi}{\gamma_s}d\tau_z l \cos\alpha \geqslant T_{\text{H1.5}}$$

即：

$$\frac{\pi}{1.3} \times 0.14 \times (80.32 + 1.57l)l\cos 13° \geqslant 344.8$$

解得 $l \geqslant 10.76\text{m}$，取锚固段长度 $l = 11\text{m}$。

3. 钢拉杆截面选择

如钢拉杆选用 1ϕ40，则其抗拉设计强度为：

$$Af_y = 1\,256 \times 290 = 364.2(\text{kN}) > T = 353.8(\text{kN})$$

满足要求。

4. 土锚的深部破裂面稳定性验算(图 42-18)

每根土锚的水平分力为：

$$T_{\text{H1.5}} = 344.8\text{kN}$$

锚固段中点 O 至地面的距离：

$$h = 5.61 + 0.11l = 5.61 + 0.11 \times 11 = 6.82(\text{m})$$

OD 与水平面间的夹角：

$$\theta = \arctan\frac{(13 + 2.3) - 6.82}{(4.95 + \frac{11}{2})\cos 13°} = 37.8°$$

土体重力：

$$G = \frac{6.82 + (13 + 2.3)}{2} \times 10.18 \times 1.5 \times 19 = 3\,208.84\,(\text{kN})$$

设 $\delta = 0$，则作用在支护结构上主动土压力的反作用力（考虑地面荷载）为：

$$E_{ah} = \frac{1}{2}\gamma H^2 K_a 1.5 + qHK_a 1.5$$

$$= \frac{1}{2} \times 19 \times (13 + 2.3)^2 \times \tan^2\left(45° - \frac{37°}{2}\right) \times 1.5 + 10 \times (13 + 2.3) \times \tan^2\left(45° - \frac{37°}{2}\right) \times 1.5$$

$$= 884.2\,(\text{kN})$$

作用在假想墙上的主动土压力：

$$E_{1h} = \frac{1}{2}\gamma h^2 K_a 1.5 + qhK_a 1.5$$

$$= \frac{1}{2} \times 19 \times 6.82^2 \times \tan^2\left(45° - \frac{37°}{2}\right) \times 1.5 + 10 \times 6.82 \times \tan^2\left(45° - \frac{37°}{2}\right) \times 1.5$$

$$= 200.3\,(\text{kN})$$

根据式(42-14)得：

$$A_h = \frac{E_{ah} - E_{1h} + (G + E_{1h}\tan\delta - E_{ah}\tan\delta)\tan(\varphi - \theta)}{1 + \tan\alpha\tan(\varphi - \theta)}$$

$$= \frac{884.2 - 200.3 + (3\,208.84 + 0 - 0)\tan(37° - 37.8°)}{1 + \tan13°\tan(37° - 37.8°)}$$

$$= 645.3\,(\text{kN})$$

安全系数为：

$$K = \frac{A_h}{A'_h} = \frac{A_h}{T_{H1.5}} = \frac{645.3}{344.8} = 1.87 > 1.50$$

所以该土锚的深度破裂面稳定性可以保证。

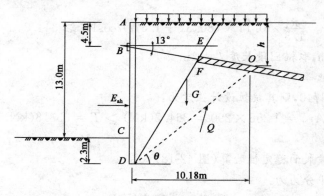

图 42-18　深部破裂面稳定性验算

【例 42-4】　上海某科技城位于出口加工区十号地块，由一幢 28 层的宾馆和两幢 19 层的写字楼构成一个建筑群体。基坑开挖深度一般为 6.50m，局部为 6.80m，基坑面积 11 000m²，形状极不规则，如图 42-19 所示。

1. 工程地质概况

各土层的物理力学指标如表 42-12 所示。

262

土 层 名 称	厚度 (m)	含水率 $w(\%)$	重度 $\gamma(kN/m^3)$	承载力 $f(kPa)$	压缩模量 $E_{1-2}(MPa)$	压缩系数 $\alpha_{1-2}(MPa^{-1})$	内摩擦角 $\varphi(°)$	黏聚力 $c(kPa)$
填土	2.4							
粉质黏土	1.6	29.8	19.4	95	4.86	0.37	14.5	25
淤泥质粉质黏土	6.5	40.1	17.9	70	2.82	0.76	14.4	11
淤泥质黏土	12.4	50.3	17.4	65	2.37	1.01	8	13

2. 支护方案的选择

该建筑群由三幢高层组成,地下室连成整体,所以该基坑的特点是平面形状比较复杂,且几何尺寸很大,东西约200m。这给支撑布置带来很大困难。如采用内支撑施工,则工程量很大,费用也高,再将支撑拆除考虑在内,则施工工期要延长,很不经济。

经过多个方案研究比较后,确定了如下施工方案,如图42-19所示。

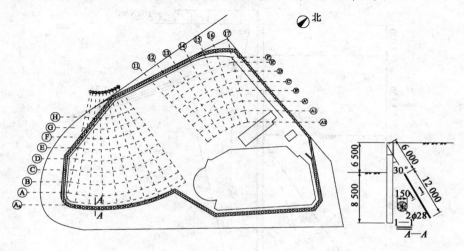

图 42-19   支护结构平面图(尺寸单位:mm)

(1)采用钻孔灌注桩挡土结构,钻孔桩 ϕ800mm,长度有15m、17m和19m三种。

(2)以两排(宽1.2m)水泥土搅桩作防水帷幕,搅拌桩长10m。

(3)以单层土锚支撑围护结构,土锚长度分别为16m与18m。土层锚杆绝大部分在规划红线以内,部分锚杆超出红线但在道路人行道下面。土锚腰梁低于自然地面1.0m,倾角 α＝30°。钻孔灌注桩直径为800mm,桩距(中—中)为1.0m。

3. 支护结构设计计算

计算简图如图42-20所示。

(1)水土压力计算

①开挖深度范围内土体力学指标加权平均值计算

$$\varphi = \frac{14.5 \times (2.4 + 1.6) + 14.4 \times 2.5}{6.5} = 14.4(°)$$

$$c = \frac{25 \times (2.4 + 1.6) + 11 \times 2.5}{6.5} = 19.62(kPa)$$

$$K_a = \tan^2\left(45° - \frac{\varphi}{2}\right) = 0.60$$

$$K_p = \tan^2\left(45° + \frac{\varphi}{2}\right) = 1.55$$

$$p_a = (q + \sum r_i h_i)K_a - 2c\sqrt{K_a} = 18.87(\text{kPa})$$

$$p_p = r_i h_i K_p + 2c\sqrt{K_p} = 130.48(\text{kPa})$$

②水压力按静止水压力计算

$$\gamma_w \Delta h_w = 10 \times 6.5 = 65(\text{kPa})$$

$$\gamma_w \Delta h_{w2} = 10 \times 8 = 80(\text{kPa})$$

③水压力与土压力之和

主动侧水土压力：

$$p_a + \gamma_w \Delta h_{w2} = 83.87(\text{kPa})$$

被动侧水土压力：

$$p_p + \gamma_w \Delta h_{w2} = 130.48 + 80 = 210.48(\text{kPa})$$

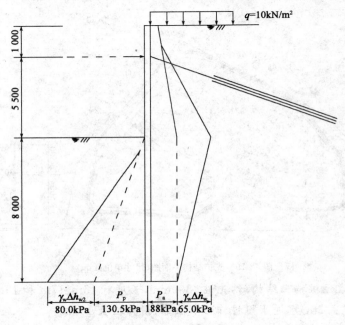

图 42-20　计算简图(尺寸单位:mm)

(2)内力计算

用相当梁法进行计算。

考虑桩墙与土体间摩擦力对被动土压力系数进行修正。

墙前：

$$K_p = KK_p = 1.3 \times 1.55 = 2.02$$

墙后：

$$K_p = K'K_p = 0.6 \times 1.55 = 0.93$$

基坑底面到水土压力为 0 的距离：

$$y = \frac{p_a}{\gamma(K_p - K_a)} = \frac{83.87}{19 \times (2.02 - 0.60)} = 2.98(\text{m})$$

相当梁法计算图式如图 42-21 所示,计算支撑反力 R_a。

$$\sum M_O = 0$$

$$R_a(5.5+3) = \left(83.37 \times 3 \times \frac{1}{2}\right) \times \frac{2}{3} \times 3 + 83.37 \times 6.5 \times \frac{1}{2} \times \left(3 + \frac{6.5}{3}\right)$$

故：

$$R_a = 195.3 \text{(kN)}$$

$\sum H = 0$，得 $R_0 = 203.08 \text{kN}$

设最大弯矩所在截面距地表为 x，则：

$$M(x) = R_a(x-1.0) - qK_a \frac{x^2}{2} - \frac{p_a x}{6.5} \times \frac{x^2}{6}$$

$$M(x) = 195.3(x-1.0) - 10 \times 0.6 \times \frac{x^2}{2} - \frac{83.87}{6.5} \times \frac{x^3}{6}$$

令：

$$\frac{dM(x)}{dx} = 0$$

即：

$$\frac{dM(x)}{dx} = 6.45x^2 + 6x - 195.3 = 0$$

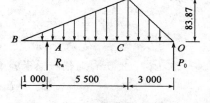

图42-21 相当梁法计算图式(尺寸单位:mm)

解得：

$$x = 5.06 \text{m}, M_{max} = 437.5 \text{kN} \cdot \text{m}$$

(3)求插入深度

$$t_0 = y + \sqrt{\frac{6R_0}{\gamma(K_p - K_a)}} = \left[2.98 + \sqrt{\frac{6 \times 203.08}{19(2.02 - 0.6)}}\right]\text{m} = 9.70\text{m}$$

$$t = t_0 \times 1.1 = 10.67\text{m}$$

灌注桩总长度为：

$$H = h_0 + t = (6.5 + 10.67)\text{m} = 17\text{m}$$

(4)灌注桩截面设计

灌注桩直径为800mm，混凝土为C25，受力钢筋采用HRB400级钢筋，现将直径800mm的圆形桩体化为宽1 000mm、墙厚为 h 的墙体，根据圆形截面和矩形截面的惯性相等原则按式(40-67)有：

$$\frac{h^4}{12} = \frac{\pi D^4}{64}$$

得：$h = 700.87\text{mm}$，取墙厚 $h = 700\text{mm}$。按钢筋混凝土矩形截面受弯构件双面对称配筋，计算得双面对称配筋的总面积 $A_s = 4\,150\text{mm}^2$。

选取 $16\phi18$，$A_s = 4\,070\text{mm}^2$，沿灌注桩周边均匀配置，保护层取50mm，则间距为137mm。箍筋按构造配置，螺旋筋 $\phi8@250$。

(5)土层锚杆设计

①自由段长度 L_f(按超出滑裂面1.0m确定)

$$L_f = \frac{(6.1-1.0)\sin\left(45° - \frac{14.4°}{2}\right)}{\sin(180° - 60° - 30°)} + 1.0 = 4.37\text{(m)}$$

取 $L_f = 6.0\text{m}$。

②锚固段长度的确定

锚固段直径 $D_m = 150 \times 1.2\text{mm} = 180\text{mm}$

暂设锚固段长 12.0m，则锚固段埋深：

$$h = 1.0 + \left(18 - \frac{12}{2}\right) \times \sin 30° = 7.0(\text{m})$$

剪切强度：

$$\tau = c + \sigma\tan\delta = 19.6 + 19 \times 7 \times \tan 14.4° = 53.75(\text{kPa})$$

由式(42-3)得锚固段长度 L_a 为：

$$L_a = \frac{K_m N_t}{\pi d_m \tau} = \frac{1.5 \times \dfrac{195.3}{\cos 30°}}{3.14 \times 0.18 \times 53.75} = 11.13(\text{m})$$

取 $L_a = 12.0\text{m}$，则锚杆总长度由式(42-5)得 L_m 为：

$$L_m = L_a + L_f = 12.0 + 6.0 = 18.0(\text{m})$$

③锚杆截面按式(42-6)计算。

$$A = \frac{K_{mf} N_t}{f_{ptk}} = \frac{1.3 \times \dfrac{195.3}{\cos 30°} \times 1\,000}{310} = 945.7(\text{mm}^2)$$

选用 $2\phi 28$，$A_s = 1\,230\text{mm}^2$。

（6）稳定性验算

①整体稳定性验算

由于围护桩插入深度较深，且锚杆又比较长，比较密，这对提高边坡抗滑移能力是有利的。根据经验，可不验算该边坡的整体稳定性。

②深层滑移稳定性

桩长 17.0m，开挖深度 6.5m，插入深度 10.5m，假想铰在开挖面以下 3.0m，斜土锚全长 18.0m，其中自由段长 6.0m，锚固段长 12.0m，锚杆倾角 $\alpha = 30°$，$N_t = 195.3/\cos 30° = 225.5\text{kN}$。

土层内摩擦角 $\varphi = 14.4°$，黏聚力 $c = 19.6\text{kPa}$，土体重度 19.0kN/m^3，土体与桩体之间的摩擦角取 $14.4°$，超载 $q = 10\text{kN/m}^2$。

根据图 42-22 的力多边形，求得锚杆拉力 $R_{max} = 335.6\text{kN}$。

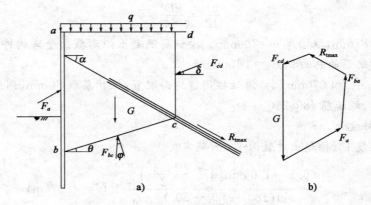

图 42-22 深层滑动稳定性验算

a)剖面图；b)力多边形

$$\frac{R_{tmax}}{N_t} = \frac{335.6}{225.5} = 1.49 > 1.2$$

满足要求。

③围护桩墙底地基承载力验算(图42-23)

$$N_q = e^{\pi \tan\varphi} \tan^2\left(45° + \frac{\varphi}{2}\right) = 2.36$$

$$N_c = \frac{N_q - 1}{\tan\varphi} = \frac{1.36}{\tan 9.5°} = 8.13$$

$$\gamma_1 = 17.8 \text{kN/m}^3, \gamma_2 = 17.6 \text{kN/m}^3$$

$$K_{wz} = \frac{\gamma_2 D N_q + c N_c}{\gamma_1 (h_0 + D) + q} = \frac{17.6 \times 10.5 \times 2.36 + 13 \times 8.13}{17.8(6.5 + 10.5) + 10} = 1.73$$

满足要求。

④基坑底部土体抗隆起稳定性验算(图42-24)

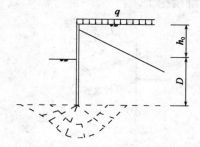

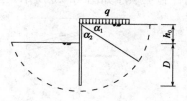

图42-23 围护桩墙底部土体地基承载力验算　　　图42-24 基坑底部抗隆起计算简图

$$R_1 = D\left(\frac{\gamma h_0^2}{2}\right) + q h_0 + \frac{1}{2} D^2 q_f (\alpha_2 - \alpha_1 + \sin\alpha_2 \cos\alpha_2 - \sin\alpha_1 \cos\alpha_1) - \frac{1}{3}\gamma D^2 (\cos^3\alpha_2 - \cos^3\alpha_1)$$
$$= 10\,043.04(\text{kN})$$

$$R_2 = \frac{1}{2} D^2 q_f \left[\alpha_2 - \alpha_1 - \frac{1}{2}(\sin^2\alpha_2 - \sin 2\alpha_1)\right] -$$
$$\frac{1}{3}\gamma D^2 [\sin^2\alpha_2 \cos\alpha_2 - \sin^2\alpha_1 \cos\alpha_1 + 2(\cos\alpha_2 - \cos\alpha_1)]$$
$$= 8\,539(\text{kN})$$

$$R_3 = h_0 D + (\alpha_2 - \alpha_1) D^2 = 126.0(\text{kN})$$

$$M_{RL} = R_1 K_a \tan\varphi + R_2 \tan\varphi + R_3 C = 6\,233(\text{kN} \cdot \text{m})$$

$$M_{SL} = \frac{1}{2} D^2 (\gamma h_0 + q) = 2\,150(\text{kN} \cdot \text{m})$$

$$K_L = \frac{M_{RL}}{M_{SL}} = \frac{6\,233}{2\,150} = 2.89 > 2.0$$

满足要求。

⑤围护桩墙底部土体抗渗流,即抗管涌稳定性验算(图42-25)

$$i_c = \frac{G_s - 1}{1 + e} = \frac{2.75 - 1}{1 + 1.38} = 0.735$$

$$i = \frac{h_w}{L} = \frac{h_w}{\sum L_h + \sum L_v} = \frac{6.5}{2 + 1.5 \times (16 + 10)} = 0.158\,5$$

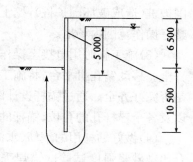

图42-25 抗渗验算(尺寸单位:mm)

$$K_s = \frac{i_c}{i} = \frac{0.735}{0.158\,5} = 4.64 > 2$$

满足要求。

由以上计算表明,斜土锚支护结构各项稳定性验算均满足要求,故此项支护工程设计是安全的。

第四节　锚杆施工简介

一、施工工艺

以干作业施工工艺为例,其工艺流程如下:施工准备→移机就位→校正孔位,调整角度→钻孔→接螺旋钻机继续钻孔到预定深度→退螺旋钻杆→插放钢筋→插入注浆管→灌水泥浆→养护→上锚头→预应力张拉→紧螺栓→锚杆工序完毕,继续挖土。

锚杆施工顺序如图 42-26 所示。

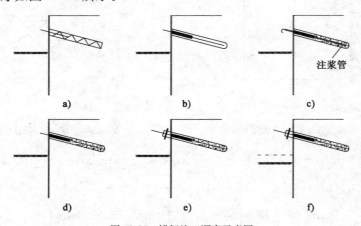

图 42-26　锚杆施工顺序示意图

a)钻孔;b)安放拉杆;c)灌浆;d)养护;e)安装锚头、张拉锚固;f)挖土

1. 准备工作

(1)熟悉地质报告后进行现场实际情况考察,领会锚杆施工方案编制意图,掌握主要技术要求与措施。

(2)先进行土方开挖,靠近基坑周边围护桩时,采用人工挖土,以防机械开挖时挖土机碰及围护桩(造成破坏围护桩),挖土高程控制是使锚杆施工作业面低于锚杆高程 50~60cm;并平整好操作范围内场地。

(3)施工临时用电接至操作工作面,钢筋注浆管,分隔器、腰梁、预应力张拉设备等应准备齐全。移动钻孔机平台,将施工机具设备运进现场并安装维修试运转,检查机械、钻具、工具等是否完好齐全。通过锚杆设计图纸,搞清锚杆排数、孔位高低、孔距、孔深、锚杆和锚固件形式以及各个锚杆孔的孔位、锚杆的倾斜角。

(4)做好钻杆用的钢筋、水泥、砂子等的备料工作,并将使用的水泥、砂子按设计规定的配合比做砂浆强度试验。锚焊采用对焊活帮条焊接,应做焊接强度试验,验证能否满足设计要求。

2. 锚杆孔位复测与检查

锚杆成孔钻机就位后,要按设计要求校正孔位的垂直、水平和角度偏差,并垂直于挡土墙。垂直偏差 2cm,水平偏差 5cm,角度偏差小于 0.5°。

3. 成孔

有以下两种方法可选择,现场根据具体情况可自行确定,建议采用第二种方法,因为这种作业方法施工速度较快,施工操作比较简单,可以采取多个平行作业进行钻孔,无相互干扰。

(1)将钢拉杆插入空心的螺旋钻杆内,随着钻杆的深入,使钢拉杆与螺旋钻杆一同到达设计规定的深度,然后边灌浆边退出钻杆,钢拉杆则锚固在钻孔内。

(2)先由锚杆钻机钻进到设计规定的深度,然后退出孔洞,再插入钢拉杆灌浆锚固。

在钻孔时,应随时注意钻进速度,避免"别钻"。应把土充分倒出后再拔钻杆,这样可减少孔内虚土,方便钻杆拔出。钻出的孔洞用空气压缩机风管冲洗孔穴,将孔内孔壁残留废土清除干净。

土层锚杆成孔用的钻孔机械,有旋转式钻孔机、冲击式钻孔机和旋转冲击式钻孔机三类。

我国目前在土层锚杆成孔中常用的钻孔机械,一部分是从国外引进的土层锚杆专用钻机,一部分是利用我国常用的地质钻机和工程钻机加以改装用来进行土层锚杆钻孔,如 XU-300 型、XU-600 型、XJ-100 型和 SH-30 型钻机等。

4. 锚杆的制作与安放

(1)锚杆的制作

作用于支护结构(钢板桩、地下连续墙等)上的荷载是通过拉杆传给锚固体,再传给锚固土层的。土层锚杆用的拉杆有:粗钢筋、钢丝束和钢绞线。当土层锚杆承载能力较小时,一般采用粗钢筋;当承载力能力较大时,一般选用钢丝束和钢绞线。

制作锚拉杆需要用切断机、电焊机或对焊机等。

用粗钢筋制作时,为了承受荷载,需要采用两根以上拉杆组成的钢筋束时,应将所需长度的拉杆点焊成束,间隔 2~3m 点焊一点。为了使拉杆钢筋能放置在钻孔的中心以便插入,可在拉杆下部焊船形支架,间距 1.5~2.0m 一个。为了插入钻孔时不致从孔壁带入大量的土体到孔底,可在拉杆尾端放置圆形锚靴。

国内常用钢绞线锚索,一般钢绞线由 3、5、7、9 根成索。钢绞线的制作是通过分割器(隔离件)组成,其距离为 1.0~1.5m,如图 42-27 所示。

(2)锚杆的安放

锚杆钻孔完毕后,尽快地安设锚杆,防止钻孔坍陷。拉杆使用前要除锈,在其锚固段要仔细加以清除,以免影响与锚固体的黏结。拉杆焊接可采用对焊,亦可在工地用两根帮条焊焊接,帮条长度不小于 $5d_0$(d_0 为锚杆钢筋直径),一般焊缝高为 7~8mm,焊缝宽不小于 16mm。孔口附近拉杆钢筋应实现涂一层防锈漆,并用两层沥青玻璃布包扎做好防锈层。成孔后即可将制作好的通长钢拉杆插入管尖的锥形孔内。为将拉杆安置于钻孔的中心,防止非锚固段发生过大的挠度和插入孔时不搅动孔壁,并保证拉杆有足够厚度的水泥保护层,通常在拉杆表面上设置定位器(图 42-28)。定位器的间距,在锚固段为 2m 左右,在非锚固段多为 4~5m。插入拉杆时应将灌浆管与拉杆绑在一起同时插入孔内,放至距孔底 50cm 时,通常要求清孔后,立即插入锚杆,插入时将拉杆有定位支架的一面向下方。如钻孔时使用套管,则在插入钢筋拉杆后将套管拔出。如用凿岩机凿孔,则要在灌完浆后才插入钢筋拉杆。为保证非锚固段拉杆可以自由伸长,可采取在锚固段与非锚固段之间设置堵浆器,或在锚杆的非锚固段处不灌注水泥浆,而填以干砂、碎石或低强度等级的三合土;或在每根拉杆的自由部分套一根空心塑料管;或在锚杆的全长上灌注水泥浆,但在非锚固段的拉杆上涂以润滑油脂等,以保证在该段自由变形,并保证锚杆的承载能力不降低。以上各种作法可根据施工具体条件选择。在灌浆前将钻管口封闭,接上压浆管,即可进行注浆。

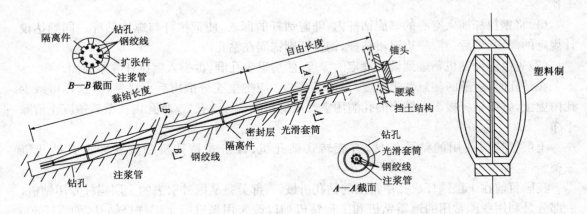

图 42-27　多股钢绞线锚杆示意图　　　　　　　　图 42-28　定位器示意图

5. 孔内注浆

注浆是土层锚杆施工中的一道关键工序,必须认真进行,并做好记录。注浆采用纯水泥浆,水灰比为 0.4～0.45,水泥浆的流动度要适合泵送,为防止泌水、干缩和降低水灰比,可掺加 0.3% 的木质素硫酸钙。

水泥浆液的抗压强度应大于 25MPa,塑性流动时间应在 22s 以下,可用时间应为 30～60min。为加快凝固,提高早期强度,可掺速凝剂,但使用时要拌均匀,整个浇筑过程需在 4min 内结束。现场也可改用水泥砂浆注浆。灰砂比为 1:1～1:0.3(质量比),水灰比为 0.4～0.5;砂用中砂,并过筛,早强可掺加水泥用量 0.3% 的食盐和 0.03% 的三乙醇胺。

锚固段注浆分两次进行。用压浆泵将水泥浆经胶管压入拉杆管内,再由拉杆管端注入锚孔,管端保持高于底部 150mm。灌注压力为 0.4MPa 左右。随着水泥浆或砂浆的灌入,应逐步将灌浆管向外拔出直至孔口,在拔管过程中应保证管口始终埋在砂浆内。压力不宜过大,以免吹散浆液或砂浆。待水泥浆或砂浆注满锚杆的锚固段后,等第一次所注水泥浆或砂浆初凝后,第二次再以 0.4～0.6MPa 的压力进行补灌纯水泥浆,稳压数分钟即告完成。

注浆时应边灌浆、边活动注浆管,使水泥浆灌满锚固段后再拔注浆管。亦可边注浆边拔注浆管。当插入锚固钢筋与注浆管遇到塌孔时,应拔出钢索和注浆管,重新设孔再插。

灌浆材料用强度等级为 32.5 的以上的水泥,浆液配合比(质量比),可按表 42-13 采用。

土层锚杆注浆浆液配合比(质量比)　　　　　　　　　　　　表 42-13

浆　　液	42.5级硅酸盐水泥	水	砂($d<0.5$mm)	早 强 剂
水泥砂浆	1	0.4～0.5	1～0.3	0.035
水泥浆			—	

6. 设置腰梁

为了使所有基坑围护桩连成整体,提高抗倾覆能力。可设置几道腰梁,腰梁是锚护结构中的传力构件,由于围护桩施工常因地下障碍物、桩身变形等因素,不可能使桩保持在同一平面上;锚位的施工,也会产生偏差。这些均需要在腰梁加工和安装时加以调整,才能使腰梁受力符合设计要求。因此,要对现场每根桩的偏差进行测量,并采取调整异形支承板的平面尺寸,尽量使腰梁的承压面在一个平面上;对锚位点也需进行实测,找出最大偏差和平均值,并通过调整两根钢腰梁的间距来解决。腰梁的组装和安装采用直接组装方法。

7. 锚杆预应力张拉

(1)水泥浆或水泥砂浆锚体达到设计强度要求 75% 后,方可进行预应力张拉,张拉预应力值为设计锚固力的 75%~80%。

(2)锚杆张拉之前,应预先设置腰梁支板,其上安装 2[16 槽钢与承压板,安装千斤顶。

(3)张拉采用"跳张法",即隔二拉一,以保证钢筋受力均匀。

(4)锚杆正式张拉前,取设计拉力的 10%~20%,对锚杆预张拉 1~2 次,使各部位接触紧密,杆体弯曲拉直。正式张拉应分级加载(见施工方案具体数值),每级加荷载后应恒载 3min,并记录伸长值,直到设计锚固力值的 80%。最后一级荷载应恒载 5min,记录伸长值。若锚杆预应力没有明显衰减时,可拧紧锚筋的螺栓。锁定后若发现有明显应力损失时,应继续进行张拉。

(5)锚杆可靠性检验。每层锚杆应张拉 3 根,张拉值应为设计应力的 1.5 倍,用以检验其质量。张拉方法与正式张拉方法相同,并做好记录存档。

二、施工注意事项

(1)钻孔要保证位置正确,要随时注意调整好锚孔位置(上下左右及角度),防止高低参差不齐和相互交错。

(2)钻进后要反复提插孔内钻杆,防止"别钻",需将土充分倒出后再拔钻杆,尽量减少孔内残土,钻孔完毕应及时用压缩空气清孔,将孔内残留废土清除干净。

(3)注浆压力不得低于 0.4MPa,要符合施工方案要求,不能大于 2MPa,特别是第一层锚杆离地面较近,以避免注浆压力过大而导致地面隆起的事故。浆液需按配合比搅拌,必须保证锚固段连续密实。

(4)注浆前用水引路、润湿、检查输浆管道;注浆后及时用水清洗搅拌、压浆设备及灌浆管等,准备以后使用。注浆后自然养护不少于 7d,待强度达到设计强度等级的 75% 以后,方可进行张拉。在灌浆体硬化之前,不能承受外力或由外力引起的锚杆移动。张拉前要校核千斤顶,检验锚具硬度和质量是否符合规范的要求。张拉力要根据实际所需的有效张拉力的可能松弛程度而定,应满足设计与施工方案要求。

(5)由于土层锚杆的承载力尚无完善的计算方法,主要根据经验或通过试验确定。为了验证设计估算的锚固长度是否足够安全,在施工前和验算阶段应进行现场锚杆抗拔试验,以取得地层实际抗拔力数值。试验项目包括极限抗拔试验、性能试验和验收试验。

(6)除上述内容外,施工时尚应遵照《建筑基坑支护技术规程》(JGJ 120—99)和《岩土锚杆(索)技术规程》(CECS22:2005)中的有关规定执行。

注:本章部分内容和计算示例摘自参考文献[17]、[31]、[68]、[74]、[108]。

第四十三章 型钢水泥土搅拌墙(SMW工法)设计计算

第一节 型钢水泥土搅拌墙设计计算

一、概述

用钻孔灌注桩或挖孔桩组成的柱列式基坑支护结构虽有较高的承载能力,但桩与桩之间的密封性能较差,防渗问题不能解决。因此,若在地下水位高的软土地区,应与压密注浆、高压旋喷桩或搅拌桩结合使用,形成一种复合结构的围护形式,即灌注桩或挖孔桩组成支挡承载力结构,而注浆、高压旋喷桩或搅拌桩组成防水(渗)帷幕。这种支护形式需要有较大的施工场地,而且必须有两种以上的施工机具,而且工期较长,成本又高。将支撑荷载与防渗结合起来,使之同时具有承载力和防渗两种功能的支护形式的施工方法,日本称为 SMW 工法。即在水泥土搅拌桩(见本书第三十六章第七节)内插入 H 型钢或其他种类的受拉材料,形成一种承载能力和防水性能良好的复合结构,如图 43-1 所示。

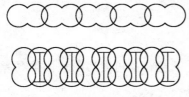

图 43-1 型钢水泥土搅拌墙
(SMW工法)示意图

常用 H 型钢截面尺寸如表 5-29 和表 5-30(本手册上册)所示,其他种类的型钢还有钢管、拉森钢板桩等,如表 40-11～表 40-14 所示。

二、适用条件

型钢水泥土搅拌墙以水泥土搅拌桩法为基础,凡是适合应用水泥土搅拌桩的场合都可使用型钢水泥土搅拌墙。特别适合于以黏土和粉细砂为主的松软地层,对于含砂卵石的地层要经过适当处理后方可采用。型钢水泥土搅拌墙适宜的基坑深度与施工机械有关,目前国内一般基坑开挖深度 6～10m,日本由于施工钻孔机械先进,基坑开挖深度达到 20m 以上时,也采用 SMW 工法。

三、型钢水泥土搅拌墙的受力分析

SMW 工法桩是在水泥土搅拌桩中插入受拉材料构成的,常插入 H 型钢。目前对水泥土与型钢之间的黏结强度的研究还不充分。可以想象,水泥土与 H 型钢之间的黏结力是不能与混凝土和钢筋的黏结强度相比,因此可以认为水泥土与型钢是达不到共同工作的。通常认为:水土侧压力全部由型钢单独承担;水泥土桩的作用在于抗渗止水。试验证明,水泥土对型钢的包裹作用提高了型钢的刚度,可起到减少位移的作用。此外,水泥土起到套箍作用,可以防止型钢失稳,对 H 型钢还可以防止翼缘失稳,这样可使翼缘厚度减小到很薄(甚至可以小于10mm)。

日本材料协会曾进行过 H 型钢与水泥土共同作用的试验研究。试件在现场养护 70d 后

272

进行压弯试验,为了对比,同时用相同尺寸的 H 型钢进行压弯试验,如图 43-2 所示。图中曲线 1 反映水泥土与 H 型钢结合体的荷载与挠度之间的关系;曲线 2 对应于 H 型钢梁。通过对比可见:一般荷载作用的水泥土比 H 型钢的组合体挠度要小一些,其抗弯刚度比相应 H 型钢的刚度大 20%。刚度的提高可用刚度提高系数 α 表示,如式(43-1)所示。

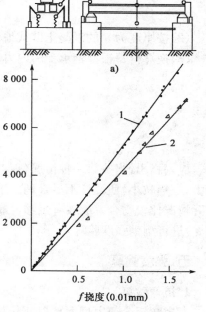

$$\alpha = \frac{E_{cs}I_{cs}}{E_sI_s} \qquad (43\text{-}1)$$

式中:E_{cs}、E_s——分别为水泥土搅拌桩 H 型钢混合体与 H 型钢的弹性模量(MPa);

I_{cs}、I_s——分别为水泥土搅拌桩 H 型钢混合体与 H 型钢的惯性矩(m^4)。

用式(43-1)计算出的提高系数 α 值与实测 α 值相差较远,原因是实际工程中的构件很难达到理想化的状态。而准确确定提高系数 α 值,对于计算墙体变位具有重要意义。目前,由于试验数据及工程经验还很有限,准确确定 α 值有一定困难,所以设计中受力计算一般仅考虑由 H 型钢独立承受作用在挡墙上的内力。水泥土搅拌体仅作为一种安全储备加以考虑。

图 43-2　SMW 工法桩与型钢压弯比较图
a)加载试验装置；b)荷载—挠度曲线
1-表示 SMW 工法桩的荷载—挠度曲线；2-表示 H 型钢梁的荷载—挠度曲线

四、内力计算步骤

SMW 挡墙内力计算模式与壁式地下墙类似,具体计算步骤如下:

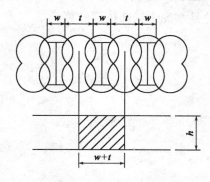

图 43-3　劲性桩等刚度壁式地下墙厚度折算

(1)等刚度的混凝土壁式地下墙折算厚度 h。

设型钢宽度为 w,净距为 t,如图 48-3 所示。分两种情况考虑。

①不考虑刚度提高系数 α。挡墙刚度仅考虑型钢刚度,则每根型钢应等价为宽度为 $w+t$,厚度为 h 的混凝土壁式地下墙。

按两者刚度相等的原则可得:

$$E_sI_s = \frac{1}{12}E_c(w+t)h^2 \qquad (43\text{-}2a)$$

$$h = \sqrt[3]{\frac{12E_sI_s}{E_c(w+t)}} \qquad (43\text{-}2b)$$

式中:E_s、I_s——分别为型钢的弹性模量(MPa)和惯性矩(m^4);

E_c——混凝土弹性模量(MPa)。

②考虑刚度提高系数 α。墙体整体刚度由式(43-1)得 $E_{cs}I_{cs}=\alpha E_sI_s$,则墙体内力计算可直接按桩体壁式地下墙进行计算,为了计算方便,也可等价为单位长的一定厚度的混凝土壁式地下墙进行计算。

$$E_{cs}I_{cs} = \frac{1}{12}E_ch^3 \qquad (43\text{-}3a)$$

$$h = \sqrt[3]{\frac{12\alpha E_s I_s}{E_c}} \qquad (43\text{-}3\text{b})$$

（2）按厚度为 h 的混凝土壁式地下墙，计算出每延米墙的内力与位移 M_w、Q_w、U_w。

（3）换算得每根型钢承受的内力和位移 M_p、Q_P、U_p。

$$M_p = (w + t)M_w$$

$$Q_p = (w + t)Q_w$$

$$U_p = U_w$$

应当指出，当按第一种情况（不考虑 α）计算时，由于仅考虑型钢的作用，势必使计算位移较大，弯矩较小，使设计不尽合理。当按第二种情况（考虑 α）计算时，位移较小，弯矩较大，与实际情况比较吻合。故在有足够可靠的试验资料和工程经验的前提下建议按第二种情况（考虑 α）进行型钢强度验算。

五、强度验算

1. 抗弯验算

考虑弯矩全部由型钢承担，则型钢应力需满足式（43-4）。

$$\sigma = \frac{M}{W} \leqslant [\sigma] \qquad (43\text{-}4)$$

式中：W——型钢抵抗矩（mm^3）；

M——计算弯矩（N·mm）；

$[\sigma]$——型钢允许拉应力（MPa）。

2. 抗剪验算

抗剪验算分为两部分，一部分是型钢抗剪验算，一部分是水泥土局部抗剪验算。

（1）型钢抗剪验算

型钢剪应力需满足式（43-5）。

$$\tau = \frac{QS}{I\delta} \leqslant [\tau] \qquad (43\text{-}5)$$

式中：τ——计算剪力（N）；

S——型钢面积矩（mm^3）；

I——型钢惯性矩（mm^4）；

$[\tau]$——型钢允许剪应力（MPa）。

（2）水泥土局部抗剪验算

水泥土局部抗剪仅指型钢与水泥土之间的错动剪应力，如图 43-4 所示。

设型钢之间的平均侧压力为 q，则型钢与水泥土之间的错动剪力为：

$$Q_t = q \times \frac{L_2}{2}$$

但水泥土局部抗剪需满足式（43-6）。

$$\tau = \frac{Q}{2b} \leqslant \frac{\sigma\tan\varphi + c}{K} \qquad (43\text{-}6)$$

式中：τ——所验算截面处的法向应力（N）；

φ、c——水泥土的内摩擦角（°）和黏聚力（N）；

σ——型钢拉应力（MPa）；

K——安全系数，一般取 1.5。

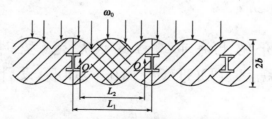

图 43-4　型钢与水泥土之间的错动剪力 Q 示意图

L_1-型钢中心距；L_2-型钢净距；$2b$-水泥土宽度

六、SMW 工法施工

1. 施工工艺流程（图 43-5）

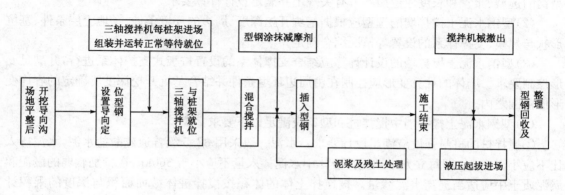

图 43-5　SMW 工法工艺流程图

2. 施工要点

关于水泥土搅桩的施工工艺在第三十六章第七节中已有详细论述，在此仅就 SMW 工法施工中应注意事项分述如下。

（1）在施工过程中，注入地层中的水泥浆液有一部分会流出返回地面上，需沿基坑周围筑一沟槽，以便截流浆液。

（2）在搅拌成桩时，所需容量 70％～80％的水泥浆，宜在螺旋钻下行时灌入，其余 20％～30％宜在螺旋钻上行时灌入。螺旋钻上行时，螺旋钻最好反向旋转，且不能停止，以防产生真空，有真空就可能导致柱体墙的坍塌（非饱和土体）。

（3）在搅拌桩施工过程中，要特别注意水泥浆液的注入量和搅拌沉入及提升量和提升速度。要求向下钻进的速度应比向上提升时的速度慢一倍左右，以便尽可能保证水泥土的充分搅拌均匀，同时又可获得较高的贯入速度。在土性变化较大的地层中施工时应根据各种土质的情况合理的选择水泥浆液的配合比，以便得到搅拌均匀的墙体，确保工程质量。

（4）H 型钢在插入前，虽在表面涂一层减摩材料，但实际工程中还是不易拔出，有些甚至拔不出来。这主要是因为在基坑开挖时，围护墙体已产生弯曲变形，光靠 H 型钢表面所涂的减摩剂是不能解决的。在日本国内的型钢回收率近于零。尽管如此，SMW 工法围护结构的成本仍小于同类 RC 地下墙的费用，比钻孔灌注桩的成本也小。

（5）水泥浆液中的掺加剂：国内工程一般掺入一定数量的木质素，以减小水泥浆液在注浆过程中的堵塞现象。也可在水泥浆中掺入膨润土，利用膨润土的保水性来增强水泥土的变形能力。日本国内在施工中的材料配合比是：每 $1m^3$ 土体注入水泥 $75\sim200kg$，膨润土 $10\sim30kg$，水灰比 $W/C=0.3\sim0.8$。

第二节　简要介绍上海市工程建设规范《型钢水泥土搅拌墙计算规程》（DGJ 08-116—2005）设计计算（供参考）

一、设计

1. 一般规定

（1）型钢水泥土搅拌墙是在连续套接的三轴水泥土搅拌桩内插入型钢形成的复合挡土止水结构。常用的三轴搅拌桩直径 D 有 650mm、850mm、1 000mm 三种；内插型钢宜用 H 型钢，型钢的选型、布置和长度应遵照本节有关规定并满足设计计算要求。

（2）型钢水泥土搅拌墙的选型应根据基坑开挖深度、周边的环境条件、场地土层条件、基坑形状与规模、支撑体系的设置等情况综合确定。

（3）型钢水泥土搅拌墙的设计计算应结合支撑体系的设置按板式支护体系进行，并满足变形控制要求。墙体的计算变形应控制在由周边环境条件并结合基坑开挖深度所确定的容许变形值范围之内。

（4）型钢水泥土搅拌墙中搅拌桩和型钢应满足以下要求：

①搅拌桩的桩身强度应满足设计要求。水泥一般采用 32.5 级普通硅酸盐水泥，水泥掺入比不应小于 20%，即每立方米被搅拌土体中水泥掺入量不应小于 360kg，在特别软弱的淤泥和淤泥质土中应适当提高水泥掺量。被搅拌土体的体积按搅拌桩体截面面积与深度的乘积计算。水灰比 1.5～2.0，在型钢依靠自重和必要的辅助设备可插入到位的前提下应取下限。搅拌桩 28d 无侧限抗压强度标准值不宜小于 1.0MPa。

②内插型钢应采用 Q235B，规格、型号及有关要求宜按《热轧 H 型钢和部分 T 型钢》（GB/T 11263—2010）和《焊接 H 型钢》（YB 3301—2005）选用。

（5）型钢水泥土搅拌墙中的搅拌桩可作为防渗帷幕，其抗渗性能应满足墙体自防渗要求。搅拌桩应采用套接一孔法施工，形成水泥土搅拌墙，确保防渗可靠性。

（6）型钢水泥土搅拌墙中型钢的间距和平面布置形式应根据计算确定，常用的型钢布置形式有密插、插二跳一和插一跳一三种，如图 43-6 所示。

（7）在基坑工程中采用型钢水泥土搅拌墙应满足以下要求：

①坑外超载不宜大于 20kPa。当坑外地面为非水平面，或有邻近建（构）筑物荷载、施工荷载、车辆荷载等作用时，应按实际情况取值计算。

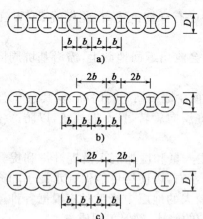

图 43-6　搅拌桩和内插型钢的平面布置示意图
a）密插型；b）插二跳一型；c）插一跳一型

②除环境条件有特别要求外,内插型钢应拔除回收并预先对型钢采取减阻措施。型钢拔除前水泥土搅拌墙与地下柱体结构之间必须回填密实。型钢拔除时需考虑对周边环境的影响,应对型钢拔除后形成的空隙采用注浆填充等措施。

③对于影响搅拌桩成桩质量的不良地质条件和地下障碍物,应事先予以处理后再进行搅拌桩施工;同时应适当提高搅拌桩水泥掺量。

2. 设计计算

(1)型钢水泥土搅拌墙围护结构的设计计算除遵循本章的有关规定外,尚应符合《基坑工程设计规程》(DBJ 08-61—97)和《地基基础设计规范》(DGJ 08-11—2010)中相关条文要求。

(2)型钢水泥土搅拌墙的墙体计算抗弯刚度,一般只计内插型钢的截面刚度。

(3)型钢水泥土搅拌墙中的内插型钢入土深度应满足基坑抗隆起、抗倾覆、整体稳定性和围护墙的内力、变形的计算要求,并保证地下结构施工完成后型钢能顺利拔出。在进行围护墙内力和变形计算以及基坑上述各项稳定性分析时,围护墙的深度以内插型钢底端为准,不计型钢端部以下水泥土搅拌桩的作用。

(4)型钢水泥土搅拌墙中搅拌桩入土深度,应满足基坑抗渗流和抗管涌稳定性的要求。

(5)型钢水泥土搅拌墙应验算内插型钢的截面承载力:

①型钢水泥土搅拌墙的弯矩应全部由型钢承担,并按式(43-7)验算型钢的抗弯强度:

$$\frac{M}{W} \leqslant f \tag{43-7}$$

式中:M——型钢水泥土搅拌墙的弯矩设计值(N·mm),可取计算得到的弯矩标准值乘以1.25;

W——型钢沿弯矩作用方向的截面模量(mm³);

f——钢材的抗弯强度设计值(MPa)。

②型钢水泥土搅拌墙的剪力应全部由型钢承担,并按式(43-8)验算型钢的抗剪强度:

$$\frac{QS}{I\delta} \leqslant f_{\mathrm{v}} \tag{43-8}$$

式中:Q——型钢水泥土搅拌墙的剪力设计值(N),可取计算得到的剪力标准值乘以1.25;

S——计算剪应力处的面积矩(mm³);

I——型钢沿弯矩作用方向的截面惯性矩(mm⁴);

δ——型钢腹板厚度(mm);

f_{v}——计算剪应力处的面积矩(mm³)。

(6)型钢水泥土搅拌墙应验算水泥土搅拌桩桩身局部抗剪承载力,包括型钢与水泥土之间的错动剪切和水泥土最薄弱截面处的局部剪切,如图43-7所示。

①型钢与水泥土之间的错动剪切承载力应按式(43-9)验算如图43-7a)所示。

$$\tau_1 = \frac{Q_1}{d_{\mathrm{el}}} \leqslant \frac{\tau_\mathrm{c}}{\eta_2} \tag{43-9}$$

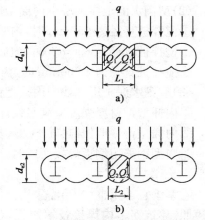

图 43-7 搅拌桩局部抗剪计算示意图

a)型钢与水泥土间错动剪切破坏验算图;b)最薄弱截面剪切破坏验算图

277

$$Q_1 = \eta_1 q L_1 / 2 \tag{43-10}$$

式中：τ_1——型钢与水泥土之间的错动剪应力标准值（MPa）；

$\quad\quad Q_1$——型钢与水泥土之间单位深度范围内的错动剪力标准值（N/mm）；

$\quad\quad q$——计算截面处作用的侧压力标准值（MPa）；

$\quad\quad L_1$——型钢翼缘之间的净距（mm）；

$\quad\quad d_{e1}$——型钢翼缘处水泥土墙体的有效厚度（mm）；

$\quad\quad \tau_c$——水泥土抗剪强度标准值（MPa），可取水泥土无侧限抗压强度标准值的 $\dfrac{1}{15} \sim \dfrac{1}{10}$，对

$\quad\quad\quad$ 于淤泥或淤泥质土层，宜取低值；

$\quad\quad \eta_1$——剪力计算经验系数，可取 0.6；

$\quad\quad \eta_2$——水泥土抗剪强度调整系数，可取 1.6。

②在型钢隔孔设置时，应对水泥土搅拌桩按式（43-11）进行最薄弱断面的局部抗剪验算，如图 43-7b）所示。

$$\tau_2 = \frac{Q_2}{d_{e2}} \leqslant \frac{\tau_c}{\eta_2} \tag{43-11}$$

$$Q_2 = \frac{\eta_1 q L_2}{2} \tag{43-12}$$

式中：τ_2——水泥土最薄弱截面处的局部剪应力标准值（MPa）；

$\quad\quad Q_2$——水泥土最薄弱截面处单位深度范围内的剪力标准值（N/mm）；

$\quad\quad L_2$——水泥土最薄弱截面的净距（mm）；

$\quad\quad d_{e2}$——水泥土最薄弱截面处墙体的有效厚度（mm）；

η_1、η_2——其他符号意义同前。

3. 构造要求

（1）型钢水泥土搅拌墙中搅拌桩应满足如下要求：

①搅拌桩达到设计强度后方可进行基坑开挖。

②搅拌桩养护龄期不应小于 28d。

③搅拌桩的深度宜比型钢适当加深，一般桩端比型钢端部深 0.5～1.0m。

（2）型钢水泥土搅拌墙中内插型钢截面宜按如下尺寸取用：

①搅拌桩直径为 650mm 时，内插型钢常用截面有 H500mm×300mm、H500mm×200mm。

②搅拌桩直径为 850mm 时，内插型钢常用截面有 H700mm×300mm。

③搅拌桩直径为 1 000mm 时，内插型钢常用截面有 H850mm×300mm 等。

（3）型钢水泥土搅拌墙中内插型钢应满足如下要求：

①内插型钢材料强度应满足设计要求。

②内插型钢一般按《热轧 H 型钢和部分 T 型钢》（GB/T 11263—2010）取用热轧型钢。

③当型钢采用钢板焊接而成时，应按照《焊接 H 型钢》（YB 3301—2005）的有关要求焊接成型。

④型钢宜采用整材，当需采用分段焊接时，应采用坡口焊接。对接焊缝的坡口形式和要求应遵照《建筑钢结构焊接技术规程》（JGJ 81—2002）的有关规定，焊接质量等级不应低于二级。单根型钢中焊接接头不宜超过 2 个，焊接接头的位置应避免在型钢受力较大处（如支撑位置或开挖面附近），相邻型钢的接头竖向位置宜相互错开，错开距离不宜小于 1m。

⑤型钢的平面布置应按照图 43-6 布置,对于环境条件要求较高,或当桩身范围内多为砂(粉)性土等透水性较强土层,对搅拌桩抗裂和抗渗要求较高时,宜增加型钢插入密度。环境条件复杂的重要工程,型钢的平面布置应采用密插形式。

(4)型钢水泥土搅拌墙的顶部,应设置封闭的钢筋混凝土顶圈梁。顶圈梁宜与第一道支撑的围檩合二为一。顶圈梁的高度和宽度由设计计算确定,计算时应考虑由于型钢穿越对顶圈梁截面的削弱影响,并应满足如下要求:

①顶圈梁截面高度不应小于 600mm。当搅拌桩直径为 650mm 时,顶圈梁的截面宽度不应小于 900mm;当搅拌桩直径为 850mm 时,顶圈梁的截面宽度不应小 1 100mm;当搅拌桩直径为 1 000mm 时,顶圈梁的截面宽度不应小于 1 200mm。

②内插型钢应锚入顶圈梁,顶圈梁主筋应避开型钢设置。为便于型钢拔除,型钢顶部应高出顶圈梁顶面一定高度,不宜小于 500mm,型钢与围檩间的隔离材料在基坑内一侧应采用不易压缩的硬质板材。

③顶圈梁的箍筋宜采用四肢箍筋,直径不应小于 ϕ8mm,间距不应大于 200mm;在支撑节点位置,箍筋宜适当加密;由于内插型钢而未能设置的箍筋应在相邻区域内补足面积。

(5)型钢水泥土搅拌墙围护体系的围檩可采用型钢(或组合型钢)围檩或混凝土围檩,支撑可采用钢管支撑、型钢(或组合型钢)支撑或混凝土支撑。

(6)型钢水泥土搅拌墙围护体系的围檩应完整、封闭、并与支撑体系连成整体。混凝土围檩在转角处应按刚节点进行处理。钢围檩的拼接方式应由设计计算确定,现场拼接点宜设在围檩计算跨度的三分点处;钢围檩在转角处的连接应通过构造措施确保围檩体系的整体性。

(7)钢围檩或混凝土围檩应采用托架(或牛腿)和吊筋与内插型钢连接。水泥土搅拌墙与钢围檩之间的空隙应用高强度等级的细石混凝土填实。

(8)当钢支撑与钢围檩斜交时,应在围檩上设置钢牛腿确保传力可靠。

(9)对于土方开挖时围檩体系尚不能形成整体、封闭的情况,应对水平斜撑沿围檩纵向传递的水平力进行验算,并应在围檩和型钢间设置由计算确定的剪力传递构件。

(10)当采用竖向斜坡撑并需支撑在搅拌墙顶圈梁上时,为防止顶圈梁在竖向分力作用下向上产生滑动,应在内插型钢与顶圈梁之间设置抗滑构件。

(11)在型钢水泥土搅拌墙中搅拌桩桩径变化处或型钢插入密度变化处,搅拌桩桩径较大区段或型钢插入密度较大区段宜作适当延伸过渡。

二、施工

1. 施工设备

(1)搅拌桩施工应根据地质条件与成桩深度选用不同形式或不同功率的三轴搅拌机,与其配套的桩架性能参数必须与三轴搅拌机的成桩深度和提升力要求相匹配。

(2)由三轴搅拌机与桩架组成的三轴搅拌桩机应符合下列要求:

①具有搅拌轴驱动电机的工作电流显示。

②具有桩架立柱垂直度调整功能。

③具有主卷扬机无级调速功能。

④主卷扬机采用电机驱动的应有电机工作电流显示,主卷扬机采用液压驱动的应有油压显示,或具有钢丝绳的工作拉力显示。

⑤桩架立柱下部装有搅拌轴的定位导向装置。

⑥在搅拌深度超过20m时,需在搅拌桩中部位置的立柱导向架上安装移动式定位导向装置。

(3)注浆泵的工作流量应可调节。用于贯入送浆工艺的注浆泵,其额定工作压力宜大于2.8MPa。

2. 施工装备

(1)现场应先进行场地平整,清除施工区域的表层硬物和地下障碍物,遇明浜(塘)及低洼地时,应抽水和清淤,回填黏性土并分层夯实。路基承载能力应满足重型桩机和吊车平稳行走移动的要求。

(2)应按照搅拌桩桩位平面布置图,确定合理的施工顺序及配套机械、水泥等材料的放置位置。

(3)测量放样定线后应做好测量技术复核工作,并经监理复核验收签证。

(4)应根据基坑围护内边控制线开挖导向沟,并在沟槽边标出搅拌桩位置和型钢插入位置。

(5)三轴搅拌机与桩架进场组装待试运转正常后方可就位。

(6)搭建拌浆设施和水泥堆场,供浆系统相应设备试运转正常后方可就位。

(7)应根据内插型钢的规格尺寸,制作相应的型钢定位导向架和防止下沉的悬挂构件。

(8)型钢接头焊接质量应符合设计要求。型钢有回收要求时,其接头形式与焊接质量还应满足型钢起拔要求;同时应按照产品操作规程在内插型钢表面涂抹减摩剂。

(9)若采用现浇的钢筋混凝土导墙,导墙宜筑于密实的黏性土层上,并高出地面100mm,导墙净距应比水泥土搅拌墙设计厚度增加40~60mm。

3. 水泥土搅拌桩施工

(1)水泥土搅拌桩施工时应保持桩机底盘的水平和立柱导向架的垂直,成桩前应使桩机正确就位,并校验桩机立柱导向架,垂直度偏差应小于1/250。

(2)三轴搅拌机搅拌下沉速度与搅拌提升速度应控制在0.3~2m/min范围内,并保持匀速下沉与匀速提升。搅拌提升时不应使孔内产生负压造成周边地基沉降,具体选用的速度值应根据成桩工艺、水泥浆液配合比、注浆泵的工作流量计算确定,搅拌次数或搅拌时间应确保水泥土搅拌桩成桩质量。

(3)因故搁置超过2h以上的拌制浆液,应作为废浆处理,严禁再用。

(4)施工时如因故停浆,应在恢复压浆前将三轴搅拌机提升或下沉0.5m后再注浆搅拌施工,以保证搅拌桩的连续性。

(5)桩与桩的搭接时间不易大于24h,若因故超时,搭接施工中必须放慢搅拌速度保证搭接质量。若因时间过长无法搭接或搭接不良,应作为冷缝记录在案,并经监理和设计单位认可后,采取在搭接处补做搅拌桩或旋喷桩等技术措施,确保搅拌桩的施工质量。

(6)每台班应抽查2根桩,每根桩做三联标准模水泥土试块三组,桩号选定与取样应由监理共同参与。水泥土样不得取桩顶冒浆,宜提取桩长不同深度三个点处的水泥土样,最上点应在3m以下处;应采用水中养护测定28d后无侧限抗压强度。

(7)当班质量员应填写每组桩成桩记录及相应的报表,如表43-4和表43-5所示。

4. 型钢插入和回收

(1)型钢的插入宜在搅拌桩施工结束后30min内进行,插入前必须检查其直线度、接头焊接质量并确保满足设计要求。

(2)型钢的插入必须采用牢固的定位导向架,并用两台经纬仪双向校核型钢插入时的垂直度,型钢插入到位后用悬挂构件控制型钢顶高程,并应将已插好的型钢连接起来,防止在施工下一组搅拌桩时,造成已插好的型钢位移。

(3)型钢的插入宜依靠自重插入,也可借助带有液压钳的振动锤等辅助手段下沉到位,严禁采用多次重复起吊型钢并松钩下落的插入方法。若采用振动锤下沉工艺时不得影响周围环境。

(4)型钢回收应在主体地下结构施工完成、地下室外墙与搅拌墙之间回填密实后方可进行。在拆除支撑和围檩时,应将型钢表面留有的围檩限位或支撑抗滑构件、电焊等清除干净,并涂抹型钢起拔减摩剂。型钢起拔宜采用专用液压起拔机。

(5)型钢拔除回收时,应根据环境保护要求对型钢拔出后形成的空隙注浆充填。

三、质量检查与验收

1. 一般规定

(1)型钢水泥土搅拌墙的质量检查与验收应分成墙期监控、成墙验收和基坑开挖期质量检查三个阶段。

(2)型钢水泥土搅拌墙成墙期监控内容包括:验证施工机械性能、材料质量、试成桩资料以及逐根检查搅拌桩和型钢的定位、长度、高程、垂直度等;应严格检验搅拌桩的水灰比、水泥掺量、下沉与提升速度、喷浆均匀度、水泥土试块的制作与测试、搅拌桩施工间歇时间以及型钢的规格、拼接焊缝质量等是否满足设计和施工工艺的要求,保证搅拌墙的成墙质量。

(3)型钢水泥土搅拌墙的成墙验收宜按施工段划分若干检验批,除桩体强度检验项目外,每一检验批至少抽查桩数的20%。检验批的质量验收程序和组织应符合《建筑工程施工质量验收统一标准》(GB 50300—2001)的有关规定;检验批的合格判定应符合《建筑地基基础工程施工质量验收规范》(GB 50202—2002)的有关规定。

(4)基坑开挖期间应着重检查开挖面墙体的质量以及渗漏水情况,如不符合设计要求应立即采取补救措施。

(5)型钢水泥土搅拌墙基坑工程中的支撑系统、土方开挖等分项工程的质量验收,应按《建筑地基基础工程施工质量验收规范》(GB 50202—2002)等规范的有关规定进行。

2. 质量验收项目

1)主控项目

(1)浆液拌制选用的水泥,外加剂等原材料的技术指标和验收项目应符合设计要求和国家现行标准的规定。

检查数量:按批检查。

检验方法:检查产品合格证及复试报告。

(2)浆液水灰比、水泥掺量应符合设计和施工工艺要求,浆液不得离析。

检查数量:按台班检查。

检验方法:浆液水灰比用比重计抽查,水泥掺量检查施工记录,每台班不少于3次。

(3)型钢规格、焊缝质量应符合设计要求。

检查数量:全部检查。

检验方法:型钢规格用尺寸量,焊缝质量采取现场观察及检查超声波探伤记录。

(4)水泥土搅拌桩桩身强度应符合设计要求。

水泥土搅拌桩的桩身强度应采用试块试验确定。试验数量及方法：每台班抽查2根桩，每根桩制作水泥土试块三组，取样点应取沿桩长不同深度处的三点，最上点应低于有效桩顶下3m，采用水中养护测定28d无侧限抗压强度。

重要工程宜结合28d龄期后钻孔取芯等方法综合判定。取芯数量及方法：抽取单桩总数量的1%，并不应少于3根。单根取芯数量不应少于5组，每组3件试块。钻取桩芯宜采用φ110钻头，连续钻取全桩长范围内的桩芯。

2）一般项目

水泥土搅拌桩成桩允许偏差应符合表43-1的规定。

水泥土搅拌桩成桩允许偏差 表43-1

序 号	检查项目	允许偏差或允许值	检查频率		检查方法
			范围	点数	
1	桩底高程(mm)	+100，−50	每根	1	测钻杆长度
2	桩位偏差(mm)	50	每根	1	用钢尺量
3	桩径(mm)	±50	每根	1	用钢尺量
4	桩体垂直度	≤1/200	每根	全过程	经纬仪测量

型钢插入允许偏差应符合表43-2的规定。

型钢插入允许偏差 表43-2

序 号	检查项目	允许偏差或允许值	检查频率		检查方法
			范围	点数	
1	型钢垂直度	≤1/200	每根	全过程	经纬仪测量
2	型钢长度(mm)	±10	每根	1	用钢尺量
3	型钢底高程(mm)	−30	每根	1	水准仪测量
4	型钢平面位置(mm)	50(平行于基坑方向)	每根	1	用钢尺量
		10(垂直于基坑方向)	每根	1	用钢尺量
5	形心转角 φ(°)	3	每根	1	量角器测量

四、对"型钢水泥土搅拌墙技术规程"几点说明

（1）型钢水泥土搅拌墙自1997年上海地区引进日本的设备和技术，经过多年的消化吸收和推广应用，已经在几百个基坑围护工程中得到了使用，应用的基坑开挖深度已达18m以上，形成搅拌桩直径也增加到650mm、850mm和1 000mm三种。

根据近几年完成的一些工程实例，在建筑基坑常规支撑设置下，搅拌桩直径为650mm的型钢水泥土搅拌墙，一般开挖深度不大于8.0m；搅拌桩直径为850mm的型钢水泥土搅拌墙，一般开挖深度不大于11.0m；搅拌桩直径为1 000mm的型钢水泥土搅拌墙，一般开挖深度不大于13.0m。但在市政基坑中，也有通过增加支撑道数，而突破常规开挖深度的例子。

型钢水泥土搅拌墙在上海地区应用的历史还不长，特别是大量的被采用还是在最近几年，时间更短。涉足型钢水泥土搅拌墙施工的许多单位，往往是最近几年刚购置的设备，施工经验尚不够丰富。直径1 000mm的三轴搅拌桩设备，在上海地区还仅是少数单位才拥有，施工的工程实例相对还少一点。

从工程的角度,对型钢水泥土搅拌墙的认识,已经越过试验探索阶段,进入到推广实用阶段。但对型钢水泥土搅拌墙墙体性能的了解、认识和研究,尚有较多不明确的地方,如三轴水泥土搅拌墙的实际强度、搅拌桩与内插型钢的共同工作受力机理等。另外,采用型钢水泥土搅拌墙的已经完成的基坑围护工程实例,总体上是成功的,但也有少量基坑工程出现破坏性事故。

(2)水泥土搅拌墙的设计是与支撑体系的设计密切相关的。一般水泥土与型钢之间有一定黏结强度,能保证其共同工作,因此可近似按板式支护考虑。

工程经验表明,一般情况下,型钢水泥土搅拌墙设计主要是由周边环境条件并结合基坑开挖深度所确定的容许变形值所控制的。容许变形值在《地基基础设计规范》(DGJ 08-11—2010)和《基坑工程设计规程》(DBJ 08-61—97)中都有规定。参考上述两本规范规定,型钢水泥土搅拌墙的基坑变形容许值如表 43-3 所示。

型钢水泥土搅拌墙基坑变形容许值   表 43-3

环 境 条 件	墙顶水平位移 (mm)	墙体最大水平位移 (mm)	坑外地表最大沉降 (mm)
基坑周边 10m 范围内有地铁隧道、煤气总管、自来水总管以及历史文物,近代优秀建筑等需要加以保护时	$1‰h_0$	$1.4‰h_0$	$1‰h_0$
基坑周边 1 倍开挖深度范围内有自来水干线、小口径煤气管民宅,大型建筑物或公共设施	$2‰h_0$	$3‰h_0$	$2‰h_0$
开挖深度小于 7m,周边环境无特别要求	$5‰h_0$	$7‰h_0$	$5‰h_0$

注:h_0 为基坑开挖深度。

当基坑周边环境对地下水位变化较为敏感,或搅拌桩桩身范围内大部分为砂(粉)性土等透水性较强土层时,若实际变形较大,搅拌桩桩身易产生裂缝、造成渗漏,后果是比较严重的,这种情况时型钢水泥土搅拌墙围护结构的计算变形控制应进一步从严。

(3)顶圈梁在板式支护体系中,对提高围护体系的整体性,并使围护桩和支撑体系形成共同受力的稳定结构体系具有重要作用。当采用型钢水泥土搅拌墙时,由于桩身由两种刚度相差较大的材料组成,顶圈梁作用的重要性更加突出。

与其他形式的板式支护体系相比,型钢水泥土搅拌墙顶圈梁也存在一些特殊性。

①为便于型钢拔除,型钢需锚入顶圈梁,并高于圈梁顶部一定高度。一般该高度值宜大于 50cm,根据具体情况略有差异;同时,型钢顶端不宜高于自然地面(图 43-8)。

②型钢整个截面锚入顶圈梁,为便于今后拔除,圈梁和型钢之间采用一定的材料隔离;因此型钢对圈梁截面的削弱是不能忽略的。

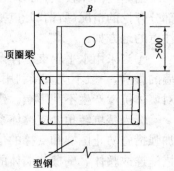

图 43-8 顶圈梁构造示意图
(尺寸单位:mm)

综合上述两方面的因素,型钢水泥土搅拌墙的顶圈梁必须保证一定的宽度和高度,同时在构造上也应有一定的加强措施。

顶圈梁与型钢的接触处,一般需采用一定的隔离材料。若隔离材料在围护受力后产生较大的压缩变形,对控制基坑总的变形量是不利的。所以,一般采用不宜压缩的硬质材料。

(4)在型钢水泥土搅拌墙基坑的支撑体系中,支撑与围檩的连接、围檩的型钢的连接以及钢围檩的拼接,特别是后两者对于整个围檩支撑体系的整体性非常关键。应对节点的构造充分重视,节点构造应严格按设计图纸施工。钢支撑杆件的拼接一般应满足等强度的要求,但在实际工程中钢围檩的拼接受现场施工条件限制,很难达到这一要求,应在构造上对拼接方式予以加强,如附加缀板、设置加劲肋板等。同时,应尽量减少钢围檩的接头数量,拼接位置也尽量放在围檩受力较小的部位。

钢围檩和内插型钢的连接也必须按设计图纸施工。图 43-9 为工程实践中采用的一种连接构造,供参考。

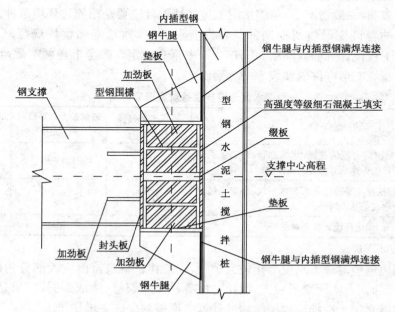

图 43-9　内插型钢与钢围檩、支撑的连接示意图

当基坑面积较大,需分块开挖,或在狭长形基坑中,常碰到围檩不能统一形成整体就需先部分开挖的情况(所谓"开口基坑"),这时对于支撑体系尤其是钢围檩的设置有一些需要特别注意的地方如:

①当采用水平斜支撑体系时,应考虑沿围檩长度方向的水平力作用对型钢水泥土搅拌桩墙的影响,一般不应直接利用墙体型钢传递水平力,以免造成型钢和水泥土之间的纵向拉裂,对墙体抗渗产生不利影响。建设根据设计计算结果在型钢和围檩间设置抗剪构件。

②当基坑转角处支撑体系采用水平斜撑时,需考虑双向水平力对支撑体系的作用,应采取加强措施防止围檩和支撑的位移失稳。围檩在转角处应设在同一水平面上,并有可靠的构造措施连成整体。围檩与墙体的接合面宜用高强度的细石混凝土嵌填密实,使围檩与墙体间可以均匀传递水平剪切力。当斜撑的围檩长度不足以传递计算水平力时,除在围檩和型钢间设置抗剪构件外,还应结合采用合理的基坑开挖措施。

第四十四章　水泥土墙支护的计算

第一节　概　述

水泥土墙是利用水泥作为固化剂,并采用特殊的拌和机械(如深层搅拌机和高压旋喷机)钻入地层土中就地将原状土和固化剂强制拌和,经过一系列的物理化学反应后,形成具有一定强度、整体性和水稳性好的柱状加固体,并且相互搭接而连续成桩(壁状)形成的挡土结构,称之为水泥土墙。同时,由于水泥土的渗透系数较小,一般接近或小于 $7\sim10\mathrm{cm/s}$,因此也可以起到隔水帷幕的作用。

水泥土墙,由于其为重力式挡土支护结构。其特点是施工时振动小、无侧向挤压,对周围影响小。可最大限度地利用原状土,并节省材料。由于水泥土墙采用自立式,不需加支撑,所以开挖方便。同时水泥土墙造价较低,当基坑开挖深度不大时,其经济效益明显。

水泥土墙适用于素填土、淤泥质土、流塑及软塑状的黏土、粉土及粉砂性土等软土地基。当土中含有高岭石、多水高岭石、蒙脱石等矿物时,加固效果更好;而含有伊利石、氯化物、水铝英石等矿物或有机含量高、pH 值较低的黏性土,加固效果较差。对于泥炭质土及有机质土或地下水具有侵蚀性时,应通过试验确定其适用性。对上述适用的软土地基基坑深度不宜超过 $6\mathrm{m}$;对非软土地基的基坑挖深可达 $10\mathrm{m}$,最深可达 $18\mathrm{m}$。

水泥土墙不适用于厚度较大的可塑及硬塑以上的软土、中密以上的砂土,加固区地下如有大量条石、碎砖、混凝土块、木桩等障碍物时,一般也不适用;如遇古井、洞穴之类地下物,则应先行处理后再作加固。

水泥土墙的强度取决于水泥土的强度,它与水泥掺入比、水泥强度、龄期、土中有机质含量及外加剂和是否加粉煤灰等均有密切关系。

水泥土的强度随水泥掺入比的增加呈增强的趋势,当掺入比小于 5% 时,水泥土固化程度低,强度离散性大。因此,在实际工程中掺入比应大于 7%,对于深层搅拌法掺入比为 $7\%\sim15\%$,粉喷深层搅拌的水泥掺入比宜为 $13\%\sim16\%$。

水泥土的强度随龄期的增长而增大,超过 28d 后仍有明显增加。当龄期超过 3 个月后,水泥土的强度增长才减缓。

水泥土强度随水泥强度等级的提高而增加,水泥强度等级每提高 10,水泥土无侧限抗压强度 f_{cu} 增加 $20\%\sim30\%$。

水泥土中的有机质可使土具有较大水容量,塑性、膨胀性和低渗透性,并使酸性增加,使水泥的水化反应受到抑制。有机质含量少的水泥土强度比有机质含量高的水泥土的强度高。如地基土有机质含量大于 1% 时加固效果较差,对这类土不宜采用水泥作为固化剂进行加固。

外加剂对水泥土强度有着不同影响,如木质素磺酸钙主要起减水作用。石膏、三乙醇胺对水泥土强度有一定的增强作用。加入适量的粉煤灰,对水泥土的强度有一定的增长。

第二节 水泥土墙的构造

根据土质情况,基坑开挖深度及已往的经验,墙高 $H = (1.8 \sim 2.2)h$,墙宽 $b = (0.7 \sim 0.95)h$,h 为基坑开挖深度。

为了充分利用水泥土桩组成宽厚的重力式挡墙,常将水泥土墙布置成格栅式。为保证墙体的整体性,特规定了各种土类的置换率,即水泥土面积与水泥土墙挡土结构面积的比值。淤泥呈软流塑状,土的指标比较差,置换率不宜小于 0.8;淤泥质土次之,置换率不宜小于 0.7;其他土质如黏土,砂土置换率不宜小于 0.6。所以计算面积时以桩中心计算面积。同时,为保证格栅的空腔不过于稀疏,固定格栅的格子长宽比不宜大于 2。

水泥土墙,根据大多数国产设备规格,以双钻头的搅拌桩机一次成型,直径为 700mm 的 8 字形柱状体。喷粉桩钻机一般每次成型直径为 500mm 圆柱体。

为增强墙体的整体性,在墙顶应浇筑厚度不小于 150mm 的混凝土压顶。一般在压顶内配 $\phi 8@150mm \times 150mm$ 的钢筋网。同时,在每根桩的桩顶预留一根直径为 10mm 的插筋插入压顶。墙体的厚度及嵌入深度应根据工程地质条件由计算确定。当基坑开挖深度小于 5m 时,一般可按经验选取墙厚等于 $(0.6 \sim 0.8)h$,在开挖面以下嵌入深度为 $(0.8 \sim 1.2)h$,h 为基坑开挖深度。

当墙体变形不能满足要求时,宜采用基坑土体加固或水泥土墙顶插筋加混凝土面板等措施。

第三节 水泥土墙的布置

一、水泥土墙的平面布置

水泥土墙的平面布置主要是确定支护结构的平面形状、格栅形式及局部构造等。平面布置时宜考虑下述原则。

(1)支护结构沿地下结构底板外围布置,支护结构与地下结构底板应保持一定净距,以便于底板、墙板侧模的支撑与拆除,并保证地下结构外墙板防水层有足够的施工作业空间。当地下结构外墙设计有外防水层时,支护结构离地下结构外墙的净距不宜小于 800mm;当地下结构设计无外防水层时,该净距可适当减小,但不宜小于 500mm;如施工场地狭窄,地下室设计无外防水层且基础底板不挑出墙面时,该净距还可减小,但考虑到水泥土墙的施工偏差及支护结构的位移,净距不宜少于 200mm,此时,模板可采用砖胎模、多层夹板等不拆除模板。如地下室基础底板挑出墙面,则可以使地下室底板边与水泥土墙的净距控制在 200mm 左右。

(2)水泥土墙应尽可能避免内向的折角,而采用向外拱的折线形(图 44-1),以减小支护结构位移,避免由于两个方向位移而使水泥土墙内折角处产生裂缝。

(3)水泥土墙的组成通常采用桩体搭接、格栅布置,常用格栅的形式如图 44-2 所示。

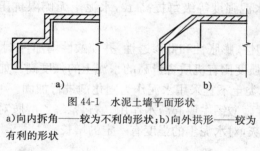

图 44-1 水泥土墙平面形状
a)向内拆角——较为不利的形状;b)向外拱形——较为有利的形状

①搭接长度 L_d。

水泥土桩与桩之间的搭接长度应根据挡土及止水要求设定,当考虑抗渗作用时,桩的有效搭接长度不宜小于 150mm;当不考虑止水作用时,搭接宽度不宜小于 100mm。在土质较差时,桩的搭接长度不宜小于 200mm。

对于搅拌桩,搭接长度可根据搅拌桩桩径 d_0 取值。当 $d_0 = 700mm$ 时,L_d 一般取 200mm;当 $d_0 = 600mm$ 时,L_d 一般取 150mm;当 $d_0 = 500mm$ 时,L_d 一般取 $100 \sim 150mm$。

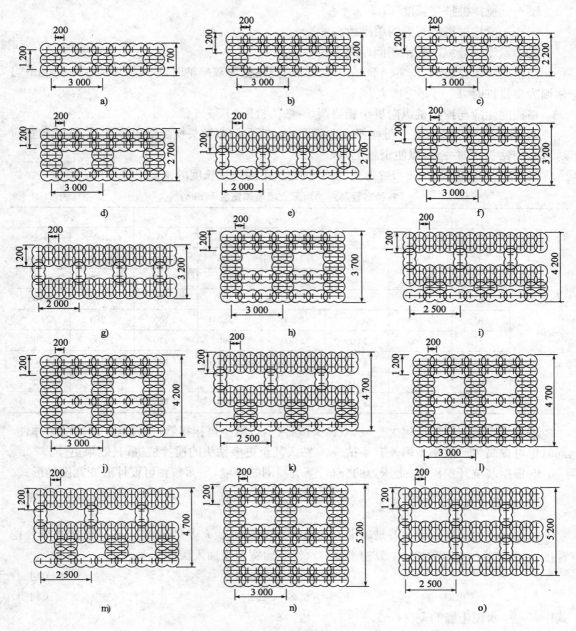

图 44-2　典型的水泥土桩格栅式布置(尺寸单位:mm)

a)$n=3$;b)、c)$n=4$;d)、e)$n=5$;f)、g)$n=6$;h)$n=7$;i)、j)$n=8$;k)、l)、m)$n=9$;n)、o)$n=10$

注:n 为搅拌桩搭接布置的单排数

②支护挡墙的组合宽度 b。

水泥土搅拌桩搭接组合成的围护墙宽度根据桩径 d_0 及搭接长度 L_d，形成一定的模数，其宽度 b 可按式(44-1)计算。

$$b = d_0 + (n-1)(d_0 - L_d) \qquad (44\text{-}1)$$

式中：b——水泥土搅拌桩组合宽度(m)；

$\quad d_0$——搅拌桩桩径(m)；

$\quad L_d$——搅拌桩搭接长度(m)；

$\quad n$——搅拌桩搭接布置的单排数。

③沿水泥土墙纵向的格栅间距离 L_g。

当格栅为单排桩时，L_g 取 $1\,500 \sim 2\,500$mm；当格栅为双排桩时，L_g 取 $2\,000 \sim 3\,000$mm；当格栅为多排桩时，L_g 可相应增大。

格栅间距应与搅拌桩纵向桩距相协调，一般为桩距的 $3 \sim 6$ 倍。

图 44-2 为典型的水泥土桩格栅式布置形式。当采用双钻头搅拌桩机施工时，桩的布置应尽可能使钻头方向一致，以便于施工。

表 44-1 为采用图 44-2 布置形式的不同桩径、不同搭接长度的水泥土墙墙体宽度。

各种布置形式的水泥土墙墙体宽度 b(mm)

表 44-1

d_0		700		600			500	
L_d		200	150	200	150	100	150	100
n	3	1 700	1 800	1 400	1 500	1 600	1 200	1 300
	4	2 200	2 350	1 800	1 950	2 100	1 550	1 700
	5	2 700	2 900	2 200	2 400	2 600	1 900	2 100
	6	3 200	3 450	2 600	2 850	3 100	2 250	2 500
	7	3 700	4 000	3 000	3 300	3 600	2 600	2 900
	8	4 200	4 550	3 400	3 750	4 100	2 950	3 300
	9	4 700	5 100	3 800	4 200	4 600	3 300	3 700
	10	5 200	5 650	4 200	4 650	5 100	3 650	4 100

④水泥土墙宜优先选用大直径、双钻头搅拌桩，以减少搭接接缝，加强支护结构的整体性，同时也可提高生产效率。国外有 4 钻头、6 钻头甚至更多钻头的搅拌桩机，其效果更佳。

⑤根据基坑开挖深度、土压力的分布、基坑周围的环境，平面布置可设计成变宽度的形式。

二、水泥土墙的剖面布置

水泥土墙的剖面布置主要是确定挡土墙的宽度 b、桩长 h 及插入深度 h_d。根据基坑开挖深度 h，可按式(44-2)和式(44-3)初步确定水泥土墙宽度及插入深度。

$$b = (0.5 \sim 0.8)h \qquad (44\text{-}2)$$
$$h_d = (0.8 \sim 1.2)h \qquad (44\text{-}3)$$

式中：b——水泥土墙的宽度(m)；

$\quad h_d$——水泥土墙插入基坑底以下的深度(m)；

$\quad h$——基坑开挖深度(m)。

当土质较好、基坑较浅时，b、h_d 取小值；反之，应取大值。根据初定的 b、h_d 进行支护结构计算,如不满足要求,则重新假设b、h_d后再进行验算,直至满足为止。

按式(44-2)估算的支护结构宽度,还应考虑布桩形式,b的取值应与式(44-1)计算的结果吻合。

如计算所得的支护结构搅拌桩桩底高程以下有透水性较大的土层,而支护结构又兼作止水帷幕时,桩长的设计还应满足防止管涌及工程所要求的止水深度。通常可采用加长部分桩长的方法(图44-3),使搅拌桩插入透水性较小的土层或加长后满足止水要求。插入透水性较小的土层的长度可取$(1\sim2)d_0$,加长部分的宽度不宜小于1/2的加长段长度,并不小于1200mm,以防止支护结构位移造成加长段折断而失去止水效果。加长部分在沿支护结构纵向必须是连续的。

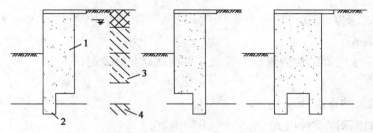

图44-3 采用局部加长形式保证止水效果

1-水泥土墙;2-加长段(用于止水);3-透水性较大的土层;4-透水性较小的土层

第四节 水泥土墙设计计算

水泥土墙的全面计算应包括表44-2中的内容。

水泥土墙计算内容 表44-2

项 目	要 求	项 目	要 求
抗倾覆稳定	必须验算	桩体强度	基坑开挖深度较大时应验算
抗滑动稳定	必须验算	基底地基承载力	墙体下部为软弱土层时应验算
整体稳定	墙体下部为软弱土层时应验算	格栅稳定	格栅分格较大时应验算
抗隆起稳定	墙体下部为软弱土层时应验算	位移	对支护结构及墙背土体有位移控制要求时应验算
抗管涌(抗渗透)稳定	坑底或墙体下部为砂石及砂土时应验算		

一、重力式水泥墙的嵌固深度

(1)《建筑基坑支护技术规程》(JGJ 120—99)(以下简称《基坑规程》)建议的计算方法。

水泥土墙嵌固深度计算值h_0宜按整体稳定条件采用圆弧滑动简单条分法确定(图44-4)。

$$\sum c_i l_i + \sum (q_0 b_i + W_i)\cos\theta_i \tan\varphi_i - \gamma_k \sum (q_0 b_i + W_i)\sin\theta_i \geqslant 0 \qquad (44\text{-}4)$$

式中:c_i、φ_i——分别为最危险滑动面上第i土条滑动面上的黏聚力、内摩擦角(°);

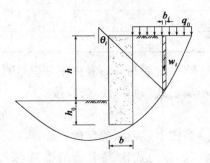

图44-4 嵌固深度设计值计算简图

289

l_i——第 i 土条的弧长；

b_i——第 i 土条的宽度(m)；

γ_k——整体稳定分项系数，应根据经验确定，当无经验时可取 1.3；

W_i——作用于滑裂面上第 i 土条的重力，滑裂面位于黏性土或粉土中时，按上覆土层的饱和土重度计算；滑裂面位于砂土或碎石类中时，按上覆土层的浮重度计算；

θ_i——第 i 土条滑动面弧线中点切线与水平线夹角(°)。

当嵌固深度下部存在软弱土层时，尚应继续验算软下卧层整体稳定性。

对于均质黏性土及无地下水的粉土或砂类土，嵌固深度计算值 h_0 可按式(44-5)确定：

$$h_0 = n_0 h \tag{44-5}$$

式中：n_0——嵌固深度系数，当 γ_k 取 1.3 时，根据土层固结快剪摩擦角 φ 及黏聚力系数 δ 查表 44-3。

土层固结快剪黏聚力系数 δ 可按式(44-6)确定：

$$\delta = c / \gamma h \tag{44-6}$$

式中：γ——土的天然重度(kN/m³)。

水泥土墙嵌固深度设计值 h_d 可按式(44-7)确定：

$$h_d = 1.1 h_0 \tag{44-7}$$

式中：h_0——水泥土墙嵌固深度计算值，根据式(44-6)计算(m)。

嵌固深度系数 n_0 表　　　　　　　　　　　表 44-3

δ ＼ $\varphi(°)$	7.5	10.0	12.5	15.0	17.5	20.0	22.5	25.0	27.5	30.0	32.5	35.0	37.5	40.0	42.5
0.00	3.18	2.24	1.69	1.28	1.05	0.80	0.67	0.55	0.40	0.31	0.26	0.25	0.15	<0.1	
0.02	2.87	2.03	1.51	1.15	0.90	0.72	0.58	0.44	0.36	0.26	0.19	0.14	<0.1		
0.04	2.54	1.74	1.29	1.01	0.74	0.60	0.47	0.36	0.24	0.19	0.13	<0.1			
0.06	2.19	1.54	1.11	0.81	0.63	0.48	0.36	0.27	0.17	0.12	<0.1				
0.08	1.89	1.28	0.94	0.69	0.51	0.35	0.26	0.15	<0.1	<0.1					
0.10	1.57	1.05	0.74	0.52	0.35	0.25	0.13	<0.1							
0.12	1.22	0.81	0.54	0.36	0.22	<0.1	<0.1								
0.14	0.95	0.55	0.35	0.24	<0.1										
0.16	0.68	0.35	0.24	<0.1											
0.18	0.34	0.24	<0.1												
0.20	0.24	<0.1													
0.22	<0.1														

当基坑底为碎石及砂土、基坑内排水且作用有渗透水压时，水泥土墙嵌固深度设计值 h_d 除应满足式(44-7)外，尚应按式(44-8)抗渗透稳定条件验算(图 44-5)。

$$h_d \geqslant 1.2 \gamma_0 (h - h_{wa}) \tag{44-8}$$

当按上述方法确定的嵌固深度设计值 h_d 小于 $0.4h$ 时，宜取 $0.4h$。

(2)重力式水泥土墙的嵌固深度设计值 h_d 还可按第四十章第六节中式(40-206)、式(40-209)和式(40-219)计算求得。

二、水泥土墙结构厚度

水泥土墙厚度设计值 b 宜根据抗倾覆稳定条件下按下列规定计算：

（1）当水泥土墙底位于碎石土、活砂土时，墙体厚度设计值宜按式（44-9）确定，计算简图如图 44-6a）所示。

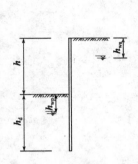

图 44-5　渗透稳定计算简图

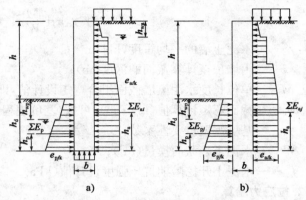

图 44-6　水泥土墙宽度计算简图
a）墙底位于碎石土或砂土；b）墙底位于黏性土或粉土

《基坑规程》推荐

$$b \geqslant \sqrt{\frac{10(1.2\gamma_0 h_a \sum E_{ai} - h_p \sum E_{pj})}{5\gamma_{cs}(h+h_d) - 2\gamma_0 \gamma_w(2h+3h_d-h_{wp}-2h_{wa})}} \qquad (44\text{-}9a)$$

或

$$b \geqslant 1.15\gamma_0 \sqrt{\frac{6(h_a \sum E_{ai} - h_p \sum E_{pi})}{3\gamma_{cs}(h+h_d) - 6\gamma_w \dfrac{(h_d-h_{wp})(h-h_{wa}+h_d-h_{wp})}{h-h_{wa}+h_{wp}+2(h_d-h_{wp})}}} \qquad (44\text{-}9b)$$

式中：$\sum E_{pj}$——水泥土墙底以上基坑外侧水平荷载标准值的合力之和（kN）；

　　　$\sum E_{pi}$——水泥土墙底以上基坑内侧水平抗力标准值的合力之和（kN）；

　　　h_a——合力 $\sum E_{ai}$ 作用点至水泥土墙底的距离（m）；

　　　h_p——合力 $\sum E_{pi}$ 作用点至水泥土墙底的距离（m）；

　　　γ_{cs}——水泥土墙的平均重度（kN/m³）；

　　　γ_w——水的重度（kN/m³）；

　　　γ_0——重要性系数（0.90～1.10），根据基坑侧壁安全等级确定，如表 39-1 所示；

　　　h_{wa}——基坑外侧地下水位深度（m）；

　　　h_{wp}——基坑内侧地下水位深度（m）。

（2）当水泥土墙底部位于黏性土或粉土中时，如图 44-6b）所示，墙体厚度设计值宜按式（44-10）的经验公式计算。

《基坑规程》推荐

$$b \geqslant \sqrt{\frac{2(1.2\gamma_0 h_a \sum E_a - h_p \sum E_p)}{\gamma_{cs}(h+h_d)}} \qquad (44\text{-}10a)$$

或

$$b \geqslant 1.15\gamma_0 \sqrt{\frac{2(h_a \sum E_a - h_p \sum E_p)}{\gamma_{cs}(h+h_d)}} \qquad (44\text{-}10b)$$

当按上述规定确定的水泥土墙厚度小于 $0.4h$ 时宜取 $0.4h$。

三、水泥土墙正截面承载力验算（《基坑规程》推荐）

墙体厚度设计值除应符合式(44-9)和式(44-10)外,尚应按下列规定进行正截面承载力验算:

1. 压应力验算

$$1.25\gamma_0\gamma_{cs}z+\frac{M}{W}\leqslant f_{cs} \tag{44-11}$$

式中：γ_{cs}——水泥土墙的平均重度(kN/m^3)；

$\quad z$——由墙顶至计算截面的深度(m)；

$\quad M$——单位长度水泥土墙截面组合弯矩设计值,即 $M=1.25\gamma_0 M_c$；

$\quad M_c$——截面弯矩计算值($kN\cdot m$),可按《基坑规程》计算；

$\quad \gamma_0$——基坑侧壁重要性系数；

$\quad W$——水泥土墙截面模量(m^3)；

$\quad f_{cs}$——水泥土开挖龄期抗压强度设计值(kPa)。

2. 拉应力验算

$$\frac{M}{W}-\gamma_{cs}z\leqslant 0.06f_{cs} \tag{44-12}$$

【例 44-1】 某基坑属二级基坑,开挖深度 5.5m,地面荷载 $20kN/m^2$,土的内摩擦角 $\varphi_k=15°$,黏聚力 $c_k=8kPa$,土的重度 $\gamma=18kN/m^3$。拟采用水泥土墙支护结构,试计算水泥土墙的嵌固深度及墙体厚度。

解：按《基坑规程》计算。

(1)嵌固深度计算

本工程为均质黏性土且无地下水,按 $h_0=n_0h$ 计算。

土层固结快剪黏聚力系数:

$$\delta=c_k/\gamma h=8/(18\times 5.5)=0.08$$

根据 φ、δ 查表 44-3 得 $n_0=0.69$,则嵌固深度计算值 h_0 按式(44-5)计算为:

$$h_0=n_0h=0.69\times 5.5=3.8m$$

二级基坑重要性系数 γ_0 取 1.0,则嵌固深度设计值 h_d 按式(44-7)计算为:

$h_d=1.10h_0=1.10\times 3.8=4.18$。取 $h_d=4.5m$,$0.4h=0.4\times 55=2.2m<4.5m$,满足构造要求。

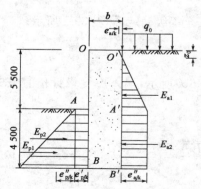

图 44-7 水平荷载及抗力计算
简图(尺寸单位:mm)

(2)水平荷载标准值及水平抗力标准值计算(图 44-7)

①水平荷载标准值

$$K_{ai}=\tan^2\left(45°-\frac{\varphi_k}{2}\right)=\tan^2\left(45°-\frac{15°}{2}\right)=0.59$$

$$\sqrt{K_{ai}}=\sqrt{0.59}=0.77$$

OO' 截面处(即墙顶面)竖向应力标准值 σ_{alk} 为:

$$\sigma_{alk}=\sigma_{rk}+\sigma_{0k}+\sigma_{lk}=q_0=20(kPa)$$

$$e'_{ajk}=\sigma_{alk}K_{ai}-2c\sqrt{K_{ai}}=20\times 0.59-2\times 8\sqrt{0.59}$$
$$=-0.49(kPa),取\ 0kPa。$$

AA'截面处(即基坑底面)竖向应力标准值σ_{a2k}为：

$$\sigma_{a2k} = \sigma_{rk} + \sigma_{0k} + \sigma_{lk} = \gamma_{m2}z_2 + q_0 = 18 \times 5.5 + 20 = 119(\text{kPa})$$

有：$e''_{ajk} = \sigma_{a2k}K_{ai} - 2c\sqrt{K_{ai}} = 119 \times 0.59 - 2 \times 8 \times \sqrt{0.59} = 57.9(\text{kPa})$

确定主动土压力为零的点，即：

$$e''_{ajk} = \sigma_{a2k}K_{ai} - 2c\sqrt{K_{ai}} = (20 + 18z_0) \times 0.59 - 2 \times 8 \times 0.77 = 0$$

$$z_0 = \frac{(2 \times 8 \times 0.77/0.59) - 20}{18} = 0.049(\text{m})$$

因z_0很小，近似取$z_0 = 0$，则：

$$E_{a1} = \frac{1}{2}e''_{ajk}h = \frac{1}{2} \times 57.9 \times 5.5 = 159.2(\text{kN/m})$$

$$h_{a1} = \frac{1}{3}h + h_d = \frac{1}{3} \times 5.5 + 4.5 = 6.33(\text{m})$$

$$E_{a2} = e''_{ajk}h_d = 57.9 \times 4.5 = 260.6(\text{kN/m})$$

$$h_{a2} = \frac{1}{2}h_d = \frac{1}{2} \times 4.5 = 2.25(\text{m})$$

$$\sum E_{ai} = E_{a1} + E_{a2} = 159.2 + 260.6 = 419.8(\text{kN/m})$$

$$h_a = \frac{E_{a1}h_{a1} + E_{a2}h_{a2}}{\sum E_{ai}} = \frac{159.2 \times 6.33 + 260.6 \times 2.25}{419.8} = 3.8(\text{m})$$

②水平抗力标准值

被动土压力系数为：

$$K_{pi} = \tan^2\left(45° + \frac{\varphi_k}{2}\right) = \tan^2\left(45° - \frac{15°}{2}\right) = 1.70$$

AA'截面处(即基坑底面高度处)被动土压力的计算：

$$\sigma_{p1k} = 0$$

$$e'_{pjk} = 2c\sqrt{K_{pi}} = 2.8 \times \sqrt{1.7} = 20.96(\text{kPa})$$

$$E_{p2} = e'_{pjk}h_d = 20.9 \times 4.5 = 94.1(\text{kPa})$$

$$h_{p2} = \frac{1}{2}h_d = 2.25(\text{m})$$

BB'截面处(即墙底处)被动土压的计算：

$$\sigma_{pjk} = \gamma_{m2}z_2 = 18 \times 4.5 = 81(\text{kPa})$$

$$e''_{pjk} = \sigma_{pjk}K_{pi} = 81 \times 1.7 = 137.7(\text{kPa})$$

$$E_{p1} = \frac{1}{2}e''_{pjk}h_d = 20.9 \times 137.7 \times 4.5 = 309.8(\text{kN/m})$$

$$h_{p1} = \frac{1}{3}h_d = 1.5(\text{m})$$

$$\sum E_{pi} = E_{p2} + E_{p1} = 94.1 + 309.8 = 403.9(\text{kN/m})$$

$$h_p = \frac{E_{p2}h_{p2} + E_{p1}h_{p1}}{\sum E_p} = \frac{94.1 \times 4.5/2 + 309.8 \times 4.5/3}{403.9} = 1.67(\text{m})$$

$$h_a = \frac{E_{a1} \times h_{a1} + E_{a2} \times h_{a2}}{E_{a1} + E_{a2}} = \frac{159.2 \times 6.33 + 260.6 \times 2.25}{159.2 + 260.6} = \frac{1594.05}{419.8} = 3.798 \approx 3.8(\text{m})$$

(3)墙体厚度

$$b = \sqrt{\frac{2(1.2\gamma_0 h_a \sum E_{ai} - h_p \sum E_{pj})}{\gamma_{cs}(h+h_d)}} = \sqrt{\frac{2(1.2 \times 1 \times 3.8 \times 419.8 - 1.67 \times 403.9)}{19 \times (5.5+4.5)}} = 3.61(\text{m})$$

采用 $2\phi700$ 水泥土搅拌桩,格栅式布置,搭接 200mm,按表 44-1 取 $b = 3.70\text{m}$,共设置 7 排搅拌桩。

【例 44-2】 上海某建筑基坑开挖深度为 $h = 4.5\text{m}$,安全等级为一级,设计采用悬臂式深层搅拌水泥土桩作为支护结构,其平面形式为壁状式。该工程地质条件如表 44-4 所示。已知边坡上活荷载为零,桩长为 7.5m,水泥土墙的重度为 18kN/m^3。试计算主动土压力合力和被动土压力合力及水泥土墙的最小厚度。

工 程 地 质 条 件 表 44-4

土　层	土　质	厚度(m)	$\gamma(\text{kN/m}^3)$	$c(\text{kPa})$	$\varphi(°)$	地下水
Ⅰ	黏土	3	17.3	9.6	9.1	无
Ⅱ	粉质黏土	9	18.9	13.2	15.1	无

解:(1)计算主动土压力合力。先求主动土压力系数,即:

$$K_{a1} = \tan^2\left(45° - \frac{\varphi_{1k}}{2}\right) = \tan^2\left(45° - \frac{9.1°}{2}\right) = 0.73$$

$$K_{a2} = \tan^2\left(45° - \frac{\varphi_{2k}}{2}\right) = \tan^2\left(45° - \frac{15.1°}{2}\right) = 0.59$$

则:

$$\sqrt{K_{a1}} = \sqrt{0.73} = 0.85$$

$$\sqrt{K_{a2}} = \sqrt{0.59} = 0.77$$

再计算主动土压力强度,确定主动土压力为零的点,即:

$$\gamma_1 z_0 K_{a1} - 2c_1 \sqrt{K_{a1}} = 0$$

$$z_0 = \frac{2c_1\sqrt{K_{a1}}}{\gamma_1 K_{a1}} = \frac{2 \times 9.6 \times 0.85}{17.3 \times 0.73} = 1.29(\text{m})$$

计算Ⅰ层和Ⅱ层土交界处主动土压力如下。

Ⅰ层底:

$$e_{a2} = \gamma_1 h_1 K_{a1} - 2c_1\sqrt{K_{a1}}$$
$$= 17.3 \times 3.0 \times 0.73 - 2 \times 9.6 \times 0.85$$
$$= 21.57(\text{kPa})$$

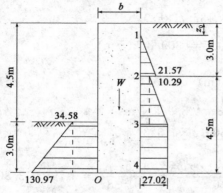

图 44-8 主动土压力分布图(单位:kPa)

Ⅱ层顶:

$$e'_{a2} = \gamma_1 h_1 K_{a2} - 2c_2\sqrt{K_{a2}}$$
$$= 17.3 \times 3.0 \times 0.59 - 2 \times 13.2 \times 0.77$$
$$= 10.29(\text{kPa})$$

则基坑底面高度处主动土压力为:

$$e_{a3} = [\gamma_1 h_1 + \gamma_2(h - h_1)]K_{a2} - 2c_2\sqrt{K_{a2}}$$
$$= [17.3 \times 3.0 + 18.9 \times (4.5 - 3)] \times$$
$$0.59 - 2 \times 13.2 \times 0.77$$
$$= 27.02(\text{kPa})$$

主动土压力分布如图 44-8 所示。

上三角形：

$$E_{a1} = \frac{1}{2} \times 21.57 \times (h_1 - z_0)$$

$$= \frac{1}{2} \times 21.57 \times (3 - 1.29)$$

$$= 18.44(\text{kN/m})$$

中间矩形：

$$E_{a2} = 10.29 \times (h - h_1) = 10.29 \times (4.5 - 3) = 15.44(\text{kN/m})$$

中间三角形：

$$E_{a3} = \frac{1}{2} \times (27.02 - 10.29) \times 1.5 = 12.54(\text{kN/m})$$

下矩形：

$$E_{a4} = 27.02 \times 3 = 81.06(\text{kN/m})$$

所以：

$$\sum E_{ai} = 18.44 + 15.44 + 12.54 + 81.06 = 127.48(\text{kN/m})$$

(2)计算被动土压力合力。被动土压力系数为：

$$K_{p2} = \tan^2\left(45° + \frac{\varphi_{2k}}{2}\right) = \tan^2\left(45° + \frac{15.1°}{2}\right) = 1.70$$

$$\sqrt{K_{p2}} = \sqrt{1.70} = 1.31$$

则基坑底面高度处被动土压力为：

$$e_{p3} = 2c_2\sqrt{K_{p2}} = 2 \times 13.2 \times 1.31 = 34.58(\text{kPa})$$

墙底处被动土压力为：

$$e_{p4} = \gamma_2 h_b K_{p2} + 2c_2\sqrt{K_{p2}} = 18.9 \times 3.0 \times 1.70 + 34.58 = 130.97(\text{kPa})$$

所以：

$$\sum E_p = \frac{1}{2}(34.58 + 130.97) \times 3.0 = 248.33(\text{kN/m})$$

(3)确定水泥土墙最小厚度。倾覆力矩(对墙角 O 点)为：

$$M_a = 18.44 \times \left(\frac{3.0 - 1.29}{3} + 4.5\right) + 15.44 \times (0.75 + 3.0) +$$

$$12.54\left(\frac{1}{3} \times 1.5 + 3\right) + 81.06 \times \frac{3.0}{2} = 316.88(\text{kN·m/m})$$

因为抗倾覆力矩是由被动土压力和墙的自重(对墙角 O 点)所引起,故被动土压力引起的力矩 M_p 为：

$$M_p = 34.58 \times 3.0 \times 1.5 + \frac{1}{2} \times (130.97 - 34.58) \times 3 \times \frac{1}{3} \times 3.0 = 300.2(\text{kN·m/m})$$

由墙自重引起的力矩 M_{cs} 为：

$$M_{cs} = W\frac{b}{2} = \gamma_{cs}b(h + h_b)\frac{b}{2} = 18 \times b \times 7.5 \times \frac{b}{2} = 67.5b^2$$

$$M_p + M_{cs} - 1.2\gamma_0 M_a \geqslant 0$$

式中：γ_0——取为 1.1,安全等级为一级,可查表 39-1 而得。

$$300.2 + 67.5b^2 - 1.2 \times 1.1 \times 316.88 \geqslant 0$$

解上述方程得 $b \geqslant 1.323\text{m}$,小于构造值,故取 $b = 1.8\text{m}$。

四、水泥土墙土压力的计算

水泥土墙土压力计算图示如图 44-9 所示。

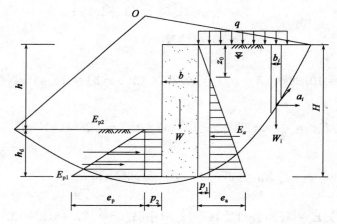

图 44-9 水泥土墙计算图式

$$
\left.\begin{array}{l}
p_1 = 2c_1\sqrt{K_a} \\[4pt]
p_2 = 2c_2\sqrt{K_p} \\[4pt]
e_a = \gamma_1 H K_a \\[4pt]
e_p = \gamma_2 h_d K_p \\[4pt]
e_q = \gamma_1 h_q K_a \\[4pt]
z_0 = \dfrac{2c}{\gamma_1\sqrt{K_a}}
\end{array}\right\}
\tag{44-13}
$$

式中：K_a——主动土压力系数：$K_a = \tan\left(45° - \dfrac{\varphi_1}{2}\right)$，当 $K_a < 0.55$ 时，取 $K_a = 0.55$；

φ_1——墙底以上各种土层内摩擦角按土层厚度的加权平均值(°)；

K_p——被动土压力系数：$K_p = \tan\left(45° + \dfrac{\varphi_2}{2}\right)$，当 $K_p > 1.82$ 时，取 $K_p = 1.82$。

φ_2——墙底至基坑底之间各土层内摩擦角按土层厚度的加权平均值(°)；

H——水泥土墙的墙高(m)；

h——基坑的深度(m)，见图 44-9；

h_d——水泥土墙的插入深度(m)；

c_1——墙底以上各土层黏聚力按土层厚度的加权平均值(kPa)；

c_2——墙底以上各土层黏聚力按土层厚度的加权平均值(kPa)；

γ_1——墙底以上各土层天然重度按土层厚度的加权平均值(kN/m³)；

γ_2——墙底至基坑底之间各土层天然重度按土层厚度的加权平均值(kN/m³)；

h_q——地面荷载 q 的当量土层厚度(m)；

b——水泥土挡墙的宽度(m)，见图 44-9。

上面各式中 γ、φ、c 分别按下式计算：

$$
\gamma = \sum_{i=1}^{n} \frac{\gamma_i h_i}{H}
\tag{44-14}
$$

$$\varphi = \sum_{i=1}^{n} \frac{\varphi_i h_i}{H} \qquad (44\text{-}15)$$

$$c = \sum_{i=1}^{n} \frac{c_i h_i}{H} \qquad (44\text{-}16)$$

式中：h_i——墙底以上各土层的厚度（m）；

H——墙的高度（m），$H = \sum h_i$；

γ_i——墙底以上各土层的天然重度（kN/m³）；

φ_i——墙底以上各土层的内摩擦角（°）；

c_i——墙底以上各土层的黏聚力（kN/m³）。

类似地，也按上述计算方法得到墙底至基坑底之间各土层的天然重度、内摩擦角及黏聚力的加权平均值 γ_i、φ_i 及 c_i。

按照计算图式，墙后主动土压力按式（44-17）计算：

$$E_a = \left(\frac{\gamma_1 H^2}{2} + qH \right) K_a - 2c_1 H \sqrt{K_a} + \frac{2c^2}{\gamma} \qquad (44\text{-}17)$$

式中：E_a——墙后主动土压力（kN/m）；

q——地面荷载（kPa）；

H——水泥围护结构的墙高（m）；

K_a——主动土压力系数，$K_a = \tan^2 \left(45° - \frac{\varphi_1}{2} \right)$，当 $K_a < 0.55$ 时，取 $K_a = 0.55$；

其他符号意义同前。

墙前被动土压力按式（44-18）计算：

$$E_p = E_{p1} + E_{p2} = (\gamma_2 h_d^2 / 2) K_p + 2c_2 h_d \sqrt{K_p} \qquad (44\text{-}18)$$

式中：E_p——墙后主动土压力（kN/m）；

γ_2——基坑底至墙底间各土层天然重度按土层厚度加权平均值（kN/m³）；

K_p——被动土压力系数，$K_p = \tan^2 \left(45° + \frac{\varphi_2}{2} \right)$，当 $K_p > 1.82$，取 $K_p = 1.82$；

其他符号意义同前。

五、水泥土墙稳定性验算

1. 抗倾覆稳定

水泥土墙按重力式挡土墙验算墙体绕前趾 A 的抗倾覆稳定安全系数：

$$K_q = \frac{\dfrac{E_{p1} h_d}{3} + \dfrac{E_{p2} h_d}{2} + \dfrac{Wb}{2}}{\dfrac{(E_a - K_a qH)(H - z_0)}{3} + \dfrac{K_a qH^2}{2}} \qquad (44\text{-}19)$$

式中：b——墙宽（m）；

W——水泥土挡墙的自重（kN），$W = \gamma_0 BH$，γ_0 为水泥土墙体的重度（kN/m³），根据自然土重度与水泥掺量确定，一般取 $18 \sim 19$kN/m³，坑底深度下取浮重度；

K_q——抗倾覆安全系数，应不小于 1.1。当基坑边长不大于 20m 时，应不小于 1.0，一般取 $1.3 \sim 1.6$。

当采用坑边卸荷与水泥土重力式挡墙相结合的支护结构时，未卸土部分的土压力应按实

297

际作用大小及位置考虑。

2. 抗滑移稳定

(1) 水泥土墙按重力挡土墙验算沿墙底面滑移的安全系数按式(44-20a)计算：

$$K_h = \frac{墙体抗滑力}{墙体滑动力} = \frac{W\tan\varphi_0 + c_0 b + E_p}{E_a} \quad (44\text{-}20a)$$

式中：φ_0、c_0——分别表示墙底土层的内摩擦角(°)与黏聚力(kPa)；

K_h——抗滑移安全系数，取 $1.2\sim1.3$，当基坑边长不大于 20m 时，K_h 应不小于 1.0。

抗滑移安全系数也可根据水泥土挡土结构基底的摩擦因数按式(44-20b)计算。

$$K_h = \frac{W\mu + E_p}{E_a} \quad (44\text{-}20b)$$

式中：μ——挡土墙基底的摩擦因数，宜由试验确定，也可按表 44-5 选用；

其他符号意义同前。

挡土结构基底与土的摩擦因数 表 44-5

地基土类别	摩擦因数 μ	地基土类别	摩擦因数 μ
软塑—可塑黏性土	$0.2\sim0.5$	碎石土	$0.4\sim0.5$
硬塑—坚硬黏性土	0.3	软质岩	$0.4\sim0.6$
粉土	$0.3\sim0.4$	硬质岩	$0.6\sim0.7$
砂类土(不含细砂、粉砂)	0.4		

(2)《基坑工程手册》(刘建航、侯学渊主编)建议采用浅埋式重力挡土墙验算水泥土墙体沿底面抗滑移稳定安全系数：

$$K_h = \frac{W\tan\varphi_0 + c_0 b}{E_a - E_p} \quad (44\text{-}20c)$$

式中：K_h——抗滑移安全系数，取 $K_h \geqslant 1.3$；

其他符号意义同前。

由于水泥土搅拌桩支护结构的入土深度一般较大，被动区土压力 E_p 要比一般浅埋的重力式挡土墙大得多，常常接近甚至大于主动土压力 E_a，而墙体自重引起的抗滑力与 E_p 相比又较小。因此在一般情况下，水泥土墙应按式(44-20)验算抗滑移安全系数。

工程中，经常为了加强水泥土支护结构的止水效果及提高其抗滑移稳定性，将挡土墙的入土深度设计成"长短结合"形式，挡墙底部为踏步式或齿形(图 44-3)。此时，验算抗倾覆稳定及抗滑移稳定可取平均深度作为墙体的底面高程。

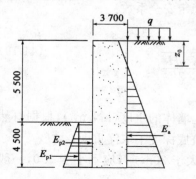

图 44-10 计算简图(尺寸单位：mm)

【例 44-3】以【例 44-1】计算结果为基础，按本章第四节中四、五的要求来验算图 44-10 的抗倾覆稳定性及抗滑移稳定性。

解：由【例 44-1】知：$K_{ai} = 0.59$，$K_{pi} = 1.7$，$E_{p1} = 309.8$ kN/m，$E_{p2} = 94.1$ kN/m。

(1) 抗倾覆稳定验算

按式(44-17)得：

$$E_a = \left(\frac{1}{2}\gamma H^2 + qH\right)K_a - 2cH\sqrt{K_a} + \frac{2c^2}{\gamma}$$

$$= \left(\frac{1}{2} \times 18 \times 9^2 + 20 \times 9\right) \times 0.59 - 2 \times 8 \times$$

$$9\sqrt{0.59} + \frac{2 \times 8^2}{18} = 432.8 (\text{kN/m})$$

$$z_0 = \frac{2c}{\gamma\sqrt{K_a}} = \frac{2 \times 8}{18 \times \sqrt{0.59}} = 1.16(\text{m})$$

按式(44-19)得:

$$K_q = \frac{\frac{1}{2}h_d E_{p2} + \frac{1}{3}h_d E_{p1} + \frac{1}{2}bW}{\frac{1}{3}(E_a - K_a qH)(H - z_0) + \frac{1}{2}K_a qH^2}$$

$$= \frac{\frac{1}{2} \times 4.5 \times 94.1 + \frac{1}{3} \times 4.5 \times 309.8 + \frac{1}{2} \times 3.7 \times 19 \times 3.7 \times 9}{\frac{1}{3}(432.8 - 0.59 \times 20 \times 9)(9 - 1.16) + \frac{1}{2} \times 0.59 \times 20 \times 9^2}$$

$=1.39 > 1.1$,满足要求。

(2)抗滑移稳定验算

按式(44-20a)得沿墙底面滑移安全系数 K_h 为:

$$K_h = \frac{W\tan\varphi_0 + c_0 b + E_p}{E_a}$$

$$= \frac{19 \times 3.7 \times 9 \times \tan15° + 8 \times 3.7 + 403.9}{432.8}$$

$=1.39 > 1.2$,满足要求。

3. 整体稳定

当水泥土墙下为软弱土层时,应验算其整体稳定性,整体稳定验算采用圆弧滑动法,渗透力的作用采用替代法;整体安全系数按式(44-21)计算。

$$K_z = \frac{\sum c_i l_i + \sum(q_i b_i + W_i)\cos\alpha_i \tan\varphi_i}{\sum(q_i b_i + W_i)\cos\alpha_k} \tag{44-21}$$

式中:l_i——第 i 条沿滑弧面的弧长(m),$l_i = b_i/\cos\alpha_i$;

q_i——第 i 条土条处的地面荷载(kN/m);

b_i——第 i 条土条宽度(m);

W_i——第 i 条土条重量(kN)。不计渗透力时,坑底地下水位以上取天然重度,坑底地下水位以下取浮重度。当计入渗透力作用时,坑底地下水位至墙后地下水位范围内的土体重度在计算滑动力矩(分母)时取饱和重度、在计算抗滑力矩(分子)时取浮重度;

α_i——第 i 条滑弧中点的切线和水平线的夹角(°);

c_i——第 i 条土条滑动面上土的黏聚力(kPa);

φ_i——第 i 条土条滑动面上土的内摩擦角(°);

K_z——对应于每一滑弧的整体稳定安全系数,当不计渗透力时,其最小值应不小于1.0,一般取 1.0~1.5。

用式(44-21)验算整体稳定性时,应选用不同的圆心和滑动圆弧面,求得最小安全系数 K_z。圆弧面应从墙底开始向下选取,如墙底以下不远有硬土层,则滑动圆弧面至与硬土面相切为止。通常最危险滑弧在墙底下 0.5~1m 处。当墙底下面有软弱夹层时,应增大计算深度,直至 K_z 值增大为止。

验算切墙滑弧安全系数时,可取墙体强度指标 $\varphi=0$,$c=(1/10\sim1/15)q_u$(q_u 为水泥土无侧限抗压强度)。当 $q_u\geqslant1$MPa 时,可不验算切墙滑弧的安全系数。

水泥土墙设计中用圆弧法来确定挡土墙的入土深度时,当墙宽范围内采用不同长度桩长时,所确定的深度为平均深度。

4. 抗隆起稳定

水泥土墙抗隆起计算可参阅本手册第四十章第六节。

5. 抗管涌稳定

基坑开挖以后,地下水形成一定的水头差,使地下水由高处向低处渗流。在渗流的作用

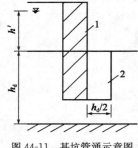

图 44-11 基坑管涌示意图
1-支护墙体;2-渗透不稳定区

下,基坑底部出现渗透不稳定时,往往会发生基底隆起或产生流沙。在饱和软黏土中会产生流土,在砾石土层中则由于其中的细颗粒溜走而产生管涌现象。这些渗透不稳定现象的发生,会危及支护结构的安全。太沙基在进行模型试验后得出结论:渗流引起的基坑底部不稳定现象一般发生在宽度为支护墙插入深度 h_d 的 1/2 范围内如图 44-11 所示。

当地下水的向上渗流力(动水压力)j 大于土的浮重度时,土粒会处于浮动状态,产生坑底管涌现象,要避免管涌则要求满足:

$$K_g=\frac{\gamma'}{j} \tag{44-22a}$$

式中:K_g——抗管涌安全系数,取 1.5~2.0;

j——地下水向上渗流力,按下式计算。

$$j=i\gamma_w=\frac{h'\gamma_w}{h'+2\gamma_d} \tag{44-22b}$$

式中:i——平均水力坡度;

γ_w——地下水的重度(kN/m³);

γ'——土的浮重度(kN/m³)。

当坑底以上的土层为黏性土时,为满足抗管涌稳定,水泥土墙的最小插入深度为:

$$h_d=\frac{k\gamma_w-\gamma'}{2}\frac{h'}{\gamma'} \tag{44-23a}$$

如坑底以上的土层为砂性土、粉土、松散填土或为多裂隙土时,由于这些土层透水性好,地下水流经此层的水头损失很小,故应略去不计,此时,抗管涌稳定应满足:

$$h_d=\frac{k\gamma_w}{2}\frac{h'}{\gamma'} \tag{44-23b}$$

六、抗渗验算

为防止基坑出现流沙现象,当基坑底下为砂土(或坑底下为黏土层而其下有砂土透水层时)均需要进行渗流验算,抗渗流验算可采用 R. N. Darihdenkoff 及 o. L. Franke 基坑平面渗流计算方法确定的水泥土墙的抗渗计算。计算图式如图 44-12 所示。

抗渗计算步骤如下:

1. 确定地下水位及不透水层的层面位置

地下水位一般取天然地面下 0.5m。雨季开挖时,取天然地面高程。

不透水层深度取无明显夹砂层的黏土或粉质黏土层深度。

当 $H>0.9T_1$ 时,取 $H=0.9T_1$;当 $h_d>0.9T_2$ 时,取 $h_d=0.9T_2$。

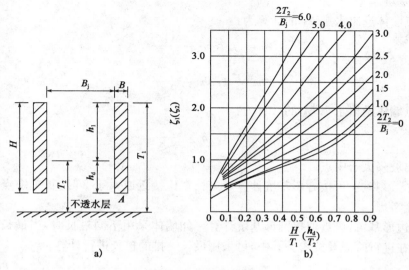

图 44-12　水泥土墙抗渗计算图式
a)渗流计算图式;b)渗流计算曲线

2. 抗渗计算

1)对一般地下沟槽开挖工程可按平流考虑。其方法是先由图 44-12 中 $\dfrac{H}{T_1}$ 及 $\dfrac{2T_2}{B_j}=0$,查得

阻力系数 ζ_1,再由 $\dfrac{h_d}{T_2}$ 和 $\dfrac{2T_2}{B_j}$,查得阻力系数 ζ_2,再计算出口处 A 点的水头 $h_A(\text{m})$。

(1)按式(44-24)计算单宽流量:

$$q = kh_1 \frac{1}{\zeta_1 + \zeta_2} \tag{44-24}$$

式中:q——围护结构单位宽度的渗流量$[\text{m}^3/(\text{m}\cdot\text{s})]$;

　　k——土的垂直向渗透系数(m/s)。

(2)按式(44-25)计算出口处 A 点的水头 h_A:

$$h_A = h_1 \frac{\zeta_2}{\zeta_1 + \zeta_2} \tag{44-25}$$

(3)按式(44-26)计算出口段平均渗透坡降 J_F,应满足抗渗安全要求。

$$J_F = \frac{h_A}{h_d + B} \leqslant \frac{j_c}{K_s} \tag{44-26}$$

式中:j_c——临界坡降,对砂土取 $j_c=0.8\sim1.0$;

　　K_s——抗渗安全系数,当墙底为砂土、砂质粉土或有明显的砂性土夹层时,取 3.0;其他土

　　　　层取 2.0,一般取 1.5~3.0;对粉土;可取 $\dfrac{j_c}{K_s}=\dfrac{1}{3}$ 或按同类工程选取坡降值。

2)其他形状基坑开挖工程

(1)圆形基坑。

墙底出口处逸出水头 h_A 的计算为:

$$q = 0.8kh \frac{1}{\zeta_1 + \zeta_2} \tag{44-27}$$

$$h_{\mathrm{A}} = 1.3h \frac{\zeta_2}{\zeta_1 + \zeta_2} \tag{44-28}$$

(2)方形基坑。

每边中点墙体逸出水头 h_{A} 的计算为:

$$q = 0.75kh \frac{1}{\zeta_1 + \zeta_2} \tag{44-29}$$

$$h_{\mathrm{A}} = 1.3h \frac{\zeta_2}{\zeta_1 + \zeta_2} \tag{44-30}$$

基坑角点墙体逸出水头 h_{A} 的计算为:

$$h_{\mathrm{A}} = 1.7h \frac{\zeta_2}{\zeta_1 + \zeta_2} \tag{44-31}$$

角点逸出坡降大于中点。

(3)对长方形基坑,可按方形基坑计算。当长宽比接近或大于 2 时,长边中点的逸出水头可按平流渗流考虑。

(4)对多边形基坑,可近似接圆形基坑计算。如墙体采用不同桩长时,当最长一排桩纵向是连续的,则在进行管涌及抗渗验算中,可采用最长一排的桩长进行计算。

七、墙体应力

水泥土墙墙体在侧向土压力的作用下,墙身产生弯矩,墙体偏心受压,应验算墙体的正应力与剪应力。

1. 墙体正应力与墙体坑底截面处应力验算

(1)正应力验算

$$\sigma_{\substack{\max \\ \min}} = \frac{W_i}{B_i} \left(1 \pm \frac{6e_i}{B_i}\right) \tag{44-32}$$

$$\sigma_{\max} \leqslant \frac{q_{\mathrm{u}}}{2}$$

$$|\sigma_{\min}| < \frac{q_{\mathrm{L}}}{2} \ (\text{当} \ \sigma < 0 \ \text{时})$$

式中:e_i——荷载作用于验算截面上的偏心距(m),$e_i = \dfrac{M_i}{W_i}$;

M_i——验算截面以上土压力合力在该截面上产生的弯矩(kN·m);

W_i——验算截面以上的墙体重度(kN/m³);

B_i——验算截面宽度(m);

q_{u}——水泥土抗压强度设计值(kPa),可取 $q_{\mathrm{u}} = \left(\dfrac{1}{3} - \dfrac{1}{2}\right) f_{\mathrm{cu,k}}$;

q_{L}——水泥土抗拉强度设计值(kPa),可取 $q_{\mathrm{L}} = 0.5 q_{\mathrm{u}}$;

$f_{\mathrm{cu,k}}$——与桩身水泥土配方相同的室内水泥土试块(边长为 70.7mm 的立方体)在标准养护条件下,90d 龄期的单轴极限抗压强度平均值(kPa);亦可用 7d 龄期抗压强度 $f_{\mathrm{cu,k}}$,推算 $f_{\mathrm{cu,k}}$,$f_{\mathrm{cu,k}} = \dfrac{f_{\mathrm{cu,k}}}{0.3}$。

同时,正应力也可按下列式(44-33)和式(44-34)进行验算:

$$\sigma_{\max} = \gamma_{\mathrm{c}} z + q + \frac{M x_1}{I} \leqslant \frac{q_{\mathrm{u}}}{K_{\mathrm{j}}} \tag{44-33}$$

$$\sigma_{\min} = \gamma_c z - \frac{Mx_2}{I} \geqslant 0 \tag{44-34}$$

式中：$\sigma_{\max}$、$\sigma_{\min}$——分别表示计算截面上的最大及最小应力（kPa）；

        z——计算截面以上水泥土墙的高度（m）；

        q——支护结构顶面堆载（kPa）；

        M——挡土墙计算截面处的弯矩（kN·m）；

  x_1、x_2——挡土墙在计算截面处的截面形心至最大、最小应力点的距离（m）；

        I——挡土墙在计算截面处的惯性矩（m⁴）；

       K_j——考虑水泥土强度不均匀的系数，取 2.0；

其他符号意义同前。

水泥土墙通常布置为格栅式，进行正应力验算时，应取水泥土的截面作为有效计算截面，不计桩间的截面。为简化计算，可取 ηb（η 为水泥土的置换率）为计算截面面积，b 为截面宽度。

正应力验算截面一般取坑截面处及墙体变截面处。如计算不满足，应加大支护结构宽度。

（2）墙体坑底截面处应力验算

水泥土墙体坑底截面处的应力验算应符合式（44-35）和式（44-36）的要求。

$$\sigma_1 = \gamma_0 h - 6M/B^2 > 0 \tag{44-35}$$

$$\sigma_2 = \gamma_0 h + q + 6M/(\eta B)^2 \leqslant q_u/2K_j \tag{44-36}$$

$$M = (h - Z_0)F_{ao}/3 + qh^2 K_a/2 \quad (\text{kN·m}) \tag{44-37}$$

$$F_{ao} = \gamma(h - Z_0)^2 K_a/2 \quad (\text{kN}) \tag{44-38}$$

式中：h——开挖深度（m）；

    η——墙体截面水泥土置换率，为水泥土加固体和墙体截面积之比；

   K_j——安全系数。考虑水泥土加固体强度的均匀性，通常取 $K_j = 2.0$，当墙插毛竹时，可取 $K_j = 1.5$；

   γ_0——墙体平均重度，根据水泥掺量取 $\gamma_0 = 18 \sim 19 \text{kN/m}^3$，坑底深度下取浮重度；

其他符号意义同前。

2. 墙体剪应力验算

当水泥土墙的宽度及插入深度满足式（44-2）和式（44-3）的要求，且当水泥土的置换率不小于 0.7 时，一般可不进行剪应力验算。否则应按下式进行剪应力验算：

$$\tau = \frac{E'_a}{\eta b} \leqslant 0.1 \frac{q_u}{K_j} \tag{44-39}$$

式中：τ——计算截面处的剪应力（kPa）；

   E'_a——计算截面处主动土压力的合力（kN）；

    η——计算截面处水泥土的置换率。

同时，剪应力也可按式（44-40）进行验算：

$$\tau = \frac{E_{ai} - W_i u_1}{B_i} < \frac{q_j}{2} \tag{44-40}$$

式中：E_{ai}——验算截面以上的主动土压力（kN/m）；

   u_1——墙体材料抗剪断系数，一般取 0.4～0.5；

   q_j——水泥土抗剪强度设计值（kPa），可取 $q_j = \dfrac{q_u}{3}$；

其他符号意义同前。

剪应力验算截面一般为坑底截面处及墙体变截面处。

八、基底地基承载力验算

水泥土墙是采用加固土而形成的重力式挡土墙，加固后的墙质量比原状土增加不大（一般仅增加3%左右），因此基底地基承载力一般可满足要求，不必验算。如基底土质很差，或为较厚的软弱土层时，尚应对地基强度进行验算，验算可按式（44-41）～式（44-43）进行，验算截面选取与墙身应力验算相同。

$$p = \gamma_c H + q \leqslant f \tag{44-41}$$

$$p_{max} = \gamma_c H + q + \frac{Mx_1}{I} \leqslant 1.2f \tag{44-42}$$

$$p_{min} = \gamma_c H + q - \frac{Mx_2}{I} \geqslant 0 \tag{44-43}$$

式中： p——基底平均压力设计值（kPa）；

p_{max}、p_{min}——分别表示基底边缘最大与最小压力设计值（kPa）；

x_1、x_2——分别表示计算截面形心至最大或最小压力点处的距离（m）；

M——作用于挡土结构底部的力矩（kN·m）；

I——挡土结构截面惯性矩（m⁴）；

f——地基承载力设计值（kPa）；

γ_c——水泥土的重度（kN/m³）；

H、q——见图44-9。

同时，挡墙基底地基承载力按式（44-44）进行验算：

$$\sigma_{min}^{max} = \frac{W}{B}\left(1 \pm \frac{6e}{B}\right)$$

$$\sigma_{max} \leqslant 1.2f \tag{44-44}$$

$$\sigma_{min} > 0$$

式中：σ_{max}——基底边缘的最大压力（kPa）；

σ_{min}——基底边缘的最小压力（kPa）；

W——墙体自重（kN/m）；

B——墙体宽度（m）；

e——荷载在墙基底面上的偏心距（m）；

f——经深度（从基坑开挖深度算起）修正后墙底地基土承载力（kPa）。

【例44-4】 某建筑基坑开挖深度5.6m，地面超载为均布荷载20kN/m²，设计为水泥搅拌重力式挡土墙挡土（图44-13），采用9排ϕ700水泥搅拌桩，桩间搭接200mm，格栅状布置，宽4.5m，挡墙深11m，桩顶在地面下1.0m，水泥平均重度为18.5kN/m³，无侧限抗压强度为1.2MPa，抗拉强度为150～250MPa。试对该水泥搅拌重力式挡土墙的抗滑稳定性、抗倾覆稳定性及墙身应力进行验算。

1. 土压力系数

$$K_a = \tan^2(45° - \varphi/2)$$

$$K_p = \tan^2(45° + \varphi/2)$$

$$K_{a1} = \tan^2\left(45° - \frac{20°}{2}\right) = 0.49$$

$$\sqrt{K_{a1}} = 0.70$$

$$K_{a2} = \tan^2\left(45° - \frac{14°}{2}\right) = 0.61$$

$$\sqrt{K_{a2}} = 0.781$$

$$K_{P_1} = \tan^2\left(45° + \frac{14°}{2}\right) = 1.638$$

$$\sqrt{K_{P_1}} = 1.28$$

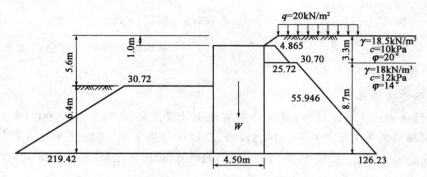

图 44-13 水泥土墙抗渗计算图式（单位：kN/m^2）

2. 土压力计算

$$E_{ai} = \left(q + \sum \gamma_i h_i\right) K_{ai} - 2c\sqrt{K_{ai}}$$

$$E_{pi} = \left(\sum h_i \gamma_i\right) K_{pi} + 2c\sqrt{K_{pi}}$$

$$E_{a1上} = (20 + 18.5 \times 1) \times 0.49 - 2 \times 10 \times 0.70 = 4.865(kN/m^2)$$

$$E_{a1下} = (20 + 18.5 \times 3.3) \times 0.49 - 2 \times 10 \times 0.70 = 25.715(kN/m^2)$$

$$E_{a2上} = (20 + 18.5 \times 3.3) \times 0.61 - 2 \times 12 \times 0.781 = 30.70(kN/m^2)$$

$$E_{a2下} = (20 + 18.5 \times 3.3 + 18 \times 8.7) \times 0.61 - 2 \times 12 \times 0.781 = 126.23(kN/m^2)$$

$$E_{p上} = 2 \times 12 \times 1.28 = 30.72(kN/m^2)$$

$$E_{p下} = 18 \times 6.4 \times 1.638 + 2 \times 12 \times 1.28 = 219.42(kN/m^2)$$

$$E_{a坑底} = (20 + 18.5 \times 23 + 18 \times 2.3) \times 0.61 - 2 \times 12 \times 0.781 = 55.946(kN/m^2)$$

3. 抗滑稳定性验算

挡墙自重：

$$W = 11 \times 4.5 \times 18.5 = 915(kN/m)$$

滑动力：

$$F = (4.865 + 25.715) \times \frac{1}{2} \times 2.3 + (30.7 + 126.23) \times \frac{1}{2} \times 8.7 = 717.1(kN/m)$$

抗滑力：

$$F' = (30.72 + 219.42) \times \frac{1}{2} \times 6.4 + 915 \times \tan(0.9 \times 14) + 4.5 \times 12 = 1\,058.5(kN/m)$$

上式中，桩底与土层之间摩擦因数取 0.2。

抗滑安全系数：$K_1 = \dfrac{F'}{F} = \dfrac{1\,058.5}{717.1} = 1.48 > 1.3$，故安全。

4. 抗倾覆稳定性验算

倾覆力矩：

$$M_1 = 4.865 \times 2.3 \times \left(\frac{2.3}{2} + 8.7\right) + (25.715 - 4.865) \times \frac{1}{2} \times 2.3 \times \left(\frac{2.3}{3} + 8.7\right) +$$

$$30.7 \times 8.7 \times \frac{8.7}{2} + (126.23 - 30.7) \times 8.7 \times \frac{1}{2} \times 8.7 \times \frac{1}{3}$$

$$= 110.22 + 226.99 + 1\,161.84 + 1\,205.11 = 2\,704.7(\text{kN} \cdot \text{m/m})$$

抗倾覆力矩：

$$M_2 = 30.72 \times 6.4 \times \frac{6.4}{2} + (219.42 - 30.72) \times \frac{6.4}{2} \times \frac{6.4}{3} + 915 \times 4.50 \times \frac{1}{2}$$

$$= 629.15 + 1\,288.19 + 2\,058.75 = 3\,976.09(\text{kN} \cdot \text{m/m})$$

抗倾覆安全系数：$K_2 = \dfrac{M_2}{M_1} = \dfrac{3\,976.09}{2\,704.17} = 1.47$，基本安全。抗倾覆稳定数 $K_2 = 1.3 \sim$

1.5。

5. 地基稳定性验算

水泥土挡墙的地基稳定性按《建筑地基基础设计规范》(GB 50007—2002)采用圆弧滑动面验算，本例挡墙嵌固深度达 6.4m，根据经验，深埋的挡墙基础，若能满足抗滑动和抗倾覆的安全系数(分别为 1.3 和 1.5)的要求，一般都能满足地基稳定性安全系数 1.2。本例计算从略。

6. 墙身应力验算(取基坑坑底部位)

水泥挡土墙自重：

$$W_1 = 18.5 \times 4.5 \times 4.6 = 382.95(\text{kN/m})$$

主动土压力对坑底处力矩 M_a'：

$$M_a' = 4.865 \times 2.3 \times \left(\frac{2.3}{2} + 2.3\right) + (25.715 - 4.865) \times \frac{1}{2} \times 2.3 \times \left(\frac{2.3}{3} + 2.3\right) +$$

$$30.70 \times 2.3 \times \frac{2.3}{2} + (55.946 - 30.70) \times \frac{2.3}{3} \times \frac{2.3}{2}$$

$$= 38.6 + 73.54 + 81.20 + 22.26 = 215.60(\text{kN} \cdot \text{m/m})$$

边缘应力按式(44-44)得：

$$\sigma = \frac{W_1}{b} \pm 6\frac{M}{b^2} = \frac{382.95}{4.5} \pm 6 \times \frac{215.6}{4.5^2}$$

$$\sigma_{max} = 148.95(\text{kPa}) < 1.2(\text{MPa})$$

$$\sigma_{min} = 21.22(\text{kPa}) < 150(\text{kPa})，安全。$$

根据以上验算：该基坑采用 9 排 4.5m 宽、11m 高格栅状布置的水泥搅拌桩挡土墙能够满足要求。

九、水泥土墙格仓压力计算

(1)格仓压力与格栅布置。水泥土墙平面布置多为格栅型，格栅中间的土体对水泥土隔墙会产生一定的侧压力，即格仓压力。因此，当水泥土墙采用格栅布置时，水泥土的置换率对于淤泥不宜小于 0.8，淤泥质土不宜小于 0.7，一般黏性土、黏土及砂土不宜小于 0.6，格栅长宽比不宜大于 2。

必要时,可进行格仓压力验算。根据 X. Yousom 的理论可得到格仓压力的近似计算式(图 44-14):

$$q_x = \frac{\gamma F}{\tan\varphi_{uk}}\left(1 - \frac{cu}{\gamma F}\right) \tag{44-45}$$

式中:F——每个格子的土体的土体面积(m^2),应符合 $F \leqslant \frac{cu}{K_f\gamma}$;

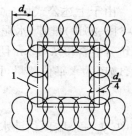

图 44-14　格仓压力计算简图
1-计算边框线

　　　u——搅拌桩格栅格子的周长(m),按图 44-14 规定的边框线计算;

　　　γ——坑底以上格子内各土层有效重度,按土层厚度的加权平均值(kN/m^3);

　　　c——格子内土的黏聚力(kPa);

　　　k——侧向压力系数;

　　　q_x——水泥土隔墙所受的格仓压力(kPa)。

　　由式(44-45)可知,如 $cu/\gamma F \geqslant 1$,则 $q_x \leqslant 0$,即可忽略仓压力的作用。因此在水泥土墙布置时,使其满足式(44-46)即可。

$$\frac{cu}{\gamma F} \leqslant K_f \tag{44-46}$$

式中:K_f——安全系数,对砂土或砂质粉土,取 1.0;对黏土,取 2.0。

　　(2)水泥土桩与桩之间的搭接宽度应根据挡土及截水要求确定,考虑抗渗作用时,桩的有效搭接宽度不宜小于 150mm,当不考虑截水作用时,搭接宽度不小于 100mm。

　　(3)当变形不能满足要求时,宜采用基坑土体加固或水泥土墙顶插筋加混凝土面板等措施。

十、水泥土墙位移计算

可采用以下半经验公式:

1. 水泥土挡墙顶面水平位移 y_0(m)

$$\left.\begin{aligned}
y_0 &= \frac{1}{EI} \geqslant \frac{\xi}{30}h^5 + l\frac{BGh}{2} + l^2\frac{BG - \mu Gh}{2} + l\left[\frac{n_2 h - \mu G}{6} + l\left(\frac{n_1 h}{30} + \frac{3n_1 h + n_2}{24}\right)\right] \\
n_1 &= \gamma + (\gamma - \xi)\frac{h}{l} - n \\
n_2 &= \xi h - 2c\tan\left(45° + \frac{\varphi}{2}\right)
\end{aligned}\right\} \tag{44-47}$$

式中:γ——土的重度(kN/m^3);

　　　c——土的黏聚力(kPa);

　　　φ——土的内摩擦角(°);

　　　ξ——挡土主动侧综合水土压力系数(kN/m^3);

　　　G——挡墙每延长米的总重量(kN/m);

　　　E——挡墙的平均弹性模量(kPa);

　　　I——挡墙横截面对其中心轴的惯性距(m^4);

　　　B——挡墙横截面宽度(m);

　　　h——基坑开挖深度(m);

l——挡墙自基坑底部起算的平均入土深度(m)。

2. 水泥土挡墙在基坑底部的水平位移 y_h(m)

$$y_h = \frac{l^2}{EI}\left\{\frac{BG}{2} - l\left[\frac{\mu G}{6} - l\left(\frac{n_1 l}{30} + \frac{n_2}{24}\right)\right]\right\} \tag{44-48}$$

由于上述公式(44-47)计算较复杂,上海市工程建设规范《基坑工程技术规范》(DG/TJ 08-61—2010)推荐,水泥土重力式围护墙墙顶的侧向位移量可参照类似工程的经验估算。当基坑开挖深度 $h \leqslant 5$m 且围护墙墙宽 $b = (0.7 \sim 1.0)h$,坑底以下伸入深度 $h_d = (1.0 \sim 1.4)h$ 时,墙顶的水平位移量可按下式估算:

$$y_0 = \frac{0.18\zeta K_a L h^2}{h_d b} \tag{44-49}$$

式中:y_0——墙顶估计水平位移(cm);

　　　L——开挖基坑的最大边长(m);

　　　ζ——施工质量影响系数,取 $0.8 \sim 1.5$;

其他符号意义同前。

水泥土墙的位移对施工质量的影响是不可忽略的因素,一般按正常工序施工时,取 $\zeta = 1.0$;达不到正常施工工序控制要求,但平均水泥用量达到要求时,取 $\zeta = 1.5$。对施工质量控制严格、经验丰富、信誉卓著的施工单位,可取 $\zeta = 0.8$。

对边长 L 较大的基坑,宜在中间局部增加墙宽,形成土墩,以减小墙体位移。

【例44-5】 【例44-1】工程的基坑长×宽为 40m×50m,试估算其最大水平位移为多少。

解:按式(44-49)得:

$$y_0 = \frac{0.18\zeta K_a L h^2}{h_d b} = \frac{0.18 \times (0.8 \sim 1.5) \times 0.59 \times 50 \times 5.5^2}{4.5 \times 3.7} = 7.72 \sim 14.47(\text{cm})$$

即,最大水平位移为 7.9~14.9cm,计算中 ξ 为工程质量影响系数,工程质量对基坑位移影响很大,如工程质量较好,则位移较小。其中,L 取基坑边长较大的一边验算。

本例计算结果说明,重力式支护结构的水平位移较大,设计时应予以注意。

【例44-6】 某商住楼场地占地面积为 114×70(m^2),设计为两栋 26 层高楼及裙房,平面位置如图 44-15 所示。主楼和裙楼的地下结构均在一个基坑内,其开挖深度分别为 -6.7m 和 -6.2m 两种。基坑较大而且很深,设计时按二级基坑标准考虑。该基坑的地质资料,地基土的主要物理力学性质如表 44-6 所示。

地基土的主要物理力学性质 表 44-6

土层名称	平均厚度(m)	γ(kN/m³)	c(kPa)	φ(°)
填土	1.2	17.0	0	10
褐黄色粉质黏土	1.3	18.6	21.4	18.5
淤泥质粉质黏土	4.6	17.9	14.2	19.7
灰色淤泥质黏土	11	17.3	14.2	11.0

注:表中填土指标为假设,其他指标为直剪固快峰值。

1. 围护形式

根据现场条件,采用水泥土围护墙方案,围护墙顶面比天然地坪降低 35cm,搅拌桩围护墙宽分别为 5.7m 和 5.2m 两种,具体如图 44-15 所示。

2. 围护设计计算

(1)计算图式:作用于水泥土围护结构的主动土压力和被动土压力按图 44-16 计算。

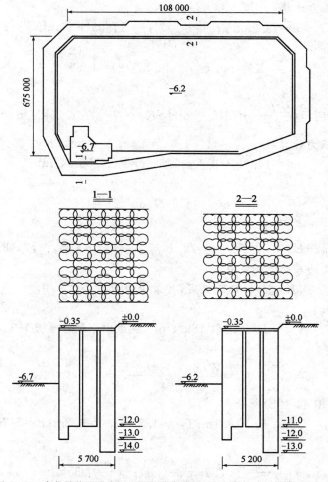

图 44-15　商住楼位置及水泥土围护墙布置图(尺寸单位:mm;高程单位:m)

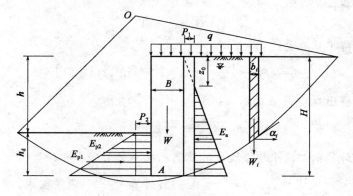

图 44-16　计算图示

(2)计算参数:地基土的物理力学性质见表 44-6。

(3)按本章第四节有关计算公式进行下列计算。

①计算截面 1—1。

墙宽 $B=5.7\mathrm{m}$,墙深 $H=12.65\mathrm{m}$,开挖深度 $h=6.7\mathrm{m}$(按 6.35m 计算)。地面荷载:堆载取 $10\mathrm{kPa}$,并计入墙顶落低 0.35m 的土重 $q=16\mathrm{kPa}$,基坑范围为 $114\times70(\mathrm{m}^2)$。

a. 墙后主动土压力计算：
$$c=13.98\text{kPa};\varphi=14.87°;\gamma=17.63(\text{kN}/\text{m}^3)$$

则：
$$K_a=\tan^2(45°-14.87°/2)=0.59$$

按式(44-17)得：
$$E_a=\left(\frac{\gamma H^2}{2}+qH\right)K_a-2cH\sqrt{K_a}+\frac{2c^2}{\gamma}=702.2(\text{kN}/\text{m})$$

b. 墙前被动土压力计算：
$$c_1=14.2\text{kPa};\varphi_1=11.55°;\gamma_1=17.33\text{kN}/\text{m}^3$$

则：
$$K_p=\tan^2(45°+11.55°/2)=1.5$$

按式(44-18)得：
$$E_p=E_{p1}+E_{p2}=[\gamma_1(H-h)^2/2]K_p+2c_1(H-h)\sqrt{K_p}=725(\text{kN}/\text{m})$$

c. 以圆弧滑动法计算整体稳定系数：
$$K_{zmin}=1(\text{规范规定，其最小值应不小于}1.0)$$

d. 抗滑安全系数：
$$W=\gamma_0BH(\gamma_0\text{ 取 }18\text{kN}/\text{m}^3\text{，坑底以下取浮重度})$$

按式(44-20a)得：
$$K_h=\frac{W\tan\varphi_0+c_0b+E_p}{E_a}=1.4$$

e. 抗渗计算，如图 44-12b)所示。
$$H=13.65\text{m};h_d=7.3\text{m};T_1=18.1\text{m};T_2=11.75\text{m};h_1=6.2\text{m};B=5.7\text{m};B_j=70\text{m}$$

则：
$$\frac{H}{T_1}=0.754;\frac{h_d}{T_2}=0.54;\frac{2T_2}{B_j}=0.336$$

查图 44-12b 得：
$$\zeta_1=1.4;\zeta_2=1.2$$

按式(44-24)得单宽流量：
$$q=kh_1\frac{1}{\zeta_1+\zeta_2}=2.4\times10^{-6}[\text{m}^3/(\text{m}\cdot\text{s})]$$

按式(44-25)得出口处 A 点的水头：
$$h_A=\frac{h_1\zeta_2}{\zeta_1+\zeta_2}=2.86(\text{m})$$

按式(44-26)计算出口段平均渗透坡降应满足抗渗安全要求即：
$$j_F=\frac{h_A}{h_d+B}\leqslant\frac{j_c}{K_s}\text{，式中，}\frac{j_c}{K_s}=\frac{1}{3}=0.333\text{，则 }j_F<\frac{j_c}{K_s}\text{，满足要求。}$$

f. 格栅谷仓土压力验算：
格栅布置如图 44-17 所示。

按式(44-46)有：$\frac{cu}{\gamma F}\geqslant K_f$，式中，$K_f=2$(对黏土)。

因 $\frac{c}{\gamma}=0.793$；$\frac{F}{u}=0.233$；所以 $\frac{c}{\gamma}\geqslant\frac{K_fF}{u}$

310

g. 加固体坑底截面处应力验算,可按式(44-35)~式(44-38)进行计算:

因 $Z_0 = 2c/(\gamma\sqrt{K_a}) = 2.065\text{m}; F_a = \gamma(h - Z_0)^2 K_a/2 = 95.49(\text{kN/m})$

所以 $M = (h - Z_0)F_{ao}/3 + qh^2 K_a/2 = 326.71(\text{kN} \cdot \text{m})$

则:
$$\sigma_1 = \gamma_0 h - 6M/B^2 = 53.96(\text{kN/m}^2) > 0$$
$$\sigma_2 = \gamma_0 h + q + 6M/\eta B^2 = 205.72(\text{kN/m}^2)$$

又设水泥土无侧限抗压强度 $q_u = 800\text{kPa}$,则 $q_u/2K_j = 800/2 \times 2 = 800/4 = 200$

故 $\sigma_2 = q_u/2K_j$,基本符合要求。

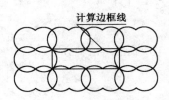 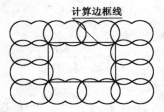

图 44-17 格栅布置图

h. 抗倾覆安全系数验算:

水泥土墙按重力式挡土墙验算墙体绕前趾 A 的抗倾覆稳定安全系数按式(44-19)得:

$$K_q = \frac{E_{p1}h_d/3 + E_{p2}h_d/2 + WB/2}{(E_a - K_a qH)(H - Z_0)/3 + K_a qH^2/2} = 1.4$$

i. 墙顶水平位移估算:

长边最大位移量可按式(44-49)得:

$$\delta_{OH} = \frac{0.18\zeta K_a L h^2}{h_d B} = 13.6(\text{cm})$$

②计算断面 2—2。

墙宽 $H = 11.65\text{m}$,开挖深度 $h = 6.2\text{m}$(按 5.85m 计),墙深 $H = 11.65\text{m}$,地面荷载:堆载取 10kPa,并计入墙顶落低 0.35m 的土重 $q = 10 + (0.35 \times 17) = 16\text{kPa}$;基坑范围:114m×70m。

a. 墙后主动土压力计算:
$$c = 13.96\text{kPa}; \varphi = 15.20°; \gamma = 17.66\text{kN/m}^3$$

则:
$$K_a = \tan^2(45° - 15.20°/2) = 0.59$$
$$E_a = \left(\frac{\gamma H^2}{2} + qH\right)K_a - 2cH\sqrt{K_a} + 2c^2/\gamma = 589.28(\text{kN/m})$$

b. 墙前被动土压力计算:
$$c_1 = 14.2\text{kPa}; \varphi_1 = 12.35°; \gamma_1 = 17.39(\text{kN/m}^3)$$

则:
$$K_p = \tan^2(45° + 12.35°/2) = 1.5$$
$$E_p = E_{p1} + E_{p2} = [\gamma_1(H - h)^2/2]K_p + 2c_1(H - h)\sqrt{K_p} = 640.4(\text{kN/m})$$

c. 以圆弧滑动法计算整体稳定系数:
$$K_{zmin} = 1(规范规定)$$

d. 抗滑安全系数:

311

$$K_h = \frac{W\tan\varphi_0 + c_0 B + E_p}{E_a} = 1.47$$

e. 抗渗计算(图 44-12a):

$H = 12.65\text{m}; h_d = 6.8\text{m}; T_1 = 18.1\text{m}; T_2 = 12.25\text{m}; h_1 = 5.7\text{m}; B = 5.2\text{m}; B_j = 70\text{m}$

则:

$$\frac{H}{T_1} = 0.70 \; ; \; \frac{h_d}{T_2} = 0.56 \; ; \; \frac{2T_2}{B_j} = 0.35$$

查图 44-12b 得:

$$\zeta_1 = 1.35 \; ; \; \zeta_2 = 1.1$$

则单宽流量:

$$q_0 = \frac{k_v h_1}{\zeta_1 + \zeta_2} = 2.3 \times 10^{-6} [\text{m}^3/(\text{m} \cdot \text{s})]$$

A_1 水头:

$$h_F = \frac{h_1 \zeta_2}{\zeta_1 + \zeta_2} = 2.56(\text{m})$$

出口段平均渗透坡降:

$$j_F = \frac{h_F}{h_d + B} = 0.213$$

则 $j_c/K_s = \dfrac{1}{3}$, $j_F < j_c/K_s$,满足要求。

f. 格栅谷仓土压力验算:

格栅布置如图 44-17 所示。

$\dfrac{c}{\gamma} = 0.792$; $\dfrac{F}{u} = 0.233$,取 $K_f = 2$, $\therefore \dfrac{c}{\gamma} > \dfrac{K_f F}{u}$

g. 加固体坑底截面处应力验算:

$Z_0 = 2c/(\gamma\sqrt{K_a}) = 2.06\text{m}$; $F_{ao} = \gamma(h - Z_0)^2 K_a/2 = 78.65(\text{kN/m})$

所以:

$$M = (h - Z_0)F_{ao}/3 + qh^2 K_a/2 = 269.08(\text{kN} \cdot \text{m})$$

则:

$$\sigma_1 = \gamma_0 h - 6M/B^2 = 47.39(\text{kN/m}^2) > 0$$
$$\sigma_2 = \gamma_0 h + q + 6M/\eta B^2 = 197.73(\text{kN/m}^2)$$

故 $q_u/2K_j = 800/4 = 200$

$\therefore \sigma_2 < q_u/2K_j$,符合要求。

h. 抗倾覆安全系数验算按式(44-19)得:

$$K_q = \frac{E_{p1} h_d/3 + E_{p2} h_d/2 + WB/2}{(E_a - K_a qH)(H - Z_0)/3 + K_a qH^2/2} = 1.6 \text{ (满足要求)}$$

i. 墙顶水平位移估算按式(44-49)得:

长边最大位移量:

$$\delta_{OH} = \frac{0.18\zeta K_a L h^2}{h_d b} = 14.2(\text{cm})$$

第五节 水泥土的配合比与施工工艺

一、水泥土的配合比

在水泥土墙设计前,对现场土层性质,通过试验提供各种配合比下的水泥土强度等性能参数,以便设计选择合理的配合比。在有工程经验且地质条件较为简单的情况下,也可参考类似工程经验。通常以水泥土 28d 龄期的无侧限抗压强度 q_u 不低于 1MPa 作为水泥土墙的强度标准。

1. 材料要求

(1)水泥

水泥土墙可采用不同品种的水泥,如普通硅酸盐水泥、矿渣水泥、火山灰水泥及其他品种的水泥,也可选择不同强度等级的水泥。一般工程中以 32.5 级普硅酸盐水泥为宜。

(2)搅拌用水

搅拌用水标准应按《混凝土用水标准》(JGJ 63—2006)的有关规定执行。要求搅拌用水不影响水泥土的凝结与硬化。水泥土搅拌用水中的物质含量限值详见表 44-7。

水泥土用水中的物质含量限值   表 44-7

项　　目	含　　量	项　　目	含　　量
pH 值	>4	氯化物(以 Cl^- 计,mg/L)	<3 500
不溶物(mg/L)	<5 000	硫酸盐(以 SO_4^{2-} 计,mg/L)	<2 700
可溶物(mg/L)	10 000	硫化物(以 S^{2-} 计,mg/L)	—

(3)地下水

由于水泥土是在自然土层中形成的,地下水的侵蚀性对水泥土强度影响很大,尤以硫酸盐(如 Na_2SO_4)为甚,它对多种水泥产生结晶性侵蚀,甚至使水泥丧失强度。因此在海水渗入等地区地下水中硫酸盐含量高,如仍需采用水泥土作支护结构或作为抗渗帷幕,应选用抗硫酸盐水泥,防止硫酸盐对水泥土的结晶性侵蚀,防止水泥土出现开裂、崩解而丧失强度的现象。

2. 配合比选择

(1)水泥掺入比 a_w

水泥掺入比 a_w 是指掺入水泥质量与被加固土的质量(湿质量)之比,即:

$$a_w = \frac{\text{掺入的水泥质量}}{\text{被加固土的质量}}(\%) \tag{44-50}$$

水泥土墙水泥掺入比 a_w,通常选用 $12\%\sim16\%$,低于 7% 的水泥掺量对水泥土固化作用小,强度离散性大,故一般掺量不低于 7%。对有机质含量较高的浜土和新填土,水泥掺量应适当增大,一般可取 $15\%\sim18\%$。当采用高压喷射注浆法施工时,水泥掺量应增加到 30% 左右。

(2)水灰比(湿法搅拌)

湿法搅拌时,注入水泥浆的水灰比可采用 $0.45\sim0.50$。

(3)外掺剂

为改善水泥土的性能或提高早期强度,宜加入外掺剂,常用的外掺剂有粉煤灰、木质素磺硫钙、碳酸钠、氯化钙、三乙醇胺等。各种外掺剂对水泥土强度有着不用的影响,掺入合适的外掺剂,既可节约水泥用量,又可改善水泥土的性质。

表 44-8 列出了常用外掺剂的作用及其掺量,可供设计与施工参考。

水泥土外掺剂及掺量

表 44-8

外 掺 剂	作 用	掺 量*(%)
粉煤灰	早强、填充	50~80
木质素磺酸钙	减水、可泵、早强	0.2~0.5
碳酸钠	早强	0.2~0.5
氯化钙	早强	2~5
三乙醇胺	早强	0.05~0.2
石膏	缓频、早凝	2
水玻璃	早强	2

注: * 外掺剂掺量是外掺剂用量与水泥用量之比。

此外,将几种外掺剂按不同配方掺入水泥,对水泥土强度提高也有不同作用。表 44-9 是不同外掺剂配方对水泥土强度影响的试验研究结果。

不同外掺剂配方对水泥土强度的影响

表 44-9

编 号	外掺剂及掺量(占水泥质量,%)	抗压强度 q_u(kPa)			
		7d 龄期		28d 龄期	
0	不掺外掺剂	640	100%	1 190	100%
1	塑化剂 0.25	700	110%	1 270	107%
2	木质碳酸钙 0.30	800	125%	1 220	103%
3	氯化钙 1.5	650	103%	1 230	103%
4	氯化钠 1.0	680	106%	1 070	90%
5	木质磺酸钙 0.2+氯化钙 1.0	760	119%	1 350	113%
6	氢氧化钠 0.4+硫酸钠 1.0	800	125%	1 320	111%
7	三乙醇胺 0.05+氯化钠 0.5	930	146%	1 740	146%
8	硫酸钙 2.0+木钙 0.2+硫酸钠 1.0	760	119%	1 330	112%
9	三乙醇胺 0.02+$FeCl_3$+木钙 0.25	732	114%	1 160	97.5%
10	三乙醇胺 0.05+木钙 0.2	1 370	214%	1 870	157%

注:本表水泥掺入比为 10%,天然土含水率为 60.56%。

3. 水泥土的室内配合比试验

(1)室内试验的目的

进行水泥土的室内配合比试验的目的是:

①了解水泥加固不同土的可能性。

②了解加固不同土的最合适水泥品种及配合比。

③了解水泥土强度增长规律。

(2)试块制作及养护

把在施工场地现取的、用厚聚氯乙烯塑料封装的被加固土样以及施工实际使用的固化剂、外掺剂和拌和水运至现场试验室,按拟定的试验配方称重后放入搅拌锅内,用搅拌铲人工拌和均匀,然后在 50mm×50mm×50mm 的试模内装入一半试料,击振试模 50 下,紧接填入其余试料再击 50 下,最后将试块表面刮平盖上塑料布,以防水分过快蒸发。

试块成型后 1～2d 拆模，脱了模的试块用天平称重后放入养护室，分别进行各龄期的养护。

（3）试块抗压强度的测定

从养护室取出到达要求龄期的试块，称重后用允许膨胀压缩仪或压力试验机（应根据试块强度选择合适的试压设备）测定无侧限抗压强度。

用作材料检验的试块一般只需进行短龄期的强度试验，短期强度试验满足要求的材料即可投入工程使用。

二、施工工艺

水泥土施工工艺可采用下述两种方法：喷浆式深层搅拌（湿法）和喷粉式深层搅拌（干法）。

在水泥土墙中采用湿法工艺施工时注浆量较易控制，成桩质量较为稳定，桩体均匀性好。迄今为止，绝大部分水泥土墙都采用湿法工艺，无论在设计与施工方面都积累了丰富的经验，故目前一般采用湿法施工工艺。

试验表明，不论采用何种水泥掺入比，干法施工工艺下水泥土的强度均高于湿法工艺下的水泥土强度。采用干法施工的水泥土墙也在一些工程中取得成功，但由于干法搅拌喷粉量不易控制，搅拌不均匀，桩身强度离散较大，桩体往往有成层现象，抗渗性能较差，且在以往工程中出现事故的概率较高。由于目前国产设备施工的粉喷桩直径一般为 500～600mm，且多为单轴，与双轴湿法施工设备相比，桩体搭接量成倍增加，工效较低，故不大采用。

深层搅拌机单位时间内水泥浆液或粉体的喷出量 Q(t/min)取决于钻头直径、水泥掺入比及搅拌轴提升速度，其关系如下：

$$Q = \frac{\pi D^2}{4} \frac{1}{9.8} \gamma a_w v \tag{44-51}$$

式中：D——钻头直径(m)；

γ——土的重度(kN/m³)；

a_w——水泥掺入比(%)；

v——搅拌轴提升速度(m/min)。

当喷浆或灰量为定值时，土体中任意一点经搅拌叶搅拌的次数越多，则加固效果越好，搅拌次数 t 与搅拌轴的叶片、转速和提升速度的关系如下：

$$t = \frac{nh\sum z}{v} \tag{44-52}$$

式中：h——两搅拌轴叶片之间的距离(m)；

$\sum z$——搅拌轴叶片总数；

n——搅拌轴转速(r/min)；

v——搅拌轴提升速度(m/min)。

根据上述关系，可确定喷浆（粉）速率与提升速度。

三、水泥土的物理力学性质

1. 水泥土的物理性质

（1）重度

水泥土的重度与水泥掺入比及搅拌工艺有关，水泥掺入比大，水泥土的重度也相应较大，当水泥掺入比为 8%～20% 时,采用湿法施工的水泥土重度比原状土增加 2%～4%,采用干法施工的水泥土重度增加 4%～8%。而采用喷射注浆法施工的水泥土重度则与原状土接近。

(2)含水率

水泥土的含水率一般比原状土降低 7%～15%。水泥掺量越大或土层天然含水率越高,则经水泥搅拌后其含水率降低幅度越大。当采用干法施工时,含水率降低更大。

(3)抗渗性

水泥土具有较好的抗渗性能,其渗透系数 k 一般为 10^{-8}～10^{-7} cm/s,抗渗等级可达到 P4 级。

水泥土的抗渗性能也随水泥掺入比的提高而提高。在相同水泥掺入比的情况下,其抗渗性能随龄期增加而提高。

2. 水泥土的力学性质

(1)无侧限抗压强度

水泥土的无侧限抗压强度 q_u 为 0.3～4.0MPa,比原状土提高几十倍乃至几百倍。

影响水泥土无侧限抗压强度的主要因素有:水泥掺量、水泥强度等级、龄期、外掺剂、土质及土的含水率。

水泥掺入比 a_w 为 10%～15%,水泥土的抗压强度随其相应的水泥掺入比的增加而增大,且具有较好的相关性,经回归分析,可得到两者呈幂函数关系,其关系式为:

$$\frac{q_{u1}}{q_{u2}} = \left(\frac{a_{w1}}{a_{w2}}\right)^{1.77} \tag{44-53}$$

式中:q_{u1}——水泥掺入比 a_{w1} 的水泥土抗压强度(MPa);

q_{u2}——水泥掺入比 a_{w2} 的水泥土抗压强度(MPa)。

水泥强度等级直接影响水泥土的强度,水泥强度等级提高 10,水泥土强度 f_{cu} 增大 20%～30%,如要求达到相同强度,水泥强度等级提高 10 可降低水泥掺入比 2%～3%。

由于水泥土的物理化学反应过程与混凝土的硬化机理不同,在水泥加固土中,由于水泥掺量很小,水泥的水解和水化反映是在具有一定活性的土中进行,其强度增长过程比混凝土缓慢得多。在早期(7～14d),其强度增长并不明显,而在 28d 以后,仍有明显增加,并可持续增长至 120d,120d 以后才呈缓慢增长趋势。因此,我国《建筑地基处理技术规范》(JGJ 79—2002) 11.1.5 条规定将 90d 龄期试块的无侧限抗压强度作为水泥土的强度标准值。但在基坑支护结构中,往往由于工期的关系,水泥土养护不可能达到 90d,故仍以 28d 强度作为设计依据,因此在设计中应考虑这一因素。由抗压强度试验得知,在其他条件相同时,不同龄期的水泥土抗压强度与时间关系大致呈线性关系,其关系式如下:

$$\left.\begin{array}{l} q_{u7} = (0.47 \sim 0.63)q_{u28} \\ q_{u14} = (0.62 \sim 0.80)q_{u28} \\ q_{u60} = (1.15 \sim 1.46)q_{u28} \\ q_{u90} = (1.43 \sim 1.80)q_{u28} \\ q_{u90} = (1.73 \sim 2.82)q_{u7} \\ q_{u90} = (2.37 \sim 3.73)q_{u14} \end{array}\right\} \tag{44-54}$$

式中:q_{u7}、q_{u14}、…、q_{u90}——分别表示 7d、14d、…、90d 龄期的水泥土无侧限抗压强度。

关于龄期对于强度的影响,在第三十六章第七节中有详细论述,可以参阅。

一般地说,初始性质较好的土加固后强度增加较大,初始性质较差的土加固后强度增加较小。如土中含砂量较大,则水泥土强度可显著提高。土的天然含水率较小,则加固后强度较高,而天然含水率较大,则加固后强度较低。试验表明如土的含水率从157%降低到47%,在水泥掺入比为10%的情况下,28d无侧限抗压强度可从0.26MPa增加到2.32MPa。

(2)抗拉强度 σ_t

水泥土抗拉强度与抗压强度有一定关系,一般情况下,σ_t 为 $(0.15\sim0.25)q_u$。

(3)抗剪强度

水泥土抗剪强度随抗压强度的增加而提高,但随着抗压强度增大,抗剪强度增幅减小。当水泥土 $q_u=0.5\sim4$MPa 时,其黏聚力 c 为 $0.1\sim1.1$MPa,即为 q_u 的 20%～30%。其摩擦角 φ 为 20°～30°。

(4)变形特性

水泥土与未加固土典型的应力应变关系的比较如图44-18所示。图44-18表明,水泥土的强度虽较未加固土增加很多,但其破坏应变量 ε_f 却急剧减小。因此设计时对未加固土的抗剪强度不宜考虑最大值,而应考虑相对于桩体破坏应变量的适当值。同时,水泥土抗压强度越大,其破坏应变量越小。

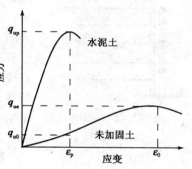

图 44-18　水泥土的变形特性

试验表明,水泥土的变形模量与无侧限抗压强度有一定关系,当 $q_u=0.5\sim4.0$MPa 时,其50d后的变形模量 $E_{s0}=(120\sim150)q_u$。

3. 水泥土的抗冻性能

水泥土具有一定的抗冻性能,在受冻温度不低于−10℃的情况下,如恢复正温养护90d,其强度与未受冻的标准强度很接近,抗冻系数可达0.9以上。但在负温度下,即使龄期很长,水泥土的强度几乎没有增长,这是由于在负温下水泥与土的反应大大减弱,而恢复正温后水泥与土的反应继续进行,且受冻的影响甚微。

在负温下冻胀对水泥土结构影响很小,抗冻试验表明,其外观无显著变化,少量出现裂缝或局部片状剥落,或局部微膨胀,或边角脱落,但深度和面积均很小,即冰冻对水泥土深层结构几乎没有破坏。

关于水泥土的配合比、施工工艺及物理力学性质的详细内容,在第三十六章第七节中已有详细论述,可供参考,因篇幅有限,在此就不重复了。

注:本章部分内容及示例摘自参考文献[31]、[34]、[35]、[38]、[68]、[108]。

第四十五章 土钉墙的设计计算

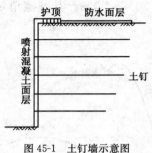

图 45-1 土钉墙示意图

土钉墙是采用土中钻孔,插入变形钢筋(即带肋钢筋)并沿孔的全长注入水泥浆的方法(也称土钉支护或喷锚支护),它是由密集的土钉群、被加密的原位土体、喷射混凝土面及必要的防水系统组成,如图 45-1 所示。土钉依靠与土体周围的界面黏结力或摩擦力,使土钉沿全长与周围土体紧密连接成一个整体,使土体保持稳定性,形成一个类似于重力式挡土墙结构,抵抗墙后传来的土压力和其他荷载,从而保证边坡的稳定或基坑开挖面的安全。土钉可用钢管、角钢等采用直接击入的方法置于土中。

第一节 土 钉 分 类

土钉按照施工方法不同,可分为钻孔注浆型土钉、打入型土钉和射入型土钉三类,其施工方法及原理、应用状况如表 45-1 所示。

土钉的施工方法及应用状况　表 45-1

土 钉 类 别	施工方法及原理	应用状况
钻孔注浆型土钉	先在土坡上钻直径为 100～200mm 的一定深度的钻孔,然后插入钢筋,钢杆或钢绞索等小直径拉筋,再进行压力注浆,形成与周围土体紧密黏合的土钉,最后在坡面上设置与土钉端部相连接的构件,并喷射混凝土组成土钉墙面,构成一个具有自撑能力且能起支挡作用的加固区	用于永久和临时性支挡工程
打入型土钉	将钢杆件直接打入土中。钢杆件多采用∟50mm×50mm×5mm～∟60mm×60mm×5mm 的等边角钢;打设机械一般为专用,如气动土钉机,土钉一般长度不超过 6m	由于长期的防腐工作难以保证,多用于临时性支挡工程,提供的摩阻力相对较低,耗钢量大
射入型土钉	由采用压缩空气的射钉机根据选定的角度将 $\phi25～28mm$、长 3～6m 的光直钢杆射入土中,土钉在射入时在土中形成环形压缩土层,使其不致弯曲。土钉头常配有螺纹,以附设面板	施工快速、经济,适用于多种土层

第二节 土钉墙与锚杆挡墙和加筋挡墙的对比

(1)土钉与锚杆从表面上有相似之处,但两者有着不同的工作机理。锚杆全长分为自由段和锚固段,锚杆受到板桩墙传来的轴力,通过自由段传递到锚固段。在自由段长度上锚杆承受同样大的轴力;而土钉所受拉力沿其全长是变化的,中间大而两端小,如图 45-2 所示。土钉墙是以土钉和它周围被加固的土体一起作为挡土结构。锚杆在设置时可以施加预应力,给土体

318

以主动约束;而土钉一般是不施加预应力,只有土体发生变形后才能使土钉被动受力,它不具备主动约束机制。

(2)土钉墙属于土体加筋技术,与加筋挡土墙相似。但土体是原位土体的加筋技术;而加筋挡土墙则是填土过程中加筋技术。两者筋体受拉力沿高度变化不一样:加筋土挡墙中受拉力最大筋体位于底部;而土钉墙受拉力最大的土钉位于中部,底部的土钉受力最小。此外,土体变化曲线也不同,如图45-3所示。

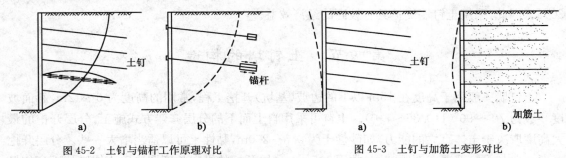

图45-2　土钉与锚杆工作原理对比　　　　图45-3　土钉与加筋土变形对比

第三节　土钉墙的适用条件和特点

一、土钉技术的适用性

土钉适用于地下水位低于土坡开挖段或经过降水处理使地下水位低于开挖层的情况。在施工钻孔注浆型土钉时,通常采用分阶段开挖方式,每一阶段高度为1~2m,由于处于无支撑状态,要求开挖土层在施工土钉、面层构件及喷射混凝土期间,能够保证自立稳定。因此,土钉适用于具有一定黏结性的杂填土、黏性土、粉土、黄土与弱胶结的砂土边坡。

对标准贯入击数低于10击的砂土边坡,采用土钉一般不经济;对不均匀系数小于2的砂土,以及含水丰富的粉细砂层、砂卵石层和淤泥质土不宜采用。对于塑性指数大于20的黏土,必须评价其蠕变特性后,才可将土钉作为永久性挡土结构。土钉不适用于软土边坡,因为软土只能提供很低的界面摩阻力,技术经济效益不理想。同样,土钉不适宜在腐蚀性土(如煤渣、矿渣、炉渣酸性废料等)中作为永久性支挡结构。

此外,土钉墙一般不宜兼作挡水结构,也不宜应用于对变形要求较严的深基坑支护工程。

二、土钉技术的特点

(1)土钉墙施工具有快速、及时且对邻近建筑物影响较小的特点。

由于土钉墙施工采用小台阶逐段开挖,在开挖成型后及时设置土钉与面层结构,对坡体扰动较少,且施工与边坡(基坑)开挖能同时进行,施工速度快,土坡顶变形很小易于稳定。实测资料表明,采用土钉支护的土坡只要产生微小变形就可发挥土钉的加筋力,因此坡面位移与坡顶变形很小(图45-4),对相邻建筑物的影响很小。

(2)施工机具简单且灵活,占用场地小。

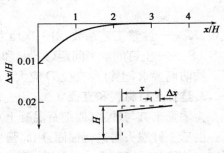

图45-4　土钉加筋后坡面的位移

土钉施工时所采用的钻进机具及混凝土喷射机械都属小型设备，机动性强、占用施工场地很小，即使紧靠建筑红线下切垂直开挖亦能正常施工。同时施工时所产生的振动和噪声也很低，在城区施工具有一定的优越性。

（3）经济效益好。

据国内有关资料分析，土钉墙支护结构与排桩法、钢板桩相比，节约投资 25%～40%；根据西欧统计资料，开挖深度在 10m 以内的基坑（边坡），土钉比锚杆支护可节省投资 10%～30%。因此，采用土钉墙支护具有较高的经济效益。

第四节　土钉墙的构造

土钉墙一般用于高度在 15m 以下的边坡（基坑）开挖工程，常用的高度为 6～12m，斜面坡度一般为 70°～90°(1:0.36～1:0)。土钉可采用自上而下的分层修建方式施工，分层开挖的最大高度取决于土体直立的能力，如砂性土为 0.5～2.0m，黏性土可以适当增大一些。分层开挖高度一般与土钉墙竖向间距相同，常用 1.5m。分层开挖的纵向长度取决于土体维持不变的最长时间和施工流程的相互衔接，多为 10m 左右。

一、土钉

1. 土钉长度 L

已建工程的土钉实际长度 L 均不超过土坡的垂直高度 H。由拉拔试验表明，对高度 H 小于 12m 的土坡采用相同的施工工艺，在同类土质条件下，当土钉长度达到土坡垂直高度时，其长度的增加对承载力的增加作用不大。初选土钉长度可按式（45-1）估算：

$$L = mH + S_0 \tag{45-1}$$

式中：m——经验系数，取 $m=0.7～1.0$；
　H——土坡的垂直高度（m）；
　S_0——止浆器长度，一般 $S_0=0.8～1.5$m。

2. 选定土钉孔直径 D 及孔距

根据土钉直径和成孔方法，一般选定土钉孔径 $D=70～200$mm，国内常用的孔径为 120～150mm。选定土钉行、列距的原则，是以每个土钉注浆对其周围土的影响区与相邻孔的影响区相重叠为准。应力分析表明，一次压力注浆，可使孔外 4D 的邻近范围内有应力变化，且应满足式（45-2）的要求。

$$S_x S_y \leqslant K_1 DL \tag{45-2}$$

式中：K_1——注浆工艺系数，对一次压力注浆工艺，取 $K_1=1.5～2.5$；
　S_x、S_y——土钉的水平间距（列距）和垂直间距（行距）（m）。

按防腐要求，土钉孔直径 D 应大于土钉直径 d 加 60mm。

3. 选择土钉材料和直径 d

为增强土钉与砂浆（或细石混凝土）的握裹力，土钉宜选用 Ⅱ 级以上的螺纹钢筋。

由于土钉端头需进行锚固，用高强变形钢筋做土钉需焊接高强螺栓端杆，但高强变形钢筋的可焊性较差。近年来，土钉墙中采用Ⅵ级 SiMnV 精轧螺纹钢筋，可在钢筋螺纹上直接配置与钢筋配套的螺母,连接方便、可靠。

也可采用多根钢绞线组成的钢绞索作为土钉。由于多根钢绞索的组装、施工设置与定位以及端头锚固装置较复杂,目前国内应用尚不广泛,仅在一些特殊工程中采用。

土钉直径 d 一般为 $16\sim32$mm,常用 25mm,也可按式(45-3)估算:

$$d = (20 \sim 25) \times 10^{-3}\sqrt{S_x S_y} \tag{45-3}$$

二、面板

面板通常用 $50\sim100$mm 厚的钢筋网喷射混凝土做成,钢筋直径为 $6\sim8$mm,网格尺寸为 $200\sim300$mm。喷射混凝土强度等级不应低于 C20,与土钉连接处的混凝土层内应加设局部钢筋网,以增加混凝土的局部承压能力。为了分散土钉与喷射混凝土面板处的应力,在螺母下垫以承压钢板,尺寸一般为 20cm×20cm,厚度为 $8\sim25$mm,也可用预制混凝土板作为面板。

对于永久工程,喷射混凝土面板的厚度不少于 $150\sim250$mm,分两次喷射。

面板的构造及土钉与面板的连接形式如图 45-5 所示。土工织物也可作为面板(层),即先把土工织物覆盖在边坡上,然后设置土钉。

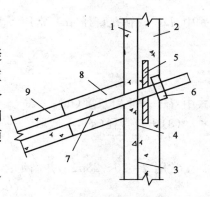

图 45-5 土钉墙面板的构造
1-第 1 道喷射混凝土;2-第 2 道喷射混凝土;3-钢筋网;4-局部加强钢筋;5-钢垫板;6-螺母;7-土钉;8-埋塞段;9-注浆段

第五节 土钉墙设计计算原理及方法

按《基坑土钉支护技术规程》(CECS:9697)(以下简称《规程》)和《建筑基坑支护技术规程》(JGJ 120—99)方法进行设计计算,土钉墙设计计算内容包括:

(1)确定土钉的平面和剖面尺寸及分段施工高度。

(2)确定土钉布置方式和间距。

(3)确定土钉直径、长度、倾角及在空间的方向。

(4)确定钢筋类型、直径及构造。

(5)注浆配方设计、注浆方式、浆体强度指标。

(6)喷射混凝土面层设计及坡顶防护措施。

(7)土钉抗拔力验算。

(8)进行内部与外部整体稳定性分析。

(9)变形预测及可靠性分析。

(10)施工图设计及说明书。

(11)现场监测和质量控制设计。

土钉墙设计步骤如下:

1. 确定土钉参数

(1)土钉的长度 L,如表 45-2 所示。

土 钉 的 长 度			表 45-2
粉　　　土			硬　黏　土
注浆钉	打入土钉		注浆钉
$L=(0.5\sim0.8)H$	$L=(0.5\sim0.6)H$		$L=(0.5\sim1.0)H$

注:H 为基坑的垂直深度(m)。

(2)土钉的水平间距 S_h 和竖向间距 S_v,一般取:

$$S_h = S_v = (6\sim8)D \qquad (45\text{-}4)$$

式中:D——钻孔直径(m);常用 $S_h=S_v=(1.0\sim2.5)$m,并需满足:

$$\frac{DL}{S_h S_v}=\begin{cases}0.3\sim0.6(粉土、注浆钉)\\0.6\sim1.1(粉土、打入土钉)\\0.15\sim0.20(硬黏土、注浆钉)\end{cases} \qquad (45\text{-}5)$$

式中:L——土钉长度(m)。

(3)土钉直径(d),一般取:

$$d=(20\sim50)\times10^{-3}\sqrt{S_h S_v} \qquad (45\text{-}6)$$

常用 $d=20\sim28$mm,并满足:

$$\frac{d}{S_h S_v}=\begin{cases}(0.4\sim0.8)\times10^{-3}(粉土、注浆钉)\\(0.13\sim0.19)\times10^{-3}(粉土、打入土钉)\\(0.1\sim0.25)\times10^{-3}(硬黏土、注浆钉)\end{cases} \qquad (45\text{-}7)$$

(4)土钉与水平面夹角 α,通常取 $\alpha=0°\sim15°$。

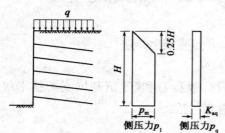

图 45-6　侧压力的分布

2. 土钉设计计算

(1)土钉内力计算

在土体自重和地表均布荷载作用下,每一土钉所受到的最大拉力或设计内力 N,根据《规程》规定,按图 45-6所示的侧压力分布用式(45-8)和式(45-9)计算:

$$N=\frac{1}{\cos\alpha}pS_v S_h \qquad (45\text{-}8)$$

$$p=p_1+p_q \qquad (45\text{-}9)$$

式中:α——土钉倾角(°);

p——土钉长度中点所处深度位置上的侧压力(kPa);

p_1——土钉长度中点所处深度位置上由支护土体自重引起的侧压力(kPa),据图 45-6 按式(45-10)或式(45-11)求得;

p_q——地表均布荷载所引起的侧压力(kPa),可按式(45-12)计算。

图 45-6 中自重引起的侧压力峰压 p_m 或侧压力 p_1 计算如下。

对于 $\dfrac{C}{\gamma H}\leqslant0.05$ 的砂土和粉土:

$$p_1=p_m=0.55K_a\gamma H \qquad (45\text{-}10)$$

对于 $\dfrac{C}{\gamma H}>0.05$ 的一般黏性土:

$$p_1=p_m=K_a\left(1-\frac{2C}{\gamma H}\frac{1}{\sqrt{K_a}}\right)\gamma H\leqslant0.55K_a\gamma H \qquad (45\text{-}11)$$

黏土的 p_m 值不应小于 $0.2\gamma H$。

地表均布荷载引起的侧压力取为：

$$p_q = K_a q = \tan^2\left(45° - \frac{\varphi}{2}\right)q \tag{45-12}$$

式中：γ——土的重度(kN/m^3)；

H——基坑的深度(m)；

K_a——主动土压力系数，$K_a = \tan^2\left(45° - \dfrac{\varphi}{2}\right)$，其中，$\varphi$ 为土的内摩擦角。

当有地下水及其他地面、地下荷载作用时，应考虑由此产生的侧向压力，并在确定土钉设计内力 N 时，式(45-8)和式(45-9)侧压力的计算中计入其影响。

以上是按《规程》的规定计算而得。而《建筑基坑支护技术规程》(JGJ 120—99)中规定单根土钉受拉荷载标准值按式(45-13)计算：

$$T_{jk} = \frac{\zeta e_{ajk} S_{xj} S_{zj}}{\cos\alpha_j} \tag{45-13}$$

$$\zeta = \tan\frac{\beta - \varphi_k}{2}\left[\frac{1}{\tan\dfrac{\beta + \varphi_k}{2}} - \frac{1}{\tan\beta}\right]/\tan^2\left(45° - \frac{\varphi_k}{2}\right) \tag{45-14}$$

式中：ζ——荷载折减系数；

β——土钉墙坡面与水平面之间的夹角(°)。

e_{ajk}——第 j 个土钉位置处的基坑水平荷载标准值(kPa)，按式(37-40)或式(37-41)计算；

φ_k——土的内摩擦角标准值(°)；

S_{xj}、S_{zj}——第 j 个土钉与相邻土钉的水平、垂直间距(m)；

α_j——第 j 个土钉与水平面间的夹角(°)。

土钉受拉荷载设计值：

$$T_{dj} = 1.25\gamma_0 T_{jk} \tag{45-15}$$

式中：γ_0——建筑基坑侧壁重要性系数。

T_{jk}——第 j 根土钉受拉荷载标准值，可按式(45-13)确定。

(2)土钉强度和土钉需要直径的计算

各层土钉在受拉荷载设计值作用下应满足下式要求：

$$T_{dj} \leqslant 1.35\frac{\pi d^2}{4}f_y \tag{45-16}$$

《规程》则是：

$$F_{s\cdot d}N \leqslant 1.1\frac{\pi d^2}{4}f_{yk} \tag{45-17a}$$

则：

$$d = \sqrt{\frac{4F_{s\cdot d}N}{1.1\pi f_{yk}}} \tag{45-17b}$$

式中：$F_{s\cdot d}$——土钉的局部稳定性安全系数，一般取 $1.2\sim1.5$；

f_y——钢筋抗拉强度设计值(MPa)，按《混凝土结构设计规范》(GB 50010—2010)选用；

N——土钉的设计内力(kN)，按式(45-8)计算；

d——土钉钢筋直径(mm)；

f_{yk}——钢筋抗拉强度标准值(MPa)，按《混凝土结构设计规范》(GB 50010—2010)

取用。

（3）土钉抗拔承载力

《建筑基坑支护技术规程》(JGJ 120—99)中第6.1.1条规定单根土钉抗拉承载力计算应符合式(44-18)要求：

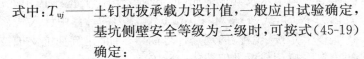

$$1.25\gamma_0 T_{jk} \leqslant T_{uj} \tag{45-18}$$

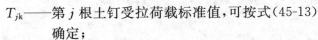

$$T_{uj} = \frac{1}{\gamma_s}\pi d_n \sum q_{sik} L_i \tag{45-19}$$

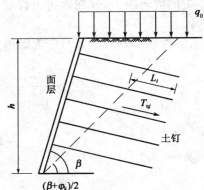

图45-7 土钉抗拔承载力计算简图

式中：T_{uj}——土钉抗拔承载力设计值，一般应由试验确定，基坑侧壁安全等级为三级时，可按式(45-19)确定；

T_{jk}——第j根土钉受拉荷载标准值，可按式(45-13)确定；

γ_s——土钉抗拔力分项系数，取1.3；

d_n——土钉锚固体直径(mm)；

q_{sik}——土钉穿越第i层土土体与锚固体极限摩阻力标准值(kPa)，应由试验确定，如无试验资料式，可采用表45-3中的值；

L_i——土钉在直线破裂面外穿越第i层土土体内的长度(m)，破裂面与水平面的夹角为$\frac{\beta+\varphi_k}{2}$，如图45-7所示。

土钉锚固体与土体极限摩阻力标准值 表45-3

土 的 名 称	土 的 状 态	q_{sik}(kPa)	土 的 名 称	土 的 状 态	q_{sik}(kPa)
填土		16～20		稍密	20～40
淤泥		10～16	粉细砂	中密	40～60
淤泥质土		16～20		密实	60～80
黏性土	$I_L>1$	18～30		稍密	40～60
	$0.75<I_L\leqslant1$	30～40	中砂	中密	60～70
	$0.5<I_L\leqslant0.75$	40～53		密实	70～90
	$0.25<I_L\leqslant0.5$	53～65		稍密	60～90
	$0<I_L\leqslant0.25$	65～73	粗砂	中密	90～120
	$I_L\leqslant0$	73～80		密实	120～150
粉土	$e>0.9$	20～40			
	$0.75<e\leqslant0.9$	40～60	砾砂	中密、密实	130～160
	$e\leqslant0.75$	60～90			

注：表中值为低压或无压注浆值，高压注浆时，中粗砾砂可适当提高。

对于靠近墙底部的土钉，尚应考虑破坏面外侧土体和喷射混凝土面层脱离土钉滑出的可能，其最大抗力尚应满足《规程》的相关要求。

$$R \leqslant \pi d_0(l-l_a)\tau + R_1 \tag{45-20}$$

324

式中:d_0——土钉孔的直径(m);

 l——土钉需要的长度(m);

 l_a——土钉在破坏面一侧伸入稳定土体中长度(m);

 τ——土钉与土体之间的界面黏结强度(kPa);

 R_1——土钉端部与面层连接处的极限抗拔力(kN)。

各层土钉的长度尚应满足式(45-21)的要求:

$$l \geqslant l_f + l_a \geqslant l_f + \frac{F_{sd}N}{\pi d_0 \tau} \qquad (45\text{-}21)$$

式中:l_f——土钉轴线与倾角等于$(45°+\varphi/2)$斜线的交点至土钉外端点的距离,如图 45-8 所示;对于分层土体,φ 值应根据各土层的 $\tan\varphi_j$ 值按其层厚加权的平均值算出;

其他符号意义同前。

(4)土钉墙内部稳定性分析

土钉墙整体稳定性分析是指边坡土体中可能出现的破裂面发生在土钉墙内部并穿过全部或部分土钉,可按圆弧破裂面采用普通条分法对土钉墙作整体稳定性分析。

①确定最危险圆弧滑动面。

a. 按比例尺绘制基坑边壁剖面图。

b. 任选一以 r 为半径的可能滑动面 $\overset{\frown}{AC}$,将滑动面上的土体分成 n 个垂直土条(一般 $n=8\sim12$),如图 45-9 所示。

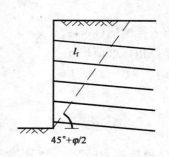

图 45-8　土钉长度的确定

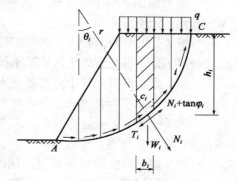

图 45-9　条分法计算图

c. 计算每个土条的自重 $Q=\gamma_i h_i b_i$ 和地面超载 qb_i,沿圆弧 $\overset{\frown}{AC}$ 分解成法向力 N_i 和切向力 T_i。

其中:

$$\begin{cases} N_i = W_i \cos\theta_i \\ T_i = W_i \sin\theta_i \\ W_i = \gamma_i b_i h_i + qb_i \end{cases} \qquad (45\text{-}22)$$

式中:θ_i——法向分力 N_i 与铅垂线的夹角。

d. 滑动力矩:

$$M_T = r \sum_{i=1}^{n} W_i \sin\theta_i \qquad (45\text{-}23)$$

e. 抗滑动力矩:

$$M_n = r \sum_{i=1}^{n} (N_i \tan\varphi_i + c_i L_i) \qquad (45\text{-}24)$$

式中:L_i——第 i 个土条滑弧长。

f. 稳定安全系数：

$$K = \frac{M_n}{M_T} = \frac{\sum\limits_{i=1}^{n}(N_i \tan\varphi_i + c_i L_i)}{\sum\limits_{i=1}^{n} W_i \sin\theta_i} \tag{45-25}$$

g. 求最小安全系数 K_{min}，即找出最危险的破裂面。重复步骤 b～f，选不同的圆弧，得到相应的安全系数 K_1、K_2、…、K_n。其中最小值 K_{min} 就为所求。

②土钉墙应根据施工期间不同开挖深度及基坑底面以下可能滑动面，采用圆弧滑动简单条分法[此时圆弧滑动面就是①部分求得的最危险圆弧滑动面，根据《建筑基坑支护技术规程》(JGJ 120—99)第 6.2.1 条规定]，按式(45-26)进行整体稳定性验算：

$$\sum_{i=1}^{n} c_{ik} l_{is} + S \sum_{i=1}^{n} (W_i + q_0 b_i) \cos\theta_i \tan\varphi_{ik} + \sum_{j=1}^{m} T_{nj} \Big[\cos(\alpha_j + \theta_i) +$$
$$\frac{1}{2}\sin(\alpha_j + \theta_i)\tan\varphi_{ik} \Big] - S\gamma_k \gamma_0 \sum_{i=1}^{n} (W_i + q_0 b_i)\sin\theta_i \geqslant 0 \tag{45-26}$$

式中：n——滑动体分条数；

m——滑动体内土钉数；

γ_k——整体滑动分项系数，可取 1.3；

γ_0——基坑侧壁重要性系数；

W_i——第 i 条土重(kN)，滑裂面位于黏性土或粉土中时，按上覆土层的饱和土重度计算；滑裂面位于砂土或碎石类土中时，按上覆土层的浮重度计算；

b_i——第 i 分条宽度(m)；

c_{ik}——第 i 分条滑裂面处土体固结不排水(快)剪黏聚力标准值(kN)；

φ_{ik}——第 i 分条滑裂面处土体固结不排水(快)剪内摩擦角标准值(°)；

θ_i——第 i 分条滑裂面处中点切线与水平面夹角(°)；

α_j——土钉与水平面之间的夹角(°)；

l_{is}——第 i 分条滑裂面处弧长(m)；

S——计算滑裂体单位厚度(m)；

T_{nj}——第 j 根土钉在圆弧滑裂面外锚固体与土体的极限抗拉力(kN)，根据《建筑基坑支护技术规程》(JGJ 120—99)第 6.2.2 条规定，按式(45-24)确定：

$$T_{nj} = \pi d_{nj} \sum q_{sik} l_{ni} \tag{45-27}$$

式中：l_{ni}——第 j 根土钉在圆弧滑裂面外穿越第 i 层稳定土体内的长度(m)；

d_{nj}——土钉锚固体直径(mm)。

③对支护作内部整体稳定性分析时，土体破坏面上每一土钉达到的极限抗拉能力 R(kN)按下列公式计算，并取其中的最小值。

按土钉受拔条件：

$$R = \pi d_0 l_a \tau \tag{45-28a}$$

按土钉受拉屈服条件：

$$R = 1.1\frac{\pi d^2}{4} f_{yk} \tag{45-28b}$$

对于靠近支护底部的土钉，尚应考虑破坏面外侧土体和喷混凝土面层脱离土钉滑出的可能，其最大抗力尚应满足下列条件：

$$R \leqslant \pi d_0 (l - l_a)\tau + R_i \tag{45-28c}$$

式中：R_i——土钉端部与面层连接处的极限抗拔力(kN)；

其他符号意义同前。

当边坡土质较好时，可只进行外部整体稳定性验算；当边坡土质为较软弱黏性土时，则要进行内部整体稳定性验算。

假定破坏面上的土钉只承受拉力且达到式(45-29)所确定的最大抗力 R，可按圆弧破坏面采用普通条分法对支护作整体稳定性分析[图 45-10a)]取单位长度土钉墙进行计算，根据《规程》第 5.3.1 条规定内部整体稳定性安全系数，可按式(45-29)计算：

$$K_S = \frac{\sum\left[(W_i+Q_i)\cos\alpha_i\tan\varphi_i+(R_k/S_{hk})\sin\beta_k\tan\varphi_i\right]}{\sum\left[(W_i+Q_i)\sin\alpha_i\right]} +$$

$$\frac{c_i(\Delta_i/\cos\alpha_i)+(R_k/S_{hk})\cos\beta_k}{\sum\left[(W_i+Q_i)\sin\alpha_i\right]} \qquad (45\text{-}29)$$

式中：K_S——支护内部整体稳定性安全系数最低值：当基坑深度等于或小于 6m 时，其值不小于 1.2；当基坑深度为 6~12m 时，其值不小于 1.3；当基坑深度为大于 12m 时，其值不小于 1.4；

W_i、Q_i——作用于土条 i 的自重和地面、地下荷载(kN)；

α_i——土条 i 圆弧破坏面切线与水平面的夹角(°)；

Δ_i——土条 i 的宽度(m)；

φ_i——土条 i 圆弧破坏面所处第 j 层土的内摩擦角(°)；

c_i——土条 i 圆弧破坏面所处第 j 层土的黏聚力(kPa)；

R_k——破坏面上第 k 排土钉的最大抗力(kN)，按式(45-28)确定；

β_k——第 k 排土钉轴线与该处破坏面切线之间的夹角(°)；

S_{hk}——第 k 排土钉的水平间距(m)。

当有地下水时，在式(46-29)中尚应计入地下水压力的作用及其对土体强度的影响。作为设计依据的临界破坏面位置需根据图 45-10b)试算确定。

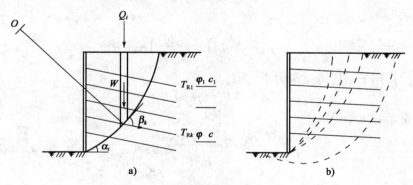

图 45-10 内部整体稳定性分析简图

a)稳定性分析简图；b)各种可能的破坏面

(5)土钉墙外部整体稳定性分析

土钉墙的外部整体稳定性验算包括了抗隆起验算，土钉加固厚土体作为一墙体的抗滑移、抗倾覆验算等。

①整体稳定性验算(图 45-11)

前述的内部稳定性验算保证了土钉墙面层与土钉紧密结合，而在土钉墙的工作中还要保证加固后的土体不会发生如图 45-12 所示的整体滑动面，这个滑动面可能是沿墙脚部，也可能是沿基坑开挖面以下某一软弱土层而形成。因此,当进行土钉墙整体稳定性分析时,滑动面不仅要验算墙脚,还要验算墙脚下的任意可能滑动面。由前分析可知,当上述要求验算的整体稳定性满足要求时,抗隆起也就自然满足要求了。整体稳定性分析仍采用上述条分法计算,考虑整体滑动面以外的土钉抗拔力对滑动面土体产生的抵抗滑动作用而求得安全系数。

②抗滑移与抗倾覆验算

把土钉加固后的土体作为土钉墙的整体,可视为一重力式挡土墙。应进行抗滑移与抗倾覆验算,如图 45-13 所示的土钉墙,当按重力式挡墙计算时,墙宽为 b,亦即取最下层土钉长度的水平投影为墙宽,根据内部及外部整体稳定性的分析要求,土钉长度在一般情况下是下层长、上层短,工程实践表明图 45-13 所示的土钉墙厚应满足:

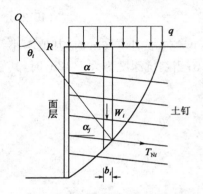

图 45-11　整体稳定性验算简图

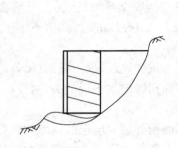

图 45-12　土钉墙外部稳定分析

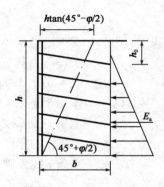

图 45-13　土钉墙计算模型

$$b \geqslant 1.2h\tan(45°-\varphi/2) \tag{45-30}$$

作用于墙背主动土压力为:

$$E_a = \frac{1}{2}\gamma(h-h_0)^2 K_a = \frac{1}{2}\gamma h^2\left(1-\frac{2c}{\gamma H\sqrt{K_a}}\right)K_a$$

令 $\delta = \frac{c}{\gamma H}$,则:

$$E_a = \frac{1}{2}\gamma h^2\left(1-\frac{2\delta}{\sqrt{K_a}}\right)K_a$$

墙体重力作用下墙底的抗滑力 F_u 为:

$$F_u = \gamma hbu$$

抗滑安全系数 K_H 为:

$$K_H = \frac{F_u}{E_a} = \frac{\gamma bhu}{\frac{1}{2}\gamma h^2\left(1-\frac{2\delta}{\sqrt{K_a}}\right)K_a} \tag{45-31a}$$

如取 $b=1.2h\tan(45°-\varphi/2)$,则 K_H 经简化为:

$$K_H = \frac{2.4u}{\sqrt{K_a}-2\delta} \geqslant 1.2 \tag{45-31b}$$

或

$$K_H = \frac{F_1}{\sum N} \geqslant 1.2 \tag{45-31c}$$

按《规程》规定抗滑安全系数为 1.2。

抗倾覆安全系数 K_M 为:

328

$$K_M = \frac{\frac{1}{2}b^2 h\gamma}{\frac{\gamma}{b}(h-h_0)^3 K_a}$$ (45-32a)

如取 $b=1.2h\tan(45°-\varphi/2)$，则 K_M 经简化为：

$$K_M = \frac{4.32}{\left(1-\frac{2\delta}{\sqrt{K_a}}\right)^3} \geqslant 1.3$$ (45-32b)

或

$$K_M = \frac{M_W}{M_0} \geqslant 1.3$$ (45-32c)

式中：ΣN——引起的滑移的力(kN)；

　　F_l——抵抗滑移的力(kN)；

　　K_H——抗滑移稳定系数，一般取不小于1.2；

　　M_0——倾覆力矩(kN·m)；

　　M_W——抗倾覆力矩(kN·m)；

　　K_M——抗倾覆稳定系数，一般取不小于1.3，按《规程》规定，抗倾覆安全系数为1.3。

从式(45-32)可见，K_M 总满足条件。对于抗滑移，大部分土钉墙工程都会满足抗滑稳定性要求。

③当土体中有较薄弱的土层或薄弱层面时，还应考虑上部土体在背面土压作用下沿薄弱土层或薄弱层面滑动失稳的可能性，方法同前抗滑移稳定计算。

对土钉墙的地基承载力验算，即墙体底面竖向压应力小于墙底土体作为地基持力层的地基承载力设计值的1.2倍。

3. 喷射混凝土面层计算

喷射混凝土面层的作用除保证土钉之间局部土体的稳定以外，还要使土钉周围的土压力有效地传给土钉，这就要求土钉钉头与面层连接牢靠。

1)内力计算

在土体自重及地表超载作用下，喷射混凝土面层所受侧压力 p_0 应根据《规程》第5.5.1条规定，按式(45-33)估算：

$$p_0 = p_{01} + p_q$$ (45-33)

$$p_{01} = 0.7 \times \left(0.5 + \frac{S-0.5}{5}\right)p_1 \leqslant 0.7p_1$$ (45-34)

式中：S——土钉水平间距和竖向间距中的较大值(m)。

p_1 和 p_q 计算规定同土钉拉力，按式(45-10)～式(45-12)计算。

当有地下水位时，应计入水压力对面层产生的侧压力。

上面计算的压力应乘以分项系数1.2。如工程重要，尚应考虑结构重要系数为1.1～1.2。

2)强度计算

(1)喷射混凝土面层

喷射混凝土面层可按以土钉为支点的连续板进行强度计算。作用于面层的侧向压力在同一间距内可按均布考虑，其反力作为土钉的端部拉力。验算的内容包括板在跨中和支座截面的受弯、板在支座截面的冲切等。

(2) 土钉与喷射混凝土面层的连接

土钉与喷射混凝土面层的连接,应能承受土钉端部的拉力的作用。当用螺纹、螺母和垫板与面层连接时,垫板边长及厚度应通过计算确定。当用焊接方法通过不同形式的部件与面层相连时,应对焊接强度作出验算。此外,面层连接处尚应验算混凝土局部承压作用。

至于符合型土钉墙,目前应用较多的是水泥土搅拌桩—土钉墙和微型桩—土钉墙两种形式。前者是在基坑开挖线外侧设置一排至两排(多数为一排)水泥土搅拌桩,以解决止水、开挖后面层土体强度不足而不能自立、喷射混凝土面层与土体黏结力不足的问题;同时,由于水泥土搅拌桩有一定插入深度,可避免坑底隆起、管涌、渗流等情况发生。后者是在基坑开挖线外侧击入一排或两排(多数为一排)竖向立管进行超前支护,立管内高压注入水泥浆形成微型桩。微型桩虽不能形成止水帷幕,但可增强土体自立能力,并可防止坑底涌土。

由于复合型土钉墙中的水泥土搅拌桩和微型桩主要是解决基坑开挖中的止水、土体自立和防止管涌等问题,在土钉墙计算中不考虑其受力作用,仍按前述方法进行土钉墙计算。

【例 45-1】 上海某基坑深度 $h=11.5\text{m}$,均质土层,土的内摩擦角标准值 $\varphi_k=25°$,设计采用土钉墙支护结构(图 45-14),土钉墙坡度 $\beta=79°$,土钉墙整体稳定和局部稳定经验算均满足规范要求。已知某排土钉距地面下深度 $h_1=3\text{m}$,土钉设计长度 $l=9.2\text{m}$,倾角 $\alpha=15°$,土钉孔径 $d_n=110\text{mm}$,极限摩阻力取 $q_{sik}=70\text{kPa}$,土钉水平和竖向间距均为 1.5m。经计算,该土钉处水平荷载标准值 $e_{ak}=30\text{kPa}$,荷载折减系数 $\zeta=0.741$。当土钉杆件选用 HRB335 热轧钢筋,钢筋强度设计值 $f_y=300\text{MPa}$,按钢筋承载力和土钉受拉承载力等强设计,试计算确定此土钉宜选用的土钉杆件规格为多少。

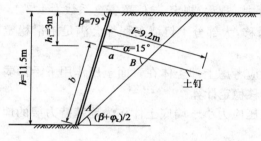

图 45-14 【例 45-1】图

解:先求此土钉至坡脚的距离为:

$$b=\frac{h-h_1}{\cos(90°-\beta)}=\frac{11.5-3}{\cos(90°-79°)}=8.66(\text{m})$$

再由正弦定理得:

$$a=\frac{b\sin A}{\sin B}=\frac{8.66\times\sin[(\beta-\varphi_k)/2]}{\sin[\alpha+(\beta+\varphi_k)/2]}=\frac{8.66\times\sin[(79°-25°)/2]}{\sin[15°+(79°+25°)/2]}$$

$$=\frac{8.66\times0.45}{0.92}=4.236(\text{m})$$

直线滑裂面外土钉锚杆端长度为:

$$l_m=l-a=9.2-4.236=4.964(\text{m})$$

单根土钉受拉承载力设计值按式(45-19)得:

$$T_{uj}=\frac{1}{\gamma_s}\pi d_n\sum q_{sik}l_i=\frac{1}{1.3}\times3.14\times0.11\times70\times4.964=92.3(\text{kN})$$

$\phi20$ 钢筋抗拉强度设计值为:

$$A_g f_y=\frac{1}{4}\times\pi\times20^2\times300=94\,200(\text{N})=94.2(\text{kN})$$

94.2kN＞T_{uj}＝92.3kN,满足等强度要求,故选 $\phi20$ 钢筋。

【例 45-2】 某基坑开挖深度为 6m,黏性土,重度 $\gamma=18\text{kN/m}^3$,固结不排水剪内摩擦角标

准值 $\varphi_k = 12°$，固结不排水剪黏聚力标准值 $c_{ik} = 16\text{kPa}$，土体与锚固体的极限摩阻力标准值 $q_{sik} = 40\text{kPa}$。土钉墙坡面与水平面夹角 $\beta = 85°$，地面超载 $q_0 = 20\text{kPa}$。无地下水。试设计该土钉墙。

解：(1)假定土钉竖向间距为 1.1m，水平间距为 1.5m。

(2)计算土压力分布。首先按不放坡的情况计算土压力分布：

$$K_a = \tan^2\left(45° - \frac{\varphi_k}{2}\right) = \tan^2\left(45° - \frac{12°}{2}\right) = 0.65$$

$$e_{ak} = (q_0 + \sum \gamma_i h_i)K_{ai} - 2c_{ik}\sqrt{K_{ai}}$$

由于土体具有黏聚力，所以先计算土压力 0 点的深度 z_0(m)。令 $e_{ak} = 0$，得：

$$z_0 = \frac{\dfrac{2c_{ik}\sqrt{K_{ai}}}{K_{ai}} - q_0}{\gamma} = \frac{\dfrac{2 \times 16 \times \sqrt{0.65}}{0.65} - 20}{18} = 1.094\text{(m)}$$

计算结果 $z_0 = 1.094\text{m} > 0$，所以从基坑顶面到 z_0 深度范围土压力均为 0。

(3)计算各道土钉受拉荷载标准值 T_{jk} 按式(45-13)计算：

$$T_{jk} = \frac{\zeta e_{ajk} s_{xj} s_{zj}}{\cos \alpha_j}$$

本式适用于土钉竖向间距相等、第 1 道土钉到地面的距离与最后 1 道土钉到基坑底面的距离均为土钉竖向间距一半，并且土压力 0 点的深度 $z_0 = 0$ 的情况。否则应该调整计算式，应对每根土钉承受的土压力按范围求和，得到每根土钉的受拉荷载标准值 T_{jk} 及土钉受拉荷载设计值 T_{uj}。本例是按范围求和的方法计算。计算时已经考虑放坡对土压力的折减。

放坡对土压力的折减系数按式(45-14)得：

$$\zeta = \tan\frac{\beta - \varphi_k}{2}\left[\frac{1}{\tan\dfrac{\beta + \varphi_k}{2}} - \frac{1}{\tan\beta}\right]\bigg/\tan^2\left(45° - \frac{\varphi_k}{2}\right)$$

$$= \tan\frac{85° - 12°}{2}\left[\frac{1}{\tan\dfrac{85° + 12°}{2}} - \frac{1}{\tan85°}\right]\bigg/\tan^2\left(45° - \frac{12°}{2}\right)$$

$$= 0.8996$$

$$e_{ak} = (q_0 + \sum \gamma_i h_i)K_{ai} - 2c_{ik}\sqrt{K_{ai}}$$

$$= (20 + 18h_i) \times 0.65 - 2 \times 16 \times \sqrt{0.65}$$

式中：h_i——两道土钉竖向间距一半的位置到基坑顶面的距离。

第 1 道土钉承受的土压力为地面到第 1 道与第 2 道土钉间距的一半的位置处之间的土压力之和。由于地面到第 1 道土钉之间有一段土压力为 0，故从土压力非 0 点（即 $z_0 = 1.094\text{m}$）开始计算。

第 2 道土钉承受的土压力为第 1 道与第 2 道土钉间距一半的位置处到第 2 道与第 3 道土钉间距一半的位置处之间的土压力之和。

其余依此类推。

对于最后 1 道土钉承受的压力，计算到基坑底面的土压力。

则土钉受拉荷载标准值 T_{jk} 可按式(45-13)计算，即：

$$T_{jk} = \zeta e_{ajk} s_{xj} s_{zj} / \cos\alpha_j$$
$$= \frac{0.5(e_{ajk1} + e_{ajk2})(h_{j2} - h_{j1})\zeta s_{xj}}{\cos\alpha_j}$$

已知 $\dfrac{\zeta s_{xj}}{\cos\alpha_j} = \dfrac{0.8996 \times 1.5}{\cos 15°} = 1.397$，具体计算如表 45-4 所示。

土钉拉力设计值　　　　　　　　　　　　　　　　　　　　表 45-4

土钉序号	h_j (m)	e_{ajk} (kPa)	$(e_{ajk1}+e_{ajk2})/2$ (kPa)	$h_{j2}-h_{j1}$ (m)	$\zeta s_{xj}/\cos\alpha_j$ (m)	T_{jk} (kN)	$1.25T_{jk}$ (kN)
	1.094	0					
1	1.65	6.678	3.339	0.556	1.397	2.59	3.24
2	2.75	19.662	19.569	1.1	1.397	20.24	25.3
3	3.85	32.645	26.154	1.1	1.397	40.19	50.2
4	4.95	45.629	39.137	1.1	1.397	60.14	75.2
5	6.00	58.023	51.826	1.05	1.397	76.02	95.0

(4)计算土钉受拉荷载设计值 T_j(kN)。基坑侧壁重要性系数 γ_0 取 1.0，按式(45-18)得：

$$1.25\gamma_0 T_{jk} \leqslant T_{uj}$$

计算结果列入表 45-4 中。

(5)计算土钉的锚固段长度 L_m，即直线破裂面之外的长度。

按式(45-19)有：$T_{uj} = \dfrac{1}{\gamma_s} \pi d_{nj} \sum q_{sik} l_i$ 得：

$$l_{jm} = \frac{\gamma_s T_{uj}}{\pi d_{nj} \sum q_{sik}} = \frac{1.3 T_{uj}}{0.12 \times 40\pi}$$

(6)计算土钉的自由段长度 L_j，读者可根据图形的几何关系计算(略)。

(7)计算土钉的总长度 L，土钉的总长度等于锚固段长度与自由段长度之和。

(8)受拉计算结果，受拉和上述各项的计算结果列入表 45-5 中。

受拉计算及稳定计算结果　　　　　　　　　　　　　表 45-5

土钉序号	深度 (m)	T_{jk} (kN)	T_j (kN)	L_m (m)	L_z (m)	L (m)	土钉长度 (m)
1	1.1	2.639	3.300	0.28	3.27	3.55	11.830
2	2.2	20.238	25.297	2.18	2.54	4.72	11.716
3	3.3	40.190	50.238	4.33	1.80	6.13	11.632
4	4.4	60.143	75.178	6.48	1.07	7.55	7.549
5	5.5	76.021	95.027	8.19	0.33	8.53	8.256

(9)整体稳定计算(略)。

【例 45-3】 上海某大厦的基坑工程采用土钉墙支护，其设计资料如下：

1. 地质情况

(1)杂填土①：4.5～8.5m 厚，$\varphi=18°$，$c=17$kPa。

(2)重粉质黏土②$_1$：$\varphi=14°$，$c=30$kPa；

细粉砂②$_2$：$\varphi=30°$。

(3)卵石圆砾③$_1$：$\varphi=42°$；

粉质黏土重粉质黏土③₂ 的表示应为 $φ=15°,c=30kPa$。

(4)细粉砂④₁：$φ=34°$；

粉质黏土重粉质黏土④₂：$φ=27°,c=39kPa$；

黏质粉土④₃：$φ=27°,c=39kPa$。

2. 地质剖面

平均土层厚度①5.2m，②2.2m，③3.7m，④2.3m，⑤0.3m。

该剖面厚度共计 13.7m。基坑开挖 13.7m。

3. 设计采用参数

(1)①号土：$φ=15°,c=15kPa$；

②号土：$φ=30°,c=15kPa$；

③号土：$φ=42°,c=0$；

④号土：$φ=34°,c=0$。

(2)$γ=20kN/m^3$。

(3)地面超载：$q=20kN/m^2$。

4. 土钉所受土压力计算

由于分层土体性能相差不大，$φ$ 及 c 值取各层土的 $φ$、c 值按其厚度加权平均。

(1)现分两层土计算①及②层土：

①号土层为原①、②号土厚 $H_上=7.4m,φ=22.5°,c=15kPa$；

②号土层为原③、④号土厚 $H_下=6.3m,φ=38°$。

两层土总厚 $H=H_上+H_下=7.4+6.3=13.7m$。

(2)土压力计算：

上层土压：

$$\frac{c}{γH_上}=\frac{15}{20×7.4}=0.101$$

$$0.05 \leqslant \frac{c}{γH_上} \leqslant 0.2 \quad （应按黏土计算）$$

$$φ=22.5° \quad K_a=0.446 \quad \sqrt{K_a}=0.67 \quad γ=20kN/m^3$$

由支护土体自重引起的侧压力按式(45-11)得：

$$p_1=K_a\Big[1-\frac{2c}{γH}·\frac{1}{\sqrt{K_a}}\Big]γH_上$$

$$=0.446×\Big(1-\frac{2×15}{20×7.4}×\frac{1}{0.67}\Big)×20×7.4$$

$$=46(kN/m^2)$$

由地表均布荷载引起的侧压力，按式(45-12)得：

$$p_2=K_aq=0.446×20=8.92(kN/m^2)$$

$$p=46+8.92=54.9(kN/m^2)$$

下层土压：

$$c=0 \quad \frac{c}{γH} \leqslant 0.05 \quad （按砂土计算）$$

$$p_1=0.5K_aγH=0.5×0.238×20×13.7=32.6(kN/m^2)$$

$$p_2=0.238×20=4.76(kN/m^2)$$

$$p = 32.6 + 4.76 = 37.4(\text{kN/m}^2)$$

$$\overline{p} = \frac{37.4 + 54.9}{2} = 46(\text{kN/m}^2)$$

按公式(45-18)得：

$$N = \overline{p}S_\text{h}S_\text{v} = 46 \times 1.5 \times 1.5 = 103.5(\text{kN})(土钉间距 1.5\text{m})$$

梯形底部及中部：

$$N = 103.5(\text{kN})$$

上部 $H/4$，即 $13.7/4 = 3.42\text{m}$ 的部位有两道土钉，其受力应为 30.3kN(距顶 1m)，第二道土钉距顶面 2.5m，土压力为 75.5kN。

5. 计算土钉直径

按式(45-17a)与式(45-17b)得：

$$F_\text{s,d}N \leqslant 1.1\frac{\pi d^2}{4}f_\text{yk}$$

式中，$F_\text{s,d}$ 取 1.5，钢筋抗拉强度设计值 $f_\text{yk} = 335\text{MPa}$。

$$d = \sqrt{\frac{4 \times 1.5 \times N}{\pi \times 1.1 f_\text{yk}}} = \sqrt{\frac{4 \times 1.5 \times 103.5 \times 10^3}{3.14 \times 1.1 \times 335}} = 23.2(\text{mm})$$

按下部土压力为矩形分布，设计轴力 $N = 103.5\text{kN}$，则各道土钉直径均选 $\phi22$。

6. 计算各层土钉长度，有效长度、安全系数

(1) 资料

基坑所在的地区资料：

夹有 2m 左右淤泥质及粉质黏土	$\tau_1 = 53.8\text{kPa}$
粉质黏土夹有细粉砂	$\tau_2 = 62\text{kPa}$
密实砂	$\tau_3 = 100\text{kPa}$
夹有卵石细粉砂	$\tau_4 = 180\text{kPa}$

(2) 土钉抗拉能力

破坏面上每一土钉的抗拉能力按下列公式计算并取其中较小值。

按土钉受拉拔条件：

$$T = \pi D L_\text{a}\tau$$

按土钉受拉强度条件：

$$T = 1.35\frac{\pi d^2}{4}f_\text{y}$$

(3) 土钉拉力计算

土压力分布分两层计算。

① 上层厚为 7.4m，上层土：

$$c = 15\text{kPa}, \varphi = 22.5°$$

$$\frac{c}{\gamma H_上} = \frac{15}{20 \times 7.4} = 0.101$$

$$0.05 \leqslant \frac{c}{\gamma H_上} \leqslant 0.2 \quad （应按黏土计算）$$

$$\varphi = 22.5° \quad K_\text{a} = 0.446 \quad \sqrt{K_\text{a}} = 0.67 \quad \gamma = 20\text{kN/m}^3$$

$$p_1 = K_\text{a}\left[1 - \frac{2c}{\gamma H_上}\frac{1}{\sqrt{K_\text{a}}}\right]\gamma H_上$$

$$= 0.446 \times \left(1 - \frac{2 \times 15}{20 \times 7.4} \times \frac{1}{0.67}\right) \times 20 \times 7.4$$

$$= 46(\text{kPa})$$

$$p_2 = K_a q = 0.446 \times 20 = 8.92(\text{kPa})$$

$$p = 46 + 8.92 = 54.9(\text{kPa})$$

②下层土:

$$c = 0, \varphi = 34° \sim 42°, \text{平均 } \varphi = 38°, (\text{按砂土})$$

$$\frac{c}{\gamma H} \leqslant 0.05(\text{按砂土计算})$$

$$p_1 = 0.5 K_a \gamma H = 0.5 \times 0.238 \times 20 \times 13.7 = 32.6(\text{kPa})$$

$$p_2 = 0.238 \times 20 = 4.76(\text{kPa})$$

$$p = 32.6 + 4.76 = 37.4(\text{kPa})$$

$$\overline{p} = \frac{37.4 + 54.9}{2} = 46(\text{kPa})$$

按式(45-8)得:

$$N = \overline{p} S_h S_v = 46 \times 1.5 \times 1.5 = 103.5(\text{kN})(\text{土钉间距 } 1.5\text{m})$$

梯形底部及中部:

$$N = 103.5(\text{kN})$$

上部 $H/4$, 即 $13.7/4 = 3.42\text{m}$ 的部位有两道土钉, 其受力应为:

$$N_1 = \frac{103.5 \times 1}{3.42} = 30.3(\text{kN})$$

$$N_2 = \frac{103.5 \times 2.5}{3.42} = 75.7(\text{kN})$$

土钉抗拉力:

$$T = 1.35 \frac{\pi d^2}{4} \times 300 = 153.9(\text{kN})$$

土钉抗拔力, 取土钉锚固体直径 $D = 0.1\text{m}$

$$T_{u1} = \pi D L_b \tau = 3.142 \times 0.1 \times 3 \times 53.8 = 50.7(\text{kN})$$

$$T_{u2} = 3.142 \times 0.1 \times 6.8 \times 62 = 132.5(\text{kN})$$

$$T_{u4} = 3.142 \times 0.1 \times 5.6 \times 100 = 175.7(\text{kN})$$

其他各土钉极限抗拔力均可仿此算出并列入表 45-6 中。各土钉的安全系数均大于1.635。

各土钉极限抗拔力计算表　　　　表 45-6

土 钉 序 号	高程(m)	土钉内力 N(kN)	有效长度 L_b(m)	极限抗拔力 T_u(kN)	土钉全长	安 全 系 数
T_1	1.0	30.3	3	50.7	10	1.67
T_2	2.5	76.6	6.8	132.5	12	1.73
T_3	4.0	103.5	8.8	171.4	13	1.66
T_4	5.5	103.5	5.6	175.7	9	1.70
T_5	7.0	103.5	6.2	194.8	9	1.88
T_6	8.5	103.5	5.8	182.2	8	1.76
T_7	10.0	103.5	6.4	213.6	8	2.06
T_8	11.5	103.5	6.0	339.0	7	3.27
T_9	13.0	103.5	6.7	378.0	7	3.60

$$\sum N = 831.4(\text{kN})$$

$$\sum T_u = 1\,837.9(\text{kN})$$

$$K_{总} = \frac{1\,837.9}{831.4} = 2.21$$

（4）整体稳定

①抗滑稳定验算。

墙宽取 6m，墙底部土 $\varphi = 42°$。

抗滑力 F_1 为：

$$F_1 = (13.7 \times 6 \times 20 + 6 \times 20) \times \tan42° \times 1.5$$
$$= 2\,382.5(\text{kN})$$

土压力引起水平推力为各道土钉拉力之和：

$$\sum N = 831.4(\text{kN})$$

抗滑稳定安全系数按式（45-28c）得：

$$K_H = \frac{F_1}{\sum N} = \frac{2\,382.5}{831.4}$$
$$= 2.87 > 1.2（安全）$$

②抗倾覆稳定验算。

抗倾覆力矩即土的自重平衡力矩：

$$M_W = (13.7 \times 6 \times 20 + 6 \times 20) \times 6/2 \times 1.5$$
$$= 7\,938(\text{kN} \cdot \text{m})$$

倾覆力矩：

$$M_0 = 30.3 \times (13.7 - 1) + 76.6 \times (13.7 - 2.5) + 103.5 \times$$
$$(13.7 \times 7 - 4 - 5.5 - 7 - 8.5 - 10 - 11.5 - 13)$$
$$= 5\,010.1(\text{kN} \cdot \text{m})$$

抗倾覆稳定安全系数，按式（45-29c）得：

$$K_M = \frac{M_W}{M_0} = \frac{7\,938}{5\,010.1} = 1.58（安全）$$

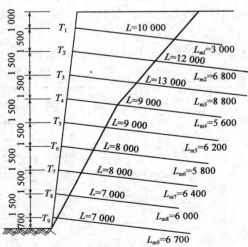

图 45-15　土钉墙剖面图（单位：mm；尺寸单位：mm）

（5）面层设计

①面层承载力

面层实为支承于土钉上的无梁连续板。面层厚 100mm，土钉间距即为面层跨距 $l = 1.5$m，如图 45-15 所示。作用于上部面层上的荷载，按式（45-30）和式（45-31）计算：

$$p_0 = p_{01} + p_q$$

$$p_{01} = 0.7 \times \left(0.5 + \frac{s - 0.5}{5}\right) \times p_1$$

$$= 0.7 \times \left(0.5 + \frac{1.5 - 0.5}{5}\right) \times 46$$

$$= 22.54(\text{kPa})$$

$$p_q = 0.446 \times 20 = 8.92(\text{kPa})$$

$$p_0^{\text{上}} = 22.54 + 8.92 = 31.46(\text{kPa})$$

作用于下部面层上荷载：

$$p_{01} = 0.7 \times \left(0.5 + \frac{1.5 - 0.5}{5}\right) \times 32.6 = 16(\text{kPa})$$

$$p_q = 0.238 \times 20 = 4.76(\text{kPa})$$

$$p_0^{\text{下}} = 16 + 4.76 = 20.7(\text{kPa})$$

取上、下两部分平均值：

$$p_0 = \frac{1}{2} \times (31.46 + 20.7) = 26.1(\text{kPa})$$

$$M_0 = \frac{1}{8} p_0 l^3 = \frac{1}{8} \times 26.1 \times 1.5^3 = 11(\text{kN} \cdot \text{m})$$

钉上带土钉作用处弯矩：

$$M_1 = 0.5 M_0 = 0.5 \times 11 = 5.5(\text{kN} \cdot \text{m})$$

跨中弯矩：

$$M_2 = 0.2 M_0 = 0.2 \times 11 = 2.2(\text{kN} \cdot \text{m})$$

跨中带支座处：

$$M_3 = 0.15 M_0 = 0.15 \times 11 = 1.65(\text{kN} \cdot \text{m})$$

跨中带跨中处：

$$M_4 = 0.15 M_0 = 0.15 \times 11 = 1.65(\text{kN} \cdot \text{m})$$

只要土钉连接处的局部弯矩较大，其他截面弯矩较小。经计算选配 $\phi6@200\times200$。土钉连接处应适当加强。

②连接计算

钢筋网片如图 45-16 所示，固定钢筋为 $\phi22$，长为 400mm，焊接在土钉上。

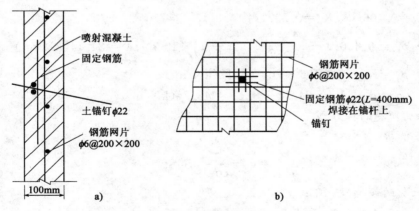

图 46-16　钢筋网片平面图

其连接的安全系数为：

$$K_p = \frac{P_k}{E_p}$$

$$P_k = (a + b)FT/\cos 45°$$

式中：a、b——锚固件的长度，取 $a = 400\text{mm}$，$b = 400\text{mm}$；

　　　F——喷射混凝土抗剪强度，取 $F = 1\,500\text{kPa}$；

337

T——喷射混凝土厚度,取 $T=100\text{mm}$;

E_p——作用于锚头上的主动土压力。

$$E_\text{p} = 103.5(\text{kN})$$

$$P_\text{k} = \frac{(400+400)\times 1\ 500\times 100}{\cos 45°}\times 10^{-6} = 169.1(\text{kN})$$

$$K_\text{p} = \frac{P_\text{k}}{E_\text{p}} = \frac{169.1}{103.5} = 1.64$$

由于《建筑基坑支护技术规范》(JGJ 120—99)与《规程》之间的计算方法有些差异,故本例计算时部分采用了《建筑基坑支护技术规范》(JGJ 120—99)规定的极限状态法;同时有部分内容也采用了《规程》的总安全系数法,但两者计算的结果相差不大。

【例 45-4】 某基坑挖深 $h=7.4\text{m}$,土钉孔径 $d_\text{n}=0.1\text{m}$,土质为一般黏性土,呈坚硬状态,土的内摩擦角 $\varphi=25°$,土的黏聚力 $c=18\text{kPa}$,土钉与土体之间的界面黏结强度 $\tau=50\text{kPa}$,土的重度 $\gamma=19\text{kN/m}^3$,地面超荷载 $q=20\text{kN/m}^2$,试求土钉所受的拉力、土钉长度、直径、边坡喷混凝土厚度及配筋并进行边坡稳定性验算。

解:(1)求土钉在土体中所受的侧压力 p

$$\frac{c}{\gamma H} = \frac{18}{19\times 7.4} = 0.13 > 0.05$$

对于 $\dfrac{c}{\gamma H}\leqslant 0.05$ 的砂土和粉土,按式(45-10)得:

$$p = 0.55K_\text{a}\gamma H$$

对于 $\dfrac{c}{\gamma H}>0.05$ 的一般黏性土,按式(45-11)得:

$$p_1 = K_\text{a}\left(1-\frac{2c}{\gamma H}\frac{1}{\sqrt{K_\text{a}}}\right)\gamma H$$

已知,$K_\text{a}=0.406$,$\sqrt{K_\text{a}}=0.637$,则:

$$p_1 = 0.406\left(1-\frac{2\times 18}{19\times 7.4}\times\frac{1}{0.637}\right)\times 19\times 7.4 = 34.14(\text{kN/m}^2)$$

$$p_\text{q} = K_\text{a}q = 0.406\times 20 = 8.12(\text{kN/m}^2)$$

$$p = p_1 + p_\text{q} = 34.14 + 8.12 = 42.26(\text{kN/m}^2)$$

(2)求土钉所受的拉力 N

由式(45-8)得:

$$N = \frac{1}{\cos\theta}pS_xS_y$$

式中:θ——土钉的倾角,取 $10°$;

S_x——土钉的水平间距,取 1.0m;

S_y——土钉竖向间距,取 1.4m。

$$N_{1-4} = \frac{1}{\cos 10°}\times 42.26\times 1.0\times 1.4 = 60.08(\text{kN})$$

$$N_5 = \frac{1}{\cos 10°}\times 42.26\times 1.0\times 1.1 = 47.16(\text{kN})$$

(3)求土钉长度 l

土钉墙支护布置如图 45-17 所示,取土钉的局部稳定性安全系数 $F_{s,d}=1.3$,土钉的破坏面一侧伸入稳定土体中的长度 l_a：

$$l_a = \frac{F_{s,d}N}{\pi d_0 \tau} = \frac{1.3 \times 60.08}{3.142 \times 0.1 \times 50} = 4.97(\text{m}) \quad (\text{取 5m})$$

土钉长度：$l = l_1 + l_a$，l_1 由图 45-17 求得。

经计算可得出各土钉的长度，其长度由上而下分别为：7.50m、7.00m、6.50m、6.00m、5.50m。

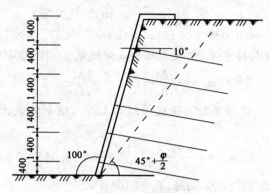

图 45-17　土钉墙支护布置简图(尺寸单位：mm)

(4)求土钉钢筋直径 d

由式(45-17a) $F_{s,d}N = 1.1 \frac{\pi d^2}{4} f_{yk}$，可得：

$$d = \sqrt{\frac{4F_{s,d}N}{1.1\pi f_{yk}}}$$

土钉采用 HRB335 钢筋，取 $f_{yk} = 335\text{MPa}$，则：

$$d = \sqrt{\frac{4 \times 1.3 \times 60.08 \times 1\,000}{1.1 \times 3.142 \times 335}} = 16.43(\text{mm})$$

选用 ϕ18mm 钢筋。

(5)边坡喷混凝土面层计算

在土体自重及地表均布荷载 q 作用下，喷混凝土面层所受的侧向土压力按式(45-30)和式(45-31)得：

$$p_0 = p_{01} + p_q$$

$$p_{01} = 0.7 \times \left(0.5 + \frac{s - 0.5}{5}\right) p_1 \leqslant 0.7p_1$$

即：

$$p_{01} = 0.7 \times \left(0.5 + \frac{1.4 - 0.5}{5}\right) \times 34.14$$
$$= 16.25(\text{kPa}) \leqslant 0.7 \times 34.14$$
$$= 23.9(\text{kPa})$$

则：

$$p_0 = 1.2 \times (16.25 + 8.12) = 29.24(\text{kPa})$$

按四边简支板形式配制钢筋：

$$\frac{l_x}{l_y} = \frac{1.0}{1.4} = 0.714$$

查双向板在均布荷载作用下的内力系数表得：

水平方向：

$$K_x = 0.068\ 0$$

竖直方向：

$$K_y = 0.029\ 3$$

求水平方向的配筋：

$$q_x = 29.24 \times 1.4 = 40.94(\text{kN/m})$$
$$M_x = K_x q_x l_y^2 = 0.068\ 0 \times 40.94 \times 1\ 000^2 = 27.84 \times 10^5(\text{N} \cdot \text{mm})$$

按单筋矩形截面受弯构件参考《混凝土结构设计规范》(GB 50010—2002)中公式计算得：

$$a_s = \frac{M}{f_c b\ h_0^2}; A_s = \frac{M}{\gamma_s f_y h_0}$$

式中，取 $f_c = 9.6$MPa(喷射混凝土强度等级为 C20)，喷射混凝土面层厚度为 100mm，则 $h_0 = 80$mm。

$$a_s = \frac{27.84 \times 10^5}{9.6 \times 1\ 000 \times 80^2} = 0.045$$

查表：$\gamma_s = 0.974$，采用 HPB235 钢筋，$f_y = 210$MPa。
则

$$A_s = \frac{27.84 \times 10^5}{0.974 \times 210 \times 80} = 170.14(\text{mm}^2)$$

采用 $\phi6@180$mm。

同理在竖直方向可求得：

$$q_y = 29.24 \times 1.0 = 29.24(\text{kN/m})$$
$$M_y = K_y q_y l_y^2 = 0.029\ 3 \times 29.24 \times 1\ 400^2 = 12.52 \times 10^5(\text{N} \cdot \text{mm})$$
$$A_s = 76(\text{mm}^2)$$

采用 $\phi6@300$mm。

考虑到喷射混凝土面层在土钉端部处的抗冲切，可在该处配制承压钢板与土钉焊接，并相应在混凝土中设置抗冲切钢筋。

(6)边坡稳定性验算

①整体稳定性验算

由于边坡土质为一般性黏性土，呈坚硬状态，只需进行外部整体稳定性验算。

设土体墙宽度为 5m(按墙宽一般取基坑深度的 0.4～0.8)，则：

$$F_1 = (7.4 \times 5 \times 19 + 5 \times 20) \times \tan25° = 374.45(\text{kN})$$
$$\sum N = 60.08 \times 4 + 47.16 = 287.51(\text{kN})$$

由式(45-28c)得：

$$K_H = \frac{F_1}{\sum N} = \frac{374.45}{287.51} = 1.3 > 1.2(\text{满足要求})$$

②抗倾覆验算

土的自重平衡力矩：

$$M_W = (7.4 \times 5 \times 19 + 5 \times 20) \times \frac{5}{2} = 2\ 007.5(\text{kN})$$

土的倾覆力矩：

$$M_0 = 287.51 \times 7.4 \times \frac{1}{3} = 709.2(\text{kN} \cdot \text{m})$$

由式(45-29c)得：

$$K_M = \frac{M_W}{M_0} = \frac{2\ 007.5}{709.2} = 2.83 \geqslant 1.3(满足要求)$$

除上述方法外，尚有王步云建议方法、Schlosser 方法和 Bridle 方法等，可参见参考文献
[39]。

第六节 土钉墙的施工与监测

一、施工

1. 土钉墙施工可按下列施工顺序进行

(1)应按设计要求开挖工作面，整修边坡，埋设喷射混凝土厚度控制标志。

(2)喷射第一层混凝土。

(3)钻孔安设土钉、注浆、安设连接件。

(4)绑扎钢筋网，喷射第二层混凝土。

(5)设置坡顶、坡面和坡脚的排水系统。

2. 开挖

土钉墙应按设计规定的分层开挖深度按作业顺序进行施工，上层作业面的土钉与喷射混凝土未完成前，不得进行下一层深度的开挖。只有当上层土钉注浆体及喷射混凝土面层达到设计强度的70%后，方可开挖下层土方及下层土钉的施工。在机械开挖后，应辅以人工休整坡面，坡面平整度的允许偏差宜为±20mm，在坡面喷射混凝土支护之前，应清除坡面虚土。

支护分层开挖深度和施工作业的顺序应保证修整后的裸露边坡能在规定的时间内保持自立并在限定的时间内完成支护，即及时设置土钉或喷射混凝土。基坑在水平方向的开挖也应分段进行，一般可取 10~20m。同时应尽量缩短边壁土体的裸露时间。对于自稳能力差的土体如高含水率的黏性土和无天然黏结力的砂土必须立即进行支护。

为防止基坑边坡的裸露土提发生塌陷，对于易塌陷的土提可考虑采用如下措施：

(1)对整修后的边壁立即喷上一层薄的砂浆或混凝土，待凝结后再进行钻孔。

(2)在作业面上先构筑钢筋网喷射混凝土面层，然后进行钻孔并设置土钉。

(3)在水平方向上分小段间隔开挖。

(4)先将作业深度上的边壁做成斜坡，待钻孔并设置土钉后再清坡。

(5)在开挖前，沿开挖面垂直击入钢筋或钢管，或注浆加固土体。

土钉墙宜在排除地下水的条件下进行施工，应采取恰当的排水措施包括地表水、墙体内部排水以及基坑排水，以避免土体处于饱和状态并减轻作用于面层上静水压力。

3. 土钉设置

土钉成孔前，应按设计要求定出孔位并作出标记和编号。孔距允许偏差±100mm，孔深允许偏差±50mm，孔径允许偏差±5mm，成孔倾角偏差不大于±5%。成孔过程中应做好成孔记录，按土钉编号逐一记载取出的土体特征、成孔质量、事故处理等。钻孔口要进行清孔检查，对于孔中出现的局部渗水塌孔或掉落松土应立即处理。成孔后应及时安设土钉钢筋并注浆。土钉钢筋置入孔前，应先设置定位支架，保证钢筋处于钻孔的中心部位，支架沿钉长间距为 2~3m。土钉置入孔中后，可采用重力、低压(0.4~0.6MPa)或高压(1~2MPa)方法注浆填

孔。水平孔必须采用低压或高压方法注浆。压力注浆时应在钻孔口部设置止浆塞,注满后保持压力 3～5min。重力注浆以满孔为止,但在初凝前补浆 1～2 次。

为提高土钉抗拔能力,可采用二次挤压注浆法,即在首次注浆(砂浆)终凝后 2～4h 内,用高压(2～3MPa)向钻孔中的二次注浆管注入水泥净浆,注满后保持压力 5～8min。二次注浆管的边壁带孔且与钻孔等长,在首次注浆前与土钉钢筋同时送入孔中。向孔内注入浆体的充盈系数必须大于 1。保证实际注浆量超过孔的体积。注浆用水泥砂浆的水灰比不宜超过 0.38～0.45,配合比为 1：1～1：2(质量比),用水泥净浆时水灰比宜为 0.5,并宜加入适量的速凝剂等外加剂用以促进早凝和控制泌水。

当土钉钢筋端部通过锁顶筋与面层内的加强筋及钢筋网连接时,其相互之间应可靠焊牢。当土钉端部通过螺纹、螺母、垫板与面层连接时,宜在土钉端部 600～800mm 的长度段内,用塑料包裹土钉钢筋表面使之形成自由段,以便于喷射混凝土凝固后拧紧螺母;垫板与喷射混凝土面层之间的空隙用高强水泥砂浆抹平。

4. 喷射混凝土面层

在喷射混凝土前,面层钢筋片应牢固固定在边壁上,并符合规定的保护层厚度要求。钢筋网可用插入土中的钢筋固定,在混凝土喷射下不应出现位移。

钢筋网片可用焊接或绑扎而成,网格允许误差±10mm。钢筋网铺设时每边的搭接长度不应小于一个网格边长或 200mm,如为搭焊,则焊长不小于网筋直径的 10 倍。

喷射混凝土配合比应通过试验确定,粗集料最大粒径不宜大于 12mm,水灰比不宜大于 0.45,并应通过外加剂来调节所需坍落度和早强时间。

喷射混凝土的喷射顺序应自下而上,喷头与受喷面距离宜控制在 0.8～1.5m 范围内,射流方向垂直指向喷射面,但在钢筋部位应先喷射钢筋后方,然后再喷射钢筋前方,防止在钢筋背面出现空隙。为保证喷射混凝土厚度达到规定值,可在边壁面上垂直打入短的钢筋段作为标志。当面层厚度超过 100mm 时,应分两次喷射,每次喷射厚度宜为 50～70mm。

5. 土钉现场测试

土钉墙施工必须进行土钉的现场抗拔试验。一般应在专门设置的非工作土钉上进行抗拔试验直至破坏,用来确定极限荷载,并据此估计土钉的界面极限黏结强度。

每一典型土层中至少应有 3 个专门用于测试的非工作钉。测试钉总长度和黏结长度与工作钉有区别,但应采用与工作钉相同的施工工艺同时制作,其孔径、注浆材料等参数以及施工方法等应与工作钉完全相同。测试钉的注浆黏结长度一般不小于工作钉的 1/2 且不短于 5m,在满足钢筋不发生屈服并最终发生拔出破坏的前提下宜取较长的黏结段,必要时适当加大土钉钢筋直径。

测试钉进行抗拔试验时的注浆体抗压强度一般不应低于 6MPa。试验采用分级连续加载,首先施加少量的初始荷载(不大于土钉设计荷载的 1/10)使加载装置保持稳定,以后的每级荷载增量不超过荷载的 20%。在每级荷载施加完毕后记下位移读数并保持荷载稳定不变,继续记录以后 1min、6min、10min 的位移读数。若同级荷载下 10min 与 1min 的位移增量小于 1mm,即可立即施加下级荷载,否则应保持荷载不变继续测读 15min、30min、60min 时的位移,此时若 60min 与 6min 的位移增量小于 2mm,可立即进行下级加载,否则即认为达到极限荷载。根据试验得出的极限荷载,可算出界面黏结强度的实测值。这一试验的平均值应大于设计计算所用标准值的 1.25 倍,否则应进行反馈修改设计。

极限荷载下的总位移必须大于测试钉非黏结长度段土钉弹性伸长理论计算值的 80%,否则这一测试数据无效。

上述试验也可以不进行到破坏，但此时所加的最大试验荷载值应使土钉界面黏结应力的计算值（按黏结应力沿黏结长度均匀分布算出）超过设计计算所用标准值的 1.25 倍。

二、施工监测与检查

土钉墙的施工监测应包括下列内容：

(1)墙的位移量测。

(2)地表开裂状态的观察。

(3)附近建筑物的重要管线等设施的变形量测和裂缝观察。

(4)基坑渗、漏水和基坑内外的地下水位的变化。

在施工过程中，基坑顶部的侧向位移与当时的开挖深度之比如超过 3‰（砂土中）和 3‰～5‰（一般黏土）时，应密切加强观察，分析原因及时对土钉墙采取加固措施。

土钉墙按下列规定进行质量检测：

(1)土钉采用抗拔试验检测承载力。

(2)墙面喷射混凝土厚度应采用钻孔检查。

第四十六章　逆作拱墙支护和逆作钢筋混凝土井计算

第一节　逆作拱墙支护计算

一、概述

逆作拱墙支护系根据基坑的平面形状,将支护墙在平面上做全封闭拱墙,包括圆拱、椭圆拱和抛物线拱,使支护墙受力起拱的作用。此支护结构有如下优点:

(1)施工方便,节省工期。拱墙的施工可与挖土同步交叉进行,独占工期很少,故施工进度较快。

(2)受力合理,安全可靠。这种结构的工作原理是将垂直于截面的水、土压力产生弯曲拉力转化为沿拱轴线截面方向的轴向压力,使拱墙本身的竖向截面只受压而不受弯,因而使土体也起到土拱的作用,相应也减少了一定的土压力。

由于拱墙的内力只承受轴向压力的作用,而弯矩较小,这就能充分发挥混凝土抗弯强度的作用,拱墙在垂直方向上是分层自上而下进行施工,而周围的土压力也是分层作用在各层拱圈上。

(3)工程造价低。因为没有嵌固要求也不需要在基坑内全高度都设支撑,只需在支护基坑开挖深度的一段内设置。由于拱墙截面主要承受压力弯矩小,因而能节约大量的钢材,所以造价较低。

逆作拱墙仅适用于黏土、砂土和软土地基,在饱和软土及淤泥质土中不宜采用。

二、逆作拱墙构造

逆作拱墙截面宜为 Z 字形,如果 46-1 所示。拱壁上、下端可加肋梁;如基坑较深,一道 Z 字形拱墙的支护高度不够时,可设多道拱墙叠合组成支护结构,如图 46-1b)和 c)所示,沿拱墙高度可设数道肋梁,其垂直间距不宜大于 2.5m。

圆形拱墙壁厚不应小于 400mm,其他拱墙壁厚不应小于 500mm,混凝土强度等级不宜小于 C25;拱墙水平方向应配通长环向双面钢筋;其总配筋率不应小于 0.7%;为保证逆作拱墙受力符合主要承受压应力的条件,拱墙轴线矢跨比不宜小于 1/8,基坑开挖深度不宜大于 12m。拱墙不应作为防水体系使用,当地下水位高于基坑底面时,应采取降水或截水措施。

三、逆作拱墙设计计算

1. 土体稳定性分析

因逆作拱墙是一种无嵌固深度的支护结构,但第四十章第六节所述的各种土体稳定性验算均适用于逆作拱墙背后土体稳定性分析。

基坑土体整体稳定性分析如采用条分法计算,由于拱墙具有一定的矢高,按条分法切出的土条是一个扇形体。这种扇形体有别于一般直墙，由于拱形条件在扇形体的两侧还作用有垂直压力，此压力所产生的摩擦力对于阻止土条下滑具有明显作用。目前虽无定量分析方法。但从工程实践结果看，当拱墙施工处于无地下水条件下，并保证了抗隆起具有一定安全系数后，逆作拱墙背土体出现整体滑动的可能性极小。

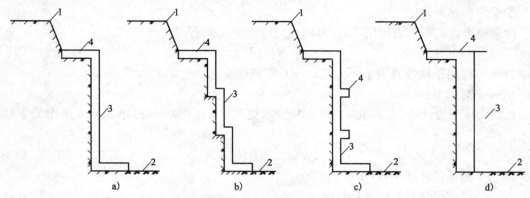

图 46-1　拱墙截面形式、构造简图
1-地面；2-基坑底；3-拱墙；4-肋梁

（1）抗隆起验算

由于拱墙支护结构无嵌固深度，抗隆起可采用式（46-1）验算：

$$K_s = \frac{\gamma_2 h_d N_q + c N_c}{\gamma_1 (h + h_d) + q} \tag{46-1}$$

上式取 $K_s = 1.3$，$h_d = 0$，则上式为：

$$K_s = 1.3 = \frac{c N_c}{\gamma_1 h + q} \tag{46-2}$$

得开挖深度：

$$h \leqslant \frac{c N_c}{1.3 \gamma_1} - \frac{q}{\gamma_1} \tag{46-3}$$

式中：c——基坑底面以下土层黏聚力（kPa）；

　　　q——地面超载（kPa）；

　　　γ_1——开挖面以上土体平均重度（kN/m³）；

　　　N_c——地基承载力系数，用普朗特尔式（46-4）计算：

$$N_c = \left[\tan^2 \left(45° + \frac{\varphi}{2} \right) e^{\pi \tan \varphi_k} - 1 \right] \frac{1}{\tan \varphi} \tag{46-4a}$$

如取 $K_p = \tan^2 \left(45° + \frac{\varphi}{2} \right)$，

　　则：

$$N_c = (K_p e^{\pi \tan \varphi_k} - 1) \frac{1}{\tan \varphi} \tag{46-4b}$$

故式（46-3）变为：

$$h \leqslant \frac{c(K_p e^{\pi \tan \varphi_k} - 1)}{1.3 \gamma_1 \tan \varphi} - \frac{q}{\gamma_1} \quad [《建筑基坑支护技术规程》（JGJ~120—99）推荐] \tag{46-5}$$

式中：φ_k——基坑底面以下土层内摩擦角（°）。

（2）按抗渗条件验算

当基坑开挖深度范围或基坑底土层为砂土时,应按抗渗条件验算土层稳定性。计算请参照第四十章式(40-217b)进行。

2. 结构内力计算

(1)圆形拱墙内力计算。

①受均布外力作用

圆形拱墙在均布外力作用下,截面内力只有轴向压力 N:

$$N = pR \tag{46-6}$$

式中:p——作用于拱墙的均布外荷载(kPa),随高度变化;

 R——圆拱半径(m)。

轴向力压力设计值 N_i,《建筑基坑支护技术规程》(JGJ 120—99)第 7.1.5 给出如下计算公式:

$$N_i = 1.35\gamma_0 Re_a h_i \tag{46-7}$$

式中:R——圆拱的外圈半径(m);

 h_i——拱墙分道计算高度(m);

 e_a——在分道高度 h_i 范围内,按第三十七章中式(37-40)确定的基坑外侧水平荷载标准值的平均值(kPa)。

由工程实践知:土压力大小随周围地基土的强度和圆拱墙的刚度变化,在软弱地基中,土压力几乎都是圆拱墙承受;在坚硬地基中,基本上没有土压力作用在圆拱墙上。

上海市政工程设计院曾做过圆形竖井的土压力实测工作,其结果与别列赞采夫的公式计算值相近,推荐用式(46-8)计算,即:

$$e_a = \gamma R \frac{\sqrt{K_a}}{\lambda - 1}\left[1 - \left(\frac{R}{R_b}\right)^{\lambda-1}\right] + q\left(\frac{R}{R_b}\right)^{\lambda} K_a + \cot\varphi\left[\left(\frac{R}{R_b}\right)K_a - 1\right] \tag{46-8}$$

式中:R——圆拱墙外径(m);

 γ——土的重度(kN/m³);

 K_a——主动土压力系数,$K_a = \tan^2\left(45° - \dfrac{\varphi}{2}\right)$;

 q——地面超载(kPa);

 R_b——$R_b = R + z\sqrt{K_a}$;

 z——计算深度(m);

 λ——$\lambda = 2\tan\varphi\tan\left(45° + \dfrac{\varphi}{2}\right)$。

②一个方向上有荷载

$$\begin{cases} M_A = 0.163pR^2 \\ M_B = -0.125pR^2 \\ M_C = 0.087pR^2 \\ N_A = 0.212pR \\ N_B = pR \\ N_C = -0.212pR \end{cases} \tag{46-9}$$

当圆拱墙直径较大时,在均布荷载作用下墙的内力用式(46-6)计算。在一个方向力的作用下,圆拱墙有抗弯刚度,而且出现地基反力。作用在圆形拱墙的外力及变形如图 46-2 所示。

当圆形拱墙视为弹性体，圆拱墙在外力作用下产生变形。变形 δ 与偏载方向垂直，则地基反力 R 按式(46-10)计算，即：

$$R(\alpha)=K\delta_1\left(1-\frac{\sin\alpha}{\sin\varphi}\right) \tag{46-10}$$

式中：$R(\alpha)$——地基反力；

$\quad\quad K$——地基反力系数；

$\quad\quad \varphi$——地基反力分布的角度。

圆形拱墙在地基反力作用下，圆拱墙的变形由 δ_1 被压回 δ_2，则实际变形为 $\delta_1-\delta_2$。各截面的内力分为两部分，即：

a. 由外压力产生的 M、N、V 如图 46-3a)所示。

$$\begin{cases} M_\theta=\dfrac{R^2}{4}(p_1-p_2)\cos^2\theta \\ N_\theta=p_1R\sin^2\theta+p_2R\cos^2\theta \\ V_\theta=(p_2-p_1)R\sin\theta\cos\theta \end{cases} \tag{46-11}$$

b. 由地基反力产生的 M、N、V 如图 46-3b)所示。

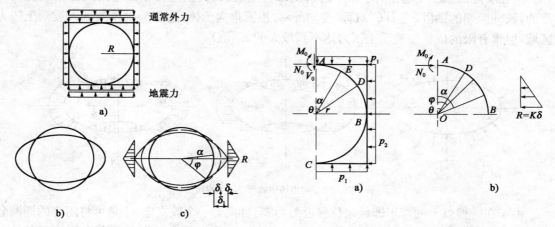

图 46-2　作用在圆形拱墙的外力及变形
a)外力；b)变形；c)变形与地基反力

图 46-3　具有抗弯刚度的圆拱墙截面内力
a)外力产生截面内力；b)地基反力产生截面内力

当 $0\leqslant\theta\leqslant\dfrac{\pi}{4}$ 时，

$$\begin{cases} M_R=(0.234\,6-0.353\,6\cos\theta)K\delta R^2 \\ N_R=0.353\,6\cos\theta K\delta R \\ V_R=0.353\,6\sin\theta K\delta R \end{cases} \tag{46-12}$$

当 $\dfrac{\pi}{4}\leqslant\theta\leqslant\dfrac{\pi}{2}$ 时，

$$\begin{cases} M_R=(-0.348\,7+0.5\sin^2\theta+0.235\,7\cos^3\theta)K\delta R^2 \\ N_R=(-7\,071\cos\theta+\cos^2\theta+0.707\,1\sin^2\theta\cos\theta)K\delta R \\ V_R=(\sin\theta\cos\theta-0.707\,1\cos^2\theta\sin\theta)K\delta R \end{cases} \tag{46-13}$$

截面内力为：

$$\begin{cases} M=M_\theta+M_R \\ N=N_\theta+N_R \\ V=V_\theta+N_R \end{cases} \tag{46-14}$$

347

位移为:

$$
\begin{cases}
\delta = \delta_1 - \delta_2 \\
\delta_1 = \dfrac{R^4}{12EI}(p_1 - p_2) + \delta_3 \\
\delta_2 = 0.045\,4\,\dfrac{KR^4}{EI}\delta
\end{cases}
\tag{46-15}
$$

式中: δ_1——外力引起的位移;

δ_2——反力引起的位移;

δ_3——圆拱墙的变形,一般可取为零。

(2) 椭圆形拱墙支护结构内力

在自由场中的椭圆拱圈受均布荷载,如图 46-4a) 所示。应力分析时难以求得简单的解析表达式,所以只能用有限元法(数值解)求得弯矩,如图 46-4b) 所示,径向位移(垂直于切线)如图 46-4c) 所示。弯矩图与位移图形状很相似,正负弯矩的转换点 B 与正负径向位移的转换点 B' 也很接近。

但在实际的挡土工程中,图 46-4 的情况不会出现,因为拱壁与土体是共同工作和协调变形的,长轴两端的拱段(与 $B'C'$ 对称)要向外移,拱圈推向土体,这部分拱段就进入被动土压力区域(但很有限的位移使被动土压力达不到最大的 E_p 值)。

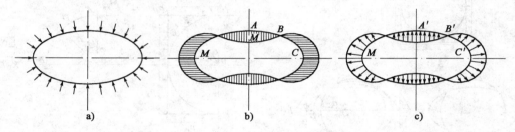

图 46-4　自由场中的椭圆挡土拱圈

由于在转换点上的弯矩即径向位移近似为零,可视为一个铰支座,于是可将闭合的椭圆分解为四个两铰拱。而椭圆实际是连续的,因此可利用转换点的力平衡条件和变形协调条件求得 1 号拱和 2 号拱的反力(图 46-5)。

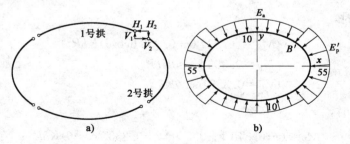

图 46-5　拱与土共同工作

内力计算步骤:

求转换点斜率。以位移转换点为准,用数值解法求出转换点坐标 (x_1, y_1),根据椭圆方程

$$
\frac{x^2}{a^2} + \frac{y^2}{b^2} = 1
\tag{46-16}
$$

可求得转换点斜率:

$$y'(x_1,y_1)=\frac{b^2x_1}{a^2y_1} \qquad (46\text{-}17)$$

式中：a、b——分别为椭圆长轴和短轴一半。

1 号拱的支座反力按下式计算：

$$V_1=x_1E_a \qquad (46\text{-}18)$$

$$H_1=\frac{V_1}{y'(x_1,y_1)} \qquad (46\text{-}19)$$

式中：E_a——为计算深度内主动土压力合力（kN/m^3）；

V_1、H_1——分别为 1 号拱竖向及水平反力（kN）。

由数值解法求得：转换点坐标为 $\left(\dfrac{a}{\sqrt2},\dfrac{b}{\sqrt2}\right)$，其斜率为 $\dfrac{-b}{a}$。

由 1 号拱支反力即荷载已知，其轴向力设计值 N_i 为：

$$N_i=1.25\gamma_0\gamma_{GQ}b\left[1-\frac{\sqrt2}{2}+\frac{\sqrt2}{2}\left(\frac{b}{a}\right)^2\right]E_{ai}h_i \qquad (46\text{-}20)$$

其弯矩设计值 M_i 为：

$$M_i=0.539\gamma_0\gamma_{GQ}(a^2-b^2)\left(\frac{a}{b}\right)^2E_{ai}h_i \qquad (46\text{-}21)$$

式中：h_i——拱圈墙的计算高度（m）；

E_{ai}——作用于 1 号拱墙的主动侧荷载标准值（kPa），可取拱墙计算高度的中点值；

γ_0——基坑重要性系数（查表 39-1）；

γ_{GQ}——荷载综合分项系数（取 1.2）。

由于 1 号拱与 2 号拱在转换点是连续的，于是又 $\overrightarrow{V_1}=-\overrightarrow{H_2}$，$\overrightarrow{H_1}=-\overrightarrow{V_2}$，则 2 号拱的支座反力为 $V_2=H_1$，$H_2=V_1$。

再由 2 号拱的力平衡条件 $V_2=yE'_p$，求得 2 号拱上土压力 E'_p 为：

$$E'_p=\frac{V_2}{y}$$

到此，1 号拱、2 号拱上荷载及支反力均已知，2 号拱的轴力及弯矩计算同式（46-20）和式（46-21）仅将 E_{ai} 换成 E_{pi} 即可。

同理可求出 3、4 号在转换点处的内力值。

由支座反力和荷载 E_a 或 E_b 即可求得任意截面的剪力、轴力和弯矩。

【例 46-1】 某广场拟设计为两层地下室，基坑深为 $-9.5m$，采用拱壁支护法施工。拱壁支护高度为 5m，分上下两道，为椭圆形挡土拱圈。其长轴为 110m，短轴为 80m，坐标原点在椭圆中心，椭圆方程为：$\dfrac{x^2}{55^2}+\dfrac{y^2}{40^2}=1$，设计时先按朗金理论计算拱圈上的主动土压力 E_a，再用数解法求从主动土压力到被动土压力区域的转换点 [即图 46-4c) 正负位数的转换点 B']，得该点在第一象限内坐标为 $x=41.2$，$y=26.5$，其余三点为对称。由于这些转换点的弯矩及位移几乎为零，可以认为它等价于一个铰支座。于是可将闭合的椭圆离散为四个两铰拱，如图 46-5a) 所示。其中 1 号拱的跨度 $L_1=82.4$，矢高 $f_1=13.5$；2 号拱的跨度 $L_2=53$，矢高 $f_2=13.8$。而实际上椭圆是连续的，于是可利用在转换点的力平衡条件和变形协调条件来求得 2 号拱上的土压力 E'_p。

解： 先求转换点的斜率。

微分椭圆方程按式(46-16)得：

$$\frac{x^2}{55^2}+\frac{y^2}{40^2}=1$$

$$40^2\times 2x+55^2\times 2y\frac{\mathrm{d}y}{\mathrm{d}x}=0$$

则得转换点的斜率为：

$$\frac{\mathrm{d}y}{\mathrm{d}x}=\frac{40^2}{55^2},\frac{x}{y}=-0.82$$

图 46-5a)1 号拱的支座支力 V_1、H_1 分别为：

$$V_1=41.2E_a$$

$$H_1=V_1/y'=41.2E_a/-0.82=50.24E_a$$

由于 1 号拱与 2 号拱在转换点是连续的，于是有：

$$V_1=-\overrightarrow{H_2},\overrightarrow{H_1}=-V_2$$

则 2 号拱的支座反力为已知：

$$V_2=50.24E_a,H_2=41.2E_a$$

再由 2 号拱的力平衡条件有：

$$V_2=26.5E'_p=50.24E_a$$

得 2 号拱上的土压力为：

$$E'_p=1.9E_a$$

至此，1 号拱和 2 号拱上的荷载与支座压力均为已知，下一步的设计计算已无困难，2 号拱的轴力及弯矩计算按式(46-20)、式(46-21)只将 E_{ai} 换成 E_{pi} 即可以了。同理可求出 3 号、4 号在转换点处的内力值。

可根据支座反力和荷载 E_a 或 E_p，即可求得任何截面的剪力、轴力和弯矩。因篇幅关系，不再赘述。

考虑到土压力沿拱壁高度的变化，拱壁厚度可随深度而相应增加。

(3)抛物线形对称连拱组合墙内力计算

抛物线形对称连拱组合墙可视作 4 个两两对称的抛物线拱，设计时只分析一个支座反力即可。

如图 46-6 所示，以主动土压力 E_a 为作用在筒壁上均布荷载，先求出 1 号拱和 2 号拱的支座反力 F_1 和 F_2，则作用于拱座合力：

$$F=F_1+F_2 \tag{46-22}$$

推向土体的不平衡力由拱脚基坑的被动土压力 E_p 提供。设计时在拱脚两侧各 L_1 范围内将拱壁加厚即可为拱脚基础，使：

$$L_1\geqslant\frac{KF}{2HE_p} \tag{46-23}$$

式中：H——拱圈高度(m)；

$\quad E_p$——被动力压力；

$\quad K$——安全系数。

内力计算可如表 46-1(抛物线、圆弧拱内力计算公式表)所示。

由于土体的横向刚度常大于竖向刚度，只要适当选取 L_1，即可满足上式的要求。

近似圆形的抛物线形对称拱组合拱墙在均布荷载作用下主要承受轴向压力，但考虑到图层的非均质性，拱墙构造上还应适当配筋。

350

抛物线、圆弧拱内力计算公式

表 46-1

拱轴	计算简图	曲 参 数 线	支座竖向反力 $V_A=V_B$	支座水平反力 $H_A=H_B$	支座弯矩 $M_A=M_B$	跨中轴力 N_C	跨中弯矩 M_C	β
抛物线		$a=\dfrac{4f}{L},\ b=\sqrt{1+a^2},$ $B=\dfrac{1}{2}\left[ab+\ln(a+b)\right]$ $C=\dfrac{1}{4}(ab^3-B)$ $D=\dfrac{1}{6}(a^3b^3-3C)$ $E=\dfrac{1}{8}(a^3b^5-5D)$	$\dfrac{1}{2}qL$	$qf-N_C$	$\left[M_C+N_Cf-\dfrac{1}{2}\left[\left(\dfrac{L}{2}\right)^2+f^2\right]q\right]$	$\dfrac{[4D+E]B-(4C+D)C]\times KqL}{8a(BD-C^2K)}$	$\dfrac{[(4C+D)D-(4D+E)CK\times ql^2}{32a^2(BD-C^2K)}$	$\dfrac{a^2\ln(a+b)}{D}$
抛物线		$\dfrac{[(4a^2-a^2)B+(3a^4-8a^2)C+(4-a^2)D-E]}{8a(a^3B-2aa^3C+D)\times KqL}$ (曲参数栏)	$\dfrac{1}{2}qL$	$qf-N_C$	0	$qf-H_A$	$V_Af-\dfrac{1}{2}H_AL-$ $\dfrac{1}{2}\left[\left(\dfrac{L}{2}\right)^2+f^2\right]q$	$\dfrac{a^4\ln(a+b)}{a^4B-2a^2C+D}$
圆拱		$a=\dfrac{4f}{L}$ $b=\dfrac{4a}{4+a^2}$ $c=\dfrac{4-a^2}{4+a^2}$ $d=\dfrac{\pi}{180}\arcsin b$ $B=a-b$ $C=\dfrac{1}{2}(3d-b+bc)$ $D=d+bc$ $E=(2c^2+1)d+5bc$ $G=(b^2-c^2-1)$ $(b+ca)-2bc^2-cD$	$\dfrac{1}{2}qL$	$\dfrac{(4+a^2)G\,KqL}{8aE}$	$\left[M_C+N_Cf-\dfrac{1}{2}\left[\left(\dfrac{L}{2}\right)^2+f^2\right]q\right]$	$\dfrac{(4+a^2)^2BQC\times(1-K)QL^2}{64a(B^2K-dC)}$	$\dfrac{(1+a^2)^2BQC\times(1-K)qL^2}{64a(B^2K-dC)}$	$\dfrac{2a^4D}{a^4B-2a^2C+D}C$
圆拱			$\dfrac{1}{2}qL$		0	$qf-H_A$	$V_Af-\dfrac{1}{2}H_AL-$ $\dfrac{1}{2}\left[\left(\dfrac{L}{2}\right)^2+f^2\right]q$	$\dfrac{4a^4D}{(a^4+8a^2+16)E}$

注：不考虑轴力对变形的影响，$K=1$；考虑轴力对变形的影响时，$K=\dfrac{1}{1+\dfrac{BI}{Af^2}}$，$A$ 为拱墙的断面面积；I 为拱墙断面惯性矩。

351

3. 承载力计算

拱墙结构材料,断面尺寸应根据内力设计按《混凝土结构设计规范》(GB 50010—2002)确定。因篇幅有限,在此就不详述了。

四、逆作拱墙施工

(1)拱圈内应力与拱轴曲线形状关系很大,放线必须准确,拱轴线沿曲率半径方向误差控制在±40mm。

(2)挖土与做闭合拱圈可同时交叉施工,如图 46-7 所示。第一步挖土,在第一阶段内按平面挖出所需拱形支模、浇混凝土。

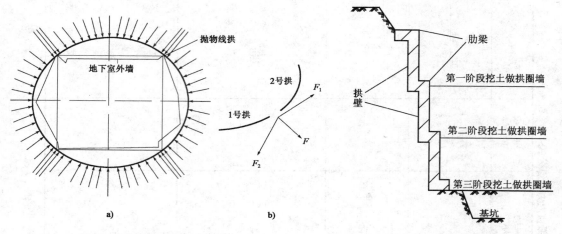

图 46-6　抛物线形对称连拱组合拱墙

a) 基坑平面及土压力;b) 两拱连续处作用力分析

图 46-7　拱圈墙断面示意图

(3)分段支模、浇筑混凝土,土质为可塑、硬塑黏土时,分段长度为 12～15m;如软土时分段长度则为 7～8m。上口肋梁宜整个分段完成后整体浇筑。

(4)下道拱圈的施工,尤应严格控制,要防止挖下道拱圈时,使上道拱圈失去支持而导致破坏。可以采用施工分段跳挖。

(5)拱墙在垂直方向应分道施工,每道施工的高度视土层的直立高度而定,不宜超过 2.5m,上道拱墙合龙且混凝土强度达到设计强度的 70% 后,才可以进行下道拱墙的施工。上、下两道拱墙的竖向施工缝应错开,错开距离不宜小于 2m。拱墙施工应连续作业,每道拱墙施工时间不宜超过 36h。

(6)当采用外壁支模时,拆除模板后应将拱墙与坑壁之间的空隙填满土并夯实。

(7)施工前应做好降水排水工作。积水坑设置应远离坑壁,距离不应小于 3m。

第二节　逆作钢筋混凝土井计算

在市政工程建设中,常会在建筑物密集区建造地下构筑物,此时就必须建筑深基坑。为防止基坑内土方挖除时,破坏周围的建筑物,施工时一般采用板桩墙或槽壁结构作为基坑的维护设施。但采用维护设施需要用大型机械设备,同时还要有一定的平面和空间。在市区施工,场地都比较狭小,大型机械设备无法进场施工。此时如采用逆作井壁混凝土法施工,它与板桩墙或槽壁结构相比较,具有不需大型机械设备、施工占地面小、土方量少、施工简便、不危及附近建筑物和道路、安全可靠、节省工期、降低工程造价等特点。这种逆作井壁混凝土支护方法是基坑向下挖深一段,现浇一段钢筋混凝土护壁,由上到下,一直浇至壁底高程,最后浇筑钢筋混凝土底板。

逆作井壁混凝土支护结构的形式有圆形、矩形和圆端形等,壁厚有等截面和变截面两种。

逆作钢筋混凝土井施工计算包括下列内容:

一、逆作钢筋混凝土井壁厚度计算

井壁混凝土支护的厚度,按长细比要求,一般可按下式计算:

对矩形平面钢筋混凝土支护:

$$t=\left(\frac{1}{8}\sim\frac{1}{12}\right)L \tag{46-24}$$

对圆形平面钢筋混凝土支护:

$$t=\left(\frac{1}{14}-\frac{1}{22}\right)L_b \tag{46-25}$$

式中:t——井壁厚度(m);

L——长跨的计算长度(m);

L_b——圆环的换算长度(m),$L_b=1.82r$;

r——井壁半径(m)。

上述式(46-24)和式(46-25)只作设计前初步估算之用,具体采用多少厚度,应根据施工技术条件和具体情况而定。

二、逆作钢筋混凝土井井壁荷载计算

1. 水、土压力计算方法

井壁支护承受的荷载有四周的土压力和水压力,考虑地面有附加荷载的土压力和水压力等(图46-8)。

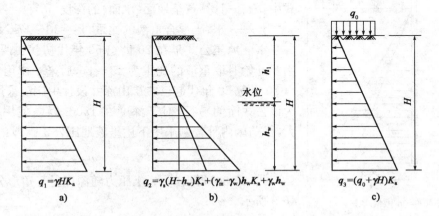

图46-8　圆形基坑井壁支护受力简图
a)土压力作用;b)有土压力水压力作用;c)地面有附加荷载的侧压力

土的侧压力:

(1)无地下水时

$$q_1 = \gamma H K_a \tag{46-26}$$

（2）有地下水时

$$q_1 = (\gamma H - n\gamma_w h_w) K_a + \psi \gamma_w h_w \tag{46-27}$$

（3）地面有附加荷载时

$$q_2 = (q_0 + \gamma h) K_a \tag{46-28}$$

式中：q_1——在计算深度 h 处单位面积上的压力（kPa）；

$\quad q_2$——地面有附加荷载的土压力（kPa）；

$\quad K_a$——主动土压力系数，即 $K_a = \tan^2 \left(45 - \dfrac{\varphi}{2} \right)$；

$\quad q_0$——地面附加荷载（kPa）；

$\quad \gamma_w$——地下水的重度（kN/m³），取 $\gamma_w = 10\,\text{kN/m}^3$；

$\quad h_w$——自最高地下水位至计算深度的距离（m）；

$\quad H$——井壁底至地面的距离，即土压力计点至地面的距离（m）；

$\quad n$——系数，与土的密度有关，一般取 $0.5 \sim 0.7$；

$\quad \psi$——折减系数，与土的透水性有关，排水施工时，在不透水的土中，井壁外侧水压力值按静水压力的 70% 取值，取 0.7；在透水土种，可按静水压力的 100% 计算；

$\quad \varphi$——计算点处土的内摩擦角（°）；

$\quad \gamma$——土的天然重度（kN/m³）。

2. 重液地压公式（水、土压力简易计算公式）

前述水、土压力的计算公式，似乎很科学很严密，其实由于引入了不切实际的假设，以及原始数据不易由原状土获得，所以计算结果也只能是近似的。因此，有人认为水、土压力的计算不宜搞得过于复杂，可以近似地把含水土层视为水、土混合液体，对井壁上的水、土压力犹如比重为 γ 的液体施于井壁上的压力，基本符合液体压力定律。即：

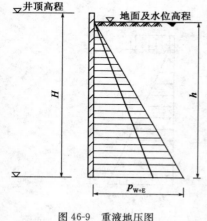

图 46-9　重液地压图

$$p_{W+E} = \gamma_L h \tag{46-29}$$

式中：h——计算点至地面（水面）的深度（m）；

$\quad \gamma_L$——水、土混合重液的比重，$\gamma_L = 13 \sim 17\,\text{kN/m}^3$。

重液地压公式早在 20 世纪 50 年代初就在西欧各国使用。开始时取重液的比重为 $13 \sim 17$，后来一律用 13。我国自 20 世纪 60 年代起已在矿山深井设计中广泛采用，我们认为该公式简便易行，对于深度在 150m 以内使用时出入不大，目前国内外普遍采用下述重液地压公式。即：

$$p_{W+E} = 13h \tag{46-30}$$

式（46-30）得出的水、土压力随深度呈三角形分布，如图 46-9 所示。

三、逆作钢筋混凝土井井壁平面结构内力计算

1. 井壁支护水平内力计算

一般受力情况是：井壁支护挖到设计高程，每段的井壁都受到各自的最大水平侧压力，同

时产生最大水平内力。

为保证施工安全,通常取每段井壁受力最大的单位高度井壁(即每段井壁最下部的1m)进行计算,或按分段均布荷载进行计算,并沿每段上配置相同的钢筋。其计算截面和所受外力如图46-10所示。对深度不大的井壁,为施工方便,可取最下面1m进行计算。

这一单位高度井壁外部或内部承受土压力、水压力等荷载,其作用如一个水平框架,所以,就井壁部分来说,其水平方向常作为框架结构来计算内力。在井壁与底板和顶板连接处则设齿槽或加构造钢筋,以保证弹性或刚性连接。

如果竖向截面沿高度呈梯式变化,则应按阶梯变化情况截取不同的水平框架,分别计算之。

(1)圆形井壁计算

在井筒稳定条件下承受均匀法向荷载的圆形井,按计算得出的内应力往往不大,可不需配筋。但是,实际上在井壁施工过程中,由于井外土质及扰动程度并非均匀,致使井壁受到不均匀土压力,从而会使井壁内产生相当大的弯曲力矩。

现行圆形井壁内力计算方法是:假定在井圈上相距1/4周长的两点处,土的内摩擦角 φ 不同,用由此算的水平向不均土压力来分析井圈内力,如图46-11所示。计算时可取井壁一个方向 A 点的主动土压力为 q_A,另一方向 B 点的主动土压力为 q_B。沿井圈周边土压力按下式计算:

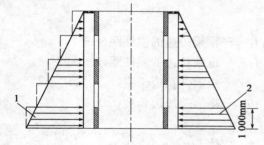

图 46-10　井壁支护受力计算简图
1-按分段均布荷载计算;2-按受力最大的单位高度井壁计算

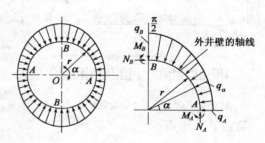

图 46-11　井圈周边土压力分布

$$q_\alpha = q_A[1+(m-1)\sin\alpha] \tag{46-31}$$

井壁 A 截面的内力为:

$$M_A = -0.148\,8q_Ar^2(m-1) \tag{46-32}$$

$$N_A = q_Ar\,[1+0.785\,4(m-1)] \tag{46-33}$$

井壁 B 截面的内力为:

$$M_B = 0.136\,6q_Ar^2(m-1) \tag{46-34}$$

$$N_B = q_Ar\,[1+0.5(m-1)] \tag{46-35}$$

式中:m——不均匀系数,取 $m=\dfrac{q_B}{q_A}$;

r——圆井的计算半径(m),等于其内径加上井壁厚度的一半。

$$q_A = \gamma h\tan^2\left(45°-\frac{\varphi_A}{2}\right) \tag{46-36a}$$

$$q_B = \gamma h\tan^2\left(45°-\frac{\varphi_B}{2}\right) \tag{46-36b}$$

式中：γ——土的重度（kN/m^3）。

关于式(46-36)中 φ_A、φ_B 的取值，我国现行计算方法亦因地而异，如上海市《地基基础设计规范》(DGJ 08-11—2010)第 12.4.11 条推荐，按下式取值：

$$\varphi_A = \varphi + (2.5° \sim 5.0°)$$

$$\varphi_B = \varphi - (2.5° \sim 5.0°)$$

（2）矩形井壁计算

矩形井壁的结构内力计算主要是将矩形井简化成各种类型的平面框架，然后用公式法或者用弯矩分配法以及其他方法计算内力。计算时，假定作用在井壁四周的水平力是均匀的，框架上的计算荷载采用主动土压力，如有地下水时，则应考虑水、土共同作用。水平框架以井壁的中心线为代表。

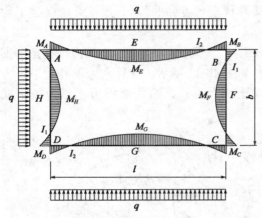

图 46-12　单孔矩形井的荷载及弯矩图

下面我们着重介绍两种常用的计算方法。

①公式法

单孔矩形井如图 46-12 所示。

其内力计算公式如下：

$$\left. \begin{array}{l} \alpha = \dfrac{I_2}{I_1} \dfrac{b}{l} \\[2mm] \beta = \dfrac{b}{l} \end{array} \right\} \tag{46-37}$$

式中：I_1——框架短边的惯性距（cm^4）；

　　　I_2——框架长边的惯性距（cm^4）；

　　　l——矩形井长边长度（m）；

　　　b——矩形井短边长度（m）。

转角处的弯矩：

$$M_A = M_B = M_C = M_D = -\frac{ql^2}{12} \frac{1 + \beta^2 \alpha}{1 + \alpha} \tag{46-38}$$

长边跨中弯矩：

$$M_E = M_G = 0.125ql^2 + M_A \tag{46-39}$$

短边跨中弯矩：

$$M_F = M_H = 0.125qb^2 + M_A \tag{46-40}$$

作用在长边的轴向力：

$$N_{AB} = N_{CD} = 0.5qb \tag{46-41}$$

作用在短边的轴向力：

$$N_{AD} = N_{BC} = 0.5ql \tag{46-42}$$

当井壁的平面框架为正方形时，所有跨中弯矩均相等：

$$M_E = M_F = M_G = M_H = \frac{ql^2}{24} \tag{46-43}$$

式中：l、b、I_1、I_2、α、β——意义同前；

　　　q——作用在水平框架上的水、土压力（kN/m）。

②弯矩分配法

弯矩分配法是超静定结构内力计算的一种实用计算方法，对于分析井壁结构的内力亦比较适用。由于其计算简便,不需解联立方程,当循环计算次数足够时,可达到理想的精确度。而且,在结构及荷载对称的情况下,此法更为简捷。

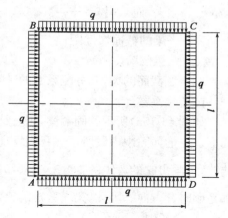

图 46-13　方井水平截面荷载简图

应用弯矩分配法计算方井结构的内力时,往往将井壁沿其高度分成若干段水平框架,取位于每一段最下端的水平荷载作为控制荷载,据此求算框架最大的内力,再进行配筋,而后按此所计算出来的水平筋为准在全段高度上同样进行布置。

如果井壁水平截面是变化的,可以按井壁截面变化处为界将井壁分为数段,进行设计计算。

现以一个最简单的正方形井壁为例来说明如何用弯矩分配法来计算方井井壁水平框架的内力,它的荷载情况和水平截面的简图如图 46-13 所示。

由于图 46-13 所示的结构的截面和荷载都是轴对称,而且连接点都是刚结而不是铰接。因此 A、B、C 和 D 四个结点都是不可能转动的,像"锁住"一样。从各根杆件来看,两端结点都是不能转动的,也就是转角都等于零,各根杆件都相当于固端梁。这样,我们就可以查阅有关手册表格求得每跨梁在荷载作用下的固端弯矩,弯矩的正负号,一般规定以作用于梁端的弯矩沿顺时针方向为正。

如果各固端梁的跨度和荷载情况不同,这时,相邻梁端的弯矩往往是不能互相平衡的。当放松该结点时,不平衡弯矩将使结点产生旋转。于是,相应地在会合于该结点的各杆杆端产生反方向的平衡弯矩,即分配弯矩,使结点保持平衡。某一杆端的分配弯矩等于该结点的不平衡弯矩乘以该杆的分配系数 μ,其正负号与不平衡弯矩相反。

一般放松结点是逐个进行的,先从不平衡弯矩较大的一个结点开始。当放松一个结点时,固端梁的另一端还是"锁住"的,故梁放松端的分配弯矩,将在另一端引起一个正负号相同的传递弯矩,其值等于分配弯矩乘以传递系数 K。这些传递过去的弯矩,将引起另一端原来已经平衡的结点产生新的不平衡,需要再进行分配平衡。这样逐个结点进行,直到分配弯矩小至可以不必传递为止。

最后,将每个梁端所有的固端弯矩、分配弯矩和传递弯矩相加,所得到的代数和即为所求的支座弯矩。

以上所述,即为弯矩分配法基本计算步骤。下面介绍一下弯矩分配法中使用的几个名词概念。

a. 分配系数 μ

如图 46-14 所示,梁 AB 和 CD 交于 A 点,B 及 C 端都是固定的,当在 A 点处作用有不平衡弯矩 $\overline{M}_A$ 时,则对于等截面的各梁在 A 端的分配弯矩可以按下面的比例进行分配:

$$\begin{cases} M_{AB} = \mu_{AB}\,\overline{M}_A \\ M_{AC} = \mu_{AC}\,\overline{M}_A \\ \mu_{AB} = \dfrac{i_{AB}}{i_{AB} + i_{AC}} \\ \mu_{AC} = \dfrac{i_{AC}}{i_{AB} + i_{AC}} \end{cases} \tag{46-44}$$

式中：i——梁的单位刚度，取 $i=\dfrac{EI}{l}$，当梁的各跨的弹性模量 E 相同，在计算 μ 时，E 可以消去，而采用 $i=\dfrac{I}{l}$；

I——梁的截面惯性距；

l——梁的跨度。

对于变截面的梁，其分配系数的计算可查有关手册，这里就不详述了。

b. 传递系数

如图 46-15a)所示的固端梁，当在结点 B 处加上一个弯矩 M_{BC} 时，使 B 点转动，杆 BC 产生变形。变形如图中虚线所示。我们发现在距端点 C 的 $l/3$ 处有一个反弯点 A。根据这个变形曲线，可画出它的弯矩图，如图 46-15b)所示。从弯矩图中的比例关系可以看出：$M_{CB}=\dfrac{1}{2}M_{BC}$ 都是顺时针方向。因此，梁端弯矩的比值：

$$K=\frac{M_{CB}}{M_{BC}}=\frac{\frac{1}{2}M_{BC}}{M_{BC}}=\frac{1}{2} \tag{46-45a}$$

K 值即为远端固定的传递系数。当远端为铰接时，则远端铰接的传递系数为：

$$K=\frac{0}{M_{BC}}=0 \tag{46-45b}$$

当梁是变截面梁时，K 值可从有关的手册表格中查到。

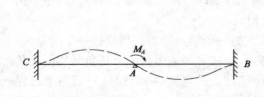

图 46-14 梁的不平衡弯矩示意图

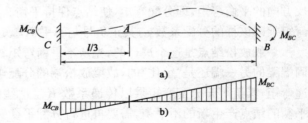

图 46-15 梁的变形及弯矩示意图

2. 井壁支护垂直受力计算

在施工过程中，井壁支护仅承受自重，其强度足够，一般不需验算。但在井壁支护达到设计深度，在井壁下部土方被掏空情况下，井壁支护可能会在井深某处被较大摩阻力箍住，而处于悬挂状态，使井壁支护有可能在自重作用下存在被拉断的危险，故此还要验算井壁支护的受拉，并应配置适当的竖向受拉钢筋。

（1）井壁为等厚度竖向拉力计算。

井壁的竖向最大拉力，现行计算方法有以下两种：

①当上部土层坚硬下部土层松软时，可近似地假设沉井在上部 $0.35h_0$ 处被卡住，而下部 $0.65h_0$ 处于悬吊状态，则等截面井壁的最大拉断力为：

$$S_{max}=0.65G \tag{46-46}$$

②有的地区还采用另一种计算方法，即在一般土质均匀的情况下，假定作用在井壁上的摩阻力为倒三角形分布，图中虚线表示实际可能摩阻力分布，如图 46-16 所示。

这时,等截面井壁中产生拉力的断面位于入土深度的中点处,其最大拉断力为:

$$S_{max} = 0.25G \qquad (46\text{-}47)$$

因此,等截面井壁的竖向钢筋或者按照最大拉断力 $S_{max} = (0.25\sim0.65)G$ 配置,或者按照规定配置竖向构造钢筋,取两者之间较大者。

(2)井壁为变厚度(阶梯形)竖向拉力,计算井壁为变厚度的竖向最大总拉力和拉力的位置按式(46-50)计算:图(46-17)表示井壁为变厚度井,假定作用在井壁上的摩阻力为倒三角形分布,G_1、G_2、G_3 为井壁各段的重力。可写成下式:

$$G_1 + G_2 + G_3 = \frac{1}{2}f_{max}h_E u$$

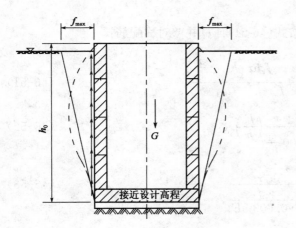

图 46-16　井壁为等厚度的摩阻力

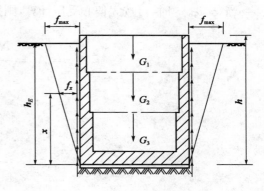

图 46-17　井壁为变厚度的摩阻力

解得:

$$f_{max} = \frac{2(G_1 + G_2 + G_3)}{h_E u} \qquad (46\text{-}48)$$

距井壁底板面为 x 处的摩擦力 f_x 为:

$$f_x = \frac{x}{h_E}f_{max} \qquad (46\text{-}49)$$

由此可得 x 处井壁最大总拉力 S_x 为:

$$S_x = G_x - \frac{1}{2}f_x x \qquad (46\text{-}50)$$

式中:S_{max}——井壁支护最大竖向拉力(kN);

$\quad S_x$——距井壁支护下端 x 处的拉力(kN);

$\quad G_x$——距井壁支护下端 x 处的井壁自重力(kN);

$\quad f_x$——距井壁下端 x 处的井壁外侧在土面处的摩阻力(kN/m²);

$\quad x$——距井壁支护下端的距离(m);

$\quad u$——井壁外围长度(m)。

求最大总拉力需给需不同的 x 值,用式(46-50)计算,通过比较找出最大值 S_{max}。根据经验,最大的总拉力常发生在井壁厚度的突变处。

注意:用式(46-46)、式(46-47)和式(46-50)求出的拉力是水平剖面井壁中的总拉力。再按最大拉力或构造要求配置竖向钢筋。但按构造要求配置的竖向钢筋又常比上述计算方法所得钢筋截面积要大。当混凝土强度等级为 C25 及其以下时,可按混凝土截面的 0.1% 配置;当混凝土强度等级为 C25～C35 时,可按混凝土截面积的 0.15% 配置。竖向构造钢筋应按井壁周围内外均匀布置。井壁混凝土接缝处的拉应力由接缝处的钢筋来承担,此时钢筋的容许应力可用 $0.8\delta_s$(δ_s 为钢筋的屈服强度)表示,并需验算钢筋的锚固长度。对于深度较浅的井壁一般不作井壁的拉断计算。

3. 井壁支护截面验算

(1)侧向压力作用下井壁支护强度验算

井壁支护在侧向压力作用下,截面上同时作用有轴向力 N 和弯矩 M,可按《混凝土结构设计规范》(GB 50010—2002)第 7.3.4 条中公式按偏心受压构件计算。在井壁设计中一般采取对称配筋。

①按大偏心受压计算

当 $x < \xi_b h_0$ 时,可按大偏心受压计算,则按式(46-51)计算井壁对称配筋:

$$A'_s = A_s = \frac{Ne - f_c bx\left(h_0 - \dfrac{x}{2}\right)}{f'_y(h_0 - a'_s)} \tag{46-51}$$

$$\eta = 1 + \frac{1}{1\,400\,\dfrac{e_i}{h_0}}\left(\frac{l_0}{h}\right)^2 \zeta_1 \zeta_2 \tag{46-52}$$

$$\xi_b = \frac{0.8}{1 + \dfrac{f_y}{0.003\,3E_a}} \tag{46-53}$$

式中:e——轴向力作用点至受拉钢筋合力点之间的距离,$e = \eta e_i + \dfrac{h}{2} - a_s$;

$\quad x$——受压区高度,即 $x = \dfrac{N}{f_c}b$;

$\quad e_i$——初始偏心距,$e_i = e_0 + e_a$;

$\quad e_0$——轴向力对截面重心的偏心距,$e_0 = \dfrac{M}{N}$;

$\quad e_a$——附加偏心距,取 $e_a = 20mm$ 或 $e_a = \dfrac{h}{30}$,取两者之中的较大值;

$\quad \eta$——偏心距增大系数;

$\quad \zeta_1$——截面曲率修正系数,$\zeta_1 = \dfrac{0.5f_c A}{N}$,当 $\zeta_1 > 1$ 时,取 $\zeta_1 = 1$;

$\quad \zeta_2$——考虑构件长细比对截面曲率的影响系数,当 $l_0/h < 15$ 时,取 $\zeta_2 = 1.0$,当 $15 \leqslant f_0/h \leqslant 30$ 时,$\zeta_2 = 1.15 - 0.01\dfrac{l_0}{h}$;

$M、N$——井壁截面上的弯矩和轴向力;

$\quad A$——构件截面面积;

$\quad f_c$——混凝土轴心抗压强度,弯矩抗压强度设计值;

$\quad h、b$——井壁计算截面的单位高度和宽度;

$\quad h_0$——受拉钢筋中心至受压区边缘的距离;

$a_s、a'_s$——受拉和受压钢筋保护层厚度;

f_y、f'_y——钢筋抗拉、抗压强度设计值；

ξ_b——相对界限受压区高度；

E_a——钢筋弹性模量。

当 $x < 2a'_s$ 时,可由下式计算井壁对称配筋：

$$A'_s = A_s = \frac{Ne'}{f_y(h_0 - a'_s)} = \frac{N\left(\eta e_i - \dfrac{h}{2} + a'_s\right)}{f_y(h_0 - a'_s)} \qquad (46\text{-}54)$$

$$e' = \eta e_i - \frac{h}{2} + a'_s$$

②按小偏心受压计算

当 $x > \xi_b h_0$ 时,可按小偏心受压计算,则按下列近似公式计算钢筋面积：

$$A'_s = A_s = \frac{Ne - \xi(1 - 0.5\xi)f_c b h_0^2}{f'_y(h_0 - a'_s)} \qquad (46\text{-}55)$$

$$\xi = \frac{N - \xi_b f_c b h_0}{\dfrac{Ne - 0.43 f_c b h_0^2}{(\beta_1 - \xi_b)(h_0 - a'_s) + f_c b h_0}} + \xi_b \qquad (46\text{-}56)$$

式中：β_1——当混凝土强度等级 < C50 时,取 $\beta = 0.8$。

以上计算尚应满足最小配筋率和构造要求。

（2）井壁支护垂直受拉钢筋计算

井壁支护在最大竖向拉力作用下需要配置的竖向钢筋,可按轴向受拉构件,钢筋需要的截面积 A_s（mm^2）按式（46-57）计算：

$$A_s = \frac{S_{max}}{f_y} \qquad (46\text{-}57)$$

式中：f_y——钢筋抗拉强度设计值（MPa）；

其他符号意义同前。

四、逆作钢筋混凝土井底板计算

1. 逆作井底板的荷载计算

逆作井钢筋混凝土底板的计算荷载是取浮力和地基反力两者中数值较大者为计算荷载来进行结构计算,同时要考虑下面两点：

（1）当选用浮力作为外荷载计算时,可不考虑素混凝土垫层作用,全部由钢筋混凝土底板来承担。计算水头应从井壁外历史最高地下水位算至钢筋混凝土底板底。

（2）按整个逆作井结构的最大自重力（包括逆作井本身的净重及活载）来计算均布反力。在计算均布反力时,可以不计井壁侧面摩阻力和底板与垫层的重力。

2. 逆作井底板的内力计算

逆作井钢筋混凝土底板的内力计算可按单跨板来计算。井底板的边界支承条件,是根据井壁与底板连接处,井壁的预留凹槽和是否有水平插筋的具体情况而定,在边界有预留凹槽时,可视为简支,如图 46-18a）所示;如边界有预留水平受力插筋时,应视为固定支承,如图

46-18b)所示。

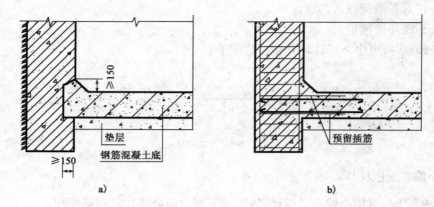

图 46-18　逆作井钢筋混凝底板与井壁板连接示意图(尺寸单位:mm)
a)简支连接;b)固定连接

1)圆形逆作井底板计算

圆形井壁底板根据其不同情况可分为如下两种情况进行计算:

(1)周边简支圆板(图 46-19)

径向弯矩:

$$M_r = k_r q r_c^2 \tag{46-58}$$

切向弯矩:

$$M_t = k_t q r_c^2 \tag{46-59}$$

式中:k_r、k_t——内力系数,可从表 46-2 查得。

周边简支圆板弯矩系数表　　表 46-2

ρ	0.0	0.1	0.2	0.3	0.4	0.5
k_r	0.197 9	0.195 9	0.190 0	0.180 1	0.166 2	0.148 4
k_t	0.197 9	0.197 0	0.194 2	0.189 5	0.182 9	0.174 5
ρ	0.6	0.7	0.8	0.9	1.0	
k_r	0.126 7	0.100 9	0.071 2	0.037 6	0.000 0	—
k_t	0.164 2	0.152 0	0.137 9	0.122 0	0.104 2	

(2)周边固定圆板(图 46-20)

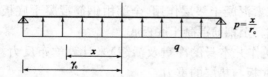

图 46-19　周边简支圆板受力图式

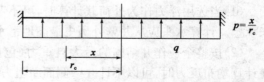

图 46-20　周边固定圆板受力图式

径向弯矩:

$$M_r = k'_r q r_c^2 \tag{46-60}$$

切向弯矩:

$$M_t = k'_t q r_c^2 \tag{46-61}$$

式中：k'_r、k'_t——内力系数，可从表46-3查得；

$\quad r_c$——圆板的计算半径(m)；

$\quad q$——作用在钢筋混凝土板底的向上均布荷载(kPa)可按式(46-62)计算：

$$q = \gamma_w h_w - q_G \tag{46-62}$$

式中：γ_w——水的重度，取 $\gamma_w = 10\text{kN/m}^3$；

$\quad h_w$——作用在钢筋混凝土板底的水头(距离)(m)；

$\quad q_G$——单位面积上钢筋混凝土板的重力(kPa)。

周边圆板弯矩系数表

表 46-3

ρ	0.0	0.1	0.2	0.3	0.4	0.5
k_r	-0.072 9	-0.070 9	-0.065 0	-0.055 1	-0.041 2	-0.023 4
k_t	-0.072 9	-0.072 0	-0.069 2	-0.064 5	-0.057 9	-0.049 5
ρ	0.6	0.7	0.8	0.9	1.0	
k_r	-0.016 7	0.024 1	0.058 8	0.087 4	0.125 0	
k_t	-0.039 2	-0.027 0	-0.012 9	0.003 0	0.020 8	

2)矩形井壁底板的内力计算

(1)按单向板计算

沉井底板属于单向板的情况不多，对于一些平面尺寸狭长的沉井，当 $l_2/l_1 > 2$ 时，按单向板计算。

计算时，根据周边支承情况不同，分别按简支梁式板或固端梁式板计算。一般情况按简支计算，跨中弯矩系数取 1/8，可以不留插筋；当底板与井壁的嵌固程度较大，且有水平插筋和凹槽时，可按固端梁式板计算，可将底板跨中弯矩系数减小，取用 1/12～1/10；当底板与井壁的嵌固程度很大，而且井壁很厚，底板的抗弯刚度又较小时，则跨中弯矩系数可减小至 1/16。但支座弯矩系数加跨中弯矩系数的绝对值均应大于118。

(2)按双向板计算

当两个边长比 $l_2/l_1 \le 2$ 时，按四边简支的双向板计算，则四边简支的双向板跨中弯矩(按每米板宽计算)可按式(46-63)和式(46-64)计算：

$$M_1 = \frac{q l_1^2}{\varphi_{11}} \tag{46-63}$$

$$M_2 = \frac{q l_2^2}{\varphi_{12}} \tag{46-64}$$

式中：l_1、l_2——矩形板两边的计算跨度(m)；

$\quad q$——计算荷载(kN/m)；

$\quad \varphi_{11}$、φ_{12}——修正系数，按 l_2/l_1 得比值，查表46-4取得。

第一种情况（四边简支）

$\lambda = \dfrac{l_2}{l_1}$	φ_{11}	φ_{12}	x_{11}
1.14	21.322 0	35.842 3	0.628
1.16	20.661 2	37.174 7	0.644
1.18	20.040 1	38.759 7	0.659
1.20	19.455 3	40.322 6	0.675
1.22	18.939 4	41.666 7	0.689
1.24	18.416 2	43.290 0	0.702
1.26	17.953 3	44.843 0	0.715
1.28	17.482 5	46.729 0	0.728
1.30	17.035 8	48.543 7	0.741
1.32	16.638 9	50.251 3	0.752
1.34	16.260 2	52.083 3	0.763
1.36	15.898 3	54.054 1	0.773
1.38	15.552 1	56.179 8	0.783
1.40	15.220 7	58.479 5	0.793
1.42	14.947 7	60.606 1	0.802
1.44	14.662 8	62.893 1	0.812
1.46	14.388 5	64.935 1	0.820
1.48	14.124 3	67.567 6	0.827
1.50	13.869 6	70.422 5	0.835
1.52	13.661 2	72.992 7	0.842
1.54	13.459 0	75.757 6	0.849
1.56	13.262 6	78.125 0	0.855
1.58	13.071 9	81.300 8	0.862
1.60	12.886 6	84.745 8	0.868
1.62	12.706 5	87.719 3	0.873
1.64	12.547 1	90.909 1	0.879
1.66	12.376 2	93.457 9	0.884
1.68	12.224 9	97.087 4	0.889
1.70	12.062 7	101.010 1	0.893
1.72	11.933 2	104.166 7	0.897
1.74	11.806 4	108.695 7	0.901
1.76	11.682 2	112.359 6	0.905
1.78	11.560 7	117.647 1	0.909
1.80	11.454 8	121.951 2	0.913
1.82	11.350 7	125.000 0	0.916
1.84	11.248 6	129.870 1	0.919
1.86	11.148 3	133.333 3	0.922
1.88	11.049 7	138.888 9	0.925
1.90	10.964 9	142.857 1	0.929
1.92	10.881 1	147.058 8	0.931
1.94	10.799 1	151.515 2	0.933
1.96	10.718 1	158.730 2	0.936
1.98	10.638 8	163.934 4	0.938
2.00	10.570 8	169.491 5	0.941

$\lambda = \dfrac{l_2}{l_1}$	φ_{11}	φ_{12}	x_{11}
0.50	169.491 5	10.570 8	0.059
0.52	147.058 8	10.881 4	0.068
0.54	129.870 1	11.198 2	0.078
0.56	116.279 1	11.547 3	0.089
0.58	105.263 2	11.919 0	0.101
0.60	95.238 1	12.300 1	0.115
0.62	86.206 9	12.722 6	0.129
0.64	78.740 2	13.192 6	0.143
0.66	72.463 8	13.679 9	0.159
0.68	66.666 7	14.224 8	0.176
0.70	61.728 4	14.792 9	0.194
0.72	57.142 9	15.337 4	0.211
0.74	53.195 1	15.923 6	0.230
0.76	49.751 2	16.583 7	0.249
0.78	46.729 0	16.750 4	0.270
0.80	44.052 9	18.018 0	0.291
0.82	41.666 7	18.726 6	0.312
0.84	39.215 7	19.455 3	0.332
0.86	37.594 0	20.284 5	0.353
0.88	35.842 3	21.186 4	0.375
0.90	34.364 3	22.123 9	0.396
0.92	32.679 7	22.988 5	0.417
0.94	31.152 6	23.980 8	0.437
0.96	29.850 7	25.000 0	0.458
0.98	28.490 0	26.178 0	0.478
1.00	27.397 3	27.397 3	0.500
1.02	26.315 8	28.409 1	0.521
1.04	25.316 5	29.761 9	0.540
1.06	24.390 2	30.674 8	0.559
1.08	23.529 4	31.948 9	0.568
1.10	22.727 3	33.333 3	0.594
1.12	22.026 4	34.482 8	0.611

第二种情况（四边固定）

$\lambda=\dfrac{l_2}{l_1}$	φ_{61}	φ_{62}	x_{61}
1.14	44.247 8	74.074 1	0.628
1.16	43.103 4	77.519 4	0.644
1.18	42.016 8	80.645 2	0.659
1.20	40.983 6	84.745 8	0.675
1.22	40.160 6	88.495 6	0.689
1.24	39.215 7	91.743 1	0.702
1.26	38.461 5	96.153 8	0.715
1.28	37.594 0	100.000 0	0.728
1.30	36.900 4	105.263 2	0.741
1.32	36.363 6	109.890 1	0.752
1.34	35.714 3	114.942 5	0.763
1.36	35.211 3	119.047 6	0.773
1.38	34.602 1	125.000 0	0.783
1.40	34.129 7	131.578 9	0.793
1.42	33.670 0	136.986 3	0.802
1.44	33.222 6	142.857 1	0.812
1.46	32.894 7	147.058 8	0.820
1.48	32.467 5	153.846 2	0.827
1.50	32.051 3	161.290 3	0.835
1.52	31.746 0	166.666 7	0.842
1.54	31.446 5	175.438 6	0.849
1.56	31.152 6	181.818 2	0.855
1.58	30.864 2	192.307 7	0.862
1.60	30.581 0	200.000 0	0.868
1.62	30.303 0	208.333 3	0.873
1.64	30.120 5	217.391 3	0.879
1.66	29.850 7	222.222 2	0.884
1.68	29.673 6	232.558 1	0.889
1.70	29.411 8	243.902 4	0.893
1.72	29.239 8	256.410 3	0.897
1.74	29.069 8	263.157 9	0.901
1.76	28.818 4	277.777 8	0.905
1.78	28.653 3	285.714 3	0.909
1.80	28.490 0	303.030 3	0.913
1.82	28.328 6	312.500 0	0.916
1.84	28.169 0	322.580 6	0.919
1.86	28.089 9	333.333 3	0.922
1.88	27.933 0	344.827 6	0.925
1.90	27.777 8	344.827 6	0.928
1.92	27.777 8	344.827 6	0.928
1.94	27.548 2	384.615 4	0.933
1.96	27.472 5	400.000 0	0.936
1.98	27.322 4	416.666 7	0.938
2.00	27.248 0	434.782 6	0.941

$\lambda=\dfrac{l_2}{l_1}$	φ_{61}	φ_{62}	x_{61}
0.50	434.782 6	27.248 0	0.059
0.52	370.370 4	27.700 8	0.068
0.54	322.580 6	28.169 0	0.078
0.56	277.777 8	28.735 6	0.101
0.58	250.000 0	29.239 8	0.101
0.60	227.272 7	29.761 9	0.115
0.62	200.000 0	30.395 1	0.129
0.64	181.818 2	31.152 6	0.143
0.66	163.934 4	31.847 1	0.159
0.68	151.515 2	32.679 7	0.176
0.70	138.888 9	33.444 8	0.194
0.72	126.582 3	34.364 3	0.211
0.74	116.279 1	35.335 7	0.230
0.76	108.695 7	36.496 4	0.249
0.78	101.010 1	37.594 0	0.270
0.80	94.339 6	38.759 7	0.290
0.82	88.495 6	40.000 0	0.312
0.84	82.644 6	41.322 3	0.332
0.86	78.125 0	42.918 5	0.353
0.88	73.529 4	44.444 4	0.375
0.90	69.930 1	46.082 9	0.396
0.92	66.666 7	47.619 0	0.417
0.94	63.291 1	49.505 0	0.437
0.96	60.606 1	51.282 0	0.458
0.98	57.803 5	53.475 9	0.478
1.00	55.555 6	55.555 6	0.500
1.02	53.475 9	57.803 5	0.521
1.04	51.546 4	60.241 0	0.540
1.06	50.000 0	62.500 0	0.559
1.08	48.309 2	65.359 5	0.576
1.10	46.729 0	68.493 2	0.594
1.12	45.454 5	71.428 6	0.611

注：$\lambda=\dfrac{l_2}{l_1}$；$M_{1\max}=\dfrac{ql_1^2}{\varphi_1}$；$M_{2\max}=\dfrac{ql_2^2}{\varphi_2}$；$q_1=x_1q$；$q_2=(1-x_1)q$。

l_1 以"m"计；q 以"Pa"计；弯矩以"N·m"计。

【例 46-2】 有一圆形钢筋混凝土特殊工作井,要求井的内径 $d=10.5\mathrm{m}$,底板厚度为 600mm,采取降水(或作隔水帷幕)施工,井壁厚度为 800mm,外径 $D=12.1\mathrm{m}$,井壁制作高度 $H=15.45\mathrm{m}$,如图 46-21 和图 46-22 所示。该圆形井采取逆作法自上向下的分节施工(分节高度为 1.5～2.5m)。该井使用的材料:混凝土为 C20,钢筋采用 HRB335,用符号 B 表示。试进行对该井的井壁支护荷载、井壁支护内力及井壁支护截面和底板结构的计算。

解:1.计算资料

(1)地质资料如表 46-5 所示,地下水位为 $-1.0\mathrm{m}$。

土层物理力学指标　　　　　　　　　　　　　　　　　　　　表 46-5

地面下取土深度 (cm)	土的名称	含水率 ω (%)	天然重度 γ (kN/m³)	内摩擦角 φ (°)	黏聚力 c (kPa)	孔隙比 e_0	饱和度 S_r (%)	压缩系数 a_{1-2}
2～4.3	亚黏土	48.0	17.3	13.5	8	1.33	98	0.045
6～6.3	亚黏土	33.4	18.4	13.5	6	0.97	94	0.033
10～13	黏土	50.4	17.4	10	9	1.38	100	
15 以下	黏土		17.2	10	8	1.4	97	0.088

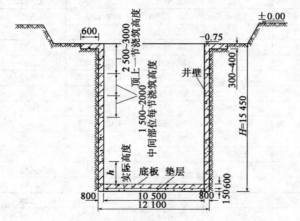

图 46-21　逆作井结构剖面图示意图
(尺寸单位:mm;高程单位:m)

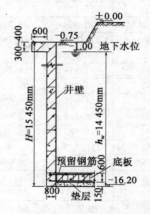

图 46-22　逆作井壁与底板连接剖面示意图
(尺寸单位:mm;高程单位:m)

(2)圆形井壁自重 G。

$$G = \left[\frac{\pi}{4}(D^2 - d^2)H\right] \times 2.5$$

$$= \left[\frac{3.14}{4}(12.1^2 - 10.5^2) \times 15.45\right] \times 2.5$$

$$= 1\,096.4(\mathrm{t})$$

$$= 10964(\mathrm{kN})$$

(3)圆形井壁摩阻力 R_f。

圆形高程 $-1.00 \sim 6.00\mathrm{m}$ 摩阻力按三角分布,取摩阻力 $R_f = 2\mathrm{t/m^2}(20\mathrm{kPa})$,所以计算高度 $h_k = \frac{1}{2} \times 5 + 10.2 = 12.7(\mathrm{m})$。

则摩擦力 R_f 为:

$$R_f = Uh_k f = \pi D \times 12.7 \times 2 = 3.14 \times 12.1 \times 12.7 \times 2 = 965.05(t)$$
$$= 9\,650.5(kN)$$

2. 井壁支护荷载

圆井井壁承受水、土压力作用,其内力计算常用的方法,是将井体视作受对称不均匀压力作用的封闭圆环,取其四分之一圆环进行计算,由于计算中不考虑内聚力的作用,参考其他工程计算实例,取 $\varphi = 18°$,按式(46-36)得:

$$\varphi_A = \varphi + 4° = 18° + 4° = 22°$$
$$\varphi_B = \varphi - 4° = 18° - 4° = 14°$$

则:

$$\tan^2\left(45° - \frac{\varphi_A}{2}\right) = \tan 34° = 0.455, \tan^2\left(45° - \frac{\varphi_B}{2}\right) = \tan 38° = 0.610$$

$$m = \frac{0.610}{0.455} = 1.34, m - 1 = 0.34$$

地下水位以上部分的土压力 q_1 为:

$$q_1 = \gamma(H - h_w)\tan^2\left(45° - \frac{\varphi_A}{2}\right)$$

式中:H——井壁计算在地面以下的深度,应算至底板面处,即 $H = 15.45m$;

h_w——地下水静水面至底板面处的距离,$h_w = 14.45m$。

则

$$q_1 = \gamma(H - h_w)\tan^2\left(45° - \frac{\varphi_A}{2}\right) = 1.8(15.45 - 14.45) \times 0.455 = 0.82(t/m)(8.2kN/m)$$

地下水位以下浮重产生的土压力 q_2 为:

$$q_2 = (\gamma - n\gamma_w)h_w\tan^2\left(45° - \frac{\varphi_A}{2}\right)$$

式中:n——土的单位容积内的颗粒体积,取 $n = 0.6$;

γ_w——水的重度,取 $\gamma_w = 1t/m^3$ 或 kN/m^3。

则:

$$q_2 = (1.8 - 0.6 \times 1) \times 14.45 \times 0.455 = 7.88(t/m^2)(78.8kPa)$$

地下水的压力 q_3 为:

$$q_3 = \gamma_w h_w = 1 \times 14.45 = 14.45(t/m^2)(144.5kPa)$$

故水平荷载:

$$q_A = q_1 + q_2 + q_3 = 0.82 + 7.88 + 14.45 = 23.16(t/m^2)(231.6kPa)$$

3. 井壁水平框架的内力计算及配筋

(1)井壁水平框架的内力计算

按式(46-33)得 N_A 为:

$$N_A = q_A r\left[1 + \frac{\pi}{4}(m-1)\right] = 23.16 \times (5.25 + 0.4) \times [1 + 0.785\,4 \times 0.34]$$
$$= 165.79(t)(1\,657.9kN)$$

按式(46-32)得 M_A 为:

$$M_A = -0.148\,8q_A r^2(m-1) = -0.148\,8 \times 23.16 \times 5.65^2 \times 0.34$$
$$= -37.40(t \cdot m)(-374kN \cdot m)$$

按式(46-35)得 N_B 为：

$$N_B = q_A r \left[1 + 0.5(m-1)\right] = 23.16 \times 5.65 \times (1 + 0.5 \times 0.34)$$
$$= 153.18(\text{t})(1\,531.8\text{kN})$$

按式(46-34)得 M_B 为：

$$M_B = 0.136\,6 q_A r^2 (m-1) = 0.136\,6 \times 23.16 \times 5.65^2 \times 0.34$$
$$= 34.34(\text{t} \cdot \text{m})(343.4\text{kN} \cdot \text{m})$$

按内力 $N_A = 165.79\text{t}(1\,657.9\text{kN})$ 和 $M_A = 37.4(\text{t} \cdot \text{m})(369.4\text{kN} \cdot \text{m})$ 来控制计算井壁截面强度(两组中取最大值)。

(2)井壁配筋计算

按压弯构件进行强度配筋计算：

①设保护层厚度为 35mm，$a_s = 45\text{mm}$，则 $h_0 = h - a_s = 800 - 45 = 755\text{mm}$，$b = 1\,000\text{mm}$。

②采用 C25 混凝土 $f_c = 11.9\text{MPa}$，$f_t = 1.27\text{MPa}$；HRB335 钢筋 $f_y = 300\text{MPa}$；计算得 $\xi_b = 0.55$(可查表)。

③初始偏心矩 $e_0 = M_A/N_A = 374/1\,657.9 = 0.226\text{m}$；

附加偏心矩 $e_a = \max\left(\dfrac{h}{30}, 30\right) = 26.7\text{mm}$(取大值)；

则初始偏心矩 $e_i = e_0 + e_a = 226 + 26.6 = 252.67\text{mm}$。

④求偏心矩增大系数 η，先求 ζ_1 和 ζ_2：

$$\zeta_1 = \frac{0.5 f_c A}{N} = 0.5 \times 11.9 \times 1\,000 \times \frac{800}{1\,637.200} = 2.91 > 1.0，取 \zeta_1 = 1.0；$$

当 $\dfrac{l_0}{h} < 15$ 时，取 $\zeta_2 = 1.0$。

故

$$\eta = 1 + \frac{1}{1\,400\,\dfrac{e_i}{h_0}}\left(\frac{l_0}{h}\right)^2 \zeta_1 \zeta_2$$

式中：l_0——为深梁的计算跨度，应按下式计算，即：

$$l_0 = \frac{\pi 2 \gamma_0}{4} = \frac{3.14 \times 2 \times 6.05}{4} = 9.5(\text{m})$$

h——为井的制作后的全高，即 $h = 15.45\text{m}$。

代入上式中，得：

$$\eta = 1 + \frac{1}{1\,400 \times 252.67/755}\left(\frac{9.5}{15.45}\right)^2 \times 1 \times 1 = 1.0$$

⑤确定混凝土受压区高度 x。

$$x = \frac{N}{f_c b} = \frac{1\,657\,900}{11.9 \times 1\,000} = 139.31 < \xi_b h_0$$
$$= 0.55 \times 755 = 415.25(\text{mm})$$

可按大偏心受压计算，即按式(46-51)计算井壁对称配筋：

$$A_s = A'_s = \frac{N_e - f_c b x \left(h_0 - \dfrac{x}{2}\right)}{f'_y (h_0 - a'_s)}$$

$$e = \eta e_i + \frac{h}{2} - a'_s = 252.67 + \frac{800}{2} - 45 = 607.67(\text{mm})$$

则：

$$A_s = A'_s = \frac{1\,657\,900 \times 607.67 - 11.9 \times 1\,000 \times 139.31 \times \left(755 - \dfrac{139.31}{2}\right)}{300 \times (755 - 45)}$$

$$= \frac{1\,007\,456\,093 - 1\,136\,157\,402}{21\,300} < 0$$

按构造配筋，$u_{min} = 0.1\%$，则 $A_s = A'_s = 0.1 \times 7.5 = 7.5 (cm^2)$。

在井壁高程

$$\left.\begin{array}{l} -16.2 \sim -11.5m\ 配\ \phi 20@150 \\ -11.5 \sim -5m\ 配\ \phi 18@200 \\ -5 \sim -0.75m\ 配\ \phi 16@200 \end{array}\right\} 井壁两边对称配筋如图 46-23 所示。$$

4. 井壁抗拉计算

井壁为等截面，其拉断力按式(46-46)计算，即：

$$S_{max} = 0.65G = 0.65 \times 1\,096.4 (t)$$
$$= 712.66 (t) = 7\,126.6 (kN)$$

则井壁在竖向拉力作用下，需要配置竖向钢筋的截面面积，可按式(46-57)计算：

$$A_s = \frac{S_{max}}{f_y} = \frac{7\,126\,600}{300} = 23\,755 (mm^2)$$

每米井壁钢筋面积为：

$$A_s = \frac{23\,755}{3.14 \times 12.1} = 38 (mm^2/m)$$

所需钢筋面积较少，可按构造配筋，即在井壁内外均采用：$\phi 16@200$，$A_s = 2\,010mm^2$，井壁配筋如图 46-23 所示。

5. 钢筋混凝土底板计算

（1）荷载计算

设底板厚度为 60cm，本例取底板承受的最大静水压力（浮托力）标准值 q_k 可按式(46-62)计算，得：

$$q_k = \gamma_w h_w - q_G = 10 \times 14.45 - 0.60 \times 25 = 130 (kPa)$$

则静水压力设计值：

$$q_s = 1.27 \times 130 = 165.1 (kPa)$$

（2）弯矩计算

按式(46-60)和式(46-61)计算底板的径向和切向弯矩 M_r、M_t，则设计值产生的 M_r 和 M_t 为：

$$M_r = M_t = 0.072\,9 \times q_s \times \gamma^2 = 0.072\,9 \times 165.1 \times 6.4^2 = 493 (kN \cdot m)$$

（3）配筋计算

按纯弯计算，按承载力配筋。

上层钢筋：

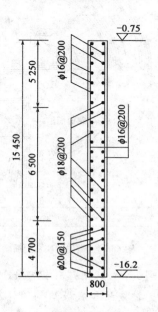

图 46-23　逆作井井壁配筋示意图
（尺寸单位：mm；高程单位：m）

$$a_s = \frac{M}{\alpha_1 f_c b h_0} = \frac{493 \times 10^6}{1 \times 11.9 \times 1\,000 \times 755^2} = 0.073$$

查钢筋混凝土矩形截面受弯构件正截面受弯承载力计算系数表得：$\xi = 0.08$，也可用公式计算即：

$$\xi = 1 - \sqrt{1 - 2a_s} = 1 - \sqrt{1 - 2 \times 0.073} = 0.08$$

$$A_s = \frac{\xi b h_0 \alpha_1 f_c}{f_y} = \frac{0.08 \times 1\,000 \times 755 \times 1.0 \times 11.9}{300} = 2\,396 (\text{mm}^2)$$

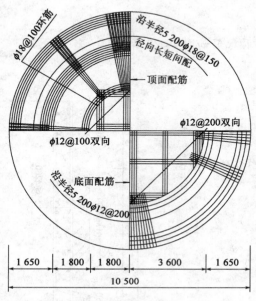

图 46-24　逆作井底板配筋图(尺寸单位:mm)

则底板顶面径向和切向均配置 $\phi 18@100$ 钢筋，$A_s = 2\,545\text{mm}^2$(满足)，底板底面径向和切向均构造配置 $\phi 12@200$ 钢筋。

底板配筋如图 46-24 所示。

【例 46-3】　某污水厂建造集水井，地面高程为 -0.5m，地下水位高程为 -0.5m，根据使用要求，该集水井平面为矩形，井顶高程为 $+0.00$m，井壁底面高程为 -11.0m。因集水井四周附近均有建筑物，施工面较小，大型机械设备无法进场，如采用沉井法施工，对周围建筑物也会受到影响。经过分析研究和比较，决定用降水(或作隔水帷幕)方法施工。这样既可节省挡土支护费用，又能缩短工期，而且使周围的建筑物不受影响。该集水井的井壁厚度为 600mm，底板厚度为 400mm，混凝土采用 C25，$f_c = 11.9$MPa，$f_t = 1.27$MPa；钢筋 $d \geq 10$mm，采用热轧钢筋 HRB335，$f_y = 300$MPa。试进行对该井的井壁支护荷载、内力及井壁支护截面和底板结构的计算(图 46-25)。

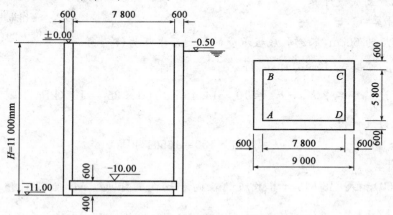

图 46-25　逆作井(集水井)剖面平面图(尺寸单位:mm,高程单位:m)

1. 计算资料

(1)地质资料

根据地质钻探资料分析，本沉井工程范围内的地层，大致可为五层，其物理力学性能指标如表 46-6 所示。

土层物理力学指标   表 46-6

序号	土层名称	高程 (m)	天然重度 (kN/m³)	干重度 (kN/m³)	黏聚力 c (kPa)	内摩擦角 φ(°)	允许承载力 (kPa)	备注
1	黄色亚黏土	−0.50～−3.0	18.6	14.0	5	18	105	
2	灰色亚黏土	−3.0～−6.0	18.2	13.2	3	17	102	
3	灰色黏土夹砂	−6.0～−8.0	17.0	10.6	8	9	85	淤泥质土
4	灰色黏土	−8.0～−11.5	18.2	12.8	10	13	105	
5	灰色亚黏土	−11.5 以下	18.2	14.1	8	16	120	

（2）水、土压力的计算

作用在集水井井壁上的水、土压力,可采用重液地压公式(46-31)计算：$p_{\mathrm{W+E}}=13h$。

当 $h=0\mathrm{m}$ 时,$p_{\mathrm{W+E}}=0\mathrm{kPa}$；

当 $h=4.5\mathrm{m}$ 时,$p_{\mathrm{W+E}}=13\times4.5=58.5\mathrm{kPa}$；

当 $h=10.5\mathrm{m}$ 时,$p_{\mathrm{W+E}}=13\times10.5=136.5\mathrm{kPa}$。

按上述计算数值,绘制水压力、主动土压力图,如图 46-26 所示。

（3）集水井自重

井壁钢筋混凝土重度按 $25\mathrm{kN/m^3}$ 计算,则集水井自重力为：

$$G_{\mathrm{K}} = \big[(7.8+0.6)+(5.8+0.6)\big]\times2\times0.6\times11\times25$$
$$= 4\,884(\mathrm{kN})$$

（4）矩形集水井井壁摩阻力 R_{f}

井壁侧面摩阻力分布如图 46-27 所示。单位摩阻力按《上海市地基基础设计规范》(DGJ 08-11—2010)表 12.4.3 计算,$f_{阻}=10\sim25\mathrm{kPa}$,本例取 $f_{阻}=17.5\mathrm{kPa}$。

$$h_{\mathrm{k}}=\frac{1}{2}\times5+5.5=8.0(\mathrm{m})$$

则井壁总摩阻力 F_{fk} 为：

$$F_{\mathrm{fk}} = Uh_{\mathrm{k}}f_{阻} = (9+7)\times2\times8\times17.5 = 4\,480(\mathrm{kN})$$

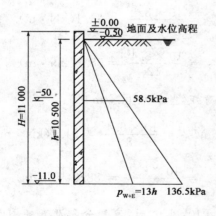

图 46-26　水土压力图
（尺寸单位:mm;高程单位:m）

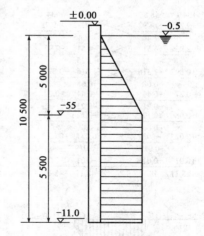

图 46-27　井壁侧面摩阻力
（尺寸单位:mm;高程单位:m）

2. 井壁水平框架内力计算及配筋

井壁水平框架的内力计算及配筋(底板尚未施工)采用弯矩分配法进行计算。

371

(1)框架分配系数

在计算框架的分配系数时，单位刚度 i 按净跨计，由于各跨梁的材料相同，各截面的 h 相等，故用相对值计算：

$$i=640\times840/l$$

则：

$$S_{BA'}=i_{BA'}=640\times840/320=1\,680$$
$$S_{BC}=S_{CB}=4i_{BC}=4\times640\times840/840=2\,560$$
$$S_{CD}=i_{CD'}=640\times840/320=1\,680$$

分配系数：

$$\mu_{BA'}=1\,680/(1\,680+2\,560)=0.396$$
$$\mu_{BC}=2\,560/(1\,680+2\,560)=0.604$$
$$\mu_{CB}=2\,560/(1\,680+2\,560)=0.604$$
$$\mu_{CD'}=1\,680/(1\,680+2\,560)=0.396$$
$$C_{BC}=0.5$$

井壁水平框架计算图如图 46-28 所示。

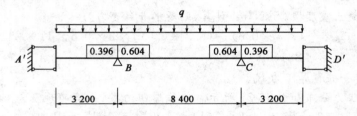

图 46-28 弯矩分配系数图(尺寸单位:mm)

注:A'、D' 分别为 AB、CD 的中点

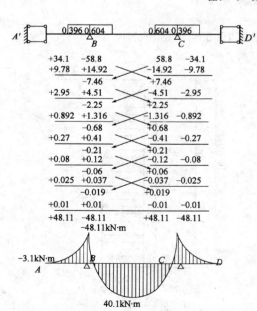

图 46-29 水平框架弯矩分配及弯矩图

(2)弯矩分配

固端弯矩(当 $q=10\text{kN/m}$ 时)：

$$M_{BA'}=\frac{10\times3.2^2}{3}=34.1(\text{kN}\cdot\text{m})$$

$$M_{CB'}=\frac{10\times8.4^2}{12}=58.8(\text{kN}\cdot\text{m})$$

跨中弯矩(当 $q=10\text{kN/m}$ 时)：

$$M_{A'B}=M_{D'C}=\frac{10\times6.4^2}{8}=51.2(\text{kN}\cdot\text{m})$$

$$M_{BC中}=\frac{10\times8.4^2}{8}=88.2(\text{kN}\cdot\text{m})$$

当 $q=10\text{kN/m}$ 时，弯矩分配及弯矩图如图 46-29 所示，不同部位的弯矩见表 46-7。

高程 -5.0m，$q_s=1.27\times58.5=74.3(\text{kPa})$；

高程 -11.0m，$q_s=1.27\times136.5=173.3(\text{kPa})$。

372

序号	框架位置高程 (m)	荷载 q_s (kN/m)	$M_{A'B}$ (kN·m)	M_{BC} (kN·m)	$M_{BC中}$ (kN·m)	M_{CB} (kN·m)	$M_{D'C}$ (kN·m)
1		10.0	3.1	−48.1	40.1	−48.1	3.1
2	−5.00	74.3	23.0	−357.4	297.9	−357.4	23.0
3	−11.0	173.3	53.72	833.6	694.9	833.6	53.72

（3）按承载能力极限状态进行井壁配筋

高程＋0.00～−11.0m 的井壁，根据水平荷载产生的内力，配置水平钢筋，竖向钢筋可按构造配置。有关井壁的水平钢筋的计算结果如表 46-8 所示。井壁的水平钢筋和竖向的配置，如图 46-30 所示。

井壁配筋计算表 表 46-8

井　壁		位置	b (mm)	b_0 (mm)	M (kN·m)	α_s	ξ	A_s (mm²)	配筋	实配 A_s(mm²)
高程 −0.5m 以上	AB	跨中	1 000	555	23.0	0.006 3	0.006 3	139	88φ14	1 230（双面）
	CD	A、D	1 000	555	357.4	0.097 5	0.102 8	2 263	9φ18	2 296（双面）
	AD	B、C								
	BC	跨中	1 000	555	297.9	0.081 3	0.084 9	1 868	8φ18	2 036（双面）
高程 −0.5～ −11.0m	AB	跨中	1 000	555	53.72	0.014 6	0.014 8	325	7φ14	1 077（双面）
	CD	A、D	1 000	555	833.6	0.227 4	0.261 6	5 759	12φ25	5 891（双面）
	AD	B、C								
	BC	跨中	1 000	555	694.9	0.189 5	0.212 0	4 667	12φ25	5 891（双面）

3. 钢筋混凝土底板计算

（1）荷载计算

底板厚度采用 40cm，则水的浮力对底板产生的反力标准值为：

$$q_k = 10 \times (10 - 0.5) - 0.4 \times 25 = 85(kPa)$$

则反力设计值：

$$q_s = 1.27 \times 85 = 108(kPa)$$

（2）弯矩计算

板按简支板进行计算，计算跨度 $l_1 = 6.0m$，$l_2 = 8m$，则 $\lambda = l_2/l_1 = \delta/6 = 1.33$，查表 46-4。按第一种情况得：

$$\varphi_{11} = 16.45$$

$$\varphi_{12} = 51.17$$

则标准值产生的板中弯矩为：

$$M_{1k} = \frac{q_k l_1^2}{\varphi_{11}} = \frac{85 \times 6^2}{16.45} = 186(kN \cdot m)$$

$$M_{2k} = \frac{q_k l_2^2}{\varphi_{12}} = \frac{85 \times 8^2}{51.17} = 106(kN \cdot m)$$

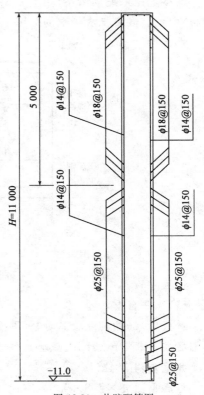

图 46-30 井壁配筋图

（尺寸单位：mm，高程单位：m）

373

设计值产生的板中弯矩为：

$$M_{1s} = \frac{q_s l_1^2}{\varphi_{11}} = \frac{108 \times 6^2}{16.45} = 236.4 (\text{kN} \cdot \text{m})$$

$$M_{2s} = \frac{q_s l_2^2}{\varphi_{12}} = \frac{108 \times 8^2}{51.17} = 135.1 (\text{kN} \cdot \text{m})$$

(3)按承载能力进行配筋计算

①上层钢筋

$A_{s1} = 2\,380\text{mm}^2 > A_{s,\text{min}} = 800\text{mm}^2$，选用 $8\phi20$。

$A_{s2} = 1\,147\text{mm}^2 > A_{s,\text{min}} = 800\text{mm}^2$，选用 $8\phi14$。

②下层钢筋

因简支板支座弯矩为零，故按构造选用。

按构造钢筋，$A_s = 800\text{mm}^2$，选用 $6\phi14$。

(4)按正常使用极限状态进行裂缝宽度计算

按纯弯计算，裂缝宽度控制在 0.25mm。

由《混凝土结构设计规范》(GB 50010—2010)第 8.1.2 条：

$$\omega_{\text{max}} = \alpha_{cr} \psi \frac{\delta_{sk}}{E_s} \left(1.9c + 0.08 \frac{d_{eq}}{\rho_{te}} \right) = 0.36(\text{mm}) > 0.25(\text{mm})$$

上层钢筋选用 $10\phi20$ 和 $10\phi14$，下层钢筋选用 $6\phi14$。

综合上述本配筋结果，上层钢筋选用 $\phi20@100$ 和 $\phi14@150$，下层钢筋选用 $\phi14@160$（纵横向）。钢筋混凝土底板配筋如图 46-31 所示。

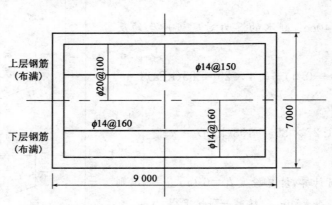

图 46-31　底板配筋图（尺寸单位：mm）

4. 抗浮验算

(1)沉井自重

封底后，沉井抗浮验算时，沉井重除井壁重量外，尚应包括封底混凝土的重量，封底素混凝土重度按 24kN/m³ 计，封底厚度按 1.30m 计。

井壁重：4 884kN；

封底重：$1.3 \times 7.8 \times 5.8 \times 24 = 1\,411.5$(kN)；

总重：G = 6 295.5kN。

(2)浮力

$$S = 10.5 \times 9.0 \times 7.0 \times 10 = 6\,615(kN)$$

(3)反摩阻力

计算反摩阻力时,单位摩阻力按上海市《地基基础设计规范》(DGJ 08-11—2010)表9.5.2取值:$f = 10kPa$,其分布规律如图9.5.2所示。

$$R_f = (10.5 - 2.5) \times 10 \times (9.0 + 7.0) \times 2 = 2\,560(kN)$$

(4)抗浮安全系数

$$K = (G + R_f)/S = (6\,295.5 + 2\,560)/6\,615 = 1.34 > 1.15(安全)$$

若不计反摩阻力,则 $K < 1.0$(不安全)。

五、逆作钢筋混凝土井施工要点

(1)当有地下水时,应采取下列措施:

①逆作井周围一定距离内无建(构)筑物时,可将水位降至底板以下 $0.5 \sim 1.0m$ 后,再进行施工(所谓一定距离是指采取井点降降水后,附近建(构)筑不受影响的距离)。

②逆作井周围的建(构)筑物离井壁较近(但有一定的平面尺寸可以施工),此时可在距离井壁 $0.6 \sim 1.0m$ 以外采取压密注浆,做成防水帷幕;同时在逆作井底板下 $2.5 \sim 3.0m$ 土层内压密注浆加固后,方可进行逆作法施工。

(2)逆作井的井壁是自上向下的开挖施工,每开挖一节高度的土方后,随即绑扎钢筋、支模、浇筑混凝土。待混凝土达到一定强度后,再进行下一节混凝土的施工,直至浇完钢筋混凝土底板为止。

(3)逆作法井壁第一节顶部作成 ┐ 形,高度为 $2.5 \sim 3.0m$(图46-32),中间每节高度一般为 $1.5 \sim 2.0m$。如土质较好,每节高度可适当加大。井壁最后一节(与底板相连)高度,根据剩余高度来决定。如剩余高度较小,可并入上节井壁内或与底板一同施工,底板不留施工缝。

(4)井壁竖直钢筋每节的下料、连接和预留插入土中的尺寸如图46-32所示。钢筋绑扎(焊接)接头按混凝土施工规范执行。

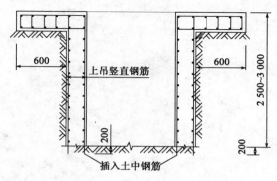

图46-32　逆作井壁第一节竖直钢筋连接示意图(尺寸单位:mm)

(5)逆作井井壁支模、浇筑混凝土工艺如图46-33所示。第一节混凝土浇完拆模后,随即挖土进行第二节混凝土的施工。施工缝处,特别是上节混凝土接缝处的泥土应刷洗干净后方能绑扎第二节钢筋。钢筋施工完毕,再支模板,在模板的上口应留 60°斜口以便浇灌混凝土。混凝土凝固后,多余的三角形素混凝土,可以待逆作井混凝土全部浇筑完毕,一同凿平处理。

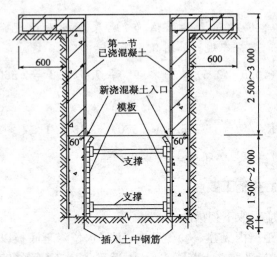

图 46-33　逆作井井壁支模、浇筑混凝土工艺示意图(尺寸单位:mm)

第四十七章 钢筋混凝土沉井施工计算

第一节 在旱地上制作沉井

一、施工前的准备工作

1. 探明地层

委托勘察单位进行详细的钻探,根据钻探结果,查明地质构造、土质层次、深度、特性和水文地质情况,以利于制订沉井的下沉方案。钻孔数量,孔位及深度,应能完全探明地层情况。每个沉井或墩位(桥梁基础)至少应有两个以上钻孔。孔位应在拟筑墩台基础范围以外的3～4m处。对于大跨径和重要的桥梁基础,每个墩台的钻孔数不得少于4个,钻孔深度应在沉井预定下沉深度以下15～25m。

2. 调查水文、气象资料

施工前必须对下列资料进行核对和补充。

(1)气象水文情况:如雨量的大小、风力强度、(潮)水位涨落变化、洪峰历时、河道变化、洪水季节、流量流速、漂流物的情况等。

(2)河道上游的自然面貌:如气象、植被、地貌以及桥位施工区段的河道地形及上游有无水库、人工调节设施等。

(3)河道情况:如航道级别、通航情况、航道疏通情况,码头、上游伐木场、储木场及竹、木材放流情况等。

3. 清理场地

根据设计图纸,测量人员在施工前,首先将沉井的中心及轴线位置和基坑轮廓尺寸等放样到地面上,作为沉井施工清理范围的依据。在已量出的沉井位置上进行地基清理、平整并夯实场地。对软硬不均的地表应予以换土或加固,避免产生不均匀沉降。特别对土质松软或地下水位较高的地段,沉井易失去稳定平衡,难以控制。

4. 修筑运输道路

沉井制作时所需的机具、设备、材料及混凝土等均需通过运输道路运至现场。应根据工程的大小、设备情况及现有的运输条件,运输道路可以作为手推车、板车、汽车运输便道,也可用作轻便轨道。岸滩和陆地上的运输便道,可就地挖填铺筑。

5. 风管路、供水、供电线路的敷设

当采用空气吸泥机除土、应设立压缩空气站及风管路;若采用水力吸泥及高压射水冲土时,需设立高压水泵站及水管路;当冬季施工时,混凝土采用蒸气养护时,还需设置锅炉房及蒸气管路。供水、供电线路可埋设地下和架空(电线)。

6. 根据沉井使用混凝土数量及各施工现场供应情况,可选择一适当位置,设立混凝土拌和场,通过运输路线分送至各施工点

7. 起重设备

根据沉井的大小和下沉深度。可选择适当的起重运输设备便于沉井施工中使用。在大城市中修筑雨污水泵站下部沉井构筑物时,除采用上述水力机械冲土或空气吸泥机外,一般还采用机械挖土,人工配合的方法。

二、基坑开挖及基坑排水

1. 基坑开挖(图 47-1)

基坑开挖的深度,视水文地质条件和施工机械设备以及第一节沉井要求浇筑高度而定。在一般情况下,基坑开挖深度即等于要铺筑的砂垫层厚度。有时为减少沉井下沉深度,还可加深基坑的开挖深度,但若挖出表土硬壳层后,坑底土质为软弱淤泥层时,则不宜挖除表面硬土。所以决定基坑合理的开挖深度,应通过综合比较决定。同时还应注意基坑开挖深度除了满足最大允许边坡坡度外,还必须确保坑底高出施工期间可能出现的最高地下水位 0.5m 以上。必要时,也可应用井点降低地下水位后来加深基坑的开挖。上海目前开挖基坑的深度,一般为1.5～2m,如图 47-1a)所示。

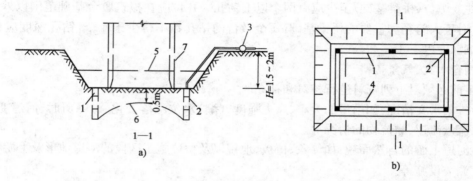

图 47-1

1-排水明沟;2-集水井 $\phi800\sim\phi1\,000$ 混凝土管,$L=2\,500\sim3\,500$mm;3-离心水泵;4-沉井基础边线;5-原地下水位线;6-降低后地下水位线;7-沉井

基坑底部的平面尺寸,一般要比沉井设计的平面尺寸要大些,即在沉井四周各加宽一根承垫木长度以上。一方面考虑保证承垫木能向外抽出。另一方面,考虑了沉井施工时外周围支模、搭设脚手架以及坑内排水明沟之用。

当地质条件良好、构造均匀,且地下水水位低于基坑底面高程,而挖方深度在 5m 以内的边坡不加支撑时,最陡边坡应符合表 47-1a、表 47-1b、表 47-1c 的规定,分别按各地区的不同情况选用。

无支撑基坑边坡   表 47-1a

土 的 类 列	边坡坡度(高:宽)		
	坡顶无荷载	坡顶有荷载	坡顶有动载
粉砂土、细砂土	1:1.50	1:1.75	1:2.00
黏质粉土、砂质粉土	1:1.00	1:1.25	1:1.50
粉土、粉质黏土	1:0.75	1:1.00	1:1.25

注:本表摘自上海市《城市桥梁工程施工质量验收规范》(DGJ 08-117—2005)。

土 的 类 列		边坡坡度（高：宽）
砂土（不包括细砂、粉砂）		1：1.25～1：1.50
一般性黏土	硬	1：0.75～1：1.00
	硬、塑	1：1.00～1：1.25
	软	1：1.50 或更缓
碎石类土	充填坚硬、硬塑黏土性	1：050～1：1.00
	充填砂土	1：1.00～1：1.50

注：1. 设计有要求时，应符合设计标准。

　　2. 如采用降水或其他加固措施，可不受本表限制，但应计算复核。

　　3. 开挖深度，对软土不应超过 4m，对硬土不应超过 8m。

　　4. 本表摘自《建筑地基基础工程施工质量验收规范》(GB 50202—2002)。

坑壁土类	坑壁坡度（高：宽）		
	基坑顶缘无荷载	基坑顶缘有静载	基坑顶缘有动载
砂类土	1：1.00	1：1.25	1：1.50
卵石、砾类土	1：0.75	1：1.00	1：1.25
粉质土、黏质土	1：0.33	1：.050	1：0.75
极软岩	1：0.25	1：0.33	1：0.67
软质岩	1：0.00	1：0.10	1：0.25
硬质岩	1：0.00	1：0.00	1：0.00

注：1. 摘自中华人民共和国交通部标准《公路桥涵施工技术规范》(JTG/T F50—2011)。

　　2. 基坑有不同土层时，基坑坑壁坡度可分层选用，并酌设平台。

　　3. 当基坑深度大于 5m 时，基坑坑壁坡度可适当放缓或加设平台。

　　4. 坑壁土类按照现行《公路土工试验规程》(JTG E40—2007)执行。

　　基坑挖出土方（包括沉井内挖土）一般应外运，如条件许可，可在现场附近堆放时，但土方应距离基坑边缘的距离应不小于沉井下沉深度的两倍，同时还不能影响现场的交通、排水以及下一步的施工。

2. 基坑排水

　　基坑底部四周应挖出一定坡度的排水明沟，并与基坑四周的集水井相连通。集水井比排水沟低 50cm 以上，将汇集的底面水和地下水及时用潜水泵、离心泵抽除，应保持基坑内无积水，如图 47-1b)所示。

　　由于基坑面积大，如坑底为渗透系数较大的砂质含水土层时，基坑四周可采用土井作为集水井，其数量应根据土质情况和沉井面积的大小而定，一般不少于四只，用 $\phi 800$～$\phi 1000$mm 直径的预制渗水混凝土管、长度 $L=2.5$～4.0m，周围凿出许多外大内小的孔眼，孔眼直径为 4cm 左右，管外可用两层钢丝网包扎，防止混凝土管下沉时泥沙将孔眼堵塞。待混凝土管下沉到位后，同时在集水井内下部铺 20～25cm 厚的碎石和 10～15cm 的砾石砂，使开泵抽汲时，泥沙不被水带走。混凝土管的下沉，可采用人工挖土或水冲法下沉。

　　明沟和集水井应设置在沉井基础轮廓线以外，如图 47-1a)所示，并距垫层基础边应有一定的距离，明沟边缘应离坡脚不小于 0.3m，沟的断面尺寸和纵向坡度主要取决于排水量的多少，其底宽一般不小于 0.3m，纵坡为 0.001～0.005。明沟可以用砖砌。当排水时间较长（要等沉井第一节混凝土浇筑完毕)而土质又较差时,为防止基坑土坡塌陷,影响排水,坡面可用 C100 细石混凝土护面或用其他材料护面均可。但要保证边坡在沉井浇筑过程中的稳定。

1)基坑渗水量计算

基坑渗水量可用抽水试验或参考现有经验公式计算,公式计算虽很简单,但不如抽水试验可靠,在计算中的主要数据为土的渗透系数,它是计算渗水量准确性的关键。

(1)渗透系数的确定

①抽水试验资料计算法:

在现场设置抽水井,如图 47-2 所示。贯穿到整个含水层,并距抽水井 γ_1 和 γ_2 处设一个或两个观测孔(井),用水泵匀速排水,当水井的水面及观测孔的水位大体上呈稳定状态时,根据其抽水量 Q(约相当于渗水量)按下列各式计算渗透系数 k 值(潜水完整井)。

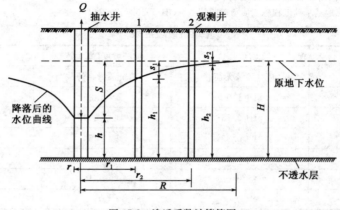

图 47-2　渗透系数计算简图

不设观测孔时:

$$k = \frac{0.732Q}{H^2 - h^2} \lg \frac{R}{r} = \frac{0.732Q}{(2H - S)S} \lg \frac{R}{r} \qquad (47\text{-}1a)$$

设一个观测孔时:

$$k = \frac{0.732Q}{h_1^2 - h^2} \lg \frac{r_1}{r} = \frac{0.732Q}{(2H - S - S_1)(S - S_1)} \lg \frac{r_1}{r} \qquad (47\text{-}1b)$$

设第二个观测孔时:

$$k = \frac{0.732Q}{h_2^2 - h_1^2} \lg \frac{r_2}{r_1} = \frac{0.732Q}{(2H - S_1 - S_2)(S_1 - S_2)} \lg \frac{r_2}{r_1} \qquad (47\text{-}1c)$$

设 n 个观测点井时:

$$k = \frac{0.732Q}{(2H - S_{n-1} - S_n)(S_{n-1} - S_n)} \lg \frac{r_n}{r_{n-1}} \qquad (47\text{-}1d)$$

式中:　　　　k——渗透系数(m/d);

Q——抽水量(m³/d);

R——抽水影响半径(m),由几个观测井观察得知;

r——抽水井半径(m);

r_1、r_2、r_{n-1}、r_n——分别为观测孔 1、2、$n-1$ 及 n 抽水后水位降低值(m);

h、h_1、h_2——分别为抽水井,观测孔 1、观测孔 2 抽水后从抽水井底面起算完全井的动水位(m);

S、S_1、S_2、S_{n-1}、S_n——分别为抽水井、观测孔 1、2、$n-1$ 及 n 抽水后水位降低值(m);

$\qquad$ H——含水层厚度(m),可从钻探资料查得。

②查表法:从表 47-2 及表 47-3 查得含水层的渗透系数。

土 的 渗 透 系 数 表 47-2

土 的 名 称	渗透系数 k	
	m/d	cm/s
黏土	<0.005	$<6\times10^{-6}$
粉质黏土	0.005~0.1	6×10^{-6}~1×10^{-4}
粉土	0.1~0.5	1×10^{-4}~6×10^{-4}
黄土	0.25~0.5	3×10^{-4}~6×10^{-4}
粉砂	0.5~1.0	6×10^{-4}~1×10^{-3}
细砂	1.0~5	1×10^{-3}~6×10^{-3}
中砂	5~20	6×10^{-3}~2×10^{-2}
均质中砂	25~50	4×10^{-2}~6×10^{-2}
含黏土的中砂	20~25	2×10^{-2}~3×10^{-2}
粗砂	20~50	2×10^{-2}~6×10^{-2}
均质粗砂	60~75	7×10^{-2}~3×10^{-2}
圆砾	50~100	6×10^{-2}~1×10^{-1}
卵石	100~500	1×10^{-1}~6×10^{-1}
无填充物卵石	500~1 000	6×10^{-1}~1×10
稍有裂隙岩石	20~60	2×10^{-2}~7×10^{-2}
裂隙多的岩石	>60	$>7\times10^{-2}$

按土质颗粒大小的渗透系数 表 47-3

土 质 分 类	k(m/d)
黏土质粉砂 0.01~0.05mm 颗粒占多数	0.5~1.0
均质粉砂 0.01~0.05mm 颗粒占多数	1.5~5.0
黏土质细砂 0.1~0.25mm 颗粒占多数	1.0~1.5
均质细砂 0.1~0.25mm 颗粒占多数	2.0~2.5
黏土质中砂 0.25~0.5mm 颗粒占多数	2.0~2.5
均质中砂 0.25~0.5mm 颗粒占多数	35~50
黏土质粗砂 0.5~1.0mm 颗粒占多数	35~40
均质中砂 0.5~1.0mm 颗粒占多数	60~75
砾石	100~125

③按颗粒成分计算法:

本法仅适用于砂类土,土的颗粒成分由试验室取样决定,k 值可由式(47-2)计算求得:

$$k = C11.56d_{\mathrm{H}}^2 \tag{47-2a}$$

或

$$k = 3.76d_{\mathrm{M}}^2 \tag{47-2b}$$

式中：d_H——颗粒有效粒径只占总试样 10% 颗粒直径(mm)；

d_M——土颗粒平均粒径(mm)；

C——经验系数，其值在纯砂为 1 200，非均质砂及密实砂为 400，均值密实中砂为 800。

(2)基坑渗水量计算

采用明沟排水时，地下水渗入基坑的涌水量与土的种类、渗透系数、水头大小、基坑底面积等有关。其确定方法可通过抽水试验或实践经验估计或按大井法估算。

①基坑抽水引用半径(也称为假想半径)。

a. 采用大井法估算时，要将矩形基坑(长宽比值不大于 10)换算成半径为 r_0 的圆形大井，其基坑抽水引用半径 r_0 可由式(47-3a)计算：

$$r_0 = \eta \frac{a+b}{4} \tag{47-3a}$$

式中：r_0——基坑抽水引用半径，又称为假想半径(m)，见表 47-5；

a、b——矩形基坑长短边长(m)；

η——系数，可由表 47-4 查得。

η　值　　　　　　　　表 47-4

b/a	0	0.05	0.1	0.2	0.3	0.4	0.5	0.6	0.8	1.00
η	1.00	1.05	1.08	1.12	0.14	1.16	1.17	1.10	1.18	1.18

b. 对于不规则的基坑，其基坑引用半径可按表 47-5 试算。

c. 对不规则的多边形，基坑抽水的引用半径可按式(47-3b)求得：

$$r_0 = \sqrt[n]{r_1 \times r_2 \times r_3 \times \cdots \times r_n} \tag{47-3b}$$

式中：r_1、r_2、r_3、$\cdots$、r_n——多边形顶点到多边形中心点的距离(m)；

n——井数。

基坑抽水引用半径(r_0)　　　　　　　　表 47-5

基坑平面形状	计 算 公 式	说　明
椭圆形	$r_0 = \dfrac{a+b}{4}$	
不规则形	$a/b < 2 \sim 3, r_0 = 0.565F$ $a/b > 2 \sim 3, r_0 = P/\pi$ 或 $r_0 = \sqrt{F/\pi}$	F 为基坑面积； P 为基坑周长
矩形	$r_0 = \eta \dfrac{a+b}{4}$	$b/a = 0, \eta = 1$； $b/a = 0.2, \eta = 1.12$； $b/a = 0.4, \eta = 1.14$； $b/a = 0.6, \eta = 1.16$； $b/a = 0.8 \sim 1, \eta = 1.18$

②基坑渗水量的计算。

a. 渗入基坑内的涌水量 $Q(\text{m}^3/\text{d})$，包括从四周坑壁和基底流入的水量之和当基坑处在一一般土层中时可用式(47-4)进行计算：

$$Q = \frac{1.366k(2h-s)}{\lg \dfrac{R}{r_0}} + \frac{6.28ksr_0}{1.57 + \dfrac{r_0}{h_1}\left(1 + 1.185\lg \dfrac{R}{4h_1}\right)}$$ (47-4)

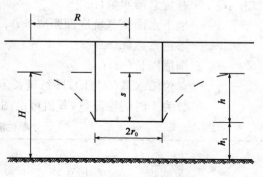

图 47-3 基坑涌水量计算图

式中：k——土的渗透系数(m/d)，可由表 47-2 或表 47-3 查得；

s——抽水时坑内水位下降值(m)，如图 47-3 所示；

h——抽水前坑底以上水位高度(m)；

r_0——引用半径(m)；

h_1——从坑底到下卧不透水层的距离(m)；

R——抽水影响半径(m)，可按公式 $R = 2H\sqrt{kH}$ 计算，或按表 47-6 查得；

H——潜水水位高度(m)(即含水层厚度)。

影响半径 R 的经验值 表 47-6

土的种类	极细砂	细砂	中砂	粗砂	极粗砂	小砾石	中砾石	大砾石
粒径(mm)	0.05~0.1	0.1~0.25	0.5~1.0	1.0~2.0	1.0~2.0	2~3	3~5	5.0~10.0
与总质量比值(%)	<70	>70	>50	>50	>50	—	—	—
R(m)	25~50	50~100	100~200	200~400	400~500	500~600	600~1500	1500~3000

虽然，实际上流入集水坑内的水量比理论计算值小，但在选择水泵考虑水泵流量时，应把式(47-6)计算得出的涌水量增加 10%~20%。

b. 当基坑在干涸河床时，可按式(47-5)计算：

$$Q = \frac{1.366k(H^2 - h_1^2)}{\lg(R+r_0) - \lg r_0}$$ (47-5)

式中：Q——基坑总渗水量(m^3/d)；

k——渗透系数(m/d)；

H——含水层厚度；即潜水位高度(m)；

h_1——抽水后稳定水位至下卧不透水层距离(m)；

R——单井降水影响半径(m)，$R = R' - r_0$；

r_0——由井点管围成的基坑抽水引用半径(m)，可查表 47-5。

c. 当基坑临近有水的河沿时，可按式(47-6)计算：

$$Q = \frac{1.366k(H^2 - h_1^2)}{\lg \dfrac{2D}{r_0}}$$ (47-6)

式中：D——基坑距河边线的距离(m)；

其余符号意义同上。

d. 当基坑处在含水层为均质土,且基坑具有不漏水的板桩围堰时,可按式(47-7)计算:

$$Q = ksuq \qquad (47\text{-}7)$$

式中：Q——基坑总渗水量($\mathrm{m^3/h}$)；

$\quad s$——地下水面至基坑底面距离(m)；

$\quad k$——渗透系数(m/d)；

$\quad u$——围堰周长(m)；

$\quad q$——单位渗水量($\mathrm{m^3/h}$),即每延长米基坑周长在单位水头(等于1)作用下,当渗透系数为1时的渗流量,其值可由图47-4查得或由表47-7求得。

单位渗流量 q 值表   表47-7

$\dfrac{s}{s+t}$ \ $\dfrac{s+t}{H}$	0.10	0.20	0.30	0.40	0.50	0.60	0.70	0.80	0.90	0.95
1.00	1.39	1.13	0.98	0.88	0.73	0.70	0.61	0.52	0.42	0.36
0.75	1.20	0.95	0.81	0.70	0.61	0.53	0.46	0.39	0.30	0.23
0.50	1.12	0.89	0.74	0.64	0.56	0.48	0.41	0.34	0.27	0.22
0.25	1.08	0.84	0.70	0.60	0.52	0.45	0.39	0.32	0.25	0.21
0.00	1.02	0.80	0.67	0.58	0.50	0.42	0.38	0.31	0.24	0.20

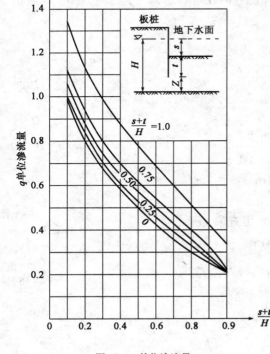

图47-4 单位渗流量

当透水层为非匀质土壤时,其渗透系数应按其各层土层厚度的渗透系数的加权平均值来计算,即：

$$k = \frac{\sum k_i h_i}{\sum h_i}$$

式中：k_i——各层土的渗透系数(m/h)；

$\quad h_i$——各层土的厚度(m)。

e. 当缺少水文地质资料时,可采用式(47-8)进行计算：

$$Q = F_1 q_1 + F_2 q_2 \qquad (47\text{-}8)$$

式中：F_1——基坑底面积($\mathrm{m^2}$)；

$\quad F_2$——基坑侧面积($\mathrm{m^2}$)；

$\quad q_1$——基坑底面积平均渗水量($\mathrm{m^3/m^2}$),见表47-8；

$\quad q_2$——基坑侧面积平均渗水量($\mathrm{m^3/m^2}$),见表47-9。

序　号	土　　　类	土的颗粒及粒径	渗透量(m^3/h)
1	细压砂土、松软黏砂土	基坑外侧有地表水,内侧为岸边干地;土的天然含水率<20%,土粒径<0.05mm	0.14~0.18
2	有裂隙的碎石岩层、较密实黏性土	多裂隙透水的岩石,有孔隙水的黏性土层	0.15~0.25
3	细砂黏土、大孔性土层,紧密砾石土	细砂粒径0.05~0.25mm,大孔土重800~950kg/m^3。砾石土孔隙率在20%以下	0.16~0.32
4	中粒砂,粒砂层	砂粒径0.25~1.0mm,砾石含量30%以下,平均粒径在10mm以下	0.24~0.8
5	粗粒砂,卵砾层	砂粒径1.0~2.5mm,砾石含量30%~70%以下,平均最大粒径在150mm以下	0.8~3.0
6	砾卵砂,砾卵石层	砂粒径在2mm以上,砾石卵石含量30%以上(泉眼总面积在0.07m^2以下,泉眼径在在50mm以下)	2.0~4.0
7	漂石、卵石土有泉眼或砂砾石有较大泉眼	石料平均粒径50~200mm,或有个别大孤石在0.5m^3以下,泉眼直径在300mm以下(泉眼总面积在0.15m^2以下)	4.0~8.0
8	砾石,卵石,漂石粗砂,泉眼较多		>8.0

注:表中渗透量:当无地表水时,用低限;当地表水深2~4m,土中有孔隙时,用中限;当地表水大于4m,松软土时,用高限。

基坑侧面每平方米的渗水量(q_2)　　　表 47-9

1	敞口放坡开挖基坑或土围堰	按表47-8同类土质渗水量20%~30%计
2	木板桩或石笼填土心墙围堰	按表47-8同类土质渗水量10%~20%计
3	挡土板或单层草袋围堰	按表47-8同类土质渗水量10%~20%计
4	钢板桩、沉箱及混凝土护坑壁	按表47-8同类土质渗水量0%~5%计
5	竹、木笼围堰,杩槎堰	按表47-8同类土质渗水量15%~30%计

f. 沉井渗透水量的简易计算。

沉井采用排水下沉时,应根据已知渗透系数和沉井渗透水截面面积计算渗透入沉井内的水量,以作为选择、设置排水设施的依据。

由于沉井四侧为混凝土壁,计算时可假定为一深井,其渗透水量可按下式计算(图47-5):

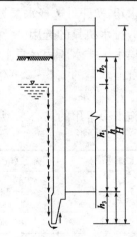

$$Q = kAi \qquad (47-9)$$

$$i = \frac{h_1}{h_1 + 2h_3} \qquad (47-10)$$

式中:Q——单位时间内的渗透水量(m^3/d);

　　k——土的渗透系数(m/d),根据表47-3选用;

　　A——水渗流的截面积(m^2);

图 47-5　沉井渗水量计算简图

385

i——水力坡度，即高水位与低于位之差与渗透距离的比值；

h——地面至刃脚踏面的距离，即下沉深度(m)，见图47-5；

h_1——地下水位至刃脚顶面高度(m)(未到刃脚踏面)；

H——沉井制作全高(m)，见图47-5；

h_2——地面至地下水位的距离(m)，见图47-5；

h_3——为脚顶面至刃脚踏面距离(m)。

沉井内设置排水泵的总排水量，一般采用沉井总渗透水量Q的1.5～2.0倍。

【例47-1】 某沉井外直径10m，壁厚0.8m，沉井下沉深度$h=12.5$m，地下水位$h_2=1.3$m，$h_3=1.3$m，土的渗透系数$k=0.45$m/d，试求沉井渗水量。

解：已知$h=12.5$m，$h_2=1.3$m，$h_3=1.3$m，则$h_1=h-h_2-h_3=12.5-1.3-1.3=9.9$m。

水渗流的截面面积：

$$A = \frac{\pi(10-2\times0.8)^2}{4} = 55.4(\text{m}^2)$$

水力坡度：

$$i = \frac{h_1}{h_1+2h_3} = \frac{9.9}{9.9+2\times1.3} = 0.79$$

则沉井渗水量按式(47-9)计算：

$$Q = kAi = 0.45\times55.4\times0.79 = 19.69(\text{m}^3/\text{d})$$

故知沉井渗水量为19.69m³/d。

③水泵功率计算。

水泵所需的功率N(kW)按式(47-11)计算。

$$N = \frac{k_1 QH}{75\eta_1\eta_2} \tag{47-11}$$

式中：k_1——安全系数，一般取$k_1=2$；

Q——基坑的涌水量(m³/d)；

H——包括扬程、吸水及由各种阻力所造成的水头损失在内的总高度(m)；

η_1——水泵功率，一般取0.4～0.5；

η_2——动力机械效率，取0.75～0.85。

求得N即可选择水泵类型。需用水泵流量亦可通过试验求得。

2)排水机具的选用

集水坑排水所用水泵主要为离心潜水泵和软轴泵，选用水泵类型时，一般取水泵的排水量为基坑涌水量的1.5～2.0倍。

(1)离心泵

施工中常用的离心泵型号及技术性能如表47-10所示。

常用离心水泵主要技术性能 表47-10

水泵型号	流量(m³/h)	扬程(m)	吸程(m)	电机功率(kW)	质量(kg)
$1\frac{1}{2}$B-17	6～14	20.3～14.0	6.6～6	1.7	17.0
2B-31	10～30	34.5～24.0	8.2～5.7	4.0	37.0
2B-19	11～25	21.0～16.0	8.0～6.0	2.2	19.0

水泵型号	流量(m³/h)	扬程(m)	吸程(m)	电机功率(kW)	质量(kg)
3B-19	32.4～52.2	21.5～15.6	6.2～5.0	4.0	23.0
3B-33	30～55	35.5～28.8	6.7～3.0	7.5	40.0
3B-57	30～70	62.0～44.5	7.7～4.7	17.0	70.0
4B-15	54～99	17.6～10.0	5	5.5	27.0
4B-20	65～110	22.6～17.1	5	10.0	51.6
4B-35	65～120	37.7～28.0	6.7～3.3	17.0	48.0
4B-51	70～120	59.0～43.0	5.0～3.5	30.0	78.0
4B-91	65～135	98.0～72.5	7.1～4.0	55.0	19.0
6B-13	126～187	14.3～9.6	5.9～5.0	10.0	88.0
6B-20	110～200	22.7～17.1	8.5～7.0	17.0	104.0
6B-33	110～200	36.5～29.2	6.6～5.2	30.0	117.0
8B-13	216～324	14.5～11.0	5.5～4.5	17.0	111.0
8B-18	220～360	20.0～14.0	6.2～5.0	22.0	—
8B-29	220～340	32.0～25.4	6.5～4.7	40.0	139.0

采用表 47-10 值时,要考虑由于管路有阻力而引起水头损失,因此扣除损失扬程才是实际扬程,实际扬程可按表 47-10 中吸水扬程减去 0.6(无底阀)～1.2m(有底阀)来估算。

(2)潜水泵

潜水泵由立式水泵与电动机组成,电动机没有密封装置,水泵装在电动机上端,工作时没入水中。这种泵具有体积小、质量轻、移动方便及开泵时不需引水等优点,在施工中已被广泛采用。常用潜水泵型号及技术性能如表 47-11 所示。

潜水泵主要性能　　　　　　　　　　　　　　　　表 47-11

型　　号	流量 (m³/h)	扬程 (m)	电机功率 (kW)	转速 (r/min)	电流 (A)	电压 (V)
QY-3.5	100	3.5	2.2	2 800	6.5	380
QY-7	65	7	2.2	2 800	6.5	380
QY-15	25	15	2.2	2 800	6.5	380
QY-25	15	25	2.2	2 800	6.5	380
JQB-1.5-6	10～22.5	28～20	2.2	2 800	5.7	380
JQB-2-10	15～32.5	21～12	2.2	2 800	5.7	380
JQB-4-31	50～90	8.2～4.7	2.2	2 800	5.7	380
JQB-5-69	80～120	5.1～3.1	2.2	2 800	5.7	380
7.5JQB8-97	288	4.5	7.5	—		380
1.5JQB2-10	18	14	1.5	—		380
2Z₆	15	25	4.0	—		380
JTS-2-10	25	15	2.2	2 900	5.4	—

注:JQB-1.5-6、JQB-5-69、1.5JQB2-10 的重量分别为 550N、450N、430N。

（3）软轴水泵

软轴水泵由软轴、离心轴和出水管组成。电机安放在地面上，泵体浸在集水坑中。软轴水泵出水管管径为40mm，流量为10m³/h，扬程为6～8m。这种水泵结构简单、体积小、质量轻、移动方便，开泵时也不需引水，多用于单独基坑中降水。

如分节制作的大型沉井，地下水水位又较高，为减少沉井下沉深度，开挖的基坑较深，采取土井加明沟降水不能达到时。此时，可采用轻型井点来降低地下水位。轻型井点的井管距离井壁的距离一般为2～2.5m，便于基坑内施工，这只能解决沉井在制作时的降水问题。当沉井下沉时，如果采用排水下沉，还要根据沉井入土深度（设计刃脚底面高程）和周围环境再决定用何种方法来降低地下水位，这要在施工组织设计中，制订出详细的降水方案来，以便沉井能安全顺利的下沉到位，同时要保证沉井干封底。

制作沉井前，还需检查以前地质钻探时留下的钻孔是否已用黏土或其他材料填塞，如未堵塞应及时用黏土堵塞密实，以防沉井下沉至黏土层时，地下水由钻孔穿出，使井点降水失去效果，而影响沉井的下沉。

三、砂垫层厚度及混凝土垫层厚度的确定

1. 砂垫层的作用

通常第一节制作的沉井重量较大，而刃脚支承面积又小，当表面土层地基承载力不够时，常沿井壁周边刃脚下铺设承垫木（俗称道木）以加大支承面积。当采用承垫木施工时，为便于整平、支模及下沉后抽除承垫木的需要，在承垫木下铺设一层砂垫层。将沉井重量扩散到更大的面积上，使表面土层的强度足以支持第一节沉井的重力，保证沉井第一节混凝土在浇筑过程中的稳定性，并使沉井的下沉量减少到允许范围之内。

当沉井采用无承垫木施工时，此时沉井第一节高度通常为5～6m，当荷载小于地基土的允许承载力时，砂垫层厚度可以减薄，作为找平层使用。

2. 砂垫层厚度确定方法

砂垫层厚度主要是解决土质较差与第一节沉井混凝土重力较大之间的矛盾，防止第一节混凝土浇筑后产生过大的沉降，影响混凝土质量。砂垫层的厚度应根据沉井的重量和地基土的承载能力而定，如图47-6所示，其计算公式为：

$$p \geqslant \frac{G_0}{L + h_s} \qquad (47\text{-}12)$$

$$h_s = \frac{G_0}{p} - L \qquad (47\text{-}13)$$

式中：G_0——第一节沉井下沉时，单位长度重力（kN/m）；

p——砂垫层底部土层的承载力设计值（kPa）；

h_s——砂垫层厚度（m）；

L——承垫木长度或素混凝土垫层宽度（m）。

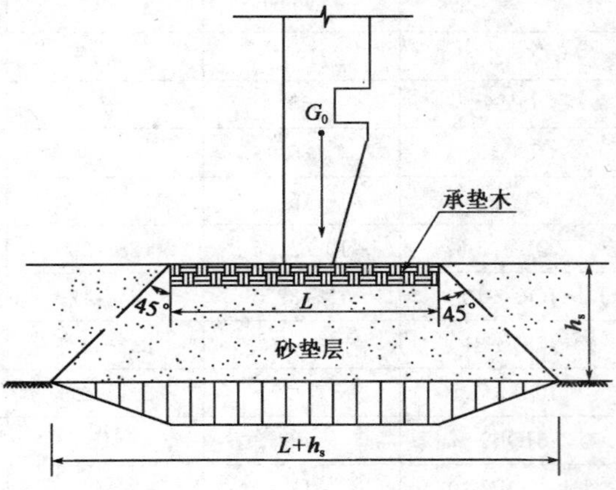

图 47-6

由于式（47-12）和式（47-13）没有考虑到砂垫层本身的自重以及砂垫层中实际的压力扩散

角,所计算出的数据是不精确的。因此,有的资料认为应考虑砂垫层自重和其压力扩散角的因素。如图(47-7)所示,并可按式(47-14)进行核算:

$$p \geqslant \frac{G_0}{2h_s \tan\alpha + L} + \gamma_s h_s \qquad (47-14)$$

式中:γ_s——砂的干重度,无资料时,中砂可取 $16\sim18\mathrm{kN/m^3}$;

  α——砂垫层的压力扩散角(°),不大于45°,一般取 $\tan\alpha = 0.6\sim0.8$,$30°\sim38°$;

  其余符号意义同前。

砂垫层的承载力问题应考虑到新浇筑沉井第一节混凝土时,不允许有压缩沉降,故砂垫层的允许承载力应适当降低,如缺少可靠试验资料时,$p_{砂}$ 可采用 0.1MPa,当沉井接高(即第三节以上各节)时,第一节沉井混凝土已达到设计强度。此时,砂垫层及地基土的承载力,如允许沉井接高后产生较大的沉降,则承载力可适当予以提高,但最大不应超过砂垫层及地基土在临界荷载作用下的承载力。

3. 砂垫层宽度的确定

一般沉井平面尺寸较大,为节约砂料,可沿沉井外井壁和内隔墙及框架底梁下挖成条形基础。因井壁和隔墙与底梁的高程不在同一个水平面上,一般相差50cm。所以砂垫层的底面宽度(即条形基坑底面宽度)可由承垫木两端边缘向下作45°的倾角与地基表面的交点来确定,如图47-8所示,为了抽除承垫木的需要,砂垫层的宽度应不小于井壁内外侧各有一根承垫木的长度,即:

$$B \geqslant C + 2L \qquad (47-15)$$

式中:B——砂垫层底面宽度(m)(沟槽宽度);

  C——刃脚踏面或隔墙、底梁宽度(m);

  L——承垫木长度,一般按铁轨枕木长度计算,即 $L = 2\,500\mathrm{mm}$,如采用混凝土作垫层,则 L 为混凝土垫层宽度,此宽度根据施工要求确定。

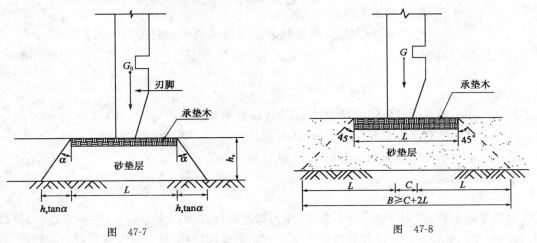

图 47-7   图 47-8

四、有承垫木和无承垫木的施工计算

一般中、小型沉井,完全可以不用承垫木,但为了架立模板等的方便。可在刃脚踏面及隔墙、底梁下面和砂垫层的上面之间浇一层素混凝土板,使刃脚踏面及隔墙、底梁直接支承在素混凝土板上。当沉井井壁较厚,自重很大,而且地基土壤的质量很差,或者施工场地内地基土壤分布很不均匀时,才需要适当考虑铺设承垫木,用以减少沉井对砂垫层表面的压力,使沉井混凝土浇筑后,在未达到一定强度时,不会产生不均匀沉降而使沉井产生倾斜或结构断裂。现将有承垫木和无承垫木的两种施工方法,叙述于下。

1. 有承垫木的施工

当沉井制作高度较大,结构自重也很重,而且土质又较差,或因沉井位置范围内土层分布很不均匀,为了将沉井的自重扩散到砂垫层和地基土壤上时,考虑使用承垫木,以减少沉井对砂垫层和地基土壤单位面积上的压力。同时,还可达到减薄砂垫层厚度的目的。

1)承垫木的计算

承垫木的根数,由第一次下沉前沉井重力及砂垫层的允许承载力而定,当沉井为分节制作一次下沉时,则在沉井第二节以上各节浇筑混凝土时,因沉井结构自重荷载的加大,在允许沉井产生沉降的条件下,砂垫层的承载力可以提高,但不应超过承垫木的木材强度,其计算公式如下:

(1)承垫木的根数

$$n = \frac{G_0}{A_0[\sigma]} \qquad (47\text{-}16)$$

式中:A_0——承垫木与砂垫层的接触面积(m^2);

G_0——沉井第一节的重力(kN);

n——承垫木的根数(根);

$[\sigma]$——砂垫层允许承载力(kPa),一般规定为 $100\sim250$kPa。

(2)承垫木的挤压计算

$$A_1 = \frac{G_1}{R_\text{压}} \qquad (47\text{-}17)$$

式中:A_1——刃脚踏面与承垫木的接触面积(m^2);

G_1——沉井抽除承垫木前的重力(kN);

$R_\text{压}$——木材横纹局部挤压强度,一般取 $R_\text{压}=3\,000$kPa($300t/m^2$ 或 $30kg/cm^2$)。

(3)承垫木的抗剪计算

$$\tau \geqslant \frac{G_1}{2A_2} \qquad (47\text{-}18)$$

式中:τ——木材横截面抗剪强度,临时性结构可提高至 $2\,000$kPa($200t/m^2$ 或 $20kg/cm^2$);

G_1——沉井抽除承垫木前的重力(kN);

A_2——承垫木横截面面积(m^2)。

2)承垫木的铺设

(1)一般要求

铺设承垫木时,应用水准仪测量水平,使刃脚踏面处在同一水平面上,平面布置要对称均匀,每根承垫木的长度中心应与刃脚踏面中心线相重合,以便把第一节沉井的重力能较均匀的传至砂垫层上。承垫木如有高低不平现象时,可将较高的承垫木在砂垫层上来回推动以达到降低其高程。承垫木可以单根或几根编成一组铺设,每组之间至少要留出 $20\sim30$cm 的空隙,便于工具能伸进间隙面中把承垫木抽出来。

(2)定位垫木布置

沉井开始下沉时,为便于抽除刃脚下的承垫木,还应在刃脚下设立一定数量的"定位垫木",定位垫木的布置要使沉井最后有对称的着力点,如图47-9所示。

确定承垫木的定位位置是以沉井在下沉时抽除刃脚下承垫木所产生的正负弯距的绝对值大约相等为原则。即对于圆形沉井的"定位垫木"一般是对称设置在互成90°的四个支点上,若圆形沉井的直径较大,可对称设置八个支点(由多根承垫木组成一组,称为"定位垫木"),如图47-9a)所示;对称矩形沉井的"定位垫木"位置,一般设在两长边,每边两个,当沉井长边 L 与短边 b 之比为 $2 > \frac{L}{b} \geqslant 1.5$ 时,两个定位支点之间的距离为 $0.7L$;当 $\frac{L}{b} \geqslant 2$ 时,则为 $0.6L$,如图47-9b)所示。

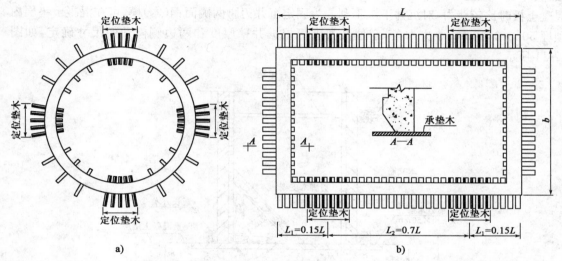

图 47-9　承垫木的平面位置

(3)承垫木的规格和布置

承垫木为长 2.5m,断面为 0.2m×0.2m(或 0.15m×0.15m)的方木制成,常称为枕木(因与铁轨下枕木规格相同)。一般两根或四根排列为一组。两根一组时,组距约为 0.2m;四根为一组时,组距应大于 0.35m。沿刃脚长向,约每米长度用四根承垫木。

(4)隔墙和底梁下的承垫木

除刃脚下设置承垫木外,沉井中的隔墙和底梁下一般可以设置承垫木或排架,也可不设承垫木而筑砂堤,并用草袋装砂包作护坡,如图47-10a)所示。也有用砖砌承重基础,如图47-10b)所示;在抽除刃脚下的承垫木之前,一般应先将隔墙或底梁下的砂堤、草袋、或砖墙拆除掏空,以免隔墙或底梁受力过大而产生裂缝。如果因沉井自重较大,而隔墙或底梁的跨度又较大,沉井下沉需要让其分担一部分沉井重量时,应征得设计单位的同意。

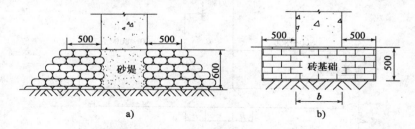

图 47-10　隔墙与底梁上的承垫木(尺寸单位:mm)

2. 无承垫木的施工

对于分节制作一次下沉的沉井,可以采用无承垫木施工,可在刃脚踏面及框架底梁(包括隔墙)下面现浇一层薄的素混凝土板(称混凝土垫层)。混凝土强度等级为 C15～C20,使其直接坐在砂垫层上。这样,既能节约木材,又能加快施工进度,是目前沉井施工中广为使用的一种方法,过去只在中小型沉井中使用,现在一般大型沉井施工也经常采用。

(1)混凝土垫层的作用

混凝土垫层代替了承垫木,扩大了沉井刃脚的支承面积,减轻对砂垫层和地基土的压力,省去刃脚下的底模。做法是在砂垫层上或地基上(小型沉井重量不大)铺设一层素混凝土垫层,其厚度一般为 10～25cm,根据计算确定。混凝土垫层太薄则容易被刃脚压碎,太厚则敲碎混凝土板时比较费力,对沉井下沉不利。为固定沉井刃脚两侧面钢(木)模,可在混凝土垫层内预埋 50mm×50mm 小方木条,定位及长度可根据井壁厚度和两边侧模几何尺寸确定,如图47-11 所示。

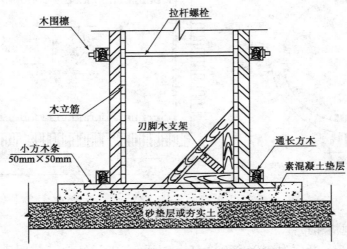

图 47-11　刃脚下素混凝土垫层上支模简图

(2)混凝土垫层厚度计算

混凝土垫层厚度可按式(47-19)进行计算(图 47-12):

$$h = \frac{\dfrac{G_0}{R} - c}{2} \qquad\qquad (47\text{-}19)$$

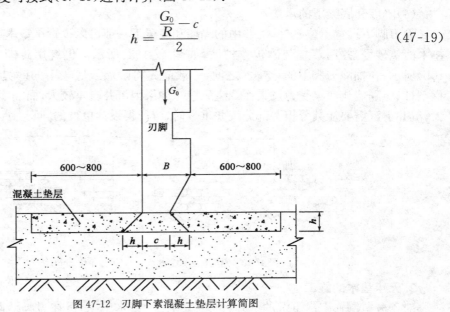

图 47-12　刃脚下素混凝土垫层计算简图

式中:h——混凝土垫层厚度(m);

$\quad G_0$——沉井第一节单位长度重量(kN/m);

$\quad c$——刃脚踏面宽度(m);

$\quad R$——砂垫层允许承载力设计值,一般取 100kPa(10t/m²)。

如计算出混凝土垫层厚度 h 超过 30cm 时,说明沉井第一节自重过大,所需要混凝土垫层的厚度也比较大,在沉井下沉时的敲碎素混凝土垫层带来很大的困难,同时也要影响施工进度,是很不经济的。要解决这一问题,只有减小沉井第一节的高度。

有些小型沉井自重较轻,或沉井第一节制作高度很小,而地基允许承载力较好,要求不低于 100kPa(1.0kg/cm²)(由地质资料查得),此时,沉井刃脚下可以不做砂垫层,而是将地基整平夯实后,直接在地面上浇筑素混凝土垫层,然后制作沉井。但四周应做好地面的排水工作。

【例 47-2】 无承垫木的计算:沉井制作高度为 8m,沉井壁厚 0.8m,分两次浇筑,第一次浇筑高度为 1.5m,第二次浇筑高度为 6.5m,素混凝土厚度为 10cm,如图 47-13 所示。试求地基承载力。

解:地基承载力计算

(1)沉井第一次浇筑的混凝土重为:
$$G_1=(1.5\times0.8-1/2\times0.80\times0.5)\times2.5=2.5(t/m)$$

(2)砂垫层的允许承载力取 1kg/cm²,刃脚踏面宽度 $b=30$cm,混凝土垫层厚度为 10cm,则地基承载力为:
$$R=G_1/(2h+b)=250/(2\times10+30)=50\text{kPa}(0.5\text{kg/cm}^2)<100\text{kPa}(1\text{kg/cm}^2)(安全)$$

【例 47-3】 有承垫木及砂垫层的有关计算:某沉井单宽重 $G_0=124$kN/m,砂垫层应力扩散角 $\alpha=22.5°$,砂垫层平均厚度 h_s 为 1.5m,砂的重度 γ 为 18kN/m³,下卧层地基允许承载力为 $R=70$kPa。如图 47-14 所示。试求砂垫层下承受的压力及承重木根数。

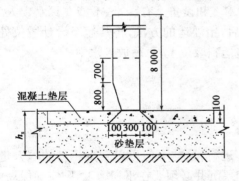

图 47-13 例【47-2】图(尺寸单位:mm)

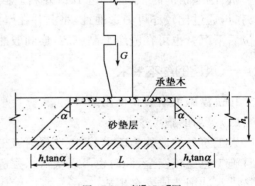

图 47-14 例【47-3】图

解:1. 砂垫层厚度校核

(1)沉井自重在下卧层顶面处产生的压力按下式计算:
$$P_z=\frac{G_0}{L+2\times h_s\tan\alpha}=\frac{124}{2.5+2\times1.5\times\tan22.5°}$$

$$=\frac{124}{2.5+2\times1.5\times0.41}=33.2\text{kPa}$$

(2)砂垫层自重对下卧层顶面产生的压力为:

393

$$P_s = 1.5 \times 1.8 = 27(\text{kPa})$$

则下卧层顶面承受的总压力 $P_{总}$ 为：

$$P_{总} = P_z + P_s = 33.2 + 27 = 60.2(\text{kPa}) < 70(\text{kPa})$$

$$P_{总} < R \quad (\text{安全})$$

2. 承垫木根数的确定

(1)沉井每延米所需承垫木的根数由下式计算：

$$n = \frac{G_0}{A[\sigma]}$$

式中：A——每根承垫木与砂垫层接触面积，按 0.5m^2 计；

$[\sigma]$——砂垫层顶面允许压力，为 10t/m^2。

则：

$$n = G_0/A[\sigma] = 12.4/(0.5 \times 10) = 2.48(\text{根})$$

(2)沉井共需承垫木(沉井刃脚共计 26.6m)：

$$\sum n = 2.48 \times 26.6 = 65.97(\text{根})，采用 66 根$$

第二节　在水中修筑沉井基础

沉井制作除了在陆地上施工外，还有在岸边或江(河)心修建泵房、桥梁墩、台等下部构筑物的沉井。在有水的河流中修建沉井，首先要进行筑岛，以作为沉井制造及下沉的施工场地。

用人工筑岛的办法，适用于河流较浅(8m 以内)流速较小(3.5m/s 以下)的情况；当使用钢板桩、围堰筑岛时，水深可达 18m 左右。假若因技术上和设备上有困难，不能在深水中人工筑岛时，通过比较亦可另选地址，将沉井在岸边制成后，用浮运的方法，将其运至设计墩位处，就位后下沉。也可在驳船上制成后，连同驳船一起拖运到墩位上，再吊放入水中。

一、筑岛的基本要求

1. 筑岛施工季节和使用的材料

(1)筑岛的施工季节

人工筑岛的最佳施工季节，应选择河流枯水季节进行，这样不但可以减少筑岛的填方量，而且施工也比较安全，同时也可以降低工程造价。如果沉井必须要在汛期施工，则应确保岛体不被洪水冲坍造成安全事故。

(2)人工筑岛的材料

筑岛的填料，以砂石、小砾石、砂夹卵石等透水性较好的材料为宜，黏性土淤泥、粉细砂等不可用作填料。除用作岛体护面材料外，筑岛材料不能含有大块石料，以免影响沉井下沉。

在水面以上筑岛填料，应分层夯实(或夯压密实)，每层填料厚度不得超过 30cm，岛面填筑后的允许承载力应达到设计要求，一般不应低于 100kPa，可通过现场测试决定。

2. 筑岛高度

筑岛顶面应高出施工期最高水位加浪高不少于 0.5m。当计算人工筑岛的总高度时，应考虑沉井下沉前的自重以及使用的机械设备、工具和施工人员的活荷载。计算时，也将沉井自重

G 化为作用在筑岛全面积上的均布荷载,加上施工活荷载,换算成土岛的高度,然后再加上土岛的实际高度,即:

$$H = H' + \frac{1}{\gamma}\left(\frac{G}{A} + q\right) \tag{47-20}$$

式中:H——土岛的总高度(m);

$\quad H'$——土岛的实际填筑高度(m);

$\quad A$——筑岛顶面面积(m^2);

$\quad G$——沉井下沉前的自重(kN);

$\quad q$——单位面积上的施工活荷载(kPa)

$\quad \gamma$——土的重度(t/m^3),取 $\gamma = 17kN/m^3$。

3. 岛面的护道宽度

沉井四周,岛面应留有护道,无围堰的土岛,护道最小宽度为 2.0m,如图 47-15a)所示;有围堰的土岛,沉井周边与围堰的最小宽度 b,如图 47-15b)和图 47-15c)所示,并可按式(4-21)计算:

$$b \geqslant H'\tan\left(45° - \frac{\varphi}{2}\right) \tag{47-21}$$

式中:b——护道宽度(m);

$\quad H'$——土岛的实际高度(m);

$\quad \varphi$——水饱和情况下,土壤的内摩擦角(°)。

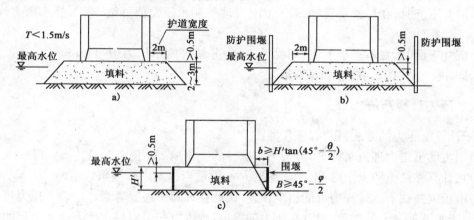

图 47-15　岛面的护道宽度

a)无围堰防护的土岛;b)有围堰防护的土岛;c)围堰筑岛

岛面面积等于沉井平面尺寸加护面面积,在有围堰的岛上尽可能使沉井的重量对围堰壁不产生附加侧压力,否则应考虑其附加侧压力对堰壁的影响。

按式(47-21)计算出 b 的宽度,是按力学条件的要求而算出的,在具体施工放样确定筑岛顶面尺寸时,应考虑沉井施工时,还要堆放必要的材料和工具以及操作人员的工作面,因此,岛面面积应按实际需要予以增大。

4. 其他要求

(1)因筑岛压缩了河道的过水断面,水位提高,流速加快,在作施工方案时,对岛侧边坡应有妥善的防护措施,满足其稳定和抗冲刷的要求。同时还应考虑水位提高后对周围的影响。

(2)岛的临水面边坡应满足稳定的要求,一般采用 1∶2 坡度较为适当。围堰应考虑防止漏土。否则,在制作沉井和下沉过程中,引起岛面沉降变形会危及沉井安全。

二、筑岛的分类与计算

按施工时水深的不同,根据土质、水流和风浪情况,人工筑岛可分为无围堰的土岛和有围堰的筑岛,其筑岛种类很多,可以参阅本书第四十八章第四节,在此不详述。

第三节　沉井在下沉阶段井壁承受的荷载

沉井在下沉阶段,井壁承受的主要荷载为井壁外的水、土压力。现在分别介绍水、土压力分算与合算的计算方法。

一、水压力计算方法

作用在沉井外壁上水压 p_w 一般按静水压力计算,其计算公式如下:

$$p_w = \alpha \gamma_w h_w \qquad\qquad (47\text{-}22)$$

式中:p_w——沉井井壁所承受水平方向的单位面积水压力(kPa);

γ_w——水的重度,取 $10kN/m^3$;

h_w——最高地下水位至计算点的深度(m);

α——折减系数,根据国内外资料及实测数据建议按下列情况考虑。

(1)沉井下沉时,在易透水层(如砂土)中,井墙外侧水压力值可按 100%静水压力计算,即 $\alpha=1$。

(2)沉井下沉时,在不透水土层(如黏性土)中井墙外侧水压力值可按 80%~90%静水压力计算,即 $\alpha=0.8\sim0.9$,在使用阶段,取 $\alpha=1$。

二、土压力计算方法

关于计算土压力的方法目前有好几种:

(1)用主动土压力理论来计算时,按土工试验的数据取 c、φ 值。

(2)在计算黏性土的土压时,不考虑黏聚力 c,而适当提高内摩擦角 φ 值。

(3)由于沉井在下沉过程中可能出现偏差,因此在计算中还要考虑比主动土压力更大的土压力。关于水下部分土的浮重,以及水压力的取值,也因沉井采取排水或不排水下沉的施工方法的不同而不一致。

沉井所承受的水平方向土压力,一般按朗金主动土压力公式来计算,如图 47-16 所示。该公式特点是把土体看作无黏结力或稍具黏结力的松散体,按平面挡土墙主动土压力的方法来计算。

挡土墙上主动土压力的计算方法是英国学者郎金(Rakine. W. J. M)于 1857 年提出的。也是两个著名的古典土压力理论之一。由于其概念明确,方法简便,至今仍被广泛应用。其主动土压力公式为:

对砂土

$$p_E = \gamma_s H \tan^2 \left(45° - \frac{\varphi}{2}\right) \qquad\qquad (47\text{-}23a)$$

对黏土

$$p_{\mathrm{E}} = \gamma_{\mathrm{s}} H \tan^2\left(45° - \frac{\varphi}{2}\right) - 2c\tan\left(45° - \frac{\varphi}{2}\right) \qquad (47\text{-}23\mathrm{b})$$

式中：p_{E}——井壁所承受水平方向的单位面积主动土压力(kPa)；

γ_{s}——土的天然重度(kN/m³)；

H——土压力计算点到天然地面距离(m)；

φ——土的内摩擦角(°)；

c——土的黏聚力(kPa)。

因式(47-23)没有考虑到地下水压力的影响，所以只能用于弱含水层作近似计算。同时还应注意：当沉井为不排水下沉时，水压力应根据井内外水位差决定，而在地下水位以下的土层重度γ，则应该用浮重度来代替。当沉井为排水下沉时，对于砂性土，则宜将水压力与土压力分别计算再叠加，此时土的水下部分应取浮重度，如图 47-16 所示。

由图 47-16 可看出，水、土压力在竖直方向呈三角形分布。随着深度增加而加大。因此，进行沉井结构的平面计算时，可截取单位长度的井壁按水平框进行计算；当进行沉井结构的竖向计算时，则应按三角形荷载进行计算。但必须注意到由于沉井受到各个方向不均匀的压力，甚至局部还会产生被动土压力，其计算值远比主动土压力为大，这一点在进行沉井结构配筋时，应予适当的考虑。

上述朗金公式中虽然没有考虑井壁与土壤之间的摩擦力，是有其缺陷，但由于公式简单，对各类土只要土面水平，不论有无均布荷载均可进行计算。所以目前在沉井设计计算中仍然广泛采用，如墙背土面倾斜时，用朗金公式计算土压力的近似方法，可参阅有关土力学书籍来进行。

三、有地下水时，水与土的总侧压力计算方法（即水、土合算）

如图 47-17 所示，其计算公式如下：

$$p_{\mathrm{W+E}} = \gamma_{\mathrm{s}}(h - h_{\mathrm{w}})K_{\mathrm{a}} + (\gamma_{\mathrm{m}} - \gamma_{\mathrm{w}})h_{\mathrm{w}}K_{\mathrm{a}} + \gamma_{\mathrm{w}}h_{\mathrm{w}} \qquad (47\text{-}24\mathrm{a})$$

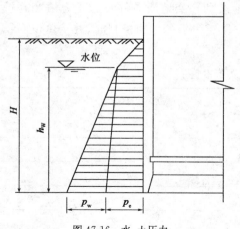

图 47-16 水、土压力

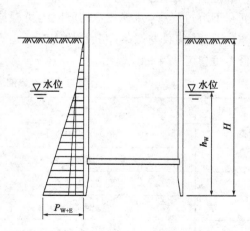

图 47-17 有地下水时的计算方法

式中：γ_{s}——土的天然重度(kN/m³)；

γ_{m}——土的饱和重度(kN/m³)；

γ_{w}——地下水的重度(kN/m³)（取 $\gamma_{\mathrm{w}} = 10\mathrm{kN/m³}$）；

h——土压力计算点至地面的距离(m);

h_w——地下水位至计算点的距离(m);

K_a——主动土压力系数,即 $K_a = \tan^2(45° - \varphi 8/2)$。

沉井在有地下水的土层中下沉,水压力 $\gamma_w h_w$ 根据土壤的透水性与施工方法的不同,一般应按下列情况来计算。

(1)当采用井点在井壁外排水下沉时,可不考虑井壁外侧水压力作用。

(2)采用一般排水下沉时,在砂土中井外侧水压力值按 100% 计算;在黏土中井外侧水压力值可按 70% 计算。

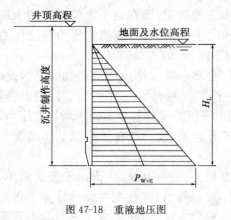

图 47-18　重液地压图

(3)采用不排水下沉时,井外水压力按 100% 计算。考虑施工最不利水位,一般不计井内水压力,也可按施工中可能出现的实际水头差来计算。

除上述在有地下水时,水、土的总侧压力计算方法外,尚可采用"第四十六章、第二节、二、2. 中所述"重液地压公式"来计算(图 47-18),即:

$$P_{W+E} = \gamma_L H_L \qquad (47\text{-}24b)$$

式中:H_L——即计算点至地面(水面)的高度(m);

γ_L——水、土混合溶液的重度,一般 $\gamma_L = 13 \sim 17 \text{kN/m}^3 (1.3 \sim 1.7 \text{t/m}^3)$。

第四节　沉井下沉计算

一、井壁与土壤的摩阻力

1. 单位面积摩阻力选用

沉井下沉过程中,井壁与土的摩阻力可根据工程地质和水文地质条件及施工方法和井壁外形等情况,并参照类似条件沉井的施工经验确定。当缺乏可靠的地质资料时,井壁单位面积的摩阻力可参考表 47-12 选用。

土壤与井壁的单位面积摩阻力标准值 f 　　　　表 47-12

序　号	土 壤 名 称	单位面积摩阻力 f(kPa)
1	流塑状态黏性土	10~15
2	可塑、软型状态黏性土	10~25
3	硬塑状态黏性土	25~50
4	泥浆套	3~5
5	砂性土	12~25
6	砂砾石	15~20
7	卵石	18~30

注:井壁外侧为阶梯式且采用灌砂助沉时,灌砂段的单位摩阻力标准值可取 7~10kPa。

2. 井壁与不同土层的单位面积摩阻力计算

沉井下沉深度内若有几层不同土壤时,摩阻力可按土层厚度的加权平均值取值。即:

$$f = \frac{f_1 h_1 + f_2 h_2 + \cdots + f_n h_n}{h_1 + h_2 + \cdots + h_n} \tag{47-25}$$

式中:
  f——多土层单位面积摩阻力标准值的加权平均值(kPa);
  f_1、f_2、$\cdots$、f_n——各土层单位面积摩阻力标准值(kPa),按表 47-12 选用;
  h_1、h_2、$\cdots$、h_n——各土层厚度(m)。

3. 井壁摩阻力分布图

对井壁高度大于 5m 的沉井,在 5m 深度范围以内,井壁的摩阻力可以假定地面处为零,线性增加至深度 5m 处,深度 5m 以下为常数,则沉井井壁摩阻力分布如图 47-19 所示。

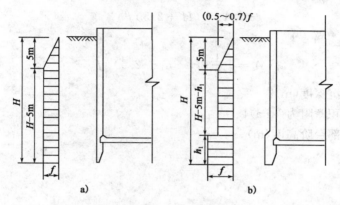

图 47-19 摩阻力沿井壁外侧分布图
a)井壁外侧为直壁式;b)井壁外侧为阶梯式

图 47-19a)主要用于井壁外侧无台阶的沉井,目前采用较多;图 47-19b)主要由于井壁外侧台阶以上的土体与井壁接触并不紧密,可在空隙中灌砂助沉,因此摩阻力有所减少,故目前采用较多。台阶处摩阻力 f 值可取各土层的较大值,也可取式(47-25)的计算值。

还应指出:在淤泥质黏土及亚黏土中,由于土壤的内聚力等因素的作用,当沉井停止下沉的时间越长,f 值就越大,有时可能高达 40kPa(4t/m²)以上;当沉井再开始起步下沉时,f 值又下降到较小数值。但由于淤泥质土的承载力很低,这时沉井就会产生突然下沉,其最大沉降量可达 3~5m,时间只有数十秒就能完成。所以沉井在淤泥质黏土和亚黏土中下沉时,土体必须进行加固处理,否则会造成严重的质量事故。

井壁单位面积摩阻力的大小,除按上述表 47-12 的经验数据采用外,还可按朗金公式计算的井壁外主动土压力的 0.3~0.5 倍进行计算,其计算公式为:

$$f = f_0 E_a \tag{47-26}$$

式中:E_a——沉井外壁所受的全部主动土压力(kN/m);
  f——井壁与土壤之间的单位面积摩阻力(kPa),如表 47-12 所示;
  f_0——假定的沉井井壁与土的静摩擦因数,一般取 0.18~0.25,如表 47-13 所示。

井壁与土壤间摩擦因数 f_0 表　　　　　　　　　　　表 47-13

土壤名称	黏土	亚黏土	砂和砾石	淤泥
f_0	0.18	0.20	0.25	0.08

由于沉井材料和土层土质变化复杂，f_0 尚难以较准确测定，故计算误差较大。因此，式(47-26)供校核时参考使用。

4. 井壁摩阻力计算

沉井下沉时，土壤与井壁的总摩阻力 T_f 值按式(47-27)计算：

$$T_f = UA \tag{47-27}$$

式中：T_f——井壁与土的总摩阻力标准值(kN)；

   U——沉井井壁外围周长(m)；

   A——单位周长的摩阻力(kN/m)，A 值根据井壁摩阻力分布情况分别按式(47-28)计算。

图 47-19a)：

$$A = (H - 2.5)f \tag{47-28a}$$

图 47-19b)：

$$A = \left[\frac{1}{2}(H + h_1 - 2.5)\right]f \tag{47-28b}$$

式中：H——沉井下沉深度(m)；

   f——单位面积摩阻力(kPa)；

   h_1——沉井下部台阶高度(m)。

二、下沉计算

1. 下沉系数

沉井下沉是靠在沉井内不断取(挖)土，由沉井自重克服井壁四周土壤的摩阻力和刃脚踏面下土的正面阻力而实现的。沉井在自重作用下，是否有足够的能量能顺利下沉，在设计时，可按"下沉系数"作为初步的估算。

沉井下沉所受的阻力，包括外井壁土壤的侧面摩阻力和刃脚踏面下土体的正面阻力两种。而井壁单位面积的极限摩阻力和刃脚下下面土体极限阻力的大小，应该用与沉井所在地点相似土壤已有的试验资料来估算；如无上项资料时，可参考以往设计类似沉井的采用值或直接按表 47-12 与 47-13 表中的数据采用，但表格中所列经验数据对沉井下沉深度在 25～30m 以内的较为适用。

为使沉井能平稳下沉至设计高程并便于封底，应根据土层性质、施工方法和下沉深度等因素，选择适当的下沉系数。一般下沉系数可按式(47-29)计算。

$$K_1 = \frac{G_k - F_k}{T_f} \tag{47-29}$$

式中：G_k——沉井自重标准值(kN)；

   F_k——沉井下沉过程中地下水的浮力标准值(kN)，排水下沉时，$F_k = 0$；

   T_f——沉井井壁总摩阻力标准值(kN)，按式(47-27)计算；

   K_1——沉井下沉系数，宜在 1.05～1.25 范围之间选取，位于淤泥质土层中的沉井取小值，位于其他土层中取大值，因为设计时要根据下沉系数来选定井壁厚度。

2. 下沉稳定系数（即有正面阻力时的下沉系数）

当下沉系数过大或在软弱土层中下沉，沉井有可能发生突沉时，除在挖土时采取合理的施工安排外，宜在沉井中加设或利用井内已有的隔墙或底横梁等作为防止发生突沉的措施，并应根据施工情况按式(47-30)进行沉井的下沉稳定验算(由施工单位验算)。

$$K'_2 = \frac{G_k - F_k}{T_f + R_1 + R_2} = 0.8 \sim 0.9 \qquad (47\text{-}30)$$

式中：K'_2——沉井下沉过程中下沉稳定系数，可取 0.8~0.9；

G_k——沉井自重标准值(kN)；

F_k——下沉过程中,地下水的浮力标准值,排水下沉时为零,不排水下沉时取总浮力的 70%(kN)；

R_1——刃脚踏面及斜面下土的支承力(kN),按式(47-31)计算。

$$R_1 = U_0 \left(c + \frac{n}{2} \right) R_d \qquad (47\text{-}31)$$

式中：U_0——沉井外壁轴线周长(m)；

c——刃脚踏面宽度(m)；

n——刃脚斜面与井内土壤接触面的水平投影宽度(m)；

R_2——隔墙和底梁下土的支承支承力(kN),按式(47-32)计算。

$$R_2 = A_1 R_d \qquad (47\text{-}32)$$

式中：A_1——隔墙和底梁的总支承面积(m^2)；

R_d——地基土的极限承载力(kPa),可按表 47-14 所建议的数据参考选用,也可用相关公式进行计算求得。

(1)由于受施工方法和地基土挠动程度以及沉井埋入土中深浅等因素的影响,所以 R_d 值不易确定。因此,应根据当地实际经验慎重选用。地基土的极限承载力 R_d 值如表 47-14 所示。

地基土的极限承载力 R_d 表 47-14

土 的 种 类	极限承载力 R_d(kPa)	土 的 种 类	极限承载力 R_d(kPa)
淤泥	100~200	软可塑状态黏性土	200~400
淤泥质黏土	200~300	坚硬、硬塑状态黏性土	300~500
细砂	200~400	中砂	300~500
软可塑状态亚黏土	200~300	粗砂	400~600
坚硬、硬塑状态亚黏土	300~400		

(2)当考虑利用隔墙或底横梁作为防止沉井下沉过程中产生突沉的措施时,设计时隔墙和横梁底面高程应高出井壁刃脚踏面高程 500~1 000mm。

(3)地基土的反力,可采用略大于各处地基极限承载力标准值的值。对于淤泥质黏土通常可取 200kPa。

(4)当沉井下沉深度范围内有地下水时,对下列情况的沉井设计时,可酌情考虑按不排水施工或部分不排水施工来进行设计。例如：

①在沉井下沉深度范围内的土层中,存在粉土或砂土层,排水下沉有可能造成流沙。

②在沉井附近,存在已有建(构)筑物,降水施工可能增加其沉降或倾斜而难以采取其他有效措施。

③在沉井下沉深度范围内的土层中存在承压水隔水层,沉井下沉后,有可能破坏隔水层而导致承压水涌入井内,应根据承压水水头压力大小,可采取深层降水措施或不排水施工下沉方案。

【例 47-4】 某矩形沉井长 20m,宽 18m,高 13m,井壁厚度 0.8m。框架上、中、下横梁尺寸均为长 16.4m,宽 0.5m,高 0.7m(框架下横梁实际高度为 0.9m,为计算方便均以 0.7m 高计算),共计6根横梁,隔墙18.4m,厚度0.4m,高度12.7m,刃脚踏面宽度为0.4m(隔墙框架底梁底面宽均为0.4m)。在淤泥质黏土中采取排水下沉干封底,试计算沉井下沉到设计高程处的"下沉系数"和"下沉稳定系数",如图47-20所示。

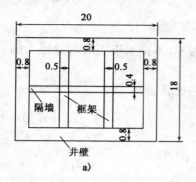 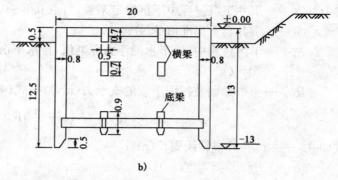

图 47-20 沉井下沉结构示意图(单位:m)

a)沉井平面示意图;b)沉井剖面示意图

解:1. 下沉系数的计算

(1)沉井自重

$$G = 16\ 562\text{kN} + 861\text{kN} + 2\ 336.8\text{kN} = 19\ 760(\text{kN})$$

①沉井井壁(外墙)重力为:

$$(20 + 16.4) \times 2 \times 0.7 \times 13 \times 2.5 = 16\ 562(\text{kN})$$

②框架(三根)上、中、下横梁重力为:

$$16.4 \times 0.5 \times 0.7 \times 6 \times 25 = 861(\text{kN})$$

③隔墙一道其重力为:

$$18.4 \times 0.4 \times 12.7 \times 25 = 2\ 336.8(\text{kN})$$

(2)沉井外墙侧面总摩擦力 $f_{总}$

$f_{总} = (20 + 16.4) \times 2 \times (12.5 - 2.5) \times 15 = 10\ 920(\text{kN})$,查表47-13,取 $f = 15\text{kPa}$。

(3)刃脚踏面正面阻力 $R_{刃}$

$R_{刃} = (19.6 + 17.6) \times 2 \times 0.4 \times 250 = 7\ 440(\text{kN})$,查表47-15,取 $R_d = 250\text{kPa}$。

(4)沉井下沉系数 K_0

$$K_0 = \frac{G}{f_{总} + R_{刃}} = \frac{19\ 760}{10\ 920 + 7\ 440} = \frac{19\ 760}{18\ 360} = 1.08 < 1.25(\text{可以})$$

2. 沉井下沉稳定系数计算

(1)沉井自重

$$G = 19\ 760(\text{kN})$$

(2)总的反力

①沉井外壁总摩擦力:

$$f_{总} = 10\ 920(\text{kN})$$

②沉井刃脚踏面正面反力:

$$R_{刃} = 7\ 440(\text{kN})$$

③框架底底面正面反力:

$$R_{框} = 16.4 \times 2 \times 0.4 \times 250 = 3\ 280(\text{kN})$$

④隔墙底面反力:

402

$$R_隔 = 18.4 \times 0.4 \times 250 = 1\,840\,(\text{kN})$$

$$总反力 = f_总 + R_刃 + R_框 + R_隔 = 10\,920 + 7\,440 + 3\,280 + 1\,840 = 23\,480\,(\text{kN})$$

（3）下沉稳定系数 K'_0。

$$K'_0 = \frac{19\,760}{23\,480} = 0.84 < 0.9\,(可以)$$

下沉系数等于 1.08，说明该沉井的设计是比较经济的。万一在下沉过程中发生困难沉不下去时，可采用施工上的一些措施，如在沉井上面加压重，或者控制多挖土，以及在井外壁冲水减阻等来助沉。

实际上沉井的下沉系数 K_0 在整个下沉过程中均不会是常数，有时可能大于 1.0，有时会小于 1.0，有时可能接近于 1.0。但开始下沉时 K_0 必大于 1.0，在沉到设计高程时，K_0 应接近于 1.0，一般保持 $K_0 = 1.05 \sim 1.25$。

对分节浇筑分节下沉的沉井，应在上节沉井混凝土浇筑完毕且尚未开始下沉时，这时应保持 $K_0 < 1.0$，以增加一定安全度。

三、沉井接高时刃脚、底梁、隔墙下地基土的极限承载力简易计算法

沉井刃脚、底梁、隔墙下地基土的正面反力，可参照已有工程的经验选用或按式（47-33）计算。

取

$$R_1 R_2 R_3 = F R_极 \tag{47-33}$$

式中：　　F——刃脚、底梁或隔墙下的支承面积（m^2）；

$R_极$——沉井底部地基土的极限承载力（kPa）；

R_1、R_2、R_3——刃脚、底梁、隔墙下地基土的正面反力（kN）。

但 $R_极$ 的计算公式很多，可参阅本书第三十四章中有关公式计算求得，当缺少计算资料时，也可按下列简易公式进行计算，即：

$$R_极 = A\gamma_E b + Bq + Dc\,(\text{t/m}^2) \tag{47-34}$$

$$q = \gamma_0 h\,(\text{kPa}) \tag{47-35}$$

式中：A、B、D——取决于内摩擦角的系数，可由不同公式计算求得，也可参照表 47-15 选用；

γ_E——沉井底部土的重度，当不排水下沉时，取土的浮重度（kN/m^3）；

b——沉井底部支承面宽度，可取 $b = 1.0\text{m}$；

q——超荷载，按式（47-35）计算；

γ_0——井内回填砂或土的重度，水下应取浮重度（kN/m^3）；

h——沉井内回填土砂塞高度（m）；

c——沉井底部土的黏聚力（kPa）。

A、B、D 系数表　　　　　　　　　　　　　　　　　　　　　　表 47-15

系数 ＼ $\varphi(°)$	12	14	16	18	20	22	24	26	28	30	32	34	36	38	40
A	1.1	1.4	1.7	2.3	3.0	3.8	4.9	6.8	8.0	10.8	14.3	19.8	26.2	37.4	50.1
B	3.0	3.6	4.4	5.3	6.5	8.0	9.8	12.3	15.0	19.3	24.7	32.6	41.5	54.8	72.0
D	9.3	10.4	11.7	13.2	15.1	17.2	19.5	23.2	25.3	31.5	38.5	47.0	55.7	70.8	84.7

四、分节制作分节下沉的沉井接高时的地基稳定措施

当第一节沉井制作好下沉到一定深度后,随即停止下沉,进行沉井的接高直到设计高度(有时也可分为多节制作多次下沉或多次制作一次下沉)后,再进行第二次下沉到位,如图47-21所示。

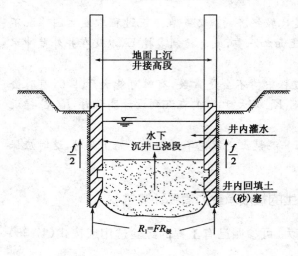

图 47-21　沉井接高时地基的措施
R_1-刃脚踏面下土的正面反力

在沉井下沉期间,$K_1 > 1$;当沉井接高井壁时,K_2 必须小于1,以便防止在接高井壁时发生突然下沉。当第一节沉井下沉到接近基坑底平面后,沉井井壁需要接高。如前所述,若此时的 K_2 小于1,便认为地基是稳定的。如达不到 $K_2 < 1$ 的要求,此时,常采取在井内填土和灌水等临时措施,来保证沉井接高时地基的稳定。如图47-21所示。

当采用式(47-34)来计算刃脚下地基土的极限承载力时,应根据地基土内摩擦角 φ 的大小,按表47-15取值,或根据井内所填材料的内摩擦角 φ 的大小取值。例如:当井内只灌水而无土塞时,沉井结构自重应减去水对沉井的浮力,当井内既有土塞又有回灌水时,则土塞和水的作用应分别计算。此时,

$q = \gamma_0 h$,γ_0 应取砂和土的浮重度。但由于 h 值增大,由式(47-34)可见,采用井内填砂或填土时,可加大公式中第二项的数值,使 $R_{极}$ 数值提高,也就是提高了沉井刃脚(R_1)、底梁(R_2)、隔墙(R_3)下的正面反力,从而使沉井的下沉系数 K_2 得到了降低和控制。当采用此方法作为沉井接高井壁时稳定沉井的临时性措施,防止沉井突沉,具有良好的效果。

第五节　抗　浮　验　算

根据上海市《地基基础设计规范》(DGJ 08-11—2010)第12.4.7条规定,沉井的抗浮稳定性应按下沉封底和使用两个阶段,分别根据实际可能出现的最高水位来进行验算。在不计井壁摩阻力的情况下,抗浮稳定系数根据其平面尺寸的大小,可取 1.0~1.05。即沉井平面尺寸较小时,可取为1.0;平面尺寸较大时,可取为1.05。当计入摩阻力时,沉井的抗浮稳定系数应取1.15。

一、沉井施工阶段(下沉封底)的抗浮验算

在有地下水的地区,当沉井下沉到设计高程,并浇筑封底混凝土和钢筋混凝土底板时,应根据实际可能出现的最高地下水位进行抗浮稳定验算。在不计井壁侧面摩阻力时其抗浮稳定系数 K_f 为:

$$K_f = \frac{G}{F_w} \geqslant 1.05 \qquad (47\text{-}36)$$

式中:K_f——抗浮安全系数;取 1.0~1.05,当计入沉井侧壁摩阻力时,K_f 可取1.15;

　　　G——相应阶段沉井的总重量(包括井壁、框架上下横梁、底板等)(kN);

　　　F_w——地下水的浮力标准值(按施工阶段的最高水位计算)(kN)。

一般沉井是依自重获得抗浮稳定的。当井体自重不能抵抗浮力时,除增加沉井自重外,包括各种井点降水措施。尚可采取临时降低地下水位和配重加压等方法,防止沉井上浮。

为解决施工期间的沉井上浮问题,除加快沉井内部结构和上部结构的施工进度外,还应采取临时泄水等措施,也是必要的,如图 47-22 所示。

在图 47-22 所示沉井中,因浮力大于沉井自重,所以考虑在沉井底板以下设置反滤层。反滤层由砾石砂组成,并在底板下设置数个集水井,拟用水泵抽取地下水,一直到沉井内部和上部结构全部施工完成。经抗浮稳定计算达到要求后,再将集水井用高强混凝土封堵,不得有渗漏。

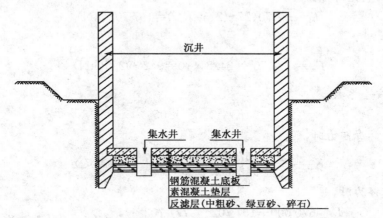

图 47-22　沉井封顶时临时泄水结构示意图

二、沉井使用阶段抗浮、抗滑及抗倾稳定验算

当沉井下沉到位封底后,随即将沉井内部和上部未完成的结构及时抓紧施工完毕,验收合格即可交付使用。此时沉井就进入使用阶段。按设计规范规定,沉井构筑物除满足施工阶段抗浮要求外,尚应满足使用阶段的抗浮、抗滑及抗倾稳定性的要求。这些验算应由设计单位解决,与施工计算无关。如要了解这方面的内容,可参见本书参考文献[24]。

【**例 47-5**】　某圆形沉井,直径 $D=70\text{m}$,底板浇筑后,沉井的自重 $G=670\,000\text{kN}$。在黏性土中下沉,按表 47-12 查得井壁与土壤之间单位面积的摩擦力为 20kN/m^2,沉井入土深度 $h_0=27\text{m}$,沉井下沉到设计高程后,即进行封底,封底时的地下水静水头 $H=24.5\text{m}$。如图 47-23 所示,试计算沉井的抗浮安全系数。

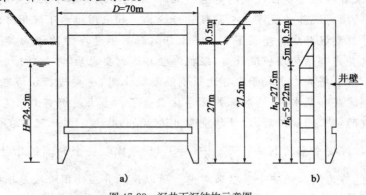

图 47-23　沉井下沉结构示意图

解:根据摩阻力沿井壁外侧分布图,如图 47-23b)所示,可按式(47-27)计算土壤与井壁的总摩擦力 T_f 值。

(1)井壁的总摩擦力标准值

$$T_f = UA = U(h_0 - 2.5)f$$

式中:$U = \pi D = 3.14 \times 70 = 219.8m$;

　　$h_0 = 27m$;

　　　$f = 20kPa$(查表 47-12)。

代入上式,可得总摩擦力为:

$$T_f = \pi \times 70(27 - 2.5) \times 20 = 107\ 702(kN)$$

浮力为:

$$F_w = \frac{\pi}{4} \times 70^2 \times 24.5 \times 10 = 942\ 392.5(kN)$$

(2)求抗浮安全系数

$$K_f = 1.0 \sim 1.05$$

如不计井壁的摩阻力时,则:

$$K_{f1} = \frac{G}{F_w} = \frac{670\ 000}{942\ 392.5} = 0.7 < 1.0(不满足)$$

如计井壁摩擦力时,则:

$$K_{f2} = \frac{G + T_f}{F_w} = \frac{670\ 000 + 107\ 702}{942\ 392.5} = \frac{777\ 702}{942\ 392.5} = 0.83 < 1.05(不满足)$$

由于未能满足抗浮安全系数,故应采取下列措施:

①下沉前,经过计算可在施工阶段采用降低地下水位的措施,将地下水位降低 10m,再计算 K_f 值是否满足。

②或在施工阶段在底板下设置倒滤层和集水井,抽除地下水,以消除地下水的浮托力。

如将地下水位降低 10m,此时沉井下的浮力为:

$$F_w = \frac{\pi}{4} \times 70^2 \times (24.5 - 10) \times 10 = 557\ 743(kN)$$

则:

$$K_f = \frac{670\ 000}{557\ 343} = 1.20 > 1.05(安全)$$

由此可见,沉井在地下水位较高的地区下沉时(不论采取排水下沉或不排水下沉),即使沉井已经封底,还必须对沉井的抗浮安全系数进行验算。如采用排水下沉用井点外点降水,一般都将地下水位降低到沉井底板垫层下 0.50～1.0m,沉井不受浮力的影响,可进行干封底。但井点必须等到沉井内部结构顶板浇筑后,经抗浮验算达到要求后,才能拆除。如果是不排水下沉,即使在水下封底,将井内水抽干准备浇筑钢筋混凝土时,也要进行抗浮验算。一般沉井在干封底时还做倒滤层和集水井,这对沉井抗浮就安全了。当上述沉井封底后,随即进行平台、顶板和上部建筑的施工。竣工后,估计总重量可达 990 000kN。因此沉井在使用阶段(不计井壁的摩阻力)的抗浮安全系数 $K_f = \frac{990\ 000}{942\ 392.5} = 1.05$ 是比较安全的。但此时沉井外壁的摩阻力并未计入,只能作为附加的安全系数来考虑。所以说沉井在使用阶段是很安全的,根本不会上浮。当沉井上部结构和设备安装完毕后,沉井可能还会产生微量的沉降(3～5cm),但不影响使用。随着时间的推移,沉井就逐趋稳定,这在上海地区建造沉井时,常按刃脚底面的设计高程再要抛高3~5cm。

第六节　定位垫木和承垫木拆除后井壁强度的验算

沉井制作达到下沉强度后,拆除刃脚垫架,抽除承垫木,沉井最后仅支承载最后抽取的少量垫木(称为"定位垫木")上,在下沉前应验算井壁的竖向强度能否满足要求,以防出现裂缝或裂断。验算时,将沉井按最不利状态考虑,将沉井支承于4个固定承垫上的梁,支承点应尽可能控制在最有利得位置,使支点和跨点所产生的弯矩相等。

一、矩形沉井

采取4点支承,如图47-24a)所示;其计算公式如下:

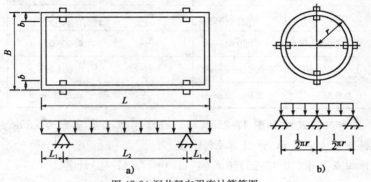

图47-24 沉井竖向强度计算简图
a)矩形沉井四点支承;b)圆形沉井四点支承

$$M_A = M_B = -\frac{ql_1^2}{2} - q\left(\frac{B}{2} - b\right)\left(l_1 - \frac{b}{2}\right) \quad (47\text{-}37)$$

$$M_{中} = \frac{ql_1^2}{8} - M_{支} \quad (47\text{-}38)$$

$$Q_1 = ql_1 + q\left(\frac{B}{2} - b\right) \quad (47\text{-}39)$$

$$Q_2 = \frac{1}{2}ql_2 \quad (47\text{-}40)$$

式中:M_A、M_B——支座弯矩(kN·m);

　　$M_{中}$——跨中弯矩(kN·m);

　　Q_1——支座外侧的剪力(kN);

　　Q_2——支座内侧的剪力(kN);

　　l_1——长边支座外的悬臂长度,一般取$(0.1~0.15)L$(m);

　　l_2——长边两支座间的距离,一般取$(0.7~0.8)L$(m);

　　l——沉井长边的长度(m),见图47-24;

　　B——沉井短边的长度(m);

　　q——井墙的单位长度重量(kN/m²);

　　b——井墙厚度(m)。

由以上公式亦可推及其他平面形状,当矩形沉井长与宽之比接近相等时,可考虑在两个方向都设支承点。

按以上公式计算出 $M_支$、$M_中$、V_1、V_2 后,可按一般钢筋混凝土结构计算公式验算井壁的强度是否满足要求(略)。

二、圆形沉井

当沉井直径较小时,多用 4 点支承验算,如图 47-24b)所示,如沉井直径较大,可用 $6\sim12$ 个点对称支承,以减少内力。计算沉井竖向强度度时,可当作支承于 $4\sim12$ 个支点上的连续水平圆弧梁,其在垂直均布荷载作用下的弯矩、剪力和扭矩值可查表 47-16 求得。

水平圆弧梁内力计算表 表 47-16

圆弧梁支点数	弯 矩		最大剪力	最大扭矩	支柱轴线与最大扭矩截面间的中心角
	在两支点间的跨中	在支座上			
4	$0.035\,24\pi qr^2$	$-0.068\,31\pi qr^2$	$\dfrac{\pi qr}{4}$	$0.010\,55\pi qr^2$	19°21′
6	$0.015\,02\pi qr^2$	$-0.029\,64\pi qr^2$	$\dfrac{\pi qr}{6}$	$0.003\,02\pi qr^2$	12°44′
8	$0.008\,33\pi qr^2$	$-0.016\,53\pi qr^2$	$\dfrac{\pi qr}{8}$	$0.001\,26\pi qr^2$	9°33′
12	$0.003\,66\pi qr^2$	$-0.007\,31\pi qr^2$	$\dfrac{\pi qr}{12}$	$0.003\,7\pi qr^2$	6°21′

【例 47-6】 矩形沉井尺寸如图 47-25 所示。井墙单位长度重力为 160kN/m,拆除刃脚垫架承垫木后,分别采取 4 点支承,试计算 M、V 值。

解:矩形沉井四点支承(图 47-25)按式(47-37)~式(47-40)计算。

$$M_支 = -\frac{160 \times 6^2}{2} - 160(8/2 - 0.8)(6 - 0.8/2) = 5\,747.2\,(\mathrm{kN \cdot m})$$

$$M_中 = \frac{1}{8} \times 160 \times 28^2 - 5\,747.2 = 9\,932.8\,(\mathrm{kN \cdot m})$$

$$V_1 = 160 \times 6 + 160(8/2 - 0.8) = 1\,472\,(\mathrm{kN})$$

$$V_2 = \frac{1}{2} \times 160 \times 28 = 2\,240\,(\mathrm{kN})$$

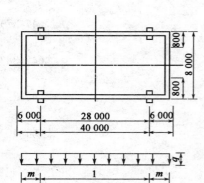

图 47-25 矩形沉井的尺寸、荷载

【例 47-7】 两圆形沉井尺寸如图 47-26 所示,井墙单位长度重量分别为 160kN/m 及 240kN/m,拆除刃脚垫架承垫木后,分别采取 4 点及 8 点支承,试计算 M、V 及 $M_扭$ 值。

解:采取 4 点支承时,其计算图如图 47-26a)所示,查表 47-16:

$$M_支 = -0.068\,31\pi qr^2 = -0.068\,31 \times 3.141\,6 \times 160 \times 14^2 = -6\,730\,(\mathrm{kN \cdot m})$$

$$M_中 = 0.035\,24\pi qr^2 = 0.035\,24 \times 3.141\,6 \times 160 \times 14^2 = 3\,472\,(\mathrm{kN \cdot m})$$

$$V_{\max} = \frac{r\pi q}{4} = \frac{14 \times 3.141\,6 \times 160}{4} = 1\,759\,(\mathrm{kN})$$

$$M_扭 = 0.010\,55\pi qr^2 = 0.010\,55 \times 3.141\,6 \times 160 \times 14^2 = 1\,039\,(\mathrm{kN \cdot m})$$

采取 8 点支承时,其计算图如图 47-26b)所示,查表 47-16:

$$M_支 = -0.016\,53\pi qr^2 = -0.016\,53 \times 3.141\,6 \times 240 \times 28^2 = -9\,771\,(\mathrm{kN \cdot m})$$

$$M_{\text{中}} = 0.008\,33\pi q r^2 = 0.008\,33 \times 3.141\,6 \times 240 \times 28^2 = 4\,924(\text{kN} \cdot \text{m})$$

$$V_{\max} = \frac{r\pi q}{8} = \frac{14 \times 3.141\,6 \times 240}{8} = 2\,639(\text{kN})$$

$$M_{\text{扭}} = 0.001\,26\pi q r^2 = 0.001\,26 \times 3.141\,6 \times 240 \times 28^2 = 745(\text{kN} \cdot \text{m})$$

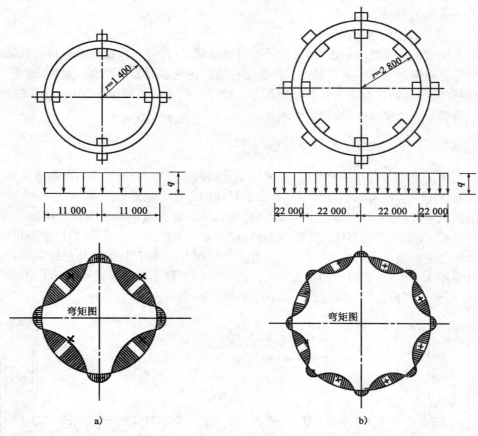

图 47-26　井壁竖向强度计算图

第七节　沉井素混凝土封底计算

沉井下沉到位随即就要进行混凝土的封底,但封底有两种方法:

一、沉井干封底的计算

沉井下沉到设计高程后,保持井内无水(不排水下沉除外),或者虽然有水,但采取了排水和降低地下水位的措施后,并能保证混凝土封底和养护期间无积水和无流沙现象产生,沉井就可采用干封底的办法施工。但必须注意,如刃脚处在这层不透水的黏土层中,如果厚度不足(地质资料),就有可能被底层含水砂层中的地下水压力所"顶破",产生沉井施工中的严重事故。因此,必须满足下列计算条件[图 47-27a)]:

$$F\gamma'H + cUH > F\gamma_{\text{w}} H_{\text{w}} \tag{47-41}$$

式中:F——沉井的底部面积(m^2);

409

γ'——土的浮重度（kN/m^3）；

H——刃脚下面不透水黏土层厚度（m）；

c——黏土的黏聚力（kN/m^2）；

U——沉井刃脚踏面内壁周长（m）；

γ_w——水的重度（kN/m^3）；

H_w——透水砂层的水头高度（m）。

如果在浇筑钢筋混凝土底板之前，即停止排水或降水（井点）时，则必须对封底混凝土的强度进行计算。确定素混凝土适当厚度。根据以往经验封底素混凝土厚度一般为 0.20～0.40m 不等，但只要能保证钢筋混凝土底板能顺利施工即可。但在素混凝土垫层内根据沉井平面分仓的大小设置若干个集水井，抽除地下水抗浮。

二、沉井水下封底混凝土的厚度计算

只有当水文地质条件极为不利时，才采用水下混凝土封底，一般又称为湿封底。如位于江中、河边的沉井工程，常采取不排水下沉和水下封底的方法。以及地下水位很高，地层土质极不稳定的地段建造沉井时，为防止产生流沙、涌泥、突沉、超沉或不能采取降水措施的地段，只能采用不排水下沉。有时，即使沉井下沉到位，停在不透水黏土层中，但因为厚度不足，可能被底层含水砂层中的地下水的压力"顶破"，以致会产生沉井在施工中非常严重的后果，因此，也需要采取不排水下沉，水下封底的施工方法。关于刃脚下黏土层厚度是否能满足不会"顶破"的要求，应根据下列两式来判断[图 47-27b)、图 47-27c)]：

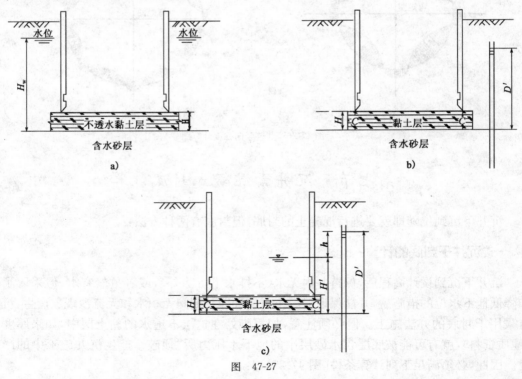

图 47-27

当 $A\gamma'H + cUH > A\gamma_w D'$ 时，黏土层厚度 H 足够，不会发生"顶破"；当 $A\gamma'H + cUH < A\gamma_w D'$ 时，则黏土层厚度 H 不够，将会发生"顶破"。此时井孔中灌水高度 H' 必须满足下列条

件[图 47-27 c)]：

$$A\gamma'H + A\gamma_w H' + cUH > A\gamma_w D' \tag{47-42}$$

式中：A——沉井壁内底面积(m^2)；

γ——土重度(kN/m^3)；

γ_w——水的重度(kN/m^3)；

γ'——土的浮重度(kN/m^3)，即 $\gamma' = \gamma - \gamma_w$；

H——刃脚下面不透水黏土层厚度(m)；

H'——井孔中灌水水面到黏土层底面的高度(m)；

c——黏土的黏聚力(kPa)；

U——沉井壁内底面周长(m)；

D'——透水砂层水头高度(m)。

换言之，井内外的水位差，决不能超过式(47-43)。

$$h_{max} = \frac{\gamma'}{\gamma_w} + \frac{cU}{A\gamma_w} \tag{47-43}$$

(1)沉井水下封底混凝土厚度，应根据强度和抗浮两个条件来决定，其要求为：

①水下封底素混凝土厚度，应按施工中最不利的情况来考虑。当沉井封底后，将井内水抽干，在钢筋混凝土底板尚未施工之前，封底素混凝土底板将会受到可能产生的最大水压力的作用，其向上荷载值即为地下水位高度(浮力)减去封底混凝土重量。封底混凝土作为一块素混凝土板除验算其承受水浮力产生的弯曲应力之外。还应验算沿刃脚斜面高度截面上产生的剪力，如图 47-28 所示。

②封完底，抽干水后，底面在最大水浮力作用下，沉井是否会上浮，要用抗浮系数来衡量沉井的稳定性，并进行最小厚度的计算，同时保证有足够的抗浮安全系数。

③由于水下封底混凝土不便直接观察且又是水下混凝土作业。故混凝土质量一般比普通混凝土差。所以最好不出现拉应力，因为地基反力是通过封底混凝土沿刃脚高度竖直方向成45°的方向线传至井壁及隔墙和底梁上去的。若两条45°方向线在封底混凝土内或底面相交，如图 47-29 所示，则封底混凝土内应不会出现拉应力；若两条45°方向线在封底混凝土底板面以下不相交，如图 47-30 所示，则相应按简支支承的双向板、单向板或圆板来进行计算，板的计算跨度 l，即为图 47-30 中的 A、B 两点之间的距离。

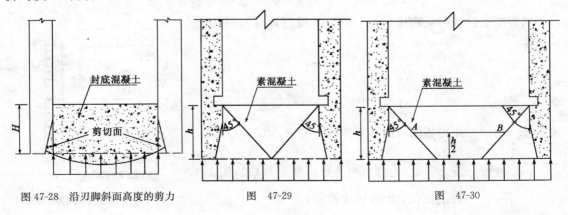

图 47-28 沿刃脚斜面高度的剪力　　　图　47-29　　　　　图　47-30

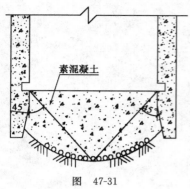

图 47-31

当沉井刃脚较短时,则应尽量的挖深锅底的中央部分,如图 47-31 所示,使其成为倒拱。

综上所述,由于沉井在水下封底,养护好后,就要将井内的水抽干,进行底板的钢筋绑扎和混凝土的浇筑工作。所以水下混凝土封底厚度 h 应根据强度和抗浮两个条件来确定,按以往经验,一般为 $1.6 \sim 2.5 m$。

(2)水下混凝土封底的计算方法

①封底混凝土弯矩计算

沉井封底后,将井内水抽干,有渗漏的地方还要进行修堵,在钢筋混凝土底板未施工之前,封底混凝土将要受到底部传来的最大水压力,其向上作用的荷载值即为地下水头高度减去封底混凝土的重量。所以封底混凝土的厚度,应根据封底混凝土强度条件来决定。

封底混凝土是作为一块素混凝土板,要承受地下水压力作用而产生弯矩和剪力,所以作用在素混凝土板上的向上均布荷载,按式(47-44)计算。

$$q = \gamma_w h_w - q_1 \tag{47-44}$$

式中:q——向上的均布荷载(kPa)(静水压力形成的荷载);

q_1——单位面积上素混凝土板的重量(kPa);

γ_w——水的重度,取 $10 kN/m^3$;

h_w——最高水位距素混凝土板的距离(m)。

计算弯矩时,假定刃脚斜面与封底素混凝土板连接均按简支来进行计算。

a. 按周边简支支承的圆形板,承受均布荷载时,板中心的弯矩 M 值可按式(47-45)计算:

$$M_{max} = \frac{qr^2}{16}(3+u) = \frac{qr^2}{16}\left(3+\frac{1}{6}\right) = 0.198qr^2 \tag{47-45}$$

式中:q——静水压力形成的荷载(kPa);

r——圆形板的计算半径(m),一般取至刃脚斜面水平投影的中点;

u——混凝土的横向变形系数(即泊桑比),一般等于 $\frac{1}{6} \sim \frac{1}{5}$。

b. 矩形板周边简支时,当两边长之比 $\frac{L_2}{L_1} > 2$ 时,按单向简支梁式板计算;当两个边长之比 $\frac{L_2}{L_1} \leq 2$ 时,按四边简支的双向板来计算,如图 47-32 所示。

四边简支的双向板跨中弯矩(按每 m 板宽计算),可由下式计算:

$$M_1 = \frac{qL_1^2}{\varphi_{11}} \tag{47-46}$$

$$M_2 = \frac{qL_2^2}{\varphi_{12}} \tag{47-47}$$

式中:L_1、L_2——矩形板两边的计算跨度(m)(L_1、L_2 即为 L_x、L_y);

φ_{11}、φ_{12}——应力系数(也称弯矩系数或修正系数),按 $\lambda = \frac{L_2}{L_1}$ 的比值,由表 46-4 查得;

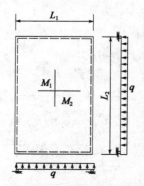

图 47-32 四边简支的双向板计算简图

q——计算荷载(kN/m),按每米板宽计算。

c.对于多孔或带有分格框架、底梁的沉井,下沉到位后封底都是一格一格单独进行封底的。所以可按单孔简支板来计算内力。如果分格底梁后浇或者强度不足,此时,底梁只能作为竖向荷载用来计算封底素混凝土板的内力。

②封底混凝土厚度计算

a.封底混凝土厚度按无筋混凝土受弯构件来计算。封底混凝土板可视为支承在凹槽或底横梁、隔墙底面和刃脚斜面上且周边简支的双向板(矩形沉井)或圆板(圆形沉井)来计算:

按前述计算方法求出 M 值后,即可按下列两式计算出封底混凝土厚度 h。

(a)按以往方法计算其厚度 h_s 为:

$$h_s = \sqrt{\frac{3.5kM}{f_t b}} + d \tag{47-48a}$$

或

$$h = \sqrt{\frac{9.725M}{f_t b}} + d \tag{47-48b}$$

式中:k——混凝土结构构件强度安全系数,按抗拉强度计算的受弯、受压构件 $k=2.65$;

　　M——封底混凝土板中心每米单元承担的最大弯矩设计值(N·mm);

　　b——板宽,取 $b=1\,000$mm;

　　f_t——混凝土设计抗拉强度(MPa);

　　d——考虑沉井底部挖成锅底形,封底混凝土可能与井底泥土渗混,因此应增加其安全厚度 d,可按沉井下沉深度和沉井的直径大小不同而定,一般取 $300\sim500$mm。

(b)按《给水排水工程钢筋混凝土沉井结构设计规程》(CECS 137—2002)(以下简称《规程》)第 6.1.13 条规定,沉井水下封底厚度应按式(47-49)计算:

$$h_t = \sqrt{\frac{5.72M}{bf_t}} + h_u \tag{47-49}$$

式中:h_t——封底素混凝土厚度(mm),一般最小厚度为 900mm;

　　M——每米宽度内最大弯矩的设计值(N·mm);

　　b——计算宽度(mm),取 $b=1\,000$mm;

　　f_t——混凝土轴心抗拉强度设计值(MPa);

　　h_u——附加厚度(mm),取 $h_u=300$mm。

根据以上两式计算结果,$h_t < h_s$,即按式(47-48)计算出的厚度偏大,式(47-48)可供参考。

b.封底混凝土受剪计算。

按抗剪验算区格内封底素混凝土承受基底反力产生的沿周边高度截面上的剪应力如图 47-33 所示,该值应小于封底混凝土的抗剪强度。若剪应力大于封底混凝土的抗剪强度时,则应考虑增加周边混凝土的厚度、提高混凝土强度等级或采取在井壁和底梁上凿毛以及其他构造措施,以增大其抗剪能力。封底混凝土剪应力 τ 为:

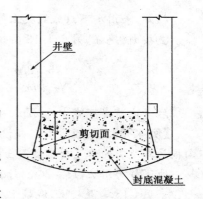

井壁

剪切面

封底混凝土

图 47-33　剪应力示意图

$$\tau = \frac{Q}{bh} < [\sigma_f] \tag{47-50}$$

式中：τ——剪应力（$\times 10^4$Pa）；

$\quad\quad Q$——封底混凝土承受的总剪力（N）；

$\quad\quad b$——封底混凝土周长（cm）；

$\quad\quad h$——受剪面高度（cm）；

$\quad\quad [\sigma_f]$——混凝土允许直接剪应力，其取值为：对于 C15 混凝土，$[\sigma_f]=7.5\times 10^4$Pa，对于 C20 混凝土，$[\sigma_f]=9.5\times 10^4$Pa。

水下混凝土封底后，在素混凝土垫层上还要浇筑钢筋混凝土底板，所以封底的混凝土垫层都是按无筋受弯构件设计的，其安全系数一般取值较高。以往设计单位 k 值取到 2.65，看来认为偏高。但考虑到沉井下沉到位后，施工单位要及时进行水下封底，以防沉井超沉，这是沉井稳定的关键。但混凝土在水中的强度提高较慢，就给工程进度、沉井的安全又带来不利的影响。因此，施工单位往往要求设计提高水下混凝土的强度等级，也是这个道理。这样看来，采用 2.65 的安全系数还是有道理的。在现钢筋混凝土沉井结构设计规程中，封底混凝土厚度与上海市规范相同，所以按新规程执行。

【例 47-8】 某水源井内直径为 8.0m，壁厚 $t=0.6$m，刃脚凹槽至踏面的距离 $h_1=1.2$m，深入地下水位高 7.5m，封底混凝土为 C20，抗拉强度设计值 $f_{ct}=1.1$MPa，试求封底混凝土厚度。

解：（1）圆板的计算半径：

$$r=\frac{8-2\times 0.6}{2}=3.4(\text{m})$$

（2）假设封底混凝土厚度为 1.3m，静水压力形成的荷载：

$$q=7.5-1.3\times 24=43.8(\text{kN/m})$$

（3）板中心的弯矩，按式（47-45）得：

$$M=0.198qr^2=0.198\times 43.8\times 3.4^2=100.25(\text{kN}\cdot\text{m})$$

（4）求水下混凝土封底厚度。

①按以往方法计算封底厚度可按式（47-48）进行，即：

$$h=\sqrt{\frac{3.5kM}{bf_{ct}}}+d=\sqrt{\frac{3.5\times 2.65\times 100.25}{1.0\times 1.1\times 10^3}}+0.35=1.27\text{m}，取 1.3\text{m}$$

故知，采用水下封底混凝土厚度为 1.30m，其强度已足够。

②按新《规程》第 6.1.13 条规定计算封底素混凝土厚度。可按式（47-49）进行，即：

$$h_i=\sqrt{\frac{5.72M}{bf_t}}+h_n=\sqrt{\frac{5.72\times 100.25}{1.0\times 1.1\times 10^3}}+0.3=1.02(\text{m})$$

后者比前者可减少 0.27m。

【例 47-9】 某正方形沉井设计为不排水下沉，采用水下封底。从强度要求出发，试按双向板计算所需的水下封底混凝土厚度，计算数据如下：

地下静力水头：$H=20$m，计算宽度 $b=1\,000$mm。

采用 C15 素混凝土，混凝土抗拉强度设计值 $f_t=0.91$kg/cm^2；正方形沉井底板的净跨度 $l_0=9$m，作用于封底混凝土底面下的向上均布荷载（先暂时估计封底混凝土厚度为 3m）为：

$$q=(20-3\times 2.4)=12.8\text{t/m}^2=128\text{kPa}$$

解：（1）沉井的计算跨度 l：

414

$$l = 1.05 \times l_0 = 1.05 \times 9 = 9.45 \, (\text{m})$$

(2)求弯距 M，φ_{11} 通过查表 46-4，得 $\varphi_{11} = 27.40$。按正方形格子的简支双向板计算：

$$M = \frac{ql^2}{\varphi_{11}} = \frac{12.8 \times 9.45^2}{27.40} = 41.72 \, \text{t} \cdot \text{m} = 417.2 \, (\text{kN} \cdot \text{m})$$

(3)求封底混凝土厚度 h。

①按以往方法计算封底素混凝土厚度，可按式(47-48)进行，即：

$$h = \sqrt{\frac{3.5kM}{f_t b}} + 50 = \sqrt{\frac{3.5 \times 2.65 \times 417.2}{1.0 \times 0.91 \times 10^3}} + 0.5 = 2.06 + 0.5 = 2.56 \, (\text{m})$$

采用水下封底混凝土厚度为 2.56m，其强度已足够。

②按新《规程》第 6.1.13 条，计算封底素混凝土厚度，可按式(47-49)进行，即：

$$h_t = \sqrt{\frac{5.72M}{bf_t}} + h_n = \sqrt{\frac{5.72 \times 417.2}{1.0 \times 0.91 \times 10^3}} + 0.3 = 1.92 \, (\text{m})$$

后者比前者可以减少 0.64m。

第八节　沉井水下封底混凝土浇筑施工的计算

不排水下沉的沉井、或采用排水下沉，但干封底有困难时，也可采用垂直导管法浇筑水下混凝土来进行封底。垂直导管法即在沉井各仓内放入一根或数根直径为 200～300mm 的钢制导管，管底距离已挖好井底土面 30～40cm，导管悬搁支承在预先在井内搭设好的支架上。在导管顶部安放(连接)一个有一定容量的漏斗，以便卸料之用。在漏斗的颈部安放一个球塞，并用铅丝连系牢固。先将拌制好的混凝土(坍落度较大)装满漏斗，然后将导管顶部的球塞随混凝土的加入而缓慢下放一段距离，但不能超过导管的下口。浇筑混凝土时，割断铅丝，同时迅速不断地向漏斗内灌入混凝土，此时，导管内的球塞、空气和水均被导管内的混凝土重量向下挤压，由管底排出外面，而混凝土跟随由导管底口向四周涌出而形成一个圆锥体，将导管下端部分埋入混凝土中，使水不能进入管内。同时，上部向漏斗内不断加入混凝土，混凝土在重力作用下源源不断地由导管底口向外流动，使混凝土锥体不断扩大与升高，这样来完成水下混凝土的浇筑。由于所浇筑的混凝土锥体只有表面能接触静水面，而内部未受到水的侵蚀，保证了混凝土的质量。在施工过程中，还应有一定数量的潜水员配合工作。

一、水下混凝土浇筑前的井内准备工作

为保证工程质量与施工安全，灌筑水下混凝土之前要进行一系列的准备工作。主要有：①水下清基；②搭设施工平台；③仓面布置等。因此，事先应制订周密计划和详细的施工组织设计来进行施工。

1. 水下清基

井内水下开挖出的锅底，派潜水员下去清理。测量锅底深度、高程及范围大小是否满足设计要求。清除散布在锅底部的各种杂物、将锅底底面清理平整。

2. 井内工作平台

导管法浇筑水下混凝土的施工平台一般采用双层面板，形成上下双层的工作平台如图 47-34 所示。下层专门用于导管升降操作。

转料斗固定在上层工作平台上。承料漏斗及导管则通过可以提升的导管的链滑车或小型

转扬机悬挂在上层平台横梁上。

为防止仓面溅落的零星混凝土直接落入井内，上层平台面板应密缝。浇筑混凝土时，混凝土熟料由转料斗经漏斗进入导管内，工人可在下层平台上操作导管。

当转料斗装在可以移动的运输设备上时，运时可采用只有一层面板的工作平台，如图47-35所示。浇筑时，可依次把转料斗移至各导管的承料漏斗上卸料。

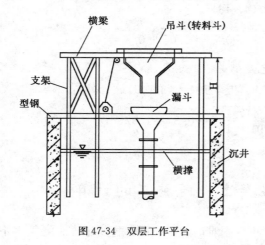

图47-34 双层工作平台

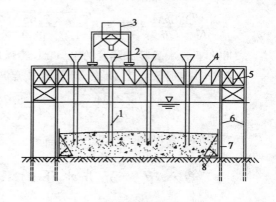

图47-35 单层工作平台

1-导管；2-承料漏斗；3-装在可移动钢架上的传料斗(吊斗)；4-工作平台；5-龙门架；6-桩架；7-模面板；8-模板支架

3. 仓面布置

导管平面布置必须使整个仓面都在导管作用半径范围之内(最大作用半径不得超过4.5m，导管间距最大不大于6m)当采用单根导管放在仓面中心时，浇筑面积及尺寸如表47-17所示。

单根导管灌注区控制浇筑面积及尺寸   表47-17

导管的作用半径 (m)	宽：长=1：1		宽：长=1：2		宽：长=1：3	
	宽×长(m)	面积(m²)	宽×长(m)	面积(m²)	宽×长(m)	面积(m²)
3.0	4.2×4.2	17.6	2.7×5.4	13.6	1.9×5.7	10.8
3.5	5.0×5.0	25.0	3.1×6.2	19.2	2.2×6.5	14.3
4.0	5.6×5.6	31.4	3.5×7.1	24.8	2.5×7.5	18.7
4.5	6.3×6.3	39.8	4.0×8.0	32.0	2.8×8.4	23.5

注：为了保证水下混凝土质量，当表中灌注区面积超过30cm²时，宜加密导管。

当采用两根或多根导管浇筑水下混凝土，其仓面基地坡度缓于1：5，局部凹陷小于0.5m时，可以均匀布置导管。否则，导管应布置在凹处和坡面最低处。

此时，还应根据实际情况，适当调整导管的位置：如果基础地形复杂、障碍物多和可能漏浆的地方宜将导管布置密些；深水浇筑水下混凝土出事故难以补救及要求混凝土质量较高的部位，应考虑在浇筑的导管旁边另有导管取代；四周导管比中间布置的距离要密些；在泥浆中浇筑水下混凝土时，导管布置应比清水环境中要密些。并且还要控制相邻导管间距不大于3.5m，距井壁的距离不大于1～1.5m。

采用的导管长度，应由实际导管测量得出，不能仅根据计算决定。这可防止由于导管长度估算不准，造成底塞逃脱和浇筑过程中对埋管估计过深，使提管脱出混凝土面。

在浇筑混凝土过程中,导管只能上下拖动,不宜左右挪动。只有采用柔性管浇筑水下混凝土时,才可允许上下提动和左右挪动。但浇筑强度应满足挪动要求,能在已浇筑混凝土拌和物未初凝前浇筑新混凝土。

二、水下浇筑混凝土的拌制和运输

1. 水下混凝土拌和物的技术要求

要求用于水下浇筑的混凝土拌和物具有和易性好、流动性大、不离析,以便于施工操作,减少水下浇筑事故和得到均匀密实的水下混凝土。

（1）应具有较好的和易性

混凝土拌和物的和易性表现在流动性、黏聚性和保水性三个方面。其中流动性是指混凝土拌和物在本身自重作用下能够自行流动的性能;黏聚性是反映混凝土拌和物抗离析的性能;保水性是指混凝土拌和物保持水分不易析出的能力。

水下浇筑混凝土一般不采取振捣密实,而是依靠其自重（或压力）和流动性滩平。若流动性差,就会在混凝土中形成蜂窝或空洞。水下混凝土大多要通过各种管道来输送,如流动性差,就容易造成堵管事故,使水下混凝土无法连续进行。但过大的坍落度,在采用导管法、泵送法时,还容易造成开浇阶段下注过快而使管口脱空,造成反水事故。

不同水下浇筑方法对混凝土拌和物的流动性要求如表 47-18 所示。

浇筑方法对混凝土拌和物流动性的要求 表 47-18

水下混凝土的浇筑方法	导 管 法			混凝土泵压送	倾 注 法		开底容器法
	无振捣				振动推进	自然推进	
	导管直径 200～250mm		导管直径 300mm				
坍落度(cm)	18～20		15～18	12～15	5～9	10～15	5～8

注:1. 水下混凝土中钢筋密集部位,其坍落度应比表中所列数字增加 2～3cm。
　　2. 在泥浆中浇筑混凝土时,其坍落度应比表中所列数字增加 1～2cm。

（2）较小的泌水性

试验证明:泌水率为 1.2％～1.8％的混凝土拌和物具有较好的黏聚性,在实际施工时,控制 2h 内析出的水分不大于混凝土体积的 1.5％,即泌水率在 4.0％以内被认为合格。

（3）混凝土应具有良好的流动性保持能力

图 47-36 为表 47-19 中所列不同水泥用量及材料配制的四种水下混凝土的坍落度随时间变化的曲线。从图中看出,这四种混凝土拌和物的初期坍落度都在 19～20cm 范围之内。但 1h 后的坍落度差值很大,有的降到 16cm,有的降到 6cm 以下,显然已不能满足水下浇筑的要求。

因此,混凝土拌和物仅仅最初具有良好的和易性,还不能表明水下浇筑的适用性。应该在运输、浇筑和在浇筑块内的扩散过程中都要保持一定的流动性和均匀性,保证拌和物无分层离析现象,即具有良好流动性的保持能力。

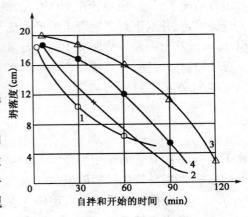

图 47-36　坍落度随时间变化图

顺序号	水灰比	含砂率(%)	每立方米混凝土中材料用量(kg)				折水率 (体积比)(%)	坍落度(cm)
			水泥	水	砂	粗集料		
1	0.6	40	354	212.4	679.7	1 019.5	0.55	19
2	0.6	50	356	213.6	854.4	854.4	0.65	20
3	0.63	40	345	217.4	703.8	1 059.2	1.48	20
4	0.63	40	330	221.1	719.4	1 082.4	1.82	19

混凝土拌和物流动性保持能力用其在浇筑条件下,保持流动性具有坍落度 15cm 的时间 t_h(h)来作为水下混凝土流动性保持指标。

测定时,将 40～50L 混凝土拌和物分为五等份,装在 5 个容器内,然后分别测量 0h、0.5h、1h、1.5h、2h 的坍落度,绘制坍落度随时间变化曲线,即可查出保持坍落度在 15cm 以上的时间——流动性保持指标(t_h)。

对于用导管法浇筑水下混凝土拌和物一般要求不小于 1h。当操作人员的技术熟练,运距比较短时,可不小于 0.7～0.8h。

(4)有一定的容量

水下浇筑的混凝土拌和物主要靠其自重排开仓内的环境水或泥浆、摊平、密实。因此要求混凝土有一定的容量,一般不宜小于 2 100kg/m³。由于混凝土拌和物的容量取决于集料的容量,所以不能使用松散重度小于 1 100kg/m³ 的轻集料来拌制水下混凝土。

2. 水下混凝土拌和物的原材料和水下混凝土配合比设计

见本书第二十九章第五节水下浇筑混凝土设计计算。因篇幅有限,在此不重复了。

3. 对水下混凝土施工的要求与计算

(1)正常灌注水下混凝土时每小时需要量(导管法)。

混凝土在单位时间内的生产量应不小于按式(47-51)计算所得的控制量,即:

$$Q = nq \tag{47-51}$$

式中:Q——混凝土单位时间内的生产量(m³/h),即仓面小时浇筑强度;

　　n——同时浇筑的导管数量(根),即仓面导管根数;

　　q——一根导管灌注混凝土时每小时的需量(m³/h),由表 47-20 选用。

正常情况下,每一根导管在 1h 内,使水下混凝土面的平均升高量,称为浇筑速度,根据施工实践经验,沉井水下封底混凝土的最小浇筑速度不宜小于 0.3m³/h,按此速度及导管的浇筑面积,即可计算出一根导管混凝土的需要量。

若已知初凝时间,可直接查表 47-20,即可求得 q;若已知流动性保持指标 t_h,则可按公式(47-52)来计算 q:

$$q = \frac{R_t F}{b t_h} \tag{47-52}$$

式中:R_t——一根导管的作用半径(m);

　　F——一根导管的控制面积(m²);

　　t_h——流动性保持指标(h),用导管法浇筑水下混凝土一般要求不小于 1h,当操作熟练、距离比较近时,可采用不小于 0.7～0.8h。

导管的作用半径 (m)	一根导管控制的浇筑面积 (m²)	混凝土流动时间 t 内的 q 值(m³/h)	
		$t=3h$ 内初凝时间	$t=4h$ 内初凝时间
≤3.0	20	8	6
	≤10	4	3
3.5	25	13	10
	15	8	6
4.0	30	20	15
	20	13	10

注：1. 表中 t 值最好由试验求得，为了估算，可先采用实际水灰比的水泥浆初凝时间。

2. 本表为正常灌注混凝土时每小时的需要量，但是有关剪球前的首批混凝土"储量"需另行计算，见后。

(2)水下混凝土的强度要求

水下封底的素混凝土一般为 C15。因混凝土在空气中的试块强度与水中混凝土的实际强度并不一致。因施工操作熟练程度和其他因素的影响，一般水下混凝土的实际强度为空气中试块强度的 80% 左右。设计时应考虑其强度的降低。

(3)水下混凝土的坍落度

为了达到导管底部要求混凝土的扩散半径，故水下混凝土的坍落度较大，一般为 18～20cm。当气温较高，混凝土运距较远时，其坍落度值应当考虑增加。在开始浇筑混凝土时，为了保证导管底部立即被滑下来的混凝土所包围埋住，故坍落度值可适当减少至 16～18cm。

(4)水下混凝土的和易性

水下混凝土拌和物经过运输、储存及浇筑，不应产生离析，同时还应保持有良好的流动性。所以水下混凝土设计时的含砂率高达 40%～50%。如采用外加剂时，则混凝土中的水泥用量可适当减少。但也不宜少于 330kg/m³。

4. 水下混凝土拌制与运输

1)混凝土搅拌站

(1)陆上搅拌站

用于水下浇筑所需的混凝土，可在沉井旁边就近搭设混凝土搅拌系统，用滑槽将混凝土直接送入漏斗内，如图 47-37 所示。亦可由集中搅拌的混凝土搅拌站来供应(称为商品混凝土)。

(2)水上搅拌站

水上搅拌站宜采用具有较大甲板作业面积和调整船体平衡压载水舱的钢质箱形船作为工作平台(在浮运沉井封底中使用)。

当船体尺寸较大，又有足够的稳定性时，料仓配料系统、搅拌机等宜布置在一条船上；当船体尺寸较小，可利用两艘船只，分开布置施工，这要根据具体条件来选定。

2)水下混凝土拌和物运输

运输水下混凝土拌和物的设备，应能防止混凝土中水泥砂浆的流失，隔绝或减少外界环境(包括温度、雨水等)对混凝土的不良影响，防止分离；能以最少的转运次数迅速地将混凝土从搅拌地点运送到浇筑地点，控制运输时间宜在 40min 以内，如果是汽车或混凝土搅拌运输车可在 60min 以内。因水下混凝土坍落度较大，如果运输距离较远超过 60min 后，混凝土产生离析现象的，达到施工现场后，应重新搅拌。

人力手推车、汽车或混凝土搅拌运输车在混凝土泵、汽车（自卸汽车或带立罐汽车）、皮带机、溜槽等均可作为水下混凝土的运输工具。

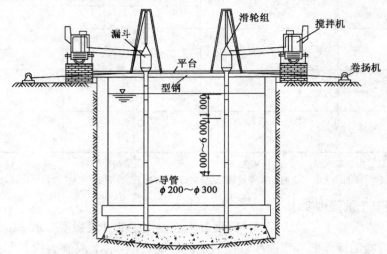

图 47-37　沉井水下封底设备机具图（尺寸单位：mm）

三、水下混凝土浇筑方法

水下浇筑混凝土的方法很多，根据隔绝环境水影响的技术要求有导管法、泵压法、柔性管法、倾注法、开底容器法、装袋叠置法等。目前一般多采用导管法浇筑沉井水下封底混凝土。本书将着重介绍导管法的施工方法。如果需要进一步了解水下混凝土浇筑的其他方法，可参见有关水下混凝土浇筑专著。

1. 导管法浇筑水下混凝土

通过不透水的金属管来浇筑水下混凝土，具有质量高、整体性好、浇筑速度快、不受水深和仓面大小的限制，所需设备一般工地都能自制解决，至今仍是应用最广泛一种水下混凝土浇筑的方法。

1）水下混凝土的施工方法和步骤

水下混凝土浇筑是一项专门施工工艺，对未参加过实际操作的人员应事先培训和进行技术交底。导管法浇筑混凝土的操作方法和步骤如图 47-38 所示。

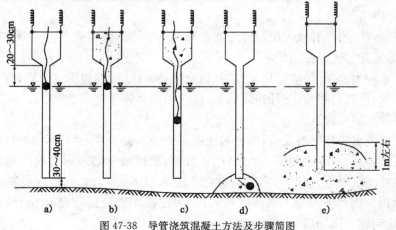

图 47-38　导管浇筑混凝土方法及步骤简图

2)水下混凝土浇筑的主要机具

(1)导管。导管直径一般为200～300mm,由无缝钢管制成,对导管的质量要求有:

①应有足够的抗拉强度,并能承受其自重或盛满混凝土的重量。拼接后试验拉力应不小于上述总重量的2倍。

②导管内壁表面应光滑无阻,用球塞或钢板栓塞浇筑水下混凝土时,其导管内径误差不大于2mm,并需作通过试验。

③管段接头处应采用有止水槽的法兰盘,并垫入橡胶圈拧紧螺栓。

④导管上部可由2～3节长度为1m左右的短管组成,其最下部一节底端不做法兰盘,以免影响导管端部混凝土浇筑质量。

(2)导管的提升工具。导管在浇筑水下混凝土过程中,其提升也是一个关键性问题。如何做到慢提快落,严防将导管底提出混凝土外的事故发生,现介绍下列两种提升机具。

①用倒链滑车(也称为神仙葫芦)提升导管,操作方便,但速度较慢,并经常发生掉链和卡住等现象。

②用卷扬机(或吊车)提升导管、速度调节幅度大,能适应慢提快落的要求。操作时提升速度和高度要准确,指挥与司机必须密切配合。

③漏斗。为确保开始浇筑时的下料需要,导管上部的漏斗应有足够的容量,以确保开始浇筑时的下料需要,否则因混凝土数量不够造成导管内进水,影响混凝土质量。当沉井内水位较浅、导管相应较短时,漏斗的容积一般为0.1～1.5m³;当井内水深较深,导管也较长时,可利用导管来储存一部分混凝土,故漏斗的容积可适当考虑小些。

(3)球塞与堵盘。球塞与堵盘的作用,都是使导管内的混凝土与水分开,关键导管内存储有一定数量的混凝土,开始浇筑时,使混凝土不受水冲洗。

球塞有木球塞、钢板栓塞及橡胶球胆等,如图47-39所示。这些都是目前广为采用的一些方法,但这些方法,尤其是木球塞和钢板栓塞易发生卡管现象。

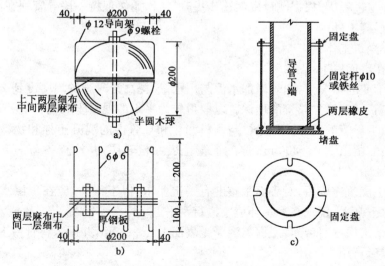

图47-39　球塞与堵盘(尺寸单位:mm)

a)木球;b)钢板栓塞;c)堵盘

此外,还有一种堵盘封闭导管末端的方法,此法在沉井水下封底混凝土中不大采用,现简要说明如下:

421

堵盘封闭导管末端的方法是事先把导管用橡皮垫及堵盘封住导管的下口,然后再放入水中(离井内土面应有一定距离)。待导管内全部灌满混凝土,开始浇筑时,由潜水员下水拆除堵盘,使导管内的混凝土靠自重作用而挤灌水中,如图47-39c)所示

3)水下混凝土施工顺序

(1)球塞

如图47-38a)所示,球塞中心应在水面以上,漏斗下口以下200~300mm处为宜。球塞要安放正直,不能歪斜,可用绳索或粗铁丝悬吊拉紧,并在球塞上部先铺一次稠水泥砂浆,然后再浇筑混凝土,如采用堵盘,球塞可以省去。

(2)储料

如图47-38b)所示,每根导管漏斗内储备足够的混凝土,一般不少于1.0~1.5m³。当剪断绳索或粗铁丝时,漏斗内的混凝土通过导管下端向四周流出尽快堆高,并包裹住导管口(应有一段高度)。

当漏斗储量不够时,如图47-38c)所示。可将球塞下放一段距离后,将绳索或铁丝拉紧,然后再继续向漏斗内灌满混凝土,这样就可增加混凝土的储量,以便开始浇筑之用。

(3)开始浇筑

如图47-38d)所示,当上述工序完成后,并应在吊斗(转料斗)或运输车辆内,储满混凝土后,在统一指挥下,将绳索或铁丝突然剪断,混凝土即随球塞从管口排出。

在开始浇筑混凝土时,必须十分注意,当球塞顺利通过导管,并确认已排出管外时,可将导管下降100~200mm。同时迅速地继续向漏斗内补充足够的混凝土,使导管下的混凝土堆,尽快地扩大和升高,并且能可靠的埋住管口,不让水进入导管内。

(4)提升导管

如图47-38e)所示,导管埋入混凝土内的深度可通过计算求得,一般为1~1.5m为宜。埋深过小,会导致管内进水的严重事故;埋深过大,又会带来提升的困难,甚至有扒不动的情况出现。因此,在施工过程中,根据测量资料逐步提升导管,始终保持一段导管埋在混凝土中,切记勿将管底提出混凝土外。

(5)混凝土浇筑工作结束

终浇高程在水面以下:

在水灰比不变的情况下,同时增加水泥与用水量,提高混凝土的坍落度到20~22cm,或将混凝土级别提高一级;增加导管的埋深。以取得较为平坦的混凝土表面。浇到设计高程后,上提导管,适当减少导管的埋深。尽量排空承料漏斗和导管内的混凝土拌和物。即可将管从混凝土中扒出,还需留出100~200mm厚的混凝土表面松软层,并检查各仓水下混凝土的扩散范围内是否有死角。

水下混凝土浇筑完毕后,对表面平整度有一定要求,但不很高,应在顶层水下混凝土尚未凝固前,进行水下刮平,要求在静水环境中进行刮平。

浇筑工作结束后,应将导管底提离混凝土表面1.5~2.0m,并用水将管壁上残留的砂浆冲洗干净,以便以后再用。

四、施工控制指标的计算

1. 首批混凝土数量(即开始第一批混凝土开浇阶段)

在开始浇筑阶段,通过导管浇筑首批混凝土,管脚堆高不宜小于0.8m,以便导管口能埋在

混凝土内深度不小于0.5m,宜采用坍落度较小的混凝土拌和物,流入仓内的混凝土坡率约为0.25。

由图47-38d)可知,在剪断球塞的绳索或铁丝的首批混凝土储料数量(图47-40)按下列公式计算。

$$V = h_2 \frac{\pi d^2}{4} + \frac{H_c}{3} \frac{\pi D^2}{4} \tag{47-53}$$

式中:D——混凝土扩散直径(m),根据漏斗到沉井底高度及是否采取混凝土下落降速措施决定,一般可按4~6m考虑;

$\quad\quad d$——导管直径(m);

$\quad\quad H_c$——首批混凝土灌注所需的高度(m),可按0.8~1.0m考虑;

$\quad\quad h_2$——井孔内混凝土高度达到H_c时,导管内混凝土立柱与导管外水压平衡的高度(m),h_2可由式(47-54)计算:

$$h_2 = \frac{H_w \gamma_w}{\gamma_c} = \frac{10 H_w}{24} = \frac{H_w}{2.4} \tag{47-54}$$

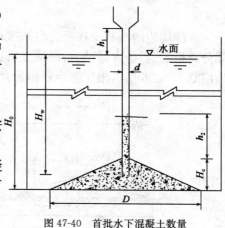

图47-40　首批水下混凝土数量

式中:γ_w——井内水的重度,按10kN/m³(1t/m³)计;

$\quad\quad \gamma_c$——混凝土拌和物的重度,素混凝土按24kN/m³(2.4t/m³);

$\quad\quad H_w$——井内水面至首批混凝土角堆体重心高度(m),由式(47-55)求得:

$$H_w = H_0 - \frac{1}{3} H_c \tag{47-55}$$

式中:H_0——井内水面到井底高度(m)。

按式(47-51)计算出的每小时混凝土生产量,再以沉井面积除之,即为灌注速度。水下封底混凝土的最小灌注速度不宜小于0.25m/h,同时还要求在30min内生产储存的混凝土量在剪球灌入基底后,在导管底部周围所形成的混凝土堆,足以将导管底端埋入0.8~1.0m,防止水翻入导管内。

搅拌机的容量和台数,应与所需的灌注速度相适应,并应备用一台。搅拌地点应尽量靠近灌注地点,并尽量缩短混凝土的运输时间(包括混凝土在导管内的流动时间),其拌和时间一般比普通混凝土时间稍有延长。

2. 导管的作用半径

(1)极限扩散半径

极限扩散半径可由在时间t_h内,浇筑在仓面内的混凝土与水下混凝土锥体容积相等求得,如图47-41a)所示。

$$t_h IF = \frac{1}{3} F R_{ex} i$$

化简整理得:

$$R_{ex} = \frac{3 t_h I}{i} \tag{47-56}$$

式中:R_{ex}——水下混凝土拌和物极限扩散半径(m);

$\quad\quad t_h$——水下混凝土拌和物流动性保持指标(h),取1h;

i——扩散平均坡率,等于 1/5 或更小,一般取 1/6;

I——水下混凝土面上升速度(m/h)。

将 $i=\dfrac{1}{5}$ 代入式(47-56)得:

$$R_{ex} = 15t_h I \tag{47-57}$$

锥体周边的混凝土在经历时间接近 t_h 时,已处于流动性的极限状态,这时混凝土也开始部分离析了,石子含量减少,混凝土质量明显恶化。因此采用的导管作用半径应小于 R_{ex}。宜采用 $0.4\sim0.5$ 倍极限扩散半径作为允许最大作用半径。

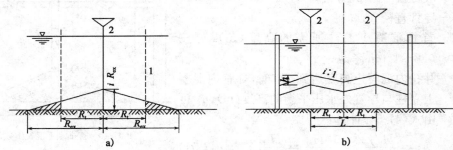

图 47-41　导管作用半径计算

a)极限扩散半径;b)导管作用半径

1-浇筑仓面边线;2-导管

(2)导管的作用半径

如图 47-41b)所示,导管作用半径 R_t 是指导管中心到流动范围最远一点的距离。设混凝土拌和物水下扩散平均坡率为 i,在流动性保持指标 t_h(前面已介绍过)时间内,上升高度为 iR_t。此时,仓面上升高度为 $t_h I$,两者应相等,故:

$$iR_t = t_h I$$

则:

$$R_t = \frac{t_h I}{i} \tag{47-58}$$

在中间浇筑阶段,一般要求水下混凝土坡率小于 $\dfrac{1}{5}$,令 $i=\dfrac{1}{6}$,代入式(47-58)得到:

$$R_t = 6t_h I \tag{47-59}$$

当已知混凝土拌和物的坍落度及上升速度时,对于就地浇筑水下混凝土防渗墙那样狭窄仓面(不是沉井封底),混凝土面的上升速度小于(6m/h),则可按经验公式(47-60)计算,即:

$$R_t = 0.062\,5SI \tag{47-60}$$

式中:S——混凝土拌和物的坍落度(cm);

I——水下混凝土面上升速度(m/h)。

水下混凝土拌和物实际流动半径可达 $4\sim6$m,流动半径愈大,集料分离可能性愈大。为了得到质量较均一的混凝土、采用导管的作用半径一般都不大于 4.5m,并且以导管作用半径作圆应该相互交错,覆盖整个浇筑仓面,如图 47-42 所示。导管间距 L_t 不大于 $4\sim6$m,每根导管控制面不超过 30m²。水越深,水下混凝土拌和物沿导管排出的冲力也越大,导管可以相应埋的深一些,则混凝土的扩散半径也相应要大些。

3. 导管插入混凝土内深度

根据实际施工经验结果,发现当导管插入已浇混凝土内的深度不足 0.6m 时,混凝土锥体会出现以骤然下落的方式向圆周方向增长,导管附近出现局部隆起反溢流现象,如图 47-43a)所示。表面坡率曲线有突然的转折。这说明混凝土拌和物不是在表面混凝土保护层下流注,而是灌注压力顶穿了表面保护层之后,在已浇的混凝土表面层上流注,因而达不到水下混凝土的整体性和均匀性。

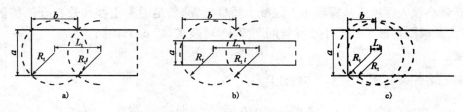

图 47-42　仓面不同尺寸时的导管布置

a)仓面为正方形,$a=b=L_t$;b)仓面为纵向长方形,$2a=b=L_t$;c)仓面为正方形,$\frac{a}{3}=b=L_t$

当把导管插入已浇混凝土体内 1m 以上时,混凝土表面坡度均一,新浇混凝土在已浇混凝土体内部流动,如图 47-43b)所示,水下混凝土的质量也就均一,整体性也好。由此可见,导管插入已浇混凝土体内深度跟混凝土浇筑质量有着密切的关系。

在水下混凝土初凝时间内,导管能顺利的上提下沉,在混凝土能顺利地沿导管内下注的条件下,导管埋入已浇混凝土中越深,混凝土向四周均匀扩散的效果就愈好,混凝土也就更密实,表面更平坦。但埋入过深,可能会导致混凝土在导管内流动不畅,造成堵管事故。因此应有一个最佳埋入深度。该值的大小,与水下混凝土浇筑强度、拌和物的性质有关,它约等于流动性保持指标 t_h 时间内,仓面混凝土面上升高度的两倍,其计算如下。

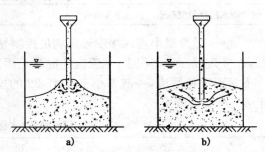

图 47-43　导管不同插入深度时新浇水下混凝土扩散情况
a)插入深度不够时;b)正常深度时

（1）最佳埋入深度 h_t

$$h_t = 2t_h I \tag{47-61}$$

或

$$h_t = 2t_h \frac{q}{F} \tag{47-62}$$

式中:h_t——导管插入已浇水下混凝土拌和物中的最佳深度(m);

I——仓面混凝土每小时上升高度(m/h);

t_h——水下混凝土拌和物的流动性保持指标(h);

q——每根导管浇筑强度(m³/h),即一根导管灌注混凝土时每小时的需要量,见式(47-52);

F——一根导管的控制浇筑面积(m²)。

（2）最大埋入深度 h_{tmax}

导管最大埋入深度不宜超过 6m，亦不超过在流动性保持指标时间 t_h 内仓面上升高度的 3～3.5 倍。可按式(47-63)计算：

$$h_{tmax} \leqslant Kt_f I \tag{47-63}$$

式中：h_{tmax}——导管最大埋入深度(m)；

　　　t_f——混凝土初凝时间(h)；

　　　K——系数，取 0.8～1.0。

(3)最小埋入深度 h_{tmin}

导管最小埋入深度应从保证水下混凝土质量出发，满足混凝土拌和物在仓面扩散坡面不陡于 1∶5 及极限扩散半径不小于导管间距要求，可按式(47-64)计算：

$$h_{tmin} = iL_t \tag{47-64}$$

坡率 i 取 $\frac{1}{5} \sim \frac{1}{6}$，代入式(47-64)，得：

$$h_{tmin} = (0.15 \sim 0.2)L_t \tag{47-65}$$

式中：h_{tmin}——导管最小埋入深度(m)；

　　　L_t——导管间距(m)。

按式(47-65)计算的导管最小埋入深度如表 47-21 所示。

不同导管间距的最小埋深　　　　　　　　表 47-21

导管间距(m)	≤5	6	7	8
导管埋入已浇筑混凝土内的最小深度(m)	0.6～0.9	0.9～1.2	1.2～1.4	1.3～1.6

此外，导管最小埋入深度还应满足控制导管内混凝土下落速度的要求。根据以往施工经验，在浇筑混凝土过程中，导管应随混凝土面伸高而徐徐竖向提升，导管埋深应与导管内混凝土下落深度相适应，一般不小于表 47-22 的规定，用多根导管灌注混凝土时，导管埋深不宜小于表 47-21 的规定。

不同浇筑深(水深)度的导管最小埋深　　　　　　　　表 47-22

水下浇筑深度(m)	≤10	10～15	15～20	>20
导管埋入已浇混凝土内的最小深度(m)	0.6～0.8	1.1	1.3	1.5

若在泥浆环境下浇筑混凝土，导管埋深不小于 1m。

于是导管一次提升高度 h_t 为：

$$h_t \leqslant h_{tmax} - h_{tmin} \tag{47-66}$$

在实际施工中，可以根据导管内混凝土下注情况来判断导管埋深是否合适，再作适当的调整，保证水下混凝土的质量。

4. 超压力

为保证水下混凝土能顺畅通过导管下注，在浇筑水下混凝土的过程中，导管底部内的混凝土柱压力应保持超过管外水柱压力。超过的压力与导管的作用半径有关。根据以往施工经验，灌注封底水下混凝土时，需要的导管间隔及根数，应根据导管作用半径及封底面积确定。导管作用半径随导管下口超压力的大小而异，其关系如表 47-23 所示。

导管作用半径与超压力的关系　　　　　　　　表 47-23

超压力(kPa)	75	100	150	250
导管作用半径(m)	<2.5	3.0	3.5	4.0

保持超压力的方法,一般是要控制导管顶部(承料漏斗)高出水面的最小高度,如图 47-44 所示。

要使混凝土顺利沿导管内下注,导管内混凝土柱产生的压力应等于或大于仓内水压力与导管底部所必需的超压力之和,即:

$$\gamma_c H_c \geqslant P + \gamma_w H_{cw}$$

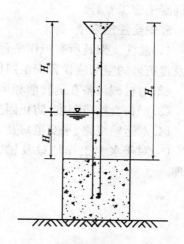

式中:H_c——导管顶部至已浇混凝土面高度(m);

$\quad H_{cw}$——水面至已浇混凝土面高度(m);

$\quad \gamma_c$——水下混凝土的重度(kN/m³),取 24kN/m³ (2.4t/m³);

$\quad \gamma_w$——水的重度(kN/m³),取 10kN/m³(1t/m³);

$\quad P$——超压力(kN/m²)或(kPa),查表 47-32 求得。

当水下混凝土浇出水面时,则 $H_{cw}=0$,则导管顶部高出水面高 H_a 为:

$$H_a = \frac{P}{\gamma_c} \qquad (47\text{-}67)$$

图 47-44 导管顶部高出水面最小高度

当水下混凝土不浇出水面或检查浇筑过程中超压力保持情况,则按式(47-68)和式(47-69)计算,即:

$$H_c \geqslant \frac{P + \gamma_w H_{cw}}{\gamma_c} \qquad (47\text{-}68)$$

或

$$H_a \geqslant \frac{P - (\gamma_c - \gamma_w) H_{cw}}{\gamma_c} \qquad (47\text{-}69)$$

式中:H_a——导管顶部高出水面高度(m)。

根据《水工建筑物混凝土及钢筋混凝土工程施工技术暂行规范》规定的导管顶部高出水面的高度见表 47-24,以便施工使用时参考。

不同导管作用半径时的导管顶部高出水面高度   表 47-24

导管作用半径(m)	3.0	3.5	4.0
导管顶部高出水面高度(m)	$4 \sim 0.6 H_{cw}$	$6 \sim 0.6 H_{cw}$	$10 \sim 0.6 H_{cw}$

注:H_{cw} 为导管周围混凝土面距水面高度(m)。

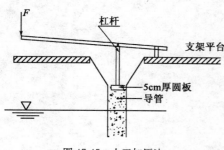

图 47-45 人工加压法

当计算出的 H_a 小于 2.5m 时,取 2.5m。当导管顶部控制超高有困难时,可以采取人工插捣(仅适用浅水)、人工加压,以及改用混凝土泵来浇筑。

人工加压法如图 47-45 所示。加压板采用厚度不小于 5cm 的圆木板,其直径比导管直径小 0.5cm,并配置横竖杠杆。操作时,移去承料漏斗,将圆木板放在导管顶内的混凝土表面上,然后用 3~4 人通过杠杆作用,用力向下旋压,帮助将导管内的混凝土挤出管外来浇筑水下混凝土,人工加压可获得向下压力 30~40kPa(即 3~4t/m²)。

有关导管通过水下混凝土拌和物的能力以及其他一些灌注水下混凝土的内容,可参见水下混凝土施工专著。

5. 安全注意事项

(1)灌注支架及所有工作平台一定要坚固可靠;上、下走道及平台周围应加横杆防护,平台间及走道外的空间应设置安全网作防护。

(2)对机械设备在运转前和运转中均应认真检查,及时维修,保证施工中能正常运转。

(3)严格交接班制度,防止因交接混乱而发生错误,造成安全及质量事故。

(4)对运输线路、平交道口及水上来往的船只,应做好交通安全工作。

(5)对于水上工作船只及锚锭设备应有专人负责并经常检查,出现问题应及时加班以处理。

第四十八章　水中基础的修筑

第一节　水中修筑基础的方法

给水取水构筑物、桥梁的墩台等一般都位于水中(河流、湖泊),故需掌握在水中修筑基础的方法。

在水中修筑基础要比在旱地上困难得多,尤其在水深、急流的大河中修筑基础,必须采用特殊施工方法。但由于施工地点的水文、地质、气象、交通的不同,不可能有一套适合于所有水中基础的修筑方法,故必须根据现场的具体条件找出最合理、最经济、最安全且完工期限最短的施工方案来。

一、修筑水中基础的方法

水中修筑基础一般有下列几种方法:

(1)围堰法:在修筑水中基础的地方,先用某种材料围出一个露天的基坑(称围堰),使堰内的水变成死水。同时围堰还应尽量作成少渗水的结构物,以便将围堰内的水抽干,然后按照旱地施工法在围堰内修筑基础。如果由于水头和围堰漏水量很大,致使排除围堰的水有困难时,则可采用水下施工法。

在围堰内不但可修筑浅平基,也可修筑桩基。修筑桩基的步骤是:先在围堰内打桩,再作承台。然后施工承台上构筑物。施工完毕后,即可将围堰拆除,以免堵塞河流,所以它是一种临时性结构物,如图 48-1 所示。

(2)沉井法:如设计的基础离河底很深,想用围堰来作围护进行施工可能办不到时,这时可改用预制好的沉井,如图 48-2 所示。如用作桥墩下的基础时,井内空间可用素混凝土填实后,再在顶上作墩台。因此沉井实际上就是基础的一个组成部分。有关沉井施工中的设计值,可参阅第四十七章钢筋混凝土沉井施工计算。

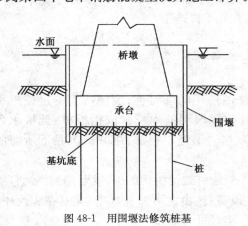

图 48-1　用围堰法修筑桩基

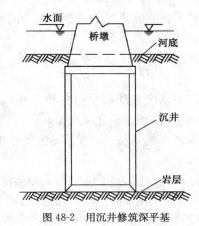

图 48-2　用沉井修筑深平基

（3）沉箱法：如土层中有汹涌不可遏制的水流,并且夹有大块石之类的障碍物,或者需要直接验证基底时,如采用上述沉井法又有困难,则可改用沉箱法。沉箱是一种只上有盖而下无底的箱子,如图48-3所示。其施工步骤如下：

先在地面（或围堰内）上制造一个有盖无底的箱子（即沉箱）,顶盖上装有气闸,使沉箱工、材料和土能进入工作室,同时又能保持工作室的固定气压,故称气压沉箱。靠打进的压缩空气把工作室内的水挤出,使得沉箱工能在无水状态下施工。将挖下的土由气闸外运。边挖土边在箱顶上砌筑圬工,在自重的作用下,沉箱就会慢慢下沉到设计高程。然后将箱内地基平整好,再用片石混凝土将工作室填满,至此基础修筑工程即告结束,最后在顶上施作墩台。沉箱也可沉到事先打好的桩顶上,构成桩基如图48-4所示。

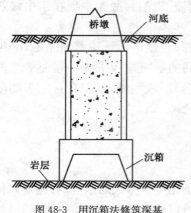

图48-3 用沉箱法修筑深基

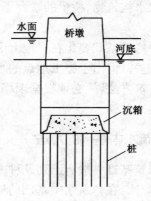

图48-4 用沉箱修筑桩基

二、岸边至水中修建基础间的交通问题

（1）修筑便桥：如施工现场的河水不大深（3～4m）,河水流速不太急,而且河道又不通航,这时可修筑便桥,作为运输材料和工具的便道。

（2）缆索吊车：架设简易缆索吊车来运输建筑材料和施工工具。也是常用的一种交通设施。不过这种运输索道只适用于运输材料和工具,而人员和机具的运送还得另想办法解决。有关缆索吊车的施工计算,参阅本手册上册第二十四章简易架空缆索吊。

（3）浮运：在水深急流的大河中施工,所有材料、工具和人员的输送只能靠浮运来解决。就是在打桩（包括打板桩）、抽水等工作也完全靠装在船上的浮运来完成。有关浮运的施工计算,可参阅本手册上册第三十三章第四节的有关内容。在此不详述了。

第二节　水中桩基的修筑

在水中修筑基础需要打各种各样的桩,例如：修便桥用的临时桩；围檩所需的定位桩和其他临时结构（如定位用之平台等）所需的支撑桩；作围堰用的木板桩或钢板桩；低桩承台或高桩承台下的木桩,钢筋混凝土实心桩或管桩等；当岩层埋得很深,沉井或沉箱下所需的深桩。

如何打这些桩,应视桩的类型和当地条件而定。例如打架便桥用的桩,就要用到浮运打桩设备。至于深桩和高桩承台下的桩更要用浮运打桩设备打,由此可知在水中（尤其在大河中）打桩,浮运打出设备常常是不可省的。现介绍关于浮运打桩设备如下：

一、浮运打桩设备及其工作法

浮运打桩设备是指将普通工地上所用的桩架和桩锤等装在船上或其他漂浮物上，以便用它来打桩。如果必须将桩顶打到水面以下，则可用封闭式双动汽锤（动力为压缩空气）下水打桩，或者借送桩把桩顶运送到水面以下的任何位置，如果有可能的话，还应该边打边冲，以加速桩的下沉。现将各种不同类型的浮运打桩设备，依其完备程度之顺序，分述如下：

（1）桩架装在浮筒上：河浅流缓用轻锤打小桩时，可将桩架安设在由几个浮筒组成的大浮筒上。这是最简单的浮运设备。

（2）桩架装在木筏上：比较轻巧的桩工可用装在筏子上的桩架进行，如图 48-5 所示。木筏中央导架前的一块木板应能拆下以便打桩。桩是一排排的打，从圆上可看出，只有木筏的宽度做成小于排桩间距 2 倍时，才好打桩，当然也可以把桩架安设在木筏的顶头，这样木筏的宽度就不受任何限制了。

（3）桩架装在铁驳上：这是在稍大河流中打桩时所最常用的浮运设备。依需要和供应情况，可有各种不同的布置。例如：

① 单驳单锤：把桩架装在铁驳的船头或船尾者。

② 单驳双锤：在铁驳的两边各装上一个桩架，以便同时打桩。

③ 双驳双锤：重型的桩架桩锤必须装在由两个铁驳拼成的整体上，如图 48-6 所示，如果桩架不是摆在铁驳的顶头，则两驳宽度的一半不得大于排桩间距。

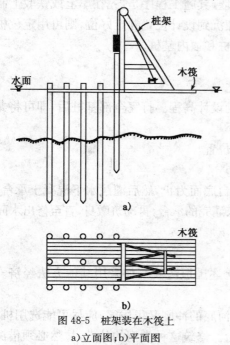

图 48-5　桩架装在木筏上
a)立面图；b)平面图

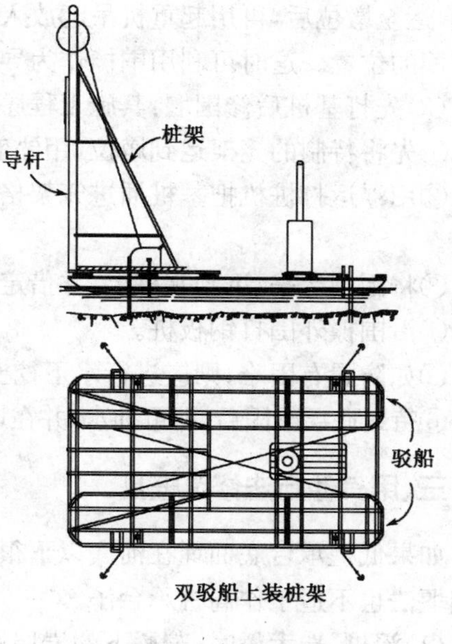

图 48-6　单锤装在双驳船上

以上几种浮运打桩设备都是把陆上用的打桩设备临时装到船上去，因此船上还得装有打桩所需的动力设备，如蒸汽锅炉或压缩空气机等。

（4）打桩船：打桩船是一只能航行拼装，有全套打桩设备的船，常用来修筑大桥。轮船上的动力机器也可用来打桩，最完善的打桩船是一艘设备齐全的船只，除了有机舱外，还应有打桩人员用的房舱和食堂等。

二、用围堰法修筑桩基

(1)先作围堰后打基桩。其施工程序是:先将围堰修好,然后在堰内打基桩。围堰的修筑方法受到有无便桥的影响。

①有便桥者:有便桥的,可在桥上支起桩架,并在围堰外围和便桥成正交的两边打桩,搭出脚手架来,然后把桩架移到脚手架平台上打围堰板桩。在打板桩前,最好能将导木绑在脚手架上,否则必须另立导桩和导木。

打好板桩,装好支撑后,就可以进行水中挖土,如图48-7a)所示(先抽水),然后打基桩。打基桩时或者将桩架放在围堰顶上的平台上(平台就设在围堰内支撑上,其优点在便于作纵横方向的移动),或者将桩架摆设在已打好的桩顶上,伸进堰内打桩,如图48-7b)所示(适于面积过大的围堰,无法装平台者)。

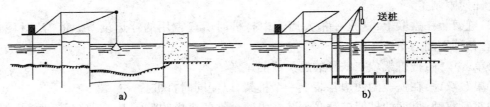

图48-7　修筑桩基的施工程序

②无便桥者:无便桥时,最好采用围檩法修筑围堰,其施工程序是:先在岸上或铁驳上制造围檩,运至墩位后,再用起重机吊起放入水中,待围檩沉到设计位置并定好位,则可用定位桩固定围檩的位置。这时可利用围檩作为导架打四周板桩和堰内基桩。

(2)先打基桩后修围堰:其施工程序是:

①先将特制的笼架运到墩位,用锚船或锚固定之。

②用浮运打桩机把基桩插进笼架格子内,并打到设计高程。打完全部基桩后,即可将龙架拆走。

③将围檩运来,沉到基桩上,并借定位桩固定其位置。

④沿围檩外围打钢板桩。

⑤如防漏有困难,则应进行水下挖土,直挖到承台底面为止,然后灌注水下混凝土承台。

⑥待封底层凝固后,即可抽水,并在堰内砌筑尚未灌完的承台,再砌筑墩身,直至修出水面。

三、用其他方法修筑桩基

如果低桩承台底面埋在河底以下很深,那么用上述围堰法就不如采用其他方法经济。同时围堰法也不适于作高桩承台了。

(1)深桩:造大桥时,若桥下的岩层埋得很深,且河底的冲刷又很厉害,应尽可能选用桩基,并把承台底面放在冲刷线以下1～2m,作成低桩承台。修筑这种类型的基础,显然必须借深桩先把这些基桩打到岩层,然后再用沉井或沉箱法修筑桩顶上的承台,并把墩身修出水面。

(2)高桩承台:在无流水和无航运的河流上,最适于修筑高桩承台,因墩基轻(节省圬工),流水断面的挤缩小,免去施工时修筑围堰的困难等。这种基桩当然要用浮运打桩机来打,打完后修筑承台,由于承台底面的高程一般都是将其设计成比最低水位还低适当距离。因此必须用特殊方法修筑水下承台。可参阅本书参文献[79]或其他文献,在此不详述了。

第三节　水中临时台(排)架的应用及单桩承载力的计算

一、临时台(排)架的应用

围堰施工中,在岸边需修建临时性的施工台架伸入到施工围堰的地点,如图48-8所示。吊车在工作平台上由悬臂的旋转可将建筑材料或机具直接装入卡车运到工地或将挖出的土方装入卡车运走。

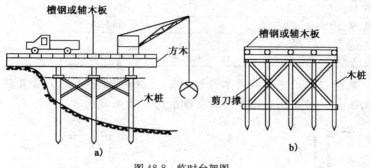

图 48-8　临时台架图

根据工程的需要,有时可用搭临时台架的方法先打桩,再搭设台架,如图48-9所示。

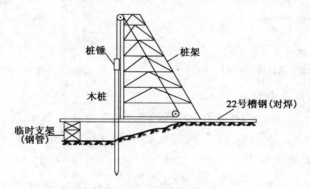

图 48-9　临时支架打桩示意图

二、台(排)架单桩承载力的计算

临时性的台架,一般用木桩作为基础。在台架上工作的有挖土机、打桩机、卡车、土斗车等重量以及台架本身的自重等,都将传给下面由很多根桩组成的桩基。计算桩基时,通常是考虑每一根桩在基群中的作用,即单桩的承载力。一方面取决于桩的材料强度,另一方面取决于桩周围土体对桩的支承能力。现介绍根据桩周围土体对桩的支承能力确定单桩承载力的方法。

由于单桩的承载力主要由桩侧的摩阻力和桩尖端处土的支承反力所组成,见图48-10。所以单桩的计算公式按式(48-1)进行计算,即:

$$P = \frac{1}{K}\left(\sum \mu f + FR\right) \tag{48-1}$$

式中:P——单桩的承载力(kN);

μ——按土层分段的桩侧表面积(m²);

433

f——桩侧面的表面极限摩阻力(kPa);

R——桩尖处土的极限阻力(kPa);

F——桩的横截面面积(m^2);

K——安全系数,一般 $K=2$。

R 及 f 将随着各地区的土层情况而变化,可根据各地区具体情况决定采用,上海地区的 R 及 f 值可参考表 48-1 所列数值选用。

单桩的表面摩阻力及尖端阻力 f、R　　　　　表 48-1

地　层	埋土深度(m)	桩侧面的表面极限摩阻力 f(Pa)	桩尖处土的极限阻力 R(Pa)
褐黄色表土层(黏土、亚黏土)、灰色亚砂土层	0～4	25～30	
灰色淤泥质黏土层、灰色淤泥质、亚黏土层	3～17	15～25	200～800
灰色黏土层、灰色亚黏土层	16～25	30～60	1 000～2 000
硬土层(黏土、亚黏土)、粉砂层	24～300	90～120	2 500～3 000

【例 48-1】　某台架采用东北松圆木作为桩基,已知桩的全长为 7m,直径 $d=0.28$m,桩打入土中深度为 4.0m,如图 48-11 所示。试求该桩的允许承载力。

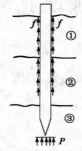

图 48-10　桩周围土体对桩的支承图

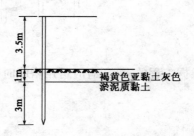

图 48-11　【例 48-1】桩入土深度图

解:(1)计算桩的侧表面积 μ:

$$\mu_1 = \pi d l_1 = 3.14 \times 0.28 \times 1.0 = 0.879(m^2)$$

$$\mu_2 = \pi d l_2 = 3.14 \times 0.28 \times 3.0 = 2.638(m^2)$$

(2)计算桩的横截面面积 F:

$$F = \frac{\pi d^2}{4} = \frac{3.14 \times 0.28^2}{4} = 0.062(m^2)$$

(3)查表 48-1 得:f 和 R 值为:

$$f_1 = 25～30\text{kPa},取 f_1 = 27.5\text{kPa}$$

$$f_2 = 15～25\text{kPa},取 f_2 = 20\text{kPa}$$

$$R = 200～800\text{kPa},取 R_1 = 500\text{kPa}$$

(4)计算单桩承载力 P:

按公式(48-1)得:

$$P = \frac{1}{K}(\sum \mu f + FR) = \frac{1}{2} \times 0.879 \times 27.5 + 2.638 \times 20 + 0.062 \times 500$$

$$= \frac{1}{2} \times (24.17 + 52.76 + 31)$$

$$= 53.97\text{kN}$$

$$\approx 54(\text{kN})$$

(5)求木桩的自重：

$$g = Fl\gamma_木 = 0.062 \times 7.5 \times 9 = 4.2(\text{kN})$$

(6)求桩的允许承载力：

$$P = P - g = 54 - 4.2 = 49.8(\text{kN})$$

说明直径 $d = 0.28\text{m}$ 的东北松木圆桩，打入图48-11的土质中入土深为 4m 时，桩周围土对桩的允许承载力为 49.8kN。

当卡车后轮直接压在桩顶上是桩的最危险受力状态。这时载重卡车的后轮重加上桩顶上虚线范围内的平台自重全部作用在单桩上，所以单桩允许承载力必须大于或等于此重量(图 48-12)，即：

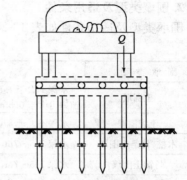

$$P \geqslant Q + q$$

式中：P——单桩允许承载力(kN)；

　　　Q——载重卡车后轮重(kN)；

　　　q——单桩顶上虚线范围内平台重量(kN)。

由 P 也可以反算桩径和入土深度(一般可先假定桩径再算桩入土深度)。桩入土深度和暴露部分之比不得小于1，以保证桩的稳定性。

图 48-12　卡车后轮直接压在桩顶上示意图

三、打桩和搭台架

(1)台架布置：应该根据地下建筑工程所需挖基坑的大小、深度、挖土机具设备以及整个场地的施工组织布置来决定。一般讲，台的位置应使挖土吊车的悬臂旋转面能在最大范围内提高挖土效率，并顾及场地内各种施工运输的配合，便于卡车或斗车能顺利畅通地装运土方。

(2)桩的布置及打桩方法：从便利于基坑挖土的目的出发，先考虑应该搭台的范围，再根据最不利荷载情况估算需要的桩数。桩布置的原则是要使每根桩都承受相同的荷载，以发挥每一根桩的最大效用。在这种临时性的桩基中，一般布置成行列式，为了使搁在桩顶上槽钢的跨度不是很大，每排桩的间距为 2～3m。

(3)搭施工台：当所用的桩都打到要求高程(一般桩顶比底面低 50cm 左右)后即可进行搭台，一般临时施工台的结构是，在桩顶上搁置正方形木梁(为 10cm×10cm 方木，上海俗称盖方)并用扒钉固定，在盖方上再放上钢梁(由两块 22 号槽钢对焊而成，俗称穿钢)穿钢长度为 7～8m，穿钢上面再横铺槽钢或木板，使台与地面相齐平，便于车轮行驶上下。

为保证施工台的稳定，增加排桩间的横向连接，防止桩在侧向发生倾斜，通常在桩上端两边各用一块与盖方等长的围檩板(即 3cm×6cm 木板)，用螺栓固定。桩与中间各排桩之间再用半圆木做成剪刀撑，以增加群桩的稳定性(图 48-8)。

施工台搭成后并必须经安全检查，符合要求后方可使用。

第四节　保护基坑用的不同类型的围堰

一、一般规定

1. 围堰尺寸及要求

(1)围堰顶高：宜高出施工期间可能出现的最高水位(包括浪高)50～70cm。

（2）围堰外形及内形：围堰外形应适应水流排泄，不应压缩流水断面过多，以免流水过高危害围堰的安全以及影响通航、导流等。围堰内形应适应基础施工要求。堰身断面尺寸应保证有足够的稳定性和强度，使基坑开挖后，围堰不致发生破裂、滑动或倾覆。

（3）防止渗漏：尽量采取措施防止或减少渗漏，以减轻排水工作。

（4）防止冲刷：对围堰外围边坡的冲刷和筑围堰后引起河床的冲刷均应有防护措施。

（5）围堰施工：一般应安排在枯水季节进行。

2. 围堰类型及适用条件

围堰类型及适用条件如表48-2所示。

围堰类型及适用条件表　　　　表48-2

围 堰 类 型		适 用 条 件
土石围堰	土围堰	水深不大于1.5m，流速不大于0.5m/s，河边浅滩，河床渗水性较小，如外坡有防护措施时，流速可大于0.5m/s
	土袋围堰	水深不大于3.0m，流速不大于1.5m/s，河床渗水性较小或淤泥较浅
	木桩、竹条土围堰	水深1.5～7m，流速不大于2.0m/s，河床渗水性较小，能打桩，盛产竹条地区
	竹篱土围堰	水深1.5～7m，流速不大于2.0m/s，河床渗水性较小，能打桩，盛产竹条地区
	竹（铅丝）笼围堰	水深4m以内，河床难以打桩，流速较大
	堆石土围堰	河床渗水性很小，流速小于3m/s，石块能就地取材
板桩围堰	钢板桩围堰	深水或深基坑，流速较大的砂类土、黏质土、碎石土及风化岩等坚硬的河床。防水性能好，整体刚度较强
	钢筋混凝土板桩围堰	深水或深基坑，流速较大的砂类土、黏质土、碎石土河床。除用于挡水防水外还可作为基础结构的一部分，亦可采取拔除周转使用，能节约大量木材
钢套箱围堰		流速不大于2.0m/s，覆盖层较薄，平坦的岩石河床，埋置不深的水中基础，也可用于修建桩基承台
双壁围堰		大型河流的深水基础，覆盖层较薄，平坦的岩石河床

二、土、石围堰简介

1. 各种形式土石堰的技术要求

各种形式土石堰的技术要求见表48-3。

土石堰的技术要求表　　　　表48-3

分　类	填　料	顶宽(m)	边　坡	
			内侧	外侧
土堰	渗透性较小的黏土，砂黏土	1～2	1：1.5～1：1	1：2～1：3
草(麻)袋堰	草麻袋内装黏性土，有围堰心，墙筑黏土	1～2.0 2～2.5	1：0.5～1：0.2	1：1～1：0.5
木桩编竹条土堰	黏性土	≥水深	1：0	1：0
竹篱堰	黏性土	≥水深	1：0.2	1：0.2
竹笼堰	黏性土	≥水深	1：0	1：0.3
堆石土堰	石块、卵石与黏性土	1～2	1：0～1：0.5	1：0.5～1：1

注：堰内坡脚至基坑边缘距离，根据河床土质及基坑深度而定，但不得小于1.0m。

2. 各种土石堰的结构及施工方法

（1）土堰：围堰施工布置如图48-13所示。

先清除堰底河床上的杂物、树根、石块等，以减少渗漏。自上游开始填筑至下游合龙。

填筑时不要直接向水中倒土，而应将土倒在已出水面的堰头上，顺坡送入水中，以免离析，造成渗漏。水面以上的填土要分层夯实。

流速较大时，可在外坡面加铺草皮、柴排等防护，当缺黏性土时也可用河沙填筑，必要时加设黏土心墙。沙堰筑完后，开始应徐徐抽水，以便水中悬浮物渗过沙堰时，形成一道土障，减少渗漏。

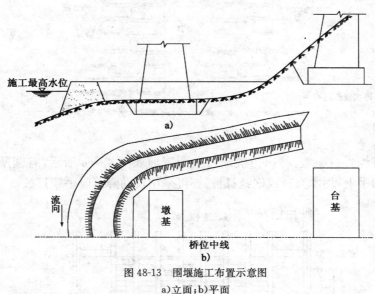

图 48-13　围堰施工布置示意图
a)立面；b)平面

（2）草（麻）袋围堰：土袋围堰如图 48-14 所示。

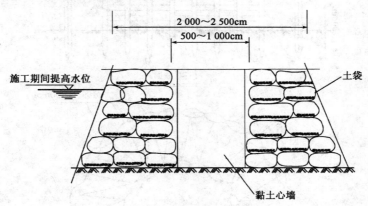

图 48-14　土袋围堰（一）

用草袋或麻袋装以松散的黏性土，装土量为袋容量的 1/2～2/3，袋口用麻线或细铁丝缝合。有黏土心墙的围堰，也可用砂土装袋，堆码草（麻）袋时，要求上下左右相互错缝，并尽可能堆码整齐。在水中堆码土袋可用一对带钩的杆子钩送就位。

流速较大时，外圈草（麻）袋可装小卵石或粗砂，以免冲走，必要是并应抛片石防护，或者外圈改用竹篓或荆条筐内装砂石。

在内外圈土袋堆码至一定高度或出水面后，即可填筑黏土心墙，填筑方法同土堰。

在水不深但河床有一层不厚的透水覆盖层时，为免渗漏，可在外圈围堰完成后，先行抽水，至水深约 50cm 时,挖去内堰底下的覆盖层,然后堆码内堰土袋,填筑心墙,即可防止河床漏水,如图 48-15 所示。

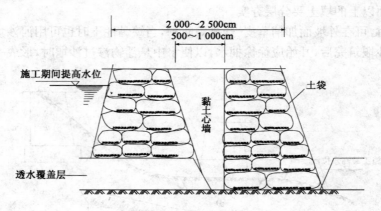

图 48-15　土袋围堰(二)

(3)木(竹)桩编竹条土堰:林(竹)桩编竹条土围堰如图 48-16 所示,有圆圈形和矩形的。在船、筏或马登脚手上,用木夯锤或铁锤打桩,亦可采用自动降落脚手架打桩。

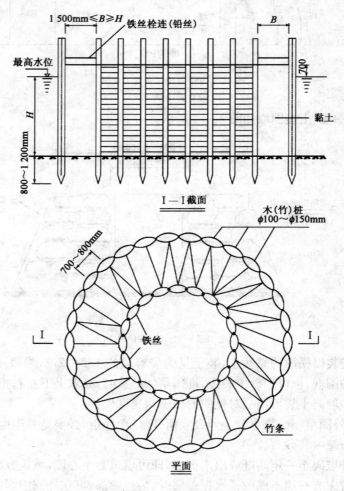

图 48-16　木(竹)桩编竹条土围堰

用成束荆条或竹片(宽3～5cm)在桩间编织成围墙,编列应紧密,水下部分条束可用叉子推送水下挤紧。

内外圈桩头用4～6股8号铁线拉连,河床松软时,可在河床处加一道拉连铁线,或将桩加深。当围堰较高时,还应在桩中部增加拉连铁线。水下拉连铁线可在水面拉好后用叉子送至水下预定位置。

铁线拉好后,在内外圈之间填以黏性土,填土要求同土堰,在堰底外侧可酌情抛石防护。

(4)竹篱土堰:竹篱围堰见图48-17。打桩方法同前,内外桩略向堰身倾斜互成八字形,在桩上安装横木,水下横木是在水上将内外两根横木用长螺栓连成一组,套在桩上顺坡下放到位(必要时加重物),横木上螺栓间距2m,上下横木螺栓应在同一垂直面上,水面横木可以在竹篱安好后安装。

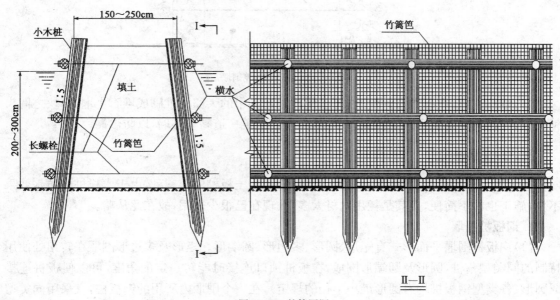

图48-17 竹篱围堰

竹篱用3～5cm宽竹片编成,或用荆笆、柳树条编篱,竹篱长应大于水深约1m,宽约2.1m(较横木螺栓间距略大)。

在相邻两木桩内侧,距桩0.2m处,临时插两根竹竿或木杆,在0.2m间距中插下竹篱,插下时两侧略向内弯(用麻绳以活扣系拉),使竹篱成弧形,以免横连螺栓阻碍竹篱下放,插到底后,用铁线将高出水面的竹篱绑牢于桩上,再将竹篱伸直,并用竹竿将竹篱下部向桩脚撬拢,用竹竿在横连螺栓部位推挤竹篱,使竹篱卡在螺栓并使两块竹篱相互叠接。

在围堰中填黏性土,填土方法同土堰,必要时外侧抛石防护。

(5)竹笼围堰:竹笼围堰见图48-18。竹笼用竹片编成长圆形,直径80～120cm,笼长视围堰高度而定,笼内用十字对拉铁丝,以防竹笼变形,在竹笼安放时,随即将卵石填充笼内予以固定。

按预定将围堰周围分为内外两圈,逐个将竹笼靠紧安放,内外圈距离(即围堰宽度)为水深的1.5～1.8倍;在围堰内外安设横木,用铁丝对拉绞紧,见图48-18,在竹笼两圈之间填以黏土。

安放竹笼方法有下列3种,可视实际情况任取1种:

①在围堰位置打木桩,每个竹笼一根桩,将竹笼套在木桩上,向竹笼内填石固定。

②木桩打在竹笼外围,桩距2～3m,在木桩间安设横木,围成框形,将竹笼逐个靠紧安放在框架内,再向竹笼内填石固定。

③不打木桩,按围堰位置将竹笼用叉子叉住向笼内填石安放固定,安设横木,用铁丝对拉。

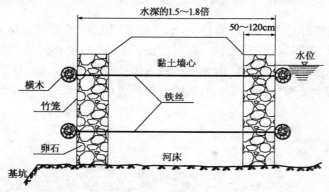

图48-18　竹(铁丝)笼围堰

(6)堆石土堰:在有流石河流上,可利用就地河沟中的大卵石堆砌成堆石土堰,石块之间夹铺树枝,并将其中空隙用黏土填满,或内外石堆之间筑一道黏土心墙,以防渗漏。

三、板桩围堰简介

板桩围堰分木板桩围堰、钢板桩围堰与钢筋混凝土板桩围堰三种,由于木板桩的防水效果不佳,施工也并不简便,尤其是耗用木材太多,故现在已很少采用,故在此从略。

1. 钢板桩围堰

(1)钢板桩围堰平面形式有矩形、圆形、多边形、圆端形。矩形及多边形围堰在转角处使用特制的同类型角桩,圆形及圆端形围堰,在板桩锁口连接时能转一定的角度,可以使板桩连接成圆形(各类型钢板桩均有圆形最小半径的规定),在一个围堰内所用的钢板桩,宜采用同类型同锁口的钢板桩,如用不同锁口钢板桩时,则用加制异形板桩连接。

(2)钢板桩类型规格。

按钢板桩横断面形状(除工字钢和槽钢外)一般可分为三类:

①平形。断面模量小,不宜用于承受较大水平力的围堰,但适用于承受水平方向横向拉力的圆形筑岛围堰,施工方便。

②槽形。断面模量大,适用于承受较大水压力、土压力的围堰,施工方便。

③Z形。断面模量最大,适用于承受较大水压力、土压力的围堰,但必须将两块或几块连成一组后进行插打,施工较不便。

不同国家出产的钢板桩型号及规格见表48-4～表48-7,也可参考第四十章第四节表40-10～表40-15选用。

2. 钢筋混凝土板桩围堰

钢筋混凝土板桩的断面形式一般为矩形断面,宽50～60cm,厚10～30cm,一侧为凹形榫口,另一侧为凸形榫口;有的仅有一侧下部为凸形榫口,其余均为凹形榫口。榫口形式有半圆形及梯形等,施工时一般采用半圆形榫口较好,因无棱角,在预制和吊装时榫口不易损坏。板桩又分实心、空心两种,空心板桩主要作用为:减轻桩的自重相应地减轻打桩设备,还可利用空心孔道射水加快下沉，板桩断面形式见图 48-19。为了提高板桩接缝的防渗性，在板桩榫口中间接缝处预留圆形小孔以便在板桩打入后，将小孔中泥沙射水冲洗干净，再在小孔中压注水泥砂浆，见图 48-20。

德国拉森(Larssen)型钢板桩   表 48-4

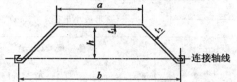

（圆形最小半径 1.6m）

号码	质量		断面模量(cm³)			钢板桩尺寸(mm)				每 1 000kg 面积 (m²/1 000kg)
	(kg/m)	(kg/m²)	1 根 对 a 边	1m 宽 对 a 边	对 b 边	b	h	最大 厚度 t_1	最小 厚度 t_2	
II$_b$	27.4	76.0	44.8	125	250	360	50	6.5	6.0	13.158
II$_a$	33.0	82.0	65.6	164	380	400	65	7.0	6.0	12.195
I	38.0	96.0	89.6	224	500	400	75	8.0	7.0	10.417
II	49.0	122.0	152.4	381	849	400	100	10.5	8.0	8.197
II$_a$	45.6	114.0	229.6	575	970	400	135	8.0	7.0	8.772
III	62.0	155.0	203.2	508	1 363	400	123.5	14.5	8.0	6.452
III$_a$	57.2	143.0	322.0	805	1 400	400	145	11.0	8.0	6.993
IV$_a$	69.0	172.0	378.7	936	2 000	400	180	13.0	9.0	5.814
IV	75.0	187.0	315.2	788	2 037	400	155	15.5	9.0	5.348
V	100.0	238.0	402.8	1 007	2 962	420	172	22.0	11.0	4.202

美国拉克万纳(Lackwanna)型钢板桩   表 48-5

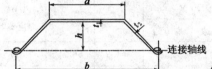

（圆形最小半径 1.6m）

号码	质量		断面模量(cm³)			钢板桩尺寸(mm)				每 1 000kg 面积 (m²/1 000kg)
	(kg/m)	(kg/m²)	1 根 对 a 边	1m 宽 对 a 边	对 b 边	b	h	最大 厚度 t_1	最小 厚度 t_2	
SP$_8$	21.9	101.3	18	83	83	215.9	—	5.16	5.16	9.87
SP$_{8a}$	26.5	122.6	18	83	83	215.9	—	9.53	9.53	8.16
SP$_{12}$	55.4	170.9	66	203	203	323.8	—	9.53	9.53	5.85
SP$_{121}$	60.9	188.0	66	203	203	323.8	—	12.70	12.70	5.32
SP$_{15}$	57.1	149.9	65	170	170	381.0	—	9.53	9.53	6.67
AP$_{14}$	60.8	170.9	124	350	400	355.6	46.8	9.53	9.53	5.85
AP$_{15}$	86.5	227.0	194	510	635	381.0	52.4	14.29	14.29	4.40
AP$_{16}$	43.6	107.4	80	196	196	406.4	63.5	9.53	9.53	9.31
AP$_{165}$	49.6	122.0	220	541	541	406.4	127.0	9.53	7.94	8.20
AP$_{166}$	63.4	155.0	332	818	818	406.4	152.4	12.70	9.53	6.41

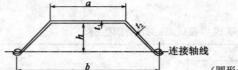

（圆形最小半径 1.025m）

号码	质量		断面模量(cm³)			钢板桩尺寸(mm)				每1000kg 面积 (m²/1000kg)
	(kg/m)	(kg/m²)	1根	1m宽		b	h	最大 厚度 t_1	最小 厚度 t_2	
			对a边	对a边	对b边					
Ⅰ	36.5	91.24	66.4	166	509	400	75	8.0	6.0	10.94
Ⅱ	48.01	120.03	120.6	301	869	400	100	10.5	6.5	8.33
Ⅲ	61.00	149.97	196.2	491	1 309	400	125	13.0	7.5	6.67
Ⅳ	76.44	191.09	299.4	749	2 072	400	155	15.5	9.0	5.23
Ⅴ	105.33	250.08	421.3	1 003	3 130	420	175	22.0	10.0	4.00

英国然生(Ransome)型钢板桩 表48-7

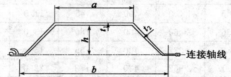

（圆形最小半径 0.9m）

号码	质量		断面模量(cm³)			钢板桩尺寸(mm)				每1000kg 面积 (m²/1000kg)
	(kg/m)	(kg/m²)	1根	1m宽		b	h	最大 厚度 t_1	最小 厚度 t_2	
			对a边	对a边	对b边					
UL	40.5	113.98	80	221	221	361.9	68.25	8.00	8.00	8.773
U	46.5	130.98	119	328	328	361.9	79.37	9.53	9.53	7.635
S	49.5	139.54	126	348	348	361.9	80.96	12.70	7.94	7.166
H	53.0	146.00	226	622	622	360.0	125.00	13.00	8.00	6.849

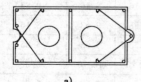

图 48-19 钢筋混凝土桩断面形式
a)半圆形撑口；b)凹凸形撑口

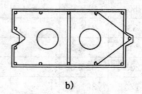

图 48-20 钢筋混凝土板桩接缝预留压浆孔

　　钢筋混凝土板桩桩尖刃脚可仿照木板桩桩尖形式，刃脚的倾斜度视土质松密情况而定，一般斜度为 1：2.5～1：1.5，如土中含有漂卵石，在刃脚处加焊钢板或增设加强钢筋，见图48-21。

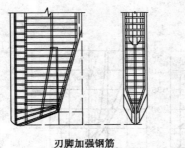
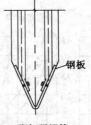

图 48-21　钢筋混凝土板桩刃脚加强示意图

四、板桩围堰的计算

1. 板桩为无撑、单撑及双撑布置的图表计算法

（1）板桩计算图表

设计板桩围堰需要计算板桩的横断面、最小入土深度、支撑间距及尺寸等。板桩受力除土压、水压等外力外，尚与支撑有关。板桩有无撑、单支撑、双支撑及多支撑等形式。双支撑及多支撑板桩，可将支撑布置成等反力（各层支撑反力相等）、等弯矩（各跨板桩弯矩相等）及各层反力和各跨弯矩均不等的任意间距等形式。

图 48-22～图 48-26 为无撑、单撑及双撑布置的板桩计算图表，其中除图 48-22 及图 48-23 外，都是按等弯矩布置计算的。各计算图的支撑情况均不同，分别以形式Ⅰ、Ⅱ、Ⅲ、Ⅳ、Ⅴ表示。计算图中的曲线 1-1、2-2、3-3、…、6-6 代表图 48-27 所示的 6 种水文地质情况（也就是压力条件）。各计算图的下半部是坑沿有 34kPa（3.4t/m²）时的计算附加力值；无活载时，可用图中上半部分固定荷载下的计算值，活载不等于 34kPa（3.4t/m²）时，可按比例求得。

图中计算均以 1 延米板桩为单位。板桩的容许弯曲应力在支撑形式Ⅰ时，可按常用数值增加 35%～50%，在形式Ⅱ～Ⅴ时，可增加 50%～75%，在支撑系统中，仍照常用容许应力计算。

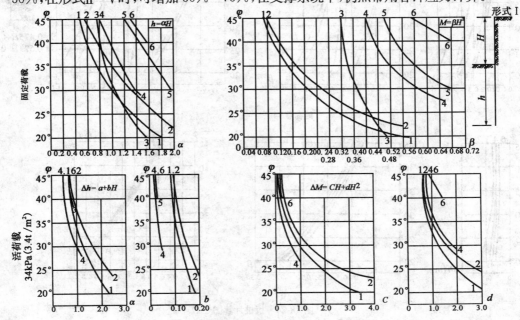

图 48-22　板桩计算图（一）

443

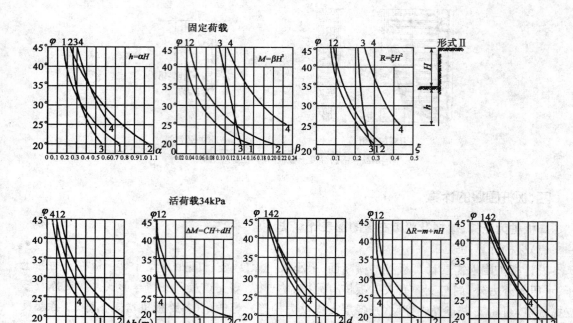

图 48-23　板桩计算图(二)

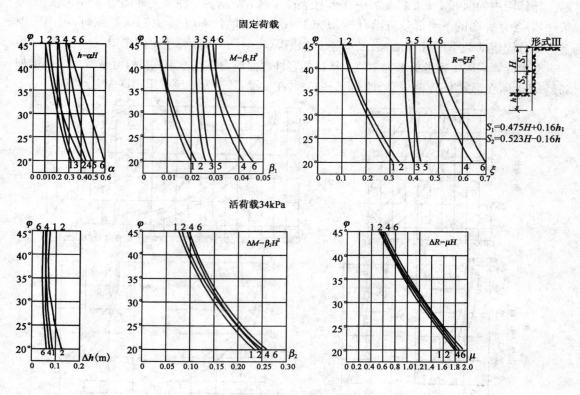

图 48-24　板桩计算图(三)

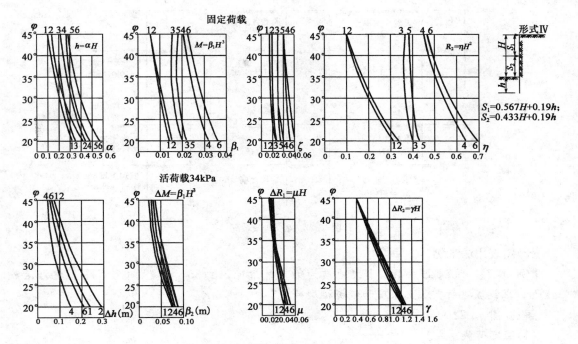

图 48-25　板桩计算图（四）

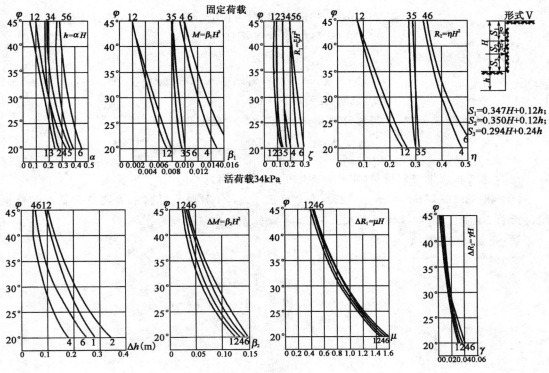

图 48-26　板桩计算图（五）

445

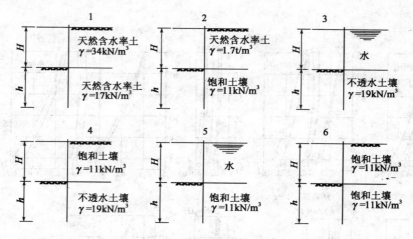

图 48-27　水文地质情况

（2）图表用法举例

【例 48-2】　坑深 $H=4$m，水文地质为第二种情况，$\varphi=35°$，无支撑（形式 I），坑沿活载 34kPa。求钢板桩所需入土深度和钢板桩型号。

解：查图 48-22 中曲线 2-2。

（1）固定荷载：

$$h=0.97\times H=3.88(\text{m})$$
$$M=1.7\times H^3=109(\text{kN}\cdot\text{m})$$

（2）活载：

$$\Delta h=1.15+0.13H=1.67(\text{m})$$
$$\Delta M=7H+1.0H^2=18.8(\text{kN}\cdot\text{m})$$

（3）固＋活

$$h+\Delta h=5.55(\text{m})（\text{所需最小入土深度}）$$
$$M+\Delta M=297(\text{kN}\cdot\text{m})$$

（4）钢板桩是三号钢，常用容许弯曲应力 $[\sigma]=180$MPa，则：

$$W=\frac{M+\Delta M}{[\sigma]}=\frac{297\,000}{180\times1.35}=1\,223(\text{cm}^3)$$

选用德国拉森 III 型钢板桩（$W=1\,363$cm³，见表 48-4）。

【例 48-3】　坑深 $H=4$m，$\varphi=25°$，单支撑设于坑中（即形式 III），水文地质为第二种情况，坑沿活载 34kPa。求钢板桩所需入土深度，支撑位置和钢板桩型号。

解：查图 48-24 中曲线 2-2。

（1）固定荷载：

$$h=0.34H=1.36(\text{m})$$
$$M=0.17H^3=10.9(\text{kN}\cdot\text{m})$$
$$R=2.7H^2=43(\text{kN})$$

（2）活载：

$$\Delta h=0.09(\text{m})$$
$$\Delta M=1.95H^2=31.2(\text{kN}\cdot\text{m})$$

446

$$\Delta R = 15.1H = 60(\text{kN})$$

(3)固+活：

$$h + \Delta h = 1.45(\text{m})(\text{所需最小入土深度})$$
$$M + \Delta M = 42.1(\text{kN} \cdot \text{m})$$
$$R + \Delta R = 103(\text{kN})$$

支撑间距：

$$S_1 = 0.475H + 0.16(h + \Delta h) = 2.13(\text{m})$$
$$S_2 = 4 - S_1 = 1.87(\text{m})$$

(4)板桩断面。

当用钢板桩时：

$$W = \frac{42\,100}{180 \times 1.5} = 156(\text{cm}^3)$$

选用德国拉森 I_b 型钢板桩（$W = 250\text{cm}^3$，见表48-4）。

当用木板桩时，$[\sigma] = 12\text{MPa}$，则：

$$W = \frac{42\,100}{12 \times 1.5} = 2\,340(\text{cm}^3)$$

板桩厚：

$$d = \sqrt{\frac{6W}{100}} = \sqrt{\frac{6 \times 2\,340}{100}} = 11.75 \approx 12(\text{cm})$$

【例48-4】 坑深 $H = 4\text{m}$，$\varphi = 25°$，支撑形式 V，水文地质为第二种情况，，坑沿活载 34kPa。求板桩所需入土深度，支撑位置和木板厚度。

解：查图48-26中曲线2-2。

(1)固定荷载：

$$h = 0.26H = 1.04(\text{m}), M = 0.062H^3 = 4(\text{kN} \cdot \text{m})$$
$$R_1 = 1.2H^2 = 19(\text{kN}), R_2 = 2.0H^2 = 32(\text{kN})$$

(2)活载：

$$\Delta h = 0.27\text{m}, \Delta M = 1.03H^2 = 16.5(\text{kN} \cdot \text{m})$$
$$\Delta R_1 = 11H = 44(\text{kN}), \Delta R_2 = 2.5H = 10(\text{kN})$$

(3)固+活：

$$h + \Delta h = 1.31(\text{m})(\text{所需最小入土深度})$$
$$M + \Delta M = 20.5(\text{kN} \cdot \text{m}), R_1 + \Delta R_1 = 63(\text{kN})$$
$$R_2 + \Delta R_2 = 42(\text{kN})$$

支撑间距：

$$S_1 = 0.347H + 0.12(h + \Delta h) = 1.55(\text{m})$$
$$S_2 = 0.359H + 0.12(h + \Delta h) = 1.59(\text{m})$$
$$S_3 = 4 - 1.55 - 1.59 = 0.86(\text{m})$$

(4)板桩厚度。

当用木板桩时：

$$W = \frac{20\,500}{12 \times 1.5} = 1\,140(\text{cm}^3)$$

板桩厚：

$$d = \sqrt{\frac{6 \times 1\,140}{100}} = 8.3\text{cm} \approx 9(\text{cm})$$

当用钢板桩时：

$$W = 20\,500/(180 \times 1.5) = 76(\text{cm}^3)$$

可选用美国拉克万纳 SP8 型($W = 83\text{cm}^3$,见表 48-1)

【例 48-5】 坑深 $H = 4\text{m}$,$\varphi = 25°$,支撑形式 Ⅱ,水文地质为第二种情况,,坑沿活载 34kPa 的 25%。求板桩所需入土深度,支撑设计和板桩厚度。

解: 查图 48-23 中曲线 2-2。

(1)固定荷载：

$$h = 0.74H = 2.96(\text{m}),M = 1.3H^3 = 83(\text{kN} \cdot \text{m})$$
$$R = 2.4H^2 = 38(\text{kN})$$

(2)活载：

$$0.25\Delta h = 0.25 \times 1.07 = 0.27(\text{m})$$
$$0.25\Delta M = 0.25 \times (3.3H + 5.2H^2) = 24(\text{kN} \cdot \text{m})$$
$$0.25\Delta R = 0.25(3.4 + 12.3H) = 13(\text{kN})$$

(3)固十活：

$$h + 0.25\Delta h = 3.23(\text{m})(\text{所需最小入土深度})$$
$$M + 0.25\Delta M = 107(\text{kN} \cdot \text{m}),R + 0.25\Delta R = 51(\text{kN})$$

(4)板桩选择。

当用木板桩时

$$W = \frac{107\,000}{12 \times 15} = 5\,950(\text{cm}^3)$$

板厚：

$$d = \sqrt{\frac{6 \times 5\,950}{100}} = 18.9 \approx 19(\text{cm})$$

当用钢板桩时

$$W = \frac{107\,000}{180 \times 1.5} = 397(\text{cm}^3)$$

可选用美国拉克万纳 AP14 型钢板桩($W = 400\text{cm}^3$,见表 48-5)。

(5)支撑系统。

假定横撑间隔采用 $l = 1.8\text{m}$,则内导梁的弯矩：

$$M = \frac{Rl^2}{8} = \frac{51 \times 1.8^2}{8} = 20.6(\text{kN} \cdot \text{m})$$

$$\overline{W} = \frac{20\,600}{12} = 1\,720(\text{cm}^3)(\text{支撑木料}[\sigma]\text{为 12MPa})$$

导梁直径：

$$D = \sqrt[3]{\frac{1\,720}{0.093}} = 26(\text{cm})$$

支撑反力为:$R \times l = 51 \times 1.8 = 92(\text{kN})$

2. 钢板桩围堰及顶撑导梁框架的设计计算

用钢板桩做成的围堰有如下几种类型:即单层钢板桩围堰和双层钢板桩围堰。现将其设计方法简述如下。

1)单层钢板桩围堰

这种围堰是在水中修筑桥梁墩台基础时用得最多的一种围堰,按具体情况可将围堰作成圆形或矩形,由于圆形围堰在外力作用下只产生周线压力,而纵向挠曲很小,故应选用平直钢板桩。因为板桩受力情况较好,故30m左右的深水还是可以用这种围堰,不过需要另加几道环撑,如图48-28所示。桥墩基础的外形多为扁长形,如果把围堰硬作成圆形,则其周线必加长,板桩要多用很多。同时对河槽的挤缩也比较严重,容易引起局部冲刷。因此除特殊情况外,都是按基础的尺寸把围堰作成矩形。后文将只谈矩形围堰的设计,由于基坑深浅的不同,需要加上几道由围木、顶撑和斜撑所组成的导梁框架,并用立柱和斜撑等把上面几层导框连成一个整体,以增加其刚性(图48-29)。这样就构成了如上节所提到的多层板桩了。

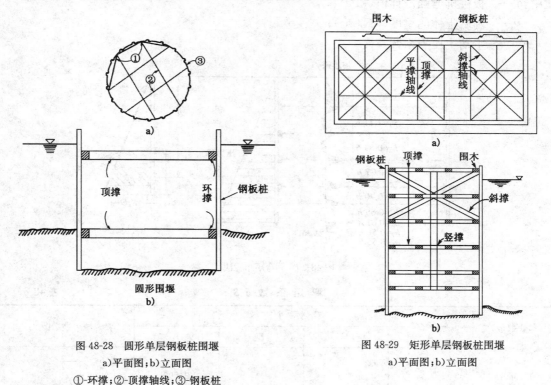

图 48-28　圆形单层钢板桩围堰
a)平面图;b)立面图
①-环撑;②-顶撑轴线;③-钢板桩

图 48-29　矩形单层钢板桩围堰
a)平面图;b)立面图

钢板桩围堰的围木、顶撑、立柱等一般可选用钢料,现将矩形单层钢板桩围堰的设计详述如下。

(1)设计

堰顶至少应高出施工期间的最高水位0.7m,因此所需要的板桩视其下端插入坑底多深而定。板桩入土深度主要由地质条件决定,视其能否做到把来水截断。

导框层数的多少直接影响板桩、围木、顶撑等杆件的尺寸。两种不同出发点来布置导框,使得所设计出来的围堰是最经济的或者施工时最方便的。

①从发挥钢板桩的最大强度出发:如能把导框布置成使得各跨度的最大弯矩全相等,且等于板桩的允许抗弯矩。则所设计出来的围堰,显然是最经济的矩形围堰,需要用具有较高截面模量的槽形板桩拼成。

若作用于板桩上的侧压力是三角形,且基坑不深,为了要使各跨度的最大弯矩相等(图

48-30),可照表 48-8 布置导框。根据表上所列出的最大力矩 M,即可求出所需要的截面模量的钢板桩,根据表上所列出的反力,即可设计导框各杆件的尺寸。

如果基坑很深,显然两层导框是不够用的,即可按下法把导框的间距——算出,其设计步骤是:先任选某一板桩,其截面模量为 W。然后根据它的允许抗弯矩按式(48-2)求算板桩顶部轴悬臂梁的允许最大跨度 h:

$$f = \frac{M_{max}}{W} = \frac{\frac{1}{6}\gamma K_a h^3}{W}$$

$$h = \sqrt[3]{\frac{6fW}{\gamma K_a}} \tag{48-2}$$

式中:f——板桩抗弯强设计值(kPa);

γ——墙后土体的重度(kN/m³);

K_a——主动土压力系数。

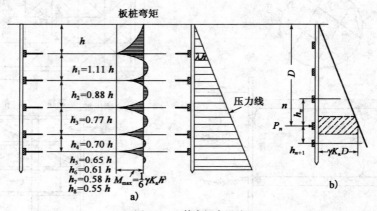

图 48-30 等弯矩布置法

弯 矩 系 数 δ、β

表 48-8

系 数 δ	系 数 β				堰 壁 图
	A	E	D	B	
0.166 67	0	—	—	0.500	
0.064 15	0.167	—	—	0.333	
0.017 86	—	—	0.318	0.182	
0.066 67	0.100	—	—	0.400	
0.017 53	—	—	0.283	0.217	

系 数 δ	系 数 β				堰 壁 图
	A	E	D	B	
0.014 7	0.028		0.321	0.151	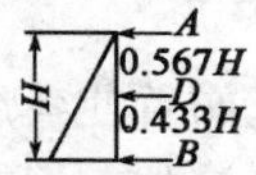
0.006 96	—	0.144	0.247	0.109	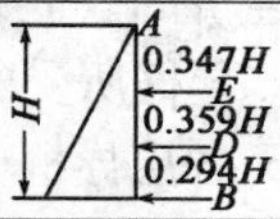
0.012 12	0.034		0.283	0.183	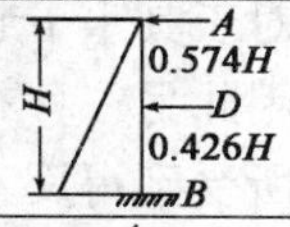
0.006 16		0.141	0.227	0.132	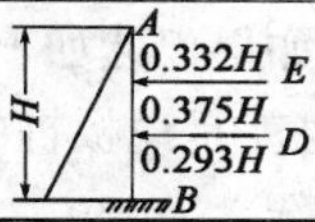

每米宽堰壁的最大力矩：

$$M = \delta r \tan^2\left(45° - \frac{\varphi}{2}\right)H^2$$

每米宽的支点反力：

$$R = \beta r \tan^2\left(45° - \frac{\varphi}{2}\right)H^2$$

由于基坑很深,需要多层导框,从图 48-30 可看出,板桩实际上是一个承受三角形荷载的连续梁,在支承点上可近似地假定其不转动,也就是说,可以把每个跨度分别地当作固着梁看待。这样即可求出当各支承点的最大力矩等于 $\frac{1}{6}\gamma K_a h^3$ 时各跨的间距,其值示于图 48-30a)。

如果这样计算出来的导框层数显得过多或过少,即可另选板桩,照同样步骤求算各跨的间距。按等弯矩布置支撑时,板桩强度利用率最高,但各层导框支撑断面不等,越向下越大,施工难度也越大。等弯矩布置时各弯矩如图 48-30 所示。板桩的最大弯矩是以板桩顶部悬臂允许最大长度来求得,即：

$$M_{\max} = \frac{1}{6}\gamma K_a h^3 \qquad (48\text{-}3)$$

式中：h——板桩顶部轴悬臂梁的允许最大跨度(m)；

$M_{\max}$——板桩最大弯矩值(kN·m)。

导框间距确定了之后,即可用近似方法求算作用于围木上的均布水平反力 P。当然我们也可以把它当作连续梁,按准确公式求出各支承点上反力 P。不过由于安装时的人为影响和没法求得准确的土壤侧压力,求算其准确的理论反力 P 也没有什么价值。一般可用以下两种近似方法求算反力 P。

a. 假定相邻两跨上的半跨压力由该支点承担,如图 48-30b)所示,即：

$$P_n = \frac{1}{2}\gamma K_a D(h_n + h_{n+1}) \qquad (48\text{-}4)$$

式中：P_n——第 n 层支点处每延米长度上的反力及围檩承受的均布荷载；

D——支点至墙顶的距离；

h_n——第 n 层支点至上一层支点的距离；

h_{n+1}——第 n 层支点至下一层支点的距离。

b. 假定板桩各跨全是简支梁（视导框的布置和板桩入土的情况，板桩两端也可能是悬臂梁）。

②布置使各层导框受到相等反力 P：按上述方法布置导框是充分发挥了板桩的强度，因此是最经济的。但有时也会有某些困难，如：

a. 导框所受的力 P_n，越向下越大，可能就找不到足够大的方木来满足要求。

b. 各层导框受到的力各不相同，因此若要在围堰内装置这些不同尺寸的导框，很不方便，特别对于其水下装置施作困难。

因此另一种布置法是借缩短前定导框的间距（即不打算利用板桩的挠曲强度），使得各层导框所受到得反力 P 全相等。

如果仍然如上所述，把板桩顶部作成悬臂梁，则以下各支点的力矩就要小多，如 48-31 所示，也就是说板桩的利用率太低，因此应在桩顶上另加一道导框，以免各支点处的弯矩大小过于悬殊。

根据这样的考虑，使作用于下面四道导框上的反力相等（在三角形侧压力作用下），用连续梁法求得的各跨间距，见图 48-31a）。从图 48-31 可看出最上面的那道导框只受到 0.15P 的反力，反力 P 见图 48-31b）。

多支撑板桩按等反力布置时，支撑间距如图 48-31a）所示。图中的第一道支撑的反力只是其他各支撑反力的 0.15 倍。这种支撑布置可使各跨板桩的弯矩尽量接近。

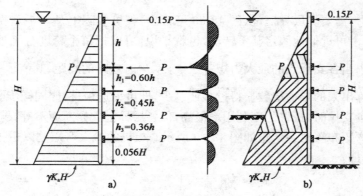

图 48-31　等反力布置法

各支撑的反力 P 可按公式(48-5)计算：

$$P = \frac{\gamma K_a H^2}{2(n-1+0.15)} \tag{48-5}$$

式中：P——各支撑反力(kN)；

　n——支撑数；

　H——基坑深度(m)；

其余符号意义同前。

当 $n=5$ 时，则：

$$P = \frac{\gamma K_a H^3}{8.3}$$

板桩计算断面模量，由第一跨的弯矩求出，即：

452

$$W = \frac{\frac{1}{6}\gamma K_a h^3 - 0.15Ph}{[\sigma]} \tag{48-6}$$

式中：$[\sigma]$——板桩允许挠曲应力（kPa）；

其余符号意义同前。

各支撑反力可假定相邻两跨上的半跨压力由该支点承担，如图 48-31b)中阴影线所示。也可假定各跨均为简支梁（视导框的布置与板桩入土的情况而定，两端可以是悬臂梁）。其设计步骤为：从已知的基坑的深度 H，并利用图 48-31 所给的数据，即可求出导框的间距，然后按公式 $P = \dfrac{\gamma K_a H^2}{8.3}$ 求算作用于导框上的反力 P，再从所求得的第一跨度的最大力矩选择板桩截面，即需要的截面模量 $W = \left(\dfrac{1}{6}\gamma K_a h^3 - 0.15Ph\right)\dfrac{1}{[\sigma]}$。并根据 P 值设计围木、顶撑等各杆件的尺寸，如果算得的尺寸不合适，则可更改导框间距，重新设计。

当然也可以先选钢板桩截面，不过这样会使其计算程序麻烦，因为必须通过计算才能求得导框间距和围木等尺寸。

（2）计算

①计算的精确度问题：在围堰计算里，除了水和土的侧压力难于估计的准确外，还有许多人为的影响，也会改变围堰里各杆件的受力状态，例如用千斤顶或木楔装置顶撑时，顶得紧松程度的不同会引起杆件内应力的重分布，也就是说顶得越紧，则该处反力就越大，且比按理论计算的要大。

因此我们没法精确地求出各杆件所受到的真正应力。基于这个理由，在计算时显然可以做某些合理假定，以便简化计算，但需谨慎从事，不得乱作假定，以免发生工程事故，影响施工进度和人身安全。

②板桩端脚的支承情况：基于同样理由，我们也只能对板桩端脚的支承情况作出某些合理假定，以便于计算，除此别无他途。

a. 当板桩端脚打到硬层上，亦即坑底的土为硬层，如岩石、卵面层等时，其端脚的支承情况视其是否打入硬层少许而定。如果板桩没法打进硬层，显然硬层无法供给板桩端脚以任何侧面支承力，所以在最低一层导框下的板桩，应假定其为悬臂作用，如图 48-32a)所示。

如果板桩打入硬层少许，并估计该硬层尚能起侧支撑作用，则可假定其端点为简支，如图48-32b)所示。

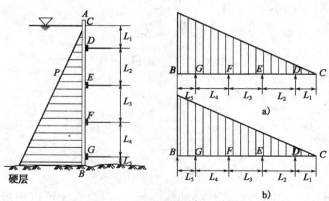

图 48-32　板桩端脚打到硬层之单层钢板桩围堰

b. 坑底的土并非硬层，则其端脚的支承情况视其穿入坑底多深而定，如果板桩打入坑底的深度大于 x（其深度受土质的影响），则可假定板桩入土部分的某一点为固着点，否则就不必作任何假定，直接把水和土的主动和被动侧压力画出，即可求得 G 点处（即最后一层导框之位置）作用在板桩上的力矩（图 48-33）。

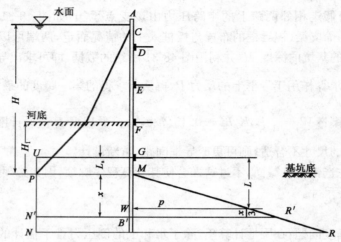

图 48-33　求算板桩入土部分的固着点的方法

现将 x 值的计算步骤简述如下：

（a）画出作用在板桩上的全部侧压力（水和土的主动和被动侧压力），如图 48-33 所示。其中，$\overline{PM}$（即 UG）为 H 深水压及 H_1 深土压（主动压力）之和。$R'B'$ 为 x 深处被动和主动土压之差，即 MR' 线之坡度：

$$p_n = (p_p - p_a) \tag{48-7}$$

式中：p_p——土的被动侧压力系数，$p_p = \gamma \tan^2 \left(45° + \dfrac{\varphi}{2}\right)$；

p_a——土的主动侧压力系数，$p_a = \gamma \tan^2 \left(45° - \dfrac{\varphi}{2}\right)$；

γ——土的浸水重度；

φ——土浸水后的内摩擦角。

（b）近似地假定作用在 GB' 板桩上的荷载 $UGN'B'$，一半传到 G 点，另一半由坑底土压力 $MB'R'$ 承担。根据这样假定即可求出 x 值，即：

$$\frac{GUN'B'}{2} = MR'B'$$

$$N'B' = \gamma_w H + p_a H_1 = \overline{PM}$$

$$R'B' = p_n x$$

故：

$$\frac{1}{2} \overline{MP}(L_5 + x) = \frac{1}{2} p_n x^2$$

即：

$$p_n x^2 - \overline{PM}x - \overline{PM}L_5 = 0 \tag{48-8}$$

由式（48-8）求解 x，只有板桩打入坑底的深度超过 x 值后，才可以把板桩入土部分的某一点假定为固着点。

（c）坑底被动土压力的合力 P 是作用在离坑底 $\frac{2}{3}x$ 处 W 点，假定此点 W 就是板桩入土部分固着点，则最低一跨的跨长 $GW=L=L_5+\frac{2}{3}x$。

（d）假定 G、W 两点皆为固定端，则可按固定梁方法计算 G 点的力矩，其误差不大。

以上就是求算板桩入土部分固着点的近似方法。

不过也有人（根据经验）建议固着点位置如下（随土质而变）：

ⓐ当坑底下的土很密实时，固着点可假定位于坑底处。

ⓑ当坑底下的土不太密实时，可假定位于坑底以下 0.3～0.4m 处。

ⓒ当坑底下的土为软土或者可能被排水弄坏的紧土，且板桩打入坑底的深度大于 2m 时，则假定位于坑底下 0.8～1.0m 处。不过当板桩打入坑底的深度小于 2m 时，则应假定离坑底 0.6m 处为简支点，按上端固着下端简支的板梁计算。

这两种近似方法所算得的结果可能相差很大，因此应该采用哪一种方法，尚有研讨余地，不过等一种方法尚有一些理论上的根据，计算 x 值也并不复杂，适宜采用。

（3）板桩连续梁的计算法

①板桩连续梁的弯矩：由于各跨长度不等，荷载也较复杂，计算梁上弯矩也很复杂，最好采用力矩分配法求算各跨弯矩。计算时需用到超静定固端弯矩公式，可参考表 48-9。

超静定梁固端弯矩　表 48-9

荷 载 形 式	弯 矩	荷 载 形 式	弯 矩
	$M_A=-\frac{1}{12}\omega L^2$ $M_B=-\frac{1}{12}\omega L^2$		$M_A=-\frac{1}{8}\omega L^2$ $M_B=0$
	$M_A=-\frac{1}{30}\omega L^2$ $M_B=-\frac{1}{20}\omega L^2$		$M_A=-\frac{1}{15}\omega L^2$ $M_B=0$
	$M_A=-\frac{1}{12}L\omega a^3(4-3\alpha)$ $M_B=-\frac{1}{12}\omega a^2(6-8\alpha+3\alpha^2)$		$M_A=-\frac{7}{120}\omega L^2$ $M_B=0$
	$M_A=-\frac{1}{12L}\omega b^3\left(1-\frac{3\beta}{5}\right)$ $M_B=-\frac{1}{12}\omega b^2\left(2\alpha+\frac{3\beta^2}{5}\right)$		$M_A=-\frac{Pab}{2L}\left(1+\frac{b}{L}\right)$ $=-\frac{Pb(L^2-b^2)}{2L^2}$ $M_B=0$
	$M_A=-\frac{1}{6}\omega a^2\left(2-3\alpha+\frac{6\alpha^2}{5}\right)$ $M_B=-\frac{1}{4L}\omega a^3\left(1-\frac{4\alpha}{5}\right)$		$M_A=-\frac{Pab^2}{L^2}$ $M_B=-\frac{Pa^2b}{L^2}$

$\alpha=a/L$　$\beta=b/L$

②支撑反力：求得支撑反力后，才能够设计导框，所谓支撑反力，实际上就是围木所受到的均布水平荷载，其值当然也可以按连续梁求出，但基于前述理由，为了精确度一致，可以采用近似计算法，即：

a.假定相邻两跨上的半跨压力由该支点承担；

b. 假定板桩各跨都是简支梁（板桩两端可能是悬臂梁）。

（4）导框的设计

①围木的设计：求得作用于围木上的均布荷载后，再根据导框中各杆件的连接情况，就可以计算围木中的弯矩和应力。由于顶撑和围木的连接情况对围木弯矩的影响不大，为计算简便，可假定其为铰接。围木间（即导框的四角）的连接方法对围木的弯矩影响很大，故需根据实际情况，作出合理假定。如果导框四角作成铰接，则围木的最大弯矩可按连续梁计算，如果导框四角作成固定，则其力矩可按（图48-34）所列公式计算。显然把导框四角作成固定的，可使围木上的弯矩大为减小。

围木除在水平方向受到支撑反力的挠曲和在垂直方向受到自重的挠曲（此项影响不大，可以不计）外，还受到由两端传来的轴向压力，其值约等于$\frac{wl}{2}$。

②顶撑的设计：图48-34列出作用于顶撑上的轴向压力的大小。顶撑可按柱的计算法设计。不过通常除了轴压外，还需加算因意外而落到顶撑上的重物所引起的挠曲，此挠曲可由500kg集中荷载作用在跨度中点求出。

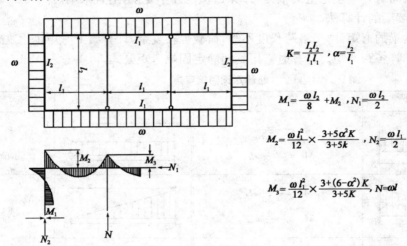

$$K = \frac{I_2 I_2}{l_1 l_1}, \quad \alpha = \frac{l_2}{l_1}$$

$$M_1 = \frac{\omega l_2}{8} + M_2, \quad N_1 = \frac{\omega l_2}{2}$$

$$M_2 = \frac{\omega l_1^2}{12} \times \frac{3+5\alpha^2 K}{3+5k}, \quad N_2 = \frac{\omega l_1}{2}$$

$$M_3 = \frac{\omega l_1^2}{12} \times \frac{3+(6-\alpha^2)K}{3+5K}, \quad N = \omega l$$

图48-34　导框的分析

围堰支撑中除了围木、顶撑外，还包括有加强顶撑用的斜撑立柱等，其计算也只是近似求解。有时把围堰支撑预制成一种笼架式结构，即所谓围檩，则其计算跟普通桁架就没有差别。

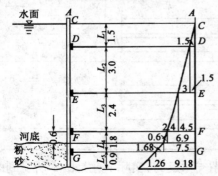

图48-35　打至硬层上的单层板桩围堰
（尺寸单位：m；其他单位：t/m² 或 kN/m²）

（5）算例

【例48-6】　设拟修筑一个矩形单层板桩围堰，水深7.5m，河底下有2.1m厚的粉砂层，板桩穿过这层打到硬层上，而该层即为基坑的底面（图48-35）。试求算板桩弯矩和作用在围木上的水平均布荷载。

注：本例按常用计量单位进行计算。

解：（1）数据：假定水中粉砂层的主动土压力 p_a 为0.4t/m²，板桩下端B为自由端，即GB段为悬臂梁，如图48-35所示。

（2）板桩弯矩：拟用力矩分配法求算连续梁（板桩）的弯矩。

先计算各支点的固着端力矩(利用前列的固着端力矩表),见表48-10。

各支点的固着端力矩 表48-10

支 点		力矩(kg·m)
D	上: $1\,500 \times \dfrac{1.5}{2} \times \dfrac{1.5}{3}$	560
	下: $\left(\dfrac{1}{12} \times 1\,500 + \dfrac{1}{30} \times 3\,000\right) \times (3.0)^2$	2\,030
E	上: $\left(\dfrac{1}{12} \times 1\,500 + \dfrac{1}{20} \times 3\,000\right) \times (3.0)^2$	2\,500
	下: $\left(\dfrac{1}{12} \times 4\,500 + \dfrac{1}{30} \times 2\,400\right) \times (2.4)^2$	2\,860
F	上: $\left(\dfrac{1}{12} \times 4\,500 + \dfrac{1}{20} \times 2\,400\right) \times (2.4)^2$	3\,090
	下: $\left(\dfrac{1}{12} \times 6\,900 + \dfrac{1}{30} \times 1\,800\right) \times (1.8)^2 +$ $\dfrac{1}{60} \times 480\left(\dfrac{2}{3}\right)^3\left(5 - 3 \times \dfrac{2}{3}\right) \times (1.8)^2$	2\,080
G	上: $\left(\dfrac{1}{12} \times 6\,900 + \dfrac{1}{20} \times 1\,800\right) \times (1.8)^2 +$ $\dfrac{1}{60} \times 4.80 \times \left(\dfrac{2}{3}\right)^2\left[10 \times 10 \times \dfrac{2}{3} + 3\left(\dfrac{2}{3}\right)^2\right] \times (1.8)^2$	2\,210
	下: $9\,180 \times 0.9 \times \dfrac{0.9}{2} + 1\,260 \times \dfrac{0.9}{2} \times \dfrac{2}{3} \times 0.9$	4\,060

因各跨的板桩截面全相同,故力矩分配法所需的刚劲系数 $K = \dfrac{I}{L}$ 是和其跨度成反比。设跨度 ED 的 K 为 I,则其他各跨的 K 即可求得,见表48-11,传播系数为 0.5,写在括号内。

各跨力矩分配系数 表48-11

	$G(K=1.67)$ (0.5)		$F(K=1.25)$ (0.5)		$E(K=1)$ (0.5)		D
固着端力矩	+2\,210	−2\,080	+3\,090	−2\,860	+2\,495	−2\,025	+560
第一次分配	+1\,850	−580	−430	+200	+160	+1\,465	
第一次传递	−290	+930	+100	−220	+730	+80	
第二次分配	+290	−590	−440	−280	−230	−80	
第二次传递	−300	+150	−140	−220	−40	−120	
第三次分配	+300	−5	−5	+145	+115	+120	
第三次传递	−5	+150	+70	−5	+60	+60	
第四次分配	+5	−125	−95	−30	−25	−60	
	+4\,060	−2\,150	+2\,150	−3\,270	+3\,265	−560	
算出力矩:	4\,060		2\,150		3\,270	560	

(3)**支撑反力**(即作用于围木上的水平均布荷载):按简支梁计算,见表48-12。

支撑反力计算表 表48-12

支 点		支撑反力(t)
D	上: $1.5 \times \dfrac{1.5}{2}$	1.13 $\Big\}$ 4.88
	下: $1.5 \times \dfrac{3.0}{2} + 3.0 \times \dfrac{3.0}{2} \times \dfrac{1}{3}$	3.75
E	上: $1.5 \times \dfrac{3.0}{2} + 3.0 \times \dfrac{3.0}{2} \times \dfrac{2}{3}$	5.25 $\Big\}$ 11.61
	下: $4.5 \times \dfrac{2.4}{2} + 2.4 \times \dfrac{2.4}{2} \times \dfrac{1}{3}$	6.36

支　点	支撑反力(t)
$F\begin{cases}上 4.5\times\dfrac{2.4}{2}+2.4\times\dfrac{2.4}{2}\times\dfrac{2}{3}\\[2mm]下 6.9\times\dfrac{1.8}{2}+1.8\times\dfrac{1.8}{2}\times\dfrac{1}{3}+0.48\times\dfrac{1.2}{2}\times\left(\dfrac{1.2}{3}\right)\times\dfrac{1}{1.8}\end{cases}$	$\left.\begin{array}{r}7.32\\6.80\end{array}\right\}=14.12$
$G\begin{cases}上:6.9\times\dfrac{1.8}{2}+1.8\times\dfrac{1.8}{2}\times\dfrac{2}{3}+0.48\times\dfrac{1.2}{2}\times\dfrac{\left(1.8-\dfrac{1.2}{3}\right)}{1.8}\\[2mm]下:9.18\times0.9+1.26\times\dfrac{0.9}{2}\end{cases}$	$\left.\begin{array}{r}7.50\\8.83\end{array}\right\}=16.33$

【例 48-7】　除了把【例 48-6】中的硬岩改为砂质黏土外,其他数据不动。其目的是为了便于比较。坑底还是位于砂质黏土的顶面上。注:仍按常用计量单位进行计算。

解:(1)数据:假定水中粉砂层的被动土压力 $P_p=4.0\text{t/m}^2$。

则:

$$P_n=4.0-0.4=(3.6\text{t/m}^2)$$

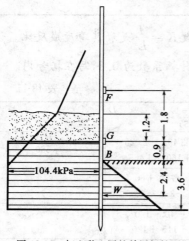

图 48-36　打入黏土层的单层板桩围堰
（尺寸单位:m）

(2)板桩打入坑底以下的深度 x,为了截断水从坑底渗进基坑,板桩至少切入黏土 $1\sim2$m。但要板桩入土部分能起固着作用,至少应打入坑底 x 深。x 值可从公式(48-8)求得:

$$P_n x^2-\overline{PM}x-\overline{PM}L_5=0$$

式中　$\overline{PM}=10.44\text{t/m}^2$（图 48-35）

$$L_5=0.9\text{m}$$

代上式得:

$$3.6x^2-10.44x-10.44\times0.9=0$$
$$x=3.6(\text{m})$$

$$\overline{GW}=0.9+3.6\times\dfrac{2}{3}=3.3(\text{m})$$

(3)G 点弯矩和支撑反力:G 点为板梁上的控制点,因此只要计算这一点的弯矩和支撑反力(图 48-36)。把 GW 假定为两端固着的梁,求算 M_G:

$$M_G=\dfrac{1}{12}\times10.44\times3.3^2-\dfrac{1}{60}\times(3.6\times2.4)\times\left(\dfrac{2.4}{3.3}\right)^3\left(5-3\times\dfrac{2.4}{3.3}\right)\times(3.3)^2$$
$$=9.48-1.71=77.7[(\text{kN}\cdot\text{m})/\text{m}]。$$

把板桩各跨假定为简支梁,求算 G 点的支撑反力 R_5:

$$\left.\begin{array}{l}上:\left(照【例 48-6】算得\right)7.50\\[2mm]下:\dfrac{1}{2}\times10.44\times3.3-\dfrac{3.6\times2.4^2}{2}\times\dfrac{2.4}{3\times3.3}=14.70\end{array}\right\}=22.20$$

比较这两个例题,即可看出,为了防漏而将板桩打入土中适当深度是要引起 G 点板桩弯矩和支撑反力增大,打进越深,板桩的弯矩和支撑反力也就越大。因此在【例 48-7】中,如果仅仅是为了防漏,就不需要打进坑底那么深(3.6m)。一般能切入黏土 $1\sim2$m 就够了。不过在板桩打入坑底的深度超过 x 值后，其弯矩及支撑反力也就不再增大了。

(6)其施工程序如何影响围堰的设计

设计者除了按上述方法决定导框位置外，尚需规划开挖和安装导框的先后程序，使在任何时刻，板桩内的应力，不致危及围堰的安全。如果通过检算的结果，发现板桩内的应力超过允许值，或者板桩的稳定有问题，则应更改设计。

①先打板桩再装支撑：为了说明安装支撑的先后程序的影响，还是利用前面所举的【例 48-7】作为例子进行分析，不过把板桩打入坑底的深度从 3.6m 改为 1.5m(图 48-37)。因为坑底是砂质黏土，所以只要施工上有需要，任何时候都可抽水。现研究各种不同安装程序的可能性。

a. 边排水边装导框如图 48-37b)和 c)所示。为了施工上的方便，首先考虑随排水逐步安装导框的可能性，如图 48-37b)和 c)所示。

为计算方便计，假定基坑内的水先只降到 1.5m 深，降低后再安装第一层导框，那么必须检算，在该导框还没装上前，板桩所受到的最大弯矩有多大如图 48-37b)所示。因为板桩打入河底相当深(3.6m)，为了简化计算，假定离河底 1.0m 深为悬臂梁(板桩)的固着点。并检算内外在 1.5m 水位差作用下，在该固着点所引起之力矩为多大，即：

$$M_{\max}=1.5\times\frac{(8.5)^2}{2}-\frac{(1.5)^2}{2}\left(8.5-1.5\times\frac{1}{3}\right)=45.4(\text{t}\cdot\text{m})=454(\text{kN}\cdot\text{m})$$

比【例 48-7】所求得的 $M_G=7.77\text{kN}\cdot\text{m}$ 大将近 5 倍。

在基坑内的水位降到 4.5m，而第二导框尚未装之前，从图 48-37e)可看出板桩上所受到的弯矩显然是比前一种情况更为严重，因此这种施工方法在深水中显然是无法采用的。

b. 在水下安装河底以上的导框：为了免除上述困难，可以不把围堰中的水抽掉，先让潜水工下水预先把河底以上的导框装好，再排水到底。然后再把坑底以上的土挖掉，并将最后一道支撑装上，但在该层导框尚未装上前，F 点所受的力矩可能很大，尚需检算一下，如 48-37d)所示，即：

$$M_F=6.9\times\frac{(2.7)^2}{2}+(9.6-6.9)\times\frac{(2.7)^2}{2}\times\frac{2}{3}+0.84\times\frac{2.1}{2}(2.7-\frac{2.1}{3})+10.44\times$$

$$1.5\left(2.7+\frac{1.5}{2}\right)-(3.6\times1.5)\times\frac{1.5}{2}\left(2.7+1.5\times\frac{2}{3}\right)$$

$$=72.6(\text{t}\cdot\text{m})=726(\text{kN}\cdot\text{m})$$

这比【例 48-7】所算得的 $M_{\max}(M_G=77.7\text{kN}\cdot\text{m})$ 大了将近 8 倍，显然这种施工法更是行不通。

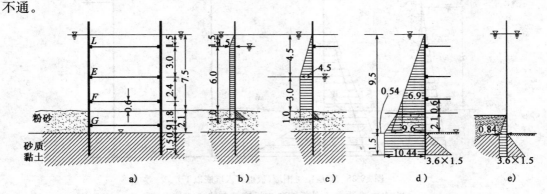

图 48-37 围堰支撑的检算(尺寸单位:m;其他单位:t/m²)

c. 全部导框都在水下安装的：只要可能，则应把坑底以上的土先行挖掉（系水下挖土），再来安装导框。安装显然可从最底层开始，逐渐向上安装，待全部支撑装妥后，即可抽水（直抽到坑底），然后再砌筑基础圬工。待基础修出水面后，才可拆除围堰。采用这种施工工序时，需检算在坑底以上的土已经挖掉，而支撑尚未装上前，板桩是否稳定。在图48-37e）所给的尺寸条件下，由于被动土压大大超过了主动土压，这说明1.5m的切入足够保证板桩的稳定。该板桩实际上就是一个悬臂梁，因作用在梁上的荷载很小，用不到计算，即可看出板桩上的最大力矩一定也很小。但如坑底离河床很深，而板桩插入坑底又不太深，以致在坑底以上的土挖掉而支撑尚未装上之前，板桩的稳定无法保证时，则上述办法没法采用，此时只有把坑底以上的导框装好后，才可以挖土，挖毕再装位于坑底以下的导框（全是水下施工）不过在装顶上第一层导框之前，必须把其他各导框按序先挂在第一导框下，否则会给施工带来很大困难。

②围檩法：固然为了减轻潜水工的水下工作，应该先把各层导框在未放下前，先行装配就绪，再放下水，就是这样作，在水中装导框和支撑也还是有许多困难的。况且在打板桩之前，还得在水中打导桩，立导木等。工作既然这样烦重，倒不如索性先在岸上或铁驳上把各层导框用立柱、斜撑等连成一个整体，构成一个笼架式结构（即所谓围檩），再运到桥墩处下沉，并用定位桩固定之，然后再以围檩为导向架打下板桩即构成板桩围堰。许多大河中的桥墩都是采用这种方法修筑的。

2) 双层钢板桩围堰

有时水虽不深，但因基坑面积过大，导致无法加支撑，或者由于水太深，且需解决防漏问题以便排水。即可改用双层钢板桩（有时也可用木板桩替代钢板桩），板桩之间填土构成围堰。

(1) 不加支撑的双层板桩围堰：坑底土质决定板桩是否能打进坑底。如果坑底为硬层（岩石或砾石等），则板桩就很难打进去。否则就应当打进坑底适当深度，以保证板桩的稳定。

①板桩打入坑底以下适当深度如图48-38所示。

作用在板桩上的侧压力：作用在内外两层板桩上的水压力的大小，由内外侧板桩的透水程度决定。由于板桩不可能做到绝对不透水，因此作用在内板桩上的水压力显然达不到100%的静水压。但到底有多大的静水压力作用在该板桩上，因为影响的不确定因素太多，也只能按板桩的透水程度粗略估计。一般假定其值为全部静水压的50%，如图48-38所示。至于作用在外板桩上的水压和土压更是难于确定，但为设计外板桩，也只得做一些不够合理的假定，如图48-38所示。

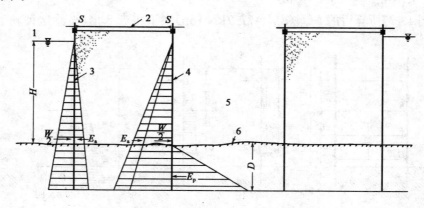

图48-38 双层板桩围堰（板桩打入坑底以下）
1-水面；2-顶撑；3-外板桩；4-内板桩；5-基坑；6-基坑底

由于内板桩受力情况较为严重，现将其设计方法详述如下：

a. 为保证板桩的稳定所需打入坑底的最小深度 D：为保证内板桩的稳定，须遵守下列两个条件，即：

$$\frac{W}{2} + E_a \leqslant E_p + S \tag{48-9}$$

$$\frac{2}{3}(H+D)\left(\frac{W}{2} + E_a\right) \leqslant \left(H + \frac{2}{3}D\right)E_p \tag{48-10}$$

为计算方便（且在安全一边），仅用 $\frac{W}{2} + E_a = E_p$ 求算 D 值。其之所以安全一边，是因为它满足上列任一公式。由 $\frac{W}{2} + E_a = E_p$ 得：

$$\frac{1}{2}(H+D)^2(0.5 + p_a) = \frac{1}{2}D^2 p_p$$

$$D = \frac{\sqrt{0.5 + p_a}}{\sqrt{p_p} - \sqrt{0.5 + p_a}} H \tag{48-11}$$

式中：p_a —— $p_a = \gamma_b \tan^2\left(45° - \frac{\varphi}{2}\right)$;

p_p —— $p_p = \gamma_b \tan^2\left(45° + \frac{\varphi}{2}\right)$;

γ_b —— 土的浸水重度；

φ —— 土的内摩擦角；

D、H —— 均以 m 计。

b. 求算板桩的截面。

实际上可把内外板桩看作在支撑反力 S（未知数）和水压、土压作用下的悬臂梁（图 48-38）。为简化计算，假定在坑底或河床以下 1m 处是悬臂梁（板桩）的固定端，即 $h = H + 1$（假定坑底即河底）。

那么，内外板桩顶端的向内挠度 δ_1、δ_2 各等于下式：

$$\delta_1 = \frac{1}{E_1 I_1}\left(p_1 \frac{h^4}{30} + S\frac{h^3}{3}\right) \tag{48-12}$$

$$\delta_2 = \frac{1}{E_2 I_2}\left(p_2 \frac{h^4}{30} - S\frac{h^3}{3}\right) \tag{48-13}$$

式中：E_2、E_1 —— 内外钢板桩的弹性模量（10^3 MPa）；

I_2、I_1 —— 内外钢板桩的惯性力矩（10^4 N/mm^4）；

p_1 —— 作用在外板桩固定端之侧压力，$p_1 = (0.5 - p_a)h$;

p_2 —— 作用在内板桩固定端之侧压力，$p_2 = (0.5 + p_a)h$ 。

从所给 $\delta_1 = \delta_2$ 条件（拉撑的变形甚小，可略去不计），且设 $E_1 = E_2$、$I_1 = I_2$ 即可求出支撑反力 S 为：

$$S = \frac{h}{20}(p_2 - p_1) = \frac{1}{10}p_a h^2 \tag{48-14}$$

求得支撑反力 S 之后，作用于悬臂梁固定端的最大力矩为：

$$M_1 = \frac{1}{6}p_1 h^2 + Sh \tag{48-15}$$

$$M_2 = \frac{1}{6}p_2h^2 - Sh \tag{48-16}$$

计算板桩厚度时,应取 M_1、M_2 中的最大值来计算。但是如果围堰很长,而 M_1、M_2 又相差很大,则应根据节省材料的原则,采用不同厚度的板桩。

最理想的做法是:把外侧板桩尽量作成不透水的,而内侧板桩则反之,应尽量作成透水的,以节省材料。

②基坑面是岩层(即板桩端脚打到岩层上者):在这种情况下,围堰只不过是两侧为钢板桩的土坝,如图 48-39 所示。通过围堰的稳定和强度要求确定其宽度 B,具体内容如下:

a. 保证倾覆和滑动的稳定,滑动的稳定安全系数不得小于1,倾覆稳定安全系数不得小于3。

b. 板桩内的填土不得剪坏,在侧压力作用下,如果土的抗剪强度小于作用的剪切力,则整个围堰斜倒,且变成斜方形。中线竖直面所产生的剪切力最大,其值等于 $\triangle abc$ 的垂直剪力 Q (图 48-39)。土的抗剪强度等于作用于该垂直面上土的侧压力乘以摩擦因数 $\tan\varphi$。

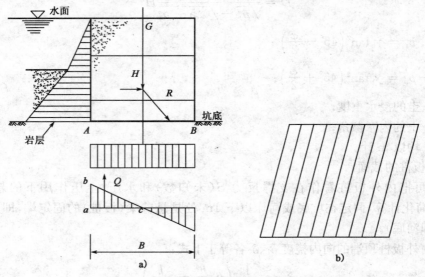

图 48-39 双层钢桩围堰(桩脚打在岩层上着)

(2)为防漏而做成双层板桩围堰:板桩打成双道,中间填黏土作为防漏之用。有时由于板桩尖打在崎岖不平或者过于倾斜的岩层面上,用单层板桩难以做到密封不漏的效果,只有用下灌 1m 厚水下混凝土的双层板桩围堰,才能堵住水流,图 48-40 就是这种围堰的简图。板桩间除了下面灌有 1m 厚的水下混凝土外,上面还填有重塑黏土。由于板桩的稳定还是靠支撑维持着,因此两板桩间的距离可以缩小到 1~2m。至于支撑和板桩等的计算方法和上述方法相同。

五、用围堰法修筑水中基础

围堰法是修筑水中工程最常用的施工法,结构物的平面尺寸越大,这种方法就越经济。但在深水中修筑像桥梁墩台等平面尺寸较小的结构物,可能就不如用其他方法(如沉井)来得经济和有把握。在桥梁工程中,水深若在 10m 以内(特种情况下尚可用于 18m 的水深),用围堰法很合适并且也很经济。但当河底为软土,水深超过 12m 时,就需用 18m 以上的板桩;或者在河底为岩层，且水深超过 15m 等情况下，如果还用围堰法，不但不经济，而且会遇到很多困难，故应慎重考虑。

用围堰法修筑水中工程，首先需要解决下列两个有密切关连的关键性问题：即围堰的施工程序和防漏。现将用围堰方法修筑基础的要点综述如下：

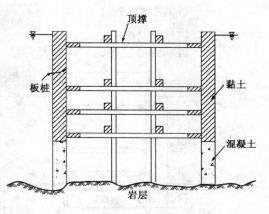

图 48-40　为防漏而作的双层板桩围堰

1. 防漏

围堰是一个临时性结构，它的作用是为修筑水中基础提供围挡，因此它必须能防止渗漏，使围堰内的水能抽干，来砌筑基础和墩台圬工。水可能从板桩接缝处和端脚下渗进坑内。不过由接缝处渗漏进来的水很少，若发现这样渗进来得水很多，如系木板桩，则可用柏油浸透的麻絮，从坑内塞住，再用小块木板钉住。如是钢板桩，则可在堰外水中，在大量渗漏地点撒些细砂、生石灰、锯屑或马粪等，这样就会把漏洞堵死。由于这些东西很轻，可将其盛在吊筐里，上面盖上帆布或布袋，以阻止其漂浮。因此，板桩端脚下是大量渗漏的唯一途径。

（1）板桩端脚打入黏土层者：若板桩端脚切入黏土层很深，那么由端脚下渗漏进来的水一定是很有限的。因此可用普通抽水机先将堰内的水抽干，再修筑基础和墩台。

（2）板桩端脚打入砂层者：板桩端脚打进粗砂层时，由端脚渗漏进来的水一定很大，无法抽干。打进细砂时，虽然排得干，但会引起流沙现象造成事故，唯一解决办法是水下施工，即在水中挖土直到坑底，然后再灌一层水下混凝土来封底，待封底层凝固后，即可将堰内的水抽干，再砌筑圬工，封底厚度可厚可薄，视计算和实际需要而定，现将水中混凝土的灌注方法和其厚度的决定法详述如下。

①封底层厚度 x：板桩和土层间的摩擦力不大，那么就需要很厚的封底层，以防堰内抽水后，围堰上浮，图 48-41 便是表示这种情形，为平衡浮力，封底所需的最小厚度 x 可由式（48-17a）和式（48-17b）计算：

设混凝土重度 $\gamma_o \approx 23\mathrm{kN/m^3}$；水的重度 $\gamma_w \approx 10\mathrm{kN/m^3}$。

则：

$$\gamma_o x = \gamma_w(h+x) \tag{48-17a}$$
$$x = 0.77h$$

或

$$x = 0.43(h+x) = 0.43H \tag{48-17b}$$

实际上板桩和土层间多少总有一些摩擦力，因此常凭经验将上式进行修改才可应用，即 $x = 0.77\mu h$，式中 μ 为小于 1 的修正系数，其值只能凭经验决定。

若为桩基，则封底层的最小厚度 x 可按式（48-18）计算，在此公式里没有考虑板桩和土层间的摩擦力：

$$x = \frac{\gamma_w HA}{\gamma_o A + n\pi d[\tau]} \tag{48-18}$$

式中：A——承台底面积（$\mathrm{m^2}$）；

　H——封底层底到水面的高度（m）；

n——桩的根数（根）；

d——桩径（m）；

$[\tau]$——桩和封底层间的容许黏着力，$100\sim200\mathrm{kPa}$。

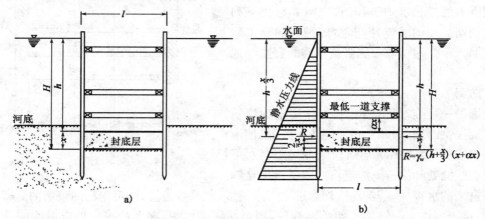

图 48-41　封底层的最小厚度 x

如果板桩打进河底很深，且水下土层和板桩间的摩擦力很大，则不会发生围堰上浮的事故。但封底层如灌得太薄，待抽水后，由于强度不够，它会破裂，故应从混凝土的强度出发，求算 x 值。它很像一块夹在板桩间的平板，下面受着向上浮力，为简化计算，把它看作简支单向板，并求算使封底层顶面的拉应力 σ 不超过允许值所需的厚度 x。即：

$$\sigma = \frac{1}{8}\frac{pl^2}{W} = \frac{l^2}{8}\frac{p}{W} = \frac{l^2}{8}\frac{\gamma_w(h+x)-\gamma_\sigma x}{\frac{1}{6}x^2} \leqslant [\sigma]$$

故：

$$\frac{4x^2[\sigma]}{3l^2} = \gamma_w(h+x) - \gamma_\sigma x = \gamma_w H - \gamma_\sigma x \approx H - 2.3x \qquad (48\text{-}19)$$

式中：W——封底层竖断面的截面模量（MPa）；

　　　l——围堰宽度（m）；

$[\sigma]$——混凝土的容许拉力，由于它只经受短时间的最大拉力，故可取其为 $1\sim2\mathrm{kg/cm^2}$。

如果河底的土承载力还可以，则由于混凝土的凝固而产生的膨胀和平板的挠曲而使上面部分伸长的结果，必然会使板桩外侧的土发生较大的被动侧压力。且该侧压力必作用在封底层的上半部，至于说这侧压力有多大，且其作用点在那里，那是很难知道的。为安全起见且为简化计算，姑且假定其值 R 等于 $\left(h+\frac{x}{3}\right)$ 处的静水压乘以 $(x+\alpha x)$，即 $R = \gamma_w\left(h+\frac{x}{3}\right)(x+\alpha x)$。式中，$(x+\alpha x)$ 指从最低一道支撑到封底层底的距离[图 48-41b)]；而 R 指作用在离顶面 $\frac{x}{3}$ 处，即 $\frac{1}{3}$ 点处的力。结果使封底层两侧受到偏心荷载。在封底层中所引起的压力如图 48-41b)所示，其 σ' 值为：

$$\sigma' = \frac{\gamma_w\left(h+\frac{x}{3}\right)(x+\alpha x)}{\frac{x}{3}} = 2\gamma_w\left(h+\frac{x}{3}\right)(1+\alpha) \qquad (48\text{-}20a)$$

但根据上述得知，由于水的上浮力在封底层顶面所引起的拉力 σ 等于：

$$\sigma = \frac{3l^2}{4x^2}\left[\gamma_w(h+x)-\gamma_\sigma x\right]=\frac{3l^2}{4x^2}\left[\gamma_w H-\gamma_\sigma x\right] \qquad (48\text{-}20b)$$

因此封底层顶面所受到的拉力将为 $\sigma-\sigma'$，即：

$$\sigma-\sigma' = \frac{3l^2}{4x^2}\left[\gamma_w H-\gamma_\sigma x\right]-2\gamma_w\left(h+\frac{x}{3}\right)(1+\alpha)\leqslant[\sigma] \qquad (48\text{-}20c)$$

即：

$$\frac{3l^2}{4x^2}\left[\gamma_w H-\gamma_\sigma x\right]-2\gamma_w\left(h+\frac{x}{3}\right)(1+\alpha)\leqslant[\sigma] \qquad (48\text{-}20d)$$

当然为避免封底层顶面有拉力产生，可使上式中 $[\sigma]=0$ 以求 x，不过一般都不作这样严格要求。

②水下封底的方法：可参考第四十七章第八节沉井水下封底混凝土施工的计算，在此从略。

2. 围堰的施工程序

围堰可有各种不同施工方法。究竟应采用何种程序，视板桩是否打入有可靠支承力的土中的深度和拟采取何种防漏措施（封底与否）而定，而这些决定又会反过来影响围堰的设计。现在还是按土层性质分项讨论。

(1)板桩端脚打入有可靠支承力的黏性土中相当深时，防漏是不成问题的，也就是说不必作封底层就可抽干水。至于支撑是否一定要在水中安装，主要由于水深、坑深及板桩打入坑底的深度决定。

若基坑较深，坑内水较浅，河底以上只需要一、两道支撑者，则可边抽水边装支撑。然后抽干水再挖土，直到坑底。其支架之所以可以在水上安装是因为当堰内水位下降而支撑尚未装时，板桩入土很深，河水又很浅，并且还未挖基坑，该板桩相当于无撑翘梁，其稳定和强度都不会出问题(图 48-42)。

若水很深，则河底以上需用多道支撑，甚至有些支撑必须装在河底以下的基坑中。针对这种情况，其施工程序如下：待板桩打好后，先在水中把河底以上的支撑装好，再进行水中挖土直到坑底。然后将河底以下的支撑全装上，装好后才可抽干水。

总之，这种围堰根据通常情况总可以先打板桩再装支撑，或者用围檩法。

(2)板桩端脚打进砂层或淤泥中时，排水是不可能的，那么若还是采用先打板桩再装支撑的施工法，则必须在水中装置许多道支撑，这是很费事的。可先将支撑作成整体的笼架式(即所谓"围檩")运到墩位处下沉，并用定位桩将其固定在设计位置上，然后以围檩为导架再在四周打板桩。

①水下封底。

在这种情况下，必须进行水下封底，其厚度可厚可薄，但其最小厚度 x 必须按前述方法计算。如果封底层作得很薄(它可能仅是基础的一部分)，则支撑需一直布置到接近坑底为止，如果封底层准备灌得很厚(也就是说全部基础也可能全在水下灌注的)，则支撑可只布置到接近

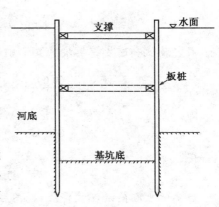

图 48-42　修在浅水中的单层板桩围堰

封底层顶面为止。那么抽水后封底层顶面即可算作固定端。由此可知,封底层灌得厚些,可节省一、两道支撑。不过必须检算一下,当堰内的土已经挖到坑底而水下混凝土尚未灌注前,在水中主动土压作用下板桩所受到的最大弯矩是否超过允许值。

【例 48-8】 现举例说明封底层厚度的求法。

设拟修筑一个矩形单臂板桩围堰,经过 12m 深的水和 6m 厚的淤泥(是很软的土,没有支承力),淤泥层下为卵石层,如图 48-43 所示。在这种地质条件下,板桩只能打到卵石层,而淤泥的支承又很小,用围檩法修筑围堰比较合适。

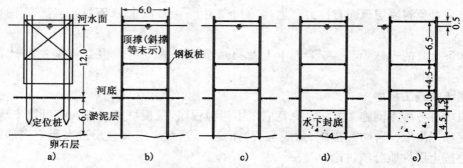

图 48-43 在围檩施工法中求算封底层厚度的实例(尺寸单位:m)

解: 由于坑底是卵石层,堰内的水不可能抽干,所以必须采取先封底后抽水的办法,以便砌筑基础。封底层如果不想作得很厚,则可用式(48-20d)求算,即:

$$\frac{3l^2}{4x^2}\left[\gamma_w H - \gamma_\sigma x\right] - 2\gamma_w\left(h + \frac{x}{3}\right)(1+\alpha) \leqslant [\sigma]$$

$$H = 18\text{m}$$

$$h + \frac{x}{3} = h + x - \frac{2x}{3} = H - \frac{2x}{3} = 18 - \frac{2x}{3}$$

$$[\sigma] = 1\text{kg/cm}^2 = 10\text{t/m}^2 = 100\text{kPa}$$

假定最低一道支撑离坑底 4m,则 $1+\alpha = \dfrac{4}{x}$,代入上式得:

$$\frac{3 \times (6)^2}{4x^2}(18 - 2.3x) - 2\left(18 - \frac{2x}{3}\right)\frac{4}{x} = 10$$

即:

$$14x^2 + 618x - 1\,458 = 0$$

得:

$$x = 2.25(\text{m})$$

但实际上即使淤泥被挤压,也不可能产生被动压力,故在抽水后整个围堰有上浮的危险。为安全起见,x 值必须由式(48-19)求出,即:

$$\frac{4x^2[\sigma]}{3l^2} = \gamma_w H - \gamma_\sigma x$$

将已知数值代入,得:

$$\frac{4 \times x^2 \times 10}{3 \times (6)^2} = 18 - 2.3x$$

$$x = 4.5(\text{m})$$

如果四周的淤泥太稀烂,4.5m 厚的封底层可能没法阻止整个围堰的上浮,因此,应在抽水前在堰顶上压上重物。

对于 4.5m 厚的混凝土,抽水后板桩可算作固着在该层顶面上。若淤泥层的 $p_a = 3kPa$,则板桩围堰可参照图 48-44 所示的情况按连续梁办法计算板桩各点弯矩[图 48-43d)],同时还得检算当堰内的土已经挖到坑底,而水下混凝土尚未灌注前,板桩所受到的最大力矩多大,如图 48-43c)所示,从该图即可看出,应该把最下边的导框布置在河底水平面上,甚或再下放 1m 左右。

现将用围檩法修筑该围堰的施工程序总结如下(图 48-43):

a. 在岸上(或铁驳上)制造围檩,并运到墩位处,令其下沉。

b. 围檩沉到设计高程并定好位之后,打定位桩数根,以固定其位置[图 48-43a)]。

c. 用围檩作导架,沿其外围打板桩直到卵石层[图 48-43b)]。

d. 在堰内进行水下挖土直到坑底[图 48-43c)]。

e. 清底后,在水中灌注 4.5m 厚的封底层[48-43d)]。

f. 排水后,即可在无水状态下砌筑基础圬工,直至露出面[图 48-43e)]。

②在深水中用围檩修筑围堰的实例:在深水中修筑桥梁墩台,多半都是采用围檩法。例如在我国桥梁建筑史上最有名的武汉长江大桥桩基就是采用这种围檩法修筑的。关于深水中的围檩修筑围堰的方法,可参见本书参考文献[79]。

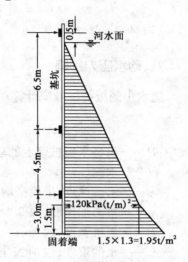

图 48-44 板桩围堰的验算

六、防渗要求和板桩下端支承情况

前述各种布置中,板桩入土深度(开挖后桩尖在坑底以下深度)除按前述图表计算出所需最小的深度外,还要考虑防渗透要求及可能打入的深度。防渗透要求可按第四十七章第一节图 47-4 及其公式计算。

计算板桩入土深度时,要考虑桩下端的支承情况,根据经验可作近似假定,如表 48-13 所示。

板桩尖支承情况表　　　　　　　　　　表 48-13

项　序	坑底土质及桩尖入土深度	近 似 假 定	
		支点位置	支点类别
1	密实土壤,桩尖入坑底 2m 以上	坑底	固着
2	中等密实土壤,桩尖入坑底 2m 以上	坑底以下 0.2~0.3m	固着
3	软土,桩尖入坑底 2m 以上	坑底以下 0.7~1m	固着
4	密实土,但可能被水扰动,入坑底 2m 以上	坑底以下 0.7~1m	固　着
5	同 3、4 项,但桩尖入坑底 2m 以下	坑底以下 0.5m	铰接
6	石层,能打入少许起支点作用	桩尖	铰接
7	石层,桩不入土	最下一跨按悬臂梁计	

七、静水压力变化影响

前述所有计算都是外力与支撑不变的理想情况,实际上除符合表 48-13 第 1 项情况的,外

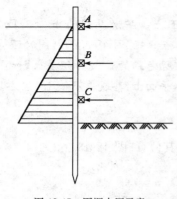

图 48-45　围堰水压示意

力是随抽水、开挖及支撑安装的程序而变化的。如图 48-45 所示的围堰中，当开挖到支撑 B，而 B 尚未安装时，根据表 48-13 可知，此时板桩下端支点除符合表 48-13 第 1 项的情况外，均不在 B 点而在 B 点以下一定深度的土中。故此时板桩 AB 段的弯矩及 A 点支承反力均较前列计算值大，所以当基坑土质较差时，应按开挖中的最不利条件来验算板桩与支撑。当围堰在水中，并采用边抽水边安装支撑，则上述问题更为突出。深水或河床为软质土时，抽水安装支撑时的板桩弯矩及支撑反力往往为前面计算值的数倍。如全部导框均于抽水前安装好（水下安装或采用整体围笼），则上述计算图表与公式均可适用。

八、动水压力影响

流水中的板桩围堰应计算动水压力影响。动水压力的计算公式为：

$$P = KH \frac{v^2}{2g} \times B \times \gamma_w \qquad (48\text{-}21)$$

式中：P——每延米板桩壁上的动水压力总值（kN）；

　　H——水深（m）；

　　v——水流速度，采用平均流速（m/s）；

　　g——重力加速度，取 9.18m/s²；

　　B——板桩宽度，取 1m；

　　γ_w——水的重度，取 1kN/m³；

　　K——系数，在矩形木板桩围堰 $K=1.33$，槽形钢板桩围堰 $K=1.8\sim2.0$。

九、基坑坑底安全验算

1. 坑底涌沙验算

当坑底土为粉砂、细砂时，此时在基坑内抽水，如桩的入土深度不足，便有可能引起涌沙的危险。一般可采用下述简化方法来进行安全验算。

图 48-46 中基坑内抽水后其水头差为 h'，由此引起水的渗流，其最短流程为紧靠板桩的 h_1+h_2，故在此流程中，水对土粒渗透的力，其方向应是垂直向上。现近似地以此流程的渗流来验算基坑坑底的涌沙问题，要求垂直向上的渗透力不超过土的浮重度，故安全条件如式（48-22a）所示，即：

$$K_S \times i \times \gamma_w = K_S \frac{h'}{h_1+h_2} \gamma_w \leqslant \gamma_b$$
$$(48\text{-}22a)$$
$$\gamma_b = (G-1)(1-n) \qquad (48\text{-}22b)$$

式中：K_S——安全系数，可取 $K_S=2$；

　　i——水力梯度；

　　γ_w、γ_b——分别为水的重度和土的浮重度（kN/m³）；

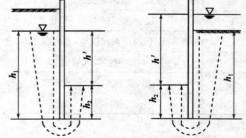

图 48-46　基坑抽水后水头差及渗流示意图

G——土粒的相对密度；

n——土的空隙率，以小数计。

另有一种类似算法是考虑到各种因素，略去水在高于坑底的坑壁范围内渗流的水头损失（即 h_1-h_2），如式(48-23)所示。

$$K_S \frac{h'}{2h_2} \gamma_w \leqslant \gamma_b \qquad (48\text{-}23)$$

式中：K_S——安全系数，可取 1.5。

可取式(48-22a)和式(48-23)中较大的 h_2 值，以验算板桩的入土深度。但上述两公式是在板桩不漏水、渗流线自板桩底部流动的情况下，如板桩未打合缝，则渗流线上升而缩短，临界浮动坡降 $h'/(2h_2)$ 增大，易发生涌沙现象。而土粒孔隙率越大，则越易形成涌沙现象。

2. 坑底被顶破的验算

如基坑为一厚度不大的不透水层，其承压水层则应考虑坑底是否会被承压水顶破的危险，如图 48-47 所示。其安全条件可用式(48-24)来验算，即：

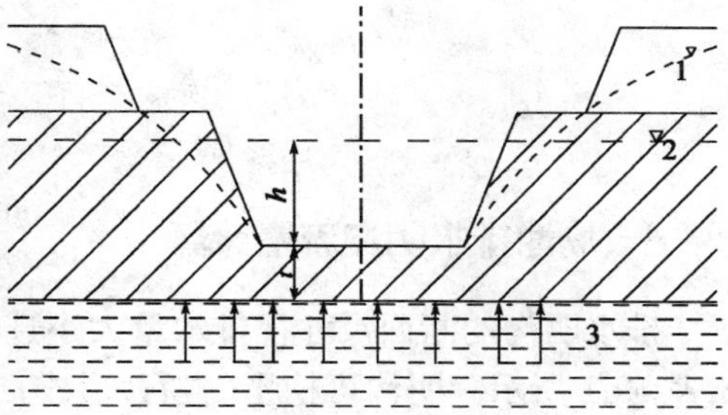

$$\gamma_t \geqslant \gamma_w(h+t) \qquad (48\text{-}24)$$

式中：γ_t——坑底不透水土的重度（kN/m^3）。

注：本章部分内容和示例摘自参考文献[79]、[21]。

图 48-47　基坑被顶破验算示意图
1-潜水位；2-承压水位；3-承压水

第四十九章 排水与降水施工计算

第一节 施 工 排 水

一、场地排水明沟流量计算

排水明沟的断面尺寸视排水量大小选用,梯形明沟常用截面尺寸如图49-1所示;边坡值如表49-1所示。明沟可挖土(岩石)形成,或在土沟内干铺或浆砌200~300mm原毛石(或大卵石及其他材料)做成。各种构造的明沟的最大流速和粗糙系数如表40-2所示。

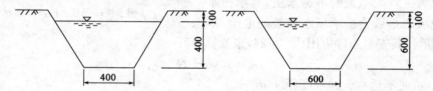

图49-1 梯形明沟截面尺寸(尺寸单位:mm)

梯形明沟边坡值　　　　　　　　　　　表 49-1

土的类别与铺砌情况	边坡值 1:m	土的类别与铺砌情况	边坡值 1:m
粉土	1:1.50~1:2.00	风化岩土	1:0.25~1:0.50
黏土、粉质黏土	1:1.25~1:1.50	岩石	1:0.10~1:0.25
砾石土、卵石土	1:1.25~1:1.50	砖石或混凝土铺砌	1:0.50~1:1.00
半岩性土	1:0.50~1:1.00		

明沟最大容许流速和粗糙系数　　　　　　　　表 49-2

明 沟 构 造	最大容许流速(m/s)	边坡值 1:m
细砂、中砂、粉土	0.5~0.6	0.030
粗砂、粉质黏土、黏土	1.0~1.5	0.030
黏土(有草皮护面)	1.6	0.025
软质岩石(石灰岩、砂岩、页岩)	4.0	0.017
干砌毛(卵)石	2.0~3	0.020
浆砌毛(卵)石	3.0~4.0	0.017
混凝土、各种抹面	4.0	0.013
浆砌砖	4.0	0.015(0.017)

注:1.当水深小于0.4m或大于1m时,表中流速应乘以下列系数:$h<0.4m$,取0.85;$h\geqslant1.0m$,取1.25;$h\leqslant2.0m$,取1.40。

　　2.最小容许流速不小于0.4m/s。

　　3.明沟通过坡度较大地段,其流速超过表中规定时,应在该地段设置跌水或消力槽。

　　4.浆砌砖明沟采用次质砖时,$n=0.017$。

明沟的流量可按以下公式计算：

$$Q = Av \tag{49-1}$$

$$v = c\sqrt{Ri} \tag{49-2}$$

式中：Q——排水明沟的流量（m^3/s）；

A——明沟水流有效面积（m^2）；

v——流速（m/s）；

c——流速系数，与粗糙系数、水力半径有关，由表 49-3 查得；

R——水力半径（m），即明沟有效面积与明沟湿润边总长度之比值，常用明沟的 R 值见表 49-4；

i——明沟纵坡度，一般不得小于 0.5%。

流 速 系 数 c 值 表 49-3

R ＼ n	0.013	0.015	0.017	0.020	0.025	0.030
0.10	54.3	45.1	38.1	30.6	22.4	17.3
0.12	55.8	46.5	39.5	32.6	23.5	18.3
0.14	57.2	47.8	40.7	33.0	24.5	19.1
0.16	58.4	48.9	41.8	34.0	25.4	19.9
0.18	59.5	49.8	42.7	34.8	26.2	20.6
0.20	60.4	50.8	43.6	35.7	26.9	21.3
0.22	61.3	51.7	44.4	36.4	27.6	21.9
0.24	62.1	52.5	45.2	37.1	28.3	22.5
0.26	62.9	53.2	45.9	37.8	28.8	23.0
0.28	63.6	54.0	46.5	38.4	29.4	23.5
0.30	64.3	54.6	47.2	39.0	29.9	24.0
0.35	65.8	56.0	48.6	40.3	31.1	25.1
0.40	67.1	57.3	49.8	41.5	32.2	26.0
0.45	68.4	58.4	50.8	42.5	33.1	26.9
0.50	69.5	59.4	51.9	43.5	34.0	27.8
0.55	70.4	60.5	52.8	44.4	34.8	28.5
0.60	71.4	61.4	53.7	45.2	35.5	29.2
0.65	72.2	62.2	54.5	45.9	36.2	29.8
0.70	73.0	63.0	55.2	46.6	36.9	30.4

注：n 为粗糙系数。

【例 49-1】 某场地排水明沟底宽 $b=0.4m$，边坡值为 $1:1$，水深 $h=0.6m$，沟内铺毛石，$n=0.017$，纵坡度 $i=0.5\%$，试求明沟的流量。

解：由题意知，水流有效面积 $A=0.4\times0.6+0.6\times0.6=0.6m^2$。

水深 h (m)	(1:1) 尺寸单位:mm	(1:1.5) 尺寸单位:mm	尺寸单位:mm	尺寸单位:mm
0.3	0.17	0.17	0.12	0.15
0.4	0.21	0.22	0.13	0.17
0.5	0.24	0.26	0.14	0.19
0.6	0.29	0.30	0.15	0.20
0.7	0.32	0.35	0.16	0.21
0.8	0.36	0.39	0.16	0.22
0.9	0.40	0.43	0.16	0.23
1.0	0.43	0.47	0.17	0.23
1.1	0.45	0.52	0.17	0.24
1.2	0.51	0.56	0.17	0.24
1.3	0.54	0.60	0.17	0.24
1.4	0.58	0.64	0.18	0.25
1.5	0.62	0.68	0.18	0.25

由表 49-4 得，$R=0.29$；查表 49-3 得，$c=46.85$。

则流速：

$$v=c\sqrt{Ri}=46.85\sqrt{0.29\times0.005}=1.78(\text{m/s})$$

流量：

$$Q=Av=0.6\times1.78=1.07(\text{m}^3/\text{s})$$

【例 49-2】 某场地排水明沟，底宽 $b=0.6\text{m}$，水深 $h=0.6\text{m}$，试计算明沟的流量。

解：由题意知：水流有效面积 $A=0.6\times0.6=0.36\text{m}^2$，查表 49-4 得，$R=0.2$，查表 49-3 得，$c=43.6$。

由式(49-1)和式(49-2)得：

则流速：

$$v=c\sqrt{Ri}=43.60\sqrt{0.2\times0.005}=1.47(\text{m/s})$$

流量：

$$Q=Av=0.36\times1.47=0.53(\text{m}^3/\text{s})$$

二、场地防洪沟流量和截面计算

1. 山洪流量计算

山洪流量一般可按式(49-3)计算。

$$Q=K\times6.65A^{0.78} \tag{49-3}$$

式中：Q——山洪流量(m^3/s)；

K——洪水频率模量系数;100 年一遇洪水 $K=4.31$;50 年一遇洪水 $K=3.66$;25 年一遇洪水 $K=2.99$;20 年一遇洪水 $K=2.80$;

A——汇水面积,取 1 000m² 。

为简化计算,山洪流量亦可查表 49-5 直接求得。

山洪流量 Q 值(m³/s)　　　　　　　　　　　　　　表 49-5

A ＼ K	4.31 100 年一遇	3.66 50 年一遇	2.99 25 年一遇	2.80 20 年一遇
0.02	1.66	1.41	1.14	1.07
0.04	2.34	2.00	1.61	1.50
0.06	3.24	2.75	2.24	2.10
0.08	4.00	3.40	2.75	2.58
0.1	4.72	4.02	3.27	3.07
0.2	8.15	7.00	5.62	5.30
0.3	11.20	9.50	7.70	7.25
0.4	14.00	12.00	9.70	9.10
0.5	16.60	14.10	11.50	10.60
0.6	19.20	16.50	13.30	12.50
0.7	21.80	18.50	15.10	14.10
0.8	24.00	20.50	16.70	15.60
0.9	26.40	22.60	18.30	17.20
1.0	28.70	24.30	19.80	18.60
1.1	30.60	26.30	21.20	19.90
1.2	33.00	28.30	22.80	21.50
1.3	35.20	30.20	24.40	22.90
1.4	37.20	31.90	25.70	24.20
1.5	39.20	33.60	27.20	25.50
1.6	41.20	35.20	28.50	26.80
1.7	43.20	37.00	30.00	28.00
1.8	45.00	38.50	31.30	29.50
1.9	47.20	40.30	32.70	30.60
2.0	49.20	42.00	34.00	32.00
2.5	58.50	49.90	40.50	38.00
3.0	68.00	58.00	47.00	44.00
3.5	76.50	65.00	53.00	49.50
4.0	84.00	71.60	58.60	55.00
4.5	93.00	79.00	64.00	60.00
5.0	101.00	86.00	69.00	65.00
5.5	109.00	93.00	75.00	71.00
6.0	116.00	98.00	80.50	75.30
6.5	124.00	105.00	85.00	80.00
7.0	131.00	111.00	91.00	85.00
7.5	138.00	117.00	95.00	89.00
8.0	146.80	124.00	101.00	95.00

2. 梯形防洪沟计算

(1)防洪沟的流量可按式(49-4)和式(49-5)计算(图49-2)。

$$Q = Av \tag{49-4}$$

$$v = c\sqrt{Ri} \tag{49-5}$$

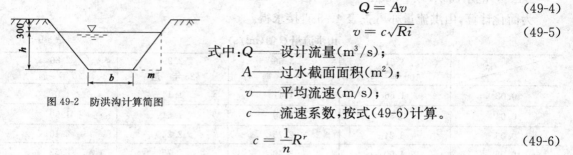

图 49-2　防洪沟计算简图

式中：Q——设计流量(m^3/s)；

A——过水截面面积(m^2)；

v——平均流速(m/s)；

c——流速系数，按式(49-6)计算。

$$c = \frac{1}{n}R^r \tag{49-6}$$

式中：n——粗糙系数，见表49-2；

r——当 $R<1$ 时，$r \approx 1.5\sqrt{n}$；当 $R>1$ 时，$r \approx 1.3\sqrt{n}$；

R——水力半径，即过水截面面积 A 与防洪沟湿润边总长度 X 之比值，即 $R = \dfrac{A}{X}$；对梯形防洪沟，$X = b + 2h\sqrt{1+m^2} = b + Kh$，$K = 2\sqrt{1+m^2}$($m$ 为坡度系数，$m = b/h$)，见图49-2；对矩形防洪沟，$X = 2h + b$；

i——沟底纵坡度(‰)。

(2)防洪沟的有效深度 h 和沟底宽度 b 可由式(49-7)计算。

$$h = \sqrt{\frac{A}{K-m}} \tag{49-7}$$

$$b = \frac{A}{h} - mh \tag{49-8}$$

式中：m——边坡值；

A、K 符号意义同前。

(3)防洪沟最小过水截面面积由式(49-9)计算。

$$A = 0.5r + 1.25\sqrt{\frac{nQ}{\alpha^{r+0.5} \times i^{0.5}}} \tag{49-9}$$

$$\alpha = \frac{1}{2\sqrt{K-n}} \tag{49-10}$$

r、n、Q、i、K 符号的意义同前。

3. 矩形防洪沟计算

矩形防洪沟的流量可按下式计算：

$$Q = Av \tag{49-11}$$

$$A = bh \tag{49-12}$$

$$v = c\sqrt{Ri} \tag{49-13}$$

$$R = \frac{A}{X} \tag{49-14}$$

$$X = 2h + b$$

Q、A、v、h、c、R、i、X 符号的意义同前。

【**例 49-3**】　某施工场地汇水面积 $A=0.5m^2$，沟底纵向平均坡度 $i=0.005$，洪水频率按25

474

年一遇计算,防洪沟用浆砌毛石铺砌,粗糙系数 $n=0.017$,边坡值 $m=0.5$,求防洪沟需用截面尺寸。

解: 查表 49-5 得,山洪流量 $Q=11.5\mathrm{m^3/s}$。

$$K = 2\sqrt{1+m^2} = 2\sqrt{1+0.5^2} = 2.24$$

由式(49-10)

$$\alpha = \frac{1}{2\sqrt{K-n}} = \frac{1}{2\sqrt{2.24-0.017}} = 0.335$$

$$r \approx 1.5\sqrt{n} = 1.5\sqrt{0.017} = 0.20$$

由式(49-9)

$$A = 0.5r + 1.25\sqrt{\frac{nQ}{\alpha^{r+0.5} \times i^{0.5}}}$$

$$= 0.5 \times 0.20 + 1.25\sqrt{\frac{0.017 \times 11.5}{0.335^{0.20+0.5} \times 0.005^{0.5}}} = 3.15(\mathrm{m^2})$$

由式(49-7)

$$h = \sqrt{\frac{A}{K-m}} = \sqrt{\frac{3.15}{2.24-0.5}} = 1.3(\mathrm{m})$$

由式(49-8)

$$b = \frac{A}{h} - mh = \frac{3.15}{1.3} - 0.5 \times 1.3 = 1.8(\mathrm{m})$$

由式(49-14)

$$R = \frac{A}{X} = \frac{3.15}{1.8 + 2.24 \times 1.3} = 0.67(\mathrm{m})$$

由式(49-6)

$$c = \frac{1}{n}R^r = \frac{1}{0.017} \times 0.67^{0.20} = 54.3$$

由式(49-5)

$$v = c\sqrt{Ri} = 54.3\sqrt{0.67 \times 0.005} = 3.14(\mathrm{m/s})$$

v 小于浆砌块石防洪沟的最大容许流速 4m/s(表 49-2),防洪沟截面尺寸如图 49-3 所示。

按 50 年一遇洪水校核截面:

查表 49-5 得:

$$Q = 14.1\mathrm{m^3/s}$$

$$A = 0.5r + 1.25\sqrt{\frac{nQ}{\alpha^{r+0.5} \times i^{0.5}}}$$

$$= 0.5 \times 0.20 + 1.25\sqrt{\frac{0.017 \times 14.1}{0.335^{0.20+0.5} \times 0.005^{0.5}}}$$

$$= 3.5(\mathrm{m^2})$$

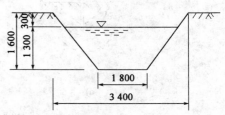

图 49-3 防洪沟截面尺寸(尺寸单位:mm)

防洪沟实有过水截面面积:

$$A_1 = \frac{(1.8+3.4) \times 1.6}{2} = 4.16(\mathrm{m^2}) > 3.5(\mathrm{m^2}) \qquad \text{(安全)}$$

【例 49-4】 已知条件同上例,求矩形防洪沟截面尺寸。

解:设平均流速 $v=2\text{m/s}$,查表 49-5 得,山洪流量 $Q=11.5\text{m}^3/\text{s}$。

由 $Q=Av$ 得:

$$A=\frac{11.5}{2}=5.75(\text{m}^2)$$

设

$$h=2\text{m}$$

$$b=5.75/2=2.8(\text{m})$$

$$R=\frac{A}{X}=\frac{5.75}{2\times2+2.8}=0.85$$

$$c=\frac{1}{n}R^r=\frac{1}{0.017}\times0.85^{0.2}=56.9$$

$$v=c\sqrt{Ri}=56.9\sqrt{0.85\times0.005}=3.71(\text{m/s})$$

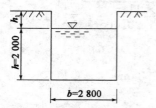

图 49-4 矩形防洪沟截面尺寸(尺寸单位:mm)

v 小于浆砌块石防洪沟的最大容许流速 4m/s,防洪沟截面尺寸如图 49-4 所示。防洪沟起高 $h_1=0.3\text{m}$,按 50 年一遇洪水校核截面:

查表 49-5 得:

$$Q=14.1\text{m}^3/\text{s}$$

$$A=\frac{14.1}{2}=7.05(\text{m}^2)$$

实有过水截面面积:

$$A_1=2.8\times2.85=7.98(\text{m}^2)>7.05(\text{m}^2)(\text{安全})$$

三、基坑明沟排水计算

1. 排水沟与集水井排降水(重力式降水)(图 49-5)

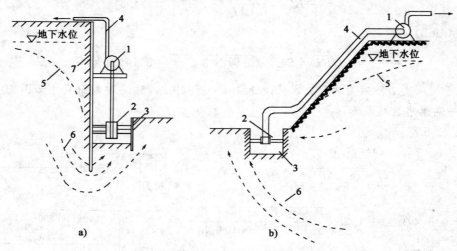

图 49-5 排水沟和集水井排降水示意图

a)直坡边沟;b)斜坡边沟

1-水泵;2-排水沟;3-集水井;4-压力水管;5-降落曲线;6-水流曲线;7-板桩

(1)排水沟

在施工时,于开挖基坑的周围一侧或两侧,有时在基坑中心设置排水沟。一般排水沟深度

476

为 0.4～0.6m,最小 0.3m,宽等于或大于 0.4m,水沟的边坡为 1∶1～1∶0.5,边沟应具有 0.2%～0.5%的最小纵向坡度,使水流不致阻滞而淤塞。为保证沟内流水通畅,避免携砂带泥,排水沟的底部及侧壁可根据工程具体情况及土质条件采用砖砌或混凝土等形式。

较大面积基础施工排水沟截面可参考表 49-6。

基坑排水沟常用截面表

表 49-6

基坑面积 (m²)	截面 符号	粉 质 黏 土			黏 土		
		地下水位以下的深度(m)					
		4	4～8	8～12	4	4～8	8～12
10 000 以上	a	1.0	1.2	1.5	0.6	0.8	1.0
	b	1.0	1.5	1.5	0.6	0.8	1.0
	c	0.4	0.4	0.5	0.3	0.3	0.4
5 000～10 000	a	0.8	1.0	1.2	0.5	0.7	0.9
	b	0.8	1.0	1.2	0.5	0.7	0.9
	c	0.3	0.4	0.4	0.3	0.3	0.3
5 000 以下	a	0.5	0.7	0.9	0.4	0.5	0.6
	b	0.5	0.7	0.9	0.4	0.5	0.6
	c	0.3	0.3	0.3	0.3	0.3	0.3

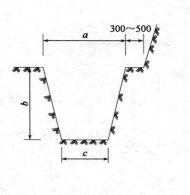

（2）集水井

沿排水沟纵向每隔 30～40m 可设一个集水井,使地下水汇流于集水井内,便于用水泵将水排出基坑以外。挖土时,集水井应低于排水边沟 1m 左右,并深于抽水泵进水阀的高度。集水井井壁直径一般为 0.6～0.8m,井壁用竹木或砌干砖、水泥管、挡土板等作临时简易加固。井底反滤层铺 0.3m 厚左右的碎石或卵石。

排水沟和集水井应随基坑的挖深而加深,以保持水流通畅。

2. 分层排水沟及集水井排水降水

对于基坑深度较大,地下水位较高以及多层土中上部有透水性较强的土,或上下层土体虽为相同的均质土,但上部地下水较丰富的情况,为避免上层地下水冲刷下层土体边坡造成塌方,并减少边坡高度和水泵的扬程,可采用分层排降水的方式(图 49-6)。即在基坑边坡上设置 2～3 层排水沟及集水井,分层排除上部土体中的地下水。

3. 涌水量计算及抽水设备选用

（1）涌水量计算

排水沟及集水井排降水是采用水泵将井内的水抽走,在选择水泵种类及型号时需首先求出集水井涌水量 Q 的值。同井点一样,根据排水沟和集水井底是否达到不透水层或弱透水层,亦分为完整型和非完整型排水沟和集水井。它们的涌水量不一样,在选用水泵时亦不一样。

①无压完整型排水沟及集水井

如图 49-7a)所示,基坑底下土层为不透水层或弱透水层,其渗透系数 k 值远小于坑底以上土层的渗透系数,因此可算为完整型。当基坑长与宽之比大于 10 时,可视为线形(长条型)基坑,其

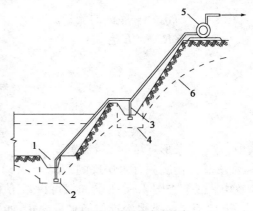

图 49-6　分层排水沟排水

1-底层排水沟;2-底层集水井;3-二层排水沟;4-二层集水井;5-水泵;6-水位降低线

一侧每米长排水沟的涌水量为：

$$Q = \frac{(H^2 - h^2)k}{2R'} = \frac{(2H - S)Sk}{2R'}$$

式中：k ——土的渗透系数；

其他符号意义见图 49-7。

基坑两侧每米长范围内排水沟的涌水量为：

$$2Q = \frac{(2H - S)Sk}{R'}$$

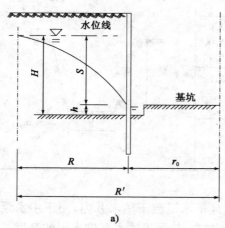 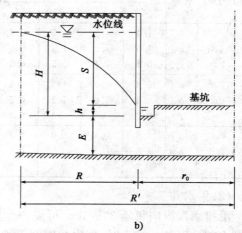

图 49-7　无压层坑排水沟涌水量计量图

a)无压完整型基坑排水沟；b)无压非完整型基坑排水沟

②无压非完整型排水沟及集水井

如图 49-7b)所示，不透水层或弱透水层离坑底不太远时，基坑一侧每米范围内的涌水量：

$$Q = \frac{k(H_1^2 - h^2)}{2R'} + Skq_0$$

$$= \frac{(2H_1 - S)Sk}{2R'} + Skq_0$$

式中：$\dfrac{k(H_1^2 - h^2)}{2R'}$ ——侧流流量；

Skq_0 ——底流的流量。

q_0 的值与 R'、r_0、E 有关：

$$q_0 = f(\alpha, \beta)$$

$$\alpha = \frac{R'}{R' + r_0}$$

$$\beta = \frac{R'}{E}$$

式中：r_0 ——条形基坑的一半宽度；

E ——沟底到含水层底的距离。

由 α、β 值查图 49-8 上的曲线可得 q_0 值。

上述两式为排水沟近似涌水量公式，如果现场条件许可或工程比较重要，其涌水量最好通过现场试验确定，也可根据邻近工程的经验资料予以估算。另外对于排水沟和集水井的排降水影响半径 R，可凭经验估算或现场试验测算或查表 49-7 予以近似确定。

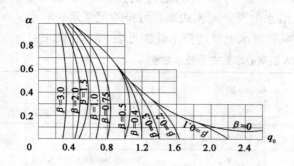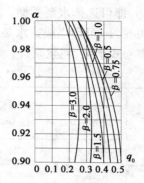

图 49-8　α、β 值曲线

排水沟及集水井排降水影响半径 表 49-7

土 层 成 分	渗透系数 k(m/d)	影响半径 R(m)
裂隙多的岩石	>60	>500
碎石、卵石类地层、纯净无细颗粒混杂、均匀的粗砂和中砂	>60	200~600
稍有裂缝的岩石	20~60	150~250
碎石、卵石类地层、混有大量细颗粒物质	20~60	100~200
不均匀的粗颗粒、中粒和细粒砂	5~20	80~50

（2）抽水设备选用

排水沟及集水井排降水是通过设置的水泵将水排出。水泵容量的大小及数量根据涌水量而定，一般应为基坑总涌水量的 1.5~2.0 倍。在一般集水井内设置口径为 50~200mm 水泵即可。

①水泵类型的选择

根据涌水量不同，选用不同类型的水泵，如表 49-8 所示。

涌水量与水泵选用 表 49-8

涌水量(m³/h)	水 泵 类 型	备 注
Q<20	隔膜式水泵、潜水泵	
20<Q<60	隔膜式或离心式水泵、潜水泵	隔膜式水泵可排除泥浆水
Q>60	离心式水泵	

②常用水泵性能

集水井中排水常用的水泵有潜水泵、离心式水泵和泥浆泵等。排水所需水泵的功率 N（kW）按式（49-15）计算：

$$N = \frac{K_1 QH}{75\eta_1 \eta_2} \tag{49-15}$$

式中：N——水泵所需功率（马力，1 马力=735.499W）；

K_1——安全系数，一般取 2；

Q——基坑涌水量（m³/d）；

H——包括扬水、吸水及各种阻力造成的水头损失在内的总高度（m）；

η_1——水泵效率，0.4~0.5；

η_2——动力机械效率，0.75~0.85。

求得 N，即可选择水泵类型。需用水泵（容量）亦可通过试验确定，水泵类型的选择：当涌水量 $Q<20m^3/h$，可用隔膜式水泵、潜水电泵。隔膜式水泵可排除泥浆水。

常用离心式水泵、泥浆泵、污水泵和潜水电泵的技术性能见表 49-9～表 49-13。

BA 型离心水泵主要技术性能   表 49-9

水 泵 型 号	流量 (m³/h)	扬程 (m)	吸程 (m)	电机功率 (kW)	外形尺寸 (mm) (长×宽×高)	质量(kg)
$1\frac{1}{2}$BA-6	11.0	17.4	6.7	1.5	370×225×240	30
2BA-6	20.0	38.0	7.2	4.0	524×337×295	35
2BA-9	20.0	18.5	6.8	2.2	534×319×270	36
3BA-6	60.0	50.0	5.6	17.0	714×368×410	116
3BA-9	45.0	32.6	5.0	7.5	623×350×310	60
3BA-13	45.0	18.8	5.5	4.0	554×344×275	41
4BA-6	115.0	81.0	5.5	55.0	730×430×440	138
4BA-8	109.0	47.6	3.8	30.0	722×402×425	116
4BA-12	90.0	34.6	5.8	17.0	725×387×400	108
4BA-18	90.0	20.0	5.0	10.0	631×365×310	65
4BA-25	79.0	14.8	5.0	5.5	571×301×295	44
6BA-8	170.0	32.5	5.9	30.0	759×528×480	166
6BA-12	10.0	20.1	7.9	17.0	747×490×450	146
6BA-18	162.0	12.5	5.5	10.0	748×470×420	134
6BA-12	280.0	29.1	5.6	40.0	809×584×490	191
6BA-18	285.0	18.0	5.5	22.0	786×560×480	180
6BA-25	270.0	12.7	5.0	17.0	779×512×480	143

B 型离心水泵主要技术性能   表 49-10

水 泵 型 号	流量 (m³/h)	扬程 (m)	吸程 (m)	电机功率 (kW)	质量 (kg)
$1\frac{1}{2}$B-17	6～14	20.3～14.0	6.6～6.0	1.5	17.0
2B-31	10～30	34.5～24.0	8.2～5.7	4.0	37.0
2B-19	11～25	21.0～16.0	8.0～6.0	2.2	19.0
3B-19	32.4～52.2	21.5～15.6	6.2～5.0	4.0	23.0
3B-33	30～55	35.5～28.8	6.7～3.0	7.5	40.0
3B-57	30～70	62.0～44.5	7.7～4.7	17.0	70.0
4B-15	54～99	176～10.0	5.0	5.5	27.0
4B-20	65～110	22.6～17.1	5.0	10.0	51.6
4B-35	65～120	37.7～28.0	6.7～3.3	17.0	48.0
4B-54	70～120	59.0～430	5.0～3.5	30.0	78.0
4B-91	65～135	98.0～72.5	7.1～40.0	55.0	89.0

水 泵 型 号	流量 (m³/h)	扬程 (m)	吸程 (m)	电机功率 (kW)	质量 (kg)
6B-13	126～187	14.3～9.6	5.9～5.0	10.0	88.0
6B-20	110～200	22.7～17.1	8.5～7.0	17.0	104.0
6B-33	110～200	36.5～29.2	6.6～5.2	30.0	117.0
8B-13	216～324	14.5～11.0	5.5～4.5	17.0	111.0
8B-18	220～360	20.0～14.0	6.2～5.0	22.0	—
8B-29	220～340	32.0～25.4	6.5～4.7	40.0	139.0

泥浆泵主要技术性能　　　　　　　　　　　　　　　　　表 49-11

泥浆泵型号	流量 (m³/h)	扬程(m)	电机功率 (kW)	泵口径(mm)		外形尺寸(m) (长×宽×高)	质量 (kg)
				吸入口	出 口		
3PN	108	21	22	125	75	0.76×0.59×0.52	450
3PNL	108	21	22	160	90	1.27×5.1×1.63	300
4PN	100	50	75	75	150	1.49×0.84×1.085	1000
$2\frac{1}{2}$NWL	25～45	5.8～3.6	1.5	70	60	1.247(长)	61.5
3NML	55～95	9.8～7.9	3	90	70	1.677(长)	63
BW600/30	(600)	300	38	102	64	2.106×1.051×1.36	1450
BW200/30	(200)	300	13	75	45	1.79×0.695×0.865	578
BW200/40	(200)	400	18	89	38	1.67×0.89×1.6	680

注:流量一栏的括号中数量单位为 L/min。

污水泵主要技术性能　　　　　　　　　　　　　　　　　表 49-12

污水泵型号	流量(m³/h)	扬程(m)	吸程(m)	电机功率(kW)	转速(r/min)	质量(kg)
$2\frac{1}{2}$PW	43～108	48～39	7～4.5	22	2 940	65
$2\frac{1}{2}$PW	43～108	34～29	6～5	13	2 920	65
$2\frac{1}{2}$PW	36～72	11～9	7.5～7.0	4	1 440	65
$2\frac{1}{2}$PW	5.6	8.7	5.5	4	1 450	65
4PW	108～180	27～24	7.8～7.0	30	1 460	125
4PW	72～120	12～10	7.0～5.5	7.5	950	125

潜水泵主要性能　　　　　　　　　　　　　　　　　　　表 49-13

型　　号	流量(m³/h)	扬程(m)	电机功率(kW)	转速(r/min)	电流(A)	电压(V)
QY-3.5	100	3.5	2.2	2 800	6.5	380
QY-7	65	7	2.2	2 800	6.5	380
QY-15	25	15	2.2	2 800	6.5	380
QY-25	15	25	2.2	2 800	6.5	380
JQB-1.5-6	10～22.5	28～20	2.2	2 800	5.7	380

型　　号	流量(m³/h)	扬程(m)	电机功率(kW)	转速(r/min)	电流(A)	电压(V)
JQB-2-10	15～32.5	21～12	2.2	2 800	5.7	380
JQB-4-31	50～90	8.2～4.7	2.2	2 800	5.7	380
JQB-5-69	80～120	5.1～3.1	2.2	2 800	5.7	380
7.5JQB8-97	288	4.5	7.5	—	—	380
1.5JQB2-10	18	14	1.5	—	—	380
2Z₆	15	25	4.0	—	—	380
JTS-2-10	25	15	2.2	2 900	5.4	—

注:JQB-1.5-6、JQB-5-69、1.5JQB-10 的质量分别为 55kg、45kg、43kg。

第二节　降低地下水

一、降水方法与适用范围

降低地下水位的方法有集水井降水和井点降水两类。

集水井降水属重力降水,是在开挖基坑时沿坑底周围开挖排水沟,每隔一定距离设集水井,使基坑内挖土时渗出的水经排水沟流向集水井,然后用水泵抽出基坑。排水沟和集水井的截面尺寸取决于基坑的涌水量。

井点降水是属强制式降水。它能克服流沙现象,稳定基坑边坡,降低承压水位,防止坑底隆起并加速土体固结,使天然地下水位以下的开挖施工能在较干燥的环境中进行。井点降水有轻型井点(单级、多级轻型井点)、喷射井点、电渗井点和降水管井等,因各种井点的适用范围不同,在工程应用时可根据土层的渗透系数、要求降水深度和工程特点及周围环境,经过技术经济比较后确定。表 49-14 所列为各种降水方法适用的降水深度、土体渗透系数和土的种类,表 49-15 所列为各种土的渗透系数参考值。

降水方法及适用范围　　　　　　　表 49-14

降水方法　适用范围		适　用　地　层	渗透系数 (cm/s)	降水深度 (m)	地下水类别
集水明排		粉砂,砂质粉土,黏质粉土,含薄层粉砂的淤泥质(粉质)黏土	1×10⁻⁶～6×10⁻⁴	≤3	潜水,地表水
轻型井点	一级 二级 三级	同上	6×10⁻⁷～1×10⁻⁴	3～6 6～9 9～12	潜水
喷射井点		同上	6×10⁻⁷～1×10⁻⁴	8～20	潜水微承压水
电渗井点		黏土,淤泥质黏土,粉质黏土,黏质粉土	<1×10⁻⁵	根据选定的井点确定	潜水
管井 (深井)	疏干	粉砂,砂质粉土,黏质粉土,含薄层粉砂的淤泥质(粉质)黏土	6×10⁻⁷～1×10⁻⁴	>15	潜水
	减压	粗砂,中砂,粉细砂夹中粗砂,粉细砂,粉砂,砂质粉土,黏质粉土	>1×10⁻⁴	>20	承压水,微承压水

土 的 名 称	渗透系数 k	
	m/d	cm/s
黏土	<0.005	$<6\times10^{-6}$
粉质黏土	$0.005\sim0.1$	$6\times10^{-6}\sim1\times10^{-4}$
黏质粉土	$0.1\sim0.5$	$1\times10^{-4}\sim6\times10^{-4}$
黄土	$0.25\sim0.5$	$3\times10^{-4}\sim6\times10^{-4}$
粉土	$0.5\sim1.0$	$6\times10^{-4}\sim1\times10^{-3}$
细砂	$1.0\sim5$	$1\times10^{-3}\sim6\times10^{-3}$
中砂	$5\sim20$	$6\times10^{-3}\sim2\times10^{-2}$
均质中砂	$35\sim50$	$4\times10^{-2}\sim6\times10^{-2}$
粗砂	$20\sim50$	$2\times10^{-2}\sim6\times10^{-2}$
均质粗砂	$60\sim75$	$7\times10^{-2}\sim8\times10^{-2}$
圆砾	$50\sim100$	$6\times10^{-2}\sim1\times10^{-1}$
卵石	$100\sim50$	$1\times10^{-1}\sim6\times10^{-1}$
无充填物卵石	$500\sim1\,000$	$6\times10^{-1}\sim1\times10$
稍有裂隙岩石	$20\sim60$	$2\times10^{-2}\sim7\times10^{-2}$
裂隙多的岩石	>60	$>7\times10^{-2}$

二、降水的作用

(1)防止基坑坡面和基底的渗水,保持坑底干燥,便利施工。

(2)增加边坡和坡底的稳定性,防止边坡上或基坑的土层颗粒流失。

(3)减少土体含水率,有效提高土体物理力学性能指标。

(4)提高土体固结程度,增加地基抗剪强度。

第三节　地下水与降水

一、地下水流的性质

1. 动水压力

地下水分为潜水和层间水两种。潜水是埋藏在地表以下第一层不透水层以上含水层中所含的水,无压力,属重力水,能作水平方向流动。层间水是两个不透水层之间含水层中所含的地下水。如果层间水未满含水层,水没有压力,称无压层间水;如果水充满此含水层,水则具有压力,称承压层间水,如图 49-9 所示。

在地下水位以下开挖基坑时,由于水头高度不同,常产生渗流。水在渗流过程中受到土颗粒的阻力,对土颗粒骨架产生压力,即动水压力,计算方法

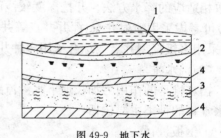

图 49-9　地下水

1-潜水;2-无压层间水;3-承压层间水;4-不透水层

483

见本章第三节【例 49-12】。

2. 流沙

1)流沙现象的产生

(1)轻微程度的流沙:支护墙体缝隙不密,有一部分细砂随地下水一起穿过缝隙流入基坑,造成坑边外侧水土流失,并增加坑内泥泞程度。

(2)中等程度的流沙:在基坑底部,尤其是靠近支护墙体底部的地方,有一堆细砂缓缓冒起,仔细观察可看到细砂堆中有许多细小流水槽,冒出的水夹带着细砂颗粒慢慢流动。

(3)严重程度的流沙:在发生中等程度流沙现象后若未采取措施而继续下挖,有时可能会造成基底冒出的流沙速度很快,基坑底部呈现流动状态,无法正常施工,并可能由于水土流失严重而造成周围建筑物或地下管线沉降过大而破坏。故严重流沙是危害较大的,施工时应避免发生。

由于流沙是由于动水压力造成的,而动水压力又与水力坡度成正比,故流沙的产生与否取决于水力坡度值。产生流沙的水力坡度叫做临界水力坡度,以 I_{cr} 表示,其值等于:

$$I_{cr} = \frac{G-1}{1+e} \tag{49-16}$$

式中:G——土粒的相对密度;

e——土的孔隙比。

因上式未考虑土体本身强度,经修正后,则临界水力坡度 I_{cr} 可按式(49-97)计算。

引起流沙的因素大致有:

(1)主要外因取决于水力坡度的大小,即该地区地下水越高,基坑挖深越大,水力压力差值越大,越容易产生流沙现象。

(2)土的颗粒组成中黏土含量小于 10%,而粉砂含量大于 75%。

(3)土的不均匀系数 $\frac{D_{60}}{D_{10}} < 5$(式中,$D_{60}$ 为限定颗粒,即小于某粒径的土粒质量累计百分数为 60%;D_{10} 为有效颗粒,即小于某粒径的土粒重量累计百分数为 10%)。易发生流沙地区取得不均匀系数的值在 1.6~3.2 之间。

(4)土的含水率大于 30%。

(5)土的孔隙率大于 43%。

流沙多产生于细砂、粉砂、砂土或淤泥中,在中、粗砂土中较为少见。

2)防流沙的措施

(1)降水

根据开挖工程的具体情况,包括工程性质、开挖深度、土质条件等,并综合考虑经济因素而采取相适应的降水方法。开挖深度较浅的基坑($H \leqslant 6m$)可采用普通轻型井点;深基坑($H > 6m$)可考虑采用喷射井点、深井井点等井点降水措施,也可结合基坑的平面形状及周围环境条件,采用多级轻型井点或综合采用多种井点降水方式以求达经济合理的降水效果。

(2)挡水帷幕

挡水帷幕的作用为加长地下水渗流路线,以阻止或限制地下水渗流到基坑中去。常用的挡水帷幕的种类主要包括:

①钢板桩;

②水泥搅拌桩;

③地下连续墙；

④注浆挡水帷幕；

⑤冻结法等。

3. 潜蚀

1)潜蚀作用分类

(1)机械潜蚀。

在动水压力作用下,土颗粒受到冲刷,将细颗粒冲走,使土的结构破坏。

(2)化学潜蚀。

水溶解土中的易溶盐分,使土颗粒间的胶结破坏,消弱了结合力,松动了土的结构。

机械潜蚀和化学潜蚀一般是同时进行的,潜蚀作用降低了地基土的强度,甚至在地下形成洞穴,以致产生地表塌陷,影响建筑物的稳定。在黄土地区和岩溶地区的土层中最易发生潜蚀作用。

2)产生潜蚀的条件

主要有两方面:一是适宜的土的组成;二是足够的水动力条件。

(1)当土层的不均匀系数即$\dfrac{D_{60}}{D_{10}}$愈大时,愈易产生潜蚀,一般当$\dfrac{D_{60}}{D_{10}}>10$时,即易产生潜蚀。

(2)两种相互接触的土层,当二者的渗透系数之比$\dfrac{k_1}{k_2}>2$时,易产生潜蚀。

(3)当渗透水流的水力坡度$I>5$时,水呈紊流,即产生潜蚀。但在天然条件下,如此大的水头是少见的,故有人提出产生潜蚀的临界水力坡度I_{cr}按下式计算,即:

$$I_{cr}=(G-1)(1-n)+0.5n$$

式中:G——土粒重度(相对密度);

n——土的孔隙率,以小数计,即$n=\dfrac{e}{1+e}$,其中,e为孔隙比。

3)潜蚀的防治措施

(1)加固土层(如灌浆等)。

(2)人工降低地下水的水力坡度。

(3)设置反滤层。

反滤层是防止潜蚀的保护措施,可布置在渗流从土中逸出的地方,特别是直接布置在排水的出口处。反滤层一般用几种粗细不同的无黏性土的颗粒做成。通常这些层与渗流线正交,而且按颗粒大小顺序增加(图49-10),若能正确地选择反滤层,则可防止土中的潜蚀,甚至当渗流水力坡度很大的时候($I=20$或更大),也可防治。反滤层的层数大多采用三层,也有两层,各层厚度通常为15~20cm,这主要取决于施工条件和反滤层颗粒的粗细。反滤层的

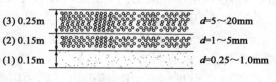

图49-10　反滤层构造

铺填不均匀或质量难以保证时,每层的平均厚度应该稍大,以保证反滤层不被破坏。

4. 管涌

当基坑底面以下或周围的土层为疏松的砂土层时,地基土在具有一定渗透速度(或水力坡度)的水流作用下,其细小颗粒被冲走,土中的孔隙逐渐增大,慢慢形成一种能穿越地基的细管状渗流通路,从而掏空地基或坝体,使之变形、失稳,此现象即为管涌,如图49-11所示。

国内外学者对管涌现象进行了广泛的研究,得到了许多计算方法。这里仅介绍一种较简便可行的计算方法。

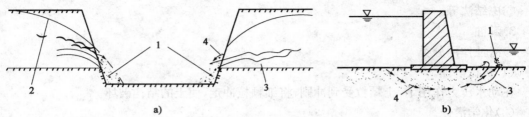

图 49-11　管涌破坏示意图

a)斜坡条件时;b)基地条件时

1-管涌堆积颗粒;2-地下水位;3-管涌通道;4-渗流方向

当符合式(49-17)时,基坑是稳定的,不会发生管涌现象:

$$I < I_c \tag{49-17}$$

式中:I——动水坡度,可近似地按式(49-18)求得。

$$I = \frac{h_w}{L} \tag{49-18}$$

式中:h_w——墙体内外面的水头差;

　　　L——产生水头损失的最短流线长度;

　　　I_c——极限动水坡度(临界水力坡度),可按式(49-19)求得。

$$I_c = \frac{G-1}{1+e} \tag{49-19}$$

式中:G——土粒相对密度;

　　　e——土的孔隙比。

1)产生管涌的条件

管涌多发生在砂性土中,其特征是:颗粒大小差别较大,往往缺少某种粒径,孔隙直径大且互相连通。颗粒多由重度较小的矿物组成,易随水流移动,有较大和良好的渗流出路。具体包括:

(1)土中粗、细颗粒粒径比 $D/d > 10$。

(2)土的不均匀系数 $D_{60}/D_{10} > 10$。

(3)两种互相接触土层渗透系数之比 $k_1/k_2 > 2 \sim 3$。

(4)渗流的水力坡度大于土的临界水力坡度。

2)管涌的防治措施

(1)增加基坑围护结构的入土深度,使地下水流线长度增加,降低动水水力坡度,对防止管涌现象的发生是有利的。

(2)人工降低地下水位,改变地下水的渗流方向。

5. 基坑突涌

当基坑之下有承压水存在时,开挖基坑减小了含水层上覆不透水层的厚度,当它减小到一定程度时,承压水的水头压力能顶裂或冲毁基坑底板,造成突涌。

1)突涌的形式

(1)基底顶裂,出现网状或树枝状裂缝,地下水从裂缝中涌出,并带出下部的土颗粒。

(2)基坑底发生流沙现象,从而造成边坡失稳和整个地基悬浮流动。

（3）基底发生类似于"沸腾"的喷水现象，使基坑积水，地基土扰动。

2）基坑突涌产生条件

如图 49-12 所示，由基坑开挖后不透水层的厚度 H 与承压水头压力的平衡条件可知，H 应为：

$$H = \frac{\gamma_w}{\gamma}h \tag{49-20}$$

当满足式（49-21a）时，基坑不发生突涌。

$$H > \frac{\gamma_w}{\gamma}h \tag{49-21a}$$

当满足式（49-21b）时，可能发生突涌。

$$H < \frac{\gamma_w}{\gamma}h \tag{49-21b}$$

式中：H——基坑开挖后不透水层厚度（m）；

　　γ——土的浮重度（kN/m³）；

　　γ_w——水的重度（kN/m³）；

　　h——承压水头高于含水层顶板的高度（m）。

3）突涌的防治措施

当 $H < \frac{\gamma_w}{\gamma}h$ 时，则应用减压井降低基坑下部承压水头，防止由于承压水压力引起基坑突涌。在减压井降水过程中，可对孔隙水压力进行监测，要求不透水层顶板 A 点的孔隙水压力应小于总应力的 70%，见图 49-13。当基坑开挖面很窄时，此条件可放宽一些，因为土的抗剪强度对抵抗隆起起到一定的作用。

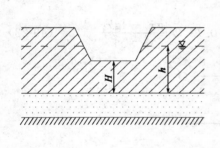

图 49-12　基坑底最小不透水层厚度

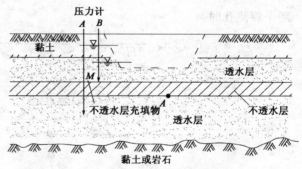

图 49-13　基坑下存在承压的情况

6. 土的渗透系数

测定渗透性试验方法主要有现场和室内试验两大类。本节只介绍现场试验。

（1）抽水试验

抽水试验亦称扬水试验。主要用于含水层或地下水位较浅，且有一定富水性的地层。试验方法要点如下：

①在试验点上先钻成一个中心试验孔，再在垂直或平行于地下水的天然流动方向钻成一排等间距的观测孔。通常，中心孔每侧的观测孔数量不得少于 2 个，但如用非稳定流法时，可只需一个观测孔。观测孔距离可参考表 49-16 选取。中心孔直径应不小于 $200 \sim 250$mm，观测孔直径不小于 $50 \sim 75$mm。

土 的 种 类	每条直线上的钻孔间距(m)			最后一孔与中心孔间距(m)	
	中心孔～1号孔	1号孔～2号孔	2号孔～3号孔	最小	最大
粉质黏土	2～3	3～5	5～8	10	16
砂	3～5	5～8	8～12	16	25
砾石	5～10	10～15	15～20	30	45
坚硬裂缝岩石	5～10	15～20	20～30	40	60

②根据预先估计的含水层富水性和透水性,选用适当排水量的水泵从中心试验孔抽水。

③在适当的水泵工作下,持续抽水至孔内水柱趋于稳定。测得此时各孔内的水位降深 S、涌水量 Q 与相应的影响半径 r。一般地层中每小时观测一次水位,如三次所得水位相同,或 4h 内水位变化不超过 20mm,则可视为水位稳定。

④当用稳定流法计算渗透系数并借助于 S-$\lg r$ 关系进行计算时,可按 5min、10min、15min、30min 观测一次,以求观测数据点在半对数尺度上分布较均匀。

⑤当用非稳定流计算渗透系数时,可借助于 S-$\lg t$ 关系,此时只需在一个观测孔中保持涌水量为一常量。

⑥绘制中心孔的 S-$\lg r$ 或 S-$\lg t$ 曲线,并计算渗透系数及最大涌水量,而计算需视中心孔井的结构类型(完整井与非完整井)而定。如为完整井且地下水属于潜水类型(图 49-14)渗透系数 k 值为:

一个观测孔时:

$$k = 0.732Q \frac{\lg x_1 - \lg r}{(2H - S - S_1)(S - S_1)} = 0.732Q \frac{\lg x_1 - \lg r}{y_1^2 - h^2} \tag{49-22}$$

两个观测孔时:

$$k = 0.732Q \frac{\lg x_2 - \lg x_1}{(2H - S_1 - S_2)(S_1 - S_2)} = 0.732Q \frac{\lg x_2 - \lg x_1}{y_2^2 - y_1^2} \tag{49-23}$$

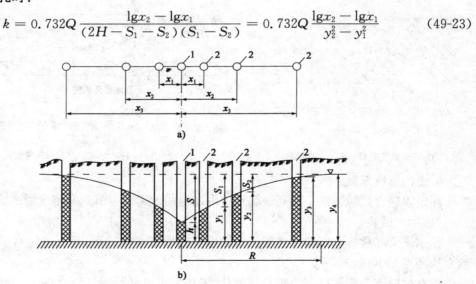

图 49-14　抽水试验示意图

a)平面图;b)剖面图

1-中心孔;2-观测孔

（2）注水试验

钻孔注水试验在原理上与抽水试验相似，只是将抽水改为注水，这样在试验中心孔周围地层内形成的水位为一倒漏斗形水面（图49-15）。

在很厚的水平含水层中进行常量注水时，可按式（49-24）计算 k 值：

$$k = \frac{0.366Q}{lS_1} \lg \frac{2l}{r} \qquad (49\text{-}24)$$

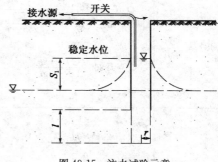

图49-15　注水试验示意

式中：l——试验段或滤水管长度；

　　　S_1——孔内水头高度（注水保持的常水头）；

　　　Q——注水量（保持常量）；

　　　r——钻孔半径（一般 $r < l/4$）。

当在干旱地层注水时，如试验段高于地下水位较多，且孔中水头高度 $h \leqslant l$ 时，则渗透系数为：

$$k = 0.423 \frac{Q}{h^2} \lg \frac{2h}{r} \qquad (49\text{-}25)$$

此法简单易行，不需特殊设备，且精度可以保证，相对误差小于10％。

二、水井理论与水井涌水量计算

1. 水井的分类

水井根据其井底是否达到不透水层分为完整井与非完整井，井底达到不透水层的称为完整井，否则为非完整井，如表49-17所示；根据地下水有无压力，水井又有承压井和无压井（潜水井）之分，凡水井布置在两层不透水层之间充满水的含水层内，因地下水具有一定的压力，称为承压井，若水井布置在潜水层内，地下水无压力，该种井称为无压井，如表49-17所示。

2. 井点涌水量计算

（1）单井涌水量计算

井点系统涌水量是以水井理论为基础进行计算的。水井根据井底是否达到隔水层，分为完整井和非完整井；根据地下水有无压力，又分为承压井和无压井。表49-17列出无压完整井、无压非完整井、承压完整井和承压非完整井这四种井的涌水量计算。

单井地下水涌水量计算

表49-17

地下水类别	水井类别	涌水量计算公式	剖面示意图	附　注
无压水	完整井	$Q = \dfrac{\pi k (H^2 - h^2)}{\ln \dfrac{R}{r}}$ 或 $Q = 1.366 \dfrac{k(H^2 - h^2)}{\lg R - \lg r}$ $= 1.366k \dfrac{(H+h)(H-h)}{\lg R - \lg r}$ $= 1.366k \dfrac{(2H-S)S}{\lg R - \lg r}$		H——含水层厚度； S——抽水时井中水位下降深度，即原地下水位到基坑底面以下 $0.5 \sim 1.0$m 间的距离（m）； h——抽水时井中水位深度（m），即井降水深度到不透水层顶面的高度，即 $H-S$； k——渗透系数； R——影响半径； r——井的半径

489

地下水类别	水井类别	涌水量计算公式	剖面示意图	附 注
无压水	非完整井	$Q = \dfrac{\pi k(H_0^2 - h_0^2)}{\ln \dfrac{R}{r} \sqrt{\dfrac{h_0}{L}} \cdot \sqrt{\dfrac{h_0}{2h_0 - L}}}$ 或 $Q = 1.366 \dfrac{k(H_0^2 - h_0^2)}{\lg R - \lg r}$		H_0——有效带深度 h_0——井中水位到有效带的距离; 其余符号的意义同上
承压水	完整井	$Q = \dfrac{2\pi k M(H - h)}{\ln \dfrac{R}{r}}$ 或 $Q = 2.73 \dfrac{kM(H - h)}{\lg R - \lg r}$		H——承压水头高度,由含水层底板算起; M——含水层厚度; 其余符号的意义同上
	非完整井	$Q = \dfrac{2\pi k S L}{\ln \dfrac{1.32L}{r}}$ 或 $Q = \dfrac{2.73 k S L}{\lg(1.32L) - \lg r}$		L——过滤器的工作部分的长度,$R = 1.32L$; 其余符号的意义同上

注:1. 上表公式中 $H^2 - h^2$ 可转换成 $(H + h)(H - h) = [2H - (H - h)]S = (2H - S)S(H - h = S)$。

2. 在基坑涌水量计算中,将基坑平面换算成圆形,基坑为一圆形大井,此法称为"大井法"。

3. 有效带是指在非完整井中抽水时,影响的深度未达到含水层底板,只达到该含水层的某一深度,此深度称为有效带深度。

4. 过滤器亦称为滤水管。

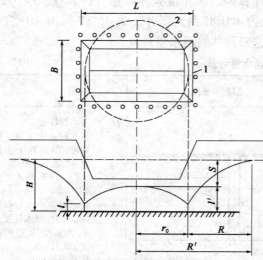

图 49-16 群井系统涌水量计算图式(无压完整井群井)
1-矩形基坑;2-等效圆井

(2)群井涌水量

根据水井理论可以求得单个水井的涌水量,但如有几个相互之间距离在影响半径范围内的井点同时抽水,水位的降落会发生干扰现象,因而使各个单井的涌水量比计算值要小,但总的水位降低值 $S_总$ 大于单个井点抽水时水位降低值 S。这种现象对于以疏干为主要目的的基坑施工是有利的。

群井涌水量的计算,可把由各井点管组成的群井系统,视为一口大的单井,设该井为圆形,参照表 49-17 中涌水量计算公式,可得无压完整井群井的涌水量计算公式(图 49-16):

$$Q = 1.366k \frac{H^2 - l'^2}{\lg R' - \lg r_0} = 1.366k \frac{(2H - S)S}{\lg(R + r_0) - \lg r_0} \qquad (49\text{-}26)$$

式中：Q——群井涌水量（m³/d）；

$\quad k$——土的渗透系数（m/d）；

$\quad H$——地下水位至不透水层的高度（m）；

$\quad l'$——滤管长度（m），$l' = H - S$；

$\quad S$——水位降落值（m）；

$\quad R'$——群井降水影响半径（m），$R' = R + r_0$；

$\quad r_0$——由井点管围成的基坑等效半径（m），也称井群的引用半径；

$\quad R$——单井降水影响半径（m）。

式(49-26)即为无压完整井群井涌水量计算公式，如图49-16所示。

如井点系统布置成矩形，为了简化计算，也可用公式(49-26)采用大井法计算涌水量，但式中的 r_0 应为井点系统的引用半径（等效半径）。

对矩形基坑根据长度 L 与宽度 B 之比，可将其平面形状（不规则平面形状）化成一个引用半径（等效半径）为 r_0 的圆井，按式(49-27)～式(49-30)计算：

当 $L/B < 2 \sim 3$ 时，

$$r_0 = \sqrt{\frac{F}{\pi}} \qquad (49\text{-}27)$$

当 $L/B > 2 \sim 3$ 时或基坑呈现不规则形状时，

$$r_0 = \frac{P}{2\pi} \qquad (49\text{-}28)$$

对椭圆形基坑其引用半径 r_0 为：

$$r_0 = \frac{L + B}{4} \qquad (49\text{-}29)$$

对不规则多边形基坑，其引用半径 r_0 为：

$$r_0 = \sqrt[n]{r_1 \cdot r_2 \cdots r_n} \qquad (49\text{-}30)$$

式中：$\quad F$——为井点系统包围的基坑面积（m）；

$\quad P$——不规则基坑的周长（m）。

$r_1、r_2、\cdots、r_n$——多边形顶点到多边形中心点的距离；

$\quad n$——井点数。

在实际工程中，经常会遇到无压非完整井井点系统，如图49-17所示。其涌水量计算较为复杂。为简化计算仍可采用式(49-26)进行计算。但此时式中的 H 值应换成有效带深度 H_0，H_0 系经验数值，由表49-18查得。当算出的 H_0 大于于实际含水层 H 的厚度时，仍取 H 值。则简化后涌水量按式(49-31)计算：

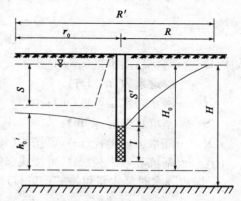

图49-17 群井系统涌水量计算图式（无压非完整井）

$\dfrac{S'}{S'+l}$	0.2	0.3	0.5	0.8	1.0
H_0	$1.3(S'+l)$	$1.5(S'+l)$	$1.7(S'+l)$	$1.85(S'+l)$	$2.00(S'+l)$

注: S' 为降水深度(图 49-17 中),即原始地下水位至滤水管顶的高度(m); l 为滤管长度(m)。

$$Q = 1.366k\,\frac{(2H_0-S)S}{\lg(R+r_0)-\lg r_0} \tag{49-31}$$

式(49-31)经佛尔赫格麦尔实验,考虑地下潜水从井的侧面和底面同时渗入,修正为式(49-32):

$$Q = 1.366k\,\frac{(2H_0-S)S}{\lg(R+r_0)-\lg r_0}\times\sqrt{\frac{h_0'+0.5r}{h_0'}}\times\sqrt{\frac{2h_0'-l}{h_0'}} \tag{49-32}$$

式中: r——井点半径(m);

其余符号意义见图 49-18。

3. 按《建筑基坑支护技术规程》(JGJ 120—99)推荐井点涌水量设计计算方法。

(1)均质含水层潜水完整井基坑涌水量可按下列规定计算(图 49-18)。

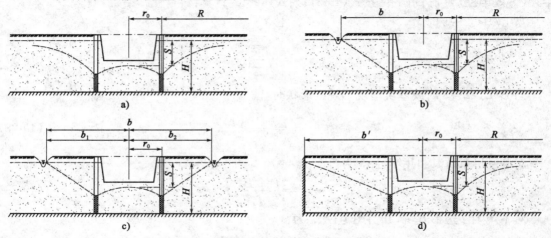

图 49-18 均质含水层潜水完整井涌水量计算图

a)基坑远离边界;b)岸边降水;c)基坑位于两地表水体间;d)基坑靠近隔水边界

①当基坑远离边界时,涌水量可按式(49-33)计算[图 49-18a)]。

$$Q = 1.366k\,\frac{(2H-S)S}{\lg\left(1+\dfrac{R}{r_0}\right)} \tag{49-33}$$

式中: Q——基坑总涌水量(m³/d);

    k——渗透系数(m/d);

    H——潜水含水层厚度(m);

    S——基坑水位降深(m);

    R——降水影响半径(m),可按式(49-51)和式(49-52)计算;

    r_0——基坑等效半径(m),可按式(49-47)~式(49-49)计算。

②岸边降水时涌水量可按式(49-34)计算[图 49-18b)]。

$$Q = 1.366k\,\frac{(2H-S)S}{\lg\dfrac{2b}{r_0}} \qquad b<0.5R \tag{49-34}$$

③当基坑位于两个地表水体之间或位于补给区与排泄区之间时,涌水量按式(49-35)计算[图 49-18c)]。

$$Q = 1.366k \frac{(2H-S)S}{\lg\left[\frac{2(b_1+b_2)}{\pi r_0}\cos\frac{\pi(b_1-b_2)}{2(b_1+b_2)}\right]} \tag{49-35}$$

④当基坑靠近隔水边界,涌水量可按式(49-36)计算[图 49-18d)]。

$$Q = 1.366k \frac{(2H-S)S}{2\lg(R+r_0)-\lg r_0(2b'+r_0)} \qquad b' < 0.5R \tag{49-36}$$

(2)均质含水层潜水非完整井基坑涌水量可按下列规定计算(图 49-19)。

①基坑远离边界时,涌水量可按式(49-37)计算[图 49-19a)]。

$$Q = 1.366k \frac{H^2-h_m^2}{\lg\left(1+\frac{R}{r_0}\right)+\frac{h_m-l}{l}\lg\left(1+0.2\frac{h_m}{r_0}\right)} \tag{49-37}$$

$$h_m = \frac{H+h}{2} \tag{49-38}$$

②近河基坑降水,含水层厚度不大时,涌水量可按式(49-39)计算[图 49-19b)]。

$$Q = 1.366kS\left[\frac{l+S}{\lg\frac{2b}{r_0}}+\frac{l}{\lg\frac{0.66l}{r_0}+0.25\frac{l}{M}\lg\frac{b^2}{M^2-0.14l^2}}\right] \qquad b > \frac{M}{2} \tag{49-39}$$

式中:M——含水层底板到过滤器有效工作部分中点的长度。

③近河基坑降水,含水层厚度很大时,涌水量可按式(49-40)或式(49-41)计算[图 49-19c)]。

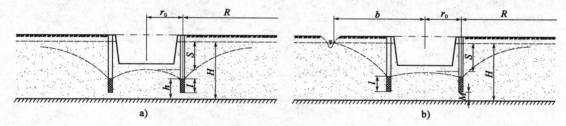

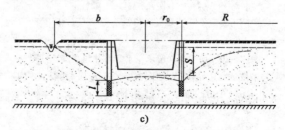

图 49-19 均质含水层潜水非完整井涌水量计算图

a)基坑远离边界;b)近河基坑含水层厚度不大;c)近河基坑含水层厚度很大

$$Q = 1.366kS\left[\frac{l+S}{\lg\frac{2b}{r_0}}+\frac{l}{\lg\frac{0.66l}{r_0}-0.22\text{arsh}\frac{0.44l}{b}}\right] \qquad b \geqslant l \tag{49-40}$$

$$Q = 1.366kS \left[\frac{l+S}{\lg \frac{2b}{r_0}} + \frac{l}{\lg \frac{0.66l}{r_0} - 0.11\frac{l}{b}} \right] \qquad b < l \tag{49-41}$$

（3）均质含水层承压水完整井涌水量可按下列规定计算（图49-20）。

①当基坑远离边界时，涌水量可按式（49-42）计算[图49-20a]。

$$Q = 2.73k \frac{MS}{\lg\left(1+\frac{R}{r_0}\right)} \tag{49-42}$$

式中：M——承压含水层厚度（m）（即有压的含水层厚度）。

②当基坑位于河岸边时，涌水量可按式（49-43）计算[图49-20b]。

$$Q = 2.73k \frac{MS}{\lg \frac{2b}{r_0}} \qquad b < 0.5R \tag{49-43}$$

③当基坑在两个地表水体之间或位于补给区与排泄区之间时，涌水量可按式（49-44）计算[图49-20c]。

$$Q = 2.73k \frac{MS}{\lg\left[\frac{2(b_1+b_2)}{\pi r_0}\cos\frac{\pi(b_1-b_2)}{2(b_2+b_1)}\right]} \tag{49-44}$$

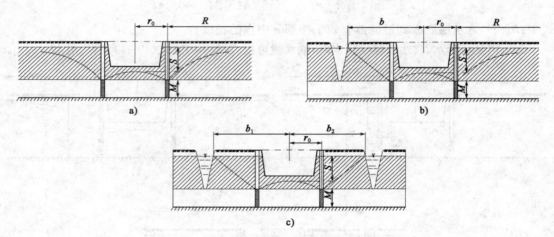

图49-20　均质含水层承压水完整井涌水量计算图

a）基坑远离边界；b）基坑于岸边；c）基坑于两地表水体间

④均质含水层承压水非完整井基坑涌水量可按式（49-45）计算（图49-21）。

$$Q = 2.73k \frac{MS}{\lg\left(1+\frac{R}{r_0}\right) + \frac{M-l}{l}\lg\left(1+0.2\frac{M}{r_0}\right)} \tag{49-45}$$

⑤均质含水层承压～潜水非完整井（图49-22）基坑涌水量可按式（49-46）计算。

$$Q = 1.366k \frac{(2H-M)M-h^2}{\lg\left(1+\frac{R}{r_0}\right)} \tag{49-46}$$

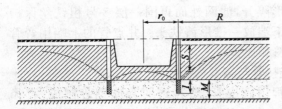
图 49-21 均质含水层承压水非完整井涌水量计算图

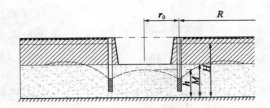
图 49-22 均质含水层承压～潜水非完整
井基坑涌水量计算图

三、轻型井点、喷射井点、电渗井点降水设计计算

1. 轻型井点

1）适用范围

本法适用于渗透系数为 0.1～80m/d 的土层，而对土层中含有大量的细砂和粉砂层特别有效，可以防止流沙现象和增加土坡稳定，且便于施工，如土壁采用临时支撑还可减少作用在其上的侧向土压力。

轻型井点分机械真空泵和水射泵井点两种。这两种轻型井点的主要差别是产生真空的原理不同。

2）主要设备

轻型井点系统由井点管、连接管、集水总管及抽水设备等组成。轻型井点降低地下水位全貌如图 49-23 所示。

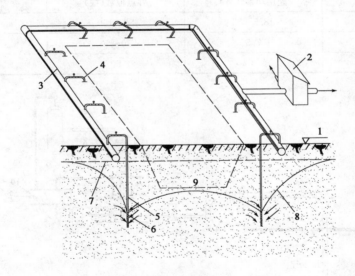

图 49-23 轻型井点降低地下水位全貌图

1-地面；2-水泵房；3-总管；4-弯联管；5-井点管；6-滤管；7-原有地下水位线；8-降低后地下水位线；9-基坑

（1）井点管

采用直径 38～55mm 的钢管，长度为 5～7m。井点管的下端装有滤管，其构造如图 49-24 所示。滤管直径常与井点管直径相同，长度 1.0～1.7m，管壁上钻直径 12～18mm 的孔，呈梅花形分布。管壁外包两层滤网，内层为细滤网，采用 30～50 孔/cm 的黄铜丝布或生丝布；外层为粗滤网，采用 8～10 孔/cm 的铁丝布或尼龙丝布。为避免滤孔淤塞，在管壁与滤网间用铁丝

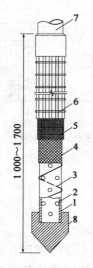

图 49-24 滤管构造(尺寸单位:mm)

1-钢管;2-管壁上的小孔;3-缠绕的塑料管;4-细滤网;5-粗滤网;6-粗铁丝保护网;7-井点管;8-铸铁管

绕成螺旋形隔开,滤网外面再围一层 8 号粗铁丝保护网。滤管下端放一锥形铸铁头。井点管的上端用弯管接头与总管相连。

(2)连接管与集水总管

连接管用胶皮管、塑料透明管或钢管制成,直径 38~55mm。每个连接管均宜装设阀门,以便检修井点。集水总管一般用直径为 100~127mm 的钢管分节连接,每节长 4m,一般每隔 0.8~1.6m 设一个连接井点管的接头。

(3)抽水设备

轻型井点分为干式真空泵井点、射流泵井点和隔膜泵井点三种。这三者用的设备不同,其所配用功率和能负担的总管长度亦不同,如表 49-19 所示。

干式真空泵井点的抽水设备由一台干式真空泵、两台离心式水泵(一台备用)和气水分离箱组成,如图 49-25 所示。这种井点排水和排气能力大。一套抽水设备的两台离心泵既作为互相备用,又可在地下水量大时一起开泵排水。真空泵和离心泵根据土的渗透系数和涌水量选用。

各种轻型井点的配用功率和井点根数与总管长度表 表 49-19

轻型井点类型	配用功率(kW)	井点根数(根)	总管长度(m)
真空泵井点	18.5~22	80~100	96~120
射流泵井点	7.5	30~50	40~60
隔膜泵井点	3	50	60

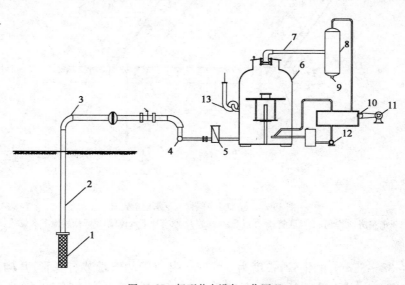

图 49-25 轻型井点设备工作原理

1-滤管;2-井点管;3-弯管;4-集水总管;5-过滤室;6-水气分离管;7-进水管;8-副水气分离器;9-放水口;10-真空泵;11-电动机;12-循环水泵;13-离心水泵

射流泵井点由喷射扬水器、离心泵和循环水箱组成。射流泵能产生较高真空度,但排气量小,稍有漏气则真空度易下降,因此它带动的井点管根数较少。但它耗电少、重量轻、体积小、机动灵活。它的喷嘴易磨损,直径变大则效率降低。使用时保持水质清洁极为重要。射流泵井点的原理如图49-26所示,采用离心泵驱动工作水运转,当水流通过喷嘴时,由于流速突然增大而在周围产生真空,把地下水吸出,而水箱内的水呈一个大气压的天然状态。

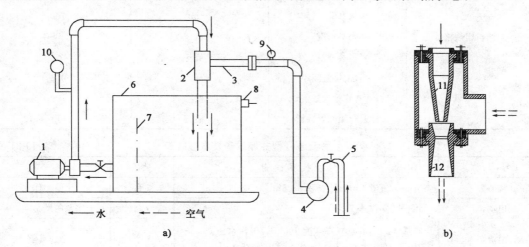

图49-26　射流泵井点设备工作简图

a)总图;b)射流器剖面图

1-离心泵;2-射流器;3-进水管;4-总管;5-井点管;6-循环水箱;7-隔板;8-泄水口;9-真空表;10-压力表;11-喷嘴;12-喉管

隔膜泵井点是单根井点平均消耗功率最少的井点。它均用双缸隔膜泵,机组构造简单。隔膜泵的底座应安装得平稳牢固,泵出水口的排水管应平接不得上弯,否则影响泵功能。隔膜泵内皮碗易磨损,要注意安装质量。

轻型井点系统设备技术性能可参见表49-20和表49-21。

上海型真空泵轻型井点系统设备技术性能表　　　　表49-20

指　标		单　位	说　明
地下水降落深度		m	5.5～6.0
离心水泵	形式		B型或BA型
	生产率	m³/h	20
	扬程	m	25
	抽吸真空高度	m	7
	吸口直径	mm	50
	电动机功率	kW	2.8
	电动机转速	r/min	2 900
往复式真空泵	形式		V_5型(W_8型)
	生产率	m³/min	4.4
	真空度	kPa	100
	电动机功率	kW	5.5
	电动机转速	r/min	1 450

497

指　标		单　位	说　明
泵浦机组规格	外形尺寸(长×宽×高)	mm	2 600×1 300×1 600
	重量	kN	15.00
	井点滤管数量	根	100
	集水总管直径	mm	100
	每节长度	m	1.6～4
	每套节数	节	29
	总管上接管间距	m	0.8
	弯联管数量	根	100
	冲射管用冲管数量	根	1

φ50 型射流泵轻型井点设备技术性能表　　　　　　表 49-21

名　称	型 号 及 技 术 性 能	数量	备　注
离心泵	3BL-9,流量 45m³/h,扬程 32.5m	1 台	供给工作水
电动机	JO₂-42-2,功率 7.5kW	1 台	水泵的配套动力
射流泵	喷嘴 φ50mm,空载真空度 100kPa,工作水压 0.15～0.3MPa,工作水流 45m³/h,生产率 10～35m³/h	1 个	形成真空
水箱	1 100mm×600mm×1 000mm	1 个	循环用水

注:每套设备带 9m 长井点 25～30 根,间距 1.6m,总长 180m,降水深 5～6m

3)轻型井点设计计算

(1)轻型井点设计计算

①井点设计需要参数、资料

a.含水层的性质:是承压水或是潜水。

b.含水层的厚度及顶、底板高度。

c.含水层渗透系数(抽水资料或经验值)。

d.含水层的补给条件。

e.地下水位高程和水位动态变化资料。

f.井点系统的性质:是完整井或非完整井。

g.基坑规格、位置、设计降深要求。

②井点降水设计步骤

a.基坑引用半径(也称假想半径)r_0 的确定。

对于圆形基坑,基坑的引用半径 r_0 即为圆形布置的井点系统的半径,当基坑的平面形状不是圆形时,基坑的引用半径可按下列规定进行计算:

(a)不规则块状基坑:

$$r_0 = \sqrt{\frac{F}{\pi}} \tag{49-47}$$

(b)当基坑为长方形,$L/B \leqslant 10$ 时:

$$r_0 = \eta \frac{(L+B)}{4} \tag{49-48}$$

或

$$r_0 = 0.29(L + B) \tag{49-49}$$

式中：F——基坑为井点所包围的平面面积(m^2)；

  L——基坑长度(m)；

  B——基坑宽度(m)；

  η——系数，由表 49-22 查得。

系数 η 与 B/L 关系表   表 49-22

B/L	0	0.05	0.10	0.20	0.30	0.40	0.50	0.60～1.00
η	1.0	1.05	1.08	1.12	1.14	1.16	1.17	1.18

b. 确定井点系统(群井)降水影响半径 R'(图 49-16)。

$$R' = R + r_0 \tag{49-50}$$

式中：r_0——环状井点到基坑中心的距离(m)，即由井点管围成的基坑引用半径(也称假想半径、等效半径和基坑换算半径)；

  R——为单井降水影响半径(m)，按下列公式确定。

计算降水影响半径 R 的应用公式很多，当基坑侧壁安全等级为二、三级时，可采用下列经验公式进行计算：

(a)潜水(非承压水)含水层：

$$R = 2S\sqrt{kH} \tag{49-51}$$

式中：k 为土的渗透系数(m/d)；

  其余符号意义见图 49-18。

(b)承压含水层(吉哈尔特公式)：

$$R = 10S\sqrt{k} \tag{49-52}$$

式中符号含义见图 49-20。

另外降水影响半径 R 也可通过现场抽水试验进行测算。由于现场试验相对而言更加接近实际，因此其结果也较为可靠。

参见图 49-14，将各个观测孔的水位值用平滑曲线连接起来，并平滑延长至地下水位线相交(相切)，即可得抽水影响半径。也可以通过抽水试验测得 Q 与 S 值，代入表 49-17 中无压水完整井或有关公式反求 R 值，得：

$$Q = 1.366 \frac{k(2H - S)S}{\lg R - \lg r} \tag{49-53}$$

则：

$$\lg R = \frac{1.366k(2H - S)S}{Q} + \lg r \tag{49-54}$$

即可求出 R 的值。对于其他形式的井点，亦可采用相应的计算公式进行反算。

表 49-23 所列为降水影响半径 R 的经验数据，可供参考。

降水影响半径 R 的经验数据   表 49-23

土的种类	极细砂	细砂	中砂	粗砂	极粗砂	小砾石	中砾石	大砾石
粒径(mm)	0.05～0.1	0.1～0.25	0.25～0.5	0.5～1	1～2	2～3	3～5	5～10
所占比例(%)	>70	>70	>50	>50	>50			
影响半径 R(m)	25～50	50～100	100～200	200～400	400～500	500～600	600～1 500	1 500～3 000

c. 水位降深。

$$S = (D - d_w) + S_w \qquad (49\text{-}55)$$

式中：S——基坑中心处水位降(m)；

  D——基坑开挖深度(m)；

  d_w——地下静水位埋深(m)；

  S_w——基坑中心处水位与基坑设计开挖面的距离(m)。

d. 基坑总涌水量 Q 计算(按大井法计算)。

$$Q = 1.366k(2H - S)S/\lg\left(\frac{R + r_0}{r_0}\right) \qquad (49\text{-}56)$$

式中：Q——基坑总出水量(m^3/d)；

  k——渗透系数(m/d)。

e. 计算单根井点管允许最大出水量 q。

$$q = 120\pi rL\sqrt[3]{k} \qquad (49\text{-}57)$$

式中：q——单根井点管允许最大出水量(m^3/d)；

  r——过滤器外缘的半径(m)；

  L——过滤器工作部分长度(m)，真空井点的过滤器长度不宜小于含水层厚度的 $\frac{1}{3}$；

  k——渗透系数(m/d)。

f. 确定井点管数量 n 与井点管间距 a 及每根井点的实际出水量 q。

井点管数量：

$$n = \frac{1.1Q}{q} \qquad (49\text{-}58a)$$

井点管间距：

$$a = \frac{L_1}{n} \qquad (49\text{-}58b)$$

每根井点管实际出水量：

$$q = \frac{Q}{n} \qquad (49\text{-}58c)$$

式中： n——降水井数量；

  a——井点间距一般要求大于 $15D$（D 为过滤器的外径）(m)；

  L_1——沿基坑周边布置降水井的总长度(m)；

系数 1.1——考虑堵塞等因素的井点管备用系数；

  q——每根井点管实际出水量(m^3/d)。

求出的井点管距应大于 15 倍滤管直径，以防由于井管太密而影响抽水效果，并应尽可能符合总管接头的间距模数(0.8m、1.2m、1.6m 等)。

当计算出的井管间距与总管接头间距模数值相差较大(处于两种间距模数中间)时，可在施工时采用"跳隔接管、均匀布置"的方法，即间隔几个接头跳空一个(不接井点管)，但井点管仍然均匀布置，如图 49-27 所示。

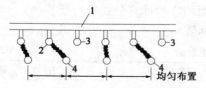

图 49-27 总管与井点布置

1-总管；2-接头；3-跳空的接头；4-井点管(均布布置)

g. 复核。

确定井点管及总管的布置后,可进行基坑降水水位的计算,以复核其降深能否满足降水设计要求。

对于非承压完整井,其降水深度可用下式进行计算:

$$S = H_0 - h$$

$$h = \sqrt{H_0^2 - \frac{Q}{1.366k}\left[\lg(R+r_0) - \frac{1}{n}\lg(r_1 \times r_2 \times \cdots \times r_n)\right]} \tag{49-59a}$$

如果各井点设在一个圆周上,则 $r_1 = r_2 = r_3 = r_n = r_0$,即等于圆的半径,代入式(49-59a),则得:

$$h = \sqrt{H_0^2 - \frac{Q}{1.366k}\left[\lg(R+r_0) - \lg r_0\right]} \tag{49-59b}$$

将式(49-59a)和式(49-59b)代入 $S = H_0 - h$ 式中,得:

$$S = H_0 - \sqrt{H_0^2 - \frac{Q}{1.366k}\left[\lg(R+r_0) - \frac{1}{n}\lg(r_1 \times r_2 \times \cdots \times r_n)\right]} \tag{49-60a}$$

或

$$S = H_0 - \sqrt{H_0^2 - \frac{Q}{1.366k}\left[\lg(R+r_0) - \lg r_0\right]} \tag{49-60b}$$

对于承压完整井,其降水深度可用式(49-60c)计算:

$$S = \frac{0.366Q}{Mk}\left[\lg(R+r_0) - \frac{1}{n}\lg(r_1 \times r_2 \times \cdots \times r_n)\right] \tag{49-60c}$$

式中:　　S——群井中心处地下水位降深(m);

　　　　　Q——基坑涌水量(m^3/d);

　　　　　k——土的渗透系数(m/d);

　　　　　n——降水井数量;

　　　　　R——降水影响半径(m);

　　　　　r_0——基坑等效半径(m);

r_1、r_2、$\cdots$、r_n——各井点距群井中心处的距离(m);

　　　　　H_0——非承压含水层厚度(m);

　　　　　M——承压含水层厚度(m),见表 49-17 中示意图。

对于非完整井或非稳定流,应根据具体情况采用相应的计算方法。

若计算出的降深不能满足降水设计要求,则应重新调整井数及井点布置方式再算。

当井点降水出水能力大于基坑涌水量的一倍以上时,可不进行基坑降水水位计算。

③滤水管的设计

滤水管是井点降水系统的重要部分,设计不好,不仅造成大量进砂,影响正常抽水,而且进水不畅,形成过大的水跃值,直接影响抽将效果。所以对滤网和填料要选好。

a. 滤管长度。

$$l = \frac{Q}{dnv} \tag{49-61}$$

式中:Q——流入每根井管的流量;

　　　d——滤管外径;

　　　n——滤管孔隙率,一般用 2%~5%;

v——地下水进入滤管的速度，一般由经验公式：$v = \dfrac{\sqrt{k}}{15}$ 求得；

k——含水层渗透系数。

注：滤管长度除按公式(49-61)计算外，一般取 $L = 1.2 \sim 2.0\text{m}$。

b. 滤管孔隙率 n 的确定。

$$n = \frac{F}{\pi r^2} \tag{49-62}$$

式中：F——孔眼总面积，$F = \dfrac{Q}{v}$；

r——孔眼半径。

一般孔眼直径为 $5 \sim 10\text{mm}$，孔眼间距为 $30 \sim 40\text{mm}$。

c. 滤网。

在滤管外缠一层滤网（铁丝网或尼龙网），然后用铁丝每隔一段距离扎紧。

滤网孔隙应满足：

$$d_c < 2d_{50} \tag{49-63}$$

式中：d_c——滤网孔隙(mm)，即滤网孔净宽；

d_{50}——含水层颗粒直径(mm)。

d. 填料的选择。

砂滤层填料颗粒尺寸应控制在：

$$5d_{50} \leqslant D_{50} \leqslant 10d_{50}$$

或

$$D_{50} = 6d_{50} \tag{49-64}$$

式中：D_{50}——填料的粒径(mm)。

④选择抽水设备

定型的轻型井点设备配有相应的真空泵、水泵和动力机组，如表 49-20 和表 49-21 所示。真空泵的规格主要根据所需要的总管长度、井点管根数及降水深度而定，水泵的流量主要根据基坑井点系统涌水量而定。在满足真空高度的条件下，从所选水泵性能表上查得的流量应满足一套机组承担的涌水量要求（参考表 49-7～表 49-13）。所需水泵功率可用式(49-65)进行计算：

$$N = \frac{kQH_s}{102\eta_1\eta_2} \tag{49-65}$$

式中：N——水泵所需功率(kW)；

k——安全系数，一般取 2.0；

Q——基坑的涌水量(L/s)；

H_s——包括扬水、吸水及由各种阻力所造成的水头损失在内的总高度(m)；

η_1——水泵效率，一般取 $0.4 \sim 0.5$；

η_2——动力机械效率，取 $0.75 \sim 0.85$。

（2）轻型井点施工

①井点系统的布置

a. 平面布置。

轻型井点系统的平面布置，主要取决于基坑的平面形状和要求降低水位的深度。应尽可能将要施工的建筑物基坑面积内各主要部分都包围在井点系统之内。开挖窄而长的沟槽时，可按线状井点布置。如沟槽宽度不大于6m,且降水深度不超过5m时,可用单排线状井点,布置在地下水流的上游一侧,两端适当加以延伸,延伸宽度以不小于槽宽为宜,如图49-28所示。如开挖宽度大于6m或土质不良,则可用双排线状井点。当基坑面积较大时宜采用环状井点,有时亦可布置成"U"形,以利挖土机和运土车辆出入基坑。井点管距离基坑壁一般可取0.7～1m,以防局部发生漏气。井点管间距一般用0.8～1.6m,由计算或经验确定。为了充分利用泵的抽水能力,集水总管高程宜尽量接近地下水位线,并沿抽水水流方向留有0.25%～0.5%的土仰坡角。在确定井点管数量时应考虑在基坑四角部分适当加密。

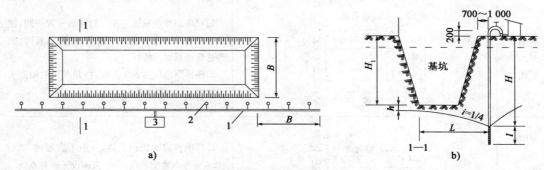

图49-28 单排线状井点的布置图(尺寸单位:mm)
a)平面布置;b)高程布置
1-总管;2-井点管;3-抽水设备

井点系统的平面布置如表49-24所示。

井点系统平面布置

表49-24

类 型	布置简图	说 明
单排线状加密	L_n/20 L_n L_n/20 0.8～1m ≤5m 沟壕基坑	1. 坑宽大于6m,降深不超过6m时,一般可用单排井点。 2. 坑壕两端部宜使井点间距加密,以利降深
单排线状延伸	沟壕基坑 10～15m 坑长L_n 10～15m	条件可能时,亦可采用沟壕端部延伸10～15m,而不加密井点距离(对长距离分段施工更可充分利用延伸井点)
单排线状末端弯转	沟壕基坑 <6m	单排井点亦可布置成端部弯转(图示)方向的方法,对来水上游最为有利
双排线状井点	宽大于6m的基坑 <6m 1～15m 1～15m	1. 对宽度大于6m的基坑沟槽,则宜采用双排井点降水。 2. 对淤泥质粉质黏土,有时坑宽不大于6m,也宜采用双排

类 型	布 置 简 图	说 明
半环圈井点	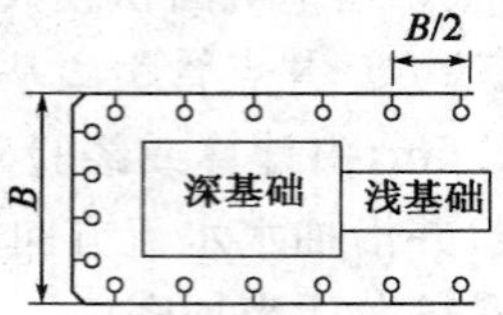	环圈井点布置应是全环封闭,在特殊情况下,有时只能采用环形,如图示,则应将两侧井点适当延长,其延长部分一般为 B/2
环圈井点系统	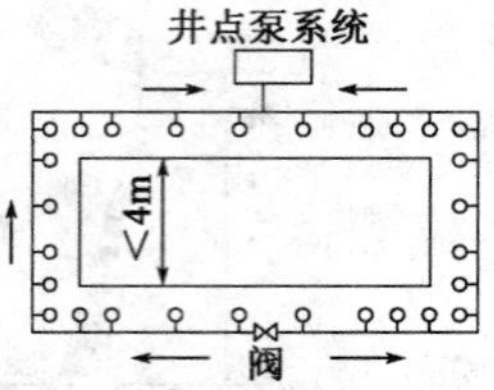	1. 对环圈井点系统应在泵的对面安置一阀,使集水总管内水流分向流入泵设备,避免紊流;或将总管在泵对面断开。 2. 在环圈总长的 1/5 距离,将井点间距加密于四角附近,加强降水
环圈井点当基坑宽度 >40m 时	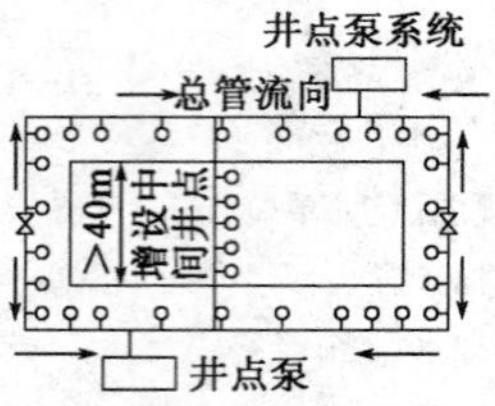	1. 环圈井点系统的宽度,一般不宜超过 30～40m,应考虑地质条件,在中央加设一排井点。 2. 当环圈总长超过 100～120m,需布设两套泵系统抽吸,并使总管断开或装闸阀
八角形环圈井点用于圈形沉井施工	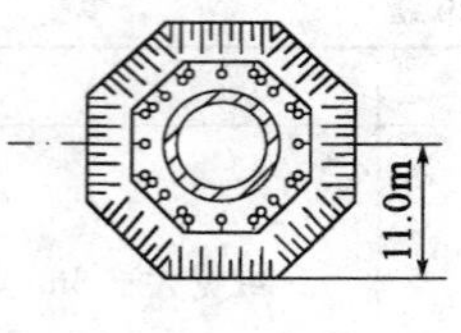	圆形沉井建筑物可布设八角形集水总管,由 450 弯管接头,图示表明配合上部大开挖,明挖降低地面高程后,安装井点泵和总管,从而加深降水深度
注意事项	1. 应尽可能将建筑物、构筑物的主要部分纳入井点系统范围,确保主体工程的顺利进行。 2. 尽可能压缩井点降水范围,总管设在基坑外侧或沟壕外侧,井点则朝向坑口一面。 3. 总管线形随基坑形状布置,但尽可能直线、折线铺设,不应弯弯曲曲,安装困难,易致漏气。 4. 总管平台宽度一般为 1～1.5m,平面布置要充分考虑排水出路,并引向离基坑愈远愈好,以防回水	

b. 立面布置

井点系统立面布置如表 49-25 所示。

井点系统立面布置 表 49-25

类 型	布 置 简 图	说 明
单排线状井点系统	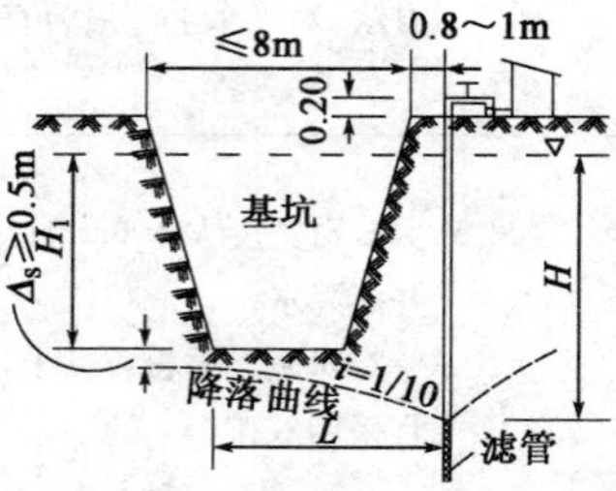	1. 根据降深要求,确定使用井管长度 H(一般为 6～7m,不包括滤管)和沉设深度。 2. 单排井点降落曲线一般可按坡度 $i=1/3～1/5$ 布置;i 值初期陡峻,后期平缓,最好的 $i \approx 1/10$

类　型	布置简图	说　　明
双排或环圈井点系统	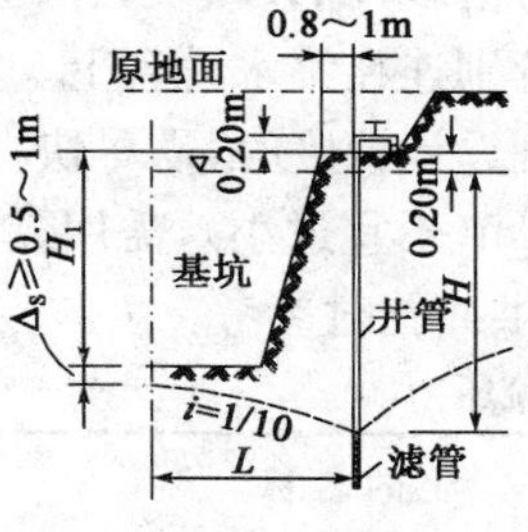	1. 双排井点或环圈井点一般均可按 $i=1/10$ 的坡降考虑,对于降深的安全值 Δ_S,视工程的重要性而定,但 Δ_S 一般不应小于 0.5m,有条件的不应小于 1.0m。 2. 尽可能充分发挥井点有效降深,降低总管高程
二级轻型井点系统	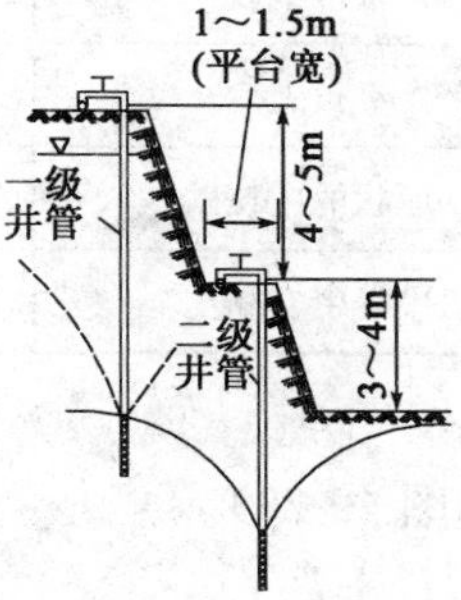	1. 当一级井点降深不能达到设计要求时,应尽可能利用其他辅助性或临时性特殊排水技术措施配合降深的方法,仍设二级井点。 2. 如具体布置,必须布设二级井点时,可按图示方法进行安排,先挖除一级井点疏干的土,然后再在底部装二级井点
简易井配合加深一级井点降水系统	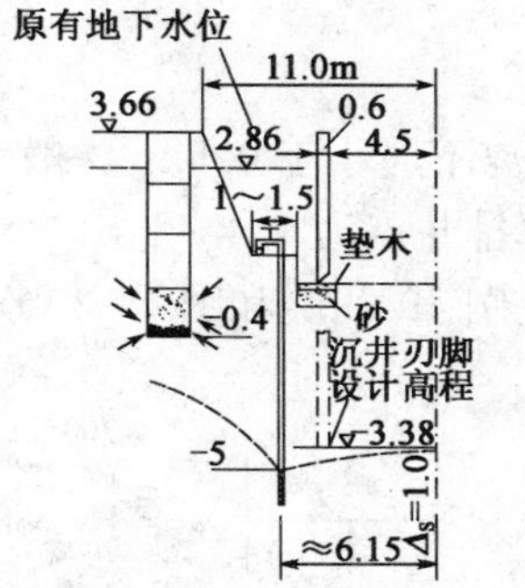	1. 利用 $\phi 80cm$ 内径钢筋混凝土管沉管法先行管内抽水降低水位,挖掘基坑,在预定高程布设井点系统降低水位,沉井沉达设计高程后,仍获得疏干条件下浇筑施工(图示为泵站沉井降水实例之一)。 2. 简易井发挥作用,在粉砂土层抽水有效半径 R 达 10m,坑周设简易井三眼,保证了过渡性排水
注意事项	1. 井点系统集水总管的高程,最好是布设在接近地下水的高程或高于天然地下水位以上 20cm 左右。 2. 井点泵(离心泵)轴心高度应尽可能与集水总管在同一高程上;要防止地面雨水径流,坑四周围堰阻水。 3. 在同一井点系统中,线状、环形布置中的各根井管长度需相同,各井管下滤管顶部能在同一高程上(最大相差一般不允许大于 10cm),以防高差过大,影响降水效果。 4. 井点泵系统、集水总管都应设置在比较可靠的地点、平台上,一般井点装置地点要以垫木或夯实整平	
布置高程时有效降深的各因素	还应考虑抽吸系统内压力、滤网损失(0.5~0.8m)、离心泵集水总管底(0.2m),漏气损失(0.3~0.5m),不完整井损失(0.5m)等,合计 2.0~2.5m	理论真空的水柱高度为 10.33m,由于水泵机械的效率最大为 80% 左右,故在一般条件下最大只能抽吸到 8m 左右的深度,由此可知轻型井点降深为:8.0 −(2.0~2.5)=6~5.5,关键是要使各项损失最小,应作好砂填滤层,封土、防漏气等都很重要

②井点管埋设方法

a. 水冲法

利用高压水冲开泥土,井管靠自重下沉。在砂土中压力为:0.4~0.5MPa;在黏性土中压力为:0.6~0.7MPa。冲孔直径一般为 30cm,冲孔深度宜比滤水管底深 0.5m 左右。

b. 钻孔法

钻孔法适用于坚硬土层或井点紧靠建筑物的情况。当土层较软时，可用长螺旋钻成孔。

井点管下沉达设计高程后，在管与孔壁之间用粗砂、砾砂填实，作为过滤层。距地表 1m 左右的深度内，改用黏性土封口捣实，然后用软管分别连在集水总管上。

在设沉井点中，冲孔是十分重要，故在冲孔达到设计深度时，需尽快减低水压，拔起冲管的同时，向孔内沉入井点并快速填砂，在距地面以下 1m（不宜过小），需用黏土封实以防止漏气。

现将一般冲孔时的冲水压力列入表 49-26 中，供冲孔时参考。

冲孔所需的水流压力　　　　　　　　　　　　　　　　表 49-26

土 的 名 称	冲水压力(kPa)	土 的 名 称	冲水压力(kPa)
松散的细砂	250～450	松散中砂	450～550
软质黏土、软质粉土质黏土	250～500	黄土	600～650
密实的腐殖土	500	原状的中粒砂	600～700
原状的细砂	500	中等密实黏土	600～750

③井点管埋置深度

井点管埋深 H 可按式(49-66)计算(图 49-28 和图 49-29)。

$$H \geqslant H_1 + h + JL + l \tag{49-66}$$

式中：l——过滤器工作部分长度(m)；

　　　H_1——井点管埋设面至基坑底的距离(m)；

　　　h——降低后的地下水位至基坑中心底的距离不应小于 0.5m，一般为 0.5～1.0m；

　　　J——地下水降落坡度，环状井点为 1/10，单排井点为 1/4～1/5；

　　　L——井点管至群井中心的水平距离(m)，见图 49-29b)和图 49-30b)。

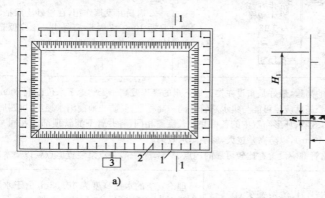

图 49-29　环状井点(尺寸单位:mm)
a)平面布置;b)高程布置
1-总管;2-井管;3-泵站

此处，在确定井点管埋设深度时，计算得到的 H 应小于水泵的最大抽吸高度，还要考虑到井管一般要露出地面 0.2m 左右。

根据上述算出的 H，如果小于降水深度 6m 时，则可用一级轻型井点；H 值稍大于 6m 时，如果设法降低井点总管的埋设面后可满足降水要求，仍可采用一级井点。当一级井点系统达不到降水深度要求时，可采用二级井点，即先挖去第一级井点所疏干的土，然后再在其底部装置第二级井点,如图49-30所示。

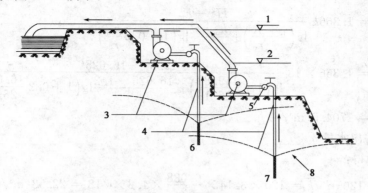

图 49-30 二级轻型井点降水

1-原地面线;2-原地下水位线;3-抽水设备;4-井点管;5-总管;6-第一级井点;7-第二级井点;8-降低水位线

【例 49-5】 某污水厂开挖一底面积为 30m×50m 的矩形沉砂池基坑,坑深 4m,地下水位在自然地面以下 0.5m 处,土质为含黏土的中砂,不透水层在地面以下 20m,含水层土的渗透系数 $k=18$m/d,基坑边坡采用 1∶0.5 放坡,要求进行轻型井点系统的设计与布置。

根据上述条件,由于为矩形基坑,因此井点系统宜布置为环状。井点管距坑边距离为 0.5m,滤管长度取 1.2m,直径 38mm,备有配备抽水设备。另外由于不透水层在地面下 20m 处,故此轻型井点系统为无压非完整井群井系统。

解:(1)井点管埋置深度(不包括滤管长度)

由式(49-66)得:

$$H \geqslant H_1 + h + JL$$

在本例中,将 $H_1 = 4$m,$h = 0.5$m,$I = 1/10$,$L = \dfrac{30}{2} + (0.5 \times 4 + 0.5) = 17.5$m,代入上式得:

$$H \geqslant 4 + 0.5 + \frac{1}{10} \times 17.5 = 6.25 \text{(m)}$$

考虑井点管露出地面部分,取 0.25m,因此井点管长度确定为 6.5m。

(2)基坑涌水量计算

①基坑的中心处要求降低水位深度 S。

取降水后地下水水位位于坑底以下 0.5m,则基坑中心处水位降深 S 为:

$$S = 4 - 0.5 + 0.5 = 4.0 \text{(m)}$$

②含水层厚度 H 及井点管底部至不透水距离 h。

$$H = 20 - 0.5 = 19.5 \text{(m)}$$
$$h = 20 - 6.25 = 13.75 \text{(m)}$$

由式(49-38)得:

$$h_m = \frac{H + h}{2} = 16.625 \text{(m)}$$

③影响半径 R。

由式(49-53)得 $R = 2S\sqrt{Hk} = 2 \times 4 \times \sqrt{19.5 \times 18} = 149.88 \text{(m)}$

④基坑等效半径 r_0。

由式(49-49)得:

$$r_0 = 0.29(L + B) = 0.29 \times (55 + 35) = 26.1 \text{(m)}$$

因轻型井点系统为无压非完整井群井系统，故应按式(49-37)计算基坑涌水量 Q：

$$Q = 1.366k \frac{H^2 - h_m^2}{\lg\left(1 + \frac{R}{r_0}\right) + \frac{h_m - l}{l}\lg\left(1 + 0.2\frac{h_m}{r_0}\right)}$$

$$= 1.366 \times 18 \frac{19.5^2 - 16.625^2}{\lg\left(1 + \frac{149.88}{26.1}\right) + \frac{16.625 - 1.2}{1.2}\lg\left(1 + 0.2\frac{16.625}{26.1}\right)}$$

$$= 1704.5(\text{m}^3/\text{d})$$

(3)确定单井出水量 q

由式(49-57)得：

$$q = 120\pi r l \sqrt[3]{k} = 120 \times 3.14 \times \frac{0.038}{2} \times 1.2 \times \sqrt[3]{18} = 22.53(\text{m}^3/\text{d})$$

(4)求井点管数量 n

由式(49-58a)得：

$$n = 1.1\frac{Q}{q} = 1.1 \times 1704.5/22.53 = 83.24(\text{根})$$

(5)求井点间距 a

由式(49-58b)得：

$$a = \frac{L_1}{n} = \frac{2(35 + 55)}{83.24} = 2.16(\text{m})$$

考虑到井点管间距应符合 0.4m 的模数，并四角井管应加密，最后可取井点管间距在四周中间部分为 2.0m，角部适当加密至 1.6m，如图 49-31 所示。

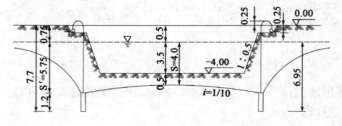

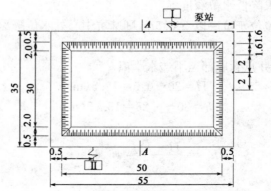

图 49-31 环形井点平面与剖面(尺寸单位：m；高程单位：m)

(6)选择抽水设备。

按上述计算结果可选择抽水设备，本例中由于基坑尺寸较大，需选用两套抽水设备，每套带动的总管长度为 90m。

508

按涌水量：

$$Q = 1\,704.5(\text{m}^3/\text{d}) = 19.73(\text{L/s})$$

取允许吸上真空高度：

$$H_s = 6.7(\text{m})$$

则水泵功率计算，由式(49-65)得：

$$N = \frac{kQH_s}{102\eta_1\eta_2} = \frac{2 \times 19.73 \times 6.7}{102 \times 0.5 \times 0.75} = 6.9(\text{kW})$$

则选用两台 3B-33 型离心泵，轴功率为 $2 \times 7.5 = 15\text{kW} > 6.9\text{kW}$(满足要求)，其流量为 $2 \times 40 = 80\text{m}^3/\text{h} = 1\,920\text{m}^3/\text{d} > 1\,704.5\text{m}^3/\text{d}$(满足要求)。

通过设计计算，可得轻型井点系统的高程布置和平面布置以及抽水设备布置，如图 49-31 所示。

【例 49-6】 除土的渗透系数 $k = 15\text{m/d}$ 外，其余条件均与【例 49-5】相同，计算时，采用有效带深度 H_0 进行计算，并验算基坑中心降水深度 S 是否满足要求。

解：(1)基坑涌水量的计算。

①基坑的中心处要求降低水位深度 S 按式(49-55)得：

$$S = (D - d_w) + S_w = 4.0 - 0.5 + 0.5 = 4.0(\text{m})$$

②地下水位以下井管长度 S'(不包括滤管长度)：

$$S' = 4.0 + \frac{1}{10} \times \frac{35}{2} = 5.75(\text{m})$$

③有效带深度 H_0：

$$\frac{S'}{S'+l} = \frac{5.75}{5.75+1.2} = 0.827(查表49-18)$$

$$H_0 = 1.87(S'+l) = 1.87 \times 6.95 = 13.0(\text{m})$$

④影响半径 R 按式(49-51)得：

$$R = 2S\sqrt{H_0 k} = 2 \times 5.75 \times \sqrt{13 \times 15} = 161(\text{m})$$

⑤基坑的等效半径 r_0(也称基坑假想圆半径)按式(49-47)得：

$$r_0 = \sqrt{\frac{F}{\pi}} = \sqrt{\frac{35 \times 55}{3.14}} = 24.8(\text{m})$$

因不透水层在地面下 20m 处，故轻型井点系统为无压非完整井群井系统，本例不采用式(49-37)进行计算，而采用简化后的公式(49-31)，即将式(49-26)中的 H 值换成 H_0，则 Q 为：

$$Q = 1.366k\frac{(2H_0 - S)S}{\lg(R+r_0) - \lg r_0} = 1.366 \times 15 \times \frac{(2 \times 13 - 4)4}{\lg 185.8 - \lg 24.8} = 2\,049(\text{m}^3/\text{d})$$

(2)单根井点管的出水量 q 按式(49-57)得：

$$q = 120\pi r L^3 \sqrt{k} = 120 \times 3.14 \times \frac{0.038}{2} \times 1.2^3\sqrt{15} = 21.2(\text{m}^3/\text{d})$$

(3)求井点管的根数 n 和间距 a，按式(49-58a)及式(49-58b)得：

$$n = 1.1\frac{Q}{q} = 1.1 \times \frac{2\,049}{21.2} = 106(根)$$

$$a = \frac{L_1}{n} = \frac{180}{106} = 1.69(\text{m})，取 a = 1.6\text{m}$$

考虑基坑四角井管应加密,故增加井点约 20%,最后取用 128 根,其中 46 根放在基坑四角,适当加密,间距为 1.2m,其余 82 根放在四周中间部分,间距为 1.6m。

(4)验算基坑中心降水深度 S,由式(49-60b)得:

$$S = H_0 - \sqrt{H_0^2 - \frac{Q \times 1.1}{1.366k}\left[\lg(R+r_0) - \lg r_0\right]}$$

$$= 13 - \sqrt{13^2 - \frac{2\,049 \times 1.1}{1.366 \times 15}(\lg 185.8 - \lg 24.8)}$$

$$= 4.5(\text{m}) > 4.0(\text{m})(\text{满足})$$

(5)选择抽水设备。

根据上述计算结果可选择抽水设备,由于本例基坑尺寸较大,可选用两套抽水设备,每套带总管长度为 90m。

涌水量:

$$Q = 2\,049(\text{m}^3/\text{d}) = 85.4(\text{m}^3/\text{h}) = 23.7(\text{L/s})$$

允许吸上真空高度:

$$H_s = 5.0(\text{m})$$

则水泵的功率计算按式(49-65)得:

$$N = \frac{kQH_s}{102\eta_1\eta_2} = \frac{2 \times 23.7 \times 5}{102 \times 0.5 \times 0.75} = 6.19 = 6.2(\text{kW})$$

选用 3BA-9 型两台,轴功率为 $2 \times 7.5 = 15\text{kW} > 6.2\text{kW}$(满足要求),其流量 $2 \times 45 = 90\text{m}^3/\text{h} > 85.4\text{m}^3/\text{h}$(满足要求)。

本工程降水布置见【例 49-5】图 49-31。

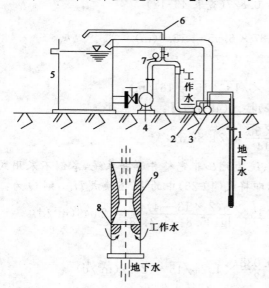

图 49-32　喷射井点降水系统
1-喷射井管;2-供水总管;3-排水总管;4-高压水系;5-循环水箱;6-调压水管;7-压力表;8-喷嘴;9-混合室

2. 喷射井点

1)喷射井点降水原理及适用条件

喷射井点系统由高压水泵、供水总管、井点管、喷射器、测真空管、排水总管及循环水箱所组成,如图 49-32 所示。

喷射井点主要适用于渗透系数较小的含水层和降水深度较大(8~20m)的降水工程。其主要优点是降水深度大,但由于需要双层井点管,喷射器设在井孔底部,由两根总管与各井点管相连,地面管网敷设复杂,工作效率低,成本高,管理困难。

目前国内喷射井的类型及技术性能如表 49-27 所示。在实际工作中,是要根据场地的水文地质条件和降水要求,选择合适的喷射井点类型。当含水层的渗透系数为 0.1~5.0m/d 时,可选用 1.5 型(并列式)或 2.5 型(同心式)喷射井点;当含水层渗透系数为 8~10m/d 时,选用 4.0 型喷射井点;当含水层渗透系数为 20~50m/d 时,选用 6.0 型喷射井点。

型号	安装形式	外管直径 (mm)	内管直径 (mm)	喷嘴 D (mm)	混合室 D (mm)	工作水压力 (kPa)	工作水流量 (m³/d)	吸入水流量 (m³/h)
1.5 型	并列式	38		7	14	588～784	4.7～6.8	4.22～5.76
2.5 型	同心式	68	38	6.5	14	588～784	4.6～6.1	4.3～5.76
4 型	同心式	100	68	10	20	588～784	9.6	10.8～16.2
6 型	同心式	152	100	19	40	588～784	30	25～30

2）喷射井点布置

喷射井点在设计时,其管路布置和高程布置与轻型井点基本相同。基坑面积较大时,采用环形布置,见图49-33 当基坑宽度小于 10m 时,采用单排线形布置;当大于 10m 时,采用双排布置。喷射井管间距宜按 1.6m、2.4m 或 3.5m 分别选用。当采用环形布置时,进出口(道路)处的井点间距可扩大为 5～7m。井点深度视降水深度而定,一般应低于基坑底 4～6m。冲孔深度应低于滤管底端 1.0m。

3）喷射井点计算

喷射井点的涌水量计算及确定井点管数量和间距、抽水设备等均与轻型井点相同。

4）井点扬水装置构造计算

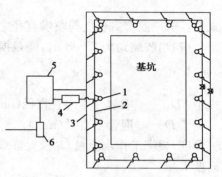

图 49-33　喷射井点平面布置图
1-喷射井管;2-供水总管;3-排水总管;4-高压离心水泵;5-水池;6-排水池

(1)根据基坑涌水量和井点布置,确定喷射井点所需的单井排水量 Q_0 和所需的扬程。

(2)根据所需的扬程 H,按式(49-67)确定喷射井点的工作水压力 P_1。

$$P_1 = \frac{0.1H}{\beta}(\text{MPa}) \tag{49-67}$$

式中:β——扬程与工作水压力之比值,参照表 49-28 采用。

α、β、M、r 值　　表 49-28

渗透系数 k(m/d)	α	β	M	r
$k<1$	0.8	0.225	1.8	4.5
$1\leqslant k\leqslant50$	1.0	0.25	1.0	5.0
$k>50$	1.2	0.30	2.5	5.5

(3)根据单井排水量 Q_0,由式(49-68)确定喷射井点的工作水流量 Q_1:

$$Q_1 = \frac{Q_0}{\alpha}(\text{m}^3/\text{d}) \tag{49-68}$$

式中:α——吸入水流量与工作水流量之比,参照表 49-28 采用。

(4)由工作水流量 Q_1 及工作水压力 P_1 确定喷嘴直径 d_1:

$$d_1 = 19\sqrt{\frac{Q_1 \times 10^{-6}}{v_1 \times 3\,600}} \tag{49-69}$$

$$v_1 = \phi\sqrt{2gH} = \phi\sqrt{2gP_1 \times 10} = \phi\sqrt{20gP_1} \tag{49-70}$$

式中：v_1 ——工作水再喷嘴出口处流速（m/s）；

ϕ ——喷嘴流速系数，取近似值 0.95；

P_1 ——工作水压力（MPa）；

g ——重力加速度，取 9.8m/s²。

（5）由喷嘴直径 d_1，按式（49-71）确定混合室直径 D：

$$D = Md_1 \tag{49-71}$$

式中：M ——混合室直径与喷嘴直径之比，参照表 49-28 采用。

（6）由喷嘴直径 d_1，按式（49-72）确定混合室长度 L_4：

$$L_4 = rd_1 \tag{49-72}$$

式中：r ——混合室长度与喷嘴直径之比，参照表 49-28 采用。

（7）当收缩角为 7°～8° 时，能量损失最少，故扩散室长度 L_5 取：

$$L_5 = 8.5\left(\frac{D_3}{2} - \frac{D}{2}\right) \tag{49-73}$$

式中：D_3 ——喷射井点内管直径（mm）；

D ——混合室直径（mm）。

（8）根据工作水流量 Q_1 及允许最大流速 $v_{max}=1.5\sim2$m/s，确定喷射井点内管两侧进水孔高度 L_0：

$$L_0 = \frac{Q_1 \times 10^{-6}}{2av_{max} \times 3\,600} \tag{49-74}$$

式中：a ——两侧进水孔宽度（mm）。

（9）喷嘴颈缩部分的长度 L_3 及喷嘴圆柱形部分长度 L_2，根据构造要求而定。

$$L_3 = 2.5d_1 \tag{49-75}$$

$$L_2 = (1.0 \sim 1.5)d_1 \tag{49-76}$$

（10）喷射井点内管直径 D_3 和外管直径 D_4，设计时可先假定一个数值进行试算，然后按式（49-77）和式（49-78）进行复核修正：

$$D_3 = \sqrt{\frac{4Q_0 + Q_1 \times 10^{-6}}{\pi v_{max} \times 3\,600}} \tag{49-77}$$

$$D_4 = \sqrt{\frac{4Q_0 \times 10^{-6}}{\pi v_{max} \times 3\,600}} \tag{49-78}$$

喷射井点所采用的高压水泵，其功率一般为 55kW，流量为 160m³/h，扬程为 70m。每台泵可带动 30～40 根井点管。

喷射井点管单井的抽吸能力主要取决于喷嘴直径大小，喷嘴直径与混合室直径之比，混合室的长度等扬水装置的构造。

常用 ϕ100mm、ϕ75mm 喷射井点的主要技术性能，见表 49-29。

ϕ100mm（ϕ75mm）喷射井点主要技术性能 　　　　表 49-29

项　　目	规格、性能	项　　目	规格、性能
外管直径	100mm(75mm)	喷嘴至喉管始端距离	25mm
滤管直径	100mm(75mm)	喉管长与喷嘴直径比	2
内管直径	38mm	扩散管锥角	60°、80°

512

项　目	规格、性能	项　目	规格、性能
芯管直径	38mm	工作水量	6m³/h
喷嘴直径	7mm	吸入水量	45m³/h
喉管直径	14mm	工作水压力	0.8MPa
喉管长	45mm	降水深度	24m

注:1.适于土层:粉细砂层、粉砂土($k=1\sim10m/d$);粉质黏土($k=0.1\sim1m/d$)。

2.过滤管长1.5m,外包一层70目铜纱网和一层塑料纱网(其长度不宜小于含水层厚度的三分之一)。

3.供水回水总管150mm。

3. 电渗井点降水计算

1)电渗原理

在黏性土和粉质黏土中进行基坑开挖施工,由于土体的渗透系数较小,为加速土中水分向井点管中流入,提高降水施工的效果,除了应用真空产生抽吸作用以外,还可加用电渗。

所谓电渗井点,一般与轻型井点或喷射井点结合使用,是利用轻型井点或者喷射井点管本身作为阴极,以金属棒(钢筋、钢管、铝棒等)作为阳极。通入直流电(采用直流发电机或直流电焊机)后,带有负电荷的土粒即向阳极移动(即电泳作用),而带有正电荷的水则向阴极方向移动集中,产生电渗现象。在电渗与井点管内的真空双重作用下,强制黏土中的水由井点管快速排出,井点管连续抽水,从而地下水位逐渐降低。

因此,对于渗透系数较小(小于0.1m/d)的饱和黏土,特别是淤泥和淤泥质黏土,单纯利用井点系统的真空产生的抽吸作用可能较难将水从土体中抽出排走,利用黏土的电渗现象和电泳作用特性,一方面加速土体固结,增加土体强度,另一方面也可以达到较好的降水效果。

2)电渗井点系统的应用

(1)电渗井点埋设程序一般是先埋设轻型井点或喷射井点管,预留出布置电渗井点阳极的位置,待轻型井点降水不能满足降水要求时,再埋设电渗阴极,以改善降水性能。电渗井点阴极埋设与轻型井点、喷射井点相同,阳极埋设可用75mm旋叶式电钻钻孔埋设,钻进时加水和高压空气循环排泥,阳极就位后,利用下一钻孔排出泥浆倒灌填孔,使阳极与土接触良好,减少电阻,以利电渗。如深度不大,亦可用锤击法打入。钢筋埋设必须垂直,严禁与相邻阴极相碰,以免造成短路,损坏设备。

(2)阳极用$\phi50\sim70mm$的钢管或$\phi20\sim25mm$的钢筋或铝棒,埋设在井点管内侧1.2~1.5m处并成平行交错排列。阴阳极的数量宜相等,必要时阳极数量可多于阴极数量。

(3)井点管与金属棒,即阴、阳极之间的距离,当采用轻型井点时,为0.8~1.0m;当采用喷射井点时,为1.2~1.5m。用75mm旋叶或电动钻机成孔埋设,阳极外露在地面上200~400mm,入土深度比井点管深500mm,以保证水位能降到要求深度。

(4)阴、阳极分别用BX型铜芯橡皮线、扁钢、$\phi10$钢筋或电线连成通路,接到直流发电机或直流电焊机的相应电极上。

(5)通电时,工作电压不宜大于60V。土中通电的电流密度宜为0.5~1.0A/m²。为避免大部分电流从土表面通过,降低电渗效果,通电前应清除井点管与金属棒间地面上的导电物质,使地面保持干燥,如涂一层沥青绝缘效果更好。

(6)通电时,为消除由于电解作用产生的气体积聚于电极附近,使土体电阻增大,而增加电能的消耗,宜采用间隔通电法。每通电24h,停电2~3h。

(7)在降水过程中,应对电压、电流密度、耗电量及预设观测孔水位等进行量测,并记录。

3)总吸水量计算

电渗井点总吸水量可按潜水完整井(图49-34)用式(49-79)计算：

$$Q = 1.366k \frac{(2H - S)S}{\lg R' - \lg r_0} \tag{49-79}$$

式中：Q——电渗井点总吸水量(m^3/d)；

k——土的渗透系数(m/d)；

H——含水层厚度(m)；

R'——抽水影响半径(m)；

r_0——基坑的假想半径(m)，也称等效半径，对于矩形基坑，当其长宽比不大于 5 时，可将其化成一个假想半径 r_0 的圆形井，按式(49-80)计算；

S——水位降低值(m)。

$$r_0 = \sqrt{\frac{F}{\pi}} \tag{49-80}$$

式中：F——基坑井点管所包围的平面面积(m^2)。

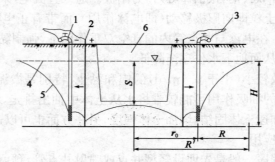

图 49-34 电渗井点按潜水完整井计算简图

1-喷射或轻型井点管；2-钢筋或钢管；3-接直流发电机或直流电焊机；4-原地下水位线；5-降低后地下水位线；6-基坑

4)井点间距、井管长度和需要水泵数量

井点管间距一般为 1.2～2.0m。

井点管需要长度：

$$L \geqslant H + h + 0.5 \text{(m)}$$

式中：H——基坑开挖深度；

h——地下水降落坡度高差，取 1/10。

井点管分组设置，每组 30～40 个井管，各由一个水泵系统带动，每组设两台水泵(一台备用)。

5)泵压计算

泵送工作水压力需达到井点回水扬程需要，按式(49-81)计算：

$$P_1 = \frac{P_2}{\beta} \tag{49-81}$$

式中：P_1——需要工作水压力，以扬程 m 计；

β——压力比系数，一般取 0.20；

P_2——回水需要扬程，即水箱至井管底部的总高度，按式(49-82)计算。

$$P_2 = l + y \tag{49-82}$$

式中：l——井管长度；

514

y——工作水箱高度。

6）电渗系统功率计算

电渗功率按式(49-83)计算：

$$N = \frac{UJA}{1\,000} \tag{49-83}$$

式中：N——电焊机功率(kW)；

U——电渗电压，一般取 45V 或 60V；

J——电流密度，取 $0.5\sim1.0\text{A/m}^2$；

A——电渗面积(m^2)，$A=H\times L$；

H——导电深度(m)；

L——井点管布置周长(m)。

【例 49-7】 试设计一直径为 16m 的沉井所需的降水设施，采用喷射井点进行计算：

已知沉井所处的土层为粉细砂，含水层厚度 $H=13.0\text{m}$，渗透系数 $k=0.3\text{m/d}$。粉细砂层下为黏土夹砂层，地下水位埋深为 0.8m，沉井中心要求降深 $S=11\text{m}$。

解： 由于沉井要求降深较大，故采用喷射井点降水法。压力供水管敷于地面上，取井管长度为 13m，下接 1m 长的滤水管，滤水管下端达含水层底，井管半径 $r=0.04\text{m}$，设管距基坑外缘为 2m，则 $r_0=10\text{m}$(基坑等效半径)。

现假定井管内降深 $S=12\text{m}$，按式(49-51)求单井降水影响半径 R 为：

$$R = 2S\sqrt{Hk} = 2\times12\times\sqrt{13\times0.3} = 48(\text{m})$$

则群井影响半径为：

$$R' = R+r_0 = 48+10 = 58(\text{m})$$

再由式(49-79)求等效半径 $r_0=10\text{m}$ 的出水量 Q：

$$Q = 1.366\frac{k(2H-S)S}{\lg\dfrac{R'}{r_0}} = 1.366\times\frac{0.3(2\times13-12)\times12}{\lg\dfrac{58}{10}} \approx 90.2(\text{m}^3/\text{d})$$

单根井点管的出水量 q' 由式(49-57)计算：

$$q' = 120\pi rL\sqrt[3]{k} = 120\pi\times0.04\times1\times\sqrt[3]{0.3} \approx 10.08(\text{m}^3/\text{d})$$

由式(49-58a)，求井点管根数 n：

$$n = \frac{1.1Q}{q} = \frac{1.1\times90.2}{10.08} \approx 9.8(\text{根})$$

则选用井点管数为 10 根(即 $n=10$)，根据下式验算每根井管出水量 q 为：

$$q = 1.366\frac{k(2H-S)S}{\lg\dfrac{(R')^n}{nr_0^{n-1}r}} = 1.366\frac{0.3\times(2\times13-12)\times12}{\lg\dfrac{58^{10}}{10\times10^9\times0.04}} \approx 6.83(\text{m}^3/\text{d})$$

10 根井点管总出水量为：

$$Q = 10\times6.83 = 68.3(\text{m}^3/\text{d}) < 90.2(\text{m}^3/\text{d})$$

显然井点管根数不够，再重新设井点管根数为 18 根(即 $n=18$)，重新计算每根井管出水量：

$$q = 1.366\frac{k(2H-S)S}{\lg\dfrac{(R')^n}{nr_0^{n-1}r}} = 1.366\frac{0.3\times(2\times13-12)\times12}{\lg\dfrac{58^{18}}{18\times10^{17}\times0.04}}$$

$$=1.366\frac{0.3\times14\times12}{13.355}\approx5.16(\text{m}^3/\text{d})<q'$$

18根井点管总出水量：

$$Q=18\times5.16=92.8(\text{m}^3/\text{d})>90.2(\text{m}^3/\text{d})\quad（满足要求）$$

求降低水位后基坑中心的地下水位：

$$y_0=\sqrt{H^2-\frac{Q}{1.366k}(\lg R'-\lg r_0)}=\sqrt{13^2-\frac{90.2}{1.366\times0.3}\lg\frac{58}{10}}\approx1.0(\text{m})$$

所以，基坑中心水位降 S 为：

$$S=H-y_0=13-1=12(\text{m})$$

符合设计要求。

井点间距：

$$2a=\frac{2\pi r_0}{n}=\frac{2\pi\times10}{18}=3.5(\text{m})$$

【例 49-8】 某商贸大厦地下室工程，位于地面下 10.5m，基坑开挖面积为 40m×70m，土层为淤泥质黏土，含水层厚度 $H=12$m，渗透系数 $k=0.045$m/d，井点影响半径 $R'=60$m，采用电渗喷射井点降水，要求降水深度 $S=11$m，试计算总吸水量，并确定井点间距、井点管长度、需要水泵水压及电渗的功率。

解： 基坑假想半径 r_0：

$$r_0=\sqrt{\frac{F}{\pi}}=\sqrt{\frac{40\times70}{3.14}}=30(\text{m})$$

总吸水量由式（49-79）得：

$$Q=1.366k\frac{(2H-S)S}{\lg R'-\lg r_0}=1.366\times0.045\frac{(2\times12-11)\times11}{\lg60-\lg30}=29.2(\text{m}^3/\text{d})$$

井点按常规 2m 的间距布置，井点系统的矩形周长为 180m，共用喷射井点管 $180/2=90$ 根。

水力坡度取 0.1，降水曲线与基坑底部距离取 0.5m，

井点管需要长度：

$$l=10.5+0.1\times20+0.5=13(\text{m})$$

用 11.5m 长井管再加过滤器及总管埋深在内，实际有效长度可达 13m。

喷射井管 90 根，分为 3 组，各由一个水泵系统带动，每组设两台水泵（其中一台备用）。

泵送需要工作水压由式（49-81）和式（49-82）得：

取 $y=4.0$m，则：

$$P_2=l+y=11.5+4.0=15.5(\text{m})$$

$$\therefore\quad P_1=P_2/\beta=15.5/0.2=77.5(\text{m})$$

选用 150S-78 型水泵，扬程 78m。

阳极采用直径 25mm、长 11.5m 钢筋，布置于紧靠基坑旁与井管相距 1.25m，为减少能耗，钢筋上部 5.5m 涂沥青以绝缘，则：

$$A=H\times L=(11.5-5.5)\times180=1\,080(\text{m}^2)$$

用

$$U=45(\text{V}),J=1(\text{A/m}^2)$$

电渗功率由式（49-83）得：

$$N=UJA/1\,000=45\times1\times1\,080/1\,000=48.6\text{(W)}$$

采用 AX-500 型,功率为 20kW 的直流电焊机 3 台。

四、降水管井(深井)降水计算

1. 概论

降水管井习惯上称之为管井(也称大口径井点),与供水管井简称为管井。对于渗透系数大,涌水量大,降水较深的砂类土,在使用其他井点降水不易解决的深层降水,可采用管井(深井)井点降水。

管井井点降水是在深基坑的周围埋置深于基底的井管,使地下水通过设置在井管内的潜水电泵将地下水抽出,使地下水位低于坑底。本法具有排水量大,降水深(可达 50m 以上)不受吸程限制,排水效果好的特点;井距大,对平面布置的干扰小。可用于各种情况,不受土层限制,成孔(打井)用人工或机械均可。如果井点管采用钢管、塑料管,具有可以整根拔出重复使用等优点;但一次性投资大,成孔质量要求严格;降水完毕,井管拔出较困难。适于渗透系数较大(10~250m/d),土质为砂类土,地下水丰富,降水深,面积大,施工时间长,对在有流沙和重复挖填土方区使用,效果尤佳。

2. 管井(深井)井点系统设备

管井井点系统设备由深井(图 49-35)、井管和潜水泵等组成。

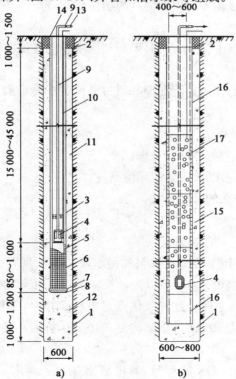

图 49-35 深井井点构造(尺寸单位:mm)

a)钢管井点;b)混凝土管井点

1-井孔;2-井口(黏土封口);3-ϕ273~375mm 钢管井管;4-潜水电泵;5-过滤段(由设计决定);6-滤网;7-导向段;8-井孔底板(下铺滤网);9-ϕ50mm 出水管;10-电缆;11-小砾石或中粗砂;12-中粗砂;13-ϕ50~75mm 出水总管;14-20mm 厚钢板井盖;15-小砾石;16-沉砂管(混凝土实管);17-混凝土过滤管

井管由滤水管、吸水管和沉砂管三部分组成,可用钢管、塑料管或混凝土管制成,管径一般为300mm,内径宜大于潜水泵外径50mm。

(1)滤水管

在降水过程中,含水层中的水通过该管滤网将土、砂颗粒过滤在外边,使地下清水流入管内。滤水管的长度取决于含水层厚度、透水层的渗透速度及降水速度的快慢,一般为3~9m。通常在钢管上分三段轴条(或开孔),在轴条(或开孔)后的管壁上焊ϕ6mm垫筋,要求顺直,与管壁点焊固定,在垫筋外螺旋形缠绕12号铁丝,间距1mm,与垫筋用锡焊焊牢,或外包10孔/cm^{2}和41孔/cm^{2}镀锌铁丝网各两层或尼龙网。上下管之间用对焊连接。

简易深井亦可采用钢筋笼作井管,用4~8ϕ12~16mm钢筋做主筋,外设ϕ6~12mm@150~250mm箍筋,并在内部设ϕ16@300~500mm加强箍,主筋与箍筋、加强箍之间点焊连接形成骨架,外包孔眼1mm×1mm和5mm×5mm铁丝网。亦可在主筋外缠8号铁丝,间距2~3mm,与主筋点焊固定,外包14目尼龙网,或沿钢筋骨架周边绑设竹片或细竹竿,外包草帘、草席各一层,用12号铁丝扎紧。每节长8m,考虑接头,纵筋应长于井笼300mm,钢筋笼直径比井孔每边小200mm。

当土质较好,深度在15m内,亦可采用外径380~600mm、壁厚50~60mm、长1.2~1.5m的无砂混凝土管作滤水管,或在外再包棕树皮两层作滤网。

(2)吸水管

吸水管连接滤水管,起挡土、储水作用,采用与滤水管同直径实钢管制成。

(3)沉砂管

在降水过程中,沉砂管的作用是沉淀那些通过滤网的少量砂粒。一般采用与滤水管同直径钢管,下端用钢板封底。

(4)降水设备

①设备选择应按以下几个条件加以考虑:

a.坑内降水还是坑外降水以及所处的环境条件。

b.泵体的直径大小与降水的井径尺寸。

c.泵的排量与井的出水量。

d.泵的扬程与设计抽降水位深度。

目前市场上供应的深井用泵分为长轴泵和潜水泵。长轴泵有JD、JC、SD等型号,出水量从10t/h至200t/h,扬程最高可达140m以上。长轴泵的电机安装在地面上,通过传动轴带动泵体的叶轮运转将井水汲出地面。此种泵优点是电机在井上,工作环境好,眼看得见手摸得到,小毛小病能及时发现和处理;缺点是结构复杂,笨重,拆装不便,对井的垂直度、管理要求较高。

潜水泵有QJ、SQJ、QDX、QX等型号,其电机潜在水下和水泵直接连接工作,出水量从2t/h至100t/h,扬程可达200m以上。此种泵的优点是体积小,重量轻,管理省事,装拆方便,对井的垂直度要求低,无断轴之虑,故而越来越多的降水工程选择此种设备。

②泵的规格与性能。

常用泵的规格与性能见表49-30~表49-33。

表 49-30

常用长轴式深井泵规格

型号 性能	流量 (m³/h)	扬程 (m)	转速 (r/min)	电机功率 (kW)	泵体直径 (mm)
100JC10-3.8×13	10	49.4	2 940	5.5	92
100JC10-3.8×18		68.4		5.5	
150JC30-9.5×6	30	57	2 940	11	142
150JC30-9.5×8		76		11	
150JC50-8.5×6	50	51	2 940	15	142
150JC50-8.5×8		68		18.5	
200JC80-16×3	80	48	2 940	18.5	182
200JC80-16×4		64		18.5	
250JC130-8×6	130	48	1 460	22.65	232
250JC130-8×8		64		30.21	
SD8×10	35	35	1 460	5.8	185
SD8×20		70		10.6	
SD10×3	72	24	1 460	10	235
SD10×5		40		14	
SD12×3		39		28	
SD12×4	126	52	1 460	40	288
SD12×5		65		40	

表 49-31

QJ 潜水深井泵规格

型号 性能	适用井径 (mm)	流量 (m³/h)	扬程 (m)	转速 (r/min)	电机功率 (kW)	机组外径 (mm)	机组质量(kg)
150QJ10-8×5			40		3		600
150QJ10-8×6	150	10	48	2 850	3	143	670
150QJ10-8×6			64		4		850
200QJ32-13×4			52		7.5		700
200QJ32-13×5	200	30	65	2 850	9.2	184	800
200QJ32-13×6			78		11		1 000
200QJ50-13×3			39		9.2		800
200QJ50-13×4	200	50	52		11	184	850
200QJ50-13×5			65		15		900
200QJ50-13×6			78		18.5		1 000
250QJ80-20×3	250	80	60	2 850	22	195	1 000
250QJ80-20×4			80		30		1 150
300QJ140-15×2			30		18.5		800
300QJ140-15×3	300	140	45	2 850	30	233	1 100
300QJ140-15×4			50		37		1 360

水 泵 型 号	流量（m³/h）	扬程（m）	电机功率（kW）	适用井径（mm）	质量（kg）
100SQJ2-5/10	2	50	1.5/2.0	100	33
100SQJ2-70/14	2	70	1.5/2.0	100	39
100SQJ5-42/10	5	42	1.5/2.0	100	31
100SQJ5-60/14	5	60	2.2/3.0	100	38
100SQJ5-76.5/18	5	76.5	3.0/4.0	100	44
100SQJ8-47.5/14	8	47.5	2.2/3.0	100	39
100SQJ8-61/18	8	61	3.0/4.0	100	46
100SQJ8-75/22	8	75	4.0/5.5	100	62

QX 小型潜水电泵规格   表 49-33

型　号	流量 （m³/h）	扬程 （m）	泵体直径×高 （mm）	电压 （V）	电机功率 （kW）	质量 （kg）
QX3-35/2-1.1	3	35	240×495	380	1.1	28
QX6-25-1.1	6	25	240×450	386	1.1	28

水泵每井一台，并带吸水铸铁管或胶管，并配上一个控制井内水位的自动开关，在井口安装阀门以便调节流量的大小，阀门用夹板固定。每个基坑井点群应有两台备用泵。

3. 管井（深井）井点系统布置

对于采用坑外降水的方法，深井井点的布置根据基坑的平面形状或沟槽宽度及所需降水深度，沿基坑四周呈环形或沿基坑或沟槽两侧呈直线型布置，井点一般沿工程基坑周围离开边坡上缘 0.5～1.5m，井距一般为 15m～30m。基坑开挖深度在 6～8m 之间时，井距相当于坑深；在 8m 以内时，井距为 10～15m；在 8m 以上时，井距为 15～30m。井点宜深入到透水层 6～9m。

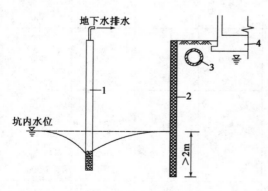

图 49-36　坑内降水与挡水帷幕
1-深井井管；2-挡水帷幕；3-坑外地下管线；4-坑外建筑基础

当采用坑内降水时，可根据单井涌水量、降水深度及抽水影响半径等确定井距，在坑内呈棋盘形点状布置。一般井距为 10～30m，相当于埋深。井点宜深入透水层 6～9m，通常还应比所应降水深度深 6～8m。需要注意的是，当采用坑内降水，深井降水深度较深而坑外附近又有需要保护的建筑物或地下管线时，应使坑内降落后的水位位于基底以下 0.5～2m，但不低于基坑周边挡水帷幕底高程，一般应使降落后水位在挡水帷幕底高程上 2m 左右，必要时可加深坑外挡水帷幕的插入深度以防止坑外水向坑内涌入而造成坑外土体沉降，如图 49-36 所示。

4. 降水管井（深井）施工技术

管井（深井）降水施工全过程包括以下主要工序：

成孔、下料、砾料围填、孔口封闭、洗井、安装抽水设备及控制电路。

试抽水,进行正常后即正常降水作业,竣工后拔管封井等。成孔手段主要用回转钻、潜水钻和冲击钻成孔。

1)成孔方法

软土地层成孔方法多采用正循环、泥浆护壁、卷扬机控制钻压、回转钻进等,较适用的钻机见表49-34。

管井(深井)施工常用的成孔钻机表

表 49-34

参数 \ 型号	XY-2	SPJ-300	济宁-150
成孔深度(m)	100~500	300	150
钻孔直径(mm)	56~300	500	650
动力功率(kW)	22	40	23
提升能力(kN)	30	30	35
水泵排量(L/min)	32	600~850	1 400
质量(kg)	950	11 000	—
生产厂	重庆探矿厂	上海探矿厂	济宁水利机械公司

其工艺按施工工序先后介绍如下:

(1)下护孔管

①清除地下障碍物

施工现场地表以下往往多为房基,杂填土,这种条件会给钻孔施工带来一定的难度,如果不探明地下障碍物,盲目施工将会影响工程进度,因此在开工前必须在孔位点探明情况,清除地下障碍物,不留后患。

②安装护孔管

清除障碍物务必彻底,一般要求挖到老土,或用钢杆探明坑底以下50cm无明显障碍物时方可埋入护孔管。护孔管直径应比钻孔直径大50~100mm,长度为1 200mm左右。如遇挖孔较深时可适当增加护孔管长度。为了保证孔口稳定,下入护孔管后其周围必须用黏土填充夯实,达到不"串水"防塌的目的。

(2)成孔的开孔尺度

在松散岩层中钻进时成孔均采取从开孔至终孔一个直径,所用的钻头大小应视深井井管大小而定,要求开孔直径应大于井管直径300~400mm,这样的孔径既可保证井管的顺利安装,又能保证滤料顺利到达设计深度,从而能在过滤器周围形成具有一定厚度的人工滤层。管井(深井)开孔尺度见表49-35。

管井(深井)开孔尺度

表 49-35

过滤器外径(mm)	井孔尺寸(mm)	保径环刮刀直径(mm)	过滤器外径(mm)	井孔尺寸(mm)	保径环刮刀直径(mm)
108	460	430	273	630	600
168	530	500	325	680	650
219	580	550			

（3）成孔中的泥浆要求

泥浆在成孔施工中具有固壁、携砂、冷却和润滑四种作用，其中最主要的是固壁作用。泥浆在管井降水成孔中控制的主要指标为相对密度和黏度。

①泥浆相对密度主要作用是保持孔壁岩层的稳定和平衡地压和水压。相对密度越大产生的压力也就越大，为了保护孔壁不塌需要足够的泥浆相对密度，另一方面也必须考虑过大的泥浆相对密度会给洗井增加困难，故泥浆相对密度要适宜。

②具有黏度的泥浆可以在钻孔中形成泥壁保护孔壁不塌，但黏度过大的泥浆同样会给洗井造成困难。

按照以上两点和利弊关系，选用的泥浆相对密度、黏度两项指标可参照表49-36使用。

泥浆相对密度和黏度　　　　表49-36

岩层名称	相对密度	黏度(s)	岩层名称	相对密度	黏度(s)
黏土、亚黏土	1.08～1.10	15～16	中砂层	1.15～1.25	18～20
粉细砂层	1.10～1.15	16～18	粗砂砾石层	1.25～1.35	20～24

2）井管的规格和安装

（1）井壁管和过滤器的类型及其长度、口径的选用

①钢制井管和过滤器的材料与规格。

a. 钢制井管

因钢制井管具有抗压、抗拉、抗剪和抗弯强度，因此，在降水工程中是最多采用的材料，其规格见表49-37。

钢制井管　　　　表49-37

公称规格(in)	井壁管				管箍		
	外径(mm)	壁厚(mm)	管长(m)	质量 m(kg)	外径(mm)	内径(mm)	高度(mm)
6	168	3	4	13	182	170	40
8	219	4	4	22	233	221	40
10	273	4	4	27	291	275	50
12	325	5	4	40	243	327	50

注：1in＝2.54cm。

b. 钢制过滤器

目前工程上使用较多的过滤器有圆孔缠丝过滤器、钢板冲压桥形过滤器及圆孔包网过滤器等。现将常用的前两种介绍如下（表49-38与表49-39）。

缠丝过滤器　　　　表49-38

公称规格(in)	外径(mm)	厚度(mm)	每周孔数	每米行数	孔心纵距(mm)	孔心横距(mm)	垫筋直径(mm)	垫筋根数	钻孔直径(mm)	孔隙率(%)
6	168	3	13	40	40	40	6	8	18	31
8	219	4	16	43	45	43	6	10	20	32
10	273	4	18	41	48	47	6	12	20	28
12	325	5	21	40	50	48	6	14	20	31

注：1in＝2.54cm。

桥 形 过 滤 器

表 49-39

公称规格 (in)	外径 (mm)	壁厚 (mm)	不同桥口高的孔隙率(%)			
			1	1.5	2	2.5
6	168	3	9.04	14.11	18.14	22.58
8	219	4	9.04	14.11	16.94	22.03
10	273	4	8.39	13.08	16.94	22.03
12	325	5	8.39	13.08	16.94	22.03

注：1in=2.54cm。

②塑料井管和过滤器(表 49-40)。

塑料井管和过滤器

表 49-40

内径 (mm)	外径 (mm)	壁厚 (mm)	连接螺纹长度 (mm)	单根长度 (mm)	管子相对密度	过滤器孔隙率 (%)
200	225	10	70	4 000	1.4	8.5
300	330	14.5	85	4 000	1.4	8

③混凝土井管和过滤器(表 49-41)。

混凝土井管和过滤器

表 49-41

公称规格 (in)	井 壁 管					过 滤 器					孔隙率 (%)
	内径 (mm)	外径 (mm)	厚度 (mm)	长度 (mm)	连接 方式	内径 (mm)	外径 (mm)	厚度 (mm)	长度 (mm)	连接 方式	
12	300	360	30	4 000	焊接	300	360	30	4 000	焊接	

注：1in=2.54cm。

(2)井管的安装

①准备工作。

a. 机具检查,如提升设备中的卷扬机、钢丝绳、离合器、制动闸、绳套、夹具等。

b. 校对孔深(孔深余量为 1%)。

c. 按设计要求丈量井管,按顺序排列编号。

d. 焊井底与制作扶正器。

e. 提出钻杆前要做好清孔,换浆,在孔壁稳定的情况下泥浆相对密度控在 1.12～1.15 之间。

②井管、过滤器检查处理。

a. 缠丝过滤器要检查缠丝有无松动、移位、破断,并加以妥善处理。

b. 桥形过滤器桥高有无冲压破损或桥高不合格,未经处理不可使用。

c. 管材厚度必须一致,弯曲率每米不超过 1mm,外径公差不超过±2mm。

d. 焊缝应光洁,无砂眼隔灰及咬口等现象。

e. 管子中间椭圆度(4in)<1mm,(6in)<1.5mm,(8in)～(10in)<2mm,(12in)<2.5mm。

③下管中的技术要求。

a. 井管对接电焊时,用铅直线检查控制垂直度,偏差不超过 1%。

b. 为了控制井管在钻孔中的圆心度,自沉淀管开始每隔 12m 设一道扶正器,扶正器尺寸见表 49-42。

过滤器外径 (mm)	径孔 (mm)	填高 1m 需要的砾石质量(kg)	扶正器直径 (mm)	过滤器外径 (mm)	径孔 (mm)	填高 1m 需要的砾石质量(kg)	扶正器直径 (mm)
108	460	267	410	273	630	425	580
168	530	337	480	325	680	470	630
219	580	374	530				

c. 下管过程中孔内泥浆面不应低于自然地面 0.6m,超过此限应及时补充泥浆,以防塌孔。

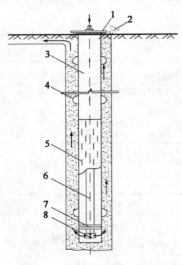

图 49-37　动态填砾
1-井口封闭板；2-围填中的砾料；3-井壁管；4-扶正器；
5-过滤器；6-钻杆；7-胶皮活塞；8-喷水头

c. 填砾高度。

对于单层取水和多层取水的深井填砾以及填砾高度应按设计施工。

d. 填砾与过滤器的规格要求见表 49-43。

（3）填砾与封闭

在砂类地层中成井采用人工填砾,可以增大过滤器周围的有效孔隙率、减少进水时的水头损失、增大井的出水量、有效地控制井水含沙量。

① 填砾

a. 填砾方法。

填砾方法是否得当将直接影响到井的出水量、含沙量和使用寿命。动态填砾的具体方法是：当井管安装完毕后先将带喷头的活塞下入井内,其深度是距井底 50cm,然后用井口板封闭井口的环形空间,泥浆泵通过钻杆向井内高压注水,同时稀释泥浆,当泥浆相对密度达到 1.06～1.08 时,开始围填砾石。动态填砾见图 49-37。

b. 填砾速度。

为了避免砾石下沉过程蓬堵搭桥,故砾石围填要控制速度,一般情况下每小时围填砾石量 5～6t,并用标准测绳测定砾石围填上升高度。

填砾与过滤器的规格　　　　　　　　　　表 49-43

岩层分类	砂层标准粒径（以筛分后的重量计,%）	填砾厚度 (mm)	填砾规格 (mm)	过滤器间隙 (mm)
砾石层	>1.00,占 60～70	180	3.50～5.00	1.50
粗砂	>0.50,占 60～70	180	2.50～3.50	1.00～1.50
中砂	>0.25,占 60～70	180	1.50～2.50	1.00
细砂	>0.15,占 60～70	180	1.00～1.50	0.75
粉砂	>0.10,占 60～70	180	0.70～1.20	0.50
砂质粉土、黏质粉土	0.10 以下	180～200	0.70～1.20	0.50

e. 填砾的数量。

填入砾石的计算：

524

$$m = \frac{\pi}{4}(D^2 - d^2)\gamma k$$

式中：m——填高 1m 需要的砾石质量(kg)；

D——孔径(m)；

d——井管外径(m)；

γ——砾石的相对密度,取 1.7；

k——超径系数,取 1.05%。

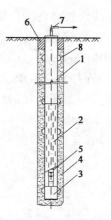

图 49-38　管井(深井)结构
1-井壁管；2-过滤器；3-沉淀管；4-砾料；5-潜水泵；6-封闭黏土；7-出水管；8-扶正器

(2)管外黏土止水封闭

其目的是为了分层止水和阻止地表水下渗。具体做法是：当砾石围填完毕经测量已达设计高程时,即可用优质黏土围填,为了防止堵塞不准使用大块黏土。必须注意的是黏土围填要在终止泥浆泵注水 30min 后进行,近孔口部分要求夯实。管井(深井)结构见图 49-38。

3)洗井

洗井的目的是为了清除井内泥浆,破坏钻孔中形成的泥壁,抽出含水层中的泥土、细砂和渗入含水层中的泥浆,并在过滤器周围形成人工滤层,从而增大井孔周围的渗透性,使深井达到最大的出水量。

常用的洗井方法有喷水活塞洗井、拉活塞真空洗井及压缩空气洗井,在此不作详介绍,可参阅参考文献[81]。

4)管井(深井)结合真空泵降水

对于渗透系数较小的土层中的深层降水,可以利用深井泵结合真空泵降水,利用真空泵在深井井点内产生真空,可以加速土中地下水向井点管的涌入,从而提高降水的效果。带真空的深井泵是近年来在上海等地区应用较多的一种深层降水设备,每个深井井点单独配备一台真空泵,开动后达到一定的真空度,则可以在渗透系数较小的淤泥质黏土中达到深层降水的目的。

这种深井井点结合真空泵降水装置的吸水口真空度一般为 50～95.5kPa,最大吸水作用半径 15m 左右；降水深度可达 8～18m(井管长度可变)。

安装这种降水装置时,钻孔应用清水水源冲钻孔,钻孔深度比埋管深度大 1m。成孔后应在 2h 及时清孔和沉管,清孔的标准是使泥浆相对密度达到 1.1～1.15。沉管时应使溢水箱的溢水口高于基坑排水沟系统入水口 200mm 以上,以便排水。滤水介质用中粗砂与 $\phi10～15$mm 碎石,先灌 2m 高细石,再灌中粗砂。砂灌入后安装水泵和真空泵,随即通电预抽水,直至抽出清水为止,开始正式抽水。

另外需要注意的是,深井井管由于井管较长,对于坑内降水在挖土至一定深度后,裸露在外的井管自由端较长,为防止井管倒折,应与附近的支护结构支撑或立柱等连接固定。在挖土过程中,要注意保护深井管,避免挖土机等机械撞击,造成损坏。

这种真空深井井点应用于软土中其有效降水面积,在有隔水支护结构的基坑内降水,每个井点的有效降水面积在上海地区一般为 200～300m²。孔径一般为 650mm,井管外径为 273mm。孔口在地面以下 1.5～2.0m 的一段用黏土回填夯实。井管除滤管外应严密封闭以保持真空度,并与真空泵吸气管相连。吸气管路和各个接头均不得漏气。单井出水口与总出水管的连接管路中应装置单向阀。

5. 降水管井(深井)降水设计计算

1)管井(深井)井点涌水量计算

管井(深井)井点的涌水量计算与轻型井点计算基本相同。但应考虑的主要内容包括：

(1)管井井点系统总涌水量计算

管井井点涌水量的计算与轻型井点计算基本相同,根据井底是否达到不透水层,亦分为完整井与非完整井。具体计算公式,可参见本章第三节的有关各类计算公式。

(2)管井进水过滤器需要总长度计算

管井单位长度进水量 q 可按式(49-84)计算：

$$q = 2\pi rl \frac{\sqrt{k}}{15} \qquad (49\text{-}84)$$

管井进水过滤器部分需要的总长度 L 可按式(49-85)计算：

$$L = \frac{Q}{q} \qquad (49\text{-}85)$$

式中：k ——渗透系数(m/s)；

$\quad l$ ——过滤管长度(m)；

$\quad r$ ——管井井点半径(m)；

$\quad Q$ ——管井系统总涌水量(m^3/d)。

(3)群井抽水单个管井过滤器长度计算

群井抽水单个管井(深井)过滤器浸水部分长度 h_0 可按式(49-86)计算：

$$h_0 = \sqrt{H_R^2 - \frac{Q}{\pi kn}\ln\frac{r_0}{nr}} \qquad (49\text{-}86)$$

式中：Q ——管井系统总涌水量(m^3/d)；

$\quad H_R$ ——抽水影响半径为 R 的一点水位(m),即 $H_R = H - S$,其中,H 为含水层厚度(m),S 为基坑中心的最低水位降低值(m)；

$\quad n$ ——管井数(个)；

$\quad r_0$ ——假想半径(m)；

$\quad r$ ——管井井点半径(m)。

(4)群井涌水量计算

多个相互之间距离在影响半径范围内的深井井点同时抽水时的总涌水量可按式(49-87)计算：

$$Q = 1.366k\frac{(2H-S)S}{\lg R - \frac{1}{n}\lg(x_1 \times x_2 \times \cdots \times x_n)} \qquad (49\text{-}87)$$

式中：$\quad S$ ——井点群重心处水位降低数值(m)；

x_1、x_2、$\cdots$、x_n ——各井点至井点群重心的距离(m)；

$\quad$其他符号意义同前。

(5)确定降水井深度

根据式(49-66)计算的降水井深度,在比较深的降水中往往偏小,其原因是该公式没有考虑地下水流经过过滤器的水头损失(即井损),这种井损来源以下几个方面：

①水流通过过滤器的滤网和圆孔。

②进入过滤器水流与过滤器中已有水流的作用。

③沿流程的流量和流速不断增加。

④过滤器内部的摩阻。

因此,在降水井深度设计中,如降水深度较深时,还应考虑井损问题(有关井损问题的详细计算,可参阅本书参考文献[81]),并按式(49-88)计算:

$$H = H_1 + h + JL + l + S_2 \qquad (49\text{-}88)$$

式中:S_2——为井的水头损失(即井损)(m),可以根据理论公式计算,也可通过抽水试验求得,根据上海的情况,降⑦层水中的承压水时,其井损值为5~10m。

管井(深井)井点的降水,应根据排水流量,按表49-30~表49-33所列内容选用合适水泵,使其排水量大于设计值的20%。

2)疏干井与降压井

用于降水目的的管井称之为降水管井,降水管井有别于供水灌溉等目的开凿的管井。为了区分,用于降低潜水水位的降水管井称谓为疏干井;用于降低承压含水层水头的降水管井称为降压井。疏干井一般较浅,由于承压含水层埋深不同和基坑开挖的深度深浅不一,所以降压井的深度各有不同。

在实际降水设计中,利用管井降水的范围非常广泛。即使在黏性土中用降水管加真空,其降水效果显著而被普遍采用。它不但用于承压水的降压降水,也可用于潜水的疏干降水;它不但用于砂性类土中,也可用于黏性土中(加真空泵)。

3)疏干降水设计

主要用于降低潜水和浅部的承压水—潜水类型的地下水。在放坡开挖中,为降低基坑内和两侧边坡的地下水位,有利边坡稳定。在有隔水帷幕的基坑中用于疏干坑内的地下水,有利于开挖施工,其井深不超过隔水帷幕的深度。井的过滤器全部安装在需要疏干的含水层部位。在黏性土中疏干井应加真空,以增加井内外的水头差,加速水从黏性土中释放的速度,达到快速疏干的目的。根据不同的施工方法、围护设计与降水的目的不同,可分为下例情况:

(1)放坡开挖的基坑降水设计

为降低边坡及坑内的地下水,井主要布置在边坡的顶部或台阶上,在基坑宽度很大,两侧疏干井对基坑中心的干扰水位降不能达到要求时,在坑内和坡脚处布置部分疏干井。根据基坑的不同形状、大小、宽度,对于长条状基坑可布置在放坡的一侧或两侧,每侧可布置一排或两排疏干井。当基坑中心或二头水位降不能满足要求时,可在坑内增加疏干井;对于长方形、方形或圆形基坑可沿基坑周边布孔,成单环或双环形状,当基坑中心水位降不能满足要求时,可在坑内增加疏干井。

疏干井群的计算:可参阅本章第三节,井群排列形式确定后,井距可在计算中不断调整优化,将计算任意点的水位降(一般选基坑中心、基坑的角点、长条基坑的两头)能达到基坑设计开挖深度下0.5~1m时为止。

(2)有隔水帷幕的基坑

这类基坑的围护一般采用水泥土的重力式挡墙、水泥土桩加土钉或拉锚、排桩外加水泥土排桩隔水帷幕和地下连续墙等。除地下连续墙外,水泥土桩一般都有20~30cm的搭接,形成隔水帷幕,其深度一般与围护结构的插入深度一致或更深,使潜水含水层内外失去水力联系,坑内降水对坑外一般影响甚小,甚至没有影响。而坑内的潜水含水层增加了一个封闭的不透水边界。在这种情况下,疏干井布置在坑内,呈均匀分布,由于坑内外地下水失去了水力联系,坑内水位降低后,侧向补给为零(如果隔水帷幕不漏水的话),坑底会有一部分水补给,如果坑底是黏性土,则补给很小,可以不考虑。井群布置可按地区的经验值确定,在上海地区,一般200~300m² 布置一口井。如坑底为未围闭的砂类土,则可按坑底进水的大井计算水量。然后将这些水量均推在每个井上。疏干井的深度一般超过基坑的设计开挖面3~5m,而不超过隔水帷幕的深度,且不宜穿过下部承压含水层的顶板。

【例49-9】 某商业广场位于上海苏州河以北的闹市区,用地面积为14 270m²,整个地块均设有两层地下室,由1、2号楼,3号楼,4号楼三个地下室组成,并相互贯通。其中3号楼基坑占地面积为4 235m²,呈"L"形。场地的自然地面绝对高程为+3.00m,图纸上±0.00的绝对高程为+3.55m,则场地自然地面的相对高程为-0.55m(以下均按相对高程计)。已知基坑开挖深度为9.25m,其中电梯间开挖深度为11.05m;集水井开挖深度为10.65m。基坑围护设计采用$\phi900$~$\phi1\,000$mm 有效长度为20.15~23.00m的钻孔灌注桩,灌注桩的外侧采用三轴桩径为800mm,深度为20.15m的水泥搅拌桩作为隔水帷幕,搅拌桩的水泥掺入量为20%,因地处市区,三边面临主要道路,基坑开挖采取井点降水。

解:(1)现场水文地质情况

场地自3m以下到18.00m左右均为砂性土层,缺失第③层和第④层。自地面以下,第①₁层0~1.5m左右为杂填土;1.5~2.8m为第②₁层粉质黏土夹黏质粉土;2.8~6.5m为②₃₋₁层,砂质粉土;6.5~18.5m为第②₃₋₂层黏质粉土;18.5~27.8m为第⑤₁层,粉质黏土。(图49-39中的钻孔柱状图)第②₃₋₁层渗透系数0.27m/d,第②₃₋₂层渗透系数为0.15m/d。静水位埋深1.0m左右。

(2)降水设计

基坑的隔水帷幕采用SMW工法三轴的搅拌桩机施工的水泥土搅拌桩,掺灰量达20%,用该工法施工桩垂直度好,桩与桩之间搭接好,桩深达20.5m,已深入第②₃层底板以下约2.0m,事实上隔水帷幕已将第②₃₋₁、②₃₋₂层全部切断,坑内坑外的地下水已失去水力联系,第②₃层以下存在大于10m的粉质黏土,渗透系数为0.001 8m/d。可视作不透水的底板,基坑降水过程中除了基坑大气降水的入渗补给外,已没有其他地下水的补给途径。

降水采用降水管井,根据上海地区的经验,采用均匀布井,每265m² 布一口井,4 235m²的基坑,均匀布置16口疏干井(图49-40),在没有降水入渗补给的情况下,当地下水位下降到基坑最深的开挖面12.0m深时,应抽出的水体积为:

$$FM\mu = W \tag{49-89}$$

式中:W ——应抽出的水体积(m³);

F ——基坑面积(m²);

M ——疏干的含水层厚度(m);

μ ——含水层的给水度,取0.1。

将已知数值代入上式,得:$W = 4\,235 \times 11 \times 0.1 = 4\,658$m³。分摊到16个井,每个井抽出291.0m³。

井的结构:设计井径为550mm,一径到底井深16m,管井和过滤器口径均为273mm,过滤器位于地面以下4~15m,长11m,下设沉淀管1m(图49-39)。滤水管取用2mm缝隙的桥式过滤器,包40目的滤网,外围填建筑粗砂(D_{50}约1mm)。

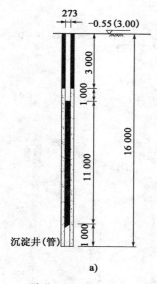

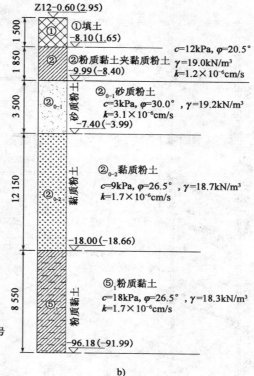

图 49-39　地层柱状图及降水井结构图

a)降水井结构图；b)地层示意图1

复核单井的出水量 Q_g 按《供水管井技术规范》(GB 50296—99)(以下简称《规范》)公式 (3.5.2)得：

$$Q_g = \pi n v_g D_g L \tag{49-90}$$

式中：n——过滤管的孔隙率，取3%；

　　　v_g——允许过滤管进水流速，取 0.02m/s＝1 728m/d；

　　　D_g——过滤管外径，273mm＝0.273m；

　　　L——过滤管的长度，11m。

单井可能的出水能力按式(49-90)得：

$$Q_g = \pi \times 0.03 \times 1\,728 \times 0.273 \times 11 = 489.1(\text{m}^3/\text{d}) > 291(\text{m}^3/\text{d})$$

设单井出水量在 291m/d 时井壁实际进水流速 v_w 按《规范》公式(3.5.3)得：

$$v_w = \frac{Q}{\pi D_k L} \leqslant v_j \tag{49-91}$$

式中：Q——设计单井出水量(m³/d)；

　　　D_k——井径，0.55m；

　　　L——井壁实际进水面的长度，取 3m；水位降到基坑开挖面积以下 1m 时，井壁实际进

　　　　　水高度只剩 3m；

　　　v_j——允许井壁流速 v_j 按《规范》公式(3.5.4)得：

$$v_j = \sqrt{k}/15(\text{m/s}) \tag{49-92}$$

529

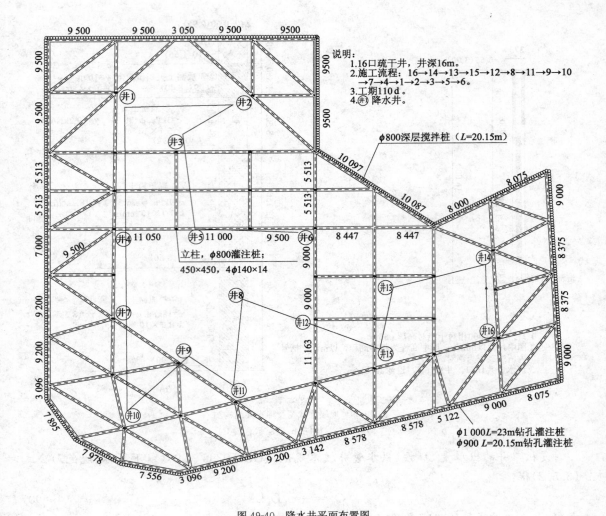

图 49-40　降水井平面布置图

式中：k——渗透系数，1.7×10^{-4}m/s。

按式(49-92)得：

$$v_j = 8.7 \times 10^{-4}\,\text{m/s} = 75\text{m/d}$$

按式(49-91)得：

$$v_w = \frac{291}{\pi \times 0.55 \times 3} = 56.1\text{m/d} < v_j$$

上述复核说明单井的出水能力可以达到 291m³/d，16 口疏干井，一天多即可将基坑内水位降到基坑开挖面以下 1m。如基坑开挖后遇到大雨，在及时将基坑内积水排除的情况下，16口井不需 1 天即可将基坑内水位降到当时的基坑开挖面以下。

（3）无隔水帷幕的基坑

无隔水帷幕基坑是指以排桩作挡土结构，排桩一般有混凝土灌注桩、打入桩、钢板桩等。因为桩与桩不搭接，坑内外地下水有直接的水力联系，虽然排桩增加了水流阻力，在坑内或坑外降水的情况下，坑内外水位的变化可能有滞后现象，但最终可以达到与计算的下降一致。如果采用沉井法施工，由于沉井在地面浇筑后逐步沉入地下，在下沉前一半，先将坑外的水位降到设计深度后再下沉，所以与无隔水帷幕的基坑无异。这类基坑降水管井应布置在坑外。对于长条状基坑，沿单边或双边布置，每边1～2排井，选用本章第三节所列公式计算位于基坑中心和两头任意点的水位降，通过调整井距和井的排数最终满足设计的降深要求。对于长方形、方形或圆形基坑，可沿基坑周边布置，通过计算基坑中心和角点的水位降，调整井距和井排数，最终满足设计的降深要求。疏干井的过滤管位置应位于基坑开挖面深度内的所有潜水和承压水层部位。如基坑最终开挖面以下有高水头承压含水层需进行降压降水，则需视下部承压含水层的层厚、富水情况和需要降低的水头值等确定是否将降压井与疏干井合二为一，一般情况下宜将疏干井和降压井分开，分别布置、计算。

（4）疏干井的深度

当基坑有隔水帷幕时，此时基坑内的疏干井，即使加真空后也只能间隙抽水，开泵后井内水位即下降到泵的吸水口以下，停抽，待水位上升后再开泵，水量随时间减小，这种情况下井的深度以超过基坑设计开挖面以下3～5m为宜，但应离下部承压含水层的顶板2m左右；当基坑无隔水帷幕时，疏干井布置在坑外。在砂层中的疏干井，如砂层的厚度不大，井深可达到砂层的底板。如砂层的厚度很大，井的深度应考虑疏干井内的动水为深度。井内的动水位由三部分组成：单井抽水的水位降；其他井抽水对该井的影响，即干扰水位降；自身的井损失。前两者可以通过计算得到，而井损失是与井的设计和施工直接有关，各井不同。井的深度应在井内的动水位（计算的动水位加井损失）以下5～6m，使泵的吸水口保持在动水位以下2～3m。如地下水位不能达到稳定，应计算坑内中心点水位降达到设计要求时，每个井井内可能达到最大的动水位作为确定井深的标准。

4）降压降水设计

在天然状态下，下部承压含水层作用在顶板上的水头压力是与承压含水层顶板以上土层压力相平衡或小于上覆土压力的。当一个基坑开挖到一定深度后，承压含水层顶板以上的上覆土压力随开挖深度的加深而逐渐减小，当减小到不能与承压含水层作用在顶板上的水头压力相平衡时，承压水就会冲破上覆土层涌向基坑内，形成突水。这种突水来势凶猛，承压含水层中的高压水带着泥沙涌向基坑，如不及时采取措施，会造成基坑围护结构下沉，严重的会引起内支撑破坏，基坑倒塌，坑外地面严重变形，危及附近地下管线和地面道路以及周围的建（构）筑物的安全，甚至造成更大的事故。

（1）基坑底板稳定性的验算和承压水头降低的计算

要保证基坑的稳定，则基坑最终开挖面下部承压含水层顶板间土的重量应大于承压含水层的顶托力。因此，当深基坑设计开挖面以下一定深度内埋藏有承压含水层时，必须进行基坑底板引起突涌的安全计算，其示意如图49-41所示即：

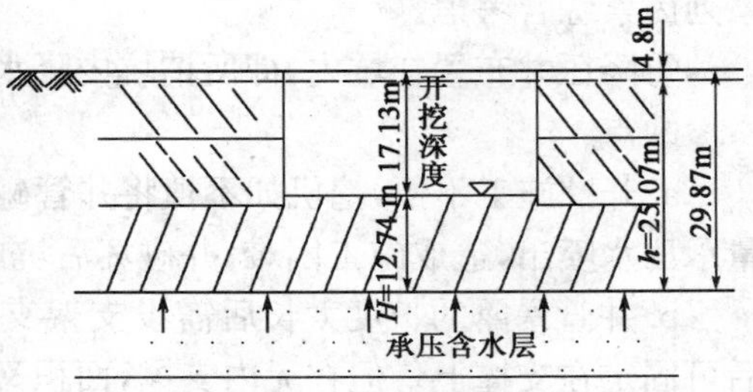

图49-41　计算示意图

$$H\gamma_s \geqslant F_s\gamma_w h \qquad (49\text{-}93)$$

式中：H——基坑最终开挖面到下部承压含水层顶板间的距离（m）；

γ_s——承压含水层顶板以上土层的重度（kN/m³），即土的浮重度 $\gamma_s = 18.31\text{kN/m}^3$；

F_s——安全系数，取1.1～1.3；

γ_w——水的重度（kN/m³），取10kN/m³；

h ——承压含水层从顶板算起的承压水头高度(m)。

【例 49-10】 某基坑开挖深度 17.13m,下部承压水层厚约 15.00m,顶板埋藏深度为 29.87m,承压水静止水头埋深 4.80m,试验算其稳定性。

解:
$$H=29.87-17.13=12.74\text{m}$$
$$\gamma_s=18.31\text{kN/m}^3\text{(各层土的平均值)}$$
$$h=29.87-4.8=25.07\text{m}$$
$$F_s=1.1$$

将上述各值代入式(49-93),可知 $H\gamma_s<F_s\gamma_w h$,则基坑要发生突涌。

即:
$$1.1\times10\times25.07-12.74\times18.31 \doteq 43(\text{kPa})$$

由计算结果知,承压水的顶托力大于上面覆土层的压力 43kPa,需要降低压力水头 43/10=4.3m。在降低 4.3m 承压水水头后,下部承压水的顶托力才能与上面覆土层的压力相平衡,在一般情况下就不会产生基坑底板(土层)的突涌,但应知道,此时的承压水头仍然高出基坑设计最终开挖面 8.03m,而承压水层顶板到基坑开挖面的土层在实际情况下已不是原来在自然状态下那样在平面上伸展很大的一层土层,而是被基坑的围护结构(如地下连续墙或灌注桩)已切割成基坑形状的一块土层,这块土层又被基坑内的许多工程桩破坏成七穿八孔。当这块土层与地下连续墙或灌注桩结合不好时,承压水容易沿这些薄弱处突水,在处理不及时的情况下,就可能被压力水越冲越大,最后酿成事故。因此,这是许多规范和书籍中都规定将承压水位降到基坑设计最终开挖面以下 1.0m 的原因。但加大降深就意味着增大抽水量。对周围环境要求较高的情况是不可取的。如何解决这一矛盾呢? 首先是在群井的设计布置上要有将承压水降到基坑最大开挖面以下 1.0m(即井管深度到位)。在实际降水运行时,加强管理,先开少量的井将承压水位降到与上面覆土层压力达到平衡时的高度。待一旦出现险情,可立即启动备用井点,将承压水位降到基坑开挖面以下 0.5~1.0m。

(2)关于坑内降水和坑外降水的问题

在降水设计中,降压井布置在坑内还是坑外往往成为争论的问题。一般情况下,降压孔布置在坑内或坑外都可以达到降低承压水头的目的,需根据降水目的、含水层位置、厚度、隔水帷幕的深度、周围环境对降水的要求、施工方法、围护结构的特点、基坑的大小、开挖的深度等一系列因素综合考虑。

①降压井布置在坑内,即所谓坑内降水

缺点:

a.开挖施工不便,挖机如不慎将井管碰坏后,泵不能提出,给封井造成困难;井管碰断后大量承压水喷出,造成施工困难;井碰坏后坑内无法补井,只能补在坑外。

b.井管暴露的长度太长后需设支架支护,在有内支撑的基坑内可傍支撑布井,井管暴露后可固定在支撑上。但在无内支撑,面积又大的基坑需另安装支护井管的支架,给施工出土带来不便,支架上无法上人,换泵吊装造成困难,如将支架在井口形成换泵封井的操作平台,很深的基坑,费用大,不安全,影响挖土施工。

c.当连续墙或隔水帷幕插入降水目的含水层很浅,如降压井的过滤管不超过隔水帷幕的深度时,其进水面积小,水量小,降 10~20m 水头需满堂布井,井的数量大;如坑内降压井的滤水管超过隔水帷幕时,井布在坑内和坑外无明显的差别,坑内外地下水渗流形态没有明显的不同。

d.基坑降压降水并非基坑开挖到设计要求深度,做好垫层、浇好大底板即可结束,需要待上部结构的压重超过了地下水的浮力时才能终止降水,降压井在坑内除了在大板上需留洞外,各层楼板都要留洞,增加了后续工作。

e. 井设在坑内,降压降水结束后需将降压井做封井处理,才能割除井管,补洞。井虽可用注浆方法封闭,但效果并不是十分理想,有时,井管割到大底板处仍有水溢出。

优点:

a. 坑内降水,即井布置在坑内,水管超过基坑隔水帷幕的深度相对坑外降水来说,井与井之间的距离小一些,井间的干扰大一些,可能井的数量会小一些。

b. 当降水目的的含水层厚度较大,连续墙或隔水帷幕插入降水目的含水层的深度超过10m以上时,坑内降水管井的滤水管可以不超过隔水帷幕的深度,坑外的地下水经连续墙的刃脚处绕流流入坑内,增加了流程,连续墙刃脚以下的承压含水层垂直渗流补给,基坑底面即为地下水流入基坑的过水断面,流量受到了限制,各个井的抽水量减小了,坑外水头降也减小,有利于降低对环境的影响。

②降压井布置在坑外,即所谓的坑外降水,其优缺正好与坑内降水相反,坑内降水的缺点往往是坑外降水的优点,它对施工影响小,设在坑外的井可埋设在地下,不受施工运输的影响和破坏,维修、养护方便,均在地面操作,降水结束后不需专门封井,只需用优质黏土填塞。而坑内降水的优点也是坑外降水所不及的。

从上述的分析看,坑内或坑外降水以井布置在坑内或坑外来区别,只是形式上的区别。但关键是井过滤管的位置是否超过隔水帷幕的深度,如超过基坑隔水帷幕,地下水的渗流场还是以径向流为主,与井布置在坑外并无大的差异;真正意义上的坑内降水应该是不但井放在坑内,而且过滤管的下部不超过基坑隔水帷幕的深度。而坑外降水,井不但布在坑外,降压井的过滤器顶部必须在基坑隔水帷幕以下。

【例 49-11】 某污水厂沉淀池基坑工程其平面尺寸如图 49-42 所示。该地基土层为粉土细砂,已知其渗透系数 $k=3.5\text{m/d}(=0.000\,04\text{m/s})$;含水层厚度 $H=13.8\text{m}$,其下为淤泥质粉质黏土类黏土,为不透水层。要求水池基坑中心的最低水位降低值 $S=6\text{m}$,取深井井点半径 $r=0.35\text{m}$。试计算该沉淀池基坑内所规定的水位降时的总涌水量和需设置的深井井点数量及井的布置距离。

解:根据题设条件,由于基坑为矩形,因此井点系统布置为环形状。井点管距坑边的距离为 2m

(1)单井的影响半径 R 按式(49-51)得:

$$R = 2S\sqrt{Hk} = 2 \times 6 \times \sqrt{13.8 \times 3.5} \approx 83.4(\text{m})$$

(2)基坑的引用半径 r_0 按式(49-49)得:

$$r_0 = 0.29(L+B) = 0.29 \times (80+40) = 34.8(\text{m})$$

(3)降水系统的总涌水量 Q 可按潜水完整井计算,则基坑群井降水影响半径 $R'=R+r_0=83.4+34.8=118.2\text{m}$,按式(49-33)得:

$$Q = 1.366k\frac{(2H-S)S}{\lg(R+r_0)-\lg r_0} = 1.366 \times 3.5 \times \frac{(2 \times 13.8-6) \times 6}{\lg(83.4+34.8)-\lg 34.8}$$

$$= 1.366 \times 3.5 \times \frac{129.6}{2.07-1.54} = 1\,169.1(\text{m}^3/\text{d}) = 0.013\,5(\text{m}^3/\text{s})$$

(4)深井过滤器进水部分每米井的单位进水量按式(49-84)得:

$$q = 2\pi r l \frac{\sqrt{k}}{15} = 2 \times 3.14 \times 0.35 \times 1 \times \frac{\sqrt{0.00004}}{15} = 0.00093 (\text{m}^3/\text{s})$$

(5)深井过滤器进水部分需要的总长度按式(49-85)得：

$$L = \frac{Q}{q} = \frac{0.0135}{0.00093} = 14.5 (\text{m}) \approx 15 (\text{m})$$

(6)群井抽水单个管井(深井)过滤器浸水部分长度 h_0 的计算。

根据式(49-86)，假定深井数进行试算来确定深井井点的数量，现假定井数为 12 个(图 49-42)，取 $H_R = 13.8 - 6 = 7.8$m，则过滤器浸水部分长度 h_0 为：

$$h_0 = \sqrt{H_R^2 - \frac{Q}{\pi k n} \cdot \ln \frac{\gamma_0}{nr}} = \sqrt{7.8^2 - \frac{1169.1}{3.14 \times 3.5 \times 12} \times \ln \frac{34.8}{12 \times 0.35}} = 6.22 (\text{m})$$

此数值符合 $nh_0 = 12 \times 6.2 = 74\text{m} \geqslant \frac{Q}{q} = 15\text{m}$ 的条件。井的深度钻孔打到不透水层，取 16m。

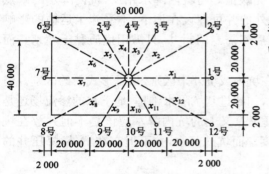

图 49-42 污水厂沉淀池基坑平面尺寸及降水管井(深井)井点布置简图

根据基坑的平面尺寸，深井井点的平面应合理均匀对称布置，计算 12 口深井井点距基坑中心的距离，如图 49-42 所示。

$x_1 = 42.0$m, $\lg x_1 = 1.62$；
$x_2 = 47.41$m, $\lg x_2 = 1.68$；
$x_3 = 29.7$m, $\lg x_3 = 1.47$；
$x_4 = 22.0$m, $\lg x_4 = 1.34$；
$x_5 = 29.7$m, $\lg x_5 = 1.47$；
$x_6 = 47.41$m, $\lg x_6 = 1.68$；
$x_7 = 42.0$m, $\lg x_7 = 1.62$；
$x_8 = 47.41$m, $\lg x_8 = 1.68$；

$x_9 = 29.7$m, $\lg x_9 = 1.47$；
$x_{10} = 22.0$m, $\lg x_{10} = 1.34$；
$x_{11} = 29.7$m, $\lg x_{11} = 1.47$；
$x_{12} = 47.41$m, $\lg x_{12} = 1.68$

所以

$\lg(x_1 \times x_2 \times \cdots \times x_{12}) = 1.62 + 1.68 + 1.47 + 1.34 + 1.47 + 1.68 + 1.62 + 1.68 + 1.47 + 1.34 + 1.47 + 1.68 = 17.94$

再按式(49-87)计算深井井点总涌水量 Q：

$$Q = 1.366 k \frac{(2H - S)S}{\lg R' - \frac{1}{n} \lg(x_1 \times x_2 \times \cdots \times x_n)}$$

$$= 1.366 \times 3.5 \frac{(2 \times 13.8 - 6) \times 6}{\lg 118.2 - \frac{1}{12}(17.94)}$$

$$= 1.366 \times 3.5 \times \frac{129.6}{0.62} = 1037 (\text{m}^3/\text{d}) = 0.012 (\text{m}^3/\text{s})$$

由计算结果可知，按图 49-42 布置计算的总涌水量与按式(49-87)所计算的总涌水量基本接近。其所设置的深井井点数量和井点管布置的距离均能满足本工程的降水要求。

【例 49-12】 某大型沉井为钢筋混凝土结构,位于黄浦江岸边附近,平面尺寸为 58m×40m,井壁厚度为 1.2m,下沉深度为 14m,基坑深度为 13.5m。C25 及 S6 抗渗混凝土,总方量为 8 500m³。底梁和隔墙将沉井分成 36 格,最小方格为 4.6m×5.0m。沉井分三次浇筑、一次下沉。由于沉井下沉时,靠近江边约 95m,施工时要求采用排水下沉干封底,试设计此沉井的下沉施工方案。

解:(1)本工程地质概况。

本沉井中心距浦江防汛墙边约 95m,地表面较为平坦,地面高程为+4.2m(吴淞高程)沉井设计刃脚下沉到位高程为-9.8m。地表下的土层如图 49-43 所示,在地表以下 9m 深度范围内为各类黏土层,再往下为 5.0m 厚的粉砂层及 8m 厚的细砂层,沉井刃脚插入细砂层中约 30cm。

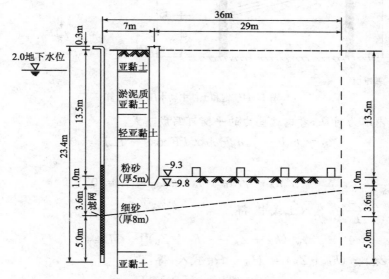

图 49-43　沉井下沉深井井点降水设计示意图

根据地质钻探资料探明,最下面几种土层均为承压含水层,水量丰富,地下水位的变化受江水的水位变化的影响(因含水层与黄浦江有水力联系),所以沉井下沉时有产生流沙的可能性。

(2)流沙现象产生的原因。

沉井在挖土下沉过程中,井内外产生了一定的水差,当水流在水位差的作用下,对粉砂土和细砂土颗粒产生向上的压力时,动水压力不但使土的颗粒受到水的浮力,而且还要受到向上的压力,如果动水压力 G_D 等于或大于土的浸水重度 γ'_w,即 $G_D \geqslant \gamma'_w$ 时,则砂土的颗粒便会失去自重而处于悬浮状态,使土的抗剪强度为零,此时,砂土颗粒就会随渗流的水一起流动,因而产生流沙现象。

①饱和土体中动水压力计算。

如图 49-44 所示,取水在土中渗流时的任一土柱体,长度为 L,横断面积为 F。A 及 B 在基准面以上的高程分 E_A 及 E_B,A 及 B 点测压管水位高度分别为 H_A、H_B,因 $H_A > H_B$,故水由 A 向 B 流。取土柱体中孔隙水为隔离体,则沿渗流方向作用在孔隙水隔离体上的力包括:

a. $\gamma_w h_A F$ ——作用在 A 点的土柱横断面上的静水压力(A 处的总水压力),其方向与水流

　　　　方向一致（γ_w 为水的重度）。

b. $\gamma_w h_B F$ ——作用在 B 点的土柱横断面上的静水压力（B 处的总水压力），其方向与水流
　　　　方向相反。

c. $\gamma_w LF\cos\alpha$ ——水桩及土骨架重力在渗流方向上的分力（即骨架对于水的浮力的反作
　　　　用力）在水流动方向上的分力。

d. TLF ——单位土体骨架对渗流水的阻力，方向与水流方向相反时，为 $-TLF$。

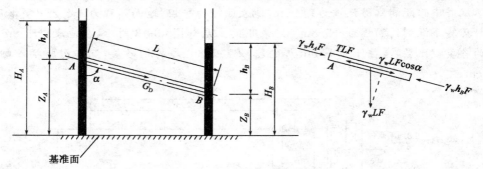

图 49-44　饱和土体中动水压力的计算

以土柱体内水为对象，考虑这些力的平衡可写成下式：

$$\gamma_w h_A F - \gamma_w h_B F + \gamma_w LF\cos\alpha - TLF = 0$$

即：

$$\gamma_w h_A - \gamma_w h_B + \gamma_w L\cos\alpha - TL = 0$$

将 $\cos\alpha = \dfrac{Z_A - Z_B}{L}$ 代入上式中，得：

$$\gamma_w[(h_A + Z_A) - (h_B + Z_B)] - TL = 0$$

将 $(h_A + Z_A) - (h_B + Z_B) = H_A - H_B$ 代入，得：

$$\gamma_w(H_A - H_B) = TL$$

$$T = \gamma_w \frac{H_A - H_B}{L} = \gamma_w I \tag{49-94}$$

由于动水压力 G_D 与 T 大小相等，方向相反，则动水压力 G_D 按式(49-95a)计算，即：

$$G_D = -T = -\gamma_w I \tag{49-95a}$$

式中：G_D——动水压力(kN/m^3)；

　　I——水力坡度，即 $I = \dfrac{H_A - H_B}{L}$（为水头差与渗流路线长度之比）；

H_A、H_B——水位高差(m)；

　　L——渗流路线长度(m)；

　　γ_w——水的重度，取 $\gamma_w = 10kN/m^3$。

　　式(49-95a)中符号表示动水力的方向和土骨架对水流的阻力方向相反。从式(49-95a)可以看出，动水压力与水力坡度成正比，也就是说水位差 $H_A - H_B$ 越大，G_D 亦越大；渗流路线 L 越长，则 G_D 越小，动水压力的作用方向与水流的方向相同。当水流在水位差的作用下对土颗粒产生向上压力时，动水压力不但使土颗粒受到水的浮力，而且还使土颗粒受到向上的压力，当动水压力等于或大于土颗粒的浸水重度 γ'_w 时，即：

$$G_D \geqslant \gamma'_w \tag{49-95b}$$

则土颗粒失水自重,处于悬浮状态,土体的抗剪强度等于零,土颗粒能随着渗流的水一起流动,即产生所谓的"流沙"现象。

当动水压力 G_D 等于重力时,其所对应的水力坡度称为临界水力坡度 I_{cr}。

由

$$G_D = \gamma_w I = \gamma'$$

可得:

$$I = \frac{\gamma'}{\gamma_w} = \frac{G-1}{1+e} = (1-n)(G-1) \tag{49-96}$$

式中:γ' ——土的浮重度;

G ——土粒的相对密度;

e ——土的孔隙比;

n ——土的孔隙率,$n = \dfrac{e}{1+e}$。

由于式(49-96)未考虑土体本身强度,经修正后则临界水力坡度 I_{cr} 为:

对砂土:

$$I_{cr} = (G-1)(1-n) + 0.5n \tag{49-97a}$$

对黏性土:

$$I_{cr} = \frac{\gamma'}{\gamma_w}(1+\tan\varphi) + \frac{c}{\gamma_w}l \tag{49-97b}$$

式中:φ ——土的内摩擦角;

c ——土的黏聚力;

l ——破坏面的长度。

②关于流沙现象的计算。

a. 当沉井刃脚下沉到砂粉土的顶面时:

将已知和测试数据代入式(49-94)和式(49-95),求水力坡降和动水压力,即:

$$I = \frac{H_A - H_B}{L} = \frac{7-2}{1.9+1} = \frac{5}{2.9} = 1.72$$

$$G_D = I\gamma_w = 1.72 \times 10 = 17.2(\text{kN/m}^3)$$

由钻探试验资料得知粉砂土的浸水重度 $\gamma'_w = 19.2\text{kN/m}^3$。

则 $G_D = 17.2\text{kN/m}^3 < \gamma'_w = 19.2\text{kN/m}^3$,故知不会产生流沙。

b. 当沉井刃脚下沉到细砂土层内 30cm 左右时:

同上理有:

$$I = \frac{H_A - H_B}{L} = \frac{12-2}{1.9+1} = \frac{10}{2.9} = 3.45$$

$$G_D = I\gamma_w = 3.45 \times 10 = 34.5(\text{kN/m}^3)$$

由钻探试验资料得知细砂浸水重度 $\gamma'_w = 19.1\text{kN/m}^3$。

则 $G_D = I\gamma_w = 3.45 \times 10 = 34.5\text{kN/m}^3 > \gamma'_w = 19.1\text{kN/m}^3$。

故知沉井刃脚沉到细砂层中时,要产生流沙,影响施工,故沉井决定采用深层管井降水方法来防止流沙的产生,使沉井能顺利下沉到位。

(3)管井的设计计算

①管井与沉井井壁的距离

沉井下沉深度为14m,在下沉过程中,沉井四周外土体的破坏面按45°角扩散,如井的四周无重要建筑物需要保护时,则井点管需距井壁为14m以外,但本工程无此要求,只需考虑井管自身的安全,不被破坏线所影响其正常工作,故本例考虑井管距井壁为7m,井管顶部可用$\phi6$钢筋在地面平拉,防止位移。但上海沉井施工时均不采用45°破坏面的距离,而一般为5~7m。

②管井深度的计算(图49-43)

按式(49-88)得:

$$H = H_1 + h + JL + l + S_2$$

式中:H_1——井管埋置面至基坑底面的距离,$H_1=4.2+0.3-(-9.3)=13.8$m;

h——基坑底面至降低后地下水位线的距离,现取$h=1.0$m;

J——水力坡降环形井点系统$J=1/10$;

L——井点管至基坑中心的水平距离,$L=7+29=36$m;

l——包括沉淀物,水泵深及部分过滤管长度,取$l=5$m;

S_2——井损(即井的水头损失)因降水深度不深可暂不考虑。

$\therefore H=13.8+1+0.1\times36+5=23.4$m,取$H=24$m。

③涌水量计算

a.环形井点系统引用半径按式(49-49)得:

$$\gamma_0 = \sqrt{\frac{F}{\pi}} = \sqrt{\frac{3\,888}{\pi}} = 35.2(\text{m})$$

$$F = 72 \times 54 = 3\,888(\text{m})^2$$

b.抽水影响半径按式(49-51)得:

$$R = 2S\sqrt{Hk}$$

式中:S——沉井中心处降水深度(m),$S=2-(-10.3)=12.3$m,取$S=13$m;

H——含水层厚度,本例为粉砂层和细砂层厚度之和,$H=5+8=13$m;

k——渗透系数,细砂层的渗透系数$k=5.29\times10^{-3}$cm/s$=4.57$m/d。

$$R = 2S\sqrt{Hk} = 2\times13\times\sqrt{13\times4.57} = 200.4(\text{m})$$

c.环形井点范围内基坑总涌水量计算:

按均质含水层承压完整井计算,由式(49-42)得:

$$Q = 2.73k\frac{MS}{\lg\left(1+\dfrac{R}{r_0}\right)}$$

式中:M——承压含水层厚度,即$M=5+8=13$m;

S——次井中心处降水深度,$S=13$m。

$$\therefore Q = 2.73k\frac{MS}{\lg\left(1+\dfrac{R}{r_0}\right)} = 2.73\times4.57\times\frac{13\times13}{\lg\left(1+\dfrac{200.4}{35.2}\right)} = \frac{2\,108.5}{0.83} = 2\,540(\text{m}^3/\text{d})$$

d.沉井靠近黄浦江边处的涌水量计算按式(49-43)得:

$$Q = 2.73k\frac{MS}{\lg\dfrac{2b}{r_0}} \qquad b < 0.5R$$

式中:b——基坑至江边线的距离,取$b=95$m。

$$\therefore \quad Q = 2.73 \times 4.57 \times \frac{13 \times 13}{\lg\left(\frac{2 \times 95}{35.2}\right)} = \frac{2\,108.5}{0.73} = 2\,889(\text{m}^3/\text{d})$$

e. 单井管涌水量计算按式(49-57)得：

$$q = 120\pi r L \sqrt[3]{k}$$

式中：r——井管过滤管半径，取 $r=0.16\text{m}$；

$\quad\quad L$——滤管长度，取 $L=5\text{m}$。

$$\therefore \quad q = 120 \times 3.14 \times 0.16 \times 5 \times \sqrt[3]{4.57} = 500(\text{m}^3/\text{d}) \approx 21(\text{m}^3/\text{h})$$

f. 管井数量。

由 c. 得环形井点范围内基坑总涌水量 $Q_{\text{基}}=2\,540\text{m}^3/\text{d}$。

由 d. 得黄浦江边的涌水量 $Q_{\text{江}}=2\,889\text{m}^3/\text{d}$。

则取 $Q_{\text{江}}=2\,889\text{m}^3/\text{d}$；计算管井数量，即：

$$n = 1.1\frac{Q}{q} = 1.1 \times \frac{2\,889}{500} = 6(\text{只})$$

根据实际情况和以往的经验，确定基坑外围深井井点总数为 8 只，另设观测井一只，深井井点的平面布置及结构图如图 49-45 和图 49-46 所示。

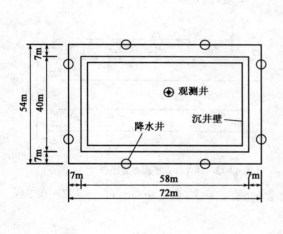

图 49-45　降水井、观测井平面布置图
⊕-观测井；○-降水井

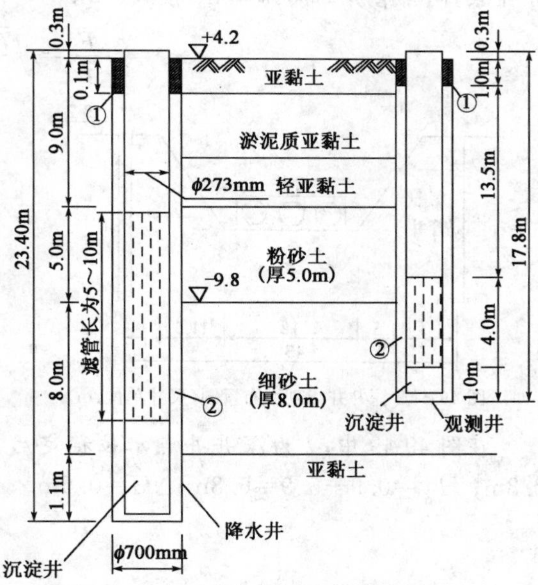

图 49-46　降水井、观测井结构图
①-黏土；②-人工砂

(4)管井井点的施工简介

①施工程序

井位放样→放置钢护筒→潜水电钻就位→钻井孔→清孔→回填孔底砾石垫层→吊放滤网井管→四周回填砾砂滤层→清除井内泥沙(高压水枪冲洗)→安装井内潜水泵(或真空泵)。

②管井施工

本工程采用潜水电钻成孔，成孔直径为 $\phi700\text{mm}$，管径为 $\phi273\text{mm}$，管井的滤料用当地生产的砾石砂(粒径为 3～6mm)和中粗砂按 1:1 体积比混合后，灌入管井外周。洗井采用空气吸泥管，洗井时间为 24h，管井内的潜水泵采用 QJ 潜水深井泵，型号为 200QJ32-13×4，适用井深

539

为200m,流量为 30m³/h,扬程为 52m,转速为 2 850r/min,功率为 7.5kW,机组外径为184mm,机组质量为700kg的新型泵体(也可采用 150JC30-9.5×6.0 长轴式深井泵,可在表49-30和表49-31 中查得)。排出的地下水集中于储水箱内,再排至城市下水道或直接排至附近江河中。

【例 49-13】 在上海市郊区有一三孔箱涵,全长 316m,沟槽根据地形高程和水文地质条件,设计采用取大开挖放坡和深井井点降水法施工。正要施工一段的地面高程为 3.20m,沟槽底的设计高程为-5.90m,开挖宽度为 18m,上口开挖宽度为 41m。在沟槽两侧各布置一排深井井点,管井离沟槽上口边沿的距离为 1.0m,两排深井井点的距离为 41+1+1=43m,如图49-47 所示。

解:(1)本工程水文地质条件。

土层上部 7~10m 范围内为黏土和轻亚黏土,再往下为厚层粉砂土,沟槽底部位于地下9.1m 处大致在该两土层的分界线上,静止水位在地面以下 2.3m 处,深井井点的滤水管部分位于粉砂层中,其渗透系数 $k=24$m/d。

(2)沟槽的等效半径(也称假想半径)。

计算时,取沟槽长 75m 作为一个计算单元,如图 49-48 所示。在沟槽两边各布置一排深井井点,两排管井的间为 43m,按式(49-80)得沟槽(基坑)的等效半径 r_0 为:

$$r_0 = \sqrt{\frac{F}{\pi}} = \sqrt{\frac{75 \times 43}{3.14}} = 32(\text{m})$$

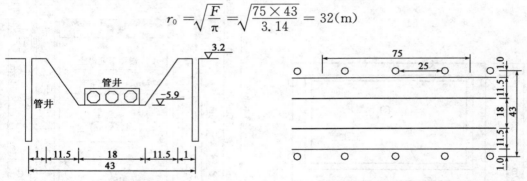

图 49-47 深井井点剖面布置图(尺寸单位:m)　　图 49-48 深井井点平面布置图(尺寸单位:m)

在图 49-49 中,l 为深井井点水位稳定后,滤管的淹没深度,取 $l=4$m;$H_1=3.2-0.9=2.3$m;$H_2=0.9+5.9=6.8$m;$\Delta H=0.5$m。

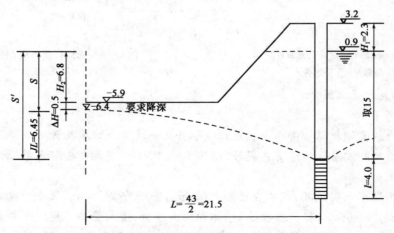

图 49-49 深井井点降水深度剖面图(尺寸单位:m;高程单位:m)

由于本例深井井点为两排平行布置，故 J 取 0.3，$L=\dfrac{43}{2}=21.5\text{m}$，所以 $JL=0.3\times21.5=6.45\text{m}$。

则深井井点水位下降深度 S' 为：

$$S'=H_2+\Delta H+JL=6.8+0.5+6.45=13.75\text{m}，今取 }S'=15(\text{m})。$$

因管井为不完整井，而含水层厚度也比较大，用有效带厚度计算，查表 49-18 得有效带厚 H_0 为：

$$\frac{S'}{S'+l}=\frac{15}{15+4}=0.79\approx0.80$$

得：

$$H_0=1.85(S'+l)=1.85\times(15+4)=35.15(\text{m})$$

（3）求影响半径 R。

基坑中心水位下降深度 $S=6.8+0.5=7.3\text{m}$，按式（49-51）得：

$$R=2S\sqrt{H_0k}=2\times7.3\sqrt{35.15\times2.4}=134.1(\text{m})$$

（4）井管系统总出水量按式（49-31）得：

$$Q=1.366k\frac{(2H_0-S)S}{\lg(R+r_0)-\lg r_0}=1.366\times2.4\frac{(2\times35.15-7.3)\times7.3}{\lg(134.1+32)-\lg32}$$

$$=1.366\times2.4\frac{4\,591.9}{2.22-1.5}=\frac{1\,507.7}{0.72}=2\,094(\text{m}^3/\text{d})$$

（5）求单井最大的出水量 q。

取深井井点的滤水管直径 $d=0.38\text{m}$，按式（49-57）得：

$$q=120\pi rL\sqrt[3]{k}=120\times3.14\times0.19\times4\sqrt[3]{2.4}=383.41(\text{m}^3/\text{d})$$

（6）需要管井数量 n。

$$n=\frac{1.1Q}{q}=\frac{1.1\times2\,094}{383.41}=6(\text{个})$$

按 6 只井管分两排布置在沟槽两边，每单元长度上布置 3 个井管，其井距为 25m，排列如图 49-50 所示。

（7）验算沟槽中心 A 点处降水深度图 49-49 中，先计算各井管至中心 A 点的距离。

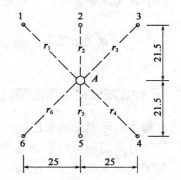

$$r_1=r_3=r_4=r_6=\sqrt{25^2+21.5^2}=33(\text{m})$$

$$r_2=r_5=21.5(\text{m})$$

$$\frac{1}{n}\lg(r_1\times r_2\times\cdots\times r_n)=\frac{1}{6}(2\lg21.5+4\lg33)$$

$$=1.456\,488\,8$$

图 49-50　井点管排列示意图（尺寸单位：m）

从有效带算起的水位高程 h_A 按式（49-59a）有：

$$h_A=\sqrt{H_0^2-\frac{nq}{1.366k}\left[\lg(R+r_0)-\frac{1}{n}\lg(r_1\times r_2\times\cdots\times r_n)\right]}$$

$$=\sqrt{35.15^2-\frac{6\times383.41}{1.366\times2.4}[\lg166.1-1.456\,488\,8]}=26.45(\text{m})$$

所以沟槽（基坑）中心降水深度 $S=H_0-h_A=35.15-26.45=8.7(\text{m})$。

要求降深 7.3m 所以降水满足要求。

(8)顶点高程(图 49-51)。

原地下水位高程为：

$$3.2-2.3=0.9(\mathrm{m})$$

有效带深度高程为：

$$-(35.15-0.9)=-34.25(\mathrm{m})$$

则 ΔH 顶点的高程为：

$$-(34.25-26.45)=-7.8(\mathrm{m})>-6.4(\mathrm{m})$$

ΔH 顶点水位在沟槽(基坑)下 $7.81-5.9=1.91(\mathrm{m})>0.5(\mathrm{m})$

$\therefore$ 满足降水要求。

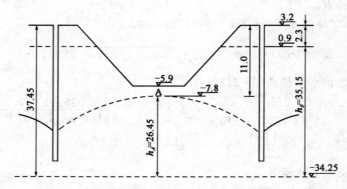

图 49-51 深井降水顶点高程图(尺寸单位:m;高程单位:m)

(9)计算深井井点深度。

$$H=2.3+15+4=21.3\mathrm{m}$$

施工时实际井深为 26m。

(10)选用深井井点降水机电设备(略)。

第四节 井点降水对环境的影响及防范措施

一、井点降水影响范围和沉降的估算

1. 降水对环境影响范围

降水对周围环境的影响范围即降水漏斗曲线的平面内半径,也就是井点抽水的影响半径,可以借用式(49-51)和式(49-52)来进行估算:

$$R=2S\sqrt{Hk}$$

或

$$R=10S\sqrt{k}$$

式中:R——降水影响半径(m);

S——水位降低深度(m);

H——含水层厚度(m);

k——土层渗透系数(m/d)。

542

由于土层一般成层分布，纵横向渗透系数差别较大，影响范围受土层的影响很显著。在上海的砂质粉土层中，实测的降水影响范围可达 84m。因此对重要工程应先进行抽水试验，再确定降水影响半径。

2. 降水造成地面沉降的估算

在井点降水无大量细颗粒随地下水被带走的情况下，周围地面所产生的沉降量可用分层总和法进行计算，如式(49-98)所示。

$$S_\infty = \sum_{i=1}^{n} \frac{\alpha_{i(0.1\sim0.2)}}{1+e_{0i}} \Delta P_i \Delta h_i \tag{49-98}$$

式中：S_∞——地面最终沉降量(cm)；

$\quad \alpha_{i(0.1\sim0.2)}$——各土层压缩系数($MPa^{-1}$，计算时应换算成 kPa^{-1})；

$\quad e_{0i}$——各土层起始孔隙比；

$\quad \Delta P_i$——各土层因降水产生的附加应力(kPa)；

$\quad \Delta h_i$——各层土的厚度(m)。

在降水期间，降水面以下的土层通常不可能产生较明显的固结沉降量，而降水面至原始地下水面的土层因排水条件好，将会在所增加的自重应力条件下很快产生沉降，通常降水所引起的地面沉降即以这一部分沉降量为主。因此可以采用下列简易的方法估算降水所引起的沉降值，如式(49-99)所示。

$$S = \frac{\Delta P \Delta H}{E_{0.1\sim0.2}} \tag{49-99}$$

式中：ΔH——降水深度，为降水面和原始地下水面的深度差(m)；

$\quad \Delta P$——降水产生的自重附加应力(kPa)，$\Delta P = \dfrac{\Delta H \gamma_w}{2}$，可取 $\Delta H = \dfrac{1}{2}\Delta H$ 进行算；

$\quad \gamma_w$——水的重度(g/cm^3)；

$\quad E_{0.1\sim0.2}$——降水深度范围内土层的压缩模量，可根据土工试验资料，或查上海地基规范(MPa)。

【例 49-14】 浦东塘桥某竖井开挖井点降水。该地段为粉砂土层，$E_{0.1\sim0.2}=4\,000kPa$，降水深度 $\Delta H = 12m$。

解：
$$\Delta P = \frac{1/2 \Delta H \gamma_w}{2} = 30(kPa)$$

按式(49-99)得降水所引起的沉降值 S 为：
$$S = \Delta P \Delta H / E_{0.1\sim0.2} = 30 \times 12 / 4 \times 10^3 = 0.09(m)$$

该降水试验实例 70d 的沉降量为 8.4cm。

3. 深井井点降水对环境影响的估算

深井井点的降水深度大于 15m，滤水管布置在渗透系数大于 $10^{-4}cm/s$ 的砂层土中。深井泵的吸口宜高于井底 1m 以上，低于井内动水位 3m 左右。

在软土地区深井井点降水的目的大都是降低深层砂性土层的承压水头，对环境的影响在很大程度上取决土层分布情况，可按下列基本原则估算对环境的影响：

(1)当降水砂层上面有一层硬黏土层时，可作为边界封闭状态来计算沉降，即只考虑降水砂层的沉降。工程实践表明，在这种情况下，深井井点降水对环境的影响很小。

(2)降水砂层的沉降可采用式(49-99)进行计算。由于这层土较深，其压缩模量常在

100MPa 以上,取降水层厚度 $\Delta H = 2m$,水头降低 20m,即 $\Delta P = 200kPa$,其沉降量:

$$S = \Delta P \Delta H / E_{0.1 \sim 0.2} = 200 \times 2 / 100 \times 10^3 = 0.004(m)$$

可见砂土层本身的沉降量较小。

(3)若降水砂层上部无硬黏土封闭层,而降水持续时间又较长时,应计算上覆土层在水头降 ΔP 的作用下产生的固结沉降。具体计算方法可按实际土层的分布情况,参照软土层地区地面沉降的方法进行。

二、防止井点降水对周围环境产生不良影响的措施

1. 在降水前认真做好对周围环境的调研工作

(1)查清工程地质及水文地质情况。

(2)查清地下储水体,如周围的地下古河道、古水池之类的分布情况,防止出现井点和地下储水体穿通的现象。

(3)查清上下水管线,煤气管道、电话、电信电缆、输电线等各种的分布和类型,埋设的年代和对差异沉降的承受能力,考虑是否需要预先采取加固措施等。

(4)查清周围地面和地下建筑物的情况,包括这些建筑物的基础形式,上部结构形式等。降水前要查清这些建筑物的历年沉降情况和目前损伤的程度,是否需要预先采取加固措施等。

2. 合理使用井点降水,尽可能减少对周围环境的影响

(1)防止抽水带走土层中的细颗粒。在降水时随时注意抽出的地下水是否有混浊现象。抽出的水中带走细颗粒不但会增加周围地面的沉降,而且还会使井管堵塞、井点失败。为此首先应根据周围土层的情况选用合适的滤网,同时应重视埋设井管时的成孔和回填砂滤料的质量。软土地区的粉砂层大都呈水平向分布,成孔时应尽量减少搅动,把滤水管埋设在砂性土层中。必要时可采用套管法成孔,回填砂滤料应认真按级配配制。

(2)适当放缓降水漏斗线的坡度。在同样的降水深度前提下,降水漏斗线的坡度越平缓,影响范围越大,而产生的不均匀沉降就越小,因而降水影响区内的地下管线和建筑物受损伤的程度也越小。根据地质勘探报告,把滤水管布置在水平向连续分布的砂性土中可获得较平缓的降水漏斗曲线;或者将井点管加长,减缓降水速度;亦可调小离心泵阀,减缓抽水速度,还可以在邻近被保护建(构)筑物一侧,将井点间距加大,需要时甚至暂停抽水。

(3)井点应连续运转,尽量避免间歇和反复抽水。

轻型井点和喷射井点在原则上应埋设在砂性土层内。对砂性土层,除松砂以外,降水所引起的沉降量是很小的,然而倘若降水间歇和反复进行,现场和室内试验均表明每次降水都会产生沉降。每次降水的沉降量随着反复次数的增加而减小,逐渐趋向于零,但是总的沉降量可以累积到一个相当可观的程度。因此,应尽可能避免反复抽水。

(4)防止井点和附近储水体穿通,从而产生地下水位下降,而出现流沙的现象。在附近有储水体时,应考虑在井点和储水体间设隔水墙。

(5)采用内井点降水方法可以减少对周围环境的影响。在板桩或地下墙支护的开挖基坑内圈设置一圈井点,通常称为内井点。在采用板桩为侧向支护时,只要板桩接缝密封性较好,又有足够的入土深度,使板桩下端较井点滤水管下端深 2m 左右,则井点降水可以大大减轻对周围环境的影响,收到良好的效果。

(6)深基坑一般均设有支护结构,这种情况可在基坑内降水。掌握好滤管的埋设深度,如支护结构有可靠的隔水性能,一方面能疏干基坑内的土壤,降低地下水位,有利于挖土施工;另

一方面又不使降水影响到基坑外面,造成基坑对周围产生沉降。在上海,将这种降水方法用于基坑降水取得较好的效果。

(7)对不适宜采用井点降水的土层,不要盲目使用井点。特别是对无夹砂层的粘性土层,其渗透系数常等于或小于 10^{-7} cm/s,这种土层可以认为是不透水的,在这类土层中采用轻型井点和喷射井点往往是无效的。同时,这类土的自身抗剪强度可以维持适当开挖深度基坑的整体稳定。倘若需要增大开挖深度,可以采用放缓边坡或加深侧向支护板桩入土深度的方法解决。

3. 降水场地外侧设置挡水帷幕,减少降水影响范围

在降水场地外侧有条件的情况下,设置一圈挡水帷幕,切断降水漏斗曲线的外侧延伸部分,减少降水影响范围,从而把降水对周围的影响减少到最低程度,一般挡水帷幕底高程应低于井点过滤管底标高 2m,如图 49-52 所示。

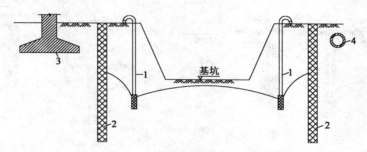

图 49-52 设置挡水帷幕减少不利影响
1-井点管;2-挡水帷幕;3-坑外建筑物浅基础;4-坑外地下管线

常用的挡水帷幕有下列几种:

(1)深层水泥搅拌桩。

深层搅拌桩采用相互搭接施工方法,由于搅拌桩体的渗透系数不大于 10^{-4} m/d,因而可以形成连续的挡水墙,既可以在坑内降水时布置在板桩、灌注桩等支护墙体后面作为挡水帷幕,又可以直接作为侧向挡水帷幕。当采用深层水泥搅拌桩格栅型坝体作为重力或支护时,还可以起到既挡土又挡水的作用。

(2)树根桩隔水帷幕。

采用桩径为 φ300mm 的树根桩,不用钢筋笼(以下简称"无筋树根桩"),在桩孔投入碎石后,再压入纯水泥浆成桩,桩与桩之间互相搭接,一般搭接 50～100mm,由此形成一道隔水帷幕。施工可采用一般的工程地质钻机,采用跳打的工艺流程,以防穿孔。工程质量的关键是确保桩体有良好的垂直度及桩间搭接,不能有塌孔和缩颈等现象,必要时可在跳打先成桩的施工中采用钢套管成孔,而后边拔套边注浆。

(3)直接利用可以挡水的挡土结构作为挡水帷幕,如钢板桩、地下连续墙等。

4. 降水场地外缘设置回灌水系统

降水对周围环境的不利影响主要是由于漏斗形降水曲线引起周围建筑物和地下管线基础的不均匀沉降造成的,因此,在降水场地外缘设置回灌水系统保持需保护部位的地下水位,可消除所产生的危害。

回灌水系统包括砂沟、砂井回灌和回灌井点两种形式,如图 49-53 和图 49-54 所示。

(1)回灌井点就是在降水井点和要保护的建筑物之间打一排回灌井点,在利用降水井点降水的同时,利用回灌井点向土层内灌入一定数量的水,形成一道水幕,从而减少降水以外区域的地下水流失,使其地下水位基本不变,达到保护环境的目的。

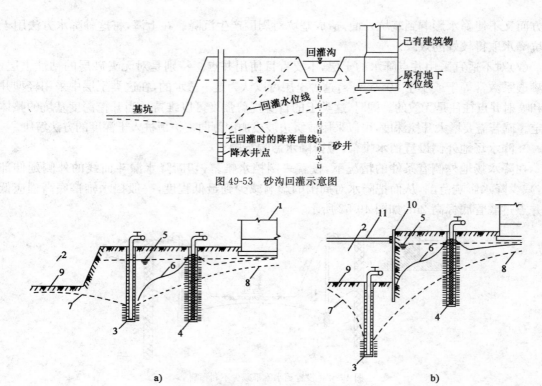

图 49-53　砂沟回灌示意图

图 49-54　回灌井点布置示意图

1-原有建筑物；2-开挖基坑；3-降水井点；4-回灌井点；5-原有地下水位线；6-降灌井点间水位线；7-降低后地下水位线；8-仅降水时水位线；9-基坑底；10-基坑围护桩；11-基坑围护桩支撑

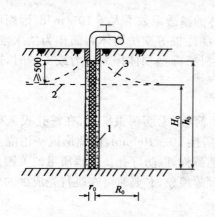

图 49-55　回灌井点水位图

1-回灌井点；2-原有地下水位线；3-回灌后地下水位线；R_0-灌水半径（m）；r_0-回灌井的计算半径；h_0-动水位高度（m）；H_0-静水位高度（m）

回灌井点系统由水源、流量表、水箱、总管、回灌井管组成。其工作方式恰好与降水井点系统相反，将水灌入井点后，水从井点周围土层渗透，在土层中形成一个和降水井点相反的倒转降落漏斗（图 49-55）。回灌井点的设计主要考虑井点的配置以及计算每一灌水井点的灌水能力，准确地计算其影响范围。回灌井点的井管滤管部分宜从地下水位以上 0.5m 处开始一直到井管底部，其构造与降水井点基本相同。为使注水形成一个有效的补给水幕，避免注水直接回到降水井点管，造成两井"相通"，两者间应保持一定的距离。回灌井点与降水井点间的距离应根据降水、回灌水位曲线和场地条件而定，一般不宜小于 6m。回灌井点的埋设深度，应按井点降水曲线、透水层的深度和土层渗透性来确定，以确保基坑施工安全和回灌效果，一般应低于降水井点深度约 2m，并使注水管尽量靠近保护的建（构）筑物。

由于回灌水时会有 $Fe(OH)_2$ 沉淀物、活动性的锈蚀及不溶解的物质积聚在注水管内，在注水期内，需不断增加注水压力才能保持稳定的注水量。对注水期较长的大型工程可以采用涂料加阴极防护的方法，并在储水箱进出口处设置滤网，以减轻注水管被堵塞的现象。注水的

546

过程中应保持回灌水的清洁。

回灌保护区内应设地下水位观测井,连续记录地下水位的变化。通过调节注水系统的压力使地下水尽可能保持原始的天然地下水位位置。

（2）砂沟、砂井回灌水。

在降水井点与被保护建筑物之间设置砂沟和砂井作为回灌井,沿砂井布置一道砂沟,然后将井点抽出来的水适时适量地排入砂沟,再经砂井回灌到地下,从而保证被保护区域地下水位的基本稳定,达到保护环境和目的。实践证明其效果是良好的。

但要注意的是,采用回灌技术时,要防止降水和回灌两井相通,因此要求回灌砂井或回灌砂沟与降水井点的距离一般不宜小于 6m,以防降水井点仅抽吸回灌砂井的水,而使基坑内水位无法下降,失去降水的作用。砂井的埋设深度亦应按降水水位曲线和土层渗透性来确定,一般也应低于降水井点深度约 2m,回灌砂井应设在透水性较好的土层内。

（3）回灌井点施工要点。

①回灌井点埋设方法及质量要求与降水井点相同。

②回灌水量应根据地下水位的变化及时调整,尽可能保持抽灌平衡,既要防止灌水量过大,而渗入基坑影响施工,又要防止灌水量过少,使地下水位失控而影响回灌效果。为此,要在原有建(构)筑物上设置沉降观测点,进行精密水准测量,在基坑纵横轴线及原来建(构)筑物附近设置水位观测井,以测量地下水位高程,固定专人定时观测,并做好记录,以便及时调整抽水量或灌水量,使原有建(构)筑物下地下水位保持一定的深度,从而达到控制沉降的目的,保证附近建(构)筑物的安全。

③回灌注水压力应大于 0.5 个大气压,为满足注水压力的要求,应设置高位水箱,,其高度可根据回灌水量配置,一般采用将水箱架高的办法提高回灌水压力,靠水位差重力自流灌入土中。

④回灌水宜采用清水,以保持回灌水量。为此,必须经常检查灌入水的污蚀度及水质情况,避免产生孔眼堵塞现象,同时也必须及时校核灌水压力及灌水量,当产生孔眼堵塞时,应立即进行井点冲洗。

⑤回灌井点必须在降水井点启动前或在降水的同时向土中灌水,且不得中断,当其中有一方因故停止工作时,另一方也应停止工作,恢复工作亦应同时进行。

【例 49-15】 某商务大厦为高 35m 六层建筑物,其地下室的平面尺寸为 41m×82m,设有地下室、汽车库,基础为钢筋混凝土片筏结构,开挖深度为天然地面下－3.40m。在新建大厦的东边已建有 30m 高的六层住宅大楼,距基坑边仅 10m。该大楼为无桩支承的片筏基础,其埋置深度为－1.50m,基坑施工时设计采用放坡大开挖和轻型井点降水,为防止井点降水对东边住宅大楼造成损坏,故设计采用回灌井点的方法来保持东边六层住宅大楼的地下水位,确保该大楼的正常使用和建筑物的安全。试设计计算商务大厦基坑施工时的抽降水和回灌水井点。

解:(1)地质条件

大厦施工地区的地下各土层(除地层表面层填土外)情况如下:

第②层:褐黄色粉土,稍湿,含氧化铁斑点,土质均匀,一般层顶较层底黏性重。但该层较薄或缺失,厚度为 0～1m,属中压缩性土。

第③₁层:灰色砂质粉土,土湿易流动,层厚约 6m,土质尚均匀并夹有少量腐殖质,属中压缩性土。

第③₂层:灰色淤泥质黏土,湿、软塑,夹有薄层粉砂,层顶部夹砂较多。层中夹有少量蚌壳屑,属高压缩性土。

土层各项指标见表49-44。

土层主要物理力学性质

表49-44

分层	土　　名	厚度 (m)	含水率 ω (%)	重度 γ (kN/m³)	孔隙比 e	压缩系数 $\alpha_{(1-2)}$ (kPa⁻¹)	压缩模量 E (kPa)	内摩擦角 φ (°)	黏聚力 c (kPa)
②	褐黄色粉土	0~1	35.0	18.8	0.946	0.024	7 800	22°30′	8
③₁	灰色砂质粉土	6.0	38.3	18.2	1.052	0.030	6 500	23°0′	8
③₂	灰色淤泥质黏土	15	48.0	17.4	1.399	0.100	2 200	10°45′	9

勘察报告中指出,由于本地层属粉土地区,开挖基坑时应采取必要的措施,以防止产生流沙现象。

(2)井点布置与计算

商务楼基础位于第③₁层:层灰色砂质粉土内,决定使用轻型井点降低地下水位来满足基坑施工的要求,但因与相邻的住宅楼距离较近,井点降水势必会给邻近建筑物产生较大影响。为此,采用井点降水的同时以补给地下水的办法来保持东侧住宅楼下的地下水位,防止住宅楼产生沉陷。

①降水井点的布置与计算。

商务大厦地下室平面尺寸为41m×82m,基坑挖土深度为天然地面下3.40m,施工时基坑四周采用放坡开挖,边坡坡度为1:0.5,这样井点降水的范围为44m×85m,设计井点时尽量减少井点降水的影响范围,故决定减短井管长度,采用6m长井管(包括滤水管)。井点埋设和布置见图49-55和图49-56。

基坑出水量可按式(49-31),即非完整大井公式计算,即:

$$Q = 1.366k \frac{(2H_0 - S)S}{\lg R' - \lg \gamma_0}$$

式中:Q——基坑出水量(m³/d);

$\quad k$——渗透系数(m/d);

$\quad H_0$——有效带深度(m);

$\quad S$——降水深度(m);

$\quad R'$——基坑影响半径(m),$R' = R + \gamma_0$;

$\quad \gamma_0$——基坑等效半径(m),当降水不规则形状布置,长宽比小于2~3时,$\gamma_0 = \sqrt{\dfrac{F}{\pi}}$;

$\quad F$——基坑的面积(m²);

$\quad R'$——基坑影响半径(m),$R' = R \times S\sqrt{k}$。

参数的选定:渗透系数及原始地下水位由于地质勘察时未作测定,根据土质情况参透系数 k 取0.2m/d,根据有关资料原始地下水位按地面下1.5m计算。

关于降水有效深度,根据地下水动力学在非完整井中抽水时,其影响不涉及到含水层的全部深度,而只影响其一部分,此部分称有效带。在有效带下的地下水暗流,抽水时处于不受扰动状态,有效带深度的计算见表49-18。

该基坑设计降深 $S' = 3.5m$,$l = 1m$,则:

$$H_0 = 1.83 \times 4.5 = 8.235(\text{m})$$

$$r_0 = \sqrt{\frac{F}{\pi}} \sqrt{\frac{44 \times 85}{\pi}} = 34.5(\text{m})$$

$$R = 10 \times S\sqrt{k} = 10 \times 3.5 \times \sqrt{0.2} = 15.65(\text{m})$$

$$R' = r_0 + R = 34.5 + 15.65 = 50.15(\text{m})$$

$$Q = 1.366 \times 0.2 \frac{(2 \times 8.235 - 3.5)3.5}{\lg 50.15 - \lg 34.5} = 76(\text{m}^3/\text{d})$$

井点系统周长为258m,布置三套轻型井点,真空泵型号为W4-1。

基坑降水井点的东侧为住宅大楼,在降水井点与大楼之间布置回灌井以策安全。

②回灌井点的布置与计算

为保护基坑东侧六层住宅大楼,故在基坑东侧与大楼之间设计布置回灌井点,回灌井点与降水井点相距7m,其平面布置及剖面布置见图49-56和图49-57。

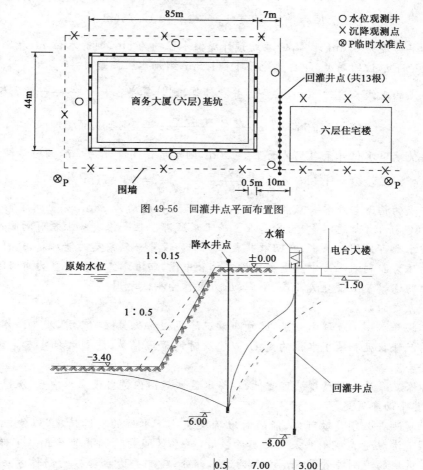

图49-56　回灌井点平面布置图

图49-57　回灌井点剖面图(尺寸单位:m;高程单位:m)

回灌的水量可按潜水的公式计算:

$$Q = 1.366k \frac{h^2 - H^2}{\lg R - \lg r}$$

式中:Q——回灌水量(m^3/d);

k——渗透系数(m/d);

R——影响半径(m);

r——回灌井点计算半径(m);

h——要求回灌后达到的动水位(m);

H——不回灌时的静水位(m)。

计算参数的选定：

$$k = 0.2(\text{m/d})$$

$$R = \sqrt{\frac{3KtH_0}{\mu}}$$

式中：H_0——含水层厚度,取6.5m;

t——降水天数,取5d;

μ——给水度,取0.05。

$$R = \sqrt{\frac{3 \times 0.2 \times 5 \times 6.5}{0.05}} = 19.75(\text{m})$$

按含水层厚度为6.5m计算,回灌处预计降低水位约为3m,则静水位 H 为3.5m,要求回灌后保持原地下水位的高度,即自然地面下-1.5m,则动水位高度 $h = 6.5$m。

回灌井点的直线长度约30m,按条形井点计算,则计算半径 $r = \dfrac{L}{4} = \dfrac{20}{4} = 7.5$m。

$$Q = 1.366 \times 0.2 \frac{6.5^2 - 3.5^2}{\lg 19.75 - \lg 7.5} = 19.49(\text{m}^3/\text{d})$$

如果要使地下水位升至自然地面下-1.0m,则动水位高度 h 为7m,回灌量即为：

$$Q = 1.366 \times 0.2 \frac{7^2 - 3.5^2}{\lg 19.75 - \lg 7.5} = 23.87(\text{m}^3/\text{d})$$

回灌井点的构造与降水井点构造相同,条形布置长度约为38m,支管间距为3m,数量为13根,长度(包括1m长滤水管)为8m,埋至粉土层底部。在每根支管上装有闸阀,以便调节灌水量。回灌水源可采用自来水,在回灌井点系统中部设置一只架空的储水箱,这样可使回灌水具有一定的压力以利灌入土中。进水口设在总管中段,回灌水靠水位差重力自流灌入土中,在水箱与总管的连接管上设置流量表、闸阀、压力表作为测试之用。

③测试系统的布置

为了掌握降水影响及灌水效果,必须布设沉降观测点及水位观测井,观测降水及回灌后四周建筑物的沉降状况和地下水位的变化,以便及时调节灌抽量,达到灌抽基本平衡,确保周围建筑物的安全。

a.为却保沉降量测量精度的可靠性,在降水区域范围内适当设立水准点、沉降观测点及水位观测点,其平面布置见图49-56。

b.水位观测井必须灵敏可靠,能随时准确反映地下水位的实际情况,以便根据地下水位的变化来调节灌抽量。观测井采用2英寸铁管,降水区域的观测井管长6m,下部3m为透水部分。回灌区域的观测井管长3m,全部为透水部分,观测井透水部分的制作方法及井管的砂井施工与降水井管相同,其埋设位置在基坑每边的中部剖面上及回灌井点的沿线上。水位观测井埋设完毕后做渗水试验进行检验。

说明:有关降排水施工中的一般规定与基本要求建议参见上海市建设规范《市政地下工程施工质量验收规范》(DG/T J08-236—2006)第13章。其中内容比较详细,在此不重复了。

注:本章部分内容及示例摘自参考文献[31]、[80]、[81]、[98]、[107]。

第九篇　非开挖铺设地下管道工程施工计算

第五十章 顶 管

第一节 概 论

我国顶管施工最早是始于 1953 年的北京,后来上海也在 1956 年开始做顶管试验。到 1964 年前后,有些单位进行大口径机械式顶管试验,其中以土压式居多。1978 年上海又成功开发出挤压法顶管,可用于软黏土和淤泥质黏土。到 1984 年前后,北京、上海及南京等地先后开始引进国外先进的机械式顶管设备,从而使我国的顶管技术上了一个新的台阶。到 1988 年和 1992 年,上海又研制成功了我国第一台 $\phi 2\,720$mm 多刀盘土压平衡掘进机和第一台加泥式 $\phi 1\,440$mm 土压平衡掘进机。该类型的掘进机目前已成系列,最小的为 $\phi 1\,440$mm,最大的为 $\phi 4\,000$mm,而且一次顶进的距离也越来越长,最长一次连续顶进距离可达数千米。

为克服长距离大口径顶进推力过大的问题,注浆减摩成了重点研究的课题。现在顶管使用的减摩浆液有单一的,也有多种材料配制而成的。它的减摩效果在黏土中,混凝土管顶进的综合摩阻力可降到 3kPa(即 0.3tf/m^2),钢管则可降到 1kPa(0.1tf/m^2)。

顶管技术除了向大口径长距离方向发展外,也向小口径顶管发展。最小顶进管的口径只有 $\phi 75$mm,可称得微型顶管。这类小口径顶管在电缆、供水、煤气等工程中应用得最多。它们除了口径小以外,还有复土浅、距离短等特点。过去多采用开挖施工,现在也逐渐采用非开挖顶管技术或定向钻孔牵引法施工。

过去顶管大多数只能顶直线,而现在已发展成曲线顶管。曲线的形状也越来越复杂,不仅有单一曲线,而且还有复合曲线(如 S 形曲线);不仅有水平曲线,而且有垂直曲线;并且还有水平和垂直兼而有之的复杂曲线等。曲线的曲率半径也越来越小,给顶管施工的难度增加许多。

此外,为了适应长距离顶管的需要,已开发出一种玻璃纤维加强管,其抗压强度可达 90～100MPa,是目前顶管所使用管子强度的 1.5 倍左右,取代小口径的混凝管或钢管,作为顶管用管。

顶管的附属设备也得到不断的改良,如主顶油缸已有二级和三级等推力油缸。在土压平衡顶管中用的土砂泵已有各种形式可供选用。此外,测量和显示系统已朝自动化方向发展,可做到自动测量、自动记录、自动纠偏,而且可将所需的数据及时自动打印出来,这些都使顶管技术迈向了一个新的高峰。

第二节 顶管施工基本原理及主要内容

利用主顶油缸及管道间中继间等的推力,把工具管或掘进机从工作井内穿过地下土层一直推到接收井内吊起。同时,也把紧随工具管或掘进机后的管道埋设在两井之间的土层中,这种非开挖敷设地下管道的施工方法,我们称为顶管施工法,如图 50-1 所示。

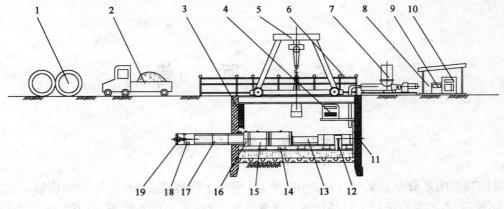

图 50-1　顶管施工

1-混凝土管；2-运输车；3-扶梯；4-主顶油泵；5-行车；6-安全扶栏；7-润滑注浆系统；8-操纵房；9-配电系统；10-操纵系统；
11-后座；12-测量系统；13-主顶油缸；14-导轨；15-弧形顶铁；16-环形顶铁；17-混凝土管；18-运土车；19-机头

一、顶管施工技术的构成

顶管施工技术构成如图 50-2 所示。完整的顶管施工大体包括工作井、推进系统、注浆系统、定位纠偏系统及辅助系统五个部分，现简述如下：

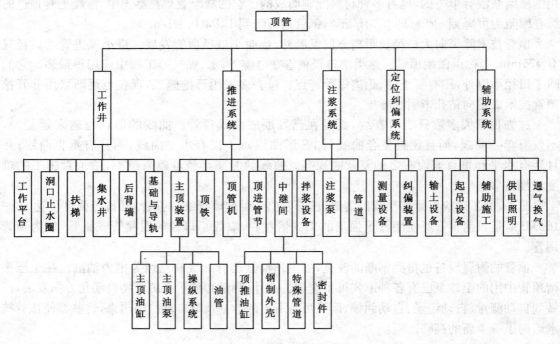

图 50-2　顶管施工技术构成图

1. 工作井

工作井按其使用用途可分为顶管工作井和接收工作井，也称接收井。顶管工作井是为布置顶管施工设备而开挖的工作井，一般设置有后背墙以承受施工过程中的反力；接收工作井是为接收顶管施工设备而开挖的工作井。通常管节从顶管工作井中一节节推进，到接收工作井中把顶管机吊起，当首节进入接收工作井时，整个顶管工程才宣告结束。

工作井中常需要设置各种配套装置,包括扶梯、集水井、工作平台、洞口止水圈、后背墙以及基础与导轨。

(1)扶梯

工作井内需设置扶梯,以方便工作人员上下,扶梯应坚固防滑。

(2)集水井

集水井用来排除工作井底板处的地下水,或兼作排除泥浆的备用井。

(3)工作平台

工作平台宜布置在靠近主顶油缸的地方,由型钢架设而成,上面铺设方木和木板。

(4)洞口止水圈

洞口止水圈安装在顶管工作井的出洞洞口,防止地下水和泥沙流入工作井。

(5)后背墙

后背墙位于顶管工作井顶进方向的对面,是顶进管节时为顶管工作井提供反作用力的一种结构。在沉井工作井中,后背墙一般就是工作井的后方井壁。在钢板桩工作井中,必须在工作井内的后方与钢板桩之间浇筑一座与工作井宽度相等,厚度为 0.5~1m 的钢筋混凝土墙。由于主顶油缸较细,若把主顶油缸直接抵在后背墙上,后背墙很容易损坏。为了防止这类事情发生,在后背墙与主顶油缸之间,需垫上一块厚度为 200~300mm 的钢构件,即后靠背。在后靠背与钢筋混凝土墙之间设置木垫,通过它把油缸的反力均匀地传递到后背墙上,这样后背墙就不太容易损坏。

(6)基础与导轨

基础是工作井坑底承受管节重量的部位。基础的形式取决于地基土的种类、管节的重量及地下水位。一般的顶管工作井常采用土槽木枕基础、卵石木枕基础及钢筋混凝土基础。

①木槽木枕基础:适用于地基承载力大而又没有地下水的地方。这种基础在工作井底部平整后,在坑底挖槽并埋枕木,枕木上安放导轨。

②卵石木枕基础:适用于有地下水但渗透量较小,以细粒为主的粉砂土。为防止安装导轨时扰动地基土,可铺设一层 100mm 的碎石以增加承载力。

③钢筋混凝土基础:适用于地下水位高、地基土软弱的情况。这种基础是在工作井内的地基上浇筑一定厚度的钢筋混凝土,导轨安装其上。其作用主要有两点:一是使管节沿一稳定的基础导向顶进;二是让顶铁工作时能有一个可靠的托架。导轨下方应用刚性结构垫实,两侧撑牢固定。基础和导轨是顶管的出发基准,应该具有足够的强度和刚度,并具有坚固且不移位的特点。

2. 推进系统

(1)主顶装置

由主顶油缸、主顶液压泵站、操纵系统以及油管等组成。

①主顶油缸:主顶油缸是主顶装置的主要设备,习惯称之为千斤顶,它是管节推进的动力。主顶油缸一般均匀布置在管壁两侧,其形式多为可伸缩的液压驱动的活塞式双作用油缸。

②主顶液压泵站:主顶液压泵站的压力油由主顶油泵通过高压油管供给。

③操纵系统:主顶油缸的推进和回缩是通过操纵系统控制的。操纵方式有电动和手动两种,前者使用电磁阀或电液阀,后者使用手动换向阀。

④油管:常用的油管有钢管、高压软管等。

（2）顶铁

顶铁是顶进过程中的传力构件，起到传递顶力并扩大管节端面承压面积的作用，由钢板焊接而成。一般由O形顶铁和U形顶铁组成。

（3）顶管机

顶管机是在一个护盾的保护下，采用手掘、机械或水力破碎的方法来完成顶管开挖的任务。顶管机安放在所顶管节的最前端，主要功能一是开挖正面的土体，保持正面水压力的稳定；二是通过纠偏装置控制顶管机的姿态，确保管节按照设计的轴线方向顶进。目前的顶管机形式主要有泥水平衡、土压力平衡、气压平衡等。

（4）顶进管节

顶进管节通常包括钢筋混凝土管、钢管、玻璃钢夹砂管、预应力钢筒混凝土管等。

（5）中继间

中继间是长距离顶管中不可缺少的设备，它安装在顶进管线的某些部位，把这段顶进管道分成若干个推进区间。它主要由多个顶推油缸、特殊的钢制外壳、前后两个特殊的顶进管节和均压环、密封件等组成。当所需的顶进力超过主顶工作站的顶推能力、施工管道或者后座装置所允许承受的最大荷载时，需要在施工的管道中安装一个或多个中继间进行接力顶进施工。

3. 注浆系统

注浆系统由拌浆设备、注浆泵和管道三部分组成。

（1）拌浆设备

拌浆设备是把注浆材料加水以后再搅拌成所需的浆液。

（2）注浆泵

注浆是通过注浆泵来进行的，它可以控制注浆压力和注浆量。

（3）管道

管道分为总管和支管，总管安装在管道内的一侧，支管则把总管内压送过来的浆液输送到每个注浆孔去。

4. 定位纠偏系统

（1）测量设备

常用的测量装置详见本章第九节顶管施工测量控制。

（2）纠偏装置

纠偏装置是纠正顶进姿态偏差的设备，主要包括纠偏油缸、纠偏液压动力机组和控制台。对曲线顶管，可以设置多组纠偏装置，来满足曲线顶进的轨迹控制要求。

5. 辅助系统

（1）输土设备

在手掘式顶管中，大多采用人力车或运土斗车出土；在土压平衡式顶管中，可以采用有轨土车、电瓶车和土砂泵等方式出土；在泥水平衡式顶管中，则采用泥浆泵和管道输送泥水。

（2）起吊设备

起吊设备一般分为龙门吊和吊车两类。

（3）辅助施工

顶管常用的辅助施工方法有井点降水、高压旋喷、压密注浆、双液注浆、搅拌桩、冻结法等。

（4）供电照明

顶管施工中常用的供电方式有低压供电与高压供电。

（5）通风换气

顶管中的通风应采用专用的轴流风机或鼓风机。通过通风管道将新鲜的空气送到顶管机内，把混浊的空气排出管道。除此之外，还应对管道内的有毒有害气进行定时的检测。

二、顶管施工技术的步骤

顶管施工的流程如图50-3所示。

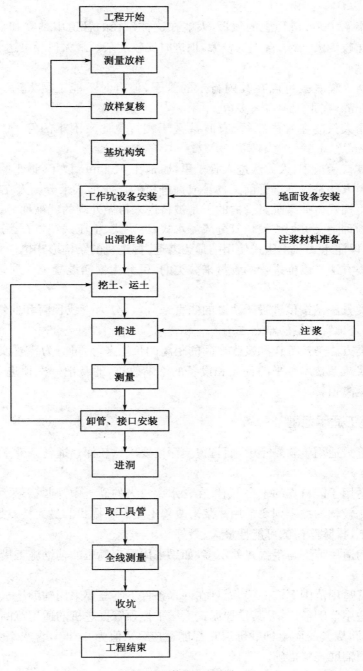

图 50-3 顶管施工流程图

第三节 顶管施工的分类和适用范围

一、普通的几种分类方法

第一种分类方法是按所顶管子口径大小来分，可分为大口径、中口径、小口径和微型顶管四种。

大口径多指 $\phi 2\,000mm$ 以上的顶管，人能在这样口径的管道中站立和自由行走。大口径的顶管设备也比较庞大，管子自重也较大，顶进时比较复杂。最大口径可达 $\phi 5\,000mm$，比小型盾构还大。

中口径是指人猫着腰可以在其内行走的管子，但有时不能走得太远。这种管子口径为 $\phi 1\,200\sim\phi 1\,800mm$，在顶管中占大多数。

小口径是指人只能在管内爬行，有时甚至于爬行也比较困难的管子。这种管子口径在 $\phi 500\sim\phi 1\,000mm$ 之间。

微型顶管其口径很小，人无法进入管子里，通常在 $\phi 400mm$ 以下，最小的只有 $\phi 75mm$。

第二种分类方法是以推进管前工具管或掘进机的作业形式来分。人在工具管内挖土，这种顶管被称为手掘式。如果工具管内的土是被挤进来再做处理的就被称为挤压式。

按掘进机的种类又可把机械顶管分成泥水式、泥浆式、土压式和岩石掘进机。上述四种机械式顶管中，又以泥水式和土压式使用的最为普遍，掘进机的结构形式也最为多样。

第三种分类方法是以推进管的管材来分类的，可分为钢筋混凝土管顶管和钢管顶管以及其他管材的顶管。

第四种分类方法是按顶进管子轨迹的曲直来分，可分为直线顶管和曲线顶管。曲线顶管技术相当复杂，是顶管施工的难点之一。

第五类分类方法是按工作和接收之间的距离的长短来分，可分为普通顶管和长距离顶管。而现在随着注浆减摩技术水平的提高和设备的不断改进，通常把一次顶进 300m 以上距离的顶管才称为长距离顶管。

二、顶管施工适用范围

挤压式顶管只适用于软黏土中，而且覆土深度要求比较深。通常条件下，可不用任何辅助施工措施。

手掘式只适用于能自立的土中，如果在含水率较大的砂土中，则需要采用降水等辅助施工措施。如果是比较软的黏土则要采用注浆来改善土质。手掘式的最大特点是在地下障碍较多且较大的条件下，排除障碍的可能性最大、最好。

半机械式的适用范围与手掘式差不多，如果采用局部气压的辅助施工措施，则适用范围会更广。

泥水式顶管适用范围更广一些，而且在许多条件下不需要采用辅助施工措施。

土压式的适用范围最广，尤其是加泥式土压平衡顶管掘进机的适用范围最为广泛，可以称得上全土质型，即从淤泥质土到砂砾层它都能适应（ N 值为 $0\sim 50$，含水率为 $20\%\sim 150\%$ ）。而且一般都不用辅助施工措施。

顶管施工方法适用的地质条件与辅助施工的关系见表 50-1。

顶管施工方法适用的地质条件与辅助施工的关系　　表50-1

分类	土质	N值	含水率(%)	开启式人工挖土 无	有	种类	半开启的挤压式 无	有	种类	开启的半机械式 无	有	种类	一般土压式 无	有	种类	泥土加压(DK)式 无	有	种类	泥水式 无	有	种类
黏性土	有机土	0	150以上	×	×		×	△	A	×	×		×	△	A	△	△	A	×	△	A
	黏土	0~2	100~150	×	△	A	○			×	×		×	△	A	△	○	A	△	○	A
	黏土	0~5	80以上	×	△	A	○			×	×		△	○		△	○		△	△	A
	黏土	5~10	50以上	△	○	A	○			×	△	A	○			△			△		
	亚黏土	10~20	50以上	○			○			×			○			○			○		
	亚黏土	15~25	50以上	○			×						○			○			○		
	亚黏土	20以上	20以上	△									○			○			○		
砂性土	粉砂	10~15	50以上	△	○	B	×			△	○	B	○			○			○		
	松软砂土	10~30	20以下	×	△	A,B	×	△		×	△	A	△	○	A				△	○	A
	固结砂土	30以上	20以下	×	△	A,B	×	○		△	○	A,B	△			△			○		
砂砾土	松的砂砾	10~40		×	△	A,B	×	△		△	△	A,B	△	△	A	△	△	A	△	△	A
	固结砂砾	40以上		×	△	A,B				△	△	A,B	△	△	A	△	△	A	△	△	A
	含卵石石砾			×	△	A,B				×	△	A,B	△	△	A	△	△	A	△	△	A
	卵石层			×	△	A,B	×	△		×	△	A,B	△	△	A	△	△	A	△	△	A
岩土	硬土	50以上		×			×			○			※						×		
	软岩			×			×			○			※						×		
	岩石			×			×			×			※						×		

注：○-适用；△-基本适用；×-不适用；※-特殊机型适用；A-注浆；B-降水。

第四节　顶管管材选用及管体构造要求

一、管材选用

(1)顶管材质应根据管道用途、管材特性及当地具体情况确定。

(2)给水工程管道宜选用钢管或玻璃纤维增强塑料夹砂管。

(3)排水工程管道宜选用玻璃纤维增强塑料夹砂管或钢筋混凝土管。

(4)输送腐蚀性水体及管外水土有腐蚀性时，应优先选用玻璃纤维增强塑料夹砂管。

二、钢管

1. 一般要求[符合《给水排水工程顶管技术规程》(CECS 246—2008)(以下简称《规程》)的要求]

(1)顶管用钢材宜选用 Q235B。

(2)顶管钢材的规格和性能应符合现行国家标准《碳素结构钢》(GB/T 700—2006)的要求。

(3)管壁厚度应采用计算厚度加腐蚀量厚度,腐蚀量厚度应根据使用年限及环境条件确定,且不应小于 2mm。钢管年腐蚀量标准可按表 50-2 确定。

钢管年腐蚀量(单面)标准 表 50-2

腐蚀环境	低于地下水位区		地下水位变化区		高于地下水位区
	海水	淡水	海水	淡水	
腐蚀量(mm/年)	0.03	0.02	0.06	0.04	0.03

(4)卷制钢管的长度一般为钢板宽度,同一横断面内宜采用一条纵向焊缝。若采用两条纵向焊缝,对大直径管焊缝间距应大于 300mm;小直径管纵向焊缝间距应大于 100mm。

(5)卷制钢管接长时,管口对接应平整,当采用 300mm 的直尺在接口外纵向贴靠检查时,相邻管壁的错位允许偏差为 0.2 倍壁厚,且不大于 2mm。相邻管段对接时,纵向焊缝位置错开的距离应大于 300mm。

(6)下井管件几何超长的制作允许偏差应符合表 50-3 的规定。

钢管管件几何尺寸允许偏差(mm) 表 50-3

项 目	允 许 偏 差	
周长	$D_1 \leqslant 600$	± 2.0
	$D_1 > 600$	$\pm 0.0033D_1$
椭圆度	管端部位 $0.005D_1$;其他部位 $0.01D_1$	
端面垂直度	$0.001D_1$,且不应大于 1.5	
弧度	用弧度 $\pi D_1/6$ 的弧形板量测于管内壁或外壁纵缝处形成的间隙,其间隙不大于 $0.1t+2$,且不大于 4;距管端 200mm 纵缝处的间隙不应大于 2	

注:1. D_1 为管道外径(mm),t 为壁厚(mm)。
    2. 椭圆度为同一横剖面上互相垂直的最大直径与最小直径之差。

(7)小直径管道的焊缝,宜采用 V 形坡口,大直径管道宜采用 K 形坡口。不论采用何种坡口形式,同顶铁的接触面应为坡口的平端。

(8)钢管焊缝质量检验,非压力管不应低于焊缝质量分级的Ⅲ级标准;压力管不应低于焊缝质量分级的Ⅱ级标准。

(9)钢管内外应做防腐处理。给水管道的内壁防腐可采用涂料或水泥砂浆,所用防腐涂料应具有相应的卫生检验合格证书。管道的外壁防腐可采用环氧玻璃鳞片或环氧沥青。

(10)水泥砂浆内防腐层厚度可根据钢管直径在 15~20mm 范围内选择。水泥砂浆内宜掺入无毒纤维材料,加强抗裂性能,水泥砂浆的抗压强度标准值不应小于 30MPa。

2. 确定钢管的壁厚和所能承受的最大推力以及内外防腐蚀的要求

如果埋设得比较深,管子所受到的土压力等比较大,容易产生变形,钢管的壁厚应取得厚一些,以确保钢管有足够的刚度。钢管壁厚的确定可采用式(50-1):

$$t = \alpha D + t' \tag{50-1}$$

式中:t——钢管的壁厚(m);

　α——经验系数,取 0.01~0.02;

　D——钢管的内径(m);

　t'——腐蚀余量(m)。

α 仅仅是一个经验数据,它与钢管埋设的深度及管径的大小有关。一般来讲,埋设得深一些的，α 应取大一点；反之，则取小一点。当管径很小时，α 则应以钢管所能承受的推力为主要依据。必要时，α 还应比式(50-1)中所规定的更大一些。

钢管所能承受的最大推力可从式(50-2)求得：

$$F = 210\,000\pi(D + t)t \tag{50-2}$$

式中：F——钢管所能承受的最大推力(kN)；

$\quad\quad D$——钢管的内径(m)；

$\quad\quad t$——钢管的壁厚(mm)。

如果顶进一根内径为 100mm 的钢管，顶进总长度为 80m。如果按式(50-1)计算求出的壁厚为 2mm，而按式(50-2)计算出其所能承受的最大顶力为 1 340kN(134tf)。经计算后确定 134tf 只能顶到 60m 长左右，这时，就必须把厚度再增加些，以确保安全。

式(50-1)中的 t' 是考虑到管子埋在地下其外表的腐蚀情况以及钢管内所流过的介质对钢管内壁的腐蚀情况而决定增加的腐蚀量。有数据表明，在酸碱度为中性偏碱的土壤中，以普通的沥青环氧油漆作为外表防腐层，其每年的腐蚀量在 0.1~0.2mm 之间。如果埋设的钢管设计使用寿命为 50 年，则其壁厚应增加 5~10mm。

顶管用钢管的外防腐通常采用的是两道底漆和两道环氧沥青漆。有的要求高些还需要玻璃纤维包缠在外面，涂上环氧制成玻璃钢加以防腐。这样，在顶进过程中外表不容易被擦伤，但顶进阻力将成倍增加。有时为了减小推力和同时还可防腐，就采用仿瓷涂料或氢凝来作为外壁涂料，效果也很好，只是成本高些。尤其是在砂土中推进，外表涂料极容易因被摩擦而遭破坏。这一点应引起足够的重视。

三、钢筋混凝土管

1. 一般要求（符合《规程》要求）

(1)钢筋混凝土顶管的混凝土强度等级不宜低于 C50，抗渗等级不应低于 S8。

(2)当地下水或管内储水对混凝土和钢筋具有腐蚀性时，应对钢筋混凝土管内外壁做相应的腐蚀处理。

(3)混凝土集料的碱含量最大限值应符合现行协会标准《混凝土碱含量限值标准》(CECS 53—1993)的规定，在含碱环境中使用时应选用非活性集料。

(4)采用外加剂时应符合现行国家标准《混凝土外加剂应用技术规范》(GB 50119—2003)的规定。

(5)钢筋应选用 HPB235、HRB335 和 HRB400 钢筋，宜优先选用变形钢筋。

(6)混凝土及钢筋的力学性能指标，应按现行国家标准《混凝土结构设计规范》(GB 50010—2010)的规定采用。

(7)钢筋混凝土顶管管节长度应根据使用条件和起吊能力确定。

(8)钢筋混凝土管管节几何尺寸制作允许误差应符合现行行业标准《顶进施工法用钢筋混凝土排水管》(JC/T 640—2010)的规定。

(9)混凝土管接头可按下列原则选用：

①混凝土管接头宜使用钢承口和双插口接头(图 50-4 和图 50-5)。

②双插口管接头应使用钢套或不锈钢套环。

③应优先选用钢承口接头。

④接头的允许偏转角应大于 0.5°。

有关钢承口管和双拽口管接口形式及规格尺寸,可参考《顶管施工法用钢筋混凝土排水管》(JC/T 640—2010)和《现代顶管施工技术及工程实例》。

(10)混凝土管传力面上均应设置环形木垫圈,并用胶粘剂粘在传力面上。

(11)钢承口接头的钢套管与混凝土的接缝应采用弹性密封填料勾缝。接头钢套管必须有良好的防腐措施。

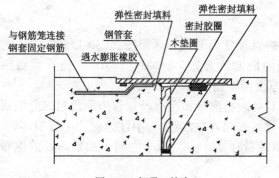

图 50-4 钢承口接头

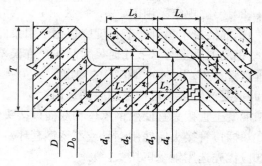

图 50-5 双插口接头

2. 钢筋混凝管的许用推力及钢筋混凝土企口管的简介

对钢筋混凝土顶管,施工单位比较重视的指标是轴向抗压强度。在试验中,不断向管子的轴向施加压力,直到管子刚刚出现破坏的压力,即为管子的轴向抗压极限。根据管子的轴向抗压极限,取上一个安全系数,通常可取 3~4,之后计算出来的就是管子轴向的许用推力。

许用推力也可根据管子的有效断面计算出来。所谓有效断面,是指在扣除了各种沟槽等之后管子的最小断面。计算方法如式(50-3)所示:

$$F_r = \sigma_{mean} A \tag{50-3}$$

式中:F_r——许用推力(kN);

σ_{mean}——混凝土的许用抗压强度(kPa);

A——管子的有效断面面积(m^2)。

应当指出,上海和杭州两地生产的企口形钢筋混凝土管,他们的成套制管设备都是从丹麦引进的,因此又称丹麦管。该管是开槽埋管和顶管都能使用的管子,口径为 $\phi 1\,350 \sim \phi 2\,400$ mm,共有七种规格。成品管的混凝土强度等级为 C50,最大覆土深度为 5.5~6.0m,最小覆土深度为 0.7m,内水压可达 75~90kPa。

企口管的外形及各项性能指标如图 50-6 和表 50-4 所示。

企口管的接口形式及尺寸如图 50-7 和表 50-5 所示。

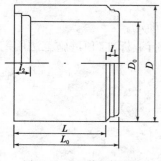

图 50-6 企口管的外形图

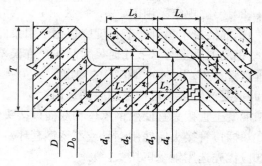

图 50-7 企口管的接口形式

企口管的橡胶止水圈安装在图 50-7 中的 d_3 和 d_4 组成的间隙内。橡胶止水圈的断面如图 50-8 所示。在右边壁厚为 1.5mm 的空腔内充有少许硅油,这样在两个管子对接过程中,充有硅油的腔可以滑动到橡胶体的上方及左边,这不仅给安装带来方便,还可使橡胶体不至于翻转,从而提高了它止水的可靠性。该橡胶止水圈像一个小写的英文字母"q",因此,又称为"q"形橡胶止水圈,它采用丁苯橡胶制成。

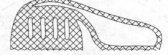

采用该管做顶管用管时,需按图 50-9 的形状和尺寸制成垫圈,垫于管内口处。垫圈可用多层胶合板制成,具体尺寸如表 50-6 所示。该垫圈也可用木板制成,但必须符合图 50-10 所示的应力—应变关系的曲线,而且不能留有木节。

图 50-8 "q"形橡胶止水圈的断面图

钢筋混凝土企口管规格尺寸及内、外荷载系列成品抗渗试验(0.15MPa)　　　表 50-4

公称内径 D (mm)	管壁厚 t (mm)	管顶覆土 H (m)	管节长 L_0 (mm)	管节长 L (mm)	管部企口尺寸 凸口 11 (mm)	管部企口尺寸 凹口 12 (mm)	内、外压荷载 裂缝 (kN/m)	内、外压荷载 破坏 (kN/m)	内水压 (MPa)	参考管子质量 (kg)	承受最大顶力(tf)* 0°偏角	承受最大顶力(tf)* 0.5°偏角	承受最大顶力(tf)* 1°偏角	最大容许偏角 (°)
1 350	165	4.0					92	138		4 100	352.8	176.4	88.2	0.75
		5.5					101	152						
1 500	175	4.0					93	140	0.075	4 800	431.2	215.6	107.8	0.68
		5.5	2 140	2 000	140	135	104	156						
1 650	190	4.0					93	140		5 700	539.0	269.5	135.2	0.66
		5.5					105	158						
1 800	200	4.0					94	141		6 500	646.8	323.4	161.7	0.56
		6.0					108	162						
2 000	210	4.0					94	141		7 600	784	411.6	205.8	0.50
		6.0					111	167	0.090					
2 200	220	4.0	2 145	2 000	145	140	97	146		8 700	1 029	514.5	257.7	0.47
		6.0					120	180						
2 400	230	4.0					100	150		9 900	1 254.4	627.2	313.6	0.40
		6.0					123	185						

注:1. 如工程需要其他外压荷载的负筋混凝土企口管,经供需双方协议也可生产。

2. 最大轴向允许移动距离为 9mm。

3. * 承受最大顶力仅供参考。

钢筋混凝土企口管管端部尺寸表(0.15MPa)　　　表 50-5

T	公称内径 D_0(mm)	公称外径 D(mm)	企口尺寸(mm) d_1	d_2	d_3	d_4	L_1	L_2	L_3	L_4	管端相接对 X	橡胶图类型
165	1 350	1 680	1 505	1 517	1 490	1 514					12.2	♯20
175	1 500	1 850	1 673	1 685	1 658	1 682		70	90			
190	1 650	2 030	1 842	1 854	1 826.6	1 851						
200	1 800	2 200	2 008	2 020	1 992.6	2 017	70			45		
210	2 000	2 420	2 208	2 222	2 190	2 219						
220	2 200	2 640	2 409	2 423	2 390.7	2 420		75	95		14.65	♯24
230	2 400	2 860	2 615	2 629	2 597.7	2 626						

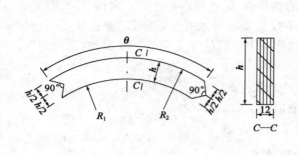

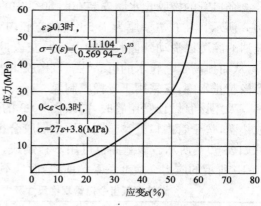

图 50-9　垫圈的形状及尺寸　　　　　　　　　图 50-10　垫圈的应力—应变曲线

顶管木板垫圈具体尺寸参考表　　　　　　　　　　表 50-6

管径 （mm）	t （mm）	R_1 （mm）	R_2 （mm）	h （mm）	θ （°）	每个接口 衬垫数	H （mm）	环向间隙 b （mm）
$\phi 1\,350$	165	686	730	44	90	4		
$\phi 1\,500$	175	761	815	54	90	4	20	12.2
$\phi 1\,650$	190	836	898	62	72	5		
$\phi 1\,800$	200	911	981	70	72	5		
$\phi 2\,000$	210	1\,011	1\,081	70	60	6		
$\phi 2\,200$	220	1\,111	1\,181	70	60	6	24	14.65
$\phi 2\,400$	230	1\,211	1\,283	72	51.4	7		

四、玻璃纤维增强塑料夹砂管（符合《规程》要求）

（1）玻璃纤维增强塑料夹砂管质量应符合现行国家标准《玻璃纤维增强塑料夹砂管》（GB/T 21238—2007）的要求。

（2）缠绕管管体受压设计强度不应小于 75MPa，管端受压设计强度不应小于 105MPa；离心管管体受压设计强度不应小于 90MPa。

（3）顶管的刚度等级不应小于 15 000Pa。

（4）玻璃纤维增强塑料夹砂管接头，包括无内水压顶管接头（图 50-11）、有内水压顶管接头（图 50-12 和图 50-13）、承插口接头（图 50-13），可使用双插口接头或承插口接头。

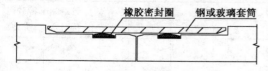

图 50-11　无内水压双插口接头

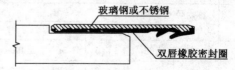

图 50-12　有内水压双插口接头

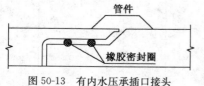

图 50-13　有内水压承插口接头

（5）玻璃纤维增强塑料夹砂管可不做防腐处理。

（6）管道内表面应光滑、无缺陷和损伤。管道外表面平直度应小于 3mm。顶管段长度由设计确定，一般不宜超过 6m。

(7)管道长度允许误差应符合表 50-7 的规定。

管道长度允许误差（单位:mm） 表 50-7

管 道 长 度	2 500	3 000	4 000	6 000
允许误差	±12	±15	±20	±30

(8)管径允许误差应符合现行国家标准《玻璃纤维增强塑料夹砂管》(GB/T 21238—2007)的规定。

(9)管端垂直度误差应符合表 50-8 的规定。

管端垂直度允许误差（单位:mm） 表 50-8

公称直径 D	管端垂直度偏差	公称直径 D	管端垂直度偏差
800≤D<1 600	≤2.0	D≥1 600	≤2.5

(10)用于输送饮用水的顶管,管内涂层树脂必须达到食品级标准。

(11)双插口接头的玻璃纤维增强塑料夹砂管在顶进时,应在与顶铁及中继间接触面加设木垫圈;承插式接头的玻璃纤维增强塑料夹砂管在顶进时,应在每根管头处设木垫圈。

第五节　工作井及接收井

一、工作井(符合《规程》要求)

1. 工作井选址

工作井的位置应按以下因素确定:

(1)应利用管线上的工艺井。

(2)应考虑排水、出土和运输方便。

(3)应远离居民区和高压线。

(4)应避免对周围建、构筑物和设施产生不利的影响。

(5)当管线坡度较大时,工作井宜设置在管线埋置较深的一端。

(6)在有曲线又有直线的顶管中,工作井宜设在直线段的一端。

2. 工作井结构形式

(1)工作井结构形式可采用钢板桩、沉井、地下连续墙、灌注桩或 SMW 工法。

(2)当工作井埋置较浅、地下水位较低、顶进距离较短时,宜选用钢板桩或 SMW 工法。工作井内水平支撑应形成封闭式框架,在矩形工作井水平支撑的四角应设斜撑。

(3)在顶管埋置较深、顶管顶力较大的软土地区,工作井宜采用沉井或地下连续墙。

(4)当场地狭小且周边建筑需要保护时,工作井宜优先选用地下连续墙。

(5)在地下水位较低或无地下水的地区,工作井可选用灌注桩。

(6)除沉井外其他形式的工作井,当顶力较大时皆应设置钢筋混凝土后座墙。

3. 工作井平面形状

工作井可分为圆形、矩形和多边形三种。管线交叉的中间井和深度大的工作井宜采取圆形或多边形工作井。

4. 工作井最小长度确定

(1)当按顶管机长度确定时,工作井的最小内净长度可按式(50-4)计算:

$$L \geqslant l_1 + l_3 + k \qquad (50\text{-}4)$$

式中：L——工作井的最小内净长度(m)；

l_1——顶管机下井时最小长度，如采用刃口顶管机应包括接管长度(m)；

l_3——千斤顶长度(m)，一般可取 2.5m；

k——后座和顶铁的厚度及安装富余量，可取 1.6m。

(2)当按下井管节长度确定时，工作井的内净长度可按式(50-5)计算：

$$L \geqslant l_2 + l_3 + l_4 + k \qquad (50\text{-}5)$$

式中：l_2——下井管节长度(m)，钢管一般可取 6.0m，长距离顶管时可取 8.0～10.0m；钢筋混凝土管可取 2.5～3.0m；玻璃纤维增强塑料夹砂管可取 3.0～6.0m。

l_3——千斤顶长度(m)，一般可取 2.5m

l_4——留在井内的管道最小长度(m)，可取 0.5m。

(3)工作井的最小内净长度应按上述两种方法计算结果取大值。

5. 工作井最小宽度确定

(1)浅工作井内净宽度可按式(50-6)计算：

$$B = D_1 + (2.0 \sim 2.4) \qquad (50\text{-}6)$$

式中：B——工作井的内净宽度(m)；

D_1——管道的外径(m)。

(2)深工作井内净宽度可按式(50-7)计算：

$$B = 3D_1 + (2.0 \sim 2.4) \qquad (50\text{-}7)$$

6. 工作井深度确定

工作井底板面深度应按式(50-8)计算：

$$H = H_s + D_1 + h \qquad (50\text{-}8)$$

式中：H——工作井底板面最小深度(m)；

H_s——管顶覆土层厚度(m)；

h——管底操作空间(m)，钢管可取 $h = 0.70 \sim 0.80$m；玻璃纤维增强塑料夹砂管和钢筋混凝土管等可取 $h = 0.4 \sim 0.5$m。

7. 洞口止水及进出洞口的加固措施

1)介绍《规程》穿墙管止水装置

(1)盘根止水穿墙管构造见图 50-14，盘根止水穿墙管可用于以下情况：

①穿墙管处于透水层(包括砂土、粉土和砾石)。

②地下水压力大于 0.08MPa。

③穿墙管兼作释放管道温度应力的伸缩机构。

(2)橡胶板止水穿墙管的构造如图 50-15 所示，橡胶板止水穿墙管可用于以下情况：

①穿墙管处于渗透系数小的黏性土土层。

②穿墙管处的地下水压力小于或等于 0.08MPa。

(3)顶管结束后,永久性工作井上的橡胶板止水穿墙管应改造成永久性柔性堵头。

(4)穿墙管临时封填可采用下列材料:

①沉井穿墙管可采用砖砌体或低强度水泥土。

②地下连续墙穿墙管可用低强度水泥土或钢板。

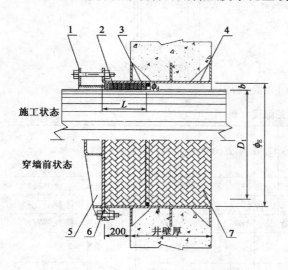

图 50-14　盘根止水穿墙管构造

1-轧兰;2-盘根;3-挡环;4-穿墙管;5-闷板;6-胶圈;7-封填料;L-轧兰长度;D_1-管道外径;ϕ_E-穿墙管内径;ϕ_d-挡圈断面直径;b-穿墙管与管道间隙

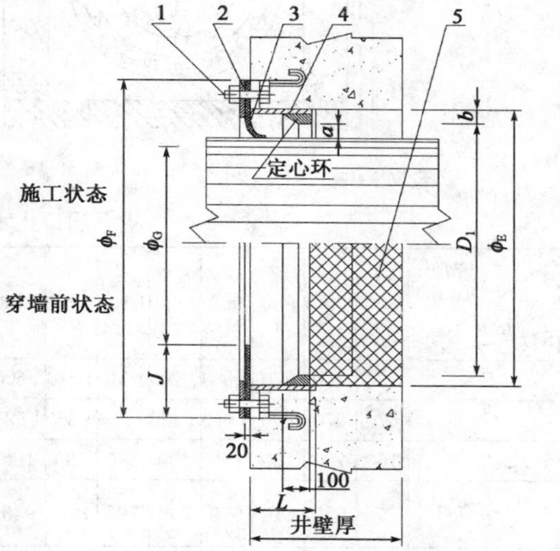

图 50-15　橡胶板止水穿墙构造

1-预埋螺栓;2-压板;3-橡胶止水板;4-穿墙管;5-封填料;ϕ_G-定心环内径;ϕ_F-压板外径

2)一般常用的洞口止水方法及进出洞口的加固措施

(1)洞口止水方法

顶管施工过程中,无论是管子从工作井中出洞还是在接收井中进洞,管子与洞口之间都必须留有一定的间隙。此间隙如果不把它封住,地下水和泥沙就会从该间隙中流到坑中,轻者会影响工作坑的作业,严重的会造成洞口上部地表的塌陷,殃及周围的建筑物和地下管线的安全。

不同构造的工作井,其洞口止水的方式也不同。如在钢板桩围成的工作井中,首先应该在管子顶进前方的井内,浇筑一道前止水墙,墙体可由级配较高的素混凝土构成。其宽度为2.0～5.0m,高度为 1.5～4.5m,视管径大小而定;厚度为 0.3～0.5m。如果土质条件差,钢板桩之间的咬口封不住泥水,这时前止水墙的宽度最好与工作井内净尺寸的宽度一致,然后再在前止水墙的预留孔内安装橡胶止水圈。

如果是钢筋混凝土沉井或用钢筋混凝土浇筑成的方形工作井,则不必设前止水墙。如果是圆形工作井,则必须同样浇筑一堵弓形的前止水墙,这时洞口止水圈就安装在平面上,而不可能安装在圆弧面上。

最常用的洞口止水圈的构造如图 50-16 所示,它是由混凝土前止水墙、预埋螺栓、钢板及橡胶圈组成。其中,预埋螺栓可以用膨胀螺栓取代。

洞口止水圈和前止水墙的各部尺寸及混凝土用量请分别参见图 50-16、表 50-9 及表 50-10。

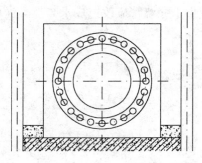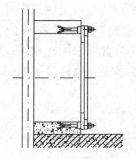

图 50-16　洞口止水圈的构造

洞口止水圈各部尺寸表

表 50-9

尺寸代号 \ 管径(mm)	600	700	800	900	1 000	1 100	1 200	1 350	1 500	1 650	1 800	2 000	2 200	2 400	2 600	2 800	3 000	备　注
D	730	850	960	1 080	1 200	1 310	1 430	1 600	1 780	1 950	2 120	2 350	2 580	2 810	3 040	3 270	3 500	管外径
G	670	670	900	1 020	1 120	1 230	1 350	1 520	1 700	1 870	2 040	2 270	2 480	2 710	2 940	3 170	3 400	橡胶圈孔径
J	160	160	160	160	180	180	180	180	180	180	180	210	210	210	210	210	210	橡胶圈宽度
$\frac{G}{2}+J$	495	555	610	670	740	795	855	940	1 030	1 115	1 200	1 315	1 450	1 565	1 680	1 795	1 910	—
$N+M$	440	440	440	490	590	590	590	620	740	740	800	840	840	840	840	840	840	—
N	170	170	170	190	190	190	190	220	240	240	300	330	330	330	330	330	330	洞口离底板高度
M	270	270	270	300	400	400	400	400	500	500	500	510	510	510	510	510	510	洞口上部宽度
H	1 310	1 430	1 540	1 710	1 930	2 040	2 160	2 360	2 660	2 830	3 060	3 330	3 580	3 810	4 040	4 270	4 500	前止水墙高度
f_2	103	103	103	119	119	119	119	124	144	144	151	181	181	181	188	188	188	混凝土基础厚度

前止水墙各部尺寸及混凝土用量表

表 50-10

混凝土管内径(mm)	各部尺寸(m)				混凝土用量 V(m³)	模板用量(m²)
	宽度 W	高度 Z	孔径 E	厚度 K'		
600	1. 87	1. 31	0. 87	0. 325	0. 60	3. 60
700	1. 99	1. 43	0. 99	0. 325	0. 68	4. 02
800	2. 10	1. 54	1. 10	0. 325	0. 74	4. 41
900	2. 22	1. 71	1. 22	0. 325	0. 85	4. 98
1 000	2. 34	1. 93	1. 34	0. 375	1. 17	6. 13
1 100	2. 45	2. 04	1. 45	0. 375	1. 26	6. 59
1 200	2. 57	2. 16	1. 57	0. 375	1. 36	7. 09
1 350	2. 74	2. 36	1. 71	0. 375	1. 53	7. 91
1 500	2. 92	2. 66	1. 92	0. 375	1. 83	9. 13
1 650	3. 09	2. 83	2. 09	0. 375	1. 99	9. 90
1 800	3. 26	3. 06	2. 26	0. 375	2. 24	10. 92
2 000	3. 49	3. 33	2. 49	0. 375	2. 55	12. 23
2 200	3. 74	3. 58	2. 74	0. 425	3. 19	14. 20
2 400	3. 97	3. 81	2. 97	0. 425	3. 49	15. 40
2 600	4. 20	4. 04	3. 20	0. 425	3. 80	16. 63
2 800	4. 43	4. 27	3. 43	0. 425	4. 11	17. 89
3 000	4. 66	4. 50	3. 66	0. 425	4. 44	19. 16

如果覆土深度大于10m或者在穿越江河的工作井中,洞口止水圈必须做两道。前面一道是充气的,它像一只自行车内胎一样,它与管子不直接接触。前面一道止水圈是不充气的,只有当后面一道止水圈损坏需更换时,前面的那一道充气时,才起到止水作用。后面一道为普通的洞口止水圈,更换完毕以后,把前一道的气放去。这在长距离顶管或覆土深度较大的顶管中是必须做的。

洞口止水圈除了平板形之外,还有齿形和馒头形等多种断面。无论采用哪一种,对其橡胶的质量要求都很高,具体要求是:拉伸量>300%,肖氏硬度在50±5度范围以内,还要具有一定的耐磨性和较大的扯断拉力。

(2)进出洞口的加固措施

为了使进出洞口工作顺利地开展,可采用对洞口土体进行加固的措施。如果土质不是很软,则可采用门式加固法。所谓门式加固,就是对所顶管道外径的两侧和顶部的一定宽度和长度的范围内的土体进行加固,以提高这部分土的强度,从而使工具管或掘进机在出洞或进洞中不发生塌土现象。加固的方式可采用高压旋喷技术或搅拌桩技术,也可采用注浆技术或冻结技术。如果土质比较软,则必须在管子顶进一定的范围内,对整个断面进行加固。如果土质比较好,土比较硬,挖掘面上的土体又能自立,这时也可不必对土体进行加固。

洞口的封门也可根据土质条件及掘进机或工具管的形式来选定。在使用工具管的手掘式顶管或全断面切削的掘进机中,洞口可用低强度等级混凝土砌一堵砖封门。在出洞时可以用工具管直接把砖封门挤倒或用刀盘慢慢地把砖封门切削掉。进洞时也同样把接收井中的砖封门挤倒或切削掉。有时,也可用低强度等级的混凝土取代砖头。还有一种是做一扇特制的钢封门使工具管或掘进机安全地进出洞。具体做法参见本书参考文献[83]。

8. 工作井的布置

在选择工作井地点时,除按"本节一、工作井 1. 工作井选址"有关因素确定外,应注意在地面上应尽量避开高压线,电话线、动力线等电线,还应尽量避开各种地面建筑物,要选择在作业条件较好的位置。如果在交通较为繁忙的道路上选择了工作井,则应设置隔离装置和醒目的标志,夜间还应有良好的照明和明显的识别标志。

工作井还应远离河道、池塘以及低洼地,尤其是作为承受主顶油缸反力的后座一端,上述地形会影响工作井的后座力。如果实在无法避免,则应对工作井后部的土体进行必要的加固。如果在上述地形条件下,工作井同时起到向两个方向顶进的作用时,应先向上述地形的一方先顶,然后再调头向另一个方向顶。这时,已顶进的管子可承受一部分后座力。

工作井的布置分为地面布置和井内布置两部分。地面布置可分为起吊设备的布置,供电、供水、供浆、供油等设备的布置,监控点以及地面轴线的布置等。井内布置首先是工作井尺寸的确定、基坑导轨、洞口止水、后座、主顶油缸以及顶进用设备的布置等,分别简要介绍如下:

1)起吊设备的布置

起吊设备可以采用行车也可以采用吊车,采用行车时多采用龙门行车,其地面轨道与工作井纵向轴线平行,埋设在工作井的两侧。采用吊车时,一般需要配两台,一台是起吊管子用,另一台是吊土用。

2)供电设备

除了提供所有动力电源以外,还需提供工作井及周围地面的照明。

3）供水设备

在手掘式和土压式的顶管施工中,供水量小,一般只需接两只 0.5°～1°(0.5～1 英寸)的自来水龙头即可。如果在泥水平衡顶管施工中,由于其用水量大,必须在工作井附近设置一只或多只泥浆池,并把它分隔成三到四个小池,泥浆排到第一个小池中,泥水经过一个个小池的溢流,较大的颗粒都沉淀了下来,由微小的黏粒混合成的泥浆被供水泵吸入,参与下一次的泥水循环,泥浆池也可用砖砌,也可采用钢板制成,小池之间用软管连接。同时,还要考虑浓泥浆的外运、外排的方法,保证不污染环境。

4）供浆设备

供浆设备主要由拌浆桶和盛浆桶组成,盛浆桶与注浆泵连通。现在多用膨润土系列的润滑浆,它不仅需要搅拌,而且要有足够的时间浸泡,这样才能使膨润土颗粒充分吸水、膨胀。

5）液压设备

液压设备主要是指主顶油缸及中继站油缸提供压力油的油泵。油泵可以置于地上,一般不宜把油泵放在工作井内。

6）气压设备

采用气压顶管时,空压机和储气罐及附件必须放置在地面上,而且空压机远离井边为好,因为大多数空压机工作时发出的噪声都比较大。

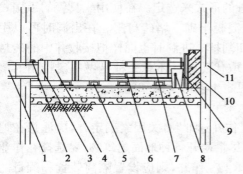

图 50-17　工作井井内布置图

1-混凝土管;2-洞口止水系统;3-环形顶铁;4-弧形顶铁;5-导轨;6-主顶油缸;7-主顶油缸架;8-测量系统;9-后靠背;10-后座墙;11-工作井

7）工作井内布置

工作井内的布置如图 50-17 所示。

(1)在钢板桩等构筑物的工作井内,后座墙应采用钢筋混凝土整体浇筑,而且其下部最好能插入到工作井底板以下 0.5～1m,宽度与工作井内净尺寸相等。还要注意的是后座墙的平面一定要与顶进轴线垂直。

(2)安装洞口止水圈。洞口止水圈有多种多样,但其中心必须与所顶管子的中心轴线一致。

(3)基坑导轨。

①基坑导轨设计。

基坑导轨本身必须具备坚固、挺直,管子压上去不变形等特性。导轨的材料,过去多用轻、重铁轨制成。它具有较好的耐磨性,但是由于铁轨的可焊性差,焊缝往往存在裂缝、脱焊等缺陷,容易折断,所以近来已不再用铁轨制作顶管用的基坑导轨了。

导轨设计一般有两种:第一种是顶管口径比较小的管子,可用普通导轨。它是两根槽钢相背焊接在轨枕上制成的,如图 50-18 所示。它的导轨面高程与管子内管底的高程是相等的,因此,两轨道之间的宽度 B 可按式(50-9)求得,不同钢筋混凝土管的导轨轨距可按表 50-11 执行。

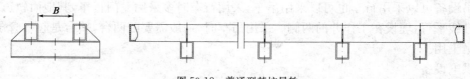

图 50-18　普通型基坑导轨

$$B = 2\sqrt{D^2 - D_0^2} \tag{50-9}$$

式中：B——基坑导轨两轨之间的宽度（m）；

D——管外径（m）；

D_0——管内径（m）。

如果是钢管顶进，则钢管的壁厚要比钢筋混凝土管薄许多，故不适用。但一般钢管考虑搁在导轨上所成的圆心角以 60°左右为宜。

第二种是顶管口径比较大的管子，可用复合型基坑导轨，其断面如图 50-19 所示。在每一根导轨上设有两个工作面：水平面是供顶铁在其上滑动的，而倾斜面则是与管子接触的。这样导轨的寿命要比普通型提高许多。为测量及导轨安放的方便，导轨水平的那个面仍然与钢筋混凝土管内的管底高程同处一个水平面上。每一副复合导轨中还设有六只可以调节高低的撑脚，使安装方便。

图 50-19 复合型基坑导轨

基坑导轨在工作井内的固定方法也有两种：一种是把基坑导轨与工作井底板上的预埋钢板焊接成一个整体，这样比较可靠。另一种是在基坑导轨的两侧用槽钢把轨道支撑在中间。这种方法只适用于管径比较小且在整体性比较好的沉井工作井中采用，但不宜在钢板桩工作井中采用。

不同钢筋混凝土管的导轨轨距可按表 50-11 执行。

钢筋混凝管导轨轨距（单位：mm）　　　　　　　　表 50-11

管径	800	1 000	1 200	1 350	1 500	1 650	1 800	2 000	2 200	2 400
管壁厚度	82.5	100	120	165	175	190	200	210	220	230
计算轨距	540	663	796	1 000	1 083	1 183	1 265	1 362	1 459	1 556

②基坑导轨安放。在安放基坑导轨时，其前端应尽量靠近洞口。左右两边可以用槽钢支撑。如果在底板上预埋有钢板时，则导轨应和预埋钢板焊接在一起，尤其在管径比较大时，则必须这样做。导轨的水平状态可以与所设计的管子坡度相一致，也可以把导轨按水平状态安装。在土质比较好的情况下，常采用前一种方法安装；而在土质比较软的情况下，往往采用后一种方法安装，此时，还需把导轨比设计所要求的高程再提高 30mm 左右。

安装时，导轨对管道的支承角宜为 60°，导轨高度应保证管中心对准穿墙管中心。导轨的坡度应与设计轴线一致。

导轨安装的允许偏差应满足下列要求：

a. 轴线位置：3mm。

b. 顶面高度：0～+3mm。

c. 两轨净距：±2mm。

（4）顶进设备（千斤顶、油泵及顶铁）

①主顶站千斤顶的性能和安装应满足下列规定：

a. 主顶站千斤顶行程宜不小于 1 000mm，单只顶力不宜小于 1 000kN。

b. 千斤顶安装应复合下列规定：

（a）除铰接式千斤顶外，千斤顶应安装在支架上。

（b）千斤顶数量应为偶数，设置在管道两侧，并与管中心左右对称。每只千斤顶均应与管轴线平行。

（c）主油缸合力中心宜低于管中心，宜低于管道外径的 1/10～1/8。顶管机正面阻力可分解成三角形和矩形两部分，矩形部分的合力中心通过管中心，三角形部分的合力中心低于管中心。如果是特殊的矩形断面顶管机，三角形荷载的合力中心离底面距离为高度的 1/3，即比断面中心低高度的 1/6，正面阻力计算图式如图 50-20 所示。

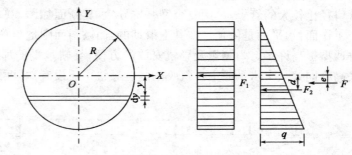

图 50-20　正面阻力计算图式

因为此处管道是圆形断面，三角形荷载的合力中心计算如下。

假设三角形的底边压力强度为 q，三角形阻力的强度方程为：

$$P = \frac{q}{2R}(R - y) \tag{50-10}$$

三角形阻力：

$$F_2 = \frac{q}{2}\pi R^2 = \frac{\pi R^2}{2}q \tag{50-11}$$

三角形阻力的合力中心可通过积分求得：

$$F_2 d = \int_{-R}^{R} \frac{q}{2R}(R - y)y2\sqrt{R^2 - y^2}\,\mathrm{d}y$$

$$= q\left[\int_{-R}^{R} y\sqrt{R^2 - y^2}\,\mathrm{d}y - \int_{-R}^{R} \frac{1}{R}y^2\sqrt{R^2 - y^2}\,\mathrm{d}y\right]$$

积分后得

$$\frac{\pi R^2 q}{2}d = -\frac{\pi}{8}qR^3$$

$$d = -\frac{1}{4}R \tag{50-12}$$

三角形阻力的合力中心比管中心低 $R/4$。由此可见，圆形断面与矩形断面的三角形阻力合力中心是有区别的。

正面阻力的合力中心：

$$e = \frac{F_1 0 + F_2 d}{F} = \frac{F_2 d}{F_1 + F_2 d} \tag{50-13}$$

当 $F_1 = 0$ 时，F_2 的合力中心就是 F 的合力中心。当 $F_1 \geqslant F_2$ 时，F 的合力中心接近管中心。这说明覆盖层较厚时，不能忽视三角形阻力的影响，顶力的合力中心要低于管中心约 $R/4$。管道穿墙时，顶管机入土较浅，土的支承面较小，支撑面的应力就较大，顶管机容易下沉。入土深度增加后支撑面应力很快就减少，顶管机不再下沉。为了防止穿墙初期顶管机下沉,顶力的合力中心也应偏下。

一方面覆土较薄时,合力中心需要下移,另一方面,穿墙时为防止管道下偏,合力中心也需要下移。所以顶力合力中心一般要求低于管中心 $R/5 \sim R/4$。

(d)千斤顶应同步运行。

②主站油泵安装应符合下列规定:

a. 油泵应与千斤顶性能相匹配,其流量应满足顶进速度 100mm/min 的要求。

b. 油泵宜设在千斤顶附件,油管应顺直、转角少。

c. 除遥控顶管外,主油泵的运行应受控于顶管机。

③顶铁安装。

顶铁可分成环形顶铁、弧形顶铁和马蹄形顶铁三种。通常是一个内外径与混凝土管内外径相同的并有一定厚度的钢结构构体(具体形状见本书参考文献[83]),它的作用主要是把主顶油缸的几个点的推力比较均应地分布到钢筋混凝土管端面上。同时起到保护管子端面的作用。

顶铁安装应符合下列规定:

a. 顶铁宜采用 U 形或弧形刚性顶铁,其两个受压面应平整,并互相平行。

b. 与管尾接触的环形顶铁应与管道匹配,顶铁与钢筋混凝土管或玻璃纤维增强塑料夹砂管之间应加木垫圈。

c. 顶铁应满足传递顶力、便于出泥和人员进出管道的需要。

(5)后座

主顶站千斤顶与反力墙之间应设置后座。如反力墙为沉井或地下连续墙墙体时,可采用拼装式后座。如反力墙为原状土或桩体时,应采用整体式后座。后座的面积应使反力墙后土体的承载能力满足顶力要求。后座的刚度应能保障顶进方向不变。同时要求后座应与管道轴线垂直,允许垂直度为 5mm/m。

①整体式后座的宽度、高度和厚度的计算

反力墙一般宜采用整体式后座,其宽度、高度和厚度要根据顶力大小,合力中心的位置,坑(井)外被动土压力的大小来决定,其计算方法如下:

整体式后座的计算简图如图 50-21 所示。顶力的反力 P 作用在整体式后座上,P 的作用点相比管中心偏低 e。

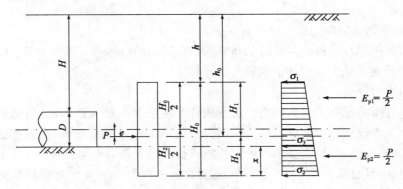

图 50-21　后座墙计算图式

理想的情况是整体式后座的被动土压力的合力中心与顶力反力的合力中心在同一条线上。为了便于计算,设合力中心以上的整体式后座承担一半反力,另一半反力由合力中心以下的整体式后座承担。这样就可使被动土压力合力中心近似与顶力合力中心一致。

已知管顶覆土高度、管道外径、设计顶力、顶力偏心距和整体式后座宽度时，则可计算上部整体式后座的高度。

$$E_{p1} = \frac{B}{K}\left(\frac{1}{2}\gamma H_1^2 K_p + 2cH_1\sqrt{K_p} + \gamma h H_1 K_p\right) \tag{50-14}$$

式中：E_{p1}——上部整体式后座上的被动土压力(kN)；

B——整体式后座的宽度(m)；

K——安全系数；当$\dfrac{B}{H_0} \leqslant 1.5$时，取$K = 1.5$；当$\dfrac{B}{H_0} > 1.5$时，取$K = 2.0$；

γ——土的重度(kN/m³)；

H_1——上部整体式后座的高度(m)；

K_p——被动土压力系数；

c——土的黏聚力(kPa)；

h——整体式后座顶的土柱高度(m)；

H——管顶覆土高度(m)，见图50-21；

D_1——管道外径(m)，见图50-21；

e——顶力偏心距(m)，见图50-21。

解方程后可得H_1和h_0，则下部整体式后座以上的土柱高度：

$$h_0 = h + H_1$$

则可得下部整体式后座的高度：

$$E_{p2} = \frac{B}{K}\left(\frac{1}{2}\gamma H_2^2 K_p + 2cH_2\sqrt{K_p} + \gamma h H_2 K_p\right) \tag{50-15}$$

式中：h_0——下部整体式后座以上的土柱高度(m)；

E_{p2}——下部整体式后座后的被动土压力(kPa)；

H_2——下部整体式后座的高度(m)。

解方程可得H_2，则整体式后座的高度为：

$$H_0 = H_1 + H_2 \tag{50-16}$$

式中：H_0——整体式后座的高度(m)。

整体式后座的厚度可根据主油缸的布置，通过结构计算决定，一般在0.5～1.6m范围内。

②工作井后座的受力分析和承载能力的计算

a. 后座的受力分析

顶管工作井所能承受的最大推力应由所顶管子能承受的最大推力决定，然后再反过来验算工作井后座是否能承受最大推力的反作用力。如果工作井能承受，那么就把这个最大推力作为总推力，如果不能承受，则必须以后座所能承受的最大推力作为总推力。不管采用何种推力作为总推力，一旦总推力确定了，在顶管施工的全过程中决不允许有超过总推力的情况发生。不然，不是管子被顶坏了，就是后座被顶翻，有时，还会造成相当严重的后果，这一点在顶管施工中必须引起足够的重视。

工作井内主顶油缸合力的作用点可以从下面所举的例子中求出，然后推而广之，主顶油缸合力作用点示意如图 50-22 所示。

图 50-22 中有 6 台主顶油缸,每边 3 台,左右呈对称布置。假设这个合力 $\sum P$ 作用在后座墙底边以上高度为 H_0 的位置上,则有:

$$\sum PH_0 = 2p_j(h_1 + h_2 + h_3) \quad (50\text{-}17)$$

式中：$\sum P$——主顶油缸总推力(kN);

$\quad\quad H_0$——合力作用点的高度(m);

$\quad\quad p_j$——每台油缸的推力(kN);

$\quad\quad h_1$——最上面一组油缸作用点的高度(m);

$\quad\quad h_2$——中间一组油缸作用点的高度(m);

$\quad\quad h_3$——最下面一组油缸作用点的高度(m)。

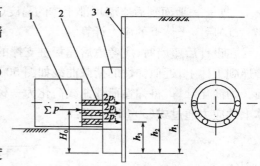

图 50-22　主顶油缸合力的作用点示意图
1-混凝土管;2-主顶油缸;3-后座墙;4-钢板桩

很显然:

$$\sum P = 6p_j \tag{50-18}$$

把式(50-18)代入式(50-17)中,经整理,则可求出合力作用点的高度 H_0 为:

$$H_0 = \frac{h_1 + h_2 + h_3}{3} \tag{50-19}$$

在顶管过程中,为了使分散的各个油缸推力的反力均匀地作用在工作井的后方土体上,一般都需要浇筑一堵后座墙,在后座墙与主顶油缸尾部之间,再垫上一块钢制的后靠背,这样,由后靠背、后座墙以及工作井后方的土体这三者组成了顶管的后座。这个后座必须完全承受油缸总推力 P 的反力。

b. 后座墙设计计算

通常顶管工作井后座墙能承受的最大顶力取决于顶进管道所能承受的最大顶力。在最大顶力确定后,即可进行后座墙的设计。后座墙的尺寸取决于管径大小和后背土体的被动土压力。后座反力的计算方法如下。

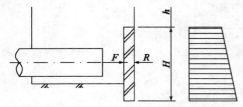

图 50-23　后座的受力分析示意图

(a)后座反力计算。

忽略钢制后座的影响,假定主顶油缸施加的顶力是通过后座墙均匀地作用在工作井的土体上,为确保后座在顶进过程中的安全,后座反力或土抗力 R 应为总顶力 P 的 $1.2\sim 1.6$ 倍,则反力 R 按式(50-20)计算(图 50-23)。

$$R = \alpha B_q\left(\gamma H_q^2\frac{K_p}{2} + 2cH_q\sqrt{K_p} + \gamma h H_q K_p\right) \tag{50-20}$$

式中：R——后座反力(kN);

$\quad\quad \alpha$——系数,$\alpha = 1.5\sim 2.5$;

$\quad\quad B_q$——后座墙的宽度(m);

$\quad\quad H_q$——后座墙的高度(m);

$\quad\quad \gamma$——土的重度(kN/m³);

$\quad\quad K_p$——被动土压力系数,为 $\tan^2\left(45° + \dfrac{\varphi}{2}\right)$;

c ——土的黏聚力（kPa）；

h ——地面到后座墙顶部土体的高度（m）。

（b）后座土体上的应力计算。

在设计后座墙时，应考虑后座板桩支撑的联合作用对土抗力的影响，水平顶力通过后座墙传递到土体上，近似弹性的荷载曲线如图50-24(a)所示，因而能将顶力分散传递，扩大了支承面。为简化计算，将弹性荷载曲线简化为一梯形力系，如图50-24(b)所示，此时作用在后背土体上的应力通过式(50-21)计算：

$$p_{red} = \frac{2H_q}{h_1 + 2H_q + h_2} \frac{V}{B_q H_q} \qquad (50\text{-}21)$$

式中：p_{red} ——作用在后背土体上的应力（kPa）；

V ——顶力（kN）；

B_q ——后座墙的宽度（m）；

H_q ——后座墙的高度（m）；

h_1、h_2 ——见图50-24b)。

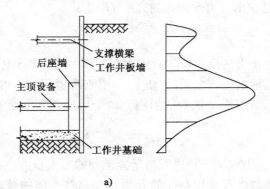
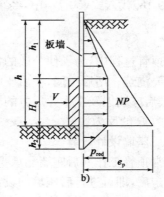

图50-24 后座墙受力计算模型

为了保证后座的稳定，必须满足式(50-22)的要求。

$$e_p > \eta p_{red} \qquad (50\text{-}22)$$

式中：e_p ——被动土压力，$e_p = K_p \gamma h$；

η ——安全系数，通常取 $\mu \geqslant 1.5$；

h ——工作井深度（m）。

整理后的后座墙的结构形状与允许施加的顶进力 F 关系如下。

不考虑后座支撑时：

$$F = \frac{K_p \gamma h}{\eta} B_q H_q \qquad (50\text{-}23)$$

考虑后座支撑时：

$$F = \frac{K_p \gamma h}{\eta} B_q (h_1 + 2H_q + h_2) \qquad (50\text{-}24)$$

（c）后座墙的承载能力计算。

后座墙在顶管顶进过程中承受全部的阻力，故应有足够的稳定性。为了保证顶进质量和

576

施工的安全,应对后座墙承载能力进行计算。其计算公式为:

$$F_c = K_r BH(h + H/2)\gamma K_p \qquad (50\text{-}25)$$

式中: F_c ——后座墙的承载能力(kN);

　B ——后座墙的宽度(m);

　H ——后座墙的高度(m);

　h ——后座墙顶至地面的高度(m);

　γ ——土的重度(kN/m³);

　K_p ——被动土压力系数,与土的内摩擦角 φ 有关,即 $K_p = \tan^2(45° + \varphi/2)$;

　K_r ——后座墙的土抗系数,当埋深浅,不需打钢板桩,墙与土直接接触时, $K_r = 0.85$;当

　　　埋深较大,打入钢板桩时, $K_r = 0.9 + \dfrac{5H}{H_0}$。

在计算后座的受力情况时,应注意以下几点:

油缸总推力的作用点低于后座被动土压力的合力点,此时后座所能承受的推力为最大。

油缸总推力的作用点与后座被动土压力的合力点相同,此时,后座所承受的推力略大些。

油缸总推力的作用点高于后座被动土压力的合力点,此时,后座所能承受的推力为最小。

因此,为了使后座承受较大的推力,工作井应尽可能深一些,后座墙也尽可能埋入土中多一些。

二、接收井(符合《规程》要求)

1. 接收井结构形式

(1)接收井可以采用钢板桩。沉井、地下连续墙、灌注桩及 SMW 工法等结构形式。

(2)专为施工用的临时接收井可以不做钢筋混凝土内衬。

2. 接收井尺寸确定

(1)接收井内净最小宽度应按式(50-26)计算:

$$B = D_1 + 2 \times 100 \qquad (50\text{-}26)$$

式中: B ——接收井内净最小宽度(mm);

　D_1 ——顶管机外径(mm)。

(2)接收井的最小内净长度应满足顶管机在井内拆除和吊出的需要。

(3)接收井尺寸应满足工艺管道连接的要求。

3. 接收孔

(1)接收井的接收口尺寸应按式(50-27)确定:

$$D' = D_1 + 2(c + 100) \qquad (50\text{-}27)$$

式中: D' ——接收孔的直径(mm);

　c ——管道允许偏差的绝对值(mm),按《规程》中表 13.2.1 确定。

(2)当出井墙孔和接收井的接收孔处于流沙层时,孔外的砂性土层应经地基处理。

(3)管道进接收孔后,应按设计要求将接收孔和管道之间空隙封堵。当接收井与管道之间可能产生不均匀沉降时,应采用柔性材料封堵。

第六节 顶管设计的一般规定

一、顶管管位选择

(1)顶管位置应避开地下障碍物。

(2)顶管管线不应通过活动性地震断裂带。

(3)顶管穿越河道时的埋置深度,应满足河道的规划要求,并应布置在河床的冲刷线以下。

二、顶进土层选择

(1)顶管可在淤泥质黏土、黏土、粉土及砂土中顶进。

(2)下列情况不宜采用顶管施工:土体承载力 f_d 小于 30kPa;岩体强度大于 15MPa;土层中砾石含量大于 30% 或粒径大于 200mm 的砾石含量大于 5%;江河中覆土层渗透系数 k 大于或等于 10^{-2} cm/s。

(3)长距离顶管不宜在土层软硬明显的界面上顶进。

三、顶管间距

(1)相互平行的管道水平净距应根据土层性质、管道直径和管道埋置深度等因素确定,一般情况下宜大于 1 倍的管道外径。

(2)空间交叉管道的净间距,钢管不宜小于 0.5 倍管道外径,且不应小于 1.0m;钢筋混凝土管和玻璃纤维增强塑料夹砂管不宜小于 1 倍管道外径,且不应小于 2m。

(3)顶管底与建筑物基础底面相平时,直径小于 1.5m 的管道宜保持 2 倍管径净距;直径大于 1.5m 的管道宜保持 3m 净距。

(4)顶管底低于建筑基础底高程时,顶管间距除应满足第(3)条要求外,尚应考虑基底土体稳定。

四、顶管覆盖层厚度

(1)顶管覆盖层厚度在不稳定土层中宜大于管道外径的 1.5 倍,并应大于 1.5m。

(2)穿越江河水底时,顶管覆盖层最小厚度不宜小于外径的 1.5 倍,且不宜小于 2.5m。

(3)在有地下水地区及穿越江河时,顶管覆盖层的厚度尚应满足管道抗浮要求。

五、曲线顶管

(1)设有中继间的曲线顶管最小管径不宜小于 $\phi1\ 400$。

(2)曲线顶管宜选用较短的管节。

(3)曲率半径小的曲线顶管应选用较厚的和弹性模量较小的木垫圈。

(4)预制管节顶管的曲率半径应按下列条件估算:

①当传力面一侧压应力为零,另一侧压应力为最大的受力模式时,可按下式估算曲率半径 R_1(图 50-25)。

$$R_1 = \frac{L+a}{\tan\theta} \tag{50-28}$$

$$\tan\theta = \frac{2(f_{p2}-f_{p1})}{d}\Big[\frac{a}{E_p}+\frac{h_pL/t}{E_c}\Big] \tag{50-29}$$

$$f_{p1} = \frac{F_{di}}{A_p} \tag{50-30}$$

$$f_{p2} = \frac{2F_{di}}{A_p} \tag{50-31}$$

式中：R_1 ——曲率半径(mm)；

L ——管段的长度(mm)；

a ——木垫圈厚度(mm)；

θ ——接头处转角(rad)；

E_p ——垫圈材料弹性模量(MPa)；

E_c ——管材弹性模量(MPa)；

t ——管壁设计厚度(mm)；

h_p ——垫圈宽度(mm)；

d ——垫圈外径(mm)；

f_{p1} ——中心顶力作用下表面均匀压应力(MPa)；

f_{p2} ——偏心顶力作用下表面最大压应力(MPa)；

F_{di} ——顶力作用设计值(N)；

A_p ——垫圈与管材接触面积(mm²)。

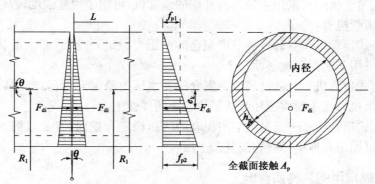

图 50-25　不张口接头的受力模式

②管道接头出现张口时的受力模式，可按下式估算曲率半径 R_1（图 50-26）。

$$R_1 = \frac{D_1-Z}{D_1}\Big(\frac{L+a}{\tan\theta}\Big) \tag{50-32}$$

$$\tan\theta = \frac{2(f_{p2}-f_{p1})}{d-Z}\Big[\frac{a}{E_c}+\frac{h_pL/t}{E_p}\Big] \tag{50-33}$$

式中：Z ——接头处张口高度(mm)。

(5)焊接钢管不宜用于曲线顶管。

注：有关"顶管结构上的作用""顶管基本设计规定""承载能力极限状态计算"及"正常使用极限状态验算"，在顶管设计时，可按照中国工程建设协会标准《规程》第 6.7.8.9 章中有关公式及规定执行。因属于设计内容，故在此从略。

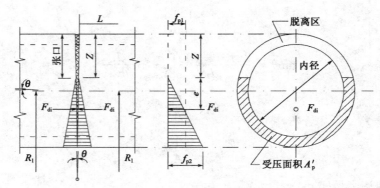

图 50-26　张口接头的受力模式

第七节　顶管施工

一、顶管机（符合《规程》要求）

（1）不同性能的土质应采用不同类型的顶管机。地下水位以上的顶管可采用敞开类顶管机；地下水位以下的顶管应采用具有平衡功能类型的顶管机。

（2）敞开类顶管机有：

①机械式顶管机——采用机械掘进的顶管机，可用于岩层、硬土层和整体稳定性较好的土层。

②挤压式顶管机——依靠顶力挤压出土的顶管机，可用于流塑性土层。

③人工挖掘顶管机——采用手持工具开挖的顶管机，可用于地基强度较高的土层。

（3）平衡类顶管机有：

①土压平衡式顶管机——通过调节出泥仓的土压力稳定开挖面，弃土可从出泥仓排出顶管机，该顶管机可用于淤泥和流塑性黏土。

②泥水平衡式顶管机——通过调节出泥仓的泥水压力稳定开挖面，弃土以泥水方式排放出顶管机，该顶管机可用于粉质土和渗透系数较小的砂性土。

③气压平衡式顶管机——通过调节出泥仓的气压稳定开挖面，弃土以泥水方式排放出顶管机，该顶管机可用于有地下障碍物的复杂土层。

二、介绍一般常用的几种顶管施工

1. 手掘式顶管施工

（1）手掘式顶管施工工艺

手掘式顶管工具管是最早发展起来的一种顶管施工的方式，由于它在特定的土质条件下和采用一定的辅助施工措施后，具有操作简便，设备少，施工成本低、施工进度快等诸多优点，所以，至今还被许多施工单位所采用。但是，现在的手掘式顶管无论是设备还是工艺都和原先的手掘式顶管有很大的不同。今后，仍然还需要对手掘式顶管做不断地改进，使它仍能在一定的土质条件下使用。

手掘式施工的布置如图 50-27 所示。图中所示的是顶管施工的基本原理和工艺。首先，用主顶油缸把手掘式工具管放在安装牢靠的基坑导轨上。为了使工具管比较稳定地进入土中，最好与第一节混凝土管等后续管连在一起。当工具管进入洞口止水圈以后，就可以从工具管内破洞。一般洞口多以砖块砌成，这时只需把洞口的砖一块块取出或用风镐敲碎即可入洞了。

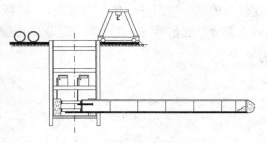

图 50-27　手掘式顶管施工

其次，用主顶油缸慢慢地把工具管切入土中。此时，由于工具管尚未完全出洞，可以用水平尺在工具管的顶部检测一下工具管的水平状态是否与基坑导轨保持一致。如果相差太多，必须把工具管退出重新再顶，同时检查不一致的原因。要知道工具管在导轨上是不可以用纠偏油缸来校正工具管的方向的。出洞成功了，顶管差不多就成功了一半。通常，把出洞后的 5～10m 以内的顶进，称为初始顶进。在初始顶进的过程中，应尽量在少用纠偏油缸校正的情况下保持高低、左右的准确性。

第三，在初始顶进过程中应加强测量工作。如果发现误差，尽量采用挖土来校正。

第四，如果在出洞时就出现大量塌土或涌土，这说明辅助施工方法没有奏效，要么是所选用的手掘式不适用于该土质条件。当管内产生塌土以后，土在挖掘面上形成一个斜坡，同时上部的土塌空了，不存在土压力，如果一味采取"闷顶"方法，则工具管必沿该土的斜坡往上爬。

第五，手掘式顶管在注浆时，第一环注浆孔应在工具管后的管子上。工具管内不能设注浆孔。而且第一环注浆管中应设有截止阀，可以关闭。因为手掘式工具管前是敞开的，如果注浆压力过高或注浆孔距工具管太近都有可能使工具管前的挖掘面上产生浆液渗漏现象，从而使注浆效果遭到破坏。

第六，手掘式顶管是一种敞开式的顶管工具，因此要防止地层中是否含有毒、有害气体。另外，还要防止涌水现象。这些都将会酿成重大事故。

（2）挖掘面的稳定及其计算

详见本书参考文献[83]，在此不再详述。

2. 泥水平衡顶管施工

（1）概述

在顶管施工的分类中，我们把用水力切削泥土以及虽然采用机械切削泥土但采用水力输送弃土，同时有的利用泥水水压力平衡地下水压力和土压力的这一类顶管形式都称为泥水式顶管施工。

在泥水平衡顶管施工中，要使挖掘面上保持稳定，就必须在泥水仓中充满一定压力的泥水（非清水），泥水在挖掘面上可以形成一层不透水的泥膜，以阻止泥水向挖掘面里面渗透。同时，该泥水本身又有一定压力，因此它就可以用来平衡地下水压力和土压力。这就是泥水平衡顶管最基本的原理。

如果从输土泥浆的浓度来区分，又可把泥水式顶管分为普通泥水顶管、浓泥水顶管和泥浆式顶管三种。普通泥水顶管的输土泥水相对密度在 1.03～1.30 之间，而且完全呈液体状态。浓泥水顶管泥水的相对密度在 1.30～1.80 之间，多呈泥浆状态，流动性好。

完整的泥水平衡顶管系统分为八大部分，如图 50-28 所示。

第一部分是掘进机。它有各种形式，为区分各种泥水顶管施工的主要依据。第二部分为进排泥系统。普通泥水顶管施工的进排泥系统大体相同。第三部分是泥水处理系统。不同成分的泥水有不同的处理方式：含砂成分多的可以用自然沉淀法；含有黏土成分多的泥水处理是比较困难的。第四部分是主顶系统，它包括主顶油泵、油缸、顶铁等。第五部分是测量系统。第六部分是起吊系统。第七部分是供电系统。第八部分是洞口止水圈、基坑导轨等附属系统。

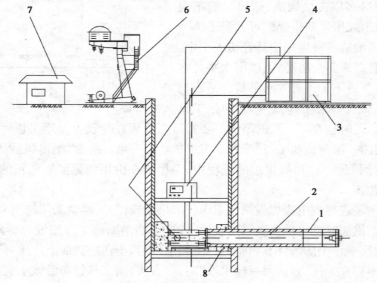

图 50-28　泥水平衡顶管系统

1-掘进机；2-进排泥管路；3-泥水处理装置；4-主顶油泵；5-激光经纬仪；6-行车；7-配电间；8-洞口止水圈

泥水平衡顶管施工的主要优点是：

①适用的土质范围较广，如在地下水压力很高以及变化范围较大的条件下，也能适用。

②可有效地保持挖掘面的稳定，对所顶管子周围的土体扰动比较小。因此，采用泥水平衡顶管施工引起的地面沉降也比较小。

③所需的总顶进力较小，尤其是在黏土层，适宜于长距离顶管。

④作业环境比较好，也比较安全。由于它采用泥水管道输送弃土，不存在吊土、搬运土方等容易发生危险的作业。由于是在大气常压下作业，也不存在采用气压顶管带来的各种问题及危及作业人员健康等问题。

⑤由于泥水输送弃土的作业是连续不断地进行的，所以它作业时的进度比较快。

但是，泥水平衡顶管也有它的缺点。例如：

①弃土的运输和存放都比较困难。如果采用泥浆式运输，则运输成本高，而且用水量也比较大。如果采用二次处理方法来把泥水分离，或让其自然沉淀、晾晒等，则处理起来不仅麻烦，而且处理周期也比较长。

②所需的作业场地大，设备成本高。

③口径越大，其泥水处理量也就越大。因此，在闹市区进行大口径的泥水顶管施工是件非常困难的事。而且大量的泥水一旦流入下水道后，将会造成下水道堵塞。因此，在小口径顶管中采用泥水式是比较合适的。

④采用泥水处理时，其设备往往噪声很大，对环境将会造成污染。

⑤由于设备比较复杂，一旦有哪个部分出现了故障，就得全面停止施工作业。

⑥如果遇到覆土层过薄或者遇上渗透系数特别大的砂砾、卵石层，作业就会因此受阻。因为在这样的土层中，泥水要么溢到地面上，要么很快渗透到地下水中去，致使泥水压力无法建立起来。

582

前面已经讲过,泥水的密度必须大于 1.03,即必须是含有一定黏土成分的泥浆。详细情况如表 50-12 所示。

不同土质条件下的泥水密度

表 50-12

土 质 名 称	渗透系数(cm/s)	颗粒含量(%)	密度(g/cm³)
黏土及粉土	$1\times10^{-9}\sim1\times10^{-7}$	5～15	1.025～1.075
粉砂及细砂	$1\times10^{-7}\sim1\times10^{-5}$	15～25	1.075～1.125
砂	$1\times10^{-5}\sim1\times10^{-3}$	25～35	1.125～1.175
粗砂及砂砾	$1\times10^{-3}\sim1\times10^{-1}$	35～45	1.175～1.225
砾石	1×10^{-1} 以上	45 以上	1.225 以上

在渗透系数较小,如 $k<1\times10^{-3}$ cm/s 的砂土中,泥浆密度应适当增加。

在渗透系数适中,如 1×10^{-3} cm/s$<k<1\times10^{-2}$ cm/s 的砂土中,挖掘面容易失稳。如要保持泥水的稳定,要求进入掘进机泥水仓的泥水中必须含有一定的黏土和保持足够的密度。为此,在泥水中除了加入一定的黏土外,需再加一定比例的膨润土及 CMC(羧甲基纤维素)作为增黏剂,以保持泥水性质的稳定,从而达到保持挖掘面稳定的目的。

在砂砾层中施工,泥水管理尤为重要。由于这种土层中自身的黏土成分含量极少,所以在泥水的反复循环利用中就会不断地损失一些黏土,此时就需要不断地向循环用的泥水中加入一些黏土,才能保持住泥水的较高黏度和较大的密度,才可使挖掘面不会产生失稳现象。

(2)泥水平衡式顶管挖掘机的基本原理

泥水平衡式顶管挖掘机有两种形式:一种是单一的泥水平衡式,即以泥水压力来平衡地下水压力,同时它也平衡掘进机所处土层的土压力。另一种泥水仅起到平衡地下水的作用,而土压力则用机械方式来平衡。其基本原理可参见参考文献[83]、[84]。

(3)刀盘可伸缩的泥水平衡顶管掘进机(TM 和 MEP)

这种形式的泥水平衡顶管掘进机是日本 ISEKI(伊势机)公司独创的一种顶管掘进机,其类型最为齐全。它分为大小口径两种:小口径顶管掘进机人无法进去,就采用远距离控制,称之为 TM 型;大口径顶管掘进机人可以进入,直接在管内操作,称之为 MEP 型。除此之外,两者的工作原理完全相同。

该顶管掘进机本体由壳体、隔仓壁、承压环、刀盘、驱动装置、刀盘加压装置及进排泥阀开闭装置等构成,详情请参见参考文献[83]、[84]。

(4)砾石破碎式泥水平衡顶管掘进机(TCM)

图 50-29 所示的是主轴装有破碎机构的泥水平衡顶管掘进机。左边是其刀盘的正面,刀盘的开口比较大,便于大块的卵石等能进入顶管掘进机内。图中上下为两个泥土和石块的进口,其开口的面积占顶管掘进机全断面的 15%～20%。中间是该顶管掘进机的纵剖面。刀盘由设在主轴左右两侧的电动机驱动。电动机通过行星减速器带动小齿轮,然后再带动设在中心的大齿轮。大齿轮与主轴及轧辊连接成一体。主轴的左端安装有刀盘。这样,只要刀盘驱动电机转动,刀盘也就转动,同时轧辊 15 也转动。

由于该顶管掘进机的主轴除了具有切削土体、搅拌土体的功能以外,还具有破碎功能。所以,它的驱动功率比普通泥水顶管掘进机要大许多。它适用的口径为 600～2 400mm。不过,口径越小,能破碎的砾石的粒径也越小。通常,一台 600mm 的破碎装置,能破碎的砾石粒径为 100mm,而一台 2 400mm 的装置,则能破碎砾石的粒径为 500mm。其工作原理参见参考文献[83]、[84]。

（5）偏心破碎式泥水平衡顶管掘进机（TCC）

图50-30为日本伊势机公司的专利产品——偏心破碎式泥水平衡顶管掘进机。该顶管掘进机的最小口径为250mm，最大口径为1350mm，是中小口径顶管掘进机中性能较为优良的一种。

在一般情况下，刀盘每分钟旋转4～5转，每当刀盘旋转一圈时，偏心的破碎动作达20～23次。由于本机具有以上这些特殊的构造，因此它的破碎能力是所有具有破碎功能顶管掘进机中最强的，破碎的最大粒径可达顶管掘进机口径的40％～45％，破碎的卵石强度可达200MPa。

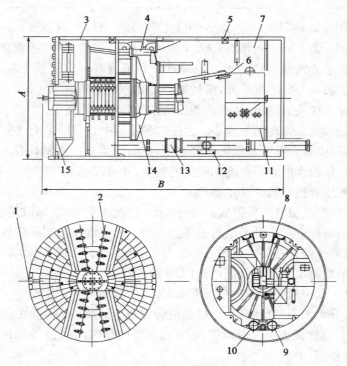

图50-29　主轴装有破碎机构的泥水平衡顶管掘进机

1-周边刀；2-刀头；3-壳体；4-进泥口；5-吊盒；6-摄像机；7-承压环；8-仪表盘；9-软管；10-进排泥管；11-液压动力源；12-机内旁通；13-同轴两联阀；14-筋板；15-轧辊

这种顶管掘进机的特点是：

①几乎是全土质的顶管掘进机。它可以在N值0～15的黏土、N值1～50的砂土以及N值10～50的砾石层等所有土质中使用，而且推进速度不会有太大的变化。

②破碎粒径大，可达口径的40％～50％。

③施工精度高，施工后的偏差极小。

④由于有偏心运动，进土间隙又比较小，即使用普通的清水作为进水，也能保证挖掘面的稳定。

⑤可以进行长距离顶进，也可用于曲率半径比较小的曲线顶进。

⑥施工速度快，每分钟可进尺100～160mm。

⑦结构紧凑、维修保养简单、操作方便。无论在工作井中安装还是在接收井中拆除都很

方便。

(6)气压式泥水平衡顶管掘进机

此掘进机大多用于直径比较大的场合,因而它既可用于顶管施工,也可用于盾构施工。其整台机器分为泥水仓和工作仓两部分,中间仓以一块隔板把两者完全分开。泥水仓内上部又分成前后两部分,后面靠近工作仓的空间顶上有一根压缩空气管与它相连通。进、排泥管均设在掘进机的下部,进水管出口有一个锥喷嘴。排泥管管口外设有防堵塞栅栏。

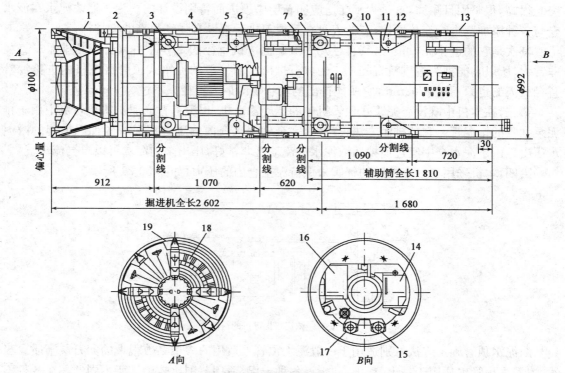

图 50-30　偏心破碎式泥水平衡顶管掘进机(尺寸单位:mm)

1-偏心破碎机头;2-壳体;3-减速器;4-第 2 节壳体;5-纠偏油缸;6-仪表盘;7-注浆口;8-第 3 节壳体;9-注浆口;10-纠偏油缸;11-仪表盘;12-第 4 节壳体;13-第 5 节壳体;14-液压动力源;15-排泥管;16-电气箱;17-进水管;18-刀头;19-外周刀

刀盘采用中心支承的方式,刀盘是辐条式,没有面板。辐条式刀架及刀盘中心都装有硬质合金刀头。刀盘由四台马达驱动。在驱动装置中心两侧,各设一台油缸,该油缸可使刀盘前后伸缩。

它的平衡原理也很特别,当泥水仓内全部充满泥水时,开始将压缩空气放入泥水仓后面的气压仓。由于空气相对密度远比泥水轻,所以就把泥水从气压仓内逼出。压缩空气压力越高,气压仓内的水位就越低。该水位在工作仓内可用垂直安装的指示灯反映出来,这样我们可以通过调节供给的压缩空气的压力大小,就很方便地调节泥水仓内压力的高低。

气压式泥水平衡顶管机的特点:

①泥水仓内的压力高低完全由压缩空气的压力所决定。由于压缩空气调节的范围宽,调节又十分精确,可精确到 0.1kPa,所以使泥水仓内的压力始终处于一个极小的波动范围内稳定地工作。这种平衡比较彻底,施工后的沉降极小。

②辐条式刀盘的前倾角在一定范围内可变调节,因而可适用于不同的土质,适应性比较广。

③辐条式刀盘可前后伸缩,可减小刀盘驱动功率。当刀盘启动时,把刀盘缩回,这就相当

于空载起动,因此,该刀盘的转矩经验系数可以小到 $\alpha=1.3$ 左右。

(7)浓泥水式顶管掘进机

浓泥水式顶管掘进机与普通的泥水掘进机有较大的不同,普通泥水式掘进机的泥水相对密度在 $1.03\sim1.30$,而浓泥水顶管掘进机施工时的泥水相对密度在 $1.40\sim1.80$ 之间。其实,它是介于泥水和泥浆之间的一种顶管形式。

浓泥水式掘进机的构造有几个地方是非常特别的。首先是它的刀盘,刀盘是辐条式,刀头突起很高,很坚固且耐磨,这是为了能适应卵石层中顶进而特别设计的。为了使浓泥水在泥水仓与各种添加剂进行充分搅拌,有的刀盘在每根刀排后都设有强度很高的搅拌棒。

其次是它的进排泥口很大,其直径几乎占了掘进机直径的 $1/3$ 左右。由于其排泥口直径非常大,所以它能把为掘进机直径 $1/4$ 的卵石排出。而一般的泥水式顶管掘进机的进排泥管直径最大的也只不过 $\phi200\text{mm}$,它所能排出的块状物的最大粒径只不过为 70mm 左右。

第三,在本机中既没有泥浆式顶管机中的螺旋输送机,也没有普通泥水式顶管机中用于排泥泵抽吸的排泥管。它的排泥方法很特殊,完全靠泥水仓内的压力把混有各种添加剂的浓泥水压出。由于泥水仓中经过搅拌后浓泥水的流动性非常好,压出来的泥水可以自己流动。

第四,本机采用了一个特殊的气阀来保持泥土仓内的压力,如图 50-31 所示。

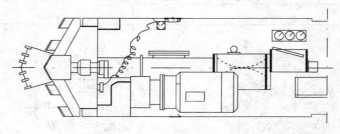

图 50-31　浓泥水掘进机的构造

浓泥水顶管施工方法特别适用于一般泥水顶管不适用的渗透系数很大的卵石层土质。当然,浓泥水顶管也适用于黏土、粉土、砂土等各种土层,适用范围比较广。所不同的是在各种不同土层中施工时,其进水添加剂材料的配合比及用量各不相同。归纳起来,浓泥水施工有以下几个优点。

①由于泥水仓内的泥水浓度很高,相对密度又大,容易使挖掘面保持稳定。另外,即使在渗透系数很大的卵石层中,由于泥膜稳定,使泥水的渗透性几乎为零,因而也能使挖掘面保持稳定,这是普通泥水式顶管施工所无法做到的。

②由于上述能保持挖掘面稳定的原因,因此,采用浓泥水顶管施工后的地面沉降比普通泥水式顶管施工还要小。并且,由于它采用了特殊的气阀,因此不会产生地面隆起。

③浓泥水顶管施工适用的范围非常广,可以说是一种全土质的顶管机,无论是软土还是卵石,不论 N 值是 0 还是 50,甚至在砾石占有 90% 的土层中都能适用。

④它不需对卵石进行破碎,能排出卵石的粒径可达所顶混凝土管口径的 $1/3$ 左右。

⑤与其他泥水式顶管相比较,浓泥水式顶管的推力要低许多,尤其是在砂砾土中表现得更加明显。因此,它非常适应于长距离顶管和曲线顶管。

⑥管内作业环境比较好。由于真空吸泥过程中把管道内一部分空气也吸走了,外面的新鲜空气会不断地补充进来,这样不易产生管道内缺氧的现象。并且管道输送使管内作业环境也比较干净。

⑦操作人员在掘进机内操作,不需要遥控操纵台等一系列电气附属设备,从而使作业既经济又可靠。

3. 土压平衡顶管

(1)土压平衡顶管概述

土压平衡顶管的主要特征是在顶进过程中,利用土仓内的压力和螺旋输送机排土来平衡地下水压力和土压力,排出的土可以是含水率很少的干土或含水率较多的泥浆。它与泥水平衡顶管相比,最大的特点是排出的土或泥浆一般都不需要再进行泥水分离等二次处理。土压平衡顶管是机械式顶管施工中的一种。

土压平衡顶管掘进机主要有以下四种。

第一种按土仓中的泥土类型分为泥土式、泥浆式和混合式三种。其中,泥土式又可分成压力保持式和泥土加压式两种。压力保持式就是使土仓内保持有一定的压力以阻止挖掘面产生塌方或受到压力过高的破坏。泥土加压式就是使土仓内的压力在顶管掘进机所处土层的主动土压力上再加上一个 Δp,以防止挖掘面产生塌方。泥浆式是指排出的土中含水率较大,可能是由于地下水丰富,也可能是人为地加入添加剂所造成,后者大多用于砾石或卵石层。混合式则是指以上两种方式都有。

第二种按顶管掘进机的刀盘形式分为有面板刀盘和无面板刀盘两种。有面板的掘进机土仓内的土压力与面板前挖掘面上的土压力之间存在有一定的压力差。而且,这个压力差的大小是与刀盘开口大小成反比,即面板面积越大,开口越小,则压力差也就越大;反之亦然。无面板刀盘就不存在上述问题,其土仓内的土压力就是挖掘面上的土压力。

第三种是根据土压平衡顶管掘进机有无加泥功能分为普通土压式和加泥式两种。所谓加泥式就是具有改善土质这一功能的顶管掘进机。它可以通过设置在掘进机刀盘及面板上的加泥孔,把黏土及其他添加剂的浆液加到挖掘面上,然后再与切削下来的土一起搅拌,使原来流动性和塑性比较差的土变得流动性和塑性都比较好,还可使原来止水性差的土变成止水性好的土。这样可大大扩大土压平衡顶管掘进机适应土质的范围。

第四种是根据刀盘的机械传动方式来分,将土压平衡顶管掘进机分为三种。图 50-32 中所示的是中心传动形式,刀盘安装在主轴上,主轴用轴承和轴承座安装在壳体的中心。驱动刀盘的可以是单台电动机及减速器,也可以是多台电动机和减速器,或者采用液压马达驱动。这种传动方式适宜在中小口径和一部分刀盘转矩较小的大口径顶管掘进机中使用。图 50-33 为中间传动形式,它把原来安装在中心的主轴换成由多根连接梁组成的连接支承架把动力输出的转盘与刀盘连接成一体,以改变中心传动时主轴的强度无法满足刀盘转矩要求这一状况。这种传动方式可比中心传动传递更大的转矩。它适用于大、中口径中刀盘转矩较大的顶管掘进机。图 50-34 为周边传动形式,其结构与中间传动形式基本相同,只不过它的动力输出转盘更大,已接近壳体。因此,它的优点是传递的转矩最大。缺点是结构更为复杂,造价也十分昂贵。另外,它还必须把螺旋输送机安装部位提高,才能正常出土。

(2)土压平衡的基本原理

土压平衡式顶管的基本原理,可参见参考文献[83]、[84],这里不再详述了。

(3)单刀盘土压平衡顶管掘进机

单刀盘土压平衡顶管掘进机是一种具有广泛的适应性、高度的可靠性和技术先进性的顶管掘进机。最小的有适用于 800mm 口径的混凝土管用顶管掘进机,最大的外径可达14 200mm,而且是顶管与盾构通用型机。

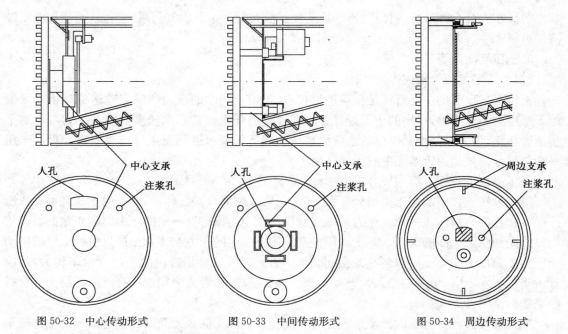

图 50-32　中心传动形式　　　　　图 50-33　中间传动形式　　　　　图 50-34　周边传动形式

　　单刀盘式顶管掘进机的切削断面可做到 100%,土仓内的土压力等于顶进面上的压力,反映出的土压力较多刀盘式顶管掘进机准确。因此,地面变形量要小于多刀盘式顶管掘进机。

　　图 50-35 为该顶管掘进机的结构之一。从图中可以看出,它有两个显著的特点:第一,该机的刀盘呈辐条式,没有面板,其开口率达 100%;第二,该顶管掘进机的刀盘后面设有许多根搅拌棒。

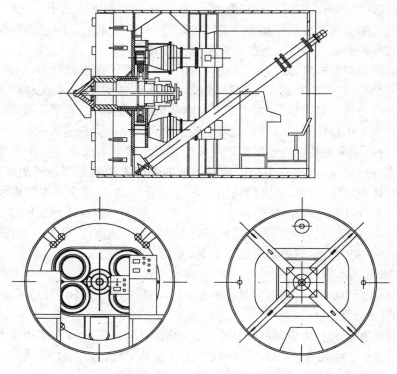

图 50-35　单刀盘土压平衡顶管掘进机

单刀盘式的顶管掘进机由于没有面板,开口率为100%。所以,土仓内的土压力就是挖掘面上的土压力,不存在压力差,这才是真正意义上的土压平衡。

另外,刀盘切削下来的土被刀盘后面的搅拌棒在土仓中不断搅拌,就会把切削下来的"生"土搅拌成"熟"土。而这种"熟"土具有较好的塑性和流动性,又具有较好的止水性。如果"生"土中缺少具有塑性和流动性及止水性所必需的黏土成分,如在砂砾层或卵石层中顶进,可以通过设置在刀排前面和中心刀上的注浆孔,直接向挖掘面上注入黏土浆,然后把这些黏土浆与砂砾或卵石进行充分搅拌,同样可使它具有较好的塑性、流动性和止水性。

还有,在砂砾中施工时,刀盘的扭矩会比黏性土中增加许多。这时,如果适当地加入些黏土,刀盘扭矩就会有较大的下降。与普通的土压平衡顶管掘进机相比,单刀盘式顶管掘进机刀盘的驱动功率要小许多。

(4)多刀盘土压平衡顶管掘进机

多刀盘土压平衡顶管掘进机把通常的全断面切削刀盘改成四个独立的切削搅拌刀盘。所以它只能用于软土层中的顶管(尤其适用于软黏土层)。如果在泥土仓中注入些黏土,它也能用于砂层的顶管。另外,由于本机采用了先进的土压平衡原理,因此采用本机进行顶管施工后,对地面及地下的建筑物、构造物、埋设物的影响较小,用它可以安全地穿越公路、铁路、河川、房屋以及各种地下公用管线。其最小覆土深度约为一倍管外径。施工实例证明,用本机进行顶管施工作业,不仅安全、可靠,而且施工进度快、效率高。与大刀盘土压平衡顶管掘进机相比,本机具有价格低廉、结构紧凑、操作容易、维护方便和质量轻等特点。

通常大刀盘土压平衡顶管掘进机的质量为它所排开土体积质量的0.50～0.70倍,而多刀盘土压平衡顶管掘进机的质量只有它所排开土体积质量的0.35～0.40倍。正因为这样,多刀盘土压平衡顶管掘进机即使在极容易液化的土中施工,也不太会因顶管掘进机过重而使方向失控,产生走低现象。

多刀盘式土压平衡顶管掘进机的构造如图50-36所示。四把切削搅拌刀盘对称地安装在

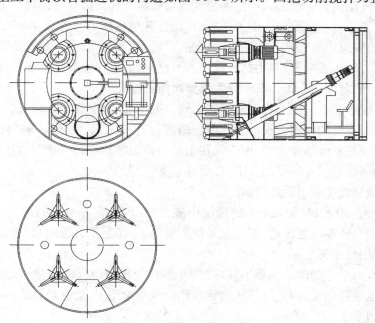

图50-36　多刀盘土压平衡顶管掘进机

前壳体的隔仓板上,并伸入泥土仓中。隔仓板把前壳体分为左右两仓;左仓为泥土仓,右仓为动力仓。螺旋输送机按一定的倾斜角度安装在隔仓板上,螺杆是悬臂式,前端伸入泥土仓中,隔仓板的水平轴线左右和垂直轴线的上部各安装有一只隔膜式土压力表。在隔仓板的中心开有一孔,通常用盖板把它盖住。在盖板的中心,安装有一个向右伸展的测量用光靶。由于该光靶是从中心引出的,所以即使顶管掘进机产生一定偏转以后,只需把光靶作上下移动,使光靶的水平线和测量仪器的水平线平行就可以进行准确的测量。

(5)土压平衡式顶管工法的优缺点(表 50-13)

土压平衡式顶管工法的优缺点 表 50-13

优 缺 点		原　　因
优点	成本低	因土压顶管工法无需像泥水顶管那样的泥水处理系统,故设备少,现场占地面积小,成本低
	出土效率高	因排出的是泥土,故排土效率比泥水顶管工法高
	适用土质范围广	土压顶管工法几乎对所有土质均可适用
	地面变形小	能保持挖掘面的稳定,从而使地面变形极小
	环境影响小	由于没有泥水平衡式顶管那种泥水处理装置,也没有在气压式顶管那样的压力环境下作业,对环境影响小
缺点	添加材	在砂砾层和黏粒含量少的砂层以及硬黏土中施工时,必须采用添加材对土体进行改良,使土体易于流动
	掘削扭矩大	因添加材的相对密度大,故对掘削地层的浸渗作用小,所以掘削摩阻力大,即掘削扭矩大,致使顶管机的装备扭矩大,功耗大

4. 气压式顶管施工

气压式顶管施工是顶管、盾构、沉井等施工过程中常用的一种施工方法。气压式顶管施工就是以一定压力的压缩空气来平衡地下水压力、疏干地下水,从而保持挖掘面土体稳定的一种顶管施工方法。气压式顶管施工又可分为全气压顶管施工和局部气压顶管施工两类。所谓全气压顶管施工是指不仅在挖掘面上的工作人员,而且管道内所有工作人员都在气压条件下工作,即整个顶管的管道内都充满一定压力的压缩空气。而局部气压顶管施工是指仅仅在挖掘面上充满一定压力的压缩空气,并用机械取代人工挖土,而操作人员则不在气压条件下作业的顶管施工。显然,后者的工作条件及安全性都要比前者好许多。

气压施工与泥水及土压施工有许多不同之处。第一,压缩空气非常轻,其相对密度是无法调节的;第二,水和泥土的体积都视作为不可压缩的,而空气则是可压缩的;第三,具有一定浓度的泥水在土层中是不容易渗漏的,而空气在土层中则很容易渗漏。正因为如此,气压顶管施工对土质及周围环境等就有特定的要求,现简述如下:

(1)气压式顶管施工对土质的要求

在渗透系数大于 1×10^{-2} cm/s 的砂砾层中施工时,由于这种土质的透气性大,一般地下水也多,即使不把气压提得比较高,漏气也是很厉害的,工作起来会很困难,所以在这种土质条件下一般不宜采用气压施工。

在砂性土中,由于它的渗透系数不同,透气性会有大有小。所以,空气的消耗量也会有多有少,再加上其他一些因素,因此气压式顶管在砂性土质中施工,就有适合和不适合的问题。

(2)对环境的要求

气压施工占地比较大,所用的设备也比较多。另外,空压机工作时发出的噪声很大,所以不宜在居民密集的住宅区内采用。

（3）对设备等的要求

气压施工尤其是全气压施工，其气压站一刻也不能停止工作，否则就有可能出安全事故。所以，空压机必须要有备用的，供电也必须要有独立的两个电源。

（4）对作业人员的要求

在全气压施工中，所有进入气压区内的施工人员都必须是年轻力壮、身体健康的，它们必须经过严格的体格检查被认可是合格的，平时，应按要求为它们提供符合标准的伙食。作业时间应严格地控制在规定时间以内，不允许加班加点。对他们，还要定期地进行体格复查和接收必要的测试。为了确保作业人员的安全，在工作场所内应备有应急用气压仓和快捷的交通运输工具，便于抢救。

（5）其他要求

通信联络必须畅通。必须设专人进行安全作业的检查。所有测试压力的仪表及管路都应有备用的，即都必须有两套，以比照、参考和备用。气压仓等设备必须经当地政府的劳动部门出具书面许可证方可使用。

从以上要求看来，气压顶管施工是一项要求很严格的顶管施工，不宜于推广，目前也比较少用。

无论是局部气压还是全气压施工，它们所造成的地面沉降一般都比较大。这是因为气压在疏干地下水的过程中，会造成土体的压密沉降。另外，在顶管施工过程中又会对土体产生扰动而沉降。气压顶管施工过程的沉降，是上述两种沉降过程的叠加。

有关全气压式顶管施工、局部气压式顶管施工及气压顶管施工有关计算可参阅本书中参考文献[83]第十一章内容。因目前已不大采用，故在此从略。

第八节　长距离顶管施工

一、概述

长距离顶管是指每一段连续推进的距离都在 100m 以上的顶管施工，有的可达 1 000m 或 1 000m 以上。由于一次连续推进的距离长，也就会有许多因素对长距离顶管有制约作用，如：

（1）制约长距离顶管的一个重要因素是推力。若推力增加了，管子和后座能否承受得住？我们知道，常用的混凝土管的混凝土强度等级不低于 C50，其强度设计值为 23.1MPa，玻璃纤维加强管的抗压强度为 90～100MPa，钢管的抗压强度可达 210MPa。因此，在长距离顶管中首先选用的应为钢管。在目前顶管中，玻璃纤维加强管是长距离顶管的首选用管。在混凝土管的接口形式中，F 管又是长距离顶管的首选用管。

（2）长距离顶管还受后座所能承受推力大小的制约。后座受力分析及计算公式如图50-23和式(50-20)所示，在图 50-23 中，假设总推力为 F，而后座所能承受的推力的反作用力为 R，如果 $F > R$，后座就会遭到破坏。

在式(50-20)中，α 的取值范围为 1.5～2.5。它取值的大小与工作井及后座墙的结构形式有关。如工作井是采用钢筋混凝土沉井形式的，由于它的整体性好，而沉井两侧受土的内聚力和主动土压力的影响，以及沉井的刃脚一般都在沉井底板以下许多，受到土的剪切力的影响等，这时，α 可取 2～2.5。如果是钢板井，后座的整体性较差些，α 值只能取 1.0 或更小些才安全。如果同是钢板桩井,但后座却是用较厚的钢筋混凝土墙,整体性好,α 值可取 1.5～2.0 之间。除此之外,还要考虑后座后面的土是否已扰动过,如果扰动过,则 α 应取小些,反之,则 α 可取略大些。总之,α 值是一个完全凭施工经验而进行取值的系数,故存在着较大的差别。

假如要提高后座的强度,可适当加宽后座墙的宽度 B。后座墙的宽度一般均与工作井的宽度相等。如果后座墙反作用力的作用点与立顶油缸合力的作用点相一致,而且该点又低于所顶管子的轴线,那么,后座的高度就以这一点为中心,向上和向下均为高度的二分之一。

后座墙如果为素混凝土浇筑而成,它所能承受的最大弯矩 M_r 为:

$$M_r = 0.28Bt^2\sigma_{ct} \tag{50-34}$$

式中:M_r——后座墙所能承受的最大弯矩(kN·m);

B——后座墙的宽度(m);

t——后座墙的厚度(m);

σ_{ct}——混凝土的抗拉强度,一般取其抗压强度的 1/10～1/15。

若素混凝土墙的强度不满足要求,则可在墙体受拉的一面加入钢筋,使其强度增加,达到要求。

(3)长距离顶管还受到排土方式的制约。如所顶管子长度为 100m 以上时,采用人工出土,其出土速度太慢,制约了顶进速度,显然是不适宜的。若采用水力输送,也需在输送一定长度以后加一台中间泵。如果采用土砂泵,则必须保证土砂泵在克服了各种弯头、伸缩接头的阻力以后,还能在该距离内把管道内的土砂排出,或者也可加中间输土泵。还有,如果是管径较大的顶管,则可采用电瓶车出土。

(4)长距离顶管还受到管径大小的制约。一般来讲,长距离顶管的管径宜在 1.8m 以上。如果管径小了,作业人员进出管道内时不能直立行走就会影响顶进速度。

(5)长距离顶管还会受到掘进机等各种机具寿命的影响和制约。尤其是各种密封件的寿命、切削刀头的寿命、中继间的寿命等的制约。这些都是在长距离顶管中不可忽视的重要因素。因为在一般情况下,对掘进机的修复是一个非常困难的问题。

(6)长距离顶管会受到通风的制约,尤其是在管径较小而作业人员较多的情况下,距离长会造成通风不良,继而产生缺氧的危险。

(7)长距离顶管还会受供电的影响。如用 380V 以下的电压,因距离长了,压降较大,则电气故障会增多。一般用 1 000V 高压供电。

二、注浆减阻

注浆减阻在长距离和曲线顶管中,它是顶管成功与否的一个极其重要的关键性环节。在长度超过 40m 的大型直径顶管应采取措施减少管壁摩阻力。

(1)扩孔减阻应满足下列技术要求:

①扩孔后管周间隙可取 10～30mm。

②地下水以上顶管时,管底弧形支承面角度宜取 120°。

③扩孔间隙在地下水以下时应压注减阻泥浆;无地下水可涂抹非清水减阻剂。

(2)膨润土触变泥浆技术参数应满足表 50-14 要求。

比重	$1.1\sim1.6(g/cm^3)$	失水量	$<25cm^3/30min$
静切力	100Pa 左右	稳定性	静置 24h,无离析水
黏度	$>30s$	pH	<10

（3）触变泥浆可用黏性土、粉质土和渗透系数不大于 $10^{-5}m/d$ 的砂性土。渗透系数较大时应另加化学稳定剂。

（4）地下水有酸或碱离子时,应就地采用地下水调配触变泥浆。

（5）渗透系数大于或等于 $10^{-2}cm/s$ 的粗砂和砂砾层宜采用高分子化学泥浆。

（6）石蜡、废油脂等非亲水减阻剂可用于无地下水的硬土层。

（7）钢管预留注浆孔纵向间距一般可采用 $10\sim25m$;混凝土管取 $3\sim5$ 管节。每组压浆孔在同一横截面上设 $2\sim4$ 个,管底不宜设注浆孔。

（8）顶管机后部断面缩小处应设置一组主注浆孔;在每个中继间处应设注浆孔。根据顶进速度应在预留孔上设置补浆孔,补浆孔的间距可按式(50-35)估算：

$$L_m = T \times v \qquad\qquad (50-35)$$

式中：L_m——补浆孔间距(m)；

　　　　v——每天平均顶进速度(m/d)；

　　　　T——减阻泥浆失效期(d),可取 $T=6\sim10d$。

（9）注浆管出口处应设泥浆单向阀,出口压力应大于地下水压力。

（10）主注浆口的实际注浆量,对于黏性土和粉土,不应大于理论注浆量的 $1.5\sim3$ 倍;对于中粗砂层,应大于理论压浆量的 3 倍以上。

（11）主注浆孔应与管道顶进同步注浆,先注浆后顶进。中继间注浆孔应与中继间起动同步,运行中连续注浆。

（12）管道在覆盖层较薄的流塑性土层中顶进,注浆量不宜过大,防止地面拱起及管道上浮。

（13）采用触变泥浆减阻的顶管,管壁与土的平均摩阻力如表 50-15 所示。

触变泥浆减阻管壁与土的平均摩阻力（单位:kPa）　　　　　表 50-15

土 的 种 类		软 黏 土	粉 性 土	粉 细 土	中 粗 砂
触变泥浆	混凝土管	$3.0\sim5.0$	$5.0\sim8.0$	$8.0\sim11.0$	$11.0\sim16.0$
	钢管	$3.0\sim4.0$	$4.0\sim7.0$	$7.0\sim10.0$	$10.0\sim13.0$

注:玻璃纤维增强塑料夹砂管可参照钢管,并乘以 0.8 的系数。

（14）采用其他减阻泥浆的摩阻力应通过试验确定。

三、中继间

1. 中继间的构造形式与尺寸

延长顶进距离的措施很多,如:可以提高混凝土管的抗压强度或采用玻璃纤维管;也可采用钢管;还可以减小管壁与土的摩擦阻力,采用注浆减摩。但在上述种种措施都不能满足延长顶进距离的要求时,那就只有采用中继间了。

中继间,也称中继站或中继环,是安装在一次顶进管子的某个部位,把这段一次顶进的管道分成若干个推进区间。在顶进过程中,先由若干个中继间按先后程序把管子推进一小段距离以后,再由主顶油缸推进最后一个区间的管子,这样不断地重复,直到把管子从工作井顶到接收井的一种顶管施工手段。管子顶通以后,中继间需按先后程序在拆除其内部油缸以后再合龙。中继间的结构主要由壳体、油缸、密封件等主要部件组成。图50-37为用两套中继间顶进的示意图。从图中可以看出,除了中继间以外,其他的均与普通顶管相同。图中设了两套中间油缸,如图中所示的那样;另一种是在中继间附近安装一台中继间油泵。

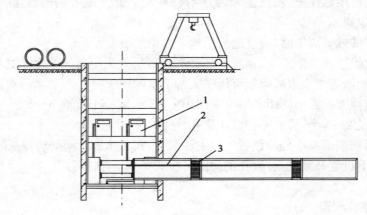

图 50-37　中继间顶进示意图

1-液压动力源;2-液压总管;3-中继间油泵

两种供油方式各有优缺点:第一种供油方式的供油管长,压力损失大,但它可以由一人在工作坑内集中管理;第二种供油方式供油管短,很少有压力损失,但油泵体积大,管径小,安装有困难,另外,油泵工作的噪声也较大,且每台需要有专人管理。因此,在口径较大,顶进长度不太长时,可选两种中的任一种。如果口径大,顶进距离较长,则采用第二种较好。如果管径小,则只能采用第一种供油方式。

图 50-38 所示的是中继间的一种形式。它主要由前特殊管、后特殊管和壳体油缸、均压环等组成。在前特殊管的尾部,有一个与 T 形套环相类似的密封圈和接口。中继间壳体的前端与 T 形套环的一半相似,利用它把中继间壳体与混凝土管连接起来。中继间的后特殊管外则设有两环止水密封圈,使壳体能在其上来回抽动而不会产生渗漏。

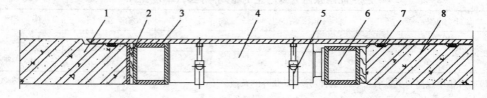

图 50-38　中继间形式之一

1-中继管壳体;2-木垫环;3-均压钢环;4-中继间油缸;5-油缸固定装置;6-均压钢环;7-止水圈;8-特殊管

中继间油缸被夹箍固定在壳体上。油缸不论数是多少均应均布在壳体内。油缸头尾两头均与均压钢环连接,均压钢环与混凝土管之间有一环衬垫。衬垫多用厚 20mm 左右的松板或夹板做成。在推进过程中,中继间油缸推到行程以后,自己不能缩回,因为它是单作用油缸。只有当后一只中继间往前推时,前一只中继间的油缸才能缩回。管子顶通以后,把中继间油缸拆卸下来,管子可以直接合龙。

图 50-39 为中继间壳体的各部尺寸。各种不同管径的中继间油缸主要参数及承压环厚度如表 50-16 所示。

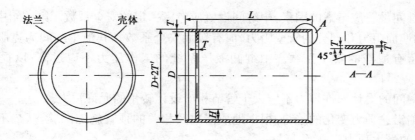

图 50-39　中继间各部尺寸

各种管径中继间油缸主要参数、承压环厚度　　　　　　　表 50-16

混凝土管内径 (mm)	中继间油缸				承压环厚度 (mm)
	推力(kN)(tf)	行程(mm)	外径(mm)	长度(mm)	
0～1 200	300(30)	300	135	525	70
1 350～2 200	500(50)	300	165	550	82
2 400～3 000	1 000(100)	300	225	580	94

注:油缸尺寸会因材料等的不同而不同。

图 50-40 为组合式密封中继间,其主要特点是密封装置可调节、可组合、可在常压下对磨损的密封圈进行调换,从而攻克了在高水头、复杂地质条件下由于中继间密封圈的磨损而造成中继间渗漏的技术难题,满足了各种复杂地质条件下和高水头压力下的超长距离顶管的工艺要求。

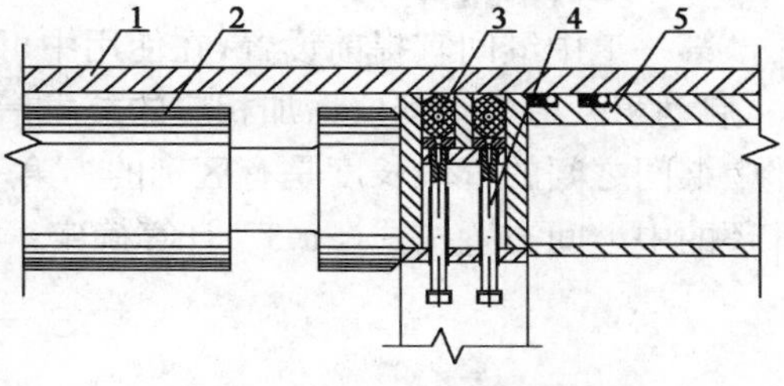

2. 中继间设置原则

中继间的设置受到地质条件、顶力变化等因素的影响,有着较大的不可预见性。中继间设置数目过多,则费用增大,顶管效率降低;中继间设置数目过少,则工程的风险增大。因而中继间设置的数目应该根据施工实际留有一定的安全余地。中继间的设置是否合理,不仅关系到顶管施工的正常进行,而且还关系到工程造价的问题。中继间的设置应符合以下原则:

图 50-40　组合式密封中继间构造图
1-外壳体;2-油缸;3-橡胶止水圈;4-调整螺栓;5-内壳体

(1)中继间必须具备足够的强度和刚度、良好的水密性,密封配合面应该经过切削加工,尺寸精度和表面光洁度高。密封形式应能够径向可调,并采用双倒密封的形式。中继间主体结构各组成部分的功能及其构造要求见表 50-17。

中继间各组成部分的功能及构造要求　　　　　　　表 50-17

组成部分	功　　能	构 造 要 求
内外钢套筒	1.保护千斤顶活塞杆不受外部泥土的污染; 2.保护施工人员的安全; 3.导向作用,使前后管节的前进方向一致	一般用钢板卷焊,经大型立车精加工,具有很高的尺寸精度、光洁度和刚度
千斤顶	中继间顶进力的来源	中继间应根据不同管径选择合适吨位的千斤顶,并沿管周均匀分布
密封装置	在地下水位下顶进,或需要灌注触变泥浆时,由于地下水和触变泥浆具有一定压力,可能从中继间缝隙间向管内溢出,所以需要设置可靠的密封装置	中继间的密封装置应满足往返滑动及受注浆压力条件下不渗漏的要求

（2）中继间设置应考虑的因素：中继间设置应考虑一定的安全系数。第一组中继间主要考虑顶管机的迎面阻力和部分的管壁阻力，应有较大安全系数。其他中继间为克服管外壁的摩阻力，也要留有适当的安全系数。中继间液压系统的工作压力不应过高，以提高系统的可靠性。

（3）中继间的设计允许顶力不应大于管节相应设计转角的允许顶力。

（4）预测沿途顶力变化的趋势：根据地质情况及相关的顶管施工经验，从最不利的因素预测可能出现的最大顶力。

（5）当估算总顶力大于管节允许顶力设计值或工作井允许顶力设计值时应设置中继间。

3. 确定中继间的数目

按《规程》第12.4.4条规定，设计阶段中继间的数量可按式(50-36)估算：

$$n = \frac{\pi D_1 f_k (L + 50)}{0.7 f_0} - 1 \tag{50-36}$$

式中：n——中继间数量（取整数）；

f_0——中继间设计允许顶力(kN)，中继间的设计允许顶力不应大于管节相应设计转角的允许顶力。

4. 中继间的间距计算

第一道中继间宜提前设置，在使用中可能造成地面沉降过大。在沉降要求高的区域顶管中，启动第一道中继间要增加相应的技术措施。顶管机和第一个中继间之间的管段长度与相邻中继间之间的管段长度是有区别的。第一个中继间一般应安装于顶管机后20～40m，以后各环的中继间布置按式(50-37)计算确定：

$$S' = k \frac{F_k - P_F}{\pi D f} \tag{50-37}$$

式中：S'——中继间的间隔距离(m)；

F_k——控制顶力(kN)；

P_F——顶管机的迎面阻力(kN)；

f——管道外壁与土的平均摩阻力(kPa)，宜取2～5kPa；

D——管道外径(m)；

k——顶力系数，宜取0.5～0.6。

5. 中继间性能应满足以下要求

（1）中继间的允许转角宜大于1.2°。

（2）中继间的合力中心应可调节。

6. 中继间的选择和设置的要求

（1）顶进土层为粉土和砂性土时密封圈压紧度应可调节。

（2）超长距离顶管宜采用密封性能可靠、密封圈压紧度可调节可更换的密封装置。

（3）中继间顶力富余量，第一个中继间不宜小于40%，其余不宜小于30%。

（4）中继间在曲线段或轴线偏差段运行时，应及时调整合力中心，确保中继间转角不扩大。

（5）超长距离顶管的中继间应采用计算机联动控制。

（6）中继间在安放时，第一只中继间应放在比较前面一些。因为掘进机在推进过程中推力的变化会因土质条件的变化而有较大的变化。所以，当总推力达到中继间总推力的40%～60%时，就应安放第一只中继间，以后，每当达到中继间总推力的70%～80%时，安放一只中继间。而当主顶油缸达到中继间总推力的90％时,就必须启用中继间。

(7)在复杂条件下,如高水压或复土层特别深时,应对中继间进行改造,特别是对止水密封圈的改造,以达到万无一失。

(8)中继间的壳体应与混凝土管外径相等,并使壳体在管节上的移动有良好的水密性和润滑性,滑动一端应与混凝土特殊管相接。

7. 中继间的拆除

顶进结束后应立即从顶管机向工作井方向逐环拆除,闭合中继间拆除应按设计要求进行处理。中继间拆除后应还原成管道,还原后的管道强度和腐蚀性能应符合管道设计要求。钢管中继间拆除后,在薄弱断面处宜加焊内环,两端焊缝应平滑。

四、通风

因为在长距离顶进过程的时间比较长,人员在管子内要消耗大量的氧气,时间长了,管内就会出现缺氧现象,影响作业人员的健康。另外,管内的涂料,尤其是钢管内的涂料会散发出一些有害气体,也必须用大量新鲜空气来稀释。再有可能在掘进过程中遇到一些土层内的有害气体逸出,也会影响作业人员健康,这在手掘式及土压式中表现较为明显。还有,在作业过程中还会有一些粉尘浮游在空气中,也会影响作业人员健康,而且也影响测量。所有以上这些问题,都必须靠通风来解决。对顶管施工中通风要求如下:

(1)长度超过150m的进人操作顶管,应配置通风设施,短距离顶管可采用鼓风机通风;长距离顶管应采用压缩空气通风。

(2)通风的空气质量应符合环保要求。

(3)在地面空气湿度较高且地面温度又高于地下温度的季节,应采用经除湿后的压缩空气通风。

(4)配置通风设施的顶管工程每人所需通风量不应小于 $30m^3/h$。使用开敞式顶管机时通风量应酌情增大。

(5)地层中存在有害气体时必须采用封闭式顶管机,并应增大通风量。

第九节 顶管施工测量控制

一、顶管的姿态控制

为了使顶管的管节按照预定方向前进,除顶管在顶进前按设计的高程和方向精确地安装导轨、浇筑后背以及布置好顶铁外,还必须要通过测量来保证上述工作的精度。同时在顶进的过程中,还必须不断地观测顶管机前进的轨迹和检查顶管机的姿态是否符合设计规定的轴线要求,如有偏差应及时纠正。

在实际顶进过程中,顶管机处于三维状态,可能会发生方向偏差和自传偏差,方向偏差又分为水平方向偏差和轴线高程偏差。其姿态变化如图50-41所示。

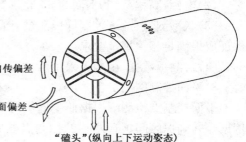

图 50-41 顶管顶进中的姿态变化

597

顶管机在顶进中的方向控制与轴线控制主要有以下三个方面：

（1）平面方位角偏差的控制如图 50-42a）所示，顶管机在水平方向与设计轴线产生 α_1 角度的偏差。

（2）轴线高程偏差的控制如图 50-42b）所示，顶管机在顶进中竖直方向与设计轴线产生 α_2 角度的偏差。

（3）自转偏转的控制如图 50-42c）所示，顶管机沿其轴线向一侧发生偏转角度 α_3。这种偏差不影响轴线位置，但过大时，可能使顶管机无法正常操作，如果在管子上有预留垂直顶升孔，则孔位发生偏斜而导致无法进行下一步施工。

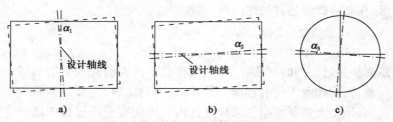

图 50-42　顶管机进中轴线偏差的形式
a）平面方位角的偏差；b）高程偏差；c）自转偏转偏差

二、直线顶管的测量

1. 普通测量

1）仪器设备

普通测量仪器设备包括：

（1）全站仪一台（测角精度：±2″，测距精度：2mm＋2ppm，1ppm＝1×10^{-6}）。

（2）电子经纬仪一台（测角精度：±2″）。

（3）S2 水准仪一台。

（4）棱镜、脚架、水准尺等配套设施若干。

（5）其他计算、记录、通信、交通设备若干。

在测量作业前应仔细检查仪器设备及其配套设施，确保仪器设备处于正常工作状态，方可测量作业。仪器设备应定期送检。

2）基本计算要求

普通测量的基本技术要求如下：

（1）所有测量工作均要符合国家相关规范要求。

（2）坐标、高程系统：平面为 54 北京坐标系、高程为废黄河高程系。

（3）联系测量、地下控制导线测量、地下控制水准测量按施工实际情况和规范要求进行，并保证成果满足相关规范要求。

（4）对测量数据，由两人采用两种不同方法计算，以进行校核。

3）平面控制网测量

平面控制点检测应根据业主提供的平面控制点作为向顶管内传递坐标和方位的联系测量依据。并确保区间顶管两端的控制点的通视。对业主所提供的平面控制点进行两次以上复测，并上报监理给予复核，如果检测的成果超限，立即以书面形式报监理工程师确认，由监理工程师及时会同业主和控制网测量单位研究解决。

4）高程控制网测量

水准控制点检测应确认业主提供的水准控制点满足规范要求,对业主所提供的水准控制点进行定期检测,上报监理给予复核,如果检测的成果超限,立即以书面形式报监理工程师确认,由监理工程师及时会同业主和控制网测量单位研究解决。

5）联系测量

地上和地下联系测量的目的主要是将井上点的平面坐标、高程与井下点的平面坐标、高程纳入到同一个系统中,从而为井下控制测量提供可靠的依据。

6）竖井定向测量

地上与地下平面联系测量俗称定向或方向传递,根据施工的具体情况,地上与地下平面联系测量主要是采用直传法和双井定向的方法。

(1)直传法

直传法就是直接将近井点的平面坐标和方位用全站仪直接从井上传递到井下去。经井下预先设置的点纳入到井上的坐标系统中。

(2)双井定向

双井定向是利用地面上布设的近井点或地面控制点来测定二吊垂线的坐标 X 和 Y 以及其连线的方向角。在井下,根据投影点的坐标及其连线的方向角,确定地下导线的起算坐标及方向角。具体步骤为:

①由地面用吊锤线向井下投点。通常采用单荷重稳定投点法。为减小误差,吊锤线应布置在上下观测仪台的同一边并且二线间距离要大。如图 50-43 所示,A、A' 为上下观测站,A、B 为已知点,A'、B' 为井下待定点,O_1'、O_2' 为钢丝吊线位置。

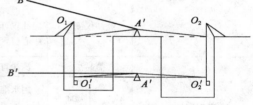

图 50-43　双井定向示意图

②地面和地下控制点与吊锤线的连接测量。采用全站仪观测,测站与吊锤线之间的距离用反射片测量。角度观测的中误差＝3″。

③内业计算:计算二吊锤线在地面坐标系中的方向角和距离;计算二吊锤线和地下导线点在地下假定坐标系中的坐标;计算地下导线点在地面坐标系中的坐标。地面及地下所计算的吊锤线间距离之差不超过±2mm。

7）竖井高程导入

竖井高程导入的目的是把地面高程传入竖井底。

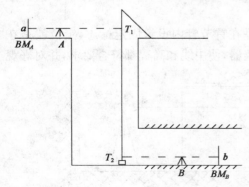

图 50-44　竖井高程导入测量示意图

进行高程传递时,用挂 49N(检验时采用的拉力)的钢尺,两台水准仪在井上和井下同步观测,将高程传至井下固定点。共测量三次,每次变动仪器高度。三次测得地上、地下水准点校的高差校差应小于 3mm。

实际操作时,从严要求,井上、井下水准仪和水准尺互换位置,再独立测量三次。必须注意高程水准尺的零点差是否相同,否则应加入此项改正。传入井底的高程,应与井底已有的高程进行检核。具体操作如图 50-44 所示。

8)采用经纬仪的测量方法

(1)测量的方法及步骤

表50-18列出了经纬仪测量的方法及步骤。

测量方法及步骤 表50-18

测量项目		测量方法及步骤
设置中心线与水准点	中心线设置	将管道中心线引到工作井前后。A、B两桩为中心线基坑。然后在工作井前后壁引入A'、B'两个中线桩,将两点间的直线A'B'作为顶进过程中观测管道中心的基线
	临时水准点	在工作井上下设立临时水准点。工作井内的临时水准点设于井内一侧,固定在土中,避免撞击移动。出现问题时,及时通过工作井上的水准点进行校核
中线测量	三点移线法	1.在A'、B'桩上拴线并拉紧。 2.在线A'B'上挂上两个垂球,使垂球间距尽量远些。 3.在首节管处放上中心尺,并用铁水平尺将中心尺找平,此时中心尺处于水平位置。 4.管内外拉紧线,并使线对准后边垂球。 5.管内外操作人员相互呼应,使管前线端部缓缓移动,一直到中心线对准前垂球尖为止。 6.此时管内测线与中心尺的中心偏离尺寸,即管中心与设计中心的误差,方向与尺上所指的方向相反
	经纬仪测量	将经纬仪安装在两主压千斤顶的空隙间,引下基点,以该点为中心安装经纬仪,前视中心桩定好方位,观测管端已装好的中心尺,即可测出管子的中心位置
高程测量	简易法	测量首节管的高程时,应用较长的铁水平尺测量其相对高程
	精密法 短距离	用水准仪和比管节内径校的短标尺,以便用于管内观测。所用观测方法与一般水准测量相同。水准测量最远测距数十米
	精密法 长距离	当长距离顶距达数百米时,水准仪已不适用,可用连通管观测两端水位刻度定高程
顶距测量		在井内管节入土的地方设一个固定的标点或钉一标桩,作为顶进的起点,计算顶进距离和推算前面管节的设计高程
管节转角测量		在顶进过程中,由于外力作用使管节产生自转现象,需要观测其转动情况。方法是在首节管内壁顶部画出观测的标志,在顶进过程中用经纬仪或三点移线法测出设计中心线,与观测点比较,就可以求出标志点的外移值,据此再计算转角的度数

(2)定点定位测量

图50-45为定点定位测量示意图。所谓定点就是在首节管内设置固定标志,定位就是在工作坑内将仪器装在固定的位置上。顶进前先调整仪器,使中线和高程都符合要求,并对好观

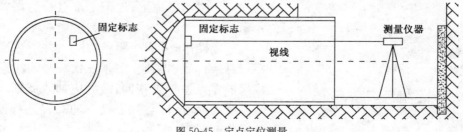

图50-45 定点定位测量

测标志。首节管如产生位移,标志随之发生变化,而工作坑内的测量仪器是固定的,所以不动仪器就能直接读出位移量和转角量。观测仪器采用水准仪,或分别采用经纬仪和水准仪。

此种方法测量时无需临时支架仪器,一人观测就可一次读出需要的数据,节省了测量时间。管内不需有人扶尺,随时观测不影响其他工序操作。仪器最好放置在横铁前两主压千斤顶的孔隙间,下部用螺栓固定于基础上,应注意支设仪器地点不要与顶进设备相互干扰,并要防止操作时振动。观测标志设置的位置不要影响管内操作,可放在一角,管内标志也应防止碰动。此方法只限观测一个点。

2. 激光测量

激光与普通光源相比具有方向性好、亮度高、单色性和相关性好的优点,因而获得广泛的应用。图 50-46 为激光测量示意图。激光测量时,在工作井内安装激光发射器,按照管线设计的坡度和方向将发射器调整好,同时在管内装上接收靶。激光测量采用激光经纬仪或激光水准仪。当顶进管道与设计坡度一致时,激光点直射靶心,说明顶进质量良好。如激光点设在靶上的位置偏离中心,说明顶进管道在方向或高程上出现误差。但是,激光测量会受到管内污染空气的影响而不能正确导向,另外,对长距离顶管,激光点会随着顶进距离的增加而增大,最终无法起到测量导向的作用。一般激光测量的距离不大于 200m,多用于顶进距离较短的小口径顶管施工。

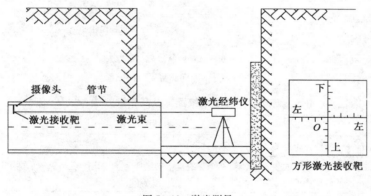

图 50-46 激光测量

三、自动导向测量系统

一般的测量工作中,距离、水平角、高度角、高差等基本测量需要测量人员借助测量仪器观测获得,对于一些需要进行长时间跟踪测量的工作,则困难颇大。随着自动全站仪的成功研制,自动测量技术系统充分体现出它的优越性。该系统无需其他精密传感器设备的辅助,仅采用常规测量仪器(计算机和全站仪),就能够高精度快速地自动连续测量,直接给出机头姿态的全部要素,适用于中、大直径的顶管机。自动导向测量系统特点如下:

(1)实时性:自动测量并反映当前顶管机状态,数字与图形表达使结果易于理解和掌握,直接给出独立的顶管机姿态要素(如 X,Y,Z,α,β,γ)。

(2)快速性:测量一次约 2min,系统每次测量均从工作井基准导线点开始,测量过程中,各条边检验通过之后再向下进行,各次结果之间相互独立,无累计积分计算。

(3)简单性:系统结构简单合理,操作和维护方便,易于使用。

(4)精确性:结果准确精度高,满足规范要求。

(5)稳定性：系统可在地下管洞环境中长期连续运行,对于高温、潮湿的环境能够很好适应。

1. 自动导向测量系统的组成

图 50-47 为自动导向测量系统的系统配置。自动导向测量系统按传统的连续导线测量的形式布设,测点布置如图 50-47 所示,具体布设方法如表 50-19 所示。

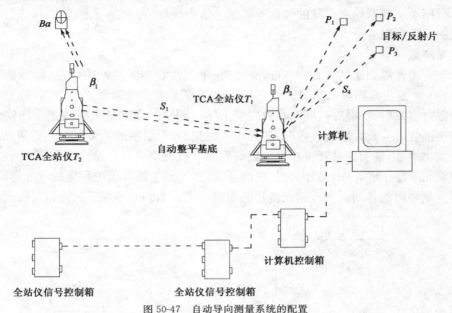

图 50-47　自动导向测量系统的配置

自动导向测量系统配置及其布设方法　　　　　　　　　　　　表 50-19

系 统 配 置	布 设 方 法
自动全站仪	每一个导线点上布置一台自动全站仪
棱镜	每一个导线点上布置棱镜。每一个导线点上的棱镜必须固定于全站仪的手柄上,并且使棱镜中心和全站仪的旋转中心位于同一垂线上
计算机	控制各台全站仪的测量并进行数据的收集和处理
系统通信设备	采用有限通信,计算机及各台全站仪必须有一台信号控制箱以及计算机→计算机控制箱→全站仪控制箱→全站仪的通信电缆。控制箱同时供给全站仪 12V 直流电

2. 自动导线测量系统的运行

顶管施工测量需要频繁测量机头的位置,以便及时纠正机头的偏差,因此测量过程是重复进行的。自动导向系统的运行模式包括单机运行模式和双(多)机运行模式,如图 50-48 所示。单机系统采用单个测量机器进行实时连续测量;双(多)机系统采用两个或多个测量机器进行同步跟进联动测量。

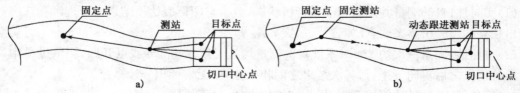

图 50-48　自动导向系统运行模式
a)单机运行模式;b)双(多)机运行模式

图 50-49 为双(多)机运行模式的管道测站布置图。T_1 是固定于井下仪器墩上的井下测站,为地下导线测量的起始点。长距离的曲线顶管受管道弯曲限制,T_1 站的仪器无法直接测量机头位置 P_0,而必须用导线测量的方法,在管道内设 T_2 站、T_3 站……逐站测量至机头 P_0。P_L、P_R 为固定于井壁上的后视点,他们的起始坐标和方位角由地面的控制点通过定向测量联测,在顶管过程中,并是不动的。由于机头中心无法安装棱镜,通过测定 P_1、

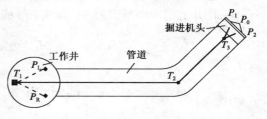

图 50-49 双(多)机运行模式管道测站布置图

P_2 棱镜归算得到的 P_0 坐标。每一次测量除起始点 T_1 外,其他各导线点都随管道向前推进而移动,即管道内的导线点 T_2、T_3 …是移动的,因此每一次测量 P_0,都必须全程由井下至机头逐站进行。

在顶管自动引导测量系统中,必须在管道里的测站上安置自动整平基座,当管道推进全站仪整平受到破坏时能及时自动把仪器的基座整平。顶管自动引导测量系统在运行前必须进行系统的初始化。启动系统计算机,进行自动测量。

3. 顶管贯通对自动导线测量系统的精度要求

顶管施工测量的目的是求出测量时机头当前的位置以计算出与设计轴线的偏差,指导机头及时纠偏,引导管道按设计线路顶进,保证机头最终从接收井的预留洞中穿出,达到准确贯通。顶管贯通误差 M 由贯通测量误差 M_1 和顶管施工误差 M_2 组成,见表 50-20。贯通测量误差 M_1 和顶管施工误差 M_2 按"等影响原则"分配,即 $M_1 = M_2$,则顶管贯通误差 M 为:

$$M = \pm\sqrt{M_1^2 + M_2^2} \tag{50-38}$$

顶管贯通误差　　　　　　　　　　　　　　　　　　　　表 50-20

贯通误差组成		定　义	误差控制的要求或对策
贯通测量误差 M_1	地面控制测量误差 m_1	地面控制为工作井到接收井二井之间的导线测量,其误差为贯通测量的次要误差	1. 严密测定工作井和接收井预留洞口中心坐标。 2. 施工测量必须以实地二井洞口中心为基准。 3. 对原设计的线形必须进行调整,调整应以原设计线形位置变化最小为原则。 4. 地面导线布置成单边导线,这样即可消除导线起始方位角的误差
	工作井的定向测量误差 m_2	定向测量的目的是把地面控制点坐标及方位引测到井下的固定点 T_1、P_L、P_R,以作为地下导线的起算点。定向测量误差对贯通的影响比较大	1. 通过自动测量系统测量起始点连接角测量误差。 2. 人工定期对工作井进行变形检测,要求每顶进 50m,对工作井进行一次变形测量。 3. 贯通前 50m 和 20m 各进行一次工作井定向测量和接收井预留洞中心坐标测量
	地下导线测量误差 m_3	由于管道设计成曲线,由井下仪器墩上的仪器无法看到进入曲线段的顶管机机头,因此测定机头中心位置以求出机头方向偏差的测量工作只能采用地下导线测量。其测量误差对贯通影响最大	1. 高程测量由自动测量系统通过三角高程测量方式进行。 2. 自动测量系统无需人工操作,顶管无需停止,计算快速准确。 3. 机头纠偏非常及时,一般可控制偏差小于 $\pm50mm$,最大不大于 $\pm100mm$
顶管施工误差 M_2		施工造成的机头偏差	顶管施工规程要求在顶管施工过程中,机头偏离设计轴线(中心线)的左右偏差和上下偏差必须 $\leqslant\pm50mm$,即允许机头最大偏离 50mm

测量给出的顶管方向的偏差为贯通测力量误差 M_1，贯通测量误差由地面控制测量误差 m_1、工作井的定向测量误差 m_2 和地下导线测量误差 m_3 组成，计算如式(50-39)所示。

$$M_1 = \pm\sqrt{m_1^2 + m_2^2 + m_3^2} \qquad (50\text{-}39)$$

第十节 曲线顶管施工

一、概述

曲线顶管分为两种形式：一种为普通的曲线顶管，就是利用掘进机在顶进过程中向某一方向造成人为的轴线偏差，并使这一个偏差符合设计的曲线要求。这样顶完后，每一节管子的轴线都偏差一点，所顶管子多了就成为一条折线，我们就用这条折线代替设计所需的曲线。另一种就是按计算的数据在每一个管子的接口中均安装有间隙的调整器，然后人为地调整每一个管口的张角，使所顶的管子在符合设计要求的条件下，再进行推进的一种新的推进工艺，这后一种我们称之为预调试曲线顶管。

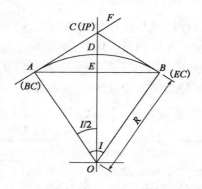

图 50-50 曲线顶管中的符号

曲线顶进与直线顶进主要有三个不同点：
(1)曲线顶进采用的施工方法比直线顶进复杂。
(2)曲线顶进时管节的排列形状与直线顶管不同。
(3)曲线顶进时阻力与顶进管的强度要求比直线顶管高。曲线的形成和保持是技术的关键，它对管道的曲率半径、曲线的起弯和反弯、管节的尺寸以及设备性能等都有严格的要求。

图 50-50 用圆弧的各部分名称及其相互关系表示了曲线顶管术语的符号。各符号的定义见表 50-21。实际上的曲线顶管不是一条简单的曲线，而是有两条或两条以上的曲线组成的。我们可以把它分成几段，使每一段只有一条简单曲线构成，然后分别再对每一段曲线进行计算。

曲线顶管有关术语的定义及其符号

表 50-21

术　语	定　义	图中对应的符号
始曲点	要求从直线开始转为曲线或者曲线顶管开始顶进中的一个点	点 A，常用缩写 BC 表示
终曲点	要求从曲线开始转为直线或者是某段曲线顶管所结束的这一个点	点 B，常用缩写 EC 表示
交点	某一段简单的曲线顶管中，分别从始曲点和终曲点所做的两根切线相交的这个点	点 C，常用缩写 IP 表示
交角	过始曲点的一根切线在交点上与另一根过交点的切线所夹的角	$\angle FCB(=I)$，常用缩写 I 或 IA 表示
切线长度	分别指从交点到始曲点和终曲点的切线之长	$l(AC)$ 和 $l(BC)$，常用缩写 TL 表示
曲线长度	从始曲点到终曲点之间管子中心线那段圆弧的长度	$lADB$，常用缩写 CL 表示

术　语	定　义	图中对应的符号
外割线长度	从交点 C 向曲线 $\overset{\frown}{ADB}$ 圆心所作的割线落在曲线外侧那一段直线的长度	$l(CD)$，常用缩写 SL 表示
中点	分别到始曲点和终曲点等距离的圆弧上的这个点	点 D
中点纵距	中点到曲线 $\overset{\frown}{ADB}$ 所对应的弦的距离	$l(DE)$
弦长	从始曲点到终曲点两点之间的直线长度	$l(AB)$
圆心	到曲线 $\overset{\frown}{ADB}$ 等距的那一个点	点 O
中心角	从圆心 O 分别向始曲点和终曲点所作两条射线所夹的角，中心角与交角相等	$\angle AOB(=I)$，$I=\dfrac{180°C.L}{\pi R}$
曲线半径	从圆心到曲线 $\overset{\frown}{ADB}$ 的距离	R
张角	在曲线顶管中，相邻两管子的端面所成的夹角称为管端的张角。如果相邻两节管子的长度相等，这时的张角与中心角也相等，见图 50-53	θ
管中心角	每节管子的长度 l 所对应的半径为 R 的圆心角称为管中心角	常用 δ_0 表示，$\delta_0=\dfrac{180°l}{\pi R}$，$l$ 为管节长度
偏角	管子轴线与管中心角一条边的垂线所夹的角叫做管子的偏角，简称偏角。其角为管中心角的一半，见图 50-51	常用 δ 表示

二、曲线顶管施工中的有关计算

在曲线顶管施工中，有两个基本数据是设计图纸中必须标明的，这就是半径 R、曲线长度 CL 或者是弦长，其余的则可以通过计算得知。仍以图 50-50 为例，已知 $R=94.00\text{m}$，曲线长 $CL=26.80\text{m}$，试计算出其他各部尺寸。

(1) 中心角 $I=\dfrac{180°CL}{\pi R}=16°20'$。

(2) 交角与中心角相等，$IA=16°20'$。

(3) 弦长 $\text{ch}\,\overline{AB}=2R\sin\dfrac{I}{2}=26.70\text{m}$。

(4) 切线长度 $TL=R\tan\dfrac{I}{2}=13.50\text{m}$。

(5) 外割线长度 $SL=R\left(\sec\dfrac{I}{2}-1\right)=0.94\text{m}$。

(6) 中点纵距 $M=R\left(1-\cos\dfrac{I}{2}\right)=0.94\text{m}$。

(7) 管中心角 $\delta_0=\dfrac{180°l}{\pi R}$，式中的 l 为管节长度，如果管节长度为 2.43m，则 $\delta_0=1°28'56''$。

(8) 偏角 $\delta=\dfrac{\delta_0}{2}=36'30''$。

图 50-51 所示为已顶了两节管子的情况。此时，第一节管子的前端处于 A_2 处，尾端在 A_1 处。而第二节管子的前端处于 A_1 处，尾端处于 A 处。

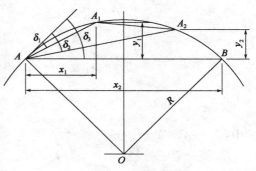

图 50-51　曲线顶管的纵横距计算图

第 n 节管子,则其前端处于 A_n 处,而尾端则处于 A_{n-1} 处。由此,可作出与图 50-60 相似的图,上面可以标出 δ_1、δ_2、δ_3、$\cdots$、δ_n,A_1、A_2、A_3、$\cdots$、A_n,x_1、x_2、x_3、$\cdots$、x_n,y_1、y_2、y_3、$\cdots$、y_n。

由于每节管子的长度相等,所以 $AA_1 = A_1A_2 = A_2A_3 = \cdots = A_{n-1}A_n$。由此可以推出:

$$\delta_1 = \frac{1}{2}\delta_2 = \frac{1}{3}\delta_3 = \cdots = \frac{1}{n}\delta_n \tag{50-40}$$

即:
$$\delta_n = n\delta_1$$

如果设 AA_1 的弦长为 C_1,AA_2 的弦长为 C_2,$\cdots\cdots$,AA_n 的弦长为 C_n,则各段弦长分别可由下式求出:

$$C_1 = 2R\sin\delta_1$$
$$C_2 = 2R\sin\delta_2$$
$$\cdots$$
$$C_n = 2R\sin\delta_n \tag{50-41}$$

利用 δ 与 C,可分别计算出 A_1、A_2、A_3、$\cdots$、A_n 各点的坐标:

$$x_1 = C_1\cos\left(\frac{I}{2} - \delta_1\right), y_1 = C_1\sin\left(\frac{I}{2} - \delta_1\right)$$

$$x_2 = C_2\cos\left(\frac{I}{2} - \delta_2\right), y_2 = C_2\sin\left(\frac{I}{2} - \delta_2\right)$$

$$x_3 = C_3\cos\left(\frac{I}{2} - \delta_3\right), y_3 = C_3\cos\left(\frac{I}{2} - \delta_3\right)$$

$$\cdots$$

$$x_n = C_n\cos\left(\frac{I}{2} - \delta_n\right), y_n = C_n\sin\left(\frac{I}{2} - \delta_n\right) \tag{50-42}$$

由设计图中的已知条件,并通过计算,可以画成图 50-52 的简图。计算已知数据如表 5-22 所示,然后,计算出图中每节管子纵、横距,并列成表格如表 50-23 所示,作为测量的依据。

在上述计算过程中,有两点必须加以说明。第一,在实际顶进过程中,习惯是把管子的轴线方向称为纵向,而把管子的左右方向称为横向。而图中的直角坐标系正好与习惯相反,它的纵、横距也与实际相反。如果把图 50-51 在直角坐标系中向逆时针旋转 $90°$,则实际与直角坐标系两者就相一致了。

第二,图 50-51 中的 AA_1 和 A_1A_2 并不是每节管子的长度,而是管子在轴线上的轴线长度。其中,AA_1 为:

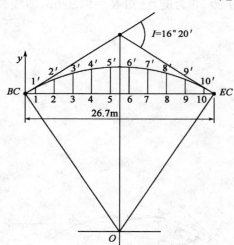

图 50-52　曲线纵横距简化图

$$AA_1 = l + \frac{D_0}{2}\tan\frac{\delta_0}{2} \tag{50-43}$$

式中:l ——管节长度(m);

D_0 ——管子外径(m);

δ_0 ——管中心角。

606

而 $A_1A_2 = A_2A_3 = A_3A_4 = \cdots = A_{n-2}A_{n-1}$，故：

$$A_1A_2 = A_2A_3 = A_3A_4 = \cdots = A_{n-2}A_{n-1} = l + \frac{D_0}{2}\tan\frac{\delta_0}{2} \qquad (50\text{-}44)$$

以上的前提条件必须是每节管子的长度相等，即 $A_{n-1}A_n = AA_1$。

计算已知数据表　　　　　　　　　　　　　　　　表 50-22

编号	顶程 l(m)	偏角 δ（累计）	$\frac{I}{2} - \delta$	$\sin\delta$	$\cos\left(\frac{I}{2}-\delta\right)$	$\sin\left(\frac{I}{2}-\delta\right)$
BC	0.0	0°				
1	2.43	0°44′27″	7°25′33″	0.012 93	0.991 61	0.129 24
2	4.86	1°28′56″	6°41′04″	0.025 86	0.993 20	0.116 40
3	7.29	2°13′21″	5°56′39″	0.038 78	0.994 62	0.103 56
4	9.72	2°57′48″	5°12′12″	0.051 69	0.995 88	0.090 69
5	12.15	3°42′15″	4°27′45″	0.064 60	0.996 97	0.077 80
6	14.58	4°26′45″	3°43′15″	0.077 52	0.997 89	0.064 89
7	17.01	5°11′11″	2°58′49″	0.090 40	0.998 65	0.051 99
8	19.44	5°55′40″	2°14′24″	0.103 27	0.999 24	0.039 07
9	21.87	6°40′07″	1°29′53″	0.116 13	0.999 66	0.026 14
10	24.30	7°24′35″	0°45′25″	0.128 96	0.999 91	0.013 21
EC		8°08′58″	0°01′02″	0.141 76	0.999 99	0.000 29

计 算 结 果 表　　　　　　　　　　　　　　　表 50-23

编号	c(m)	x(m)	y(m)	编号	c(m)	x(m)	y(m)	编号	c(m)	x(m)	y(m)
BC	0.0			4	9.72	9.68	0.88	8	19.42	19.40	0.76
1	2.43	2.41	0.32	5	12.15	12.11	0.95	9	21.83	21.82	0.57
2	4.86	4.83	0.57	6	14.57	14.47	0.95	10	24.25	24.25	0.32
3	7.29	7.25	0.76	7	17.00	16.98	0.88	EC	26.70	26.70	0.08

为防止曲线顶管过程中管口遭到破坏，都需要垫上特殊的衬垫，它在管子张角的顶端，被压缩到厚度为 S_0。这时，相邻两节管子的张角在管内外可测得四个间隙：管外最小开口间隙 S_0，管外最大开口间隙 S_1、管内最大开口间隙 S_2 和管内最小开口间隙 S_3，如图 50-53 所示。

其中，除了 S_0 是由 T 形套环中部的筋板和筋板两侧的衬垫压缩以后形成的，可以预先计算或通过实验得出以外，还应注意的是，该间隙是由前向后，呈每一节管子递减的。其他各间隙可以通过式(50-45)计算求出：

$$S_1 = \frac{lD_0}{R - \frac{D_0}{2}} \qquad (50\text{-}45)$$

式中：l ——管节长度(m)；

D_0 ——管外径(m)；

R ——曲线半径(m)。

$$S_2 = \frac{l(D_0 - t)}{R - \frac{D_0}{2}} \qquad (50\text{-}46)$$

式中：t——管子壁厚(m)。

$$S_3 = \frac{lt}{R - \dfrac{D_0}{2}}$$ 　　　　　　　(50-47)

如果是用普通的混凝土管作为曲线顶管用管时，则 S_1 应控制在 20～30mm 以内。在黏性土中，如含水率少时，可取上限 30mm。若在砂性土中，如含水率大，水压较高，则应取下线 20mm。否则容易造成管接口渗漏。

在土质条件较好和较硬的情况下，我们还须计算超挖量。所谓超挖量，就是在工具管或掘进机曲线内侧多挖去一定量的土，如图 50-54 所示。

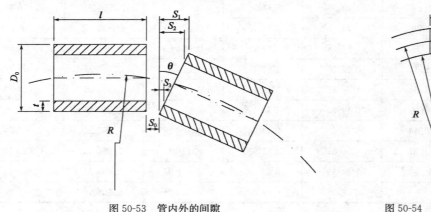

图 50-53　管内外的间隙　　　　　图 50-54　曲线推进的超挖量

图中的超挖量 m 可按式(50-48)求得：

$$m = \left(R - \frac{D_0}{2}\right) - \sqrt{\left(R - \frac{D_0}{2}\right)^2 - \left(\frac{l}{2}\right)^2}$$ 　　　　(50-48)

假若每节管子的长度为 2.43m，则在各种曲率半径下，它们各自的超挖量如表 50-24 所示。如果管节有变化，则应另行计算。

管子在各种半径下的超挖量表(mm)　　　　　　　表 50-24

R(m)　　管内径(mm)	50	75	100	150	200	250	300	R(m)　　管内径(mm)	50	75	100	150	200	250	300
800	14.9	9.9	7.4	4.9	3.7	3.0	2.5	2 400		10.0	7.5	5.0	3.7	3.0	2.5
1 200	15.0	9.9	7.4	4.9	3.7	3.0	2.5	3 000			7.5	5.0	3.7	3.0	2.5
1 800	15.1	10.0	7.5	5.0	3.7	3.0	2.5								

三、曲线顶管的测量

1. 采用经纬仪的测量方法

曲线顶管的测量最为重要，也比较复杂。这是因为设在管内的测站会随管子顶进长度的变化而移动。测量所用的工具为经纬仪。曲线顶管的测量分为简单测量和复杂测量，见表 50-25。

测 量 方 法	定　　义	特　　点
简单测量	经纬仪设在工作井内就可以进行全程测量的状态	多数适应于在曲线部分比较短、管径比较大、曲率半径也比较大的情况下
复杂测量	经纬仪在工作井内无法通视,必须在管内设测站的测量,其原理就是通过测站坐标的不断转换测得测点的坐标	测站的个数由一次最大测量距离而定

图 50-55 为一次最大测量距离示意图。当 $0.8\mathrm{m}<D<2.0\mathrm{m}$ 时,测量有效范围在 $(D/2-0.1)\mathrm{m}$ 以内。图中的 x 由管径而定,$x=0.1\mathrm{m}$,则:

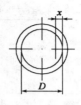
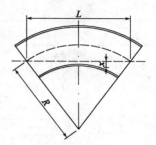

$$\frac{D}{2}-0.1=R-\sqrt{R^2-\left(\frac{L}{2}\right)^2} \quad (50\text{-}49)$$

式中:D——管子内径(m);

R——曲线半径(m);

L——最大一次测量距离(m)。

图 50-55　一次最大测量距离

整理式(50-49)得:

$$L=\sqrt{(D-0.2)(4R-D+0.2)} \quad (50\text{-}50)$$

当 $2.0\mathrm{m}<D<3.0\mathrm{m}$ 时,$x=0.2\mathrm{m}$。

通过计算,如果曲线顶进过程中的弦长大于 L,则必须在管内设测站,否则可不设测站。

(1)可通视的测量

可通视的测量就是最大一次测量距离大于顶进时弦长情况下的测量,其原理如图 50-56 所示,图中各符号的定义如表 50-26 所示。

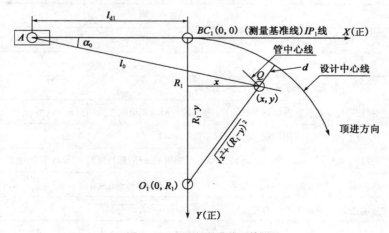

图 50-56　可通视的曲线顶管测量

(2)管内设一个测站

半曲线的弦长略大于最大一次测量距离 L 时,可在管内设一个测站,其原理见图 50-57。图中各符号的定义见表 50-27。

符　号	说　明
A	测量基准点,测量仪器即安装在该点 A
l_0	距离 l_0 为点 A 到管中心点 Q 之间的距离,可用测距仪测得
α_0	角 α_0 为经纬仪从 A 点向管中心 Q 点测得的与测量基准线之间的夹角
l_{d1}	直线 l_{d1} 为 A 点到始曲线 BC_1 之间的距离
$Q(x, y)$	被测点: $x = l_0\cos\alpha_0 - l_{d1}$;$y = l_0\sin\alpha_0$
d	被测点 Q 与设计中心线的误差: $d = R_1 - \sqrt{x^2 + (R_1 - y)^2}$

注:1. d 为曲线误差(m)。

　　2. d 为正值时,为右偏; d 为负值时,为左偏。

　　3. α_0 为正值时,偏向正时针; α_0 为负值时,偏向逆时针(以下同)。

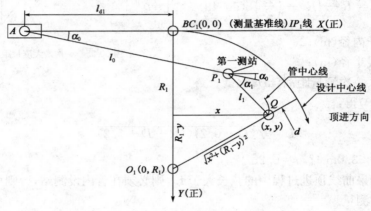

图 50-57　管内设一个测站

管内设一个测站的有关符号及其说明　　　　　表 50-27

符　号	说　明
A	测量基准点,测量仪器即安装在该点 A
P_1	第一个测站
l_0	A 到管中任意一可通视点 P_1 之间的距离
α_0	经纬仪从 A 点向管内第一个测站 P_1 测得的与测量基准线之间的夹角
l_1	从 P_1 到所需测的管中心点 Q 之间的距离
α_1	经纬仪从 P_1 向 A 对准以后,再转到 Q 点所得的 AP_1 延长线与 P_1Q 线所夹的角
$Q(x, y)$	被测点: $x = l_0\cos\alpha_0 - l_{d1} + l_1\cos(\alpha_0 + \alpha_1)$;$y = l_0\sin\alpha_0 + l_1\sin(\alpha_0 + \alpha_1)$
d	被测点 Q 与设计中心线的误差: $d = R_1 - \sqrt{x^2 + (R_1 - y)^2}$

(3)管内设两个测站

管内设两个测站的测量原理见图 50-58,图中各符号的定义见表 50-28。图中的 P_1、P_2 分别为管内两个测站。第一个测站 P_1 前的测量与管内设一个测站时一样。根据以上原理,可以推出管内设三个测站一直到管内设 n 个测站的测量方法及其计算方法。

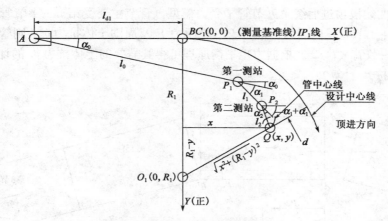

图 50-58　管内设两个测站

管内设两个测站的有关符号及其说明　　　　　　　　　　　　　　表 50-28

符　　号	说　　明
P_2	第二个测站
l_2	从 P_2 到需测管中心 Q 之间的距离
α_2	经纬仪从 P_2 向 P_1 对准后,再旋转到 Q 点所得的 $P_1 P_2$ 延长线与测量基准线间的夹角
$Q(x,y)$	被测点: $x = l_0 \cos\alpha_0 - l_{d1} + l_1 \cos(\alpha_0 + \alpha_1) + l_2 \cos(\alpha_0 + \alpha_1 + \alpha_2)$; $y = l_0 \sin\alpha_0 + l_1 \sin(\alpha_0 + \alpha_1) + l_2 \sin(\alpha_0 + \alpha_1 + \alpha_2)$
d	被测点 Q 与设计中心线的误差: $d = R_1 - \sqrt{x^2 - (R_1 - y)^2}$

2. 采用全站仪测量方法

在目前的顶管测量中,全站仪因其方便可靠已被广泛使用。使用全站仪进行测量比较方便,与管节中设置的临时控制点数量无关,只需使用支导线方法,利用全站仪测量所得的数据进行计算,即可得机头坐标和高程,再与原设计轴线进行比较就可得出机头的平面和高程偏差。

四、曲线顶管施工中的管材受力分析

1. 传统曲线顶管的力学分析

图 50-59 为首节管子进入曲线段时的受力模型。从图中可以看出,管节主要受力为纠偏油缸向后的顶推反力 P_0、后续管节向前的顶进力 P_1、管壁外周摩阻力及周围土体抗力 σ_1。因为首节管子进入曲线段时,接口张开成 V 形,所以顶推力只集中作用于两节管子的接触点 B' 上,所以顶推力 P_1 又可分解为轴向分离 P_{a1} 和切向反力 P_{h1}。由于偏转角 δ 很小,所以:

$$P_{h1} = P_1 \times \sin\delta = P_{a1} \qquad (50\text{-}51)$$

对管节中心 O 点取矩,最终得出所需土体抗力 σ_1 的计算公式如下:

$$\sigma_1 = \frac{2(P_0 + F)}{\sqrt{3}l^2} \qquad (50\text{-}52)$$

式中:P_0——主顶油缸向后的顶推反力;

F——管壁外周摩擦力;

l——单根管节长度。

图 50-60 为曲线段顶进后续第 n 节管子受力模型。管节主要受第 $n-1$ 节管向后的顶推反力 P_{n-1}，第 $n+1$ 节管子向前的顶推力 P_n、摩阻力 F 及周围土体抗力 σ_n，则管节受到的转动力矩为 $F \times r - (P_{hn} \times l)/2$。依据力矩平衡原理可得其需要的土体抗力 σ_n 的计算公式如下（由于 $\sigma_n > \sigma'_n$，故按 σ_n 计算）：

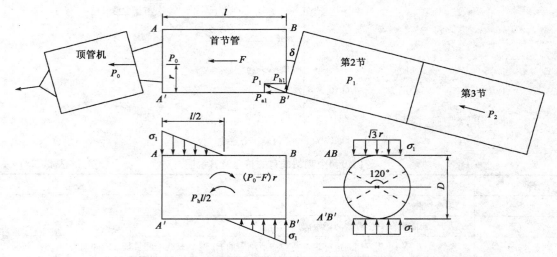

图 50-59　传统方法施工时首节管受力分析模型图

$$\sigma_n = \frac{8P_n \sin\delta}{\sqrt{3} \times Dl} - \frac{2F}{\sqrt{3}l^2}; \sigma'_n = \frac{4P_n \sin\delta}{\sqrt{3} \times Dl} - \frac{2F}{\sqrt{3}l^2} \tag{50-53}$$

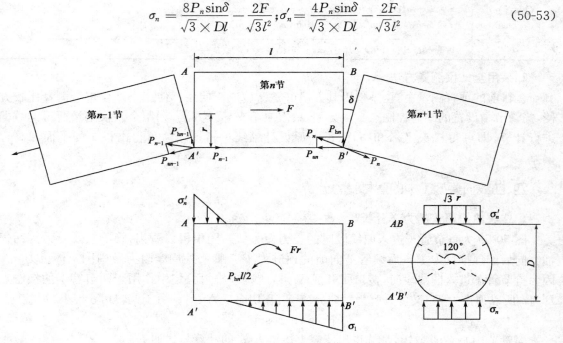

图 50-60　传动方法施工时后续管受力分析模型图

2. 预调式曲线顶管的力学分析

图 50-61 为预调式曲线顶管的管节受力模型。在曲线段顶进时，第 n 节管子所受的力的种类和传统曲线顶管基本相同。由于管节之间节点调整器的存在，顶拉力作用在纠偏千斤顶上，并通过纠偏千斤顶向前传递。由于力的传递方式不同，施工中所需土体提供的抗力 σ 为：

612

$$\sigma_n = \frac{4(P_{an} + F)\tan\left(\frac{\delta}{2}\right)}{\sqrt{3}Dl} ; \sigma_n' = \frac{4(P_{an} - 2F)\tan\left(\frac{\delta}{2}\right)}{\sqrt{3}Dl} \qquad (50\text{-}54)$$

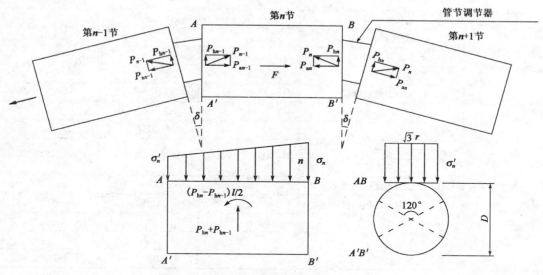

图 50-61　预调式曲线顶管法施工关节受力分析模型图

第十一节　顶管掘进机的选型

在选用顶管掘进机时,应根据施工现场的土质情况、环境及条件,并考虑施工的可行性、经济性和质量、安全、文明施工等方面的因素,以及保证地面建筑物与地下管线和维护道路交通等要求来合理选择顶管机头。

一、合理选型

为合理选型必须查清和分析以下有关资料。

(1)根据所提供的工程地质钻孔柱状图和地质纵剖面图,了解顶管机头所穿越的有代表性的地层情况,同时研究特殊地层条件可能遇到的施工问题。

(2)顶管机头所穿越的各类土层中,应详细分析表 50-29 所示的各项主要土壤特征。

顶管机头选型的主要土壤参数

表 50-29

参 数 性 质	土壤参数名称	符　号	单　位	说　明
表示土的固有特征	1. 颗粒组成		%	
	2. 限位粒径	D_{60}	mm	
	3. 有效粒径	D_{10}	mm	
	4. 不均匀系数	C_n		$C_n = D_{60}/D_{10}$
	5. 液限	w_L	%	
	6. 塑限	w_p	%	
	7. 塑性指数	I_p	%	$I_p = w_L - w_p$

参 数 性 质	土壤参数名称	符 号	单 位	说 明
表示土的状态特征	1. 含水率	w	%	
	2. 饱和度	S_r	%	
	3. 液性指数	I_L		
	4. 孔隙比	e		$I_L=(w-w_p)/I_p$
	5. 渗透系数	k	m/s	
	6. 土的天然重度	γ	kN/m³	
表示土的力学性质特征	1. 不排水抗剪强度	S_m	kPa	
	2. 黏聚力	c	kPa	
	3. 内摩擦角			
	4. 标志贯入度	N		
	5. 原状土无侧限抗压强度	q_m	kPa	
	6. 重塑土无侧限抗压强度	q_n	kPa	
	7. 灵敏度	S_t		$S_t=q_n/q_m$
	8. 压缩系数	a	kPa	
	9. 压缩模量	E_a	kPa	$E_a=(1+e_1)/a$

注:1. $C_u>10$,为级配不均匀土;$C_u<5$,为级配均匀的土。

2. S_t 值将砂性土分为 3 种状态:$S_t\leqslant50\%$,稍湿的;$50\%<S_t\leqslant80\%$,很湿的;$S_t>80\%$,饱和的。

3. I_L 值将黏性土分为 5 种状态:$I_L\leqslant0$,坚硬状态;$I_L\leqslant0.25$,硬塑状态;$I_L\leqslant0.75$,可塑状态;$I_L\leqslant1$,软塑状态;$I_L>1$,流塑状态。

4. 黏性土的灵敏度 S_t:当 $S_t=2\sim4$ 时,低灵敏度;当 $S_t=4\sim6$ 时,中灵敏度;当 $S_t>8$ 时,高灵敏度。

5. 按地基土的压缩性高低,a_{1-2} 可分为:当 $a_{1-2}<0.1\text{MPa}^{-1}$ 时,属低压缩性土;当 $0.1\text{MPa}^{-1}\leqslant a_{1-2}<0.5\text{MPa}^{-1}$ 时,属中压缩性土;当 $a_{1-2}\geqslant0.5\text{MPa}^{-1}$ 时,属高压缩性土。

在应用以上土壤参数分析土层工程特性、进行顶管机头选型时,还应参考以下几点:

(1)按土壤颗粒组成及以塑性指数所分成的九种类别的土,可确定顶管机头穿越最有代表性的地层及其基本的地质依据,见表 50-30。

(2)按土的有效粒径 d_{10} 和土壤渗透系数 k 等系数,可确定是否采取不同人工降水方法疏干地层,或是采用斗铲式顶管施工见表 50-31。

地基土的名称及其划分标准　　　　表 50-30

土的类别及名称（新名）		划 分 标 准		土 的 原 名
		按塑性指数 I_p		
黏性土	黏土	$I_p>17$		黏土
	粉质黏土	$10<I_p\leqslant17$		亚黏土
粉性土	黏质粉土	$I_p\leqslant10$	粒径小于 0.005mm 的颗粒含量超过全重的 10%,小于等于全重的 15%	轻亚黏土
	砂质粉土		粒径小于 0.005mm 的颗粒含量小于等于全重的 10%	亚砂土
砂土	粉砂		粒径大于 0.074mm 的颗粒含量占全重的 50%~85%	粉砂
	细砂		粒径大于 0.074mm 的颗粒含量超过全重的 85%	细砂
	中砂		粒径大于 0.25mm 的颗粒含量超过全重的 50%	中砂
	粗砂		粒径大于 0.50mm 的颗粒含量超过全重的 50%	粗砂
	砾砂		粒径大于 2mm 的颗粒含量占全重的 25%~50%	砾砂

土的类别及名称（新名）	划分标准		土的原名
	按塑性指数 I_p		
淤泥质顶黏土			淤泥质黏土
淤泥质粉质黏土			淤泥质亚黏土
填土			填土

注：1. 对砂土定名时，应根据粒径分组，从大到小，由最先符合者确定；当其粒径小于 0.005mm 的颗粒含量超过全重的
  10% 时，按混合土定名，如含黏性土粗砂等。
 2. 砂质粉土的工程性质接近粉砂。
 3. 黏质粉土的定名以颗粒组成为准。
 4. 塑性指数的确定，液限以 76g 圆锥仪（瓦氏）入土深度 10mm 为准，塑限以搓条法为准，用圆锥仪进行液限试验时，
  对锥体入土 15s 后，圆锥持续下沉的低塑性土，均以颗粒组成定名。
 5. 地基土新旧名称对照列入本表。

土壤渗透系数与土壤特性、各种降水法以及其土壤加固法   表 50-31

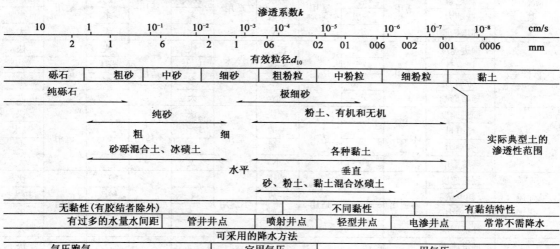

（3）在环境保护要求很高的砂性土层中顶管，当地下水压力大于 98kPa，黏粒含量小于
10%，不均匀系数小于 10，渗透系数大于 10cm/s，有严重流沙时，宜采用泥水平衡或开挖面加
高浓度泥浆的土压平衡顶管掘进机施工。

（4）按土的稳定系数 N_t 的计算和对地面沉降的控制要求，选定顶管掘进机的正面装置形
式以及控制地面沉降的技术措施，其计算公式为：

$$N_t = \frac{n(\gamma h + q)}{S_u}$$
（50-55）

式中：γ——土的自然重度；

  h——地面至机头中心的高度；

  q——地面超载；

  n——折减系数，一般取 $n=1$；

  S_u——土的不排水抗剪强度。

当 $\varphi=0$ 时，$S_u=C$；当 $\varphi\neq0$ 时，$S_u=\tan\varphi+c$。

当 $N_t\geqslant6$ 而控制地面沉降要求很高时，因正面土体流动性很大，需采用封闭式顶管机头。

当 $4<N_t<6$ 而控制地面沉降要求不高时，可考虑采用挤压式或网格式顶管工具管。

当 $N_t\leqslant4$ 而控制地面沉降要求不高时，可考虑采用手掘式顶管工具管。

在饱和含水土层中，特别是在含水砂层或复杂困难的地层中或临近水体（如暗流、河道等），需充分掌握水文地质资料，为防止开挖面涌水塌方采取防范和应变措施。

二、顶管掘进机选型（表50-32～表50-34）

顶管掘进机选型参考表（一） 表50-32

地质条件	顶管机	多刀盘土压平衡顶管机	单刀盘土压平衡顶管机	刀盘可伸缩式泥水平衡顶管机	偏心破碎泥水平衡顶管机	岩层顶管机
淤泥质黏土	掘进速度	适用／一般	适用／较快	适用／快	适用／快	适用／快
	耗电量	较大	一般	较大	较大	较大
	劳动力	一般	一般	多	多	多
	环境影响	小	小	大	大	大
砂性土	掘进速度	适用／一般	适用／较快	适用／快	适用／快	适用／快
	耗电量	较大	一般	较大	较大	较大
	劳动力	一般	一般	多	多	多
	环境影响	小	小	大	大	大
黄土	掘进速度	不适用	适用／较快	适用／快	不适用	适用／快
	耗电量		一般	较大		较大
	劳动力		一般	多		多
	环境影响		小	大		大
强风化岩	掘进速度	不适用	适用／较快	不适用	适用／较快	适用／快
	耗电量		一般		较大	较大
	劳动力		一般		多	多
	环境影响		小		大	大
岩石	掘进速度	不适用	不适用	不适用	不适用	适用／快
	耗电量					大
	劳动力					多
	环境影响					小

顶管掘进机选型参考表（二） 表50-33

地层		敞开式顶管机			平衡式顶管机		
		机械式	挤压式	人工挖掘	土压平衡	泥水平衡	气压平衡
无地下水	胶结土层、强风化岩	★★	○	○	○	○	○
	稳定土层	★★	○	★	○	○	○
	松散土层	★	★	★★	○	○	○
地下水位以下地层	淤泥 $f_d>30kPa$	○	★	○	★★	★	★
	黏性土 含水率>30%	○	★★	○	★★	★	★
	粉性土 含水率<30%	○	○	○	★	★★	★
	粉性土	○	○	○	★	★★	★
	砂土 $k<10^{-4}$cm/s	○	○	○	○	★★	★★
	砂土 $k<10^{-4}\sim10^{-3}$cm/s	○	○	○	○	★	★★
	砂砾 $k<10^{-3}\sim10^{-2}$cm/s	○	○	○	○	★	★
	含障碍物	○	○	○	○	○	★

注：★★-首选机型；★-可选机型；○-不宜选用。

表 50-34

顶管掘进机选型参考表（三）

编号	工具管形式	适用管道内径 D(mm) 管道顶复土厚 H(m)	地层稳定措施	适用地质条件	适用环境条件	说　明
1	手掘式	D:1 000～1 650 H:不小于3m,≥1.5D	遇砂性土用降水法疏干地下水；管道外周压浆，形成泥浆套	黏性或砂性土；极软弱的流塑黏土中慎用	允许管道周围地层和地面有较大变形。正常施工条件下变形量为10～20cm	1. 表中所列 D、H 等数值系考虑上海一般条件。特殊情况下，采取妥善措施以适应表列以外的 D、H 值。 2. 当采用简易的手掘式或网格式工具管时，如需要地面沉降控制到小于5cm时，可采用精心施工的气压法和压浆法。 3. 表中所提地表变形数指 D 为2 400mm，埋深为1.5D 的顶管；其他 D 及 H 值的顶管地表变形值为表中提出地表变形值乘以 $\left(\dfrac{D}{2.4}\right)^{1.6} \times \left(\dfrac{4.8}{H+D/2}\right)^{0.8}$ （式中，D、H 的单位均为 m）
2	挤压式	D:1 000～1 650 H:不小于3m,≥1.5D	适当调整推进速度和进土量；管道外周压浆，形成泥浆套	软塑、流塑的黏性土；软弱流塑黏性土夹薄层粉砂	同上	
3	网格式（水冲）	D:1 000～2 400 H:不小于3m,≥1.5D	适当调正开孔面积，调正推进速度和进土量；管道外周压浆，形成泥浆套	同上	允许管道周围地层和地面有较大变形，精心施工条件下，变形量可小于15cm	
4	斗铲式	D:1 800～2 400 H:不小于3m,≥1.5D	气压平衡正面土压；管道外周压浆，形成泥浆套	地下水位以下的黏性土；砂性土,但在砂性土的渗透系数不大于 10^{-4}cm/s	允许管道周围地层和地面有中等变形，精心施工条件下，变形量可小于10cm	
5	多刀盘土压平衡式	D:1 800～2 400 H:不小于3m,≥1.5D	胸板前密封舱内土压；平衡正面土压；管道外周压浆，形成泥浆套	软塑、流塑的黏性土；软塑、流塑的黏性土夹薄层；粉砂、黏质粉土中慎用	允许管道周围地层和地面有中等变形，精心施工条件下，变形量可小于10cm	
6	刀盘削土土压平衡式	D:1 800～2 400 H:不小于3m,≥1.3D	胸板前密封舱内土压；平衡正面土压，以土压平衡装置自动控制；管道外周压浆，形成泥浆套	同上	允许管道周围地层和地面有较大变形，精心施工条件下，变形量可小于15cm	
7	加泥式机械土压平衡式	D:1 800～2 400 H:不小于3m,≥1.3D	胸板前密封舱内混有黏土浆的塑性土，以土压平衡正面土压，以土压平衡装置自动控制；管道外周压浆，形成泥浆套	地下水位以下的黏性土，砂质土,粉砂；地下水压力不大于200kPa，渗透系数不小于 10^{-3}cm/s 时，慎用	同上	
8	泥水平衡式	D:800～2 400 H:不小于3m,≥1.3D	胸板前密封舱内护壁泥浆平衡水平土压，以泥水平衡装置自动控制管道内土 D≤1 800mm，可用遥控装置管道外周压浆，形成泥浆套	地下水位以下的黏性土，砂质土，粉砂；地下水流速较大时，严防护壁泥浆被冲走；渗透系数大于 10^{-1}cm/s，速度大时，严防护壁泥浆被冲走	要求管道很小变形，精心施工条件下，变形量不大于3cm	

注：表50-34摘自上海市标准《市政排水管道工程施工及验收规程》(DB J08-220—96)。

第十二节 顶管施工中的有关计算

一、一般顶管施工常用的计算方法

1. 顶进力的计算

顶进力的计算是顶管施工中最常用,也是最基本的计算之一。

(1)总顶进力为初始顶进力与各种阻力之和。

$$F = F_0 + [(\pi B_c q + W)\mu' + \pi B_c C']L \tag{50-56}$$

式中:F——总顶进力(kN);

F_0——初始顶进力(kN);

B_c——顶进管外径(m);

q——顶进管周边的均布载荷(kPa);

W——每米顶进管的重力(kN/m);

μ'——顶进管与土之间的摩擦因数($\mu' = \tan\varphi/2$);

C'——顶进管与土之间的黏着力(kPa);

L——顶进长度(m)。

在手掘顶管中,其初始顶进力为:

$$F_0 = 13.2\pi B_c N \tag{50-57}$$

式中:N——标准贯入值,见表 50-35 土的密实度判断方法。

土密实度判断方法 表 50-35

土类	密实程度	简易判断方法	N 值	内聚力 c(kPa)
砂土	非常松	用手比较容易把 ϕ13mm 钢筋插入	4 以下	
	松散	用挖掘机容易挖动	4~10	
	稍密实	用 2.2kg 铁锤较容易把 ϕ13mm 钢筋打入	10~30	
	中密实	可用上述方法将 ϕ13mm 钢筋打入 30cm 左右	30~50	
	很密实	用上述方法只能将 ϕ13mm 钢筋打入 5~6cm,且有金属声发出	50 以上	
黏土	非常软	用手握成 10cm 拳头,很容易贯入	2 以下	12.5 以下
	软	用拇指可贯入 10cm 左右,较轻松	2~4	12.5~25.0
	一般	用拇指加中等的力,可贯入 10cm 左右	4~8	25.0~50.0
	稍硬	用拇指和加很大的力,只能形一个凹坑	8~15	50.0~100.0
	非常硬	可用挖掘机挖动	15~30	100.0~200.0
	固结	只能用十字镐挖,且比较费劲	30 以上	200.0 以上

为了求出顶进管周边的均布载荷,我们可先求出顶进管管顶上方土的垂直荷载与地面的动荷载,然后把两者加起来作为顶进管周边的均布荷载。即:

$$q = W_e + p \tag{50-58}$$

式中:W_e——顶进管管顶上方土的垂直荷载(kPa);

p——地面的动荷载(kPa)。

$$W_e = (\gamma - 2c/B_e)C_e \tag{50-59}$$

式中：γ——土的重度（kN/m³）；

　　　c——土的黏聚力（kPa）；

　　　B_e——顶进管顶土的扰动宽度（m）；

　　　C_e——土的太沙基荷载系数。

$$C_e = B_e[1 - e^{-2K\mu H/B_e}]/(2K\mu) \tag{50-60}$$

式中：K——土的太沙基侧向土压系数（$K=1$）；

　　　μ——土的摩擦因数（$\mu = \tan\varphi$）；

　　　H——顶进管管顶以上覆土深度（m）。

$$B_e = B_t\left[1 + \frac{\sin\left(45° - \dfrac{\varphi}{2}\right)}{\cos\left(45° - \dfrac{\varphi}{2}\right)}\right] \tag{50-61}$$

式中：B_t——挖掘的直径（m）。

$$B_t = B_c + 0.1 \tag{50-62}$$

$$p = 2p'(1+i)/[B(a + 2H\tan\theta)] \tag{50-63}$$

式中：p'——汽车单只后轮荷载，取 $p' = 100$kN；

　　　i——冲击系数，见表 50-36；

　　　B——车身宽度（m），一般取 2.75m；

　　　a——车轮接地宽度（m），一般取 0.2m；

　　　θ——车轮分布角度，取 $\theta = 45°$。

冲 击 系 数 i　　　　　　　　　　　　　　　　　　　表 50-36

H(m)	$H \leqslant 1.5$	$1.5 < H < 6.5$	$H \geqslant 6.5$
i	0.5	0.65～0.1	0

【例 50-1】 某顶管工程设计为钢筋混凝土管，该管公称内径 $D_0 = 1\,350$mm，外径 $B_c = 1.60$m，管壁壁厚 $t = 125$mm，已知每米管的重量 $W = 14.19$kN/m，查地质勘察资料得知施工工地土的重度 $\gamma = 18$kN/m³，内摩擦角 $\varphi = 15°$，土的黏聚力 $c = 10$kPa，根据有关资料取管外壁与土的黏着力 $C' = 10$kPa，顶管的复土深度 $H = 5.5$m，推进总长度为 165m。试求出推至 165m 的总推力为多少。

解：按式（50-57）得：

$$F_0 = 13.2\pi B_c N = 13.2 \times \pi \times 1.60 \times 4 = 265.4\text{(kN)}$$

$$B_t = B_c + 0.1 = 1.60 + 0.1 = 1.70\text{(m)}$$

按式（50-61）得：

$$B_e = B_t[1 + \sin(45° - 15°/2)/\cos(45° - 15°/2)] = 1.70 \times \left(\frac{1.61}{0.79}\right)$$

$$= 3.46\text{(m)}$$

$$\mu = \tan\varphi = \tan 15° = 0.268$$

按式(50-60)得：

$$C_e = \frac{B_e}{2K\mu}[1 - e^{-2K\mu H/B_e}] = \frac{3.46}{2 \times 1 \times 0.268} \times [1 - e^{-(2 \times 1 \times 0.268/3.46) \times 5.5}]$$
$$= 3.70(m)$$

按式(50-59)得：

$$W_e = (\gamma - 2c/B_e)C_e = (18 - 2 \times 10/3.46) \times 3.70 = 45.2(kPa)$$
$$i = 0.65 - 0.1H = 0.65 - 0.1 \times 5.5 = 0.10$$

按式(50-63)得：

$$p = \frac{2p'(1+i)}{B(a + 2H\tan\theta)} = \frac{2 \times 100 \times (1 + 0.1)}{2.75 \times (0.2 + 2 \times 5.5 \times \tan 45°)} = 7.14(kPa)$$
$$q = W_e + p = 45.2 + 7.14 = 52.34(kPa)$$
$$\mu' = \tan\frac{\varphi}{2} = \tan\frac{15°}{2} = 0.132$$

总顶进力可按式(50-56)得：

$$F = F_0 + [(\pi B_c q + W)\mu' + \pi B_c C']L$$
$$= 265.4 + [\pi \times 1.6 \times 52.34 + 14.19) \times 0.132 + \pi \times 1.6 \times 10] \times 165$$
$$= 14\,326(kN)$$

(2)如采用了降水等辅助施工措施以后，挖掘面的土体稳定而且能自立，此时的手掘式顶管施工的总推力 F 可以用式(50-64)计算：

$$F = F_0 + \alpha\pi B_c\tau_a + W\mu'L \tag{50-64}$$

式中：F——总顶进力(kN)；

F_0——初始顶进力(kN)；

α——管与土的摩擦因数($\alpha = 0.50 \sim 0.75$)；

B_c——顶进管外径(m)；

μ'——管与土的摩擦因数，$\mu' = \tan\frac{\varphi}{2}$；

L——顶进长度(m)；

W——每米顶进管的重力(kN/m)；

τ_a——管与土之间的剪切应力(kPa)，按式(60-65)计算。

$$\tau_a = \sigma\mu' + C' \tag{50-65}$$
$$\sigma = \beta q$$

式中：σ——管周边的均布荷载(kPa)；

C'——管与土之间的黏着力(kPa)；

β——管周边的荷载系数($\beta = 1.0 \sim 1.5$)；

q——管子顶上的垂直均布荷载(kPa)。

在式(50-64)中，F_0 的计算与式(50-57)有所不同，即：

$$F_0 = 13.2\pi B_c N' \tag{50-66}$$

式中：N'——刃口贯入阻力系数。

在普通的黏性土中，$N' = 1.0$；在砂性土中，$N' = 2.5$；在硬土中，$N' = 3.0$。

(3)如果在泥水顶管中，总顶进力也可以采用式(50-67)进行计算。

$$F = F_0 + \pi B_c\tau_a L \tag{50-67}$$

620

式中:F——总顶进力(kN);

    L——顶进长度(m);

    B_c——管外径(m);

    F_0——初始推力(kN),按式(50-68)计算。

$$F_0 = (p_e + p_w + V_p) \frac{\pi}{4} B_c^2 \tag{50-68}$$

式中:p_e——挖掘面前土压力,取 $p_e=150$kPa;

    p_w——地下水压力(kPa);

    V_p——附加压力,一般取 $V_p=20$kPa;

    τ_a——管子与土之间的剪切应力(kPa),按式(50-69)计算。

$$\tau_a = C' + \sigma'\mu' \tag{50-69}$$

式中:C'——管与土之间的黏着力(kPa);

    μ'——管字与土的摩擦因数($\mu'=\tan\varphi/2$);

    σ'——管子法向压力(kPa),按式(50-70)计算。

$$\sigma' = \alpha q + \frac{2W}{\pi^2(B_c - t)} \tag{50-70}$$

式中:α——管子法向土压力取值范围,可参见表50-37;

    q——管子顶上的垂直均布荷载(kPa);

    W——每米管子的重力(kN/m);

    t——管壁厚度(m)。

在一般的泥水式所适应的土质中,根据经验,α 和 C' 的取值可参见表50-37。

α 和 C' 值 表

表50-37

土质及地面荷载情况	α	C'	土质及地面荷载情况	α	C'
砂性土,一般荷载的情况下	0.75～1.10	0	砂砾土,较大荷载的情况下	1.50～2.70	0
砂砾土,一般荷载的情况下	0.75	0	黏性土,一般荷载的情况下	0.50～0.80	0.2～0.7
砂性土,较大荷载的情况下	1.50～2.70	0	黏性土,较大荷载的情况下	0.80～1.50	0.5～1.0

(4)在一般的土压式顶管施工中,总顶进力可以采用下述方法进行计算:

$$F = F_0 + f_0 L \tag{50-71}$$

式中:F——总顶进力(kN);

    f_0——每米管子的综合阻力(kN/m),按式(50-72)计算;

    L——顶进长度(m);

    F_0——初始顶进力(kN),按式(50-73)计算。

$$f_0 = (\pi B_c q + W)\mu' + \pi B_c C' \tag{50-72}$$

$$F_0 = \alpha p_e \frac{\pi}{4} B_c^2 \tag{50-73}$$

式中:α——综合系数,见表50-38;

    p_e——土仓的压力(kPa);

    B_c——管外径(m)。

上式的计算方法及符号的含义均与式(50-56)相同。

土质	α	土质	α	土质	α
软土	1.5	砂性土	2.0	砾石等	3.0

(5)有时,为了简化计算程序,也可采用经验公式(50-74)求出总顶进力,它适用于手掘式顶管,即:

$$F = F_0 + RSL \tag{50-74}$$

式中:F——总顶进力(kN);

    F_0——初始顶进力(kN);

    R——综合摩擦阻力(kPa),按表50-39取值;

    S——管外周长(m);

    L——顶进长度(m)。

α 和 C′ 值 表   表 50-39

土质	软土	砂夹黏土	砂夹粉砂	中细砂	砂砾
R(kPa)	8	8	10	12	20
F_0(kN)	70~90	90~170	50~70	40~70	100~200

各种土质的 F_0 及 R 值,可根据经验得出,也可参见表50-40。

综 合 摩 擦 阻 力 R   表 50-40

土质	粉砂夹砂	砂层	砂砾	黏土
R(kPa)	5~10	7~16	8~20	5~30

(6)在泥水顶管中,有时也可利用下述简易公式计算出总推力,即:

$$F = F_0 + f_0 L \tag{50-75}$$

式中:F——总顶进力(kN);

    F_0——初始顶进力(kN),与式(50-67)求法相同;

    L——顶进长度(m);

    f_0——每米管子与土层的综合摩擦阻力(kN/m),按式(50-76)计算。

$$f_0 = RS + Wf \tag{50-76}$$

式中:R——综合摩擦阻力(kPa);

    S——管外周长(m);

    W——每米管子的重力(kN/m);

    f——管子重力在土中的摩擦因数($f=0.2$)。

上述六种计算方法中,都没有考虑到注润滑浆后的减摩效果。

2. 土压平衡顶管施工计算

土压式顶管施工的顶力计算可参考本节中的式(50-71)~式(50-74)及表50-39。在此,我们主要讨论一下土压式顶管中初始顶进力的计算方法与种类,并用一个计算实例来说明土压式顶管施工的计算方法及程序。

在式(50-72)中,p_e 为土仓的压力,在不同土质条件下,该压力的计算方法是不相同的。

在渗透系数大,水和土能各自分离的砂质土条件下,则土仓内压力 p_e 为:

$$p_e = p_A + p_w + V_p \tag{50-77}$$

式中：p_e——土仓内的压力（kPa）；

p_w——掘进机所处土层的地下水压力（kPa）；

V_p——附加压力，一般为20kPa；

p_A——掘进所处土层的主动土压力（kPa），按式（50-78）计算。

$$p_A = \gamma_t H \tan^2\left(45° - \frac{\varphi}{2}\right) - 2c\tan\left(45° - \frac{\varphi}{2}\right) \tag{50-78}$$

在砂性土中，$c=0$，所以上式可简化为：

$$p_A = \gamma_t H \tan^2\left(45° - \frac{\varphi}{2}\right) \tag{50-79}$$

式中：γ_t——土的重度（kN/m³）；

H——地面至掘进机中心的高度（m）；

φ——土的内摩擦角（°）。

在上述条件下，土砂分为浸在地下水中和不浸在地下水中两部分，我们把不浸在地下水部分为 H_1，浸在地下水部分为 H_2，则：

$$H = H_1 + H_2$$

所以，在计算土的重度时，也应分为两部分：即不浸在地下水部分的重度和浸在地下水部分的重度。显然，浸在地下水部分的重度受水的浮力的影响，故应取其浮重度 γ_t'。因此，式（50-79）应改写为：

$$p_A = (\gamma_t H_1 + \gamma_t' H_2)\tan^2\left(45° - \frac{\varphi}{2}\right) \tag{50-80}$$

在一般情况下，土仓的预加压力 V_p 为20kPa，并且在实际操作过程中，土仓内土压力的变化也不应大于20kPa。

如果在渗透系数较小的黏性土中，水和土不容易分离开来，这时，土压内压力 p_e 为：

$$p_e = K_0 \gamma_t H \tag{50-81}$$

式中：p_e——土仓内的压力（kPa）；

K_0——静止土压系数，按第三十七章第一节内容取值；

γ_t——土的重度（kN/m³）；

H——地面至掘进机中心的深度（m）。

上式中的 K_0 与土的性质有密切关系，在砂性土中，$K_0 = 0.25 \sim 0.33$；在黏性土中，$K_0 = 0.33 \sim 0.70$。

下面通过几个示例来计算土仓内的土压力。

【例50-2】 有一段地下顶管，已知从水平面到管中心深度为22.50m，其中水深12.80m，砂的含量占90%，粉土和黏土的含量占10%，土的重度 $\gamma_t = 18$kN/m³，颗粒重度 $G = 26.8$kN/m³，内摩擦角 $\varphi = 30°$，c 值为0，N 值为10～20，含水率 $\omega = 39.9\%$。试确定实际施工中土压应控制为多少。

解：由于是砂土，可以用式（50-80）来计算，又因为土位于水下，所以 $H_1 = 0$，而 H_2 为：

$$H_2 = 22.5\text{m} - 12.8\text{m} = 9.70(\text{m})$$

因：

$$p_A = \gamma_t' H_2 \tan^2\left(45° - \frac{\varphi}{2}\right)$$

而

623

$$\gamma'_t = \frac{\gamma_d(G-10)}{G}$$

式中：γ_d——土的干重度（kN/m³）；

G——土的颗粒重度（kN/m³）。

γ_d 可从下式求出：

$$\gamma_d = \frac{\gamma_t}{1+0.01\omega}$$

因 $\gamma_t = 18\text{kN/m}^3$，$\omega = 39.9\%$，所以：

$$\gamma_d = \frac{\gamma_t}{1+0.01\omega} = \frac{18}{1+0.01\times39.9} = 12.87(\text{kN/m}^3)$$

又因为 $G = 26.8\text{kN/m}^3$，所以 γ'_t 为：

$$\gamma'_t = \frac{\gamma_d(G-10)}{G} = \frac{12.87\times(26.8-10)}{26.8} = 8.07(\text{kN/m}^3)$$

且 $\varphi = 30°$，所以：

$$p_A = \gamma'_t H_2 \tan^2\left(45°-\frac{\varphi}{2}\right) = 8.07\times9.70\times\tan^2\left(45°-\frac{30°}{2}\right) = 38.38(\text{kPa})$$

$$p_w = \gamma_w H = 10\times22.5 = 225(\text{kPa})$$

所以

$$p_e = p_A + p_w + V_p = 38.38+225+20 = 283.38(\text{kPa})$$

在实际施工中，土压力控制在以 260~300kPa 之间，停止时为 225kPa。

【例 50-3】 某顶管在砂砾层中顶进，已知地面到掘进机中心的深度为 8.70m，地下水位在地面以下 3.50m 处。地层构造为砾石占 57%，砂占 36%，粉土占 7%，土的重度 $\gamma_t = 18.5\text{kN/m}^3$，颗粒重度 $G = 26.9\text{kN/m}^3$，内摩擦角 $\varphi = 40°$，含水率 $\omega = 23.7\%$，c 值为 0，N 值为 30~50。试确定实际施工中土仓的土压力应控制为多少。

解：因为是砂砾，所以应按式（50-80）来进行计算。

$$p_A = (\gamma_t H_1 + \gamma'_t H_2)\tan^2\left(45°-\frac{\varphi}{2}\right)$$

已知：$\gamma_t = 18.5\text{kN/m}^3$，$H_1 = 3.5\text{m}$，$H_2 = H - H_1 = 8.7 - 3.5 = 5.20\text{m}$，$\varphi = 40°$，故 γ'_t 为：

$$\gamma'_t = \frac{\gamma_d(G-10)}{G}$$

因 $\gamma_t = 18.5\text{kN/m}^3$，$\omega = 23.7\%$，

$$\therefore \qquad \gamma_d = \frac{\gamma_t}{1+0.01\omega} = \frac{18.5}{1+0.01\times23.7} = 14.96(\text{kN/m}^3)$$

又因 $G = 26.9\text{kN/m}^3$，

$$\therefore \qquad \gamma'_t = \frac{\gamma_d(G-10)}{G} = \frac{14.96\times(26.9-10)}{26.9} = 9.4(\text{kN/m}^3)$$

因 $\varphi = 40°$，

$$p_A = (18.5\times3.5+9.40\times5.20)\times\tan^2\left(45°-\frac{40°}{2}\right) = 24.71(\text{kPa})$$

按式（50-77）得：

$$p_e = p_A + p_w + V_p$$

而

$$p_w = \gamma_w H_2 = 10 \times 5.2 = 52 (\text{kPa})$$

所以：

$$p_e = 24.71 + 52 + 20 = 96.71 (\text{kPa})$$

在实际施工中，土仓的土压力控制在80~100kPa之间，停止时为80kPa。

【例50-4】 某顶管在软黏土中施工，地面到掘进机中心深度为13.0m，地下水位在地面以下1.0m处，砂占13%，粉土占39%，黏土占48%，土的重度 $\gamma_t = 16\text{kN/m}^3$，颗粒重度 $G = 26\text{kN/m}^3$，内摩擦角 $\varphi = 0°$，含水率 $\omega = 48.5\%$，c 值为23kPa，N 值为2~3。试确定在实际施工中土仓的土压力应控制为多少。

解： 因土和水无法分离，故应运用式(50-81)进行计算：

$$p_e = K_0 \gamma_t H$$

由于 $\varphi = 0°$，所以 K_0 应取上限，按"第三十七章第一节"的内容，对黏性土 $K_0 = 0.5 \sim 0.7$，故取 $K_0 = 0.7$，所以：

$$p_e = 0.7 \times 16 \times 13 = 145.6 (\text{kPa})$$

在实际施工中，土仓的土压力控制在150~170kPa之间，停止时为150kPa。

3. 泥水平衡顶管施工计算（见以下示例）

【例50-5】 某泥水平衡顶管掘进机口径为 $\phi 1\,500\text{mm}$，用于顶钢筋混凝土管，外径 $B_c = 1.80\text{m}$，壁厚 $t = 150\text{mm}$，每米管的重力 $W = 17.67\text{kN/m}$。

地层地质情况为：土质名称为砂性土，重度 $\gamma_t = 18\text{kN/m}^3$，内摩擦角 $\varphi = 23°$，土的黏聚力 $c = 11\text{kPa}$，土与管子的黏着力 $C' = 0$，N 值为5，土的颗粒重度 $G = 26.6\text{kN/m}^3$，含水率 $\omega = 40\%$，砂含量为73%，粉土含量为16%，黏土含量为11%，地下水位在地面以下2.4m，地面到掘进机中心深度为5.0m，顶进长度为93m。试设计计算泥水平衡顶管掘进机在施工中排泥泵的流量和清水扬程为多少。

解： 初始顶力 F_0 应运用式(50-68)进行计算：

$$F_0 = (p_e + p_w + V_p) \frac{\pi}{4} B_c^2$$

因覆土较深，内摩擦角和 c 值都比较小，所以 p_e 宜取大一些，$p_e = 150\text{kPa}$。反之，则 p_e 可取80kPa。即 $p_{emax} = 150\text{kPa}$，$p_{emin} = 80\text{kPa}$。

$$p_w = \gamma_w (H - H_1) = 10 \times (5.0 - 2.4) = 26 (\text{kPa})$$

所以

$$F_0 = (150 + 26 + 20) \frac{\pi}{4} 1.8^2 = 498.76 (\text{kN})$$

$$B_t = B_c + 0.1 = 1.80 + 0.1 = 1.90 (\text{m})$$

按式(50-61)得：

$$B_e = \frac{1 + \sin(45° - \varphi/2)}{\cos(45° - \varphi/2)} \times B_t = \frac{1 + \sin(45° - 23°/2)}{\cos(45° - 23°/2)} \times 1.9 = 3.54 (\text{m})$$

按式(50-60)得：

$$C_e = \frac{B_e}{2K\mu} [1 - e^{-2K\mu H/B_e}] = \frac{3.54}{2 \times 1 \times \tan 23°} \times [1 - e^{-(\frac{2 \times 1 \times \tan 23°}{3.54}) \times 5}]$$
$$= 2.91 (\text{m})$$

按式(50-59)得：

$$W_e = \left(\gamma_t - \frac{2c}{B_e} \right) C_e = \left(18 - \frac{2 \times 11}{3.54} \right) \times 2.91 = 34.09 \text{(kPa)}$$

地面动荷载取 10kPa，即 $p = 10$kPa，所以：

$$q = W_e + p = 34.09 + 10 = 44.09 \text{(kPa)}$$

管子推进中的法向压力 σ' 按式(50-70)得：

$$\sigma' = \alpha q + \frac{2W}{\pi^2 (B_c - t)}$$

当 $\alpha = 0.90$ 时，σ' 为：

$$\sigma' = 0.90 \times 44.09 + \frac{2 \times 17.67}{\pi^2 (1.8 - 0.15)} = 41.85 \text{(kPa)}$$

按式(50-65)得：

$$\tau_a = C' + \sigma' \mu'$$

因为 $\mu' = \tan \dfrac{23°}{2}$，所以：

$$\tau_a = C' + \sigma' \mu' = 0 + 41.85 \cdot \tan \frac{23°}{2} = 8.51 \text{(kPa)}$$

按式(50-67)得：

$$F = F_0 + \pi B_c \tau_a L = 498.76 + \pi \times 1.8 \times 8.51 \times 93 = 4\,974.19 \text{(kN)}$$

下面我们再讨论泥水输送管路及进排泥泵的选型。

(1)基本条件

掘进机外径	$D_s = 1.80$m
推进长度	$L = 93$m
基坑深度	$H' = 6.8$m
进水泵到基坑的距离	$l_1 = 20$m
排泥泵到沉淀池距离	$l_2 = 20$m
地面以上排水高度	$h = 4.0$m
推进高度	$S = 4.0$cm/min
挖掘面上的水压力	$p_{min} = 26$kPa
	$p_{max} = 46$kPa
进水管内径	$d_1 = 0.105\,3$m
排泥管内径	$d_2 = 0.105\,3$m
输送液体种类	泥浆水
固体颗粒相对密度	$\rho_1 = 2.66$
泥水相对密度	$\delta_1 = 1.2$
母液相对密度	$\delta_0 = 1.0$
母液重度	$\delta_0' = 10$kN/m³
土质	砂质粉土
含水率(饱和砂质粉土)	$\omega = 40\%$
含水率(干硬的砂质粉土)	$\omega' = 28.52\%$
空隙比	$\rho = 1.08$
土的颗粒重度	$\rho_2 = 26.6$kN/m³

(2)进排泥泵流量的确定

先要确定掘进机在顶进过程中每分钟的取土量 q 为：

$$q = A\frac{S}{100} \tag{50-82}$$

因 $A = \frac{\pi}{4}D_s^2 = \frac{\pi}{4}1.8^2 = 2.545\text{m}^2$，所以：

$$q = 2.545\frac{4}{100} = 0.102(\text{m}^3/\text{min})$$

含土量 K 为：

$$K = \frac{1}{1+e}100\% = \frac{1}{1+1.08}100\% = 48.1\% \tag{50-83}$$

其中，干土量 G 为：

$$G = q\frac{K}{100} \tag{50-84}$$

$$= 0.102 \times \frac{48.1}{100} = 0.049(\text{m}^3/\text{min})$$

由于排泥管的断面面积 a_2 为：

$$a_2 = \frac{\pi}{4}d_2^2 = \frac{\pi}{4} \times 0.1053^2 = 0.0087(\text{m}^2)$$

因此，可求出管内的临界流速 v_L 为：

$$v_L = F_L\sqrt{2gd_2\frac{\rho_2 - \delta_0'}{\delta_0'}} \tag{50-85}$$

g 取 10m/s^2，则有：

$$v_L = 1.345\sqrt{2 \times 10 \times 0.1053 \times \frac{26.6-10}{10}} = 2.5(\text{m/s})$$

由以上数据，即可求出排泥泵流量 Q_2 为：

$$Q_2 = a_2 v_L 60 \tag{50-86}$$

$$= 0.0087 \times 2.5 \times 60 = 1.31(\text{m}^3/\text{min})$$

则进水泵流量 Q_1 为：

$$Q_1 = Q_2 - q \tag{50-87}$$

$$= 1.31 - 0.102 = 1.208(\text{m}^3/\text{min})$$

在一般情况下，进水泵的流量和扬程都要比排泥泵小。如果在一个系统中，选用不同型号、规格的泵，将不便于管理。因此，在确定了排泥泵的流量和扬程以后，进水泵大多选用与排泥泵同型号、规格的泵。

(3)进排泥体积浓度的计算

进水体积浓度 C_1 为：

$$C_1 = \frac{\delta_1 - \delta_0}{\rho_1 - \delta_0} \times 100\% \tag{50-88}$$

$$= \frac{1.2 - 1.0}{2.66 - 1.0} \times 100\%$$

$$= 11.9\%$$

排泥体积浓度 C_2 为：

$$C_2 = \frac{C_1 Q_1 + 100G}{Q_2} \tag{50-89}$$

$$= \frac{11.9 \times 1.20 + 100 \times 0.049}{1.31} \times 100\%$$

$$= 14.64\%$$

排泥相对密度 δ_2 为：

$$\delta_2 = \delta_0 + \frac{C_2 (\rho_1 - \delta_0)}{100} \tag{50-90}$$

$$= 1.0 + \frac{14.64 \times (2.66 - 1.0)}{100}$$

$$= 1.24$$

(4)进排泥水管内流速的计算

因为进水管的断面积 $a_1 = a_2 = 0.008\,7 \mathrm{m}^2$，所以，进水管内的流速 v_1 为：

$$v_1 = \frac{Q_1}{a_1 \times 60} = \frac{1.20}{0.008\,7 \times 60} = 2.30 (\mathrm{m/s}) \tag{50-91}$$

排泥管内的流速 v_2 为：

$$v_2 = \frac{Q_2}{a_2 \times 60} = \frac{1.31}{0.008\,7 \times 60} = 2.51 (\mathrm{m/s}) \tag{50-92}$$

因为 $v_2 > v_L$，所以从理论上讲是可以了，但要考虑到泵的效率时，Q_2 应略选大一些好。

(5)进排泥泵的选取

进水管总长度 L_1 为：

$$L_1 = L + H' + l_1 + l_0 \tag{50-93}$$

式中：l_0——为阀门在管路中的损失所折算成管的长度，$l_0 = 20 \mathrm{m}$。

所以

$$L_1 = 93 + 6.8 + 20 + 20 = 140 (\mathrm{m})$$

排泥管的总长度为：

$$L_2 = L + H' + l_1 + l_0 + h$$
$$= L_1 + h \tag{50-94}$$
$$= 140 + 4 = 144 (\mathrm{m})$$

排泥管的总扬程损失 H_{f2} 为：

$$H_{f2} = h_{f2} L_2 \tag{50-95}$$

式中：h_{f2}——每米管路扬程损失，h_{f2} 为：

$$h_{f2} = \frac{6.819\,5 \times (V_2)^{1.852}}{120^{1.852} \times (d_2)^{1.167}} \tag{50-96}$$

$$= \frac{6.819\,5 \times (2.51)^{1.852}}{120^{1.852} \times (0.105\,3)^{1.167}} = 0.073 (\mathrm{m/m})$$

按式(50-95)得排泥管总扬程损失为：

$$h_{f2} L_2 = 0.073 \times 144 = 10.5 (\mathrm{m})$$

因为泥浆泵的各类特性及数据，都是以清水作为介质的，所以，我们必须把排泥泵的扬程换算成清水时的扬程。

(6)排泥的质量浓度 C_{W2} 为：

$$C_{W2} = \frac{\rho_2(\delta_2 - \delta_0)}{\delta_2(\rho_2 - \delta_0')} \times 100\% \qquad (50\text{-}97)$$

$$= \frac{26.6 \times (1.24 - 1.0)}{1.24 \times (26.6 - 10)} \times 100\%$$

$$= 31.0\%$$

有了排泥的质量浓度以后，可以从表 50-41 中查得泵送泥水的效率，当泥浆浓度为 30% 时，查得排泥效率 $X=89.7\%$，$Y=95.0\%$，$Z=89.7\%$。若我们取 $Y=95.0\%$，则该泵的清水扬程应为：

$$H_W = \frac{TH_2}{Y} \qquad (50\text{-}98)$$

式中：TH_2——泥水时所需泵的总扬程。

泵送泥水效率 表 50-41

泥水浓度(%)	$X(\%)$	$Y(\%)$	$Z(\%)$	泥水浓度(%)	$X(\%)$	$Y(\%)$	$Z(\%)$	泥水浓度(%)	$X(\%)$	$Y(\%)$	$Z(\%)$
5	98.4	99.1	98.4	20	93.3	96.6	93.3	35	87.7	94.2	87.7
10	96.7	98.2	96.7	25	91.5	95.7	91.5	40	85.8	93.4	85.8
15	95.1	97.4	95.1	30	89.7	95.0	89.7				

$$TH_2 = H_{f2} + H' + h - \frac{p_{\min} \times 0.1}{\delta_2} \qquad (50\text{-}99)$$

$$= 10.5 + 6.8 + 4 - \frac{26 \times 0.1}{1.24}$$

$$= 19.2(\text{m})$$

所以该泵的清水扬程为：

$$H_W = \frac{TH_2}{Y} = \frac{19.2}{95} \times 100 = 20.2(\text{m})$$

至此，我们已求出排泥泵的流量为 $1.31\text{m}^3/\text{min}$，清水扬程为 20.2m。

二、按中国工程建设协会标准《规程》对顶管进行有关计算

1. 对顶管的有关计算

(1)管道的总顶力可按式(50-100)估算：

$$F_0 = \pi D_1 L f_k + N_F \qquad (50\text{-}100)$$

式中：F_0——总顶力标准值(kN)；

$\quad D_1$——管道的外径(m)；

$\quad L$——管道设计顶进长度(m)；

$\quad f_k$——管道外壁与土的平均摩阻力(kPa)，可按表 50-15 采用；

$\quad N_F$——顶管机的迎面阻力(kN)。

(2)不同端口顶管机的迎面阻力计算可按表 50-42 选用。

顶管机端面	常用机构	迎面阻力 N_F(kN)	式 中 符 号
刃口	机械式 人工挖掘式	$N_F=\pi(D_g-t)tR$	t——刃口厚度(m); D_g——顶管机外径(m); R——挤压阻力(kPa),可取 $R=300\sim500$kPa
喇叭口	挤压式	$N_F=\dfrac{\pi}{4}D_g^2(1-e)R$	e——开口率
网格	挤压式	$N_F=\dfrac{\pi}{4}D_g^2aR$	a——网格截面参数,可取 $a=0.6\sim1.0$
网格加气压	气压平衡式	$N_F=\dfrac{\pi}{4}D_g^2(aR+P_n)$	P_n——气压(kN/m^2)
大刀盘切削	土压平衡式 泥水平衡式	$N_F=\dfrac{\pi}{4}D_g^2\gamma_sH_s$	γ_s——土的重度(kN/m^3); H_s——覆盖层厚度(m)

注:当估算总顶力大于管节允许顶力设计值或工作井允许顶力设计值时,应设置中继间。

2. 管道允许顶力的验算

(1)钢筋混凝土管顶管传力面允许最大顶力可按式(50-101)计算:

$$F_{dc}=0.5\frac{\phi_1\phi_2\phi_3}{\gamma_{Qd}\phi_5}f_cA_p \qquad (50\text{-}101)$$

式中:F_{dc}——混凝土管道允许顶力设计值(N);

　　ϕ_1——混凝土材料受压强度折减系数,可取 0.90;

　　ϕ_2——偏心受压强度提高系数,可取 1.05;

　　ϕ_3——材料脆性系数,可取 0.85;

　　ϕ_5——混凝土强度标准调整系数,可取 0.79;

　　f_c——混凝土受压强度设计值(MPa);

　　A_p——管道的最小有效传力面积(mm^2);

　　γ_{Qd}——顶力分项系数,可取 1.3。

(2)玻璃纤维增强塑料夹砂管顶管传力面允许最大顶力可按式(50-102)计算:

$$F_{dc}=0.5\frac{\phi_1\phi_2\phi_3}{\gamma_{Qd}}f_bA_p \qquad (50\text{-}102)$$

式中:F_{dc}——玻璃纤维增强塑料夹砂管道允许顶力设计值(N);

　　ϕ_1——玻璃钢材料受压强度折减系数,可取 0.90;

　　ϕ_2——偏心受压强度提高系数,可取 1.00;

　　ϕ_3——玻璃钢材料脆性系数,可取 0.80;

　　f_b——玻璃钢受压强度设计值(MPa)。

(3)钢管顶管传力面允许的最大顶力可按式(50-103)计算:

$$F_{ds}=\frac{\phi_1\phi_3\phi_4}{\gamma_{Qd}}f_sA_p \qquad (50\text{-}103)$$

式中:F_{ds}——钢管管道允许顶力设计值(N);

　　ϕ_1——钢材受压强度折减系数,可取 1.00;

　　ϕ_3——钢材脆性系数,可取 1.00;

ϕ_4——钢管顶管稳定系数,可取 0.36;当顶进长度<300m 时,穿越土层又均匀时,可取 0.45;

f_s——钢材受压强度设计值(MPa)。

3. 柔性管道竖向变形验算:

(1)钢管管道在土压力和地面荷载作用下产生的最大竖向变形 $\omega_{c,max}$,应按式(50-104)计算:

$$\omega_{c,max} = \frac{k_b r_0^3 (F_{sv,k} + \psi_q Q_{ik}) D_1}{E_p I_p + 0.061 E_d r_0^3} \tag{50-104}$$

式中:k_b——竖向压力作用下柔性管的竖向变形系数,按《规程》附录 A 确定;

ψ_q——地面作用传递至管顶压力的准永久值系数;

I_p——钢管管壁单位纵向长度的截面惯性矩(mm^4/m)。

(2)玻璃纤维增强塑料夹砂管管道在土压力和地面荷载作用下产生的最大长期竖向变形 $\omega_{d,max}$ 可按式(50-105)计算:

$$\omega_{d,max} = \frac{(F_{sv,k} + \psi_q Q_{ik}) D_1 k_b}{8 \times 10^{-6} SN + 0.061 E_d} \tag{50-105}$$

4. 钢筋混凝土管道裂缝宽度验算

钢筋混凝土管道结构构件在长期效应组合作用下,计算截面处于大偏心受拉或大偏心受压状态时,最大裂缝宽度可按现行国家标准《给水排水工程构筑物结构设计规范》(GB 50069—2002)的有关规定计算,并应符合钢筋混凝土管道在准永久组合作用下,最大裂缝宽度不应大于 0.2mm。

说明:有关管道强度计算、稳定性验算及顶管结构基本设计规定和顶管结构上的其他计算请参阅《规程》,因属于顶管设计的内容,故在此从略。

三、简要介绍上海市标准《市政排水管道工程施工及验收规程》(DBJ 08-220—1996)对顶管的顶力估算和顶管后背土体稳定验算(供参考)

1. 顶管管壁外周摩阻力的计算方法应包括两种方法:

(1)管壁外周未采取注入触变泥浆的措施,其侧壁顶进摩阻力可按式(50-106)估算:

$$F_1 = f_1 \times [k \times (P_V + P_H) \times D \times L + W] \tag{50-106}$$

式中:F_1——未采取注浆工艺的管壁与土层间的摩阻力(kN);

P_V——管顶以上的垂直土压力(kPa),$P_V = \gamma H$;

γ——管顶以上土的天然重度(kN/m^3);

H——管顶的覆土厚度(m);

P_H——管壁上土的侧向水平压力(kPa),$P_H = P_V \tan^2(45° - \varphi/2)$;

φ——土的内摩擦角(°);

D——管节外径(m);

L——全部顶进长度(m);

W——全部管道自重(kN);

f_1——管壁与土层的摩擦因数,根据土的类别和不同含水率按表 50-43 取用;

k——系数,当管道位于降水良好坚实土层中时,取 $k=1$;若管道位于潮湿或复杂的土层时,取 $k=2$;一般土层可取 $1<k<2$。

土 类	摩擦因数 f_1	
	湿	干
黏性土	0.2～0.3	0.4～0.5
砂性土	0.3～0.4	0.5～0.6

（2）当采用向管壁外侧同步注入触变泥浆的措施时，其顶进阻力可按式（50-107）估算：

$$F_2 = f_2 \times \pi \times D \times L \tag{50-107}$$

式中：f_2——采用注浆工艺的单位摩阻力，可通过试验确定，其值一般宜取 $f_2=8～12\text{kPa}$；

F_2——采取注浆工艺的管壁与土层间的摩阻力（kN）。

2. 手掘式顶管的顶进阻力估算

手掘式工具管的正面基本上是敞开的，刃口的切土量很少，其切入阻力一般可忽略不计，因此手掘式顶管的顶进阻力只考虑作用于管壁外周的土压力所引起的摩阻力：

$$R_1 = F_1 \tag{50-108}$$

$$R_2 = F_2 \tag{50-109}$$

式中：R_1——无注入触变泥浆的手掘式顶进阻力（kN）；

R_2——注入触变泥浆的手掘式顶进阻力（kN）；

其余符号意义同前。

3. 挤压式顶管的顶进阻力估算

采用挤压式顶管顶进时，尚应计算土体在工具管前端的迎面挤压阻力，按式（50-110）估算：

$$N_1 = \pi D_{CP} t P \tag{50-110}$$

式中：N_1——挤压式工具管的迎面阻力（kN）；

D_{CP}——喇叭口的平均直径（m）；

t——喇叭口垂直投影面的平均宽度（m）；

P——喇叭口单位面积的挤压阻力，可按工具管中心的被动土压力进行计算（kPa）。

挤压式的顶力由工具管前端的迎面阻力和管壁外周摩阻力所组成，可按式（50-111）或式（50-112）估算：

$$R_3 = N_1 + F_1 \tag{50-111}$$

$$R_4 = N_1 + F_2 \tag{50-112}$$

式中：R_3——未注入触变泥浆的挤压顶进阻力（kN）；

R_4——注入触变泥浆的挤压顶进阻力（kN）。

4. 网格（水冲）式顶管的顶进阻力估算

采用网格（水冲）式顶进时，尚应计算网格切入开挖面土体的迎面阻力，可按式（50-113）计算：

$$N_2 = 1/4 \times \pi \times D_1^2 \times C \tag{50-113}$$

式中：N_2——网格式工具管的迎面阻力（kN）；

D_1——工具管外径（m）；

C——按网格截面组成形式，可取 300～500kPa。

网格（水冲）式的顶力由工具管前端的迎面阻力和管壁外周摩阻力组成，可按式（50-114）

或式(50-115)估算：

$$R_5 = N_2 + F_1 \tag{50-114}$$

$$R_6 = N_2 + F_2 \tag{50-115}$$

式中：R_5——未注入触变泥浆的网格(水冲)式顶进阻力(kN)；

R_6——注入触变泥浆的网格(水冲)式顶进阻力(kN)。

5. 斗铲式顶管的顶进阻力估算

斗铲式顶进的迎面阻力为掘进机前隔墙所受压缩空气压力值的总和，可按式(50-116)估算：

$$N_3 = 1/4 \times \pi \times D_1^2 \times P \tag{50-116}$$

式中：N_3——斗铲式(局部气压)掘进机的迎面阻力(kN)；

P——压缩空气压力值(Pa)，$P = (h_w + 2/3D_1) \times \gamma_w$；

h_w——管顶以上的地下水位深度(m)；

γ_w——水的重度，$\gamma_w \approx 10 kN/m^3$；

D_1——顶管掘进机外径(m)。

斗铲式的顶力由掘进机前端迎面阻力和管壁外周摩阻力组成，可按式(50-117)估算：

$$R_7 = N_3 + F_2 \tag{50-117}$$

式中：R_7——注入触变泥浆的斗铲(局部气压)式顶进阻力(kN)。

6. 封闭式顶管(土压平衡、泥水平衡和多刀盘式)的顶进阻力估算

采用封闭式机头顶进时，尚应计算其刀盘切削的迎面阻力，可按式(50-118)估算：

$$N_4 = 1/4 \times \pi \times D_1^2 \times P_t \tag{50-118}$$

式中：N_4——封闭式机头的迎面阻力(kN)；

D_1——顶管掘进机外径(m)；

P_t——机头底部以上 $D_1/3$ 处的被动土压力(kPa)，$P_t = \gamma (H + 2/3D_1) \tan^2(45° + \varphi/2)$；

γ——土的天然重度(kN/m³)；

φ——土的内摩擦角(°)；

H——管顶土层厚度(m)。

封闭式顶管的顶力由掘进机前端的迎面阻力和注入触变泥浆的管壁外周摩力组成，按式(50-119)估算：

$$R_8 = N_4 + F_2 \tag{50-119}$$

式中：R_8——注入触变泥浆的封闭式顶进阻力(kN)。

7. 施工中采取的措施

为了减少顶进阻力，增加顶进长度，提高顶进质量，减少地表变形，施工中宜采取下列措施：

(1)采用触变泥浆进行地层支撑与减摩。

(2)贯彻顶进口日夜连续作业，减少中间停顿时间。

(3)采用敞开式顶管施工方法，应贯彻顶管五勤原则，即"勤挖、勤顶、勤测、勤纠、勤压浆"。

(4)采用封闭式顶管施工方法，应合理选用施工的技术参数，及时调整正面土压力和排土量、顶进速度和顶力、机头纠偏量和偏转角、泥浆压力和时间的相互关系。

(5)采用中继间接力顶进，减少对后背土体的顶进反力。

8. 顶管后背土体的稳定验算

顶管工作坑可采用沉井结构和钢板桩支护形式,这两种形式应根据顶管时外力荷载计算图式对后靠土体的稳定进行验算,以防止大幅度的地层移动。

(1)沉井工作坑的后靠土体的稳定验算,其外力图式如图 50-62 所示。

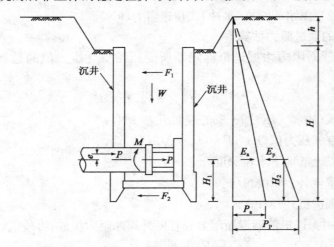

图 50-62　沉井后背土体荷载图

①$\sum F=0$　　　$P+E_a=2F_1+F_2+E_p$

按力的平衡条件:

$$P=2F_1+F_2+E_p-E_a \tag{50-120}$$

式中:F_1——沉井侧面摩阻力(kPa);

　　F_2——沉井底面摩阻力(kPa);

　　E_p——沉井后壁被动土压力(kN);

　　E_a——沉井前壁主动土压力(kN);

　　P——顶管最大计算顶力(kN)。

$$E_p=B(\gamma H^2 K_p/2+2cH\sqrt{K_p}+\gamma h H K_p)$$

$$E_a=B(\gamma H^2 K_a/2-2cH\sqrt{K_a}+\gamma h H K_a)$$

在实际工程中,由于 P 的反复作用,沉井后座土体多次压缩变形,使空隙水压力增大,造成有效应力降低,井壁外侧空隙灌砂不实或泥浆未完全固结;作用合力的偏心使井底摩擦的接触面积有所减少;综合以上的可变因素,在不明确可靠的条件下,为安全起见,不考虑 F_1 和 F_2 的影响。

则:

$$P\leqslant(E_p-E_a)/K_1 \tag{50-121}$$

式中:K_1——沉井稳定系数,$K_1=1.0\sim1.2$,土壤柔软宜取大值。

当 P 的作用点与后壁反力的作用点不一致时,容许反力还应乘以 α 的折减系数,即:

$$P\leqslant(\alpha/K_1)(E_p-E_a) \tag{50-122}$$

式中:E_p——沉井后壁被动土压力(kN);

　　E_a——沉井前壁主动土压力(kN);

　　γ——土的天然重度(kN/m³);

634

H——后背墙高度(m);

h——沉井顶端至地面高度(m);

K_p——被动土压力系数,$K_p = \tan^2(45° + \varphi/2)$;

K_a——主动土压力系数,$K_a = \tan^2(45° - \varphi/2)$;

φ——土体内摩擦角(°);

c——土体黏聚力(kPa);

B——沉井井壁宽度(m);

K_1——沉井土体的稳定系数,宜取 1.0~1.2,软塑土层宜取大值;

P——计算最大顶力(kN);

H_1——P 的作用点离沉井刃脚底面高度(m);

H_2——被动土压力的合力作用点离沉井刃脚底面高度(m);

α——折减系数,$\alpha = (H_1 - |H_1 - H_2|)/H_1$。

②$\sum M = 0$

一般来说顶力 P 绕沉井 A 点的力矩远小于 W 和 E_p 产生的反力矩,因此可予以忽略不计,但是在基坑布置中应尽量使顶力中心和后背土体抗力的计算中心相重合。

(2)钢板桩工作坑的稳定验算

钢板桩工作坑后背土体的稳定验算。当顶力作用点与后背反力的合力作用点相一致时,即 $h_1 = h_2$ 时,如图 50-63 所示。

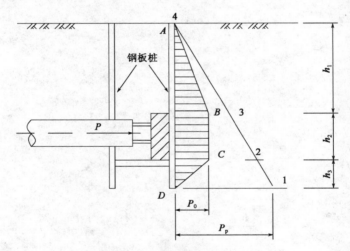

图 50-63　钢板桩后背土体荷载图

如图所示顶管顶力 P 通过承压壁传至板桩后的后背土体,考虑板桩的自身刚度较小,因此承压壁后面的土压力可假设其为均匀分布,板桩两端的土压力为零,总的土体抗力呈梯形 $ABCD$,其静力平衡条件为:

$$\sum F = 0$$

则:

$$P_0(h_2 + h_1/2 + h_3/2) = P/B$$

式中:P_0——承压壁后背土体反力(kPa);

B——承压壁宽度(m)。

从图可知当 B 点在被动土压力或在其左侧时,则后背土体是稳定的,由此可得后背土体的稳定条件是：

$$\gamma K_p h_1 \geqslant 2K_2 P / [B(h_1 + 2h_2 + h_3)]$$

$$P \leqslant [B(\gamma K_p h_1)(h_1 + 2h_2 + h_3)] / (2K_2) \qquad (50\text{-}123)$$

式中：P——计算最大顶力（kN）；

h_1——承压壁主钢板桩桩顶高度（m）；

h_2——承压壁高度（m）；

h_3——承压壁主钢板桩桩底高度（m）；

K_2——钢板桩工作坑土体的稳定系数，宜取 1.0～1.2，软塑土层宜取大值；

其余符号意义同前。

注：本章部分内容及示例摘自参考文献[51]、[83]、[84]、[97]、[99]。

第五十一章　水平定向钻进和导向钻进施工工法施工计算

第一节　概　　论

水平定向钻进和导向钻进之间并没有严格的界限。因此,国际上通用的分类方法是将小型定向钻机施工的方法称为"导向钻进"。导向钻进技术的基本原理大致和定向钻进相同,即先钻一个小口径的先导孔,随后边扩孔回拉铺设地下管线。"导向钻进"一般是指用于铺设小直径、长度较短的管道;而将采用大中型(有些直径大于 1m 的管道)定向钻机施工的方法称为"定向钻进",如穿越较大的河流及高速公路的施工。

在水平定向钻进施工时,按设计的钻孔轨迹,采用定向钻进技术先施工一个导向孔,随后在钻杆柱端部换接大直径的扩孔钻头和直径小于扩孔钻头的待铺设管道,在回拉扩孔的同时,将待铺设的管道拉入钻孔,完成铺管作业。非开挖铺管的定向钻机分为三类,即小型、中型和大型。各类设备的能力和应用范围见表 51-1。

水平定向钻机　　　　　　　　　　　　　　　　表 51-1

类型	铺管直径 (mm)	铺管长度 (m)	铺管深度 (m)	扭矩 (kN)	推/拉力 (kN)	钻机(包括车) 重(t)	应 用 范 围
小型	50～250	100	5	1～1.5	100	2～10	通信、电力电缆、聚乙烯煤气管
中型	250～800	600	20	1.5～10	100～450	10～20	穿越河流、道路和环境敏感区域
大型	800～2 000	2 000	60	10～100	450～5 000	20～30	穿越河流、高速公路、铁路

水平定向和导向钻进的优点是:对地表的干扰较小;施工速度快;可控制铺管方向,施工精度高。其不足之处是对施工场地要求较大,在非黏性土层和砾石层中施工比较困难;即导向钻进不适用于砂层和砾石层,可适用于软土层;但是由于探测器的探测深度有限,故导向钻进的深度也受到一定的限制。

第二节　导向钻进施工原理

导向钻进是使用一种射流辅助切削钻头,这种钻头带有一个斜面。钻进时,当钻杆不停地回转时,可钻出一个直孔,而当钻头朝着某个方向钻进而不回转时,则钻孔就发生偏斜。但导向钻进主要是靠导向钻头,而导向钻头内带有一个探头或发射器,探头就固定在钻头后面。当钻头向前推进时,发射器发射出来的信号被地表接受器接受和追踪,因此可监视其推进方向、深度和其他参数。图 51-1 为导向钻进施工示意图。

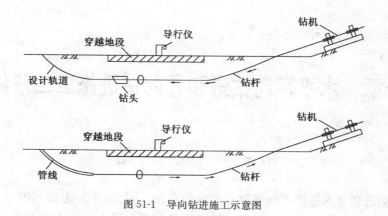

图 51-1　导向钻进施工示意图

一、导向钻进的成孔方式

导向钻进的成孔方式有干式和湿式两种：

干式钻具由挤压钻头、探头室和冲击锤组成，靠冲击挤压成孔，不排土。湿式钻具由射流钻头和探头室组成，以高压水射流切割土层，有时辅以顶驱式冲击动力头以破碎大块卵石和硬土层，这是目前使用得最多的成孔方式。两种成孔方式均以斜面钻头来控制钻孔方向。若同时给进和回转杆柱，斜面失去方向性，就可实现保直钻进；若只给进而不回转钻杆柱，作用于斜面的反力使钻头改变方向，就可实现造斜钻进。对钻头轨迹的监视，一般由手持式地表探测器和孔底探头来实现，地表探测器能接收位于钻头后面探头发出的信号（深度、顶角、工具面向角等参数），供操作人员掌握孔内情况，以便随时进行调整。

二、钻机的锚固

钻机的锚固能力是反映钻机在钻进和回拉施工中利用其本身功率的能力。一台钻机的推力再大，如果钻机在推拉过程中发生了移动，其推力不但会降低，而且还会出现孔内功率损失，这时就出现钻机的全部功率作用在钻机机身上，容易发生设备损坏和人员伤害。

三、钻头选择依据

对于不同的土层，需选择不同的钻头（图 51-2），如：

（1）钻头表面硬化处理后其使用效果会更好。

（2）在干燥的软黏土中施工，采用中等尺寸钻头一般效果最佳（土层干燥，可较快地实现方向控制）。

（3）在硬黏土中，较小的钻头效果比较理想，但在施工中要保证钻头比探头外筒的尺寸大 12mm 以上。

（4）在淤泥质黏土中施工，一般采用较大的钻头，以适应变向的要求（若想向前推进 1m 就实现变向，就需要一个较大的或狗腿度为 10° 的钻头）。

（5）在钙质层中，钻头向前推进十分困难。所以，最小的钻头效果最佳，另外在这种土层中需采用特殊的切削破碎技术来实现钻孔方向的改变。

（6）对于粗粒砂层，中等尺寸狗腿度的钻头使用效果最佳。在这类地层中，一般采用耐磨性能好的硬质合金钻头来克服钻头的磨损。另外，钻机的锚固和钻进液的控制也是施工成败的关键。

（7）对于砂质淤泥，用中等和大尺寸钻头效果较好。在较软土层中，采用10°狗腿度钻头以加强其控制能力。如果钻进时土层条件发生变化，有时需要更高扭矩来驱动钻头。

（8）对于致密的砂层，用小尺寸锥形钻头效果最好，但要确保钻头尺寸大于探头筒的尺寸。在这种土层中，向前推进较难，要较快地实现控向。另一方面，钻机的锚固也是钻孔成功的关键。

（9）在砾石层中施工，镶焊小尺寸硬质合金的钻头使用效果较佳。对于大颗粒卵石层，钻进难度较大，如果卵石间有足够多的胶结性土，钻进还是可行的。在砾石层中，回扩难度最大，铺管尺寸较大时尤其如此。

（10）对于固结的岩层，使用孔内动力钻具钻进效果最佳。当采用标准钻头钻进硬岩时，钻孔可能在无明显方向改变的条件下完成施工。

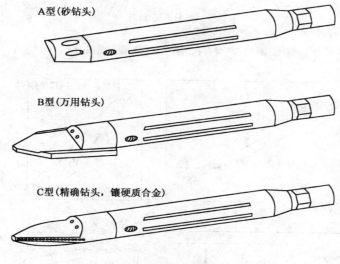

图 51-2 几种典型的导向钻头

四、导向孔施工

导向孔施工步骤为：探头装入探头盒内；导向钻头连接到钻杆上；转动钻杆，测试探头发射是否正常；回转钻进2m左右；开始按设计轨迹施工；导向孔完成。

按每段铺管设计高程、地层及地形情况，进行导向孔轨迹设计，确定导向孔的施工方案。导向孔钻进是通过导向钻头的高压水射流冲蚀破碎、旋转切削成孔的。导向钻头前端为15°造斜面。该造斜面的作用是在钻具不回转钻进时，造斜面对钻头有个偏斜力，使钻头向着斜面的反方向偏斜；钻具在回转顶进时，由于在旋转中其斜面的方向不断改变，而斜面周向各方向受力均等，能使钻头沿其轴向的原有趋势直线前进，如图51-3所示。

导向孔施工一般采用手提式导向仪来确定钻头所在的空间位置，如图51-4所示。导向仪器由探头、地表接收器和同步显示器组成。探头放在钻头附近的钻具内。由接收器接收并显示探测数据。同时显示器置于钻机旁，同步显示接收器探测的数据，供操作人员掌握孔内情况，以便随时调整。这类导向仪器的测量精度为3%～5%，测探能力一般在15m以内，最大可达30m。在施工过程中，导向钻头的准确位置状态和造斜面方向是通过安装在钻头腔室内的信号发射器及地面跟踪导向仪来测定的。导向钻进是按设计轨迹的参数钻进的,当发现偏离设计轨迹时,及时通过调整钻头斜面的方向,进行造斜纠偏,直到钻头的位置回到设计轨迹时为止。这样就会钻出和设计轨迹重合或非常接近的导向孔。但是要特别注意不要纠偏过度给施工带来不必要的麻烦。为了避免这种情况的发生,钻进少量进尺后便进行测量,检验调整钻头方向的效果。所以纠偏不能太急,应在几根钻杆内完成纠偏,不能在一根钻杆内就完成所有的纠偏工作。

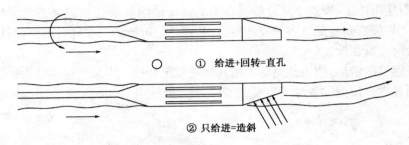

图 51-3　导向孔钻进的造斜原理示意图

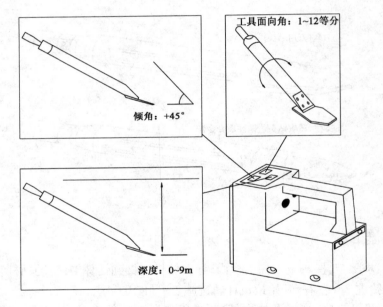

图 51-4　导向仪显示的主要参数

五、扩孔施工

当先导孔钻至靶区时就需要用一个扩孔器来扩大钻孔,以便安装成品管道。根据经验是将钻孔扩大到成品管尺寸的 1.2～1.5 倍,扩孔器的拉力或推力一般要求为每毫米孔径为 175N。根据成品管和钻机的规格,也可采用多级扩孔。

目前使用的扩孔器有四种类型:

(1)快速切削型扩孔器:此种类型的扩孔器较经济,适用于软地层(如黏土和砂土层),但是,这种扩孔器无法破碎坚硬的岩石。

(2)拼合型钻头通孔器:它是由剖开的牙轮锥体制造的,并将其焊接到金属板和短的间接构件上,是一种通用的、经济型的扩孔工具,并具有一定的灵活性。它们是一种多品种多规格切削工具。在制造过程中,必须采用特种焊接、热处理以及其他的防护措施,以免损坏后牙轮失落于孔内。

(3)锥型牙轮扩孔器:最初用于石油钻井的垂直井的钻进。后用于导向钻进时,已被改进,近几年已用于水平钻进中。

(4)YO-YO 型扩孔器:这种扩孔器在岩石易崩落的地层中可以向前或向后钻进。其平衡式的球体牙轮是自稳的,而且能自动跟踪先导孔。大型牙轮和蜜蜂式轴承的应用延长了其在孔内的寿命。

扩孔是将导向孔的孔径扩大至所铺设的管径以上,以减小铺管时的阻力。扩孔时将扩孔钻头连接在钻杆后端,然后由钻机旋转回拉扩孔。随着扩孔的进行,在扩孔钻头后面的单动器上不断加接钻杆,直到扩至与钻机同一侧的工作场地,即完成了这级孔眼的扩孔,如此反复,采用不同直径的扩孔钻头扩孔,直至达到设计的扩孔孔径为止。对回拉力较大的钻机,在扩孔时可以采用阶梯形扩孔钻头,一次完成扩孔施工。有时也可以同时完成扩孔和铺管施工。

六、钻进液

钻进液的基本组分是现场的淡水,但大多数情况下需在水中添加膨润土来增加钻进液的黏度,其主要作用是稳定孔壁、降低回转扭矩和拉管阻力、冷却钻头和发射探头、清除钻进产生的土屑等。因此,它被视为导向钻进施工的"血液",一般要求采用优质膨润土来制备泥浆,有时视地层条件也可在泥浆中加入适量的聚合物。

(1)钻进液非正常返回

在理想条件下,钻进液是在钻杆柱端切削刃处流出,再沿钻杆外壁与孔壁间隙返回地表,这样可重复利用钻进液体。但实际施工时钻进液往往沿阻力最小的通道流动,有时会扩散到钻孔周围的地层中去,或渗到地表上来。当钻进液没有沿钻孔返回而是随便流到地表时,称为钻进液的非正常返回。

钻进液非正常返回虽不是一个严重的问题。如果在市区或是在风景优美的游览胜地施工,就会给公众带来不便,因此在施工中,尽量减少钻进液非正常返回的发生。

(2)钻进液的重复利用

通常把返回的钻进液收集起来用泵送到泥浆净化设备中,再把净化后的泥浆送回到钻进液储存或混合箱中反复使用。

七、定向钻进成孔方式

在松软地层中,用高压水射流在松软地层来切割成孔,孔底钻具组合由一弯接头和一带喷嘴的钻头构成。钻柱回转时,钻出的孔是直孔,如果钻柱不回转,在给进力和水射流的作用下,可产生定向的弧形孔。

在含有硬夹层的松软地层中成孔,孔内的钻具组合是由弯接头和合金钻头或牙轮钻头组成。若用三牙轮钻头,可将三个喷嘴中的两个堵上,剩下的一个使水射流以一定的方向进入地层。若遇到较硬的夹层,可回转钻柱,靠三牙轮或合金钻头破碎岩石,穿越障碍。

在硬岩或卵石层中,射流成孔的方法就不适用。如需钻进成孔,孔内钻具组合是由弯接头、螺杆马达和钻头构成。也可根据地层情况采用刮刀钻头、牙轮钻头或金刚石钻头。

八、定向钻孔监视方法

定向钻进水平穿越孔的重要技术环节是钻孔轨迹的监视和调控。目前有三类随钻测量系统。都是用测斜传感器原理,即加速度计测量顶角和工具面向角,磁通门测量方位角,其区别在于测量信息的传输方式不同。这三类系统是:

(1)有缆式随钻测量系统。靠电缆传输测量信息。水平钻进电缆操作十分困难,采用多接头电缆和"湿接头"方式予以解决。这种系统在定向钻进铺管施工中应用最多。

(2)泥浆脉冲式无缆随钻测量系统。将测量信息转变成泥浆压力脉冲信号后传至地表,该系统因为成本较高,使用比较少。

(3)电磁式无缆随钻测量系统。测量信息附载于电磁波上传至地表。该系统目前测量范围还较小,在300m以内。超过此范围后可装上电缆接头,转变成有缆系统。

九、定向钻孔施工中地下管线损坏预防

如操作者在施工先导孔期间忽略考虑回扩钻头的直径,有可能导致水平钻进施工中碰伤现有地下管线。若铺设的管线要穿越现有的管线区或与现有的管线平行,设计时不能只考虑先导孔的直径,而应考虑最终扩孔钻进头的直径和钻头与现有管线间距的余量,该余量为最终扩孔钻头直径的3～4倍。

在回扩后铺设管线时应注意的几个问题:

(1)如扩孔钻头因某种原因在钻孔中停留时间过长,因钻头的重量较大,钻头会在其自重作用下下沉。

(2)在缓慢拉管期间,泵流量太大也会使土层中产生空洞或使灌柱周围的土层变软。

(3)扩孔钻头越大,钻头下沉的概率就越高。

(4)在扩孔时如阻力变大,并不总是需要提高转速或泵量。

(5)钻进产生的土屑和孔壁坍塌也会导致钻柱运动的阻力增加,此时维持扩孔钻头缓慢运动是非常重要的。

(6)在软土层中钻进,选用具有翼片较宽的钻头,以适当增加钻头的浮力。

第三节　导(定)向钻进设备

导(定)向钻进设备主要包括用于管线探测的仪器和导(定)向钻机。

一、导向仪

导向仪是导向钻进技术的关键配件之一,它是用来测量导向钻头深度、顶角、工具面向角、温度等基本参数,并将这些参数值直观地提供给钻机操作者,保证铺管施工是质量。目前,导向仪有手持式、有缆式和无缆式三大类。

1. 手持式导向仪

手持式导向仪主要由三部分组成:孔内探头、手持式接收机和同步显示器。测量深度是手持式探测仪的重要功能之一。为适应市场的需要,许多厂家将仪器的测量深度由6m提高到10～20m,见表51-2。此外,测量顶角、工具面向角的方式从原来的定点显示改为连续显示,顶角的增量改为1%,这样能使操作者更加方便、准确地控制钻孔的方向。

公 司 名 称	型 号	测 探
英国雷迪公司	RD385,RD386(DRillTrack)	4～20
美国 DCI 公司	DigiTrak Mark III,IV,V,Eclipse	5～21
美国 Ditch Witch 公司	Subsite 75R/T,66TKR,750R/T	3～30
美国 McLaughlin 公司	Spot D Tek III,IV,V	3～15

2. 有缆式导向仪

现有手持式导向仪在许多场合显示其不足,如在繁忙的街道下穿越铺管时,手持式导向仪显得不太方便,易产生交通事故;穿越河流时,手持式导向仪需要船只配合,问题较多。另外,手持式导向仪的测探能力往往不能满足使用需求。目前有两种新的有缆式导向仪:一种类似石油定向钻进使用的有缆式导向仪,应用磁通门和加速度计作为基本测量元件,只是在测量深度、耐湿和耐压等性能参数方面有所简化,价格比石油钻井仪器的低。另一种是在手持式导向仪的基础上改进而成的,它通过电缆向孔底探头提供电源,增加 STS 发射功率,同时用电缆传输顶角和工具面向角等基本信息,深度还是通过手持式接收机来测定。这种仪器的价格只是石油钻井用仪器的 10%～20%。表 51-3 列出的 Subsit STS 属于第一种有缆仪器,另两种属于第二种有缆式导向仪。

有缆导向仪的基本参数   表 51-3

公 司	型 号	测探能力(m)	孔长范围(m)
Ditch Withc	Subsit STS	60	450
Utilx	Wireline System	25	240
DCI	Digi Trak 100 Cable	43	—

3. 电磁通道无缆随钻测量仪

有缆随钻测量系统解决了手持式导向仪存在的一些问题,但该系统也有其弱点:如电缆传输的信息需通过滑环导出;每接一根钻杆,就需要做一个电缆接头,操作繁琐;电缆的使用是一次性的,电缆接头多使故障概率增高。为了改进这些问题,美国 Guided Boring Systems 公司和 Maurer 公司联合开发了以电磁波传输信息的无缆随钻测量系统 Accunav。该系统测量精度高,测量孔长可达 300m,可用于小口径导向钻孔钻进,且成本相对低廉。

GT-1 型工程导向孔多功能无线探测仪。

1994 年河北省地矿局利用已开发的钻孔电磁信号通道及 HB-1 型无限随钻自动定向仪的有关技术,成功研制了工程导向专用探测仪。后经过进一步改进,在 1995 年成功地研制出了工程导向多用途无线探测仪。这种管线探测仪的功能有:

(1)管线探测仪功能。

(2)探测钻孔和管道水平投影位置和深度。

(3)随钻定向仪功能:监测工具面向角(360°分 16 等分进行监测)和倾角(30°范围按 0°、±1°、±3°、±5°、±7°、±10°、>12°及<−12°分段监测)。

(4)定向指挥仪功能:向钻场监视器发送测量数据和造斜指令。

仪器由孔内仪器、地面探测仪和钻场监视器三部分组成。其详细功能见参考文献[84]和产品说明书。

二、GBS 导向钻进系统简介

GBS 系统是目前国际上比较流行的用于非开挖工程上的定向钻进系统。现简要介绍国土资源部勘探技术研究所生产的 GBS 系列非开挖导向钻机。

1. GBS 钻机型号说明

$$G\ \ B\ \ S—X\ X$$

```
G  B  S — X X
              └──── 钻机回拖能力(t)
    └──────────── 导向钻进系统（含钻具、仪器）
```

GBS 代表的是导向钻进系统（含钻具、仪器），XX 代表的是钻机的回拉能力。目前,该系列钻机已有 GBS-7、GBS-10、GBS-12、GBS-20 和 GBS-35 型钻机等。现选其中 GBS-10 钻机作一简要介绍:

2. GBS-10 钻机的特点

本钻机由轮式钻机和拖挂式动力站两部分组成,两者由 10mm 长液力管连接。采用油缸—链条行程倍增给进机构,以实现长行程的钻进和回拉。其特点为:

(1)动力头设有卸扣自行浮动机构,以减少对钻杆丝扣的磨损,操作简便可靠。

(2)给进机构设有回拉链条平衡器,改善承载条件。

(3)随机液压管线集中于防护套内,提高了管线的使用寿命。

(4)设有方便的角度调节油缸,配有角度指示器,调节快速,一目了然。

(5)为了使钻机能稳固施工,设计有两种形式的地锚,以适应不同地层的需要。

(6)采用前、后夹持器和卸扣机构,实现机械拧卸钻具,减轻了劳动强度。

(7)选择高速柴油机做自带动力,现场施工方便。

(8)全液压驱动,集中控制,操作便利。

3. GBS-10 钻机的主要技术参数

(1)钻孔直径及穿越长度

导向孔:ϕ76mm;

最大扩孔直径:ϕ355mm;

穿越长度:300m/ϕ108mm 钢管(黏土层)。

(2)钻具

导孔钻头:ϕ76mm;

最大扩孔直径:ϕ355mm;

钻杆:ϕ50×5×2 500mm;

弯曲半径:30m。

(3)动力传动(表 51-4)

钻机动力传动参数表 表 51-4

输 入 输 出	三联齿轮泵	高压水泵组皮带轮传动
输入转速(r/min)	2 700	
输出	GPC4-40 泵接单片多路换向阀进油口	1 460r/min
	G5-20 泵接两片多路换向阀进油口	
	G5-5 泵接五片多路换向阀进油口	

(4)变速箱(表51-5)

变 速 箱 参 数 表　　　　　　　　表51-5

档次	一　档	二　档	三　档
转速	3.115	1.772	1.000
输出端至高压水泵	469	824	1 460

(5)动力头(表51-6)

转速及扭矩表(柴油机2 700r/min)　　　　　表51-6

工作油缸及档次		G5-2	GPC4-40	GPC4-40、G5-20
输出端		I	II	III
转速(r/min)		43	90	130
扭矩(N·m)	10MPa		1 600	
	14MPa		2 400	

(6)给进机构

该钻机采用油缸—链条行程倍增给进机构。其行程为2.8m;给进能力为45kN(16MPa);回拉能力100kN(21MPa)。

(7)高压水泵(表51-7)

高压水泵参数表　　　　　　　　表51-7

型　号	3D$_1$-SZ		
转入速度(r/min)	1 460	824	469
排量(L/min)	40	25	14
压力(MPa)	18		

(8)液压油泵(表51-8)

高压水泵参数表　　　　　　　　表51-8

型　号	GPC4-40-1(E$_1$)F$_3$-G5-20-5-S-20-R-CH		
名称	三联齿轮泵		
分泵	GPC4-40	G5-20	G5-5
排量(mL/r)	42	19.9	5.2
压力(MPa)	25	20	20

(9)液压马达

型号:BM-F1250H$_1$;排量为1 249mL/r;扭矩为2 400N·m;压力为14MPa;转速130r/min。

(10)角度调节:8°～25°

(11)钻机参数(表51-9)

钻 机 参 数　　　　　　　　表51-9

钻机动力(kW)/(r/min)	钻机质量(kg)	钻机外形尺寸(mm)
4120BG-3a型柴油机	轮式钻机:2 000	长×宽×高:4 600×1 500×1 400
58.5/2 700	拖挂车动力站	长×宽×高:6 125×2 245×2 550

4. 钻机主要部件及作用、操作系统、钻机安装使用方法及注意事项和钻机的维护保养

该部分内容请参阅钻机技术资料或本书参考文献[84]，此处略。

三、国产 FDP-15 型导向钻机

FDP-15 型导向钻机是原冶金工业部首都钢铁地质勘察基础工程公司 1995 年吸收了国内外同类设备的长处研制的非开挖导向钻进铺设管线的设备。该钻机主要用于各类土层的非开挖管线铺设，铺管直径 ϕ50～100mm，可铺设长度达 300m。

目前，该钻机由连云港黄海机械厂生产，并在原结构的基础上进行了若干改进，开发了 FDP 系列导向钻机，型号有 FDP-12、FDP-15C、FDP-15D、FDP-15E、FDP-30 和 FDP-36 等。现简单介绍如下：

1. 结构特点

（1）FDP-15 型导向钻机为液压传动型，具有液压传动所有优点。

（2）采用座式结构，并辅以止移—定位系统，使钻机安装稳固，足以实现强大的扩孔回拉力。

（3）该钻机动力头采用低速大扭矩液压马达，使其转速和扭矩满足施工要求，简化了传动系统。

（4）提升—给进系统采用油缸—钢丝绳倍速机构，具有较好的传力效果。

（5）操纵控制系统主机、水泵开关与液压操作把手于一体，使实现集中操作，操作方便、快捷。

2. 主要技术参数

钻机施工范围：导向孔直径为 ϕ76mm，最大扩孔直径为 ϕ400mm，最大铺管长度 300m。

动力头、提升—给进油缸、桅杆调位油缸、止移—定位系统（止移—定位系统采用两套相同的油缸推板驱动止移定位）的参数见表 51-10。钻机外形尺寸为长×宽×高＝5 800mm×2 200mm×2 100mm；钻机总质量为 3.5t。

FDP-15 型导向钻机主要技术参数

表 51-10

动 力 头		提升—给进油缸		桅杆调位油缸		止移—定位系统（油缸）	
额定扭矩	0～3 830N·m	额定压力	25MPa	额定压力	16MPa	额定压力	16MPa
转速	0～100r/min	行程	1.8m	行程	1.25m	行程	0.5m
给进力	65kN	活塞直径	125mm	活塞直径	80mm	活塞直径	63mm
回拉力	150kN	活塞杆直径	90mm	活塞杆直径	56mm	活塞杆直径	45mm
回拉速度	0～4.9r/min	额定推力	300kN	额定推力	80kN	最大推力	150kN
动力头行程	3.6m	额定拉力	150kN			推板宽度	700mm
G5-20 油泵		160SCY141B		J03-225S4 动力机		嵌入地深度	250mm
转速	1 500r/min	转速	1 000r/min	转速	1 000r/min		
工作压力	20MPa	工作压力	32MPa	功率	55kW		
排量	20mL/min	排量	160mL/min				

3. FDP-15B 型导向钻机主机

FDP-15B 型非开挖导向钻机属液压设备的主要构造分三部分：液压执行机构、液压动力系统与机座。

（1）液压执行机构

①动力头

动力头直接与钻具连接，为钻进提供所需的扭矩、提升力或给进力。同时也是冲洗液的通道，因此，它是钻机的主要执行机构。FDP-15B型钻机动力头分机体和回转机构两部分，机体是钢板与无缝钢管的焊接件，它主要传递提升—给进系统的回拖力和给进力，传递液压马达的反扭矩。回转机构主要由低度大扭矩通孔式液压马达、传动轴、推力轴承等组成，是钻机输出扭矩的动力源。

②提升—给进系统

提升—给进系统是动力头回拉或给进运动的执行机构，由装在桅杆内的液压油缸通过钢丝绳及桅杆两端的滑轮组构成倍速机构，向动力头提供给进力或回拉力。结构紧凑，安全可靠。其传动示意图见图51-5。

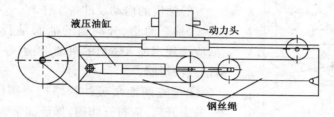

图 51-5　提升—给进系统示意图

③夹持—扶正系统

该钻机夹持器采用液压连杆斜劈机构夹紧、弹簧复位式机构，其工作原理如图51-6所示。夹持器安装在桅杆下端，在其前部装有扶正器，扶正器通孔直径为ϕ60mm。

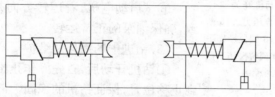

图 51-6　夹持—扶正系统示意图

④升降桅杆油缸

该钻机桅杆在小角度范围内采用两支承丝杠进行微调，若有较大角度变化时，采用桅杆升降油缸进行调整，其工作原理如图51-7所示。

⑤止移—定位系统

止移—定位系统采用两套油缸推板机构，其工作原理如图51-8所示。该系统安装于钻机底座内两侧，施工时油缸推出止移板，平衡钻机的受力状况。

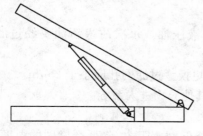

图 51-7　桅杆升降原理示意图

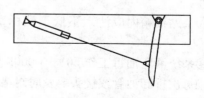

图 51-8　止移—定位系统示意图

（2）液压动力系统

液压动力系统主要由电机、分动箱、主副油泵及各控制油路组成。

（3）机座

FDP-15型钻机底座由22号槽钢焊接而成。底座前端与桅杆下端铰支连接，其后端安装调位丝杠支承桅杆，在桅杆两侧分别安装油箱及动力源、操纵台。在底座前部两侧安装定位—止移系统。

4. 操作与维护

（1）操作台

该钻机电动机开关、水泵电动机以及各系统压力表安装在操纵台立板上，各液压阀操作把手安装在操纵台台面上，便于操作人员操作和了解各系统工作压力。操纵台如图51-9所示。

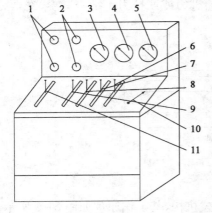

图 51-9　操作台示意图

1-水泵电动机开关；2-钻机电动机开关；3-压力表之一；4-压力表之二；5-水泵压力表；6-断开-给进操作手把；7-操作手把；8-调位操作手把之一；9-监视器操作手把；10-调位操作手把之二；11-回位操作手把

（2）钻机的启动及准备工作

①检查油箱、分动箱的油面是否符合要求，若不符合，应按规定加入适量的机油；检查各润滑部位是否有润滑油或润滑脂。

②检查两油泵吸油管路控制阀门是否处于开启状态，若未开启，应打开阀门，保证油泵吸油管的畅通。

③检查各油路系统的管接头连接是否可靠。

④将各操纵手把放置在空挡位置。

⑤检查各个部件相互传动的可靠性及在其机座上的固定情况。

⑥试启动电机，看运转方向是否与油泵运转方向一致，确保油泵的正常运转。

（3）钻进中的操作及维护

①钻机开动后，首先操作止推油缸手把，将止移板推到止移位置，保证钻机的稳固。

②动力头回转应平稳，不应有跳动及卡阻现象。

③钻具回转过程中夹持器卡瓦应完全退回脱离钻具，以免划伤钻具。

④动力头给进或提升应平稳，不应有忽快忽慢现象。

⑤及时调整给进—提升钢丝绳的松紧程度，并经常检查钢丝绳端部的固定情况。

⑥随时注意观察各指示仪表的变化情况，设备运转情况及各部件的温升，一般不应超过60℃。

⑦注意保持动力头滑道、活塞杆等表面的干净，不应有泥浆、砂土等杂物，并要有良好的润滑条件。

⑧泵站油箱内应注入不低于油标下线的N46号液压油。每次注入新油要经过滤油机过滤。

⑨系统液压油每工作500～1 000h要进行过滤或更换。过滤网孔应小于$25\mu m$。

⑩每次拆卸油管或接头要及时封堵，防止杂质或其他异物进入系统。

（4）润滑

良好的润滑除了防止减少各机件的磨损外，还有降低摩擦阻力，降低摩擦副的温度，防止锈蚀,减缓冲击,有利于密封等作用,对于提高设备的传动效率和使用寿命都起到十分重要的作用,因此,对钻机各部件的润滑点的良好润滑无疑是十分必要的。FDP-15B钻机润滑如表51-11所示。

钻机润滑部件及润滑油 表 51-11

润 滑 部 件	数　量	润滑油或油脂	润 滑 方 法
桅杆滑道	1	机械油 HJ-30	机油壶
桅杆顶滑轮轴承	4	钙基润滑脂 ZG-30	检修时加油
桅杆底滑轮轴承	2	钙基润滑脂 ZG-30	检修时加油
给进油缸滑轮组轴承	6	钙基润滑脂 ZG-30	检修时加油
水接头内轴承	1	钙基润滑脂 ZG-30	检修时加油
动力头内轴承	3	钙基润滑脂 ZG-30	检修时加油
分动箱	1	齿轮油 Hl-30	检修时加油
夹持器内滑面	1	钙基润滑脂 ZG-30	检修时加油
扶正器轴承	1	钙基润滑脂 ZG-30	检修时加油
桅杆调位丝杠	2	钙基润滑脂 ZG-30	检修时加油

四、钻进设备的选择

1. 选择的标准

在对比一台定向钻进与其他钻机的性能时,一般是对比钻机的回拖力,但回拖力并不是对比的最重要条件,因为钻孔的形成主要是靠钻机的扭矩和钻进液的动力来完成,而不是钻机的推力和拉力。如果导向孔和预扩孔完成得比较理想,钻机本身可能始终用不到其标定的回拖能力。因此钻机的扭矩是选择钻机的一项重要指标。

2. 功率

在定向钻进施工中,钻机的功率决定了在施工过程中能否顺利穿越地层、完成管道回拖等工作。一般情况钻机大部分时间都应保持在额定功率状态下工作。因此,钻机的功率标志着钻机所具有的产生扭矩和回拖力的实际能力。

3. 钻杆

扭矩是钻机的重要参数之一。因此,传递扭矩的钻杆就成为钻机与孔底机具之间唯一的也是最为重要的动力传递环节。对于长距离的钻孔而言,钻杆的强度比柔度更为重要。因此,一般选择较大直径的钻杆。生产孔底机具的制造厂应根据给定的地层条件计算出旋转孔底钻具所需扭矩,取得这个参数后,便可根据这个参数选配钻杆。然后再根据这个参数对比考虑选用不同的钻机。同时钻杆的长度直接影响钻进的效率。因此,能使用较长的钻杆可减少拔出的根数,从而减少这项作业过程所消耗的时间。

4. 泥浆

(1)配浆用水

配浆时每次都必须用 pH 试纸进行检测,也可用 pH 卷轴纸、pH 计和滴定法进行检测。只有 pH 值在 8~9 的水能使膨润土造浆达到最佳状态,维持 pH 值最好的方法是加纯碱。例如:将 3 800L 的水提高 pH 至要求值 8,需加纯碱 0.9~1.35kg。

（2）提高和保持黏度

保持合适的黏度可使钻进液有效地悬浮固相和稳定井眼。施工开始时经常用清水校正马氏漏斗，清水的黏速为 27.5s/L，如果水的钻速达到 30.6s/L 时，则漏斗端部会被堵或缩小。经漏斗或文德里管加入高造浆率膨润土提高钻进液黏度，可用马氏漏斗来检测钻速（最佳钻速为 40.2～42.3s/L）。当漏斗的筛网上无残余小片膨润土时，认为造浆已达到最佳水平，钻进液的黏度也将稳定。

（3）降低失水量

最后是添加液态聚合物，如：通用的聚丙烯酰胺可用来提高钻速。添加改性聚合物可以增加钻进液的润滑性能、页岩或黏土的抑制能力以及井眼稳定性。添加这类聚合物的主要优点是降低失水量和控制井眼。

5. 泥浆马达

在考虑使用泥浆马达时，首先考虑两个基本因素，即泥浆泵的泵量和岩石的硬度。

目前，泥浆马达有三种规格，最小的为 72～94mm，它们可驱动 199mm 的钻头，所需的钻机质量为 11.4～22.7t，配备的水泵泵量为 307～519L/min；第二种规格为 119mm；最大的为 169mm。上述三种泥浆马达的技术规格见表 51-12。

泥浆马达的技术参数

表 51-12

马达尺寸(mm)	钻头直径(mm)	所需泵量(L/min)	钻机质量(t)
72～94	119	308～519	11.4～22.7
119	15.1～69	385～962	27.3～40.9
169	200～219	1 153～2 308	54.5

第四节　钻孔孔身轨迹设计和实际孔身轨迹的计算

一、钻孔空间位置

钻孔轨迹一般为平面曲线或空间曲线，如图 51-10 所示空间倾斜平面上的 A、B、C、D 之间的连线，它反映钻孔轴线上各点空间位置的变化状态，并可用空间内位置的参数来表示。

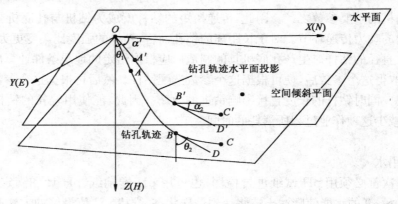

图 51-10　钻孔轨迹空间位置的参数

650

1. 描述钻孔轨迹的基本参数和有关术语

(1)钻孔轨迹:把岩土切削工具看作为质点,相对于规定观测系统描绘的一条线,换言之,就是岩石切削工具在钻进过程中移动的路程。

(2)钻孔平面图:钻孔轨迹在水平面上的投影,如图 51-10 所示水平面上的 A'、B'、C'、D' 之间的连线。

(3)顶角:钻孔轴线或钻孔轴线在给定点的切线与通过该点的垂直线之间的夹角,如图 51-10 所示 θ_1、θ_2,直线段顶角不变,而曲线段顶角则不断变化。

(4)方位角:钻孔轴线在水平面上投影或钻孔轴线在给顶点上的切线在水平面上的投影与正北方向(图 51-10 中为 x 轴)之间的夹角,如图 51-10 所示 α_1、α_2,并且从正北方向按顺时针方向计算。直线段方位角不变,而曲线段方位角则可能变化。垂直孔段无方位角。

(5)孔深:钻孔轴线延伸的长度,如图 51-10 所示直线段 OA 长＋曲线段 AC 长是 C 点的孔深。

(6)曲线段曲率或弯强:钻孔曲线段的弯曲程度,用曲率 K 或弯强 i 表示。弯强是弯曲强度的简称,俗称"狗腿"严重度。单位孔身长度的顶角变化量称为顶角弯强,单位孔身长度的方位角变化量称为方位角弯强,单位孔身长度的全角变化量称为全角弯强(当曲线段既有顶角变化又有方位角变化时,则产生全弯曲角,简称全角)。

钻孔轴线各点的顶角、方位角和孔深称为钻孔的基本要素。

2. 定(导)向钻进地下管线施工的一般轨迹形式

定(导)向钻进地下管线施工的钻孔轨迹一般形式为斜直线段—曲线段—水平直线段—曲线段—斜直线段,如图 5-11 所示。曲线段也称为过渡段。

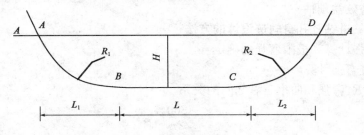

图 51-11　定(导)向钻进地下管线施工的一般轨迹形式

二、钻孔轨迹的设计方法

非开挖施工之前必须进行钻孔轨迹的设计,施工过程中还要根据这一设计进行控制,使实际轨迹符合设计轨迹,以保证铺设管道位置的准确性。现介绍定(导)向钻进非开挖地下管线施工的钻孔轨迹设计方法。

1. 定(导)向钻进钻孔轨迹设计的原则和内容

1)设计的一般原则

(1)充分掌握原始资料:

进行钻孔轨迹设计前,必须进行现场踏勘和工程勘察,调查分析施工地区的各方面情况,充分掌握现场资料。这些资料包括:

①施工地区的工程地质和水文地质情况。

②地表对孔位的限制条件,地形起伏情况,现有地下管线的分布、性质,地下障碍物的分

布、水域覆盖面积和深度等。

（2）考虑施工方便和安全钻进。要避免急弯，非必要时不采用急弯，否则会使修孔工作量增大，钻具与孔壁的摩擦加剧，钻杆折断和管线损坏等事故增多，甚至产生键槽。

2）设计的主要内容

钻孔轨迹的设计主要内容包括下列几点：

（1）确定钻孔类型和钻孔轨迹形式

钻孔类型和钻孔轨迹形式取决于管线的性质、目的、材料和铺设要求，钻孔地质条件，施工单位的设备和施工手段的性能，工人操作水平，现有地下管线的分布，地上、地下障碍物的分布情况，水域覆盖面积和深度等。

（2）确定造斜点

造斜点是指同一孔身中由直线段变位曲线段的起点。造斜点宜选择在较硬土层或中硬完整的岩层中的孔段，同时要使后续轨迹避开现有管线和地下障碍物。

（3）确定曲线段的曲率半径

曲线段的曲率半径取决于岩土层的造斜能力，造斜工具的造斜能力或两者综合作用所能达到的造斜强度。造斜强度越大，曲率半径越小，在一定弯曲角的情况下，曲线段的长度也越小，有利于节省造斜进尺。但是，造斜强度太大，也会产生一系列的负面影响。

（4）确定钻孔孔身轨迹参数

确定的钻孔孔身轨迹参数包括各孔段的长度，各孔段起点和终点的顶角、方位角，各孔段起点和终点的垂深度和水平位移。确定钻孔孔身轨迹参数时，可采用图解法，也可采用计算法。计算法较准确，但数学模型有时较烦琐。图解法直观，但精度低。现在一般都采用计算法。

（5）进行经济效益预估

2. 定（导）向钻进钻孔孔身轨迹设计的方法

1）曲线段弯强计算和极限弯强的确定

（1）孔身轨迹弯强计算

①曲率半径 R、弯强和曲率三者之间的关系

$$i = \frac{360}{2\pi}K \tag{51-1}$$

$$R = \frac{1}{K} = \frac{57.3}{i}(\text{m}) \tag{51-2}$$

②顶角弯强 i_θ 计算

若某一孔段顶角变化均匀，则：

$$i_\theta = \frac{V_\theta}{V_L} = \frac{\theta_B - \theta_A}{L_B - L_A}(°/\text{m}) \tag{51-3}$$

式中：V_θ——A、B 两点顶角增量（°）；

V_L——A、B 两点延伸长度（m）。

③方位角弯强 i_α 计算

若某一孔段方位角变化均匀，则：

$$i_\alpha = \frac{V_\alpha}{V_L} = \frac{\alpha_B - \alpha_A}{L_B - L_A}(°/\text{m}) \tag{51-4}$$

式中：V_α——A、B 两点方位角增量（°）；

V_L——A、B 两点延伸长度（m）。

④全弯强计算

如图 51-12 所示，图中弧 AB 表示空间的钻孔轴线。过 A 点作 B 点切线的平行线，并延长平行线和 A 点的切线分别交水平面 xOy 于 A'、B'，连接 OA' 和 OB'，则 $\angle A'OB'$ 为方位角增量 V_α，而 $\angle A'AB'$ 就是空间钻孔轴线从 A 到 B 的全角变化，用 γ 表示。

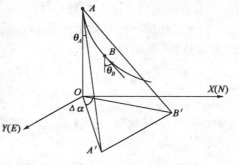

图 51-12　钻孔曲线段全角计算示意图

$$\gamma = \cos^{-1}(\cos\theta_A\cos\theta_B + \sin\theta_A\sin\theta_B\cos\triangle\alpha)$$

$$(51\text{-}5)$$

$\angle OAA'$ 为 θ_A，$\angle OAB'$ 为 θ_B。

若某一孔段全弯曲角变化均匀，则全弯强 i 为：

$$i = \frac{\gamma}{V_L} = \frac{\gamma}{L_B - L_A}(°/\text{m})　\qquad(51\text{-}6)$$

（2）极限弯曲强度的确定

弯强是定（导）向孔设计的一个重要参数，它决定着设计的经济性和施工的安全性。因此，弯强受到粗径钻具、钻杆柱和管线工作安全性的限制。

①孔底动力钻具顺利通过的孔身极限弯曲强度（图 51-13）

$$i_{cl} = \frac{458.4[0.74(D_b - D_t) - f_t]}{L_t^2}(°/\text{m})　\qquad(51\text{-}7)$$

式中：D_t——动力钻具外径（m）；

　　　D_b——钻头直径（m）；

　　　L_t——动力钻具长度（m）；

　　　f_t——间隙值，在软岩膨胀地层 $f_t = 0$；硬地层 $f_t = 3\sim6$。

②保证钻杆柱安全工作的孔身极限弯曲强度（图 51-14）

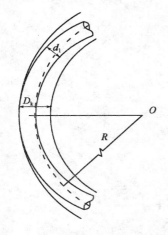

图 51-13　孔身极限弯曲强度计算示意图

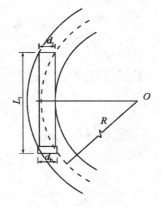

图 51-14　钻杆柱在弯曲钻孔中状态

在弯曲的钻孔中钻进时，钻杆柱承受着压缩、扭转和弯曲荷载，并且弯曲荷载由两部分叠加而成。一部分是由于孔身弯曲钻杆柱随之弯曲而产生的弯曲荷载；另一部分则是由于传递轴向压力和扭矩而产生的弯曲荷载。实现定向造斜时，钻杆柱不但在孔内呈弯曲状态，而且还围绕着自身轴线作自转运动。在这种情况下，钻杆柱中的应力具有不对称循环交变特性。压缩和扭矩的合应力是应力循环中的平均应力，而交变的弯曲应力则是应力循环中的应力幅度。

653

因而,对在交变应力下工作的钻杆柱应进行疲劳强度校核计算。通过疲劳强度计算来确定钻杆柱安全工作的孔身极限弯曲强度。根据经验一般取曲率半径应大于或等于 $1\,200d_1$(其中 d_1 为钻杆外径):

$$i_{c2} = \frac{114.6\left[\dfrac{\sigma_{-1} - n_\sigma \psi_\sigma \sigma_m}{n_\sigma K_\sigma / \varepsilon_\sigma \beta} - \dfrac{10^6 f_d d_1}{l_b^2}\right]}{E d_1}(°/\text{m}) \tag{51-8}$$

式中:E——钻杆材料的弹性系数,一般取 210×10^3 MPa;

    d_1——钻杆外径(m);

    σ_{-1}——钻杆材料在对称循环下弯曲的持久极限(MPa),$\sigma_{-1} = 0.4\sigma_b$;

    ψ_σ——钻杆材料对不对称应力循环的敏感系数,取 $0.05 \sim 0.1$;

    K_σ——反映构件外形影响的有效应力集中系数,取 $1.2 \sim 1.5$;

    ε_σ——反映构件尺寸影响的尺寸系数,取 $0.28 \sim 0.73$;

    β——反映构件表面质量影响的尺寸系数,取 $0.8 \sim 0.9$;

    n_σ——不对称循环下钻杆柱的工作安全系数,取 $0.8 \sim 0.9$;

    σ_m——应力循环中的平均应力(MPa),按式(51-9)计算;

    f_d——钻杆弯曲挠度(m),按式(51-12)计算。

$$\sigma_m = \sqrt{\sigma_y + 4\tau_n} \tag{51-9}$$

式中:σ_y——钻杆柱中的压缩应力(MPa),按式(51-10)计算;

    τ_n——钻杆柱中扭转剪切应力(MPa),按式(51-11)计算。

$$\sigma_y = \frac{C}{\dfrac{\pi}{4}(d_1^2 - d^2)} \tag{51-10}$$

式中:C——轴向压力(MN);

    d——钻杆内径(m)。

$$\tau_n = 0.049 \frac{N}{n(d_1^4 - d^4)/d_1} \tag{51-11}$$

式中:N——孔底功率(kW);

    n——钻杆柱转速(r/min)。

$$f_d = \frac{D_k - d_1}{2} \tag{51-12}$$

式中:D_k——钻孔直径(m)。

根据 Г. М. Саркисов 公式,在中性点以下的弯曲半波长为:

$$l_b = \frac{10}{\omega}\sqrt{-0.52Z + \sqrt{0.25Z^2 + \frac{20I\omega^2}{q}}} \tag{51-13}$$

$$Z = \frac{C}{q_s} = \frac{C}{q_0\left(1 - \dfrac{\gamma_1}{\gamma}\right)} \tag{51-14}$$

式中:Z——所校核断面在中性点断面以下的距离(m);

    l_b——钻杆弯曲最小半波长长度(m)。

    q_s——钻杆柱在冲洗液中的每米重力(kN/m);

    q_0——钻杆柱在空气中的每米重力(kN/m);

γ、γ_1——泥浆和清水的相对密度(kN/m^3);

ω——钻杆回转角速度(r/s),$\omega = \pi n/30$;

I——钻杆柱断面轴惯性矩(m^4),按式(51-15)计算。

$$I = \frac{\pi}{64}(d_1^4 - d^4) \tag{51-15}$$

③保证管道安全工作的孔身极限弯强

扩孔后,在推拉管道通过弯曲段钻孔的过程中,管道呈受拉(或压)和弯曲状态,可以根据材料力学的计算保证管道安全工作的孔身极限弯强 i_{c3}。根据经验,管道的允许弯曲半径一般取大于或等于 1 200D(其中 D 为钢管直径)。

④保证每度造斜费用最低的孔身极限弯强度

造斜 1°费用最低的极限弯强可用式(51-16)计算。

$$i_{c4} = \sqrt{\frac{\dfrac{kt_m C_z}{T_z} + \dfrac{kt_m C_D}{T_D} + t_z C_0}{\lambda t_m C_0 + \psi + \varepsilon}} \tag{51-16}$$

式中:k——造斜钻进难度系数,取 1.3~1.5;

t_m——钻进 1m 的时间定额(h/m);

t_z——造斜钻进 1m 平均所费的造斜作业台时;

T_z、T_D——造斜器、定向器使用寿命时数;

C_0——钻进台时费用(元/台时);

C_z、C_D——造斜器、定向器的价格(元);

λ——钻速下降、台时数增加系数,一般取 0.3~0.5;

ψ——比例系数,其值等于孔身弯强为 1°/m 时,造斜 1°或钻进 1m,钻头、钻杆额外磨损,功率额外增加的费用;

ε——比例系数,其值等于孔身弯强为 1°/m 时,造斜 1°或钻进 1m,处理孔内事故的额外费用。

将计算出的 i_{c1}、i_{c2}、i_{c3}、i_{c4} 进行综合分析比较,确定合理的孔身极限弯曲强度。

2)入射角和出口角的确定

如图 51-15 所示,钻头入射角是钻进装置的倾斜度与地面坡度之差,可以通过以下两种方式来确定:

(1)把顶角测量探头放在地表,读出倾角值。然后将测量探头安放在钻进装置上,再读出倾角值。以钻进装置倾角值减去地面倾角值,即可得入射角。

(2)先测量地面到钻机架前端和后端的高度,以后端高度减去前端高度得到高度差,然后测出前后端点间的距离。高度差与距离相比的百分数即为入射角。

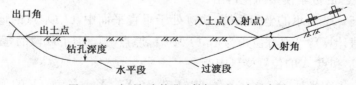

图 51-15　定(导)向钻进入射角和出口角示意图

入射角较小时,可较容易地过渡到水平面,钻杆弯曲程度较小;加大入射角,会使钻孔轨迹变深、变长,在设计钻孔轨迹时,钻孔入射角的大小是必须考虑的因素,一般控制在 10°~45°之间。

对于小直径的钢管,考虑到管道的焊接问题,出口顶角一般控制在 0°～15°之间;对于 PE 和 PVE 管一般控制在 0°～30°之间。对于大直径钢管,因第二造斜段弯曲半径太大,一方面使定(导)向孔孔深增加;另一方面也浪费管材,因此一般用下管工作坑代替第二造斜段。

在钻杆的弯曲半径为 30m 及钻头入土前钻杆为一整根的条件下,钻头达到一定转折深度时的过渡长度和钻头入射角的关系如表 51-13 所示。施工时第一根钻杆必须是直的(可以调整钻机),以免第一根钻杆变形。

钻头入射角和最小过渡段的关系　　　　　　　　　　　　　表 51-13

钻头入射角	最小过渡段长度(m)	最小深度(mm)
16°	6.8	699
18°	7.4	836
20°	7.9	983
22°	8.5	1 140
24°	9.1	1 308
26°	10.1	1 660
30°	1.7	1 859

3)垂直平面内孔身轨迹设计

垂直平面内"斜直线—曲线—水平直线—曲线—斜直线"形孔身轨迹设计(图 51-16)。

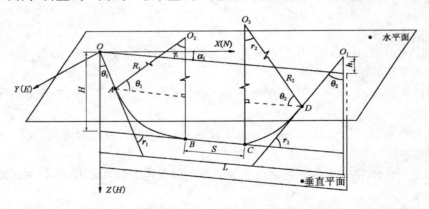

图 51-16　垂直平面内"斜直线—曲线—水平直线—曲线—斜直线"形孔身轨迹设计

下面分三种情况进行设计,即出土点 O_1 和点 A 的位置、出土点 O_1 位置、水平穿越点(B、C 点)位置受到限制三种情况,垂直平面内的其他轨迹形式均可由"斜直线—曲线—水平直线—曲线—斜直线"的数学模型简化得出。

设计取如图 51-16 所示的坐标系统,轨迹处于垂直平面中,O、O_1 点的地面高差为 h_1(O_1 比 O 低时,取负值计算),平面方位角为 α_1,O 为坐标原点,弧 AB、CD 段的弯曲强度为 i_{θ_1}、i_{θ_2}。

(1)出土点 O_1 和点 A 的位置受到限制

给定条件为:点 A 坐标(X_A,Y_A,Z_A);点 O_1 坐标(X_{O_1},Y_{O_1},Z_{O_1});O_1 的顶角 θ_2。

①第一、二造斜段的曲率半径 R_1、R_2

$$R_1 = \frac{57.3}{i_{\theta_1}}; R_2 = \frac{57.3}{i_{\theta_2}} \tag{51-17}$$

②OA 段的长度 L_1 和顶角 θ_1

$$L_1 = \sqrt{X_A^2 + Y_A^2 + Z_A^2} \tag{51-18}$$

$$\theta_1 = \cos^{-1}\left(\frac{Z_A}{L_1}\right) \tag{51-19}$$

③B 点坐标 (X_B, Y_B, Z_B)

$$\begin{cases} X_B = X_A + R_1\cos\theta_1\cos\alpha_1 \\ Y_B = Y_A + R_1\cos\theta_1\sin\alpha_1 \\ Z_B = Z_A + R_1(1 - \sin\theta_1) \end{cases} \tag{51-20}$$

④埋管深度 H

$$H = |Z_B| \tag{51-21}$$

⑤D 点坐标 (X_D, Y_D, Z_D) 和 AD 段长度 L_5

$$\begin{cases} X_D = X_{O_1} - [Z_{O_1} + H - R_2(1 - \sin\theta_2)]\tan\theta_2\cos\alpha_1 \\ Y_D = Y_{O_1} - [Z_{O_1} + H - R_2(1 - \sin\theta_2)]\tan\theta_2\sin\alpha_1 \\ Z_D = H - R_2(1 - \sin\theta_2) \end{cases} \tag{51-22}$$

$$L_5 = \sqrt{(X_{O_1} - X_D)^2 + (Y_{O_1} - Y_D)^2 + (Z_{O_1} - Z_D)^2} \tag{51-23}$$

⑥C 点坐标 (X_C, Y_C, Z_C)

$$\begin{cases} X_C = X_D - R_2\cos\theta_2\cos\alpha_1 \\ Y_C = Y_D - R_2\cos\theta_2\sin\alpha_1 \\ Z_C = Z_D + R_2(1 - \sin\theta_2) \end{cases} \tag{51-24}$$

⑦第一、二造斜段的弯曲角 γ_1、γ_2

$$\gamma_1 = 0.5\pi - \theta_1 ; \gamma_2 = 0.5\pi - \theta_2 \tag{51-25}$$

⑧第一、二造斜段的弧长 L_2、L_4

$$L_2 = R_1\gamma_1 ; L_4 = R_2\gamma_2 \tag{51-26}$$

⑨水平段 BC 长度 L_3

$$L_3 = \sqrt{X_{O_1}^2 + Y_{O_1}^2} - L_1\sin\theta_1 - R_1\cos\theta_1 - L_5\sin\theta_2 - R_2\cos\theta_2 \tag{51-27}$$

⑩钻孔总孔深 L

$$L = L_1 + L_2 + L_3 + L_4 + L_5 \tag{51-28}$$

(2)出土点 O_1 位置受到限制

给定条件为：O_1 点坐标 $(X_{O_1}, Y_{O_1}, Z_{O_1})$；$O$、$O_1$ 的顶角 θ_1、θ_2；埋管深度 H。

首先用式(51-17)求出第一、二造斜段的曲率半径 R_1、R_2，再求 A 点坐标 (X_A, Y_A, Z_A)。

$$\begin{cases} X_A = H - R_1(1 - \sin\theta_1)\tan\theta_1\cos\alpha_1 \\ Y_A = H - R_1(1 - \sin\theta_1)\tan\theta_1\sin\alpha_1 \\ Z_A = H - R_1(1 - \sin\theta_1) \end{cases} \tag{51-29}$$

其余各参数的计算方法同上。

(3)水平穿越点(B、C 点)位置受到限制

给定条件为：B 点坐标 (X_B, Y_B, Z_B)；C 点坐标 (X_C, Y_C, Z_C)；O_1 的顶角 θ_2；埋管深度 H。

①用式(51-17)求出第一、二造斜段的曲率半径 R_1、R_2。

②顶角 θ_1。

$$\theta_1 = 0.5\pi - \left[\tan^{-1}\left(\frac{\sqrt{X_B^2 + Y_B^2 + Z_B^2}}{|R_1 - H|} \right) - \cos^{-1}\left(\frac{R_1}{\sqrt{(R_1 - H)^2 + X_B^2 + Y_B^2 + Z_B^2}} \right) \right]$$

$$(51\text{-}30)$$

③用式(51-29)求出点 A 坐标(X_A, Y_A, Z_A)。

④水平段 BC 长度 L_3。

$$L_3 = \sqrt{(X_C - X_B)^2 + (Y_C - Y_B)^2}$$ (51-31)

⑤D 点坐标(X_D, Y_D, Z_D)。

$$\begin{cases} X_D = X_C + R_2\cos\theta_2\cos\alpha_1 \\ Y_D = Y_C + R_2\cos\theta_2\sin\alpha_1 \\ Z_D = Z_C - R_2(1 - \sin\theta_2) \end{cases}$$ (51-32)

⑥O_1 点坐标$(X_{O_1}, Y_{O_1}, Z_{O_1})$。

$$\begin{cases} X_{O_1} = X_D + (Z_D + h_1)\tan\theta_2\cos\alpha_1 \\ Y_{O_1} = Y_D + (Z_D + h_1)\tan\theta_2\sin\alpha_1 \\ Z_{O_1} = -h_1 \end{cases}$$ (51-33)

其余各参数的计算方法同上。

(4)直线段任一点的坐标

计算直线段任一点的坐标是为了在施工时与测量结果进行比较,控制直线段。设直线段任一点到当前直线段起点的长度为 L_{1x}、L_{2x}。

对于第一直线段有:

$$\begin{cases} X_{Ox} = L_{1x}\sin\theta_1\cos\alpha_1 \\ Y_{Ox} = L_{1x}\sin\theta_1\sin\alpha_1 \\ Z_{Ox} = L_{1x}\cos\theta_1 \end{cases}$$ (51-34)

对于第二直线段有:

$$\begin{cases} X_{Dx} = X_D + L_{2x}\sin\theta_2\cos\alpha_1 \\ Y_{Dx} = Y_D + L_{2x}\sin\theta_2\sin\alpha_1 \\ Z_{Dx} = Z_D - L_{2x}\cos\theta_2 \end{cases}$$ (51-35)

(5)曲线段任一点的参数

计算曲线段任一点的顶角、坐标是为了在施工时与测量结果进行比较,控制造斜段。设造斜段任一点到当前造斜段起点的长度为 L_{h1x}、L_{h2x}。

则第一、二造斜段任一点弯曲角为:

$$\gamma_{1x} = \frac{L_{h1x}}{R_1}; \gamma_{2x} = \frac{L_{h2x}}{R_2}$$ (51-36)

第一、二造斜段任一点顶角为:

$$\theta_{1x} = \theta_1 + \gamma_{1x}; \theta_{2x} = 0.5\pi - \gamma_{2x}$$ (51-37)

第一造斜段任一点的坐标为:

$$\begin{cases} X_{Ax} = X_A + R_1\tan(\gamma_{1x}/2)(\sin\theta_1 + \sin\theta_{1x})\cos\alpha_1 \\ Y_{Ax} = Y_A + R_1\tan(\gamma_{1x}/2)(\sin\theta_1 + \sin\theta_{1x})\sin\alpha_1 \\ Z_{Ax} = Z_A + R_1\tan(\gamma_{1x}/2)(\cos\theta_1 + \cos\theta_{1x}) \end{cases}$$ (51-38)

第二造斜段任一点的坐标为:

$$\begin{cases} X_{Cx} = X_C + R_2\tan(\gamma_{2x}/2)(\sin\theta_2 + \sin\theta_{2x})\cos\alpha_1 \\ Y_{Cx} = Y_C + R_2\tan(\gamma_{2x}/2)(\sin\theta_2 + \sin\theta_{2x})\sin\alpha_1 \\ Z_{Cx} = Z_C - R_2\tan(\gamma_{2x}/2)(\cos\theta_2 + \cos\theta_{2x}) \end{cases} \tag{51-39}$$

三、实际孔身轨迹的计算

在施工中,实际孔身轨迹往往偏离设计轨迹。为了使钻孔按设计要求达到终点,施工中必须进行跟踪测斜(测出当前孔底的顶角、方位角和深度)并根据测斜结果,用一定的算法,确定和绘制孔身轨迹在空间的实际位置,与设计轨迹进行比较。如果两者基本一致,钻孔可继续施工;如果两者存在差距,则预测按钻孔延伸趋势钻进时,终点(出土点)是否在要求的精度范围内。若不超出此要求的范围,则钻孔尚可继续钻进;若明显要超出,则必须采取纠偏措施,对孔身轨迹进行控制。现在主要介绍用"均角全距法"来计算测点的空间坐标。

"均角全距法"是假想两相邻测点之间的孔段为一直线,长度等于测距,但该直线的顶角和方位角等于上下两测点角度的平均值。据此法计算得的整个钻孔轨迹为一空间折线。

均角全距法计算示意如图 51-17 所示,空间两测点 A、B 测斜数据(顶角、方位角和钻孔生长长度)分别为 θ_A、α_A、L_A 和 θ_B、α_B、L_B。

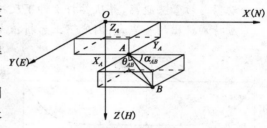

图 51-17　均角全距法计算示意图

则有直线段 AB 的顶角:

$$\theta_{AB} = \frac{\theta_A + \theta_B}{2} \tag{51-40}$$

方位角:

$$\alpha_{AB} = \frac{\alpha_A + \alpha_B}{2} \tag{51-41}$$

测距:

$$L_{AB} = L_B - L_A \tag{51-42}$$

假设上次测点 A 的坐标为 (X_A, Y_A, Z_A),则 B 点坐标:

$$\begin{cases} X_B = X_A + L_{AB}\sin\theta_{AB}\cos\alpha_{AB} \\ Y_B = Y_A + L_{AB}\sin\theta_{AB}\sin\alpha_{AB} \\ Z_B = Z_A + L_{AB}\cos\theta_{AB} \end{cases} \tag{51-43}$$

注:1. 其他非开挖铺管施工法,可参阅本书参考文献[84],在此略。

2. 水平定向钻进和导向钻进施工法的内容摘自本书参考文献[84]。

【例 51-1】　建设单位拟穿越市政道路铺设光缆管两条,管子材质为镀锌管,管径为115mm,长度为 96m,要求 7d 内完成,但不允许破坏市政道路路面,不妨碍交通,不能污染环境,不允许出现任何路面沉降,要求铺管位置偏差不超过 5%。

根据以上要求,施工单位先到现场进行踏勘,发现施工区地下管线较多,且交通繁忙,经多种施工方案比较,决定采用导向钻进非开挖铺管工艺,将一端水源较近而地势较为平坦处设置为发射点。另外一端则设置为接收点。

解:(1)施工程序

按所编的施工方案,其施工程序为:

①探测已有地下管线网络分布情况:利用管线探测仪检测施工地段地下已有管线,并记录在册,为设计轨迹提供资料,防止施工中碰撞和损坏已有管线。

②设计轨迹:本场地原状土为耕植土,埋深为地面下3m左右。根据现场情况及仪器接收性能状况,决定设计轨迹长度为96m,105国道面距管道埋深最深处为7.25m。第一造斜段约为25m,进入耕植土中后即进行水平钻进,至接收点30m处设计为第二造斜段。

③导向孔施工:将探头装入探头盒内,再将导向钻头连接在钻杆上,安装好接收器、导航探测仪、转动钻杆,测试探头发射是否正常。将钻头指向发射点,回转钻进2m左右,然后沿设计轨迹钻进。在钻进中,根据导航仪所测获钻头的角度、深度等数据,适当进行调整、纠正,若偏差过大,应立即撤回钻杆重新钻进,确保实际轨迹与设计轨迹基本吻合。

④反扩拉管铺设:导向孔完成之后,在接收点卸下导向钻头,换上160mm反扩钻头及分动器,在分动器后连接所需铺设的115mm镀锌管进行反扩拉管。当反扩钻头到达发射点后,使分动器与拉管头脱离,并从钻杆上卸下反扩钻头,取出剩余钻杆,即完成铺管工作。

应特别提出的一点是,因地下土为耕植土,摩擦阻力不大,整个施工全部采用清水循环钻进,最大回拉力为50~60kN,属低阻力类型,因而没有采用常规的预先扩孔工作,从而节省了时间和施工费用。

整个施工期为6个工作日,施工质量完全满足甲方要求。竣工剖面示意图见图51-18。

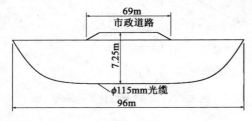

图51-18 竣工剖面图

(2)非开挖铺管施工经验总结

①现场踏勘。

这项工作很重要,施工前必须先弄清施工现场及周围地理环境,如建(构)筑物、道路、河浜等分布情况以及水、电供应和现场工程地质情况为施工统一布置打下基础。

②已有管线探测。

随着人们生活水平的不断提高,对电、讯、水、气等基本设施要求更加强烈,地下管线也愈趋复杂,因此必须对施工路段地下管线进行较为详细的探测,同时标明位置记录在册,保障设计轨迹安全通过,如因路径较深且短,设计角度超过钻机自由角范围,不能满足施工要求,则宜与甲方协商解决。

③施工管理。

导向钻进非开挖铺管施工人员要求不多,一般为5~6人,但其配套设备较为复杂,涉及电工、焊工、钻工、技术员、采购员、液压件维修工等工种。因此,在施工人员配置中必须全面通盘考虑,保障设备正常运转,采购好易损件备品,争取更多的纯作业时间。

④轨迹调整。

目前国内外生产的管线探测仪所能测试物体均为金属体,在施工过程中,若遇到不能探测的孤石、混凝土墙体等不明障碍物时,应立即停止钻进,综合实际情况进行分析,适当调整轨迹,保障扩孔拉管工作顺利进行。

⑤探头电池性能。

探头是整个钻进施工中的信号指示针,应保持探头上的电池功率强大,发射强大的电磁波,保障探测器接收的可靠性。根据现场使用情况来看,一般使用进口的"金霸王"电池效果较好,遇特殊情况(如维修)需长时间停钻时,应立即使钻头休眠,使之消耗程度降到最低,保障轨迹不失控。

第五节　几种典型非开挖施工设备的主要技术参数

典型定向和导向钻机的主要技术参数如表 51-14 所示。

典型定向和导向钻机的主要技术参数　　　　　表 51-14

型　号	给进力/回拖力 (kN)	转矩(kN·m)	转速(r/min)	功率(kW)	钻进液压力/流量 [bar/(L/min)]
1. 美国奥格公司(American Augers)					
DD-4	149	5.4	0～160	115.6	77/700
DD-6	267	13.6	0～110	140	103/1 512
DD-8	356	18.5	0～125	194	77/1 022
DD-10	445	20.3	0～150	280	84/1 514
DD-120	534	34	0～110		
DD-180	800	40	0～95	328	
DD-440	2 000	72		545	
DD-330	1 500	65	0～80	560	
DD-580	2 630	88	0～90	672	103/3 200
DD-660	3 000	120	0～75	2×370	103/2 840
DD-990	4 500	132	0～75		
DD-1300	5 785	184	0～75		
2. 美国 CASE 公司					
300CM	56	1.8	0～180		100/17
6080	136	5.4	0～290	92.5	70/17
6080	362	18.4	0～63	194	77/757
60100	430	20.3	0～75	280	84/757
3. 美国 Ditch Witch 公司					
JT520	22	0.7	0～195	18.7	34/19
JT1220	45/53	1.9	0～180	45	86/57
JT2720 Mach	109/123	4.3	0～225	93	100/178
JT4020 Mach	160/178	6.8	0～250	138	90/454
JT7020	312	13.6	0～210	198	76～606
4. 德国 Hutte 公司					
HBR206D-20	100/200	16.3	130,65,42	105	245/120
HBR206D-40	260/380	22.5	62,42,30	151	245/120
HBR206D-80	800	40	40,80	324.5	100/1 500
HBR125D	1226	40	50,100	324.5	100/2 500
HBR1025D	2450	70	42,92	522	100/3 000
HBR1040D	3925	120	23,46	522	100/4 500

型　号	给进力/回拖力 (kN)	转矩(kN·m)	转速(r/min)	功率(kW)	钻进液压力/流量 [bar/(L/min)]
5. 美国 Robbins 公司					
CMS3010 SS(TMSC)	151	4.3	110	93	83/144
CMS5015 TMSC	258	8.2	50/85	149	83/570
CMS9015 TMSC	400	24	45/80	205	
CMS18030 TLMSC	1600	70.5	0～85	343	
6. 瑞士 Terra 公司					
MiniJet	80	1.4	110	24	55/34
2614A	70/140	2.6	100～200	48	85/129
5515A	75/150	5.5	90～180	82	100/185
7. 德国 Tracto-Technik 公司					
Grundohit40(sl)	40	1.5	200/100	55	
Grundodrill 4S	40	1.2		55	
Grundodrill 6.5	65	1.8	170/85	121	
Grundodrill 8S	80	2.5	85/170	68	100/60
Grundodrill 10X	100	3	85/170	50	80/160
Grundodrill 13X	125	4	65/130	50	80/160
Grundodrill 20S	200	10	75/135	119	120/320
8. 廊坊勘探技术研究所					
GBS-7	35/70	2.2	0～60		
GBS-12	70/150	6	0～80	113	
GBS-35	350	16.7	0～70		
9. 连云港黄海机械厂					
FDP-15C	75/150	4.5	0～120	76	100/150
FDP-15L	75/150	4.5	5～60，50～120	66.8	100/150
FDP-30	165/318	16	0～60，0～120	138	80/640
10. 深圳钻通公司					
ZT15L	150	5	0～100	75	80/200
ZT-20	100/200	6	0～100	118	80/250
11. 北京土行孙公司					
DDW-150(K)	170	7	0～80	75	80/250
DDW-210	230	9	0～100	110	100/320

型　　号	给进力/回拖力 （kN）	转矩（kN·m）	转速（r/min）	功率（kW）	钻进液压力/流量 ［bar/（L/min）］
12.北京中易恒通公司					
HT10Q/C	100	3.4		37	150
HT16C/L	160	4.5		68	150
HT25L	250	13		115	320
HT50L	500	23		175	450
HT100L	1000	43		2×175	650
13.南京地龙非开挖工程技术有限公司					
DF-5015	90/150	5	0～125	70	130
DL-150	90/150	5	0～125	70	130
DL-280	130/280	10	0～100	130	250

第六节　对《HDPE排水排污管工程定向钻孔牵引法施工规程》（试用本）简介

一、术语

（1）定向钻孔牵引法：定向钻机设在地面上，在不开挖沟槽的情况下，采用探测仪导向来控制钻杆钻进方向，达到设计管道轴线要求，经多级扩孔，拖拉管道回牵就位，完成管道敷设。

（2）二程式牵引法：将设备置于工作井中，采用仪器导向，控制钻杆钻进方向，从接收井回拖管道就位，完成管道敷设。

（3）环刚度：管道抵抗环向变形的能力。可采用测试方法或计算方法定值，单位为 kPa。

（4）控制井：为控制导向钻杆敷设高程而设立的井，一般设置在设计的检查井位置处。

（5）多级扩孔：完成导向钻杆敷设后，需采用从小到大不同口径的钻头回转切削成所需孔径。

（6）护壁泥浆：在扩孔过程中，需及时连续地注入护壁泥浆，其作用减小切土扭矩、扩孔成型、携带钻屑，护壁泥浆配制及施工方法是施工的关键工序。

（7）回拉：扩孔后必须立即回拉，以防塌孔和环向变形。扩孔完成并达到规定技术指标后，将设计要求的管材连接成管道，用导向钻杆回拉就位。回拉速度范围，通常在 25～50cm/min 之间。

（8）平壁管：内外壁光滑平整的管材。

二、施工准备

（1）管材选择：拖拉用的管材应内外管壁光滑平整，宜选用高密度聚乙烯平壁管，管材的强度及环刚度必须满足施工及使用阶段的荷载要求。

（2）高密度聚乙烯平壁管的物理性能应符合下列规定：
①短期弹性模量≥800MPa。

②抗拉强度≥16MPa。

③环刚度≥8kPa。

④断裂伸长率≥150%。

⑤管材允许的拖拉应力按12MPa控制。

(3)管材的外观质量应符合下列要求：

①管材外观颜色应一致,内外壁光滑平整,无划伤、毛刺等缺陷。

②管材的断面应平整且与管中心轴线垂直,管材长度方向不得有明显的弯曲。

③管材外壁应有统一标志(生产企业、产品名称、工称直径标准尺寸比及生产日期等)。

④管材应有产品合格、产品技术质量证明文件。

三、定向钻孔轨迹设计

(1)向钻孔轨迹宜由造斜段(斜直线 OA)、曲线段 AB、水平直线段 BC、曲线段 CD、造斜段(斜直线 DO_1)等组成,如图 51-19 所示。

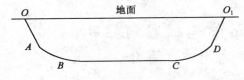

图 51-19　定向钻孔轨迹示意图

(2)入土造斜段与管道直线段之间及管道直线段与出土造斜段之间,至少应有一根钻杆长度达到管道直线段坡度要求。

(3)入土角不宜超过 10°,出土角按导向钻杆及拖拉管材允许曲率半径较大值确定,一般不宜超过 20°。

(4)相邻两节钻杆允许转向角 α 应根据土质条件、钻杆长度、钻杆材料等因素确定,土质越软,α 角越小,α 角取值一般在 1.5°~3°之间。

(5)定向拖拉穿越公路、铁路、河流时,最小覆土深度应符合设计和有关专业规范的要求,当设计和专业规范无特殊要求时,管道敷设最小覆土深度应符合表 51-15 的规定。

定向拖拉穿越公路、铁路、河流时的最小覆土深度参考表　　　　　表 51-15

序号	穿 越 对 象	最小覆土深度(m)
1	城市道路	与地面垂直净距>1.5
2	公路	与路面垂直净距>1.8;路基坡角地面下>1.2
3	高速公路	与路面垂直净距>2.5;路基坡角地面下>1.5
4	铁路	路基坡角地面下>5
5	河流	一级主河道规划河底高程以下>3;二级河道规划河底高程以下>1.5

(6)HDPE 管材的弯曲半径应大于管材外径的 200 倍。

四、回拖力计算

管道回拖力应按式(51-44)进行计算：

$$P_t = P_y + P_f \tag{51-44}$$

式中：P_t——管道回拖力(kN)；

P_y——扩孔钻头迎面阻力(kN),按式(51-45)计算；

P_f——管周摩阻力(kN),按式(51-46)计算。

$$P_y = \pi D_k^2 \frac{R_a}{4} \qquad (51\text{-}45)$$

$$P_f = \pi D L f \qquad (51\text{-}46)$$

式中：D_k——扩孔钻头外径(m)，一般为管外径的 1.3～1.5 倍；

D——管道外径(m)；

R_a——迎面土挤压力(kPa)，在黏性土中，R_a 为 50～60kPa；在砂性土中，R_a 为 80～100kPa；

L——管道长度(m)；

f——管周与土的摩擦阻力(kPa)，在黏性土中，f 为 0.3～0.4kPa；在砂性土中，f 为 0.5～0.7kPa。

五、管材最大拖拉长度

定向钻孔拖拉法施工，最大拖拉长度宜控制在表 51-16 范围内。

管材最大拖拉长度 表 51-16

管道口径(m)	所 处 土 层	最大长度(m)
OD315	黏性土	230
	砂性土	170
OD400	黏性土	200
	砂性土	150
OD500	黏性土	180
	砂性土	130
OD630	黏性土	160
	砂性土	120
OD800	黏性土	140
	砂性土	100

注：采用特殊、有效成孔及减摩措施时，表中最大拖拉长度应适当增加。

六、进出洞口措施

（1）定向拖拉施工进出控制井洞口应根据不同水文地质条件、埋深、周围环境和经济性，选择合理的进出口加固技术措施。进出口措施可以有降水、注浆和冻结等加固方法。

（2）对条件允许的场合，可以优先考虑降水法。若采用注浆加固法，应充分考虑钻头的切削能力、土体加固的强度和时间。

（3）控制井洞口要设置能够满足不同口径要求的密封止水装置，防止漏水漏泥。

注：因 HDPE 管材在 2006 年尚无国家标准，相应地执行管材供应方的企业标准，安徽国通高新管业股份有限公司于 2007 年 3 月 27 日制订的企业标准为《非开挖聚乙烯(PE)管材》(Q/GTGY 003—2006)。同时还制订出《HDPE 排水排污管工程定向钻孔牵引法施工规程》(试用本)，供各地施工单位参考执行。本书介绍此规程仅供施工单位在施工中参考。

第七节　简要介绍上海市工程建设规范《管线定向钻进技术规范》(DG/TJ 08-2075—2010)

本规范适用本市范围内给水管道、排(雨、污)水管道、输油管道、燃气管道、电力管线、信息管线等定向钻进工程的设计、施工及质量验收。管线定向钻进工程技术除应符合本规范外，尚应遵守现行国家和本市的有关标准的规定。

一、基本规定

（1）管线定向钻进宜用于过河、过路、过建筑物等障碍物的管线施工。

（2）管线定向钻进工程应具备下列资料：城市道路规划和管线规划资料、地形地貌测量资料、地质勘察资料、地下管线和地下障碍物调查探测资料、铁路、道路、河流及周边环境等相关资料。并对其真实性进行复核和确认。

（3）管线定向钻进工程必须有工程设计环节，工程设计超过 6 个月未施工或工程条件发生变化时，应进行复核或重新设计。

（4）管线定向钻进工程所铺单根管线或管束的外径不宜大于 1m。

（5）管线定向钻进所用管材应具有足够的轴向拉伸强度、环刚度、一定的轴向弹性变形能力、良好的焊接性能和抗腐蚀能力，并应符合有关管材国家现行标准的规定。

（6）泥浆配置应进行检测，施工现场的检测应包括下列内容：

①配浆用水的 pH 值，可采用 pH 试纸检测。

②泥浆的相对密度，可采用比重计或比重称检测。

③泥浆的黏度，可采用马氏漏斗测定。

④失水量，可采用气压式失水量仪检测。

二、工程勘察

管线定向钻进前应进行工程勘察。工程勘察应符合《岩土工程勘察规范》（GB 50021—2001）、《城市地下管线探测技术规程》（CJJ 61—2003）、《岩土工程勘察规范》（DGJ 08-37—2002）和《地下管线测绘规范》（DGJ 08-1985—2000）的有关规定。

工程勘察内容较多，详细内容可参阅本规程。

三、设计

1. 一般规定

（1）定向钻进施工图设计内容应包括：设计说明书、管线平面图、管线剖面图、管线断面图（管束图）、管线与检查井接口施工图等。

（2）穿越公路、铁路、河流敷设管线的最小覆土厚度应符合相关行业标准的规定；当无标准规定时，管线敷设最小覆土深度应大于钻孔的最终回扩直径的 6 倍，并应符合表 51-17 的规定。

管线敷设最小覆土深度　　　　　　　　　　　　表 51-17

被穿越对象	最小覆土深度
城市道路	与路面垂直净距 1.5m
公路	与路面垂直净距 1.8m；路基坡脚地面以下 1.2m
高速公路	与路面垂直净距 2.5m；路基坡脚地面以下 1.5m
铁路	路基坡脚处地表下 5m；路堑地形轨顶下 3m；0 点断面轨顶下 6m
河流	一级主河道百年一遇最大冲刷深度线以下 3m；二级河道河底设计高程以下 3m，最大冲刷深度线以下 2m
地面建筑	根据基础结构类型和穿越方式，经计算后确定

注：当行业标准规定不可穿越上述对象时，应根据行业标准执行。

（3）新敷设的管线与建筑物和既有地下管线的垂直距离和水平距离应符合相关行业标准的规定，无标准规定时应满足下列规定：

①敷设在建筑物基础以上时，与建筑物基础的水平净距不得小于 1.5m。

②敷设在建筑物基础以下时，与建筑物基础的水平净距必须在持力层扩散角范围以外，尚应考虑土层扰动后的变化，扩散角不得小于 45°。

③在建筑物基础下敷设管线时，必须经有关部门批准和设计验算后确定敷设深度。

④与既有地下管线平行敷设时，A200mm 以上的管线，水平净距不得小于最终扩孔直径的 2 倍；A200mm 以下的管线，水平净距不得小于 0.6m。

⑤从既有地下管线上部交叉敷设时，垂直净距应大于 0.5m。

⑥从既有地下管线下部交叉敷设时，垂直净距应符合下列要求：黏性土的地层应大于最终扩孔直径的 1 倍；粉性土的地层应大于最终扩孔直径的 1.5 倍；砂性土的地层应大于最终扩孔直径的 2 倍；小直径管线（一般小于 A200mm 管线）垂直净距不得小于 0.5m。

⑦遇可燃性管线和特种管线及弯曲孔段应考虑加大水平净距和垂直净距。达不到上述距离时，应采取有效的技术安全防护措施。

（4）首段和末段钻孔轴线是斜直线时，这两段钻孔直线的长度不宜小于 10m。且两段斜直线应在穿越公路规划红线和河流河道蓝线之外。穿越水平直线段宜在地面以下 3～6m 区间内。

（5）进行管线轨迹设计时，应符合管线区域内现有的规划要求。

（6）管线（束）两端接入工作坑应满足管线弯曲敷设的要求。

（7）定向钻进管线工程穿越主要道路、高速公路、河流、铁路、地下构筑物以及对沉降要求较高的定向钻进管线时，必须进行孔内加固设计。

2. 管材选择

（1）所用管材的规格及性能应符合国家现行标准和行业相关规定。

（2）定向钻进法敷设管线的壁厚应根据埋深、回拉长度及土层条件综合确定，各专业管线最小壁厚可按相关行业标准执行。

3. 导向轨迹设计

（1）管线定向钻进轨迹设计应包括下列内容：

①钻孔类型和轨迹形式。

②选择造斜点。

③确定曲线段、曲率半径。

④计算各段钻孔轨迹参数。

（2）定向钻进导向孔轨迹线段宜由斜直线段、曲线段、水平直线段等组成，应根据管线技术要求、施工现场条件、施工机械等进行轨迹设计。

（3）管线导向轨迹设计如图 51-20 所示，可采用作图法或计算法确定。

①作图法：入、出土角和曲线段的确定可按图 51-20 进行。

②计算法：入、出土角和曲线段的计算可按图 51-20 及下列公式计算。

a. 管线入土角：

$$\alpha_1 = 2\arctan\sqrt{\frac{H}{2R_1 - H}} \qquad (51\text{-}47)$$

b. 管线出土角：

$$\alpha_2 = 2\arctan\sqrt{\frac{H}{2R_2 - H}} \tag{51-48}$$

c. 管线入土曲线段水平长度：

$$L_1 = \sqrt{H(2R_1 - H)} \tag{51-49}$$

d. 管线出土曲线段水平长度：

$$L_2 = \sqrt{H(2R_2 - H)} \tag{51-50}$$

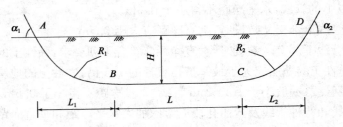

图 51-20　敷设管线时导向孔轨迹示意图

A-钻进入土点；D-钻进出土点；B-管线水平段起点(穿越障碍起点)；C-管线水平段终点(穿越障碍终点)；α_1、α_2-管线入、出土角(°)；H-管线埋深(m)；R_1、R_2-管线入、出土时的弯曲半径(m)；L_1-管线入土造斜段投影的长度(m)；L_2-管线出土造斜段投影的长度(m)；L-管线水平直线段长度(穿越障碍距离)(m)

（4）入土角应符合下列条件。

①入土角应根据设备机具的性能进行确定。

②入土点距穿越障碍起点的距离应满足造斜要求。

③应能达到敷管深度的要求，并满足管材最小曲率半径的要求。

④地面始钻式的入土角宜为 8°～20°。

（5）出土角应根据敷设管线类型、材质、管径确定。

地面始钻式的出土角：钢管 0°～8°，塑料管 0°～20°。

（6）定向钻进敷设的管线最小允许曲率半径应采用下列公式进行计算。

①钢管最小允许曲率半径应采用式(51-51)计算，也可采用不小于 1 200D 的方法估算。

$$R_{\min} = 206D\frac{S}{K_2} \tag{51-51}$$

式中：$R_{\min}$——钢管最小曲率半径(m)；

　　206——常数(MPa·m)；

　　D——管线的外径(mm)；

　　S——安全系数，S＝1～2；

　　K_2——管线的屈服极限(MPa)。

②HDPE 管的最小曲率半径计算。

$$R'_{\min} = \frac{ED}{2\delta_p} \tag{51-52}$$

式中：$R'_{\min}$——HDPE 管最小曲率半径(mm)；

　　E——弹性模量(MPa)；

　　D——管线的外径(mm)；

　　δ_p——弯曲应力(MPa)。

③MPP 管的最小曲率半径计算。

$$R''_{\min} = 75D \tag{51-53}$$

式中：$R''_{\min}$——MPP 管最小曲率半径（mm）；

D——管线的外径（mm）。

（7）钻孔轨迹的曲线半径应满足钻杆的曲率半径，钻杆的曲率半径应由钻杆的弯曲强度值所确定。可按 $R \geqslant 1\,200D$ 选取（R 为钻杆曲率半径；D 为钻杆外径）。

（8）若敷设管线为集束管，必须将集束管作为一个整体进行导向孔轨迹设计。

（9）在导向孔轨迹设计时，应根据地下原有管线或地下构造物分布情况而调整曲线的形态。

4. 工作坑（井）

（1）定向钻进管线敷设地下管线应根据场地条件、管线类型、管径、材质、埋深、地质条件情况设计起始工作坑（井）和接收工作坑（井）。工作井结构形式应由设计单位确定，井的尺寸可按工艺方法不同而定。管线洞口应设置密封止水装置，防止渗漏。

（2）工作坑（井）按土方开挖方式，可分无支护开挖和有支护开挖两类。

①场地开阔，且位移限制要求不严，经验算能保证土坡稳定时，可采用无支护的放坡开挖。采用放坡开挖的基坑工程必须配备必要的应急对策措施。

②放坡开挖受限制时，应采用有支护的土方开挖方式。

（3）支护结构按其工作机理和材料特性，可分为水泥土挡墙体系和板式支护体系两类。

①水泥土挡墙体系，一般不设支撑，适用于开挖深度不超过 7m 的基坑，超过 7m 时，可采用水泥土复合结构支护体系。

②板式支护体系由围护墙、支撑或土层锚杆及防渗帷幕等组成，适用于开挖深度超过 4m 的基坑。当环境对位移限制不严且开挖深度小于或等于 4m 时，可采用悬臂式桩墙支护。

③工作坑（井）通常支护方法和适用条件可按表 51-18 选用。

工作坑（井）支护方法和适用条件　　　　　　　　　　表 51-18

工作坑（井）支护方法	适 用 条 件
钢筋混凝土板式支护体系、喷锚	土质比较软而且地下水又比较丰富；渗透系数大于 1×10^{-4} cm/s 的砂性土，覆土比较深的条件下
钢板桩	土质比较好，地下水又少，深度大于 3m 时；渗透系数在 1×10^{-4} cm/s 左右的砂性土
放坡开挖	土质条件较好，地下水较少，深度小于 3m 时

注：1. 如果工作坑（井）距建筑物较近时，围护应进行专项设计。

2. 采用任何一种支护方法的工作坑（井），其整体刚度、稳定性和支撑强度必须通过验算，施工时应对其位移进行全过程监测。

3. 工作坑（井）的降水方法应根据水文地质条件确定。

（4）各种形式的支护设计要求应符合《基坑工程技术规范》（DG/TJ 08-61—2010）的规定。计算时应按井点降水漏斗线确定地下水位。在含水地层中的工作坑（井），应进行降水与排水设计。

（5）二程式拖拉法工作井、接收井平面内净尺寸和管线中心与底板顶面净距应满足施工要求。

(6)回拉后应根据管线回拉力大小、材料物性、长度和温度等静置一段时间,待轴向变形伸长量回缩后方可切断管线。当无法判定时,宜静置24h以上再切断管线。

5. 管线回拉力估算

(1)定向钻进回拉力应分段估算。

(2)定向钻进回拉力可按式(51-54)计算。

$$F = (F_1 - G)K \tag{51-54}$$

$$F_1 = \frac{\pi}{4}D^2Ld_1 \tag{51-55}$$

$$G = \frac{\pi}{4}(D^2 - D_1^2)Ld \tag{51-56}$$

式中:F——回拉力(kN);

F_1——管线排开泥浆的重量(kN);

G——管线在空气中重量(kN);

K——管壁与孔壁之间摩擦因数,一般取0.2~0.8;

D——管线外径(m);

D_1——管线内径(m);

d——管线的重度(kN/m³);

d_1——泥浆的重度(kN/m³);

L——管线长度(m)。

(3)设备安全回拉力应小于或等于70%设备额定回拉力。

四、定向钻进施工

1. 一般规定

(1)定向钻进施工应按照设计要求,做到技术措施安全可靠,降低环境污染,不破坏相邻管线与建筑物。

(2)施工单位施工前,应进行现场踏勘,核实既有地下各类管线的情况,并编制详细的施工组织设计和专项施工方案,经监理、建设单位审查批准后方可实施。

2. 测量放样

(1)测量放样应包括下列内容:

①根据设计图纸放出管线中心轴线。

②确定钻机安装位置、工作坑位置、规划作业场地。

③复核入、出土点坐标和两点间的水平距离。

(2)在入土点,应根据管线中心轴线,测定钻进安装位置,蓄水池及钻进液池的占地边界线和工作坑等设施位置。

(3)在出土点,应根据管线中心轴线、占地宽度(宜为8~20m)和长度(宜为穿越管线总长度加20~50m),放出管线组装场地边界线和工作坑占地边界线,并标出拖管车出入场地的路线和地点。在交通繁忙地段或场地受限时可减少占地宽度和长度。

3. 设备选型

(1)钻机类型及技术性能应按表51-19选用。

表 51-19

管线定向钻进钻机类型及性能表

分　类	小　型	中　型	大　型
回拉力(kN)	<100	100～450	>450
扭矩(kN·m)	<3	3～30	>30
回转速度(r/min)	>180	100～180	<100
功率(kW)	<100	100～180	>180
钻杆长度(m)	1.0～3.0	3.0～9.0	9.0～12.0
传动方式	钢绳和链条	链条或齿轮齿条	齿轮齿条
敷管深度(m)	<6	6～15	>15

（2）定向钻机安装应符合下列要求。

①钻机应安装在管线中心线延伸的起始位置。

②调整机架方位应符合设计的钻孔轴线。

③按钻机倾角指示装置调整机架,应符合轨迹设计规定的入土角,施工前应用导向仪复查或采用测量计算的方法复核。

④钻机应安装牢固、平稳。经检验合格后方能试运转,并应根据穿越管线直径的大小、长度和钻具的承载能力调整回拉力。

（3）导向仪的配置应根据机型、穿越障碍物类型、探测深度和现场测量条件及定向钻机类型选用。施工前应进行校准,合格后方可使用。

（4）定向钻进导向钻头类型可参照表 51-20 选用。

导向钻头类型选择　　　　表 51-20

土 层 类 型	钻 头 类 型	土 层 类 型	钻 头 类 型
淤泥质黏土	较大掌面的铲形钻头	砂性土	小锥形掌面的铲形钻头
软黏土	中等掌面的铲形钻头	砂、砾石层	镶焊硬质合金,中等尺寸弯接头钻头

（5）钻杆的使用应符合下列规定。

①钻杆的规格、型号应符合扩孔扭矩和回拉力的要求。

②钻杆的曲率半径不应小于钻杆外径的 1 200 倍。

③钻杆的螺纹应洁净,旋扣前应涂上丝扣油。

④弯曲和有损伤的钻杆不得使用。

⑤钻杆内不得混进土体和杂物,以免堵塞钻杆和钻具的喷嘴。

4. 钻进液

（1）导向孔钻进、扩孔及回拖时,应及时向孔内注入钻进液。

（2）定向钻进应按地层条件配置钻进液,钻进液性能指标的调整应符合下列要求。

①黏度应能维护孔壁的稳定,并将钻屑携带到地表。钻进液黏度的现场测量宜用马氏漏斗,每 2h 测量一次。钻进液黏度应根据地质情况按表 51-21 确定。

②钻进液的失水量控制,普通地层的失水量宜控制在 10～15mL/30min,水敏性易坍塌和松散地层失水量宜控制在 5mL/30min 以下。失水量应采用标准的气压式失水量仪测定。

③钻进液的 pH 值应控制在 8～10 之间。

④钻进液的比重应控制在 1.02～1.25g/cm³,现场可用标准泥浆比重计和比重秤进行测试。

（3）钻进液应在专用的搅拌器和搅拌池中配制，并充分搅拌。

（4）定向钻施工过程中应根据地层条件选择钻进液压力和流量，并保持稳定的泥浆流。

钻进液马氏黏度表（s）　　　　　　　　　　　　表 51-21

项　　目	管　　径	地　　层					
		黏土	粉质黏土	粉砂、细砂	中砂	粗砂、砾砂	岩石
导向孔	—	35～40	35～40	40～45	45～50	50～55	40～50
扩孔及回拖	ϕ425mm 以下	35～40	35～40	40～45	45～50	50～55	40～50
	ϕ426～ϕ711mm	40～45	40～45	45～50	50～55	55～60	45～55
	ϕ711～ϕ1 015mm	45～50	45～50	50～55	55～60	60～80	50～55
	ϕ1 016mm 以上	45～50	45～50	55～60	60～70	65～85	55～65

5. 管线焊接及安装

（1）钢管焊接必须按设计图纸的焊接要求执行，如设计图纸没有对钢管焊接提出具体要求，钢管焊接应符合《现场设备、工业管道焊接工程施工及验收规范》（GB 50236—2011）的规定。

（2）定向钻进施工的 HDPE 管、MPP 管的接口应采用对接热焊，热熔焊接翻边宽度值不应超过平均值的±20mm，HDPE 和 MPP 管焊接后应确保保压的冷却时间，必要时可对焊缝进行涂包保护。

（3）管线焊接面的强度不应低于管体强度。

（4）预制管线回拉前宜全线焊接，若场地局限，也可分段焊接。

（5）各专业所采用的管材，其管线制作、防腐、检测和安装应按相关行业标准执行。

6. 导向孔钻进

（1）导向孔钻进应符合下列规定。

①钻机开动后，必须先进行试运转，确定各部分运转正常后方可钻进。

②第一根钻杆入土钻进时，应采取轻压慢转的方法，稳定入土点位置，符合设计入土倾角后方可实施钻进。

③导向孔钻进时，造斜段测量计算的频率为每 0.5～3m，水平直线段测量计算可按 3～5m 进行，测试参数应符合设计轨迹要求。

④曲线段钻进时，应按地层条件确定推进力，严禁钻杆发生过度弯曲。

⑤造斜段钻进时，一次钻进长度宜为 0.5～3.0m，施工中应控制倾斜角变化，应并符合钻杆极限弯曲强度的要求，采取分段施钻，使倾斜角变化均匀。

⑥钻孔在钻进过程中，轨迹偏离误差不得大于钻杆直径的 1.5 倍，否则应退回进行纠偏。

（2）导向过程中遇到突然的振动、卡钻、扭矩变化等异常情况，应立即停钻，查明原因，解决问题后方可继续施工。

7. 扩孔

（1）导向孔钻进完成后应及时卸下导向钻头，换上扩孔器进行回扩。

（2）扩孔施工应根据敷设管线的管径、地层条件、设备能力，分一次或几次逐级扩孔。当敷设管线的直径为 ϕ200～ϕ800mm 时，根据现场地质条件、管线种类及入土角度，扩孔的直径应控制在设计管线直径的 1.2～1.5 倍。其他管径应根据现场因素，将扩孔直径控制在合理范围内。对管道运行沉降控制要求较高时，扩孔倍数宜取低值。

（3）扩孔施工应根据地层条件，选择不同的扩孔器。扩孔器类型可参照表51-22选择。

扩孔器类型适用的地层 表51-22

扩孔器类型	适 用 地 层	扩孔器类型	适 用 地 层
挤压型	松软的土层	组合型	地层适用范围广
切削型	软土层	牙轮型	硬土和岩石

（4）扩孔时应随时调整钻进液黏度，以确保孔壁稳定。

（5）管线敷设之前宜作一次或多次清孔，清除扩孔后残留的泥渣。

8. 管线敷设

（1）扩孔孔径达到要求后应立即进行管线回拖，回拖前应检查已焊接完成的管线，确保管线长度、焊缝、防腐质量等符合要求。

（2）管线回拖应符合下列规定。

①回拖前，应认真检查钻具、旋转万向节、U形环和管线回拖头等，确认其安全可靠。管线与钻具连接后，先供泥浆，检查钻杆、钻具内通道及各泥浆喷嘴是否畅通。

②回拖管线时，宜将管线放在滚轮支架上。采用发送沟方法回拖管线时，地段应平坦，确保引沟与管孔的自然衔接。发送沟内不得有石块、树根和其他硬物等，沟内应注水确保将管线浮起，避免管线底部与地层摩擦划伤防腐层。对遇有石块、卵石、砾石、坚硬岩石的地层，应在防腐层外再涂覆耐磨层。

③管线回拖应连续进行。当拉力、转矩出现较大摆动时，应控制回拖速度。

④若采取分段拖管敷设，段数不宜超过两段，接管时间应尽量缩短。

⑤拖管结束后，钻孔及管线外壁的间隙必须采取注浆加固措施，防止产生沉降。

注：有关施工监测、工程施工质量验收等，因内容较多，可参考《管线定向钻进技术规范》(DG/TJ 08-2075—2010)的具体要求执行，在此不详述了。

第十篇　软土隧道施工计算

第五十二章　盾构隧道施工计算

第一节　概　论

隧道通常是指作用在地下通道的一种建筑物。一般可分为两类：一类是修建在岩层中，称为岩石隧道；另一类是修建在土层中，称为软土隧道。岩石隧道一般修建在山体中的较多，故又称为山岭隧道；软土隧道常修建在水底和城市立交道路处，故称为水底隧道和城市道路隧道。本章主要介绍软土隧道即水底隧道和城市道路隧道。有关山岭隧道、铁路隧道和航运隧道等可参阅其他有关专著或本书参考文献[87]、[88]。

随着城市人口的大量集中，特别是沿海城市，由于工业交通和市政建设的发展，在城市主要干线上往往要克服江河、海峡及市内道路干线之间互相交叉等所引起的障碍，常要修筑城市道路隧道和水下隧道。这类隧道大多在地表下 20～35m 范围内，土层处在第四纪冲积层内，多为淤积的砂性土、黏性土、淤泥质等；地下水位高，土层松软，故通称软土隧道或土层隧道。

用盾构法修建隧道始于 1818 年，至今已有 160 多年历史，当时由法国工程师布鲁诺尔（Mare Lsambrard Brunel）研究，并取得了发明隧道盾构的专利权。我国于 1957 年北京下水道工程中首次出现小盾构 $\phi 2.6m$（当时称盾甲法），1963 年起先后设计和制造了外径 3.6m、4.2m、5.8m、10.2m 和 11.26m 等不同直径的盾构，并进行了施工。图 52-1 为上海打浦路隧道在河流中段纵剖面图及横剖面图。以后还制造了 15.2m 大直径泥水盾构机供上海至崇明隧道使用。

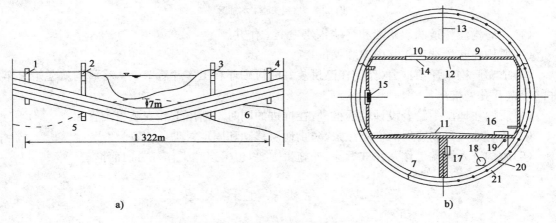

a)　　　　　　　　　　　　　　　　　　b)

图 52-1　打浦路隧道示意图

a)纵剖面示意图；b)横剖面示意图

1-盾构工作井；2-浦西通风井；3-浦东通风井；4-盾构拆卸井；5-淤泥质黏土；6-粉砂；7-进风道；8-进风口；9-排风口；10-排风道；11-路面（下拉杆）；12-天棚（上拉杆）；13-吊杆；14-照明灯；15-灭火器；16-消防栓；17-电缆；18-排水管；19-给水管；20-纵向螺栓；21-环向螺栓

第二节 盾构法施工流程

盾构在隧道施工中的主要作用是：

(1)将隧道前端新拼装的约二环衬砌的外周用盾构壳体支护,形成外部支撑,在盾壳的掩护下开挖地层及装配隧道衬砌。

(2)盾构壳体为内部结构所支撑,在内部结构中如有必要时可添设水平及竖向隔板,将盾构分隔成一些小工作室,既增加了盾构的刚度,又带来了操作上的方便。

(3)盾构后部盾尾部分无内部支撑结构,可在其掩护下拼装隧道衬砌。

(4)盾构的掘进靠液压千斤顶顶在已拼装好的隧道衬砌环上向前推进。

盾构法施工工艺如图 52-2 所示,其主要施工工序流程为：

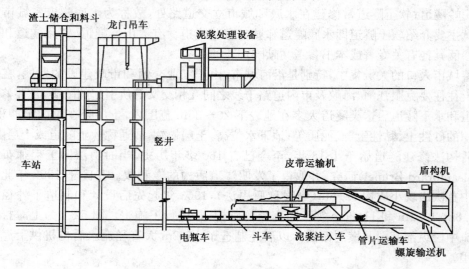

图 52-2 盾构法施工示意图

(1)在盾构法隧道的起始端和终端各建一个工作井。

(2)盾构在起始端工作井内安装就位。

(3)依靠盾构千斤顶推力(作用在已拼装好的衬砌环和工作井后壁上),将盾构从起始工作井的墙壁开孔处推出。

(4)盾构在地层中沿着设计轴线推进,在推进的同时不断出土和安装衬砌管片。

(5)及时地向衬砌背后的空隙注浆,防止地层移动和固定衬砌环位置。

(6)盾构进入终端工作井并被拆除,如施工需要,也可穿越工作井再向前推进。

第三节 盾构施工技术要求

一、盾构法施工的优缺点及其适用范围

1. 盾构施工法的优点

(1)安全性

盾构施工方法属于暗挖施工,具有良好的隐蔽性,不受地面交通、河道、航运、潮汐、季节、

678

气候等条件的影响,可在盾构支护下安全地进行开挖、衬砌等。

(2)高效率

盾构的推进、出土、拼装衬砌等可全部机械化、自动化作业,施工劳动强度较低,而掘进速度比较快。

(3)危害小

施工中噪声、振动引起的公害小,对周围环境没有干扰;隧道穿越河底、海底及地面建筑群下部时,可完全不影响航道通行和地面建筑正常使用。

(4)经济性

适宜在不同颗粒条件下的土层中施工,多车道的隧道可做到分期施工,分期运营,可减少一次性投资;在松软含水地层中,修筑埋置深度较大的长大隧道,具有经济、技术安全等方面的优越性。

2. 盾构施工法的缺点

(1)重复利用率低

盾构是一种价格较昂贵,针对性很强的专用施工机械,对每一座采用盾构法施工的隧道,均应根据工程地质、水文地质条件、衬砌结构断面尺寸的大小进行专门制造、运送、拼装与拆卸等,且设备较复杂。因此,一般不能随便将其他隧道施工用的盾构重复使用。

(2)施工复杂

盾构施工需要有气压供应设备、人工井点降水、衬砌管片预制、衬砌结构的防水设施及施工堵漏、隧道内的运输、施工测量、场地位置、场地布置、拼装与拆卸工作井等施工技术的密切配合才能顺利施工;如用气压法施工时,会遇到压缩空气泄出、减压病等问题。

(3)适用性受限

当工程对象规模较小时,如对于短于750m的隧道,有统计资料显示,被认为是不经济的;对隧道曲线半径过小或隧道埋深较浅时,施工困难较大(对水底隧道当覆盖土太浅时施工反而不太安全);按目前的水平,盾构直径难以做到过大,一般认为:直径 $D_s \geqslant 12m$ 的为超大型盾构,上海最大直径为 15.2m。

(4)工作条件差

当采用气压施工时,施工人员因减压不当而有患减压病(沉箱病)的危险。由于施工条件较差,因此对劳动保护要求高。

(5)地表变形不易控制

用盾构法施工时,在隧道上方一定范围内,尤其是饱和含水松软土层,很难防止地表沉陷。

3. 盾构法施工的适用范围

现代的盾构能适用于各种复杂的工程地质和水文地质条件,从流动性很大的第四纪淤泥质土层到中风化和微风化岩层。既可用来修建小断面的区间隧道,也可用来修建大断面的车站隧道。

二、盾构分类

按盾构断面形状不同可将盾构分为:圆形、拱形、矩形和马蹄形四种。

按开挖方式不同将盾构分为:人工井点降水、泥水加压、土压平衡式的无气压盾构,局部气压盾构,全气压盾构等。为进一步了解盾构性能和适用条件,可将盾构按挖掘方式分类列表分析(表52-1)。

盾构挖掘方式分类 表 52-1

挖掘方式	构造类型	盾构名称	开挖面稳定措施	适用地层	附注
手工挖掘式	敞胸	普通盾构	临时挡板支撑千斤顶	地质稳定或松软均可	辅以气压,人工井点降水及其他地层加固措施
		棚式盾构	将开挖面分成几层,利用砂的安息角和棚的摩擦	砂性土	
		网格式盾构	利用土和钢制网状格栅的摩擦	黏土淤泥	
	闭胸	半挤压盾构	胸板局部开孔,依靠盾构千斤顶推力砂自然流入	软可塑黏土	
		全挤压盾构	胸板无孔,不进土	淤泥	
半机械挖掘式	敞胸	反铲式盾构	手掘式盾构装上反铲式挖土机	土质坚硬,稳定面能自立	辅助措施
		旋转式盾构	手掘式盾构装上软岩掘进机	软岩	
		旋转刀盘式盾构	单刀盘加面板,多刀盘加面板	软岩	不再另设辅助措施
		插刀式盾构	千斤顶支撑挡土板	硬土层	
		局部气压盾构	面板与隔板间加气压	含水松软地层	
	闭胸	泥水盾构	面板与隔板间加有压泥水	含水地层冲积层、洪积层	辅助措施
		土压盾构	淤泥,淤泥夹砂	淤泥,淤泥夹砂	
		网格式挤压盾构	淤泥	淤泥	

　　盾构机按开挖面与作业室之间隔墙构造可分为全敞开式、部分敞开式及封闭式三种。具体划分如图 52-3 所示。

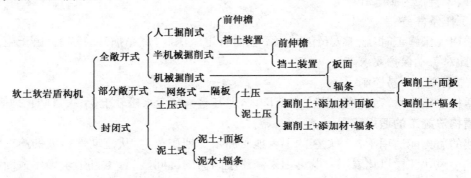

图 52-3　常用软土盾构综合分类图

三、盾构工法

1. 人工掘削式盾构

　　手工挖掘式盾构是盾构的最基本形式,多用于开挖面基本能自稳的土层中,主要由盾壳、支护结构、推进机构、拼装机构和附属设备等五部分组成(图 52-4)。

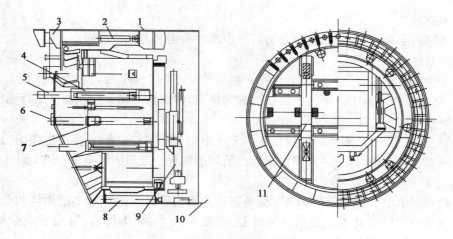

图 52-4　手工挖掘式盾构构造示意图

1-盾壳；2-前檐千斤顶；3-活动前檐；4-工作平台；5-活动平台；6-支护挡板；7-支护千斤顶；8-盾构千斤顶；9-举重壁；10-盾尾密制装置；11-井字形隔梁

（1）盾壳

盾壳为钢板焊成的圆形壳体，由切口环、支承环和盾尾三部分组成（图 52-5）。

①切口环

切口环位于盾构的前部，前端设有刃口，施工时可以切入土中。刃口大都采用耐磨钢材焊成，加劲肋制成坡形，从而减少切入阻力。

②支承环

支承环位于盾构的中部，是盾构受力的主要部分，它由外壳、环状加强肋和纵向加强肋组成。

③盾尾

盾尾位于盾壳尾部，由环状外壳与安装在内侧的密封装置构成。其作用是支承坑道周边，防止地下水与注浆材料被挤入盾构隧道内。同时也是进行隧道衬砌组装的地方。盾尾的环状外壳大都用高强度薄型钢板制作，以减少盾构向前推进后留下的环状间隙。盾尾密封材料，一般安装在盾尾钢板和管片外表面之间，除了具有防止注浆材料和地下水漏入盾构的作用外，在后面所述泥水加压盾构和土压平衡盾构中，还有保持其各自泥浆压力的作用。

人工掘削式盾构的盾尾密封装置，多采用双级密封装置结构（图 52-6）。

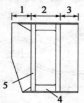

图 52-5　盾壳

1-切口环；2-支承环；3-盾尾；4-纵向加强肋；5-环状加强肋

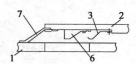

图 52-6　盾尾密封装置

1-管片；2-盾尾；3-钢板；4-合成橡胶；5-氯丁橡胶；6-泡沫尿烷；7-尿烷橡胶

（2）支护结构

支护结构一般由活动前檐、活动工作平台和支护挡板构成。

①活动前檐

活动前檐由多块扇形体组成,位于切口环拱部的滑槽和滚轮滑道内。

②活动平台

活动平台安置于横向两层工作平台内。后端与固定在工作平台内的千斤顶相连。当千斤顶伸出时,活动平台沿着工作平台内的轨道向前伸出,伸出长度和千斤顶的伸出行程相同。

③支护挡板

支护挡板由挡板与其相连的框架和支护千斤顶构成。支护挡板安装在框架的前端,支护千斤顶一端安装在框架内,另一端固定在盾构的环形隔板上或纵向隔板上,如图52-4所示。

(3)推进机构

推进机构主要由盾构千斤顶和液压设备组成。盾构千斤顶沿支承环圆周均匀分布,千斤顶的台数和每个千斤顶推力要根据盾构外径、总推力大小、衬砌构造、隧道断面形状等条件而定。

推进机构的液压设备主要由液压泵、驱动马达、操作控制装置、油冷却装置和输油管路组成。除操作控制装置安装在支承环工作平台上外,其余大多数都安装在盾构后面的液压动力台车上。

(4)拼装机构

拼装机构即为衬砌拼装器,其主要设备为举重臂,以液压为动力。举重臂可以作旋转、径向运动,还能沿隧道中线作往复运动,完成这些运动的精度应能保证待装配的衬砌管片的螺栓孔与已拼装好的管片螺栓孔对好,以便插入螺栓固定。

常用的衬砌拼装器有环形式、中空轴式、齿轮齿条式三种,其中,以环形拼装器(图52-7)最多。

(5)附属设备

人工掘削式盾构的附属设备较简单,主要为液压动力台车、排水注浆设备台车以及真圆保持器等。真圆保持器是为把衬砌环组装在正确位置上而设置的调整设备,以顶伸式为最多,如图52-8所示。

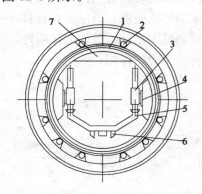

图52-7 环形拼装器

1-转盘;2-支承滚轮;3-径向伸缩臂;4-纵向伸缩臂;5-举重臂;6-爪钩;7-平衡重

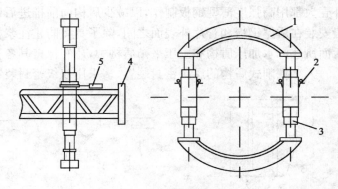

图52-8 真圆保持器

1-扇形顶块;2-支承臂;3-伸缩千斤顶;4-支架;5-纵向滑动千斤顶

2.半机械掘削式盾构

半机械掘削式盾构是在人工掘削式盾构的基础上发展起来的一种盾构。它保留了人工掘削式盾构的优点,克服了劳动强度大、效率低的缺点,将下半部的人工开挖改为机械开挖。半机械化盾构主要结构如图52-9所示。

半机械掘削式盾构具有结构简单、造价较低、施工效率较高等特点,主要用于开挖面基本上能自稳且又无水的土层中。下部的开挖机械根据不同地质条件可采用不同的挖掘机(图52-10)。

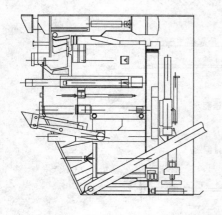

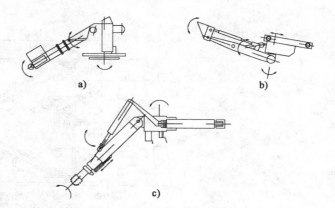

图 52-9 半机械掘削式盾构构造示意图　　　　　图 52-10 半机械掘削式盾构所用挖掘机

3. 泥水盾构

1)原理

泥水盾构就是在机械式盾构刀盘的后方设置一道封闭隔板,隔板与刀盘间的空间定名为泥水仓。把水、黏土及添加剂混合制成的泥水,经输送管道压入泥水仓,待泥水充满整个泥水仓,如盾构机的推进系统(推进千斤顶)工作进发,则推进力经仓内泥水传递到掘削面的土体上,即泥水对掘削面上的土体作用有一定的压力(与推进力对应),该压力成为泥水压力。为使掘削面稳定,通常该压力按式(52-1)设定:

$$泥水压 = \underset{\llcorner\quad 差压\quad\lrcorner}{地下水压 + 土压} + 预压$$

(52-1)

刀盘掘削下来的土砂进入泥水仓,经搅拌装置搅拌后含掘削土砂的高浓度泥水,经泥浆泵泵送到地表的泥水分离系统,待土、水分离后,再把滤除掘削土砂的泥水重新压送回泥水仓。如此不断循环完成掘削、排土、推进。因为是泥水压力使掘削面稳定平衡的,故得名泥水加压平衡盾构,简称泥水盾构。

图52-11~图52-13分别为泥水盾构的工作原理示意图、盾构机构造示意图及泥水盾构工法设备构成示意图。

2)泥水的作用

当泥水与掘削地层接触时,由于作用在掘削面上的泥压大于掘削地层的间隙水压(即地下水压),则泥水中的细粒成分和水就会通过地层的间隙流入掘削地层。其中细粒成分填充地层空隙,使地层中渗透系数减小。而泥水中的水通过间隙流入地层,这部分流入地层的水称为"过滤水",对应的水量称为"滤水量"(也称为脱水量)。滤水的出现使地层的间隙水压上升,这里把该地层间隙水压的升高部分称为"过剩地下间隙水压"(以下简称"过剩地下水压"),可用式(52-2)表示,即:

$$过剩地下水压 = 泥水流入地层后的地层中实际地下水压 -$$
$$静止地下水压(即泥水流入地层前的地下水压) \qquad (52\text{-}2)$$

同时,对"有效泥水压"可定义为:

$$有效泥水压 = 差压[式(52\text{-}1)] - 过剩地下水压 \qquad (52\text{-}3)$$

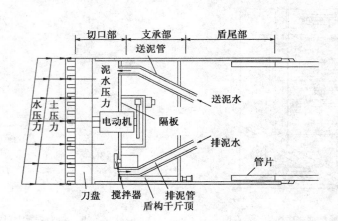

图 52-11　泥水盾构工作原理示意图

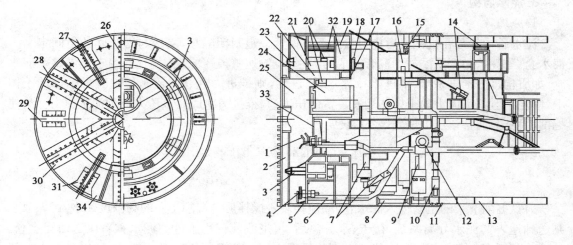

图 52-12　泥水盾构构造示意图

1-中部搅拌器;2-切削刀盘;3-转鼓凸台;4-下部搅拌器;5-盾壳;6-排泥浆管;7-刀盘驱动马达;8-盾构千斤顶;9-举重臂;10-真圆保持器门;11-盾尾密封;12-闸门;13-衬砌环;14-药液注入装置;15-支承滚轮;16-转盘;17-切削刀盘内齿圈;18-切削刀盘外齿圈;19-送泥浆管;20-刀盘支承密封装置;21-转鼓;22-超挖刀控制装置;23-刀盘箱形环座;24-进入孔;25-泥水室;26-切削刀;27-超挖刀;28-主刀梁;29-副刀梁;30-主刀槽;31-副刀槽;32-固定鼓;33-隔板;34-刀盘

3)泥水应具备的特性

泥水必须具备下列特性:即物理稳定性好;化学稳定性好;泥水的粒度级配、相对密度、黏度要适当、流动性好及成膜性好等。

(1)物理稳定性

物理稳定性系指泥水经长时间静置,泥水中黏土颗粒始终保持浮游散悬物理状态的能力,可用界面高度来鉴别。界面高度变化越小,说明泥水的物理稳定性越好。

（2）化学稳定性

化学稳定性系指泥水中混入带正离子的杂质［水泥（Ca^{2+}）或海水（Na^+、Mg^{2+}）］时，泥水成膜功能减退的化学劣化现象。

研究发现，泥水未遭受正离子污染劣化时的 pH 值的分布范围为 7～10，呈弱碱性。但是，当泥水遭受正离子杂质污染劣化后的 pH 值远超过 10。故可利用 pH 值增加的现象，判定正离子造成的劣化程度，即可鉴别泥水的化学稳定性。

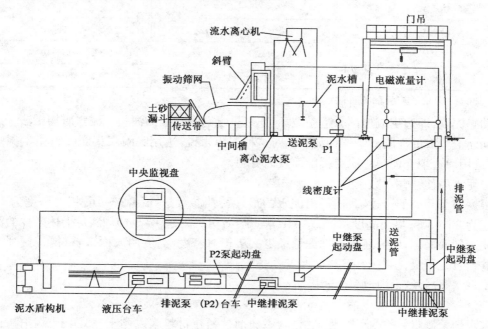

图 52-13　泥水盾构工法设备构成示意图

（3）相对密度

泥水相对密度越大，成膜性越好，过剩地下水压越小，掘削面变形越小。泥水相对密度小，流动的摩阻力小，流动性好，故泥水运送泵不会超负荷运转。但相对密度小，成膜速度慢，对稳定掘削面不利。

（4）黏性

泥水应具备一定的黏度，即：

①防止泥水中的黏土、砂颗粒在泥水仓内发生沉积，保持掘削面稳定。

②防止逸泥。

③能以流体的形式把掘削下来的土砂运出，后经土、水分离设备滤除废渣，得到原状泥水。

综上所述，希望泥水的漏斗黏度，不易过大，也不易过小。通常选取的黏度值如表 52-2 所示。

（5）脱水量

脱水量系指泥水中的水通过地层间隙流入地层的水量。脱水量大，致使地层中的过剩地下水压增大，即泥水的有效泥水压减小。因此，可以通过检测脱水量大小，判定泥水稳定掘削面的有效性。

（6）静、动态泥膜

静态泥膜，即泥膜生成后不受任何破坏一直保持下去的泥膜。地下连续墙护壁泥膜属于

685

这种泥膜。前述吸附聚积膜及渗透填充膜均可生成静泥膜。

稳定掘削面的泥水黏性值(s) 表 52-2

掘削土质	漏斗黏度计法测定的泥水黏性值(500mL)	
	地下水影响较小的情形	地下水影响较大的情形
夹砂粉土	25～30	28～34
砂质黏土	25～30	28～37
砂质粉土	27～34	30～40
砂	30～38	33～40
砂砾	35～44	50～60

注:漏斗黏度计法测定的清水黏性值为19s。

动态泥膜,即边生成边部分遭受破坏,连续重复这一过程的泥膜。泥水盾构工法中的泥水在掘削面上生成的泥膜属于这种泥膜。对这种泥膜来说,选用吸附聚集泥膜对稳定掘削面不利;而选用渗透填充泥膜对稳定掘削面较为有利。

4)泥水最佳特性参数

根据前面几节的论述,我们得出泥水的最佳特性参数是:$n=14～16$、相对密度为 1.2、漏斗黏度为 25～30s、界面高度＜3mm(24h 静置后),pH 浓度为 7～10。满足上述条件的泥水不仅能使掘削面稳定,同时还具有逸泥量最少。从相对密度、黏度两方面来看,携带掘削土砂的流体输送也处于最佳状态。

5)泥水配料及配合比确定方法

(1)泥水配料

泥水的配制材料,包括水、颗粒材料、添加剂。颗粒材料多以黏土、膨润土、陶土、石粉、粉砂、细砂为主,添加剂多以化学试剂为主,有关添加剂的详细叙述见表 52-3。泥水的具体配料的确认需根据掘削地层的土质条件确定。这里给出一些配料的使用要求。

泥水配合比参考表 表 52-3

材　料	配合比(%)	相对密度	漏斗黏度(s)	可渗比
黏土	25±10			
膨润土	8±3	1.2	25～30	14～16
CMC	0.12±0.03			
水	余量			

①黏土

黏土是配制泥水的主要用料,应最大限度的使用掘削排放泥水中的回收黏土。

②膨润土

膨润土是泥水主材黏土的补充材。膨润土通常是以蒙脱石为主要成分的黏土矿物,其相对密度为 2.4～2.9,视密度为 0.8～1.2,液限为 330%～600%,遇水体积膨胀 10～15 倍。另外,表面带负电易与带正电的地层结合形成优质泥膜。

③CMC(羧甲基纤维素)

CMC 是木材、树皮经化学处理后的高分子糊,溶于水时呈现极高的黏性,故多用来作增黏剂。主要用于砂砾层中,有降低滤水量和防止逸泥的作用,也可抵抗阳离子污染。

④PAA(聚丙烯酰胺)

加入PAA的泥水渗入土颗粒间隙,PAA把土颗粒胶结在一起,即产生一定厚度的加固地层(起隔离作用)。从而阻止逸泥和地下水涌入。PAA阻止逸泥的效果优于CMC,特别适于在砂砾层中使用。

⑤黑腐酸钠、碳酸钠等分散剂

为了降低泥水的密度和黏性,可使用黑腐酸钠、碳酸钠等分散剂,增加泥水的活性。

⑥稀硫酸、磷酸等中和剂

当泥水中混入背后注入材等碱性成分时,可用上述稀硫酸、磷酸等中和剂防止泥水性能的劣化。

⑦水

在使用地下水和江河水的场合下,事先应进行水质检查和泥水调和试验,必须去除不纯物质和调整pH值。

⑧砂

盾构在砾石层中掘进时,因地层的有效空隙直径较大,故需在泥水中添加一定的砂,以便填充掘削地层的孔隙,此时应据可渗比 $n=14\sim16$ 的条件确认砂的粒径。可渗比 n 按下式求得(参考文献[89]):

$$n = \frac{L}{G}$$

式中:L——地层孔隙直径(mm);

G——泥水的有效直径(mm)。

(2)配合比确认方法

①由事前土质调查项目中的粒度试验的结果,求出掘进地层的 D_{15}。

②选定使用的膨润土,求出该膨润土的粒度级配累加曲线。

a.选定2~3种膨润土混合后,对掘削地层具有 n 值为14~16的粒度分布的颗粒添加材。

b.向选定的膨润土和泥水添加材的混合液中加入增黏剂和分散剂。按相对密度为1.2、漏斗黏度为25~30s,n 值为14~16的标准质量确认。

按上述方法确定的泥水配合比(表52-3),其对应的掘削地层的过剩地下水压的产生量最小。

6)泥水性能测试及质量调整

(1)稳定性测定

①物理稳定性

即界面高度的变化。为了观察土颗粒的沉淀程度,可利用量筒测定界面高度的经时变化。

②化学稳定性测定

化学稳定性多使用pH浓度计、氯浓度计、亚甲蓝试验测定。利用pH浓度计测定水泥混入泥水造成的pH上升值;氯浓度计测定泥水中混入NaCl造成的 Cl^- 浓度的上升;亚甲蓝试验测定黏土中的膨润土的含量。

(2)相对密度测定

密度测定使用泥浆比重计或者容积法。容积法是从标明容积的容器中取出泥水测定泥水质量求出密度的方法。

（3）黏度测定

黏度测定多使用漏斗黏度计和范氏黏度比重计。范氏黏度比重计是旋转黏度计的一种，用来测定剪切速度梯度和剪切应力的关系。漏斗黏度计是一种漏斗黏度自动测量装置系统。

（4）粒度分布测定

泥水的粒度分布可用粒度自动记录测定仪测定。随后根据筛分法求出掘削地层的粒度级配分布曲线，求出对应的 n 值。若 n 值不等于 15，则应调整泥水的粒度分布（添加添加材），使 n 值等于 15。

（5）滤水量及泥膜形成性的测定

泥水的滤水量及泥膜形成性的测定，可以使用 API（美国石油协会）规格的过滤试验器测定。该试验器把泥水倒入所定的容器内，在 0.3MPa 的压力下经历 30min 后测定由过滤纸流出的滤水量和测定过滤纸上形成的泥膜厚度。

（6）砂分测定

用砂分计测定泥水中的砂成分的体积占有比。

（7）泥水质量调整

在泥水盾构的实际挖进过程中，泥水的特性参数经常会发生变化。例如：当掘削地层为粉砂土、黏土时，泥水中的细粒成分会不断地增加，致使泥水的密度、黏度增加，超出选定的最佳值（即管理基准值见表 52-4）。当掘削地层为砂层、砾石层时，泥水中的细粒成分不断地流失，故泥水的密度、黏度均会下降。

不同土质对应的泥水性状基准

表 52-4

地层	土质	相对密度	漏斗黏度	屈 服 值	砂分率	析水量	可渗比
冲积层	黏土	1.10	—	—	—	—	—
	砂、粉砂	1.15～1.20	25s	—	—	—	—
洪积层	砾	1.25～1.35	34～40s	50～100dyne·s/cm²	10%～15%	20～30cc 以下	15
	砂	1.20～1.25	25～30s	—	—	—	—
	粉砂	1.10～1.20	22～25s	—	—	—	—
	黏土	1.05～1.10	—	—	—	—	—

上述原因均会导致泥水质量劣化（偏离原定最佳值），进而致使掘削面不稳定。故应及时克服，即应不断地调整泥水的质量，使其始终保持最佳状态。泥水的质量调整，主要靠向泥水中添加添加剂调整。几种主要的添加剂如表 52-5 所示。

添 加 剂 的 种 类

表 52-5

添加剂种类	作 用	名 称
分散剂	1. 提高土颗粒的分散性（增加负电荷）。 2. 防止阳离子（Ca^{2+}、Mg^{2+}、Na^+ 等）污染及污染后的恢复	1. 磷酸盐类（六偏磷酸钠等）。 2. 碱类（碳酸钠等）。 3. 木质硫酸盐类（铁鹏素木质磺酸钠等）
增黏剂	1. 提高泥水黏性（提高土颗粒的游动性能）。 2. 减小滤水量。 3. 提高阳离子的污染的抵抗性	1. CMC（羧甲基纤维素）。 2. PAA

添加剂种类	作　用	名　称
中和剂	防止背后注入浆液等碱性成分混入泥水，造成泥水质量劣化	1. 稀硫酸。 2. 磷酸
黏土颗粒 砂颗粒	1. 提高成膜性。 2. 减小滤水量	1. 膨润土。 2. 砂

不过这里应当指出，由于泥水输送泵荷载的原因，泥水的特性参数不得超过表 52-6 的值。

泥水输送中泥水性状的上限值　　　　　　　表 52-6

泥水性状	漏斗黏度	相对密度	砂分率
上限值	40s	1.35	15%

7) 泥水压力的设定

泥水压力可按式(52-4)设定。

$$泥水压 ＝ 地下水压 ＋ 土压 ＋ 预压 \tag{52-4}$$

(1) 地下水压力

地下水压力，即掘削面地层中的孔隙水压力。对黏土层而言，通常是把地下水压力计在土压力中。

(2) 土压力

这里的土压力是指掘削面上的水平向的作用土压力。典型的计算方法如表 52-7 所示。表中的基准荷载与土质状况、参数有关，既可以是全部覆盖土层厚度对应的竖直土压力，也可以是松弛土压。水平土压计算中使用的土压系数采用主动土压系数或者静止土压系数。

土压力计算方法　　　　　　　表 52-7

土压设定方法	基准荷载	土压类型	计算公式	适用土质
掘削面前端水平土压法	全部覆盖土层的荷载（竖直土压力）γH	主动土压	$\gamma H \tan^2\left(45° - \dfrac{\varphi}{2}\right) - 2c\tan\left(45° - \dfrac{\varphi}{2}\right)$ $\gamma H \tan^2\left(45° - \dfrac{\varphi}{2}\right)$	黏土 砂土
		静止土压	$\gamma H(1 - \sin\varphi')$	黏土（抑制沉降）
	松弛土块荷重	松弛土压	$\dfrac{K_a B(\gamma - c/B)}{K\tan\varphi} \cdot (1 - e^{-K\tan\varphi \cdot H/B}) +$ $K_a W_0 e^{-K\tan\varphi \cdot H/B}$	砂土、硬黏土

① 采用主动土压力的情形

对于覆盖土厚度 $H < D$（盾构直径）的无法形成拱效应的软黏土或砂土（$N < 10$）的地层而言，由朗肯土压力理论知道，若把作用在掘削面前端的水平土压力定为主动土压力（图 52-14），不仅可以保证掘削面稳定，同时还有一定经济性（泥水加压设备不会过于庞大）。

主动土压力的计算公式如下：

$$p_a = \gamma H \tan^2\left(45° - \frac{\varphi}{2}\right) - 2c\tan\left(45° - \frac{\varphi}{2}\right) （黏性土） \tag{52-5}$$

式中：p_a——主动土压力(kPa)；

γ——掘削地层的土体重度(kN/m^3)；

H——掘削面上顶到地表的覆盖土层的厚度(m);

c——土体的黏聚力(kPa);

φ——土体的内摩擦角(°)。

$$p_a = \gamma H \tan^2\left(45° - \frac{\varphi}{2}\right)\text{(无黏性土)} \tag{52-6}$$

②采用静止土压力的情形

由图 52-14 不难看出,静止土压力>主动土压力,故采用静止土压力时,掘削面会更稳定(相对采用主动土压力的情形),掘削面的变形更小,地表沉降也小。

$$p_0 = K_0 \gamma H \tag{52-7}$$

式中:p_0——静止土压力(kPa);

K_0——静止土压系数。

$$K_0 = 1 - \sin\varphi' \tag{52-8}$$

式中:φ'——有效内摩擦角(°)。

采用静止土压力的情形,多在下述情况下使用。即 $H < D$,无法形成拱效应的软黏土,且施工要求地表沉降极小的情形。

③采用 Terzaghi 松弛土压力的情形

对 $H > D$ 的密实地层(砂层、砂砾层、硬黏土层)而言,因地层存在一定的拱效应,故可把 Terzaghi 的松弛土压力 p_e(指掘削面顶部的覆盖土的松弛领域,见图 52-15)当作为竖直土压力。然后按式(52-8)确定作用在掘削面前端的水平主动土压力 p_a。

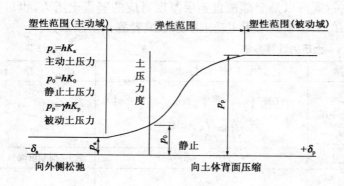

图 52-14 土压力与土体变位的关系

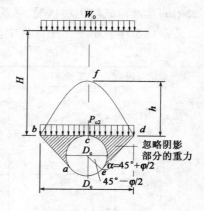

图 52-15 松动圈土压

$$p_a = K_a p_e \tag{52-9}$$

$$p_a = \frac{B\left(\gamma - \dfrac{c}{B}\right)}{K\tan\varphi}(1 - e^{-K\tan\varphi \cdot H/B}) + W_0 e^{-K\tan\varphi \cdot H/B} \tag{52-10}$$

式中:K_a——主动土压系数。

$$K_a = \tan^2\left(45° - \frac{\varphi}{2}\right) - 2\frac{c}{\gamma H}\tan\left(45° - \frac{\varphi}{2}\right)\text{(黏性土)} \tag{52-11}$$

$$K_a = \tan^2\left(45° - \frac{\varphi}{2}\right)\text{(砂土)} \tag{52-12}$$

(3)预压

预压是考虑地下水压和土压的设定误差及送、排泥设备中的泥水压变动等因素,根据经验

690

确定的压力,通常取值为 20～30kPa。

（4）不同地层的泥水压基准

不同地层的泥水压的管理基准如表 52-8 所示。

不同地层的泥水压基准（参考值）　　　　　　　　　表 52-8

地 层 土 质	泥水压基准（参考值）	预　　压
冲积层软黏土	上限值＝劈裂压＋水压＋预压 下限值＝静止土压＋水压＋预压	20～30kPa
松砂土～砂粒（冲积层）	上限值＝静止土压＋水压＋预压 下限值＝主动土压＋水压＋预压	20～30kPa
中等～团结黏性土（洪积层）	上限值＝静止土压＋水压＋预压 下限值＝主动土压＋水压＋预压	20～30kPa
中等～密实砂质土（洪积层）	上限值＝静止土压＋水压＋预压 下限值＝主动土压＋水压＋预压	20～30kPa

（5）掘削面上泥水压的分布

①$\gamma'_f > \gamma'_t k$ 的情形

在这种情形下,掘削面上的泥水压的分布及基准的设定位置如图 52-16a）所示。

②$\gamma'_f < \gamma'_t k$ 的情形

在这种情形下,掘削面上的泥水压的分布及基准的设定位置如图 52-16b）所示。

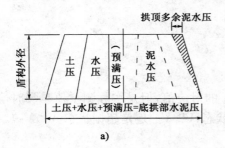
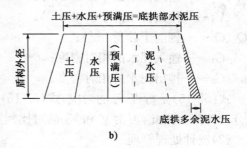

图 52-16　泥水压的设定位置

有关泥水输送系统及设备、泥水处理、掘削面稳定管理及泥水压管理等均属于施工管理方面的要求,可参阅本手册参考文献[87]、[88],在此不再详述。

8）掘土量的管理和计算

（1）掘削量

掘削体积的计算,在没有超挖刀头不产生超掘的场合下,掘削体积可按式（52-13）计算。

$$Q = \frac{\pi}{4} D^2 S_t \tag{52-13}$$

式中:Q——计算掘削体积(m^3)；

　　D——盾构外径(m)；

　　S_t——掘进行程(m)。

另外,测量得到的掘削体积（在行程为 S_t 的场合下）可用式（52-14）表示。

$$Q_3 = Q_2 - Q_1 \tag{52-14}$$

式中：Q_1——送泥流量（m³）；

$\qquad Q_2$——排泥流量（m³）；

$\qquad Q_3$——掘削体积（m³）。

因此，根据 Q 与 Q_3 的对比，可以判断逸泥状态（泥水或者泥水中的水渗入地层的状态，$Q > Q_3$）和涌水状态（由于泥水压低，故地层中的地下水流入泥水仓的状态，$Q < Q_3$）。在无坍塌的正常掘削状态下，记录的实况表明出现逸泥状态的情形多。但是，这种掘削量管理方法无法检测掘削面坍塌致使的超掘量。其原因是掘削面发生坍塌时，坍塌部位充入泥水造成简单置换，故无法表示掘削量的差异。

（2）干砂量（排泥干砂量—送泥干砂量）

干砂量是地层或者输入排除泥水中土颗粒所占的体积。另外，假定地层、输入泥水、排出泥水中的土颗粒的密度相同，则干砂量可按式（52-15）计算。

$$V = Q\frac{100}{G_s w + 100} \tag{52-15}$$

式中：V——计算干砂量；

$\qquad G_s$——土颗粒的真实密度；

$\qquad w$——地层的含水率（%）。

另外，测量干砂量可按式（52-16）计算。

$$V_3 = V_2 - V_1 = \frac{1}{G_s - 1}\left[(G_2 - 1)Q_2 - (G_1 - 1)Q_1\right] \tag{52-16}$$

式中：V_1——输入泥水的干砂量（m³）；

$\qquad V_2$——排出泥水的干砂量（m³）；

$\quad Q_1$、Q_2——掘削干砂量（m³）；

$\qquad G_1$——输入泥水的相对密度；

$\qquad G_2$——排出泥水的相对密度。

式（52-15）是行程 S_t 的对应，式（52-16）是行程 S_t 的对应值，但是实际测量值是瞬时值的积分计算值。因此，可由 V 和 V_3 的对比判定是逸脱状态（$V > V_3$）还是超掘状态（$V < V_3$）。

（3）统计处理管理

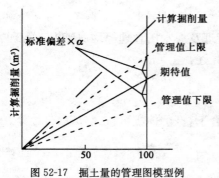

图 52-17　掘土量的管理图模型例

①掘削量

掘削量是由行程量求出的值，可以把它作为一个基准值。但是，测量掘削量中含有逸泥等因素的影响。因此，把该测量掘削量与计算掘削体积对比用于施工管理也不适合。为此，需把测量值作统计处理，即由实测得到的前 30 个数据（也可以采用 1 环的几个测量数据）的趋势与下面数据的期望值（最小二乘法的推估值）求出标准偏差，然后由这些数据确定管理的上、下限值（图52-17）。

②干砂量

以 100～200m 间隔上的钻孔的数据为基础，由掘削面上呈现的层厚、土颗粒真密度和含水率算出干砂量，记作计算干砂量，但是由于调查误差的原因，要把该计算干砂量作为基准值显然不适当。为此应与掘削量一样作统计处理，即由期望值与标准偏差决定管理上、下限。

如上所述,显然泥水盾构中的掘削土量的测量,应属间接测量,即不是直接求取真掘削量的测量方法。

9)盾构机的结构及附属设备

(1)盾壳

泥水盾构的盾壳基本上同人工掘削式盾构的盾壳。不同之处在于切口环为平直式,环扣呈内锥形切口。支承环两端无井字形支撑架。盾尾密封装置为多级密封结构(图52-18)。

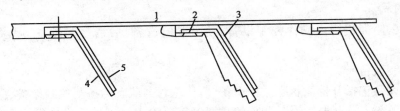

图 52-18　盾尾三级密封装置

1-盾尾;2-钢丝刷密封;3-钢板;4-人造橡胶密封;5-防护板

(2)开挖机构

开挖机构由切削刀盘、泥水室、泥水搅拌装置、刀盘支承密封系统、刀盘驱动系统等部分组成。

①切削刀盘

切削刀盘包括:刀盘,主、副刀槽,主、副刀梁,切削刀头,转鼓等。

②泥水室

由切削刀盘、切口环、锥形切口、固定鼓、支承密封结构、转鼓、圆形隔板围成的区域称为泥水室。

③刀盘支承系统

泥水盾构刀盘支承系统的结构随刀盘支承形式的不同而异。周边支承式的结构由固定鼓、转鼓、复合式或多唇式密封环、径向、轴向轴承等组成。

大型泥水盾构常用周边支承式支承刀盘。这种支承式具有作业空间大、受力较好等特点。中小型泥水盾构的刀盘多用中心支承式。常用刀盘支承形式如图52-19所示。

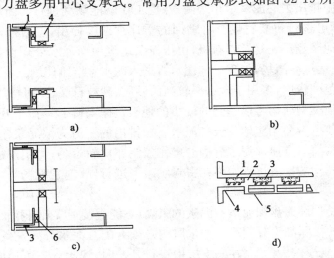

图 52-19　刀盘支承与密封结构

a)周边支承式;b)中心支承式;c)混合支承式;d)密封结构

1-转鼓;2-润滑油脂腔;3-多唇密封环;4-固定鼓;5-润滑油注入管道;6-轴承

693

（3）推进机构、拼装机构、真圆保持器

泥水盾构的推进机构、拼装机构、真圆保持器基本上同手工挖掘式盾构的推进机构、拼装机构、真圆保持器，仅结构尺寸大小、数量、行程、功率大小不同而已。

（4）送、排泥机构

送、排泥机构由送泥水管、排泥浆管、闸门、碎石机、泥浆泵、驱动机构、流量监控机构等组成。该机构大部分设备都安装在盾构后端的后续台车上。

（5）附属机构

泥水盾构的附属机构由操作控制设备、动力变电设备、后续台车设备、泥水处理设备等组成。

①操作控制设备

操作控制设备包括开挖面状态监控设备、盾构位置与状态的检测控制设备、泥浆的输送与排出的控制设备等。这些监控设备测得的数据可直接输入电子计算机进行综合处理，实现自动调节控制。

②后续台车设备

后续台车设备有以下几组平板车：动力组台车、自动闸门台车、碎石机台车、差压式密度计台车、注浆设备台车、送排泥泵台车等。上述这些后续台车是与盾构联结在一起的。

③泥水处理设备

泥水处理设备由泥浆制备与泥水分离两部分组成。设备的规模大小取决于开挖速度与土质等条件。

泥水盾构施工时的工作过程为：开启刀盘驱动液压马达，驱动转鼓并带动切削刀盘转动。开启送泥泵，将一定浓度的泥浆泵入送泥管压入泥水室中。再开启盾构千斤顶，使盾构向前推进。此时切削刀盘上的切削刀便切入土层，切下的土渣与地下水顺着刀槽流入泥水室中，土渣经刀盘与搅拌器的搅拌而成为浓度更大的泥浆。随着盾构不断地推进，土渣量不断地增加，泥水不断地注入，泥水室内的泥浆压力逐渐增大。当泥水室的泥浆压力足以抵抗开挖面的土压力与地下水压力时，开挖面就能保持相对的稳定而不致坍塌。只要使进入泥水室的泥水量和渣土量与从泥水室中排出去的泥浆量相平衡，开挖工作就能顺利进行。当盾构向前推进到一个衬砌环宽度后，即可进行拼装衬砌。将缩回的千斤顶继续伸出，重新推进，进行下一工序。从泥水室排出的浓泥浆经排泥管及碎石机，由排泥泵运至地面泥水处理设备进行泥水分离处理，被分离出的渣土运至弃渣场，处理后的泥水再送入泥水室继续使用。

泥水盾构适用范围较广，多用于含水率较高的砂质、砂粒石层、江河、海底等特殊的超软弱地层中。能获得其他类型盾构难以达到的较小的地表沉陷与隆起。由于开挖面泥浆的作用，刀具和切削刀盘的使用寿命相应地延长。泥水盾构排出的土渣为浓泥浆输出，泥浆输送管道较其他排渣设备结构简单方便。泥水盾构的操作控制亦比较容易，可实现远距离的遥控操作与控制。由于泥水盾构的排渣过程始终在密封状态下进行，故施工现场与沿途隧道十分干净而不受土渣污染。

泥水盾构由于受切削刀盘和泥水室泥浆的阻隔，不能直接观察到开挖面的工作情况，对开挖面的处理和故障的排除都十分困难。泥水盾构必须有配套泥水分离设备才能使用，而泥水分离设备结构复杂，规模较大，尤其在黏土层中进行开挖时，泥水分离更加困难。庞大的泥水处理设备占地面积亦较大，不宜用于市内建筑物稠密区。泥水盾构在目前各类盾构中是结构最为复杂的，也是价格最贵的一种机械。

10)泥水盾构工法的优缺点

(1)优点

①对地层的扰动小、沉降小

由于泥水盾构利用泥水压对抗掘削地层的地下水压、土压,同时泥水渗入地层形成不透水的泥膜,所以掘削土体对地层的扰动小,故地表沉降小。另需要化学注浆加固的部位的注入量小,有利于成本降低及减少环境污染。

②适于高地下水压,江底、河底、海底隧道施工

在上述场合下,泥水盾构可选用面板型刀盘,所以增加了掘削的稳定性,加上泥水压的对抗地下水压的作用,故掘削的稳定性最可靠。

③适于大直径化

由于泥水渗入地层的浸泡作用,致使掘削地层多少有些松软,故盾构的刀盘掘削扭矩变小,所以在同样扭矩驱动设备的情形下,泥水盾构的直径可以做得大。目前最大直径的盾构(直径为14~15m)均为泥水盾构,已有直径15.2m的泥水盾构通过黄浦江的施工实例问世。

④适于高速化施工

除组装管片期间停止掘进外,其他工序均可连续施工。

⑤适用的土质范围

适用的土质范围为软黏性土层、滞水细砂层、砂砾层、漂砾层、固结淤泥层及含甲烷气体的特殊地层等。最适于在洪积层砂性土中掘进。

⑥掘进中盾构机体的摆动小

由于泥水的浸泡作用,地层对刀盘的掘削阻力减小,故盾构机的水平、竖直摆动小。

(2)缺点

①成本高

由于设置泥水管理系统、泥水处理系统,致使工序、设备复杂、成本高。

②排土效率低

由于通过泥水运出掘削土砂,故出土效率不高。

③地表施工占地面积大并影响交通和市容

由于泥水配制系统、泥水处理(3次处理)系统的存在,致使地表占地面积大增。有时受施工现场条件限制,无法满足其占地需求。因征地费用大,同时又影响交通、市容。

④不适于在硬黏土层中掘进

在黏度大的硬黏土层中掘进时,易出现黏土黏附面板、槽口及出土管道,致使刀盘空转、槽口及出土管道堵塞,导致地层隆起、沉降。

⑤不适于在松散卵石层中掘进

对松散的卵石层(孔隙率大、孔隙有效直径大)而言,因无法形成泥膜,泥水损失量大,致使泥水压低且不稳定,即掘削面不稳定。

4. 土压盾构

前面讲到的泥水盾构要求必须设置泥水和土砂分离处理系统。该系统的设备复杂,造价高,使用时占地面积大,对都市施工的狭窄场地而言,不但成本高而且往往因占地面积问题,很难解决。为降低成本,简化施工设备,所以现在又推出了用掘削土体稳定掘削面的土压平衡盾构工法。

1)土压盾构掘削面的稳定

（1）原理

土压平衡盾构是在总结泥水加压盾构和其他类型盾构优缺点的基础上发展起来的一种新型盾构，在结构和原理上与泥水加压盾构有很多相似之处。两者的差异是保持密封土仓内的承压介质不同。泥水盾构对应的介质为泥水；土压盾构对应的介质为泥土。但是稳定掘削面的基本原理是一致的。

隧道为掘削作业，如果从地层内的应力关系看，其工作原理相当于卸载。因此，从力学观点讲，要想使掘削面稳定，必须施加相当于卸载的土压与水压（以下称泥土压）。图52-20和图52-21分别为工作原理和盾构机构造示意图。

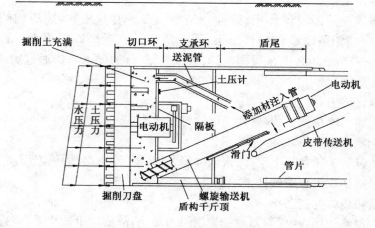

图52-20　土压盾构原理图

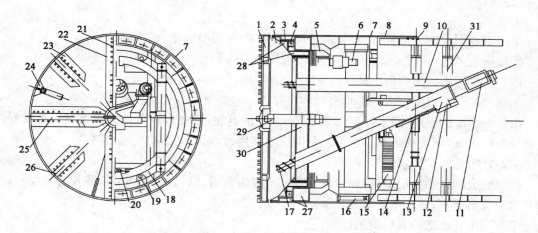

图52-21　土压盾构构造示意图

1-切削刀盘；2-泥土仓；3-密封装置；4-支承轴承；5-驱动齿轮；6-液压马达；7-注浆管；8-盾壳；9-盾尾密封装置；10-小螺旋输送机；11-大螺旋输送机驱动液压马达；12-排土闸门；13-大螺旋输送机门；14-闸门滑阀；15-拼装机构；16-盾构千斤顶门；17-大螺旋输送机叶轮轴；18-拼装机转盘；19-支承滚轮；20-举升臂；21-切削刀；22-主刀槽；23-副刀槽；24-超挖刀；25-主刀梁；26-副刀梁；27-固定鼓；28-转鼓；29-中心轴；30-隔板；31-真圆保持器

土压盾构属封闭式盾构。在盾构推进时，其前端刀盘旋转掘削地层、土体，掘削下来的土体涌入土仓。当掘削土体充满土仓时，由于盾构的推进作用，致使掘削土体即对掘削面加压。

若该加压压力(削土土压)与掘削地层的土压＋水压相等,且随后若能维持螺旋输送机的排土量与刀盘的掘土量相等,把这种稳定的出土状态称为掘削面平衡,即稳定。要想维持排土量与掘土量相等,掘削土必须具备一定的流塑性和抗渗性。有些地层的掘削土仅靠自身的塑流性和抗渗性,即可满足掘削面稳定的要求。这种利用掘削土稳定掘削面的盾构称为削土盾构。此外,多数地层土体的塑流性、抗渗性无法满足稳定掘削面的要求,为此需混入提高流塑性和抗渗性的添加材,实现稳定掘削面的目的。通常把注入添加材的掘削土(称为泥土)盾构称为泥土盾构。削土盾构和泥土盾构通称为土压盾构,两者的区别是前者不用添加材,后者使用添加材。

土压盾构掘削面稳定的必要条件如下:

①泥土压必须可以对抗掘削面上地层的土压和水压。

②必须可以利用螺旋输送机等排土机构,调节排土量。

③对必须混入添加材的土质而言,注入的添加材必须可使泥土(混入添加材的掘削土)的塑流性和抗渗性提高到满足掘面稳定要求的水准。

(2)泥土压的设定

泥土压的设定方法与泥水盾构的泥水压的设定方法相同,见式(52-7)的叙述。

(3)泥土的功能和特性

①泥土的作用

a. 具有一定的塑流性,可以确保排土顺畅,进而保证掘削面稳定。

b. 全部泥土构成不渗水层,以防止地下水从排土口喷出。

c. 防止掘削面坍塌。

②泥土特性

泥土的密度高于泥水,最重要的特性当属其塑流性,当泥土塑流性差时,应混入添加材使其具备满足要求的塑流性。

③砂层地层的泥土特性

就砂质地层而言,掘削土不仅流动性差,而且渗水性也大。所以必须确保止水性。特别是细粒含有率低于30%时,渗水倾向严重,在制订施工计划时就应考虑注入添加材。

④黏性地层的泥土特性

黏性地层中,掘削土比原地层的强度低,多数情况下呈现较好的塑流性,但是,在砂含有率高的地层和洪积层中,因含水率低塑流性差,故土仓内易发生泥土黏附,此时,必须注入添加材(含水)提高其塑流性。

此外,一般在黏性地层中,因渗水性差,故不存在地下水从螺旋输送机喷出的问题。

(4)确认掘削面稳定的方法

土压盾构中,掘削面的状态无法直接目视。所以必须确认设定泥土压和泥土性状的稳妥性。目前作为确认掘削面状态的方法,只可利用下列测量数据进行核对。

①掘土量(体积、质量)。

②盾构荷载(推力、掘削扭矩、螺旋输送机等)。

③地层变形量。

④掘削面坍塌探查数据。

⑤背后注入管理数据。

这些参数中的①、②可以伴随盾构的掘进作实时管理,但是可以作定量判断的参数只有①,故管理以①为主。

2)掘削面稳定系统

(1)系统的构成

土压盾构的系统概况如图 52-22 所示。

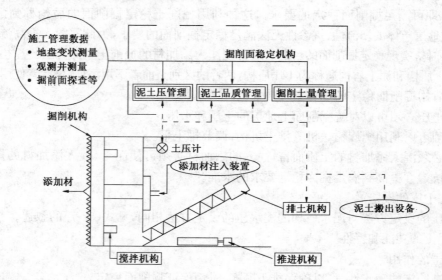

图 52-22 土压盾构系统概况

从设备方面看,与稳定掘削面有直接关系的机构,有掘削、推进机械,添加材注入装置,搅拌机构和排土机构 4 种。而且只有当这些机构均正常工作时,方可确保掘削面稳定。

(2)掘削推进机构

土压盾构的掘削刀盘有面板型和辐条型两种。从稳定掘削面方面看,选择面板型刀盘较为有利,这是因为面板有挡土和搅拌掘削土的功效。另外,掘削槽口可以限制砾径。此外,对拆除障碍物、道具更换等作业来说,面板型也比辐条型有利。

就辐条型刀盘而言,因掘削土的取入容易,故土仓易被充满。掘削面上的土压、水压和土仓内设置的土压计的检测值的差距小;掘削土在土仓内不易被压密,故黏附现象少;刀盘切削扭矩也小。这样,当地层中混有巨砾时,巨砾就无法通过螺旋输送机,存在必须拆除障碍物的麻烦。

(3)稳定掘削面施工管理

稳定掘削面的施工管理程序如图 52-23 所示。管理重点应以泥土压管理、泥土塑流性管理及掘土量管理为中心。

3)泥土压的管理

土压盾构中的泥土压控制系统如图 52-24 所示。为了确保掘削面的稳定,必须保持仓内压力适当。一般来说,压力不足易使掘削面坍塌;压力过大易出现地层隆起和发生地下水喷射现象。

(1)泥土压指示调节装置

土压盾构中的泥土压的调节方法有以下几种:

①调节螺旋输送机的转数。

②调节盾构千斤顶的推进速度。

③两者组合控制。

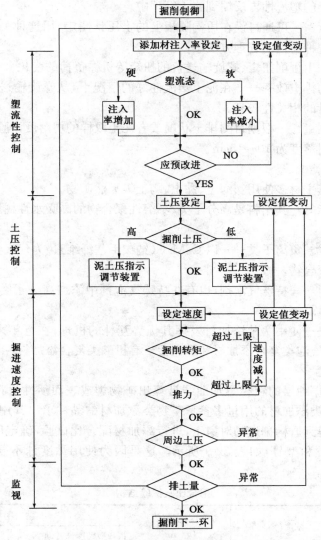

图 52-23　土压盾构掘进管理程序

（2）掘削面的压力管理

泥土压由式（52-4）计算，但是准确地设定该公式中的土压较难。从理论上讲取静止土压最为理想，但对于产生松弛现象的地层而言，上述管理压力显得过大，致使设备效率太差。为此，在多数情况下，采用充分讨论地层条件确定的上、下限值（例如：上限值取静止土压；下限值取主动土压值）并在该范围内设定管理压力。不过在这种场合下，还应根据掘土量和地层变形的数据综合考虑对管理土压力值作适当的增减。

4）泥土的质量管理

（1）塑流性管理

泥土塑流性的管理最为关键，要从盾构掘进的有关

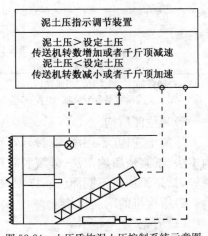

图 52-24　土压盾构泥土压控制系统示意图

数据连续地掌握泥土的塑流性再反馈到施工管理中。

①土仓内的土压——可通过设在盾构隔板上的土压计测定，用这种关注土压力的变化来判断塑流性方法是一种简洁的管理方法。

②盾构负荷——由掘削扭矩、螺旋输送机的扭矩等机械负荷的变化来判断泥土的塑流性。

③螺旋输送机的排土效率——在泥土塑流性好的情况下，从螺旋输送机的转数算出的排土量与计算掘削土量的相关性较高。

④排土性状的测量——根据目测排土状况或者泥土取样的坍落度试验可以判定泥土的塑流性。砂质土中的坍落度为 10～15cm。

（2）添加材的种类

①矿物类——其主材多使用膨润土、黏土、陶土等天然矿物。

②高吸水性树脂——其用料是高分子类、不溶性聚合物的高吸水性树脂（可吸收自重几百倍水的胶状材料）。

③纤维类、多糖类、负离子类——以 C. M. C（钠羧甲基纤维素）为代表，是水中溶解的黏稠性高分子类水溶性聚合物。

④表面活性材料——特殊气泡剂，也有在特殊气泡剂中添加高分子类水溶性聚合物的气泡添加剂。

⑤复合添加材——使用两种添加材发挥其优势互补的机理，在近年来使用的例子很多。此外，还有膨润土＋气泡类复合添加材和膨润土＋有机酸类复合添加材。

（3）添加材的用量

开工前，一般根据地层的粒径累加曲线计算出矿物类或表面活性材料添加材的使用量。另外，水溶性高分子类添加材的用量多参考矿物类添加材的黏性求出其用量。但工程开工后就可从竖井构筑中得到盾构掘进的对象土，进行添加材配合比试验，确定用量。另外，必须注明使用黏度计的种类和型号，如表 52-9 所示。这是因为使用黏度计不同，泥土的黏度值也不同。

配合比及试验结构 表 52-9

配合比序号	浓度(%)	密度(实测值)(g/cm³)	黏　度　(cp)	
			B 型黏度计转动-No. 4	黏度计转动-No. 1
1	75	1.371	27 500	5 200
2	80	1.381	49 100	9 000
3	85	1.398	62 000	15 000
4	90	1.410	88 400	2 400

注：1. 增黏剂(C. M. C)0.5%添加。
　　2. 上表摘自本书参考文献[89]。

5）其他泥盾构

除削土盾构（不用添加材）外，尚有下列泥土盾构（使用添加材）如：加泥盾构工法、气泡盾构工法、纸浆渣盾构工法、硅溶胶盾构工法、注浆栓盾构工法、树脂盾构工法及复合土压盾构工法等，只是添加材不同而已。详细内容可参阅本书参考文献[89]，在此不再一一介绍了。

6）盾构机的附属机构

（1）盾壳

土压盾构的盾壳结构同泥水盾构。

（2）开挖机构

开挖机构由切削刀盘、泥土仓、切削刀盘支承系统、切削刀盘驱动系统等部分组成。除泥土仓不同于泥水室外，其余基本上同泥水盾构。

土压盾构的泥土仓是由刀盘、转鼓、中间隔板所围成的空间，转鼓呈内锥形，前端与切削刀盘外缘连成一体，后端与中间隔板相配合。泥土仓与开挖面之间的唯一通道是刀槽，其余处于完全封闭状态。

土压盾构的刀盘支承系统，如图 52-19c）所示的混合支承式，既有周边支承，也有中心支承，这是大型土压盾构常用的刀盘支承形式。

（3）推进机构、拼装机构、真圆保持器

土压盾构的推进机构、拼装机构及真圆保持器同手工挖掘式盾构。

（4）排土机构

土压盾构的排土机构由大螺旋输送机、小螺旋输送机、排土闸门、闸门滑阀、驱动马达等组成。

排土闸门是土压盾构的关键部位，常用的排土闸门形式如图 52-25 所示。

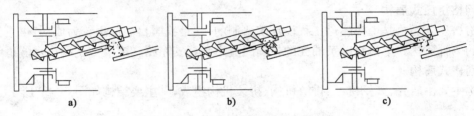

图 52-25　排土阀门形式

a）活瓣式；b）回转叶轮式；c）阀门式

（5）附属机构

土压盾构的附属机构由操作控制设备、动力变电设备、后续台车设备等组成。在操作控制设备中，土压盾构的土压管理主要是通过电子计算机将安装于盾构有关重要部位的土压计信号收集并综合处理，进行自动调节控制。或者发出信号，指示出有关数据进行人工调节控制。

土压盾构的工作过程为：开启液压马达，驱动转鼓带动切削刀盘旋转，同时开启盾构千斤顶，将盾构向前推进。土渣被切下并顺着刀槽进入泥土仓。随着盾构千斤顶的不断推进，切削刀盘不断地旋转切削，经刀槽进入泥土仓的土渣不断增多。这时开启螺旋输送机，调整闸门，使土渣充满螺旋输送机。当泥土仓与螺旋输送机中的土渣积累到一定数量时，开挖面被切下的土渣经刀槽进入泥土仓内的阻力加大，当这个阻力足以抵抗土层的土压力和地下水的水压力时，开挖面就能保持相对稳定而不致坍塌。这时，只要保持从螺旋输送机与泥土仓中输送出去的土渣量与切削下来流入泥土仓中的土渣量相平衡，开挖工作就能顺利进行。

土压盾构能适应较大的土质范围与地质条件，能用于黏结性、非黏结性、甚至含有石块、砂砾石层、有水与无水等多种复杂的土层中。土压盾构无泥水处理设备，施工速度较高，比泥水加压盾构价格低廉，能获得较小的沉降量，也可实现自动控制与远距离遥控操作。

7）土压盾构工法的优缺点

（1）优点

①出土效率高

因排出的是泥土，故排土效率比泥水盾构工法高。

②成本低

因土压盾构工法不必像泥水盾构工法那样设置泥水处理系统,所以设备少,现场所占用的地面面积小,因此比泥水盾构工法的成本低。

③适用地层范围广

目前土压盾构工法几乎对所有地层都能适用,特别是大砾石、含砾率高、高水压的地层,采用其他盾构均失效,唯有硅溶胶等泥土盾构可以胜任。

(2)缺点

①地层沉降大,与泥水盾构工法相比,土压盾构工法对周围地层的扰动大,故地层隆起、沉降均较泥水盾构工法略大。随着近几年来监测技术的进步,沉降量控制几毫米的工程实例也不少。

②盾构的直径不能过大。

③土压盾构由于有隔板将开挖面封闭,不能直接观察到开挖面变化情况,开挖面的处理和故障排除较为困难。切削刀头、刀盘盘面磨损较大,刀头寿命比泥水加压盾构短,要求刀头的耐磨性高。

5. 网格挤压式盾构

网格挤压式盾构是上海隧道工程设计院研制的,它是我国目前使用较为成功,也是使用数量最多的一种盾构。上海穿越黄浦江的打浦路隧道和延安东路隧道及宝钢的排水隧道等均采用这种网格式盾构。

盾构主要由盾壳、开挖机械、排渣机构、拼装机构组成,其主要结构如图 52-26 所示。

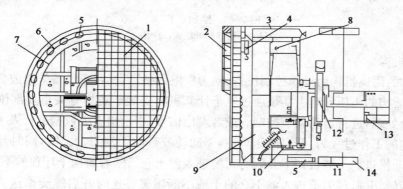

图 52-26　网格式挤压盾构

1-网格;2-网格胸板;3-盾壳;4-闸门千斤顶;5-盾构千斤顶;6-竖梁;7-横梁;8-水枪;9-密封隔仓;10-泥浆系统;11-盾尾密封;12-管片拼装机;13-操纵台;14-衬砌管片

网格挤压式盾构除某些个别结构与形式不同于前述几种盾构的结构形式外,其余大同小异。其中开挖机构较为独特,在它的切口环内设置了网格加胸板。网格由网格板和大梁组成。网格板可随意拆装组合,改变开口大小。胸板装在网格大梁上,分大小两种。大胸板设有可随意开闭的液压闸门。小胸板可随意拆装,供观察与进入开挖面之用。

在切口环与支承环之间设有隔仓板,使切口环成为泥水室,高压水枪就装在隔仓板上并渗入泥水室中。工人可在隔仓板后操作,将进入泥水室中的泥块冲成泥浆。拼装机构为中心固定的框架支承式,与齿轮齿条式相似。由提升、平移、回转三套机构组成。整个拼装机构装在盾构中心的固定框架上,由液压马达驱动进行回转。

网格挤压式盾构在稳定的软土地层中掘进时,一般采取大网格推进,以开口挤压为主。这

702

时网格板及网格大梁直接插入土中,土体即通过网格孔被挤入盾构内。同时也可改变网格板开孔大小,以适应不同土质的需要。只有在推进阻力较大时,才用高压水枪冲刷网格边缘,减少推进阻力。挤入泥水室中的泥块在高压水枪的冲刷下变成泥浆,并由泥浆泵经管道输送至地面的泥水处理设备,进行泥水分离。

网格挤压式盾构进行闭胸挤压开挖时,首先在网格大梁上装上大小胸板,通过调节液压闸门的开度大小,放进部分泥土,减小推进阻力,或者根本不进土,将盾构前方的泥土挤向盾构上方或盾构的四周。闭胸挤压开挖会引起地层隆起,必须有选择地使用。

由于网格式挤压盾构的网格板与胸板可以随意拆装,如果改变板孔口的大小,就会增大网格挤压式盾构的使用范围,它可以敞胸式施工、闭胸式施工,也可以半挤压施工或全挤压施工。

网格式盾构还能根据土质与施工条件的不同,进行相应的措施与结构转换。例如在出渣方式上,可以随开挖方式的改变而变化。既可采用泥浆输送出渣,也可以使用皮带输送机和斗车装运。

网格挤压式盾构结构简单,施工速度较快,但地表沉降与隆起较大,因此,施工时,与其他类型盾构相比,需要更加精心地操作与管理。

6. 插刀式盾构

插刀式盾构是结构较为特殊的一种盾构形式,其盾壳是由许多能够活动的插刀组成,这些插刀可以组合成不同的断面形状和尺寸。插刀盾构推进时是用设在插刀和支承框架之间的液压千斤顶将插刀以单插刀或成组插刀的方式进行,当所有插刀都推进了一个行程时,将所有千斤顶收缩,把支承框架向前拖动。插刀推进和拖动支承框架的力是由盾构插刀与围岩间的摩擦力来平衡,故它不需要管片环为支承后座。

插刀式盾构可自由选择衬砌类型,它既可采用预制管片,也可采用喷射混凝土支护,还可采用现浇泵送混凝土衬砌。如图 52-27 所示的用于泵送混凝土衬砌的插刀式盾构是一

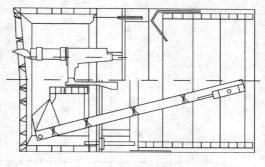

图 52-27　用于泵送混凝土插刀式盾构

个带有后续盾构的组合插刀盾构,其插刀尾板搁置在后续盾构上,后续盾构有一盾尾壳,用液压千斤顶与插刀盾构相联结,用伸缩式挖掘机挖土。

使用插刀式盾构不需在终点设置拆装竖井,这种盾构可以将框架部分和插刀收折起来,从已衬砌好的隧道内退出。由于插刀式盾构是敞口的,所以它适用于开挖面稳定的土层中施工。

四、盾构机的应用选型

1. 盾构选型的根据

选择盾构机时,应根据工程的经济、安全和可靠的施工方法综合考虑。盾构机选型的根据,按其重要性分列如下:

(1)工程地质与水文地质条件有:

①隧道沿线地层围岩分类、各类围岩的工程特性、不良地质现象和地层中含沼气状况。

②地下水位,穿越透水层和含水砂砾透镜体的水压力、围岩的渗透系数以及地层在动水压力作用下的流动性。

表 52-10

不同盾构施工法比较

项目 \ 盾构施工法	全敞开式			部分敞开式		封闭式		
						土压式		
	人工掘削式盾构机	半机械掘削式盾构机	机械掘削式盾构机	挤压盾构机	泥水式盾构机	土压式盾构机	泥土加压式盾构机	
弯曲段施工	采用中间转弯机构进行急弯段施工	有中间转弯机构可进行急弯段施工	同半机械式	可以改变人工式曲率半径大小	有中间转弯机构，可进行急弯段施工	同泥水式	同泥水式	
辅助施工法	为了稳定开挖面，采用降水法、压气法等辅助施工法	同人工式	同人工式	为了防止地基沉降，采用地基改良施工法，并设置挡土墙	对坍塌性细砂、砂砾等必须进行地基改良	为改善开挖特性，对砂层等必须采用地基改良施工法	不特别需求	
挡土装置	挡土墙+千斤顶	挡土墙+千斤顶	刀盘	隔墙	刀盘+千斤顶	刀盘+千斤顶	泥土压	
开挖方法	人工开挖	铁锹+旋转刀盘+人工	全断面旋转刀盘	由排土口取人	全断面旋转刀盘	全断面旋转刀盘	全断面旋转刀盘	
洞内出渣方式	皮带运输机加钢车	同人工式	同人工式	同人工式	流体输送	螺旋输送机+钢车或皮带输送机+压送泵	同土压式盾构机	
残土处理	一般土处理方法	同人工式	同人工式	同人工式	根据性状进行废物处理	必须进行软弱土固结处理	同土压式盾构	
变换施工方法	人工式→挤压式	撤去挖掘机不困难	变换施工方法困难	挤压式→人工式	变成开敞式有困难	同泥水式	同泥水式	
开挖面管理	可以支挡开挖面	不能支挡整个开挖面	不能支挡开挖面	通过调整推力和推口率进行管理	靠泥水压等用挡土墙开挖面进行设定值管理	用室内土压支挡用土压量管理	用室内泥土压支挡开挖面，以土压和排土量管理	

项目	全敞开式			部分敞开式		封闭式	
						土压式	
	人工掘削式盾构机	半机械掘削式盾构机	机械掘削式盾构机	挤压式盾构机	泥水式盾构机	土压式盾构机	泥土加压式盾构机
对土质变化的适应性	可以适应土质变化	由于土质变化，有时不能使用挖掘机	由于土质变化，不能使用挖掘机	由于土质变化，不能使用该施工法	难以适应松散的砂、砂砾层	同泥水式	通过调整制泥剂浓度和使用量可以适应
障碍物的处理	可用肉眼观察开挖面，容易处理	同人工式	可用肉眼观察开挖面，稍难处理	同机械式	不能用肉眼观察开挖面，处理困难	同泥水式	同泥水式
盾构机故障	故障少容易检修	同人工式	故障引起的影响大	同人工式	同机械式	同机械式	同机械式
施工性 始发基地	一般	一般	一般	一般	大	一般	一般
施工性 作业环境与安全	依靠人工作业，作业环境差	由于是机械开挖，开挖面稳定	同半机械式	由于不需要人开挖，安全	不需要人工作业，作业环境良好	同泥水式	同泥水式
施工性 周围环境	需对空压机的噪声及出渣车采取措施		同人工式	同人工式	必须对泥浆处理设备的噪声、振动和出渣车采取措施，且如何保护施工地也是问题	必须对出渣车采取措施	必须对出渣车采取措施
施工性 工期	由于施工技术进步小使进度变化小	施工进度介于人工式和封闭式之间，必须与挖掘机相适应	如果土层合适，与封闭式盾构机进度相同	同机械式	如果后方处理设备充足，进度更快，但设备故障影响很大	采用土砂压送泵，进度快	采用土砂压送泵，进度快

注：本表取自张凤祥、朱合华、傅德明编著《盾构隧道》，2004年9月由人民交通出版社出版。

盾构施工工法与使用土质、辅助施工法的关系

表 52-11

地质分类	土质	N值	含水率(%)	人工掘削式盾构机 辅助施工法 无	有	种类	半机械式盾构机 辅助施工法 无	有	种类	机械式盾构机 辅助施工法 无	有	种类	挤压式盾构机 辅助施工法 无	有	种类	泥土式盾构机 辅助施工法 无	有	种类	土压式盾构机 辅助施工法 无	有	种类	泥土加压式盾构机 辅助施工法 无	有	种类
冲积黏土	腐殖质土	0	300以上	×	×	—	×	×	—	×	×	—	×	×	—	○	△	—	×	△	A	×	△	A
	粉砂、黏土	0~2	100~300	×	△	A	×	×	—	×	×	—	×	—	—	○	—	—	○	—	—	○	—	—
	砂质粉砂土	0~5	80以上	×	△	A	×	×	—	×	×	—	×	—	—	○	—	—	○	—	—	○	—	—
	砂质粉砂黏土	5~10	50以上	△	△	A	×	△	A	△	○	A	△	△	—	○	○	—	○	—	—	○	—	—
洪积黏土	壤土、黏土	10~20	50以上	○	○	A	△	△	A	△	—	—	×	×	—	○	—	—	△	△	△	○	—	—
	砂质壤土、黏土	15~25	50以上	○	—	—	×	—	—	○	—	—	×	×	—	○	—	—	△	△	△	○	—	—
	砂质壤土、黏土	20以上	20以上	△	—	—	—	—	—	○	—	—	×	×	—	—	—	—	△	△	△	—	—	—
软岩	土丹、泥岩	50以上	20以下	×	—	—	—	—	—	○	○	A	×	×	—	○	—	—	—	△	A	○	—	—
砂质土	含粉砂、黏土的砂	10~15	20以下	△	○	A	×	○	A	△	△	A·B	△	—	—	△	△	A	△	△	A	○	—	—
	松散砂	10~30	20以下	×	△	A·B	×	△	A·B	×	○	A·B	×	—	—	○	△	A	△	△	A	○	—	—
	压实砂	30以上	20以下	△	△	A·B	△	△	A·B	△	△	A·B	×	—	—	—	—	—	△	△	A	○	—	—
砂砾	松散砂砾	10~40		×	△	A·B	×	△	A·B	×	×	A·B	×	—	—	○	△	A	△	△	A	○	—	—
	固结砂砾	40以上		△	△	A·B	△	△	A·B	×	×	A·B	×	—	—	—	—	—	△	△	A	○	—	—
卵石	含卵石砂砾			×	△	A·B	×	△	A·B	×	×	A·B	×	—	—	△	△	A	△	△	A	○	—	—
	卵石层			×	△	A·B	×	△	A·B	×	×	A·B	×	—	—	△	△	A	△	△	A	△	—	—

注：1. 手掘式盾构机、半机械式盾构机、密封式盾构机，原则上采用压气施工方法。

2. 无代表不采用辅助施工法；有代表采用辅助施工法。

3. ○代表原则上符合条件；△代表应用时需进行研究；×代表原则上不符合条件；—代表特别不宜使用。

4. A代表注浆法；B代表降水法。

表 52-12

盾构选型地质参数

地质条件		黏 性 土					粉 性 土			砂 性 土		
盾构类型	土类别／土壤名称	硬塑性黏土	可塑性黏土	软塑性黏土	流塑性黏土	淤泥	黏质粉土	砂质粉土	粉砂	细砂	中粗砂	砾石
主要土壤系数	N	18~35	4~7	2~4	0~2	0	0~5	5~10	5~15	15~30	40~60	40~60
	k(cm/s)	$<10^{-7}$	$<10^{-7}$	$<10^{-6}$	$<10^{-6}$	$<10^{-7}$	$<10^{-5}$	$<10^{-4}$	$<10^{-4}$	$<10^{-3}$	$<10^{-3}$	$<10^{-2}$
	w(%)	20~30	30~35	35~40	40~45	>50	<50	<50	<50	<50	<50	<50
手掘式盾构 辅助工法			A	A	A	A	A	A	A	BC	BC	BC
手掘式盾构 沉降程度		S	S-M	M	M-L	L	M	M	M	M	M	M
网格盾构 辅助工法			A	A	A	A	A	A	A	A	A	
网格盾构 沉降程度		S	S-M	S-M	M(M-L)	L	M	M	M	M	M	
机械化盾构 辅助工法			A	A	A	A·B	A	A	A·B	B·C	B·C	B·C
机械化盾构 沉降程度		S	S-M	M	L	L	M	M	M-L	L(M)	L(M)	M
土压平衡盾构 辅助工法								B	B	B	B	B
土压平衡盾构 沉降程度		S	S	S	S	S-M	S-M	S-M	M-L	M	M	M
泥水盾构 辅助工法										B	B	B
泥水盾构 沉降程度		S	S	S	S	S(S-M)	S-M(S)	S	S	S	S	S

注:1. 还有一种闭胸式盾构,只适用于淤泥地层。

2. 沉降程度空白的方格表示不适用。如网格盾构不适用于粉砂地质。

3. 拓号表示有地下水情况下的沉降程度。

4. 辅助方法:A 为气压法;B 为降低地下水位法;C 为加固法。

5. 沉降程度(盾构直径为 6m,附图埋厚 6m 情况):最大沉降量 $L>15$cm,M 为最大沉降量,3cm$<M<15$cm,最大沉降量 $S<3$cm。

6. N 为标贯数;k 为渗透系数;w 为含水率。

7. 本表取自陈庆国、沈焕生发表的论文《盾构、顶管掘进机型选型辅助系统》。

（2）地层的参数有：

①表示地层固有特性的参数：颗粒级配、最大土粒粒径，液限 w_L、塑限 w_p、塑性指数 I_p（$I_p = w_L - w_p$）。

②表示地层状态的参数：含水率 w、饱和度 S_r、液性指数 I_L（$I_L = \dfrac{w - w_p}{I_p}$）、孔隙比 e、渗透系统 k、湿土重度 γ_e。

③表示地层强度和变形特性的参数：不排水抗剪强度 S_u、黏结力 c、内摩擦角 φ、标准贯入度 N、压缩系数 α、压缩模量 E_s；对于岩层则有：无侧限抗压强度 σ_c、RQD 值等。

（3）地面环境、地面和地下建（构）筑物对地面沉降的敏感度。

（4）隧道尺寸：长度、直径、永久衬砌的厚度。

（5）工期。

（6）造价。

2. 盾构选型的方法

从上述盾构选型的根据来看项目很多，且相互联系，因此很难找到一个简单的选型方法和程序，只能在综合分析比较的基础上，从技术角度来探讨最适宜的盾构形式，最终的选择仍取决于经济和企业的施工能力。表 52-10 总结了各类盾构的适用范围。各种盾构机对不同土质的适用性汇总见表 52-11。表 52-12 给出了控制地面沉降的不同要求和不同地质条件对盾构选型的大致参考意见。土层颗粒曲线与盾构机适用范围如图 52-28 和表 52-13 所示。

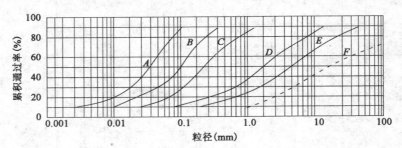

图 52-28　土层颗粒曲线

土层颗粒曲线与盾构机适用范围　　　　　　　　　　　　　　表 52-13

颗粒曲线类型	密闭式盾构机			备　　注
	泥浆式	土压式	泥土加压式	
A	△ 经济性差	○ $N<2$		
B	△ 经济性差	○		
C	● 经济性差	△	●	
D	● 经济性差	× 需加泥	○	化学灌注
E	○ 最大碎石 150mm	×	△ 截水措施	化学灌注
F	△ 碎石机	×	△ 截水防磨措施	化学灌注
1.2cm	2.5cm	1.2cm	2cm	0.8cm

注：●很好；○好；△不太好；×差。

各种盾构施工法、施工特性的比较结果列于表 52-10。

五、盾构尺寸、质量与千斤顶推力的确定

在盾构设计时，盾构几何尺寸的选定及盾构千斤顶推力等要通过计算确定。盾构几何尺寸的选定主要是指盾构外径 D 和盾构本体长度 L_M、盾构灵敏度 L_M/D 等，现在分述如下：

1. 盾构外径 D

盾构外径应根据管片外径、盾尾空隙和盾尾板厚度进行计算确定，如图 52-29 所示，盾构外径 D 值可按式（52-17）计算：

$$D = D_0 + 2(x + t) \tag{52-17}$$

式中：D_0——管片外径（m）；

　　t——盾尾钢板厚度（mm），该厚度应能保证盾尾在荷载作用下不致发生明显变形，通常按经验公式或参照已有盾构尾板厚选用，经验公式：$t = 0.02 + 0.01(D - 4)$，当盾构外径 $D < 4$m 时，上式中第二项为零；

　　x——盾尾空隙，按以下因素确定：盾构在曲线上施工和蛇行修正时，必须有最小的富余量，可参照图 52-30，按式（52-18）计算。

$$x = \delta/2 = R_1(1 - \cos\beta)/2 \approx L_M^2/[4(R - D_0/2)] \tag{52-18}$$

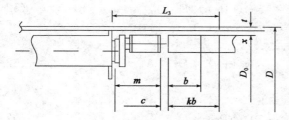

图 52-29　盾构外径和盾尾长度计算

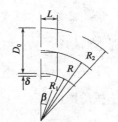

图 52-30　在曲线上施工
时的盾尾空隙

2. 盾构长度 L

盾构长度如图 52-31 所示 L 值，此 L 长度为盾构前端至后端的最大距离，即盾构长度 L 等于前檐、切口环、支承环和盾尾长度的总和，其中，盾构本体长度 L_M 按式（52-19）计算。

$$L_M = L_1 + L_2 + L_3 \tag{52-19}$$

式中：L_1——盾构切口环长，对人工掘削式盾构，$L_1 = m_1 + m_2$，其中，m_1 为盾构前檐长度，在盾构插入松软土层后，前檐长度 m_1 能使地层保持自然坡度角 45°，$m_1 = 300 \sim$ 500mm，视盾构直径 D 值大小而定；m_2 为开挖所需长度，当为人工开挖时，其最大值为 $m_2 = D\tan\varphi$ 或 $m_2 < 2$m，当为机械开挖时，m_2 范围内应能容纳开挖机具等；

　　L_2——盾构支承环长度，包括盾构千斤顶长度，并与预制管片宽度 b 有关，$L_2 = b + (200 \sim 300\text{mm})$，其中，$200 \sim 300$mm 为便于维修千斤顶的富余量；

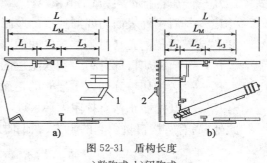

图 52-31　盾构长度
a)敞胸式；b)闭胸式
1-方平台；2-切削刀盘

L_3——盾构的盾尾长度（图 52-29），取 $L_3 = kb + m + c$，其中，k 为盾尾遮盖衬砌长度系数，为 1.5～2.5；m 为盾构千斤顶尾座长度；c 为富余量，取 80～200mm，选取时应考虑穿纵向螺栓及环面清理工作的方便。

3. 盾构灵敏度 L_M/D

通常把 $L_M/D(=\xi)$ 记作盾构机的灵敏度。ξ 越小，操作越方便。大直径盾构 $D \geqslant 6m$ 时，取 $\xi = 0.7$～0.8（多取 0.75）；中直径盾构（$3.5m \leqslant D \leqslant 6m$）时，取 $\xi = 0.8$～1.2（多取 1.0）；小直径盾构（$D \leqslant 3.5m$）时，取 $\xi = 1.2$～1.5（多取 1.5）。

4. 盾构机的质量

盾构机的质量是盾构机的躯体、各种千斤顶、举重臂、掘削机械和动力单元等质量的总和。另外，重心位置也极为重要，因为它直接影响盾构机的运转特性。盾构机的解体、运输、运入竖井等作业也应予以重视。有人对盾构机的自重力（W）与直径（D）的关系作了统计调查，得出的大致规律如下。

对人工掘削盾构（或半机械盾构）：

$$W \geqslant (25 \sim 40)(kPa) \times D^2 \tag{52-20}$$

对机械掘削盾构：

$$W \geqslant (45 \sim 55)(kPa) \times D^2 \tag{52-21}$$

对泥水盾构：

$$W \geqslant (45 \sim 65)(kPa) \times D^2 \tag{52-22}$$

对土压盾构：

$$W \geqslant (55 \sim 70)(kPa) \times D^2 \tag{52-23}$$

5. 盾构千斤顶推力计算

盾构千斤顶应有足够多推力克服盾构推进时所遇到的阻力。下面介绍过去和现在的几种盾构阻力的计算方法。

1）人工掘削式盾构推进的全阻力

人工掘削式盾构推进的全阻力 $\sum F$ 可按下列公式进行计算：

$$\sum F = F_1 + F_2 + F_3 + F_4 + F_5 + \cdots\cdots \tag{52-24}$$

式中：$\sum F$——盾构推进阻力总和（kN）；

$\quad F_1$——盾构外表面与四周地层的摩阻力（kN），按式（52-25）计算；

$\quad F_2$——盾尾内壳与衬砌结构之间的摩阻力（kN），按式（52-26）计算；

$\quad F_3$——盾构切口部分刃口切入土层的阻力（kN），按式（52-27）计算；

$\quad F_4$——盾构切口环切入土层时的正面阻力（kN），按式（52-28）计算；

$\quad F_5$——开挖面正面支撑阻力（kN）。

此外，尚有盾构自重引起的阻力、纠偏时的阻力以及阻力板阻力等。

$$F_1 = M_1[2(P_V + P_H)LDW] \tag{52-25}$$

$$F_2 = 3M_2W_S \tag{52-26}$$

$$F_3 = \pi DB_S P_V \tan\varphi \tag{52-27}$$

$$F_4 = \frac{\pi}{4}(D^2 - D_0^2)P'_H \tag{52-28}$$

$$F_5 = 0.3P_F \tag{52-29}$$

式中：D——盾构外径(m)；

D_0——切口环内径(m)；

L——盾构全长(m)；

W——盾构总重(kN)；

W_S——一环管片重量(kN)；

B_S——一环管片长度(m)；

P_V——垂直土压力(即覆盖土的压力)(t/m²)，$P_V = \gamma H$(H 为覆土厚度)；

P_H——水平主动土压力，$P_H = \gamma H \tan^2(45° - \varphi/2)$(kPa)；

P'_H——水平被动土压力，$P'_H = \gamma H \tan^2(45° + \varphi/2)$(kPa)；

P_F——正面支撑总支撑力(t/m²)；

φ——土的内摩擦角(°)。

2)一般盾构推进的全阻力

一般盾构推进的全阻力$\sum F$可按下列公式进行计算：

$$\sum F = F_1 + F_2 + F_3 + F_4 + F_5 + F_6 + \cdots\cdots \tag{52-30}$$

式中：$\sum F$——盾构推进阻力总和(kN)；

F_1——盾构四周与地层间的摩阻力(kN)，按式(52-31)或式(52-32)计算；

F_2——盾构切口环刃刀切入土层的贯入阻力(kN)，按式(52-33)计算；

F_3——开挖面正面阻力(kN)，按式(52-34)计算，分别有如下两种：采用人工开挖、半机械开挖，盾构对工作面支撑阻力(kN)，采用机械化开挖时，作用在切削刀盘上的推进阻力(kN)；

F_4——在曲线段施工，盾构蛇行修正施工变向阻力(kN)，按式(52-35)计算；

F_5——盾尾内壳与衬砌之间的摩阻力(kN)；

F_6——盾构后面台车的牵引阻力(kN)。

此外尚有盾构自重引起的摩阻力、纠偏时的阻力、局部气压或泥水压力以及阻力板的阻力等。

$$F_1 = \mu_1(\pi DL_M P_M + G) \text{(砂性土)} \tag{52-31}$$

$$F_1 = c\pi DL_M \text{(黏性土)} \tag{52-32}$$

$$F_2 = utK_p P_m \tag{52-33}$$

$$F_3 = 0.25\pi D^2 P_f \tag{52-34}$$

$$F_4 = RS \tag{52-35}$$

$$F_5 = \mu_2 G_2 \tag{52-36}$$

$$F_6 = \mu_3 G_3 \text{(在隧道纵坡段应考虑纵坡度的影响)} \tag{52-37}$$

式中：μ_1——钢盾壳与土层之间的摩擦因数，一般取 0.4；

μ_2——盾构尾板与混凝土衬砌间的摩擦因数，一般取 0.5；

D——盾构外径(m)；

L_M——盾构本体长度(m)；

G_2——一个衬砌环的重量(kN)；

P_M——作用在盾构上的平均土压力(kPa)；

P_f——作用在盾构正面隔板上的土压力和泥浆压力，开挖面正面阻力(kPa)；

c——土的黏结力(kPa)；

K_p——水平被动土压力系数，$K_p = \tan^2\left(45° + \dfrac{\varphi}{2}\right)$；

R——地层土抗力(kPa)；

u——开挖面周长(m)；

t——切口环刃口贯入深度(m)；

S——阻力板在推进方向的投影面积(m^2)。

据日本对盾构顶力的统计资料，总顶力按断面(开挖面)面积计，以 $700 \sim 10\,000$kPa($70 \sim 100$t/m^2)居多，而超过 1500kPa(150t/m^2)或不足 100kPa(10t/m^2)的极少数。因此，盾构千斤顶总推力也可按经验公式(52-38)计算：

$$F = pA \approx (700 \sim 1\,000)\pi D^2/4 \tag{52-38}$$

式中：p——单位面积工作面总推力：当为人工开挖盾构和半机械化开挖、机械化开挖盾构时，取 $700 \sim 1\,000$kPa；当为闭胸式盾构、泥土加压式盾构和土压平衡式盾构时，取 $1\,000 \sim 1\,300$kPa；

A——开挖面正面盾构的工作面面积(m^2)；

关于盾构千斤顶，其台数与盾构断面大小有关，一般小断面盾构采用 $20 \sim 30$ 台千斤顶，而大断面盾构采用 $30 \sim 50$ 台。每台千斤顶推力：小断面盾构为 $600 \sim 1\,500$kN；大断面盾构为 $2\,000 \sim 4\,000$kN。(盾构千斤顶支座一般采用铰接形式与千斤顶端部连接，能使千斤顶推力均匀分布在衬砌端面上，在曲线段施工时，铰接支座尤其适用)。

3)盾构推进的全阻力新型计算方法

以往盾构机的设计推力、装备推力的估算公式中的一些参数，如摩阻因数的取值范围为 $0.15 \sim 0.8$，选取该范围内的任何一个值都是可以的，即缺乏取值的理论依据，故估算误差较大，导致估算结果的置信度低。鉴于这种情况，人们在设计时多采用与盾构机外径 D_e 有关的经验公式估算装备总推力。同样由于公式的单位掘削面积上的推力 P_j 的取值范围为 $700 \sim 1\,300$kPa，所以，有时因 P_j 取值过小，致使可以在软土(粉砂、黏土……)中顺利推进的盾构机在稍硬一点的土层中无法推进，致使工程停工的例子时有发生；相反，因 P_j 取值过大，造成盾构机机身加重，给运输、安装带来不便，进而致使造价大幅度提高的事例也屡见不鲜，故本节将重点叙述近年来推出的设计推力、装备推力的计算方法。

(1)设计推力

根据地层和盾构机的形状尺寸参数，按式(51-23)计算出的推力，称为设计推力 F_d，即：

$$F_d = F_1 + F_2 + F_3 + F_4 + F_5 + F_6 \tag{52-39}$$

式中：F_d——设计推力(kN)；

F_1——盾构外壳与周围地层的摩阻力(kN)；

F_2——盾构机推进时的正面推进阻力(kN)；

F_3——管片与盾尾间的摩阻力(kN)；

F_4——盾构机切口环贯入地层时的阻力(kN)；

F_5——变向阻力(kN)；

F_6——后接台车的牵引阻力(kN)。

①现用盾构外壳的地层摩阻力 F_1 的计算

F_1 的计算方法,目前多采用图 52-32 的模型。并按纯砂质土(即土体内聚力 $c=0$)和纯黏土(即土体内摩擦角 $\varphi=0$)两种极端情况作了推导,得出的计算公式如下：

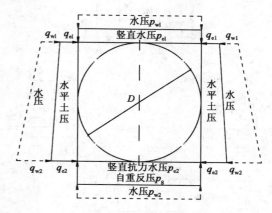

图 52-32　作用于盾构外围的土压和水压

a. 对砂质土而言,F_1 值按式(52-40)计算：

$$F_1 = 0.25\pi D_e L(2p_e + q_{e1} + q_{e2})\mu_1 + \mu_1 W$$
$$= 0.25\pi D_e(2p_e + q_{e1} + q_{e2} + p_g)\mu_1 \tag{52-40}$$

式中：D_e——盾构机外径(m)；

　L——盾构机的长度(m)；

　p_e——竖直土压(kPa)；

　q_{e1}——盾构顶部水平土压(kPa)；

　q_{e2}——盾构底部水平土压(kPa)；

　μ_1——地层与外壳的摩擦因数；

　W——盾构机的重力(kN)；

　p_g——$p_g = 4W/\pi D_e L$,为地层对盾构机自重抗力的反压(kPa)。

b. 对黏土而言,F_1 值按式(52-41)计算：

$$F_1 = \pi D_e L c \tag{52-41}$$

这种计算方法的缺点是：

(a)实际上 $c=0$、$\varphi\neq0$ 及 $\varphi=0$、$c\neq0$ 的土体是不存在的。换句话说,以上一些公式对那些 $c\neq0$、$\varphi\neq0$ 的土体而言,无法适用。

(b)式(52-40)和式(52-41)是在假定整个掘削地层为一种土质的情形下推导出来的。实际上在大断面的情形下,很可能出现存在 2 种、3 种土质的情形,这时式(52-40)和式(52-41)已失去适用性。

(c)式(52-40)中的 μ_1,有人按 $\mu_1=\tan\varphi$ 计算；有人按 $\mu_1=\frac{1}{2}\tan\varphi$ 计算；有人凭经验选取,将其值定在 $0.15\sim0.8$。这些都说明目前 μ_1 的确定方法较为混乱,缺乏理论依据,且取值范围太宽,计算结果差异过大,导致置信度低。

鉴于上述原因,有人认为应寻求一种与 c、φ 参数都有关的计算 F_1 的公式。下面就从库伦定律出发推导估算 F_1 的计算公式。

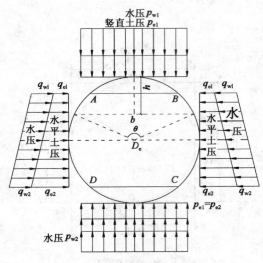

图 52-33　土压模型及计算示意图

②新型计算方法

盾构横断面上作用土压的模型如图 52-33 所示。通常可以认定作用在盾构外壳整个上顶部位（对应 AB 弧段）弧长为 1/4 圆周长 $\left(即 \dfrac{\pi R}{2}\right)$ 区域内的径向土压（即竖直土压）均为 p_e，则 p_e 按式（52-42）计算：

$$p_e = \sum_{i=1}^{n} \gamma_i H_i \qquad (52\text{-}42)$$

式中：n——地表至盾构外壳上顶区域内的不同浮重度的土层的层数；

γ_i——i 层的浮重度（kN/m³）；

H_i——i 层的厚重（m）。

显然，盾构外壳底部 $\dfrac{1}{4}$ 圆周弧段 $\left(弧长\dfrac{\pi R}{2}\right)$ 内的地层的反压强度也为 p_e。设盾构的自重力 W 在外壳底部产生的作用反力强度 p_g，则 p_g 按式（52-43）计算：

$$p_g = 2W/\pi RL \qquad (52\text{-}43)$$

设两侧面（即 BC 弧段、AD 弧段）的水平作用土压的平均强度为 q_e，则 q_e 按式（52-44）计算：

$$q_e = K_0\left[p_e + \sum_{j=1}^{m} \gamma'_j h_j/2\right] = K_0\left[\sum_{i=1}^{n} \gamma_i H_i + \frac{1}{2}\sum_{j=1}^{m} \gamma'_j h_j\right] \qquad (52\text{-}44)$$

式中：m——盾构断面区域内不同重度地层的层数；

γ'_j——j 层的土体浮重度（kN/m³）；

h_j——j 层的土层的厚度（m）；

K_0——静止土压系数，通常取 $K_0 = 0.5$。

因盾构的外壳是光滑的，故盾构推进时，作用在盾构外壳上 j 层土体的摩阻力强度 f_j，则 f_j 按式（52-45）计算：

$$f_j = \frac{1}{2}(c_j + P_0 \tan\varphi_j) \qquad (52\text{-}45)$$

式中：c_j——j 层的土体的黏聚力强度（kPa）；

φ_j——j 层的土体的内摩擦角（°）；

P_0——作用在圆形盾构外壳上的法向（径向）静止土压强度（kPa）；

式中，P_0 因弧段所处位置的不同而不同。对上顶部（AB 弧段）而言，$P_0 = p_e$；对下底部（CD 弧段）而言，$P_0 = p_e + p_g$；对两侧面而言，$P_0 = q_e$。由式（52-45）还可以看出，f_j 不仅与弧段所处的位置有关，还与土层的层次、土体参数 c_j、φ_j 有关。

综上所述，显然可得盾构推进时作用在盾构机外壳上的土体摩阻力 F_1，按式（52-46）计算：

$$F_1 = F_a + 2F_S + F_b$$

$$= \sum_{j=1}^{a} f_{ja} S_{ja} + 2\sum_{j=a+1}^{b} f_{jS} S_{jS} + \sum_{j=b+1}^{m} f_{jb} S_{jb} \qquad (52\text{-}46)$$

式中：F_a——盾构外壳与上顶部（AB弧段）土体的总摩阻力（kN）；

F_b——盾构外壳与底部（CD弧段）土体的总摩阻力（kN）；

F_S——盾构外壳与侧面（BC弧段或DA弧段）土体的总摩阻力（kN）；

f_{ja}——顶部j层土体的摩阻力强度（kPa）；

f_{jS}——侧面j层土体的摩阻力强度（kPa）；

f_{jb}——底部j层土体的摩阻力强度（kPa）；

S_{ja}——顶部外壳（对应AB弧段）的面积（m²）；

S_{jS}——侧面外壳对应BC弧段（或CDA弧段）的面积（m²）；

S_{jb}——底部外壳（CD弧段）的面积（m²）。

上式中：$a \geqslant 1$；$b \geqslant a+1$；$m \geqslant b+1$。a为上顶部对应的土层数，侧部对应的土层数为（$b-a-1$），底部对应的土层数为（$m-b-1$）。a和（$a+1$）层、b和（$b+1$）层均可为同一层土体。

下面我们以整个掘削断面为一种土质、二种土质和多层土质为例，导出其具体估算方法和公式。

a. 一种土质的情形

对于这种情形来说，可以看成是式（52-46）中的$a=1$、$b=2$、$m=3$，且a层、b层及m层均为同一土层，也就是说，同一土层在计算中分为三段的情形。另外，此时式（52-46）中：

$$S_{ja} = S_{jS} = S_{jS} = \frac{1}{2}\pi RL$$

$$f_{ja} = \frac{1}{2}\left[c_1 + (\tan\varphi_1)\sum_{i=1}^{n}\gamma_i H_i \right]$$

$$f_{jb} = \frac{1}{2}\left[c_1 + (\tan\varphi_1)(\sum_{i=1}^{n}\gamma_i H_i + 2W/\pi RL) \right]$$

$$f_{jS} = \frac{1}{2}\left[c_1 + (\tan\varphi_1)K_0(\sum_{i=1}^{n}\gamma_i H_i + \gamma_1' R) \right]$$

所以

$$
\begin{aligned}
F_a = f_{ja}S_{ja} &= \frac{1}{2}\left[c_1 + (\tan\varphi_1)\sum_{i=1}^{n}\gamma_i H_i \right]\frac{1}{2}\pi RL \\
&= \frac{1}{4}\pi RLc_1 + \frac{1}{4}\pi RL(\tan\varphi_1)\sum_{i=1}^{n}\gamma_i H_i
\end{aligned}
\tag{52-47}
$$

$$
\begin{aligned}
F_b = f_{jb}S_{jb} &= \frac{1}{2}\left[c_1 + (\tan\varphi_1)(\sum_{i=1}^{n}\gamma_i H_i + 2W/\pi RL) \right]\frac{1}{2}\pi RL \\
&= \frac{1}{4}\pi RLc_1 + \frac{1}{4}\pi RL(\tan\varphi_1)\sum_{i=1}^{n}\gamma_i H_i + \frac{1}{2}W(\tan\varphi_1)
\end{aligned}
\tag{52-48}
$$

$$
\begin{aligned}
2F_S = 2f_{jS}S_{jS} &= 2 \times \frac{1}{2}\left[c_1 + K_0(\tan\varphi_1)(\sum_{i=1}^{n}\gamma_i H_i + \gamma_1' R) \right]\frac{1}{2}\pi RL \\
&= \frac{1}{4}\pi RLc_1 + \frac{1}{2}\pi K_0 RL(\tan\varphi_1)\sum_{i=1}^{n}\gamma_i H_i + \frac{1}{2}\pi K_0 R^2 L(\tan\varphi_1)\gamma_1'
\end{aligned}
\tag{52-49}
$$

则：

$$
\begin{aligned}
F_1 &= \pi c_1 RL + \frac{1}{2}\pi RL(\tan\varphi_1)\sum_{i=1}^{n}\gamma_i H_i + \frac{1}{2}\pi RLK_0(\tan\varphi_1)\sum_{i=1}^{n}\gamma_i H_i + \\
&\quad W\tan\varphi_1 + \frac{1}{2}K_0 R^2 L\gamma_1'\tan\varphi_1
\end{aligned}
\tag{52-50}
$$

由式（52-50）可以明显地看出，F_1不仅与盾构机的大小（半径R、长度L）、重力W有关，还

与土层的内聚力 c、内摩擦角 φ，侧面土层的静止土压系数 K_0 及覆盖土的重度、厚度有关。显然式(52-50)全面、系统、定量地反映了推进摩阻力 F_1 与土体参数(c、φ、K_0、γ_i、H_i)和盾构机参数(R、L、W)的关系。

b. 两种土质的情形

(a) $h_1 < \left(1-\dfrac{\sqrt{2}}{2}\right)R$ 的情形

由图可知，弓形的高就是第一层土体的厚度 h_1，故弦长 b_1：

$$b_1 = 2[h_1(2R-h_1)]^{1/2} \qquad \text{(m)} \tag{52-51}$$

圆周角 θ_1：

$$\theta_1 = 4\arctan(2h_1/b_1) < 90° \tag{52-52}$$

所以弧长 l_1：

$$l_1 = \frac{\pi R\theta_1}{180°} \tag{52-53}$$

可以证明：

$$F_{上} = F'_{上} + F''_{上}$$

$$= c_1\pi RL\left(\frac{\theta_1}{360}\right) + c_2\pi RL\left(\frac{1}{4}-\frac{\theta_1}{360}\right) + \pi RL(\tan\varphi_1)$$

$$\left(\frac{\theta_1}{360}\right)\sum_{i=1}^{n}\gamma_i H_i + \pi RL(\tan\varphi_2)\left(\frac{1}{4}-\frac{\theta_1}{360}\right)\sum_{i=1}^{n}\gamma_i H_i \tag{52-54}$$

$$F_{下} = \frac{1}{4}c_2\pi RL + \frac{1}{4}\pi RL(\tan\varphi_2)\sum_{i=1}^{n}\gamma_i H_i + W\tan\varphi_2 \tag{52-55}$$

$$F_{侧} = \frac{1}{2}c_2\pi RL + \frac{1}{2}\pi K_0 RL(\tan\varphi_2)\{\sum_{i=1}^{n}\gamma_i H_i + [\gamma'_1 h_1 + \gamma'_2(2R-h_1)]/2\} \tag{52-56}$$

式中：γ'_1、γ'_2——分别为断面上第一、二层土体的浮重度。

$$F_1 = \left(\frac{\theta_1}{360}\right)\pi c_1 RL + \left(1-\frac{\theta_1}{360}\right)\pi c_2 RL + \left(\frac{\theta_1}{360}\right)\pi RL(\tan\varphi_1)\sum_{i=1}^{n}\gamma_i H_i +$$

$$\left(\frac{1}{2}-\frac{\theta_1}{360}\right)\pi RL(\tan\varphi_2)\sum_{i=1}^{n}\gamma_i H_i + W\tan\varphi_2 +$$

$$\frac{1}{2}\pi K_0 RL(\tan\varphi_2)\{\sum_{i=1}^{n}\gamma_i H_i + [\gamma'_1 h_1 + \gamma'_2(2R-h_1)]/2\} \tag{52-57}$$

(b) $h_1 = \left(1-\dfrac{\sqrt{2}}{2}\right)R$ 的情形

对于这种情形而言，$\theta_1 = 90°$，

$$F_1 = \frac{1}{4}\pi c_1 RL + \frac{1}{4}\pi c_1 RL(\tan\varphi_1)\sum_{i=1}^{n}\gamma_i H_i + \frac{3}{4}c_2\pi RL +$$

$$\frac{1}{4}\pi RL(\tan\varphi_2)\sum_{i=1}^{n}\gamma_i H_i + W\tan\varphi_2 + \frac{1}{2}\pi K_0 RL(\tan\varphi_2)$$

$$\{\sum_{i=1}^{n}\gamma_i H_i + [\gamma'_1 h_1 + \gamma'_2(2R-h_1)]/2\} \tag{52-58}$$

(c) $\left(1-\dfrac{\sqrt{2}}{2}\right)R < h_1 < R$ 的情形

在这种情形下，$90° < \theta_1 < 180°$，

$$F_{上} = \frac{\pi}{4}c_1 RL + \frac{\pi}{4}RL(\tan\varphi_1)\sum_{i=1}^{n}\gamma_i H_i$$

$$F_{下} = \frac{1}{4}c_2\pi RL + \frac{1}{4}\pi RL(\tan\varphi_2)\sum_{i=1}^{n}\gamma_i H_i + W\tan\varphi_2$$

两侧面上部对应的弧长为 $l'_1 = \pi R\left(\frac{\theta_1}{180} - \frac{1}{2}\right)$，所以：

$$F'_{侧} = c_2\pi RL\left(\frac{\theta_1}{360} - \frac{1}{4}\right) + \left(\frac{\theta_1}{360} - \frac{1}{4}\right)\pi K_0 RL(\tan\varphi_1)\left\{\sum_{i=1}^{n}\gamma_i H_i + [\gamma'_1 h_1 + \gamma'_2(2R-h_1)]/2\right\}$$

两侧面下部的弧长为 $l''_1 = \pi R\left(\frac{3}{2} - \frac{\theta_1}{180}\right)$，所以：

$$F''_{侧} = \left(\frac{3}{4} - \frac{\theta_1}{360}\right)c_2\pi RL + \left(\frac{3}{4} - \frac{\theta_1}{360}\right)\pi K_0 RL(\tan\varphi_2)\left\{\sum_{i=1}^{n}\gamma_i H_i + [\gamma'_1 h_1 + \gamma'_2(2R-h_1)]/2\right\}$$

故：

$$F_1 = \frac{\theta_1}{360}\pi c_1 RL + \frac{1}{4}\pi RL(\tan\varphi_1)\sum_{i=1}^{n}\gamma_i H_i + \left(1 - \frac{\theta_2}{360}\right)c_2\pi RL +$$

$$\frac{1}{4}\pi RL(\tan\varphi_2)\sum_{i=1}^{n}\gamma_i H_i + W\tan\varphi_2 +$$

$$\left(\frac{\theta_1}{360} - \frac{1}{4}\right)K_0\pi RL(\tan\varphi_1)\left\{\sum_{i=1}^{n}\gamma_i H_i + [\gamma'_1 h_1 + \gamma'_2(2R-h_1)]/2\right\} +$$

$$\left(\frac{3}{4} - \frac{\theta_1}{360}\right)K_0\pi RL(\tan\varphi_2)\left\{\sum_{i=1}^{n}\gamma_i H_i + [\gamma'_1 h_1 + \gamma'_2(2R-h_1)]/2\right\} \tag{52-59}$$

(d) $h_1 = R$ 的情形

对于这种情形而言，$\theta_1 = 180°$，

$$F_1 = \frac{1}{2}\pi c_1 RL + \frac{1}{4}\pi RL(\tan\varphi_1)\sum_{i=1}^{n}\gamma_i H_i + \frac{1}{2}c_2\pi RL +$$

$$\frac{1}{4}\pi RL(\tan\varphi_2)\sum_{i=1}^{n}\gamma_i H_i + W\tan\varphi_2 +$$

$$\frac{1}{4}K_0\pi RL(\tan\varphi_1)\left\{\sum_{i=1}^{n}\gamma_i H_i + [\gamma'_1 h_1 + \gamma'_2(2R-h_1)]/2\right\} +$$

$$\frac{1}{4}K_0\pi RL(\tan\varphi_2)\left\{\sum_{i=1}^{n}\gamma_i H_i + [\gamma'_1 h_1 + \gamma'_2(2R-h_1)]/2\right\} \tag{52-60}$$

(e) $R < h_1 < \left(1 + \frac{\sqrt{2}}{2}\right)R$ 的情形

实际上，这种情形是 $\left(1 - \frac{\sqrt{2}}{2}\right)R < h_2 < R$ 的情形，对应的 θ_2、b_2 为：

$$\theta_2 = 4\arctan\left(\frac{2h_2}{b_2}\right), 90° < \theta_2 < 180°$$

$$b_2 = 2[h_2(2R-h_2)]^{1/2} \quad (m)$$

所以：

$$F_1 = \frac{\theta_2}{360}\pi c_2 RL + \frac{1}{4}\pi RL(\tan\varphi_2)\sum_{i=1}^{n}\gamma_i H_i + \left(1 - \frac{\theta_2}{360}\right)c_1\pi RL +$$

$$\frac{1}{4}\pi RL(\tan\varphi_1)\sum_{i=1}^{n}\gamma_i H_i + W\tan\varphi_2 +$$

$$\left(\frac{\theta_2}{360} - \frac{1}{4}\right)K_0\pi RL(\tan\varphi_2)\left\{\sum_{i=1}^{n}\gamma_i H_i + [\gamma'_1 h_1 + \gamma'_2(2R-h_1)]/2\right\} +$$

$$\left(\frac{3}{4} - \frac{\theta_2}{360}\right)K_0\pi RL(\tan\varphi_1)\left\{\sum_{i=1}^{n}\gamma_i H_i + [\gamma'_1 h_1 + \gamma'_2(2R-h_1)]/2\right\} \tag{52-61}$$

（f）$h_1 = \left(1 + \frac{\sqrt{2}}{2}\right)R$ 的情形

实际上，这种情况是 $h_2 = \left(1 - \frac{\sqrt{2}}{2}\right)R$ 的情形，即 $\theta_2 = 90°$，所以：

$$F_1 = \frac{1}{4}\pi c_2 RL + \frac{1}{4}\pi RL (\tan\varphi_2)\sum_{i=1}^{n}\gamma_i H_i + \frac{3}{4}c_2\pi RL +$$

$$\frac{1}{4}\pi RL (\tan\varphi_1)\sum_{i=1}^{n}\gamma_i H_i + W\tan\varphi_2$$

$$\frac{1}{2}K_0\pi RL (\tan\varphi_2)\{\sum_{i=1}^{n}\gamma_i H_i + [\gamma_1' h_1 + \gamma_2'(2R - h_1)]/2\} \quad (52\text{-}62)$$

（g）$h_1 > \left(1 + \frac{\sqrt{2}}{2}\right)R$ 的情形

实际上，这种情况是 $h_2 < \left(1 - \frac{\sqrt{2}}{2}\right)R$ 的情形，即 $\theta_2 < 90°$，所以：

$$F_1 = \frac{\theta_2}{360}\pi c_2 RL + \left(1 - \frac{\theta_2}{360}\right)c_1\pi RL + \left(\frac{\theta_2}{360}\right)\pi RL (\tan\varphi_2)\sum_{i=1}^{n}\gamma_i H_i +$$

$$\left(\frac{1}{2} - \frac{\theta_2}{360}\right)\pi RL (\tan\varphi_1)\sum_{i=1}^{n}\gamma_i H_i + W\tan\varphi_1 +$$

$$\frac{1}{2}K_0\pi RL (\tan\varphi_1)\{\sum_{i=1}^{n}\gamma_i H_i + [\gamma_1' h_1 + \gamma_2'(2R - h_1)]/2\} \quad (52\text{-}63)$$

c. 多层土质时，F_1 的估算方法

当断面上存在多层土质时，F_1 的估算较为烦琐。但是只要确切地测出断面上土层层厚的分布状况，均可较准确地进行估算。具体估算顺序如下：

（a）由式（52-42）和式（52-44）分别求出 P_e、q_e。

（b）根据层厚 h_j，由式（52-51）、式（52-52）和式（52-53）分别求出对应的弓形的弦长 b_j、圆周角 θ_j 及弧长 l_j，并在圆形断面上确定弧的相应位置，进而求出相应的外壳上的面积 S_{ja}、S_{jS}、S_{jb}［即弧长 l_j（m）乘以盾构机长 L（m）］。

（c）由式（52-64）和式（52-66）求出 P_e、q_e，并由 a 中公式分别求出 f_{ja}、f_{jS}、f_{jb}。

（d）将 S_{ja}、S_{jS}、S_{jb}、f_{ja}、f_{jS}、f_{jb} 代入式（52-46），分别求出 F_a、F_S、F_b，进而求出 F_1。

d. 小结

我们观察本节给出的盾构外壳与地层间摩阻力的计算公式（52-46）、式（52-50）、式（52-57）～式（52-63），不难发现，这些公式与以往的计算公式的最大不同点是理论依据充分，全面系统地表征了盾构外壳与地层间的摩阻力 F_1 与覆盖层的层别，厚度及地下水位，与盾构机的尺寸（外径、机长）及外壳表面的光滑程度，与盾构穿越土层的层别、厚度、重度、内聚力及内摩擦角等参数间的定量关系。这些都说明这种计算方法更具合理性、准确性。

③盾构正面推进阻力 F_2 的计算

a. 对泥水盾构而言，F_2 值按式（52-64）计算：

$$F_2 = \frac{1}{4}\pi D_i^2 (q_e + p_w + \alpha) = \frac{1}{4}\pi D_i^2 q_e + \frac{1}{4}\pi D_i^2 (p_w + \alpha) = F_{2\text{-}1} + F_{2\text{-}2} \quad (52\text{-}64)$$

式中：q_e——掘削土压（kPa），用式（52-44）计算；

p_w——地下水压（kPa）；

D_i——盾构机内径（m）；

α——防坍压力,取 50kPa;

$F_{2\text{-}1}$——$F_{2\text{-}1} = \dfrac{1}{4}\pi D_i^2 q_e$,为掘削水压(即作用在刀盘面板上的土压)决定的推进阻力(kN);

$F_{2\text{-}2}$——$F_{2\text{-}2} = \dfrac{1}{4}\pi D_i^2 (p_w + \alpha)$,为泥水压决定的推进阻力(kN)。

b. 对土压盾构而言,F_2 值按式(52-65)计算:

$$F_2 = \frac{1}{4}\pi D_i^2 p_S \tag{52-65}$$

式中:p_S——设计掘削土压(kPa)。

④管片与盾尾间摩阻力 F_3 的计算

管片与盾尾间摩阻力 F_3 按式(52-66)计算:

$$F_3 = n_1 W_S \mu_2 + \pi D_0 b p_T n_2 \mu_2 \tag{52-66}$$

式中:n_1——盾尾内的管环数;

W_S——一节管环的自重(kN);

D_0——管片外径(m);

b——盾尾封刷与管环的接触长度(m);

p_T——盾尾封刷的压强(kPa);

n_2——盾尾封刷的层数;

μ_2——盾尾封刷与管环的摩擦因数,取 $0.3\sim0.5$。

⑤切口环贯入地层的阻力 F_4 的计算

对砂土地层而言,F_4 值按(52-67)计算:

$$F_4 = \pi(D^2 - D_i^2)q_4 + \pi D Z K_p P_v \tag{52-67}$$

式中:q_4——切口环插入处的地层的反压强度(kPa);

Z——切口环插入地层的深度(m);

K_p——被动土压系数;

P_v——作用在切口环外侧的平均土压(kPa);

D——盾构机外径(m);

D_i——盾构机内径(m)。

对黏土地层而言,F_4 值按(52-68)计算:

$$F_4 = \pi(D^2 - D_i^2)q_4 + \pi D Z c \tag{52-68}$$

式中:c——黏土地层中土体的黏聚力(kPa)。

⑥变向阻力 F_5 的计算

变向阻力 F_5 值按(52-69)计算:

$$F_5 = RS' \tag{52-69}$$

式中:R——抗力土压(kPa);

S'——抗力板在掘进方向上的投影面积(m^2)。

F_5 仅在曲线施工中或者盾构机推进中出现摆动时存在。

⑦后接台车牵引阻力 F_6 的计算

后接台车牵引阻力 F_6 值按(52-70)计算:

$$F_6 = W_6 \mu_6 \tag{52-70}$$

式中:W_6——后接台车的自重(kN);

μ_6——后接台车与其运行轨道的摩擦因数。

以上对决定设计推力 $F_1 \sim F_6$ 分别作了讨论,给出了它们的计算公式。从大量的实际计算结果发现,在一般情况下,无论是砂层还是黏土层,均存在:

$$(F_1 + F_2)/F_d = 95\% \sim 99\%\qquad(52\text{-}71)$$

这就是说,F_3、F_4、F_5、F_6 的贡献极小。因此,有人干脆用 $F_1 + F_2$ 定义推力。

(2)装备推力

①由设计推力确定装备推力

盾构机的装备推力可在考虑设计推力和安全系数 A 的基础上,按式(52-72)计算:

$$F_e = AF_d\qquad(52\text{-}72)$$

式中:F_e——装备推力(kN);

$\quad A$——安全系数,取 $A = 3 \sim 4$;

$\quad F_d$——设计推力(kN)。

除了盾构掘进口碰上障碍物或盾构机因其他事故而长时间地下搁置后的重新启动两种情形外,对通常的土质变化等因素导致的推力起伏来说,取 $A = 3 \sim 4$ 已经足够。若把 A 取得过大,显然会使千斤顶等设备的规格升级,致使成本上升。所以通常把式中的 A 定为 4。

②西林状态推力确定法

a. 平均推力的数值分布规律。

西林等人把刀盘正面推进阻力 F_2 和盾构外壳与周围地层的摩阻力 F_1 的和定义为平均推力 F_n,即:

$$F_n = F_1 + F_2\qquad(52\text{-}73)$$

F_1 按式(52-40)计算,认定其中的摩擦因数 $\mu_1 = \frac{1}{2}\tan\varphi$。

$$F_2 = q_e + p_f\qquad(52\text{-}74)$$

式中:q_e——掘削面的静止土压(kPa),又称掘削土压,可按式(52-44)计算;

$\quad p_f$——掘削泥水压(kPa),按式(52-75)计算。

$$p_f = 地下水压 + \alpha\qquad(52\text{-}75)$$

这里把 $F_1 + q_e$ 定义为有效平均推力,并用 F_m 表示。即:

$$F_m = F_1 + q\qquad(52\text{-}76)$$

西林等人对实际测得到的东京地铁南北线谷町 CI 区直线段大直径(10m)泥水盾构的有效平均推力和扭矩的概率密度分布曲线进行了研究(图 52-34 和图 52-35)。结果发现该曲线基本上符合正态分布概律。这种正态分布倾向在其他盾构推进工程中也有所呈现。

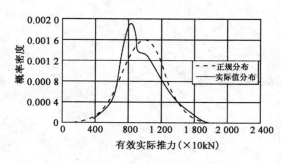

图 52-34　有效实际推力分布图

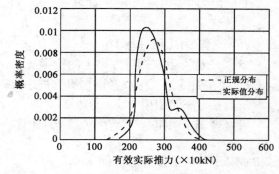

图 52-35　实际扭矩分布图

从统计学的知识可知,当某一变量的数值分布符合正态分布时,该变量的数值在其平均值± 3倍的标准偏差的区间内的覆盖率为 99.7%。

b. 最大平均推力。

因为平均推力符合正态分布,故平均推力的最大值,即最大平均推力 $F_{\max}$ 可按式(51-77)计算:

$$F_{\max} = F_m + p_f + 3\sigma_F = F_n + 3\sigma_F = F_n(1 + 3\sigma_F') \tag{52-77}$$

式中:σ_F——F_m 的标准偏差,也就是 F_n 的标准偏差;

σ_F'——相对偏差,按式(52-78)求取。

$$\sigma_F' = \sigma_F / F_n \tag{52-78}$$

显然,若知道了 σ_F 或 σ_F',即可求出 $F_{\max}$。

西林等人用表 52-14 的实测数据,找出了 F_m 与 σ_F 的关系(图 52-36),即:

$$\sigma_F = 0.12 F_m + 928 (\text{kN}) \tag{52-79}$$

F_m 和 T_m 实测数据表　　　　　　　　　　　　表 52-14

类型		直线施工区间			曲线施工区间			$F_m(\times 10\text{kN})$		$T_m(\times 10\text{kN·m})$	
			地盘	N值		地盘	N值	曲线半径	直线施工区间	曲线施工区间	直线施工区间	曲线施工区间
$\phi 10\text{m}$ 盾构机	A 工区	486~578	$T_{o\text{-}s}$	30	299~486	$T_{o\text{-}s}$	35	703m	1 041	1 366	336	333
	B 工区	113~214	$T_{o\text{-}s}$	30	—			—	1476	—	125	
	C 工区	365~505	$T_{o\text{-}s}$ $T_{o\text{-}c}$ $T_{o\text{-}g}$	30	158~282	$T_{o\text{-}s}$	40	270m	991	1 115	281	232
	D 工区	725~833	$E_{d\text{-}s}$	50	456~564	$E_{d\text{-}s}$	50	203m	3 107	2 962	228	247
	E 工区	355~555	$E_{d\text{-}s}$	50	638~707	$E_{d\text{-}s}$	45	503m	1 389	1 256	180	158
	F 工区	147~241	$E_{d\text{-}s}$	45	242~420	$E_{d\text{-}s}$	45	403m	702	1 412	215	285
	H 工区	—			250~350	$T_{o\text{-}c}$ $T_{o\text{-}g}$	35	304m	—	2 449	—	187
	I 工区	104~192	$T_{o\text{-}c}$	20	193~300	$T_{o\text{-}c}$	15	1 000m	2 162	2 527	303	374
$\phi 6.75\text{m}$ 盾构机	J 工区	—			829~935	$E_{d\text{-}s}$	—	207m	—	698	—	118
	K 工区	655~754	$E_{d\text{-}s}$		—				789	—	142	—
	L 工区	282~353	$K_{a\text{-}c}$ $K_{a\text{-}s}$		354~440	$K_{a\text{-}c}$ $K_{a\text{-}s}$		201m	831	575	198	133
		601~781	$T_{o\text{-}s}$						559		100	

由式(52-79)不难看出,若知道 F_m 即可由式(52-79)求出 σ_F,进而由式(52-77)求出 $F_{\max}$。另外,通常 $\sigma_F' \leqslant 0.3$,所以 $F_m \leqslant 2F_n$。

c. 装备推力 F_e 按式(52-80)计算。

$$F_e = A F_{\max} \tag{52-80}$$

式中:A——安全系数,通常取 $A = 2$。

则:

$$F_e = 2 F_{\max} \tag{52-81}$$

③装备推力经验估算法

盾构机的装备推力 F_e 除了可按式(52-72)或式(52-81)计算外,还可以按下面的经验公式估算,即:

$$F_e = 0.25\pi D_e^2 p_J \tag{52-82}$$

式中:p_J——单位掘削断面上的经验推力,p_J 的取值范围为 $700 \sim 1\,300\,\mathrm{kPa}$。

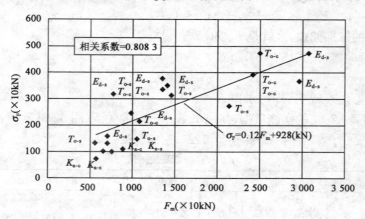

图 52-36　σ_F 与 F_m 的关系

④三种装备推力估算方法的对比

目前多数人在确定推力时,选用式(52-82),并把 p_J 的值定在上限 $1\,300\,\mathrm{kPa}$ 附近。这样选取的目的是确保足够大的推力,以保证推进的顺利进行。大量实践数据说明上述方法确定的装备推力远大于实际推力(通过千斤顶的油压求出的推力),通常(装备推力/实际推力)为 $2 \sim 5$,有时还会大于 5。这就是说,这种设计方法确认的推力偏大,造成设备购价提高、盾构体积、重力增大。所以按式(52-72)计算,并取 $A = 3 \sim 4$ 的确定装备推力的方法及按西林等人提出的按式(52-81)确定装备推力的方法,应予推荐。

(3)盾构千斤顶的推力、条数及布设方式

①选择盾构千斤顶的原则

a.选用压力大、直径小的液压千斤顶。

b.选用质量轻、耐久性好,保养、维修及更换方便的千斤顶。

②千斤顶的推力、条数及布设方式

盾构千斤顶的条数及每只千斤顶的推力大小与盾构的外径 D、要求的总推力、管片的结构、隧道轴线的形状有关。

a.施工经验表明,选用的每只千斤顶的推力范围是:对中小口径的盾构来说,每只千斤顶的推力以 $600 \sim 1\,500\,\mathrm{kN}$ 为好;对大口径的盾构来说,每只千斤顶的推力以 $2\,000 \sim 4\,000\,\mathrm{kN}$ 为好。

b.盾构千斤顶的条数 N 可按式(52-83)确定:

$$N = (D/0.3\mathrm{m}) + (2 \sim 3) \tag{52-83}$$

式中:D——盾构的外径(m)。

c.千斤顶的布设方式。

在一般情况下,盾构千斤顶应等间隔的设置在支撑环的内侧,紧靠盾构外壳的地方。但在一些特殊情况下,如在土质不均匀、存在变向荷载等客观条件下,也可考虑非等间隔设置。千斤顶的伸缩方向应与盾构隧道轴线平行。

d. 撑挡的设置。

通常在千斤顶伸缩杆的顶端与管片的交界处,设置一个可使千斤顶推力均匀地作用在管环上的自由旋转的接头构件,即撑挡。另外,在 RC 管片、组合管片中,撑挡的前面应装上合成橡胶、尿烷垫片或者压顶材,其目的在于保护管环。盾构千斤顶伸缩杆的中心与撑挡中心的偏离允许值一般为 30～50mm。千斤顶与撑挡的偏心状况如图 52-37 所示。

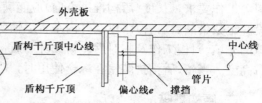

图 52-37　千斤顶与撑挡的偏心状况

③千斤顶的最大伸缩量及推进速度

考虑到盾尾内部拼管片作用、曲线施工等作业,盾构千斤顶的最大伸缩量可按管片宽度＋150mm 的关系确定。千斤顶的推进速度一般为 50～100mm/min。

表 52-15 列出了曾使用过国内外的部分水底隧道的盾构一览表,供确定盾构主要几何尺寸及盾构总推力参考。

国内外盾构法施工水底隧道一览表　　　表 52-15

隧 道 名 称	直径 D_e (m)	长度 L_M (m)	灵敏度 L_M (D)	质量 G_1 (t)	盾构千斤顶只数(个)	盾构总推力 (kN)	盾壳厚度 (mm)	备注
荷兰 Vehicular	9.17	5.73	0.63	400	30	60 000	70	
美国林肯隧道	9.63	4.71	0.49	304	28	64 400	63＋12.7	
美国 Brooklyn-Battery	9.63	4.71	0.49	315	28	64 400	63＋12.7	
美国 Queens-Modtown	9.65	5.70	0.59		28	56 000		
比利时 Ahtwerpen	9.50	5.50	0.576	275	32	64 000	70	
Rotherhite	9.35	5.49	0.586		40	67 000		
原苏联莫斯科地铁	9.50	4.73	0.50	340	36	35 000		
上海打浦路隧道	10.20	6.63	0.65	400	40	80 000		
上海延安东路隧道	11.26	7.80	0.69	480	40	88 000		
上海崇明隧道	15.20	12.15	0.80	800	44	130 000		

注:本节中所介绍的近年来推出的设计推力和装备推力新型计算方法,摘自本书参考文献《盾构隧道》第五章第二节推进机构设计推力的计算。

第四节　盾构施工的准备工作

盾构施工准备工作主要有盾构拼装室和拆卸室的修建、盾构基座的安装、盾构进出洞的设施、盾构后座的拼装及拆除,以及其他配合盾构施工的一些附属设施等,现简述如下:

一、盾构拼装室和拆卸室

因盾构施工属暗挖施工,故上部覆有一定厚度的土层,如水底隧道的河床下面部分,为了穿越河道拼装盾构需专门修建盾构拼装室。到了河对面盾构施工终端为了拆卸盾构,需修建拆卸室。若推进长度很长,中间还应设置检修工作井。一般这些井都结合隧道规划线路上的通风竖井、设备井、泵房或两种施工方法、两种结构断面的连接井综合考虑设置。在不稳定地层中常采用沉井法施工。沉井的位置设于隧道中线上,底端作为盾构拼装室,盾构可在井内进行拼装或拆卸（小盾构总重量较轻，可在地面拼装好后直接吊置在井内）。盾构拼装井的尺寸应根据盾构装、拆及施工要求来确定。其宽度比盾构直径大 1.6～2.0m，以满足拼装工人铆、焊等工作要求。长度（盾构推进方向）应能满足盾构前面拆除洞门封板，盾构后面布置后座敷设一定数量的后盾管片，以及井内垂直运输所需的工作范围。此外，还要考虑洞门与衬砌间空隙的充填、封板工作及临时后座衬砌环与盾构导轨间的填实工作，在盾构下部保证留有 1m 左右高度。当然，盾构拼装室在综合使用时，其尺寸还应满足建筑上及运营上的要求。

二、盾构基座

在井内底部需构筑盾构基座，以便拼装及搁置盾构，更重要的是通过基座上的导轨使盾构获得正确的导向。盾构基座一般可以采用钢筋混凝土或钢结构，其表面与盾构外壳相适应。导轨要测量定位，布置在盾构下半部的 90°范围内，由两根或多根钢轨组成（一般为 38kg/m 以上的重钢轨）。基座除承受盾构自重外，还要考虑纠偏时产生的集中荷载。

三、盾构进出洞设施

盾构从工作井进出是盾构法施工的重要环节，处理得好，能减少许多后患，保证施工速度和安全。当盾构在工作井内安装完毕，所有掘进准备工作就绪后即可出洞。常见的方法是在沉井壁上预留洞及安设临时封门，故只要拆除临时封门，逐步推进盾构进入地层，使盾构最终脱离工作井即算出洞完毕。当盾构直径大，埋深大、地层松软，含水率大时，出洞还需考虑人工井点降水、局部地层加固等辅助设施，以稳定洞口地层（因地层经过沉井施工，已经扰动，土层强度大大降低，属极不稳定地层）和防止漏水。若用气压盾构施工时，还需将盾构推进到足够距离，保证设置气闸墙及将出洞口部分井壁与衬砌连接的防水堵漏工作做好后，才可停止辅助设施工作。

临时封门呈圆形，直径稍大于盾构，其构造形式众多，常见的有砖石、方木、混凝土、钢筋混凝土及钢封门等多种。大型盾构常采用钢封门一横（竖）向钢板梁或桁架梁与梁间钢封板组成。在沉井施工时可承受水土压力，沉完后，盾构出洞拆起来也比较方便。

四、盾构后座

盾构刚开始掘进时，其后座推力要靠工作井井壁来承担，因此，在盾构与井壁之间需设传力设施，以缓冲井壁受力。通常采用废弃隧道衬砌管片（顶部不能连续成整环，作为垂直运输的进出口）或以专用顶块与顶撑作为后座。利用管片做后座有许多优点：隧道衬砌管片与后座衬砌尺寸一致，连接方便，拆除也方便，且不需另行设计；可以利用隧道施工的整套设备；井底车场与隧道内有轨运输连接方便等。为保证后座管片的刚度，管片之间要错缝，连接螺栓要拧紧。顶部开口部分，在不影响垂直运输的区段需加支撑拉杆拉住。脱出盾尾后，在基座与管片表面间要及时用木楔塞牢，使拼好的后座管片平稳地坐落在盾构基座的导轨上，以保证施工安全。

后座衬砌除了垂直运输的开口外，要根据隧道施工布置的人行平台，拼出一个门洞（做成一个钢制框架，与后座衬砌拼装在一起，它能承受盾构千斤顶的顶力，不变形）以供施工人员进出。

当工作井平面位置出现施工误差时，会影响到隧道轴线与后座壁的垂直度。后座衬砌与后座井壁间会产生一个不等距的建筑空隙，此时常用低强度等级混凝土填足补平，使盾构推力均匀地传给井壁,将来拆除后座衬砌时也比较方便。

后座衬砌一般要从盾构出洞,进入另一个工作井后才可拆除,主要是为保证衬砌不挤裂。若隧道较长,盾构顶力已能由隧道衬砌与地层间摩阻力来平衡时(至少推进250m),也可拆除。

五、盾构施工附属设施的准备

盾构施工的附属设施主要有供电照明设备、通风及空压机房、排水泵房、涂料棚、充电间、出土有轨运输系统和工作井垂直运输系统以及各种管道运输和泥水处理系统等。

图 52-38 为盾构出洞及附属设施布置示意图。

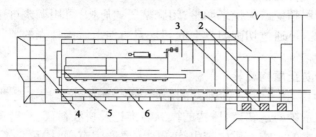

图 52-38 盾构出洞示意图

1-盾构拼装井;2-后座管片;3-盾构基座;4-盾构;5-管片拼装器;6-运输轨道

第五节 盾构推进过程中的纠偏与出土施工要点

一、盾构推进操纵与纠偏

盾构离开工作井的导轨进入地层后,随着工作面的不断开挖,盾构也不断向前推进。盾构推进过程中应保证其中轴线与隧道设计中心线的偏差控制在规定范围内。导致盾构偏离隧道中线的因素有很多,如土质不均匀,地层中有孤石等障碍物造成开挖面四周阻力不一致,盾构伸出的千斤顶的顶力不一致,盾构重心偏于一侧;闭胸挤压式盾构有明显上浮,盾构下部土体流失过多造成盾构叩头下沉;还有因衬砌环缝的防水材料压密度不一致等,累积起来会导致后座面不平整等。这些因素会使盾构推进轨迹变成蛇行一样左右偏差或时起时伏等。因此,在盾构推进过程中要随时精确测量,了解偏差量并及时纠偏。由于盾构是一个很笨重的机具,所以纠偏盾构的位置是一个较复杂的问题。目前盾构操纵与纠偏主要采取以下几个方面的措施来综合控制。

1. 正确调整盾构千斤顶工作组合

每个盾构的四周均布置有几十个千斤顶,承担盾构推进,一般应对这些千斤顶给予分组编号,进行工作组合。在施工中每次推进后应测量盾构轴线在地下空间的位置(方位),再根据每次纠偏量的要求,决定下次推进时启动哪些编号的千斤顶和要停开哪些编号千斤顶,一般停开偏离方向相反的千斤顶;如果盾构已右偏,则应向左纠偏,故停开左边千斤顶,开启右边的千斤顶。停开的千斤顶应尽量少,以利提高推进速度,减少液压设备的超负荷,降低其损坏。由于纠偏常常是平面位置与高程均需要纠偏,因此重点要确定停开与偏离方位处的几只千斤顶,如盾构叩头就应将盾构先予以抬高,抬高的数量应是很有限的,一般是抬高 2~3cm,以免引起衬砌拼装的困难和对地层过大的扰动。

2. 盾构推进纵坡和曲线控制

盾构推进时的纵坡和曲线段施工,是靠调整千斤顶的工作组合来控制。纵坡控制的目的是纠正其高程与隧道设计高程的偏差。一般要求每次推进结束时,盾构纵坡亦尽量接近隧道设计纵坡、设计高程和方位。其中在稳坡推进时,能保证每环推进中盾构纵坡始终不变;在变坡推进时,盾构每推进一环时,先压后抬和先抬后压分别适用于高程偏高和偏低的情况,但应尽量少采用为宜。

3. 调整开挖面的阻力

调整开挖面阻力不均也能获得较好的纠偏效果。调整方法应根据开挖方式的不同而不同:如敞胸式开挖,可用超挖或欠挖来调整;闭胸挤压式盾构,可用调整进土孔位置及开孔率来实现;密闭切削式开挖,可通过切削刀盘上的超挖刀与伸出盾构外壳的翼状阻力板来改变推阻力,达到纠偏目的。

4. 控制盾构自转防止盾构旋转

盾构在施工过程中,由于受各种因素的影响,将会产生绕盾构本身轴线的自身(旋转)现象。严重时会对液压系统的运转、对盾构的操纵与推进及拼装衬砌、对隧道施工测量及各种设备的正常运转带来严重的影响。盾构产生旋转的主要原因有:盾构重心不通过轴线;施工时对某一方位的超挖环数过多;大型旋转设备(如举重臂、切削大刀盘和转盘旋转等)的旋转等。控制盾构自转的方法是:在盾构旋转方法的反方向一侧增加压重,可从十几吨到几十吨,乃至上百吨重压。此外,在盾构两侧安装水平阻力板和稳定器,控制盾构自转;还可改变大设备的转向及调换拼装衬砌左右程序,也有一定效果。

盾构达到隧道终点进入竖井(拆卸井)时,应注意的问题与加固地层的方法与出发井(拼装井)相同。并应在盾构尚距离终点一定距离处,检查盾构的方向、平面位置、纵向位置及高程等,并慎重加以修正后,再小心推进直至拆卸竖井为止。否则会产生盾构中心线与隧道中心线偏差较多等,引起严重错位现象。

另外,用挤压式盾构开挖时,会产生盾构后退现象而导致地表沉降,因此施工时务必采取有效措施防止盾构后退。根据实践经验,在每环推进结束后采取维持顶力方法,使盾构不前进的屏压保持 5~10min,一般可以有效防止盾构发生后退。在盾构尾部拼装衬砌管片时,要使一定数量千斤顶轴对称地轮流维持顶力,也可以获得防止盾构后退的效果。

二、出土施工要点

盾构法隧道的出土方式有多种,但是根据现有的出土方法大致可分为两大类:土箱和管道。

用土箱出土是一种常用的方式,该方法速度快、投资少。但是土箱的频繁进出会降低隧道掘进的速度,土箱在隧道内需占据较大的空间,使小直径隧道的工作面过小。因此,该出土方式存在许多缺点,另外,该方式还存在着出土计量不准、工作面不整洁等缺点。

管道出土方式是近几年来发展起来的出土方式,该方式的优点是出土与盾构掘进互不影响,隧道施工效率高,隧道内的有效空间大,水平与垂直运送的组合自由度大,作业危险性低。管道出土有泥水式输送、活塞泵压送和压缩空气搬送等方式。

泥水加压盾构施工中都采用泥水式输送,该方法出土效率高,便于管理,但是设备投资及泥水分离的成本较高。泵送式出土可省去泥水处理的费用,较适合与土压平衡盾构配套使用,但土体的级配不理想时,需加水和黏土进行土体塑性流动化改良处理,使渣土的塑性流动条件得到改良,减少管壁与渣土的摩阻力,同时,土泵存在最大泵送距离的限制。空气压送出土的效率受到压缩空气量供给能力的限制,压送效率相对较低。图 52-39 是不同出土方式的设备配置示意图。

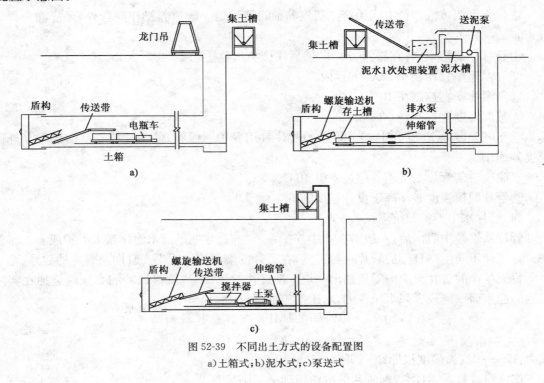

图 52-39　不同出土方式的设备配置图
a)土箱式;b)泥水式;c)泵送式

第六节　盾构衬砌施工

盾构法修建隧道常用的衬砌施工方法有:预制管片衬砌拼装,挤压混凝土衬砌,现浇混凝土衬砌和先安装预制管片外衬再现浇混凝土内衬的复合式衬砌,其中以管片衬砌采用得最多。

一、预制管片衬砌施工

1. 管片生产

管片生产常采用工程化流水作业,管片生产需具备材料及产品堆场、钢筋笼生产车间、搅拌站(点)、试验室、管片浇捣车间、锅炉房(或蒸汽热网)、管片水中养护池、管片抗渗试验台架、管片精度测试台。

(1)钢筋笼生产

钢筋笼必须采用电焊焊接成型,主筋节点间采用 J506 焊条或采用焊缝强度与钢筋相当的焊条,构造筋间或构造筋与主筋间可采用 J422 焊条。焊点不得有损伤主筋的"吃肉"现象。除节点外,任何钢筋的长度方向均不得采用焊接。钢筋笼应按先成片(由焊接台生产)后成笼(由焊接台车生产)的生产顺序流水作业。

(2)管片浇捣

管片浇捣宜采用插入式振捣器,若采用振动台或附着式振捣器生产时,管片表面的气泡直径及气泡量难以满足要求。因此,应采用插入式振捣器在钢模侧壁部进行复振。

生产管片的混凝土水灰比应控制在 0.4 以内（可掺减水剂）。考虑到冬季施工收水慢等因素，需作真空吸水时，在标准真空度条件下的吸水时间宜控制在 8min 以内。

（3）蒸汽养护

管片宜采用蒸汽养护方式生产。蒸汽养护除需满足一般蒸养操作规程外，还应注意以下几点：

①管片振捣结束后，宜静养 2～3h，然后实施蒸汽养护。

②升温速率宜控制在 15℃/h 以内。

③降温速率宜控制在 10/h 以内。

④蒸养温度宜控制在 60～80℃。

⑤车间温度高于 30℃时，静养阶段的管片宜用养护罩保温，使管片核心部的温度与外侧温度差缩小。

⑥脱模时的管片温度不宜超过室温 10℃。

⑦管片脱模强度必须高于设计强度的 50%。

（4）管片水中养护及抗渗试验

管片从钢模中脱模后，一般需在水中养护一周左右，才能吊出水池作露天养护或者入库养护。为了使不同生产日期的管片一目了然，在管片的端部应注明生产日期及管片的型号。

每天生产的管片至少应随机抽出一块标准件作抗渗试验，抗渗试验的水压应施加在实际工程的迎水面一侧或者高水压一侧，水压的施加要求为：

$$\left.\begin{array}{ll} P_水 = W_i + 0.1\text{MPa} & （稳定 8h）\\ P_水 = W_i + 0.2\text{MPa} & （稳定 4h）\end{array}\right\} \tag{52-84}$$

式中：W_i——抗渗强度指标；通常取 $i=6,8,10$。

作抗渗试验后，目测判断管片的抗渗指标是否满足要求。

若管片侧向的厚度方向渗水高度

$$h_水 \leqslant h/3（h 为管片厚度） \tag{52-85}$$

说明抗渗合格，反之则不合格，若管片的腔格背板发现有渗水或击穿现象，则该管片判为抗渗不合格。与不合格的管片同日生产的管片必须每一块都作抗渗试验。

（5）管片精度测试及其保证体系

管片精度的测试标准是：尺寸测量为面与面的测量，弧长和弦长测量为面与面交点的测量，通常管片的宽度可以通过直接量测而得，而弧长、弦长、直径、孔距等常需拼装成环后测试得出。为了保证管片各要素的测试精度，常需借助高精度测试平台，把需测试的管片拼装成环（三环以上并且需采用错缝拼装），然后在缝隙中用塞尺测得实际间隙，由最大间隙换算成管片的随机正负公差值。管片的测试数量以每 100 环测试一环为依据。

为了保证每一块生产的管片均能符合精度要求，质检人员必须坚持每天量测钢模的合模精度。通常，钢模的随机合模精度要求应高于管片精度 0.15mm。当单块管片的公差要求为 ±0.5mm 时，则钢模的公差应为 ±0.35mm，常用的管片精度要求为 ±1mm（$D \geqslant 10$m）或 ±0.5mm（$D \leqslant 6$m）。

（6）管片试拼装及预应力

①管片试拼装

管片试拼装分精度测试拼装与模拟拼装两种，管片试拼装必须在高精度平台上实施，完整圆的高精度平台加工费昂贵，通常可采用多点可调式平台代替。可调试平台的数量可根据圆环的直径而定,以 6~10m 直径的圆环为例,可调平台的数量可控制在 10~18 座为宜,有时也可按管片的分块数来定,例如 6 块分割的圆环可取 12 个平台。精度测试拼装时的环向螺栓(M27~M36,成环螺栓)的预应力宜按拧紧力矩来控制,拧紧力矩可控制在 200~250kN·m。纵向螺栓(环间螺栓)的预应力拧紧力矩可控制在 150~200kN·m。

模拟拼装可在高精度平台上实施,模拟拼装与精度测试拼装的区别在于:精度测试拼装时,管片的缝间为硬接触,无任何材料夹衬在缝之间,随后作精度测试,而模拟拼装为管片试生产后按隧道内的实际拼装情况作工艺拼装。因此,这时的缝间常按实际情况粘贴有橡胶条和衬垫材料,模拟拼装时的预应力拧紧力矩为:换向螺栓(M27~M36)250~350kN·m(涂减摩剂),纵向螺栓的预应力可适当减小。

②螺栓预应力

螺栓预应力 F_0 可由拧紧力矩 T 与之近似建立一个经验关系式。

$$T = KF_0d \qquad (kN \cdot m) \tag{52-86}$$

式中:K——换算摩擦因数,当螺栓与垫圈(板)之间涂有减摩剂时,拟近似按 0.1 考虑;

F_0——预应力(kN);

d——公称直径(m),当钢模设计有多次成熟的经验时,有时也可省略试拼装工作,但精度测试拼装绝对不能省略。

2. 预制管片施工

隧道管片衬砌是采用预制管片,随着盾构推进,在盾构尾部盾壳保护下的空间内进行管片衬砌拼装,即在盾尾依次拼装衬砌环,由衬砌环纵向依次连接而成隧道的衬砌结构。

通常根据衬砌结构受力及使用要求,确定盾构及衬砌形式及拼装方法。拼装方法分为举重臂拼装或拱托架拼装,拱托架比隧道衬砌内径略小,呈半圆或稍大于半圆的弧形钢制构架,上有一些滑轮、千斤顶、钢丝绳和卷扬机将管片或砌块牵引运到架子上面,再用千斤顶顶到设计位置。上述两种拼装又分别有通缝拼装(管片的纵缝环环对整齐)或错缝拼装(利用衬砌本身来传递圆环内力,一般环间错开 1/2~1/3 管片宽度)两种形式。管片接头一般可用螺栓连接,有的平板形管片,采用榫槽式接头或球铰式接头。不采用螺栓连接的管片也称砌块。管片衬砌环一般分标准管片、封顶管片和邻接管片三种,转弯处加楔形管片。

管片通缝拼装施工方便,但受力较差;错缝拼装较麻烦,但受力较好。管片拼装主要应解决管片或砌块的运送、就位、成环及做好衬砌防水等。为此,首先应做好准备工作和检查工作:如举重臂的安全检查、管片质量检查(检查外观、形状、裂纹、破损、止水槽有无异物、尺寸误差是否符合要求等)、拼装车架的配合、盾构底部的清洗、防止盾构拼装时的后退、有关材料(如螺栓、螺帽、垫圈及扳手)的准备等,并按预定位置放好,以调高拼装衬砌施工速度。

管片拼装方法按其程序可分为"先纵后环"和"先环后纵"两种。先纵后环程序是:管片按先底部后两侧,再封顶的次序拼装,逐次安装成环,每装一块管片,对应千斤顶就伸缩一次。先环后纵程序是:管片依次安装成环后,盾构千斤顶一起伸出,将衬砌环推向已完成的隧道衬砌,进行纵向连接。先环后纵法较少采用,尤其在推进阻力较大、盾构后退的情况下更不宜采用。管片拼装结束后,应拧紧每个连接螺栓并检查安装号的衬砌环是否保圆,必要时用真圆保持器进行调整,以保证下一拼装工序顺利进行。盾构推进时的推力反复作用在临近几个衬砌环上,容易引起已拧紧的螺栓松动,必须对因推力影响消失的衬砌进行第二次螺栓拧紧工作,以保证管片的紧密连接及防水要求。

二、现浇混凝土衬砌施工

采用现浇混凝土方法,进行盾构隧道衬砌施工,可改善衬砌受力状况,减少地表沉陷,节省预制管片的模板,省去管片预制和运输工作等。

目前,采用挤压式现浇混凝土衬砌施工(图 52-40)是盾构隧道衬砌施工的发展新趋势。这种方法采用自动化程度较高的泵送混凝土,用管道将其输送到盾尾衬砌施工作业面,经盾构后部专设的千斤顶对衬砌混凝土进行挤压施工,在施工中,必须掌握好盾构前进速度,并与盾尾内现浇混凝土的施工速度及衬砌混凝土凝固的快慢相适应。采用挤压混凝土衬砌施工时,要求在施工时保持围岩稳定而不致在挤压时变形。

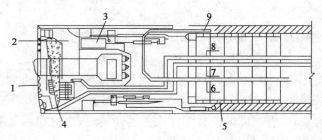

图 52-40 挤压混凝土衬砌施工

1-护壁支撑面;2-空气缓冲器;3-空气阀;4-碎石土渣;5-混凝土模板;6-混凝土输送管;7-土渣运输管;8-送料管;9-结束端模板

三、向衬砌背后压浆

向衬砌背后压浆,将盾尾和衬砌之间的建筑空隙填满,是防止隧道周围变形,防止地表沉降与地层压力增长的一种有效方法。压浆还可以改善隧道衬砌的受力状态,使衬砌与周围土层共同变形,减小衬砌在自重及拼装荷载作用下的椭圆率。因为用螺栓连接各个管片而组成的衬砌环,接头处活动性很大,所以用砌块组成衬砌属于几何可变结构。此外,在隧道周围形成一种水泥连接起来的地层壳体,能增强衬砌的防水效能。因此它是盾构施工的关键工序。只有在那些能立即填满衬砌背后空隙的地层中施工时,才可不进行压浆工作,如在淤泥地层中闭胸挤压施工。

压浆方法分一次压注和二次压注两种。后者是指盾构推进一环后,立即用风动压注机(0.5~0.6MPa)通过管片压浆孔向衬砌背后压注粒径为 3~5mm 的石英砂或卵石,形成的孔隙率为 69%,以防止地层坍塌。继续推进 5~8 环后,进行二次压注,注入以水泥为主要胶结材料的浆体(配合比为水泥:黄泥=1:1,水灰比为 0.4,或水泥:黄泥:细砂=1:2:2,水灰比为0.5,坍落度为 15~18cm),填充到豆粒砂的孔隙内,使之固结,注浆压力为 0.6~0.8MPa。一次压注是在地层条件较差,盾尾空隙一出现就会发生坍塌,故随着盾尾的出现,立即压注水泥砂浆(配合比为水泥:黄砂=1:3),并保持一定压力。这种工艺对盾尾密封装置要求较高,盾尾密封装置极易损坏,造成漏浆。此外相隔 30m 左右还需进行一次额外的控制压浆。压力可达10 个大气压(一般标准大气压为 101 325Pa),以便强迫充填衬砌背后遗留下来的空隙。若发现明显的地表沉陷或隧道严重渗漏时,局部还需进行补充压浆。

压浆要左右对称,从下向上逐步进行,并尽量避免单点超压注浆,而且在衬砌背后空隙未被完全填充之前,不允许中途停止工作。在压浆时,除将正在压注的孔眼及其上方的压浆孔的塞子取掉外(用来将衬砌背后与地层之间的空气挤出),其余压浆孔的塞子均需旋紧。一个孔眼的压浆工作一直要进行到上方一个压浆孔中出现灰浆为止。

隧道内的压浆设备同山岭隧道一样,多以泥浆泵(2DN 型和 TBM 型)和灰浆泵(HP-013型和 HB 型)活塞式注浆泵代用,并由软管、连接管片压浆孔的旋塞注浆嘴等组成。

第七节　简要介绍上海市《市政工程施工及验收技术规程》(隧道)篇有关盾构隧道施工计算(供参考)

一、一般规定

(1)本规程适用于上海地区软土地层中采用手掘式盾构、网格式盾构、闭胸挤压式盾构、土压平衡式盾构、局部气压式盾构及水力机械化出土盾构施工的圆形隧道工程。

(2)隧道施工前,必须具备下列资料:

①隧道工程设计的全套图纸资料和工程技术要求文件。

②施工沿线地表环境调查报告。

③地下各种障碍物调查报告。

④隧道沿线详细的工程地质和水文地质勘察报告。

(3)隧道工程所使用的材料、制品等的品种、规格、材质应符合设计要求。

(4)盾构掘进所需的最小覆土厚度,应由地面、地下建筑物和地下管线的状况、水文地质条件、盾构形式和大小以及施工方法等因素决定,并应满足下列要求:

①在控制地面变形要求较高的地区,各种盾构的最小覆土厚度一般均不宜小于盾构外径。

②在含水砂性土中气压盾构的最小覆土厚度 h 应根据压力平衡要求,按式(52-87)或式(52-88)进行计算,并根据控制跑气的要求按式(52-89)验算跑气量 Q。

水底隧道:

$$h \geqslant \frac{P_{\mathrm{i}} - H\gamma_{\mathrm{w}}}{\gamma_{\mathrm{w}} + \gamma_{\mathrm{e}} - 1} \tag{52-87}$$

陆地隧道:

$$h \geqslant \frac{P_{\mathrm{i}}}{\gamma_{\mathrm{e}}} \tag{52-88}$$

式中:h——盾构覆土厚度(m);

γ_{w}——水的重度(kN/m³);

γ_{e}——土体重度(kN/m³);

H——盾构覆土顶面以上的水深,在陆地上地下水位在盾构覆土顶面以下时,H 为负值(m);

P_{i}——需要气压值,$P_{\mathrm{i}} = (H + h + \alpha D)\gamma_{\mathrm{w}}$(kN/m³),$D$ 为盾构直径,α 为超压系数,在砂性土中,$\alpha \geqslant \frac{2}{3}$;在黏性土中,$0 \leqslant \alpha \leqslant \frac{2}{3}$。

$$Q_{\mathrm{a}} \geqslant 70kiA \tag{52-89}$$

式中:Q_{a}——空气压缩机站可能的供气量(m³/min);

A——盾构开挖面渗漏面积(m²);

i——压力梯度,$i = \dfrac{P_1 - (H + h)\gamma_{\mathrm{w}}}{h}$;

k——土壤中水的渗透系数。

③在饱和含水黏土层中,气压盾构的最小覆土厚度要按压力平衡及防止覆土层开裂漏气的要求确定,其最小覆土厚度应先按式(52-90)计算:

$$P_V \geqslant K_s P_i \tag{52-90}$$

式中:P_V——盾构顶上水土垂直压力(MPa),$P_V = h\gamma_e + H_1$,H_1 为地面以上水深,地面以上无水时 $H_1 = 0$;

$\quad P_i$——气压压力(MPa);

$\quad K_s$——大于 1.2 的安全系数。

此外还应满足以下条件:

a. 当隧道覆土为流塑或软塑的饱和含水黏土层时,一般要求塑性指数大于 15。

b. 经验算可满足隧道抗浮要求。

c. 在浅覆土条件下,可以解决盾构推进的上飘问题和地表变形问题。

④采用挤压盾构施工的最小覆土,在陆地隧道中覆土厚度必须满足挤压推进中能控制盾构上飘的需要,一般覆土厚度宜 $\geqslant 1.5 D_e$(D_e 为盾构外径);在水底隧道中覆土厚度除能满足控制盾构上飘外,应考虑在挤压推进引起地层裂缝时,不致发生泥水涌入问题。在土的液性指数小于 1,含水率小于 40% 的条件下,盾构挤压顶进将引起地面开裂,裂缝深度随盾构直径大小,挤压推进速度和土的物理力学指标而异,一般可估计此裂缝深度为 2~3m。

⑤盾构施工时,当实际覆土厚度不能满足上述规定时,应选用下列措施:

a. 水底隧道覆土厚度不足时,应选用合适黏土及方法以增加覆土厚度。

可适用于覆土的黏土土工参数为:

$$w \geqslant 40$$
$$I_p > 20$$
$$I_L = 1 \sim 1.3$$
$$黏粒含量 > 30\%$$

b. 在陆地上施工覆土厚度不足时:在设计允许的条件下,调整隧道埋设深度;选用合适黏性土,增加覆土厚度;用井点降低地下水位,使盾构选用的气压值可降低到与覆土厚度相适应的程度;用注浆法减少土的透水性和漏气量,使气压式盾构正面得到压力平衡的条件。

(5)两平行隧道的盾构推进的前后错开距离,应根据地质条件,盾构类型和直径、隧道埋深和间距,以及对地表变形的控制要求等因素,经综合研究或初试段测试分析合理确定。

(6)盾构进、出洞时,应根据地质和现场条件,按设计要求对进、出洞口前一定范围内的地层合理选用降水或注浆或其他土体加固法予以改良,并应慎重考虑是否还需采用钢板桩封门的盾构进、出洞施工措施。

二、盾构选型

各类盾构的适用范围:

(1)手掘式盾构。此类盾构,辅以气压法或降水法等疏干地层措施并使用必要的正面支撑后,可适用于各种地层中,特别适用于地下障碍物较多的地层;在精心施工的条件下,亦可将地表变形控制在中等或较小的程度。手掘式盾构的构造简单,造价低廉,但劳动强度较高;在盾构推进距离不长,或地下障碍物较多的情况下,应优先考虑选用。

（2）网格盾构。主要适用于软弱黏性土层。在含水饱和粉砂层中施工时，应采用降水法或气压法疏干地层，并根据施工地区具有的排土条件，选择水力机械出土或干出土。采用网格盾构可使地表变形控制在中等或较小的幅度。当盾构直径 D 小于 6m、隧道覆土厚度大于 1.5D，盾构正面有气压或是网格上装有可调节开孔面积的出土闸门时，在精心施工的条件下，网格盾构施工引起的地表变形可控制在较小的幅度。

（3）闭胸挤压盾构。主要适用于允许地表变形幅度较大的郊外地区及江、河、湖、海滩地或水体底下的含水饱和软黏土地层，其适用的地质特性可参考表 52-16。在选用闭胸挤压盾构时，必须要求在隧道产生较大后期沉降和不均匀沉降后应不影响隧道防水性能。

（4）局部气压盾构。在渗透系数小于 10^{-4}cm/s 的含水饱和砂质粉土、粉砂等地层，并有条件采用水力机械化出土的场合，可采用网格加局部气压的盾构方法。采用此法可使地表变形控制在较小的程度。

（5）土压平衡盾构。在地表变形控制要求较高的市区，其地层为含水饱和软弱黏土层时，宜用土压平衡盾构。采用正面有大刀盘、盾尾有同步注浆装置的土压平衡盾构，可使地表变形控制在相当小的程度。

闭胸式盾构适用的地层特性 表 52-16

项　目	土　壤　参　数			闭胸式盾构适用范围
	名　　称	符　　号		
1	颗粒组成 ｛砂	S	%	20 以下
	粉土	M		20 以上
	黏土	C		20 以上
2	土的粒径 ｛有效粒径	D_{10}	mm	0.001 以下
	60%粒径	D_{60}		0.03 以下
3	天然含水率	w	%	40～60
4	$\dfrac{\text{自然含水率}}{\text{液限}}$	$\dfrac{w}{w_L}$	%	1 以上
5	内摩擦角（三轴）	φ	(°)	12 以下
6	黏聚力（三轴）	c	kPa	20 以下
7	无闭限抗压强度	q_u	kPa	6 以下

采用普通密闭式螺旋出土土压平衡盾构，可使地表变形控制在较小的程度。

在饱和含水砂性土层中，则需用加泥式土压平衡盾构，当盾构处于地下水位以下深度较大时，要慎重研究土仓泥浆与砂性土，控制混合土体从螺旋出土器涌出的加泥工艺及排土装置。

选用不同种类的土压平衡盾构时，可参考表 52-17。

三、盾构基座技术要求

（1）始发井内盾构基座必须满足便于盾构安装和正确稳妥的搁置要求，并且有足够的强度、刚度和精度。

（2）基座上应设两根导轨，其中心夹角为 60°～90°。导轨宜采用 38kg/m 以上重轨，导轨安装定位必须正确，两导轨轨面应保持水平，其轴线应与隧道轴线平行，轨面高程应与洞口内边相应点的高程相同（或高出 1cm）。

按控制地面的沉降不同要求及不同地质条件考虑盾构选型大体参考表

土类别	土名称	主要土壤系数						敞胸式盾构										机械化闭胸盾构(盾尾密封效果良好同步压浆)								普通挤压盾构			说明

土类别	土名称	N	S_u (kPa)	灵敏度	k (cm/s)	w (%)	网格式 稳定开挖土层方法 降水	气压	注浆	沉降程度	半机械化 稳定开挖土层方法 降水	气压	注浆	沉降程度	土压平衡 稳定开挖土层方法 正面	加泥	沉降程度	泥水平衡 稳定土层法注浆	沉降程度	土压平衡闭胸螺旋器出土 沉降程度	全挤压式少量出土 沉降程度	可调正面开孔部分挤压 沉降程度	说明
黏性土	硬塑黏性土	18～35	<100	<2	$<10^{-7}$	20～30				一				小			小		小				1. 每格内的上一行为无地下水;下面一行为浸于地下水的部分。 2. "○"表示可以适用,"×"表示不能用。 3. 沉降程度"小"表示沉降槽最大沉降量 S_{max} 小于 3cm;"中"表示 S_{max} 小于 15cm;"大"表示 S_{max} 大于 15cm。或"中～大"表示施工因素变化而造成的波动范围。 4. 沉降程度系指盾构在 6m 直径中等覆盖 6m 等盾构在 6m 直径中土体的沉降量。
	可塑黏性土	4～7	50～100	<2	$<10^{-7}$	30～35				小～中				小～中			小		小				
	软塑黏性土	2～4	30～50	2～4	$<10^{-6}$	35～40		○		小～中		○		小～中	○		小～中		小				
	流塑黏性土	0～2	20～30	>4	$<10^{-6}$	40～45		○		中		○		中	○		小～中		小	中～大			
	淤泥	0	<20	>4	$<10^{-7}$	>50		○		大		○		大	○		小～中	○	小	中～大		小	
粉性土	黏质粉土	0～5	—	>4	$<10^{-5}$	<50	○	○	○	中	×	○	○	中	○	○	小～中	○	小	中～大		小～大	
	砂质粉土	5～10	—	—	$<10^{-4}$	<50	○	×	○	小～中	×	○	○	中	○	○	小～中		小～大	中～大		小～大	
砂性土	粉砂	5～15	—	—	$<10^{-4}$	<50	×	×	○	小～中	×	×	○	中	○	○	中～大		小	中		小	
	细砂	15～30	—	—	$<10^{-3}$	<50	×	×	○	小～中	×	×	○	大	○	○	中～大		小	中		小	
	中粗砂	40～60	—	—	$<10^{-3}$	<50	×	×	○	中	×	×	○	中		○	中		小	中		小	
	砾石	40～60	—	—	$<10^{-2}$	<50	×	×	○	小～中	×	×	○	中		○	中	○	小			小	
软弱岩石	泥岩	>50	—	—	—	<20	—	—	—	—	—	—	—	—			中	○	小	—	—	—	

734

（3）接收井内盾构基座应满足接收盾构和检修或拆卸盾构的要求，基座上两导轨轨面的连线保持水平，轨道轴线应与隧道设计轴线平行，轨面高程应与相应位置的洞口高程一致（或低1cm）。

（4）导轨与井壁洞口之间应有 3～5cm 间隙，以作洞口防水处理，在条件许可时也可使导轨延伸到洞口内。

（5）盾构基座一般采用钢筋混凝土或钢结构，基座架的中心距宜在 1.5m 以内，或通过计算设置。

四、盾构设备配置

（1）根据所选择的盾构形式及盾构施工方法合理配置盾构施工设备。

（2）盾构本体应按盾构直径、重量、拼装井尺寸、运输条件及现场起重设备等情况，合理选定分隔式或整体式制造、运输及吊装方案。盾构本体的主要几何尺寸的选定依据如下。

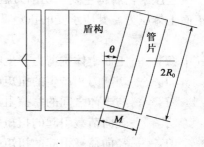

图 52-41　盾构与管片环的关系

①盾构的外径可按式（52-91）确定（图 52-41）：

$$D = 2R_0 + 2(x + t) \tag{52-91}$$

式中：$2R_0$——管片成环外径（mm）；

x——盾构内径与衬砌环外径的间隙（mm），一般为 $1\text{‰}R_0 \sim 1.6\text{‰}R_0$，并需按式（52-92）进行验算；

t——盾尾厚度（mm）。

$$x = M\tan\theta \tag{52-92}$$

式中：M——盾尾和管片环的搭接长度（mm）；

θ——盾构轴线与隧道轴线偏角的允许最大值（°）。

②盾构长度（L）按地质条件、盾构机型、隧道转弯半径、出土方式、管片形式等因素综合考虑而定。一般由式（52-93）求得：

$$L = L_F + L_M + L_T \tag{52-93}$$

式中：L_F——切口环长度（m）；

L_M——支承环长度（m）；

L_T——盾尾长度（m），由式（52-94）计算。

$$L_T = (1 \sim 1.5)b + T \tag{52-94}$$

式中：b——每衬砌环宽（m）；

T——盾构密封装置长度（m）。

L_F、L_M 按不同地质、埋深、盾构直径、正面装置形式，由设计确定。

③盾构的灵敏度应适应控制推进方向、纠偏和曲线推进。其灵敏度 L/D 宜为 $0.7 \sim 0.8$。当直径较小时，灵敏度应适当放大。灵敏度与盾构直径的关系一般为：

大直径盾构（$D \geqslant 6m$）时，L/D 为 $0.75(0.7 \sim 0.8)$；

中直径盾构（$3.5m \leqslant D \leqslant 6m$）时，$L/D$ 为 $1.0(0.8 \sim 1.2)$；

小直径盾构（$D \leqslant 3.5m$）时，L/D 为 $1.5(1.2 \sim 1.8)$。

灵敏度还与盾构机型相关，网格式盾构的灵敏度数值较小，而土压平衡盾构的灵敏度数值较大。

（3）开挖设备。

①网格切土装置。

网格式盾构正面网格上装有可调节开孔面积的挡土钢板，开孔部分网格钢板即为切土装置。当地面控制要求较高时，开孔部分应安装液压驱动的调节闸门，在盾构掘进停止时关闭中断进土。

②切削刀盘装置。

土压平衡盾构主要用切削刀盘做开挖设备。在盾构停止掘进时，切削刀盘应能支护盾构正面土体压力。其应承受的扭矩 T 可按式(52-95)计算：

$$T = T_1 + T_2 + T_3 + T_4 + T_5 \qquad (52\text{-}95)$$

式中：T_1——正面土体抗剪力产生的扭矩(t·m)，按式(52-96)计算；

T_2——切削刀头产生的扭矩(t·m)，按式(52-97)计算；

T_3——与土体之间的摩擦阻力扭矩(t·m)，按式(52-98)计算；

T_4——轴向荷载引起的扭矩(t·m)，按式(52-99)计算；

T_5——径向荷载引起的扭矩(t·m)，按式(52-100)计算。

$$T_1 = \frac{\pi D^3}{12} \left(\frac{Q_{fe1} + Q_{fe2}}{2} \tan\varphi + c \right) \qquad (52\text{-}96)$$

式中：D——切削刀盘外径(m)；

Q_{fe1}——上部水平土压力(t/m²)；

Q_{fe2}——下部水平土压力(t/m²)；

c——黏聚力(t/m²)。

$$T_2 = \frac{D^2}{8} \frac{V_s}{N_0} q_u \qquad (52\text{-}97)$$

式中：V_s——盾构推进速度(m/min)；

N_0——切削刀盘的转速(r/min)；

V_s/N_0——切入深度(m)；

q_u——无侧限抗压强度(t/m²)。

$$T_3 = \frac{\pi D^2}{12} Q_\theta \mu \frac{\theta}{360} \qquad (52\text{-}98)$$

式中：Q_θ——接触土压；

μ——摩擦因数(一般采用 0.3~0.5)；

θ——接触角度(°)。

$$T_4 = F_t R_t \mu_t \qquad (52\text{-}99)$$

式中：F_t——轴向荷载(t)；

R_t——轴承的半径(m)；

μ_t——摩擦因数(一般采用 0.03~0.1)。

$$T_5 = F_r R_r \mu_r \qquad (52\text{-}100)$$

式中：F_r——径向荷载(t)；

R_r——径向轴承半径(m)；

μ_r——摩擦因数。

切削转矩亦可按如下经验计算法验算,即:

$$T_0 = \alpha D^3 \tag{52-101}$$

式中:T_0——装备扭矩(t·m);

    α——扭矩系数(一般取 $\alpha=1.5\sim2.0$);

    D——刀盘的外径(m)。

装备转矩要考虑土质、掘进距离等施工条件适当确定。土压系列盾构一般采用比其他机构掘进式盾构稍大的数值。

③切削刀盘驱动装置。

驱动装置的输出转矩应可按式(52-102)计算:

$$T_C = T_H \times i_1 \times n \times i_2 \times \eta \tag{52-102}$$

式中:T_C——输出转矩(t·m);

    T_H——油马达火电机输出扭矩(t·m);

    i_1——减速机减速比;

    n——油马达或电机台数;

    i_2——齿轮啮合的减速比;

    η——机械效率。

(4)出土设备。

①出土转盘。

网格式干出盾构宜使用出土转盘出土、出土转盘安装在盾构网格后部切口环上,以将网格开孔处进入的土体提升至刮板运输机上。通常应根据出土量的多少控制出土转盘的转速。

出土转盘功率配备应考虑单位时间内提升土体的能力及各类机械损耗等因素。

②刮板运输机。

刮板运输机安装于网格式干出土盾构切口环的中下部。

刮板运输机的输送量可按式(52-103)计算:

$$Q = 360\frac{i\gamma}{a}v \qquad \text{(t/h)} \tag{52-103}$$

式中:a——两刮板间的距离(m);

    i——刮板前堆积土体的体积(m³);

    γ——土体的重度(kN/m³);

    v——刮板的运行速度(m/s),一般取 $v=0.6\sim1\text{m/s}$。

刮板运输机所需功率的计算可按一般具有牵引构件的输送机的计算方法。

刮板运输机的驱动装置宜选用液压驱动,以防止输送机过载面损坏机件。

③螺旋输送机。

螺旋输送机是土压平衡盾构土方开挖装置的重要组成部分,应具有的功能是:

a. 把切削下来进入土仓的土体运出。

b. 在螺旋机机体内充满切削土或添加材料后的切削土体。这些土体在机体内形成螺旋状连续体起到止水效果。

c. 通过转速的控制对出土量进行控制从而使掘进中的土仓内土体处于土压平衡状态。

螺旋输送机的输送量可按式(52-104)计算:

$$Q = 15\pi(D^2 - d^2)tnk \qquad \text{(m³/h)} \tag{52-104}$$

式中:D——螺旋叶片的外径(m);

d——螺杆的外径(m);

t——螺旋螺距(m);

n——螺旋转速(r/min);

k——综合系数(一般取 0.8)。

输送量的计算应大于实际需要输送量的 1.2~1.5 倍。在输送摩擦性较大的土体时,应在螺旋叶片的外表层堆焊 1~3mm 的耐磨材料,以提高螺旋输送机的寿命。

螺旋输送机的驱动功率取决于克服在土体输送过程中的各种阻力所消耗的能量。所需的驱动功率 N_1 可按式(52-105)计算:

$$N_1 = \frac{k_0 k_i (H + \mu_筒)}{367 \eta_螺} \qquad (kW) \qquad (52\text{-}105)$$

式中:k_0——物料内部各类料间的摩擦阻力修正系数,一般取 $k_0 = 1.1$~1.2;

k_i——充填系数,取 $k_i = 0.9$~1;

H——物料被提升的高度(m);

$\mu_筒$——土体对筒体的摩擦因数;

$\eta_螺$——螺旋机的效率。

由于机械支承等原因所需的驱动功率 N_2 可按式(52-106)计算:

$$N_2 = \mu_止 [k_0 q (H + L_M) + G_0 \sin\beta] \frac{\pi d_{止平} n_s}{60 a 1\,000} \qquad (kW) \qquad (52\text{-}106)$$

式中:$\mu_止$——止推轴承的摩擦因数,一般取 $\mu_止 = 0.15$~0.2;

G_0——输送机回转部分的重力(N);

β——输送机倾斜角度;

$d_{止平}$——止推轴承的平均直径(m);小直径的螺旋可取 $d_{止平}/D = 0.5$;对于较大的螺旋直径可取 $d_{止平}/D = 0.2$;

n_s——螺杆的转速(r/min)。

为了克服上述阻力,所需的驱动总功率为:

$$N_总 = \frac{N_1 + N_2}{\eta_传} \qquad (52\text{-}107)$$

式中:$\eta_传$——传动装置的效率。

根据经验,土压平衡盾构螺旋机的驱动功率的计算值在装备时应乘以 1.25~1.5。

(5)拼装设备。

管片拼装机必须具有平移伸缩、提升、回转、调节功能。拼装机的形式可采用盘式或中心筒体式。

对拼装机性能要求是:

①提升力应是最大管片重量的 1.5~2.0 倍。

②平移力应是最大管片重量的 2~5 倍。

③回转速度在 0~1.5r/min 间可调整。

④平移距离应根据管片的宽度、封顶插入的形式纠偏等因素综合考虑。

⑤拼装机的回转中心即为盾构轴线。

⑥管片拼装机回转驱动设备应带有液压或其他形式的制动器。

(6)推进设备。

①盾构的装备推力 $F_{总}$ 的确定：

$$F_{总} = F_1 + F_2 + F_3 + F_4 + F_5 \tag{52-108}$$

式中：F_1——盾构外周和土体之间的摩擦阻力或黏附阻力,可按式(52-109)或式(52-110)进行计算；

　　F_2——盾构正面阻力(计算图式见图52-43),可按式(52-111)计算；

　　F_3——管片与盾构本体内壁之间的摩擦力,可按式(52-112)计算；

　　F_4——切口插入阻力,可按式(52-113)计算；

　　F_5——后续台车牵引力,可按式(52-114)计算。

在砂性土中(计算图式见图52-42)：

$$F_1 = \pi DL \frac{P_{e1} + Q_{e1} + Q_{e2} + P_{e2} + P_g}{4} \mu_1 \quad (t) \tag{52-109}$$

式中：D——盾构的外径(m)；

　　L——盾构的长度(m)；

　　P_{e1}——盾构上方垂直土压力(t/m²)；

　　Q_{e1}——盾构顶部水平土压力(t/m²)；

　　Q_{e2}——盾构底部水平土压力(t/m²)；

　　P_{e2}——盾构底部垂直向上反力(t/m²)；

　　P_g——盾构自重反力(t/m²)；

　　μ_1——土体与盾构本体之间的摩擦因数,一般采用0.3～0.5。

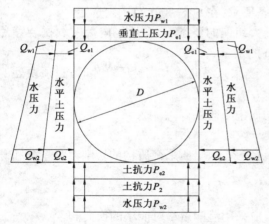

图52-42　负荷分布状态(周围)

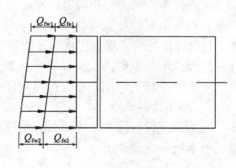

图52-43　负荷分布状态(正面)

在黏性土中,其计算公式为：

$$F_1 = \pi DLc \quad (t) \tag{52-110}$$

式中：c——土体黏聚力。

$$F_2 = \frac{\pi}{4} D^2 \frac{Q_{fe1} + Q_{fw1} + Q_{fe2} + Q_{jw2}}{2} \cdot \quad (t) \tag{52-111}$$

式中：Q_{fe1}——上部水平土压力(t/m²)；

　　Q_{fw1}——上部水平压力(t/m²)；

　　Q_{fe2}——下部水平土压力(t/m²)；

Q_{jw2}——下部水平压力(t/m^2)。

$$F_3 = n_s W_s \mu_s \tag{52-112}$$

式中：n_s——管片的环数；

W_s——管片每环的重量(t)；

μ_s——盾尾钢板与管片之间的摩擦因数，一般取 0.3～0.5。

$$F_4 = A_4 P_P + \pi D_4 Lc \quad (t) \tag{52-113}$$

式中：A_4——插入土体中的切口截面面积(m^2)；

P_P——作用于切口上的被动土压力或者为无侧限抗压强度(t/m^2)；

D_4——端头的内径(m)；

L——切口插入土中的长度(m)。

$$F_5 = \mu_s W \tag{52-114}$$

式中：μ_s——滚动摩擦因数；

W——后续台车的重量(t)。

上述装备推力的计算值，在实际使用时应乘以 1.5～2 倍的系数。

②盾构推进千斤顶。

选用千斤顶参数时应注意：

a. 要采用压力等级较高的千斤顶，使千斤顶的缸径不至于过大。目前使用的压力为 32MPa。

b. 千斤顶要重量轻，且密封安全可靠，经久耐用，易于保养和维修。

c. 盾构千斤顶要均匀地配置在盾构上并能使管片环面受力均匀；且与盾构轴线平行。

d. 每台盾构推进千斤顶推力，按总推力配备要求，在 60～200t 范围内选定。

e. 盾构千斤顶的行程应考虑在盾构允许最大纠偏的姿态下，在盾尾内可顺利拼装管片千斤顶行程一般取管片宽度再加上 100～200mm 的余量。

f. 封顶块处的千斤顶应视封顶块型式而定，当采入纵向插入式封顶管片时，封顶块处的千斤顶行程应增加纵向插入所要求的长度。

g. 盾构千斤顶应固定在管片衬砌环的环肋面中心线上。

(7)液压设备。

盾构液压设备按其功能可分为推进系统、拼装系统、土压平衡盾构的切削刀盘系统和螺旋排土机系统等主要系统。

①推进系统配置要求。

a. 在盾构停止推进时，为防止千斤顶回缩，应采用泄漏量尽可能小的换向阀。

b. 在管片拼装作业时，为防止部分千斤顶缩回后可能使其他千斤顶压力过大，需设置安全回路。

c. 土压平衡盾构应设置一个只限于切削刀盘负荷在额定值以内时推进系统才开始工作的安全回路，以使切削刀盘油压力达到上限值就停止推进，而在压力下降后就可以自动或手动重新开始推进。

d. 在全部千斤顶伸出时，千斤顶推进速度为 20～60mm/min，最高工作压力宜为 32MPa。

②拼装系统配置要求。

a. 拼装系统一般设置两个液压回路，即回转回路及提升、平移、调节回路。

b. 回转回路应设置可调整输送流量的液压油泵。

c. 应设置管片拼装机停止旋转时的制动止动回路。

d. 提升应设置保持同步动作的装置。

e. 提升、平移、调节千斤顶的运动速度可以改变。

f. 拼装系统的油压一般应低于16MPa。

③切削刀盘系统配置要求。

a. 切削刀盘系统配备有多台液压油泵和液压马达,其最高工作压力为32MPa,但其长期工作压力应在15～25MPa之间。

b. 为避免切削刀盘卡住,应设置一个与推进系统联锁的安全回路,该回路应能在报警的同时停止盾构推进,待压力恢复正常后再行推进。

c. 使用可变输送油量的油泵,应考虑尽可能减小功率装备。

④螺旋排土机系统配置要求。

a. 把盾构千斤顶的伸出速度信号,传递给输送油量可变油泵的电磁比例式流量调节器或电磁比例调速阀,以控制螺旋排土机的转速。

b. 根据切削密封土仓内的土压信号控制螺旋排土机的转速。

c. 应具有双向旋转的功能。

d. 螺旋排土机的最大工作压力32MPa,但长期工作压力应为10～25MPa。

(8)盾尾密封。

盾尾密封装置一般由密封刷、压板、挡条等组成。其数量应根据地质条件,隧道长度及埋深等因素决定。一般采用二道,亦可在特殊的场合使用二道钢丝刷加一道钢板刷的密封方式。对盾尾密封必须采用如下保护措施,以使装置始终处于良好工作状态。

①在管片拼装时,清除管片碎屑或其他异物。

②减少管片接缝部位的高差。

③防止盾构后退或背后注浆压力过大。

④随盾构推进连续适量地向盾尾密封装置内注入合格油脂。

⑤长距离隧道应考虑盾尾内侧密封刷的更换。

(9)土压平衡系统的配置要求。

①有控制盾构千斤顶推进速度的装置。

②有控制螺旋排土机转速的装置。

③有设定正面土压力的装置。

④应在切削刀盘上设土压力计,以反映表面承受的土压力 P_f,并在土仓内胸板上设土压力计以反映土仓内土压力 P_0。在较理想的土压平衡工作状态下,P_f 及 P_0 均很接近正面静止土压力 P_s,当只在土仓内没土压计时,应设定 $P=\alpha P_s$,α 值应按盾构掘进过程中测得的地表变形量与实测土仓压力值等资料,经分析后选定。

五、盾构出洞及其起始掘进段施工

(1)根据各工程的地质、环境条件以及洞口尺寸及深度,确定洞口一段地层加固方法与洞口的封门形式,并编制出洞施工技术设计及具体操作方法,以防止由于正面塌方造成灾害性事故。

洞口外土体作加固处理(如降水、水泥分层注浆、化学注浆或其他地基加固方法)后,应在出筒前检验加固效果。

（2）拼装后座管片的后端面与井壁密实贴紧，其环面应与掘进轴线垂直。后座管片拼成上部开口，以形成垂直运输与井下水平运输的通道，在后座管片开口段应有足够的开口尺寸和稳固的支撑系统。

（3）在准备工作结束，盾构安装调试运转正常后，即可开始盾构出洞起始段掘进施工。

（4）盾构出洞前，在导轨上逐环向前推进，直至盾构前端离洞口封门一定距离时停止推进，等待出洞。此距离按各封门形式而定，当封门采用外封板桩时此距离为 15～20cm。当用土压平衡盾构时，洞口封门拆除前应先在正面土仓内加满黏土。并略顶伸盾构千斤顶，以使土仓内黏土受到一定压力。

（5）封门拆除宜采用静力方法，以减少对筒口土体的扰动。

（6）洞口封门拆除后必须尽快将盾构推入洞圈内，使盾构切口切入土层，以缩短正面土体暴露时间。在洞口封门拆除前，应做好封门拆除后能及时掘进、拼装的装备工作。

（7）盾尾一出内井壁面后，应及时安装洞口与管片之间空隙的施工阶段密封装置。

（8）盾构在导轨上推进时，应及时垫实管片脱出盾尾后与导轨之间的空隙。

（9）出洞施工时，由于后座条件的限制，盾构上部千斤顶不能使用，为此要精心调正正面土体反力并少用或不用底部千斤顶，以防止盾构上飘与后座管片因不均受压而损坏。

（10）洞圈遇有泥水渗漏，应及时堵塞。

（11）在每个盾构出洞后的起始段（50～100m）推进中，应根据控制地面变形要求在地面上沿盾构轴线和与轴线垂直的横端面上，布设地表位移测量标志点，在每环推进中跟踪测量地面隆沉变化，并通过调整推进顶力，推进速度，盾构正面压力，推进坡度，压浆压力，数量等施工参数以使地面隆沉值尽量减少，从而为下一步盾构推进取得优化的施工参数和施工操作经验。

六、盾构进洞段施工

（1）根据环境、地质条件、洞门尺寸及深度确定洞口封门形式及对洞口土体的加固处理方案（降水、化学压浆或其他地基加固方法），需经设计提出土体加固强度及范围，并对加固效果检查。当加固条件受到限制或加固效果有疑问时，必须按特定情况制订安全出洞或进洞的技术措施。

（2）当环境保护要求较高的工程，如洞口采用外封门时，应按下列程序处理：

加内封门并在内封门洞圈内填土→拔外封门，盾构进洞圈→拆除内封门。

（3）盾构切口前端离洞口 10m 起应保证出土量，以防因盾构的推力过大而把封门结构顶坏。

（4）盾构掘进离洞口封门结构 30～50cm 时，停止盾构推进，并使切口正面土压力降到最低值，以确保洞口拆除施工安全。

（5）盾构进入洞口前，应予先在盾构接收井内安装好盾构基座，基座上导轨面不能高出洞口的洞圈高度，同时作好封门拆除准备工作。

（6）盾构进入洞口前，应根据隧道直径大小和轴线控制要求，在洞口前一定距离作一次盾构进洞方向测量传递，以确保进洞的准确性和安全性。

（7）在进洞段施工，要求盾构轴线控制精确，切口中心平面偏离在 ±20mm 以内，高程控制正值，其值一般为盾构与圈洞半径差的 1/2～3/4。

（8）停止掘进后，按制订的封门拆除工艺，进行封门的拆除施工，拆除后盾构应尽快的连续掘进和拼装管片。

(9)盾构进入井内全部到达基座上后应及时妥善作好洞圈口接头的防泥水处理工作。

七、盾构纠偏量的控制

(1)各工程所采用的盾构其内径与管片外径两者之间有一定的施工间隙,盾构纠偏只能在此范围内进行,过量纠偏将引起盾构卡住管片,导致管片压损或新一环管片拼装的困难。

(2)盾构纵坡的纠偏量:

每掘进一环后,盾构实际纵坡与已拼好管片的纵坡相对差值应在$\pm[i]$范围内。其值以盾构在掘进时不卡管片,掘进后不影响管片拼装且不致引起过大地面变形为原则。

①按不影响管片拼装要求。

$$i = i_盾 - i_衬 \leqslant [i] \tag{52-115}$$

式中:$i_盾$——盾构推进后实际纵坡;

　　$i_衬$——已成环管片纵坡;

　　i——盾构与管片相对坡差值;

　　$[i]$——允许坡差值。

从图 52-44 中可知,$[i]$为盾构轴线与管片轴线夹角的 $\tan\alpha$ 值。其关系如下:

$$A = \sqrt{\phi_{管外}^2 + B^2}$$

$$\cos\beta = \frac{B}{A}$$

$$\cos\beta' = \frac{\phi_{盾内}}{A}$$

$$\alpha = 90° - \beta - \beta'$$

$$[i] = \tan\alpha\%$$

式中:B——管片在盾尾内深度(mm);

　　$\phi_{管外}$——管片圆环外径(mm);

　　$\phi_{盾内}$——盾构内径(mm)。

②按控制地面变形和防止从盾构密封装置漏浆的要求,应满足 $i \leqslant 7\%$ 的要求。

(3)为测出平面纠偏量,每推进一环后,丈量左右两腰对称位置千斤顶的活塞杆伸出长度差值,用 ΔL 表示(图 52-45)。

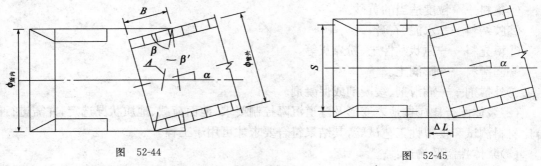

图 52-44　　　　　　　　　　　　　　图 52-45

①为满足不影响管片拼装要求:

平面纠偏量

$$\Delta L = \tan\alpha S \tag{52-116}$$

式中:α——盾构及衬砌允许水平夹角;

S——两侧丈量的千斤顶之间的中心距(mm)。

②为满足控制地面变形和防止盾尾密封装置漏浆的要求：

平面纠偏量 $\Delta L \leqslant 7‰ S$。

八、隧道压浆技术方案

(1)根据工程对隧道变形及地表变形的控制要求可选用同步注浆、一次压浆、二次压浆及多次压浆的工艺。注入的浆液应按地层性质、地面超载条件、变形速率控制要求合理选定。

(2)惰性浆液不得用作对地面和隧道沉降有较高控制要求的隧道。

(3)压浆量的计算公式如下：

$$V = 2\pi D(\delta + \Delta t)b \tag{52-117}$$

式中：V——要求压浆量(m^3)；

D——盾构外径(m)；

δ——盾构外径与衬砌环外径的间隙(m)；

Δt——黏附于盾壳外的黏土厚度(m)；

b——推进一环的长度(m)。

Δt 值随盾构在黏土层中掘进长度而增厚,初推段100m内黏附较少,以后每掘进100延米可设 Δt 值约增大2cm。对地表变形控制严格的地段应按逐段掘进施工而测得的地表变形资料,合理确定压浆量。

(4)压浆压力可按下式设定：

$$P = \bar{\gamma}h/98 + (0.12 \sim 0.13) \tag{52-118}$$

式中：P——浆液出口处压力(MPa)；

h——隧道顶部复土深度(m)；

$\bar{\gamma}$——覆土层的平均土重度(t/m^3)。

$$\bar{\gamma} = \frac{\gamma_1 h_1 + \cdots + \gamma_i h_i}{h}$$

九、压浆材料、浆体配合比、浆液运输及压浆设备

(1)压浆材料一般组成成分为：

①集料——粒度适当的黄砂。

②胶结料——水泥、石膏等。

③填充料——原状黏性土、粉煤灰等。

④润滑料——膨润土。

⑤外掺剂——润滑剂、缓凝剂或促凝剂。

(2)浆体配合比应按地表变形及隧道沉降控制要求,地面荷载、地质状况选定,并需进行配合比材料测试和模拟性工艺试验,其结果符合要求才可用于工程。

(3)浆体拌制及输送：

①必须采用浆体配合比特性相适应的搅拌设备,以确保拌制浆液配合比准确、混合均匀、稠度适当、易于流动、适时凝结。

②用于浆液运输的容器应便于吊运。

③为确保浆液质量,防止凝固和离析,容器内宜备有搅拌装置。

④可采用管道形式向井下输送浆液,管径不宜过大,内径一般为15cm。

(4)压浆设备。

①管片壁后压浆设备包括注浆泵、软管、连接管片压浆孔的旋塞压浆嘴、管路接头、阀门等。选用设备器具应保证浆液流动畅通,各个接点连接牢固,严防漏浆。

②同步注浆设备包括注浆泵、注浆分配系统、位于盾尾部的注浆管口、软管等。压浆分配系统应保证各注浆出口流量分配均匀,又可按施工检测信息灵活地调整注浆出口的启闭,而且各条注浆管路易于检查清通。

注:本章部分内容摘自参考文献[8]、[88]、[89]。

第五十三章　隧道工程施工测量

　　城市隧道工程,一般均在建筑物稠密、过江过河和地下管网繁多的地层中施工,其施工方法有明挖法、矿山法和盾构掘进法。其主要测量内容有:地面平面控制测量;地面高程控制测量;路线地面定线测量;联系测量;地下平面和高程测量;隧道(明挖或暗挖)施工测量;设备安装和其他有关测量等。由于施工方法的不同,施工测量也应配合施工工艺展开。因测量的内容较多,本章简要介绍盾构法掘进隧道施工测量,其他测量内容参阅参考文献[90]、[91]或有关测量专著,在此不再详述。

第一节　隧道工程施工测量的精度标准

一、地面平面与高程控制测量

1. 导线测量的主要技术要求(表 53-1)

地面导线测量主要技术要求　　　　　　表 53-1

两开挖洞口间距离(km)		测角中误差 (″)	边长相对中误差		导线边最小边长(m)	
直线隧道	曲线隧道		直线隧道	曲线隧道	直线隧道	曲线隧道
4～6	2.5～4.0	±2.0	1/5 000	1/15 000	500	150
3～4	1.5～2.5	±2.5	1/3 500	1/10 000	400	150
2～3	1.0～1.5	±4.0	1/3 500	1/10 000	300	150
<2	<1.0	±10.0	1/2 500	1/10 000	200	150

　　注:表中所列精度按下列情况考虑:按洞口投点为导线网端点,且距洞口为150m;平均曲线半径不小于350m;一组测
　　　　量;若平曲线半径小于350m及回头曲线隧道,应自行拟订,本表不适用。

2. 三角测量的主要技术要求(表 53-2)

地面三角测量的主要技术要求　　　　　　表 53-2

两开挖洞口间距离 (km)	测角中误差 (″)	边长相对中误差		
		最弱边	起始边	基线
4～6	±2.0	1/20 000	1/20 000	1/45 000
2～4	±2.0	1/15 000	1/20 000	1/30 000
1.5～2	±2.5	1/15 000	1/20 000	1/30 000
<1.5	±4.0	1/10 000	1/15 000	1/25 000

3. GPS 定位技术的主要技术指标(表 53-3)

GPS 控制网主要技术指标　　　　　　表 53-3

平均边长 (km)	最弱点点位中误差 (mm)	相邻点的相对点位中误差(mm)	最弱边的相对中误差	与原有控制网的坐标较差(mm)
2	±12	±10	1/90 000	<50

4. 水准测量的规定（表 53-4）

水准测量的规定（公路隧道）　　　　　　　　　　　　　　表 53-4

两洞口间水准路线长度（mm）	水准仪型号	水准尺类型	高差闭合差允许值（mm）
10～20	S₃	区格式水准尺	$\pm20\sqrt{L}$
<10	S₃ 或 S₁₀	区格式水准尺	$\pm30\sqrt{L}$

注：L 为单程水准路线长度（km）。

二、联系测量（包括定向测量和高程传递）

1. 定向测量的方法及其要求（表 53-5）

定向测量的方法及其要求　　　　　　　　　　　　　　表 53-5

方　　法	地下定向边方位角中误差（″）	地下近井点位中误差（mm）	备　　注
竖直导线定向法	±8	±10	平均边长 60m，导线边竖直角≤30°
联系三角形法	±12	—	联系三角形布设应满足规定要求
铅垂仪、陀螺仪定向法	±20（一次）	±10	独立三次方位角中误差≤±8″

2. 高程传递及其要求（表 53-6）

高程传递及其要求（通过竖井传递高程）　　　　　　　　　表 53-6

方　　法	测　回　数	测回间高程较差（mm）	由地面不同水准点传递地下高程较差（mm）
水准仪配合悬吊钢尺	3	±3	±5

注：地上、地下各一台水准仪，同时对悬吊钢尺读数；钢尺应加尺长与温度改正；宜由地面 2～3 个已知水准点传递高程；
　　如由平洞或洞口传递，可直接采用水准测量方法。

三、地下（洞内）平面与高程控制测量

（1）地下（洞内）平面控制主要是导线测量，其主要技术要求如表 53-7 所示。

地下导线测量主要技术要求　　　　　　　　　　　　　　表 53-7

等　级	两开挖洞口的长度（km）		测角中误差（″）	边长相对中误差	
	直线隧道	曲线隧道		直线隧道	曲线隧道
二	7～20	3.5～20	±1.0	1/5 000	1/10 000
三	3.5～7	2.5～3.5	±1.8	1/5 000	1/10 000
四	2.5～3.5	1.5～2.5	±2.5	1/5 000	1/10 000
五	<2.5	<1.5	±4.0	1/5 000	1/10 000

（2）地下（洞内）高程控制主要是水准测量，其主要技术要求如表 53-8 所示。

地下水准测量主要技术要求　　　　　　　　　　　　　　表 53-8

等级	两开挖洞口水准路线长度（km）	水准仪等级	每公里高差中数的偶然中误差 M_Δ（mm）	水准尺类型	备　注
二	>32	S₁	<±1.0	线条式因瓦水准尺	按二等精密水准要求
三	11～32	S₃	<±3.0	区格式水准尺	按三等水准要求
四	5～11	S₃	<±5.0	区格式水准尺	按四等水准要求
五	<5	S₃	<±7.5	区格式水准尺	按五等水准要求

四、贯通误差的限差

1. 公路隧道贯通误差的限差（表 53-9）

公路隧道贯通误差的限差   表 53-9

两开挖洞口间长度(m)	<3 000	3 000~6 000	>6 000
横向贯通限差(mm)	150	200	视仪器设备及施工需要另行规定,需有关部分批准
高程贯通限差(mm)	±70		

2. 洞内洞外控制测量误差所产生的横向贯通中误差的允许值（表 53-10）

横向贯通中误差的允许值   表 53-10

测 量 部 位	横向中误差(mm)		高程中误差(mm)
	两开挖洞口间长度(m)		
	<3 000	3 000~6 000	
洞外	45	55	25
洞内	60	80	25
总的横向(高程)中误差	75	100	35

第二节 竖井联系测量

在隧道工程中,常常通过竖井将地面控制网中的坐标、坐标方位角及高程传到井下,以便进行地下开挖施工。

一、联系三角形定向法

联系三角形进行竖井定向时,在井架上悬挂两个重锤于洞内,如图 53-1 所示。待锤稳定后,在地面上根据控制点测定两垂线的坐标及垂线连线的坐标方位角,在井下根据垂线坐标及其连线的坐标方位角,确定洞内导线的起算坐标及坐标方位角。

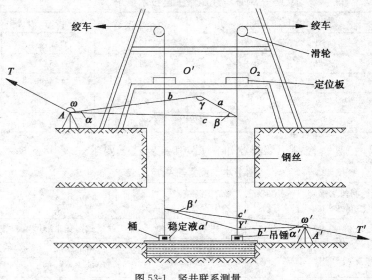

图 53-1 竖井联系测量

748

(1)由地面用钢丝绳(细)悬挂重锤向洞内投点,如图 53-1 所示。投点时先在钢丝绳挂以较轻荷重,用绞车徐徐下入井中,后在井底换上重锤,放入盛水或机油的桶中,但不能与桶壁接触,井上设有移动定位板,可改变垂线的位置。桶在放入重锤后需加盖。

(2)井上井下的连接测量。

在连接测量中是采用联系三角形,如图 53-1 所示。A 为地面上的近井控制点,O_1、O_2 为两垂线的定位板,A'为井下近井点,将作为洞内导线的起算点。待两垂线稳定后,在地面上观测 α 角和连接角 ω,并丈量三角形边长 a、b、c;在井下观测 α'角和连接角 ω',并丈量三角形边长 a'、b'、c'。

角度测量采用 J_2 级经纬仪,用方向观测法观测 6 测回。为减少仪器对中误差对测角的影响,测角时应进行三次对中,每次对中将基座位置变换 $120°$。

丈量联系三角形的边长时,应使用具有毫米分划的钢卷尺。钢尺在使用前应进行检验,丈量时应施加检验的拉力,并记录测量时的温度,每边需丈量 6 次,并改变钢尺的读数位置,读数估读至 0.1mm,同一边长每次观测值的互差不大于 2mm。

此外,两垂线间的间距,井上井下所量结果之差不应大于 2mm。在联系三角形中,量得的两垂线间的 a 的值(图 53-1)可按余弦定理计算:

$$a = \sqrt{b^2 + c^2 - 2bc\cos\alpha} \tag{53-1}$$

算得的垂线间的间距亦不应大于 2mm。

(3)联系三角形的最有利的形状。

①联系三角形中的两个锐角 α 和 β 应接近于零,在任何情况下 α 角都不能大于 $3°$。

②b 与 a 的比值应以 1.5 为宜。

③两垂线间距 a 应尽可能的大。

④用联系三角形传递坐标方位角时,应选择经过小角 β 的路线。

(4)联系三角形的平差计算。

在求取角度 ω 和 α 各测回观测的平均值,边长 a、b、c 进行尺长改正和温度改正并取平均值之后,即可进行联系三角形的平差计算,其计算步骤如下:

①按正弦定理计算井上、井下联系三角的 β、γ 和 β'、γ' 的角值,即:

$$\left.\begin{aligned} \sin\beta &= \frac{b}{a}\sin\alpha \\ \sin\gamma &= \frac{c}{a}\sin\alpha \end{aligned}\right\} \tag{53-2}$$

或

$$\left.\begin{aligned} \sin\beta' &= \frac{b'}{a}\sin\alpha' \\ \sin\gamma' &= \frac{c'}{a}\sin\alpha' \end{aligned}\right\} \tag{53-3}$$

②计算井上、井下两个三角形的闭合差:

$$\left.\begin{aligned} f &= \alpha + \beta + \gamma - 180° \\ f' &= \alpha' + \beta' + \gamma' - 180° \end{aligned}\right\} \tag{53-4}$$

③计算井上、井下两个三角形边长的改正数 v_a、v_b、v_c 和 v_a'、v_b'、v_c',以及平差值 $a_平$、$b_平$、$c_平$ 和 $a_平'$、$b_平'$、$c_平'$。

$$v_a = v_b = -\frac{f}{3\alpha} \left. \right\} \qquad (53-5)$$
$$v_c = +\frac{f}{3\alpha}$$

检核：

$$v_a + v_b - v_c = -\frac{f}{\alpha}a \qquad (53-6)$$

$$\begin{aligned} a_{\text{平}} &= a + v_a \\ b_{\text{平}} &= b + v_b \\ c_{\text{平}} &= c + v_c \end{aligned} \right\} \qquad (53-7)$$

井下三角形边长的计算与井上完全相同。

④计算井上、井下角度改正数 v_β、v_γ 和 v'_β、v'_γ 以及平差值 $\beta_{\text{平}}$、$\gamma_{\text{平}}$ 和 $\beta'_{\text{平}}$、$\gamma'_{\text{平}}$。

$$\begin{aligned} v_\beta &= \frac{f}{3}\left(\frac{b}{a}-1\right) \\ v_\gamma &= -\frac{f}{3}\left(\frac{c}{a}-1\right) \end{aligned} \right\} \qquad (53-8)$$

检核：

$$v_\beta + v_\gamma = -f \qquad (53-9)$$

$$\begin{aligned} \beta_{\text{平}} &= \beta + v_\beta \\ \gamma_{\text{平}} &= \gamma + v_\gamma \end{aligned} \right\} \qquad (53-10)$$

井下三角形角度的计算与井上完全相同。

⑤沿 $TA \rightarrow AO_2 \rightarrow O_2O_1$ 路线推算两垂线连线方向 O_2O_1 的坐标方位角。

⑥沿 $O_2O_1 \rightarrow O_1A' \rightarrow A'T'$ 路线推算洞内 $A'T'$ 的坐标方位角。

⑦计算 A' 的坐标。

【例 53-1】 某顶管工程的工作竖井如图 53-1 所示,已知坐标方位角 $\alpha_{TA} = 144°28'39''$,$A$ 点的坐标:$x_A = 4\,583.493\text{m}$,$y_A = 2\,740.532\text{m}$,井上井下联系三角形的角度和边长的观测数据如表 53-11 所示。

联系三角形的角度和边长的观测数据   表 53-11

	井	上		井	下
角度 (0°0′0″)	ω	65°54′28″	角度 (0°0′0″)	ω'	359°11′31″
	α	0°17′22″		α'	1°14′32″
边长 (m)	a	4.288 3	边长 (m)	a'	4.290 6
	b	5.181 3		b'	6.762 6
	c	9.470 0		c'	11.047 2

解:计算如下:

(1)β、γ 和 β'、γ' 的角值计算

按式(53-2)和式(53-3)计算。

井上：

$$\beta = \sin^{-1}\left(\frac{b}{a}\sin\alpha\right) = \sin^{-1}\left(\frac{5.181\,3}{4.288\,3} \times \sin 0°17'22''\right) = 0°20'58.99''$$

$$\gamma = \sin^{-1}\left(\frac{c}{a}\sin\alpha\right) = \sin^{-1}\left(\frac{9.470\,0}{4.288\,3} \times \sin 0°17'22''\right) = 179°21'38.88''$$

井下：

$$\beta' = \sin^{-1}\left(\frac{b'}{a'}\sin\alpha'\right) = \sin^{-1}\left(\frac{6.762\ 6}{4.290\ 6}\times\sin1°14'32''\right) = 1°57'29.33''$$

$$\gamma' = \sin^{-1}\left(\frac{c'}{a'}\sin\alpha'\right) = \sin^{-1}\left(\frac{11.047\ 2}{4.290\ 6}\times\sin1°14'32''\right) = 176°48'00.66''$$

(2)计算三角形的闭合差

按式(53-4)计算：

井上：

$$f=\alpha+\beta+\gamma-180°=0°17'22''+0°20'58.99''+179°21'38.88''-180°=-0.13''$$

井下：

$$f'=\alpha'+\beta'+\gamma'-180°=1°14'32''+1°57'29.33''+176°48'00.66''-180°=+1.99''$$

(3)三角形边长改正数及平差值计算

按式(53-5)计算：

井上：

$$v_a = v_b =-\frac{f}{3\alpha}a =-\frac{-0.13}{3\times0°17'22''}\times4.288\ 3 =+0.000\ 2(\text{m})\ \Bigg\}$$

$$v_c =+\frac{f}{3\alpha}a =-0.000\ 2(\text{m})$$

按式(53-6)和式(53-7)检核：

$$v_a + v_b - v_c = 0.000\ 2+0.000\ 2-(-0.000\ 2)=0.000\ 6(\text{m})$$

$$-\frac{f}{\alpha}a =-\frac{-0.13}{0°17'22''}\times4.288\ 3=0.000\ 5(\text{m})$$

$$a_{平}=a+v_a=4.288\ 3+0.000\ 2=4.288\ 5(\text{m})\ \Bigg\}$$
$$b_{平}=b+v_b=5.181\ 3+0.000\ 2=5.181\ 5(\text{m})\quad (\text{符合要求})$$
$$c_{平}=c+v_c=9.470\ 0+(-0.000\ 2)=9.469\ 8(\text{m})$$

井下：

$$v'_a = v'_b =-\frac{f'}{3\alpha'}a' =-\frac{+1.99''}{3\times1°14'32''}\times4.290\ 6 =-0.000\ 6(\text{m})\ \Bigg\}$$

$$v'_c =+\frac{f'}{3\alpha'}a' =+0.000\ 6(\text{m})$$

检核：

$$v'_a + v'_b - v'_c =-0.000\ 6-0.000\ 6-0.000\ 6 =-0.001\ 8(\text{m})$$

$$-\frac{f'}{\alpha'}a' =-\frac{1.99''}{1°14'32''}\times4.290\ 6 =-0.001\ 9(\text{m})$$

$$a'_{平}=a'+v'_a=4.290\ 6-0.000\ 6=4.290\ 0(\text{m})\ \Bigg\}$$
$$b'_{平}=b'+v'_b=6.762\ 6-0.000\ 6=6.762\ 0(\text{m})\quad (\text{符合要求})$$
$$c'_{平}=c'+v'_c=11.047\ 2+0.000\ 6=11.047\ 8(\text{m})$$

(4)角度改正数及平差值计算

按式(53-8)计算：

井上：

$$v_\beta = \frac{f}{3}\left(\frac{b}{a}-1\right)=\frac{-0.13''}{3}\left(\frac{5.181\ 3}{4.288\ 3}-1\right)=-0.01''\ \Bigg\}$$

$$v_\gamma = -\frac{f}{3}\left(\frac{c}{a}-1\right)=-\frac{-0.13''}{3}\left(\frac{9.470\ 0}{4.288\ 3}-1\right)=+0.14''$$

按式(53-9)检核：

$$v_\beta + v_\gamma = +0.13'' = -f$$

$$\left.\begin{array}{l} \beta_{平} = \beta + v_\beta = 0°20'58.99'' + (-0.01'') = 0°20'58.98'' \\ \gamma_{平} = \gamma + v_\gamma = 179°21'38.88'' + 0.14'' = 179°21'39.02'' \end{array}\right\}$$

α 的观测值即作为平差值,所以

$$\alpha + \beta_{平} + \gamma_{平} = 180°$$

井下:

$$\left.\begin{array}{l} v'_\beta = \dfrac{f'}{3}\left(\dfrac{b'}{a'}-1\right) = \dfrac{+1.99''}{3}\left(\dfrac{6.7626}{4.2906}-1\right) = +0.38'' \\[3mm] v'_\gamma = -\dfrac{f'}{3}\left(\dfrac{c'}{a'}-1\right) = -\dfrac{+1.99''}{3}\left(\dfrac{11.0472}{4.2906}-1\right) = -2.37'' \end{array}\right\}$$

按式(53-9)检核：

$$v'_\beta + v'_\gamma = -1.99'' = -f'$$

$$\left.\begin{array}{l} \beta'_{平} = \beta' + v'_\beta = 1°57'29.33'' + 0.38'' = 1°57'29.71'' \\ \gamma'_{平} = \gamma' + v'_\gamma = 176°48'00.66'' - 2.37'' = 176°45'58.29'' \end{array}\right\}$$

$$\alpha' + \beta'_{平} + \gamma'_{平} = 180°$$

(5)推算两垂线连线方向 O_2O_1 的坐标方位角

$$\begin{aligned} \alpha_{AO_2} &= \alpha_{TA} + (\omega + \alpha) - 180° \\ &= 144°28'39'' + 65°54'28'' + 0°17'22'' - 180° \\ &= 30°40'29'' \end{aligned}$$

$$\alpha_{O_2O_1} = \alpha_{AO_2} + \beta_{平} + 180° = 30°40'29'' + 0°20'58.98'' + 180° = 211°01'27.98''$$

(6)推算洞内 $A'T'$ 的坐标方位角

$$\alpha_{O_1A'} = \alpha_{O_2O_1} - 180° - \beta'_{平} = 211°01'27.98'' - 180° - 1°57'29.71'' = 29°03'58.27''$$

$$\alpha_{A'T'} = \alpha_{O_1A'} - 180° - \omega' = 29°03'58.27'' - 180° - 359°11'31'' = 208°15'29.27''$$

(7)计算 A' 的坐标

A' 的坐标可按导线坐标计算的方法进行计算,如表 53-12 所示。

A' 的坐标计算　　　　　　　　　　　　　　　　　　　　表 53-12

点　　号	坐标方位角 (0°0′0″)	边长 (m)	坐标增量(m)		坐标(m)	
			Δx	Δy	x	y
T	144　28　39					
A					4 583.493	2 740.523
	30　23　07	5.181 5	+4.469 8	+2.620 9		
O_1					4 587.963	2 743.144
	29　03　58.27	11.047 8	+9.656 4	+5.367 2		
A'					4 597.619	2 748.511

二、光学垂准仪与陀螺经纬仪联合进行竖井联系测量

1. 光学垂准仪的投点方法

在井上选定三个点位,用光学垂准仪投点,其方法为:先在井上设置盖板,在选定点位处开一个 $30cm \times 30cm$ 孔,将仪器置于该处,另搭支架且不能与井盖接触,供观测者立在上面进行观测。将仪器整平后对准孔心。井下设移动觇牌,如图 53-2 所示。

用红、白或黄、黑油漆刷成的 50cm×50cm 方形或直径位 50cm 圆形金属觇牌，如图 53-2 所示，图形中心有一针眼小孔，使用时平置井底地面。移动觇牌，使其中心小孔恰好在仪器视准轴上，再由此小孔将点定出。为消除误差的影响，投点时，照准部平转 90°为一盘位，共测四个盘位，每个盘位向井下投一点，如不重合，则取四点的中心作为一测回的投点位置，如图 53-2b)所示。

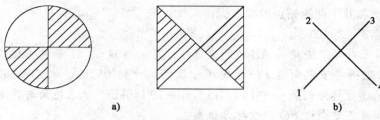

图 53-2　油漆对称的觇牌

每个点位需进行四个测回，四个测回投点的重心作为最后采用的投点位置，然后用仪口瞄准该投点，视线投在井盖上定出井上相应的点位，这样在井上、井下共定出三对相对应的点，最后检查井上两点距离与井下相对应两点距离之差，小于 2mm 即认为合格。测得井上点的坐标，即可作为井下相应点的坐标。

2. 陀螺经纬仪测定洞内定向边的坐标方位角

地面测定已知边陀螺方位角示意如图 53-3 所示。在地面上选定边的一端 A 上安置仪器，测定 AB 边的陀螺方位角 m。（陀螺经纬测定的真方位角，亦称为地理方位角，但由于陀螺轴、望远镜视准轴和观测目镜的光轴不在同一竖直面内，使所测得的方位角与真方位角不一致，故称陀螺方位角，其差值亦称为仪器常数）。

再将仪器迁至井下定向边的一端 P 点上，如图 53-4 所示。测得定向边 PQ 的陀螺方位角 m。

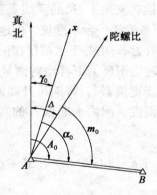

图 53-3　地面测定已知边陀螺方位角

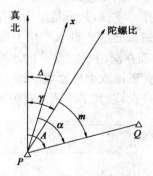

图 53-4　井下测定定向边陀螺方位角

设 A_0 和 A 分别为地面已知边 AB 和井下定向边 PQ 的真方位角；γ_0 和 γ 分别为地面 AB 和井下 PQ 边的子午线收敛角；α_0 和 α 分别为已知边 AB 和定向边 PQ 的坐标方位角，Δ 为仪的常数。由图 53-3 和图 53-4 可得：

$$\alpha = A - \gamma = m + \Delta - \gamma \tag{53-11}$$

$$\Delta = A_0 - m_0 = \alpha_0 + \gamma_0 - m_0 \tag{53-12}$$

$$\alpha = \alpha_0 + (m - m_0) + \delta_\gamma \tag{53-13}$$

式中:δ_γ——地面与井下两测站子午线收敛角之差,$\delta_\gamma=(\gamma_0-\gamma)$,其值可按式(53-13)计算。

$$\delta_\gamma''=\frac{y_A-y_P}{R}\tan\varphi'' \tag{53-14}$$

式中:R——地球半径,$R=6\,371\text{km}$;

φ——当地的纬度;

y_A、y_P——地下和井下两测站点的横坐标;

ρ''——弧度,$\rho''=206\,265''$。

【例 53-2】 已知某竖井地面 AB 边的坐标方位角 $\alpha_0=94°50'41''$ 和井下该边的陀螺方位角 $m_0=96°12'03''$,测得井下定向边 PQ 的陀螺方位角 $m=44°05'35''$。又已知当地纬度 $\varphi=40°30'$,A、P 两点的横坐标分别为 $y_A=19\,144\text{km}$,$y_P=19\,145\text{km}$。试求地面与井下两测站子午线收敛角之差 δ'' 和井下定向边 PQ 的坐标方位角 α。

解: 由式(53-14)得:

$$\delta_\gamma''=\frac{19\,144-19\,145}{6\,371}\times\tan40°30'\times206\,265=-27.7''$$

由式(53-13)计算,得井下定向边 PQ 的坐标方位角为:

$$\alpha=94°50'41''+(44°05'35''-96°12'03'')+(-28'')=42°43'45''$$

第三节　竖井高程传递

一、钢尺导入法

钢尺导入法传递高程示意如图 53-5 所示。将钢尺悬挂在支架上,尺的零端垂直于井下,并在顶端挂一重锤,其重量应为检定时的拉力。井上、井下各安置一台水准仪。由地面上的水准仪在已知水准点 A 的水平上读取 a,在钢尺上读取读数为 m;由井下水准仪在钢尺上读取读数为 n,而在洞内水准点 B 的水准尺上的读数为 b。为避免钢尺上下移动对测量数据的影响,井上、井下读取钢尺读数 m、n 必须在同一时刻进行。变更仪器高,将钢尺升高或降低,再重新观测一次,取其平均值。观测时应记录井口和井下的温度。洞内水准点 B 的高程 H_B 可按下式计算。

$$H_B=H_A+a-[(m-n)+\Delta l+\Delta t]-b \tag{53-15}$$

式中:Δt——钢尺的温度改正数,按式(53-16)计算。

$$\Delta t=\alpha(t_平-t_0)l \tag{53-16}$$

式中:α——钢尺的膨胀系数,取 $\alpha=0.000\,012\,5\text{℃}$;

$t_平$——井上、井下的平均温度;

t_0——钢尺检定时的温度,一般取 $t_0=20\text{℃}$;

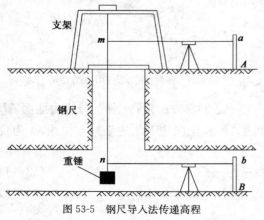

图 53-5　钢尺导入法传递高程

l——井上、井下水准仪读数的高差数，即 $l=m-n$；

Δl——钢尺尺长改正数，包括三项对尺长的改正数。

Δl 所包括的三项对尺长的改正数为：

(1)测量时，需加入钢尺的名义长度与实际长度的改正数：

$$\Delta l_1 = \frac{L-L_0}{L_0} \times l \qquad (53\text{-}17)$$

式中：L——标准温度、标准拉力下测得的钢尺实际长度（标准拉力为 100N 或 150N）；

L_0——钢尺的名义长度。

(2)钢尺吊挂垂直线传递高程时，需加入钢尺的垂直改正数：

$$\Delta l_2 = \frac{p^2 l}{24H^2} \qquad (53\text{-}18)$$

式中：p——钢尺总重；

H——检定时的拉力（为 100N 或 150N）。

(3)钢尺由于自重而产生的伸长改正数：

$$\Delta l_3 = \frac{\gamma l^2}{2E} \qquad (53\text{-}19)$$

式中：γ——钢材的密度，一般取 7.85g/cm^3；

E——钢材的弹性模量，一般取 $1.96\times10^5\text{MPa}$。

所以钢尺长度的改正数 Δl 为：

$$\Delta l = \Delta l_1 + \Delta l_2 + \Delta l_3 \qquad (53\text{-}20)$$

如果悬挂的重锤质量与检定时的拉力不同，则还需增加由于增重而引起的伸长改正数：

$$\Delta = \frac{Q-H}{EF} l \qquad (53\text{-}21)$$

式中：Q——重锤的质量；

F——钢尺横断面面积。

二、用光电测距仪传递高程

此方法是用光电测距仪代替钢尺测定竖井的深度，操作简便，精度高。测量时需按仪器的外部轮廓加工一个支架，支架由托架和脚架组成，将仪器平放在托架上，使仪器竖轴处于水平位置。如图 53-6 所示，将光电测距仪安置在地面井口盖板上的特制支架上，并使仪器竖轴水平，望远镜竖直瞄准井下预制的反射棱镜，测出井深 h。在井上、井下各置一台水准仪。由地面上的水准仪在已知水准点 A 的水准尺上读取读数 a，在测距仪横轴位置（发射中心）立尺读取读数 b；由井下水准仪在洞内水准点 B 的水准尺上读取读数 b'，将尺立于反射棱镜中心读取读数 a'。井下水准点 B 的高程即可按式(53-22)算出：

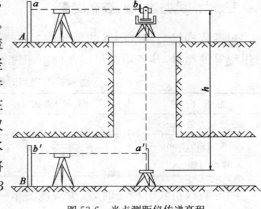

图 53-6 光点测距仪传递高程

$$H_B = H_A + (a-b) + (a'-b') - h \tag{53-22}$$

式中：h——经气象改正及仪器加、乘常数改正后的距离值。

第四节　盾构法掘进位置、姿态的测量和控制

现在盾构机的尺寸一般直径为几米到十几米，机身长度基本与其直径相近，其重量通常为几百吨至两千吨左右。相比庞然大物要潜伏在地层中向前推进，如果要想改变方向的确不是一件容易的事。因此在推进过程中如不及时监测管理，致使其偏离设计的中心轴线，则后果不堪设想，故要求盾构推进过程中必须时刻监测盾构机所处的位置（三维坐标）和姿态（倾角），并与设计的路线时刻对比，如出现偏差就应及时加以纠正，使其回到正确的轨道上来。

因为管片是在盾构尾部组装，而管片的设置又是与盾构机的轨迹基本一致，所以盾构在顶进过程中，应把偏离值控制在规范允许的范围之内，按设计路线推进，才能达到施工质量目的。

盾构隧道测量可分为地表基准测量、路线中心轴线测量、把基准点导入洞内的测量、盾构拼装测量、盾构姿态测量和盾构环片的测量等。

一、联系测量

根据《城市轨道交通工程测量规范》（GB 50308—2008）的规定，采用合适的联系测量方法（见本章第二节），将地面平面和工程控制点传递到盾构井（室）中，并据此再测设出线路中线点和盾构拼装时所需的测量控制点。由于场地局限，这些线路中线点可在隧道拱顶上设置有强制对中装置的内外架式的金属吊篮或固定观测墩。其测设值与设计值的较差应不大于 3mm。

二、盾构井（室）和盾构拼装测量

按路线中线点和盾构安装时测设的控制点，使用全站仪极坐标法测设其平面位置，洞内盾构导轨安装，设计高程用精密水准仪进行测量。在安装盾构导轨时，测设同一位置的导轨方向、坡度和高程与设计值较差应不大于 2mm。

当盾构机拼装完成后，应对盾构机纵向和径向轴线进行测量，主要内容包括：机头与盾尾连接点中心、盾尾之间的长度测量；盾构外壳长度测量、和盾构刀口、盾尾及支承环的直径测量等。

三、盾构机掘进实时姿态测量

包括盾构机与路线中线的平面（左、右）偏差、高程（上、下）偏差、纵向坡度、横向旋转和切口里程等的测量，其各项测量误差应不超过表 53-13 的规定。

盾构机掘进实时姿态测量误差技术要求　　　　　　　　　表 53-13

测　量　内　容	测　量　误　差	测　量　内　容	测　量　误　差
平面偏差值（mm）	±5	横向旋转角（′）	±3
高度偏差值（mm）	±5	切口里程（mm）	±10
纵向坡度（%）	1		

测定盾构机实时姿态时，最少应该测量一个特征点和一个特征轴，一般应选择其切口中心作为特征点，纵轴作为特征轴。

利用隧道洞内施工控制导线点测定盾构纵向轴线的方位角,该方位角与盾构本身陀螺方位角的较差,应为陀螺方位角的改正值,并以此修正盾构掘进方向。

现代盾构机均装备有先进的自动导向系统,可自动进行盾构机实时姿态的测量,现将"德国 VMT 公司的 SLS-T 系统"在南京地铁 1 号线 TA$_7$ 标段盾构法施工使用过的情况举例如下:

1. 组成部分

德国 VMT 公司的 SLS-T 系统主要由下列四部分组成:

(1)具有自动照准目标的全站仪,用于测量角度和距离的发射激光束。

(2)ElS(电子激光系统)又称激光靶板,是一台智能型传感器,它接受全站仪发射出的激光束,测量水平方向和垂直方向的入射点,坡度和旋转也由系统内的倾斜仪测量,偏角由 ELS 上的激光器的入射角确认,ELS 固定在盾构机得机身内,安装时位置已确定,故相对于盾构机轴线的关系数均已知。

(3)计算机与隧道掘进软件,SLS-T 软件是自动导向系统的核心。它从全站仪和 ELS 等通信设备接受数据,盾构机的位置在该软件中计算,并以数字和图形显示在计算机的屏幕上。操作系统采用 Windows 2000,使用方便。

(4)黄色箱子是给全站仪提供电源以及计算机与全站仪之间的通信和数据的传输。

2. 盾构机自动导向测量的基本原理

隧道洞内设有地下施工导线,导线点随着盾构掘进而延伸,考虑到盾构机内 ELS 的位置,地下施工导线点应布设在掘进方向的右上侧,埋设具有强制对中装置的内外架式的金属吊篮,如图 53-7a)所示。地下控制导线一般每 150～200m 布设一点,为便于测量,应布设在掘进方向左侧管片壁距离钢轨约 1.5m 高度处,如图 53-7b)所示。

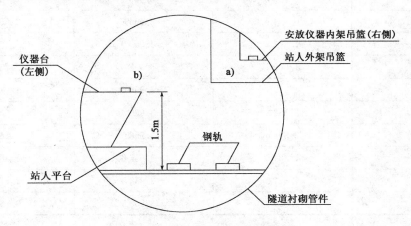

图 53-7　盾构内仪器台和吊篮示意图

将带有激光器的自动全站仪安装在右侧一个已知(x、y、z)地下施工导线点吊篮内架上,后视另一已知坐标(x、y、z)的施工导线点(安装标牌与棱镜),然后全站仪自动转向盾构上 ELS 棱镜,自动显示 ELS 棱镜平面坐标(x、y)和高程(z)。激光束对向 ELS,则 ELS 就可测定激光相对于 ELS 平面偏角,在 ELS 入射点之间测得折射角及入射角,用于测定盾构机相对于隧道设计轴线(DTA)的偏角。坡度和旋转直接用安装在 ELS 内的倾斜仪测量。通过全站仪测出的与 ELS 之间的距离,可以提供沿着 DTA 掘进的盾构机的里程长度。所测得的数据输入计算机通过软件组合起来用于计算盾构机轴线上前后两个参考点的精确空间位置,并与隧道设计轴（DTA）比较，所得的偏差值显示在屏幕上，这就是盾构机掘进实时姿态。在掘进时，只要控制好姿态，盾构机就能精确地沿着隧道设计的轴线方向掘进，并保证隧道能按设计要求贯通。

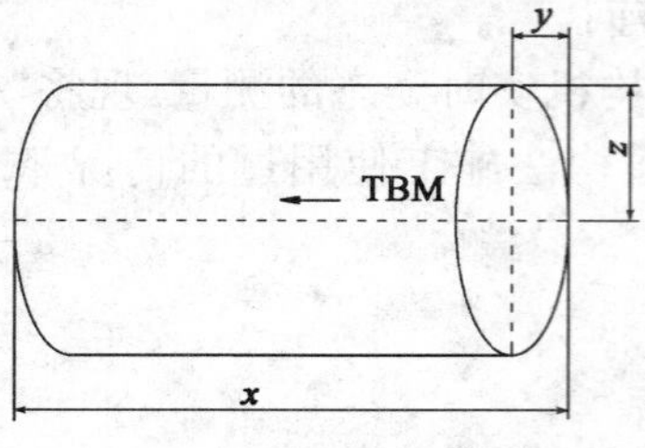

3. 盾构机掘进实时姿态位置的检测

在隧道掘进过程中，必须独立于 SLS-T 系统定期用棱镜法对盾构机姿态和位置进行检测。本工程使用的盾构机内有 18 个参考点（M8 螺母），这些点在盾构机制造前已定位，它们对于盾构机的轴线有一定的参数关系，如表 53-14 所示。它们与盾构机轴线构成局部坐标系，如图 53-8 所示。

图 53-8　盾构机轴线局部坐标系

盾构机局部坐标系各参考点坐标值（m）　　　　表 53-14

点　号	y	x	z
1	−2.369 2	−3.951 9	1.113 6
2	−2.285 7	−3.959 0	1.437 1
3	−1.991 7	−3.956 7	1.656 5
4	−1.670 1	−3.955 3	1.294 3
5	−1.699 2	−3.953 7	0.905 5
6	−1.525 3	−3.961 9	2.247 5
7	−0.506 5	−3.966 2	2.659 8
8	−0.363 8	−3.970 1	2.815 0
9	0.399 2	−3.963 3	2.711 2
10	0.594 7	−3.964 3	2.654 3
11	1.402 3	−3.959 9	2.406 8
12	1.559 1	−3.958 0	2.234 1
13	1.942 1	−3.956 2	1.775 3
14	2.158 8	−3.960 4	1.600 7
15	2.305 6	−3.956 0	1.169 5
16	1.884 6	−3.956 8	1.364 1
17	1.814 6	−3.958 0	1.073 1
18	2.854 9	−3.960 5	0.564 4

在进行测量时，将特制的适配螺栓旋转到 M8 螺母中，再装上棱镜。目前这些参考点的测量可达到毫米的精度，在已知的坐标和测得坐标经过三维转换，与设计坐标比较，就可计算出盾构机的姿态和位置参数。

4. 盾构机掘进实时姿态位置的计算

根据地下洞内控制导线点，只要测出 18 个参考点中的任意 3 个点（最好选在左、中、右 3 个点）的实际三维坐标，就可求得盾构机的姿态。对于以盾构轴线为坐标系的局部坐标来说，无论盾构机如何旋转和倾斜，这些参考点与盾构机的盾首中心和盾尾中心的空间距离是不会变的，始终保持一定的值，这些只可从它的局部坐标系中算出来。

计算方法如下：假设已经测出左、中、右(例如第 3、8、15 号)3 个参考点的实际三维坐标分别为：$(x_1、y_1、z_1)$、$(x_2、y_2、z_2)$、$(x_3、y_3、z_3)$，并设盾首中心的实际三维坐标和盾尾中心的实际三维坐标分别为：$(x_首、y_首、z_首)$、$(x_尾、y_尾、z_尾)$，从图 53-8 中可以看出，在以盾构机轴线构成的局部坐标系统中，盾首中心为坐标原点，其坐标为 $(0、0、0)$，盾尾中心坐标为 $(-4.34、0、0)$，从表 53-14 中可以查出各参考点在局部坐标系的坐标值。

根据上述数据，可列出两组三元二次方程组，来求解出盾首中心和盾尾中心的实际三维坐标。

方程组如下：

第一组(计算盾首中心三维坐标)：

$$\left.\begin{aligned}
(x_1-x_首)^2+(y_1-y_首)^2+(z_1-z_首)^2 &= (-3.956\ 7)^2+(-1.991\ 7)^2+(1.656\ 5)^2 \\
(x_2-x_首)^2+(y_2-y_首)^2+(z_2-z_首)^2 &= (-3.970\ 1)^2+(-0.363\ 8)^2+(2.815\ 0)^2 \\
(x_3-x_首)^2+(y_3-y_首)^2+(z_3-z_首)^2 &= (-3.956\ 0)^2+(-2.305\ 6)^2+(1.169\ 5)^2
\end{aligned}\right\}$$

第二组(计算盾尾中心三维坐标)：

$$\left.\begin{aligned}
(x_1-x_尾)^2+(y_1-y_尾)^2+(z_1-z_尾)^2 &= (-3.956\ 7+4.34)^2+(-1.991\ 7)^2+(1.656\ 5)^2 \\
(x_2-x_尾)^2+(y_2-y_尾)^2+(z_2-z_尾)^2 &= (-3.970\ 1+4.34)^2+(-0.363\ 8)^2+(2.815\ 0)^2 \\
(x_3-x_尾)^2+(y_3-y_尾)^2+(z_3-z_尾)^2 &= (-3.956\ 0+4.34)^2+(-2.305\ 6)^2+(1.169\ 5)^2
\end{aligned}\right\}$$

采用专业软件解算上述方程式，由棱镜法实测某里程盾构机上的 3 个参考点(第 3、8、15 号)的实际三维坐标分别为：3 号：$x_1=45\ 336.775$m，$y_1=29\ 534.236$m，$z_1=-1.434$m；8 号：$x_2=45\ 336.610$m，$y_2=29\ 535.846$m，$z_2=-0.263$m；15 号：$x_3=45\ 336.461$m，$y_3=29\ 538.525$m，$z_3=-1.885$m。

将以上数据代入第一组方程组中，得到盾首中心实际三维坐标值：

$$\left.\begin{aligned}
x_首 &= 45\ 340.608\text{m} \\
y_首 &= 29\ 536.538\text{m} \\
z_首 &= -2.975\text{m}
\end{aligned}\right\}$$

在该里程上盾首中心的设计三维坐标为：

$$\left.\begin{aligned}
x_首 &= 45\ 340.610\text{m} \\
y_首 &= 29\ 536.520\text{m} \\
z_首 &= -2.945\text{m}
\end{aligned}\right\}$$

则 $\Delta x=-2$mm，$\Delta y=18$mm，盾首中心左右偏差 $=+\sqrt{(-2)^2+18^2}=+18$mm(正号表示偏右)，$\Delta z=-30$mm，盾首中心上下偏差 $=-30$mm(负号表示偏下)。

再将以上数据代入第二方程组中，得到盾尾中心的实际三维坐标为：

$$\left.\begin{aligned}
x_尾 &= 45\ 336.280\text{m} \\
y_尾 &= 29\ 536.209\text{m} \\
z_尾 &= -3.083\text{m}
\end{aligned}\right\}$$

在该里程上盾首中心的设计三维坐标为：

$$\left.\begin{aligned}
x_尾 &= 45\ 336.282\text{m} \\
y_尾 &= 29\ 536.192\text{m} \\
z_尾 &= -3.055\text{m}
\end{aligned}\right\}$$

则 $\Delta x=-2$mm，$\Delta y=17$mm，盾首中心左右偏差 $=+\sqrt{(-2)^2+17^2}=+17$mm(正号表示

偏右），$\Delta z=-28\text{mm}$，盾首中心上下偏差$=-28\text{mm}$（负号表示偏下）。

$$\text{盾构机的坡度}=[-2.975-(-3.038)]/4.34=+25‰$$

从以上数据看出，在与对应里程上盾首中心和盾尾中心设计三维坐标比较后，就能得出盾构机轴线的左右偏角值和上下偏差值以及盾构机的坡度等，这就是盾构机掘进时的实时姿态。

将用棱镜法将计算得出的盾构机实时姿态数据和自动导向系统在计算机屏幕上显示的姿态数据相比较，如果测量不出错误，两者差值均在几毫米以内，能满足表55-17中的要求。根据实际施工经验得出：只要两者差值不大于10mm，就可认为自动导向系统是正确有效的。

四、洞内衬砌环片的测量

这项测量工作包括测量衬砌的中心偏差、环的椭圆度和环的姿态。衬砌环片不少于3～5环测量一次，每环都应测量，并应测定待测环的前端面。相邻衬砌环测量时，应重合测定2～3环片。环片平面和高程测量的容许误差为±15mm。测量时，可用全站仪、水准仪、钢尺等配合简易工具进行。盾构测量资料整理后，应及时编制测量成果报表，报送盾构操作人员。

五、盾构机的方向控制

盾构机的方向控制，就是及时纠正盾构机在推进过程中所产生的方向偏离，使推进方向时刻都与设计轴线方向保持一致。近年来各种自动测量系统和GPS测量系统以及盾构千斤顶操作无人化的方向控制系统大量问世。自动化、省力化已是当前盾构施工的需求。随着电子技术的飞跃发展，应用电子技术实现盾构机自动的研究课题是目前国内外各大盾构公司的热门研究课题。其中，盾构机方向控制全自动化，就是其中的关键课题，可以预见，将来这些新的系统必然得以有效的广泛地应用。但是由于盾构机的工作环境是一种特有的封闭环境。故对传感器的布设数量、位置均有影响，所以测量的数据的精度不高，很难确认信息的真值；此外，盾构机壳体对周围土质的变化等不确定因素，对方向控制也有影响，总之，需要克服的确定因素很多。不过这里需要指出的是，即使在利用计算自动化系统测量的场合下，施工管理者还必须很好地理解测道、方向控制的原理，以便对测量结果进行校对和对方向修正的判断。

本节主要介绍方向控制的基本知识，对有关模糊方向控制系统和人工智能输入法盾构机方向自动控制系统，可参阅本书参考文献[89]或其他有关盾构隧道施工测量专著。因篇幅有限，故从略。

1. 盾构偏移修正的原则

盾构方向控制的基本原则为：

（1）在偏离量增大之前及早修正。

（2）在场地条件受限不能修正，只能按现时方向掘进的场合下，通常可提前10～20m控制偏离量。

（3）遵循偏离量的管理值和允许值，确立偏离修正方针。

盾构方向控制、偏离修正图如图53-9所示。为了把施工时的实际偏离量控制在规定的允许偏离量以内，首先应确定偏离量的管理值（以允许值的50％～80％为目标），并在该目标范围内修正偏离进行推进管理。

必须确定连接修正偏离的意识，但是，如果不

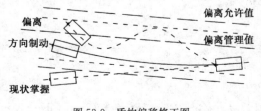

图53-9 盾构偏移修正图

明确修正到什么时候,什么程度的方针,则会像图 53-9 示出的那样反复偏离。如果在已经发生偏离的场合下修正盾构方向,则因超挖和盾构外周围摩擦的增大周围地层将发生扰动,致使沉降。从防止沉降的观点出发,希望减小偏离量。

在方向控制时,必须先掌握盾构现在在推进方向上的偏离量,其次按可以把偏离量拉回到管理值以内的原则设定方向修正量,即使超过管理值也可以考虑先修正几米的原则进行方向控制。

2. 盾构方向控制

1)决定方向修正量

在决定盾构方向修正量时,应进行盾构位置、方向变化的模拟,必须明确偏离修正的方针。设盾构推进微小距离为 ΔL 时,对应的方向变化角为 θ,则对应计划线性的偏离量得变化为 δ,由图 53-10 可知,δ 可按下式计算:

$$\delta = \delta_1 + \delta_2 \tag{53-23}$$

$$\delta_1 = (\delta_{h0} - \delta_{t0})\Delta L/L \tag{53-24}$$

$$\delta_2 = \delta_p + L_1\sin\theta \tag{53-25}$$

$$\delta_p = R(1-\cos\theta) = \Delta L(1-\cos\theta)/[2\sin(\theta/2)] \tag{53-26}$$

式中:δ_1——偏离计划方向差的变位量;

δ_2——方向修正的变位量;

δ_{h0}——掘削面现时偏离量;

δ_{t0}——盾尾现时的偏离量

δ_p——盾构旋转位置的变位量。

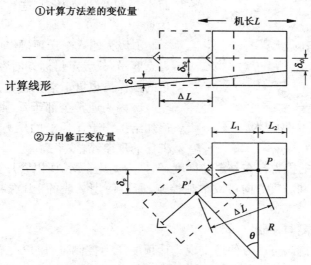

图 53-10　盾构位置预测方法

θ-方向变化角;R-盾构旋转半径

必须注意盾构的实际掘进方向与其姿态、方向是不一致的。特别是纵断方向的盾构高程度化,由盾构自重与地耐力的关系可知,盾构的方向与实际掘进的方向存在一定的差异。

在预测盾构位置时,应选用包含这种变化的模型决定方向修正量。在掌握盾构变化时,应考虑给出某方向修正量时偏离量变化的实际值。为此,应作出描绘盾构偏离状态的图画,分析倾向作必要管理。随后用计算机分析处理这种倾向,最后提升为成果的事例也应有报告。

2)方向控制方法

盾构机的方向控制,有控制推进千斤顶群的工作模式(以下简称模式法)和控制千斤顶推进压力(以下简称压力法)两种方法。

(1)模式法

模式法是靠选择推进千斤顶群的工作模式实现方向控制的方法。这是一种根据测得的水平、竖直两方向上的姿态偏差,选择所谓的最佳推进千斤顶的工作模式。即让千斤顶群中的部分千斤顶工作,另一部分千斤顶停止工作,以此同时修正上述两个方向姿态的偏差的方法。该方法存在如下一些问题。

①当要求停止推进的千斤顶再次工作时,盾构机必须从停止掘进一直等到该千斤顶初级管片,即必须间歇一段时间,所以工作效率低。

②控制属阶跃性控制,另外应需水平方向和竖直方向同时纠偏,故控制精度不高。

③因千斤顶模式选择属经验技术,故操作人员的技术因素致使偏差存在较大的起伏。

④自动控制时,必须输入以操作人员经验判断为基础的参数,所以初期调整需要一定时间。

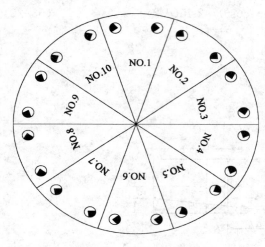

图 53-11　千斤顶分组状况

(2)压力法

①压力法系统概况

压力控制推进系统是为了克服模式法的上述弊病而开发的一种较为理想的方向控制系统。该系统把盾构机的推进千斤顶,像图 53-11 那样分成多组,各组千斤顶推力的变化特点是连续变化,而不是阶跃性变化。这种控制方式具有如下优点。

a. 因为输入千斤顶操作点即推进千斤顶的合力点容易,故设定目标方向容易,所以即使经验不足的操作员也可正常控制盾构机的姿态。

b. 因为通常全部千斤顶参加推进,纠偏时靠追加给工作千斤顶上的压力完成,无千斤顶停止工作的现象,故效率高。

c. 尽管千斤顶上的推力存在一定的梯度,但推力变化平滑,所以管片上偏荷载极小。

d. 因为水平方向和竖直方向可以单独控制,所以使用一般的 PID 控制,即可方便地实现自动控制。

②必要推力的检测与控制

因为使用电磁比例阀可以方便地实现千斤顶的压力控制,所以以往有人提出过这种盾构机的方向控制的方案。但是,当掘削地层取入土砂的同时盾构机推进的状况下,由于地层硬度、土砂装入状况及组装管片的约束等原因,致使千斤顶的推力长期不断的变化,故给实用化带来了一定的难度。这里给出边检测推力边控制推力的检测控制法,可以克服上述缺点。

该控制方法的系统构成如图 53-12 所示。

a. 利用陀螺测量盾构机的掘进姿态,并把测量结果送入运算装置。

b. 在运算装置中算出盾构机的姿态与目标方向的偏差,进而计算修正该偏差的各个千斤顶所需的推力的分布状况,并把结果送入控制装置。

c.在控制装置中把推力最大的一组千斤顶的压力控制阀设定在规定的最大压力值上（35MPa），并把该组定为推力监测组。

d.使盾构机按所定的速度掘进，根据检测到的油压泵的原压，求出盾构机必要的推力。

e.由修正姿态所需推力分布状况和检测出来的推力分布状况，计算各组千斤顶的目标推力值（设定最大压力的一组除外），按维持该目标推力值的原则控制各组千斤顶的压力。

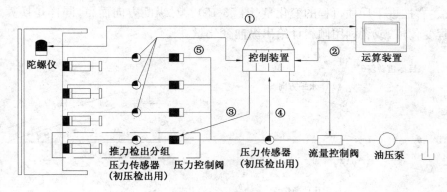

图 53-12　控制方法

连续反复上述操作，则盾构机不仅可以维持姿态修正的推力分布，同时还能使其合力符合必要的推力的条件要求。

③推力分布的计算方法

推力分布可由千斤顶操作点的方向角 θ 和单推强度 γ 求得。如图 53-13 所示，把 θ 方向的延长线与圆（千斤顶作用点构成的圆）的交点的推力记作最大。从图 53-13 可以看出，推力呈坡度正比于 γ 的圆筒分布，则各个千斤顶的推力可由其相应的位置求取。

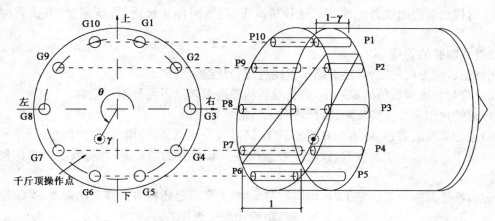

图 53-13　推力分布状况及计算方法

④千斤顶操作点可以像图 53-14 那样，由盾构机水平角度和竖直角度相对目标角的偏差 $\theta_x\theta_y$，求出水平分量 x 和竖直分量 y。该系统可由以下的 PID 控制计算公式求出。

$$x = \frac{100}{PB_x}\Big(\theta_x + \frac{1}{Tix}\int\theta_x \mathrm{d}t\Big) \tag{53-27}$$

$$y = \frac{100}{PB_y}\Big(\theta_y + \frac{1}{Tiy}\int\theta_y \mathrm{d}t\Big) \tag{53-28}$$

式中：θ_x、θ_y——分别为姿态偏角($^\circ$)；

PB_x、PB_y——比例带(%)；

T_{ix}、T_{iy}——积分时间(s)。

3）推进中的方向变化管理

方向修正量，就平面方向而言，通常是把方向角度变化量或者掘削面—盾尾偏离量的变化量，换算成左右推进千斤顶行程的变化量（图53-15）。对纵断方向而言，同样是换算成上下千斤顶的行程变化量，或者利用倾斜计给出纵向变化量。

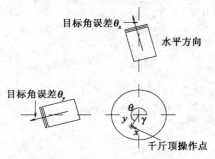

图53-14 千斤顶操作点计算方法

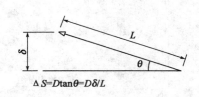

$\Delta S = D\tan\theta = D\delta/L$

图53-15 方向修正的计算方法

ΔS-行程的变化量；D-管片的外径；θ-盾构方向角度变化量；δ-掘削面到盾尾的偏移变化量；L-盾构机长

推进中的方向变化，可通过行程计测得的左右推进千斤顶的行程差、陀螺方位角的变化、倾斜计的纵向角等参数的变化掌握。监视这些推进数据与目标值的对比结果，改变千斤顶的模式，控制盾构的方向。

在软地层急弯曲线施工等状况下，由于地层耐力不足的原因，方向也会稍有变化；在横滑状态下，盾构也会向曲线外侧偏离。这种情况下，应暂时停止推进，重新测量，确认盾构机的位置。

3. 管片组装的管理

在修正盾构方向的同时，还必须慎重地进行管片组装管理。

如果管片与盾尾板的间隙减小，则会对盾构推进带来以下种种不利影响。

（1）对管片组装作业构成障碍，严重时无法组装。

（2）进行无理组装，则隧道的真圆度下降，同时接头错位、缝隙增大，致使漏水。

（3）由于管片和盾尾的挨近，致使推力上升，在RC管片的场合下，容易致使管片自身出现裂纹等损伤。

因此，推进及管片组装完了时，均应测量尾隙，为了满足盾构方向修正的需要，必须使用楔形管片修正管片的方向。

即使在直线段，如果上下、左右的行程存在差异，则推进时一侧的尾隙会慢慢变小，最后失去尾隙，因此应准备好修正用的楔形管片，如图53-16所示。曲线段使用的楔形管片必须充分讨论曲率的楔形量、形状（单楔或双楔）及组装模式等。

注：本章部分内容摘自参考资料[90]、[91]、[97]、[89]。

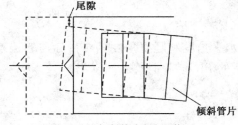

图53-16 倾斜管片方向的修正

附录 A　施工常用结构设计计算参考资料

1. 常用建筑材料自重表

常用建筑材料自重表见本手册上册第二章第二节或《建筑结构荷载规范》(GB 50009—2012),但为了查表方便,现将主要几种常用的材料重量列入附表 A-1 中,以便参考。

常用建筑材料重量表

附表 A-1

名　　称	重　　量		附　　注
	单位	数值	
杉木	kN/m³	4~5	
松木	kN/m³	5~6	$\rho=1.55;\lambda=0.15~0.35$
硬杂木	kN/m³	6~7	
木纤维板	kN/m³	2~10	$\lambda=0.07~0.34$
刨花板	kN/m³	3~6	$\lambda=0.14~0.23$
胶合三夹板	kN/m³	0.019~0.028	
胶合五夹板	kN/m³	0.03~0.039	
胶合七夹板	kN/m³	0.058	
软木板	kN/m³	2.5	$\lambda=0.07$
铸铁	kN/m³	72.5	$\rho=7.2~7.4$
钢	kN/m³	78.5	$\rho=7.85;\lambda=58$
铜	kN/m³	85~89	$\rho=8.5~8.9$
铝	kN/m³	27	$\rho=2.73$
铝合金	kN/m³	28	
普通砖	kN/m³	18~19	$\rho=2.5;\lambda=0.81$
耐火砖	kN/m³	19~22	$\rho=1.8~2.1$
灰砂砖	kN/m³	18	
土坯砖	kN/m³	12~15	$\lambda=0.7$
黏土空心砖	kN/m³	11~14.5	$\rho=2.5;\lambda=0.47$
瓷面砖	kN/m³	17.8	

名　　称	重　　量		附　　注
	单位	数值	
水泥	kN/m³	12.5～14.5	$\rho=3.1$
水泥砂浆	kN/m³	20	$\lambda=0.93$
石灰砂浆、混合砂浆	kN/m³	17	$\lambda=0.37$
水泥蛭石砂浆	kN/m³	5～8	
膨胀珍珠岩砂浆	kN/m³	7～15	
植筋石灰泥	kN/m³	16	
素混凝土	kN/m³	22～24	$\rho=2.7；\lambda=1.28～1.51$
钢筋混凝土	kN/m³	24～25	$\lambda=1.51～1.63$
无砂混凝土	kN/m³	16～19	$\lambda=0.70～0.99$
泡沫混凝土	kN/m³	4～6	$\lambda=0.14～0.21$
加气混凝土	kN/m³	5.5～7.5	$\lambda=0.21～0.29$
陶粒混凝土	kN/m³	4～18	$\lambda=0.17～0.81$
矿渣混凝土	kN/m³	20	
水泥蛭石板	kN/m³	4～5	$\lambda=0.1～0.4$
普通玻璃	kN/m³	25.6	$\rho=2.5；\lambda=0.76$
玻璃棉	kN/m³	0.5～1.0	$\lambda=0.04～0.05$
玻璃钢	kN/m³	14～22	
矿渣棉	kN/m³	1.2～1.5	$\lambda=0.03～0.04$
膨胀珍珠岩粉	kN/m³	0.8～2.5	$\lambda=0.04～0.05$
膨胀蛭石	kN/m³	0.8～2.0	$\lambda=0.05～0.07$
棉絮	kN/m³	1.0	$\lambda=0.05$
稻草	kN/m³	1.2	$\lambda=0.05～0.21$
聚氯乙烯板(管)	kN/m³	15.6～16	$\rho=1.35～1.60$
聚氯乙烯泡沫塑料	kN/m³	1.9	$\lambda=0.06$
聚苯乙烯泡沫塑料	kN/m³	0.5	$\lambda=0.03～0.05$
石棉板	kN/m³	13	$\lambda=0.35$
石膏板	kN/m³	11	$\lambda=0.41$

注：ρ 为密度(g/cm³)；λ 为导热系数[W/(m·K)]。

2. 常用结构静力计算资料

(1)构件常用截面的几何与力学特征(附表 A-2)。

常用截面的几何与力学特征表

截面简图	截面面积 A	截面边缘至主轴的距离 y	对主轴的惯性矩 I	截面模量 W	回转半径 i
	$A=bh$	$y=\dfrac{1}{2}h$	$I=\dfrac{1}{12}bh^3$	$W=\dfrac{1}{6}bh^2$	$i=0.289h$
	$A=\dfrac{1}{2}bh$	$y_1=\dfrac{2}{3}h$ $y_2=\dfrac{1}{3}h$	$I=\dfrac{1}{36}bh^3$	$W_1=\dfrac{1}{24}bh^2$ $W_2=\dfrac{1}{12}bh^2$	$i=0.236h$
	$A=\dfrac{1}{2}\times(b_1+b_2)h$	$y_1=\dfrac{(b_1+2b_2)h}{3(b_1+b_2)}$ $y_2=\dfrac{(b_2+2b_1)h}{3(b_1+b_2)}$	$I=\dfrac{(b_1^2+4b_1b_2+b_2^2)h^3}{36(b_1+b_2)}$	$W_1=\dfrac{(b_1^2+4b_1b_2+b_2^2)h^2}{12(b_1+2b_2)}$ $W_2=\dfrac{(b_1^2+4b_1b_2+b_2^2)h^2}{12(2b_1+b_2)}$	$i=\dfrac{h}{6(b_1+b_2)}\times$ $\dfrac{\sqrt{2(b_1^2+4b_1b_2+b_2^2)}}{6(b_1+b_2)}$
	$A=\dfrac{\pi}{4}d^2$	$y=\dfrac{1}{2}d$	$I=\dfrac{1}{64}\pi d^4$	$W=\dfrac{1}{32}\pi d^3$	$i=\dfrac{1}{4}d$
	$A=\dfrac{\pi(d^2-d_1^2)}{4}$	$y=\dfrac{1}{2}d$	$I=\dfrac{1}{64}\pi(d^4-d_1^4)$	$W=\dfrac{\pi}{32}\dfrac{(d^4-d_1^4)}{d}$	$i=\dfrac{1}{4}\sqrt{d^2-d_1^2}$
	$A=BH-bh$	$y=\dfrac{1}{2}H$	$I=\dfrac{1}{12}(BH^3-bh^3)$	$W=\dfrac{1}{6H}(BH^3-bh^3)$	$i=\sqrt{\dfrac{BH^3-bh^3}{12(BH-bh)}}$

767

截面简图	截面面积 A	截面边缘至主轴的距离 y	对主轴的惯性矩 I	截面模量 W	回转半径 i
	$A = a^2 - a_1^2$	$y = \dfrac{a}{\sqrt{2}}$	$I = \dfrac{1}{12}(a^4 - a_1^4)$	$W = \dfrac{\sqrt{2}(a^4 - a_1^4)}{12a}$	$i = \sqrt{\dfrac{a^2 - a_1^2}{12}}$
	$A = Bt + bh$	$y = \dfrac{6H^2 + (B-b)t_2}{2(B+bh)}$ $y_2 = H - y_1$	$I = \dfrac{1}{3}\left[by_2^3 + By_1^3 - (B-b)(y_1-t)^3\right]$	$W = \dfrac{1}{H - y_1}$	$i = \sqrt{\dfrac{I}{A}}$
	$A = BH - (B-b)h$	$y = \dfrac{H}{2}$	$I = \dfrac{1}{12}\left[BH^3 - (B-b)h^3\right]$	$W = \dfrac{1}{6H}\left[BH^3 - bh^3\right]$	$i = 0.289 \times \sqrt{\dfrac{BH^3 - (B-b)h^3}{BH - (B-b)h}}$
	$A = B_1 t_1 + B_2 t_2 + bh$	$y_1 = H - y_2$ $y_2 = \dfrac{1}{2}\left[\dfrac{bH^2 + (B_2-b)t_2^2 + b_2t_2}{B_1t_1 + bh + b_2t_2} + \dfrac{(B_1-b)(2H - t_1)t_1}{B_1t_1 + bh + b_2t_2}\right]$	$I_1 = \dfrac{1}{3}\left[B_2 y_2^3 + B_1 y_1^3 - (B_2-b)(y_2-t_2)^3 - (B_1-b)(y_1-t_1)^3\right]$	$W_1 = \dfrac{I_1}{y_1}$	$i = \sqrt{\dfrac{I_1}{A}}$
	$A = bh \times (B-b)t$	$y = \dfrac{1}{2}h$	$I = \dfrac{1}{12}\left[bh^3 + (B-b)t^3\right]$	$W = \dfrac{bh^3 + (B-b)t^3}{6h}$	$i = \sqrt{\dfrac{bh^3 + (B-b)t_2}{12\left[bh + (B-b)\right]}}$

截面简图	截面积 A	截面边缘至主轴的距离 y	对主轴的惯性距 I	截面模量 W	回转半径 i
	$A=BH-(B-b)h$	$y=\dfrac{1}{2}H$	$I=\dfrac{1}{12}\left[BH^3-(B-b)h^3\right]$	$W=\dfrac{1}{6H}\left[BH^3-(B-b)h^3\right]$	$i=0.289\times\sqrt{\dfrac{BH^3-(B-b)h^3}{BH-(B-b)h}}$
	$A=BH-(B-b)h$	$y=\dfrac{1}{2}H$	$I=\dfrac{1}{12}\left[BH^3-(B-b)h^3\right]$	$W=\dfrac{1}{6H}\left[BH^3-(B-b)h^3\right]$	$i=0.289\times\sqrt{\dfrac{BH^3-(B-b)h^3}{BH-(B-b)h}}$
	$A=bH+(B-b)t$	$y_1=H-y_2$ $y_2=\dfrac{1}{2}\dfrac{bH^2+(B-b)t^2}{bH+(B-b)t}$	$I=\dfrac{1}{3}\left[By_3-(B-b)(y_2-t)^3+by_1^3\right]$	$W=\dfrac{I}{y_1}$	$i=\sqrt{\dfrac{I}{A}}$

注：对主轴的惯性矩 I，截面模量 W，回转半径 i 的基本公式如下：$I=\int_A y^2\mathrm{d}A$，$W=\dfrac{I}{y_{\max}}$，$i=\sqrt{\dfrac{I}{A}}$。

（2）短柱、长柱压应力计算公式。

①短柱（附表 A-3）。

短 柱

附表 A-3

荷载作用点	一般截面	矩形截面
轴向荷载	$\sigma=\dfrac{F}{A}$	$\sigma=\dfrac{F}{bh}$
偏心荷载	$\sigma_1=\dfrac{F}{A}-\dfrac{M_y}{I}=\dfrac{F}{A}\left(1-\dfrac{ye}{i_x^2}\right)$ $\sigma_2=\dfrac{F}{A}-\dfrac{M_y}{I}=\dfrac{F}{A}\left(1+\dfrac{ye}{i_x^2}\right)$	$\sigma_{1,2}=\dfrac{F}{bh}\left(1\pm\dfrac{6e}{h}\right)$
偏心荷载	$\sigma=\dfrac{F}{A}-\dfrac{M_y\cdot x}{I_y}+\dfrac{M_x\cdot x}{I_x}$ $=\dfrac{F}{A}\left(1+\dfrac{xe_x}{i_y^2}+\dfrac{ye_y}{i_x^2}\right)$	$\sigma=\dfrac{F}{bh}\left(1\pm\dfrac{6e_x}{h}\pm\dfrac{6e_y}{b}\right)$

②长柱（附表 A-4）。

长 柱

附表 A-4

荷载形式	图 示	方 程 式	极限荷载 F	
			一般式	$n=1$
两端铰支		$\dfrac{d^2y}{dx^2}=a^2y$ $y=A\cos\alpha x+B\sin\alpha x$ $\alpha^2=\dfrac{F}{EI}$ $M=Fy$	$\dfrac{n^2\pi^2}{l^2}EI$	$\dfrac{\pi^2}{l^2}EI$
一端自由、一端固定		$\dfrac{d^2y}{dx^2}=a^2y$ $y=A\cos\alpha x+B\sin\alpha x$ $\alpha^2=\dfrac{F}{EI}$ $M=Fy$	$\dfrac{(2\pi-1)^2\pi^2}{4l^2}EI$	$\dfrac{\pi^2}{4l^2}EI$
两端固定		$\dfrac{d^2y}{dx^2}=a\left(y-\dfrac{M_A}{F}\right)=0$ $y=A\cos\alpha x+B\sin\alpha x+\dfrac{M_A}{F}$ $a^2=\dfrac{F}{EI}$ $M=-Fy+M_A$	$\dfrac{4\pi^2}{l^2}EI$	$\dfrac{4\pi^2}{l^2}EI$

荷 载 形 式	图 示	方 程 式	极限荷载 F	
			一般式	$n=1$
一端铰支、一端固定		$\dfrac{d^2 y}{dx^2}+a^2 y=\dfrac{Q}{EI}(1-x)$ $y=A\cos ax+B\sin ax+\dfrac{Q}{F}(l-x)$ $a^2=\dfrac{F}{EI}$ Q 为水平荷载		$\dfrac{8.1\pi^2}{4l^2}EI$

（3）单跨梁的内力及变形系数。

①简支梁的反力、剪力、弯矩、挠度（附表 A-5）。

简支梁的反力、剪力、弯矩、挠度表　　　　　附表 A-5

荷载形式				
M 图				
V 图				
反力	$R_A=\dfrac{F}{2}$ $R_B=\dfrac{F}{2}$	$R_A=\dfrac{Fb}{l}$ $R_B=\dfrac{Fa}{l}$	$R_A=F$ $R_B=F$	$R_A=\dfrac{3}{2}F$ $R_B=\dfrac{3}{2}F$
剪力	$V_A=R_A$ $V_B=-R_B$	$V_A=R_A$ $V_B=-R_B$	$V_A=R_A$ $V_B=-R_B$	$V_A=R_A$ $V_B=-R_B$
弯矩	$M_{max}=\dfrac{Fl}{4}$	$M_{max}=\dfrac{Fab}{l}$	$M_{max}=Fa$	$M_{max}=\dfrac{Fl}{2}$
挠度	$w_{max}=\dfrac{Fl^3}{48EI}$	若 $a>b$ $w_{max}=\dfrac{Fb}{9EIl}\times$ $\sqrt{\dfrac{(a^2+2ab)^3}{3}}$ $\left(在\ x=\sqrt{\dfrac{a}{3}(a+b)}\ 处\right)$	$w_{max}=\dfrac{Fa}{24EI}\times(3l^2-4a^2)$	$w_{max}=\dfrac{19Fl^2}{384EI}$
荷载形式				
M 图				
V 图				

771

荷载形式				
反力	$R_A=\dfrac{ql}{2}$ $R_B=\dfrac{ql}{2}$	$R_A=qa$ $R_B=qa$	$R_A=\dfrac{qa}{2l}(2l-a)$ $R_B=\dfrac{qa^2}{2l}$	$R_A=\dfrac{ql}{4}$ $R_B=\dfrac{ql}{4}$
剪力	$V_A=R_A$ $V_B=-R_B$	$V_A=R_A$ $V_B=-R_B$	$V_A=R_A$ $V_B=-R_B$	$V_A=R_A$ $V_B=-R_B$
弯矩	$M_{max}=\dfrac{1}{8}ql^2$	$M_{max}=\dfrac{1}{2}qa^2$	$M_{max}=\dfrac{qa^2}{8l^2}\times(2l-a)^2$	$M_{max}=\dfrac{ql^2}{12}$
挠度	$w_{max}=\dfrac{5ql^4}{384EI}$	$w_{max}=\dfrac{ql^4}{48EI}\times(3l^2-2a^2)$	$w_{max}=\dfrac{qa^3b}{24EI}\times\left(1-\dfrac{3a}{l}\right)$	$w_{max}=\dfrac{ql^4}{120EI}$

注:1. 弯矩符号以梁截面下缘受拉为正(+),反之为负(一)。

　　2. 剪力符号以绕梁截面顺时针方向为正(+),反之为负(一)。

②悬臂梁的反力、剪力、弯矩、挠度(附表 A-6)。

悬臂梁的反力、剪力、弯矩、挠度表　　　　　　　　附表 A-6

荷载形式				
M 图				
V 图				
反力	$R_B=F$	$R_B=F$	$R_B=ql$	$R_B=qa$
剪力	$V_B=-R_B$	$V_B=-R_B$	$V_B=-R_B$	$V_B=-R_B$
弯矩	$M_B=-Fl$	$M_B=-Fb$	$M_B=-\dfrac{1}{2}ql^2$	$M_B=-\dfrac{qa}{2}(2l-a)$
挠度	$w_A=\dfrac{Fl^3}{3EI}$	$w_A=\dfrac{Fb^3}{6EI}(3l-b)$	$w_A=\dfrac{ql^4}{8EI}$	$w_A=\dfrac{q}{24EI}(3l^4-4b^3l+b^4)$

③外伸梁的反力、剪力、弯矩、挠度表(附表 A-7)。

外伸梁的反力、剪力、弯矩、挠度表　　　　　　　　附表 A-7

荷载形式				
M 图				
V 图				
反力	$R_A=F\left(1+\dfrac{a}{l}\right)$ $R_B=-\dfrac{Fa}{l}$	$R_A=\dfrac{F}{2}\left(2+\dfrac{3a}{l}\right)$ $R_B=-\dfrac{3Fa}{2l}$	$R_A=\dfrac{ql}{2}\left(1+\dfrac{a}{l}\right)^2$ $R_B=-\dfrac{ql}{2}\left(1-\dfrac{a^2}{l^2}\right)$	$R_A=\dfrac{ql}{8}\left(3+8\dfrac{a}{l}+\dfrac{6a^2}{l^2}\right)$ $R_B=\dfrac{ql}{8}\left(5-\dfrac{6a^2}{l^2}\right)$

荷载形式			
剪力	$V_{A左}=-F$ $V_B=-R_B$	$V_{A左}=-F$ $V_{A右}=-R_B$	$V_{A左}=-qa$ $V_{A右}=R_A-qa$ $V_B=-R_B$	$V_{A左}=-qa$ $V_{A右}=\dfrac{ql}{8}\left(5-\dfrac{6a^2}{l^2}\right)$
弯矩	$M_{max}=-Fa$	$M_A=-Fa$ $M_B=\dfrac{Fa}{2}$	$M_B=-\dfrac{qa^2}{2}$	$M_A=\dfrac{-qa^2}{2}$ $M_B=-\dfrac{ql^2}{8}\left(1-\dfrac{2a^2}{l^2}\right)$
挠度	$w_{Cmax}=\dfrac{Fa^2}{3EI}(l+a)$	$w_C=\dfrac{Fa^2}{12EI}(3l+4a)$ $w_{max}=-\dfrac{Fal^2}{27EI}$	$w_C=\dfrac{qa}{24EI}\times$ $(-l^3+4la^2+3a^3)$	$w_C=\dfrac{qa}{48EI}\times$ $(-l^3+6la^2+6a^3)$

④一端固定、一端为简支梁的反力、剪力、弯矩、挠度表（附表 A-8）。

一端固定、一端为简支梁的反力、剪力、弯矩、挠度表　　　　附表 A-8

荷载形式			
M 图			
V 图			
反力	$V_A=\dfrac{Fb^2}{2l^2}\left(3-\dfrac{b}{l}\right)$ $R_B=-\dfrac{Fa}{2l}\left(3-\dfrac{a^2}{l^2}\right)$	$R_A=\dfrac{F}{2}\left(2-\dfrac{3a}{l}+\dfrac{3a^2}{l^2}\right)$ $R_B=\dfrac{F}{2}\left(2+\dfrac{3a}{l}-\dfrac{3a^2}{l^2}\right)$	$R_A=\dfrac{3}{8}ql$ $R_B=\dfrac{5}{8}ql$	$R_A=\dfrac{qb^3}{8l^2}\left(4-\dfrac{b}{l}\right)$ $R_B=\dfrac{qb}{8}\left(8-\dfrac{4b^2}{l^2}+\dfrac{b^3}{l^3}\right)$
剪力	$V_A=R_A$ $V_B=-R_B$	$V_A=R_A$ $V_B=R_A-2F$	$V_A=R_A$ $V_B=-R_B$	$V_A=R_A$ $V_B=-R_B$
弯矩	$M_{max}=\dfrac{Fab^2}{2l^2}\left(3-\dfrac{b}{l}\right)$	$M_{max}=R_Aa$ $M_B=-\dfrac{3}{2}\left(1-\dfrac{a}{l}\right)Fa$	$M_A=\dfrac{9}{128}ql^3$	$M_{max}=R_A\left(a+\dfrac{R_A}{2q}\right)$
挠度			$w_{max}=0.005\,42\dfrac{ql^4}{EI}$	

（4）等截面等垮连续梁的内力及变形系数。

①两跨等跨连续梁（附表 A-9）。

两跨等跨连续梁　　　　附表 A-9

荷载形式		弯矩系数 K_M		剪力系数 K_V		挠度系数 K_w
		$M_{1中}$	$M_{B支}$	V_A	$V_{B左}$ $V_{B右}$	w_1
	静载	0.07	−0.125	0.375	−0.625 0.625	0.521
	活载最大	0.096	−0.125	0.437	−0.625 0.625	0.192
	活载最小	−0.032	—	—	—	−0.391

773

荷 载 形 式		弯矩系数 K_M		剪力系数 K_V		挠度系数 K_w
		$M_{1中}$	$M_{B支}$	V_A	$V_{B左}$ / $V_{B右}$	w_1
	静载	0.156	−0.188	0.312	−0.688 / 0.688	0.911
	活载最大	0.203	−0.188	0.406	−0.688 / 0.688	1.497
	活载最小	−0.047	—	—	—	−0.586
	静载	0.222	−0.333	0.667	−1.333 / 1.333	1.466
	活载最大	0.278	0.333	0.833	−1.333 / 1.333	2.508
	活载最小	−0.084	—	—	—	−1.042

注：1. 均布荷载作用下：$M=K_M q l^2$，$V=K_V q l$，$w=K_w\dfrac{q l^4}{100EI}$；集中荷载作用下：$M=K_M F l$，$V=K_V F$，$w=K_w\dfrac{F l^3}{100EI}$。

2. 支座反力等于该支座左右的截面剪力的绝对值之和。

3. 求跨中负弯矩及反挠度时，可查用附表 A-9"活载最小"一项的系数，但也要与静载引起的弯矩（或挠度）相组合。

4. 求跨中最大正弯矩及最大挠度时，该跨应满布活荷载，相邻跨为空载；求支座最大负弯矩及最大剪力时，该支座相邻两跨应满布活荷载，即查用附表 A-9 中"活载最大"一项的系数，并与静载引起的弯矩（剪力或挠度）相组合。

【例 A-1】 已知两跨等跨梁 $l=7\text{m}$，静载 $q=14\text{kN/m}$，每跨各有一个集中活载 $F=32\text{kN}$，求中间支座的最大弯矩和剪力。

解： $M_{B支}=K_M q l^2+K_M F l=(-0.125\times14\times7^2)+(-0.188\times32\times7)$

$$=(-85.75)+(-42.11)$$

$$=-127.9(\text{kN}\cdot\text{m})$$

$$V_{B左}=K_V q l+K_V F=(-0.625\times14\times7)+(-0.688\times32)$$

$$=(-61.25)+(-22.02)=-83.27(\text{kN})$$

②三跨等跨连续梁（附表 A-10）。

三跨等跨连续梁 附表 A-10

荷 载 简 图		弯矩系数 K_M			剪力系数 K_V		挠度系数 K_w	
		$M_{1中}$	$M_{2中}$	$M_{B支}$	V_A	$V_{B左}$ / $V_{B右}$	$w_{1中}$	$w_{2中}$
	静载	0.080	0.025	−0.100	0.400	−0.600 / 0.500	0.677	0.052
	活载最大	0.101	0.075	0.117	0.450	−0.617 / 0.583	0.990	0.677
	活载最小	−0.025	−0.050	0.017	—	—	−0.313	−0.625

774

荷 载 简 图		弯矩系数 K_M			剪力系数 K_V		挠度系数 K_w	
		$M_{1中}$	$M_{2中}$	$M_{B支}$	V_A	$V_{B左}$ / $V_{B右}$	$w_{1中}$	$w_{2中}$
	静载	0.175	0.100	−0.150	0.350	−0.650 / 0.500	1.146	0.208
	活载最大	0.213	0.175	−0.175	0.425	−0.675 / 0.625	1.615	1.146
	活载最小	−0.038	−0.075	0.025	—	—	−0.469	−0.937
	静载	0.244	0.067	−0.267	0.733	−1.267 / 1.000	1.883	0.216
	活载最大	0.289	0.200	−0.311	0.866	−1.311 / 1.222	2.716	1.883
	活载最小	−0.067	−0.133	0.044	—	—	−0.833	−1.667

注：1. 同附表 A-9。

2. 同附表 A-9。

3. 同附表 A-9。

4. 求某跨的跨中最大正弯矩及最大挠度时，该跨应满布活荷载，其余每隔一跨满布活荷载；求其支座的最大负弯矩及最大剪力时，该支座相邻两跨应满布活荷载，其余每隔一跨满布活荷载，即附表 A-10 中"活载最大"一项的系数，并与静载引起的弯矩（剪力或挠度）相结合。

【例 A-2】 已知三跨等跨梁 $l=4$m，静载 $q=14$kN/m，每跨各有两个集中活载 $F=28$kN，求边跨的最大跨中弯矩。

解：$M_{1中} = K_M q l^2 + K_M F l = 0.080 \times 14 \times 4^2 + 0.289 \times 28 \times 4$
$= 17.9 + 32.37 = 50.29 (\text{kN} \cdot \text{m})$

【例 A-3】 已知三跨等跨梁 $l=5$m，静载 $q_1=14$kN/m，活载 $q_2=18$kN/m，求中间跨的跨中最大弯矩。

解：$M_{2中} = K_M q l^2 = 0.025 \times 14 \times 5^2 + 0.075 \times 18 \times 5^2$
$= 8.75 + 33.75 = 42.5 (\text{kN} \cdot \text{m})$

③四跨等跨连续梁（附表 A-11）。

四跨等跨连续梁   附表 A-11

荷 载 简 图		弯矩系数 K_M				剪力系数 K_V			挠度系数 K_w	
		$M_{1中}$	$M_{2中}$	$M_{B支}$	$M_{C支}$	V_A	$V_{B左}$ / $V_{B右}$	$V_{C左}$ / $V_{C右}$	$w_{1中}$	$w_{2中}$
	静载	0.007	0.036	−0.107	−0.071	0.393	−0.607 / 0.536	−0.464 / 0.464	0.632	0.186
	活载最大	0.100	0.081	−0.121	−0.107	0.446	−0.620 / 0.603	−0.571 / 0.571	0.967	0.660
	活载最大	−0.023	−0.045	0.013	0.018	—	—	—	−0.307	−0.588

荷 载 简 图		弯矩系数 K_M				剪力系数 K_V			挠度系数 K_w	
		$M_{1中}$	$M_{2中}$	$M_{B支}$	$M_{C支}$	V_A	$V_{B左}$ $V_{B右}$	$V_{C左}$ $V_{C右}$	$w_{1中}$	$w_{2中}$
	静载	0.169	0.116	−0.161	−0.107	0.339	−0.661 0.554	−0.446 0.446	1.079	0.409
	活载最大	0.210	0.183	−0.181	−0.161	0.420	−0.681 0.654	−0.607 0.607	1.581	1.121
	活载最小	−0.040	−0.067	0.020	0.020	—	—	—	−0.460	−0.711
	静载	0.238	0.111	−0.286	−0.191	0.714	−1.286 1.095	−0.905 0.905	1.764	0.573
	活载最大	0.286	0.222	−0.321	−0.286	0.857	−1.321 1.274	−1.190 1.190	2.657	1.838
	活载最小	−0.071	−0.119	0.036	0.048	—	—	—	−0.819	−1.265

注:同三跨等跨连续梁。

【例 A-4】 已知四跨等跨梁 $l=4\text{m}$,静载 $q=14\text{kN/m}$,活载每跨有两个集中荷载 $F=24\text{kN}$ 作用于跨内,求支座 B 的最大弯矩和剪力。

解: $M_{B支} = K_M q l^2 + K_M F l = (-0.107 \times 14 \times 4^2)+(-0.321 \times 24 \times 4)$

$= (-23.97)+(-30.82)$

$= 54.79(\text{kN}\cdot\text{m})$

$V_{B左} = K_V q l + K_V F = (-0.607 \times 14 \times 4)+(-1.321 \times 24)$

$= (-33.992)+(-31.70)$

$= -65.70(\text{kN})$

(5)不等跨连续梁在均布荷载作用下的弯矩、剪力系数。

①两跨不等跨连续梁(附表 A-12)。

两跨不等跨连续梁 附表 A-12

荷 载 简 图	计 算 公 式
	弯矩 $M =$ 表中系数 $\times q l_1^2$(kN·m) 剪力 $V =$ 表中系数 $\times q l_1$(kN)

	静载时							活载最不利布置时			
n	M_1	M_2	$M_{B最大}$	V_A	$V_{B左最大}$	$V_{B右最大}$	V_C	$M_{1最大}$	$M_{2最大}$	$V_{A最大}$	$V_{B最大}$
1.0	0.070	0.070	−0.125	0.375	−0.625	0.625	−0.375	0.096	0.096	0.433	−0.438
1.1	0.065	0.090	−0.139	0.361	−0.639	0.676	−0.424	0.097	0.114	0.440	−0.478
1.2	0.060	0.111	−0.155	0.345	−0.655	0.729	−0.471	0.098	0.134	0.443	−0.518
1.3	0.053	0.133	−0.175	0.326	−0.674	0.784	−0.516	0.099	0.156	0.446	−0.558

	静载时					活载最不利布置时					
n	M_1	M_2	$M_{B最大}$	V_A	$V_{B左最大}$	$V_{B右最大}$	V_C	$M_{1最大}$	$M_{2最大}$	$V_{A最大}$	$V_{B最大}$
1.4	0.047	0.157	−0.195	0.305	−0.695	0.839	−0.561	0.100	0.179	0.443	−0.598
1.5	0.404	0.183	−0.219	0.281	−0.719	0.896	−0.604	0.101	0.203	0.450	−0.638
1.6	0.033	0.209	−0.245	0.255	−0.745	0.953	−0.647	0.102	0.229	0.452	−0.677
1.7	0.026	0.237	−0.274	0.226	−0.774	1.011	−0.689	0.103	0.256	0.454	−0.716
1.8	0.019	0.267	−0.267	0.195	−0.805	1.069	−0.731	0.104	0.285	0.455	−0.755
1.9	0.013	0.298	−0.339	0.161	−0.839	1.128	−0.772	0.104	0.316	0.457	−0.794
2.0	0.008	0.330	−0.375	0.125	−0.875	1.188	−0.813	0.105	0.347	0.458	−0.833
2.25	0.003	0.417	−0.477	0.023	−0.976	1.337	−0.913	0.107	0.433	0.462	−0.930
2.5	—	0.513	−0.594	−0.094	−1.094	1.488	−1.013	0.108	0.527	0.464	−1.027

【例 A-5】 两跨不等跨连续梁如附图 A-1 所示，静载 $q_1=4$kN/m，活载 $q_2=4$kN/m，求跨中最大弯矩及 A、C 支座剪力。

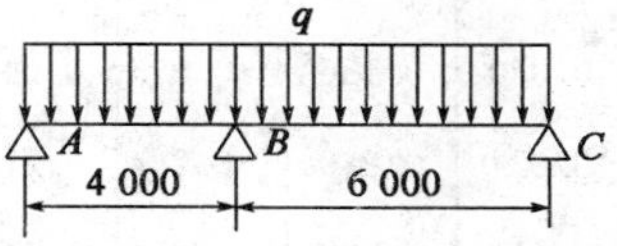

解: 查附表 A-12$\left(n=\dfrac{6}{4}=1.5\right)$得：

附图 A-1 两跨连续梁计算简图(尺寸单位:mm)

$$M_{1max}=0.04\times4\times4^2+0.101\times4\times4^2=9.024(\text{kN}\cdot\text{m})$$

$$M_{2max}=0.183\times4\times4^2+0.203\times4\times4^2=24.704(\text{kN}\cdot\text{m})$$

$$V_{Amax}=0.281\times4\times4+0.450\times4\times4=11.696(\text{kN})$$

$$V_{Cmax}=-0.604\times4\times4-0.638\times4\times4=-19.872(\text{kN})$$

②三跨不等跨连续梁(附表 A-13)。

三跨不等跨连续梁　　　　　　　　　　　　　　　　　　附表 A-13

荷 载 简 图	计 算 公 式
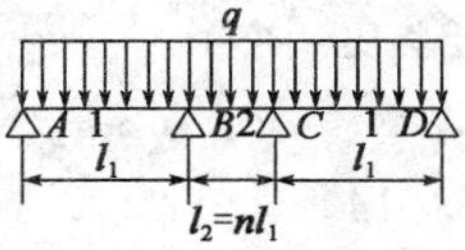	弯矩＝表中系数×ql_1^2（kN·m） 剪力＝表中系数×ql_1（kN）

	静荷载						活载最不利布置时					
n	M_1	M_2	$M_{B支}$	V_A	$V_{B左}$	$V_{B右}$	$M_{1最大}$	$M_{2最大}$	$V_{B最大}$	$M_{2最大}$	$M_{2最大}$	$M_{2最大}$
0.4	0.087	−0.063	−0.083	0.417	−0.583	0.200	0.089	0.015	−0.096	0.422	−0.596	0.461
0.5	0.088	−0.049	−0.080	0.420	−0.580	0.250	0.092	0.022	−0.095	0.429	−0.595	0.450
0.6	0.088	−0.035	−0.080	0.420	−0.580	0.300	0.094	0.031	−0.095	0.434	−0.595	0.460
0.7	0.087	−0.021	−0.082	0.413	−0.582	0.350	0.096	0.040	−0.098	0.439	−0.593	0.483
0.8	0.086	−0.006	−0.086	0.424	−0.586	0.400	0.098	0.051	−0.102	0.443	0.602	0.512

	静荷载						活载最不利布置时					
n	M_1	M_2	$M_{B支}$	V_A	$V_{B左}$	$V_{B右}$	$M_{1最大}$	$M_{2最大}$	$V_{B最大}$	$M_{2最大}$	$M_{2最大}$	$M_{2最大}$
0.9	0.083	0.010	−0.092	0.408	−0.592	0.450	0.100	0.063	−0.108	0.447	−0.608	0.546
1.0	0.080	0.025	−0.100	0.400	−0.600	0.500	0.101	0.075	−0.117	0.450	−0.617	0.583
1.1	0.076	0.041	−0.110	0.390	−0.610	0.550	0.103	0.089	−0.127	0.453	−0.627	0.623
1.2	0.072	0.058	−0.122	0.378	−0.622	0.600	0.104	0.103	−0.139	0.455	−0.639	0.665
1.3	0.066	0.076	−0.136	0.365	−0.636	0.650	0.105	0.118	−0.152	0.458	−0.652	0.708
1.4	0.061	0.094	−0.151	0.349	−0.651	0.700	0.106	0.134	−0.168	0.460	−0.668	0.753
1.5	0.055	0.113	−0.163	0.332	−0.663	0.750	0.107	0.151	−0.185	0.462	−0.635	0.798
1.6	0.049	0.133	−0.187	0.313	−0.687	0.800	0.107	0.169	−0.204	0.463	−0.704	0.843
1.7	0.043	0.153	−0.203	0.292	−0.708	0.850	0.108	0.188	−0.224	0.465	−0.724	0.890
1.8	0.036	0.174	−0.231	0.269	−0.731	0.900	0.109	0.203	−0.247	0.466	−0.747	0.937
1.9	0.030	0.196	−0.255	0.245	−0.755	0.950	0.109	0.229	−0.271	0.468	−0.771	0.985
2.0	0.024	0.219	−0.281	0.219	−0.781	1.000	0.110	0.250	−0.297	0.469	−0.797	1.031
2.25	0.011	0.279	−0.354	0.146	−0.854	1.125	0.111	0.307	−0.369	0.471	−0.869	1.151
2.5	0.002	0.344	−0.433	0.063	−0.938	1.250	0.112	0.370	−0.452	0.474	−0.952	1.272

【例 A-6】 三跨不等跨连续梁如附图 A-2 所示,静载 $q_1=5\text{kN/m}$,
活载 $q_2=5\text{kN/m}$,求跨中和支座最大弯矩及各支座剪力。

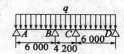

附图 A-2(尺寸单位:mm)

解: 查附表 A-13 $\left(n=\dfrac{4.2}{6}=0.7\right)$ 得:

$$M_{1max}=0.087\times5\times6^2+0.096\times5\times6^2=32.94(\text{kN}\cdot\text{m})$$

$$M_{2max}=-0.021\times5\times6^2+0.040\times5\times6^2=3.42(\text{kN}\cdot\text{m})$$

$$M_{Bmax}=-0.082\times5\times6^2-0.098\times5\times6^2=-32.5(\text{kN}\cdot\text{m})$$

$$V_A=0.413\times5\times6-0.439\times5\times6=25.56(\text{kN})$$

$$V_{B左}=-0.582\times5\times6-0.593\times5\times6=-35.25(\text{kN})$$

$$V_{B右}=-0.350\times5\times6+0.483\times5\times6=24.99(\text{kN})$$

(6)双向板在均布荷载作用下的内力及变形系数表。

①在均布荷载作用下,四边简支边的计算系数表(附表 A-14)。

四边简支边的计算系数表　　　　　　　　　　　　　　附表 A-14

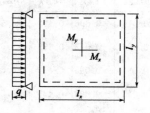

$$\mu=0$$

$$挠度=表中系数\times\dfrac{ql^4}{B_C}$$

$$弯矩=表中系数\times ql^2$$

式中:l——取用 l_x 和 l_y 中较小者

———————— 自由边　　　　- - - - - - - - 简支边

⊥⊥⊥⊥⊥⊥⊥⊥ 固定边

l_x/l_y	w	M_x	M_y	l_x/l_y	w	M_x	M_y
0.50	0.010 13	0.096 5	0.017 4	0.80	0.006 03	0.056 1	0.033 4
0.55	0.009 40	0.089 2	0.021 0	0.85	0.005 47	0.050 6	0.034 8
0.60	0.008 67	0.082 0	0.024 2	0.90	0.004 96	0.045 6	0.035 8
0.65	0.007 96	0.075 0	0.027 1	0.95	0.004 49	0.041 0	0.036 4
0.70	0.007 27	0.068 3	0.029 6	1.00	0.004 06	0.036 8	0.036 8
0.75	0.006 63	0.062 0	0.031 7				
0.50	0.010 13	0.096 5	0.017 4				

注:1. 表中 B_C 的计算如下:

$$B_C = \frac{Eh^3}{12(1-\mu^2)}$$

式中:E——弹性模量;

h——板厚;

μ——泊松比,$\mu=0$,代表一种实际上并不存在的假想材料,对钢筋混凝土板,$\mu=\frac{1}{6}$,对钢板,$\mu=0.3$;

w、w_{max}——分别为板中心点的挠度和最大挠度,见附表 A-14;

M_x、M_{xmax}——分别为平行于 l_x 方向板中心点的弯矩和板跨内最大弯矩,见附表 A-14;

M_y、M_{ymax}——分别为平行于 l_y 方向板中心点的弯矩和板跨内最大弯矩,见附表 A-14。

2. 正负号的规定:

弯矩——使板得受荷面受压者为正;

挠度——变位方向与荷载方向相同者为正。

②均布荷载作用下,三边简支、一边固定板的计算系数表(附表 A-15)。

三边简支、一边固定板的计算系数表 　　　　附表 A-15

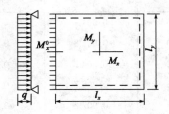

$\mu=0$

挠度=表中系数×$\dfrac{ql^4}{B_C}$

弯矩=表中系数×ql^2

式中:l——取用 l_x 和 l_y 中较小者;

M_x^0——固定边中点沿 l_x 方向的弯矩,见计算简图;

M_y^0——固定边中点沿 l_y 方向的弯矩,见计算简图

l_x/l_y	l_y/l_x	w	w_{max}	M_x	M_{xmax}	M_y	M_{ymax}	M_x^0
0.50		0.004 88	0.005 04	0.058 3	0.064 6	0.006 0	0.006 3	−0.121 2
0.55		0.004 71	0.004 92	0.056 3	0.061 8	0.008 1	0.008 7	−0.118 7
0.60		0.004 53	0.004 72	0.053 9	0.058 9	0.010 4	0.011 1	−0.115 8
0.65		0.004 32	0.004 48	0.051 3	0.055 9	0.012 6	0.013 3	−0.112 4
0.70		0.004 10	0.004 22	0.048 5	0.052 9	0.014 8	0.015 4	−0.108 7
0.75		0.003 88	0.003 99	0.045 7	0.049 6	0.016 8	0.017 4	−0.104 8
0.80		0.003 65	0.003 76	0.042 8	0.046 3	0.018 7	0.019 3	−0.100 7
0.85		0.003 43	0.003 52	0.040 0	0.043 1	0.020 4	0.021 1	−0.096 5
0.90		0.003 21	0.003 29	0.037 2	0.040 0	0.021 9	0.022 6	−0.092 2
0.95		0.002 99	0.003 06	0.034 5	0.039 6	0.023 2	0.023 9	−0.088 0

l_x/l_y	l_y/l_x	w	w_{max}	M_x	M_{xmax}	M_y	M_{ymax}	M_x^0
1.00	1.00	0.002 79	0.002 85	0.031 9	0.034 0	0.024 3	0.024 9	−0.083 9
	0.95	0.003 16	0.003 24	0.032 4	0.034 5	0.028 0	0.028 7	−0.088 2
	0.90	0.003 60	0.003 68	0.032 8	0.034 7	0.032 2	0.033 0	−0.092 6
	0.85	0.004 09	0.004 17	0.032 9	0.034 7	0.037 0	0.037 8	−0.097 0
	0.80	0.004 64	0.004 73	0.032 6	0.034 3	0.042 4	0.043 3	−0.101 4
	0.75	0.005 26	0.005 36	0.031 9	0.033 5	0.048 5	0.049 4	−0.105 6
	0.70	0.005 95	0.006 05	0.030 8	0.032 3	0.055 3	0.056 2	−0.109 6
	0.65	0.006 70	0.006 80	0.029 1	0.030 6	0.062 7	0.063 7	−0.113 3
	0.60	0.007 52	0.007 62	0.026 8	0.028 9	0.070 7	0.071 7	−0.116 6
	0.55	0.008 38	0.008 48	0.023 9	0.027 1	0.079 2	0.080 1	−0.119 3
	0.50	0.009 27	0.009 35	0.020 5	0.088 0	0.088 0	0.088 8	−0.121 5

③在均布荷载作用下,两对边固定、两对边简支板的计算系数表(附表 A-16)。

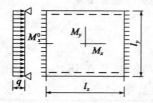

$\mu=0$

挠度=表中系数$\times\dfrac{ql^4}{B_C}$

弯矩=表中系数$\times ql^2$

式中:l——取用 l_x 和 l_y 中较小者

l_x/l_y	l_y/l_x	w	M_x	M_y	M_x^0
0.50		0.002 61	0.041 6	0.001 7	−0.084 3
0.55		0.002 59	0.041 0	0.002 8	−0.084 0
0.60		0.002 55	0.040 2	0.004 2	−0.083 4
0.65		0.002 50	0.039 2	0.005 7	−0.082 6
0.70		0.002 43	0.037 9	0.007 2	−0.081 4
0.75		0.002 36	0.036 6	0.008 8	−0.079 9
0.80		0.002 28	0.035 1	0.010 3	−0.078 2
0.85		0.002 20	0.033 5	0.011 8	−0.076 3
0.90		0.002 11	0.031 9	0.013 3	−0.074 3
0.95		0.002 01	0.030 2	0.014 6	−0.072 1
1.00	1.00	0.001 92	0.028 5	0.015 8	−0.069 8
	0.95	0.002 23	0.029 6	0.018 9	−0.074 6
	0.90	0.002 60	0.030 6	0.022 4	−0.079 7
	0.85	0.003 03	0.031 4	0.026 6	−0.085 0
	0.80	0.003 54	0.031 9	0.031 6	−0.090 4
	0.75	0.004 13	0.032 1	0.037 4	−0.095 9
	0.70	0.004 82	0.031 8	0.044 1	−0.101 3

l_x/l_y	l_y/l_x	w	M_x	M_y	M_x^0
	0.65	0.005 60	0.030 8	0.051 8	−0.106 6
	0.60	0.006 47	0.029 2	0.060 4	−0.111 4
	0.55	0.007 43	0.026 7	0.069 8	−0.115 6
	0.50	0.008 44	0.023 4	0.079 8	−0.119 1

④在均布荷载作用下,四边固定板的计算系数(附表 A-17)。

四边固定板的计算系数

附表 A-17

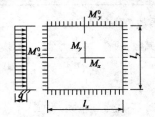

$$\mu = 0$$

$$挠度 = 表中系数 \times \frac{ql^4}{B_C}$$

$$弯矩 = 表中系数 \times ql^2$$

式中:l——取用 l_x 和 l_y 中较小者

l_x/l_y	w	M_x	M_y	M_x^0	M_y^0
0.50	0.002 53	0.040 0	0.003 8	−0.082 9	−0.057 0
0.55	0.002 46	0.038 5	0.005 6	−0.081 4	−0.057 1
0.60	0.002 36	0.036 7	0.007 6	−0.079 3	−0.057 1
0.65	0.002 24	0.034 5	0.009 5	−0.076 6	−0.057 1
0.70	0.002 11	0.032 1	0.011 3	−0.073 5	−0.056 9
0.75	0.001 97	0.029 6	0.013 0	−0.070 1	−0.056 5
0.80	0.001 82	0.027 1	0.014 4	−0.066 4	−0.055 9
0.85	0.001 68	0.024 6	0.015 6	−0.062 6	−0.055 1
0.90	0.001 53	0.022 1	0.016 5	−0.058 8	−0.054 1
0.95	0.001 40	0.019 8	0.017 2	−0.055 0	−0.052 8
1.00	0.001 27	0.017 6	0.017 6	−0.051 3	−0.051 3

⑤在均布荷载作用下,两邻边简支、两邻边固定板的计算系数(附表 A-18)。

两邻边简支、两邻边固定板的计算系数

附表 A-18

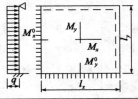

$$\mu = 0$$

$$挠度 = 表中系数 \times \frac{ql^4}{B_C}$$

$$弯矩 = 表中系数 \times ql^2$$

式中:l——取用 l_x 和 l_y 中较小者

l_x/l_y	w	w_{max}	M_x	M_{xmax}	M_y	M_{ymax}	M_x^0	M_y^0
0.50	0.004 68	0.004 71	0.055 9	0.056 2	0.007 9	0.013 5	−0.117 9	−0.078 6
0.55	0.004 45	0.004 54	0.052 9	0.053 0	0.010 4	0.015 3	−0.114 0	−0.078 5
0.60	0.004 19	0.004 29	0.049 6	0.049 8	0.012 9	0.016 9	−0.109 5	−0.078 2
0.65	0.003 91	0.003 99	0.046 1	0.046 5	0.015 1	0.018 3	−0.104 5	−0.077 7

l_x/l_y	w	w_{max}	M_x	M_{xmax}	M_y	M_{ymax}	M_x^0	M_y^0
0.70	0.003 63	0.003 68	0.042 6	0.043 2	0.017 2	0.019 5	−0.099 2	−0.077 0
0.75	0.003 35	0.003 40	0.039 0	0.039 6	0.018 9	0.020 6	−0.093 8	−0.076 0
0.80	0.003 08	0.003 13	0.035 6	0.036 1	0.020 4	0.021 8	−0.088 3	−0.074 8
0.85	0.002 81	0.002 86	0.032 2	0.032 8	0.021 5	0.022 9	−0.082 9	−0.073 3
0.90	0.002 56	0.002 61	0.029 1	0.029 7	0.022 4	0.023 8	−0.077 6	−0.071 6
0.95	0.002 32	0.002 37	0.026 1	0.026 7	0.023 0	0.024 4	−0.072 6	−0.069 8
1.00	0.002 10	0.002 15	0.023 4	0.024 0	0.023 4	0.024 9	−0.067 7	−0.067 7

⑥在均布荷载作用下,一边简支、三边固定板的计算系数(附表 A-19)。

一边简支、三边固定板的计算系数　　　　　　　　附表 A-19

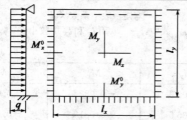

$\mu = 0$

挠度＝表中系数×$\dfrac{ql^4}{B_C}$

弯矩＝表中系数×ql^2

式中:l——取用 l_x 和 l_y 中较小者

l_x/l_y	l_y/l_x	w	w_{max}	M_x	M_{xmax}	M_y	M_{ymax}	M_x^0	M_y^0
0.50		0.002 57	0.002 58	0.040 8	0.040 9	0.002 8	0.008 9	−0.083 6	−0.056 9
0.55		0.002 52	0.002 55	0.039 8	0.039 9	0.004 2	0.009 3	−0.082 7	−0.057 0
0.60		0.002 45	0.002 49	0.038 4	0.038 6	0.005 9	0.010 5	−0.081 4	−0.057 1
0.65		0.002 37	0.002 40	0.036 8	0.037 1	0.007 6	0.011 6	−0.079 6	−0.057 2
0.70		0.002 27	0.002 29	0.035 0	0.035 4	0.009 3	0.012 7	−0.077 4	−0.057 2
0.75		0.002 16	0.002 19	0.033 1	0.033 5	0.010 9	0.013 7	−0.075 0	−0.057 2
0.80		0.002 05	0.002 08	0.031 0	0.031 4	0.012 4	0.014 7	−0.072 2	−0.057 0
0.85		0.001 93	0.001 96	0.028 9	0.029 3	0.013 8	0.015 5	−0.069 3	−0.056 7
0.90		0.001 81	0.001 84	0.026 8	0.027 3	0.015 9	0.016 3	−0.066 3	−0.056 3
0.95		0.001 69	0.001 72	0.024 7	0.025 2	0.016 0	0.017 2	−0.063 1	−0.055 8
1.00	1.00	0.001 57	0.001 60	0.022 7	0.023 1	0.016 8	0.018 0	−0.060 0	−0.055 0
	0.95	0.001 78	0.001 82	0.022 9	0.023 4	0.019 4	0.020 7	−0.062 9	−0.059 9
	0.90	0.002 01	0.002 06	0.022 8	0.023 4	0.022 3	0.023 8	−0.065 6	−0.065 3
	0.85	0.002 27	0.002 33	0.022 5	0.023 1	0.025 5	0.027 3	−0.068 3	−0.071 1
	0.80	0.002 56	0.002 62	0.021 9	0.022 4	0.029 0	0.031 1	−0.070 7	−0.077 2
	0.75	0.002 86	0.002 94	0.020 8	0.021 4	0.032 9	0.035 4	−0.072 9	−0.083 7
	0.70	0.003 19	0.003 27	0.019 4	0.020 0	0.037 0	0.040 0	−0.074 8	−0.090 3
	0.65	0.003 52	0.003 65	0.017 5	0.018 2	0.041 2	0.044 6	−0.076 2	−0.097 0
	0.60	0.003 86	0.004 03	0.015 3	0.016 0	0.045 4	0.049 3	−0.077 3	−0.103 3
	0.55	0.004 19	0.004 37	0.012 7	0.013 3	0.049 6	0.054 1	−0.078 0	−0.109 3
	0.50	0.004 49	0.004 63	0.009 9	0.010 3	0.053 4	0.058 8	−0.078 4	−0.114 6

3. 木结构计算用表

(1)普通木结构所用木材,某树种的强度等级按本手册(上册)表 1-6-4 和表 1-6-5 或《木结构设计规范》(GB 50005—2003)中表 4.2.1-1 和表 4.2.1-2 的规定采用。

(2)在正常情况下,木材的强度设计值及弹性模量可按本手册(上册)表 1-6-6 或《木结构设计规范》(GB 50005—2003)中表 4.2.1-3 的要求采用。

(3)有关木结构计算公式和用表可按本手册上册第六章有关公式使用。

(4)受压构件的计算长度 l_0,应按实际长度乘以下列系数。

两端铰接:1.0;

一端固定、一端自由:2.0;

一端固定、一端铰接:0.8。

(5)圆木和半圆木截面的几何形状及力学特性见附表 A-20。

圆木和半圆木截面的几何形状及力学特征表　　　　　　　　附表 A-20

截面形状 计算数据				
截面高度		d	$0.5d$	d
截面面积		$0.785d^2$	$0.393d^2$	$0.393d^2$
中性轴至边缘纤维的距离	Z_1	$0.5d$	$0.21d$	$0.5d$
	Z_2	$0.5d$	$0.29d$	$0.5d$
截面惯性矩	I_x	$0.049\,1d^4$	$0.006\,9d^4$	$0.024\,5d^4$
	I_y	$0.049\,1d^4$	$0.024\,5d^4$	$0.006\,9d^4$
截面模量	W_x	$0.098\,2d^3$	$0.023\,8d^4$	$0.049\,1d^3$
	W_y	$0.098\,2d^3$	$0.049\,1d^4$	$0.023\,8d^3$
最小回转半径 i_{min}		$0.25d$	$0.132\,2d$	$0.132\,2d$

截面形状 计算数据					
		$b=\dfrac{d}{3}$	$b=\dfrac{d}{2}$	$b=\dfrac{d}{3}$	$b=\dfrac{d}{2}$
截面高度		$0.971d$	$0.933d$	$0.943d$	$0.886d$
截面面积		$0.779d^2$	$0.763d^2$	$0.773d^2$	$0.740d^2$
中性轴至边缘纤维的距离	Z_1	$0.475d$	$0.447d$	$0.471d$	$0.433d$
	Z_2	$0.496d$	$0.486d$	$0.471d$	$0.433d$
截面惯性矩	I_x	$0.047\,6d^4$	$0.044\,1d^4$	$0.046\,1d^4$	$0.039\,5d^4$
	I_y	$0.049\,1d^4$	$0.048\,8d^4$	$0.049\,0d^4$	$0.048\,5d^4$
截面模量	W_x	$0.096\,0d^3$	$0.090\,8d^3$	$0.097\,8d^3$	$0.092\,1d^3$
	W_y	$0.098\,1d^3$	$0.097\,6d^3$	$0.098\,0d^3$	$0.097\,0d^3$
最小回转半径 i_{min}		$0.247\,1d$	$0.240\,6d$	$0.248d$	$0.231d$

4. 双曲线函数

$$\text{sh}x=\frac{e^x-e^{-x}}{2},\text{ch}x=\frac{e^x+e^{-x}}{2},\text{th}x=\frac{\text{sh}x}{\text{ch}x}=\frac{e^x-e^{-x}}{e^x+e^{-x}}$$

$$\text{sh}(-x)=-\text{sh}x,\text{ch}(-x)=\text{ch}x,\text{th}(-x)=-\text{th}x$$

$$\text{ch}^2x-\text{sh}^2x=1,\text{sh}(x\pm y)=\text{sh}x\text{ch}y\pm\text{ch}x\text{sh}y$$

$$\text{ch}(x\pm y)=\text{ch}x\text{ch}y\pm\text{sh}x\text{sh}y,\text{th}(x\pm y)=\frac{\text{th}x\pm\text{th}y}{1\pm\text{th}x\text{th}y}$$

$$\text{sh}x\pm\text{sh}y=2\text{sh}\frac{x\pm y}{2}\text{ch}\frac{x\mp y}{2},\text{ch}x+\text{ch}y=2\text{ch}\frac{x+y}{2}\text{ch}\frac{x-y}{2}$$

$$\text{ch}x-\text{ch}y=2\text{sh}\frac{x+y}{2}\text{sh}\frac{x-y}{2},\text{ch}x\pm\text{sh}x=\frac{1\pm\text{th}\left(-\frac{x}{2}\right)}{1\mp\text{th}\left(\frac{x}{2}\right)}$$

$$\text{th}x\pm\text{th}y=\frac{\text{sh}(x\pm y)}{\text{ch}x\text{ch}y}$$

$$\text{sh}2x=2\text{sh}x\text{ch}x,\text{ch}2x=\text{ch}^2x+\text{sh}^2x,\text{th}2x=\frac{2\text{th}x}{1+\text{th}^2x}$$

$$\text{sh}\frac{x}{2}=\pm\sqrt{\frac{\text{ch}x-1}{2}},\text{ch}\frac{x}{2}=\sqrt{\frac{\text{ch}x+1}{2}},\text{th}\frac{x}{2}=\pm\sqrt{\frac{\text{ch}x-1}{\text{ch}x+1}}$$

$$\text{sh}x=-i\sin ix,\text{ch}x=\cos ix,\text{th}x=-i\tan ix$$

$$\sin x=-i\text{sh}ix,\cos x=\text{ch}ix,\tan x=-i\text{th}ix$$

$$i=\sqrt{-1}$$

双曲线函数互换式见附表 A-21,双曲线函数见附表 A-22。

双曲线函数互换式   附表 A-21

函　　数	$\text{sh}x$	$\text{ch}x$	$\text{th}x$
$\text{sh}x$	—	$\sqrt{\text{ch}^2x-1}$	$\dfrac{\text{th}x}{\sqrt{1-\text{th}^2x}}$
$\text{ch}x$	$\sqrt{\text{sh}^2x+1}$	—	$\dfrac{1}{\sqrt{1-\text{th}^2x}}$
$\text{th}x$	$\dfrac{\text{sh}x}{\sqrt{\text{sh}^2x+1}}$	$\dfrac{\sqrt{\text{ch}^2x-1}}{\text{ch}x}$	—

双 曲 线 函 数 表   附表 A-22

x	e^x	e^{-x}	$\text{sh}x$	$\text{ch}x$	$\text{th}x$
0.00	1.000 00	1.000 00	0.000 00	1.000 00	0.000 00
0.01	1 005	0.990 05	1 000	0 005	1 000
0.02	2 020	8 020	2 000	0 020	2 000
0.03	3 045	7 045	3 000	0 045	2 999
0.04	4 081	6 079	4 001	0 080	3 998
0.05	1.051 27	0.951 23	0.050 02	1.001 25	0.049 96
0.06	6 184	4 176	6 004	0 180	5 993
0.07	7 251	3 239	7 006	0 245	6 989
0.08	8 329	2 312	8 009	0 320	7 983

x	e^x	e^{-x}	$\text{sh}x$	$\text{ch}x$	$\text{th}x$
0.09	9 417	1 393	9 012	0 405	8 976
0.10	1.105 17	0.904 84	0.100 17	1.005 00	0.099 67
0.11	1 628	0.895 83	1 022	0 606	0.109 56
0.12	2 750	8 692	2 029	0 721	1 943
0.13	3 883	7 810	3 037	0 846	2 927
0.14	5 027	6 936	4 046	0 982	3 909
0.15	1.161 83	0.860 71	0.150 56	1.011 27	0.148 89
0.16	7 351	5 214	6 068	1 283	5 865
0.17	8 530	4 366	7 082	1 448	6 838
0.18	9 722	3 527	8 097	1 624	7 808
0.19	1.209 25	2 696	9 115	1 810	8 775
0.20	1.221 40	0.818 73	0.2013 4	1.020 07	0.197 38
0.21	3 368	1 058	1 155	2 213	0.206 97
0.22	4 608	0 252	2 178	2 430	1 652
0.23	5 860	0.794 53	3 203	2 657	2 603
0.24	7 125	8 663	4 231	2 894	3 550
0.25	1.284 03	0.778 80	0.252 61	1.031 41	0.244 92
0.26	9 693	7 105	6 294	3 399	5 430
0.27	1.309 96	6 338	7 329	3 667	6 362
0.28	2 313	5 578	8 367	3 946	7 291
0.29	3 643	4 826	9 408	4 235	8 213
0.30	1.349 86	0.740 82	0.304 52	1.045 34	0.291 31
0.31	6 343	3 345	1 499	4 844	0.300 44
0.32	7 713	2 615	2 549	5 164	0 951
0.33	9 097	1 892	3 602	5 495	1 852
0.34	1.404 95	1 177	4 659	5 836	2 748
0.35	1.419 07	0.704 69	0.357 19	1.061 88	0.336 38
0.36	3 333	0.697 68	6 783	6 550	4 521
0.37	4 773	9 073	7 850	6 923	5 399
0.38	6 228	8 386	8 921	7 307	6 271
0.39	7 698	7 706	9 996	7 702	7 136
0.40	1.491 82	0.670 32	0.410 75	1.081 07	0.379 95
0.41	1.506 82	6 365	2 158	8 523	8 847
0.42	2 196	5 705	3 246	8 950	9 693

x	e^x	e^{-x}	$\mathrm{sh}x$	$\mathrm{ch}x$	$\mathrm{th}x$
0.43	3 726	5 051	4 337	9 388	0.405 32
0.44	5 271	4 404	5 434	9 837	1 364
0.45	1.568 31	0.637 63	0.465 34	1.102 97	0.421 90
0.46	8 407	3 128	7 640	0 768	3 008
0.47	9 999	2 500	8 750	1 250	3 820
0.48	1.616 07	1 878	9 865	1 743	4 624
0.49	3 232	1 263	0.509 84	2 247	5 422
0.50	1.648 72	0.606 53	0.521 10	1.127 63	0.462 12
0.51	6 529	0 050	3 240	3 289	6 995
0.52	8 203	0.594 52	4 375	3 827	7 770
0.53	9 893	8 860	5 516	4 377	8 538
0.54	1.716 01	8 275	6 663	4 938	9 299
0.55	1.733 25	0.576 95	0.578 15	1.155 10	0.500 52
0.56	5 067	7 121	8 973	6 094	0 798
0.57	6 827	6 553	0.601 37	6 690	1 536
0.58	8 604	5 990	1 307	7 297	2 267
0.59	1.803 99	5 433	2 483	7 916	2 990
0.60	1.822 12	0.548 81	0.636 65	1.185 47	0.537 05
0.61	4 043	4 335	4 854	9 189	4 413
0.62	5 893	3 794	6 049	9 844	5 113
0.63	7 761	3 259	7 251	1.205 10	5 805
0.64	9 648	2 729	8 459	1 189	6 490
0.65	1.915 54	0.522 05	0.696 75	1.218 79	0.571 67
0.66	3 479	1 685	0.708 97	2 582	7 836
0.67	5 424	1 171	2 126	3 297	8 498
0.68	7 388	0 662	3 363	4 025	9 152
0.69	9 372	0 158	4 607	4 765	9 798
0.70	2.013 75	0.496 59	0.758 58	1.255 17	0.604 37
0.71	3 399	9 164	7 117	6 282	1 068
0.72	5 443	8 675	8 384	7 059	1 691
0.73	7 508	8 191	9 659	7 849	2 307
0.74	9 594	7 711	0.809 41	8 652	2 915

x	e^x	e^{-x}	$\text{sh}x$	$\text{ch}x$	$\text{th}x$
0.75	2.117 00	0.472 37	0.822 32	1.294 68	0.635 15
0.76	3 828	6 767	3 530	1.302 97	4 108
0.77	5 977	6 301	4 838	1 139	4 693
0.78	8 147	5 841	6 153	1 994	5 271
0.79	2.203 40	5 384	7 478	2 862	5 841
0.80	2.225 54	0.449 33	0.888 11	1.337 43	0.664 04
0.81	4 791	4 486	0.901 52	4 638	6 959
0.82	7 050	4 043	1 503	5 547	7 507
0.83	9 332	3 605	2 863	6 468	8 048
0.84	2.316 37	3 171	4 233	7 404	8 581
0.85	2.339 65	0.427 41	0.956 12	1.383 53	0.691 07
0.86	6 316	2 316	7 000	9 316	9 626
0.87	8 691	1 895	8 398	1.402 93	0.701 37
0.88	2.410 90	1 478	9 806	1 284	0 642
0.89	3 513	1 066	1.012 24	2 289	1 139
0.90	2.459 60	0.406 57	1.026 52	1.433 09	0.716 30
0.91	8 432	0 252	4 090	4 342	2 113
0.92	2.509 29	0.398 52	5 539	5 390	2 590
0.93	3 451	9 455	6 998	6 453	3 059
0.94	5 998	9 063	8 468	7 530	3 522
0.95	2.585 71	0.386 74	1.099 48	1.486 23	0.739 78
0.96	2.611 70	8 289	1.114 40	9 727	4 428
0.97	3 794	7 908	2 943	1.508 51	4 870
0.98	6 446	7 531	4 457	1 988	5 307
0.99	9 123	7 158	5 983	3 141	5 736
1.00	2.718 28	0.367 88	1.175 20	1.543 08	0.761 59
1.01	4 560	6 422	9 069	5 491	6 576
1.02	7 319	6 059	1.206 30	6 689	6 987
1.03	2.801 07	5 701	2 203	7 904	7 391
1.04	2 922	5 345	3 788	9 134	7 789
1.05	2.857 65	0.349 94	1.253 86	1.603 79	0.781 81
1.06	8 637	4 646	6 996	1 641	8 566
1.07	2.915 38	4 301	8 619	2 919	8 946
1.08	4 468	3 960	1.302 54	4 214	9 320

x	e^x	e^{-x}	$\mathrm{sh}x$	$\mathrm{ch}x$	$\mathrm{th}x$
1.09	7 427	3 622	1 903	5 525	9 688
1.10	3.004 17	0.332 87	1.335 65	1.668 52	0.800 50
1.11	3 436	2 956	5 240	8 196	0 406
1.12	6 485	2 628	6 929	9 557	0 757
1.13	9 566	2 303	8 631	1.709 34	1 102
1.14	3.126 77	1 982	1.403 47	2 329	1 441
1.15	3.158 19	0.316 64	1.420 78	1.737 41	0.817 75
1.16	8 993	1 349	3 822	5 171	2 104
1.17	3.221 99	1 037	5 581	6 618	2 427
1.18	5 437	0 728	7 355	8 083	2 745
1.19	8 708	0 422	9 143	9 565	3 058
1.20	3.320 12	0.301 19	1.509 46	1.810 66	0.833 65
1.21	5 348	0.298 20	2 764	2 584	3 668
1.22	8 719	9 523	4 598	4 121	3 965
1.23	3.421 23	9 229	6 447	5 676	4 258
1.24	5 561	8 938	8 311	7 250	4 546
1.25	3.490 34	0.286 50	1.601 92	1.888 42	0.848 28
1.26	3.525 42	8 365	2 088	1.904 54	5 106
1.27	6 085	8 083	4 001	2 084	5 380
1.28	9 664	7 804	5 930	3 734	5 648
1.29	3.632 79	7 527	7 876	5 403	5 913
1.30	3.669 30	0.272 53	1.698 38	1.970 91	0.861 72
1.31	3.706 17	6 982	1.718 18	8 800	6 428
1.32	4 342	6 714	3 814	2.005 28	6 678
1.33	8 104	6 448	5 828	2 276	6 925
1.34	3.819 04	6 185	7 860	4 044	7 167
1.35	3.857 43	0.259 24	1.799 09	2.058 33	0.874 05
1.36	9 619	5 666	1.819 77	7 643	7 639
1.37	3.935 35	5 411	4 062	9 473	7 869
1.38	7 490	5 158	6 166	2.113 24	8 095
1.39	4.014 85	4 908	8 289	3 196	8 317
1.40	4.055 20	0.246 60	1.904 30	2.150 90	0.885 35
1.41	9 596	4 414	2 591	7 005	8 749
1.42	4.137 12	4 171	4 770	8 942	8 960

x	e^x	e^{-x}	sh$x$	ch$x$	th$x$
1.43	7 870	3 931	6 970	2.209 00	9 167
1.44	4.220 70	3 693	9 188	2 881	9 370
1.45	4.263 11	0.234 57	2.014 27	2.248 84	0.895 69
1.46	4.305 96	3 224	3 686	6 910	9 765
1.47	4 924	2 993	5 965	8 958	9 958
1.48	9 295	2 764	8 265	2.310 29	0.901 47
1.49	4.437 10	2 537	2.105 86	3 123	0 332
1.50	4.481 69	0.223 13	2.129 28	2.352 41	0.905 15
1.51	4.526 73	2 091	5 291	7 382	694
1.52	7 223	1 871	7 676	9 547	870
1.53	4.618 18	1 654	2.200 82	2.417 36	0.910 42
1.54	6 459	1 438	2 510	3 949	212
1.55	4.711 47	0.212 25	2.249 61	2.461 86	0.913 79
1.56	5 882	1 014	7 434	8 448	542
1.57	4.806 65	0 805	9 930	2.507 35	703
1.58	5 496	0 598	2.324 49	3 047	860
1.59	4.903 75	0 393	4 991	5 384	0.920 15
1.60	4.953 03	0.201 90	2.375 57	2.577 46	0.921 67
1.61	5.002 81	0.199 89	2.401 46	2.601 35	316
1.62	5 309	9 790	2 760	2 549	462
1.63	5.103 87	9 593	5 397	4 990	606
1.64	5 517	9 398	8 059	7 457	747
1.65	5.206 98	0.192 05	2.507 46	2.699 51	0.928 86
1.66	5 931	9 014	3 459	2.724 72	0.930 22
1.67	5.312 17	8 825	6 196	5 021	155
1.68	6 556	8 637	8 959	7 596	286
1.69	5.419 48	8 452	2.617 48	2.802 00	415
1.70	5.473 95	0.182 68	2.645 63	2.828 32	0.935 41
1.71	5.528 96	8 087	7 405	5 491	665
1.72	8 453	7 907	2.702 73	8 180	786
1.73	5.640 65	7 728	3 168	2.908 97	906
1.74	9 734	7 552	6 091	3 643	0.940 23
1.75	5.754 60	0.173 77	2.790 41	2.964 19	0.941 38
1.76	5.812 44	7 204	2.820 20	9 224	250

x	e^x	e^{-x}	$\text{sh}x$	$\text{ch}x$	$\text{th}x$
1.77	7 085	7 033	5 026	3.020 59	361
1.78	5.929 86	6 864	8 061	4 925	470
1.79	8 945	6 696	2.911 25	7 821	576
1.80	6.049 65	0.165 30	2.942 17	3.107 47	0.946 81
1.81	6.110 45	6 365	7 340	3 705	783
1.82	7 186	6 203	3.004 92	6 694	884
1.83	6.233 89	6 041	3 674	9 715	983
1.84	9 654	5 882	6 886	3.227 68	0.950 80
1.85	6.359 82	0.157 24	3.101 29	3.258 53	0.951 75
1.86	6.423 74	5 567	3 403	8 970	268
1.87	8 830	5 412	6 709	3.321 21	359
1.88	6.553 50	5 259	3.200 46	5 305	449
1.89	6.619 37	5 107	3 415	8 522	537
1.90	6.685 89	0.149 57	3.268 16	3.417 73	0.956 24
1.91	6.753 09	4 808	3.302 50	5 058	709
1.92	6.820 96	4 661	3 718	8 378	792
1.93	8 951	4 515	7 218	3.517 33	873
1.94	6.958 75	4 370	3.407 52	5 123	953
1.95	7.028 69	0.142 27	3.443 21	3.585 48	0.960 32
1.96	9 933	4 086	7 923	3.620 09	109
1.97	7.170 68	3 946	3.515 61	5 507	185
1.98	7.242 74	3 807	5 234	9 041	259
1.99	7.315 53	3 670	8 942	3.726 11	331
2.00	7.389 06	0.135 34	3.626 86	3.762 20	0.964 03
2.01	46 332	3 399	6 466	9 865	473
2.02	53 832	3 266	3.702 83	3.835 49	541
2.03	61 409	3 134	4 138	7 271	609
2.04	69 061	3 003	8 029	3.910 32	675
2.05	7,76 790	0.128 73	3.819 58	3.948 32	0.967 40
2.06	84 597	2 745	5 926	8 671	803
2.07	92 482	2 619	9 932	4.025 50	865
2.08	8.004 47	2 493	3.939 77	6 470	926
2.09	08 492	2 369	8 061	4.104 30	986

x	e^x	e^{-x}	$\operatorname{sh}x$	$\operatorname{ch}x$	$\operatorname{th}x$
2.10	8.166 17	0.122 46	4.021 86	4.144 31	0.970 45
2.11	24 824	2 124	6 350	8 474	103
2.12	33 114	2 003	4.105 55	4.225 58	159
2.13	41 487	1 884	4 801	6 685	215
2.14	49 944	1 765	9 089	4.308 55	269
2.15	8.584 86	0.116 48	4.234 119	4.350 67	0.973 23
2.16	67 114	1 533	7 791	9 323	375
2.17	75 828	1 418	4.322 05	4.436 23	426
2.18	84 631	1 304	6 663	7 967	477
2.19	93 521	1 192	4.411 65	4.523 56	526
2.20	9.025 01	0.110 80	4.457 11	4.567 91	0.975 74
2.21	11 572	0 970	4.503 01	4.612 71	622
2.22	20 733	0 861	4 936	5 797	668
2.23	29 987	0 753	9 617	4.703 70	714
2.24	39 333	0 646	4.643 44	4 989	759
2.25	9.487 74	0.105 40	4.691 17	4.796 57	0.978 03
2.26	58 309	0 435	4.739 37	4.843 72	846
2.27	67 940	0 331	8 804	9 136	888
2.28	77 668	0 228	4.837 20	4.939 48	929
2.29	87 494	0 127	8 684	8 810	970
2.30	9.974 18	0.100 26	4.936 96	5.037 22	0.980 10
2.31	10.074 42	0.099 26	8 758	8 684	049
2.32	17 567	9 827	5.038 70	5.136 97	087
2.33	27 794	9 730	9 032	8 762	124
2.34	38 124	9 633	5.142 45	5.238 78	161
2.35	10.485 57	0.095 37	5.195 10	5.290 47	0.981 97
2.36	59 095	9 442	5.248 27	5.342 69	233
2.37	69 739	9 348	5.301 96	9 544	267
2.38	80 490	9 255	5 618	5.448 73	301
2.39	91 349	9 163	5.410 93	5.502 56	335
2.40	11.023 18	0.090 72	5.466 23	5.556 95	0.983 67
2.41	13 396	8 982	5.522 07	5.611 89	400
2.42	24 586	8 892	7 847	6 739	431
2.43	35 888	8 804	5.635 42	5.723 46	462
2.44	47 304	8 716	9 294	8 010	492

x	e^x	e^{-x}	$\text{sh}x$	$\text{ch}x$	$\text{th}x$
2.45	11.588 35	0.086 29	5.751 03	5.837 32	0.985 22
2.46	70 481	8 543	5.809 69	9 512	551
2.47	82 245	8 458	6 893	5.953 52	579
2.48	94 126	8 374	5.928 76	6.012 50	607
2.49	12.061 28	8 291	8 918	7 209	635
2.50	12.182 49	0.082 08	6.050 20	6.132 29	0.986 61
2.51	30 493	8 127	11 183	19 310	688
2.52	42 860	8 046	17 407	25 453	714
2.53	55 351	7 966	23 692	31 658	739
2.54	67 967	7 887	30 040	37 927	764
2.55	12.807 10	0.078 08	6.364 51	6.442 59	0.987 88
2.56	93 582	7 730	42 926	50 656	812
2.57	13.065 82	7 654	49 464	57 118	835
2.58	19 714	7 577	56 068	63 646	858
2.59	32 977	7 502	62 738	70 240	881
2.60	13.463 74	0.074 27	6.694 73	6.769 01	0.989 03
2.62	59 905	7 353	76 276	83 629	924
2.62	73 572	7 280	83 146	90 426	946
2.63	87 377	7 208	90 085	97 292	966
2.64	14.013 20	7 136	97 092	7.042 28	987
2.65	14.154 04	0.070 65	7.041 69	7.112 34	0.990 07
2.66	29 629	6 995	11 317	18 312	026
2.67	43 997	6 925	18 536	25 461	045
2.68	58 509	6 856	25 827	32 683	064
2.69	73 168	6 788	33 190	39 973	083
2.70	14.879 73	0.067 21	7.406 26	7.473 47	0.991 01
2.71	15.029 28	6 654	48 137	54 791	118
2.72	18 032	6 587	55 722	62 310	136
2.73	33 289	6 522	63 383	69 905	153
2.74	48 699	6 457	71 121	77 578	170
2.75	15.642 63	0.063 93	7.789 35	7.853 28	0.991 86
2.76	79 984	6 329	86 828	93 157	202
2.77	95 863	6 266	94 799	8.010 65	218
2.78	16.119 02	6 204	8.028 49	09 053	233
2.79	28 102	6 142	10 980	17 122	248

x	e^x	e^{-x}	sh$x$	ch$x$	th$x$
2.80	16.444 65	0.060 81	8.191 92	8.252 73	0.992 63
2.81	60 992	6 020	27 486	33 506	278
2.82	77 685	5 961	35 862	41 823	292
2.83	94 546	5 901	44 322	50 224	306
2.84	17.115 77	5 843	52 867	58 710	320
2.85	17.287 78	0.057 84	8.614 97	8.672 81	0.993 33
2.86	46 153	5 727	70 213	75 940	346
2.87	63 702	5 670	79 016	84 686	359
2.88	81 427	5 613	87 907	93 520	372
2.89	99 331	5 558	96 887	9.024 44	384
2.90	18.174 15	0.055 02	9.059 56	9.114 58	0.993 96
2.91	35 680	5 448	15 116	20 564	408
2.92	54 129	5 393	24 368	29 761	420
2.93	72 763	5 340	33 712	39 051	431
2.94	91 585	5 287	43 149	48 436	443
2.95	19.105 95	0.052 34	9.526 81	9.579 15	0.994 54
2.96	29 797	5 182	62 308	67 490	464
2.97	49 192	5 130	72 031	77 161	475
2.98	68 782	5 079	81 851	86 930	485
2.99	88 568	5 029	91 770	96 798	496
3.00	20.085 54	0.049 79	10.017 87	10.067 66	0.995 05
3.05	21.115 34	736	10.533 99	10.581 35	552
3.10	22.197 95	505	11.076 45	11.121 50	595
3.15	23.336 06	285	11.646 61	11.689 46	633
3.20	24.532 53	076	12.245 88	12.286 65	668
3.25	25.790 34	0.038 77	12.875 78	12.914 56	0.997 00
3.30	27.112 64	688	13.537 88	13.574 76	728
3.35	28.502 73	508	14.233 82	14.268 91	754
3.40	29.964 10	337	14.965 36	14.998 74	777
3.45	31.500 39	175	15.734 32	15.766 07	799
3.50	33.115 45	0.030 20	16.542 63	16.572 82	0.998 18
3.55	34.813 32	0.028 72	17.392 30	17.421 02	835
3.60	36.598 23	732	18.285 46	18.312 78	851
3.65	38.474 67	599	19.224 34	19.250 33	865
3.70	40.447 30	472	20.211 29	20.236 01	878

x	e^x	e^{-x}	sh$x$	ch$x$	th$x$
3.75	42.521 08	0.023 52	21.248 78	21.272 30	0.998 89
3.80	44.701 18	237	22.339 41	22.361 78	900
3.85	46.993 06	128	23.485 89	23.507 17	909
3.90	49.402 45	024	24.691 10	24.711 35	918
3.95	51.935 37	0.019 25	25.958 06	25.977 31	926
4.00	54.598 15	0.018 32	27.289 92	27.308 23	0.999 33
4.05	57.397 46	742	28.690 02	28.707 44	939
4.10	60.340 29	657	30.161 86	30.178 43	945
4.15	63.434 00	576	31.709 12	31.724 88	950
4.20	66.686 33	500	33.335 67	33.350 66	955
4.25	70.105 41	0.014 26	35.045 57	35.059 84	0.999 59
4.30	73.699 79	357	36.843 11	36.856 68	963
4.35	77.479 46	291	38.732 78	38.745 68	967
4.40	81.450 87	228	40.719 30	40.731 57	970
4.45	85.626 94	168	42.807 63	42.819 31	973
4.50	90.017 13	0.011 11	45.003 01	45.014 12	0.999 75
4.55	94.632 41	057	47.310 92	47.321 49	978
4.60	99.484 32	005	49.737 13	49.747 18	980
4.65	104.584 99	0.009 56	52.287 71	52.297 27	982
4.70	109.947 17	910	54.969 04	54.978 13	983
4.75	115.584 28	0.008 65	57.787 82	57.796 47	0.999 85
4.80	121.510 42	823	60.751 09	60.759 32	986
4.85	127.740 39	783	63.866 28	63.874 11	988
4.90	134.289 78	745	67.141 17	67.148 61	989
4.95	141.174 96	708	70.583 94	70.591 02	990
5.00	148.413 16	0.006 74	74.203 21	74.209 95	0.999 91
5.10	164.021 9	0.006 10	82.007 91	82.014 00	0.999 93
5.20	181.272 2	0.005 52	90.633 36	90.638 88	0.999 94
5.30	200.336 8	0.004 99	100.165 9	100.170 9	0.999 95
5.40	221.406 4	0.004 52	110.700 9	110.705 5	0.999 96
5.50	244.691 9	0.004 09	122.343 9	122.348 0	0.999 97
5.60	270.426 4	0.003 70	135.211 4	135.215 1	0.999 97
5.70	298.867 4	0.003 35	149.432 0	149.435 4	0.999 98
5.80	330.299 6	0.003 03	165.148 3	165.151 3	0.999 98

x	e^x	e^{-x}	$\mathrm{sh}x$	$\mathrm{ch}x$	$\mathrm{th}x$
5.90	365.037 5	0.002 74	182.517 4	182.520 1	0.999 98
6.00	403.428 8	0.002 48	201.713 2	201.715 6	0.999 99
6.30	544.571 9	0.001 84	272.285 0	272.286 9	0.999 99
$\pi/4$	2.193 28	0.455 94	0.868 67	1.324 61	0.655 79
$\pi/2$	4.810 48	0.207 88	2.301 30	2.509 18	0.917 15
$3\pi/4$	10.550 72	0.094 78	5.227 97	5.322 75	0.982 19
π	23.140 69	0.043 21	11.548 74	11.591 95	0.996 27

附录 B 脚手架荷载说明

1. 荷载分类的说明

作用于脚手架的荷载可分为永久荷载（恒荷载）与可变荷载（活荷载）。本手册上册中关于永久荷载（恒荷载）和可变荷载（活荷载）的分类是根据《建筑结构荷载规范》（GB 50009—2012）中的规定确定的。

永久荷载（恒荷载）是指在结构使用期间，其值不随时间变化，或其变化与平均值相比可以忽略不计的荷载。例如结构自重、土压力等。作用于脚手架上的永久荷载分为脚手架结构自重（包括立杆、纵向水平杆、横向水平杆、剪刀撑、横向斜撑和扣件等的自重）与构配件自重（包括脚手板、栏杆、挡脚板、安全网等防护设施的自重）。自重是指材料自身重量产生的荷载（重力）。

可变荷载（活荷载）是指在结构使用期间，其值随时间变化，且其变化值与平均值相比不可忽略的荷载。例如楼面活荷载、屋面活荷载和积灰荷载、吊车荷载、风荷载、雪荷载等。作用于脚手架上的可变荷载分为施工荷载（包括作业层上的人员、器具和材料的自重）与风荷载。

在进行脚手架设计时，应根据施工要求，在施工组织设计文件中明确规定构配件的设置数量，且在施工过程中不能随意增加。脚手板黏积的建筑砂浆等引起的增重是不利于安全的因素，已在脚手架的设计安全度中统一考虑。

2. 脚手架恒荷载的取值

每米立杆承受的结构自重标准值的计算条件如下。

(1)构配件取值。

每个扣件自重是按抽样 408 个的平均值加两倍标准差求得。

直角扣件：按每个主节点处两个，自重 13.2N/个；

旋转扣件：按剪刀撑每个扣接点一个，自重 14.6N/个；

对接扣件：按每米 6.5m 长的钢管一个，自重 18.4N/个；

横向水平杆每个主节点一根，取 2.2m 长。

钢管尺寸：$\phi48 \times 3.5$mm，自重 38.4N/m。

(2)脚手架立面单位轮廓面积上主框架的重量，按式(B-1)或式(B-2)计算。

单排脚手架：

$$G_D = \frac{(l_a + h + 2.2)q + 2q_1 + \dfrac{l_a + h}{6.5}q_2}{l_a h}$$

$$= \frac{41.231(l_a + h) + 110.88}{l_a h} \times 10^{-3} \, (\text{kN/m}^2) \qquad (B\text{-}1)$$

双排脚手架：

$$G_S = \frac{\left[2(l_a + h) + 2.2\right]q + 2\left[2q_1 + \dfrac{l_a + h}{6.5}q_2\right]}{l_a h}$$

$$= \frac{82.462(l_a + h) + 137.28}{l_a h} \times 10^{-3} \; (kN/m^2) \tag{B-2}$$

式中：l_a——立杆纵距(m)；

　　h——步距(m)；

　　q——$\phi 48 \times 3.5mm$ 钢管每米重量，取 $q = 38.4N/m$；

　　q_1——直角扣件每个重量，取 $q_1 = 13.2N/$个；

　　q_2——对接扣件每个重量，取 $q_2 = 18.4N/$个；

　　2.2——每根横向水平杆的长度(m)；

　　6.5——每根 6.5m 长的钢管上计算一个对接扣件(m)。

不同纵距、步距的框架立面单位轮廓面积的重量由式(B-1)和式(B-2)计算，求得的计算结果见附表 B-1。

脚手架立面单位轮廓面积上主框架的自重　　　　　　附表 B-1

步距 h(m)	脚手架类型	下列纵距(m)时，每平方米框架的自重(kN/m²)				
		1.2	1.5	1.8	2.0	2.1
1.2	单排	0.145 7	0.123 4	0.108 6	0.102 0	0.098
	双排	0.232 8	0.199 9	0.178 1	0.167 2	0.162 5
1.35	单排	0.133 3	0.112 8	0.099 1	0.092 2	0.089 3
	双排	0.214 5	0.183 9	0.163 4	0.153 1	0.148 7
1.5	单排	0.123 4	0.104 3	0.091 5	0.085 1	0.082 3
	双排	0.199 9	0.171 0	0.151 6	0.141 9	0.137 8
1.8	单排	0.108 6	0.091 5	0.080 0	0.074 3	0.071 9
	双排	0.178 1	0.151 6	0.134 0	0.125 2	0.121 4
2.0	单排	0.101 2	0.085 1	0.074 3	0.069 0	0.066 6
	双排	0.167 1	0.142 0	0.125 2	0.116 8	0.113 2

(3)脚手架立面单位轮廓面积上剪刀撑的自重。

剪刀撑按设在脚手架外侧，满堂红铺设，用对接扣件连接时材料用量计算。

设两个 13m 杆交叉组成计算单元，用长杆(6.5m)4 根，对接扣件 4 个，剪刀撑斜杆与立杆交叉处均有旋转扣件，钢管和对接扣件用量按式(B-3)计算。

$$G_J = \frac{4(6.5q + q_2) + \dfrac{2 \times 13\cos\alpha}{l_a}q_3}{13\cos\alpha B \sin\alpha}$$

$$= \frac{6.343\,2}{\cos\alpha\sin\alpha} + \frac{2.246\,2}{l_a\sin\alpha} \times 10^{-3} \; (kN/m^2) \tag{B-3}$$

式中：q_3——旋转扣件每个重力，取 $q_3 = 14.6N/$个；

　　α——剪刀撑斜杆与地面的夹角(°)；

　　l_a——立杆纵距(m)。

计算结果见附表 B-2。

脚手架立面单位轮廓面积上剪刀撑的自重　　　　　　　　　　　　　附表 B-2

剪刀撑倾角	下列纵距(m)时,每平方米剪刀撑的自重(kPa)				
	1.2	1.5	1.8	2.0	2.1
45°	0.015 3	0.014 8	0.014 5	0.014 3	0.014 2
50°	0.015 3	0.014 8	0.014 5	0.014 3	0.014 3
55°	0.015 8	0.015 3	0.015 0	0.014 9	0.014 8
60°	0.016 8	0.016 4	0.016 1	0.015 9	0.015 9

将附表 B-2 中倾角为 45°时的各值与附表 B-1 各值相加,见附表 B-3。

脚手架立面每平方米轮廓面积自重　　　　　　　　　　　　　附表 B-3

步距(m)	脚手架类型	下列纵距(m)时,每平方米轮廓面积的自重(kPa)				
		1.2	1.5	1.8	2.0	2.1
1.2	单排	0.161 0	0.138 2	0.123 1	0.115 5	0.112 2
	双排	0.248 1	0.214 7	0.192 6	0.181 5	0.176 7
1.35	单排	0.148 6	0.127 6	0.113 6	0.106 5	0.103 5
	双排	0.229 8	0.198 7	0.177 9	0.167 4	0.162 9
1.5	单排	0.138 7	0.119 1	0.106 0	0.099 4	0.096 5
	双排	0.215 2	0.185 8	0.166 1	0.156 2	0.152 0
1.8	单排	0.123 9	0.106 3	0.094 5	0.088 6	0.086 1
	双排	0.193 4	0.166 4	0.148 5	0.139 5	0.135 6
2.0	单排	0.116 5	0.099 9	0.088 8	0.083 3	0.080 8
	双排	0.182 4	0.156 8	0.139 7	0.131 1	0.127 4

注:外立杆结构自重,含剪力撑自重。

脚手架每米立杆承受的结构自重由式(B-4)计算。

$$g_k = \eta G l_a \tag{B-4}$$

式中:η——双排脚手架内、外立杆在脚手架结构自重的比值,见附表 B-4;

G——脚手架立面每平方米轮廓面积自重,见附表 B-3。

双排脚手架内、外立杆在结构自重中的比值 η　　　　　　　　附表 B-4

步距 h (m)	下列纵距(m)时,内、外立杆的自重系数									
	1.2		1.5		1.8		2.0		2.1	
	内	外	内	外	内	外	内	外	内	外
1.2	0.469	0.531 0	0.465	0.535	0.462	0.538	0.460 6	0.539 4	0.460	0.540
1.35	0.466	0.534	0.463	0.537	0.459	0.541	0.457 0	0.543 0	0.456	0.544
1.5	0.464	0.536	0.460	0.540	0.456	0.544	0.454 0	0.546	0.453	0.547
1.8	0.460	0.540	0.455	0.545	0.451	0.549	0.448 7	0.551 3	0.447	0.553
2.0	0.458	0.542	0.450	0.550	0.441	0.550	0.440	0.560	0.440	0.560

由于单排脚手架立杆的结构与双排的外立杆相同,故每米立杆承受结构自重标准值可按双排的外立杆等值采用。

为简化计算,双排脚手架每米立杆承受的结构自重标准值是采用内、外立杆的平均值。由式(B-4)计算,求得的结果见附表 B-5,由此表得表 26-1(本手册第二十六章)。

步距(m)	脚手架类别	下列纵距(m)时,立杆线自重 g_k(kN/m)									
		1.2		1.5		1.8		2.0		2.1	
		内杆	外杆	内杆	外杆	内杆	外杆	内杆	外杆	内杆	外杆
1.2		0.1396	0.1581	0.1498	0.1723	0.1602	0.1865	0.1672	0.1958	0.1707	0.2004
1.35		0.1285	0.1473	0.1380	0.1601	0.1470	0.1732	0.1530	0.1818	0.1560	0.1861
1.50	双排	0.1198	0.1384	0.1282	0.1505	0.1363	0.1626	0.1418	0.1706	0.1446	0.1746
1.80		0.1068	0.1253	0.1130	0.1360	0.1206	0.1467	0.1251	0.1539	0.1273	0.1575
2.00		0.1000	0.1190	0.1058	0.1294	0.1110	0.1405	0.1153	0.1470	0.1177	0.1500

3. 对敞开式扣件钢管脚手架挡风系数公式中的几个参数说明

$$挡风系数\ \xi = \frac{1.2A_n}{l_a h} \tag{B-5}$$

式中:1.2——结点面积增大系数;

A_n——一步一纵距(跨)内钢管的总挡风面积,按式(B-6)计算。

$$A_n = (l_a + h + 0.325 l_a h)d \tag{B-6}$$

式中:l_a——立杆纵距(m);

h——立杆步距(m);

0.325——脚手架立面每平方米内剪刀撑的平均长度(m/m^2);

d——钢管外径(mm)。

脚手架立面每平方米内剪刀撑的平均长度 0.325m/m^2 的计算说明如下:剪刀撑斜杆与地面夹角分别采用 45°、50°、55°、60°四种,每一计算单元宽、高和覆盖面积见附表 B-6。

每一计算单元宽、高和覆盖面积　　　　　　附表 B-6

角　度	宽(m)	高(m)	覆盖面积(m^2)	覆盖面积平均值(m^2)
45°	9.1924	9.1924	84.5	$\dfrac{84.5+88.32+79.4+73.18}{4}$ $=80.075$
50°	8.3562	9.9586	83.22	
55°	7.4565	10.6490	79.40	
60°	6.5	11.2583	73.18	

由两个 13m 杆交叉组成一计算单元,则每平方米剪刀撑平均长度:

$$4 \times 6.5/80.075 = 0.325(m/m^2)$$

附录C 地基土的水平向和垂直向基床系数 k_H、k_V 及水平向基床系数沿深度增大的比例系数 m 表

1. 地基土的水平向基床系数 k_H（附表C-1）

水平向基床系数 k_H　　　　　　　　　　附表 C-1

地基土分类		$k_H(kN/m^3)$
流塑的黏性土		3 000~15 000
软塑的黏性土和松散的粉性土		15 000~30 000
可塑的黏性土和稍密~中密粉性土		30 000~150 000
硬塑的黏性土和密实的粉性土		150 000 以上
松散的砂土		3 000~15 000
稍密的砂土		15 000~30 000
中密的砂土		30 000~100 000
密实的砂土		100 000 以上
水泥土搅拌桩加固置换率25%	水泥掺量<8%	10 000~15 000
	水泥掺量>13%	20 000~25 000

2. 地基土的垂直向基床系数 k_V（附表C-2）

垂直向基底系数 k_V　　　　　　　　　　附表 C-2

地基土分类	$k_V(kN/m^3)$
流塑的黏性土	5 000~10 000
软塑的黏性土和松散的粉性土	10 000~20 000
可塑的黏性土和稍密~中密粉性土	20 000~40 000
硬塑的黏性土和密实的粉性土	40 000~100 000
松散的砂土(不含新填砂)	10 000~15 000
稍密的砂土	15 000~20 000
中密的砂土	20 000~25 000
密实的砂土	25 000~40 000

3. 水平向基床系数沿深度增加的比例系数 m（附表C-3）

比 例 系 数 m　　　　　　　　　　附表 C-3

地基土分类		$m(kN/m^4)$
流塑的黏性土		1 000~2 000
软塑的黏性土、松散的粉性土和砂土		2 000~4 000
可塑的黏性土、稍密~中密的粉性土和砂土		4 000~6 000
硬塑的黏性土、密实的粉性土、砂土		6 000~10 000
水泥土搅拌桩加固置换率25%	水泥掺量<8%	2 000~4 000
	水泥掺量>13%	4 000~6 000

参 考 文 献

[1] 杨嗣信,余志成,侯君伟. 建筑工程模板施工手册[M]. 2 版. 北京:中国建筑工业出版社,2004.

[2] 江正荣. 建筑施工计算手册[M]. 2 版. 北京:中国建筑工业出版社,2007.

[3] 周水兴,何兆益,邹毅松. 路桥施工计算手册[M]. 北京:人民交通出版社,2006.

[4] 杜荣军. 建筑施工脚手架实用手册(含垂直运输设施)[M]. 北京:中国建筑工业出版社,2005.

[5] 中华人民共和国国家标准. GB 50009—2012 建筑结构荷载规范[S]. 北京:中国建筑工业出版社,2012.

[6] 中华人民共和国国家标准. GB 50010—2010 混凝土结构设计规范[S]. 北京:中国建筑工业出版社,2010.

[7] 中华人民共和国国家标准. GB 50003—2001 砌体结构设计规范[S]. 北京:中国标准出版社,2001.

[8] 中华人民共和国国家标准. GB 50005—2003 木结构设计规范[S]. 北京:中国建筑工业出版社,2003.

[9] 中华人民共和国国家标准. GB 50017—2003 钢结构设计规范[S]. 北京:中国计划出版社,2003.

[10] 《建筑施工手册》编委会. 建筑施工手册[M]. 4 版. 北京:中国建筑工业出版社,2007.

[11] 王玉龙. 扣件式钢管脚手架计算手册[M]. 北京:中国建筑工业出版社,2008.

[12] 刘群. 建筑施工扣件式钢管脚手架构造与计算[M]. 北京:中国物价出版社,2004.

[13] 中华人民共和国行业标准. JGJ 130—2011 建筑施工扣件式钢管脚手架安全技术规范[S]. 北京:中国建筑工业出版社,2011.

[14] 中华人民共和国行业标准. JGJ 128—2010 建筑施工门式钢管脚手架安全技术规范[S]. 北京:中国建筑工业出版社,2010.

[15] 上海市地方标准. DG/TJ 08-016—2004 钢管扣件水平模板的支撑系统安全技术规程[S]. 上海:上海市新闻出版局,2004.

[16] 糜嘉平. 建筑模板与脚手架研究及应用[M]. 北京:中国建筑工业出版社,2002.

[17] 谢建民,肖备. 施工现场设施安全设计计算手算手册[M]. 北京:中国建筑工业出版社,2007.

[18] 中华人民共和国行业标准. JGJ 80—1991 建筑施工高处作业安全技术规范[S]. 北京:中国计划出版社,1991.

[19] 中华人民共和国行业标准. JGJ 164—2008 建筑施工木脚手架安全技术规范[S]. 北京:中国建筑工业出版社,2008.

[20] 苑辉,杜兰芝,朱成,等. 地基基础设计计算与实例[M]. 北京:人民交通出版社,2008.

[21] 交通部第一公路工程总公司. 桥涵(上、下册)[M]. 北京:人民交通出版社,2004.

[22] 张应立,杨柏科,申爱琴. 现代混凝土配合比设计手册[M]. 北京:人民交通出版社,2002.

[23] 中华人民共和国行业标准. JTG F30—2003 公路水泥混凝土路面施工技术规范[S]. 北京：人民交通出版社，2003.

[24] 段良策，殷奇. 沉井设计与施工[M]. 上海：同济大学出版社，2002.

[25] 上海市地方标准. DG/TJ 08-61—2010 基坑工程技术规范[S]. 2010.

[26] 上海市地方标准. DG/TJ 08-236—2006 市政地下工程施工质量验收规范[S]. 2006.

[27] 上海市地方标准. DGJ 08-116—2005 型钢水泥土搅拌墙技术规程(试行)[S]. 2005.

[28] 中华人民共和国国家标准. GB 50025—2004 湿陷性黄土地区建筑规范[S]. 北京：中国建筑工业出版社，2004.

[29] 席永慧，徐伟. 地基与基础工程施工计算[M]. 北京：中国建筑工业出版社，2008.

[30] 杭州市建筑业管理局，杭州市土木建筑学会. 深基坑支护工程实例[M]. 北京：中国建筑工业出版社，1996.

[31] 赵志缙，应惠清. 简明深基坑工程设计施工手册[M]. 北京：中国建筑工业出版社，2001.

[32] 余志成，施文华. 深基坑支护设计与施工[M]. 北京：中国建筑工业出版社，1997.

[33] 黄强. 深基坑支护工程设计技术[M]. 北京：中国建筑工业出版社，1995.

[34] 上海市勘察设计协会. 基坑工程设计计算实例.

[35] 刘建航，侯学渊. 基坑工程手册[M]. 北京：中国建筑工业出版社，1997.

[36] 朱浮声，王凤池，李纯，王述红，等. 地基基础设计与计算[M]. 北京：人民交通出版社，2005.

[37] 叶书麟，韩杰，叶观宝. 地基处理与托换技术[M]. 2版. 北京：中国建筑工业出版社，1995.

[38] 尉希成，周美玲. 支挡结构设计手册[M]. 2版. 北京：中国建筑工业出版社，2005.

[39] 凌天清，曾德容. 公路支挡结构[M]. 北京：人民交通出版社，2006.

[40] 傅钟鹏. 钢筋简易计算法[M]. 北京：中国建筑工业出版社，1974.

[41] 龚晓南. 地基处理手册[M]. 3版. 北京：中国建筑工业出版社，2008.

[42] 中华人民共和国行业标准. JGJ 94—2008 建筑桩基技术规范[S]. 北京：中国建筑工业出版社，2009.

[43] 中华人民共和国国家标准. GB 50007—2011 建筑地基基础设计规范[S]. 北京：中国建筑工业出版社，2011.

[44] 中华人民共和国行业标准. JGJ 79—2002 建筑地基处理技术规范[S]. 北京：中国建筑工业出版社，2002.

[45] 上海市地方标准. DGJ 08-11—2010 地基基础设计规范[S]. 2010.

[46] 上海市地方标准. DG/TJ 08-40—2010 地基处理技术规范[S]. 2010.

[47] 中国工程建设标准协会标准. CECS 22：2005 岩土锚杆(索)技术规程[S]. 北京：中国计划出版社，2005.

[48] 中国工程建设标准化协会标准. CECS：9697 基坑土钉支护技术规程[S]. 北京：中国工程建设标准化协会，1997.

[49] 孙更生，郑大同. 软土地基与地下工程[M]. 北京：中国建筑工业出版社，1987.

[50] 中国工程建设标准化协会标准. CECS 137—2002 给水排水工程钢筋混凝土沉井结构设计规程[S]. 北京：中国建筑工业出版社，2002.

[51] 中国工程建设协会标准. CECS 246—2008 给水排水工程顶管技术规程[S]. 北京：中国

计划出版社,2008.

[52] 中华人民共和国国家标准. GB 50296—99 供水管井技术规范[S]. 北京:中国计划出版社,1999.

[53] 中华人民共和国行业标准. JGJ 120—99 建筑基坑支护技术规程[S]. 北京:中国建筑工业出版社,1999.

[54] 中华人民共和国国家标准. GB 50296—99 供水管井技术规范[S]. 北京:中国计划出版社.

[55] 中华人民共和国国家标准. GB 50108—2008 地下工程防水技术规范[S]. 北京:中国计划出版社,2008.

[56] 中华人民共和国国家标准. JGJ 55—2011 普通混凝土配合比设计规程[S]. 北京:中国建筑工业出版社,2011.

[57] 中华人民共和国行业标准. JGJ/T 111—98 建筑与市政降水工程技术规范[S]. 北京:中国建筑工业出版社,1998.

[58] 陈仲颐,周景星,王洪瑾. 土力学[M]. 北京:清华大学出版社,1995.

[59] 南京、上海、广东建筑工程学校. 土力学与地基基础[M]. 北京:中国建筑工业出版社,1983.

[60] 陈希哲. 土力学地基基础[M]. 4版. 北京:清华大学出版社,2005.

[61] 刘金波. 建筑桩基技术规范理解与应用[M]. 北京:中国建筑工业出版社,2008.

[62] 彭振斌. 灌注桩工程设计计算与施工[M]. 北京:中国地质大学出版社,1997.

[63] 彭振斌. 注浆工程设计计算与施工[M]. 北京:中国地质大学出版社,1997.

[64] 彭振斌. 锚固工程设计计算与施工[M]. 北京:中国地质大学出版社,1997.

[65] 彭振斌. 托换工程设计计算与施工[M]. 北京:中国地质大学出版社,1997.

[66] 彭振斌. 深基坑开挖与支护工程设计计算与施工[M]. 北京:中国地质大学出版社,1997.

[67] 彭振斌. 地基处理工程设计与施工[M]. 北京:中国地质大学出版社,1997.

[68] 于景杰,俞宾辉,栾焕强. 建筑地基基础设计计算实例[M]. 北京:中国水利水电出版社,2008.

[69] 中华人民共和国国家标准. YB 9258—97 建筑基坑工程技术规范[S]. 北京:中国建筑工业出版社,1997.

[70] 吴德安. 混凝土结构计算手册[M]. 3版. 北京:中国建筑工业出版社,2008.

[71] 高大钊,徐超,熊启东. 天然地基上的浅基础[M]. 2版. 北京:机械工业出版社,2002.

[72] 高大钊,赵春风,徐斌. 桩基础的设计方法与施工技术[M]. 2版. 北京:机械工业出版社,2002.

[73] 高大钊,叶观宝,叶书麟. 地基加固新技术[M]. 北京:机械工业出版社,1999.

[74] 高大钊,陈忠汉,程雨萍. 深基坑工程[M]. 北京:机械工业出版社,1999.

[75] 高大钊,祝龙根,刘利民,耿乃兴. 地基基础测试新技术[M]. 北京:机械工业出版社,1999.

[76] 葛春辉. 钢筋混凝土沉井结构设计施工手册[M]. 北京:中国建筑工业出版社,2004.

[77] 同济大学,天津大学,等. 土层地下建筑结构[M]. 北京:中国建筑工业出版社,1985.

[78] 《给水排水工程结构设计手册》编委会. 给水排水工程结构设计手册[M]. 2版. 北京:中国建筑工业出版社,2007.

[79] 唐山铁道学院土力学地基和基础教研组. 土力学地基和基础[M]. 北京：人民铁道出版社，1963.

[80] 姚天强，石振华，曹惠宾. 基坑降水手册[M]. 北京：中国建筑工业出版社，2006.

[81] 吴林高. 工程降水设计施工与基坑渗流理论[M]. 北京：人民交通出版社，2003.

[82] 上海市地方标准. DBJ 08-220—1996 市政排水管道工程施工及验收规程[S]. 上海：上海市政工程局，1996.

[83] 余彬泉，陈传灿. 顶管施工技术[M]. 北京：人民交通出版社，1998.

[84] 颜纯文，蒋国盛，叶建良. 非开挖铺设地下管线工程技术[M]. 上海：上海科技出版社，2005.

[85] 高乃熙，张小珠. 顶管技术[M]. 北京：中国建筑工业出版社，1984.

[86] 马·谢尔勒. 顶管技术（上、下册）[M]. 漆平生，等，译. 北京：中国建筑工业出版社，1983.

[87] 周爱国，唐朝晖，方勇刚，等. 隧道工程现场施工技术[M]. 北京：人民交通出版社，2004.

[88] 王毅才. 隧道工程[M]. 北京：人民交通出版社，2000.

[89] 张凤祥，等. 盾构隧道[M]. 北京：人民交通出版社，2004.

[90] 胡伍生，潘庆林，黄腾. 土木工程施工测量手册[M]. 北京：人民交通出版社，2005.

[91] 聂让，许金良，邓云潮. 公路施工测量手册[M]. 北京：人民交通出版社，2005.

[92] 中华人民共和国国家标准. GB 50119—2003 混凝土外加剂应用技术规范[S]. 北京：中国建筑工业出版社，2003.

[93] 中华人民共和国国家标准. GB 50268—2008 给水排水管道工程施工及验收规范[S]. 北京：中国建筑工业出版社，2008.

[94] 中华人民共和国国家标准. GB 50446—2008 盾构法隧道施工与验收规范[S]. 北京：中国建筑工业出版社，2008.

[95] 上海申通地铁集团有限公司，上海隧道工程股份有限公司. DG/TJ 08-2041—2008 地铁隧道工程盾构施工技术规范[S]. 上海：上海市城乡建设和交通委员会，2009.

[96] 上海市建工（集团）总公司. DG/TJ 08-2049—2008 顶管工程施工规程[S]. 上海：上海市城乡建设和交通委员，2009.

[97] 葛金科，沈水龙，许烨霜. 现代顶管施工技术及工程实例[M]. 北京：中国建筑工业出版社，2009.

[98] 基础工程施工手册编写组. 基础工程施工手册[M]. 北京：中国计划出版社，1996.

[99] 刘建航，候学渊. 软土市改地下工程施工技术手册[M]. 上海：上海市市政工程管理局，1990.

[100] 项玉璞，曹继文. 冬期施工手册[M]. 北京：中国建筑工业出版社，2005.

[101] 中华人民共和国国家行业标准. JGJ/T 104—2011 建筑工程冬期施工规程[S]. 北京：中国建筑工业出版社，2011.

[102] 中华人民共和国国家行业标准. JGJ 166—2008 建筑施工碗扣式钢管脚手架安全技术规范[S]. 北京：中国建筑工业出版社，2008.

[103] 中华人民共和国国家行业标准. JGJ 162—2008 建筑施工模板安全技术规范[S]. 北京：中国建筑工业出版社，2008.

[104] 叶书胜. 地基处理[M]. 北京：中国建筑工业出版社，1988.

[105] 《钢结构设计手册》编委会. 钢结构设计手册（上册）[M]. 3 版. 北京：中国建筑工业出版

社,2004.

[106] 安徽国通高新管业股份有限公司. HDPE 排水排污管工程定向钻孔牵引法施工规程（试用本）,2007.

[107] 黄生根,张希洁,曹辉. 地基处理与基坑支护工程［M］. 北京：中国地质大学出版社,1997.

[108] 邓子胜. 施工结构设计［M］. 广州：华南理工大学出版社,2009.